JN416084

# 대학수학 3판

COLLEGE MATHEMATICS

김남현 • 김연미 • 노태완 • 윤복식 공저

WILEY

■ 저자 소개

**김 남 현**
University of California, Berkeley(이학박사)

**김 연 미**
Massachusetts Institute of Technology(이학박사)

**노 태 완**
University of California, Berkeley(공학박사)

**윤 복 식**
University of California, Berkeley(공학박사)

발행일 : 2023년 2월 28일 2쇄
공급처 : (주)텍스트북스 (전화 02-702-5725,6 팩스 02-702-5727)
ISBN : 978-1-119-81567-9 (90000)
가 격 : 35,000원


Published by John Wiley & Sons Singapore Pte. Ltd.
1 Fusionopolis Walk, #07-01, Solaris South Tower, Singapore 138628


**Other Wiley Editorial Offices**
John Wiley & Sons, 111 River Street, Hoboken, NJ 07030, USA
John Wiley & Sons, The Atrium, Southern Gate, Chichester, West Sussex, P019 8SQ, United Kingdom
John Wiley & Sons (Canada) Ltd., 5353 Dundas Street West, Suite 400, Toronto, Ontario, M9B 6HB, Canada
John Wiley & Sons Australia Ltd., 42 McDougall Street, Milton, Queensland 4064, Australia
Wiley-VCH, Boschstrasse 12, D-69469 Weinheim, Germany

***Library of Congress Cataloging-in-Publication Data***
ISBN (Paperback) 978-1-119-81567-9
Printed in Korea by wooilmedia

10 9 8 7 6 5 4 3 2

# 머리말

**이 책은** 대학에 갓 들어온 이공계 1학년을 대상으로 대학과정에서 꼭 필요한 수학을 1년 과정으로 교육하기 위하여 쓰였다. 내용은 미적분학(calculus)이 위주가 되지만 선형대수(linear algebra)의 핵심적인 내용도 포함하고 있다. 이공계 대학에서 배우는 물리학을 비롯한 각종 역학 관련 기본 과목들은 한결같이 미적분학을 기초로 하고 있고, 거의 모든 분야의 수학적 분석에서 약방의 감초 같은 기본 도구가 선형대수이므로 이것들이 대학과정의 초기에 배워야 할 필수 수학이라는 데 이의가 없을 것이다.

대학수학 3판은 2판이 출판된 지 10년 만의 개정이다. 대학수학의 교과과정에 큰 변경이 없어 개정을 미루다가 그동안 발견된 오타와 여러 강의자들로부터의 귀중한 제언을 반영하여 개정판을 내기로 뜻을 모았다. 이 개정판에서는 장, 절 구성은 2판의 체제를 유지하되 과정 앞부분의 개념 설명을 보다 명확하게 보완 조정하고 공학수학과의 유기적인 연계를 위해 벡터함수의 개념, 응용, 미분을 소개하는 15장을 추가하였다. 또한 그동안 발견된 본문과 해답의 오타를 바로잡고, 책 전반에 걸쳐 예제와 설명, 그림을 보충하였다.

**미적분학은** 과학혁명을 이끈 수학이다. 우리는 인류가 고대로부터 개발한 수학을 초·중·고등학교를 거치면서 거의 시대순으로 배워 왔다고 볼 수 있다. 초등학교 때 배우는 수와 셈법은 멀리 바빌로니아, 이집트 문명(BC 2000년경) 시대부터 사용된 수학이고, 중·고등학교 때 배우는 미지수를 정하고 방정식을 푸는 방법(대수학)과 직선, 곡선, 도형에 관련된 수학(기하학)은 그리스, 이슬람, 이탈리아를 거쳐 AD 1500년 이전에 완성된 매우 오래된 수학이라고 볼 수 있다. 기하학에 대수방정식을 적용하여 함수와 좌표를 이용한 그래프를 그리는 수학(해석기하; 데카르트, 1637년)부터 근대적인 수학이라고 볼 수 있는데, 이것과 미적분(1687년)을 기반으로 뉴턴의 물리학이 세워져 과학혁명의 큰 획을 긋게 되었다. 미적분은 뉴턴의 성공적인 개발 및 적용 이후 1700년대를 거치면서 라이프니츠, 베르누이, 오일러 등 많은 수학자, 과학자들의 노력으로 사용하기 간편한 형태로 발전되어 현재의 미적분학으로 모습을 갖추었다.

**선형대수는** 18세기에 행렬식을 이용한 선형연립방정식의 해법(크라머, 1750년)으로 출발하여 19세기를 거치면서 실베스터, 케일리 등에 의해 오늘날과 같은 형태가 갖춰졌고, 20

세기 컴퓨터의 등장 이후 거의 모든 응용분야에서 수학적 모델링의 핵심도구로 사용되고 있으며, 정보화 시대가 진행되면서 점점 중요성을 더해가고 있다.

**이탈리아의 여류수학자 Agnesi가** 1740년대에 해석기하, 무한급수, 미분방정식이 포함된 최초의 종합적인 미적분학 교과서를 낸 이래 현재까지 국내외에서 수많은 미적분학 교과서가 발행되었다. 특히 이름난 외국의 원서들은 매우 친절한 설명에 풀칼라 인쇄까지 되어 있어 눈에 확 들어온다. 하지만 우리의 고등학교 과정과 중복되는 기초적인 내용이 많이 포함되어 있고 지나칠 정도로 친절해서 필요 이상으로 부피가 크다. 게다가 확실한 수학적인 개념을 잡는 데 대학 저학년에게는 외국어가 장애가 될 수 있다. 이런 고려에서 저자들은 우리나라의 고등학교와 대학교의 교과과정에 알맞게 구성된, 읽기 편하고 너무 두껍지 않은 책을 쓰기로 뜻을 모았다. 외국 원서들이 가진 친절한 체제는 살리되 독자들의 지루함을 줄여 학습효과를 높일 수 있는, 우리나라의 실정에 알맞은 대학수학 교재를 내는 것이 저자들의 목표라고 볼 수 있다.

**또 한 가지 고려사항은** 고등학교 교과과정의 대폭적인 변경으로 미적분을 전혀 배우지 않고 이공계 대학에 입학하는 학생들이 상당히 늘어나게 된 점이다. 이에 따라 미적분학을 처음 대하는 학생들이 어렵지 않게 핵심 내용을 이해할 수 있도록 구성해야 하는 한편, 이미 사전 지식이 있는 학생들의 흥미를 잃지 않아야 하는 서로 상충되는 부담을 지니게 되었다. 이 책은 이러한 상황을 고려하여 미적분학과 선형대수의 핵심 내용은 빠짐없이 포함하되 필요 이상의 상세한 증명은 피하고 개념 설명 위주로 접근하였다. 또한 꼭 충분한 만큼의 간결한 설명을 통해 너무 부피가 커지지 않도록 노력하였다. 용어도 되도록 이해하기 쉬운 한글용어를 사용하도록 노력하였고 필요할 때마다 그래프와 그림을 넣어 이해를 돕도록 하였다. 2색 인쇄를 통해 그림 및 내용 파악에 도움을 주도록 하였고 되도록 실생활에 직접 응용이 되는 예제를 많이 넣어 흥미를 유발할 수 있도록 하였다. 또 학생들이 스스로 공부하는 데 도움을 줄 수 있도록 모든 문제에 대한 해답을 부록에 넣었다.

**이 책의 구성은** 대체로 기존의 두 학기 과정 미적분학 교과서와 유사하다. 1~7장은 고전적인 1변수 함수의 미적분을 소개하는데, 함수의 극한, 연속, 도함수의 개념과 미분의 응용, 적분의 기법과 응용, 역함수, 초월함수 등의 주제를 다루고 있다. 8장과 9장은 벡터와 벡터공간, 선형시스템, 행렬 등 선형대수의 기초적인 내용을 담고 있다. 10장은 무한급수, 11장은 극좌표, 12장은 이차곡선을 다루고, 13, 14장은 다변수 함수와 그것의 미적분을 소개한다. 3판에서 추가된 15장은 벡터함수의 개념과 미분, 응용을 다룬다. 기존의 미적분학 교과서와 약간의 차이점은 벡터(8장)와 선형대수(9장) 부분을 삽입한 대신 벡터함수의 적분 부분을 상위과정으로 넘긴 것이다. 이것은 이공계 전공에서 공통적으로 필요로 하는 수학을 1학년 과정에 집중시키려는 의도에서이다. 전반부에 고등학교 과정과 중복되는 부분이 있는데 이것은 학생들의 수준에 따라 적절히 가감하여 수업을 진행하면 될 것이다. 후반부에 상대적으로 어려운 내용이 포함되어 있으므로 되도록 첫 학기에 8장 또는 9장까지 끝낸 후 두 번째 학기에 나머지 장을 다루는 것이 바람직할 것이다.

**더하기, 빼기 말고는** 써먹을 데 없는 수학은 왜 배우는지 모르겠다고 말하는 사람이 많다. 스스로 현대의 원시인임을 자랑하는 말이다. 수학 공부를 할 때 가장 좋은 것은 배울 필요성을 느끼고 시작하는 것이겠지만 세상은 그때까지 기다려 주지 않는다. 당장은 지루하고 왜 배우는지 모를지라도 앞서간 대선배 학자들이 필요성을 절감하여 만들어 놓은 과정에 적응하여 지식을 습득하는 것이 앞으로 각자 전공에서 일취월장할 수 있는 지름길이다. 다른 과목도 마찬가지지만 특히 수학을 잘하는 첩경은 많은 연습과 문제에 맞서는 길 뿐이다. 오로지 연습(practice)만이 대가(master)를 만든다.

**끝으로** 이 책이 완성되기까지 교정과 출판을 위해 수고를 아끼지 않은 와일리 관계자 및 편집진 여러분들께 깊은 감사를 표한다.

辛丑年 벽두 臥牛山頂에서

저자 일동

# 차 례

CHAPTER 01

# 함수의 극한과 연속

## 1.1 함수와 그래프

### 함수

우리는 다양한 변화를 나타내기 위하여 함수를 사용한다. 변화 중에는 일정한 기울기를 가진 변화도 있고, 주기적인 변화도 있으며, 일정한 비율로 증가하거나 감소하는 경우도 있다. 이러한 변화를 나타내기 위하여 선형 함수, 지수함수, 로그함수, 삼각함수 등을 사용한다. 그동안 다루어온 함수들은 대부분 공식이나 그래프로 주어진 경우가 많지만 함수는 표로 주어질 수도 있고, 집합에서의 대응관계로 주어질 수도 있다. 즉, 함수의 표현 형식은 다양할 수 있다.

17, 18세기부터 함수의 개념은 미분이나 해석기하와 함께 발전했기 때문에 초기에 함수는 주로 두 변수 $x, y$ 사이의 대수적인 관계(예: $y = x^2 + 3x + 2$)를 나타내는 데 사용되었다. 그러다가 19세기에 집합론과 무한의 개념이 정립되면서 함수도 한 집합에서 다른 집합으로의 대응의 개념으로 확장되기에 이른다. 즉, 함수의 초기 정의는

> 함수는 한 변수의 값(양, 크기)이 다른 변수의 값과 어떻게 관련되는가를 설명하는 규칙이다. 이때 두 번째 변수의 값은 첫 번째 변수의 값에 의해 유일하게 결정된다.

이다. 이 정의는 첫 번째 변수 $x$와 두 번째 변수 $y$를 구분하는데, 오일러(Euler, 1707~1783)는 $y$가 $x$의 함수임을 표현하기 위해 $y = f(x)$라는 기호를 도입하였다. 이는 $y$의 값이 $f$로 묘사되는 규칙에 의해서 $x$값에 의존해서 결정된다는 의미이다. 이때 $x$를 독립변수(independent variable), $y$를 종속변수(dependent variable)라고 부른다. 경우에 따라 $x$를 함수의 입력값(input), $y$를 출력값(output)이라고 부르기도 한다. 이제 $x$가 정의되는 집합을

정의역(domain), $y$가 정의되는 집합을 치역(range)이라고 명명하고 함수의 개념을 다음과 같이 일반화할 수 있다.

**정의**

함수는 집합 $X$(정의역)와 집합 $Y$(치역) 사이의 대응관계로, $X$의 각 원소 $x$에 대하여 $Y$의 단 하나의 원소 $y$가 대응되는 관계이다.

**예제 1**

$A(r)=\pi r^2$으로 정의된 함수 $A$는 반지름 $r$인 원의 면적을 구하는 함수다. 반지름이 2인 경우 면적은 $A(2)=\pi(2)^2=4\pi$이다. 이때 함수의 정의역은 양의 실수의 집합이고, 치역도 모든 양의 실수들의 집합이다. ■

## 그래프

함수 $y=f(x)$에서 점들의 모임 $\{(x,y)|x\in \text{정의역},\ y=f(x)\}$은 함수의 그래프를 이룬다. 예를 들어 함수 $y=x+3$의 그래프는 평면상의 좌표 $(x,y)$ 중에서 $y$의 값이 $x+3$인 점들의 집합, 즉 직선 $y=x+3$으로 나타난다.

**예제 2**

다음 각 관계식은 함수인가?

(1) $y=5x+1$ (2) $y=x^2+1$ (3) $y^2=x^2+1$ (4) $x^2+y^2=1$

**풀이**

주어진 식의 그래프를 그리면 다음과 같다.

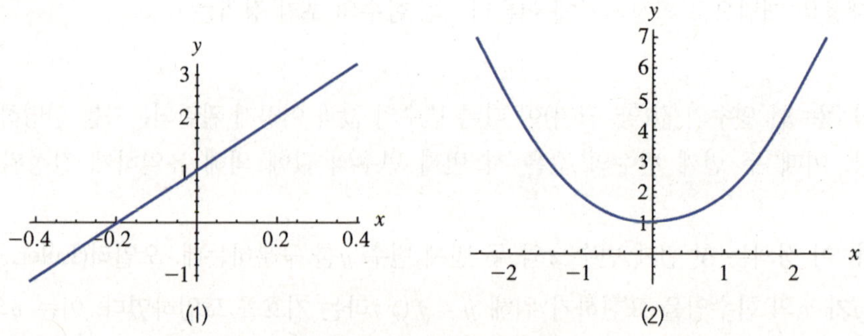


그림 1.1 예제 2의 그래프 [계속]

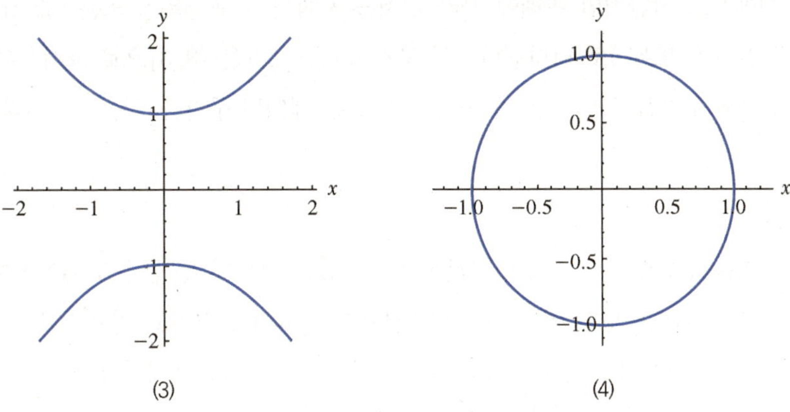


그림 1.1 예제 2의 그래프

그래프에서 관찰되는 것처럼 (1)과 (2)는 각 $x$값에 단 하나의 $y$값이 대응되므로 함수이다. 그런데 (3)과 (4)는 각 $x$값에 두 개의 $y$값이 대응된다. 예를 들면 (3)에서 $x=1$일 때 $y=\pm\sqrt{2}$이고, (4)에서 $x=\frac{1}{2}$일 때, $y=\pm\frac{\sqrt{3}}{2}$이다. 그러므로 (3)과 (4)는 함수가 아니다. ■

## 예제 3

$x$가 실수일 때 함수 $y=\frac{1}{\sqrt{x-9}}$의 정의역과 치역을 구하고 그래프를 그려라.

### 풀이

실수 영역에서 제곱근($\sqrt{\ }$)은 음수에 대해 정의되지 않는다. 또한 0으로 나누는 것도 정의되지 않는다. 그러므로 이 함수의 정의역은 $x-9>0$인 집합이다. 즉,

$$\text{정의역: } \{x \mid x>9\}$$

이다. 한편 $\sqrt{x-9}$는 0보다 큰 모든 값을 가질 수 있기 때문에 그것의 역수도 0보다 큰 모든 값을 가질 수 있다. 즉,

$$\text{치역: } \{y \mid y>0\}$$

이다. 이 함수의 그래프는 그림 1.2와 같다. ■

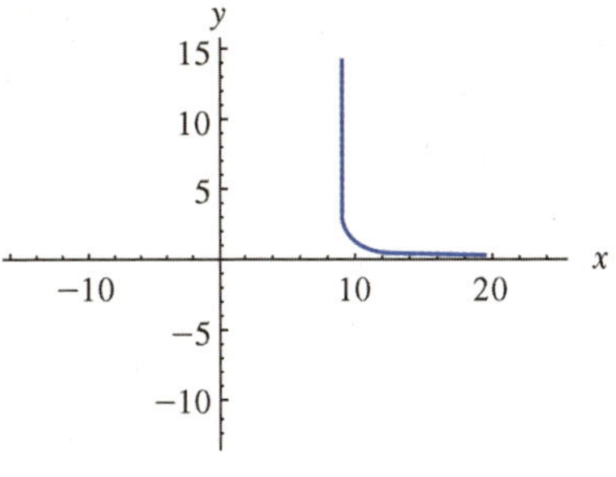


그림 1.2 $y=\frac{1}{\sqrt{x-9}}$의 그래프

이 책에서도 일반적인 관례에 따라 경계를 포함하는 구간은 [, 또는 ]로 경계가 포함되지 않는 구간은 (, 또는 )로 나타낸다. 즉, 구간 $0 < x \leq 3$은 $(0, 3]$으로 표시한다. 양쪽 경계가 모두 포함된 구간을 닫힌 구간, 양쪽 경계가 모두 제외된 구간을 열린 구간이라고 부른다.

## 합성함수

함수 $g$의 출력값이 함수 $f$의 입력값이 될 수 있는 경우에 두 함수를 결합하여 새로운 함수 $f(g(x))$를 만들 수 있다. 이 함수의 입력값은 함수 $g$의 입력이고, 출력값은 $f(g(x))$이다. 이것을 $g$와 $f$의 합성함수라 부르고 일반적으로 기호 $f \circ g$로 표시한다.

**예제 4**

$g(x) = x^2$이고 $f(x) = x - 2$일 때 $(g \circ f)(x)$의 공식을 구하고 $(g \circ f)(2)$의 값을 구하라.

**풀이**

$g(f(x)) = (f(x))^2 = (x-2)^2$이고, $g(f(2)) = (2-2)^2 = 0$이다. 합성의 순서를 바꾼다면 $(f \circ g)(x) = x^2 - 2$, $(f \circ g)(2) = 2$와 같이 결과가 달라진다. ■

**예제 5**

$f(x) = \dfrac{2x}{x+3}$, $g(x) = x^2$, $h(x) = x - 1$일 때, $f \circ g \circ h$를 구하라.

**풀이**

$$(f \circ g \circ h)(x) = f(g(h(x))) = f(g(x-1)) = f((x-1)^2) = \frac{2(x-1)^2}{(x-1)^2 + 3}$$ ■

**예제 6**

$G(x) = \sin^2(2x-3)$일 때 $G = f \circ g \circ h$가 되는 $f, g, h$를 구하라.

**풀이**

$h(x) = 2x - 3$, $g(x) = \sin x$, $f(x) = x^2$ ■

## 우함수, 기함수

**정의**

함수의 정의역의 모든 점에서 $f(-x)=f(x)$를 만족할 때, 함수 $y=f(x)$를 **우함수**(even function)라 하고, 함수의 정의역의 모든 점에서 $f(-x)=-f(x)$일 때, 함수 $y=f(x)$를 **기함수**(odd function)라 한다.

예를 들어 $y=x^2$, $y=x^4-2x^2$, $y=\cos x$와 같은 함수는 우함수이고, $y=x^3$, $y=x$, $y=\sin x$는 기함수이다. 우함수의 그래프는 $y$축에 대하여 대칭이고, 기함수의 그래프는 원점에 대하여 대칭이다.

## 구간별로 정의된 함수

어떤 함수들은 정의역의 각각 다른 구간에서 다른 식에 의하여 정의되기도 한다.

**예제 7**

$y(x)=\begin{cases}-x, & x\le 0\\ x^2, & x>0\end{cases}$ 그러나 이 함수는 하나의 함수를 나타낸다. ■

**예제 8 가우스 함수**

함수 $y=[x]$는 $x$보다 크지 않은 최대 정수를 나타낸다. 예를 들어 $[2.1]=2$, $[1.9]=1$, $[3.0]=3$, $[0]=0$, $[-1.2]=-2$이다. 그림 1.3을 보라. ■

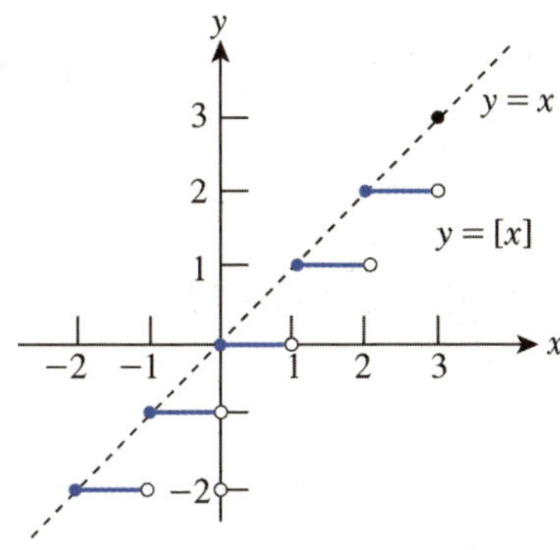


그림 1.3 가우스 함수

## 연습문제 1.1

**[01-03]** 다음 함수식을 구하라.

**01** 구의 부피($v$)를 구의 반지름($r$)의 함수로 나타내라.

**02** 정사각형의 둘레($l$)를 한 변의 길이($a$)를 이용하여 나타내라.

**03** 구의 표면적($s$)을 구의 반지름($r$)을 이용하여 나타내라.

**[04-08]** 다음 각 함수의 정의역($D$)과 치역($E$)을 구하고 함수의 그래프를 그려라.

**04** $y=-\dfrac{2}{x}$ **05** $y=\sqrt{3x}$ **06** $y=-x^{3/2}$

**07** $y=\left[\dfrac{x}{2}\right]$ **08** $y=-[x]$

**[09-10]** 다음 함수를 $f\circ g$의 형태로 나타내라.

**09** $F(x)=\dfrac{\sqrt[5]{x}}{1+3\sqrt[5]{x}}$ **10** $G(x)=\cos(\sqrt[3]{x})$

# 1.2 극한

미적분학(calculus)은 극한의 개념 위에서 세워졌다. 극한의 직관적 이해를 위해서 먼저 예를 하나 들어 보자. 함수 $f(x)=\dfrac{x^3-8}{x^2-4}$은 $x=2$에서 정의되지 않는다. $x$가 2로 가까이 갈 때 $f(x)$는 과연 어떤 값에 가까이 갈 것인가? 우선 $x$가 각각 왼쪽과 오른쪽에서 2로 가까이 갈 때 $f$ 값의 표를 만들고, 함수의 그래프를 그려 보자.

(1) $x$가 왼쪽에서(음의 위치에서) 2로 가까이 갈 때

| $x$ | 1.9 | 1.99 | 1.999 | ⋯ |
|---|---|---|---|---|
| $f(x)$ | 2.9256 | 2.9925 | 2.9992 | ⋯ |

(2) $x$가 오른쪽에서(양의 위치에서) 2로 가까이 갈 때

| $x$ | 2.1 | 2.01 | 2.001 | ⋯ |
|---|---|---|---|---|
| $f(x)$ | 3.0756 | 3.0075 | 3.0007 | ⋯ |

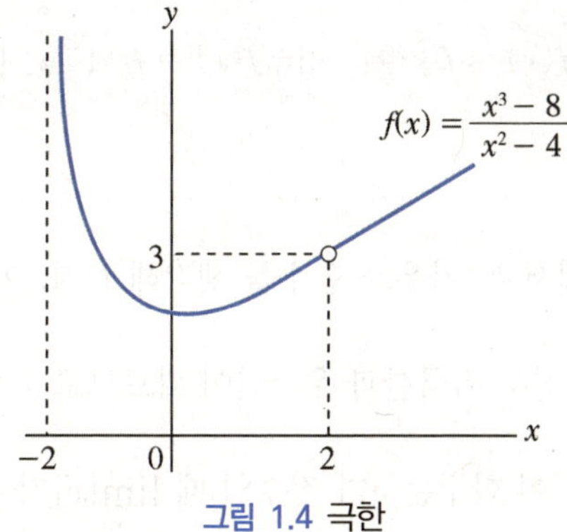


그림 1.4 극한

수치계산을 통하여, $x$ 가 2로 가까이 갈 때 함수 $f(x)$는 3으로 접근함을 알았다. 이 경우 '$x$ 가 2로 수렴할 때 $f(x)$는 극한값 3을 갖는다'고 하고

$$\lim_{x\to 2} f(x) = 3$$

으로 나타낸다. 실제로 위의 극한값은

$$\lim_{x\to 2}\frac{x^3-8}{x^2-4} = \lim_{x\to 2}\frac{(x-2)(x^2+2x+4)}{(x+2)(x-2)} = \lim_{x\to 2}\frac{x^2+2x+4}{x+2} = \frac{12}{4} = 3$$

과 같이 구할 수 있다. 특히 $x$ 가 왼쪽(음의 위치)에서 2로 가까이 갈 때의 극한값을 좌극한이라고 하고

$$\lim_{x\to 2^-} f(x)$$

라고 나타낸다. 마찬가지로 $x$ 가 오른쪽(양의 위치)에서 2로 가까이 갈 때의 극한값을 우극한이라고 하고

$$\lim_{x\to 2^+} f(x)$$

라고 나타낸다. 이 경우

$$\lim_{x\to 2} f(x) = \lim_{x\to 2^+} f(x) = \lim_{x\to 2^-} f(x) = 3$$

이다. 일반적으로 $\lim_{x\to c} f(x) = L$은 좌극한, 우극한이 모두 존재하며 그 값이 $L$이라는 것을 의미한다. 즉

$$\lim_{x\to c} f(x) = L \quad \Leftrightarrow \quad \lim_{x\to c^+} f(x) = L \text{ 이고 } \quad \lim_{x\to c^-} f(x) = L$$

이다.

한편 앞 절의 예제 8에서 본 가우스 함수를 생각해 보자. 이 함수의 경우 $\lim_{x\to 4^-}[x] = 3$이지만 $\lim_{x\to 4^+}[x] = 4$이다. 이 경우 좌극한과 우극한이 다르므로 $x$가 4로 접근할 때 극한값은 존재하지 않는다. 일반적으로 이 함수는 $c$가 정수일 때 $\lim_{x\to c}[x]$가 존재하지 않는다.

극한의 개념을 보다 명확히 하기 위해 다음 예제들을 살펴보자.

**예제 1**

함수 $g(x) = (1+x)^{1/x}$은 $x = 0$에서는 정의되지 않지만 모든 $x > 0$에서 정의된다. 아래 표에 $x$가 오른쪽에서 0에 접근할 때의 $g$의 값을 몇 개 구해 놓았다. $x$가 오른쪽에서 0으로 접근함에 따라 2.71828과 근사한 값에 수렴함을 알 수 있다. 이 극한은 5장에 나오는 지수함수 $y = e^x$의 밑수 $e$이다.

| $x$ | $(1+x)^{1/x}$ |
|---|---|
| 1.0 | 2.0 |
| 0.5 | 2.25 |
| 0.1 | 2.5937 42460 |
| 0.01 | 2.7048 13829 |
| 0.001 | 2.7169 23932 |
| 0.0000 01 | 2.7182 80469 |
| $1\times10^{-8}$ | 2.7182 81814 |
| $1\times10^{-10}$ | 2.7182 81828 |

■

**예제 2**

$$\lim_{x\to -5}\frac{x^2-25}{3(x+5)} = \lim_{x\to -5}\frac{(x+5)(x-5)}{3(x+5)} = \lim_{x\to -5}\frac{(x-5)}{3} = -\frac{10}{3}$$ ■

위의 두 예에서 함수값이 특정 $x$에서 정의되지 않더라도 극한값은 존재할 수 있음을 관찰할 수 있다. 그러나 함수가 $x$가 접근하는 값에서 정의되어 있더라도 극한값이 함수값과 반드시 일치하는 것은 아니다. 다음 예제를 보자.

**예제 3**

다음 경우 $x$가 1로 접근할 때 함수값은 어떻게 되는가?

$$f(x)=\begin{cases} x, & x \neq 1 \\ 2, & x=1 \end{cases}$$

**풀이**

$f$의 그래프는 직선 $y=x$에서 (1,1)이 빠지고 (1,2)가 대체된 형태이다. $f(1)=2$이지만 $x$가 1로 접근할 때 함수값은 1로 접근한다. ■

다음의 정리를 이용하여 여러 가지 극한값을 좀 더 쉽게 구할 수 있다.

**정리 • 1.1 극한의 성질**

$\lim_{x\to c} f(x)=L_1$, $\lim_{x\to c} g(x)=L_2$라 하면 다음이 성립한다.

(1) $\lim_{x\to c}[f(x)\pm g(x)]=\lim_{x\to c} f(x)\pm \lim_{x\to c} g(x)=L_1 \pm L_2$

(2) $\lim_{x\to c}[f(x)\cdot g(x)]=\lim_{x\to c} f(x)\cdot \lim_{x\to c} g(x)=L_1 \cdot L_2$

(3) $\lim_{x\to c}[kf(x)]=k\lim_{x\to c} f(x)=kL_1$

(4) $\lim_{x\to c}\dfrac{f(x)}{g(x)}=\dfrac{\lim_{x\to c} f(x)}{\lim_{x\to c} g(x)}=\dfrac{L_1}{L_2}\quad (L_2 \neq 0)$

**예제 4**

$$\begin{aligned}\lim_{x\to c}(x^4+2x^2-1)&=\lim_{x\to c}x^4+\lim_{x\to c}(2x^2-1)=\lim_{x\to c}x^4+\lim_{x\to c}2x^2-\lim_{x\to c}1\\ &=c^4+2c^2-1\end{aligned}$$

■

이제 예제를 통해 $x$가 무한으로 갈 때 함수가 극한값을 갖는다는 것이 무엇을 의미하는지 살펴보자. 무한을 뜻하는 기호 $\infty$는 어떤 실수도 나타내지 않고 통상적인 산술계산의 대상이 되지 않는다. 하지만 함수값이 모든 유한한 극한을 넘어버릴 때의 함수의 거동을 나타낼 때 편리하게 사용된다.

**예제 5**

(1) $\lim_{x\to\infty}\left(3+\dfrac{1}{x}\right)=\lim_{x\to\infty}3+\lim_{x\to\infty}\dfrac{1}{x}=3+0=3$

(2) $\lim_{x\to-\infty}\frac{\pi\sqrt{3}}{x^2}=\lim_{x\to-\infty}\pi\sqrt{3}\times\frac{1}{x}\times\frac{1}{x}=\pi\sqrt{3}\times 0\times 0=0$ ■

**예제 6**

(1) $\lim_{x\to0^+}\frac{1}{x^{1/3}}=\lim_{x\to0^+}\left(\frac{1}{x}\right)^{1/3}=\infty$

(2) $\lim_{x\to0^-}\frac{1}{x^{1/3}}=\lim_{x\to0^-}\left(\frac{1}{x}\right)^{1/3}=-\infty$ ■

## 유리함수의 극한값

$f(x), g(x)$를 다항식이라고 할 때 $h(x)=\frac{f(x)}{g(x)}$ 형태의 함수를 유리함수(rational function)라고 한다. 유리함수에서 극한을 구하는 예를 경우별로 살펴보자.

**예제 7** **분모, 분자가 같은 차수일 때**

(1) $\lim_{x\to-\infty}\frac{-15x}{7x+4}=\lim_{x\to-\infty}\frac{-15}{7+(4/x)}=\frac{-15}{7+0}=-\frac{15}{7}$

(2) $\lim_{x\to\infty}\frac{2x^2+7x-3}{3x^2+1}=\lim_{x\to\infty}\frac{2+\frac{7}{x}-\frac{3}{x^2}}{3+\frac{1}{x^2}}=\frac{2+0-0}{3+0}=\frac{2}{3}$ ■

**예제 8** **분자의 차수가 분모의 차수보다 작을 때**

$\lim_{x\to-\infty}\frac{7x+2}{x^3-1}=\lim_{x\to-\infty}\frac{\frac{7}{x^2}+\frac{2}{x^3}}{1-\frac{1}{x^3}}=\frac{0+0}{1-0}=0$ ■

**예제 9** **분자의 차수가 분모의 차수보다 클 때**

(1) $\lim_{x\to\infty}\frac{2x^2-3}{7x-4}=\lim_{x\to\infty}\frac{2x-\frac{3}{x}}{7+\frac{4}{x}}=\infty$

(2) $\lim_{x\to\infty}\frac{-4x^3+7x}{2x^2-3x-10}=\lim_{x\to\infty}\frac{-4x+\frac{7}{x}}{2-\frac{3}{x}-\frac{10}{x^2}}=-\infty$ ■

### 참고 극한의 보다 엄밀한 정의

이 절에서는 '가까이 간다'의 의미를 명확히 하지 않은 채 극한을 정의하였으나 다음 절에서 다룰 샌드위치 정리를 비롯한 미적분학의 기본적인 정리들을 증명하기 위해서는 $\epsilon$과 $\delta$를 사용한 보다 엄밀한 극한의 개념이 필요하다. 이 책에서는 고등 미적분학에서의 엄밀한 증명은 생략하기 때문에 당분간 이 개념이 필요하지 않지만 10장의 무한급수의 수렴성이나 13장의 다변수 함수에서의 연속, 미분 등의 개념을 다룰 때에는 보다 구체적으로 사용될 것이다. ■

**정의** 함수값의 극한

임의의 $\epsilon > 0$에 대해 조건:

$0 < |x-a| < \delta$인 모든 $x$에 대해 $|f(x)-L| < \epsilon$이 된다.

를 만족하는 $\delta > 0$이 존재할 때

$$\lim_{x \to a} f(x) = L$$

이라고 한다.

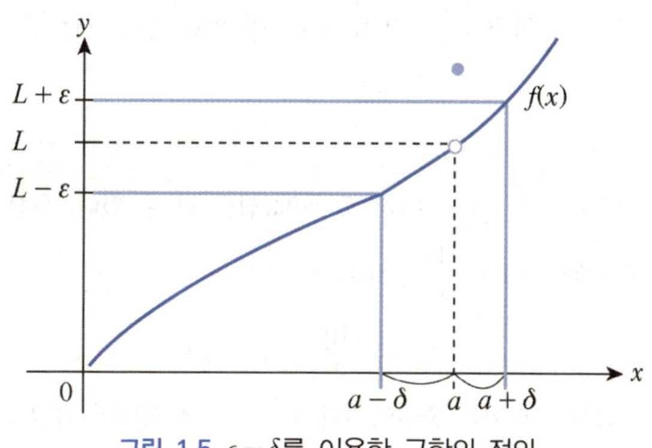


그림 1.5 $\epsilon - \delta$를 이용한 극한의 정의

그림 1.5를 참조하면서 위의 정의를 해석해 보자. 우선 $\lim_{x \to a} f(x) = L$의 의미는 $x$를 $a$에 충분히 가깝게 선택하면 $f(x)$와 $L$과의 거리가 원하는 만큼 임의로 가까워질 수 있다는 것이다. 그리고 $|x-a| < \delta$는 $-\delta < x-a < \delta$, 즉 $x$가 $a-\delta < x < a+\delta$의 범위에 있다는 것이고, $0 < |x-a|$는 $x \neq a$라는 의미이다. 또한 $|f(x)-L| < \epsilon$은 $y$축에서 $L$을 중심으로 $f(x)$의 범위가 $L-\epsilon < f(x) < L+\epsilon$임을 의미한다. 즉, $\epsilon-\delta$를 이용한 극한의 의미는 $y$축에서 $L$을 중심으로 한 길이 $2\epsilon$의 범위가 주어지면, $f(x)$의 역 이미지를 이용하여 $x$축에서 $a$를 중심으로 주어진 조건을 만족하는 길이 $2\delta$의 범위를 구할 수 있다는 뜻이다.

$\epsilon-\delta$에 관련된 문제를 풀 때는 오른쪽 부등식인 $|f(x)-L| < \epsilon$을 먼저 풀어서 $x$의 범위

를 구한 다음에, $|x-a|<\delta$인 모든 $x$에 대해 주어진 조건을 만족하도록 $\delta$를 결정하게 된다. 다음 예제들을 살펴보자.

**예제 10**

$\lim_{x\to -2}\frac{4-x^2}{2(x+2)}=2$이다. 앞의 정의를 적용할 때 $\epsilon=\epsilon_1>0$으로 잡으면 $\delta$는 얼마로 되겠는가?

**풀이**

$\epsilon=\epsilon_1>0$로 놓자. $x\neq -2$일 때 먼저 부등식 $|f(x)-L|<\epsilon_1$을 쓰면

$$\left|\frac{4-x^2}{2(x+2)}-2\right|=\left|\frac{1}{2}(2-x)-2\right|=\frac{1}{2}|x+2|<\epsilon_1$$

이 된다. 그런데 $|x+2|=|x-(-2)|$이므로 $\delta=2\epsilon_1$으로 놓으면 저절로 조건

$$|x-a|=|x-(-2)|<\delta=2\epsilon_1\text{이면 } |f(x)-L|=\left|\frac{4-x^2}{2(x+2)}-2\right|<\epsilon=\epsilon_1$$

을 만족하게 된다. ■

**예제 11**

$f(x)=\frac{1}{x}$에서 $|x-5|<\delta$ 이면 $\left|\frac{1}{x}-0.2\right|<0.1$이 되는 양수 $\delta$를 구하라.

**풀이**

앞의 정의에 대비시키면 $a=5,\quad \epsilon=0.1,\quad L=0.2$임을 알 수 있다. 우선 $\left|\frac{1}{x}-0.2\right|<0.1$의 조건은 $-0.1<\frac{1}{x}-0.2<0.1$에서 $0.1<\frac{1}{x}<0.3$, 즉 구간

$$\frac{10}{3}<x<10$$

을 준다. 그런데 이 구간에 포함되는 중심이 5인 $|x-5|<\delta$ 형태의 범위를 원하고 있다. 주어진 구간의 양 끝점 $\frac{10}{3}$과 10에서 중심 5까지의 길이는 각각 $\frac{5}{3}$와 5이므로 $\delta$를 둘 중에서 작은 값 $\frac{5}{3}$를 택하면 된다. 즉 $0<|x-5|<\frac{5}{3}$인 모든 $x$에 대하여 $|f(x)-L|=\left|\frac{1}{x}-0.2\right|<0.1$을 만족한다.

주의: 앞의 $\epsilon-\delta$를 이용한 극한의 정의에는 $x\neq a$가 포함되어 있다. 이 조건이 반드시 포함되어야 하는 이유를 생각해 보라.

## 연습문제 1.2

**01** 아래 그래프의 함수 $y=f(x)$에 대한 다음 명제 중 참인 것은?

(1) $\lim_{x \to -1^+} f(x)=1$  (2) $\lim_{x \to 0^-} f(x)=0$  (3) $\lim_{x \to 0-} f(x)=1$

(4) $\lim_{x \to 0^-} f(x)=\lim_{x \to 0^+} f(x)$  (5) $\lim_{x \to 0} f(x)$가 존재한다.  (6) $\lim_{x \to 0} f(x)=0$

(7) $\lim_{x \to 0} f(x)=1$  (8) $\lim_{x \to 1} f(x)=1$  (9) $\lim_{x \to 1} f(x)=0$

(10) $\lim_{x \to 2^-} f(x)=2$

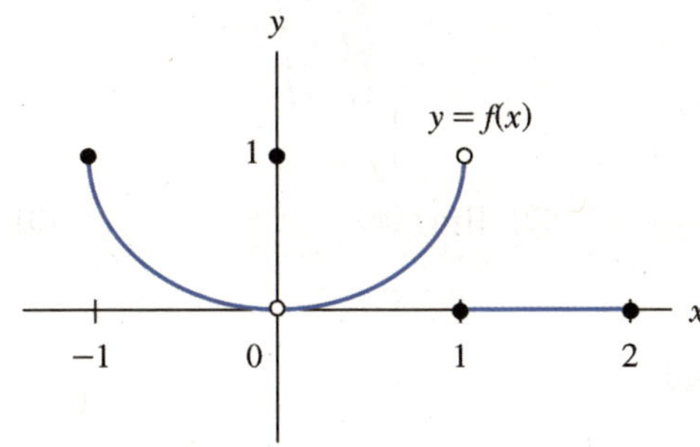


**[02-05]** 그래프를 이용하여 극한값을 추정하고 해답에 주어진 함수값과 비교하라.

**02** $\lim_{x \to 0} \frac{\sqrt{3x+1}-1}{2x}$

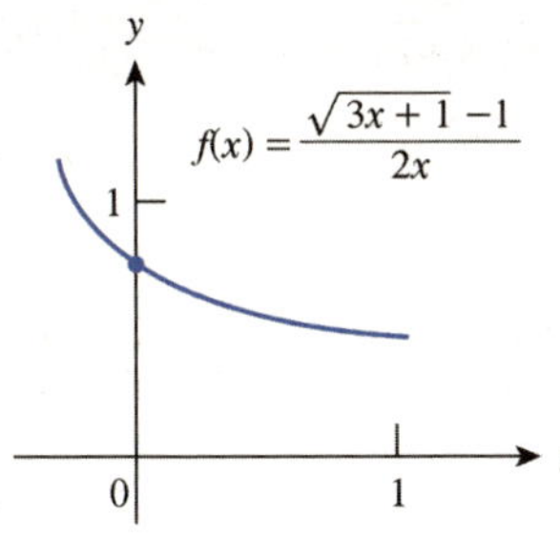


**03** $\lim_{x \to 1} \frac{x-1}{x-\sqrt[4]{x}}$

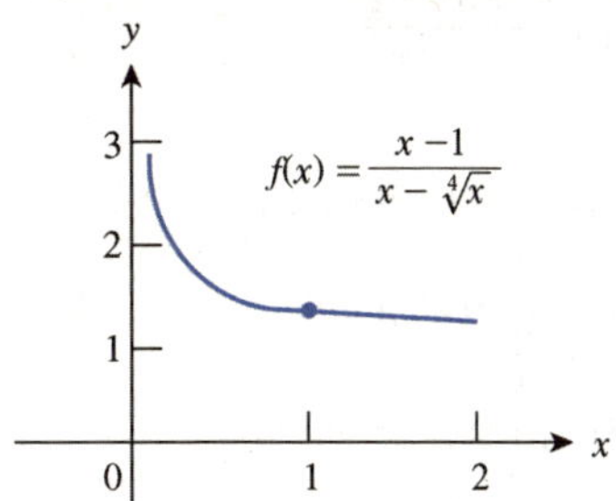


**04** $\lim_{x \to 0} \frac{3\tan x}{4x}$

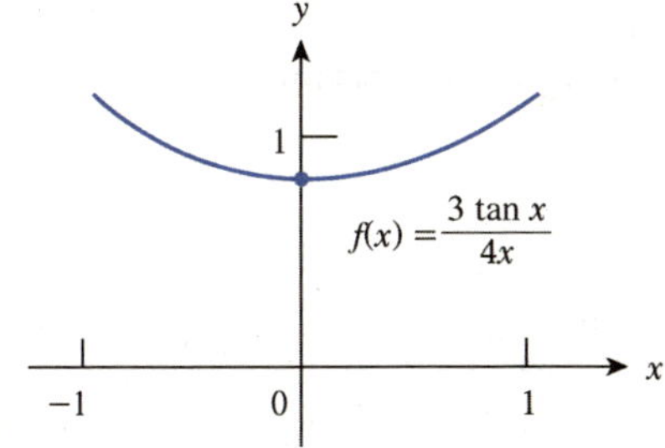


**05** $\lim_{x \to 0} \frac{5\cos\left(x+\frac{\pi}{2}\right)}{4x}$

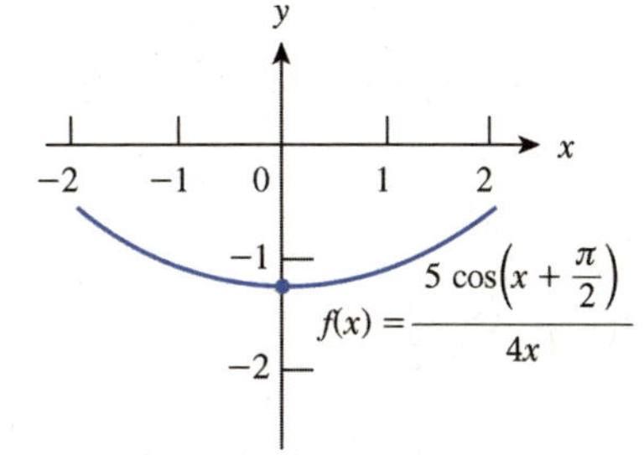

**06** $f(x)=\begin{cases}0, & x\le 0\\ \sin\dfrac{1}{x}, & x>0\end{cases}$ 일 때 다음 각 극한을 구해 보고 값이 존재하지 않으면, 그 이유를 설명하라(아래 그래프 참조).

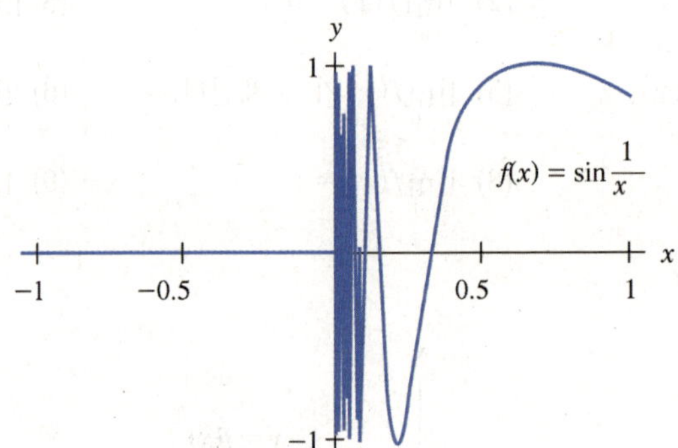


(1) $\lim_{x\to 0^+} f(x)$　　(2) $\lim_{x\to 0^-} f(x)$　　(3) $\lim_{x\to 0} f(x)$

**[07-12]** 다음 극한값을 구하라.

**07** $\lim_{x\to -3}\sqrt{x+7}$

**08** $\lim_{x\to 0}\sqrt{2x+3}$

**09** $\lim_{x\to 1.5} 3[x]$

**10** $\lim_{x\to 0}\dfrac{5}{\sqrt{5x+4}+2}$

**11** $\lim_{x\to 0}\dfrac{x^2+5x-2}{1-\tan x}$

**12** $\lim_{x\to 0}\dfrac{\sin x+\cos x}{1-x+2\cos x}$

**13** $\lim_{x\to c} f(x)=5$이고, $\lim_{x\to c} g(x)=-2$일 때 다음의 값을 구하라.

(1) $\lim_{x\to c} f(x)g(x)$　　(2) $\lim_{x\to c} 2f(x)g(x)$

(3) $\lim_{x\to c}[f(x)+3g(x)]$　　(4) $\lim_{x\to c}\dfrac{f(x)}{f(x)-g(x)}$

**14** $\lim_{x\to 0}\dfrac{1-\cos x}{x^2}$의 값을 추측하기 위해 $x=0.1,\ 0.01,\ 0.001,\ \cdots$에서 계산해 보라. 또 같은 계산을 $x=-0.1,\ -0.01,\ -0.001,\ \cdots$에서 시도해 보라. 어떤 현상이 발견되는가?

**[15-20]** 다음 함수에서 (a) $x\to\infty$ (b) $x\to-\infty$일 때의 극한값을 각각 구하라.

**15** $f(x)=\dfrac{2}{x}-3$

**16** $g(x)=\pi-\dfrac{2}{x^2}$

**17** $f(x)=\dfrac{2x+3}{5x+7}$

**18** $g(x)=\dfrac{x^4}{x^3+1}$

**19** $f(x)=\dfrac{7x^3}{x^3-3x^2+6x}$

**20** $g(x)=\dfrac{-2x^3-2x+3}{3x^3+3x^2-5x}$

**[21-28]** 다음 극한값이 존재하는가? 존재하면 극한값을 구하라.

**21** $\lim\limits_{x \to 0^+} \dfrac{1}{3x}$ **22** $\lim\limits_{x \to 0^+} \dfrac{5}{2x}$ **23** $\lim\limits_{x \to 2^+} \dfrac{1}{x-2}$

**24** $\lim\limits_{x \to 2^-} \dfrac{1}{x-2}$ **25** $\lim\limits_{x \to 2^+} \dfrac{2}{x-2}$ **26** $\lim\limits_{x \to 2^-} \dfrac{x}{x-2}$

**27** $\lim\limits_{x \to 0^-} \dfrac{[x]}{x}$ **28** $\lim\limits_{x \to \infty} \dfrac{x}{|x|}$

**[29-30]** 주어진 그래프를 이용하여 각 극한값을 구하라.

**29** $\lim \dfrac{1}{x^2-4}$: (1) $x \to 2^+$ (2) $x \to 2^-$ (3) $x \to -2^+$ (4) $x \to -2^-$

**30** $\lim \dfrac{x^2-1}{2x+4}$: (1) $x \to 2^+$ (2) $x \to 2^-$ (3) $x \to \infty$ (4) $x \to -\infty$

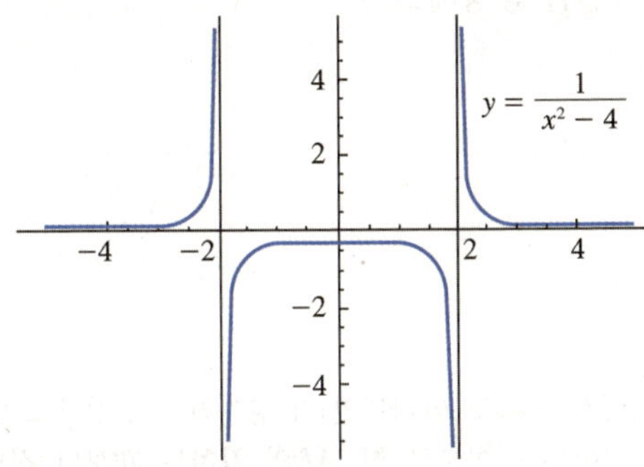


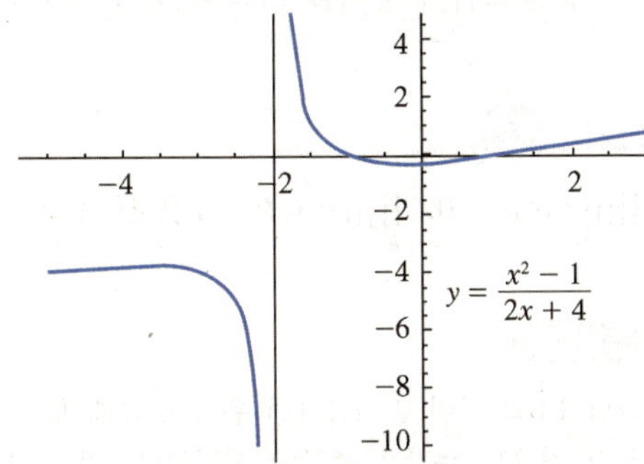


**31** $f(x)$가 전체 실수에서 정의된 우함수라 하자. $\lim\limits_{x \to -\infty} f(x) = \pi$라는 것을 안다면 $\lim\limits_{x \to \infty} f(x)$는 얼마일까?

**[32-34]** 주어진 조건을 만족하는 함수를 한 개씩 찾고 그 그래프의 개형을 그려라.

**32** $\lim\limits_{x \to \pm\infty} f(x) = 0$, $\lim\limits_{x \to 2^-} f(x) = \infty$, $\lim\limits_{x \to 2^+} f(x) = \infty$

**33** $\lim\limits_{x \to \pm\infty} g(x) = 0$, $\lim\limits_{x \to 3^-} g(x) = -\infty$, $\lim\limits_{x \to 3^+} g(x) = \infty$

**34** $\lim\limits_{x \to -\infty} h(x) = -1$, $\lim\limits_{x \to \infty} h(x) = 1$, $\lim\limits_{x \to 0^-} h(x) = -1$, $\lim\limits_{x \to 0^+} h(x) = 1$

**[35-36]** 다음의 주어진 함수 $f(x)$, $a$, 그리고 양수 $\epsilon$에 대하여 $\lim\limits_{x \to a} f(x) = L$을 구하라.
또 $0 < |x-a| < \delta$인 모든 $x$에 대하여 $|f(x) - L| < \epsilon$를 만족하는 양수 $\delta$를 구하라.

**35** $f(x) = \sqrt{x-5}$, $a = 9$, $\epsilon = 0.01$ **36** $f(x) = \dfrac{1}{x}$, $a = 2$, $\epsilon = 0.1$

## 1.3 샌드위치 정리와 $\dfrac{\sin\theta}{\theta}$의 극한

어떤 함수가 그 자체로는 극한값을 구하기 힘들 때 상한과 하한이 변해가는 거동을 살펴보아 극한값을 구할 수도 있다. 우선 다음과 같은 사실을 관찰하자(증명 생략).

**정리 • 1.2 샌드위치 정리**

$c$를 포함하는 열린 구간 내의 $c$가 아닌 모든 $x$에 대해 $g(x) \le f(x) \le h(x)$가 성립하고 $\lim\limits_{x\to c} g(x) = \lim\limits_{x\to c} h(x) = L$이면 $\lim\limits_{x\to c} f(x) = L$이다.

이 샌드위치 정리를 이용하여 당연한 다음 사실을 증명해 보자.

**예제 1**

$\lim\limits_{\theta\to 0} \sin\theta = 0$, $\lim\limits_{\theta\to 0} \cos\theta = 1$을 보여라.

**풀이**

그림 1.6과 같이 반지름 1인 원을 생각해 보자. 그림에서는 각도 $\theta$(라디안)가 양이라고 상정하고 있는데 음인 경우도 똑같은 주장이 성립한다. 원호 $AP$의 길이는 $|\theta|$이므로 현 $AP$의 길이는 $|\theta|$보다 작다. 즉 $AP < |\theta|$이다. 삼각형 $APQ$는 직각삼각형이므로 $QP = |\sin\theta|$, $QA = 1 - \cos\theta$이 되는데 피타고라스 정리와 $AP < |\theta|$로부터

$$AP^2 = QP^2 + QA^2 = \sin^2\theta + (1-\cos\theta)^2 < \theta^2$$

을 얻는다. 부등식의 좌변의 두 항은 모두 양수이므로 각 항은 $\theta^2$보다 작다. 즉, $\sin^2\theta < \theta^2$, $(1-\cos\theta)^2 < \theta^2$이다. 이 식들은 $|\sin\theta| < |\theta|$, $|1-\cos\theta| < |\theta|$와 동등하고, 이는

$$-|\theta| < \sin\theta < |\theta| \text{ 와 } -|\theta| < 1-\cos\theta < |\theta|$$

를 의미한다. 이 두 식에서 $\theta$를 0으로 한없이 작게 보내면 샌드위치 정리에 의하여

$$\lim_{\theta\to 0} \sin\theta = 0 \text{ 과 } \lim_{\theta\to 0}(1-\cos\theta) = 0, \text{ 즉 } \lim_{\theta\to 0} \cos\theta = 1$$

을 얻는다. ■

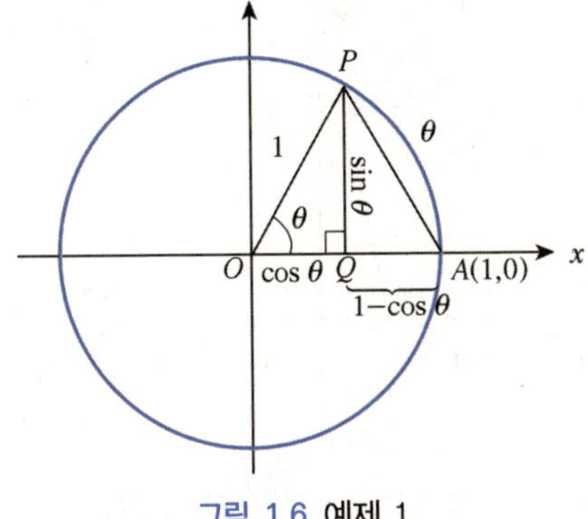


그림 1.6 예제 1

예제 1의 결과를 이용하여 다음 사실도 얻을 수 있다.

**예제 2**

(1) $\lim_{\theta\to0}\tan\theta = \lim_{\theta\to0}\frac{\sin\theta}{\cos\theta} = \frac{\lim_{\theta\to0}\sin\theta}{\lim_{\theta\to0}\cos\theta} = \frac{0}{1} = 0$

(2) $\lim_{\theta\to0}\sec\theta = \lim_{\theta\to0}\frac{1}{\cos\theta} = \frac{1}{\lim_{\theta\to0}\cos\theta} = \frac{1}{1} = 1$ ■

다음은 삼각함수에서 유용하게 쓰이는 극한 $\lim_{\theta\to0}\frac{\sin\theta}{\theta}$을 구해 보자. 표 1.1이나 그림 1.7을 참조하면 위의 극한값이 1인 것을 수치적으로 또 시각적으로 짐작할 수 있으나 $\theta$에 0를 대입해서는 원하는 결과를 얻을 수가 없으므로 다른 방법이 필요하다.

표 1.1

| $\theta$ (radians) | $\sin\theta$ | $\sin\theta/\theta$ |
|---|---|---|
| 0.1 | 0.0998 33416 65 | 0.9983 34166 5 |
| 0.01 | 0.0099 99833 334 | 0.9999 83333 4 |
| 0.001 | 0.0009 99999 8333 | 0.9999 99833 3 |
| 0.0001 | 0.0000 99999 99983 | 0.9999 99998 3 |
| −0.0001 | −0.0000 99999 99983 | 0.9999 99998 3 |
| −0.001 | −0.0009 99999 8333 | 0.9999 99833 3 |
| −0.01 | −0.0099 99833 334 | 0.9999 83333 4 |
| −0.1 | −0.0998 33416 65 | 0.9983 34166 5 |

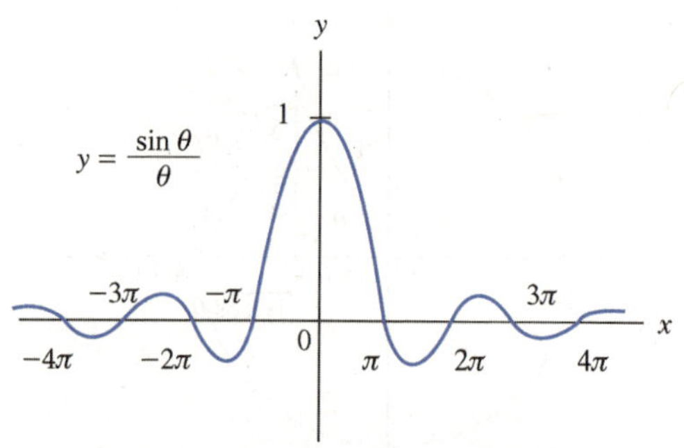


그림 1.7 $y = \frac{\sin\theta}{\theta}$의 그래프

### 정리 • 1.3

각도 $\theta$의 단위가 라디안(radian)일 때, $\lim_{\theta \to 0}\frac{\sin\theta}{\theta} = 1$이다.

**증명**

우선 우극한의 경우 $\lim_{\theta \to 0^+}\frac{\sin\theta}{\theta} = 1$ 임을 증명하자. $0 < \theta < \pi/2$에 대해 그림 1.8에서 $\triangle OAP$와 부채꼴 $OAP(\triangledown OAP)$, 그리고 $\triangle OAT$의 면적을 비교하면

$$\text{면적}(\triangle OAP) < \text{면적}(\triangledown OAP) < \text{면적}(\triangle OAT)$$

이다. 이 면적을 $\theta$를 이용하여 표현하면, 각각

$$\text{면적}(\triangle OAP) = \frac{1}{2}\sin\theta, \ \text{면적}(\triangledown OAP) = \frac{1}{2}\theta, \ \text{면적}(\triangle OAT) = \frac{1}{2}\tan\theta$$

이므로 $\frac{1}{2}\sin\theta < \frac{1}{2}\theta < \frac{1}{2}\tan\theta$, 즉

$$\sin\theta < \theta < \tan\theta \tag{1.1}$$

가 얻어진다. 식 (1.1)을 모두 $\sin\theta\,(>0)$로 나누면

$$1 < \frac{\theta}{\sin\theta} < \frac{1}{\cos\theta} \tag{1.2}$$

이 되고, 식 (1.2)에서 역수를 취하면

$$\cos\theta < \frac{\sin\theta}{\theta} < 1 \tag{1.3}$$

이다. 식 (1.3)의 각 항에 우극한을 취하면 $\lim_{\theta \to 0^+}\cos\theta = 1$, $\lim_{\theta \to 0^+} 1 = 1$ 이므로 샌드위치 정리를 적용하여

$$\lim_{\theta\to 0^+}\frac{\sin\theta}{\theta}=1$$

을 얻을 수 있다. 좌극한 $\theta\to 0^-$ 의 경우는

$$\lim_{\theta\to 0^-}\frac{\sin\theta}{\theta}=\lim_{\theta\to 0^+}\frac{\sin(-\theta)}{-\theta}=\lim_{\theta\to 0^+}\frac{-\sin\theta}{-\theta}=\lim_{\theta\to 0^+}\frac{\sin\theta}{\theta}=1$$

이 얻어진다. 즉,

$$\lim_{\theta\to 0^+}\frac{\sin\theta}{\theta}=\lim_{\theta\to 0^-}\frac{\sin\theta}{\theta}=1$$

이 되고 이로부터 정리가 증명된다. ■

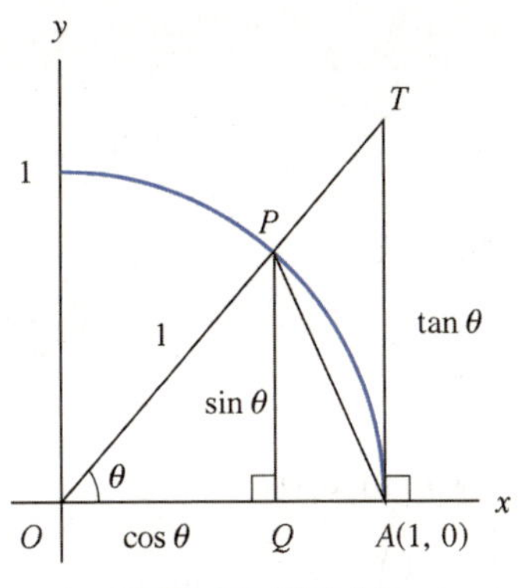


그림 1.8 정리 1.3

■

## 예제 3

$\lim_{\theta\to 0}\frac{\cos\theta-1}{\theta}$ 을 구하라.

**풀이**

$$\begin{aligned}\lim_{\theta\to 0}\frac{\cos\theta-1}{\theta}&=\lim_{\theta\to 0}\frac{(\cos\theta-1)(\cos\theta+1)}{\theta(\cos\theta+1)}\\&=\lim_{\theta\to 0}\frac{-\sin^2\theta}{\theta(\cos\theta+1)}\\&=\lim_{\theta\to 0}\frac{\sin\theta}{\theta}\cdot\frac{-\sin\theta}{\cos\theta+1}\\&=\left(\lim_{\theta\to 0}\frac{\sin\theta}{\theta}\right)\left(\lim_{\theta\to 0}\frac{-\sin\theta}{\cos\theta+1}\right)\\&=1\cdot\frac{0}{2}=0\end{aligned}$$

■

**예제 4**

$\lim_{x\to\infty}\frac{\sin x}{x}=0$임을 보여라.

**풀이**

$\lim_{x\to\infty}\sin x$는 존재하지 않는다. 그러나 $\sin x$의 값은 1을 넘지 못하고 $-1\le\sin x\le 1$이므로 $-\frac{1}{x}\le\frac{\sin x}{x}\le\frac{1}{x}$이다. $x\to\infty$일 때 $-\frac{1}{x}, \frac{1}{x}$은 모두 0으로 수렴하므로 샌드위치 정리를 사용하면 $\frac{\sin x}{x}$도 0으로 수렴한다. ■

**예제 5**

$\lim_{x\to\infty}\sin\frac{1}{x}=\lim_{\theta\to0^+}\sin\theta=0$ ($\frac{1}{x}$을 $\theta$로 치환) ■

**예제 6**

$\lim_{x\to-\infty}\left(1+\frac{3}{x}\right)\left(\cos\frac{1}{x}\right)$를 구하라.

**풀이**

$\frac{1}{x}=\theta$로 치환하면 $x\to-\infty$일 때 $\theta\to0^-$이므로

$$\begin{aligned}\lim_{x\to-\infty}\left(1+\frac{3}{x}\right)\left(\cos\frac{1}{x}\right)&=\lim_{\theta\to0^-}(1+3\theta)(\cos\theta)\\&=\lim_{\theta\to0^-}(1+3\theta)\lim_{\theta\to0^-}\cos\theta=1\times1=1\end{aligned}$$ ■

**예제 7**

$\lim_{x\to0}\frac{\tan x}{x}=\lim_{x\to0}\frac{\sin x}{x}\frac{1}{\cos x}=1\cdot1=1$ ■

## 연습문제 1.3

**[01-07]** 다음의 극한값을 구하라.

**01** $\lim_{\theta\to0}\frac{\sin6\theta}{6\theta}$

**02** $\lim_{t\to0}\frac{\sin\pi t}{\pi t}$

**03** $\lim_{\theta\to0^+}\frac{\theta}{\sin\theta}$

**04** $\lim_{x\to0}\frac{\sin x}{2x^2-x}$

**05** $\lim_{x\to0}\frac{\sin(1-\cos x)}{(1-\cos x)}$

**06** $\lim_{x\to0}\frac{\tan2x}{x}$

07 $\lim_{x\to 0} 2x\cot x$

[08-12] 다음의 극한값을 구하라.

08 $\lim_{x\to 0}\frac{\sin 2x}{x}$

09 $\lim_{x\to -\infty}\frac{\cos x}{3x}$

10 $\lim_{y\to\infty} y\sin\frac{1}{y}$

11 $\lim_{x\to 0^+}\frac{1}{\sin x}$

12 $\lim_{x\to 0^+}\frac{3}{\cos x - 1}$

13 $f(x)$가 다음을 만족할 때 $\lim_{x\to\infty} f(x)$와 $\lim_{x\to -\infty} f(x)$의 값을 각각 구하라.

$$\frac{2x^2}{x^2+1} \le f(x) \le \frac{2x^2+5}{x^2}$$

[14-16] 다음을 구하라.

14 $\lim_{\theta\to 0}\frac{\sin(\cos\theta)}{\sec\theta}$

15 $\lim_{t\to 0^-}\frac{\sin^2 3t}{t^2}$

16 $\lim_{\theta\to 0}\frac{\sin\theta}{\theta + 2\tan\theta}$

## 1.4 연속함수

연속함수는 직관적으로, 펜을 떼지 않고 정의역 위에서 연속적으로 그래프를 그릴 수 있는 함수를 뜻한다. 우리가 관찰할 수 있는 물리, 화학 현상 중에는 시간에 따라 연속적으로 변화하는 경우가 많다. 예를 들면 행성의 운행이나 자유낙하, 또는 화학반응에서 반응속도 등은 연속함수를 이용해서 모형화할 수 있다.

함수의 연속은 극한과 밀접한 관계가 있다. 일반적으로 함수 $y = f(x)$가 $x = c$에서 **연속**이라는 것은

> (i) 함수값 $f(c)$와 극한값 $\lim_{x\to c} f(x)$가 존재하고
>
> (ii) $\lim_{x\to c} f(x) = f(c)$

이 성립한다는 의미이고 함수가 정의역 $D$의 모든 점에서 연속일 때 그 함수는 $D$에서 연속이라고 한다.

**정리 • 1.4 연속함수의 대수적 성질**

함수 $f, g$가 $x=c$에서 연속이라 하자. 그러면 다음 조합들도 $x=c$에서 연속이다.

(1) 합과 차 : $f \pm g$

(2) 상수 곱 : $kg$ ($k$는 임의의 상수)

(3) 곱 : $f\,g$

(4) 비 : $\dfrac{f}{g}$ ($g(c) \neq 0$인 경우)

위의 정리는 극한의 성질을 이용하여 쉽게 증명된다. 예를 들어 $\lim\limits_{x\to c} f(x) = f(c)$이고 $\lim\limits_{x\to c} g(x) = g(c)$라면

$$(1)\ \lim_{x\to c}[f(x) \pm g(x)] = f(c) \pm g(c)$$

$$(3)\ \lim_{x\to c} f(x)g(x) = f(c)g(c)$$

$$(4)\ \lim_{x\to c}\frac{f(x)}{g(x)} = \frac{f(c)}{g(c)}\ \ (g(c) \neq 0)$$

가 된다.

**예제 1**

위의 정리에 의해서 다음 함수들도 함수가 정의되는 모든 점에서 연속이다.

(1) $f(x) = 3x^2 - 2x + \dfrac{1}{x^2+2}$

(2) $g(x) = 5x\sin x$

(3) $\tan x = \dfrac{\sin x}{\cos x}$

(4) $\sec x = \dfrac{1}{\cos x}$

**예제 2**

함수 $f(x) = \dfrac{x^2+2x-8}{x^2-4}$은 $x = \pm 2$에서 정의되지 않는다. 따라서 $x=2$에서

$$\lim_{x\to 2} f(x) = \lim_{x\to 2}\frac{(x-2)(x+4)}{(x-2)(x+2)} = \lim_{x\to 2}\frac{x+4}{x+2} = \frac{3}{2}$$

과 같이 극한값이 존재하지만 연속은 아니다. 그러나 함수 $f(x)$의 정의역을 확장하여

$$f(x)=\begin{cases}\dfrac{x^2+2x-8}{x^2-4}, & x\neq 2\\ \dfrac{3}{2}, & x=2\end{cases}$$

로 정의하면 이 함수는 $x=2$에서 연속이다.

또한 아래 그림 1.9(a),(b)에서는 $\dfrac{x^2+2x-8}{x^2-4}$와 $\dfrac{x+4}{x+2}$의 차이를 볼 수 있다. 두 함수의 모양은 같지만 전자는 2에서 불연속인 반면 후자는 연속이다. ■

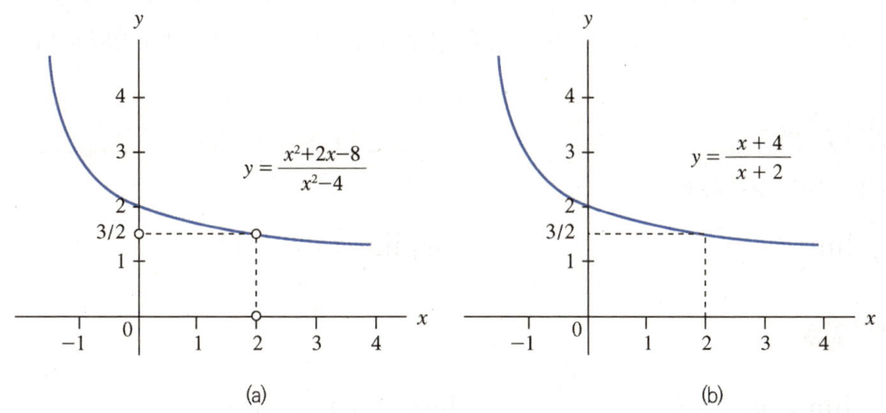


그림 1.9 예제 2

**예제 3 가우스 함수의 불연속성**

$x$의 모든 정수 값에 대해 가우스 함수 $y=[x]$는 극한값을 갖지 않으므로 이 점들에서 연속이 아니다. ■

**예제 4**

$f(x)=x^2+20$과 $g(x)=4x(x-2)$는 모든 점에서 연속이다. 그러므로 유리함수

$$\frac{f(x)}{g(x)}=\frac{x^2+20}{4x(x-2)}$$

는 $x=0, 2$를 제외한 모든 점에서 연속이다. ■

## 연속함수의 합성

**정리 ● 1.5**

함수 $g$가 $x=c$에서 연속이고 $f$가 $g(c)$에서 연속이면, $f\circ g$는 $x=c$에서 연속이다. 따라서 합성 함수에 대한 극한값을 다음과 같이 구할 수 있다.

$$\lim_{x\to c} f\circ g(x) = f\circ g(c)$$ ■

위의 정리에 따르면 $y=\sqrt{x\cos x}$ (이때 $g(x)=x\cos x$, $f(x)=\sqrt{x}$)와 $y=\tan(x-1)$ (이때 $g(x)=x-1$, $f(x)=\tan x$) 등은 함수가 정의된 모든 구간에서 연속이다.

**예제 5**

다음 극한값을 구하라.

(1) $\lim_{x\to\pi/3}\sqrt{x\cos x}$　　(2) $\lim_{x\to 1}\tan(2x-1)$

**풀이**

(1) $\lim_{x\to\pi/3} x\cos x = \frac{\pi}{3}\cdot\frac{1}{2}=\frac{\pi}{6}$ 이므로 $\lim_{x\to\pi/2}\sqrt{x\cos x}=\sqrt{\frac{\pi}{6}}$

(2) $\lim_{x\to 1}(2x-1)=1$ 이므로 $\lim_{x\to 1}\tan(2x-1)=\tan 1$ ■

## 경계점에서의 연속성

함수가 닫힌 구간 $[a,b]$에서 정의될 때 경계점 $a$와 $b$에서의 연속 여부는 어떻게 판단할 수 있을까? 이 경우에는 왼쪽 경계점인 $a$에서는 우극한 값이, 오른쪽 경계점인 $b$에서는 좌극한 값이 존재할 때 연속이라고 한다. 즉

$$a\text{에서는 } \lim_{x\to a^+} f(x) = f(a),\quad b\text{에서는 } \lim_{x\to b^-} f(x) = f(b)$$

를 만족하는가로 판단한다.

**예제 6 경계점에서의 연속**

함수 $y=\sqrt{-x^2+10x-16}$ 의 정의역을 구하고, 경계점에서의 연속성을 판단하라.

**풀이**

우선 정의역은 $-x^2+10x-16\ge 0$을 풀면 $(x-2)(x-8)\le 0$, 즉

$$2 \le x \le 8$$

로 얻어진다. 이제 왼쪽 경계점 2에서는 좌극한을, 오른쪽 경계점 8에서는 우극한을 구하여 각 함수값과 비교하면

$$\lim_{x\to 2^+} \sqrt{-x^2+10x-16} = 0 = f(2),$$

$$\lim_{x\to 8^-} \sqrt{-x^2+10x-16} = 0 = f(8)$$

이므로 각 경계점에서 모두 연속이다. ■

## 연습문제 1.4

**[01-04]** 다음 식에 의해서 주어지는 함수 $f(x)$의 그래프를 그리고 물음에 답하라.

$$f(x) = \begin{cases} x^2-1, & -1 \le x < 0 \\ 2x, & 0 < x < 1 \\ 1, & x = 1 \\ -2x+4, & 1 < x < 2 \\ 0, & 2 < x < 3 \end{cases}$$

**01** (1) $f(-1)$이 존재하는가?

(2) $\lim_{x\to -1^+} f(x)$가 존재하는가?

(3) $\lim_{x\to -1^+} f(x) = f(-1)$인가?

**02** (1) $f(1)$은 존재하는가?

(2) $\lim_{x\to 1} f(x)$은 존재하는가?

(3) $\lim_{x\to 1} f(x) = f(1)$인가?

**03** $f$는 $x=2$에서 정의되었는가? 이 점에서 연속인가?

**04** (1) $\lim_{x\to 2} f(x)$는 얼마인가?

(2) $x=2$에서 $f(x)$를 어떻게 정의해야 연속함수가 될 수 있을까?

**[05-06]** 함수 $f(x)$가 $x=1$에서 연속인지 아닌지 답하라.

**05** $f(x) = \begin{cases} x^2, & x \le 1 \\ 2-x, & x > 1 \end{cases}$

**06** $f(x) = \begin{cases} x^2+1, & x \ne 1 \\ 1, & x = 1 \end{cases}$

**07** $f(\theta)=\begin{cases}\dfrac{\sin\theta}{\theta}, & \theta\neq 0\\ \dfrac{1}{2}, & \theta=0\end{cases}$ 일 때, $f(\theta)$가 연속이 되는 범위를 구하라.

**08** $f(x)=\sin\dfrac{x}{1-x^2}$가 연속이 되는 범위를 구하라.

**09** $g(x)=\dfrac{1}{1+\sin x}$이 불연속이 되는 점들을 구하라.

CHAPTER 02

# 도함수

## 2.1 접선과 도함수

함수 $y = f(x)$의 임의의 점 $P$에서의 기울기는 어떻게 구할까? 만일 $y = f(x)$가 직선이라면 간단할 것이다. 그러나 일반적인 곡선의 경우에는 그림 2.1과 같이 먼저 점 $P(x, f(x))$와 인근의 점 $Q(x+h, f(x+h))$를 통과하는 할선의 기울기

$$\frac{\Delta y}{\Delta x} = \frac{f(x+h) - f(x)}{h}$$

를 구하고, 점 $P$에서의 기울기를 $h \to 0$일 때 $\frac{\Delta y}{\Delta x}$의 극한값으로 구한다. 즉 점 $P$에서의 기울기 $m$은

$$m = \lim_{Q \to P} \frac{\Delta y}{\Delta x} = \lim_{h \to 0} \frac{f(x+h) - f(x)}{h} \tag{2.1}$$

로 정의된다. 이때 점 $P$를 지나고 기울기가 $m$인 직선을 점 $P$에서의 **접선**(tangent line)이라고 한다. 이와 같이 접선은 할선의 극한으로 정의되기 때문에 접선이 존재한다면 유일하다.

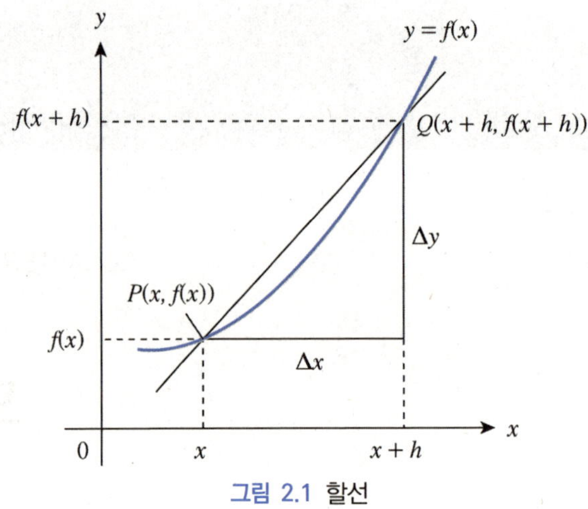


그림 2.1 할선

## 예제 1

점 $P(2,4)$에서 포물선 $y=x^2$의 기울기와 접선의 방정식을 구하라.

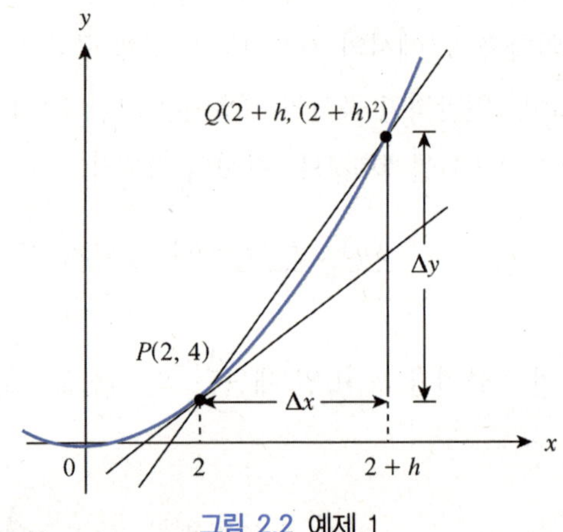


그림 2.2 예제 1

**풀이**

점 $P(2,4)$와 이에 근접한 포물선 위의 다른 점 $Q$를 통과하는 할선을 그려 보자(그림 2.2). 할선의 기울기를 구하기 위하여 $x$의 증분(increment) $\Delta x$를 $h$라 하면 $Q$의 $x$ 좌표는 $2+h$, $y$좌표는 $(2+h)^2$이다. 따라서

$$\text{할선 } PQ\text{의 기울기} = \frac{\Delta y}{\Delta x} = \frac{(2+h)^2 - 2^2}{h} = 4+h$$

이다. 이제 점 $Q$가 포물선 상에서 점 $P$에 가까이 갈 때, 즉 $Q \to P$ 또는 $h \to 0$일 때 할선의 기울기를 구하면

$$\lim_{Q \to P}(\text{할선의 기울기}) = \lim_{h \to 0}(4+h) = 4$$

이다. 따라서 점 $P$에서의 접선은 기울기가 4이고, 점 $P(2,4)$를 통과하므로

$$y-4=4(x-2),\ \text{즉}\ y=4x-4$$

이다. ■

일반적인 함수 $y=f(x)$에서 식 (2.1)과 같은 극한이 존재할 때 이것을 $f$의 도함수(derivative)라고 부르고 $f'$($f$ prime), $y'$, $\dfrac{df}{dx}$ 또는 $\dfrac{dy}{dx}$ 등으로 표기한다. 즉,

$$f'(x)=\lim_{h\to 0}\frac{f(x+h)-f(x)}{h}\ (\text{극한이 존재할 때}) \tag{2.2}$$

로 정의된다. 결국 도함수 $f'(x)$는 점 $x$에서 함수의 접선의 기울기를 나타낸다.

그림 2.1에서 $x=c$로 고정시키고, $c+\Delta x=x$로 놓으면 식 (2.2)는 다음과 같이 바뀐다.

$$f'(c)=\lim_{x\to c}\frac{f(x)-f(c)}{x-c}$$

경우에 따라 점 $c$에서의 도함수를 이렇게 표현하는 것이 편리할 수 있다.

**예제 2**

$f(x)=x^2-2x$일 때 도함수 $f'(x)$를 구하라.

**풀이**

$f(x+h)=(x+h)^2-2(x+h)=x^2+2xh+h^2-2x-2h$이므로

$$\begin{aligned}\frac{f(x+h)-f(x)}{h}&=\frac{(x^2+2xh+h^2-2x-2h)-(x^2-2x)}{h}\\&=\frac{h^2+2hx-2h}{h}=h+2x-2\end{aligned}$$

극한값을 취하면

$$f'(x)=\lim_{h\to 0}\frac{f(x+h)-f(x)}{h}=\lim_{h\to 0}(h+2x-2)=2x-2$$ ■

**예제 3**

$y=\dfrac{1}{x}$일 때 $\dfrac{dy}{dx}$를 구하라.

**풀이**

$f(x)=\dfrac{1}{x}$로 놓으면 $f(x+h)=\dfrac{1}{x+h}$이므로

$$\frac{f(x+h)-f(x)}{h}=\frac{\frac{1}{x+h}-\frac{1}{x}}{h}=\frac{1}{h}\frac{x-(x+h)}{x(x+h)}=\frac{1}{h}\frac{-h}{x(x+h)}=\frac{-1}{x(x+h)}$$

$h\to 0$일 때 극한을 구하면

$$\frac{dy}{dx}=\lim_{h\to 0}\frac{f(x+h)-f(x)}{h}=\lim_{h\to 0}\frac{-1}{x(x+h)}=\frac{-1}{x(x+0)}=-\frac{1}{x^2}$$

그러므로 $y=\frac{1}{x}$의 도함수는 $y'=-\frac{1}{x^2}$이다. ■

### 예제 4

$y=\sqrt{x}$ 의 도함수는 $x>0$ 일 때 $\frac{dy}{dx}=\frac{1}{2\sqrt{x}}$ 임을 보여라.

**풀이**

$f(x)=\sqrt{x}$ 로 놓으면 $f(x+h)=\sqrt{x+h}$ 이다. 따라서

$$\frac{dy}{dx}=\lim_{h\to 0}\frac{f(x+h)-f(x)}{h}=\lim_{h\to 0}\frac{\sqrt{x+h}-\sqrt{x}}{h}$$

이고, 이 경우 분자를 $h$로 나눌 수 없으므로 분자를 유리화하여

$$\begin{aligned}\frac{dy}{dx}&=\lim_{h\to 0}\frac{\sqrt{x+h}-\sqrt{x}}{h}\cdot\frac{\sqrt{x+h}+\sqrt{x}}{\sqrt{x+h}+\sqrt{x}}\\&=\lim_{h\to 0}\frac{(x+h)-x}{h(\sqrt{x+h}+\sqrt{x})}\\&=\lim_{h\to 0}\frac{1}{\sqrt{x+h}+\sqrt{x}}=\frac{1}{2\sqrt{x}}\end{aligned}$$

을 얻는다(그림 2.3). ■

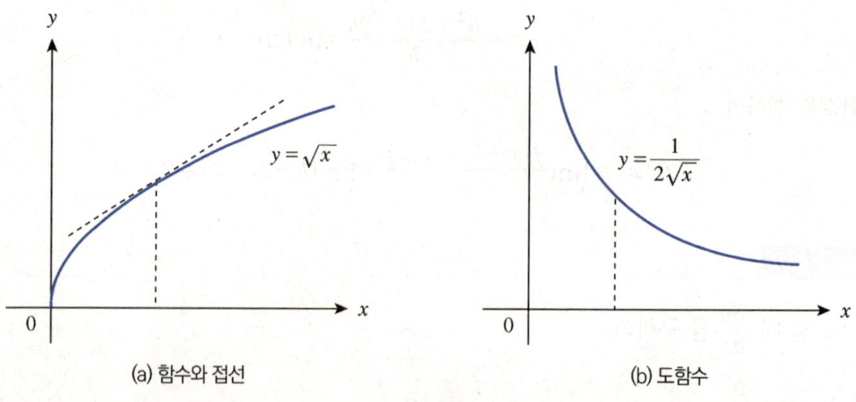


그림 2.3 예제 4

함수의 도함수를 구하는 과정을 미분(differentiation)이라고 말한다. 함수 $f(x)$가 $x$에서 도함수 $f'(x)$를 가질 때 $x$에서 미분가능(differentiable)하다고 하는데 연속함수가 반드시 미분가능인 것은 아니지만(예를 들면 $x = 0$에서 $y = |x|$는 미분불능이다), 미분가능한 함수는 반드시 연속이다.

**정리 • 2.1**

함수 $f$가 $x=c$에서 미분가능하면 $f$는 $x=c$에서 연속이다.

**증명**

$\lim_{x \to c} f(x) = f(c)$를 보여야 한다. 우선 $f$가 $x=c$에서 미분가능하다고 가정했으므로 극한값 $f'(c) = \lim_{x \to c} \frac{f(x)-f(c)}{x-c}$가 존재한다. 이제

$$\lim_{x \to c}(f(x)-f(c)) = \lim_{x \to c}(x-c) \cdot \frac{f(x)-f(c)}{x-c} = 0 \cdot f'(c) = 0$$

이 되므로 $\lim_{x \to c} f(x) = f(c)$이고 따라서 $f$는 $x=c$에서 연속이다. ■

결국 함수의 미분가능성은 극한 $\lim_{h \to 0} \frac{f(x+h)-f(x)}{h}$이 존재하는지의 여부에 달렸는데 극한이 존재하려면 좌, 우극한이 모두 존재하고 같은 값이 되어야 한다. 이때 우(좌)극한에 해당하는 것을 우(좌)도함수라고 부르는데 이들이 모두 존재하고 우도함수 = 좌도함수가 되어야 미분가능하게 된다. 한 점을 기준으로 좌, 우도함수는 좌, 우측 접선이 기울기이므로 이들을 고려하면 미분가능성을 직관적으로 보다 쉽게 파악할 수 있다. 아래 예제를 보자.

**예제 5**

함수 $y = |x|$는 원점에서 미분가능한가?

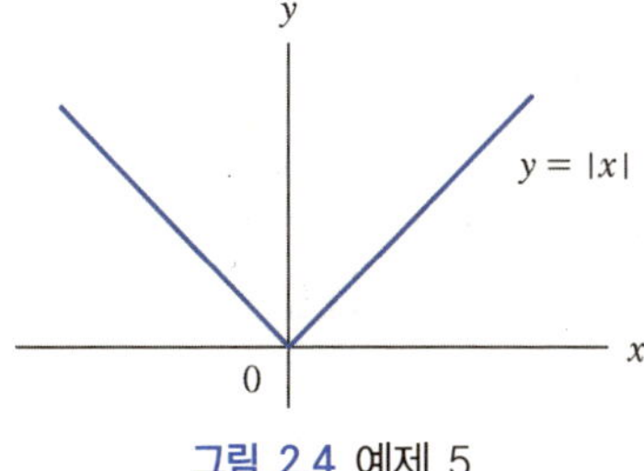


그림 2.4 예제 5

**풀이**

그림 2.4에서 관찰할 수 있듯이 $y = |x|$는 구간별로 정의된 함수이다. 이 함수는 $x > 0$에서는 기울기가 1이고, $x < 0$에서는 기울기가 $-1$이다. 이와 같이 0을 중심으로 기울기가 급격히 바뀌므로 0에서 미분불능이다. 그 사실을 식 (2.2)를 사용해서 살펴보자.

$$x=0\text{에서의 우도함수} = \lim_{h\to 0^+}\frac{|0+h|-|0|}{h} = \lim_{h\to 0^+}\frac{|h|}{h} = \lim_{h\to 0^+}\frac{h}{h} = 1$$

$$x=0\text{에서의 좌도함수} = \lim_{h\to 0^-}\frac{|0+h|-|0|}{h} = \lim_{h\to 0^-}\frac{|h|}{h} = \lim_{h\to 0^-}\frac{-h}{h} = -1$$

이므로 $x=0$에서 우도함수와 좌도함수의 값이 다르다. 즉 식 (2.2)의 극한이 존재하지 않고 따라서 $y = |x|$는 $x=0$에서 미분불능이다. ■

## 예제 6

다음과 같이 정의된 함수는 $x = 1$에서 미분가능한가?

$$g(x) = \begin{cases} x-1, & x < 1 \\ (x-1)^2, & x \geq 1 \end{cases}$$

**풀이**

$x=1$에서의 좌도함수와 우도함수를 각각 구해 보자.

$$\lim_{x\to 1^-}\frac{g(x)-g(1)}{x-1} = \lim_{x\to 1^-}\frac{(x-1)-0}{x-1} = 1(= \text{좌측 접선의 기울기})$$

$$\lim_{x\to 1^+}\frac{g(x)-g(1)}{x-1} = \lim_{x\to 1^+}\frac{(x-1)^2-0}{x-1} = \lim_{x\to 1^+}(x-1) = 0(= \text{우측 접선의 기울기})$$

두 값이 다르므로 $g(x)$는 $x=1$에서 미분불능이다. ■

다음 그림 2.5는 미분불능인 점들의 예를 보여 준다.

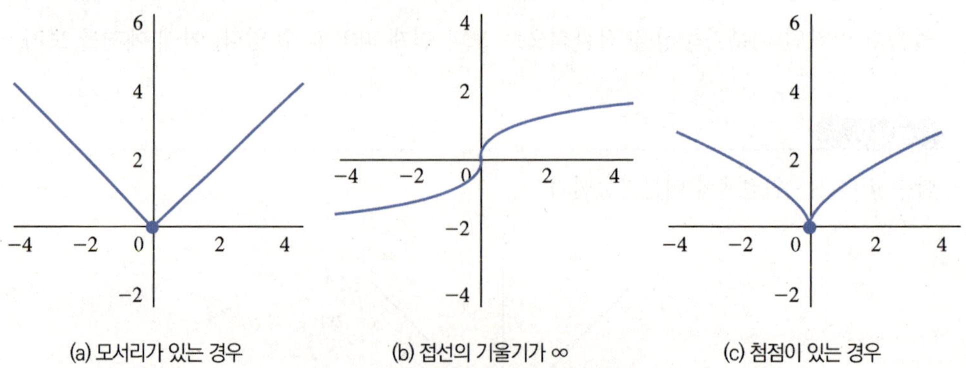


(a) 모서리가 있는 경우 (b) 접선의 기울기가 ∞ (c) 첨점이 있는 경우

그림 2.5 미분불능인 점들

## 연습문제 2.1

[01-04] 도함수의 정의를 이용하여 $\dfrac{dy}{dx}$를 구하라. 또한 $x=3$에서 곡선 $y=f(x)$의 기울기를 구하라.

01 $y=\dfrac{1}{x+1}$

02 $y=\sqrt{2x+3}$

03 $y=\dfrac{1}{\sqrt{4-x}}$

04 $y=\dfrac{1}{x^2}$

[05-06] 다음은 함수 $y=f(x)$의 그래프이다. 각 함수에 대해서 다음 영역을 구하라. 단 양 끝점은 제외하고 생각하라.

(1) 미분가능한 $x$의 영역

(2) 연속이지만 미분불능인 $x$의 영역

(3) 연속도 아니고 미분가능도 아닌 $x$의 영역

05

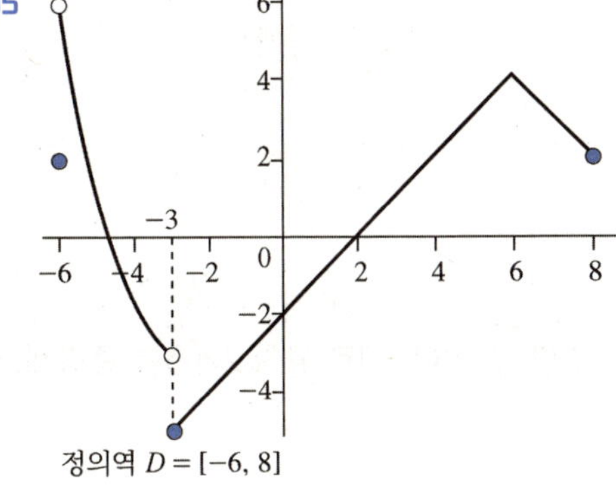


정의역 $D=[-6, 8]$

06

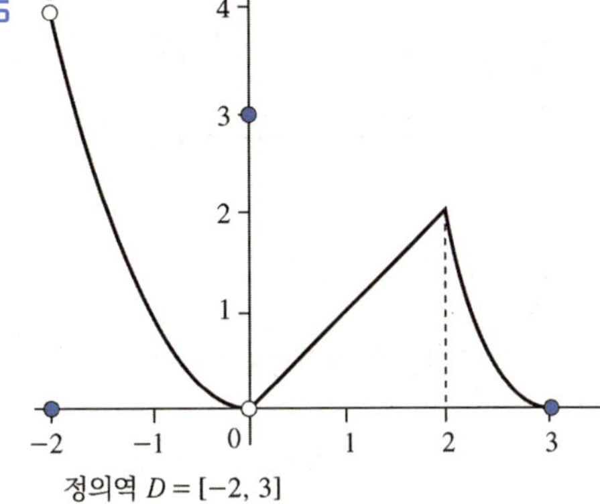


정의역 $D=[-2, 3]$

[07-08] 다음의 극한은 어떤 함수 $f$의 점 $c$에서의 도함수를 구하는 과정을 나타낸다. 이때 $f$와 $c$를 찾아라.

07 $\lim\limits_{x\to\pi/3}\dfrac{\tan x-\sqrt{3}}{x-\pi/3}$

08 $\lim\limits_{t\to2}\dfrac{t^3+t-10}{t-2}$

# 2.2 미분법

### 미분의 규칙

함수 $f(x)$의 도함수 $f'(x)$를 구하기 위해서 매번 도함수의 정의를 이용해야 한다면 매우 불편할 것이다. 대신 극한의 성질을 이용하여 유도해 놓은 다음 규칙들을 이용하면 좀더 간편하게 구할 수 있다.

**규칙 1 (상수함수의 도함수)** $c$가 상수일 때 $\frac{d}{dx}(c) = 0$ 이다.

**규칙 2** $n$이 0이 아닌 자연수일 때, $\frac{d}{dx}(x^n) = nx^{n-1}$ 이다.

**규칙 3 (상수곱에 관한 규칙)**

$u$가 $x$에 대해서 미분가능한 함수이고, $c$가 상수일 때, $\frac{d}{dx}(cu) = c\frac{du}{dx}$ 이다.

**규칙 4 (합과 차에 관한 규칙)**

$u$와 $v$가 $x$에 대해서 미분가능한 함수일 때, $\frac{d}{dx}(u \pm v) = \frac{du}{dx} \pm \frac{dv}{dx}$ 이다.

**규칙 5 (곱에 관한 규칙)**

$u$와 $v$가 $x$에 대해서 미분가능한 함수일 때, $\frac{d}{dx}(uv) = \frac{du}{dx}v + u\frac{dv}{dx}$ 이다.

**규칙 6 (분수식에 관한 규칙)**

$u$와 $v$가 $x$에 대해서 미분가능한 함수일 때, $v \neq 0$인 모든 점에서

$\frac{d}{dx}\left(\frac{u}{v}\right) = \frac{u'v - uv'}{v^2}$ 이다.

특히 규칙 6에 의하면 $u = 1$인 경우 $\frac{d}{dx}\left(\frac{1}{v}\right) = -\frac{v'}{v^2}$ 이다.

이 규칙들은 모두 도함수의 정의를 이용하여 증명할 수 있다. 예로 규칙 2와 5를 증명해보자.

**(규칙 2의 증명)** $f(x) = x^n$이면, $\frac{d}{dx}(x^n) = \lim_{h \to 0} \frac{(x+h)^n - x^n}{h}$ 이다.

분자를 바로 $h$로 나눌 수 없으므로, 다음 공식을 이용해 보자.

$$a^n - b^n = (a-b)[a^{n-1} + a^{n-2}b + \cdots + ab^{n-2} + b^{n-1}]$$

여기에 $a = x + h,\ b = x,\ a - b = h$를 대입하여,

$$(x+h)^n - x^n = h[(x+h)^{n-1} + (x+h)^{n-2}x + \cdots + (x+h)x^{n-2} + x^{n-1}]$$

이 되고,

$$\begin{aligned} \frac{d}{dx}(x^n) &= \lim_{h \to 0} \frac{(x+h)^n - x^n}{h} \\ &= \lim_{h \to 0} \frac{h[(x+h)^{n-1} + (x+h)^{n-2}x + \cdots + (x+h)x^{n-2} + x^{n-1}]}{h} \\ &= x^{n-1} + x^{n-2}x + \cdots + xx^{n-2} + x^{n-1} \\ &= nx^{n-1} \end{aligned}$$

■

(규칙 5의 증명) 도함수의 정의를 이용하여

$$
\begin{aligned}
[u(x)v(x)]' &= \lim_{h\to 0}\frac{u(x+h)v(x+h)-u(x)v(x)}{h} \\
&= \lim_{h\to 0}\frac{u(x+h)v(x+h)-u(x)v(x+h)+u(x)v(x+h)-u(x)v(x)}{h} \\
&= \lim_{h\to 0}\frac{u(x+h)v(x+h)-u(x)v(x+h)}{h}+\lim_{h\to 0}\frac{u(x)v(x+h)-u(x)v(x)}{h} \\
&= \lim_{h\to 0}\frac{u(x+h)-u(x)}{h}v(x+h)+\lim_{h\to 0}u(x)\frac{v(x+h)-v(x)}{h} \\
&= u'(x)v(x)+u(x)v'(x)
\end{aligned}
$$

**예제 1**

$y=\dfrac{x+2}{\sqrt{x}}$ 의 도함수는 규칙 6과 2.1절의 예제 4를 적용하여

$$
\frac{dy}{dx}=\frac{1\cdot x^{1/2}-(x+2)\dfrac{1}{2}x^{-1/2}}{x}=\frac{\sqrt{x}-\dfrac{x+2}{2\sqrt{x}}}{x}=\frac{2x-(x+2)}{2x^{3/2}}=\frac{x-2}{2x^{3/2}}
$$

과 같이 구한다. 또는 $y=x^{1/2}+2x^{-1/2}$ 로 표현하고 규칙 2를 $n$이 유리수인 경우로 확장 적용하여 (2.5절에서 증명)

$$
\frac{dy}{dx}=\frac{1}{2}x^{-1/2}-x^{-3/2}=\frac{1}{2x^{1/2}}-\frac{1}{x^{3/2}}=\frac{x-2}{2x^{3/2}}
$$

과 같이 구할 수도 있다. ■

**예제 2**

미분의 규칙 2에서 $n$ 이 자연수일 때 $(x^n)'=nx^{n-1}$ 라고 하였다. 이 규칙을 $n$이 정수인 경우로 확장하라.

**풀이**

$n=0$ 인 경우는 $y=x^0=1$이 되어 $y'=0\cdot x^{0-1}=0$ 으로 성립한다. $n$이 음의 정수인 경우는 $n=-m$ 으로 놓으면 $m$은 자연수이고 $y=x^n=x^{-m}=\dfrac{1}{x^m}$ 이다. 따라서 미분의 규칙 $\left(\dfrac{1}{f(x)}\right)'=-\dfrac{f'(x)}{[f(x)]^2}$ 에 의해

$$
y'=-\frac{(x^m)'}{(x^m)^2}=-\frac{mx^{m-1}}{x^{2m}}=-mx^{-m-1}=nx^{n-1}
$$

이 성립한다. ■

### 예제 3

규칙 6을 사용하지 않고 $y=\dfrac{x^3-4x^2+3x}{x^4}$ 의 도함수를 구하라.

**풀이**

$x^4$으로 나누면

$$y=\frac{x^3-4x^2+3x}{x^4}=x^{-1}-4x^{-2}+3x^{-3}$$

이므로 $\dfrac{dy}{dx}=-x^{-2}+8x^{-3}-9x^{-4}$가 된다. ■

### 예제 4

$y=uv$ 이고 $u(1)=3$, $u'(1)=-4$, $v(1)=1$, $v'(1)=2$ 로 주어질 때 $y'(1)$ 의 값을 구하라.

**풀이**

$y'=uv'+u'v$ 에서

$$y'(1)=u(1)v'(1)+u'(1)v(1)=3\times 2+(-4)(1)=2$$ ■

### 예제 5

$y=\dfrac{x-1}{x^2+1}$ 의 도함수를 구하라.

**풀이**

규칙 6을 사용하여

$$\frac{dy}{dx}=\frac{d}{dx}\left(\frac{x-1}{x^2+1}\right)=\frac{(x-1)'(x^2+1)-(x-1)(x^2+1)'}{(x^2+1)^2}=\frac{-x^2+2x+1}{(x^2+1)^2}$$ ■

### 예제 6

점 (4,2)에서의 $y=\sqrt{x}$ 의 접선의 방정식을 구하라.

**풀이**

$x=4$에서의 기울기는 그 점에서 도함수의 값이므로

$$y'\big|_{x=4}=\frac{1}{2\sqrt{x}}\bigg|_{x=4}=\frac{1}{4}$$

기울기가 1/4이고, $P(4,\sqrt{4})=(4,2)$를 통과하는 접선의 방정식은

$$y-2=\frac{1}{4}(x-4)$$

즉, $y=\dfrac{1}{4}x+1$이다. ■

**예제 7**

곡선 $y=x+\frac{2}{x}$의 점 (1,3)에서 접선의 방정식을 구하라.

**풀이**

$\frac{dy}{dx}=\frac{d}{dx}(x)+2\frac{d}{dx}\left(\frac{1}{x}\right)=1+2\left(-\frac{1}{x^2}\right)=1-\frac{2}{x^2}$ 이므로 $x=1$에서의 기울기는

$$\left.\frac{dy}{dx}\right|_{x=1}=\left[1-\frac{2}{x^2}\right]_{x=1}=1-2=-1$$

기울기가 $-1$이고 (1,3)을 통과하는 직선의 식은 $y-3=-1(x-1)$, 즉 $y=-x+4$이다. ■

## 2계 및 고계 도함수

$y=f(x)$의 도함수 $y'$가 미분가능하다면 한 번 더 미분하여

$$y''=\frac{dy'}{dx}$$

를 구할 수 있는데 이것을 $y$의 2계 도함수라고 부른다. 위 식을 계속 쓰면

$$y''=\frac{dy'}{dx}=\frac{d}{dx}\left(\frac{dy}{dx}\right)=\frac{d^2y}{dx^2}$$

즉, 2계 도함수를 $y''=\frac{d^2y}{dx^2}$로 표기할 수 있다. $y''$도 미분가능하다면 3계 도함수

$$y'''=\frac{dy''}{dx}$$

를 구할 수 있고 같은 방식으로 일반적인 양의 정수 $n$에 대해 $n$계 도함수

$$y^{(n)}=\frac{d}{dx}y^{(n-1)}$$

를 구할 수 있다. 2계 도함수와 마찬가지로 일반적으로 $n$계 도함수를

$$y^{(n)}=\frac{d^ny}{dx^n}$$

로 표기한다.

**예제 8**

$y=x^3+2x^2+3x+4$의 2계 이상 도함수를 모두 구하라.

**풀이**

$y'=3x^2+4x+3$, $y''=6x+4$, $y'''=6$이고 4계 이상의 도함수는 모두 0이다. ■

## 연습문제 2.2

**[01-08]** 미분의 규칙을 이용하여 다음 함수의 도함수를 구하라.

**01** $y=\dfrac{2x+5}{3x-2}$

**02** $y=\dfrac{2x+1}{x^2-1}$

**03** $y=\dfrac{1}{(x^2-1)(x^2+x+1)}$

**04** $y=\dfrac{x^2-1}{x^2+x-2}$

**05** $y=\dfrac{10}{\sqrt{x}-4}$

**06** $y=\dfrac{x}{2\sqrt{x}-7}$

**07** $y=\dfrac{\sqrt{x}-1}{\sqrt{x}+1}$

**08** $y=\dfrac{5x+1}{2\sqrt{x}}$

**09** $u$와 $v$는 $x$의 함수로 $x=0$에서 미분가능하다. $u(0)=5$, $u'(0)=-3$, $v(0)=-1$, $v'(0)=2$일 때, $x=0$에서 다음 값들을 구하라.

(1) $\dfrac{d}{dx}(uv)$

(2) $\dfrac{d}{dx}\left(\dfrac{u}{v}\right)$

(3) $\dfrac{d}{dx}\left(\dfrac{v}{u}\right)$

(4) $\dfrac{d}{dx}(7v-2u)$

**[10-11]** 다음의 1, 2계 도함수를 구하라.

**10** $y=\dfrac{x^3+7}{x}$

**11** $y=\dfrac{(x-1)(x^2+x+1)}{x^3}$

**12** 원점과 점 (1,2)에서 함수 $y=\dfrac{4x}{x^2+1}$의 접선의 방정식을 구하라.

**13** [약물투여에 대한 신체 반응]

약물 투여에 대한 신체 반응(reaction)은 다음 방정식으로 표현될 수 있다고 한다. $\dfrac{dR}{dM}$을 구하라.

$$R=M^2\left(\frac{c}{2}-\frac{M}{3}\right)$$

(여기서 $c$는 양의 상수이고, $M$은 혈액에 흡수된 약물의 양이다. 반응 $R$은 혈압이나 체온의 변화로 측정된다.)

## 2.3 삼각함수의 미분

지진, 심박동, 자기장, 기후 등 주위의 많은 현상들이 주기적인 성질을 띠고 있다. 삼각함수는 주기성을 갖는 대표적인 함수이므로 이들의 모형화에 매우 요긴한데, 특히 고등 미적분학의 중요한 결과 중 하나는 대부분의 주기적 현상들을 사인과 코사인 함수를 이용하여 나타낼 수 있다는 것이다.

우선 도함수의 정의에 의거하여 $\sin x$ 의 도함수

$$\frac{d}{dx}(\sin x) = \lim_{h\to 0}\frac{\sin(x+h)-\sin x}{h} \tag{2.3}$$

를 구해 보자. 부록의 공식

$$\sin(x+h) = \sin x\cos h + \cos x\sin h$$

와 1.3절의 정리 1.3과 예제 3을 이용하면,

$$\begin{aligned}\frac{d}{dx}(\sin x) &= \lim_{h\to 0}\frac{(\sin x\cos h+\cos x\sin h)-\sin x}{h}\\ &= \lim_{h\to 0}\frac{\sin x(\cos h-1)+\cos x\sin h}{h}\\ &= \sin x\lim_{h\to 0}\left(\frac{\cos h-1}{h}\right)+\cos x\lim_{h\to 0}\frac{\sin h}{h}\\ &= \sin x\cdot 0+\cos x\cdot 1 = \cos x\end{aligned}$$

$$\frac{d}{dx}(\sin x) = \cos x$$

이다. 그림 2.6은 식 (2.3)을 $h$를 0 가까이로 줄여가며 그린 그래프로 점점 $y=\cos x$에 가까워짐을 볼 수 있다.

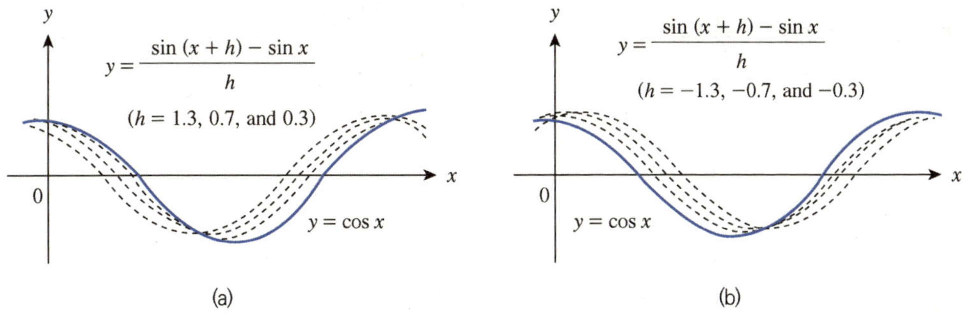


그림 2.6 $\sin x$의 도함수

유사한 방법으로 $\cos x$의 도함수를 구하면 $\cos(x+h)=\cos x\cos h-\sin x\sin h$를 이용하여

$$\begin{aligned}\frac{d}{dx}(\cos x)&=\lim_{h\to 0}\frac{\cos(x+h)-\cos x}{h}\\&=\lim_{h\to 0}\frac{(\cos x\cos h-\sin x\sin h)-\cos x}{h}\\&=\lim_{h\to 0}\frac{\cos x(\cos h-1)-\sin x\sin h}{h}\\&=\cos x\lim_{h\to 0}\frac{\cos h-1}{h}-\sin x\lim_{h\to 0}\frac{\sin h}{h}\\&=-\sin x\end{aligned}$$

$$\frac{d}{dx}(\cos x)=-\sin x$$

를 얻는다.

**[그 밖의 삼각함수들의 도함수]**

$$\frac{d}{dx}(\tan x)=\sec^2 x \qquad \frac{d}{dx}(\sec x)=\sec x\tan x$$

$$\frac{d}{dx}(\csc x)=-\csc x\cot x \qquad \frac{d}{dx}(\cot x)=-\csc^2 x$$

**예제 1**

$y=\tan x$일 때 $\frac{dy}{dx}$를 구하라.

**풀이**

2.2절의 규칙 6을 이용하여

$$\begin{aligned}\frac{d}{dx}(\tan x)&=\frac{d}{dx}\left(\frac{\sin x}{\cos x}\right)=\frac{\cos x\frac{d}{dx}(\sin x)-\sin x\frac{d}{dx}(\cos x)}{\cos^2 x}\\&=\frac{\cos x\cos x-\sin x(-\sin x)}{\cos^2 x}=\frac{\cos^2 x+\sin^2 x}{\cos^2 x}=\frac{1}{\cos^2 x}=\sec^2 x\end{aligned}$$

■

**예제 2**

$y=x^3\sin x$의 도함수를 구하라.

**풀이**

$$\frac{dy}{dx}=3x^2\sin x+x^3\frac{d}{dx}(\sin x)=3x^2\sin x+x^3\cos x$$

**예제 3**

$y=\dfrac{\cos x}{x}$ 의 도함수를 구하라.

**풀이**

$$\frac{dy}{dx}=\frac{(\cos x)'x-\cos x}{x^2}=\frac{-x\sin x-\cos x}{x^2}$$

**예제 4**

$y=\dfrac{\cos x}{1-\sin x}$ 의 도함수를 구하라.

**풀이**

2.2절의 규칙 6을 이용하면

$$\begin{aligned}\frac{dy}{dx}&=\frac{(1-\sin x)\frac{d}{dx}(\cos x)-\cos x\frac{d}{dx}(1-\sin x)}{(1-\sin x)^2}\\&=\frac{(1-\sin x)(-\sin x)-\cos x(-\cos x)}{(1-\sin x)^2}\\&=\frac{(1-\sin x)}{(1-\sin x)^2}=\frac{1}{(1-\sin x)}\end{aligned}$$

■

## 연습문제 2.3

[01-04] $\dfrac{dy}{dx}$를 구하라.

01 $y=3x(\sec x+1)$

02 $y=x\sin x+\cos x$

03 $y=\dfrac{4}{\cos x}+\dfrac{1}{\tan x}$

04 $y=\dfrac{\cos x}{x}+\dfrac{x}{\cos x}$

[05-06] $\dfrac{dr}{d\theta}$을 구하라.

05 $r = 4 - \theta^2 \sin\theta$

06 $r = \sin\theta(1 + \sec\theta)$

07 다음 함수 $f(x)$를 $x=0$에서 연속이 되게 하는 값 $b$가 존재하는가?

$$f(x) = \begin{cases} x+b, & x<0 \\ \cos x, & x \geq 0 \end{cases}$$

08 $f(x) = \begin{cases} ax+b, & x \leq -1 \\ ax^3+x+2b, & x > -1 \end{cases}$로 정의할 때, $f(x)$가 $x=-1$에서 미분가능하게 만드는 $a, b$의 값을 구하라.

09 $\dfrac{d^{999}}{dx^{999}}(\cos x)$을 구하라.

10 $f(x) = \dfrac{\cot x + 1}{\csc x}$에 대하여 다음을 계산하라.

(1) 2.2절의 규칙 6을 사용하여 미분하라.

(2) $f(x)$를 $\sin x$와 $\cos x$를 사용하여 간략히 한 뒤에 미분하고, 그 결과를 (1)과 비교하라.

## 2.4 연쇄율

이제 우리는 $\sin x$와 $x^2-4$의 도함수를 구할 수 있다. 그러면, $\sin(x^2-4)$와 같은 함수의 도함수는 어떻게 구할까? 답은 연쇄율을 이용하는 것이다. 예를 들어 $y=(x^2+1)^4$의 도함수를 구하기를 원한다고 하자. 한 가지 방법은 다항식을 전개하여 8차 다항식을 얻은 후 미분의 규칙을 적용하는 것이나 이는 매우 길고 지루할 것이다. 보다 간편한 다른 방법은

$$y = u^4, \qquad u = x^2+1$$

로 놓고

$$\frac{dy}{dx} = \frac{dy}{du}\frac{du}{dx} = 4u^3 2x = 4(x^2+1)^3 2x = 8x(x^2+1)^3$$

으로 구하는 것이다. 이와 같은 방법을 연쇄율(chain rule)이라고 한다.

## 정리 • 2.2 연쇄율

$y=f(u)$와 $u=g(x)$가 미분가능한 함수이면, 합성함수 $y=f(g(x))=(f\circ g)(x)$도 미분가능하고

$$(f\circ g)'(x)=f'[g(x)]g'(x)$$

이다. 즉,

$$\frac{dy}{dx}=\frac{dy}{du}\frac{du}{dx}$$

이다(그림 2.7).

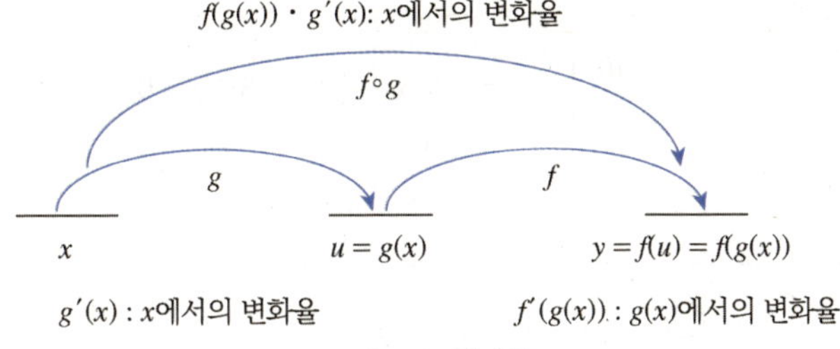


그림 2.7 연쇄율

### 참고 연쇄율의 증명

$y=f(u(x))$ 라고 하면 $\frac{\Delta y}{\Delta x}=\frac{\Delta y}{\Delta u}\frac{\Delta u}{\Delta x}$ 로 표현할 수 있다. 이제 다음이 성립한다.

$$\frac{dy}{dx}=\lim_{\Delta x\to 0}\frac{\Delta y}{\Delta x}=\lim_{\Delta x\to 0}\frac{\Delta y}{\Delta u}\frac{\Delta u}{\Delta x}=\left[\lim_{\Delta x\to 0}\frac{\Delta y}{\Delta u}\right]\left[\lim_{\Delta x\to 0}\frac{\Delta u}{\Delta x}\right]$$

한편 $u(x)$는 미분가능한 함수이므로 연속이다. 그러므로 $\Delta x\to 0$일 때, $\Delta u\to 0$이 성립한다. 그러면 위의 식은

$$\frac{dy}{dx}=\lim_{\Delta x\to 0}\frac{\Delta y}{\Delta x}=\left[\lim_{\Delta x\to 0}\frac{\Delta y}{\Delta u}\right]\left[\lim_{\Delta x\to 0}\frac{\Delta u}{\Delta x}\right]=\left[\lim_{\Delta u\to 0}\frac{\Delta y}{\Delta u}\right]\left[\lim_{\Delta x\to 0}\frac{\Delta u}{\Delta x}\right]=\frac{dy}{du}\frac{du}{dx}$$

로 귀결된다. ■

### 예제 1

$y=\sqrt{3x^2+1}$ 일 때 $\frac{dy}{dx}$를 구하라.

**풀이**

$y=\sqrt{u}$, $u=3x^2+1$로 놓으면 $\frac{dy}{du}=\frac{1}{2\sqrt{u}}$, $\frac{du}{dx}=6x$ 이다(유리수 $n$에 대해서도 $\frac{d}{dx}x^n=nx^{n-1}$ 이 성립한다. 증명은 2.5절 참조). 따라서

$$\frac{dy}{dx}=\frac{dy}{du}\frac{du}{dx}=\frac{1}{2\sqrt{u}}6x=\frac{3x}{\sqrt{3x^2+1}}$$ ■

### 예제 2

$y=\sin\left(\frac{\pi}{2}-3x\right)$일 때 $x=0$에서 $\frac{dy}{dx}$의 값을 구하라.

**풀이**

$y=\sin u$, $u=\frac{\pi}{2}-3x$로 놓으면 $\frac{dy}{du}=\cos u$, $\frac{du}{dx}=-3$이다. 그러면

$$\frac{dy}{dx}=\frac{dy}{du}\frac{du}{dx}=(\cos u)(-3)=-3\cos u=-3\cos\left(\frac{\pi}{2}-3x\right)$$

이고,

$$\left.\frac{dy}{dx}\right|_{x=0}=-3\cos\left(\frac{\pi}{2}\right)=-3(0)=0$$ ■

### 예제 3

(1) $\frac{d}{dx}(\sin^4 x)=4\sin^3 x\frac{d}{dx}(\sin x)=4\sin^3 x\cos x$

(2) $\frac{d}{dx}\left[\tan\left(\frac{1}{x}\right)\right]=\sec^2\left(\frac{1}{x}\right)\frac{d}{dx}\left(\frac{1}{x}\right)=-\frac{1}{x^2}\sec^2\left(\frac{1}{x}\right)$ ■

### 예제 4

$y=\cos x^2$일 때 $\frac{dy}{dx}$를 구하라.

**풀이**

$y=\cos u$로, $u=x^2$으로 놓으면

$$\frac{dy}{dx}=\frac{dy}{du}\frac{du}{dx}=-\sin u\frac{du}{dx}=-\sin(x^2)2x=-2x\sin x^2$$ ■

### 예제 5

$y=\frac{2}{\sin x}$에서 $u=\sin x$로 치환하면 $y=\frac{2}{u}$이다. $\frac{dy}{du}=-\frac{2}{u^2}$, $\frac{du}{dx}=\cos x$이므로

$$\frac{dy}{dx}=\frac{dy}{du}\frac{du}{dx}=-\frac{2}{u^2}\cos x=-\frac{2}{\sin^2 x}\cos x=-2\csc x\cot x$$ ■

### 예제 6

$f, g$가 미분가능한 함수이고 $g(2)=3, g'(2)=4, f'(3)=-2$일 때 $x=2$에서 $(f \circ g)'(x)$를 구하라.

**풀이**

$$(f \circ g)'(x) = f'[g(x)]g'(x)$$
$$(f \circ g)'(2) = f'[g(2)]g'(2) = f'(3)g'(2) = (-2)4 = -8$$ ■

### 예제 7

$g(t)=\tan(3-\cos 2t)$의 도함수를 구하라.

**풀이**

$$\begin{aligned} g'(t) &= \frac{d}{dt}[\tan(3-\cos 2t)] = \sec^2(3-\cos 2t)\frac{d}{dt}(3-\cos 2t) \\ &= \sec^2(3-\cos 2t)(\sin 2t)\frac{d}{dt}(2t) \\ &= 2\sin 2t \sec^2(3-\cos 2t) \end{aligned}$$ ■

## 연습문제 2.4

**[01-03]** 주어진 $x$에서 $(f \circ g)'$의 값을 구하라.

**01** $f(u)=u^5+1, \ u=g(x)=\sqrt{x}, \ x=1$

**02** $f(u)=\cot\dfrac{\pi u}{10}, \ u=g(x)=5\sqrt{x}, \ x=1$

**03** $f(u)=\dfrac{2u}{u^2+1}, \ u=g(x)=10x^2+x+1, \ x=0$

**04** 함수 $f, g$의 함숫값과 도함수 값이 $x=2, x=3$에서 다음과 같이 주어졌다. 주어진 점에서 주어진 함수의 도함수 값을 구하라.

| $x$ | $f(x)$ | $g(x)$ | $f'(x)$ | $g'(x)$ |
|---|---|---|---|---|
| 2 | 8 | 2 | 1/3 | −3 |
| 3 | 3 | −4 | $2\pi$ | 5 |

(1) $2f(x), \ x=2$

(2) $f(x)g(x), \ x=3$

(3) $\dfrac{f(x)}{g(x)}, \ x=2$

(4) $\sqrt{f(x)}, \ x=3$

(5) $\dfrac{1}{g^2(x)}, \ x=3$

(6) $\sqrt{f^2(x)+g^2(x)}, \ x=2$

**05** $f(x)=x^2$이고, $g(x)=|x|$이다. $g(x)$는 $x=0$에서 미분불능이지만 합성함수 $(f\circ g)(x)=|x|^2=x^2$과 $(g\circ f)(x)=|x^2|=x^2$은 $x=0$에서 미분가능하다. 이 사실이 연쇄율에 위배되는가?

**06** $u=g(x)$는 $x=-5$에서 미분가능이고, $y=f(u)$는 $u=g(-5)$에서 미분가능이며, $(f\circ g)'(-5)$는 음수라고 하면, $g'(-5)$와 $f'(g(-5))$에 대하여 어떤 말을 할 수 있을까?

**[07-08]** 다음 함수의 도함수를 구하라.

**07** $f(x)=\cos(\sin x)$

**08** $y=\sqrt{x+\sqrt{x}}$

## 2.5 음함수 미분

지금까지 함수가 $y=f(x)$의 형태로 주어져 있을 때 $y$의 도함수를 구하는 방법에 대해서 다루었다. 만일 함수가 $x^3+y^3-15xy=0$과 같이 주어져 있다면 $y$를 $x$의 함수로 간단히 나타내기는 어렵다. 이와 같이 $y=f(x)$ 대신에 $F(x,y)=0$의 형태를 취하는 함수를 음함수(implicit function)라고 한다. 다음 예제를 통하여 음함수 $F(x,y)=0$에서 $\dfrac{dy}{dx}$를 구하는 음함수 미분법에 대하여 알아보자.

**예제 1**

$F(x,y)=x^2+y^2-1=0$의 그래프는 단위원 $x^2+y^2=1$이고 구간 $-1<x<1$에서 각 $x$는 두 개의 $y$값을 취한다(그림 2.8). 즉 $y=\sqrt{1-x^2}$ 과 $y=-\sqrt{1-x^2}$ 을 갖는데 각 함수는 $|x|<1$에서 미분가능이다. 각각의 함수의 도함수 $\dfrac{dy}{dx}$를 구하기 위해서 제곱근이 있는 식을 미분하는 대신에 $x^2+y^2=1$의 양변을 $x$에 대해서 미분하면

$$\frac{d}{dx}(x^2)+\frac{d}{dx}(y^2)=\frac{d}{dx}(1)$$

이 된다. 좌변의 두 번째 항에 연쇄율을 적용하면

$$\frac{d}{dx}(y^2)=\frac{d}{dy}(y^2)\frac{dy}{dx}=2y\frac{dy}{dx}$$

이므로 전체식은

$$2x+2y\frac{dy}{dx}=0$$

이 되어 결국

$$\frac{dy}{dx}=-\frac{x}{y}\ (y\neq 0)$$

가 얻어진다.

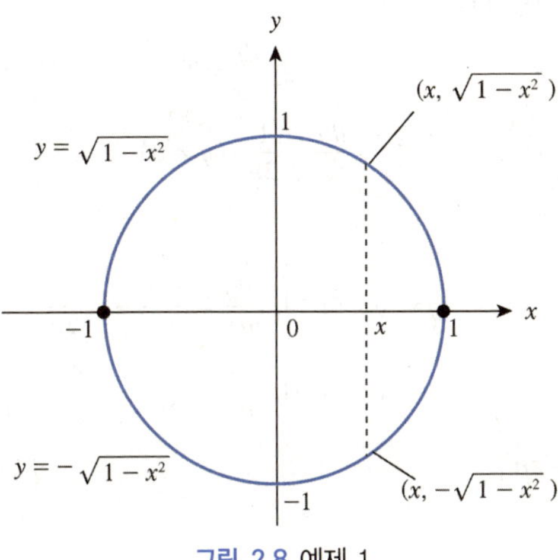


그림 2.8 예제 1

위의 결과와 $y$를 $x$에 대해서 정리한 식 $y=\pm\sqrt{1-x^2}$을 직접 $x$에 대해서 미분한 것과 비교하여 보자. 2.4절의 연쇄율을 쓰면

(i) $y=\sqrt{1-x^2},\quad y>0$인 경우 : $\dfrac{dy}{dx}=\dfrac{-x}{\sqrt{1-x^2}}=-\dfrac{x}{y}$

(ii) $y=-\sqrt{1-x^2},\quad y<0$인 경우 : $\dfrac{dy}{dx}=\dfrac{-x}{-\sqrt{1-x^2}}=-\dfrac{x}{y}$

로 앞의 결과와 동일하다. ■

### 예제 2

$y^2=x$일 때 $\dfrac{dy}{dx}$를 구하라.

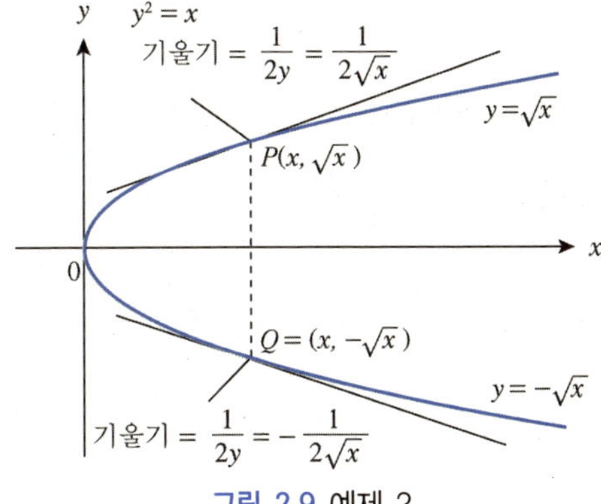


그림 2.9 예제 2

**풀이**

그림 2.9에서 보듯이 $y=\sqrt{x}$ 와 $y=-\sqrt{x}$ 로 이루어져 있음을 알고 각 함수의 도함수를 구할 수도 있다. 그러나 보다 간편하게 $y^2=x$의 양변을 $x$로 미분하자(이때 $y$를 $x$로 미분가능한 함수로 다룬다). 즉, $y^2=x$의 양변을 $x$로 미분하면

$$2y\frac{dy}{dx}=1$$

$$\frac{dy}{dx}=\frac{1}{2y} \quad (y\neq 0)$$

을 얻는다. 이것을

$$y=\sqrt{x}\text{ 일 때, } \frac{dy}{dx}=\frac{1}{2\sqrt{x}}=\frac{1}{2y},$$

$$y=-\sqrt{x}\text{ 일 때, } \frac{dy}{dx}=\frac{1}{2(-\sqrt{x})}=\frac{1}{2y}$$

와 같이 구해도 결과는 같다. ■

**예제 3**

점 $(-1,2)$에서 곡선 $x^2-xy+y^2=7$의 접선과 법선의 방정식을 구하라. 한 점에서 곡선의 법선은 그 점에서의 접선에 수직인 직선을 말한다.

**풀이**

$\frac{dy}{dx}$를 구하기 위하여 $x^2-xy+y^2=7$의 양변을 음함수 미분하면,

$$\frac{d}{dx}(x^2)-\frac{d}{dx}(xy)+\frac{d}{dx}(y^2)=\frac{d}{dx}(7)$$

$$2x-\left(x\frac{dy}{dx}+y\frac{dx}{dx}\right)+2y\frac{dy}{dx}=0$$

$$(2y-x)\frac{dy}{dx}=y-2x$$

이므로

$$\frac{dy}{dx}=\frac{y-2x}{2y-x}$$

를 얻는다. 점 $(-1,2)$ 에서의 도함수 값은

$$\left.\frac{dy}{dx}\right|_{(-1,2)}=\left.\frac{y-2x}{2y-x}\right|_{(-1,2)}=\frac{2-2\cdot(-1)}{2\cdot(2)-(-1)}=\frac{4}{5}$$

이다. 즉 점$(-1,2)$ 에서의 기울기가 $\frac{4}{5}$이므로 $(-1,2)$ 에서의 접선의 방정식은

$$y-2=\frac{4}{5}(x+1) \text{ 또는 } y=\frac{4}{5}x+\frac{14}{5}$$

이다. 또한, 법선의 기울기는 $-\frac{5}{4}$ 이고 법선의 방정식은

$$y = -\frac{5}{4}x + \frac{3}{4}$$

이 된다. ■

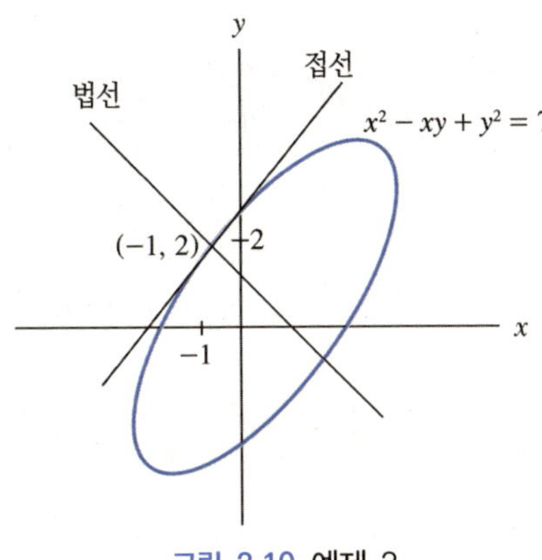


그림 2.10 예제 3

음함수 미분을 반복 적용하면 고계 도함수도 마찬가지로 구할 수 있다.

**예제 4**

$x^3 + y^3 = 16$ 일 때 $\frac{d^2y}{dx^2}$ 을 $x$와 $y$로 나타내고 점 (2,2) 에서의 값 $\left.\frac{d^2y}{dx^2}\right|_{(2,2)}$ 를 구하라.

**풀이**

$x^3 + y^3 = 16$ 의 양변을 $x$ 에 대해서 미분하면

$$3x^2 + 3y^2\left(\frac{dy}{dx}\right) = 0 \tag{2.4}$$

$$\frac{dy}{dx} = -\frac{x^2}{y^2} \tag{2.5}$$

이다. 식 (2.4)를 한 번 더 미분하면, 미분의 규칙 5를 적용하여

$$6x + 6y\left(\frac{dy}{dx}\right)^2 + 3y^2\frac{d^2y}{dx^2} = 0 \tag{2.6}$$

이다. 식 (2.6)에 식 (2.5)를 대입하여 정리하면

$$\frac{d^2y}{dx^2} = -\frac{2x}{y^2} - \frac{2x^4}{y^5}$$

이고, $\left.\frac{d^2y}{dx^2}\right|_{(2,2)} = -2$ 이다. ■

### 유리수 거듭제곱의 도함수

2.2절에서 $(x^n)' = nx^{n-1}$은 $n$이 정수일 때 성립한다고 하였는데, 이는 $n$이 유리수일 때도 성립한다. $n = \dfrac{p}{q}$ ($p$, $q(\neq 0)$는 정수)라 하자. $y = x^n = x^{p/q}$에서 $y^q = x^p$인데 양변을 $x$에 대하여 음함수 미분하면,

$$qy^{q-1}\frac{dy}{dx} = px^{p-1}$$

이고, 따라서

$$\frac{dy}{dx} = \frac{px^{p-1}}{qy^{q-1}} = \frac{p}{q}\frac{x^{p-1}}{\left(x^{p/q}\right)^{q-1}} = \frac{p}{q}x^{p-1-p+p/q} = \frac{p}{q}x^{p/q-1} = nx^{n-1}$$

을 얻는다.

## 연습문제 2.5

**[01-05]** 음함수 미분을 이용하여 $\dfrac{dy}{dx}$를 구하라.

**01** $x^3 + y^3 = 1$

**02** $x^{2/3} + y^{2/3} = 1$

**03** $y^2 + 2y = 2x + 1$

**04** $x^2(x-y)^2 = x^2 - y^2$

**05** $y + x\tan y = x$

**06** 곡선 $2x^2 + 3y^2 = 5$와 $y^2 = x^3$의 교점 $(1, \pm 1)$에서 두 곡선의 접선을 각각 구하고 두 접선 사이에 어떠한 관계가 있는지 조사하라.

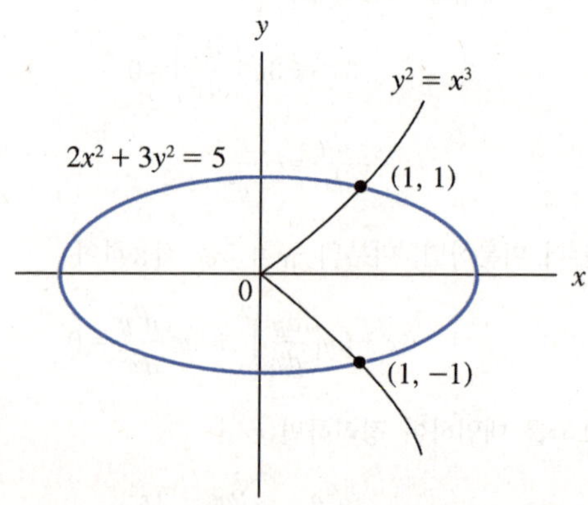

07 다음 곡선 $y^4 = y^2 - x^2$ 의 주어진 점에서의 기울기를 구하라.

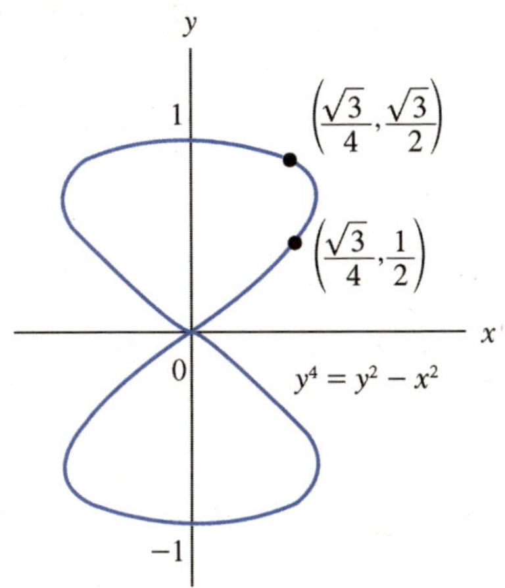


[08-10] $\frac{dy}{dx}$ 를 구하라.

08 $y = \sqrt[4]{5x}$

09 $y = (\sin \pi x)^{8/7}$

10 $y = x\left(x^{-1/2} + 1\right)^{-1/3}$

[11-12] 다음 곡선들의 주어진 점에서의 (1) 접선과 (2) 법선의 방정식을 구하라.

11 $x^2 + xy - y^2 = 1$, $(2,3)$

12 $2xy + \pi \sin y = 2\pi$, $(1, \pi/2)$

13 $2x^3 - 3y^2 = 7$ 에서 $\frac{d^2y}{dx^2}$ 을 구하라.

[14-15] 음함수 미분을 이용하여 $\frac{dy}{dx}$ 를 구하라.

14 $xy = \tan(xy)$, $\quad xy \neq 0$

15 $\cos x + \sin y = \cos x \sin y$

# 도함수의 응용

도함수는 변화율을 측정하는 함수다. 어떤 현상을 함수로 나타내게 되면, 이 함수의 도함수를 이용하여 해당 현상의 변화를 이해할 수 있다. 이 장에서는 도함수를 이용하여 길이, 넓이, 부피 등의 변화율, 함수의 최대·최소를 계산하는 방법을 다룬다.

## 3.1 속도, 속력, 그 외의 변화율

움직이는 물체의 위치는 시간에 따라 변하게 된다. 일정한 시간 $\triangle t$ 동안 물체의 위치가 $\triangle s$ 만큼 변한다면 $\frac{\triangle s}{\triangle t}$는 물체의 평균속도를 의미하게 되는데, 이때 $\triangle t \to 0$으로 하면 물체의 순간속도를 나타내게 된다. 즉, 위치의 시간에 대한 변화율이 속도(또는 순간속도)인 것이다.

**정의** **속도와 속력**

순간속도는 시간에 대한 위치의 도함수이다. 운동을 하는 물체의 위치함수가 $s=f(t)$일 때 시간 $t$에서의 물체의 속도는

$$v=\frac{ds}{dt}=\lim_{\triangle t \to 0}\frac{f(t+\triangle t)-f(t)}{\triangle t}$$

로 정의된다. 속력은 속도의 절대값, $|v|$이다.

**예제 1**

다이너마이트 폭파로 무거운 바위가 수직 방향으로 튀어 올라 $t$초 후에 $s=160t-16t^2$ (m)의 높이에 도달했다.

(1) 바위의 최고 높이를 구하라.

(2) 지상에서 256 m의 위치에 있을 때 바위의 속도를 구하라.

**풀이**

(그림 3.1 참조)

(1) 바위는 속도가 0인 지점에서 최고점에 도달한다. 시각 $t$일 때의 속도는

$$v=\frac{ds}{dt}=\frac{d}{dt}(160t-16t^2)=160-32t$$

이고 $160-32t=0$에서 $t=5$초이므로

$$s_{\max}=s(5)=160(5)-16(5)^2=800-400=400\text{ (m)}$$

이다.

(b) 바위가 256 m에 있을 때, 즉

$$s(t)=(160t-16t^2)=256$$

에서 $t=2$, $t=8$을 얻는다. 즉, 바위는 폭발 2초와 8초일 때 256 m에 도달한다. 따라서 이때의 속도는

$$v(2)=160-32(2)=160-64=96\text{ m/sec}$$
$$v(8)=160-32(8)=160-256=-96\text{ m/sec}$$

이다.

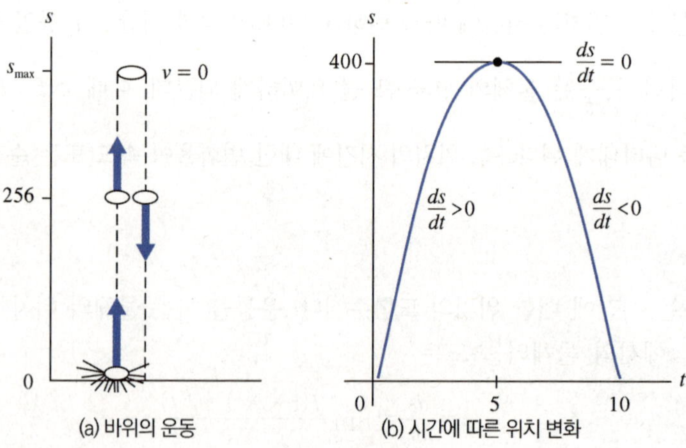


그림 3.1 예제 1

**예제 2**

그림 3.2와 같은 원통형의 용기에서 $3\ m^3/min$의 속도로 유체가 배출될 때, 유체의 높이는 어떤 속도로 감소하는가?

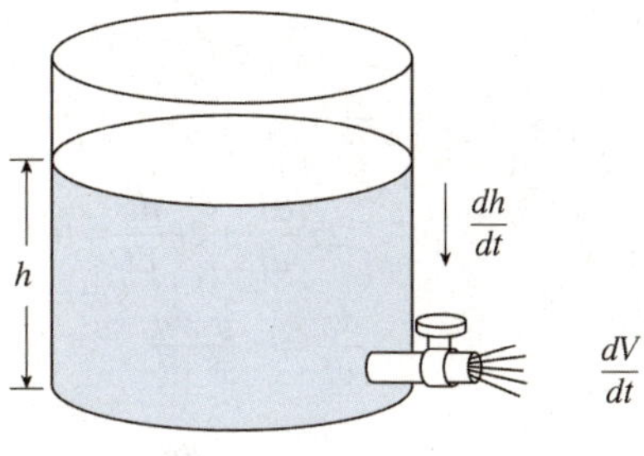


그림 3.2 예제 2

**풀이**

용기의 반지름을 $r$, 유체의 높이를 $h$, 유체의 부피를 $V$로 하자. 시간이 경과하면, 반지름은 일정하나 $V$와 $h$는 변한다. $V$와 $h$를 시각 $t$에 대하여 미분가능한 함수로 간주하면, $\frac{dV}{dt}=-3\ (m^3/min)$이다. $V=\pi r^2 h$이므로

$$\frac{dV}{dt}=\pi r^2\frac{dh}{dt}=-3$$

에서

$$\frac{dh}{dt}=-\frac{3}{\pi r^2}\ (m/min)$$

이다. 만일 $r=1$이라면 $\frac{dh}{dt}=-\frac{3}{\pi}=-0.95\ (m/min)$이 된다. ■

**예제 3**

길이가 15 m인 사다리가 벽에 기대어 세워져 있다. 사다리의 꼭대기가 수직아래방향으로 2 m/sec의 속도로 미끄러져 내려온다면, 오른쪽 끝은 벽으로부터의 수평거리가 12 m일 때 얼마의 속도로 움직이겠는가?

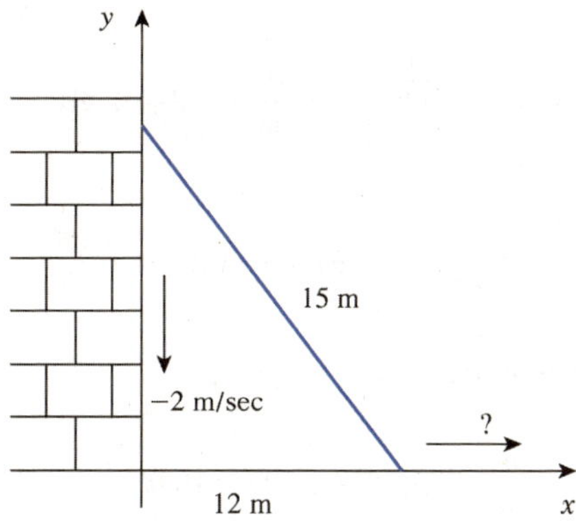


그림 3.3 예제 3

**풀이**

그림 3.3에서 $x=x(t)$, $y=y(t)$라고 하면 $\dfrac{dy}{dt}=-2$이고

$$x^2+y^2=15^2$$

이다. 이때 $x, y$를 $t$에 대하여 미분가능한 함수로 간주하면,

$$2x\frac{dx}{dt}+2y\frac{dy}{dt}=0$$

$$\frac{dx}{dt}=-\frac{y}{x}\frac{dy}{dt}$$

이다. $x=12$일 때 $x^2+y^2=15^2$에서 $y=9$이고 $\dfrac{dy}{dt}=-2$이므로

$$\left.\frac{dx}{dt}\right|_{x=12}=-\left(\frac{9}{12}\right)(-2)=\frac{3}{2}\ \text{(m/sec)}$$

이다. ■

**예제 4**

그림 3.4에서 점 $P$는 반지름이 50 m인 원 위를 일정한 속도로 1분에 한 바퀴씩 시계반대방향으로 회전한다. $P$가 움직일 때, $P$에서의 접선은 직선 $OA$ 위의 점 $T$를 지난다. $\theta=\dfrac{\pi}{4}$일 때 점 $T$의 속도를 구하라.

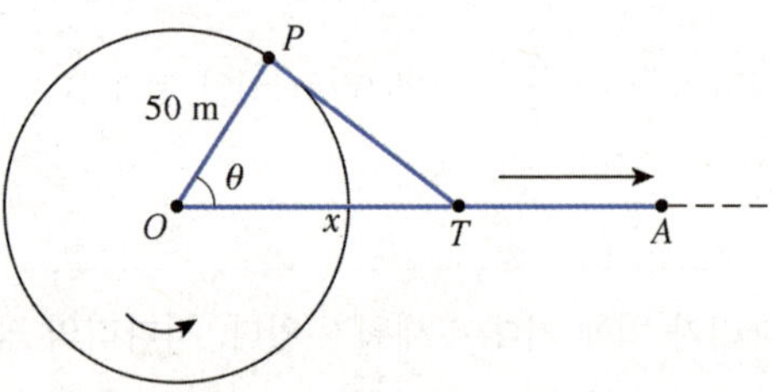


그림 3.4 예제 4

**풀이**

$\dfrac{d\theta}{dt}=2\pi$ (radian/min)이고 $x=\overline{OT}$일 때 $\dfrac{dx}{dt}$를 구해야 한다. 직각삼각형 $OPT$로부터 $x=50\sec\theta$이므로 $t$에 대해서 미분하면

$$\frac{dx}{dt}=\frac{d}{dt}(50\sec\theta)=\frac{d}{d\theta}(50\sec\theta)\frac{d\theta}{dt}=50\sec\theta\tan\theta\frac{d\theta}{dt}$$

이다. $\theta=\dfrac{\pi}{4}$일 때 $\sec\theta=\sqrt{2}$, $\tan\theta=1$이므로,

$$\frac{dx}{dt}=50\sqrt{2}\cdot 1\cdot 2\pi=100\pi\sqrt{2}\approx 444.3\ \text{(m/mim)}$$

이다. ■

## 연습문제 3.1

**[01-02]** 좌표축을 따라서 움직이는 물체의 위치가 $a \le t \le b$ 구간에서 $s = f(t)$로 주어졌다.

(1) 구간 내에서의 물체의 이동거리와 평균속도를 구하라.
(2) 물체의 속도와 가속도를 구간의 시점과 종점에서 구하라.

**01** $s = 0.8t^2,\quad 0 \le t \le 10$ (달에서의 자유낙하)

**02** $s = 1.86t^2,\quad 0 \le t \le 0.5$ (화성에서의 자유낙하)

**03** 일정 높이에서 자유낙하하는 경우 $t$초 후의 낙하거리는 화성에서는 $s = 1.86t^2$, 목성에서는 $s = 11.44t^2$ 라고 한다. 각 행성에서 바위가 정지 상태에서 자유낙하하여 16.6 m/sec의 속도에 도달하는 데 얼마나 걸리겠는가?

**04** 다음 그림의 탱크가 가득 찼을 때, 밑면의 밸브를 열어 용액을 완전히 뺄 때까지 12시간 걸린다. 밸브가 열린 후 $t$시간 후의 용액의 높이(m)는

$$y = 6\left(1 - \frac{t}{12}\right)^2$$

로 주어진다.

(1) $\dfrac{dy}{dt}$를 구하라.

(2) 용액의 높이가 언제 가장 빠르게 또 느리게 낮아지는가? 이때 $\dfrac{dy}{dt}$의 값은 얼마인지 구하라.

(3) $y$와 $\dfrac{dy}{dt}$의 그래프를 그리고 $y$의 운동형태를 $\dfrac{dy}{dt}$ 값과 부호를 이용하여 설명하라.

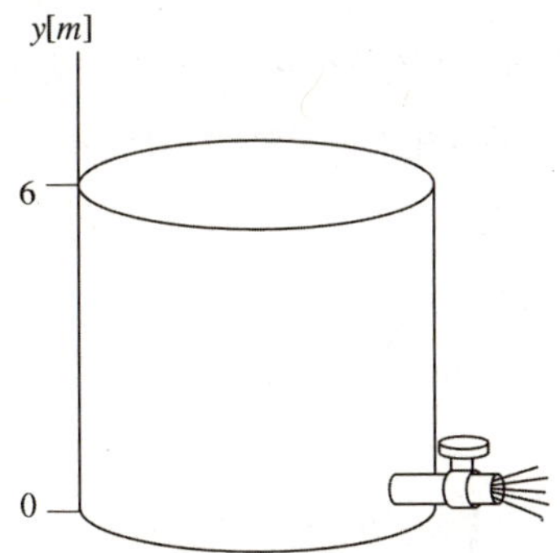


**05** 반지름이 $r$이고 높이가 $h$인 원통의 부피는 $V = \pi r^2 h$이다.

(1) $r$이 일정할 때 $dV/dt$와 $dh/dt$의 관계식을 구하라.
(2) $h$가 일정할 때 $dV/dt$와 $dr/dt$의 관계식을 구하라.
(3) $r$도 $h$도 상수가 아닐 때 $dV/dt$와 $dr/dt$, $dh/dt$ 사이의 관계식을 추측해 보라.

**06** 기체의 부피 $V$와 압력 $P$는 일정한 온도에서 $PV=k$($k$는 상수) 관계에 있다. $\frac{dP}{dt}$를 $P$와 $\frac{dV}{dt}$로 표현하라.

**07** 커피가 원추형 필터로부터 원통형의 주전자에 $10\,\text{cm}^3/\text{min}$으로 떨어진다.

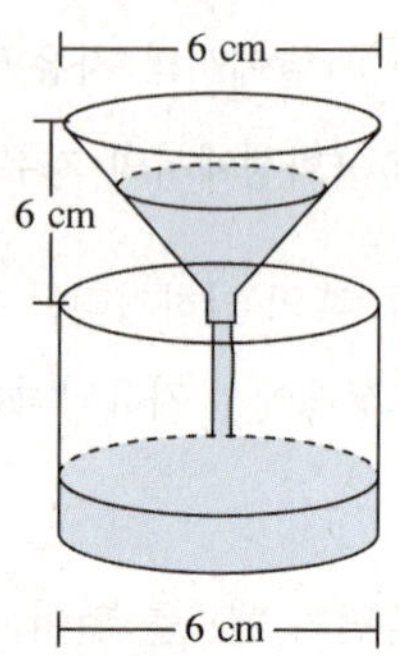


(1) 필터 내의 커피의 높이가 5 cm일 때 커피의 높이는 어떤 속도로 감소하는가?

(2) 이때 아래 원통형 주전자 내부의 커피의 높이는 어떤 속도로 증가하는가?

**08** 심장병 환자에게 혈관 확장제를 주사하였다. 약물이 투여되고 잠시 후에, 주사 맞은 부위의 혈관의 반지름 $r$은 분당 1%씩 확장된다. 단위시간당 흐르는 혈류의 양 $V$가 $V=kr^4$로 나타난다면 주사 후 몇 퍼센트의 혈류 증가를 기대할 수 있는가?

**09** (1) 구 모양의 풍선에 헬륨을 주입하여 $10\,\text{m}^3/\text{sec}$의 속도로 팽창시킨다. 풍선의 부피가 $972\pi\text{m}^3$일 때 반지름은 얼마나 빨리 증가하는가? 단, 압력의 변화는 무시해도 좋다.

(2) 풍선의 표면적은 얼마나 빨리 증가하는가?

**10** 풍선이 일정 속도 1 m/sec로 수직으로 상승한다. 풍선이 지상 65 m에 있을 때, 자전거가 그 밑을 17 m/sec로 통과한다. 3초 뒤에 자전거와 풍선의 거리는 어떤 속도로 변화하는가?

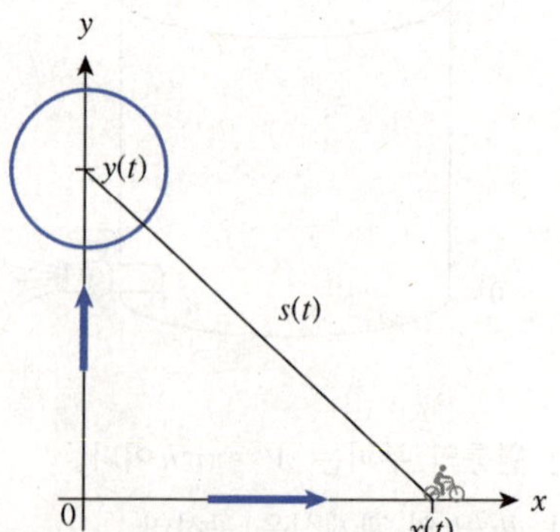

## 3.2 함수의 최대, 최소

대부분의 최적화 문제에서는 주어진 함수의 최대값, 또는 최소값을 찾아야 할 필요가 있는데, 이를 위해서 도함수를 이용한다. 우선 최대, 최소값에 관련된 용어를 정의하자.

**정의** 함수의 극값

$c$를 함수 $f$의 정의역 $D$상의 한 점이라 할 때

(1) $c$를 포함하는 어떤 열린 구간 $I$ 상의 모든 점 $x$에 대하여 $f(x) \le f(c)$일 때 $f(c)$는 **지역최대값**(local maximum value; 또는 **극대값**)이다.

(2) 모든 $x \in D$에 대하여 $f(x) \le f(c)$를 만족할 때 $f(c)$는 **전역최대값**(global maximum value; 또는 **최대값**)이다.

(3) $c$를 포함하는 어떤 열린 구간 $I$ 상의 모든 점 $x$에 대하여 $f(x) \ge f(c)$일 때, $f(c)$는 **지역최소값**(local minimum value; 또는 **극소값**)이다.

(4) 모든 $x \in D$에 대하여 $f(x) \ge f(c)$일 때 $f(c)$는 **전역최소값**(global minimum value; 또는 **최소값**)이다.

전역 또는 지역, 최대, 최소값을 총칭하여 함수의 **극값**(extreme value)이라고 부른다.

그림 3.5에서 보듯이 극값은 내부점뿐만 아니라 경계점에서도 나타날 수 있다.

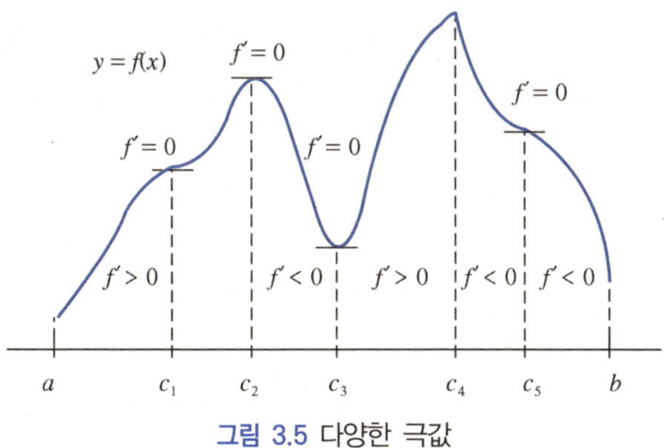


그림 3.5 다양한 극값

그림 3.5에서 점 $c_2$는 함수 $f(x)$가 극대값을 갖는 지점이다. $x$가 왼쪽에서 $c_2$를 향해 접근할 때 곡선은 올라가고, $x$가 $c_2$로부터 오른쪽으로 멀어질 때 다시 내려간다. 그러나 전체 곡선을 고려해 보면, $f$는 $c_4$에서 더 큰 값을 가짐을 알 수 있다. $c_2$에서의 극대값은 최대값

은 아니다. $x = c_4$에서 최대값을 갖는데 이 점은 미분불능인 점이다. 일반적으로 연속함수의 최대값, 최소값은 도함수 값이 0이거나 미분불능인 점, 또는 양 끝점에서 갖게 되는데, 앞의 두 경우를 임계점(critical point)이라고 부른다.

**정의 임계점**

함수 $f$의 정의역의 내부점 중에서 $f'$이 존재하지 않거나 $f' = 0$이 되는 점을 임계점이라고 한다.

일반적인 연속함수의 경우 최대, 최소점을 찾기 위해서 우선 함수의 값이 연속적으로 변하기 때문에 생기는 다음 사실을 관찰하자.

**정리 • 3.1 연속함수의 최대, 최소**

함수 $f$가 닫힌 구간 $[a,b]$의 모든 점에서 연속이면, $f$는 $[a,b]$에서 최대값과 최소값을 갖는다.

정리 3.1을 통하여 극값이 존재하는 상황을 이해할 수 있다. 다음 예제를 통해 좀 더 구체적으로 살펴보자.

**예제 1**

함수 $f(x) = (x-2)^2$, $0 < x \leq 3$은 $x = 2$에서 최소값 0을 가지나 최대값은 갖지 않는다. 이 경우 $0 < x \leq 3$이 닫힌 구간이 아니므로 정리 3.1이 적용되지 않는다(그림 3.6).

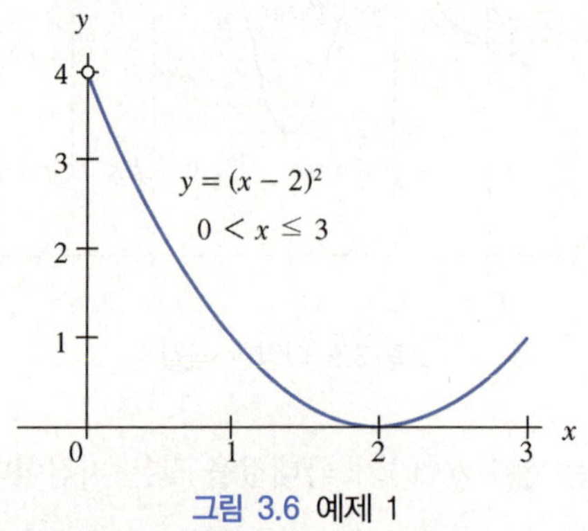


그림 3.6 예제 1

■

**예제 2**

함수 $f(x)=\begin{cases} x+1, & -1 \le x < 0 \\ 0, & x=0 \\ x-1, & 0 < x \le 1 \end{cases}$ 는 닫힌 구간 $[-1,1]$ 에서 최대값도 최소값도 갖지 않는다. 이 경우 함수 $f(x)$가 연속이 아니므로 정리 3.1의 결과가 적용되지 않는다(그림 3.7).

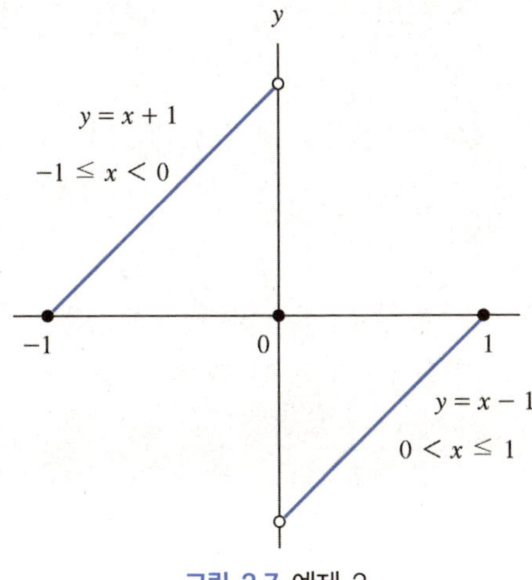


그림 3.7 예제 2

■

정리 3.1을 통하여 극값이 존재하는 상황을 이해할 수 있지만 극값을 어떻게 찾아야 할지는 아직 알 수 없다. 그림 3.5는 다양한 극값들을 보여 주는데, 그들 중 둘은 $f$의 정의역의 끝점에서, 한 값은 $f'$이 존재하지 않는 곳에서, 그리고 나머지 둘은 $f'=0$인 내부에서 발생함을 보여 준다. 즉 $f$가 극값을 가질 수 있는 가능한 지점은

1. $f'=0$인 내부점$(c_2, c_3)$
2. $f'$이 존재하지 않는 내부점$(c_4)$
3. 함수의 정의역의 끝점$(a,b)$

인데 1의 경우에 대해서는 일반적으로 다음의 기본적인 사실을 관찰할 수 있다.

**정리 • 3.2 극값에 대한 1계 도함수 정리**

함수 $f$가 정의역 내부점 $c$에서 극소값이나 극대값을 가지고, $f'$이 $c$에서 정의되면, $f'(c)=0$이다.

**증명**

$f'(c)=0$임을 보이기 위하여 (간접적으로) $f'(c)$가 양수일 수도 없고, 음수일 수도 없음을 보인다. 우선 $f$가 $x=c$에서 극대값을 갖는다고 가정하자. 그러면, $c$ 근처의 모든 $x$에서 $f(x) \le f(c)$이다. $c$가 정의역 상의 내부의 점이므로,

$$\lim_{x\to c^+}\frac{f(x)-f(c)}{x-c} \text{와 } \lim_{x\to c^-}\frac{f(x)-f(c)}{x-c}$$

를 둘 다 고려할 수 있다. 그런데 $f(c)$가 극대값이므로 항상

$$\lim_{x\to c^+}\frac{f(x)-f(c)}{x-c} \le 0 \text{과 } \lim_{x\to c^-}\frac{f(x)-f(c)}{x-c} \ge 0$$

이 성립하게 된다. 앞의 사실은 $f'(c)$가 양수일 수 없음을, 뒤의 사실은 $f'(c)$가 음수일 수 없음을 의미한다. 그러므로, $f'(c)=0$이다. 극소값을 가질 때에도 유사하게 증명된다. ■

정리 3.2에서 $f'=0$인 내부점이라고 해서 반드시 극값을 주는 것은 아니라는 점을 주의하라. 앞의 그림 3.5를 보면, 점 $c_1$, $c_5$ 에서 $f'=0$이지만 이 점들은 극값을 주지 못한다(정리 3.4 참조). 다음 예제를 보자.

**예제 3**

함수 $f(x) = (x-1)^3$ 의 극값이 존재하는가?

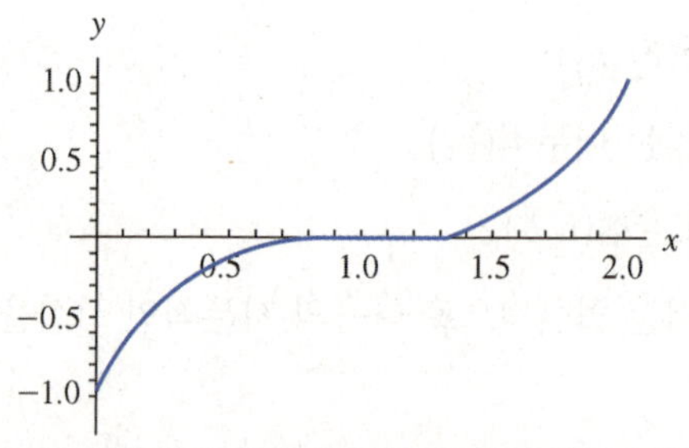


그림 3.8 예제 3

**풀이**

$f'(x)=3(x-1)^2$이므로 $x=1$은 임계점이다. 그러나 $x<1$인 영역에서 $f(x) < f(1)$이고, $x>1$인 영역에서 $f(x) > f(1)$이므로 $x=1$은 극값을 주지 못한다. 실제로 그림 3.8에서 보듯이 함수는 계속 증가하므로 극값은 존재하지 않는다. ■

정리 3.2는 일반적으로 닫힌 구간에서 정의된 연속인 함수 $f$의 최대값, 최소값을 찾으려면 우선 $f'=0$인 점을 찾아 함수값을 구하고 다음에 미분불능한 점 및 경계점에서의 함수값과 비교하는 과정이 필요하다는 것을 말해 준다. 이를 정리하면 다음과 같다.

**닫힌 구간에서 정의된 연속함수 $f$의 최대, 최소값을 찾는 법**

1. 임계점을 찾는다.
2. 임계점에서의 $f$의 값을 구한다.
3. 양 끝점에서 $f$의 값을 구한다.
4. 위의 값들을 비교하여 가장 큰 값과 가장 작은 값을 구한다.

**예제 4**

구간 $-2 \le x \le 3$에서 함수 $f(x)=x^{2/3}$의 최대값과 최소값을 구하라.

**풀이**

먼저 임계점들과 양 끝점에서 함수값을 구한다.

$$f'(x)=\frac{2}{3}x^{-1/3}=\frac{2}{3\sqrt[3]{x}}$$

으로 $x=0$에서 정의되지 않는다. 따라서 $x=0$이 임계점이고, 이 점에서 $f(0)=0$이다. 또한 양 끝점에서는 $f(-2)=(-2)^{2/3}=4^{1/3}$과 $f(3)=9^{1/3}$을 갖는다. 그러므로 $x=3$에서 최대값 $9^{1/3}$을 갖고, $x=0$에서 최소값 0을 갖는다(그림 3.9).

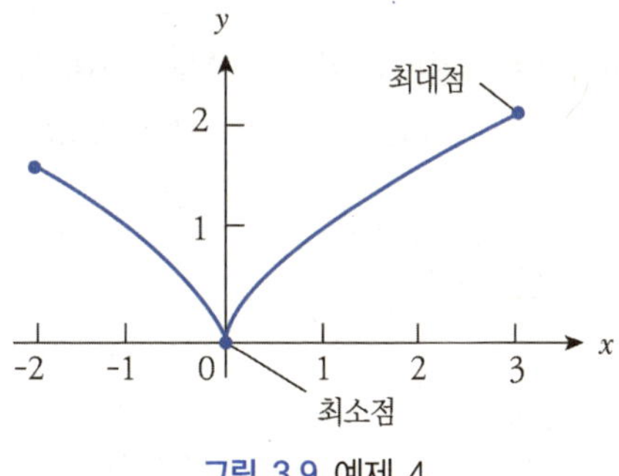


그림 3.9 예제 4

■

예제 1에서와 같이 연속함수인데 닫힌 구간에서 정의되지 않은 경우에는 최대값, 최소값을 반드시 가질 필요는 없다. 그러나 함수의 그래프나 물리적인 의미로부터 최소값 또는 최대값이 존재한다는 것을 알아낼 수 있다.

### 예제 5

$f(x)=x^{1/3}(x-4)=x^{4/3}-4x^{1/3}$ 의 최대값 또는 최소값이 존재하면 이를 구하라.

**풀이**

함수 $f$는 모든 실수 구간에서 정의되고 연속이다. $f$의 도함수

$$f'(x)=\frac{4}{3}x^{1/3}-\frac{4}{3}x^{-2/3}=\frac{4}{3}x^{-2/3}(x-1)=\frac{4(x-1)}{3x^{2/3}}$$

은 $x=1$에서 0이 되고 $x=0$에서 정의되지 않으므로 임계점은 $x=0$과 $x=1$이다. $x\to\pm\infty$일 때 함수 $f(x)$는 $\infty$로 발산하고 그래프의 개형은 그림 3.10과 같다. 따라서 최소값은 $x=1$일 때 $-3$이고, 최대값은 존재하지 않는다.

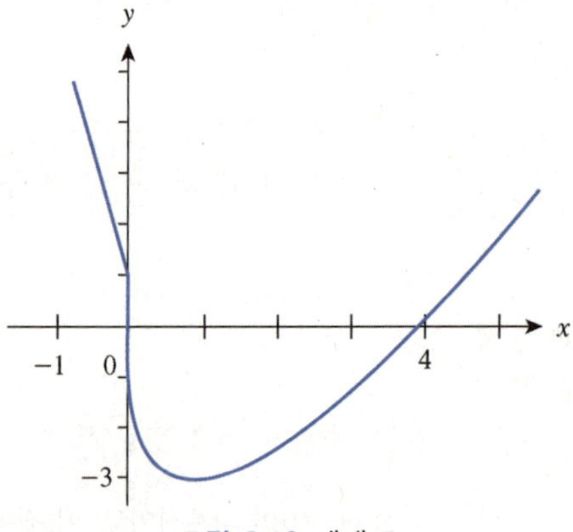


그림 3.10 예제 5

■

### 예제 6

한 변의 길이가 $L$ cm인 정사각형 양철판의 네 모서리를 잘라내어 그림 3.11과 같은 뚜껑이 없는 상자를 만들려고 한다. 상자의 부피를 최대로 하려면 잘라내는 정사각형의 한 변이 얼마여야 하겠는가?

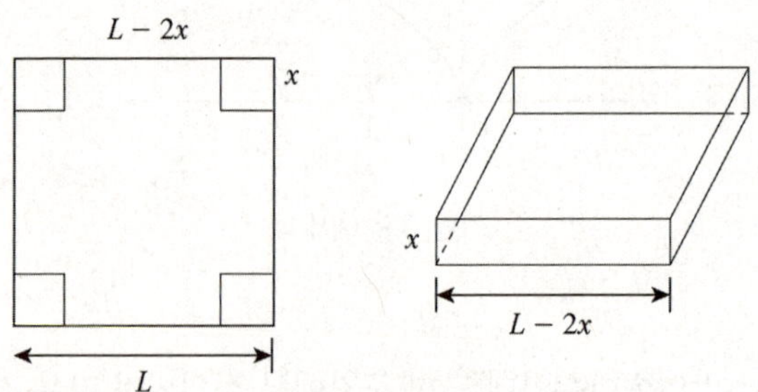


그림 3.11 예제 6

**풀이**

모서리를 $x$만큼 잘라낸다고 하면 상자의 체적 $V(x)$는

$$V(x)=(L-2x)^2x=L^2x-4Lx^2+4x^3$$

이고, $x$는 $0 < x < \frac{L}{2}$이다. 양 끝점은 왜 빼야 하는지 생각해 보라.

$$V'(x) = L^2 - 8Lx + 12x^2 = (L-2x)(L-6x)$$

에서 $V'(x) = 0$으로부터 $x = \frac{L}{2}, \frac{L}{6}$이 임계점이 된다.

$$V(0) = 0,\ V\left(\frac{L}{2}\right) = 0,\ V\left(\frac{L}{6}\right) = \left(\frac{2L}{3}\right)^2\left(\frac{L}{6}\right) = \frac{2}{27}L^3$$

로부터 $V(x)$는 $x = \frac{L}{6}$에서 최대값 $\frac{2}{27}L^3\,(\text{cm}^3)$을 갖는다. ■

**예제 7**

배 A가 정오에 항구를 떠나 시속 10 km로 북쪽으로 항해한다. 배 B는 항구의 동쪽 100 km 지점에서 시속 6 km의 속도로 항구를 향해 항해한다. 언제 두 배의 거리가 가장 가까워지겠는가(그림 3.12)?

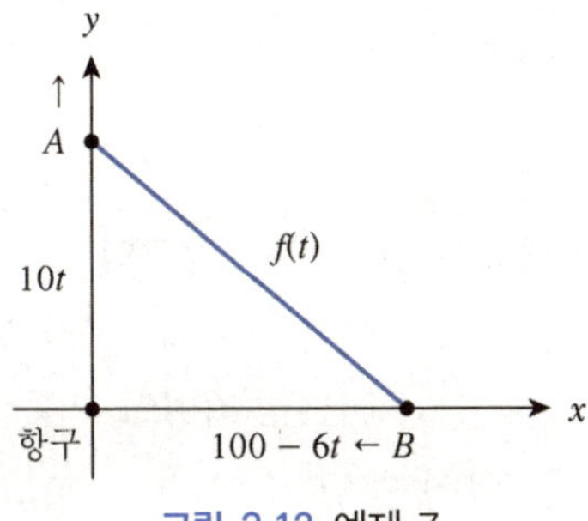


그림 3.12 예제 7

**풀이**

정오를 $t = 0$이라 하면 배 B는 $\frac{100}{6}$시간 후, 즉 다음날 새벽 4시 40분에 항구에 도착하므로 $0 \le t \le \frac{100}{6}$이다. 두 배 사이의 거리 $f(t)$는

$$f(t) = \sqrt{(100-6t)^2 + (10t)^2}$$

이다. 계산의 편의상 $(f(t))^2 = g(t)$로 놓고,

$$g(t) = (100-6t)^2 + (10t)^2 = 100^2 - 1200t + 136t^2$$

의 최소점을 찾으면,

$$g'(t) = -1200 + 272t$$

이고, $g'(t) = 0$으로부터 $t = \frac{1200}{272} \approx 4.41 \approx 4$시간 25분이다. $g(t)$의 그래프는 포물선이고 $0 < \frac{1200}{272} < \frac{1600}{6}$이므로 $t = \frac{1200}{272}$, 즉 오후 4시 25분에 거리가 최소라는 것을 알 수 있다. ■

이제 증가함수 및 감소함수의 개념을 파악하자.

**정의** **증가, 감소함수**

$f$를 구간 $I$상의 모든 $x$에서 정의된 함수라 하자.

(1) $x_1 < x_2$일 때 $f(x_1) < f(x_2)$이면 $f$는 $I$에서 **증가한다(increase)**고 한다.

(2) $x_1 < x_2$일 때 $f(x_1) > f(x_2)$이면 $f$는 $I$에서 **감소한다(decrease)**고 한다.

**정리 • 3.3 증가와 감소에 대한 1계 도함수 판정**

함수 $f$가 $[a,b]$에서 연속이고, $(a,b)$에서 미분가능하다고 하자.

(1) $(a,b)$ 상의 모든 $x$에 대하여 $f'(x) > 0$이면, $f$는 $[a,b]$에서 증가한다.

(2) $(a,b)$ 상의 모든 $x$에 대하여 $f'(x) < 0$이면, $f$는 $[a,b]$에서 감소한다.

**증명**

$x_1$과 $x_2$를 $x_1 < x_2$를 만족하는 $[a,b]$상의 임의의 두 점이라 하자. 그리고 $[x_1,x_2]$에서 평균값 정리(3.4절 참조)를 적용하면 $f(x_2)-f(x_1)=f'(c)(x_2-x_1)$을 만족하는 적당한 $c \in [x_1,x_2]$가 존재한다. $x_2-x_1 > 0$이므로 좌변의 부호는 $f'(c)$의 부호와 일치한다. 그러므로 $f'(c)$가 $(a,b)$에서 양이면 $f(x_2) > f(x_1)$이고, $f'(c)$가 $(a,b)$에서 음이면 $f(x_2) < f(x_1)$이다. ■

정리 3.3을 함수의 그래프를 이용해서 이해할 수도 있다. 모든 점에서 $f'(x) > 0$이라는 의미는 접선의 기울기가 양이라는 뜻이고, 이것은 접선의 방향이 오른쪽 위를 향한다는 것과 동일하다. 결국 그래프의 방향도 접선의 방향과 동일하기 때문에 이 함수의 그래프는 증가해야 한다. 물론 반대의 경우는 감소하는 그래프를 준다(그림 3.13 참조).

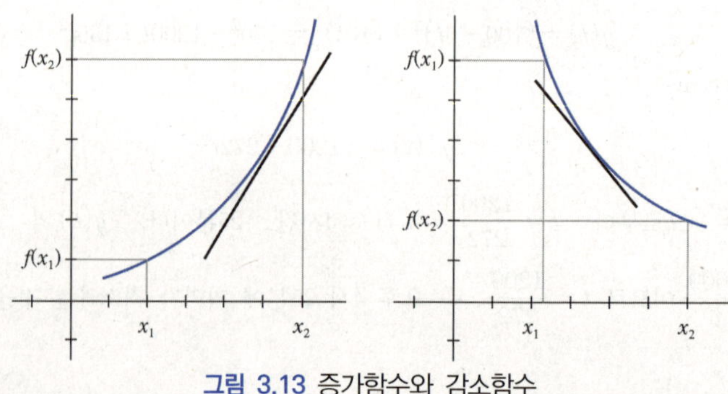


**그림 3.13** 증가함수와 감소함수

정리 3.3을 이용해서 다음과 같은 극값의 판정 방법을 만들 수 있다.

**정리 • 3.4 극값에 대한 1계 도함수 판정**

연속인 함수 $f$에 대하여 다음이 성립한다. 임계점 $c$에서

(1) $f'$이 $c$에서 양의 값에서 음의 값으로 바뀌면(즉, $x<c$일 때 $f'>0$이고 $x>c$일 때 $f'<0$), $f$는 $c$에서 극대값을 갖는다.

(2) $f'$이 $c$에서 음의 값에서 양의 값으로 바뀌면(즉, $x<c$일 때 $f'<0$이고 $x>c$일 때 $f'>0$), $f$는 $c$에서 극소값을 갖는다.

(3) $f'$의 부호가 $c$를 중심으로 바뀌지 않으면, $f$는 $c$에서 극값을 갖지 않는다.

앞의 예제 3의 $f(x)=(x-1)^3$의 경우 $x\neq 1$일 때 $f'(x)=3(x-1)^2>0$이므로 임계점 $x=1$에서 극값을 갖지 않는다. 실제로 항상 $f'(x)=3(x-1)^2\geq 0$이므로 $f$는 비감소함수(non-decresing)가 된다.

## 연습문제 3.2

**[01-03]** 주어진 구간에서 다음 함수들의 최대값과 최소값을 구하라.

**01** $f(x)=x+\dfrac{3}{2}x^{2/3}, \quad -2\sqrt{2}\leq x\leq 2\sqrt{2}$

**02** $f(x)=\sqrt{1-x^2}, \quad -1\leq x\leq 1$

**03** $f(x)=x\sqrt{1-x^2}, \quad -1\leq x\leq 1$

**[04-07]** 주어진 $y=f(x)$의 1계 도함수를 이용하여 다음 물음에 답하라.

(1) $f$의 임계점은?
(2) 어떤 구간에서 $f$가 증가, 감소하는가?
(3) 어떤 점에서 $f$는 극대, 극소값을 갖는가?

**04** $f'(x)=(x-1)^2(x+2)$

**05** $f'(x)=(x-1)^2(x+2)^2$

**06** $f'(x)=(x-7)(x+1)(x+5)$

**07** $f'(x)=x^{-1/3}(x+2)$

**08** $(1,1)$을 통과하고, $f'(1)=0$이며, 다음 조건을 만족하는 미분가능한 함수 $y=f(x)$의 그래프를 그려라.

(1) $x<1$에서 $f'(x)>0$, $x>1$에서 $f'(x)<0$

(2) $x \neq 1$에서 $f'(x)<0$

(3) $x<1$에서 $f'(x)<0$, $x>1$에서 $f'(x)>0$

**09** $x$가 $c=2$를 중심으로 왼쪽에서 오른쪽으로 움직일 때, $f(x)=x^3-3x+2$의 그래프는 증가하는가? 감소하는가?

**10** 실수 전체에서 정의된 함수 $f(x)=\dfrac{x}{1+x^2}$의 최대값, 최소값과 그 값이 나타나는 점을 구하라.

**11** 반지름 $r$인 원에 내접할 수 있는 직사각형의 최대면적을 구하라.

**12** $f(t) = 2\sin t + \cos 2t$, $[0,\pi]$의 최대, 최소값을 구하라.

**13** $a$, $b$가 양수일 때, 함수 $f(x) = x^a(1-x)^b$, $0 \le x \le 1$의 최대값을 구하라.

## 3.3 그래프의 개형

### 볼록성(convexity)

그림 3.14에서처럼 함수 $f(x)=x^3$은 $x$가 증가함에 따라 함께 증가한다. 그러나 자세히 보면 원점을 경계로 다른 방법으로 증가함을 알 수 있다. 즉, 왼쪽에서 오른쪽으로 가면서 접선들을 관찰해 보면, 기울기가 $(-\infty,0)$에서는 감소하고, $(0,\infty)$에서는 증가함을 알 수 있다. 이때 $y=x^3$이 $(-\infty,0)$에서 위로 볼록하고(convex), $(0,\infty)$에서는 아래로 볼록하다[또는 오목하다(concave)]고 말한다.

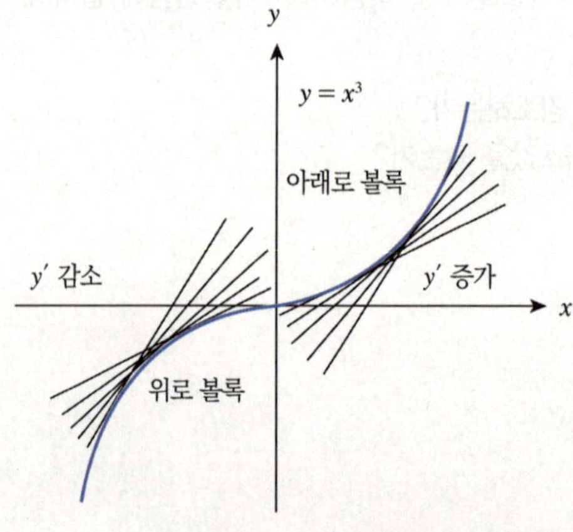


그림 3.14 $y=x^3$의 볼록성

**정의** **볼록성**

미분가능한 함수 $y=f(x)$의 그래프는 $y'$이 증가하는 구간에서 아래로 볼록(concave)하다고 말하고 $y'$이 감소하는 구간에서는 위로 볼록(convex)하다고 말한다.

$y=f(x)$가 2계 도함수를 가질 때 3.2절의 정리 3.3에 의하여 $y''>0$인 구간에서는 $y'$이 증가하게 되고 $y''<0$인 구간에서는 $y'$이 감소하게 되므로 다음과 같이 볼록성을 판정할 수 있다.

**볼록성에 대한 2계 도함수 판정**

$y=f(x)$의 그래프는 $y''<0$인 구간에서 위로 볼록하고, $y''>0$인 구간에서 아래로 볼록하다.

**예제 1**

$y=x^2$은 $y''=2>0$이므로, 모든 점에서 아래로 볼록하다(그림 3.15).

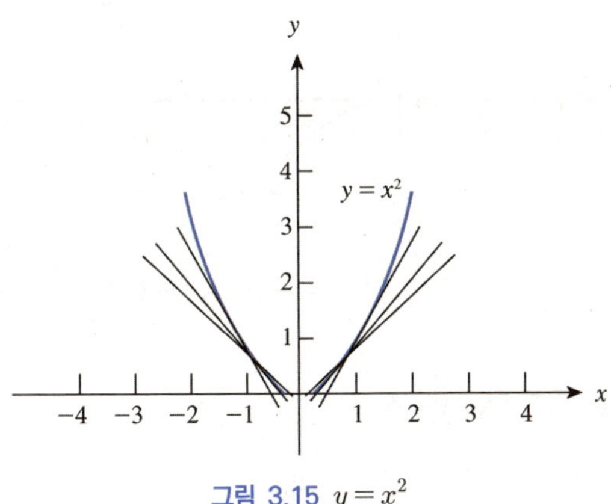


그림 3.15 $y=x^2$

■

## 정의 변곡점

함수의 그래프가 접선을 가지면서 볼록성이 바뀌는 지점을 변곡점(point of inflection)이라 한다.

즉, 변곡점은 $y''$이 그 점을 중심으로 한편에서는 양이고, 다른 편에서는 음인 지점이다. 그러한 점에서 $y''$은 0이거나 정의되지 않는다.

**예제 2**

함수 $f(x) = \frac{1}{2}x^4 - x^3 - 6x^2$의 변곡점을 조사하라.

**풀이**

$f'(x) = 2x^3 - 3x^2 - 12x$이고

$$f''(x) = 6(x-2)(x+1)$$

이다. 그러므로 $f''(x)=0$인 점은 $x=-1, 2$이고 구간에 따라 볼록성을 요약하면 다음과 같다.

| 구간 | $f''(x)$ | 볼록성 |
|---|---|---|
| $x < -1$ | + | 아래로 볼록(∪) |
| $-1 < x < 2$ | - | 위로 볼록(∩) |
| $x > 2$ | + | 아래로 볼록(∪) |

그림 3.16의 그래프에서 위의 결과를 확인하라. ■

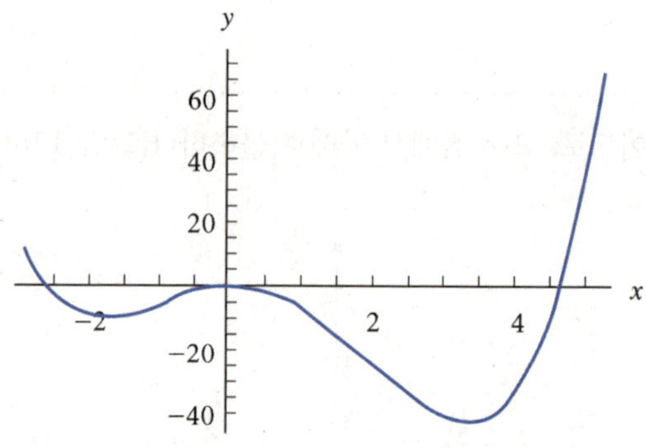


그림 3.16 $f(x) = \frac{1}{2}x^4 - x^3 - 6x^2$

**예제 3** $y''$ 이 존재하지 않는 변곡점

그림 3.17에서 보듯이 곡선 $y=x^{1/3}$은 $x=0$에서 변곡점을 갖는다. 그러나 $y' = \frac{1}{3}x^{-2/3}$, $y'' = -\frac{2}{9}x^{-5/3}$이므로 $y''$은 $x=0$에서 정의되지 않는다. $x<0$에서는 $y''>0$이므로 곡선은 아래로 볼록하고 $y'$은 증가한다. 또, $x>0$에서는, $y''<0$이므로 곡선은 위로 볼록하고, $y'$은 감소한다. ■

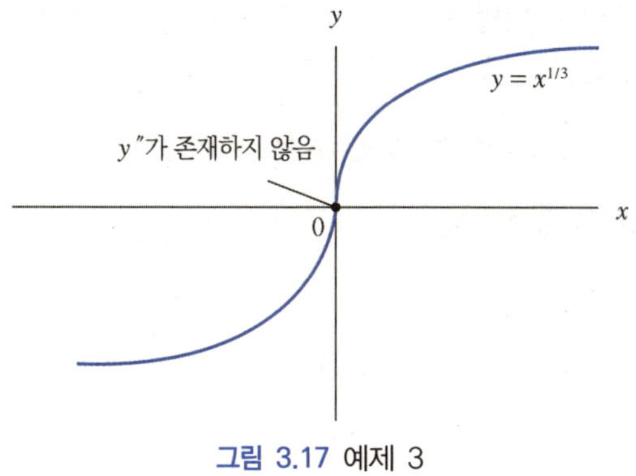


그림 3.17 예제 3

$f' = 0$인 점에서 2계 도함수의 부호를 알면 그래프의 볼록성으로부터 극대인지 극소인지를 판정할 수 있다. 그림 3.18을 보라.

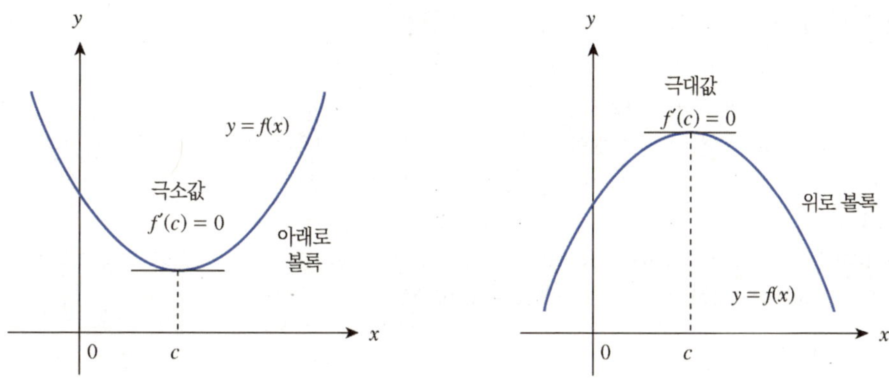


그림 3.18 $f''$에 의한 극값의 판정

**극값에 대한 2계 도함수 판정**

(1) 만일 $f'(c) = 0$이고, $f''(c) < 0$이면, $f$는 $x = c$에서 극대값을 갖는다.

(2) 만일 $f'(c) = 0$이고, $f''(c) > 0$이면, $f$는 $x = c$에서 극소값을 갖는다.

그러나 $f'' = 0$이거나 $f''$이 존재하지 않는 경우에는 정리 3.4의 [극값에 대한 1계 도함수 판정]을 이용하여야 한다.

1계 도함수에 의한 임계점과 함수의 증감 판정, 2계 도함수에 의한 변곡점과 볼록성의 판정을 이용하여 그래프의 개형을 그릴 수 있다.

$y=f(x)$의 그래프 그리는 방법

1. $y'$과 $y''$을 구한다.
2. 곡선의 상승과 하강(증가와 감소)을 조사한다.
3. 곡선의 볼록성을 결정한다.
4. 곡선의 일반형태를 결정한다.
5. 임계점, 변곡점을 표시하고, 곡선을 그린다.

**예제 4**

함수 $y=x^4-4x^3+10$의 그래프를 그려라.

**풀이**

전체 그래프가 그림 3.19(d)에 나와 있는데 이것을 그리기 위해 단계적으로 접근해 보자.

단계 1: ($y'$과 $y''$ 찾기)

$$y'=4x^3-12x^2=4x^2(x-3) \quad : \text{임계점 } x=0,\ x=3$$

$$y''=12x^2-24x=12x(x-2) \quad : \text{변곡 가능점 } x=0,\ x=2$$

단계 2: (상승과 하강) $y'$의 부호의 변화를 조사하고, 이를 이용하여 $y$의 형태를 생각한다[그림 3.19(a)].

단계 3: (볼록성) $y''$의 부호의 변화를 조사하고, 그래프가 굽은 형태를 묘사한다[그림 3.19(b)).

단계 4: (일반형태) 단계 2와 단계 3을 요약하고, 각 구간에서 형태를 그린다[그림 3.19(c)].

단계 5: (곡선 그리기) 곡선의 절편이나 $y'$, $y''$이 0인 점을 표시한다. 극값과 변곡점의 위치를 정한다. 이를 이용하여 곡선을 그린다[그림 3.19(d)]. ■

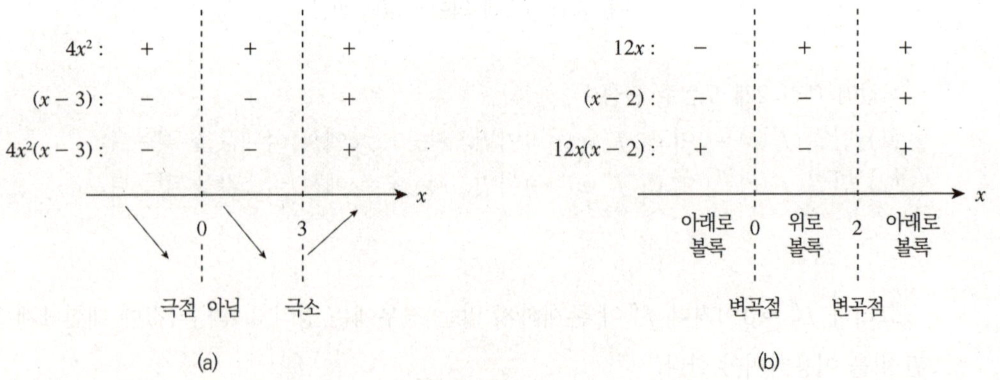


그림 3.19 함수의 그래프 그리기 [계속]

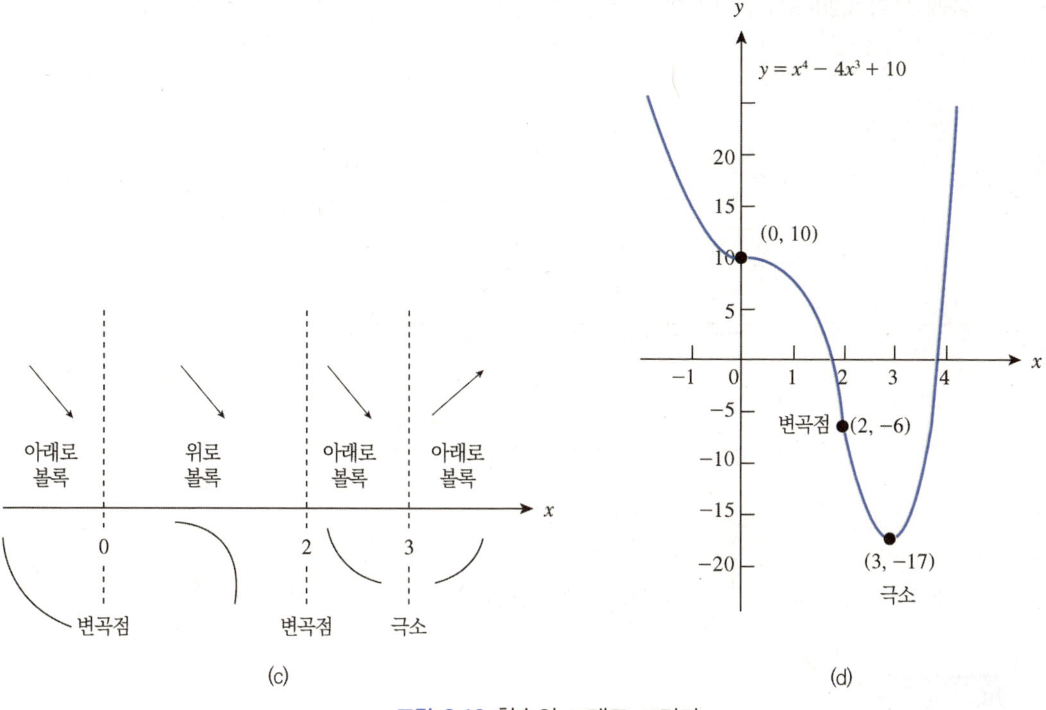


그림 3.19 함수의 그래프 그리기

## 분수함수의 그래프

예제를 통해 몇 가지 분수함수의 그래프에 대해 알아보자. 분수함수에서는 점근선이 나타나는데 먼저 점근선을 정의하자.

**정의** **점근선**

함수 $y=f(x)$의 그래프가 $\lim_{x\to\infty} f(x)=b$이거나 $\lim_{x\to-\infty} f(x)=b$일 때 직선 $y=b$를 그래프의 **수평 점근선**(horizontal asymptote)이라 한다. 또 $\lim_{x\to a^+} f(x)=\pm\infty$이거나 $\lim_{x\to a^-} f(x)=\pm\infty$일 때 직선 $x=a$를 그래프의 **수직 점근선**(vertical asymptote)이라 한다. ■

아래 그림 3.20에서 점근선의 예를 볼 수 있다.

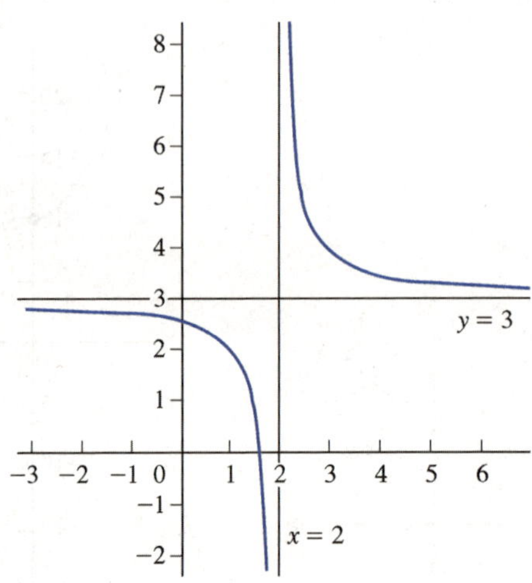


그림 3.20 $y = 3 + \dfrac{1}{x-2}$의 그래프(수직 점근선은 $x=2$, 수평 점근선은 $y=3$이다.)

## 예제 5

(1) 곡선 $y=\dfrac{2x+1}{x-1}$의 점근선

위 식은 $y=2+\dfrac{3}{x-1}$ 으로 고쳐 쓸 수 있고 여기서 직선 $y=2$와 $x=1$이 점근선임을 알 수 있다(그림 3.21). 물론 전자는 수평 점근선이고 후자는 수직 점근선이다.

(2) 곡선 $y=\dfrac{3}{x^2-9}$의 점근선

$x\to\pm\infty$일 때 $y\to0$이므로 직선 $y=0$은 수평 점근선이다. 또 $x=\pm3$에서 분모가 0 이므로 직선 $x=3$, $x=-3$은 수직 점근선이다(그림 3.22). ■

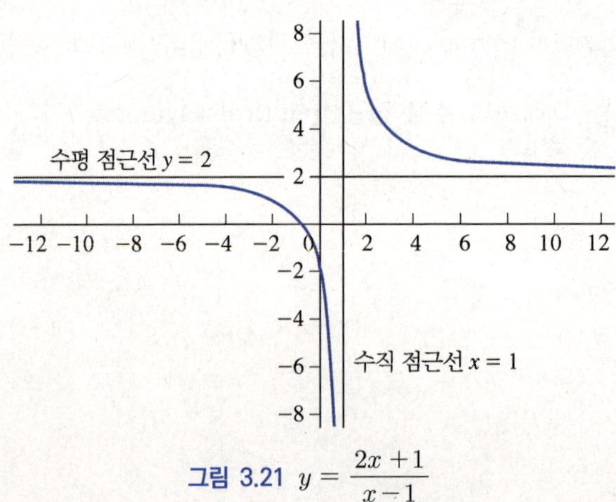


그림 3.21 $y=\dfrac{2x+1}{x-1}$

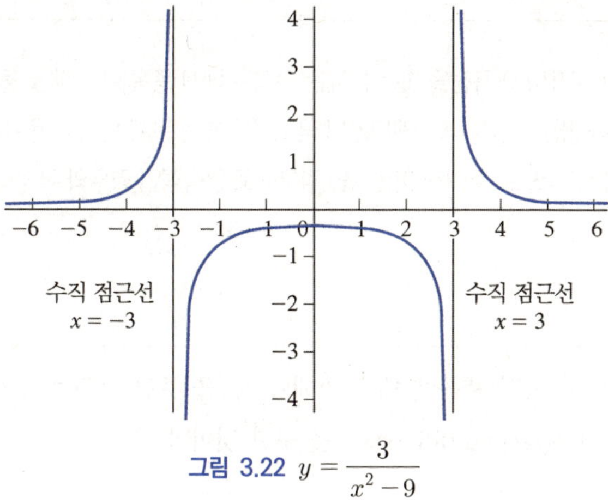


그림 3.22 $y = \dfrac{3}{x^2 - 9}$

수평이나 수직이 아닌 점근선도 나타난다. 아래 예제를 보자.

### 예제 6

곡선 $y = \dfrac{x^2 - 3}{2x - 4}$ 의 점근선을 찾고 그래프를 그려라.

**풀이**

위의 분수식은 $y = \dfrac{x}{2} + 1 + \dfrac{1}{2x - 4}$ 로 바꿔 쓸 수 있다. 여기서 $x$값이 2 근방일 때는 셋째 항 $\dfrac{1}{2x-4}$이 함수값을 주도하여 $y \approx \dfrac{1}{2x-4}$이 되어 $x \to 2$일 때 함수값이 $\pm\infty$로 접근하므로 $x = 2$가 수직 점근선이 된다. 또한 $x \to \pm\infty$일 때 $\dfrac{1}{2x-4} \to 0$이므로 직선 $y = \dfrac{x}{2} + 1$이 점근선이 된다. 그림 3.23을 보라. ■

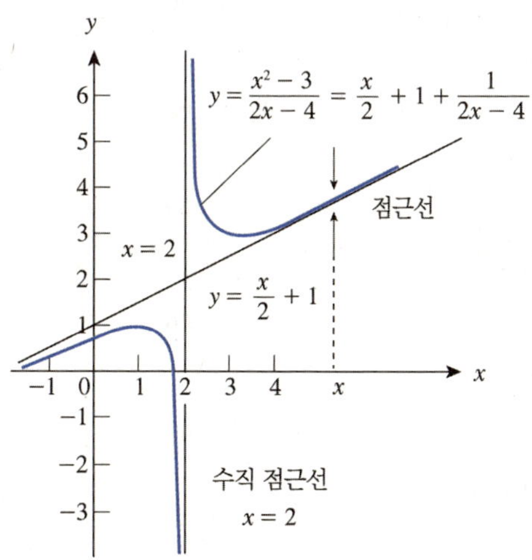


그림 3.23 예제 6

### 참고

2계 도함수를 구하는 문제나 변곡점을 찾는 문제는 여러 곳에서 응용된다. 예를 들어 경제학에서는 총 수입이나 이윤의 극대화 문제나 평균 비용이나 한계비용의 극소점을 찾는 문제 등에 사용된다. 한편 데이터가 연속함수로 주어지지 않고 일정한 간격으로 주어진 이산적인 경우에도 연속적인 경우와 유사하게 문제를 해결할 수 있다. 다음 예제를 보자. ■

### 예제 7

다음은 대형 마켓에서 어떤 품목에 대한 판매량($S_n$)을 주간 단위로 조사하고 그의 1계 차분(first difference)과 2계 차분(second difference)을 구한 것이다.

| 시간(주)($n$) | 판매량($S_n$) | 1계 차분($D_n = S_{n+1} - S_n$) | 2계 차분($D_{n+1} - D_n$) |
|---|---|---|---|
| 1 | 210 | | |
| | | 22 | |
| 2 | 232 | | 6 |
| | | 28 | |
| 3 | 260 | | 5 |
| | | 33 | |
| 4 | 293 | | 7 |
| | | 40 | |
| 5 | 333 | | 9 |
| | | 49 | |
| 6 | 382 | | 7 |
| | | 56 | |
| 7 | 438 | | 6 |
| | | 62 | |
| 8 | 500 | | 0 |
| | | 62 | |
| 9 | 562 | | −6 |
| | | 56 | |
| 10 | 618 | | −7 |
| | | 49 | |
| 11 | 667 | | |
| 12 | 707 | | |

여기서 2계 차분값이 0이 되는 점이 변곡점($y''=0$)에 해당하며, 이 시점 이후로 한계판매량(1계 차분)이 줄어드는 것을 볼 수 있다. 이 경우 향후 판매량의 증가분이 줄어들 것으로 예상하여 생산설비의 증설을 유보하고 재고를 줄이는 등 보다 보수적인 관리를 해야 할 것이다.

## 연습문제 3.3

**[01-06]** 다음 함수의 그래프를 그리고 임계점, 극점, 변곡점을 표시하라.

**01** $y = x^5 - 5x^4$

**02** $y = 2x + \cot x,\ 0 < x < \pi$

**03** $y = 2x - 3x^{2/3}$

**04** $y = \dfrac{x}{x^2 - 1}$

**05** $y = (x^2 - 1)^{2/3}$

**06** $y = \sqrt{|x|}$

**[07-10]** 연속함수 $y = f(x)$의 1계 도함수 $y'$이 다음과 같이 주어졌다. $y''$를 구하고 $y = f(x)$의 그래프의 개형을 그려라.

**07** $y' = x^{-2/3}(x-1)$

**08** $y' = (x^2 - 2x)(x-5)^2$

**09** $y' = x(x-3)^2$

**10** $y' = \begin{cases} -x^2, & x \le 0 \\ x^2, & x > 0 \end{cases}$

**11** 다음 그래프는 $y$축 상에서 아래위로 움직이는 물체의 위치함수 $s = f(t)$를 나타낸다.

(1) 언제 물체는 원점으로부터 멀어지는가? 원점으로 접근하는가?

(2) 근사적으로 어떤 시각에 속도가 0인가?

(3) 근사적으로 어떤 시각에 가속도가 0인가?

(4) 대략 언제 가속도가 양의 값을 또는 음의 값을 갖는가?

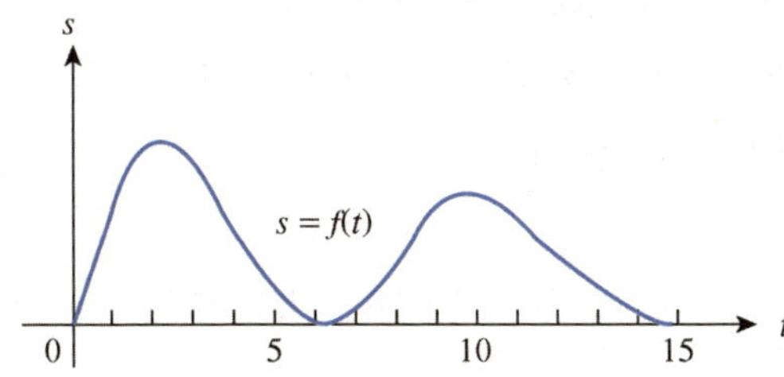


**12** 함수 $f$의 도함수의 그래프가 다음과 같다. 다음을 구하라.

(1) $[-2, 4]$ 구간 중에서 $f$가 감소하는 구간은? 또, $f$가 증가하는 구간은?

(2) $[-2, 4]$ 구간 중 $f$가 극값을 갖는 점은? 이 점에서 극대값이나 극소값을 갖는가?

(3) $f(0) = 0$일 때 $f$의 그래프를 그려라.

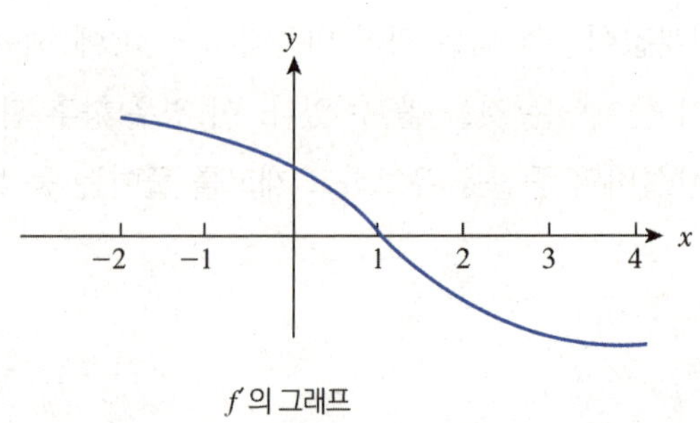

$f'$의 그래프

**13** $f$의 도함수의 그래프가 다음과 같다. 이를 이용하여 $f$에 대한 다음 질문에 답하라.

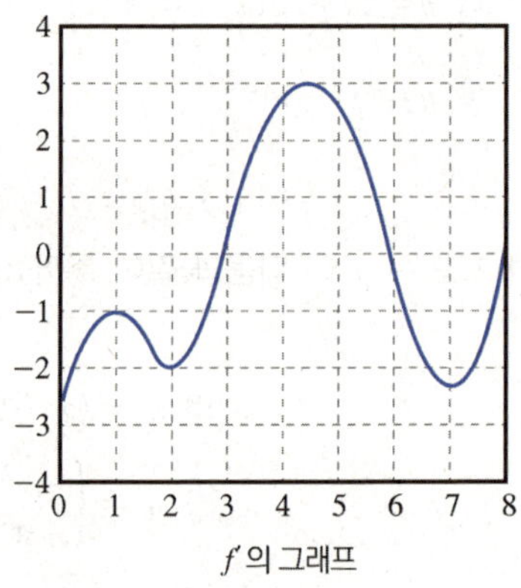

$f'$의 그래프

(1) 어떤 구간에서 $f$가 증가/감소하는가?

(2) $f$가 극값을 갖는 점은?

(3) 어떤 점에서 $f$가 극대값/극소값을 갖는가?

(4) 어떤 구간에서 $f$의 그래프가 위로/아래로 볼록한가?

(5) 변곡점은 어디인가?

(6) [0, 2]에서 최대값은 어떤 점에서 나타나는가?

(7) [3, 6]에서 최대값/최소값은 어떤 점에서 나타나는가?

(8) $f(0)=0$일 때 $f$의 그래프를 그려라.

**14** 다음은 함수들과 그들의 도함수들의 그래프이다. 맞는 것끼리 연결하라.

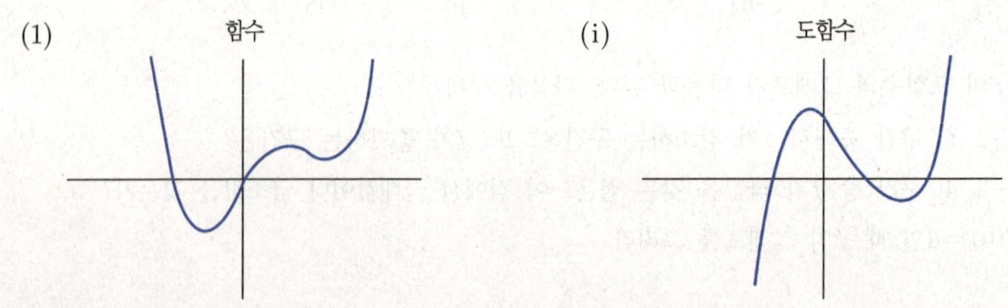

(2) 함수

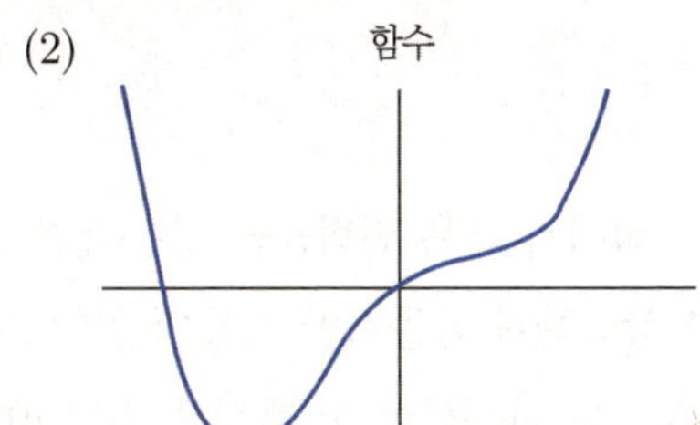

(ii) 도함수

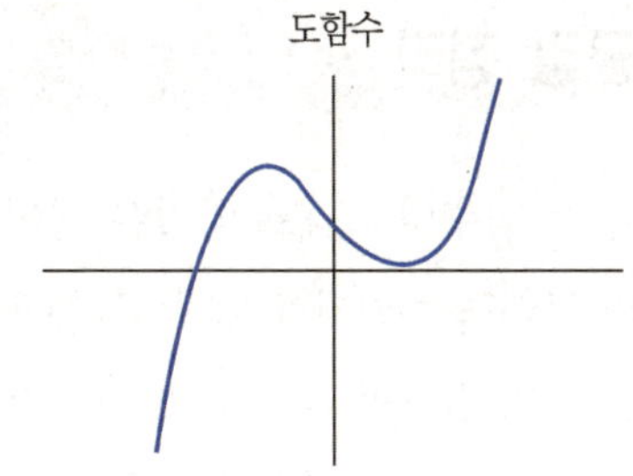

(3) 함수

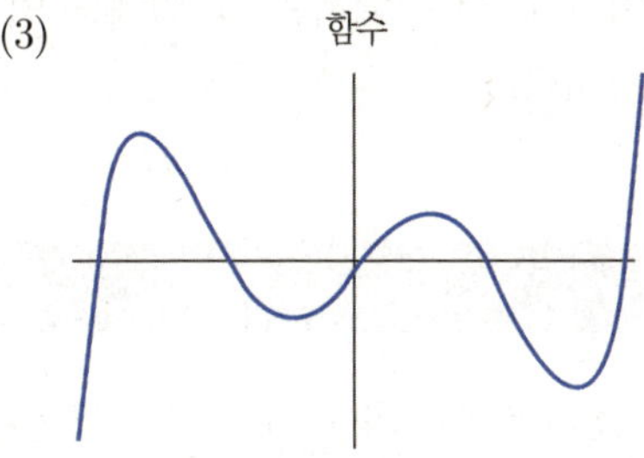

(iii) 도함수

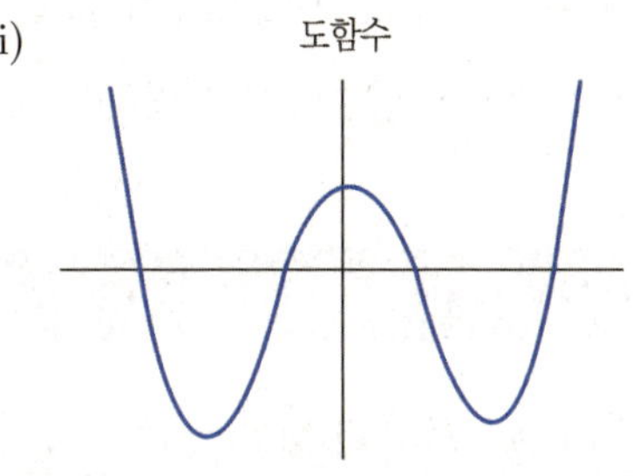

(4) 함수

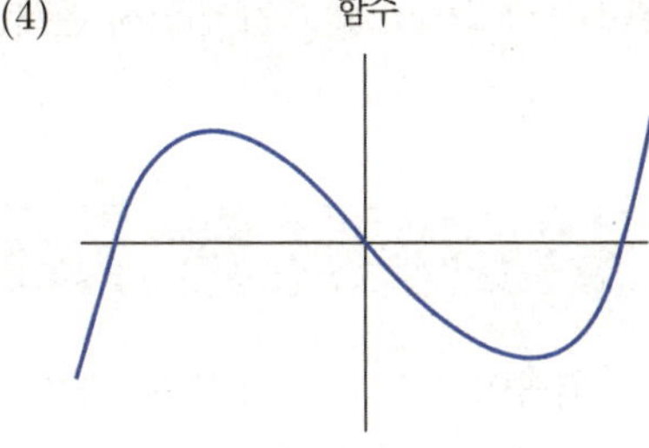

(iv) 도함수

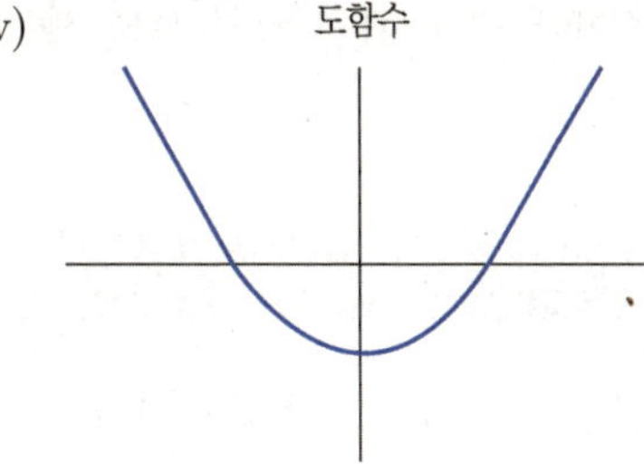

(5) 함수

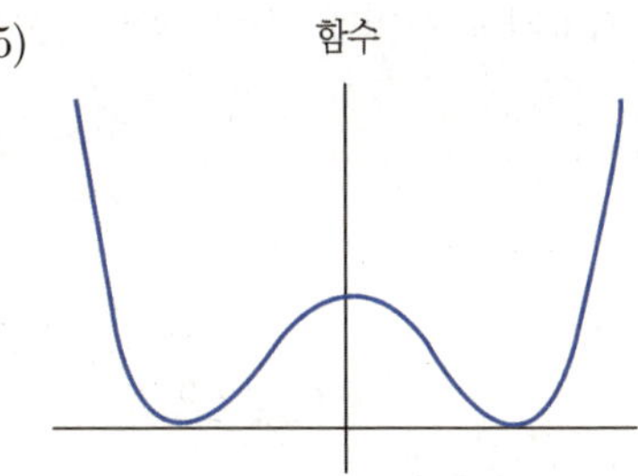

(v) 도함수

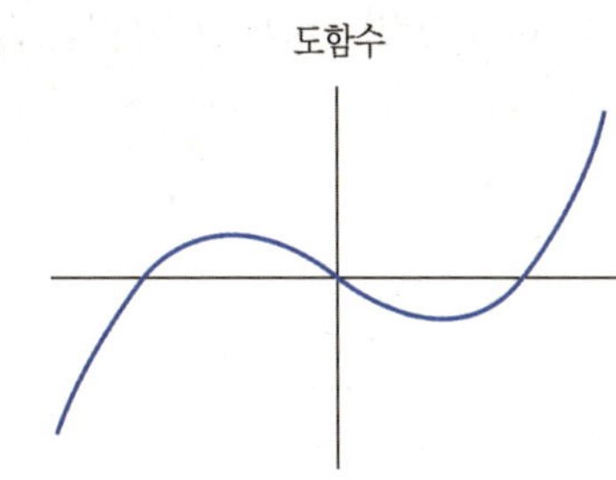

**15** $f''$ 이 구간 $x \geq 0$에서 연속이라고 가정하자.

(1) $f'(1) = 0$, $f''(1) = -3$일 때, $f$에 대하여 어떤 결론을 내릴 수 있는가?

(2) $f'(1) = 0$, $f''(1) = 0$일 때, $f$에 대하여 어떤 결론을 내릴 수 있는가?

**16** 함수 $f(x) = x^3(x-1)^3$ 의 1계 도함수와 2계 도함수의 부호를 조사하여, 증가/감소 구간을 찾고, 구간별로 볼록성을 조사하라.

## 3.4 평균값 정리

만일 두 함수의 그래프가 같은 점에서 출발하고, 모든 점에서 같은 변화율을 갖는다면, 두 함수의 그래프는 일치할까? 두 그래프가 다를 것이라고 상상하기 힘들지만 이들의 일치성을 밝히는 것이 간단한 작업은 아니다. 이 절에서 평균값 정리를 이용하여 이 사실을 증명한다. 평균값 정리는 보다 기본적인 Rolle의 정리로부터 얻어진다. 이 절에서는 그 외에도 연속함수나 미분가능한 함수에서 성립하는 중요한 정리들을 살펴본다.

**정리 • 3.5 중간값 정리**

함수 $y=f(x)$가 닫힌 구간 $[a,b]$에서 연속이면 $y=f(x)$는 $f(a)$와 $f(b)$ 사이의 모든 값을 취한다. 즉, $y_0$가 $f(a)$와 $f(b)$ 사이의 값이면 $y_0=f(c)$가 되는 $c\in[a,b]$가 반드시 존재한다.

**정리 • 3.6 Rolle의 정리**

함수 $y=f(x)$가 닫힌 구간 $[a,b]$ 내의 모든 점에서 연속이고 $(a,b)$에서 미분가능이라고 가정하자. 만일 $f(a)=f(b)$이면 $f'(c)=0$가 되는 $c$가 $a$와 $b$ 사이에 적어도 하나 존재한다.

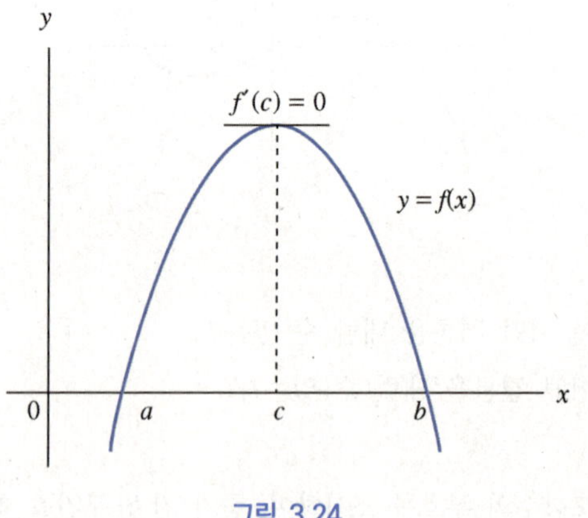


그림 3.24

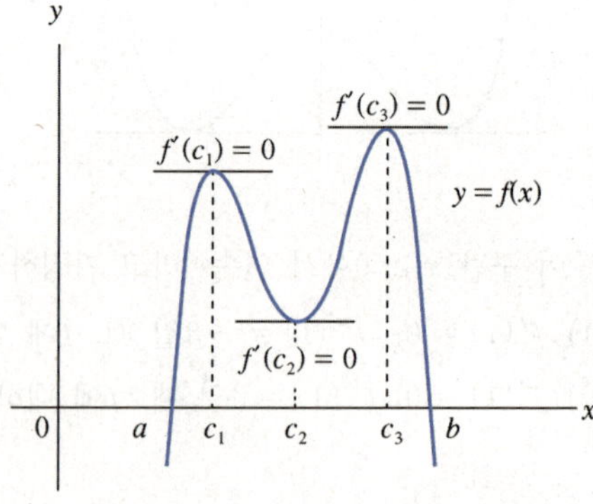


그림 3.25

**증명 Rolle의 정리**

정리 3.1에 의하면, 닫힌 구간에서 정의된 연속함수는 구간 상에서 최대값과 최소값을 갖는다. 그런데 최대값, 또는 최소값은 (1) $f'$이 0인 내부점, (2) $f'$이 존재하지 않는 내부점, (3) 정의역의 양 끝점 중에서 발생하게 된다(그림 3.24, 3.25). 가정에 의해 $f$는 내부의 모든 점에서 도함수를 가지므로 (2)는 제외된다. 만일 내부의 점 $c$에서 최소값 혹은 최대값이 발생하면 정리 3.2에 의해 $f'(c)=0$ 이어야 한다. 이제 만일 최대값과 최소값이 모두 양 끝점 $a$와 $b$에서 발생하면 조건 $f(a)=f(b)$ 로부터 최대값과 최소값이 같게 되므로 $f$는 상수여야 하고, 따라서 $f'=0$이 된다. 이 경우에는 $f'(c)=0$ 이 되는 $c$를 구간 $[a,b]$ 상에서 임의로 택할 수 있다. ■

**예제 1**

다항함수 $f(x)=\dfrac{x^3}{3}-3x$를 생각하자(그림 3.26).

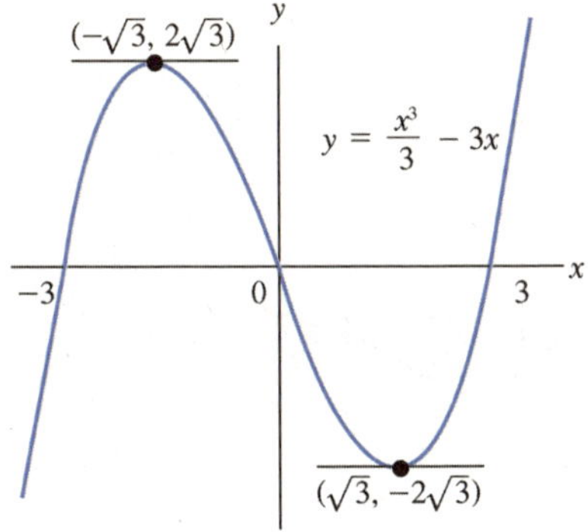


그림 3.26 예제 1

함수 $f(x)$는 $[-3,3]$ 의 모든 점에서 연속이고 $(-3,3)$ 의 모든 점에서 미분가능하다. $f(-3)=f(3)=0$ 이므로 Rolle의 정리에 의하여 $f'$은 $a=-3$과 $b=3$ 사이의 적어도 한 점에서 0이 된다. 실제로 $f'(x)=x^2-3$은 $x=-\sqrt{3}$ 과 $x=\sqrt{3}$ 에서 0이 된다. ■

**정리 • 3.7 평균값 정리**

만일 $y=f(x)$가 $[a,b]$ 에서 연속이고, $(a,b)$ 상의 모든 점에서 미분가능하면,

$$\frac{f(b)-f(a)}{b-a}=f'(c)$$

가 되는 점 $c$가 $a$와 $b$ 사이에 적어도 하나 존재한다.

**증명**

그림 3.27에서 $A(a, f(a))$, $B(b, f(b))$를 지나는 직선의 방정식은

$$y = g(x) = f(a) + \frac{f(b) - f(a)}{b - a}(x - a)$$

이다. 새로운 함수 $h(x)$를

$$h(x) = f(x) - g(x)$$

로 정의하면, $h(x)$는 $f(x)$의 그래프와 선분 $AB$ 사이의 수직거리를 나타내고, $h(a) = h(b) = 0$으로 Rolle의 정리의 가정을 만족한다. 따라서 $h'(c) = 0$을 만족하는 $c$가 $a, b$ 사이에 존재한다. 여기서 $h'(c) = f'(c) - g'(c) = 0$이므로 $g'(c) = f'(c)$, 즉

$$\frac{f(b) - f(a)}{b - a} = f'(c)$$

인 $c$가 $a$와 $b$ 사이에 존재한다. ■

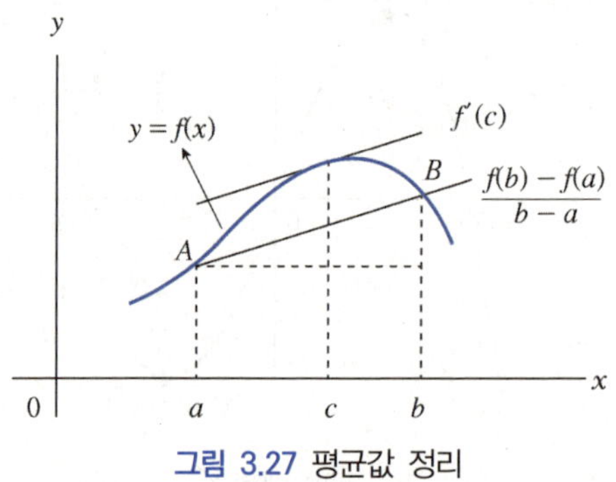

그림 3.27 평균값 정리

평균값 정리(mean value theorem)는 Rolle의 정리를 보다 일반화한 것이라고 볼 수 있다. $f(a) = f(b)$라는 가정이 없으므로, Rolle의 정리에서의 그래프를 사선으로 비스듬히 기울여 놓은 형태를 생각하면 된다. 평균값 정리를 나타내는 그림 3.27에서 선분 $AB$에 평행한 $y = f(x)$의 점 $c$에서의 접선은 Rolle의 정리를 나타내는 그림 3.24에서 $f'(c) = 0$인 $x$축에 평행한 직선에 해당한다.

평균값 정리에서 경계점에서 미분가능성을 요구하지 않는 이유는 좀 더 광범위한 함수들에 적용하기 위함이다. 예를 들어 $f(x) = \sqrt{x}, x \in [0,1]$을 생각해 보자. 이 함수는 양 끝점에서 미분불능이다. 그러나 평균값은 $\frac{f(1) - f(0)}{1 - 0} = 1$이고, $f'(c) = \frac{1}{2\sqrt{c}} = 1$인 점

$c=\frac{1}{4}$이 주어진 구간 내부에서 존재하므로 평균값 정리가 성립한다.

**참고**

경계점에서의 연속성이 왜 중요한지, 내부점에서의 미분가능성이 왜 중요한지를 그래프를 그려서 생각해 보라. ■

**예제 2**

구간 $[-1,2]$에서 함수 $f(x)=x^3+2x^2-x$에 대하여 평균값 정리를 만족하는 점 $c$를 구하라.

**풀이**

$f(x)$가 다항식이므로 평균값 정리의 가정을 만족한다. 또한 $f'(x)=3x^2+4x-1$이므로

$$f'(c)=\frac{f(2)-f(-1)}{2-(-1)}=\frac{14-2}{3}=4$$

로부터 방정식

$$3c^2+4c-1=4$$

를 얻는다. 이것의 근 $c=\frac{-2\pm\sqrt{19}}{3}$ 중에서 구간 $[-1,\ 2]$ 내의 점 $c=\frac{-2+\sqrt{19}}{3}$가 원하는 값이다. ■

평균값 정리의 중요성은 도함수에 대한 정보로부터 함수에 관한 정보를 유추할 수 있다는 점이다. 다음 예제를 살펴보자.

**예제 3**

$f(0)=1$이고 모든 $x$에 대하여 $f'(x)\le 2$이라고 가정하자. 이때 $f(3)$의 상한값을 얼마로 추정할 수 있는가?

**풀이**

$f$가 미분가능하다는(그러므로 연속이라는) 사실에서 출발하자. 구간 $[0,3]$에 평균값 정리를 적용하자. 그러면

$$f(3)-f(0)=f'(c)(3-0)$$

을 만족하는 $c$가 구간 내에 존재한다. 즉

$$f(3)=f(0)+3f'(c)=1+3f'(c)$$

인데 $f'(x)\le 2$임을 알고 있으므로 $f(3)\le 1+3\times 2=7$이다. 즉, $f(3)$의 상한값은 7이다. ■

상수함수의 도함수가 0이라는 것은 도함수의 정의를 통하여 이미 알고 있다. 그러면 이 명제의 역은 성립하는가? 즉, 도함수가 0인 함수는 상수함수밖에 존재하지 않는가? 평균값 정리를 이용하여 이 사실을 보일 수 있다.

**정리 • 3.8**

구간 $I$ 상의 모든 점 $x$ 에서 $f'(x)=0$이면 모든 $x \in I$ 에 대하여 $f(x)=C$이다. (단, $C$는 상수)

**증명**

구간 $I$의 임의의 서로 다른 두 점 $x_1$, $x_2$에 대해서 $f(x_1)=f(x_2)$임을 보이면 충분하다. 평균값 정리에 의해서

$$\frac{f(x_2)-f(x_1)}{x_2-x_1}=f'(c)$$

를 만족하는 $x_1$과 $x_2$ 사이에 $c$가 존재하게 되고, 가정으로부터 $f'(c)=0$이므로 $f(x_1)=f(x_2)$가 성립한다. ■

이제 처음의 질문으로 돌아가자. 만일 두 함수의 그래프가 같은 점에서 시작하고 모든 점에서 같은 변화율을 갖는다면 두 함수는 일치할까? 이 질문에 답하기 위해서 구간 상의 모든 $x$에서 $f'(x)=g'(x)$이면, 모든 $x$에 대하여 $f(x)=g(x)+C$($C$는 상수)임을 보이면 충분하다. $h(x)=f(x)-g(x)$라고 하면, 구간 상의 모든 $x$에서 $h'(x)=0$이므로 정리 3.8에 의해 $h(x)=C$가 되어 $f(x)=g(x)+C$임을 알 수 있다. 만약 그래프가 같은 점에서 시작한다면 $C=0$이므로 두 함수는 동일하다.

**따름 정리**

구간 $I$ 상의 모든 점 $x$에서 $f'(x)=g'(x)$이면 모든 $x \in I$에 대하여 $f(x)=g(x)+C$이다. 이때, $C$는 상수이다.

## 방정식의 해를 찾는 문제

방정식의 해를 수치적으로 찾을 때(3.6절 참조), 주어진 구간에서 해가 몇 개나 존재하는지를 미리 알 수 있다면 도움이 될 것이다. 경우에 따라서는 이것이 가능한 경우도 있는데 일례로

아래의 조건을 모두 만족할 때는 $f=0$은 $(a,b)$에서 단 하나의 해를 갖는다.

(i) $f$가 $[a,b]$에서 연속이고 $(a,b)$에서 미분가능하다.

(ii) $f(a)$와 $f(b)$가 반대 부호를 갖는다.

(iii) $(a,b)$에서 $f'>0$ 이거나 $f'<0$이다.

이유를 살펴보면 우선 (ii)와 중간값 정리에 의해서 해를 가져야 한다. 또한 (iii)에 의해서 $f$ 는$(a,b)$에서 증가하거나 감소하므로 둘 이상의 해를 가질 수 없다.

**예제 4**

함수 $f(x)=x^3+2x+1$은 $[-1,1]$에서 연속이고 미분가능하다. 또 $f(-1)=-2$, $f(1)=4$는 반대 부호를 갖고, $f'(x)=3x^2+2$는 항상 양이므로 주어진 함수는 $[-1, 1]$에서 단 하나의 해를 갖는다. ■

## 연습문제 3.4

**[01-04]** 다음에 주어진 함수와 구간 $[a,b]$에 대하여 평균값 정리의 가정이 만족됨을 보이고, $\dfrac{f(b)-f(a)}{b-a}=f'(c)$를 만족하는 $c$를 구하라.

**01** $f(x)=x^2+2x-1$, $[0,1]$

**02** $f(x)=x^{2/3}$, $[0,1]$

**03** $f(x)=\sqrt{1-x^2}$, $[-1,0]$

**04** $f(x)=\sqrt{1+\cos x}$, $\left[-\dfrac{\pi}{2},\dfrac{\pi}{2}\right]$

**05** 냉동 칸에서 물체를 꺼내어 끓는 물에 넣었을 때, 온도가 $-8$℃에서 100℃로 상승하는 데 10초 걸렸다. 도중에 수은주가 정확히 10.8℃/sec로 상승한 지점이 있음을 보여라.

**06** 트럭 운전자가 톨게이트에서 표를 내밀었다. 여기에는 이 트럭이 161 km를 2시간 동안 운전된 것으로 기록되어 있다. 이 트럭이 시속 80 km 이상의 속도로 운전된 지점이 있음을 보여라.

**[07-08]** 다음 방정식들이 주어진 구간에서 단 하나의 해를 가짐을 보여라.

**07** $x^4+3x+1=0$, $[-2,-1]$

**08** $x-\dfrac{2}{x}=0$, $[1,3]$

**09** 평균값 정리를 이용하여 모든 실수 $a,b$에 대하여 $|\sin b-\sin a|\le|b-a|$가 성립함을 보여라.

**10** 함수 $f(x)$는 $0\le x\le 1$에서 연속이고 $0\le f(x)\le 1$이라고 하자. 이때 $f(c)=c$를 만족하는 점 $c$가 구간 $[0,1]$에 적어도 하나 존재한다는 것을 증명하라.

**11** $f$가 $[0,1]$에서 미분가능하고, 그의 도함수는 결코 0이 아니라고 가정하자. 이때 $f(0)\ne f(1)$임을 보여라.

12 $f$가 $[a,b]$에서 미분가능하고, $f(b) < f(a)$라고 가정하자. 이때 $[a,b]$ 상에서 $f'$의 값에 대하여 어떤 것을 말할 수 있는가?

13 $f(0)=5$이고 모든 $x$에서 $f'(x)=2$일 때 $f(x)=2x+5$라고 말할 수 있는가?

14 $f'(x)=\dfrac{1}{1+x^4\cos x}$, $0 \le x \le 0.1$, $f(0)=1$일 때 $f(0.1)$의 값을 추정하라. (힌트: 평균값 정리에서 유도되는 부등식 $\min f' \le \dfrac{f(b)-f(a)}{b-a} \le \max f'$을 이용하라. 다음 절에서는 선형식을 이용하여 구해 볼 것이다.)

15 $f(0) = 0$이고, $f(2) = 6$이면서 모든 $x$에 대하여 $f'(x) \le 2$인 함수 $f$가 존재하는가?

16 $f(0) = 4$이고, $f'(x) \le 3$, $0 \le x \le 5$를 만족한다. 이때 $f(5)$의 상한을 구하라.

## 3.5 선형화

때때로 복잡한 함수를 보다 단순한 함수로 근사시킬 필요가 있다. 이 절에서는 선형화(linearization)라고 부르는 유용한 근사법을 설명하고자 한다. 이를 위하여 우선 변수 $x$의 증분(increment)을 나타내는 기호 $dx$를 도입한다. 이 기호는 $x$의 미분(differential)으로 불리고 많은 경우 $\triangle x$보다 더 자주 이용된다. 그림 3.28, 3.30에서 보듯이, 곡선 $y=f(x)$의 접선은 접점 근처에서는 곡선에 매우 가깝다. 따라서 접점 근처의 작은 구간에서 접선상의 $y$값들은 곡선의 $y$값에 대한 좋은 근사치가 될 것이다. 즉, 접점 근처에서 접선의 방정식을 이용하여 함수의 근사값을 구할 수 있다.

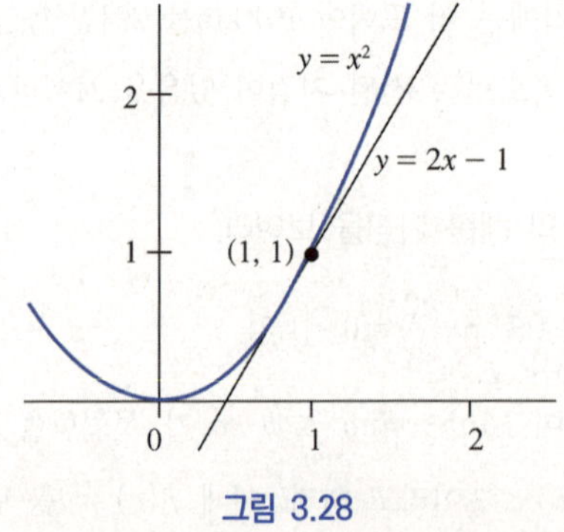

그림 3.28

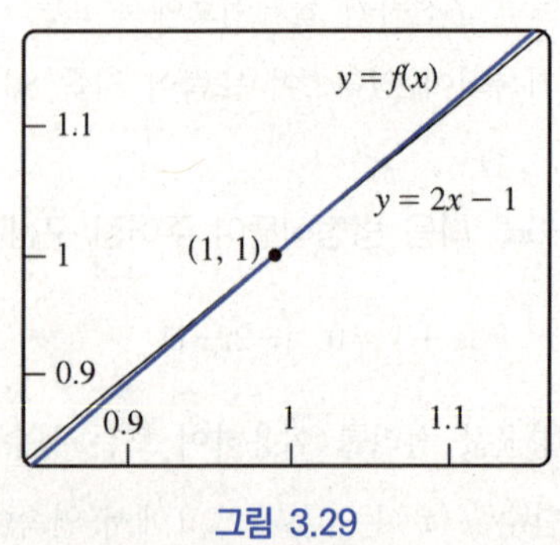

그림 3.29

그림 3.30에서 $(a, f(a))$를 통과하고 기울기 $f'(a)$를 갖는 접선의 방정식은

$$y=f(a)+f'(a)(x-a)$$

이다. 즉, 접선을 함수

$$L(x) = f(a) + f'(a)(x - a)$$

로 나타낼 때, 이 직선의 방정식이 $x = a$ 근처에서 $f(x)$에 대한 근사식이 될 수 있다.

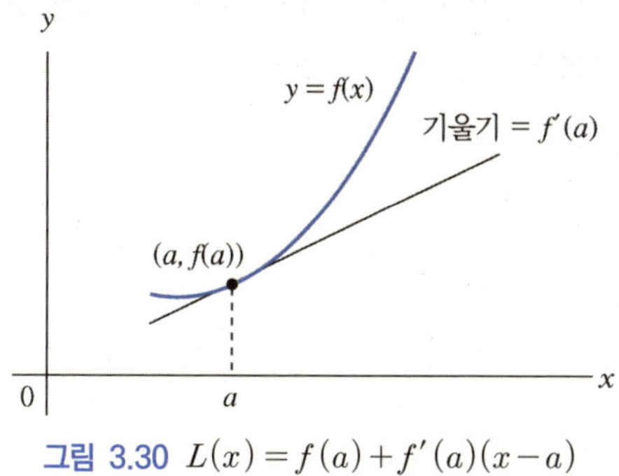


그림 3.30 $L(x) = f(a) + f'(a)(x - a)$

**정의** **선형화**

$y = f(x)$가 $x = a$에서 미분가능하면,

$$L(x) = f(a) + f'(a)(x - a)$$

를 중심 $a$에서 $f$의 선형식 또는 1차 근사식이라고 부른다.

### 예제 1

$f(x) = \sqrt{1+x}$ 의 $x = 0$에서의 1차 근사식을 구하라.

**풀이**

$$f'(x) = \frac{1}{2\sqrt{1+x}}$$

이므로 $f'(0) = 1/2$ 이다. $a = 0$, $f(0) = 1$을 대입하면

$$L(x) = f(a) + f'(a)(x - a) = 1 + \frac{1}{2}(x - 0) = 1 + \frac{x}{2}$$

이다. 이 경우 $\sqrt{1+x} \approx 1 + \frac{x}{2}$ 의 근사가 얼마나 정확한지를 알고 싶을 것이다. 실제로 계산기를 이용하여 몇 개의 값을 구해 보자.

$\sqrt{1.4} \approx 1 + \frac{0.4}{2} = 1.20$ (소수점 이하 1자리까지 정확하다.)

$\sqrt{1.07} \approx 1 + \frac{0.07}{2} = 1.035$ (소수점 이하 2자리까지 정확하다.)

$$\sqrt{1.005} \approx 1 + \frac{0.005}{2} = 1.00250 \quad \text{(소수점 이하 4자리까지 정확하다.)}$$

이 근사값은 $x$가 중심(이 경우는 0)을 향해 갈수록 더욱 정확해진다. ■

**예제 2**

$(1+x)^k \approx 1+kx$ ($x \approx 0$, $k$는 임의의 수)는 0 근처에서 비교적 정확한 근사값을 주는 근사식으로 많은 경우에 응용된다. 다음의 경우를 예로 들어보자.

$$\sqrt{1+x} \approx 1 + \frac{x}{2} \quad (k = \frac{1}{2})$$

$$\frac{1}{1-x} = (1-x)^{-1} \approx 1 + (-1)(-x) = 1 + x \quad (k = -1)$$

$$\frac{1}{\sqrt{1-x^2}} = (1-x^2)^{-1/2} \approx 1 + \left(-\frac{1}{2}\right)(-x^2) = 1 + \frac{x^2}{2} \quad (k = -\frac{1}{2})$$ ■

**예제 3**

$f(x) = \tan x$ 의 $x=0$에서의 1차 근사식을 구하라.

**풀이**

$L(x) = f(a) + f'(a)(x-a)$를 이용하면 $f(x) = \tan x$, $a = 0$이다. 이때 $f(0) = 0$, $f'(0) = \sec^2(0) = 1$이므로

$$L(x) = 0 + 1 \cdot (x - 0) = x$$

이다. 그러므로 $x = 0$ 근방에서 $\tan x \approx x$이다(그림 3.31). ■

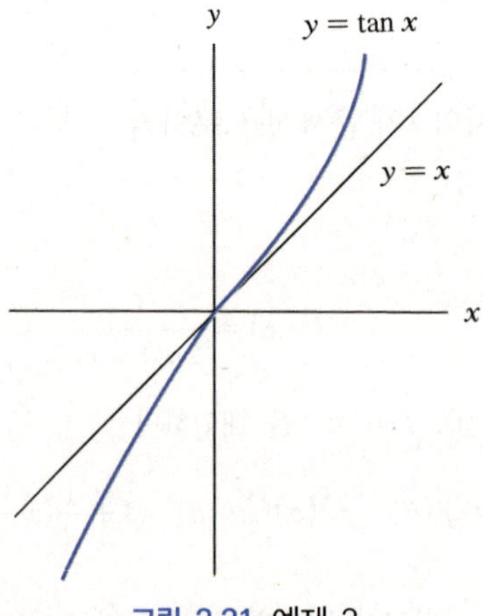


그림 3.31 예제 3

## 미분을 이용한 변화량 측정

미분가능인 함수 $f(x)$의 $x_0$에서의 값을 안다고 가정하고 $x$값이 $x_0$에서 $x_0 + \Delta x$로 변화

했을 때, $f(x)$의 변화량을 측정하기를 원한다고 하자. $f$의 변화량(그림 3.31)은

$$\triangle f = f(x_0 + \triangle x) - f(x_0)$$

이고, 이때 대응되는 선형식 $L(x) = f(x_0) + f'(x_0)(x - x_0)$의 변화량은

$$\begin{aligned}\triangle L &= L(x_0 + \triangle x) - L(x_0) \\ &= L(x_0 + \triangle x) - f(x_0) \\ &= f(x_0) + f'(x_0)[(x_0 + \triangle x) - x_0] - f(x_0) \\ &= f'(x_0)\triangle x\end{aligned}$$

이다. $\triangle x$가 충분히 작을 때, $f$의 변화량 $\Delta f$와 $f$의 $x_0$에서의 선형식 $L$의 변화량 $\Delta L$은 거의 유사하고 선형식 $L$의 값들이 계산하기 수월하므로, $\Delta f$에 대한 근사값으로 $\Delta L$을 사용한다. 일반적으로 $\Delta x \to 0$일 때 변화량 $\triangle L = f'(x_0)\triangle x$는

$$df = f'(x_0)dx \tag{3.1}$$

로 표현한다. 이때 $df$를 $f$의 미분(differential)이라고 부른다.

### 참고

미분하는 과정의 의미인 differentiation과 미세한 변화량의 의미인 differential이 모두 **미분**으로 번역되어 이미 굳어져 있으므로 문맥에 따라 이를 구별해야 할 것이다. ■

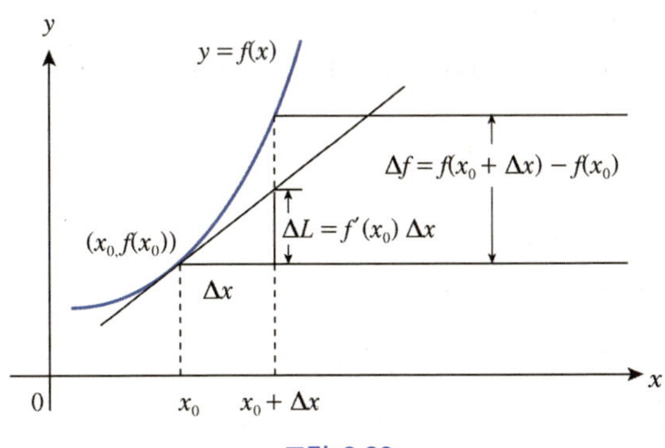


그림 3.32

**예제 4**

원의 반지름이 초기값 $r_0 = 10$ 으로부터 $dr = 0.1$ 만큼 증가하였다. 이때 원의 면적 $A = \pi r^2$ 의 증가분의 근사값을 $dA$ 를 계산하여 구하라. 그리고 이를 실제 변화량 $\triangle A$ 와 비교하라.

**풀이**

$dA$ 를 계산하기 위하여 식 (3.1)을 $A = \pi r^2$ 에 적용하면

$$dA = A'(r_0)dr = 2\pi r_0 dr$$

이고, $r_0 = 10$과 $dr = 0.1$을 대입하면,

$$dA = 2\pi(10)(0.1) = 2\pi$$

이다. $\triangle A$ 를 직접 계산하면

$$\triangle A = \pi(10.1)^2 - \pi(10)^2 = (102.01 - 100)\pi = 2\pi \ + \ 0.01\pi = dA + \text{오차}$$

이다. 근사치 $dA$ 에서의 오차 $0.01\pi$ 는 원의 원래의 면적 $100\pi$ 와 비교하면 본다면, $0.01\pi / 100\pi = 0.01\%$로 매우 작다는 것을 알 수 있다. ■

$\Delta f$와 $df$의 차이점은 무엇일까? 증분 $\Delta f$는 $f$의 실제 변화량을 나타내고, 미분 $df$는 $f$의 선형식의 변화를 나타낸다. 일반적으로 $\Delta f$보다는 $df$를 계산하는 것이 보다 단순하고, $\Delta x$가 작은 값일 때는 $\Delta f$에 대한 훌륭한 추정값을 준다. 이제 $f$값의 변화에 따른 다음 세 가지 변화량을 생각해 보자.

**예제 5**

$f(x) = x^3 - 2x^2 + 3$이고, $x$가 1에서 1.1로 변할 때, $\Delta f$와 $df$를 각각 구하라.

**풀이**

$$\begin{aligned} f(1) &= 1 - 2 + 3 = 2, \\ f(1.1) &= (1.1)^3 - 2(1.1)^2 + 3 \\ &= 1.331 - 2(1.21) + 3 = 1.911 \end{aligned}$$

그러므로 $\Delta f = f(1.1) - f(1) = 1.911 - 2 = -0.089$이고,

$$\begin{aligned} df &= f'(x)dx = (3x^2 - 4x)\,dx \\ &= [3(1^2) - 4(1)]0.1 \\ &= -0.1 \end{aligned}$$

이다. ■

변화 정도를 분석할 때 변화량 자체도 중요하지만 상대변화 및 퍼센트 변화도 중요할 때가

있다.

**변화량, 상대변화, 퍼센트 변화**

| | 참값(true value) | 추정값(estimate) |
|---|---|---|
| 변화량 | $\Delta f$ | $df$ |
| 상대변화 | $\dfrac{\Delta f}{f(x_0)}$ | $\dfrac{df}{f(x_0)}$ |
| 퍼센트 변화 | $\dfrac{\Delta f}{f(x_0)} \times 100$ | $\dfrac{df}{f(x_0)} \times 100$ |

**예제 6**

구의 반지름을 $r$이라 하자. $r$이 1% 변화한다면 구의 부피의 퍼센트 변화는 얼마인가?

**풀이**

구의 부피를 $V$라 하면, $V = \dfrac{4}{3}\pi r^3$, $dV = 4\pi r^2\, dr$이므로

$$\frac{dV}{V} = \frac{4\pi r^2 dr}{(4/3)\pi r^3} = \frac{3dr}{r}$$

즉, $V$의 상대변화량은 $r$의 상대변화량의 3배이다. 그러므로 $r$이 1% 변화한다면 구의 부피는 3% 변한다. ■

이제 변화량을 다른 방식으로 나타내 보자. $\triangle f = f(x_0 + \triangle x) - f(x_0)$ 에서 $f(x_0 + \triangle x) = f(x_0) + \triangle f$이므로

$$f(x_0 + \triangle x) \approx f(x_0) + df = f(x_0) + f'(x_0)dx$$

로 쓸 수 있다. 이제 $x_0 = a$로, $x_0 + \triangle x = a + \triangle x = x$로 놓으면, $\triangle x = x - a$이고, 위 식은

$$f(x) \approx f(a) + f'(a)(x-a) \tag{3.2}$$

가 된다.

**예제 7**

$(1.01)^3$의 근사값을 식 (3.2)를 이용하여 구하라.

**풀이**

$f(x) = x^3$이라고 하자. $a = 1, x = 1.01$이면 $x - a = 0.01$이다. 식 (3.3)에서

$$f(1.01) \approx f(1) + f'(1)(0.01) = 1 + 3(0.01) = 1.03 = 1 + 3(0.01) = 1.03$$

이다. 실제로 $(1.01)^3 = 1.030301$이다. ■

## 연습문제 3.5

**[01-03]** 다음의 함수 $f(x)$의 주어진 점에서의 선형식 $L(x)$를 구하라.

**01** $f(x) = x^{-1}$, $x = 2$ **02** $f(x) = \sqrt{x}$, $x = 4$ **03** $f(x) = \sin x$, $x = \pi$

**[04-06]** $(1+x)^k \approx 1+kx$를 이용하여 다음 함수에 대하여 0에 가까운 $x$값에서의 1차 근사식을 구하고 $x = 0.01$에서 근사값과 실제값을 비교하라.

**04** $f(x) = (1-x)^3$ **05** $f(x) = 3(1+x)^{1/3}$ **06** $f(x) = \dfrac{1}{\sqrt{1+x}}$

**07** $(1+x)^k \approx 1+kx$를 이용하여 다음을 구하라.

(1) $(1.0002)^{50}$ (2) $\sqrt[3]{1.009}$

**08** $f'(x) = 1/(1+x^4\cos x)$, $0 \le x \le 0.1$이고 $f(0) = 1$이다. $f(0.1)$의 값을 $f$의 1차 근사식을 이용하여 추정하라. (연습문제 3.4의 문제 14와 비교해 보라.)

**09** 반지름이 $r_0$에서 $r_0 + dr$로 변하고, 높이는 변화하지 않았을 때, 원통의 부피 $V = \pi r^2 h$의 변화량 $\Delta V$를 구하고, 이를 $dV$와 비교하라.

**10** 높이가 $h_0$에서 $h_0 + dh$로 변하고 반지름은 변하지 않을 때, 원통의 옆 면적 $S = 2\pi rh$의 변화량 $\Delta S$를 구하고 이를 $dS$와 비교하라.

**11** 나무의 반지름이 5 cm였다. 다음 1년 동안, 둘레가 2 cm 증가하였다. 나무의 반지름은 얼마나 증가했겠는가? 그리고 단면적은 얼마나 증가했겠는가?

**12** 한 변의 길이가 $x$인 정사각형의 면적 $A(x) = x^2$을 선형근사식을 이용해서 참값의 2%의 범위에서 구하고 싶다. 이때 변의 길이는 참값의 몇 % 범위에서 정확하게 측정해야 하는가?

**[13-14]** 주어진 $x$에 대하여 $\Delta x = dx$일 때, $df$와 $\Delta f$를 구하라.

**13** $f(x) = x - x^2$, $x = 1$, $\Delta x = -0.1$

**14** $f(x) = \dfrac{1}{x}$, $x = 2$, $dx = 1$

## 3.6 뉴턴의 방법

방정식 $f(x)=0$의 근을 구하는 경우를 생각하자. 1차 방정식 $ax+b=0$이나 2차 방정식 $ax^2+bx+c=0$의 경우는 근을 쉽게 구할 수 있을 것이다. 하지만 3차 또는 4차 방정식에 대해서는 근을 일반적으로 구하는 공식이 매우 복잡하며 5차 이상의 방정식에 대해서는 근의 공식조차도 존재하지 않음이 증명되었다. 그 밖에도 $\sin x = x$, $e^x - \tanh x = 0$과 같이 대부분의 초월함수를 포함한 방정식의 해(solution)[또는 근(root)]는 대수적으로 구할 수 없다. 이렇듯 방정식 $f(x)=0$의 해를 구하는 방법은 매우 제한적인데 여기에서는 이를 수치적으로 구하는 방법 중 하나로 뉴턴의 방법을 소개한다.

그림 3.33에서와 보는 바와 같이 방정식 $f(x)=0$의 해는 함수 $y=f(x)$와 $x$축과의 교점이다. 뉴턴의 방법에서는 $f(x)=0$의 처음 가정된 해(초기해)를 $x_0$라 할 때, 곡선 위의 점 $(x_0, f(x_0))$에서의 접선을 구하고 이 접선이 $x$축과 만나는 점 $x_1$을 구한다. 같은 방법으로 다시 $(x_1, f(x_1))$에서의 접선과 $x$축과의 교점 $x_2$를 구할 수 있는데 이러한 과정을 반복하여 $x_n$, $n=3, 4, \cdots$을 구하면 해에 급속히 가까워지는 것을 관찰할 수 있다.

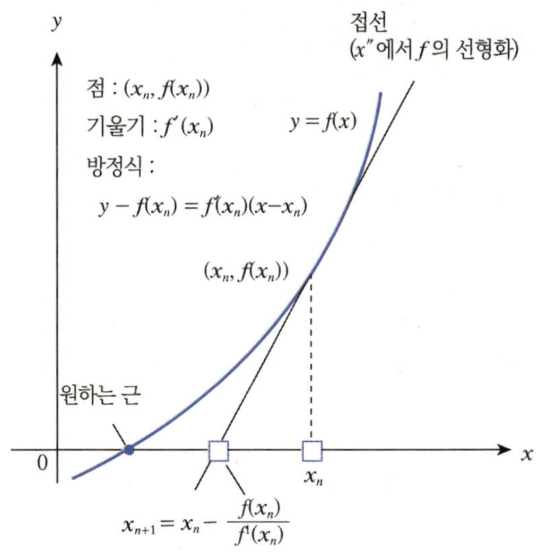


그림 3.33 뉴턴의 방법

뉴턴의 방법에 의해 반복적으로 해를 구해가는 방법에 대해 좀 더 자세히 알아보자. 곡선 위의 점 $(x_n, f(x_n))$에서 접선의 방정식은

$$y - f(x_n) = f'(x_n)(x - x_n)$$

이다. 구한 접선과 $x$ 축과의 교점 $x_{n+1}$ 을 구해 보자. 접선의 방정식에 $y=0$ 을 대입하면

$$0-f(x_n)=f'(x_n)(x_{n+1}-x_n)$$

에서 $f'(x_n)\neq 0$ 일 때

$$x_{n+1}=x_n-\frac{f(x_n)}{f'(x_n)} \tag{3.3}$$

이 얻어진다. 식 (3.3)을 뉴턴의 공식이라 한다. 이 식에 처음 가정된 초기값 $x_0$ 를 대입하여 $x_1$ 을 구하고 또 $x_1$ 을 대입하여 $x_2$ 를 구하고 이렇게 반복적으로 $x_n$, $n=3, 4, \cdots$ 를 구한다. 식 (3,3)에서 만약 $f(x_n)=0$ 이면(즉, 해가 이미 얻어졌다면) 그 이후로 $x_{n+1}=x_{n+2}=\cdots=x_n$ 이 된다. 이 과정을 $f(x_n)$ 또는 $x_{n+1}-x_n$ 이 원하는 만큼 충분히 작은 값이 될 때까지 반복 수행하여 근사해 $x_n$을 구하는 것이 뉴턴의 방법이다.

### 예제 1

$f(x)=x^2-2=0$의 양의 해를 구하라.

**풀이**

주어진 방정식의 양의 해는 $x=\sqrt{2}\approx 1.41421$ 이다.
$f(x)=x^2-2$일 때 $f'(x)=2x$이고, 식 (3.3)은

$$x_{n+1}=x_n-\frac{x_n^2-2}{2x_n}$$

이 되는데 이를 다루기 편한 형태로 고치면

$$x_{n+1}=x_n-\frac{x_n}{2}+\frac{1}{x_n}=\frac{x_n}{2}+\frac{1}{x_n}$$

이다. 이제

$$x_{n+1}=\frac{x_n}{2}+\frac{1}{x_n}$$

을 이용하여, 근사해를 구해 보자. $x_0=1$으로 놓고 출발하면,

| $n$ | $x_n$ | $f(x_n)$ | 오차( $\sqrt{2}-x_n$) |
|---|---|---|---|
| 1 | 1.0 | $-1.0$ | $-0.41421$ |
| 2 | 1.5 | 0.25 | $+0.08579$ |
| 3 | 1.41667 | 0.006954 | $+0.00246$ |
| 4 | 1.41422 | $1.82\times10^{-5}$ | $+0.00001$ |

■

예제 1의 풀이에서 오차가 매우 빨리 0에 수렴하는 것을 볼 수 있다. 뉴턴의 방법은 대부분의 계산기에서 근을 찾기 위해 사용하는 방법이다.

**예제 2**

곡선 $y=x^3-x$가 수평선 $y=1$과 만나는 $x$좌표를 구하라.

**풀이**

곡선과 직선의 교점은 $x^3-x=1$, 즉 $x^3-x-1=0$인 점이다. $f(x)=x^3-x-1=0$의 그래프(그림 3.34)에서 하나의 해가 $x=1$과 $x=2$ 사이에 놓임을 알 수 있다. $f'(x)=3x^2-1$이므로 뉴턴의 공식은

$$x_{n+1}=x_n-\frac{x^3-x-1}{3x^2-1}$$

이 되고 $x_0=1$을 가지고, 뉴턴의 방법을 적용한 결과가 표 3.1에 주어졌다. $n=5$일 때 $x_6=x_5=1.324717957$임을 볼 수 있는데 $x_{n+1}=x_n$이면 식 (3.3)에서 $f(x_n)=0$이므로 $f(x)=0$의 해가 소수점 9자리까지 정확하게 구해진 것이다. ■

표 3.1

| $n$ | $x_n$ | $f(x_n)$ | $f'(x_n)$ | $x_{n+1}=x_n-\frac{f(x_n)}{f'(x_n)}$ |
|---|---|---|---|---|
| 0 | 1 | −1 | 2 | 1.5 |
| 1 | 1.5 | 0.875 | 5.75 | 1.3478 26087 |
| 2 | 1.3478 26087 | 0.1006 82173 | 4.4499 05482 | 1.3252 00399 |
| 3 | 1.3252 00399 | 0.0020 58362 | 4.2684 68293 | 1.3247 18174 |
| 4 | 1.3247 18174 | 0.0000 00924 | 4.2646 34722 | 1.3247 17957 |
| 5 | 1.3247 17957 | -1.0437E-9 | 4.4646 32997 | 1.3247 17957 |

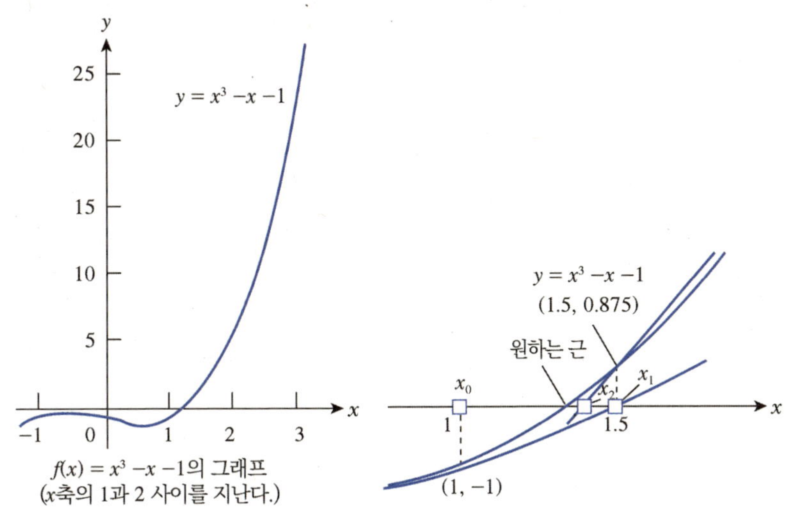


그림 3.34 예제 2

여러 개의 근을 갖는 방정식에 대해 뉴턴의 방법을 적용할 경우 초기해의 설정에 따라 여러 가지 다른 해가 구해질 수 있음에 유의하자. 따라서 원하는 해에 되도록 가까운 값을 초기해로 주는 것이 이 방법을 적용하는 요령이다. 예제 1, 2에서는 다항식으로 이루어진 방정식만을 다루었으나 대수적 방법으로는 해를 구할 수 없는 초월함수를 포함하는 방정식에 대해서도 뉴턴의 방법으로 해를 구할 수 있다. 연습문제를 참고하자.

## 연습문제 3.6

01 $f(x)=x^3+4x^2-10=0$의 해를 $x_0=1$을 사용하여 구하려 한다. $x_1$, $x_2$, $x_3$, $x_4$를 구하라.

02 뉴턴의 방법을 이용해서 소수점 6자리까지 정확하게 $\sqrt{3}$을 구하라.

03 뉴턴의 방법을 이용해서 $2^{1/4}$의 음수값과 양수값을 구하려고 한다. 초기해로 $-1$과 1을 선택할 때 각각 어느 값에 수렴하겠는가? 뉴턴의 공식 (3.3)을 세우고 처음 3번의 반복을 통해 답을 추정하라.

04 $x_0=1$을 사용하여 $\cos x=x$의 해를 $|\cos x-x|<10^{-6}$의 정확도까지 구하라.

CHAPTER 04

# 적분

## 4.1 리만합과 정적분

이 절에서는 물체의 변위, 이동거리, 면적, 부피 등을 구하는 실제 문제들에 유한합의 극한으로 정의되는 정적분이 사용되는 것을 보인다.

### 변위

고속도로를 움직이는 차의 속도 $v = \dfrac{ds}{dt}$ (m/sec)를 알고 있을 때, 시간 $a \le t \le b$ 사이에 차가 이동한 거리의 근사값을 구해 보자. 우선 $[a,b]$를 여러 개의 짧은 구간으로 나누어 각 구간에서 거리=속도×시간=$v(t)\Delta t$를 이용하여 각 구간 상에서 움직인 거리를 구하고, 그 값들을 모두 더한다. 각 분할구간(subinterval)은 모두 길이 $\Delta t$를 갖고, $t_1$을 첫 번째 분할구간 상의 점이라 하자. 만일 구간이 충분히 짧아서 속도가 일정하다면, 차는 $v(t_1)\Delta t$를 움직였을 것이다. 이러한 방법으로 $t = a$에서 $t = b$까지 움직인 총거리 $S$를 구하면

$$S \approx v(t_1)\Delta t + v(t_2)\Delta t + \cdots + v(t_n)\Delta t$$

가 될 것이다.

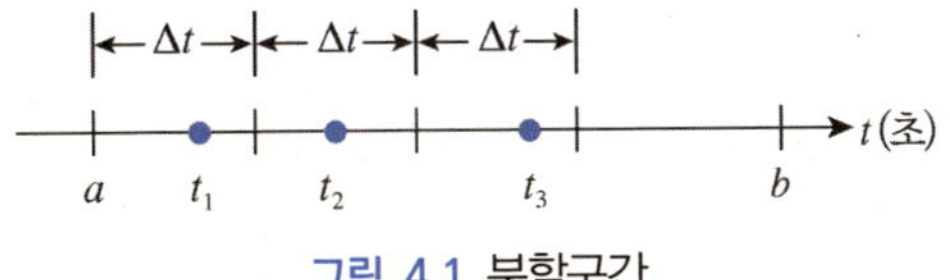


그림 4.1 분할구간

### 예제 1

수직 방향으로 발사된 포탄의 속도함수는 $v(t) = 160 - 9.8t$ (m/sec)이다. 앞의 방법을 이용하여 처음 3초 동안 포탄이 움직인 거리를 구하라. 이는 실제 거리 435.9 m에 얼마나 가까운가?

**풀이**

이 문제를 시간 구간 수를 달리하고, 또한 각 구간 내의 다른 점들을 선택하여 계산하고 결과를 비교해 보자.

(i) 시간을 길이 1초인 3개의 분할구간으로 나눈 경우:

(a) $v$를 왼쪽 끝점에서 측정할 때:

$v$를 $t = 0, 1, 2$ 에서 측정하므로

$$S = v(t_1)\Delta t + v(t_2)\Delta t + v(t_3)\Delta t$$
$$= [160 - 9.8(0)](1) + [160 - 9.8(1)](1) + [160 - 9.8(2)](1) = 450.6$$

(b) $v$를 오른쪽 끝점에서 측정할 때:

$v$를 $t = 1, 2, 3$에서 측정하므로

$$S = v(t_1)\Delta t + v(t_2)\Delta t + v(t_3)\Delta t$$
$$= [160 - 9.8(1)](1) + [160 - 9.8(2)](1) + [160 - 9.8(3)](1) = 421.2$$

(ii) 시간을 길이 1/2초인 6개의 분할구간으로 나눈 경우:

(a) 왼쪽 끝점에서 $v$를 측정하면 $S = 443.25$ 이고

(b) 오른쪽 끝점에서 $v$를 측정하면 $S = 428.55$ 이다.

6개의 분할구간으로 나누어 구한 것이 3개의 분할구간으로 나눈 것보다 좀 더 실제 값에 가까운 거리를 주는 것을 알 수 있다. 일반적으로 분할구간들의 길이가 짧아질수록 참값에 더욱 가까워진다. 일례로 192개의 분할구간으로 나누었을 때의 오차를 계산해 보면 0.23이며, 상대오차는 0.23/435.9=0.05%이다. ■

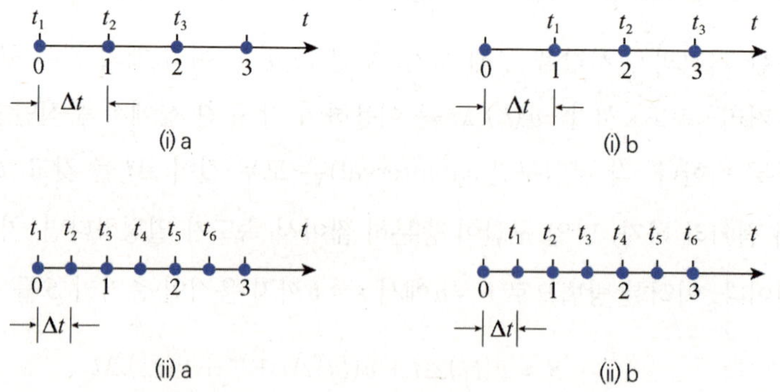


그림 4.2 예제 1

### 예제 2

다음 표는 달리는 자동차의 속도를 10초 간격으로 표시한 것이다. 차의 속도는 감소한 적이 없다고 하자.

| 초 | 0 | 2 | 4 | 6 | 8 | 10 |
|---|---|---|---|---|---|---|
| 속도(m/sec) | 30 | 36 | 40 | 48 | 54 | 60 |

(1) 표를 이용하여 처음 2초간 차가 달린 거리의 하한의 근사값을 구하라.

(2) 표를 이용하여 차가 처음 10초간 달린 거리의 하한의 근사값을 구하라.

(3) 표를 이용하여 차가 처음 10초간 달린 거리의 상한의 근사값을 구하라.

(4) 차가 움직인 거리에 대한 근사값으로 (2)를 선택한 경우 최대 오차는 얼마인가?

(5) 차가 움직인 거리에 대한 근사값으로 (2)와 (3)의 평균값을 선택한다면 이때의 최대 오차는?

**풀이**

(1) 처음 2초간 속력의 최소값이 30 (m/sec)이므로 하한의 근사값은 $2 \times 30 = 60$ (m)
(2) 2초 구간마다 움직인 거리의 하한을 더하면 $2(30+36+40+48+54) = 416$ (m)
(3) 2초 구간마다 움직인 거리의 상한을 더하면 $2(36+40+48+54+60) = 476$ (m)
(4) 거리는 [416, 476] 내에 있으므로 최대오차는 60 (m)이다.
(5) 평균거리 $= \dfrac{(416+476)}{2} = 446$ (m)이므로 최대오차는 $476 - 446 = 30$ (m)

## 부피

마찬가지 방법으로 유한합을 이용하여 면적이나 부피를 근사적으로 구할 수 있다. 여기서는 부피를 구하는 방법을 예로 보인다.

**예제 3**

높이가 4이고 밑면의 반지름이 4인 원뿔형의 부피를 구하라.

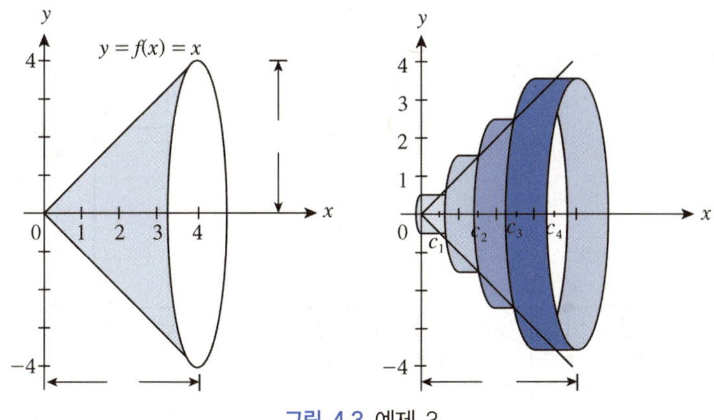


그림 4.3 예제 3

**풀이**

이 원뿔형의 표면을 함수 $f(x) = x$, $0 \le x \le 4$의 그래프를 $x$축을 중심으로 회전하여 얻어진 곡면으로 생각할 수 있다. $x = 0$에서 $x = 4$인 구간을 $x$축에서 4개의 구간으로 분할하여 $\Delta x = 1$이 되도록 한다. 각 분할구간을 축으로 하여 4개의 원기둥을 만들 수 있는데, 각 원기둥의 반지름은 각 구간의 중점에서의 $f$값으로 정한다. 각 원기둥의 부피를 더하여 원추형의 부피를 얻을 수 있는데, 이때 원기둥의 부피

는 $V=\pi r^2 h$를 이용하여 구한다. 4개의 원통의 부피의 합은

$$S=\pi[f(c_1)]^2\Delta x+\pi[f(c_2)]^2\Delta x+\pi[f(c_3)]^2\Delta x+\pi[f(c_4)]^2\Delta x$$
$$=\pi(c_1)^2\cdot 1+\pi(c_2)^2\cdot 1+\pi(c_3)^2\cdot 1+\pi(c_4)^2\cdot 1$$

인데 $c_1=1/2, c_2=3/2, c_3=5/2, c_4=7/2$이므로

$$S=\pi\left[\left(\frac{1}{2}\right)^2+\left(\frac{3}{2}\right)^2+\left(\frac{5}{2}\right)^2+\left(\frac{7}{2}\right)^2\right]=\frac{\pi}{4}(1+9+25+49)=21\pi$$

이고, 이는 원추형의 실제 부피

$$V=\frac{1}{3}\pi r^2 h=\frac{1}{3}\pi(4)^2\cdot 4=\frac{64}{3}\pi\approx 21.3\pi$$

의 근사값이다. ■

## 정적분

앞에서 물체의 변위, 면적, 부피 등의 근사값을 유한합을 이용하여 구할 수 있음을 보았다. 이제 분할구간의 수가 점차 많아지고, 또 각 분할구간의 길이가 짧아질 때 이러한 유한합의 극한에 대해서 생각해 보자.

앞의 예에서 살펴본 함수들은 모두 양의 값들을 가졌으나 일반적으로 유한합을 고려할 때 그러한 제한은 필요 없다. 먼저 구간 $[a,b]$에서 연속함수 $y=f(x)$가 주어졌을 때, $[a,b]$를 $n$개의 분할구간으로 나눈다.

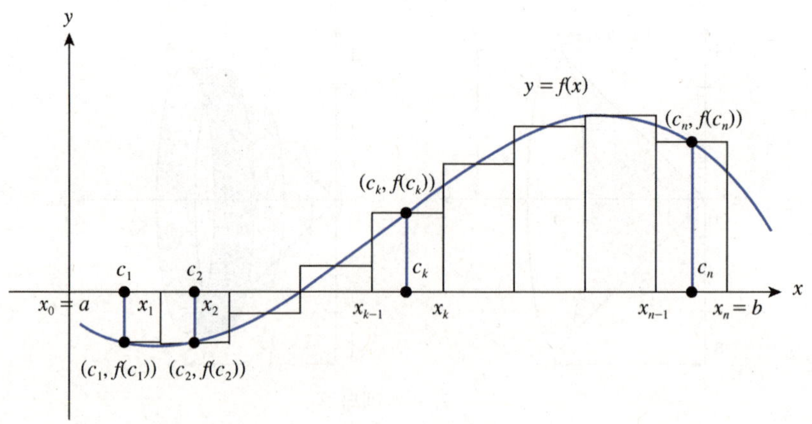


그림 4.4 리만합

$a, b$ 사이의 $n-1$개의 점 $x_1, x_{2,}, \cdots, x_{n-1}$을 $a<x_1<x_2<\cdots<x_{n-1}<b$가 되도록 선택한다. 일반적으로 $a$를 $x_0$로, $b$를 $x_n$으로 나타낸다. 그리고 $P=\{x_0, x_1, \cdots, x_n\}$을 $[a,b]$의 분할(partition)이라고 부른다. 이때 분할 $P$는 $n$개의 분할구간

$$[x_0,x_1],\ [x_1,x_2],\ \cdots\ ,\ [x_{n-1},x_n]$$

을 의미한다(그림 4.4). $[x_{k-1}, x_k]$를 $P$의 $k$번째 분할구간이라고 부르는데, $k$번째 분할구간의 길이는 $\Delta x_k = x_k - x_{k-1}$이다. 각 분할구간에서 수직인 직사각형을 만드는데, 이 직사각형의 높이는 $x_{k-1} \le c_k \le x_k$를 만족하는 임의로 선택된 점 $c_k$에서의 곡선의 높이 $f(c_k)$가 된다. 만일 $f(c_k)$가 양이면, $f(c_k)\Delta x_k$는 직사각형의 넓이이고 $f(c_k)$가 음이면, $f(c_k)\Delta x_k$는 넓이의 음수 값이다. 어떤 경우이건, $f(c_k)\Delta x_k$의 값을 모두 더하면

$$S_P = \sum_{k=1}^{n} f(c_k)\Delta x_k$$

이다. 이 합은 분할 $P$와 $c_k$들에 의존하며 이를 구간 $[a,b]$에서 $f$의 리만합(Riemann sum)이라 부른다. 분할 $P$의 가장 긴 분할구간의 길이를 $P$의 놈(norm)이라 부르며, $|P|$로 나타낸다. 즉, $|P| = \max\{\Delta x_1, \cdots, \Delta x_n\}$이다.

**예제 4**

집합 $P = \{0, 0.2, 0.6, 1, 1.5, 2\}$는 $[0,2]$의 분할이다. $P$의 5개의 분할구간은 $[0, 0.2]$, $[0.2, 0.6]$, $[0.6, 1]$, $[1, 1.5]$, $[1.5, 2]$이다. 각 분할구간의 길이는 $\Delta x_1 = 0.2$, $\Delta x_2 = 0.4$, $\Delta x_3 = 0.4$, $\Delta x_4 = 0.4$, $\Delta x_5 = 0.5$로 가장 긴 길이는 0.5이므로 $|P| = 0.5$이다. ■

그림 4.5에서 보는 것처럼 $[a,b]$의 분할이 조밀해질수록 이 분할로 결정된 분할구간을 밑변으로 갖는 직사각형들도 $x$축과 $f$의 그래프 사이의 영역을 더욱 정확히 나타낸다. 그러므로 우리는 이 경우 리만합 $S_P$가 $|P| \to 0$일 때, 극한값을 갖는다고 기대할 수 있다.

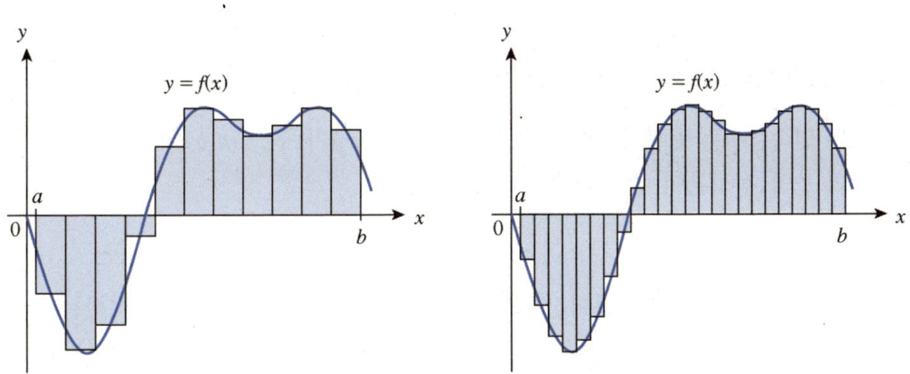


그림 4.5 분할구간이 조밀할수록 면적의 근사값이 정확하다.

**정의** 리만합의 극한으로서의 정적분

$f(x)$를 닫힌 구간 $[a,b]$에서 정의된 함수라 하자. 이 구간에서 $|P|\to 0$ 일 때 리만합 $\sum_{k=1}^{n} f(c_k)\Delta x_k$의 극한이 존재하면 이를 $f$의 $[a,b]$에서의 **정적분**(definite integral)이라고 하고 $\int_a^b f(x)\,dx$로 나타낸다. 즉, 리만합 $\sum_{k=1}^{n} f(c_k)\Delta x_k$의 극한이 존재하면,

$$\lim_{|P|\to 0}\sum_{k=1}^{n} f(c_k)\Delta x_k = \int_a^b f(x)\,dx$$

이다. 그리고 정적분 $\int_a^b f(x)\,dx$이 존재할 때 $f$는 $[a,b]$에서 **적분가능**(integrable)하다고 한다.

리만합 $\sum_{k=1}^{n} f(c_k)\Delta x_k$는 물론 분할 $P$나 $c_k \in [x_{k-1}, x_k]$의 선택에 따라 값이 달라진다. 그러나 위의 정의가 뜻하는 바는 $f$가 $[a,b]$에서 적분가능하면, $|P|\to 0$ 일 때 리만합의 극한이 분할 $P$나 $c_k$의 선택에 관계없이 항상 일정한 값에 수렴한다는 말이다.

정적분 $\int_a^b f(x)dx$에서 $a$를 적분의 하한(lower limit), $b$를 적분의 상한(upper limit)이라고 한다. 기호 $\int$는 적분기호(integral sign)인데, 이는 라이프니츠(Leibniz)가 합에 대한 문자 $S$에서 따온 것이다. 그러면 어떤 조건하에서 함수가 적분가능한가? 다음 정리는 이 질문에 대한 한 가지 답을 제공한다.

**정리 • 4.1 정적분의 존재성**

모든 연속함수는 적분가능하다. 즉, 함수 $y=f(x)$가 구간 $[a,b]$에서 연속이면 $[a,b]$에서의 $f$의 정적분이 존재한다.

이러한 정적분의 정의는 주어진 구간에서 $x$축 위의 곡선의 면적을 정의하는 데 이용될 수 있다. 그림 4.5에서 본 바와 같이 $|P|\to 0$ 일 때 리만합은 $x$축과 $f$ 사이의 영역을 나타낸다. 따라서 $f(x)\ge 0$ 일 때 $[a,b]$에서 $f(x)$와 $x$축 사이의 면적은 $\int_a^b f(x)dx$라고 정의할 수

있다. 여기서는 간단한 예만 살펴보고 다양한 경우의 예는 7장에서 자세히 다루기로 하자.

**예제 5 면적을 이용하여 정적분의 값 구하기**

$\int_a^b x\,dx,\ 0 < a < b$를 구하라(그림 4.6).

**풀이**

곡선 $y = x,\ a \le x \le b$ 아래의 영역은 높이가 $(b-a)$이고 밑변과 윗변의 길이가 각각 $a, b$인 사다리꼴로 파악할 수 있다. 그러므로 적분값은 사다리꼴의 면적

$$\int_a^b x dx = (b-a) \cdot \frac{a+b}{2} = \frac{b^2}{2} - \frac{a^2}{2}$$

에 해당한다. 일례로

$$\int_{\sqrt{2}}^{\sqrt{3}} x dx = \frac{(\sqrt{3})^2}{2} - \frac{(\sqrt{2})^2}{2} = \frac{3}{2} - \frac{2}{2} = \frac{1}{2}$$

와 같이 계산된다. ■

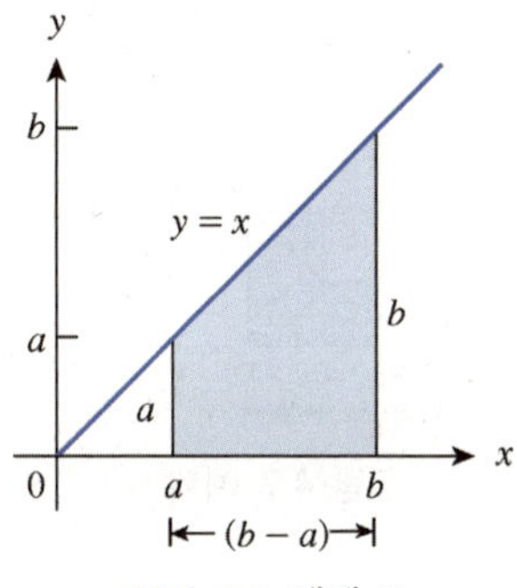


그림 4.6 예제 5

**예제 6 정적분을 이용하여 면적 구하기**

포물선 $y = x^2$과 $x$축 상의 구간 $[0, b]$로 둘러싸인 영역의 면적을 구하라.

**풀이**

면적을 리만합의 극한으로 구한다. 영역을 스케치해 보고 구간 $[0, b]$를 $n$개의 구간으로 분할한다(그림 4.7). 이때 각 분할구간의 길이는 $\Delta x = \frac{(b-0)}{n} = \frac{b}{n}$이고 분할점들은

$$x_0 = 0,\ x_1 = \Delta x,\ x_2 = 2\Delta x,\ \cdots,\ x_{n-1} = (n-1)\Delta x,\ x_n = n\Delta x = b$$

이다. $c_k$의 선택은 자유이므로 $c_k$를 오른쪽 끝점으로 선택하면 $c_1 = x_1, c_2 = x_2$ 등이 된다. 이렇게 구성된 직사각형들의 면적은 다음과 같다.

$$f(c_1)\Delta x = f(\Delta x)\Delta x = (\Delta x)^2 \Delta x = (1^2)(\Delta x)^3$$

$$f(c_2)\Delta x = f(2\Delta x)\Delta x = (2\Delta x)^2 \Delta x = (2^2)(\Delta x)^3$$

$$\cdots$$

$$f(c_n)\Delta x = f(n\Delta x)\Delta x = (n\Delta x)^2 \Delta x = (n^2)(\Delta x)^3$$

이 면적들의 합은

$$S_n = \sum_{k=1}^{n} f(c_k)\Delta x = \sum_{k=1}^{n} k^2 (\Delta x)^3 = (\Delta x)^3 \sum_{k=1}^{n} k^2 = \frac{b^3}{n^3} \cdot \frac{n(n+1)(2n+1)}{6}$$

$$= \frac{b^3}{n^3} \cdot \frac{2n^3+3n+1}{6} = \frac{b^3}{6} \cdot (2+\frac{3}{n}+\frac{1}{n^2})$$

이다. 이제 정적분의 정의 $\int_0^b f(x)dx = \lim_{|P|\to 0} \sum_{k=1}^{n} f(c_k)\Delta x$를 이용하면

$$\int_0^b x^2 dx = \lim_{n\to\infty} S_n = \frac{b^3}{6} \cdot (2+0+0) = \frac{b^3}{3}$$

이다. ■

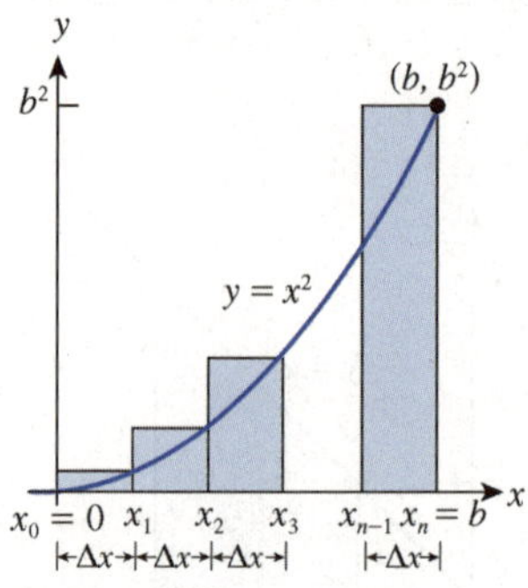


그림 4.7 예제 6

## 예제 7

그림 4.8의 색칠된 영역의 면적을 구하라.

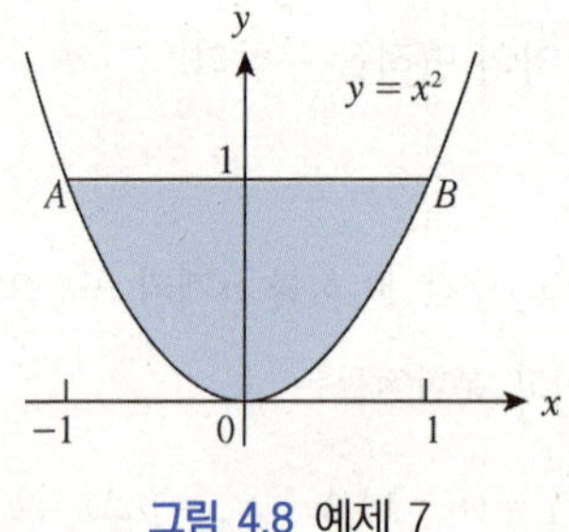


그림 4.8 예제 7

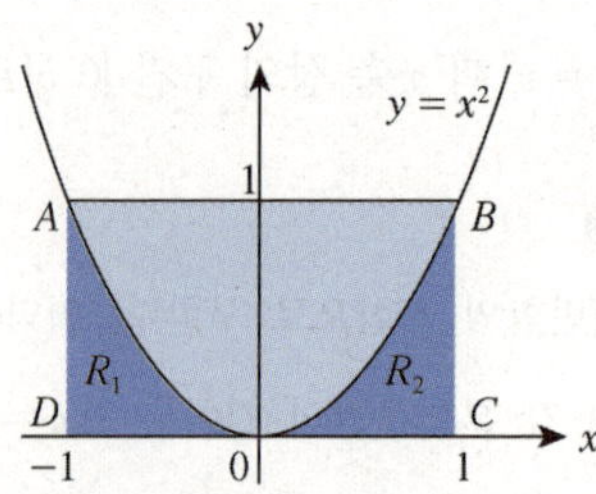


그림 4.9 예제 7 풀이

**풀이**

그림 4.9와 같이 $AB$에서 $x$축까지 수선을 내려서 직사각형을 만든다. 구하는 면적은 직사각형의 면적에서 영역 $R_1$과 $R_2$의 면적을 빼면 된다. 예제 6에서

$$R_1\text{의 면적} = \int_0^1 x^2 dx = \frac{1}{3}$$

이므로 $R_2$의 면적 $=R_1$의 면적$=\frac{1}{3}$이다. 직사각형 $ABCD$의 면적은 2이므로

$$\text{구하는 영역의 면적} = 2-\frac{1}{3}-\frac{1}{3}=\frac{4}{3}$$

이다. ■

정적분의 정의를 이용하여 다음의 규칙이 성립함을 보일 수 있다.

**정적분의 규칙**

(1) $\int_a^a f(x)dx=0$

(2) $\int_b^a f(x)dx=-\int_a^b f(x)dx$

(3) $\int_a^b kf(x)dx=k\int_a^b f(x)dx$ ($k$는 상수)

(4) $\int_a^b [f(x)\pm g(x)]\,dx=\int_a^b f(x)dx\pm\int_a^b g(x)dx$

(5) $\int_a^b f(x)dx+\int_b^c f(x)dx=\int_a^c f(x)dx$

(6) $a<b$일 때 $f(x)\geq 0$이면 $\int_a^b f(x)dx\geq 0$

이 절에서 본 것처럼 리만합을 이용한 정적분의 계산은 매우 복잡하다. 다음 절에서 다루겠지만 정적분은 정적분의 피적분 함수에 대한 부정적분이 존재하는 경우에는 쉽게 계산된다. 하지만 그렇지 않은 경우에는 리만합의 정의로부터 정적분을 계산해야만 한다.

## 연습문제 4.1

**01** 다음 표는 모형 기차가 10초 동안 궤도를 움직인 속도를 나타낸다. 길이 1인 10개의 분할구간으로 나누어 이 기차가 운행한 거리를 계산하라.

(1) 왼쪽 끝점에서의 속도를 이용한 경우

(2) 오른쪽 끝점에서의 속도를 이용한 경우

| 시간(sec) | 속도(cm/sec) | 시간(sec) | 속도(cm/sec) |
|---|---|---|---|
| 0 | 0 | 6 | 11 |
| 1 | 12 | 7 | 6 |
| 2 | 22 | 8 | 2 |
| 3 | 10 | 9 | 6 |
| 4 | 5 | 10 | 0 |
| 5 | 13 | | |

**02** 높이가 6이고 밑면의 반지름이 2인 원뿔형의 부피를 계산하려고 한다. 원추형의 표면은 $f(x)=x/3$, $0 \le x \le 6$의 그래프를 $x$축으로 회전하여 얻어진 것으로 생각할 수 있다. 구간 $0 \le x \le 6$을 길이 2인 3개의 분할구간으로 나누자. 그리고 이 각 분할구간의 중점에서 $f$의 그래프 지점까지의 길이를 반지름으로 하는 원기둥을 이용하여 부피를 근사시키고자 한다.

(1) 원추형의 부피 $V$의 근사로 원통형들의 부피의 합 $S$를 구하라.

(2) $|V-S|$의 $V$에 대한 상대오차를 구하라. 상대오차는 $|V-S|/V \times 100\%$를 말한다.

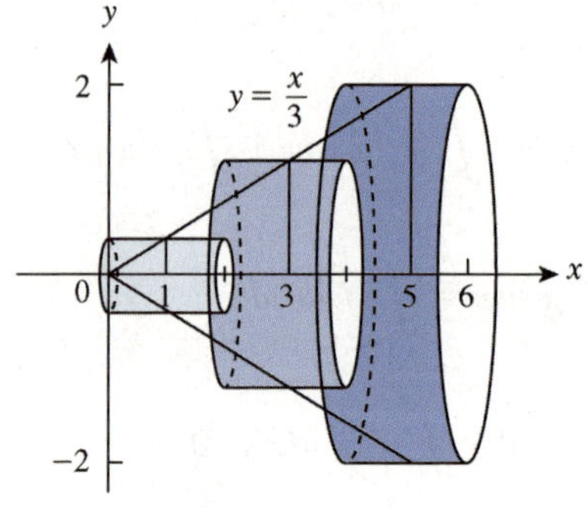


**03** 문제 2에서 길이가 2인 3개의 분할구간 대신 길이 1인 6개의 분할구간을 이용하여

(1) 원통들의 부피의 합 $S$를 구하라.

(2) $|V-S|$의 $V$에 대한 상대 오차를 구하라.

**04** $f$와 $g$는 연속함수로

$$\int_1^2 f(x)dx=-4,\ \int_1^5 f(x)dx=6,\ \int_1^5 g(x)dx=8$$

이다. 다음을 구하라.

(1) $\int_2^2 g(x)dx$

(2) $\int_5^1 g(x)dx$

(3) $\int_1^2 3f(x)dx$

(4) $\int_2^5 f(x)dx$

**05** $[a,b]$에서 $f(x) \le g(x)$이면 $\int_a^b f(x)\,dx \le \int_a^b g(x)\,dx$임을 보여라.

**06** $f(x)$가 $[a,b]$에서 연속함수일 때 $\left|\int_a^b f(x)\,dx\right| \le \int_a^b |f(x)|\,dx$임을 보여라.

**07** 부등식 $\int_0^{\pi/3} \sin^5\theta\,d\theta \le \int_0^{\pi/3} \sin^4\theta\,d\theta$이 성립함을 보여라.

**08** 부등식 $\sqrt{3}\int_1^4 t^2\,dt \le \int_1^4 t^2\sqrt{3+e^{-t}}\,dt \le 2\int_1^4 t^2\,dt$이 성립함을 보여라.

(힌트: $t>0$일 때 $0<e^{-t}<1$. 5.1절 참조)

## 4.2 부정적분

이 절에서는 미분의 역연산인 부정적분을 살펴본다. 함수 $F(x)$가 $F'(x)=f(x)$를 만족하면 $F(x)$를 $f(x)$의 **역도함수**(antiderivative) 또는 **원시함수**라고 한다. $f$의 모든 원시함수의 집합을 $f$의 **부정적분**(indefinite integrals)이라고 하고 $\int f(x)dx$로 나타낸다. 정리 3.7에 의해서 함수 $f(x)$의 원시함수들은 단지 상수 차이만 나므로 $\int f(x)dx = F(x)+C$로 쓸 수 있다. 부정적분은 미분의 역연산이므로 부정적분에 대한 공식과 규칙들은 해당하는 미분의 공식과 규칙들로부터 얻을 수 있다.

### 적분공식

(1) $\int x^n dx = \dfrac{x^{n+1}}{n+1} + C \ (n \ne -1)$

(2) $\int \sin x\,dx = -\cos x + C$

(3) $\int \cos x\,dx = \sin x + C$

(4) $\int \sec^2 x\,dx = \tan x + C$

(5) $\int \csc^2 x\,dx = -\cot x + C$

(6) $\int \sec x \tan x\,dx = \sec x + C$

(7) $\int \csc x \cot x\,dx = -\csc x + C$

## 부정적분의 규칙

(1) $\int \frac{df}{dx}dx = f(x) + C$

(2) $\frac{d}{dx}\int f(x)dx = f(x)$

(3) $\int kf(x)dx = k\int f(x)dx$

(4) $\int [f(x) \pm g(x)]dx = \int f(x)dx \pm \int g(x)dx$

**예제 1** **항별 적분**

$\int (x^2 - x + 3)dx$를 계산하라.

**풀이**

$\frac{x^3}{3} - \frac{x^2}{2} + 3x$가 $x^2 - x + 3$의 원시함수라는 것을 파악한다면, 위의 적분은 즉각

$$\int (x^2 - x + 3)dx = \frac{x^3}{3} - \frac{x^2}{2} + 3x + C$$

임을 안다. 그러나 만일 원시함수를 파악하지 못한다면 어떻게 처리할까? 이때는 항별로 적분해야 한다. 즉,

$$\int (x^2 - x + 3)dx = \int x^2 dx - \int x dx + \int 3dx = \frac{x^3}{3} + c_1 - \frac{x^2}{2} + c_2 + 3x + c_3$$

이때 $C = c_1 + c_2 + c_3$로 놓으면 적분값은 $\frac{x^3}{3} - \frac{x^2}{2} + 3x + C$ 와 일치한다. ■

**예제 2**

$$\int \sqrt{x}\left(x + \frac{1}{x}\right)dx = \int (x^{3/2} + x^{-1/2})dx = \frac{2}{5}x^{5/2} + 2x^{1/2} + C$$ ■

**예제 3**

$$\begin{aligned}\int \sin^2 x dx &= \int \frac{1 - \cos 2x}{2}dx \\ &= \frac{1}{2}\int (1 - \cos 2x)dx = \frac{1}{2}\int dx - \frac{1}{2}\int \cos 2x \ dx \\ &= \frac{1}{2}x - \frac{1}{2}\frac{\sin 2x}{2} + C = \frac{x}{2} - \frac{\sin 2x}{4} + C\end{aligned}$$ ■

**예제 4**

$$\int \cos^2 x dx = \int \frac{1+\cos 2x}{2} dx = \frac{x}{2} + \frac{\sin 2x}{4} + C$$ ■

**예제 5**

$$\int 8\sqrt[3]{x}\, dx = 8\int x^{1/3} dx = 8\left(\frac{x^{4/3}}{4/3} + c\right)$$

$$= 8\left(\frac{3}{4}x^{4/3} + c\right) = 6x^{4/3} + 8c = 6x^{4/3} + C$$ ■

## 치환적분

치환적분(integration by substitution)은 복잡한 피적분 함수를 치환에 의하여 간단한 적분으로 만드는 매우 편리한 기법이다. $u = \phi(x)$를 미분가능한 함수라고 할 때, 부정적분

$$F(u) = \int f(u) du$$

의 양변을 $x$에 관하여 미분하면, 연쇄율에 의하여

$$\frac{d}{dx}F(u) = \frac{dF(u)}{du}\frac{du}{dx} = f(u)\phi'(x) = f(\phi(x))\phi'(x)$$

이다. 즉

$$F(u) = \int f(\phi(x))\phi'(x) dx$$

가 되어 다음의 치환적분 공식을 얻는다.

> 치환 $u = \phi(x)$에 의하여 $du = \phi'(x)dx$이고
>
> $$\int f(\phi(x))\phi'(x)dx = \int f(u)du$$
>
> 이다.

**예제 6**

$\int \frac{\sec^2\sqrt{x}}{\sqrt{x}} dx$를 구하라.

**풀이**

$u = \sqrt{x}$ 로 치환하면 $du = \left(\frac{du}{dx}\right)dx = \frac{1}{2\sqrt{x}}dx$ 이다. 따라서

$$\int \frac{\sec^2\sqrt{x}}{\sqrt{x}}dx = 2\int \frac{\sec^2\sqrt{x}}{2\sqrt{x}}dx = 2\int \sec^2 u\,du = 2\tan u + C = 2\tan\sqrt{x} + C$$ ■

## 예제 7

$$\int \sqrt{1+y^2}\;2y\,dy = \int u^{\frac{1}{2}}du \qquad (u = 1+y^2,\ du = 2y\,dy\text{로 치환})$$

$$= \frac{u^{(1/2)+1}}{(1/2)+1} + C = \frac{2}{3}u^{3/2} + C$$

$$= \frac{2}{3}(1+y^2)^{3/2} + C \qquad (u = 1+y^2\text{를 되돌림})$$ ■

## 예제 8

$$\int \sqrt{4t-1}\,dt = \int u^{1/2}\frac{1}{4}du \qquad (u = 4t-1,\ du = 4dt\text{로 치환})$$

$$= \frac{1}{4}\int u^{1/2}du = \frac{1}{4}\frac{u^{3/2}}{3/2} + C = \frac{1}{6}u^{3/2} + C$$

$$= \frac{1}{6}(4t-1)^{3/2} + C \qquad (u = 4t-1\text{를 되돌림})$$ ■

## 예제 9

$\int 3x^2\sqrt{x^3+1}\,dx$ 를 구하라.

**풀이**

$u = \sqrt{x^3+1}$ 로 치환하면 $u^2 = x^3+1$ , $2udu = 3x^2dx$ 이고

$$\int 3x^2\sqrt{x^3+1}\,dx = \int 2u^2du = \frac{2}{3}u^3 + C = \frac{2}{3}(x^3+1)^{3/2} + C$$ ■

## 예제 10

$$\int x^2\sin x^3 dx = \int \sin u \cdot \frac{1}{3}du = \frac{1}{3}\int \sin u\,du \ (u = x^3)$$

$$= -\frac{1}{3}\cos u + C = -\frac{1}{3}\cos(x^3) + C$$ ■

**예제 11**

$$\int \frac{1}{\cos^2 2\theta} d\theta = \int \sec^2 2\theta d\theta = \int \sec^2 u \cdot \frac{1}{2} du = \frac{1}{2}\int \sec^2 u du \quad (u = 2\theta)$$

$$= \frac{1}{2}\tan u + C = \frac{1}{2}\tan 2\theta + C$$

■

**예제 12**

$$\int \sin^4 t \cos t dt = \int u^4 du = \frac{1}{5}u^5 + C = \frac{1}{5}\sin^5 t + C \qquad (u = \sin t)$$

■

**예제 13**

$\int \cot\theta \csc^2\theta \, d\theta$를 계산하라.

**풀이**

$\cot\theta = u$라 하면 $-\csc^2\theta d\theta = du$이므로

$$\int \cot\theta \csc^2\theta = \int u(-du) = -\int u du = -\frac{1}{2}u^2 + C = -\frac{1}{2}\cot^2\theta + C$$

■

치환적분은 기본적인 적분공식을 보다 광범위하게 사용할 수 있도록 하는 유용한 방법이므로 능숙하게 사용할 수 있어야 한다. 이제부터 수시로 별다른 설명 없이 치환적분을 사용할 것이다.

## 연습문제 4.2

**[01-05]** 다음 부정적분을 구하라. 그리고 미분에 의해서 답을 확인하라.

**01** $\int \frac{\sqrt{x}}{2} + \frac{2}{\sqrt{x}} dx$

**02** $\int 2x(1 - x^{-3}) dx$

**03** $\int \frac{5t^2 + 7}{t\sqrt{t}} dt$

**04** $\int \frac{2\cot x - 3\sin^2 x}{\sin x} dx$

**05** $\int \tan^2 x + 2 dx$

[06-07] 주어진 치환을 이용하여 다음 부정적분을 구하라.

06 $\int \frac{dx}{\sqrt{5x+8}}$ (1) $u=\sqrt{5x+8}$ (2) $u=5x+8$

07 $\int \csc^2 2\theta \cot 2\theta \; d\theta$ (1) $u=\cot 2\theta$ (2) $u=\csc 2\theta$

[08-16] 다음의 부정적분을 구하라.

08 $\frac{1}{2}\int \sqrt[3]{1-t}\; dt$

09 $\int \theta \sqrt[3]{1-\theta^2}\, d\theta$

10 $\int \frac{(1+\sqrt{x})^3}{\sqrt{x}} dx$

11 $\int \frac{\sin\sqrt{x}}{\sqrt{x}} dx$

12 $\int \sin x \sqrt{1-\cos x}\, dx$

13 $\int \sec^2(3x+2) dx$

14 $\int \cos x (2+\sin x)^3 dx$

15 $\int 4\sec u \tan u du$

16 $\int (s^3+2s^2-5s+5)(3s^2+4s-5)ds$

17 $u=\tan x$로 치환하면 $\int \sec^2 x \tan x dx = \int u du = \frac{u^2}{2}+C=\frac{1}{2}\tan^2 x + C$이고, $u=\sec x$로 치환하면 $\int \sec^2 x \tan x dx = \int u du = \frac{u^2}{2}+C=\frac{1}{2}\sec^2 x + C$이다. 두 적분 결과가 모두 맞는가? 그 이유를 설명하라.

[18-19] 어떤 치환을 선택해야 할지 모를 때, 일단 치환을 시도하여 적분을 한 단계씩 단순화시킬 수 있다. 문제에 주어진 대로 치환하여 적분해 보라.

18 $\int \frac{19\tan^2 x \sec^2 x}{(2+\tan^3 x)^2} dx$

(1) $u=\tan x \;\Rightarrow\; v=u^3 \;\Rightarrow\; w=2+v$로 각 단계에서 치환

(2) $u=\tan^3 x \;\Rightarrow\; v=2+u$로 치환

(3) $u=2+\tan^3 x$

19 $\int \sqrt{1+\sin^2(x-1)}\,\sin(x-1)\cos(x-1)dx$

(1) $u=x-1 \;\Rightarrow\; v=\sin u \;\Rightarrow\; w=1+v^2$

(2) $u=\sin(x-1) \;\Rightarrow\; v=1+u^2$

(3) $u=1+\sin^2(x-1)$

## 4.3 미적분학의 기본정리

B.C. 3세기에 아르키메데스는 4.1절에서 설명한 것과 유사한 방법으로 면적을 구하는 방법을 고안하였으나, 적분의 체계적인 발달은 거의 2,000년 후인 17세기에 이르러서야 뉴턴과 라이프니츠에 의해 이루어졌다. 즉 적분의 개념이 역사적으로 먼저 등장하였으나 정적분을 리만합의 극한으로 계산하는 것은 어렵고 때로는 불가능하였다. 미분 개념이 등장하면서 미분과 적분이 역연산이라는 사실을 이해하고 이것이 미적분학의 기본 정리의 초석이 된 것이다. 그러나 미분 개념이 등장하기 위해서는 기호 대수, 함수, 해석 기하 등의 발달이 선행되어야만 하였다. 뉴턴과 라이프니츠 시대에는 다항식에만 적용되던 기법들이 18세기를 거치면서 일반적인 경우에도 적용될 수 있도록 통합되고 형식화되었고, 편리한 표기법도 등장하였다. 그러나 극한의 개념은 완전히 정립되지 못하다가 19세기에 이르러 코시, 리만, 칸토어, 바이어슈트라스 등을 거치면서 현대적 의미의 극한 개념이 자리잡게 되었다.

**정의 평균값**

$f$가 $[a,b]$에서 적분가능할 때, $[a,b]$에서 $f$의 평균값은

$$av(f) = \frac{1}{b-a}\int_a^b f(x)dx$$

이다.

**예제 1**

$f(x) = x^2$의 $[0,3]$에서의 평균값을 구하라. 실제로 이 구간 내에서 함수값이 평균값과 같아지는 점이 있는가?

**풀이**

4.1절의 예제 6에서 $\int_0^b x^2 dx = \frac{b^3}{3}$임을 알았다. 이제 구간 $[0,3]$에서의 $f$의 평균값은

$$av(f) = \frac{1}{3-0}\int_0^3 x^2 dx = 3$$

이다. 그런데 $x = \pm\sqrt{3}$ 일 때, $f(x) = 3$이고 $x = \sqrt{3} \in [0,3]$이므로 주어진 영역 내에, 함수값이 평균값과 같아지는 점($x = \sqrt{3}$)이 존재한다. ■

미적분학의 기본정리를 증명하기 전에 우선 위의 예제를 일반화한 정적분의 평균값 정리(mean value theorem for integrals)에 대해 알아보자.

**정리 • 4.2 정적분의 평균값 정리**

$f$가 $[a,b]$에서 연속이면

$$f(c)=\frac{1}{b-a}\int_a^b f(x)dx$$

를 만족하는 $c$가 $[a,b]$ 상에 적어도 하나 존재한다[그림 4.10(a)].

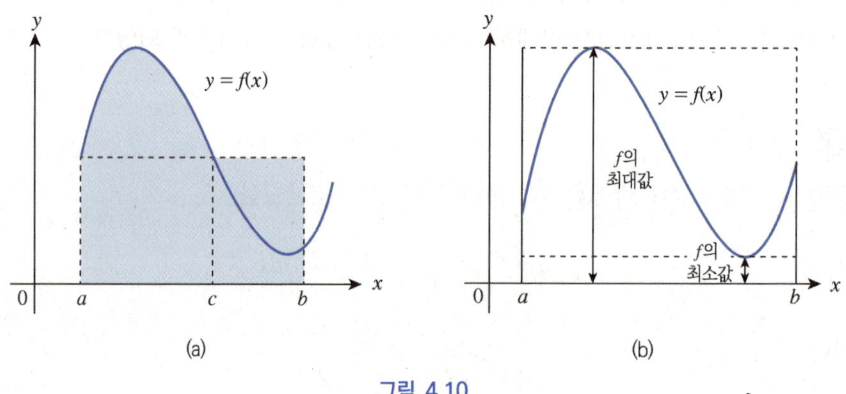


그림 4.10

**증명**

$f$가 닫힌 구간 $[a,b]$에서 연속이므로 정리 3.1에 의해서 함수 $f(x)$는 최대값과 최소값을 갖는다. $\max f$와 $\min f$를 $[a,b]$ 상에서 $f$의 최대값과 최소값이라 할 때

$$\min f\cdot(b-a)\le\int_a^b f(x)dx\le\max f\cdot(b-a)\qquad(4.1)$$

가 성립한다[그림 4.10(b)]. 이 부등식이 뜻하는 바는 $[a,b]$에서 $f$의 적분이 $f$의 최소값과 $[a,b]$의 길이의 곱과 $f$의 최대값과 $[a,b]$의 길이의 곱 사이에 존재함을 의미한다. 식 (4.1)의 양변을 $(b-a)$로 나누면

$$\min f\le\frac{1}{b-a}\int_a^b f(x)dx\le\max f$$

가 성립한다. $f$가 연속이면, 중간값 정리(정리 3.4)에 의하여, $[a,b]$ 상에서 $f(x)$는

min$f$와 max$f$ 사이의 모든 값을 취하게 된다. 그러므로

$$f(c)=\frac{1}{b-a}\int_a^b f(x)dx$$

가 되는 $c\in[a,b]$가 반드시 존재하게 된다. ■

**예제 2**

$f$가 $[a,b]$에서 연속이고 $\int_a^b f(x)dx=0$이면, $[a,b]$ 상에서 적어도 한 점에서 $f(x)=0$이 됨을 보여라.

**풀이**

이 경우 $f$의 평균값은 0이다. 따라서 구간 내부에 함수값이 0이 되는 점이 반드시 존재해야 한다. 즉, 정적분의 평균값 정리(정리 4.2)에 의하여

$$f(c)=\frac{1}{b-a}\int_a^b f(x)dx=\frac{1}{b-a}\cdot 0=0$$

이 되는 점 $c\in[a,b]$가 적어도 하나 존재하게 된다. ■

미적분학의 기본정리는 두 부분으로 되어 있다. 첫 번째 부분은 임의의 연속함수 $f$의 정적분이 미분가능한 함수이고 그것을 미분하면 다시 $f$가 된다는 것을 알려 준다. 두 번째 부분은 연속함수의 $a$에서 $b$까지의 정적분은 그 함수의 원시함수 $F$로부터 $F(b)-F(a)$로 구할 수 있음을 알려 준다.

**정리 • 4.3 미적분학의 제1기본정리**

함수 $f$가 $[a,b]$에서 연속이면, $F(x)=\int_a^x f(t)dt$는 $[a,b]$에서 미분가능한 함수이고

$$\frac{dF}{dx}=\frac{d}{dx}\int_a^x f(t)dt=f(x)$$

이다.

**증명**

도함수의 정의로부터 $h\to 0$일 때 $\frac{F(x+h)-F(x)}{h}$의 극한값을 구해 보자.

$$F(x+h)-F(x)=\int_a^{x+h} f(t)dt-\int_a^x f(t)dt=\int_x^{x+h} f(t)dt$$

이므로,

$$\frac{F(x+h)-F(x)}{h}=\frac{1}{h}\int_{x}^{x+h} f(t)dt \qquad (4.2)$$

이다. 정적분의 평균값 정리(정리 4.2)에 의하여 식 (4.2)의 우변은 구간 $[x, x+h]$ 상의 적당한 점 $c$에 대하여

$$\frac{1}{h}\int_{x}^{x+h} f(t)dt=f(c)$$

를 만족한다. 이제 $h$가 0으로 접근하면

$$\frac{dF}{dx}=\lim_{h\to 0}\frac{F(x+h)-F(x)}{h}=\lim_{h\to 0}\frac{1}{h}\int_{x}^{x+h} f(t)dt=\lim_{h\to 0}f(c)=f(x)$$

가 된다. ■

미적분학의 제1기본정리는 모든 연속함수 $f$ 는 다른 함수, 즉 $\int_{a}^{x} f(t)\,dt$ 의 도함수라는 것과 모든 연속함수는 항상 역도함수(즉, 원시함수)를 갖는다는 것을 의미한다.

**예제 3**

$\frac{d}{dx}\int_{-\pi}^{x}\cos t dt=\cos x$ 이고 $\frac{d}{dx}\int_{0}^{x}\frac{1}{1+t^2}dt=\frac{1}{1+x^2}$ 이다. ■

**예제 4**

$y=\int_{1}^{x^2}\sin t\ dt$ 일 때 $\frac{dy}{dx}$ 를 적분을 수행하지 않고 구하라.

**풀이**

$u=x^2$ 으로 치환하면, 연쇄율에 의하여

$$\frac{dy}{dx}=\frac{dy}{du}\cdot\frac{du}{dx}=\frac{d}{du}\int_{1}^{u}\sin t\,dt\cdot\frac{du}{dx}=\sin u\cdot\frac{du}{dx}=\sin x^2\cdot 2x=2x\sin x^2$$

이다. ■

**정리 • 4.4 미적분학의 제2기본정리**

$f$가 $[a,b]$의 모든 점에서 연속이고 $F$가 $[a,b]$ 상에서 $f$의 임의의 원시함수이면,

$$\int_a^b f(x)dx = F(b) - F(a)$$

이다.

**증명**

증명을 위하여 같은 도함수를 갖는 함수들은 상수 차이가 난다는 사실을 이용한다. 미적분학의 제1기본정리(정리 4.3)로부터 도함수가 $f$인 함수가 $G(x) = \int_a^x f(t)dt$ 임을 알고 있다. 만일 $F$가 $f$의 또 다른 원시함수이면, $F(x) = G(x) + C$가 적당한 상수 $C$에 대하여 성립하므로

$$\begin{aligned} F(b) - F(a) &= [G(b) + C] - [G(a) + C] = G(b) - G(a) \\ &= \int_a^b f(t)dt - \int_a^a f(t)dt = \int_a^b f(t)dt - 0 = \int_a^b f(t)dt \end{aligned}$$

이다. ■

미적분학의 제2기본정리는 실제로 정적분을 계산하는 방법을 알려 준다. 즉, 연속함수의 $a$에서 $b$까지의 정적분은 그 함수의 어떤 원시함수 $F$로부터도 $F(b) - F(a)$로 구할 수 있다는 것인데, 여기서 원시함수의 존재성은 미적분학의 제1기본정리로부터 확인된다. 여기서 유의할 점은 원시함수를 찾는 것이 매우 어려울 수도 있다는 사실이다(예를 들어, $f(x) = \cos x^2$의 원시함수를 구할 수 있는가?). 이 경우 리만합의 극한으로 원시함수를 구할 수 있다는 것이 제1기본정리의 내용이다. 미적분학의 기본정리를 통하여, 왜 도함수와 아무 관련 없이 정의된 정적분과 도함수의 역연산인 부정적분을 나타내기 위해서 똑같은 적분기호 $\int$을 사용했는지를 이해할 수 있을 것이다.

**예제 5**

(1) $\frac{d}{dx}(\sec x) = \sec x \cdot \tan x$ 이므로 정리 4.4를 이용하면

$$\int_{-\pi/4}^0 \sec x \tan x\, dx = \sec x\Big|_{-\pi/4}^0 = \sec 0 - \sec(-\pi/4) = 1 - \sqrt{2}$$

이다.

(2) $\int_0^{\pi} \cos x dx = [\sin x]_0^{\pi} = \sin\pi - \sin 0 = 0$ ■

적분을 이용하여 면적을 구할 때는 함수가 음이 되는 구간은 따로 분리하여 적분한 후 부호를 양으로 바꾸어서 양이 되는 구간의 적분값에 더해 주어야 함을 유의하라.

### 예제 6

곡선 $y = 4 - x^2$, $0 \le x \le 3$과 $x$축으로 둘러싸인 영역의 면적을 구하라.

**풀이**

그림 4.11에서 보듯 $x$절편에 의하여 구간 [0,3]은 $f$의 부호에 따라서 두 부분으로 나뉜다. 그러므로 $f$를 각 분할구간에서 적분하고 그들의 결과의 절대값을 더한다. [0,2] 에서

$$\int_0^2 (4 - x^2)dx = 4(2-0) - \frac{2^3}{3} = \frac{16}{3}$$

이고 [2,3]에서

$$\int_2^3 (4 - x^2)dx = 4 - \frac{19}{3} = -\frac{7}{3}$$

이므로 영역의 면적은 $\frac{16}{3} + \left|-\frac{7}{3}\right| = \frac{23}{3}$ 이다. ■

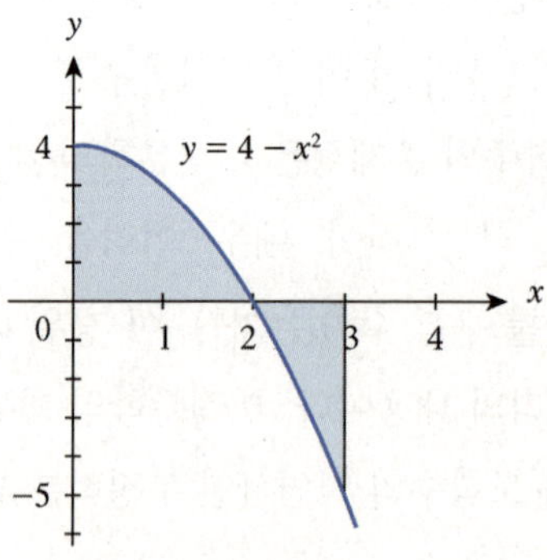


그림 4.11 예제 6

## 연습문제 4.3

[01-02] 다음 함수의 그래프를 그리고, 주어진 구간에서 적분의 평균값 정리를 만족하는 점 $c$를 찾아라.

01 $f(x)=x^2-1$, $[0,\ 3]$

02 $g(x)=|x|-1$ (1) $[-1,\ 1]$ (2) $[1,\ 3]$ (3) $[-1,\ 3]$

03 $C_1 \le \int_0^1 \frac{1}{1+x^2}dx \le C_2$가 성립하는 $C_1$, $C_2$를 적분을 구하지 않고 추정하라.

04 $(-\pi/2, \pi/2)$에서 $\sec x \ge 1+x^2/2$이 성립함을 이용하여 $\int_0^1 \sec x\, dx \ge C$가 성립하는 $C$를 구하라.

[05-10] 다음에서 $dy/dx$를 구하라.

05 $y=\int_0^x \sqrt{1+t^2}\,dt$

06 $y=\int_1^x \frac{1}{t}dt$, $x>0$

07 $y=\int_0^{\sqrt{x}} \sin(t^2)dt$

08 $y=\int_x^3 \sqrt{\sin t}\,dt$, $x>0$

09 $y=\int_0^{\sin x} \frac{dt}{\sqrt{1-t^2}}$, $|x|<\frac{\pi}{2}$

10 $y=\int_0^{\tan x} \frac{dt}{1+t^2}$

[11-14] 다음의 색칠된 영역의 면적을 구하라.

11

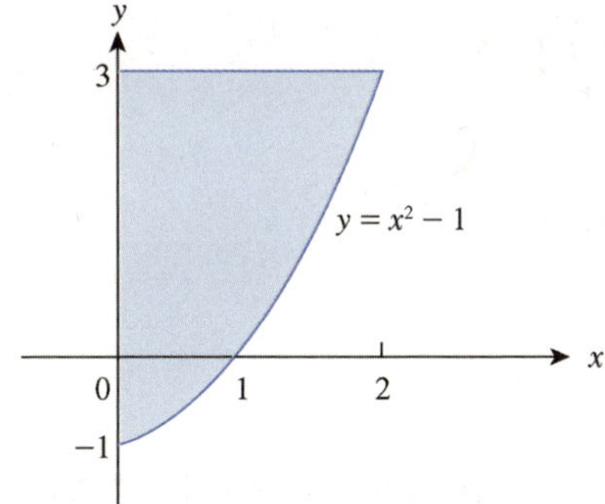


12

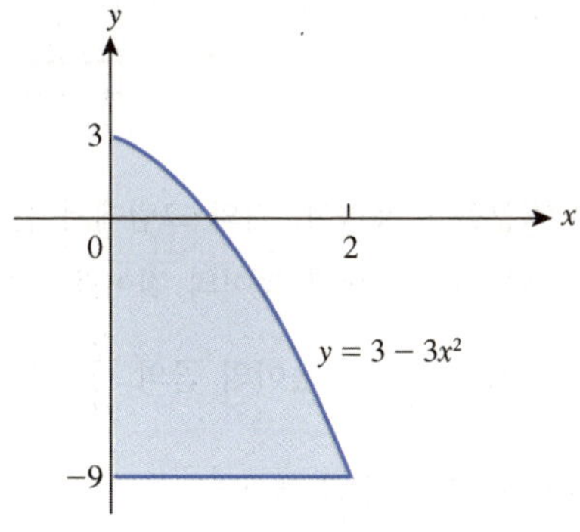


13

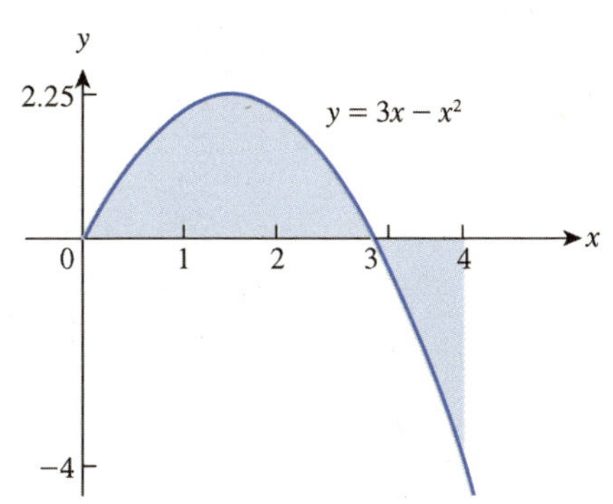


14

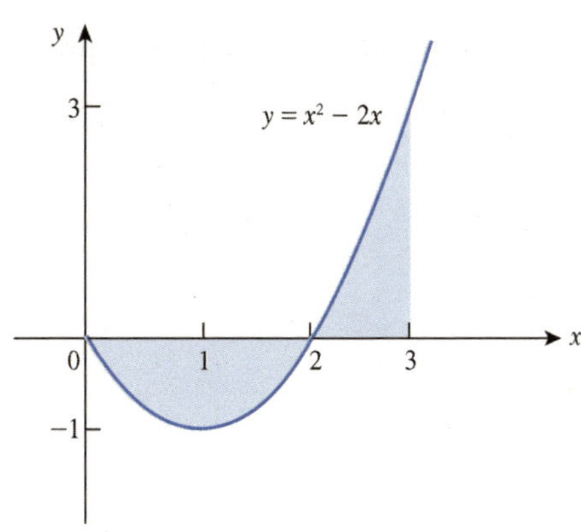

**[15-20] 다음 정적분값을 구하라.**

**15** $\int_{2}^{1}\left(1+\frac{2}{x}\right)dx$

**16** $\int_{1}^{6}(3x^2+x-5)dx$

**17** $\int_{0}^{\sqrt{2}}(x-\sqrt{2})dx$

**18** $\int_{1}^{\sqrt{2}}\frac{s^2+\sqrt{s}}{s^2}ds$

**19** $\int_{9}^{4}\frac{1-\sqrt{u}}{\sqrt{u}}du$

**20** $\int_{0}^{1}\sin\pi x\cdot\cos\pi x\,dx$

**21** $\int_{1}^{x}f(t)dt=x^2-2x+1$일 때 $f(x)$를 구하라.

**22** [아르키메데스의 포물선에 대한 면적 공식]

아르키메데스(287~212 B.C.)는 발명가요, 군사 전략가이고, 물리학자이며 고대 그리스의 위대한 수학자였다. 그는 아래 그림 형태의 포물선 $y=6-x-x^2$, $-3\le x\le 2$의 아랫부분(음영부분)의 면적이 밑변과 높이의 곱의 $\frac{2}{3}$임을 발견하였다.

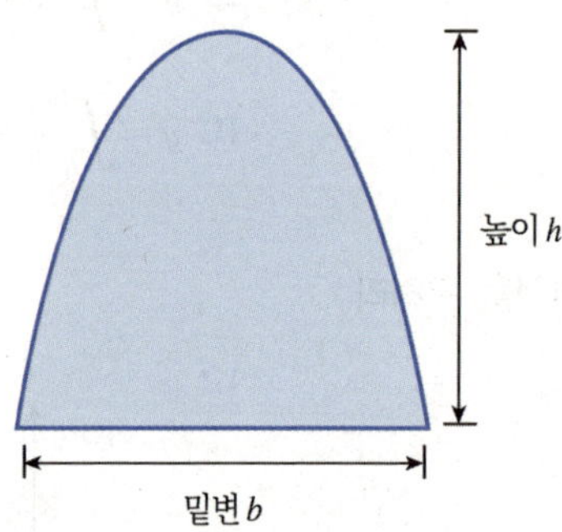


(1) 적분을 이용하여, 위의 그림에서 음영부분의 면적을 구하라.

(2) 포물선의 밑변과 높이의 길이를 구하라.

(3) 면적이 밑변과 높이의 곱의 $\frac{2}{3}$임을 보여라.

(4) $h$와 $b$가 양수일 때 포물선 $y=h-\left(\frac{4h}{b^2}\right)x^2$, $-\frac{b}{2}\le x\le\frac{b}{2}$를 그리고, 포물선과 $x$축으로 둘러싸인 영역의 면적을 구하라. 아르키메데스의 공식이 확인되는가?

**23** 미분가능한 함수 $f$의 그래프가 아래에 있다. 좌표축을 따라 움직이는 입자의 시간 $t$에서의 위치는 $s=\int_0^t f(x)dx\,(\mathrm{m})$로 주어진다. 그래프를 이용하여 다음에 답하라.

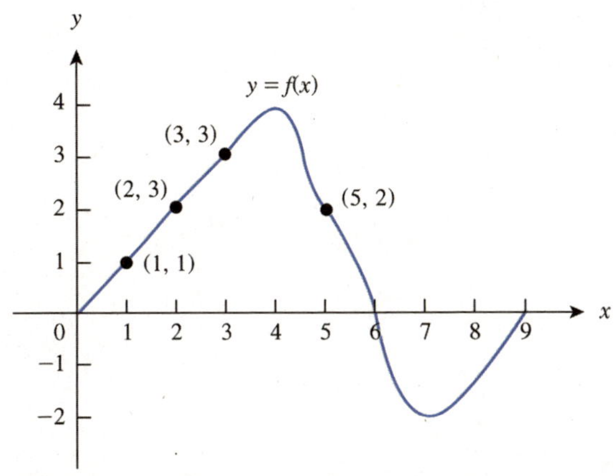


(1) $t=5$일 때 입자의 속도는?

(2) $t=5$일 때 입자의 가속도는 양인가, 혹은 음인가?

(3) $t=3$일 때 입자의 위치는?

(4) 처음 9초 중에 $s$는 언제 가장 큰 값을 갖는가?

(5) 대략 언제 가속도는 0인가?

(6) 언제 입자가 원점을 향하여 움직이는가?

**24** 다음 함수의 $x=1$에서의 선형 근사식을 구하라(선형 근사식에 대하여는 3.5절을 참조).

$$f(x)=2-\int_2^{x+1}\frac{9}{1+t}dt$$

COLLEGE MATHEMATICS

CHAPTER 05

# 초월함수

우리가 흔히 사용하는 함수에는 $x^2+1$과 같은 다항함수, $\frac{x}{x^3-1}$과 같은 유리함수 외에도 지수함수, 로그함수, 삼각함수, 역삼각 함수, 쌍곡선 함수와 같은 초월함수(transcendental function)들이 있다. 이들 중 지수−로그, 삼각−역삼각 함수는 각각 역함수(inverse function) 관계에 있다. 이 장에서는 이들 함수들의 정의, 성질, 용도 등에 관하여 알아본다.

## 5.1 지수함수

**정의** 지수함수

임의의 상수 $a>0$에 대해, $f(x)=a^x$ 로 정의된 연속함수를 **밑수**(base)가 $a$인 **지수함수**라고 한다.

### 지수함수의 성질

지수함수(exponential function)는 그림 5.1의 $a=\frac{1}{2}$, $\frac{1}{5}$, 1, 2, 5로 변화시킨 $y=a^x$의 그래프에서 볼 수 있듯이 항상 영보다 크고, 밑수가 0과 1 사이일 때는 감소함수, 밑수가 1보다 클 때는 증가함수가 된다. 물론 밑수가 1이면 항상 1의 값을 갖는다.

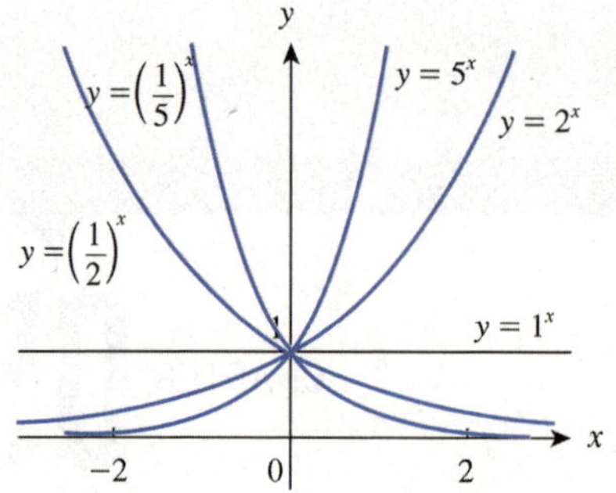


그림 5.1 밑수에 따른 지수함수의 변화

또한 다음과 같은 일반적인 지수의 성질을 따른다.

$a > 0, b > 0$ 이라고 할 때, 모든 실수 $x$, $y$에 대해

(1) $a^x a^y = a^{x+y}$ (2) $\frac{1}{a^y} = a^{-y}$ (3) $(a^x)^y = (a^y)^x = a^{xy}$ (4) $a^x b^x = (ab)^x$

**예제 1**

$$\left[\left(\frac{2}{3}\right)^{\sqrt{2}}\right]^{\sqrt{2}} = \left(\frac{2}{3}\right)^2 = \frac{2^2}{3^2} = \frac{4}{9}$$ ■

이제 지수함수 $f(x) = a^x$ 의 도함수를 구해 보자. 도함수의 정의에 따라

$$f'(x) = \frac{d}{dx}(a^x) = \lim_{h\to 0}\frac{a^{x+h} - a^x}{h} = \lim_{h\to 0} a^x \frac{(a^h - 1)}{h} = a^x \lim_{h\to 0}\frac{a^h - 1}{h} \quad (5.1)$$

이다. 여기서 $C(a) = \lim_{h\to 0}\frac{a^h - 1}{h}$ 로 놓으면

$$f'(x) = C(a)a^x = C(a)f(x) \quad (5.2)$$

로 표현할 수 있다. 식 (5.2)에 $x = 0$을 대입하면 $f'(0) = C(a)$이 되는 것을 알 수 있는데 이로부터

$$f'(x) = f'(0)f(x)$$

의 관계식을 얻을 수 있다. 결국 지수함수의 도함수는 $x = 0$에서 그래프의 기울기에 자기 자신이 곱해진 형태로 나타나게 된다. 이때 특별히

$$C(a) = \lim_{h \to 0} \frac{a^h - 1}{h} = 1$$

을 만족시키는 $a$를 $e$ 라고 놓으면, 식 (5.2)에서 $f'(x) = f(x)$, 즉

$$\frac{d}{dx}(e^x) = e^x$$

가 되어 도함수가 원래의 함수와 같아지는 매우 편리한 함수가 얻어진다. 이 함수 $y = e^x$를 $y = \exp(x)$로도 표기하며, 그래프는 그림 5.2와 같다. 이때 $e$의 값은 무한소수로, 그중 처음 15자리는 다음과 같다.

$$e = 2.7\ 1818\ 1828\ 45\ 90\ 45$$

이때의 $e$는 1.2절의 예제 1에서 언급한 $\lim_{x \to 0}(1+x)^{1/x}$과 같은 양이다(5.5절의 예제 4 참조).

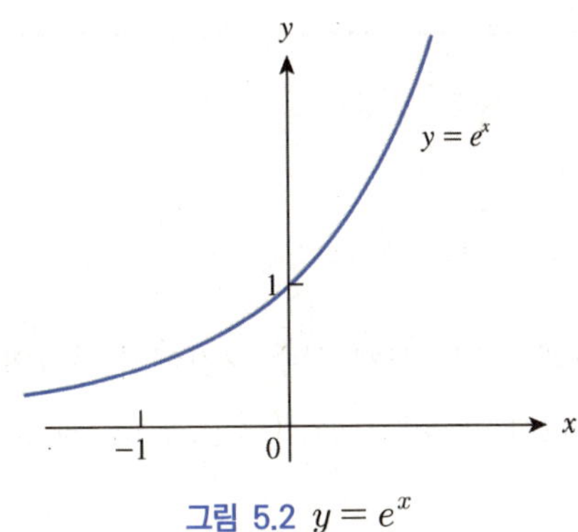


그림 5.2 $y = e^x$

**예제 2**

$e^{\cos x}$의 도함수를 구하라.

**풀이**

$$\frac{d}{dx}(e^{\cos x}) = e^{\cos x}\frac{d}{dx}(\cos x) = -e^{\cos x}\sin x$$ ■

## 연습문제 5.1

**[01-04]** 다음 함수의 그래프를 그려라.

**01** $y = 2^x,\ y = e^x,\ y = 3^x$

**02** $y = 2^{-x},\ y = e^{-x},\ y = 3^{-x}$

**03** $y=1-e^x,\ y=1-e^{-x}$

**04** $y=2^x+1,\ y=2^x-1$

**[05-06]** 지수의 법칙을 이용해서 다음을 단순화하라.

**05** $3^2 \cdot 3^{2/3}$

**06** $\sqrt{2^{1/4}} \cdot \sqrt{3^{1/4}}$

**[07-14]** 다음 함수의 도함수를 구하라.

**07** $y=1-e^{-2x}$

**08** $y=e^{-x^2-3x}$

**09** $y=xe^x-x$

**10** $y=3e^{\tan 2\theta}$

**11** $y=t^2e^{1/t}$

**12** $y=\dfrac{e^x}{1-e^{-x}}$

**13** $y=\dfrac{e^{2\theta}}{1+e^{2\theta}}$

**14** $y=\dfrac{cx+1}{c^2}e^{-cx}$ ($c$는 상수)

**15** $\dfrac{d}{dx}(5^x)$와 $L=\lim\limits_{h\to 0}\dfrac{5^h-1}{h}$의 관계식을 구하고 $L$의 값을 그래프를 이용하여 추정해 보라.

**16** $y=2$와 $y=e^t$가 만나는 점은 몇 개인가? 그 점에서의 $t$값을 그래프를 이용하여 추정해 보라.

---

## 5.2 역함수

그림 5.2의 $y=e^x$의 그래프에서 전체 실수 구간에서 하나의 $x$값에 대응하는 $y$가 한 개만 존재함을 알 수 있다. 이러한 함수를 1대1 함수(one-to-one function)라고 부른다.

**정의** **1대1 함수**

영역 $D$에서 $x_1 \neq x_2$이면 $f(x_1) \neq f(x_2)$이 되는 함수를 1대1 함수라고 한다.

같은 함수라도 영역에 따라 1대1 함수가 될 수도 있고 안 될 수도 있다.

**예제 1**

$\sin x$는 $[0, \pi]$에서는 1대1 함수가 아니지만 $[0, \pi/2]$에서는 1대1 함수이다. ■

1대1 함수는 역관계를 갖는다. 일반적으로 1대1 함수 $y=f(x)$에서 $x$를 $y$의 함수로 표현하면 $x=f^{-1}(y)$로 쓸 수 있는데, 독립변수를 다시 $x$로 놓은 $f^{-1}(x)$를 $f(x)$의 역함수라 부른다. 역함수에 대해 다음과 같은 명백한 사실을 관찰할 수 있다.

(1) $f(f^{-1}(x)) = f^{-1}(f(x)) = x$
(2) 정의역(domain)과 치역(range)이 바뀐다(그림 5.3).
(3) $y = f^{-1}(x)$의 그래프는 $y = f(x)$의 그래프와 직선 $y = x$에 대하여 대칭이다.

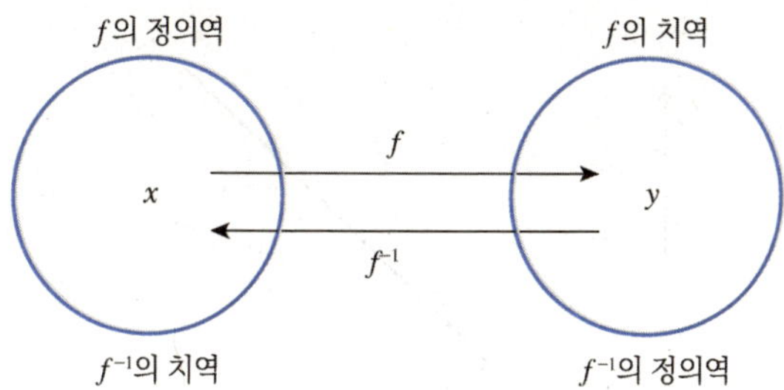


그림 5.3 $y = f(x)$와 역함수

**예제 2**

함수 $y = f(x) = 2x + 1$을 생각하자. 이 함수는 정의역과 치역이 $R$인 1대1 함수이다. $x$를 $y$로 표현하게 되면

$$x = f^{-1}(y) = \frac{y}{2} - \frac{1}{2}$$

이고, 따라서 $f(x)$의 역함수는

$$f^{-1}(x) = \frac{x}{2} - \frac{1}{2}$$

이다. 여기서

$$f(f^{-1}(x)) = 2\left(\frac{1}{2}x - \frac{1}{2}\right) + 1 = x$$

임을 확인할 수 있다. 그림 5.4에서 $y = x$에 대한 대칭 관계를 확인하라. ■

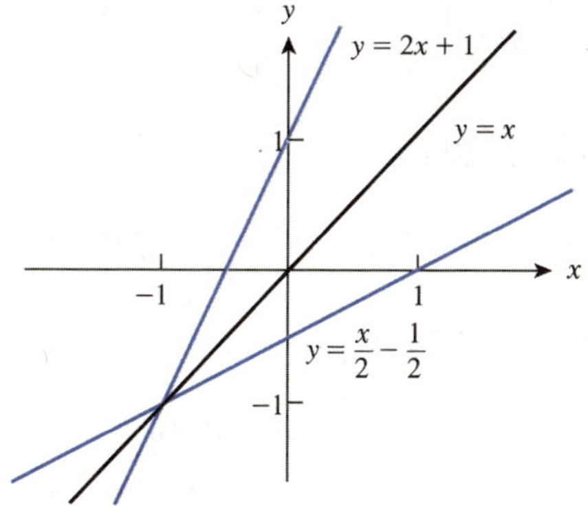


그림 5.4 $y = 2x + 1$와 그 역함수

**예제 3**

$y=x^2,\ x\geq 0$의 역함수를 구해 보자. 우선 $x=\sqrt{y}$로 표현한 후 $x$와 $y$를 교환하여

$$y=\sqrt{x},\ x\geq 0$$

과 같이 얻는다(그림 5.5). ■

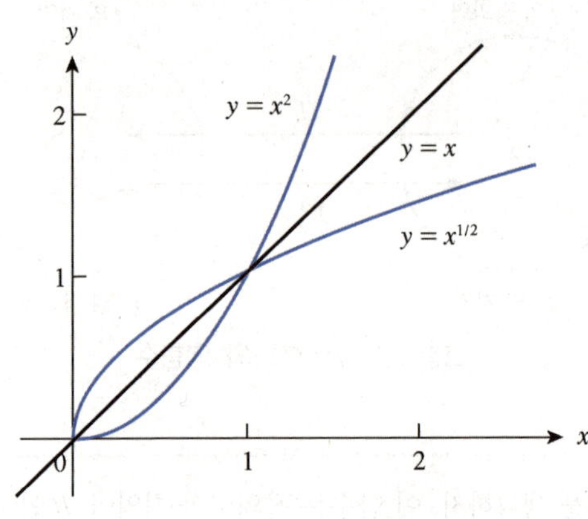


그림 5.5 $y=x^2,\ x\geq 0$과 역함수

## 역함수의 미분

$f(x)=2x+1$과 이것의 역함수 $f^{-1}(x)=\frac{1}{2}x-\frac{1}{2}$의 도함수를 각각 구해 보면

$$\frac{d}{dx}f(x)=2,\ \frac{d}{dx}f^{-1}(x)=\frac{1}{2}$$

이 되어 서로 역수 관계임을 알 수 있다. 또한 $g(x)=x^2$의 점 $(2, g(2))$에서 미분값과 역함수 $g^{-1}(x)=\sqrt{x}$의 점 $(g(2), 2)$에서 미분값은 각각

$$\frac{d}{dx}g(x)\bigg|_{x=2}=4,\ \frac{d}{dx}g^{-1}(x)\bigg|_{x=g(2)=4}=\frac{1}{4}$$

과 같이 역수 관계임도 알 수 있다.

이를 일반화하여 $y=f^{-1}(x)$의 도함수 $\frac{dy}{dx}$를 구해 보자. $y=f^{-1}(x)$에서 $x=f(y)$가 되는데 이 식의 양변을 $x$로 미분하면

$$\frac{dx}{dx}=\frac{df(y)}{dx}$$

가 된다. 이 식에서 좌변은 1이 되므로 우변에 연쇄율을 적용하면

$$1 = \frac{df(y)}{dy}\frac{dy}{dx}$$

이 얻어진다. $\frac{df(y)}{dy}$가 0이 아니라면 $\frac{dy}{dx} = \frac{1}{df(y)/dy}$, 즉

$$(f^{-1}(x))' = \frac{1}{df(y)/dy} \tag{5.3}$$

의 관계가 얻어진다. 이제 우변에 $y = f^{-1}(x)$를 대입하면 역함수의 도함수가 $x$의 함수로 얻어지게 된다. 이로부터 다음 정리를 얻는다.

**정리 • 5.1 역함수의 미분**

$f$가 구간 $I$에서 미분가능하고 미분값이 0이 아닌 함수이면, $f^{-1}$ 역시 구간 $f(I)$에서 미분가능하다. 또한 구간 $f(I)$ 내의 모든 점 $a$에서

$$\left(\frac{df^{-1}}{dx}\right)_{x=a} = 1/\left(\frac{df}{dx}\right)_{x=f^{-1}(a)}$$

이다.

정리 5.1을 이용하면, 특정한 한 점에서의 역함수의 미분값을 구하고자 할 경우 역함수의 명확한 형태를 미리 구하지 않고 그 점에서의 역함수 값만 구하여 목적을 달성할 수 있다.

**예제 4**

$f(x) = 2x^3$ 이라고 할 때 $x = 2$에서 $\frac{df^{-1}}{dx}$ 값을 구하라.

**풀이**

$f'(x) = 6x^2$이고 $f(1) = 2$이므로 $f^{-1}(2) = 1$이 되어

$$\left(\frac{df^{-1}}{dx}\right)_{x=2} = 1/\left(\frac{df}{dx}\right)_{x=f^{-1}(2)=1} = \frac{1}{6}$$

이다. 이 값을 역함수를 직접 구하여 확인해 보자. 함수 $y = 2x^3$로부터 $x = \left(\frac{1}{2}y\right)^{1/3}$의 관계를 얻어 역함수 $f^{-1}(x) = \left(\frac{1}{2}x\right)^{1/3}$를 얻는다. 이를 미분하면

$$\frac{df^{-1}}{dx} = \frac{1}{3}\left(\frac{1}{2}\right)^{1/3}x^{-2/3}$$

이므로, $x=2$에서 미분값은

$$\left(\frac{df^{-1}}{dx}\right)_{x=2}=\frac{1}{6}$$

로 먼저 구한 값과 같다. ■

**예제 5**

$f(x)=x^5+x^3+2x+3$에 대해 다음 물음에 답하라.

(1) 전체 실수구간에서 역함수가 존재하겠는가?

(2) 임의의 $x$에서 $f^{-1}(x)$가 미분가능한가?

(3) $x=3$에서 $f^{-1}(x)$의 미분값을 구하라.

**풀이**

(1) $\frac{df}{dx}=5x^4+3x^2+2>0$이므로 $f$는 전체 실수구간에서 증가함수이고 따라서 1대1 대응이다. 따라서 이 구간에서 역함수가 존재한다.

(2) 모든 점에서 $f'>0$이므로 정리 5.1에 의해 모든 점에서 미분가능하다.

(3) $f(x)=3=x^5+x^3+2x+3$에서 $x^5+x^3+2x=x(x^4+x^2+2)=0$이 얻어지는데 이 방정식은 단 하나의 근 0을 갖는다. 따라서 $f^{-1}(3)=0$이 되고 정리 1에 의해

$$\left(\frac{df^{-1}}{dx}\right)_{x=3}=1/\left(\frac{df}{dx}\right)_{x=f^{-1}(3)=0}=\frac{1}{2}$$

이다. 참고로 임의의 점 $x$에서의 역함수의 도함수를 구해 보면, $y=f^{-1}(x)$로 놓고 식 (5.3)을 적용하여

$$(f^{-1}(x))'=\frac{1}{df(y)/dy}=\frac{1}{5y^4+3y^2+2}$$

를 얻는다. 그런데 $x=f(y)=y^5+y^3+2y+3$에서 $y$를 $x$로 나타내는 $f^{-1}$을 구하기가 힘들므로 더 이상 진행할 수 없다. 그러나 $x=3$처럼 역함수 값을 찾기 쉬운 점들에서는 정리 5.1을 이용하여 구체적인 미분값을 쉽게 계산할 수 있다. ■

## 연습문제 5.2

**[01-04]** 다음 함수들이 1대1이 되는 구간을 정하라.

**01** $y=-2x^3$

**02** $y=\tan x$

**03** $y=\frac{1}{x}$

**04** $y=3^{-x}$

**[05-10]** 다음 함수들의 역함수를 구하고 원래 함수와 역함수의 그래프의 개형을 그려라.

**05** $y=x^2+1,\ x\geq 0$

**06** $y=x^3+1$

**07** $y=(x-1)^2,\ x\geq 1$

08 $y=(x+1)^2,\ x\geq -1$ 09 $y=2^x$(5.3절 참조) 10 $y=2^{-x}$(5.3절 참조)

[11-16] 다음 함수들의 역함수와 역함수의 정의역, 치역을 구하라.

11 $y=2x^2+1,\ x\geq 0$ 12 $y=2x^3+1$ 13 $y=1/x^3,\ x\neq 0$

14 $y=1/x^4,\ x>0$ 15 $y=3x+2$ 16 $y=ax+b,\ 0\leq x\leq 1$

17 $f(x)=x^3-3x^2-1,\ x\geq 2$이라 할 때 $[df^{-1}/dx]_{x=-1}$을 구하라.

18 $f(x)=x^2-4x-5,\ x>2$이라 할 때 $[df^{-1}/dx]_{x=0}$을 구하라.

19 $y=f(x)$가 미분가능한 역함수를 갖는 함수이고 원점을 지나는데, 원점에서 접선의 기울기가 3이라고 할 때 원점에서 $f^{-1}$의 접선의 기울기를 구하라.

20 $y=f(x)$가 미분가능한 역함수를 갖는 함수이고 $(1,2)$를 지나는데, 그 점에서 접선의 기울기가 1/3이라고 한다. $x=2$에서 $f^{-1}$의 미분값을 구하라.

21 $y=x^2,\ x\leq 0$의 역함수를 구하라.

## 5.3 로그함수

지수함수 $f(x)=e^x$는 1대1 함수이므로 역함수가 존재한다.

**정의** 자연 로그함수

$y=e^x$의 역함수를 (자연) 로그함수(logarithmic function)라고 부르고 $y=\ln x$라고 표기한다.

그림 5.6에서 $y=e^x$의 그래프를 직선 $y=x$에 대칭시켜 $y=\ln x$의 그래프를 얻을 수 있는데, 로그함수는 $x>0$에서만 정의되고 치역은 전체 실수 집합임을 알 수 있다.

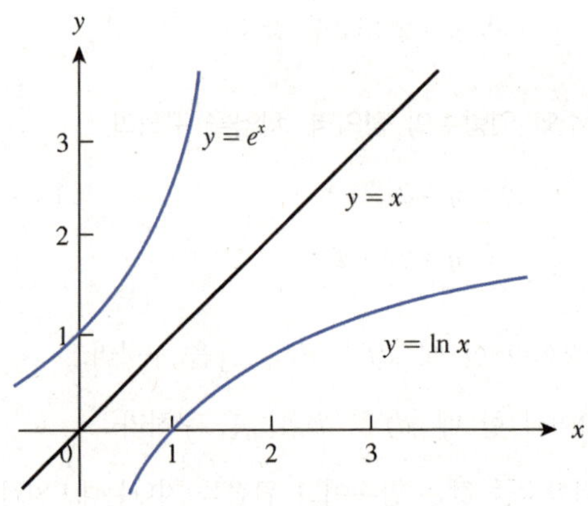


그림 5.6 $y = e^x$와 역함수 $y = \ln x$

또한 역함수 관계를 이용하여 표 5.1의 성질을 찾아낼 수 있다.

표 5.1 자연 로그함수의 성질

| | |
|---|---|
| (1) $e^{\ln x} = x \quad (x > 0)$ | (2) $\ln(e^x) = x$ (모든 $x$) |
| (3) $\ln xy = \ln x + \ln y \quad (x, y > 0)$ | (4) $\ln x^y = y \ln x \quad (x > 0)$ |

성질 (1), (2)는 지수함수와 로그함수의 역함수 관계에서 바로 알 수 있고[예를 들어 성질 (1)의 경우 $y = e^{\ln x} (> 0)$라고 놓으면 역함수 관계에서 $\ln x = \ln y$가 되고 1대1 성질에서 $x = y$이다], 성질 (3)은 (1), (2)와 지수함수의 성질을 이용하여

$$\ln xy = \ln(e^{\ln x} e^{\ln y}) = \ln(e^{\ln x + \ln y}) = \ln x + \ln y$$

와 같이 증명할 수 있다. 성질 (4)의 증명도 유사하다. 이 경우 $\ln x^y = w$라고 하면 정의에 의해 $x^y = e^w$가 되는데 이는 지수의 성질에 의해 $x = (e^w)^{1/y} = e^{w/y}$을 준다. 이제 다시 정의에 의해 $w/y = \ln x$가 되고 결국 $w = y \ln x$가 얻어진다.

### 예제 1

(1) $\ln \dfrac{x}{y} = \ln x + \ln(y^{-1}) = \ln x - \ln y$

(2) $e^{3\ln 5} = \exp(\ln 5^3) = 5^3$

(3) $\ln \sqrt{e} = \ln e^{1/2} = 1/2$

(4) $\ln 5 + \ln \dfrac{e}{5} = \ln\left(5 \cdot \dfrac{e}{5}\right) = \ln e = 1$ ■

## 자연 로그함수의 도함수

지수함수 $y = e^x$가 모든 $x$에서 미분가능하고 도함수 $\dfrac{dy}{dx} = e^x$가 0보다 크므로 이의 역함수인 $y = \ln x$도 정의역 $x > 0$에서 도함수를 가질 것이다. $y = \ln x$일 때 $e^y = x$이므로 양변을 $x$로 미분하면

$$\frac{d}{dx}(e^y) = \frac{d}{dx}(x),\ e^y\frac{dy}{dx} = 1,\ \frac{dy}{dx} = \frac{1}{e^y}$$

이다. $e^y = x$를 대입하여 결국

$$\frac{d}{dx}(\ln x) = \frac{1}{x}$$

을 얻는다.

**예제 2**

$$\frac{d}{dx}\ln(2x^2+1) = \frac{1}{2x^2+1}\frac{d}{dx}(2x^2+1) = \frac{4x}{2x^2+1}$$ ■

## 일반적인 밑수의 로그함수

그림 5.1에서 보듯이, 일반적인 지수함수 $y = a^x$도 1대1 함수이므로 역함수를 정의할 수 있다.

**정의 로그함수**

$a > 0$이고 $a \neq 1$일 때 지수함수 $y = a^x$의 역함수를 밑수(base)가 $a$인 로그함수라고 하고 $y = \log_a x$로 표기한다.

$y = \log_a x$의 그래프는 그림 5.7에서 보듯이 $y = a^x$의 그래프를 직선 $y = x$에 대칭이동시켜서 그릴 수 있다. $y = \log_a x$도 $y = \ln x$와 유사한 표 5.2와 같은 성질들을 갖는다.

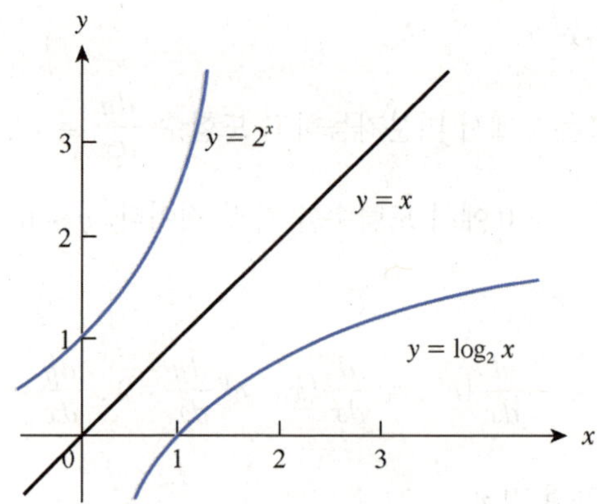


그림 5.7 $y=2^x$와 역함수 $y=\log_2 x$

표 5.2 로그함수의 성질

| | |
|---|---|
| (1) $a^{\log_a x}=x \quad (x>0)$ | (2) $\log_a a^x = x$ (모든 $x$) |
| (3) $\log_a xy = \log_a x + \log_a y \quad (x, y>0)$ | (4) $\log_a x^y = y\log_a x \quad (x>0)$ |
| (5) $\log_a x = \dfrac{\ln x}{\ln a}$ | |

실제로 $y=\log_a x$를 계산할 때는 표 5.2의 (5)를 이용하면 편리한데, 이것은 다음과 같이 유도할 수 있다. 우선 표 5.2 (1)의 양변에 자연로그를 취하고 자연로그의 성질을 이용하여

$$\ln a^{\log_a x} = \ln x$$
$$(\log_a x)\ln a = \ln x$$

를 얻고 양변을 $\ln a$로 나누어 $\log_a x = \dfrac{\ln x}{\ln a}$를 얻는다.

**예제 3**

$\log_{1/a} x = -\log_a x$ 임을 보여라.

**풀이**

$$\log_{1/a} x = \frac{\ln x}{\ln 1/a} = \frac{\ln x}{-\ln a} = -\log_a x$$

■

**예제 4**

(1) $\log_{10}(10^2)=2$

(2) $\log_2(10^2)=2\log_2 10=2\dfrac{\ln 10}{\ln 2}\approx 2\ \dfrac{2.30259}{0.69315}\approx 6.64384$ ■

표 5.2의 (5)를 이용하여 $u(x)$가 $u>0$이고 미분가능한 함수라면 $\log_a u(x)$의 도함수도 쉽게 구할 수 있다. 즉,

$$\frac{d}{dx}(\log_a u)=\frac{d}{dx}\left(\frac{\ln u}{\ln a}\right)=\frac{1}{\ln a}\frac{d}{dx}\ln u=\frac{1}{\ln a}\cdot\left(\frac{1}{u}\frac{du}{dx}\right)$$

가 된다.

**예제 5**

$\dfrac{d}{dx}\log_2(\sin 3x)=\dfrac{1}{\ln 2}\dfrac{1}{\sin 3x}\dfrac{d}{dx}\sin 3x=\dfrac{3\cos 3x}{\ln 2\cdot\sin 3x}$ ■

밑수가 10인 로그함수를 특별히 상용 로그(common logarithms)함수라고 부르며 전통적으로 실용적인 계산 도구 및 여러 가지 과학적인 척도 설정에 이용되어 왔다.

## 상용 로그의 응용

(1) **리히터 스케일**(Richter scale): 지진의 강도를 나타내는 리히터 계수 $R$은

$$R=\log_{10}\frac{a}{T}+B$$

과 같이 계산되는데, 이때

$a=$ 관측소에서 잰 땅의 진동의 진폭(마이크론, micron)

$T=$ 지진파의 주기(초)

$B=$ 진원으로부터의 거리에 따라 지진파가 약화되는 현상을 반영하는 경험적 인자

이다.

(2) **pH**(hydrogen potential): 산성도를 나타내는 pH는

$$\mathrm{pH}=-\log_{10}[\mathrm{H_3O^+}]$$

로 여기서 $[\mathrm{H_3O^+}]$는 리터당 몰의 수로 표현한 히드로늄(hydronium) 이온의 농도이다.

(3) **데시벨**(decibel=dB): 소리의 크기를 측정하는 단위인 dB는

$$\mathrm{dB} = 10\log_{10}(I \cdot 10^{12})$$

이다. 여기서 $I$는 소리의 강도(watt/m$^2$)이다.

## 함수 $y = a^x$의 도함수

일반적으로 $a^x$는 $e^x$로부터 계산될 수 있다. $a > 0$일 때, 로그함수의 성질로부터

$$a^x = e^{\ln a^x} = e^{x\ln a} \tag{5.4}$$

의 관계를 얻을 수 있다. 그러므로 $a^x$의 도함수는

$$\frac{d}{dx}a^x = \frac{d}{dx}(e^{x\ln a}) = e^{x\ln a}\frac{d}{dx}(x\ln a) = a^x \ln a \tag{5.5}$$

즉,

$$\frac{d}{dx}a^x = a^x \ln a$$

이 된다. 또한 식 (5.1)에서

$$\frac{d}{dx}a^x = a^x \cdot \lim_{h\to 0}\frac{a^h - 1}{h} \tag{5.6}$$

이고 식 (5.5)와 식 (5.6)을 비교하여

$$\lim_{h\to 0}\frac{a^h - 1}{h} = \ln a$$

의 유용한 관계를 얻을 수 있다.

**예제 6**

(1) $(2^x)' = 2^x \ln 2$

(2) $(2^{\cos x})' = 2^{\cos x}\ln 2\ (\cos x)' = -2^{\cos x}\ln 2\ \sin x$ ■

식 (5.4)를 이용하여 일반적인 실수 거듭제곱함수의 미분공식

$$(x^a)' = a\,x^{a-1}$$

을 $x > 0$ 인 경우에 대해 다음과 같이 증명할 수 있다.

$$(x^a)' = (e^{a\ln x})' = e^{a\ln x}\,(a\ln x)' = x^a\,\frac{a}{x} = a\,x^{a-1}$$

**예제 7**

$$\frac{d(\cos x)^{\sqrt{3}}}{dx} = \sqrt{3}(\cos x)^{\sqrt{3}-1}\sin x$$ ■

마찬가지로 $y = x^x$, $x > 0$의 도함수를 구해 보자.

$$(x^x)' = (e^{x\ln x})' = e^{x\ln x}\,(x\ln x)' = x^x\left(x\cdot\frac{1}{x} + 1\cdot\ln x\right)$$

이 되어

$$(x^x)' = x^x(1 + \ln x)$$

이다.

## 연습문제 5.3

**[01-06]** 다음을 단순화하라.

**01** $e^{\ln(x^2+y^2)}$ **02** $e^{\ln x^2 - \ln y^2}$ **03** $\ln(\ln e^{2e})$

**04** $\ln(e^{2\ln x})$ **05** $\ln\sin\theta - \ln(\sin\theta/e)$ **06** $2\ln\sqrt{x^2-1} - \ln(x-1)$

**[07-10]** 다음을 $x$에 대해 풀어라.

**07** $\ln(x-10) = 3t$ **08** $\ln(x^2-1) - \ln(x-1) = t + \ln(\cos t)$

**09** $10e^{2x} = 40$ **10** $e^{(\ln 0.4)x} = 0.16$

**[11-16]** 다음 함수들의 도함수를 구하라.

**11** $y = \ln x^4$ **12** $y = t^4\ln t - t^3$

**13** $y = \dfrac{x\ln x}{1+\ln x}$ **14** $y = \ln\left(\dfrac{\sqrt{x}}{1+\sqrt{x}}\right)$

**15** $y = \ln\left(\dfrac{e^\theta}{1+e^\theta}\right)$ **16** $y = \ln(\csc\theta + \cot\theta)$

**[17-20]** 다음 함수들을 미분하라(양변에 로그를 취하는 기법을 이용하라).

**17** $y=\sqrt{e^{2x}(x+1)}$

**18** $y=\dfrac{1}{x(x+1)(x+2)}$

**19** $y=\dfrac{x\sqrt{x^2+1}}{(x+1)^{1/3}}$

**20** $y=\dfrac{\theta\sin\theta}{(\sec\theta)^{1/3}}$

**[21-22]** 다음 방정식을 $x$에 대해 풀어라.

**21** $5^{\log_5 7}+3^{\log_3 5}=6^{\log_6 x}$

**22** $3^{\log_3 x^2}-5e^{\ln x}=-3\cdot 10^{\log_{10} 2}$

**[23-32]** 다음의 도함수를 구하라.

**23** $y=\log_5 e^x-\log_5\sqrt{x}$

**24** $y=\log_5\left[\left(\dfrac{x+1}{x-1}\right)^{\ln 5}\right]$

**25** $y=8^x$

**26** $y=2^{t^2}$

**27** $y=5^{\tan\theta}\ln 5$

**28** $y=3^{-\sin 3t}$

**29** $y=(x+2)^x$

**30** $y=x^{x+2}$

**31** $y=(\sin x)^x$

**32** $y=x^{\sin x}$

## 5.4 지수, 로그함수의 적분

지수 및 로그함수의 도함수로부터 표 5.3과 같은 적분공식을 쉽게 유도할 수 있다.

표 5.3 적분공식

| (1) $\int e^x\,dx=e^x+C$ | (2) $\int a^x\,dx=\dfrac{a^x}{\ln a}+C$ | (3) $\int \dfrac{1}{x}dx=\ln\mid x\mid+C$ |
|---|---|---|

공식 (3)에서 절대값이 필요한 이유는

(i) $x>0$일 때: 로그함수의 미분의 역관계에서 바로 $\int\dfrac{dx}{x}=\ln x+C$이다.

(ii) $x<0$일 때: $-x=t\,(t>0)$, $-dx=dt$로 치환하여

$$\int\frac{-dt}{-t}=\int\frac{dt}{t}=\ln t+C=\ln(-x)+C$$

이다. (i), (ii)의 두 경우를 합하여 공식 (3)으로 표현할 수 있다.

**예제 1**

$$\int_0^{\ln 3} e^{2x}dx = \frac{1}{2}\left[e^{2x}\right]_0^{\ln 3} = \frac{1}{2}[9-1] = 4$$ ■

**예제 2**

$$\int_0^{\pi/2} e^{\cos x}\sin x dx \ (y = \cos x,\ dy = -\sin x\, dx \text{로 치환})$$

$$= -\int_0^1 e^y\, dy = -\left[e^y\right]_0^1 = 1-e$$ ■

**예제 3**

$$\int 3^x dx = \frac{3^x}{\ln 3} + C$$ ■

**예제 4**

$$\int \frac{3\cos x}{2+\sin x}dx \quad (y = 2+\sin x,\ dy = \cos x\, dx \text{로 치환})$$

$$= \int \frac{3}{y}dy = 3\ln|y| + C = 3\ln(2+\sin x) + C$$ ■

**예제 5**

$$\int \frac{\ln 5x}{x}dx \ \left(y = \ln 5x,\ dy = \frac{dx}{x} \text{로 치환}\right)$$

$$= \int y\, dy = \frac{y^2}{2} + C = \frac{(\ln 5x)^2}{2} + C$$ ■

**예제 6**

$$\int \frac{\log_{10}x}{x}dx = \int \frac{\ln x}{\ln 10}\frac{dx}{x} = \frac{1}{\ln 10}\int \frac{\ln x}{x}dx \quad \left(y = \ln x,\ dy = \frac{dx}{x} \text{로 치환}\right)$$

$$= \frac{1}{\ln 10}\int y dy = \frac{1}{\ln 10}\frac{y^2}{2} + C = \frac{(\ln x)^2}{2\ln 10} + C$$ ■

다음의 적분공식을 유도해 보자.

$$\int \tan x\, dx = -\ln|\cos x| + C = \ln|\sec x| + C$$

$$\int \cot x\, dx = \ln|\sin x| + C = -\ln|\csc x| + C$$

우선

$$\int \tan x\, dx = \int \frac{\sin x}{\cos x} dx \ (u = \cos x,\ du = -\sin x dx \text{로 치환})$$
$$= \int \frac{-du}{u} = -\ln|u| + C = -\ln|\cos x| + C$$

이고, 두 번째 공식도 유사한 방식으로 얻어진다(연습문제 5.4의 21).

이제 적분을 이용하여 $\ln x$를 표현해 보자. $x > 0$일 때

$$\int_1^x \frac{1}{t} dt = [\ln|t|]_1^x = \ln|x| - \ln 1 = \ln x$$

이므로

$$\ln x = \int_1^x \frac{1}{t} dt, \quad x > 0$$

이고, 이를 이용하여 자연 로그함수를 정의할 수도 있다.

## 연습문제 5.4

[01-20] 다음 적분을 하라.

01 $\int_{\ln 3}^{\ln 5} e^{2x} dx$

02 $\int \frac{e^{\sqrt{x}}}{\sqrt{x}} dx$

03 $\int t e^{-t^2} dt$

04 $\int \frac{e^{1/x^2}}{x^3} dx$

05 $\int_0^{\pi/4} (1 + e^{\tan\theta}) \sec^2\theta\, d\theta$

06 $\int_1^2 3^x dx$

07 $\int_1^{3/2} t\, 2^{t^2} dt$

08 $\int_0^{\pi/4} (1/4)^{\tan t} \sec^2 t\, dt$

09 $\int_{-1}^{-3} \frac{dx}{2x}$

10 $\int \frac{dx}{4x - 1}$

11 $\int \frac{x}{5x^2 - 3} dx$

12 $\int \frac{\sqrt{\ln x}}{x} dx$

13 $\int_0^{\ln 3} \frac{2e^x}{1 + 2e^x} dx$

14 $\int_{1/6}^{1} \tan \pi x\, dx$

15 $\int \frac{\log_5 2x}{x} dx$

16 $\int \frac{dx}{x (\log_{10} x)^2}$

17 $\int (\sqrt{2} + 1) x^{\sqrt{2}} dx$

18 $\int_1^{1/x} \frac{1}{t} dt,\ x > 0$

19 $\int_0^{\pi/4} \frac{2\sin\theta}{1 - 2\cos\theta} d\theta$

20 $\int_0^{\sqrt{\ln \pi}} 2\theta e^{\theta^2} \cos(e^{\theta^2}) d\theta$

21 $\int \cot x\, dx = \ln|\sin x| + C = -\ln|\csc x| + C$ 임을 보여라.

22 $a > 1$일 때, $\int_1^a \ln x\, dx + \int_0^{\ln a} e^y dy = a \ln a$임을 보여라(아래 그림을 참조).

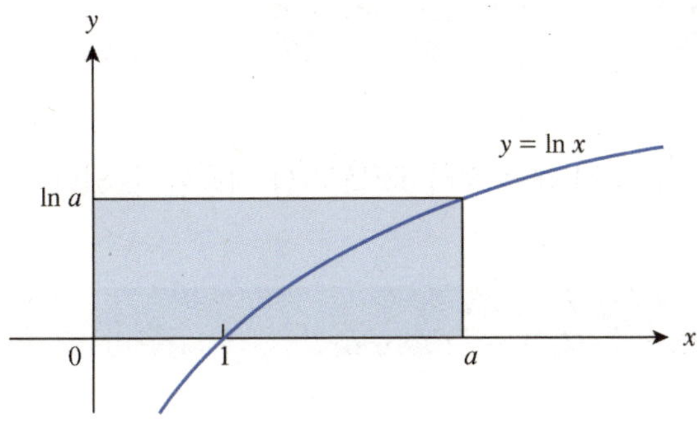


## 5.5 로피탈(L'Hôpital)의 규칙

함수 $f(x)$, $g(x)$가 $x=a$에서 모두 0일 때, $\lim_{x \to a} \frac{f(x)}{g(x)}$는 $\frac{0}{0}$, 즉 부정형(indeterminate form)이 되어 버린다. 17세기 말에 스위스의 요한 베르누이(Johaan Bernoulli, 1667~1748)는 이러한 경우 도함수를 이용하여 극한값을 계산하는 방법을 발견하였는데, 프랑스의 수학자 로피탈(L'Hôpital, 1661~1704)에 의해 처음으로 소개되어 로피탈의 규칙(L'Hôpital's rule)이라 불린다. 우선 아래의 정리를 증명해 보자.

**정리 • 5.2**

$f(a) = g(a) = 0$이고 $f'(a)$, $g'(a)$가 존재하고 $g'(a) \neq 0$이면

$$\lim_{x \to a} \frac{f(x)}{g(x)} = \frac{f'(a)}{g'(a)}$$

이다.

**증명**

$$\lim_{x \to a} \frac{f(x)}{g(x)} = \lim_{x \to a} \frac{f(x) - f(a)}{g(x) - g(a)} \quad (f(a) = g(a) = 0\text{이므로})$$

$$= \lim_{x \to a} \frac{(f(x) - f(a))/(x-a)}{(g(x) - g(a))/(x-a)}$$

$$= \lim_{x \to a} \frac{f(x) - f(a)}{x - a} \Big/ \lim_{x \to a} \frac{g(x) - g(a)}{x - a}$$
$$= \frac{f'(a)}{g'(a)}$$
■

만약 $\frac{f'(a)}{g'(a)}$이 $\frac{0}{0}$이 될 때는 정리 5.2를 거듭 적용할 수 있다. 즉,

### 정리 • 5.3 로피탈의 규칙

$f$, $g$가 $f(a) = g(a) = 0$이고 $a$를 포함하는 열린 구간에서 미분가능하고, $\lim_{x \to a} \frac{f'(x)}{g'(x)}$가 유한값이거나 $\infty$ 또는 $-\infty$일 때

$$\lim_{x \to a} \frac{f(x)}{g(x)} = \lim_{x \to a} \frac{f'(x)}{g'(x)}$$

이다.

#### 예제 1

(1) $\lim_{x \to 0} \frac{\sin x}{x} = \lim_{x \to 0} \frac{\cos x}{1} = 1$

(2) $\lim_{x \to 1} \frac{\sqrt{x} - 1}{x - 1} = \lim_{x \to 1} \frac{1/(2\sqrt{x})}{1} = \frac{1}{2}$

(3) $\lim_{x \to 0} \frac{\sin x}{x^2} = \lim_{x \to 0} \frac{\cos x}{2x} = \infty$ ■

함수의 비가 $\frac{\infty}{\infty}$로 접근하는 형태일 때도 분모와 분자를 역수를 취하여 뒤바꾸면 $\frac{0}{0}$ 형태가 되므로 $\lim_{x \to a} \frac{f(x)}{g(x)} = \lim_{x \to a} \frac{f'(x)}{g'(x)}$가 되리라고 짐작할 수 있다. 또한 로피탈의 규칙은 좌극한, 우극한에 대해서도 성립하며, $x \to \infty$, $x \to -\infty$의 극한에 대해서도 성립한다(증명은 생략).

#### 예제 2

(1) $\lim_{x \to \infty} \frac{x - x^2}{2x^2 + 2x} = \lim_{x \to \infty} \frac{(x - x^2)'}{(2x^2 + 2x)'} = \lim_{x \to \infty} \frac{1 - 2x}{4x + 2} = \lim_{x \to \infty} \frac{(1 - 2x)'}{(4x + 2)'} = \lim_{x \to \infty} \frac{-2}{4} = -\frac{1}{2}$

(2) $\lim_{x \to (\pi/2)^-} \frac{\tan x}{2 + \tan x} = \lim_{x \to (\pi/2)^-} \frac{\sec^2 x}{\sec^2 x} = 1$ ■

함수의 극한이 $0 \cdot \infty$ 또는 $\infty - \infty$ 형태인 경우에도 적절한 변형을 통해 로피탈의 규칙을 이용할 수 있다.

**예제 3**

(1) $\lim_{x \to 0^-} x \cot x = \lim_{x \to 0^-} \frac{x}{\tan x} = \lim_{x \to 0^-} \frac{1}{\sec^2 x} = 1$

(2) $\lim_{x \to 1} \left( \frac{x}{x^3 - 1} - \frac{1}{x^3 - 1} \right) = \lim_{x \to 1} \frac{x - 1}{x^3 - 1} = \lim_{x \to 1} \frac{1}{3x^2} = \frac{1}{3}$ ■

$\infty^0$, $0^\infty$, $1^\infty$, $0^0$ 과 같은 형태의 극한값은

$$f(x) = e^{\ln f(x)}$$

의 관계를 이용한다.

**예제 4**

$\lim_{x \to 0^+} (1 + x)^{1/x} = e$ 임을 보여라.

**풀이**

$$\lim_{x \to 0^+} (1 + x)^{1/x} = \lim_{x \to 0^+} \exp[\ln(1 + x)^{1/x}] = \lim_{x \to 0^+} \exp\left[\frac{\ln(1 + x)}{x}\right]$$

이다. 이제 지수만을 고려하면

$$\lim_{x \to 0^+} \frac{\ln(1 + x)}{x} = \lim_{x \to 0^+} \frac{1}{1 + x} = 1$$

이므로 $\lim_{x \to 0^+} (1 + x)^{1/x} = e$ 가 된다. ■

**예제 5**

$\lim_{x \to \infty} x^{1/x} = \lim_{x \to \infty} e^{(\ln x^{1/x})} = \lim_{x \to \infty} e^{(\ln x / x)} = \lim_{x \to \infty} e^{(1/x)} = e^0 = 1$ ■

## 연습문제 5.5

[01-16] 로피탈의 규칙을 이용하여 다음 극한값을 구하라.

01 $\lim_{x\to 5}\frac{x^2-25}{x-5}$

02 $\lim_{x\to\infty}\frac{x-4x^2}{5x+8x^2}$

03 $\lim_{x\to 0}\frac{\sin x^2}{x}$

04 $\lim_{x\to 0}\frac{4x^2}{\cos x-1}$

05 $\lim_{x\to 1}\frac{x-1}{\ln x-\sin\pi x}$

06 $\lim_{x\to 0}\frac{x^2}{\ln(\sec x)}$

07 $\lim_{x\to(\pi/4)^-}(x-\pi/4)\sec 2x$

08 $\lim_{x\to 0}\frac{x\,2^x}{2^x-1}$

09 $\lim_{x\to 0}\frac{\sqrt{ax+a^2}-a}{x},\ a>0$

10 $\lim_{x\to 0^+}(\ln x-\ln\sin x)$

11 $\lim_{x\to 1^+}\left(\frac{1}{x-1}-\frac{1}{\ln x}\right)$

12 $\lim_{x\to\infty}(\ln x)^{1/x}$

13 $\lim_{x\to\infty}x^{1/\ln x}$

14 $\lim_{x\to 0}(e^x+x)^{1/x}$

15 $\lim_{x\to 0^+}\left(1+\frac{1}{x}\right)^x$

16 $\lim_{x\to 0^+}(\csc x-\cot x+\cos x)$

[17-18] 다음 극한값을 구하라(로피탈의 규칙을 먼저 시도해 보라).

17 $\lim_{x\to\infty}\frac{\sqrt{5x+1}}{\sqrt{x+1}}$

18 $\lim_{x\to 0^+}\frac{\cot x}{\csc x}$

19 함수 $f(x)=\begin{cases}\frac{2x-2\sin x}{x^3}, & x\neq 0\\ c, & x=0\end{cases}$ 이 $x=0$에서 연속이 되도록 $c$값을 정하라.

20 $\lim_{k\to\infty}\left(1+\frac{x}{k}\right)^k=e^x$를 증명하고 $k=2^6,\ 2^8,\ 2^{10},\ \cdots$로 변화시키면서 $e$의 값을 추정하라.

## 5.6 지수적 증가와 증가속도

그림 5.1의 지수함수의 그래프에서 알 수 있듯이 지수함수는 매우 빠른 증가 또는 감소 현상을 나타낸다. 이 절에서는 지수함수로 표현되는 증가 현상의 의미와 지수함수보다 늦거나 빠른 증가현상을 표현하는 방법에 대해 소개한다.

$y(t)$를 시간 $t$에서의 인구라고 하자. 출산율이 일정하다고 해도 현재의 인구가 많을수록

출산이 늘어 인구의 증가분이 많아질 것이다. 출산율에서 사망률을 뺀 순수한 인구 증가율이 $k$로 일정하다고 가정하고 초기인구를 $y_0$라고 하면 증가분과 현재 인구의 비례관계는,

$$\frac{dy}{dt} = ky \tag{5.7}$$

$$y(0) = y_0 \tag{5.8}$$

과 같은 모형으로 표현될 것이다. 식 (5.7)과 같이 도함수와 함수의 관계가 방정식으로 표현된 것을 미분방정식(differential equation)이라고 부르는데, 이 모델에서는 1계 도함수까지만 등장하므로 1계 미분방정식이라고 부른다. 이때 식 (5.8)은 초기값(또는 초기조건)이라고 부른다.

이제 이 미분방정식을 풀어 보자. 즉, 식 (5.7)의 관계를 만족하는 함수 $y(t)$를 구해 보자. 우선 (5.7)의 양변을 $y$로 나누면

$$\frac{1}{y}\frac{dy}{dt} = k$$

이 되고 양변을 $dt$에 대해 적분하면

$$\int \frac{1}{y}\frac{dy}{dt}dt = \int \frac{1}{y}dy = \int k\,dt$$

즉, $\ln|y| = kt + C_1$이 된다. 이것을 다시 쓰면 $y = \pm e^{kt+C_1}$이 되고 $\pm e^{C_1}$을 새로운 상수 $C$로 나타내면 $y$는

$$y = Ce^{kt}$$

와 같은 지수함수가 된다. 여기서 $y(0) = Ce^0 = C$이므로 식 (5.8)의 초기값과 비교하여 $C = y_0$를 얻는다. 결국 식 (5.7)과 (5.8)을 만족하는 해는

$$y = y_0 e^{kt} \tag{5.9}$$

로 얻어진다. 이것이 지수적 증가모형(지수성장모형, exponential growth model)이다. 만약 $k$가 음수이면 지수적 감소모형(지수소멸모형, exponential decay model)이 된다. 지수모형이 적용되는 몇 가지 예를 살펴보자.

**예제 1** **인구 증가**

올해의 인구가 10,000명인데 내년에는 10% 증가할 것이라고 한다. 지수모형을 따를 때 언제 인구가 100,000명이 되겠는가?

**풀이**

올해를 0시점으로 보면 $y(0)=10{,}000$, $y(1)=11{,}000$이므로 식 (5.9)에서

$$11{,}000=10{,}000e^{k\cdot 1}$$

이 얻어지는데 이로부터 $e^k=1.1$, 즉

$$k=\ln 1.1\,(\cong 0.09531)$$

이 된다. 이제 100,000명이 되는 시점은

$$100{,}000=10{,}000\,e^{(\ln 1.1)t}$$

에서 $e^{(\ln 1.1)t}=10$이 얻어지는데 양변에 로그를 취하면 $(\ln 1.1)t=\ln 10$이 되고 결국

$$t=\frac{\ln 10}{\ln 1.1}\cong 24.16$$

즉, 대략 24년 후에 현재 인구의 10배가 된다. ■

**예제 2 연속복리**

원금을 $A_0$, 연이율을 $r$이라 할 때 (1) 월복리를 적용할 경우와 (2) 연속복리(순간복리)를 적용할 경우의 $t$년 후의 원리금(원금+이자)을 각각 구하라.

**풀이**

(1) 연이율이 $r$이므로 월이율은 $\frac{r}{12}$이고 $t$년은 $12t$개월에 해당한다. 원금 $A_0$는 1개월 후에는 $A_0\left(1+\frac{r}{12}\right)$로 불어나고, 다시 이 금액에 이자가 붙어 2개월 후에는 $A_0\left(1+\frac{r}{12}\right)^2$로 될 것이다. 따라서 $t$년 후의 원리금은

$$A_0\left(1+\frac{r}{12}\right)^{12t}$$

이 된다.

(2) 1년을 $n$기간으로 나누어 복리를 적용한다면 $t$년 후의 원리합계는

$$A_0\left(1+\frac{r}{n}\right)^{nt}$$

가 된다. 연속복리를 적용할 경우는 $n$이 무한대로 증가하는 것에 해당하므로

$$\lim_{n\to\infty}A_0\left(1+\frac{r}{n}\right)^{nt}=A_0e^{rt}\ \text{(5.5절 연습문제 20 참조)}$$

로부터 $t$년 후의 원리금 $A(t)$는

$$A(t)=A_0e^{rt} \tag{5.10}$$

이 된다. ■

**예제 3**

연리 5%를 (1) 연복리, 또 (2) 연속복리를 적용할 때 10년과 30년 후에는 각각 원금이 몇 배로 되는가?

**풀이**

(1) 10년 후: $(1+0.05)^{10} \cong 1.6289$배, 30년 후: $(1.05)^{30} = 4.3219$배

(2) 10년 후: $e^{(0.05)10} \cong 1.6487$배, 30년 후: $e^{(0.05)30} = 4.4817$배 ■

**예제 4 방사성 붕괴**

초기질량 $y_0$인 방사성 동위원소가 붕괴율 $k>0$으로 붕괴가 일어나고 있다면 시간 $t$에서의 질량은 지수 모형에 따라

$$y(t) = y_0 e^{-kt}$$

가 된다. 이때 반감기를 구하라.

**풀이**

초기질량이 반이 되는 시점을 구해야 하므로

$$\frac{1}{2}y_0 = y_0 e^{-kt}$$

의 관계로부터 $e^{-kt} = \frac{1}{2}$가 되어 반감기는

$$t = \frac{\ln 2}{k}$$

가 된다. ■

## 함수의 증가속도

이제 함수의 증가속도를 비교하는 방법에 대해 알아보자. $x$는 증가속도가 $\sqrt{x}$보다는 빠르지만 $x^2$보다는 느리다는 것은 그래프를 비교해 보면 누구나 알 수 있을 것이다. 그렇다면 $x^{100}$과 $2^x$은 어떤가? $\ln x$와 $\sqrt{x}$는? 증가속도에 관련된 이러한 비교를 명확히 행할 수 있는 일반적인 개념을 우선 다음과 같이 정의할 수 있다.

**정의 증가속도**

함수 $f$, $g$가 양의 함수라고 할 때 다음과 같이 말한다.

(1) $\lim_{x\to\infty} \frac{f(x)}{g(x)} = \infty$이면(즉 $\lim_{x\to\infty} \frac{g(x)}{f(x)} = 0$이면) $x \to \infty$일 때 $f$가 $g$보다 빨리 증가한다(반대로 $g$는 $f$보다 느리게 증가한다).

(2) $\lim_{x \to \infty} \frac{f(x)}{g(x)} = L \neq 0$($L$은 양의 유한값)이면 $x \to \infty$일 때 $f$와 $g$가 같은 속도로 증가한다.

## 예제 5

$2^x$, $3^x$의 증가속도를 비교하라.

풀이

$\lim_{x \to \infty} \frac{3^x}{2^x} = \lim_{x \to \infty} \left(\frac{3}{2}\right)^x = \infty$이므로 $3^x$가 $2^x$보다 빨리 증가한다. 이를 일반화하여 **$0 < a < b$이면 $b^x$가 $a^x$보다 빨리 증가한다**는 것을 관찰할 수 있다. ■

## 예제 6

$x$와 $\ln x$의 증가속도를 비교하라.

풀이

$\lim_{x \to \infty} \frac{\ln x}{x} = \lim_{x \to \infty} \frac{1/x}{1} = 0$이므로 $x$가 $\ln x$보다 빨리 증가한다. ■

## 예제 7

$x^{100}$과 $e^x$의 증가속도를 비교하라.

풀이

$\lim_{x \to \infty} \frac{e^x}{x^{100}} = \infty$임을 보이기 위해 $\lim_{x \to \infty} \ln \frac{e^x}{x^{100}} = \infty$임을 보이면 될 것이다. 그런데

$$\ln \frac{e^x}{x^{100}} = \ln e^x - \ln x^{100} = x - 100 \ln x$$

이므로 예제 6의 결과로부터 이것이 $x \to \infty$일 때 무한히 커짐을 바로 알 수 있다. 일반적으로 **지수함수 $a^x$ $(a > 1)$는 고차함수 $x^n$보다 증가속도가 빠르다.** ■

## 예제 8

$\log_a x$와 $\log_b x$는 증가속도가 같음을 보여라.

풀이

$\lim_{x \to \infty} \frac{\log_a x}{\log_b x} = \lim_{x \to \infty} \frac{\ln x / \ln a}{\ln x / \ln b} = \frac{\ln b}{\ln a}$이 된다. 따라서 비의 극한이 0이 아닌 유한값이 되므로 **로그함수들은 밑수가 달라도 증가속도가 항상 같다.** ■

일반적으로 함수 $f$와 $g$의 증가속도가 같고 또 $g$와 $h$의 증가속도가 같다면 $f$와 $h$의 증가속도도 같다. 이는 $\lim_{x\to\infty}\frac{f}{h}=L_1$, $\lim_{x\to\infty}\frac{g}{h}=L_2$라고 하면 $\lim_{x\to\infty}\frac{f}{h}=\lim_{x\to\infty}\frac{f}{g}\frac{g}{h}=L_1L_2$가 되고 $L_1$, $L_2$가 0이 아닌 유한값이면 $L_1L_2$도 0이 아닌 유한값이 되는 것으로부터 바로 알 수 있다.

이제 함수의 증가속도를 비교할 때 수학적 분석에서 편리하게 쓰이는 o(작은 오, little-o)와 O(큰 오, big-O)의 개념에 대해 알아보자.

**정의** 작은 오

$\lim_{x\to\infty}\frac{f(x)}{g(x)}=0$이면(즉 $f$가 $g$보다 느리게 증가하면) $x\to\infty$일 때 $f$는 $g$보다 낮은 급(order)이라고 말하고 $f=o(g)$로 표기한다.

**예제 9**

앞의 예제들의 결과로부터 $x\to\infty$일 때 $\ln x=o(x)$, $x=o(x^2)$, $x^n=o(2^x)$, $2^x=o(3^x)$로 표현할 수 있다. ■

**정의** 큰 오

충분히 큰 모든 $x$에 대해 $\frac{f(x)}{g(x)}\leq M$이 되도록 양의 정수 $M$을 설정할 수 있으면 $x\to\infty$일 때 $f$는 $g$ 이하의 급이라고 말하고 $f=O(g)$라고 표기한다.

**예제 10**

$x$가 충분히 크면 항상 $\frac{x^2+2x+5}{x^2}\leq 2$이 되므로 $x\to\infty$일 때 $x^2+2x+5=O(x^2)$이다. 마찬가지로 $x+2$, $x+\ln x$, $x+\cos x$도 모두 $O(x)$가 된다. ■

위의 정의에서 $f=o(g)$이면 자동적으로 $f=O(g)$이 됨을 알 수 있다. 또한 만약 $f$와 $g$의 증가속도가 같다면(즉 $\lim_{x\to\infty}\frac{f(x)}{g(x)}$ = 유한한 양수라면) 극한의 정의에 따라 큰 오의 정의에 맞는 $M$을 설정할 수 있으므로 $f=O(g)$가 되고 $f$와 $g$의 역할을 바꾸어 생각하면 동시에 $g=O(f)$가 된다. 따라서 두 함수의 비의 극한값을 구해 보면 큰 오 관계를 파악할 수 있다.

**예제 11**

$\lim_{x\to\infty}\frac{e^x+x^5}{e^x}=1$ 이므로 $e^x+x^5=O(e^x)$ 이고 또한 $e^x=O(e^x+x^5)$ 이다. ■

## 연습문제 5.6

**01** 탄소-14의 반감기는 5,700년이라고 한다. 어떤 유골의 탄소-14의 함유량이 원래의 20%만 남아 있었다면 이 유골은 얼마나 오래된 것일까?

**02** 지구에서의 고도 $h$에 따른 기압 $p$의 변화는 그 위치에서의 기압에 비례한다고 한다. 해수면($h=0$)에서의 기압이 1,013 hp이고 고도 20 km에서의 기압이 80 hp라고 할 때

(1) 1계 미분방정식을 세우고 해 $p(h)$를 구하라.

(2) $h=8$ km에서의 기압을 구하라.

(3) 기압이 950 hp가 되는 고도를 구하라.

**03** 축전지에서 전압 $V$의 강하는 그때의 전압에 비례한다고 한다. 즉 $\frac{dV}{dt}=-kV,\ (k\geq 0)$.

(1) 초기의 전압이 200 V, 10초 후의 전압이 100 V라고 할 때 $k$를 구하고 $V(t)$를 명확히 써라.

(2) 원래 전압이 10%로 줄어드는 것은 몇 초 후인가?

**04** 이상적인 조건에서 박테리아가 시간에 따라 지수적으로 증가한다고 한다. 2시간 후에 10,000개, 3시간 후에 20,000개의 박테리아가 관찰되었을 때 초기의 박테리아 개체수를 구하라.

**05** 연리 4%의 연속복리로 예금을 들었을 때 2배, 3배, 4배로 되는 시점을 각각 구하라.

**06** 유전에서 석유가 매년 10%의 비율로 연속적으로 줄어든다면 얼마 후에 현재의 1/20로 줄어들겠는가?

**07** $x\to\infty$일 때 다음 함수들의 증가속도를 $e^x$와 비교하라.

(1) $x^{10}$ (2) $x^{10}+\cos^2 x$ (3) $2^x$ (4) $3^x$

(5) $e^{2x}$ (6) $2e^x$ (7) $\log_{10}x$ (8) $e^{x-1}$

**08** $x\to\infty$일 때 다음 함수들의 증가속도를 $x^2$과 비교하라.

(1) $2x^2+x$ (2) $x^3-x^2$ (3) $\sqrt{x^4+2x^3}$ (4) $x\ln x$

(5) $x^2e^{-x}$ (6) $x^3e^{-x}$ (7) $(1.1)^x$ (8) $(x+100)^2$

**09** 다음 함수들을 $x\to\infty$일 때 증가속도가 빠른 것부터 배열하라.

(a) $e^x$ (b) $(\ln 2)^x$ (c) $x^x$ (d) $(\ln x)^x$ (e) $e^{x/2}$

**10** $x \to \infty$일 때 $\sqrt{2x+1}$과 $\sqrt{x+10}$이 모두 $\sqrt{x}$와 증가속도가 같음을 보임으로써 그 두 함수의 증가속도가 같음을 증명하라.

**11** $e^{2x} = o(e^{x^2})$임을 보여라.

**12** 다음의 옳고 그름을 판정하라.

(1) $x = o(x)$ (2) $x = O(x)$ (3) $x = o(2x)$

(4) $e^{x} = o(e^{2x})$ (5) $\ln x = o(\ln 2x)$ (6) $x + \ln x = O(x)$

**13** 다음의 옳고 그름을 판정하라.

(1) $\ln(\ln x) = O(\ln x)$ (2) $\ln(x) = o(\ln(x^2 + e^2))$ (3) $x \ln x = o(x^2)$

(4) $\frac{1}{x+1} = O\left(\frac{1}{x}\right)$ (5) $\frac{1}{x} - \frac{1}{x^2} = o\left(\frac{1}{x}\right)$ (6) $100 + \sin x = O(1)$

**14** 모든 $n$차 다항식에 대해 $a_n x^n + a_{n-1} x^{n-1} + \cdots + a_1 x + a_0 = o(e^x)$임을 보여라.

**15** 모든 양의 정수 $n$에 대해 $\ln x = o(x^{1/n})$임을 보여라.

## 5.7 역삼각 함수

초월함수 중에서 사인, 코사인 등의 삼각함수는 기본 수학과정을 통해서 이미 잘 알고 있다. 이 절에서는 삼각함수의 역함수에 대해 알아보자. 삼각함수와 관련된 각종 공식들은 부록을 참조하기 바란다.

### 역사인 함수

함수 $y = \sin x$는 주기함수로 전체 실수 영역에서는 1대1 함수가 아니지만 영역을 $-\frac{\pi}{2} \le x \le \frac{\pi}{2}$로 제한하면 1대1 함수가 된다. 이 경우 역함수를 고려할 수 있는데,

$$y = \sin x, \ -\frac{\pi}{2} \le x \le \frac{\pi}{2}$$

의 역함수를 역사인 함수 또는 아크사인(arcsine) 함수라고 부르고

$$y = \sin^{-1} x \quad \text{또는} \quad y = \arcsin x$$

라고 표기한다. 이 함수는 사인값이 $x(-1 \le x \le 1)$일 때의 각도 $y\left(-\frac{\pi}{2} \le y \le \frac{\pi}{2}\right)$를 나타낸다. 몇 가지 예를 들면

$$\sin^{-1}(-1) = -\frac{\pi}{2}, \quad \sin^{-1}\left(-\frac{1}{2}\right) = -\frac{\pi}{6},$$
$$\sin^{-1}0 = 0, \quad \sin^{-1}\frac{1}{2} = \frac{\pi}{6}, \quad \sin^{-1}1 = \frac{\pi}{2}$$

와 같다. 그림 5.8(b)에서 보듯이 $\arcsin x$는 증가함수이고 원점에 대해 대칭인 기함수(odd function)가 된다. 즉

$$\sin^{-1}(-x) = -\sin^{-1}x \tag{5.11}$$

이다.

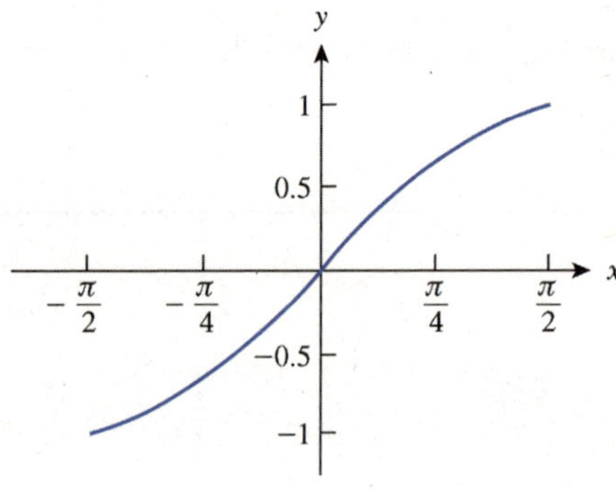

(a) $y = \sin x,\ -\frac{\pi}{2} \le x \le \frac{\pi}{2}$

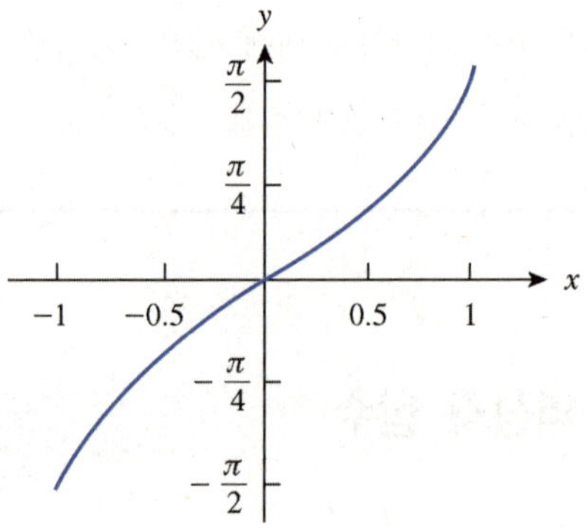

(b) $y = \sin^{-1} x,\ -1 \le x \le 1$

그림 5.8

## 역코사인 함수

함수 $y = \cos x$의 경우 $0 \le x \le \pi$에서 1대1 함수가 되는데 이 범위에서 역함수를 정의하여 역코사인 또는 아크코사인(arccosine) 함수라고 부르고

$$y = \cos^{-1}x \quad 또는 \quad y = \arccos x$$

로 표기한다. 이 함수는 코사인 값이 $x\ (-1 \le x \le 1)$이 되는 각도 $y\ (0 \le y \le \pi)$를 나타낸다. 몇 가지 예를 들면

$$\cos^{-1}(-1) = \pi, \ \cos^{-1}\left(-\frac{1}{2}\right) = \frac{2}{3}\pi, \ \cos^{-1}0 = \frac{\pi}{2}, \ \cos^{-1}\frac{1}{2} = \frac{\pi}{3}$$

와 같다. 그림 5.9(b)에서 보듯이 $\arccos x$는 감소함수이고 점 $\left(0, \frac{\pi}{2}\right)$에 대해 대칭이다.

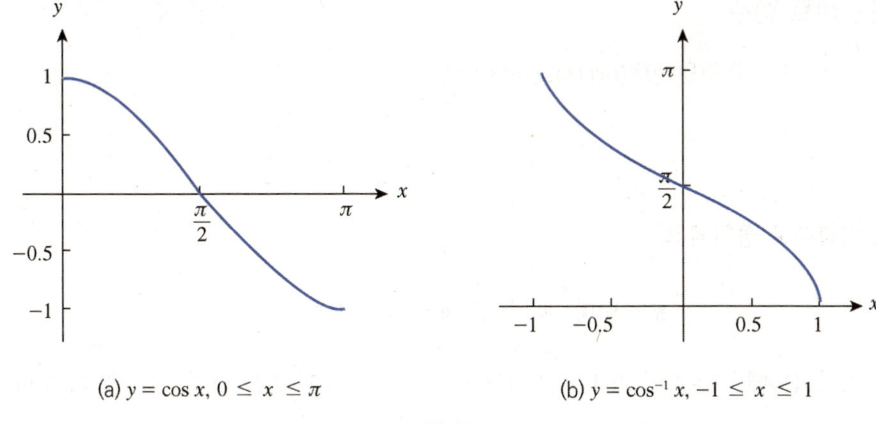


(a) $y = \cos x,\ 0 \le x \le \pi$ (b) $y = \cos^{-1} x,\ -1 \le x \le 1$

그림 5.9

역사인, 역코사인의 값을 구할 때 직각삼각형을 그려서 생각하면 편리한데, 그림 5.10에서

$$\cos^{-1}(-x) + \cos^{-1}x = \pi \tag{5.12}$$

이고, 그림 5.11에서 $x > 0$ 인 경우

$$\sin^{-1}x + \cos^{-1}x = \frac{\pi}{2} \tag{5.13}$$

가 됨을 알 수 있다. 실제로 식 (5.13)은 $x = 0$ 일 때도 성립한다. 또 식 (5.11), (5.12)에서 각각 $\sin^{-1}x$, $\cos^{-1}x$를 구하여 식 (5.13)에 대입하면

$$\sin^{-1}(-x) + \cos^{-1}(-x) = \frac{\pi}{2} \tag{5.14}$$

가 되므로 결국 식 (5.13)은 $-1 \le x \le 1$ 에서 성립한다.

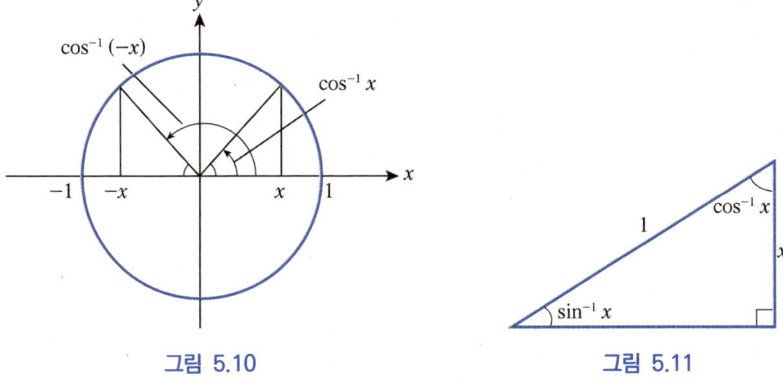


그림 5.10 그림 5.11

## 역탄젠트 함수

역탄젠트 또는 아크탄젠트(arctangent) 함수는

$$y = \tan x,\ -\frac{\pi}{2} < x < \frac{\pi}{2}$$

의 역함수로 정의되고,

$$y = \tan^{-1}x \quad \text{또는} \quad y = \arctan x,\ -\infty < x < \infty$$

로 표기되는데, 탄젠트 값이 $x$인 각도 $y\left(-\frac{\pi}{2} < y < \frac{\pi}{2}\right)$를 나타낸다. 몇 가지 예를 들면

$$\tan^{-1}(-\sqrt{3}) = -\frac{\pi}{3},\ \tan^{-1}\left(-\frac{1}{\sqrt{3}}\right) = -\frac{1}{6}\pi,\ \tan^{-1}0 = 0,$$
$$\tan^{-1}\frac{1}{\sqrt{3}} = \frac{\pi}{6},\ \tan^{-1}\sqrt{3} = \frac{\pi}{3}$$

이다. 그림 5.12(b)에서 보듯이 $\tan^{-1}x$는 전체 실수 영역에서 증가함수이고 원점에 대하여 대칭인 기함수이다. 즉, 역사인과 마찬가지로

$$\tan^{-1}(-x) = -\tan^{-1}x$$

가 성립한다.

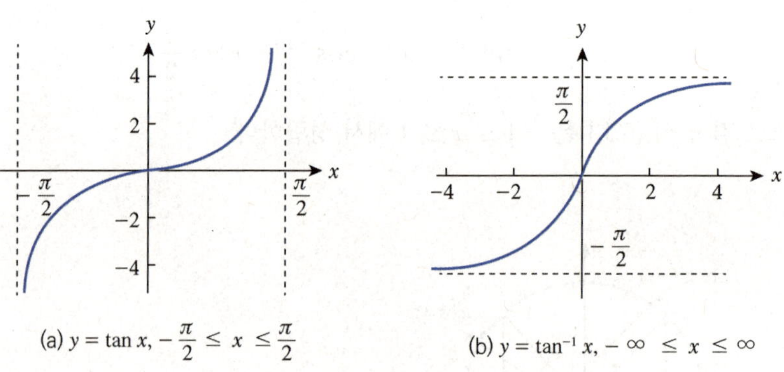


(a) $y = \tan x,\ -\frac{\pi}{2} \le x \le \frac{\pi}{2}$ (b) $y = \tan^{-1} x,\ -\infty \le x \le \infty$

그림 5.12

## 기타 역삼각 함수

그 밖의 삼각함수 $y = \sec x\ (0 \le x \le \pi,\ x \ne \pi/2)$, $y = \csc x\ (-\pi/2 \le x \le \pi/2,\ x \ne 0)$, $y = \cot x\ (0 < x < \pi)$의 역함수도 주어진 구간에서 적절히 정의할 수 있다.

$\sec^{-1}x = \cos^{-1}(1/x)$, $\csc^{-1}x = \sin^{-1}(1/x)$, $\cot^{-1}x = \pi/2 - \tan^{-1}x$의 관계를 만족하도록 정의한 각각의 그래프를 그림 5.13~5.15에서 볼 수 있다.

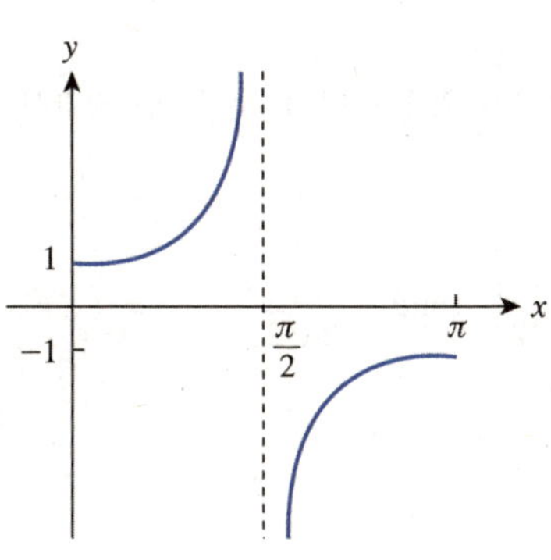


(a) $y = \sec x,\ 0 \le x \le \pi,\ x \ne \frac{\pi}{2}$

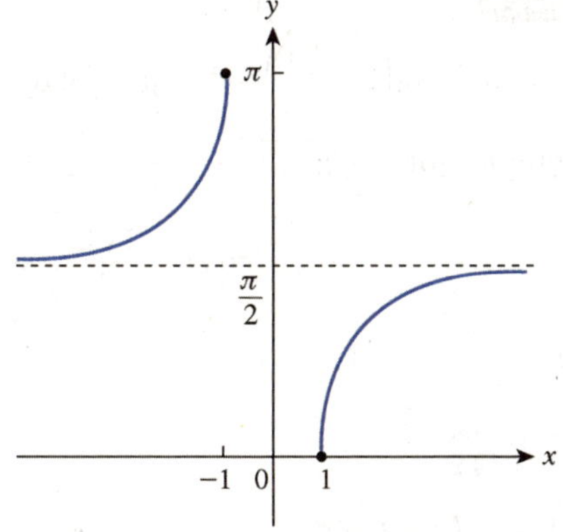


(b) $y = \sec^{-1} x,\ |x| \ge 1$

그림 5.13

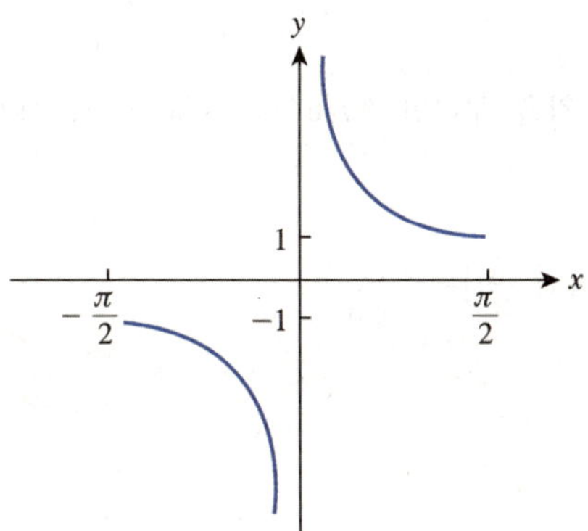


(a) $y = \csc x,\ -\frac{\pi}{2} \le x \le \frac{\pi}{2},\ x \ne 0$

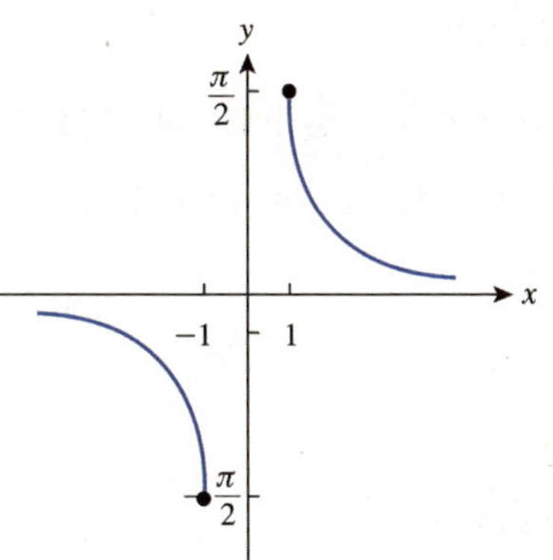


(b) $y = \csc^{-1} x,\ |x| \ge 1$

그림 5.14

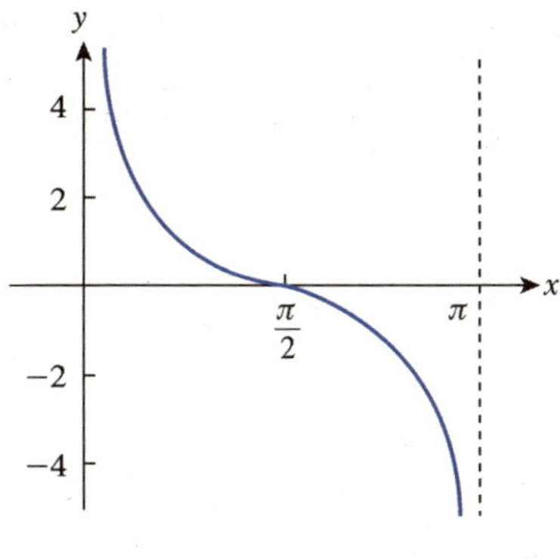


(a) $y = \cot x,\ 0 < x < \pi$

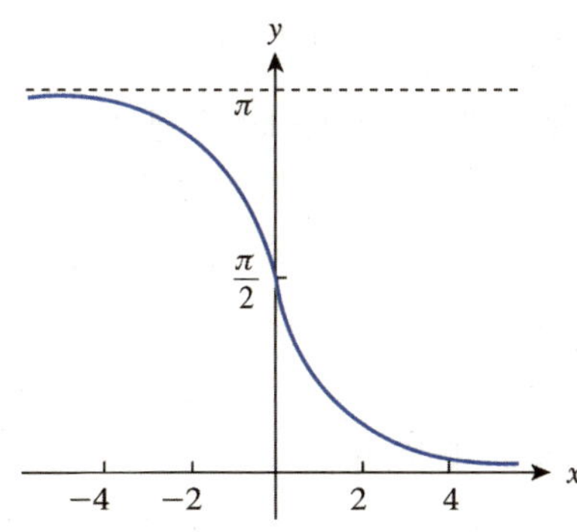


(b) $y = \cot^{-1}x,\ \infty < x < \infty$

그림 5.15

## 예제 1

$\theta=\sin^{-1}(1/3)$이라 할 때 $\sin\theta$, $\cos\theta$, $\sec\theta$, $\tan\theta$를 구하라.

**풀이**

우선 $\sin\theta=\sin\left(\sin^{-1}\frac{1}{3}\right)=\frac{1}{3}$이고, 나머지 값들을 구하기 위해 빗변 3, 높이 1인 직각삼각형을 고려하면 밑변의 길이가 $\sqrt{3^2-1^2}=\sqrt{8}=2\sqrt{2}$이 되므로

$$\cos\theta=\frac{2\sqrt{2}}{3},\ \sec\theta=\frac{3}{2\sqrt{2}},\ \tan\theta=\frac{1}{2\sqrt{2}}$$

이다. ■

## 예제 2

$\cot\left[\sec^{-1}\left(-\frac{2}{\sqrt{3}}\right)+\csc^{-1}(-2)\right]$를 구하라.

**풀이**

우선 $\sec^{-1}\left(-\frac{2}{\sqrt{3}}\right)$에서 코사인이 $-\sqrt{3}/2$인 각을 구하면 $5\pi/6$이고, $\csc^{-1}(-2)$에서 사인값이 $-1/2$인 각을 구하면 $-\pi/6$이므로,

$$\cot\left(\frac{5\pi}{6}-\frac{\pi}{6}\right)=\cot\left(\frac{2\pi}{3}\right)=-\frac{1}{\sqrt{3}}$$

이다. ■

## 예제 3

$\sec\left(\tan^{-1}\frac{2x}{3}\right)$를 구하라.

**풀이**

우선 탄젠트 값이 $2x/3$인 각을 구하기 위해 밑변이 3, 높이가 $2x$인 직각삼각형을 고려하면 빗변의 길이는 $\sqrt{3^2+(2x)^2}=\sqrt{9+4x^2}$가 될 것이고, 이 각의 sec값은 $\frac{\text{빗변}}{\text{밑변}}=\frac{\sqrt{4x^2+9}}{3}$이다. ■

## 연습문제 5.7

**[01-04]** 다음을 계산하라.

**01** $\tan^{-1}(-1/\sqrt{3})$

**02** $\sin^{-1}\left(\frac{-1}{\sqrt{2}}\right)$

**03** $\sec^{-1}\sqrt{2}$

**04** $\csc^{-1}(-2)$

**05** $\alpha = \sin^{-1}(5/13)$일 때 $\cos\alpha$, $\tan\alpha$, $\sec\alpha$, $\csc\alpha$, $\cot\alpha$를 구하라.

**06** $\alpha = \sec^{-1}\sqrt{5}$일 때 $\sin\alpha$, $\cos\alpha$, $\tan\alpha$, $\csc\alpha$, $\cot\alpha$를 구하라.

**[07-14]** 다음을 계산하라.

**07** $\tan[\sin^{-1}(-1/2)]$

**08** $\sec(\tan^{-1}1 + \csc^{-1}1)$

**09** $\sin\left(\sec^{-1}\frac{\sqrt{x^2+4}}{x}\right)$

**10** $\sin(\tan^{-1}\sqrt{x^2-2x})$, $x \ge 2$

**11** $\lim_{x\to 1^-}\sin^{-1}x$

**12** $\lim_{x\to -1^+}\cos^{-1}x$

**13** $\lim_{x\to\infty}\tan^{-1}x$

**14** $\lim_{x\to\infty}\csc^{-1}x$

**[15-18]** 다음의 표현 중 정의가 성립하는 것과 성립하지 않는 것을 구분하라.

**15** $\tan^{-1}2$

**16** $\cos^{-1}2$

**17** $\csc^{-1}\frac{1}{2}$

**18** $\csc^{-1}2$

## 5.8 역삼각 함수의 미적분

우선 $y = \sin^{-1}x$의 도함수를 구해 보자. 5.7절의 그림 5.8(b)에서 본 바와 같이 $x = \pm 1$에서는 접선이 $x$축에 수직이 되므로 $-1 < x < 1$에서만 고려하자. 우선 $\sin y = x$에서 양변을 $x$로 미분하면

$$\frac{d}{dx}(\sin y) = 1, \ \cos y\frac{dy}{dx} = 1, \ \frac{dy}{dx} = \frac{1}{\cos y}$$

이다. $\sin y$ 값이 $x$인 직각삼각형을 고려하면 빗변 1, 높이 $x$가 되므로 밑변은 $\sqrt{1-x^2}$이 되어 $\cos y = \sqrt{1-x^2}$이 된다(그림 5.16).

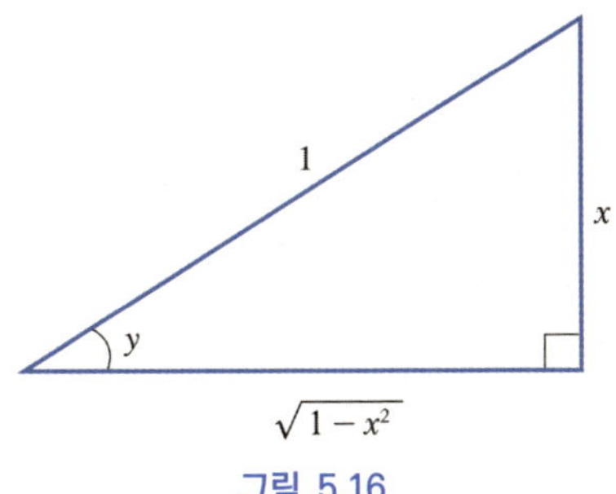


그림 5.16

결국

$$(\sin^{-1}x)' = \frac{1}{\sqrt{1-x^2}}, -1 < x < 1 \tag{5.15}$$

이다. 식 (5.15)에서 $\arcsin x$의 도함수가 0보다 크므로 $\arcsin x$가 증가함수라는 것을 알 수 있다.

일반적으로 $u$가 $|u| < 1$ 인 미분가능한 함수라면 연쇄율을 적용하여

$$\frac{d}{dx}\sin^{-1}u = \frac{1}{\sqrt{1-u^2}}\frac{du}{dx}, \quad -1 < u < 1 \tag{5.16}$$

이다.

**예제 1**

$$[\sin^{-1}(x^3)]' = \frac{1}{\sqrt{1-(x^3)^2}}(x^3)' = \frac{3x^2}{\sqrt{1-x^6}}$$ ■

유사한 방법으로 나머지 역삼각 함수의 도함수를 구할 수 있는데 이를 정리하면 표 5.4와 같다.

**표 5.4** 역삼각 함수의 도함수

| | |
|---|---|
| (1) $(\sin^{-1}x)' = \frac{1}{\sqrt{1-x^2}}, \ \lvert x\rvert < 1$ | (2) $(\cos^{-1}x)' = -\frac{1}{\sqrt{1-x^2}}, \ \lvert x\rvert < 1$ |
| (3) $(\tan^{-1}x)' = \frac{1}{1+x^2}$ | (4) $(\cot^{-1}x)' = -\frac{1}{1+x^2}$ |
| (5) $(\sec^{-1}x)' = \frac{1}{\lvert x\rvert\sqrt{x^2-1}}, \ \lvert x\rvert > 1$ | (6) $(\csc^{-1}x)' = \frac{-1}{\lvert x\rvert\sqrt{x^2-1}}, \ \lvert x\rvert > 1$ |

**예제 2**

(1) $$\frac{d}{dx}\tan^{-1}\sqrt{x+2} = \frac{1}{1+(\sqrt{x+2})^2}\cdot(\sqrt{x+2})'$$

$$= \frac{1}{x+3}\cdot\frac{1}{2\sqrt{x+2}} = \frac{1}{2(x+3)\sqrt{x+2}}$$

(2) $\dfrac{d}{dx}\csc^{-1}(-2x) = \dfrac{-1}{|-2x|\sqrt{(-2x)^2-1}}\cdot(-2x)'$

$$= \frac{2}{|-2x|\sqrt{(-2x)^2-1}} = \frac{1}{|x|\sqrt{4x^2-1}}$$

■

## 적분공식

표 5.4의 도함수 공식을 이용하여 표 5.5와 같은 유용한 적분공식들을 얻어낼 수 있다.

**표 5.5** 역삼각 함수를 이용한 적분공식($a \neq 0$)

| | | |
|---|---|---|
| (1) | $\displaystyle\int \frac{dx}{\sqrt{a^2-x^2}} = \sin^{-1}\left(\frac{x}{a}\right) + C,$ | $(x^2 < a^2)$ |
| (2) | $\displaystyle\int \frac{dx}{a^2+x^2} = \frac{1}{a}\tan^{-1}\left(\frac{x}{a}\right) + C,$ | (모든 $x$) |
| (3) | $\displaystyle\int \frac{dx}{x\sqrt{x^2-a^2}} = \frac{1}{a}\sec^{-1}\left|\frac{x}{a}\right| + C,$ | $(x^2 > a^2)$ |

**예제 3**

(1) $\displaystyle\int_{-1/2}^{1/2} \frac{dx}{\sqrt{1-x^2}} = [\sin^{-1}x]_{-1/2}^{1/2} = \frac{\pi}{6} - \left(-\frac{\pi}{6}\right) = \frac{\pi}{3}$

(2) $\displaystyle\int_0^1 \frac{dx}{1+x^2} = [\tan^{-1}x]_0^1 = \frac{\pi}{4} - 0 = \frac{\pi}{4}$

(3) $\displaystyle\int_{2/\sqrt{3}}^{\sqrt{2}} \frac{dx}{x\sqrt{x^2-1}} = [\sec^{-1}x]_{2/\sqrt{3}}^{\sqrt{2}} = \frac{\pi}{4} - \frac{\pi}{6} = \frac{\pi}{12}$

■

## 연습문제 5.8

**[01-08]** 다음의 도함수를 구하라.

**01** $y = \cos^{-1}(x^2)$

**02** $y = \sin^{-1}\sqrt{2}t$

**03** $y = \sec^{-1}\dfrac{1}{t},\ 0 < t < 1$

**04** $y = \cot^{-1}\sqrt{t}$

**05** $y = \csc^{-1}(e^t)$

**06** $y = s\sqrt{1-s^2} + \cos^{-1}s$

**07** $y = \cot^{-1}\dfrac{1}{x} - \tan^{-1}x$

**08** $y = \ln(x^2+4) - x\tan^{-1}\left(\dfrac{x}{2}\right)$

**[09-10]** 다음 적분을 확인하라(힌트: 우변 미분).

**09** $\int \frac{\tan^{-1}x}{x^2}\,dx = \ln x - \frac{1}{2}\ln(1+x^2) - \frac{\tan^{-1}x}{x} + C$

**10** $\int (\sin^{-1}x)^2\,dx = x(\sin^{-1}x)^2 - 2x + 2\sqrt{1-x^2}\,\sin^{-1}x + C$

**[11-22]** 다음을 적분하라.

**11** $\int \frac{dx}{\sqrt{9-x^2}}$

**12** $\int \frac{dx}{17+x^2}$

**13** $\int_1^0 \frac{4ds}{\sqrt{4-s^2}}$

**14** $\int_{-1}^{-\sqrt{2}/2} \frac{dy}{y\sqrt{4y^2-1}}$

**15** $\int \frac{dx}{(x+3)\sqrt{(x+3)^2-25}}$

**16** $\int_0^{\ln\sqrt{3}} \frac{e^x dx}{1+e^{2x}}$

**17** $\int \frac{dx}{\sqrt{-x^2+4x-3}}$

**18** $\int \frac{dy}{y^2-2y+5}$

**19** $\int \frac{dx}{(x+1)\sqrt{x^2+2x}}$

**20** $\int \frac{dx}{(x-2)\sqrt{x^2-4x+3}}$

**21** $\int \frac{e^{\cos^{-1}x}dx}{\sqrt{1-x^2}}$

**22** $\int \frac{dy}{(\tan^{-1}y)(1+y^2)}$

**[23-24]** 다음 극한값을 구하라.

**23** $\lim_{x\to 0}\frac{\sin^{-1}5x}{x}$

**24** $\lim_{x\to 0}\frac{2\tan^{-1}3x}{7x^2}$

**25** 다음의 (1)과 (2) 두 적분식이 모두 올바른지 설명하라.

(1) $\int \frac{dx}{\sqrt{1-x^2}} = \sin^{-1}x + C$

(2) $\int \frac{dx}{\sqrt{1-x^2}} = -\int \frac{-dx}{\sqrt{1-x^2}} = -\cos^{-1}x + C$

**26** 다음 함수들의 특별한 관계를 설명하라(힌트: 미분해 보자).

$$f(x) = \sin^{-1}\frac{x-1}{x+1} \text{과 } g(x) = 2\tan^{-1}\sqrt{x} \quad (x \geq 0)$$

**27** $\cos^{-1}u = \frac{\pi}{2} - \sin^{-1}u$ 의 관계를 이용하여 $\sin^{-1}u$의 도함수 공식으로부터 $\cos^{-1}u$ 의 도함수 공식을 유도하라.

**28** $y = \tan^{-1}x$의 도함수 공식 $\frac{dy}{dx} = \frac{1}{1+x^2}$ 를 $\tan y = x$의 양변을 미분하여 유도하라.

## 5.9 쌍곡선 함수

함수 $e^x$를 우함수와 기함수의 합으로 표현하면

$$e^x = \frac{e^x + e^{-x}}{2} + \frac{e^x - e^{-x}}{2}$$

와 같이 되는데, 첫 번째 우함수 항을 쌍곡선코사인(hyperbolic cosine), 두 번째 기함수 항을 쌍곡선사인(hyperbolic sine) 함수라고 정의한다. 즉

$$\cosh x = \frac{e^x + e^{-x}}{2}, \qquad \sinh x = \frac{e^x - e^{-x}}{2}$$

이고, 이들을 이용해서 나머지 쌍곡선 함수(hyperbolic function)도 삼각함수의 정의와 유사하게

$$\tanh x = \frac{\sinh x}{\cosh x} = \frac{e^x - e^{-x}}{e^x + e^{-x}}, \qquad \coth x = \frac{\cosh x}{\sinh x} = \frac{e^x + e^{-x}}{e^x - e^{-x}}$$

$$\operatorname{sech} x = \frac{1}{\cosh x} = \frac{2}{e^x + e^{-x}}, \qquad \operatorname{csch} x = \frac{1}{\sinh x} = \frac{2}{e^x - e^{-x}}$$

로 정의할 수 있다. 이 함수들은 표 5.6과 같은 관계가 있고 표 5.7과 같은 도함수를 갖는데, 삼각함수의 경우와 매우 유사하다. 또한 쌍곡선 함수의 적분공식이 표 5.8에 주어져 있다. 그림 5.17에서는 쌍곡선 함수들의 그래프를 볼 수 있다.

**표 5.6** 쌍곡선 함수들 간의 관계식

| | |
|---|---|
| $\sinh 2x = 2\sinh x \cosh x$ | $\cosh 2x = \cosh^2 x + \sinh^2 x$ |
| $\cosh^2 x = \dfrac{\cosh 2x + 1}{2}$ | $\sinh^2 x = \dfrac{\cosh 2x - 1}{2}$ |
| $\cosh^2 x - \sinh^2 x = 1$ | $\tanh^2 x = 1 - \operatorname{sech}^2 x$ |
| $\coth^2 x = 1 + \operatorname{csch}^2 x$ | |

**표 5.7** 쌍곡선 함수의 도함수

| | |
|---|---|
| $(\sinh x)' = \cosh x$ | $(\cosh x)' = \sinh x$ |
| $(\tanh x)' = \operatorname{sech}^2 x$ | $(\coth x)' = -\operatorname{csch}^2 x$ |
| $(\operatorname{sech} x)' = -\operatorname{sech} x \tanh x$ | $(\operatorname{csch} x)' = -\operatorname{csch} x \coth x$ |

**표 5.8** 쌍곡선 함수의 적분공식

| | |
|---|---|
| $\int \sinh x\, dx = \cosh x + C$ | $\int \cosh x\, dx = \sinh x + C$ |
| $\int \operatorname{sech}^2 x\, dx = \tanh x + C$ | $\int \operatorname{csch}^2 x\, dx = -\coth x + C$ |
| $\int \operatorname{sech} x \tanh x\, dx = -\operatorname{sech} x + C$ | $\int \operatorname{csch} x \coth x\, dx = -\operatorname{csch} x + C$ |

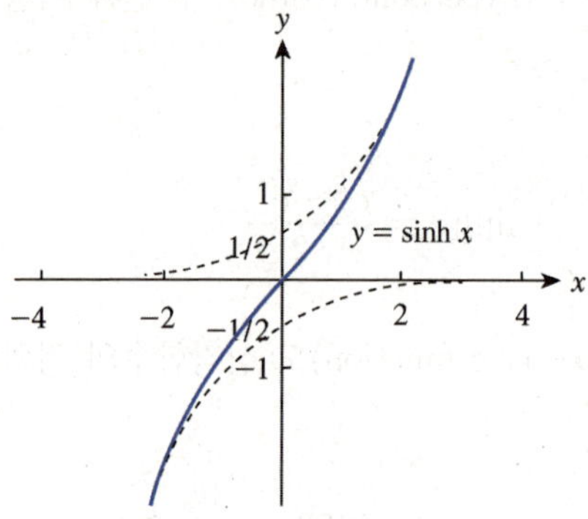


(a) $y = \sinh x$와 $y = e^x/2$, $y = -e^{-x}/2$(점선)

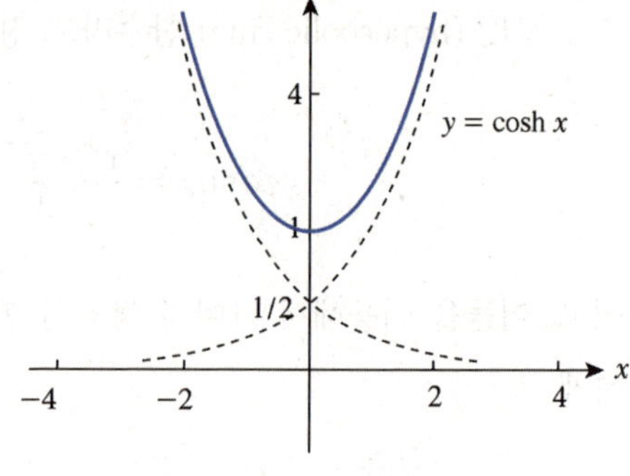


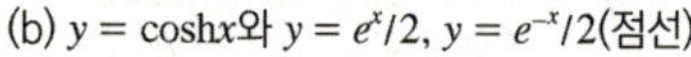
(b) $y = \cosh x$와 $y = e^x/2$, $y = e^{-x}/2$(점선)

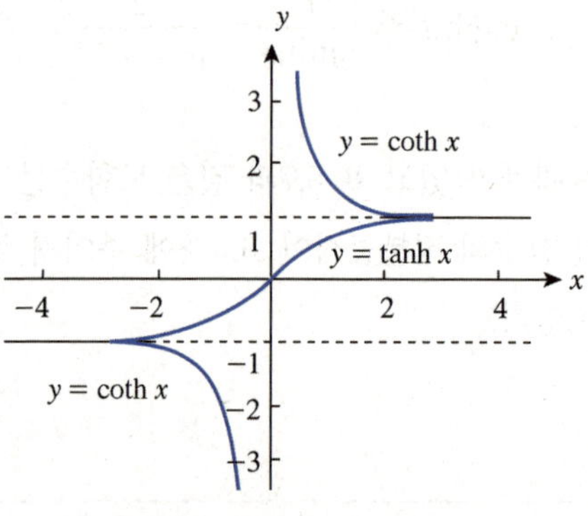


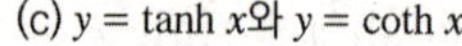
(c) $y = \tanh x$와 $y = \coth x$

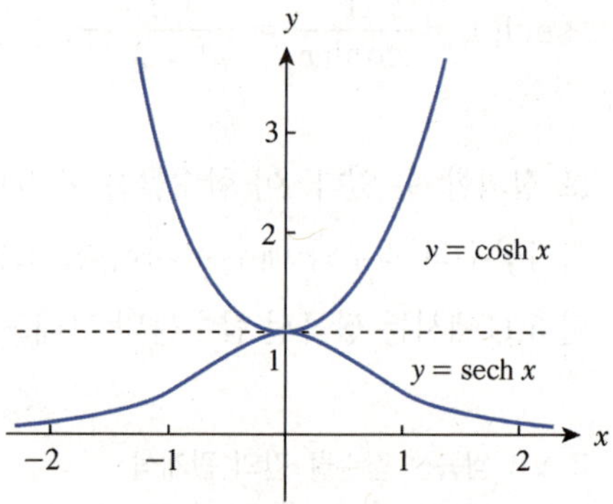


(d) $y = \cosh x$와 $y = \operatorname{sech} x$

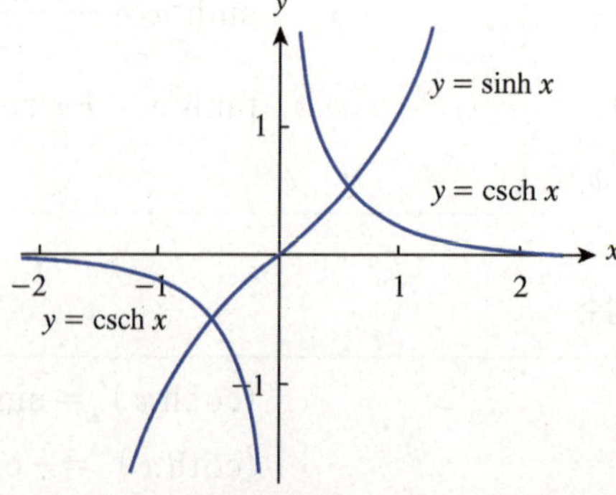


(e) $y = \sinh x$와 $y = \operatorname{csch} x$

**그림 5.17**

쌍곡선 함수에 관련된 몇 가지 적분의 예를 살펴보자.

**예제 1**

$$\int \coth 3x\,dx = \int \frac{\cosh 3x}{\sinh 3x}dx = \frac{1}{3}\int \frac{du}{u} \quad (u = \sinh 3x \text{로 치환})$$
$$= \frac{1}{3}\ln|\sinh 3x| + C$$
■

**예제 2**

$$\int_0^1 \cosh^2 x\,dx = \int_0^1 \frac{\cosh 2x + 1}{2}dx = \frac{1}{2}\left[\frac{\sinh 2x}{2} + x\right]_0^1 = \frac{\sinh 2}{4} + \frac{1}{2} \cong 1.4067$$
■

**예제 3**

$$\int_0^{\ln 3} 2e^x \sinh x\,dx = \int_0^{\ln 3} 2e^x \frac{e^x - e^{-x}}{2}dx = \int_0^{\ln 3}(e^{2x} - 1)\,dx$$
$$= \left[\frac{e^{2x}}{2} - x\right]_0^{\ln 3} = \frac{1}{2}e^{2\ln 3} - \ln 3 - \frac{1}{2} = \frac{9}{2} - \ln 3 - \frac{1}{2}$$
$$= 4 - \ln 3 \cong 2.9014$$
■

## 역쌍곡선 함수

적분할 때 쌍곡선 함수의 역함수가 필요할 때가 자주 있다. 우선 $\sinh x$는 단조 증가함수이므로 전체 구간에서 역함수가 존재할 것이다. 이제 $-\infty < x < \infty$에서 $\sinh y = x$가 되는 $y$를

$$y = \sinh^{-1} x$$

로 표기하고 그래프로 나타내면 그림 5.18(a)와 같다. 그러나 $\cosh x$는 전체 구간에서 1대 1 대응이 아니기 때문에 구간을 한정할 필요가 있다. $x \geq 0$인 구간만 고려하면 1대 1이 되어 역함수가 존재하는데 $x = \cosh y$일 때 $y$를

$$y = \cosh^{-1} x$$

로 표기한다. 이것의 그래프는 그림 5.18(b)와 같다. 나머지 역쌍곡선 함수들도 1대 1 대응하는 구간에서 유사하게 정의된다[그림 5.18(c)~(f)].

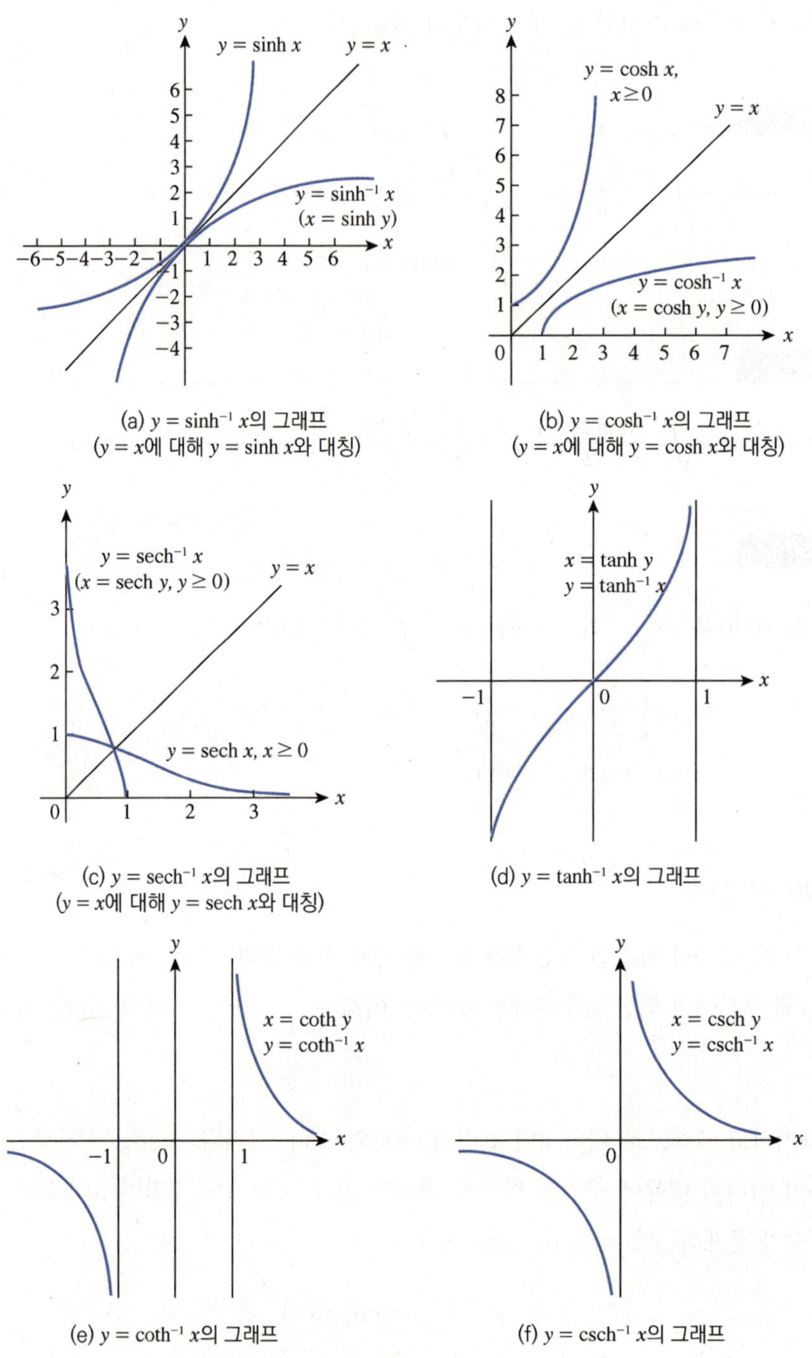


(a) $y = \sinh^{-1} x$의 그래프
($y = x$에 대해 $y = \sinh x$와 대칭)

(b) $y = \cosh^{-1} x$의 그래프
($y = x$에 대해 $y = \cosh x$와 대칭)

(c) $y = \text{sech}^{-1} x$의 그래프
($y = x$에 대해 $y = \text{sech}\, x$와 대칭)

(d) $y = \tanh^{-1} x$의 그래프

(e) $y = \coth^{-1} x$의 그래프

(f) $y = \text{csch}^{-1} x$의 그래프

**그림 5.18**

이들 간에는 표 5.9와 같은 유용한 관계가 성립한다. 이 관계들은 쉽게 유도할 수 있다. 예를 들어 첫 번째 관계의 경우 $y = \text{sech}^{-1} x$라고 하면 $x = \text{sech}\, y = \dfrac{1}{\cosh y}$가 되고

$\cosh y = \dfrac{1}{x}$가 되므로 결국 $y = \cosh^{-1}\dfrac{1}{x}$가 얻어진다.

**표 5.9** 역쌍곡선 함수들 간의 관계

$$\operatorname{sech}^{-1}x = \cosh^{-1}\frac{1}{x} \qquad \operatorname{csch}^{-1}x = \sinh^{-1}\frac{1}{x} \qquad \coth^{-1}x = \tanh^{-1}\frac{1}{x}$$

표 5.10에는 이들의 도함수가 정리되어 있다. 도함수를 유도하는 방법은 예제 4와 유사하다(연습문제 5.9의 21~24 참조).

**표 5.10** 역쌍곡선 함수의 도함수

$$(\sinh^{-1}x)' = \frac{1}{\sqrt{1+x^2}} \qquad (\cosh^{-1}x)' = \frac{1}{\sqrt{x^2-1}},\ x>1$$

$$(\tanh^{-1}x)' = \frac{1}{1-x^2},\ |x|<1 \qquad (\coth^{-1}x)' = \frac{1}{1-x^2},\ |x|>1$$

$$(\operatorname{sech}^{-1}x)' = \frac{-1}{x\sqrt{1-x^2}},\ 0<x<1 \qquad (\operatorname{csch}^{-1}x)' = \frac{-1}{|x|\sqrt{1+x^2}},\ x\neq 0$$

**예제 4**

$\dfrac{d}{dx}(\sinh^{-1}x) = \dfrac{1}{\sqrt{1+x^2}}$ 임을 보여라.

**풀이**

$y = \sinh^{-1}x$라 하면 $x = \sinh y$이다. 양변을 $x$에 대해 미분하면 $1 = \cosh y\,\dfrac{dy}{dx}$ 이 되므로 $\dfrac{dy}{dx} = \dfrac{1}{\cosh y}$가 된다. 그런데 표 5.6으로부터 $\cosh y = \sqrt{1+\sinh^2 y}$ 의 관계를 얻을 수 있으므로

$$\frac{dy}{dx} = \frac{1}{\cosh y} = \frac{1}{\sqrt{1+\sinh^2 y}} = \frac{1}{\sqrt{1+(\sinh(\sinh^{-1}x))^2}} = \frac{1}{\sqrt{1+x^2}}.$$

■

표 5.11에는 표 5.10의 도함수를 이용한 적분공식들이 정리되어 있다.

**표 5.11** 역쌍곡선 함수의 도함수를 이용한 적분공식

$$(1)\int \frac{1}{\sqrt{a^2+x^2}}dx = \sinh^{-1}\left(\frac{x}{a}\right) + C,\ a>0$$

$$(2)\int \frac{1}{\sqrt{x^2-a^2}}dx = \cosh^{-1}\left(\frac{x}{a}\right) + C,\ x>a>0$$

$$(3)\int \frac{1}{a^2-x^2}dx = \begin{cases} \frac{1}{a}\tanh^{-1}\left(\frac{x}{a}\right) + C, & x^2<a^2 \\ \frac{1}{a}\coth^{-1}\left(\frac{x}{a}\right) + C, & x^2>a^2 \end{cases}$$

$$(4)\int \frac{1}{x\sqrt{a^2-x^2}}dx = -\frac{1}{a}\mathrm{sech}^{-1}\left(\frac{x}{a}\right) + C,\ 0<x<a$$

$$(5)\int \frac{1}{x\sqrt{a^2+x^2}}dx = -\frac{1}{a}\mathrm{csch}^{-1}\left|\frac{x}{a}\right| + C$$

**예제 5**

$\int_0^1 \frac{1}{\sqrt{5+4x^2}}dx$를 구하라.

**풀이**

표 5.11의 (1)번 공식을 이용한다. 즉,

$$\int_0^1 \frac{1}{\sqrt{5+4x^2}}dx = \int_0^1 \frac{1/2}{\sqrt{(\sqrt{5}/2)^2+x^2}}dx = \frac{1}{2}\left[\sinh^{-1}\left(\frac{2x}{\sqrt{5}}\right)\right]_0^1 = \frac{1}{2}\sinh^{-1}\left(\frac{2}{\sqrt{5}}\right) \cong 0.4024$$

■

역쌍곡선 함수를 표 5.12와 같이 우리에게 보다 친숙한 로그함수로 표현할 수 있는데 계산기를 사용할 때 편리할 수 있다(연습문제 5.9의 21~24 참조).

**표 5.12** 역쌍곡선 함수와 로그함수와의 관계

$$\sinh^{-1}x = \ln(x+\sqrt{x^2+1}),\ -\infty<x<\infty$$

$$\cosh^{-1}x = \ln(x^2+\sqrt{x^2-1}),\ x\ge 1$$

$$\tanh^{-1}x = \frac{1}{2}\ln\frac{1+x}{1-x},\ |x|<1 \qquad \mathrm{sech}^{-1}x = \ln\frac{1+\sqrt{1-x^2}}{|x|},\ 0<x\le 1$$

$$\mathrm{csch}^{-1}x = \ln\left(\frac{1}{x}+\sqrt{\frac{1+x^2}{|x|}}\right),\ x\ne 0 \qquad \coth^{-1}x = \frac{1}{2}\ln\frac{x+1}{x-1,}\ |x|>1$$

## 연습문제 5.9

**01** $\sinh x = -3/4$일 때 나머지 쌍곡선 함수들의 값을 구하라.

**[02-04]** 다음을 단순한 형태로 표현하라.

**02** $2\cosh(\ln x)$

**03** $\sinh(2\ln x)$

**04** $\ln(\cosh x + \sinh x) + \ln(\cosh x - \sinh x)$

**[05-12]** 다음 함수의 도함수를 구하라.

**05** $y = 6\sinh\frac{x}{3}$

**06** $y = \ln(\sinh\theta)$

**07** $y = \operatorname{csch}\theta(1 - \ln\operatorname{csch}\theta)$

**08** $y = \ln(\cosh t)$

**09** $y = \sinh^{-1}\sqrt{x}$

**10** $y = (1-x)\tanh^{-1}x$

**11** $y = \cos^{-1}t - t\operatorname{sech}^{-1}\mathrm{t}$

**12** $y = \sinh^{-1}(\tan x)$

**[13-14]** 다음 적분공식을 확인하라(힌트: 우변 미분).

**13** (1) $\int \operatorname{sech} x\,dx = \tan^{-1}(\sinh x) + C$

(2) $\int \operatorname{sech} x\,dx = \sin^{-1}(\tanh x) + C$

**14** $\int \tanh^{-1}x\,dx = x\tanh^{-1}x + \frac{1}{2}\ln(1-x^2) + C$

**[15-20]** 다음의 적분을 구하라.

**15** $\int \sinh 2x\,dx$

**16** $\int 6\cosh\left(\frac{x}{2} - \ln 3\right)dx$

**17** $\int \tanh\frac{x}{7}\,dx$

**18** $\int_{\ln 2}^{\ln 4} \coth x\,dx$

**19** $\int_{-\pi/4}^{\pi/4} \cosh(\tan\theta)\sec^2\theta\,d\theta$

**20** $\int_{-\ln 2}^{0} \cosh^2\left(\frac{x}{2}\right)dx$

**21** $\sinh^{-1}x = \ln(x + \sqrt{x^2+1})$임을 보이고 이를 이용해서 $(\sinh^{-1}x)' = \frac{1}{\sqrt{x^2+1}}$임을 보여라.

**22** $x > 1$일 때, $\cosh^{-1}x = \ln(x + \sqrt{x^2-1})$임을 보이고 이를 이용해서 $(\cosh^{-1}x)' = \frac{1}{\sqrt{x^2-1}}$임을 보여라.

**23** $|x| < 1$일 때, $\tanh^{-1}x = \frac{1}{2}\ln\frac{1+x}{1-x}$임을 보이고 이를 이용해서 $(\tanh^{-1}x)' = \frac{1}{1-x^2}$임을 보여라.

**24** $|x| > 1$일 때, $\coth^{-1}x = \frac{1}{2}\ln\frac{x+1}{x-1}$임을 보이고 이를 이용해서 $(\coth^{-1}x)' = \frac{1}{1-x^2}$임을 보여라.

**[25-30]** 다음 정적분을 계산하라.

25 $\displaystyle\int_0^{\sqrt{2}} \frac{dx}{\sqrt{4+x^2}}$

26 $\displaystyle\int_{1/5}^{3/13} \frac{dx}{x\sqrt{1-16x^2}}$

27 $\displaystyle\int_2^3 \frac{1}{1-x^2}dx$

28 $\displaystyle\int_0^{1/3} \frac{1}{1-x^2}dx$

29 $\displaystyle\int_0^{\pi} \frac{\cos x\,dx}{\sqrt{1+\sin^2 x}}$

30 $\displaystyle\int_1^{e} \frac{dx}{x\sqrt{1+(\ln x)^2}}$

CHAPTER 06

# 적분기법

4장에서 적분의 이론적 배경과 기본 함수들의 적분 및 치환적분에 대하여 공부하였고, 5장에서는 초월함수의 미적분을 다루었다. 다음의 표 6.1은 기본적인 적분공식을 보여 준다.

표 6.1 기본 적분공식

| | |
|---|---|
| (1) $\int dx = x + C$ | (2) $\int x^n dx = \frac{x^{n+1}}{n+1} + C \quad (n \neq -1)$ |
| (3) $\int \frac{dx}{x} = \ln\lvert x\rvert + C$ | (4) $\int e^x dx = e^x + C$ |
| (5) $\int a^x dx = \frac{a^x}{\ln a} + C \ (a > 0,\ a \neq 1)$ | (6) $\int \cos x dx = \sin x + C$ |
| (7) $\int \sin x dx = -\cos x + C$ | (8) $\int \tan x dx = -\ln\lvert\cos x\rvert + C$ |
| (9) $\int \cot x\, dx = \ln\lvert\sin x\rvert + C$ | (10) $\int \sec x dx = \ln\lvert\sec x + \tan x\rvert + C$ |
| (11) $\int \csc x dx = -\ln\lvert\csc x + \cot x\rvert + C$ | (12) $\int \sec^2 x\, dx = \tan x + C$ |
| (13) $\int \csc x \cot x\, dx = -\csc x + C$ | (14) $\int \sec x \tan x dx = \sec x + C$ |
| (15) $\int \csc^2 x dx = -\cot x + C$ | (16) $\int \frac{dx}{\sqrt{a^2 - x^2}} = \sin^{-1}\left(\frac{x}{a}\right) + C$ |
| (17) $\int \frac{dx}{a^2 + x^2} = \frac{1}{a}\tan^{-1}\left(\frac{x}{a}\right) + C$ | (18) $\int \frac{dx}{x\sqrt{x^2 - a^2}} = \frac{1}{a}\sec^{-1}\left\lvert\frac{x}{a}\right\rvert + C$ |

표 6.1의 적분공식은 미분공식으로부터 쉽게 얻을 수 있고 우변을 미분하여 확인할 수 있다.

피적분 함수(integrand)의 형태가 복잡하여 표 6.1의 공식을 직접 적용하지 못하는 경우에는 여러 가지 방법을 이용하여 피적분 함수를 기본 적분의 형태로 변형하여 계산하거나 또는 적분표(integral table)를 이용하여야 한다.

## 6.1 기본 적분법

표 6.1의 기본 적분공식은 치환적분에 의하여 보다 광범위하게 사용될 수 있으므로 치환적분에 능숙해야 한다. 여기서는 치환적분 외에 복잡한 적분을 대수적으로 처리하여 기본적인 적분형태로 바꾸는 방법을 몇 가지 더 소개한다.

### 분모나 분모의 이중근호 안의 식을 완전제곱 꼴로 고쳐 표 6.1의 공식 (16)~(18) 이용하기

**예제 1**

$\int \frac{8dt}{t^2+2t+65}$ 를 계산하라.

**풀이**

분모를

$$t^2+2t+65=(t+1)^2+8^2$$

로 나타내고 $u=t+1$로 치환하면 $du=dt$이므로 구하는 적분은 표 6.1의 공식 (17)에 의하여

$$\int \frac{8du}{u^2+8^2}=\tan^{-1}\frac{u}{8}+C=\tan^{-1}\left(\frac{t+1}{8}\right)+C$$

이다. ■

### 삼각함수 공식을 사용하여 적분 가능한 식으로 변환하기

**예제 2**

$\int \sin x \cos x dx$ 를 계산하라.

**풀이**

삼각함수 공식

$$\sin 2x = 2\sin x \cos x$$

를 사용하면

$$\int \sin x \cos x dx = \frac{1}{2}\int \sin 2x dx = -\frac{1}{4}\cos 2x + C$$

이다. ■

예제 2는 $u = \sin x$ 또는 $u = \cos x$의 치환을 이용하여 풀 수도 있다. $u = \sin x$로 치환하면 $du = \sin x dx$이므로

$$\int \sin x \cos x dx = \int u\, du = \frac{1}{2}u^2 + C = \frac{1}{2}\sin^2 x + C$$

를 얻는다. 이는 언뜻 보면 예제 2와 다른 결과인 것처럼 보이지만 $\sin^2 x = \frac{1-\cos 2x}{2}$를 이용하고 적분상수를 바꾸면 동일한 결과임을 알 수 있다. 삼각함수 공식과 치환을 이용하는 또 다른 예제를 보자.

**예제 3**

$\int \sin^3 x \cos^4 x dx$를 계산하라.

**풀이**

삼각함수 공식 $\cos^2 x + \sin^2 x = 1$을 사용하여

$$\begin{aligned}\int \sin^3 x \cos^4 x dx &= \int (1-\cos^2 x)\cos^4 x \sin x dx \\ &= \int \cos^4 x \sin x dx - \int \cos^6 x \sin x dx = -\frac{1}{5}\cos^5 x + \frac{1}{7}\cos^7 x + C\end{aligned}$$ ■

### 삼각함수 공식 등을 사용하여 이중근호 소거하기

**예제 4**

$\int_0^{\pi/2} \sqrt{1+\cos 2x}\, dx$를 계산하라.

**풀이**

삼각함수 공식 $\cos 2x = 2\cos^2 x - 1$를 이용하면

$$\int_0^{\pi/2} \sqrt{1+\cos 2x}\, dx = \int_0^{\pi/2} \sqrt{2\cos^2 x}\, dx = \sqrt{2}\int_0^{\pi/2} |\cos x| dx$$

$$= \sqrt{2}\int_0^{\pi/2} \cos x\, dx \quad ;\ 0 \le x \le \frac{\pi}{2} \text{에서 } \cos x \ge 0$$

$$= \sqrt{2}\,[\sin x]_0^{\pi/2} = \sqrt{2}\,[1-0] = \sqrt{2}$$

이다. ■

### 이상분수식을 정상분수식으로 고치기

분자의 차수가 분모의 차수와 같거나 큰 이상분수식(improper fraction)을 몫과 나머지 형태를 갖는 분수식인 정상분수식(proper fraction)으로 바꾸어 적분한다.

**예제 5**

$\int \frac{3x^2-7x}{3x+2}dx$ 를 계산하라.

**풀이**

$\frac{3x^2-7x}{3x+2} = x-3+\frac{6}{3x+2}$ 이므로

$$\int \frac{3x^2-7x}{3x+2}\,dx = \int \left(x-3+\frac{6}{3x+2}\right)dx = \frac{x^2}{2} - 3x + 2\ln|3x+2| + C$$ ■

### 분수식을 항별로 분리하기

**예제 6**

$\int \frac{3x+2}{\sqrt{1-x^2}}dx$ 를 계산하라.

**풀이**

분수식으로 나타난 피적분 함수를 항별로 분리하면

$$\int \frac{3x+2}{\sqrt{1-x^2}}dx = 3\int \frac{x}{\sqrt{1-x^2}}dx + 2\int \frac{dx}{\sqrt{1-x^2}}$$

이다. 첫 번째 항의 적분은 $u = \sqrt{1-x^2}$ 로 치환하여

$$3\int \frac{x}{\sqrt{1-x^2}}dx = 3\int \frac{-udu}{u} = -3\int du = -3u + C_1 = -3\sqrt{1-x^2} + C_1$$

이고, 두 번째 항은 기본 적분공식에 의하여

$$2\int \frac{dx}{\sqrt{1-x^2}} = 2\sin^{-1}x + C_2$$

이다. 위 두 결과를 합하면

$$\int \frac{3x+2}{\sqrt{1-x^2}}dx = -3\sqrt{1-x^2} + 2\sin^{-1}x + C$$

이다(단, $C = C_1 + C_2$). ■

### 피적분 함수를 전개하고 삼각함수 공식 사용하기

**예제 7**

$\int (\sec x + \tan x)^2 dx$를 계산하라.

**풀이**

$$(\sec x + \tan x)^2 = \sec^2 x + 2\sec x \tan x + \tan^2 x$$

이고, 삼각함수의 기본공식

$$1 + \tan^2 x = \sec^2 x$$

을 이용하여

$$\begin{aligned}\int (\sec x + \tan x)^2 dx &= \int (\sec^2 x + 2\sec x \tan x + \sec^2 x - 1)dx \\ &= 2\int \sec^2 x dx + 2\int \sec x \tan x dx - \int 1 dx \\ &= 2\tan x + 2\sec x - x + C\end{aligned}$$

■

## 연습문제 6.1

**[01-20]** 표 6.1의 기본 적분공식을 이용하여 다음 적분을 구하라.

**01** $\int 3^{2x+1}dx$

**02** $\int \frac{\cos\sqrt{x}}{\sqrt{x}}dx$

**03** $\int \frac{dx}{\sqrt{x}(\sqrt{x}+1)}$

**04** $\int \sqrt{\sin t}\cos t\,dt$

**05** $\int \frac{2^{\sqrt{u}}}{2\sqrt{u}}du$

**06** $\int \frac{2x-9}{\sqrt{x^2-9x+1}}dx$

**07** $\int \frac{e^x - e^{-x}}{e^x + e^{-x}}dx$

**08** $\int \frac{\cos\theta}{1-\sin\theta}d\theta$

**09** $\int \frac{7}{25-12x+4x^2}dx$

**10** $\int_0^{1/6} \frac{dx}{\sqrt{1-9x^2}}$

**11** $\int \frac{6dx}{x\sqrt{25x^2-1}}$

**12** $\int \frac{1-x}{\sqrt{1-x^2}}dx$

**13** $\int \cos^2\theta d\theta$

**14** $\int \sin x \cos 2x dx$

**15** $\int_0^{2\pi} \sqrt{\frac{1-\cos x}{2}}dx$

**16** $\int_{-\pi/4}^{\pi/4} \sqrt{1+\tan^2 y}\,dy$

**17** $\int \frac{4t^3+t^2+16t}{t^2+4}dt$

**18** $\int \frac{dx}{1+\cos x}$

19 $\int \frac{d\theta}{\sec\theta + \tan\theta}$

20 $\int (\csc x - \sec x)(\sin x + \cos x)dx$

21 (1) $\int \cos^3\theta\, d\theta$를 구하라(힌트: $\cos^2\theta = 1 - \sin^2\theta$ 사용).

(2) $\int \cos^5\theta\, d\theta$를 구하라.

## 6.2 부분적분

두 함수의 곱으로 나타나는 적분은 일반적인 적분방법으로 해결할 수 없다. 이 절에서는 $\int u(x)v(x)dx$와 같이 피적분 함수가 두 함수의 곱으로 나타난 형태의 적분법을 다룬다.

부분적분(integration by parts)의 형태는 곱의 미분공식

$$\frac{d}{dx}(uv) = \frac{du}{dx}v + u\frac{dv}{dx} = u'v + uv'$$

에서 유도할 수 있다. 양변을 $x$로 적분하면

$$uv = \int u'v\,dx + \int uv'dx$$

또는

$$\int uv'dx = uv - \int u'v\,dx$$

가 된다. 위의 식에서 $dv = v'dx$이고 $du = u'dx$임을 이용하면 다음의 공식을 얻는다.

[부정적분의 부분적분]

$$\int udv = uv - \int vdu$$

위의 부분적분법을 사용할 때 $u$, $v$를 알맞게 선택함으로써 우변의 둘째 항에 나타나는 적분이 두 함수의 곱이 아닌 하나의 함수로 나타내지도록 한다. 이에 해당하는 정적분의 부분적분 공식은 다음과 같다.

[정적분의 부분적분]

$$\int_{v_1}^{v_2} u dv = (u_2 v_2 - u_1 v_1) - \int_{u_1}^{u_2} v du$$

그림 6.1은 정적분의 부분적분을 그래프의 면적으로 설명한다.

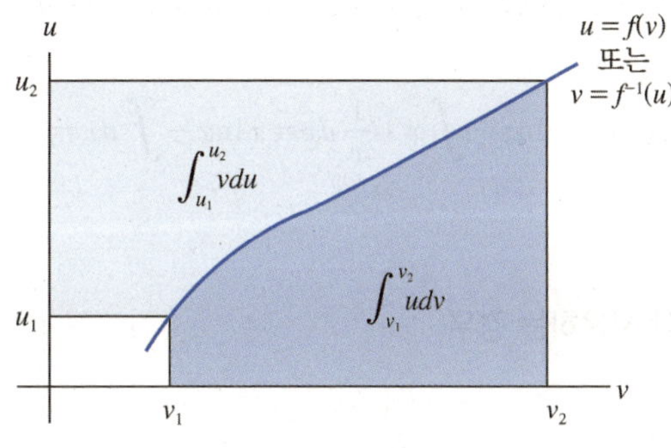


그림 6.1 정적분의 부분적분

**예제 1**

$\int xe^x dx$를 구하라.

**풀이**

부분적분 공식에서 $u = x$, $dv = e^x dx$ 로 선택하면 $du = dx$, $v = e^x$가 되어

$$\int xe^x dx = xe^x - \int e^x dx = xe^x - e^x + C$$

이다. ■

여기에서 주의해야 할 점은 미분하여 상수가 되는 함수인 $x$를 $u$로 선택한다는 것이다. 그렇지 않은 경우는 더욱 복잡한 적분이 된다.

부분적분 공식이 두 함수의 곱으로 나타나는 모든 경우의 적분을 해결하지는 못하며, 위의 예에서 보듯이 부분적분을 사용할 때는 새로 나타나는 적분이 원래의 적분보다 단순한 형태가 되도록 $u$와 $v$를 적절히 선택하여야 한다.

### 피적분 함수가 하나의 함수인 경우에도 유용하게 사용되는 부분적분

**예제 2**

$\int \ln x\, dx$를 계산하라.

**풀이**

$\int \ln x\, dx = \int \ln x \cdot 1\, dx$로 생각할 수 있고 $u = \ln x$, $dv = dx$이면 $du = \frac{1}{x}dx$, $v = x$이므로

$$\int \ln x\, dx = x\ln x - \int x \cdot \frac{1}{x}\, dx = x\ln x - \int dx = x\ln x - x + C$$

이다. ■

### 부분적분을 두 번 이상 사용하는 경우

**예제 3**

$\int x^2 e^x\, dx$를 구하라.

**풀이**

$u = x^2$, $dv = e^x\, dx$로 선택하면 $du = 2x\, dx$, $v = e^x$로

$$\int x^2 e^x\, dx = x^2 e^x - 2\int x e^x\, dx$$

이고, 우변의 적분을 구하기 위해서 부분적분을 한 번 더 수행하여야 한다. 여기서는 예제 1의 결과

$$\int x e^x\, dx = x e^x - e^x + C$$

를 이용하면, 구하는 적분은

$$\int x^2 e^x\, dx = x^2 e^x - 2x e^x + 2e^x + C$$

이다. ■

### 두 번의 부분적분 결과가 원래의 적분으로 표시되는 경우

**예제 4**

$\int e^x \cos x\, dx$를 계산하라.

**풀이**

부분적분에서 $u = e^x$, $dv = \cos x\, dx$로 선택하면, $du = e^x\, dx$, $v = \sin x$이다.

구하려는 적분을 $I$ 로 표시하면

$$I=\int e^x \cos x dx = e^x \sin x - \int e^x \sin x dx$$

이다. 여기서 우변의 적분은 다시 부분적분을 적용하여 $u=e^x$, $dv=\sin x\, dx$로 선택하면, $du=e^x\, dx$, $v=-\cos x$이므로

$$I=e^x \sin x - \left[-e^x \cos x - \int (-\cos x)(e^x\, dx)\right] = e^x \sin x + e^x \cos x - I$$

이다. 위 식을 $I$ 에 대하여 풀면

$$I=\frac{1}{2}(e^x \sin x + e^x \cos x) + C$$

를 얻는다. ■

여기서는 첫 번째 부분적분에서 선택한 $u$와 $v$를 두 번째 부분적분에서도 계속 유지하여야 의미 있는 결과를 얻을 수 있다.

### 역함수의 적분 부분적분으로 구하기

**예제 5**

$\int \sin^{-1} x\, dx$를 계산하라.

**풀이**

$$\begin{aligned}\int \sin^{-1} x\, dx &= \int 1 \cdot \sin^{-1} x dx = x \sin^{-1} x - \int x (\sin^{-1} x)' dx \\ &= x \sin^{-1} x - \int \frac{x}{\sqrt{1-x^2}} dx \ ; \ \sqrt{1-x^2}=t \text{로 치환} \\ &= x \sin^{-1} x + \sqrt{1-x^2} + C\end{aligned}$$

■

## 연습문제 6.2

[01-15] 다음 적분을 구하라.

01 $\int x \cos x dx$

02 $\int e^x \sin x dx$

03 $\int_1^2 x \ln x dx$

04 $\int x \sec^2 x dx$

05 $\int \frac{z}{e^z} dz$

06 $\int (x^2-5x) e^x dx$

07 $\int_0^{\pi/3} x \tan^2 x dx$

08 $\int \sin(\ln x) dx$

09 $\int (\ln x)^2 dx$

10 $\int \frac{\ln x}{x^2} dx$

11 $\int \frac{y}{\sqrt{5-y}} dy$

12 $\int \cos^{-1} x dx$

**13** $\int \sinh^{-1} x dx$ **14** $\int \tan^{-1} 3x dx$

**15** $\int e^{\sqrt{2t+3}} dt$ ( $\sqrt{2t+3}$ 을 치환한 후 부분적분할 것)

**16** (1) $\int \cos^2 x dx$ 를 $u = \cos x$, $dv = \cos x dx$ 로 놓고 $\sin^2 x = 1 - \cos^2 x$ 를 이용한 부분적분으로 구하라.

(2) $\int \cos^2 x dx$ 를 $\cos^2 x = (1 + \cos 2x)/2$ 를 이용하여 구하고 (1)의 결과와 비교하라.

**17** 문제 2의 결과를 이용하여 $\int xe^x \sin x dx$ 를 부분적분으로 구하라.

## 6.3 부분분수를 사용하는 적분

복잡한 분수식을 간단한 분수식의 합으로 나타낼 수 있다. 예를 들면,

$$\frac{2}{x^2 - 1} = \frac{1}{x - 1} - \frac{1}{x + 1} \tag{6.1}$$

과 같다. 피적분 함수가 복잡한 분수식인 경우 이를 보다 간단한 부분분수(partial fraction)의 합으로 나타내어 쉽게 적분할 수 있다. 먼저 분수식을 부분분수의 합으로 나타내는 방법에 대해 알아보자.

### 분모의 인수가 모두 1차식인 경우

**예제 1**

식 (6.1)이 성립함을 보여라.

**풀이**

원래의 분수식을

$$\frac{2}{x^2 - 1} = \frac{2}{(x-1)(x+1)} = \frac{A}{x-1} + \frac{B}{x+1}$$

와 같이 분모의 인수를 분모로 갖는 부분분수의 합으로 표시한다. 여기서 **미정계수**(undetermined coefficient) $A$ 와 $B$ 를 구하면 되는데 미정계수를 구하는 방법은 고등학교 과정에서 배운 '수치대입법'이나 '계수비교법'을 사용한다. 식의 양변에 분모의 최소 공배식 $(x-1)(x+1)$ 을 곱하면

$$2 = A(x+1) + B(x-1) \tag{6.2}$$

이 된다. 수치대입법의 경우 여기에 $x = -1$, $x = 1$ 과 같은 수치를 대입하면

$$2 = -2B, \ 2 = 2A$$

이므로 $A=1$, $B=-1$이므로 식 (6.1)이 성립한다. 계수비교법의 경우는 식 (6.2)를

$$2=(A+B)x+(A-B)$$

와 같이 $x$의 1차항과 상수항으로 구분하여 $A+B=0$, $A-B=2$로부터 $A=1$, $B=-1$을 구할 수 있다. ■

## 분모의 인수에 2차식이 포함된 경우

**예제 2**

$\dfrac{2}{(x-1)(x^2+1)}$를 부분분수의 합으로 나타내어라.

**풀이**

분모가 2차식 $x^2+1$을 인수로 가지면

$$\frac{2}{(x-1)(x^2+1)}=\frac{A}{x-1}+\frac{Bx+C}{x^2+1}$$

의 형태로 분리한다. 우변 둘째 항의 분자가 상수가 아니라 1차식이라는 점에 유의하여야 한다. 양변에 $(x-1)(x^2+1)$을 곱하면

$$2=A(x^2+1)+(Bx+C)(x-1)=(A+B)x^2+(-B+C)x+(A-C) \tag{6.3}$$

이고, 계수비교법을 이용하는 경우는 $A+B=0$, $-B+C=0$, $A-C=2$가 되어야 하므로 $A=1$, $B=C=-1$이고, 따라서

$$\frac{2}{(x-1)(x^2+1)}=\frac{1}{x-1}-\frac{x+1}{x^2+1}$$

이 된다. ■

**참고**

예제 2에서 수치대입법을 사용하는 경우 식 (6.3)의 양변에 $x=1$과 $x=i$ ($i^2=-1$)를 대입하여 미정계수를 구할 수도 있다. $a$, $b$, $c$, $d$가 실수일 때, $a+bi=c+di$이면 $a=c$, $b=d$임을 기억하자. ■

## 분모의 인수에 거듭제곱식이 포함된 경우

**예제 3**

$\dfrac{6x+7}{(x+2)^2}$을 부분분수의 합으로 나타내어라.

풀이

분모가 거듭제곱식 $(x+2)^2$을 인수로 가지면

$$\frac{6x+7}{(x+2)^2}=\frac{A}{x+2}+\frac{B}{(x+2)^2}$$

의 형태로 분리한다. 양변에 $(x+2)^2$을 곱하면

$$6x+7=A(x+2)+B$$

이다. 미정계수를 구하기 위해 계수비교법을 이용하는 경우 $A=6$, $2A+B=7$이므로 $A=6$, $B=-5$이고, 따라서,

$$\frac{6x+7}{(x+2)^2}=\frac{6}{(x+2)}-\frac{5}{(x+2)^2}$$

이 된다. ■

### 분모의 차수보다 분자의 차수가 높은 경우

**예제 4**

$\dfrac{2x^3-4x^2-x-3}{x^2-2x-3}$을 부분분수의 합으로 나타내어라.

풀이

분모의 차수보다 분자의 차수가 높으므로 분자를 분모로 나누어 몫과 나머지를 구하면

$$\frac{2x^3-4x^2-x-3}{x^2-2x-3}=2x+\frac{5x-3}{x^2-2x-3}$$

이다. 우변의 두 번째 항을 다시

$$\frac{5x-3}{x^2-2x-3}=\frac{A}{x+1}+\frac{B}{x-3}$$

로 놓고 양변에 $(x+1)(x-3)$을 곱하여

$$5x-3=A(x-3)+B(x+1)$$

이다. 여기에 $x=3$, $x=-1$을 대입하여 $A=2$, $B=3$을 얻는다. 따라서 원래의 분수식은

$$\frac{2x^3-4x^2-x-3}{x^2-2x-3}=2x+\frac{2}{x+1}+\frac{3}{x-3}$$

로 변환된다. ■

부분분수의 미정계수를 구하기 위해 식의 양변을 미분할 수도 있다.

**예제 5**

$\dfrac{-2x+4}{(x^2+1)(x-1)^2}$ 를 부분분수의 합으로 나타내어라.

**풀이**

주어진 식을

$$\frac{-2x+4}{(x^2+1)(x-1)^2}=\frac{Ax+B}{x^2+1}+\frac{C}{x-1}+\frac{D}{(x-1)^2}$$

와 같이 분리하고 양변에 $(x^2+1)(x-1)^2$ 을 곱하면

$$-2x+4=(Ax+B)(x-1)^2+C(x^2+1)(x-1)+D(x^2+1) \tag{6.4}$$

이다. 식 (6.4)의 양변에 $x=1$을 대입하면 $2=2D$에서 $D=1$이고, $x=i$를 대입하면

$$-2i+4=(Ai+B)(i-1)^2=2A-2Bi$$

에서 $A=2$, $B=1$ 이다. $C$의 값을 구하기 위해 식 (6.4)의 양변을 미분하면

$$-2=A(x-1)^2+(Ax+B)\cdot 2(x-1)+C[2x(x-1)+(x^2+1)\cdot 1]+D\cdot 2x$$

가 되는데 여기에 $x=1$ 을 대입하면 $-2=2C+2D$이 되고 앞에서 $D=1$이므로 $C=-2$이다. 즉,

$$\frac{-2x+4}{(x^2+1)(x-1)^2}=\frac{2x+1}{x^2+1}-\frac{2}{x-1}+\frac{1}{(x-1)^2}$$

이 된다. ■

앞에서 피적분 함수가 분수식인 경우 이를 부분분수로 바꾸어 쉽게 적분할 수 있다고 하였다. 그 예를 보자.

**예제 6**

$\displaystyle\int \frac{2}{x^2-1}dx$를 구하라.

**풀이**

예제 1에서

$$\frac{2}{x^2-1}=\frac{1}{x-1}-\frac{1}{x+1}$$

이므로, 이를 이용하면

$$\int \frac{2}{x^2-1}dx=\int\left(\frac{1}{x-1}-\frac{1}{x+1}\right)dx=\ln|x-1|-\ln|x+1|+C$$

이다. ■

**예제 7**

$\int \frac{-2x+4}{(x^2+1)(x-1)^2}dx$를 계산하라.

**풀이**

예제 5의 부분분수 결과를 이용하면

$$\begin{aligned}\int \frac{-2x+4}{(x^2+1)(x-1)^2}dx &= \int \left[\frac{2x+1}{x^2+1} - \frac{2}{x-1} + \frac{1}{(x-1)^2}\right]dx \\ &= \int \left[\frac{2x}{x^2+1} + \frac{1}{x^2+1} - \frac{2}{x-1} + \frac{1}{(x-1)^2}\right]dx \\ &= \ln(x^2+1) + \tan^{-1}x - 2\ln|x-1| - \frac{1}{x-1} + C\end{aligned}$$

이다. ■

적분의 과정에서 부분분수를 사용하는 경우도 있다. 다음의 예를 보자.

**예제 8**

$\int \sec x dx$를 계산하라.

**풀이**

$$\begin{aligned}\int \sec x dx &= \int \frac{dx}{\cos x} = \int \frac{\cos x}{\cos^2 x}dx = \int \frac{\cos x}{1-\sin^2 x}dx \quad ; \ \sin x = t \text{로 치환} \\ &= \int \frac{dt}{1-t^2} = \frac{1}{2}\int \left(\frac{1}{1-t} + \frac{1}{1+t}\right)dt = -\frac{1}{2}\ln|1-t| + \frac{1}{2}\ln|1+t| + C \\ &= \frac{1}{2}\ln\left|\frac{1+t}{1-t}\right| + C = \frac{1}{2}\ln\left|\frac{1+\sin x}{1-\sin x}\right| + C\end{aligned}$$

이다. 한편

$$\frac{1+\sin x}{1-\sin x} = \frac{(1+\sin x)^2}{(1-\sin x)(1+\sin x)} = \frac{(1+\sin x)^2}{1-\sin^2 x} = \frac{(1+\sin x)^2}{\cos^2 x} = \left(\frac{1+\sin x}{\cos x}\right)^2$$

이므로

$$\int \sec x dx = \ln\left|\frac{1+\sin x}{\cos x}\right| + C = \ln|\sec x + \tan x| + C$$

로 쓸 수 있다. 이 결과는

$$\begin{aligned}\int \sec x\, dx &= \int \frac{\sec x(\sec x + \tan x)}{\sec x + \tan x}dx \\ &= \int \frac{\sec x \tan x + \sec^2 x}{\sec x + \tan x}dx = \ln|\sec x + \tan x| + C\end{aligned}$$

와 같은 방법으로 얻을 수도 있다. ■

예제 8의 결과는 표 6.1의 공식 (10)을 나타내며, 유사한 방법으로 공식 (11)도 유도할 수 있다(연습문제 6.3의 18).

## 연습문제 6.3

[01-17] 다음 적분을 계산하라.

01 $\int \frac{dx}{1-x^2}$

02 $\int \frac{5x-3}{x^2-2x-3}dx$

03 $\int \frac{dx}{x(x^2+1)}$

04 $\int_4^8 \frac{y}{y^2-2y-3}dy$

05 $\int \frac{dt}{t^3+t^2-2t}$

06 $\int \frac{x^3}{x^2+2x+1}dx$

07 $\int \frac{dx}{(x^2-1)^2}$

08 $\int t\ln(t+5)dt$

09 $\int \frac{4x^2}{4x^2+9}dx$

10 $\int_0^1 \frac{dx}{(x+1)(x^2+1)}$

11 $\int \frac{t^4+2t}{t^2+4}dt$

12 $\int \frac{y^2+2y+1}{(y^2+1)^2}dy$

13 $\int \frac{2s+2}{(s^2+1)(s-1)^3}ds$

14 $\int \frac{2x^3+5x^2+8x+4}{(x^2+2x+2)^2}dx$

15 $\int \frac{e^t}{e^{2t}+3e^t+2}dt$

16 $\int \frac{\cos y}{\sin^2 y+\sin y-6}dy$

17 $\int \frac{1-\sqrt{x}}{1+\sqrt{x}}dx$

18 예제 8과 유사한 방법으로 $\int \csc x dx = -\ln|\csc x+\cot x|+C$ [표 6.1의 공식 (11)]가 됨을 보여라.

## 6.4 삼각함수 치환을 이용한 적분

피적분함수에 $a^2+x^2$, $a^2-x^2$, $x^2-a^2$ 또는 이들의 근호가 포함되어 있는 적분은 다음과 같이 삼각함수로 치환하여 구할 수 있다.

**(1) $a^2+x^2$형: 삼각함수 공식 $1+\tan^2\theta=\sec^2\theta$ 사용**

그림 6.2와 같은 삼각형에 착안하여 치환 $x=a\tan\theta$를 이용하면 $dx=a\sec^2\theta d\theta$이고,

$$a^2+x^2=a^2+a^2\tan^2\theta=a^2(1+\tan^2\theta)=a^2\sec^2\theta$$

로 변환된다.

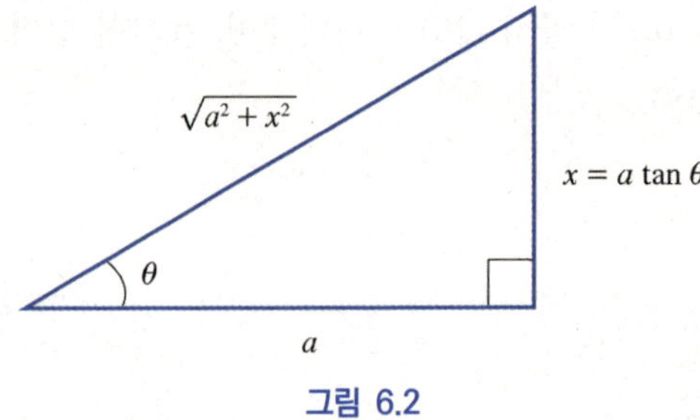

그림 6.2

**(2) $a^2 - x^2$형: 삼각함수 공식 $1 - \sin^2\theta = \cos^2\theta$ 사용**

치환 $x = a\sin\theta$를 이용하면 $dx = a\cos\theta d\theta$이고,

$$a^2 - x^2 = a^2 - a^2\sin^2\theta = a^2(1 - \sin^2\theta) = a^2\cos^2\theta$$

로 변환된다(그림 6.3).

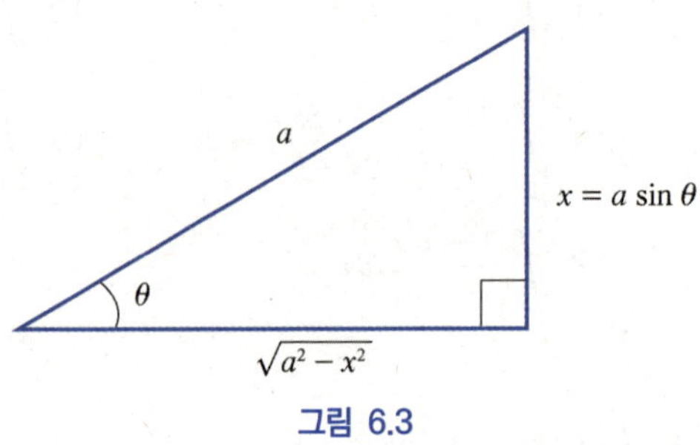

그림 6.3

**(3) $x^2 - a^2$형: 삼각함수 공식 $\sec^2\theta - 1 = \tan^2\theta$ 사용**

치환 $x = a\sec\theta$를 이용하면 $dx = a\sec\theta\tan\theta\, d\theta$이고,

$$x^2 - a^2 = a^2\sec^2\theta - a^2 = a^2(\sec^2\theta - 1) = a^2\tan^2\theta$$

로 변환된다(그림 6.4).

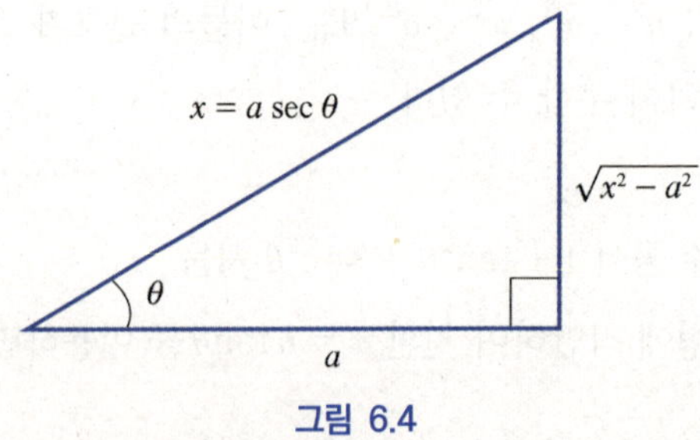

그림 6.4

**예제 1**

$\int \frac{dx}{\sqrt{4+x^2}}$ 를 구하라.

**풀이**

앞의 삼각함수 치환 (1)형에 해당한다. 그림 6.5와 같이 $x = 2\tan\theta$로 치환하면 $dx = 2\sec^2\theta\, d\theta$이고, $x$가 모든 실수를 나타내므로 $\theta$의 범위는 $-\pi/2 < \theta < \pi/2$로 한정한다.

$$4 + x^2 = 4 + 4\tan^2\theta = 4(1 + \tan^2\theta) = 4\sec^2\theta$$

이므로

$$\begin{aligned}\int \frac{dx}{\sqrt{4+x^2}} &= \int \frac{2\sec^2\theta d\theta}{\sqrt{4\sec^2\theta}} = \int \frac{\sec^2\theta d\theta}{|\sec\theta|} \quad ; -\frac{\pi}{2} < \theta < \frac{\pi}{2} \text{에서 } \sec\theta > 0 \\ &= \int \sec\theta\, d\theta = \ln|\sec\theta + \tan\theta| + C\end{aligned}$$

가 된다. 이를 다시 $x$로 나타내면

$$\int \frac{dx}{\sqrt{4+x^2}} = \ln\left|\frac{\sqrt{4+x^2}}{2} + \frac{x}{2}\right| + C = \ln\left|\sqrt{4+x^2} + x\right| + C'$$

이다(여기서 $C' = C - \ln 2$). ■

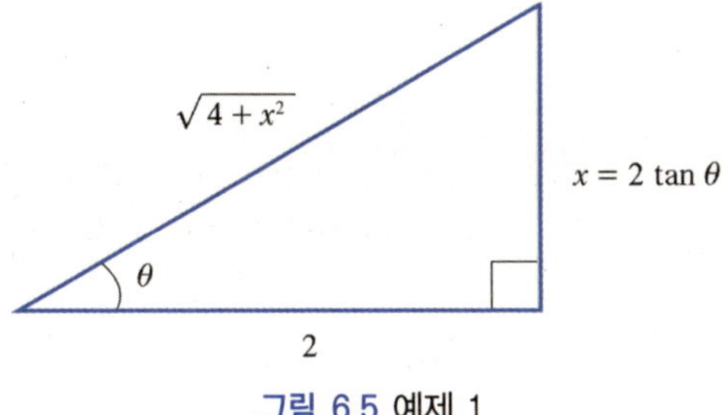


그림 6.5 예제 1

**예제 2**

$\int \frac{x^2}{\sqrt{9-x^2}}dx,\ -3 < x < 3$ 를 구하라.

**풀이**

(2)형이므로 $x = 3\sin\theta\,(-\pi/2 < \theta < \pi/2)$로 치환하면(그림 6.6) $dx = 3\cos\theta d\theta$이고

$$9 - x^2 = 9(1 - \sin^2\theta) = 9\cos^2\theta$$

이다. 따라서

$$\int \frac{x^2 dx}{\sqrt{9-x^2}} = \int \frac{9\sin^2\theta \cdot 3\cos\theta d\theta}{|3\cos\theta|} \qquad \left(-\frac{\pi}{2} < \theta < \frac{\pi}{2} \text{에서 } \cos\theta > 0\right)$$

$$= 9\int \sin^2\theta \, d\theta = 9\int \frac{1-\cos 2\theta}{2} \, d\theta = \frac{9}{2}\left(\theta - \frac{\sin 2\theta}{2}\right) + C$$

$$= \frac{9}{2}(\theta - \sin\theta\cos\theta) + C \qquad (\sin 2\theta = 2\sin\theta\cos\theta)$$

$$= \frac{9}{2}\left(\sin^{-1}\frac{x}{3} - \frac{x}{3}\frac{\sqrt{9-x^2}}{3}\right) + C$$

$$= \frac{9}{2}\sin^{-1}\frac{x}{3} - \frac{1}{2}x\sqrt{9-x^2} + C$$ ■

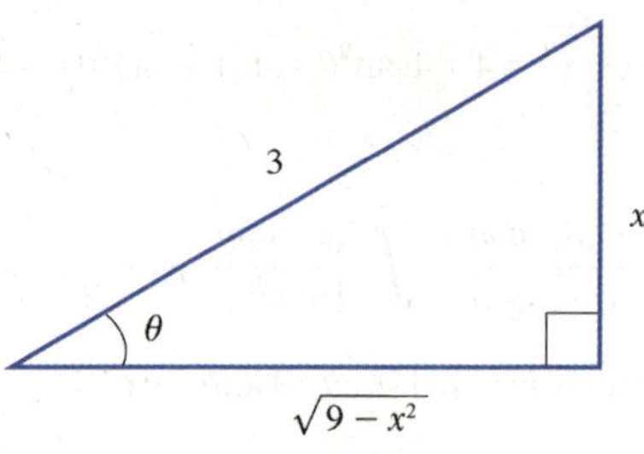


그림 6.6 예제 2

## 예제 3

$\int \frac{dx}{\sqrt{25x^2-4}}$, $x > \frac{2}{5}$ 를 계산하라.

**풀이**

(3)형이므로 $x = \frac{2}{5}\sec\theta \, (0 < \theta < \pi/2)$ 로 치환하면(그림 6.7) $dx = \frac{2}{5}\sec\theta\tan\theta \, d\theta$ 이고

$$\sqrt{25x^2-4} = 2\sqrt{\sec^2\theta - 1} = 2\sqrt{\tan^2\theta} = 2\tan\theta \;\; (0 < \theta < \pi/2\text{에서 } \tan\theta > 0)$$

이다. 따라서

$$\int \frac{dx}{\sqrt{25x^2-4}} = \int \frac{\frac{2}{5}\sec\theta\tan\theta d\theta}{2\tan\theta} = \frac{1}{5}\int \sec\theta d\theta$$

$$= \frac{1}{5}\ln|\sec\theta + \tan\theta| + C = \frac{1}{5}\ln\left|\frac{5x}{2} + \frac{\sqrt{25x^2-4}}{2}\right| + C$$ ■

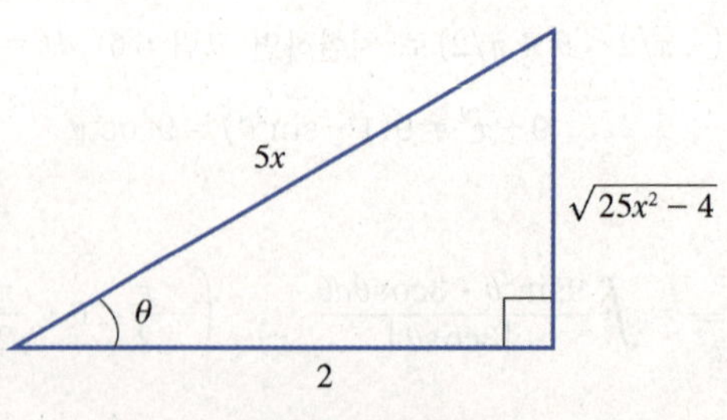


그림 6.7 예제 3

## 연습문제 6.4

[01-14] 다음 적분을 구하라.

01 $\int \sqrt{25-t^2}\,dt$

02 $\int \frac{dy}{\sqrt{9+y^2}}$

03 $\int \frac{x^3}{\sqrt{x^2+4}}dx$

04 $\int \frac{8}{w^2\sqrt{4-w^2}}dw$

05 $\int \frac{dx}{(x^2+4)^{3/2}}$

06 $\int \frac{x}{\sqrt{x^2-1}}dx,\ x>1$

07 $\int_1^e \frac{1}{y\sqrt{1+(\ln y)^2}}dy$

08 $\int_0^{\sqrt{3}/2} \frac{4x^2}{(1-x^2)^{3/2}}dx$

09 $\int_0^1 (1+t^2)^{-3/2}dt$

10 $\int \frac{dx}{(x^2-1)^{3/2}},\ x>1$

11 $\int \frac{(1-x^2)^{3/2}}{x^6}dx$

12 $\int \frac{dx}{x\sqrt{x^2-1}},\ x>1$

13 $\int \frac{\sqrt{y^2-49}}{y}dy,\ y>7$

14 $\int \frac{dx}{\sqrt{4x^2-49}},\ x>\frac{7}{2}$

## 6.5 이상적분

지금까지 정적분을 구하는 데 있어서 두 가지 제한이 있었다. 첫째는 적분구간이 유한해야 하고, 둘째는 이 구간에서의 피적분 함수 또한 유한해야 한다는 것이었다. 그러나 그림 6.8과 같이 곡선 $y=e^x$를 $x=-\infty$에서 $x=\ln 2$까지 적분하게 되어 적분구간이 무한하거나 또는 그림 6.9와 같이 곡선 $y=1/\sqrt{x}$을 $x=0$에서 $x=1$까지 적분하게 되어 피적분 함수가 무한해지는 경우가 흔히 발생한다. 이러한 적분을 이상적분(improper integral) 또는 특이적분이라 하며, 이때는 먼저 유한한 구간에 대하여, 또는 함수값이 유한하도록 구간을 설정하여 적분을 수행하고 해당 구간을 원래의 구간으로 접근시켜 수렴성을 조사한다.

그림 6.8 $y=\int_{-\infty}^{\ln 2} e^{x}\,dx$

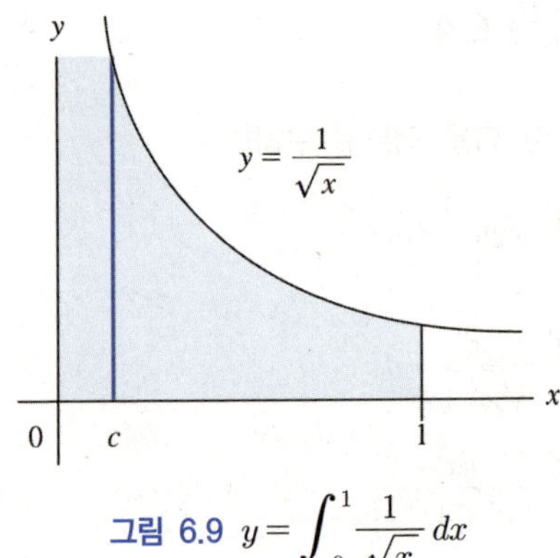


그림 6.9 $y=\int_{0}^{1}\frac{1}{\sqrt{x}}\,dx$

**예제 1**

$x=-\infty$에서 $x=\ln 2$까지 곡선 $y=e^x$와 $x$축 사이의 면적은 유한한가? 유한하다면 그 면적을 구하라.

**풀이**

먼저 $x=c$에서 $x=\ln 2$까지 적분한 다음 $c\to-\infty$일 때를 생각한다(그림 6.8). $c$에서 $\ln 2$까지 면적은

$$A=\int_{c}^{\ln 2} e^{x}dx=\left[e^{x}\right]_{c}^{\ln 2}=2-e^{c}$$

이고, $c\to-\infty$이면 $e^{c}\to 0$이 되어, 구하는 면적은 2이다. ■

**예제 2**

$x=0$, $x=1$ 사이에서 곡선 $y=\frac{1}{\sqrt{x}}$의 면적은 유한한가? 그렇다면 그 면적을 구하라.

**풀이**

먼저 그림 6.9와 같이 $c$에서 1까지 곡선의 면적을 구하고, $c\to 0^{+}$일 때를 생각한다. $c$에서 1까지 곡선의 면적은

$$\int_{c}^{1}\frac{1}{\sqrt{x}}dx=2\left[\sqrt{x}\right]_{c}^{1}=2(1-\sqrt{c})$$

이고, 여기서 $c\to 0^{+}$이면 $\sqrt{c}\to 0^{+}$이므로, 구하는 면적은

$$\int_{0}^{1}\frac{1}{\sqrt{x}}dx=\lim_{c\to 0^{+}}\int_{c}^{1}\frac{1}{\sqrt{x}}dx=2$$

이다. ■

**이상적분이 유한한 극한값을 갖는 경우에 이를 수렴한다(converge) 하고, 그렇지 않으면 발산한다(diverge)고 한다.**

**예제 3**

$\int_0^1 \frac{1}{1-x} dx$의 수렴성을 조사하라.

**풀이**

$f(x)=1/(1-x)$는 구간 $[0,1)$에서 연속이지만, 그림 6.10과 같이 $x \to 1^-$이면,

$$\lim_{c \to 1^-} \int_0^c \frac{1}{1-x} dx = \lim_{c \to 1^-} [-\ln|1-x|]_0^c = \lim_{c \to 1^-} [-\ln(1-c)+0] = \infty$$

되어 발산한다. ■

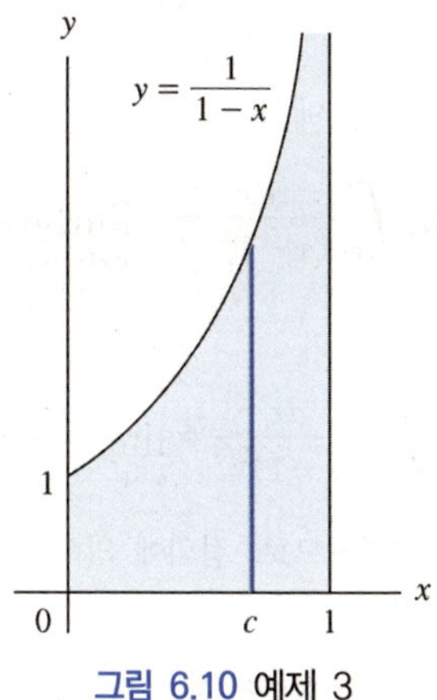


그림 6.10 예제 3

**적분구간의 내부에서 피적분 함수가 무한대가 되는 적분도 구간을 나누어 계산한다.**

**예제 4**

$\int_0^3 \frac{dx}{(x-1)^{2/3}}$의 수렴성을 조사하고, 수렴하면 그 값을 구하라(그림 6.11).

**풀이**

함수 $f(x)=1/(x-1)^{2/3}$은 구간 $[0,1)$과 $(1,3]$에서는 연속이지만, $x=1$에서 $\infty$가 된다.

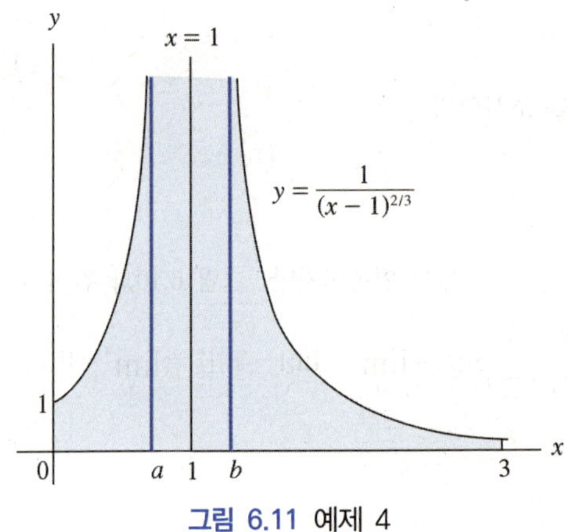


그림 6.11 예제 4

구간 [0,3]에서 적분은 0에서 1까지와 1에서 3까지의 적분에 의하여 결정된다. 구간 [0,1]에서 적분은

$$\int_0^1 \frac{dx}{(x-1)^{2/3}} = \lim_{a\to1^-}\int_0^a \frac{dx}{(x-1)^{2/3}} = \lim_{a\to1^-}[3(a-1)^{1/3}-3(0-1)^{1/3}] = 3$$

이고, 구간 [1,3]에서 적분은

$$\int_1^3 \frac{dx}{(x-1)^{2/3}} = \lim_{b\to1^+}\int_b^3 \frac{dx}{(x-1)^{2/3}} = \lim_{b\to1^+}[3(3-1)^{1/3}-3(b-1)^{1/3}] = 3\sqrt[3]{2}$$

이다. 두 구간에서의 적분이 모두 수렴하므로, 정의에 의하여 0에서 3까지의 함수 $f$의 적분은 수렴하고, 그 값은 $3+3\sqrt[3]{2}$이다. ■

통계학을 비롯하여 파장, 입자의 에너지 등을 다루는 자연과학의 많은 분야에서 적분구간이 음의 무한대에서 양의 무한대가 되는 적분이 자주 나타난다. 다음은 이러한 적분의 정의와 수렴성을 설명한다.

**[ $-\infty$에서 $\infty$까지 적분 ]**

구간$(-\infty, \infty)$에서 함수 $f$가 연속이고, $\int_{-\infty}^{c} f(x)dx$와 $\int_{c}^{\infty} f(x)dx$가 모두 수렴하면 $\int_{-\infty}^{\infty} f(x)dx$는 수렴한다고 하고, 그 수렴값은

$$\int_{-\infty}^{\infty} f(x)dx = \int_{-\infty}^{c} f(x)dx + \int_{c}^{\infty} f(x)dx$$

이다.

위에서 구간 $c$의 선택은 중요하지 않으며 임의의 편리한 값을 사용할 수 있다. 우변의 적

분 중 하나라도 발산하면 $\int_{-\infty}^{\infty} f(x)dx$ 도 발산한다. 또한 $\int_{-\infty}^{\infty} f\,dx$ 가 $\lim_{c\to\infty}\int_{-c}^{c} f\,dx$ 와 같을 필요는 없다. 전자가 수렴하지 않더라도 후자가 존재할 수 있다(연습문제 6.5의 21).

**예제 5**

$\int_{-\infty}^{\infty}\frac{dx}{1+x^2}$ 를 계산하라.

**풀이**

피적분함수의 그래프는 그림 6.12와 같다. 여기서는 $c=0$ 을 사용하여,

$$\begin{aligned}\int_{-\infty}^{\infty}\frac{dx}{1+x^2}&=\int_{-\infty}^{0}\frac{dx}{1+x^2}+\int_{0}^{\infty}\frac{dx}{1+x^2}\\&=\lim_{a\to-\infty}\int_{a}^{0}\frac{dx}{1+x^2}+\lim_{b\to\infty}\int_{0}^{b}\frac{dx}{1+x^2}=\lim_{a\to-\infty}[\tan^{-1}x]_a^0+\lim_{b\to\infty}[\tan^{-1}x]_0^b\\&=\lim_{a\to-\infty}[\tan^{-1}0-\tan^{-1}a]+\lim_{b\to\infty}[\tan^{-1}b-\tan^{-1}0]\\&=0-\left(-\frac{\pi}{2}\right)+\frac{\pi}{2}-0=\pi\end{aligned}$$

이다. ■

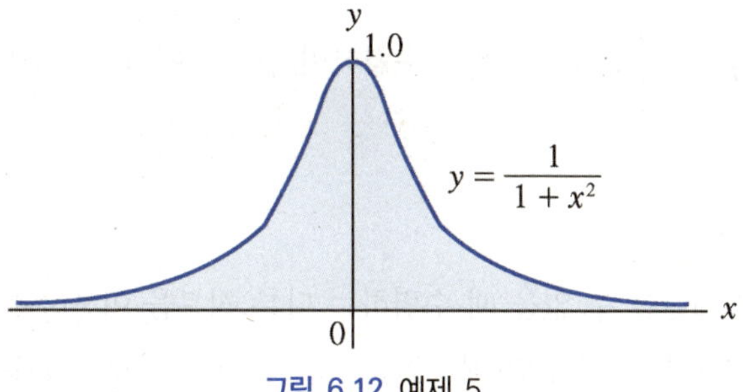


그림 6.12 예제 5

## $\int_{1}^{\infty} dx/x^p$ 형의 적분

적분 $\int_{1}^{\infty} dx/x^p$ 의 수렴성은 $p$에 관계되며 다음 예제는 $p=1$ 과 $p=2$ 일 때를 다룬다.

**예제 6**

$\int_{1}^{\infty}\frac{dx}{x}$ 와 $\int_{1}^{\infty}\frac{dx}{x^2}$ 의 수렴성을 조사하라.

풀이

그림 6.13(a)와 그림 6.13(b)같이 두 함수는 $[1,\infty)$에서 연속이고, $x\to\infty$일 때 $x$축에 접근한다.

$$\int_1^\infty \frac{dx}{x} = \lim_{c\to\infty}\int_1^c \frac{dx}{x} = \lim_{c\to\infty}(\ln c - \ln 1) = \infty$$

로 발산하고,

$$\int_1^\infty \frac{dx}{x^2} = \lim_{c\to\infty}\int_1^c \frac{dx}{x^2} = \lim_{c\to\infty}\left(-\frac{1}{c}+1\right) = 1$$

로 수렴하며 수렴값은 1이다. ■

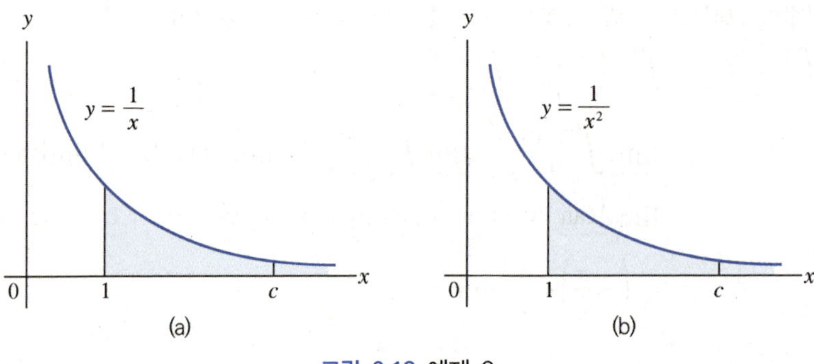


그림 6.13 예제 6

일반적으로, $\int_1^\infty \frac{dx}{x^p}$는 $p > 1$에서 수렴하며, $p \le 1$에서 발산한다(연습문제 6.5의 22).

## 수렴과 발산의 판정

이상적분을 직접 계산할 수 없을 때 수렴하는 다른 적분을 이용하여 적분값을 수치적으로 근사할 수 있다. 수렴성의 판정법에는 직접 비교법(direct comparison test)과 극한 비교법(limit comparison test)이 있다.

[직접 비교법]

구간 $[a,\infty)$에서 $f$와 $g$가 연속이고, 모든 $x \ge a$에 대하여 $0 \le f(x) \le g(x)$일 때, $\int_a^\infty g(x)dx$가 수렴하면 $\int_a^\infty f(x)dx$도 수렴한다.

## 예제 7

$\int_1^\infty e^{-x^2}dx$ 의 수렴성을 조사하라.

**풀이**

이상적분의 정의에 의해

$$\int_1^\infty e^{-x^2}dx = \lim_{c\to\infty}\int_1^c e^{-x^2}dx$$

이다. 여기서 우변의 적분은 비기본함수의 적분이므로 직접 계산할 수 없지만, $c\to\infty$ 일 때의 극한값이 존재함을 보일 수는 있다. 그림 6.14와 같이 구간 $c \ge 1$ 에서, $e^{-x^2} \le e^{-x}$ 임을 이용하면

$$\lim_{c\to\infty}\int_1^c e^{-x^2}dx \le \lim_{c\to\infty}\int_1^c e^{-x}dx = \lim_{c\to\infty}(-e^{-c}+e^{-1}) = e^{-1}$$

이다. 따라서, $\int_1^\infty e^{-x^2}dx$ 는 유한값에 수렴하고 그 값은 $1/e$ 보다 작다. ■

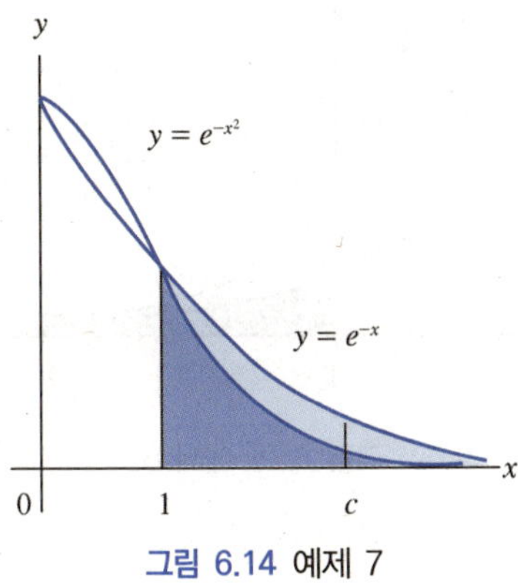


그림 6.14 예제 7

### [극한 비교법]

> 구간 $[a,\infty)$에서 양의 함수 $f$와 $g$가 연속이고, $\lim_{x\to\infty}\frac{f(x)}{g(x)} = L\,(0 < L < \infty)$이면, $\int_c^\infty f(x)dx$와 $\int_c^\infty g(x)dx$는 모두 수렴하거나 또는 모두 발산한다.

## 예제 8

$\int_1^\infty \frac{dx}{x^2}$ 와 $\int_1^\infty \frac{dx}{1+x^2}$ 의 수렴성을 극한비교법에 의해 판정하라(그림 6.15).

**풀이**

$f(x)=\dfrac{1}{x^2}$, $g(x)=\dfrac{1}{1+x^2}$라 하면

$$\lim_{x\to\infty}\frac{f(x)}{g(x)}=\lim_{x\to\infty}\frac{1/x^2}{1/(1+x^2)}=\lim_{x\to\infty}\frac{1+x^2}{x^2}=\lim_{x\to\infty}\left(\frac{1}{x^2}+1\right)=0+1=1$$

로 양의 유한값을 갖는다. 예제 6에 의하면 $\int_1^\infty dx/x^2$는 1로 수렴하므로 $\int_1^\infty dx/(1+x^2)$도 수렴하며, 그 적분값은

$$\int_1^\infty \frac{dx}{1+x^2}=\lim_{c\to\infty}\int_1^c \frac{dx}{1+x^2}=\lim_{c\to\infty}[\tan^{-1}c-\tan^{-1}1]=\frac{\pi}{2}-\frac{\pi}{4}=\frac{\pi}{4}$$

이다. ■

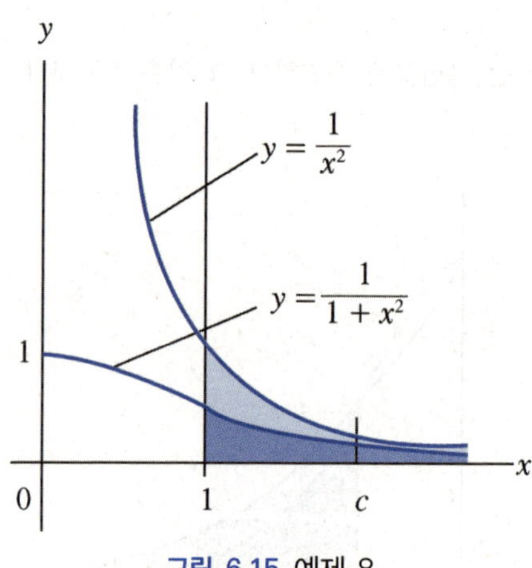


그림 6.15 예제 8

## 연습문제 6.5

[01-09] 적분표를 사용하지 말고 다음 적분을 구하라.

01 $\displaystyle\int_{-1}^{4}\frac{dx}{\sqrt{|x|}}$

02 $\displaystyle\int_{0}^{\infty}\frac{dx}{x^2+1}$

03 $\displaystyle\int_{0}^{4}\frac{dx}{\sqrt{4-x}}$

04 $\displaystyle\int_{0}^{\infty}\frac{dv}{(1+v^2)(1+\tan^{-1}v)}$

05 $\displaystyle\int_{-\infty}^{\infty}\frac{2x}{(x^2+1)^2}dx$

06 $\displaystyle\int_{0}^{1}r^{-0.999}dr$

07 $\displaystyle\int_{-\infty}^{\infty}e^{-|x|}dx$

08 $\displaystyle\int_{0}^{1}x\ln x\,dx$

09 $\displaystyle\int_{-1}^{\infty}\frac{d\theta}{\theta^2+5\theta+6}$

[10-18] 적분을 계산하거나 직접 비교, 극한 비교 등을 이용하여 수렴, 발산을 판정하라.

10 $\int_{0}^{\pi/2} \tan\theta d\theta$

11 $\int_{0}^{\pi} \frac{\sin\theta}{\sqrt{\pi-\theta}} d\theta$

12 $\int_{1}^{\infty} \frac{e^x}{x} dx$

13 $\int_{\pi}^{\infty} \frac{2+\cos x}{x} dx$

14 $\int_{-1}^{1} \ln|x| dx$

15 $\int_{-\infty}^{\infty} \frac{dx}{\sqrt{x^4+1}}$

16 $\int_{0}^{2} \frac{dx}{1-x^2}$

17 $\int_{0}^{\ln 2} x^{-2} e^{-1/x} dx$

18 $\int_{1}^{\infty} \frac{dx}{x^3+1}$

19 곡선 $y = e^{-|x|}$ $(-\infty < x < \infty)$와 $x$축 사이의 면적을 구하라.

20 $x=1$에서 $x=\infty$까지 곡선 $y = \frac{\ln x}{x^2}$와 $x$축 사이의 면적을 구하라.

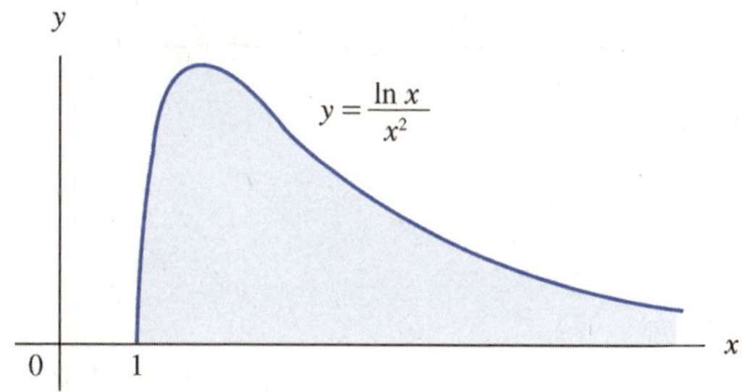


21 $\int_{-\infty}^{\infty} f(x)\,dx$는 $\lim_{c\to\infty} \int_{-c}^{c} f(x)dx$와 같지 않을 수 있다. $\int_{0}^{\infty} \frac{2x}{x^2+1} dx$가 발산하고, 따라서 $\int_{-\infty}^{\infty} \frac{2x}{x^2+1} dx$도 발산함을 보여라. 그리고 $\lim_{c\to\infty} \int_{-c}^{c} \frac{2x}{x^2+1} dx = 0$임을 보여라.

22 $\int_{1}^{\infty} \frac{dx}{x^p}$는 $p > 1$일 때 $\frac{1}{p-1}$로 수렴하고, $p \le 1$일 때 무한대로 발산함을 보여라.

## 6.6 적분표를 이용한 적분

이 책의 부록에는 적분표가 있다. 표에 나와 있는 모든 적분은 치환 및 부분적분 등을 반복하여 유도할 수 있지만, 구하고자 하는 적분이 표에 있는 적분공식과 일치하거나 또는 간단한 대수, 치환 등으로 같은 형태로 만들 수 있을 때, 적분표를 직접 이용함으로써 복잡하고 시간이 요구되는 적분 계산을 쉽고 정확하게 수행할 수 있다.

**예제 1**

$\int x(2x+5)^{-1}dx$를 구하라.

**풀이**

부록의 적분공식 (4)

$$\int x(ax+b)^{-1}dx = \frac{x}{a} - \frac{b}{a^2}\ln|ax+b| + C$$

에 $a=2$, $b=5$를 대입하여

$$\int x(2x+5)^{-1}dx = \frac{x}{2} - \frac{5}{4}\ln|2x+5| + C$$

를 얻는다. ■

**예제 2**

$\int x\sin^{-1}x\,dx$를 구하라.

**풀이**

부록의 적분공식 (95)는

$$\int x^n\sin^{-1}ax\,dx = \frac{x^{n+1}}{n+1}\sin^{-1}ax - \frac{a}{n+1}\int\frac{x^{n+1}dx}{\sqrt{1-a^2x^2}},\ (n\neq-1)$$

이다. 이 문제에서 $n=1$, $a=1$이므로,

$$\int x\sin^{-1}x\,dx = \frac{x^2}{2}\sin^{-1}x - \frac{1}{2}\int\frac{x^2dx}{\sqrt{1-x^2}}$$

이다. 한편, 적분공식 (29)에 의하면

$$\int\frac{x^2}{\sqrt{a^2-x^2}}dx = \frac{a^2}{2}\sin^{-1}\left(\frac{x}{a}\right) - \frac{1}{2}x\sqrt{a^2-x^2} + C$$

이고, 여기에 $a=1$을 대입하여

$$\int\frac{x^2}{\sqrt{1-x^2}}dx = \frac{1}{2}\sin^{-1}x - \frac{1}{2}x\sqrt{1-x^2} + C$$

이다. 그러므로

$$\begin{aligned}\int x\sin^{-1}x\,dx &= \frac{x^2}{2}\sin^{-1}x - \frac{1}{2}\left(\frac{1}{2}\sin^{-1}x - \frac{1}{2}x\sqrt{1-x^2}\right) + C\\ &= \left(\frac{x^2}{2} - \frac{1}{4}\right)\sin^{-1}x + \frac{1}{4}x\sqrt{1-x^2} + C\end{aligned}$$

이다. ■

적분표의 공식 중에는 적분의 결과가 차수가 낮은 또 다른 적분으로 나타나는 경우도 있다. 필요시 이 공식을 반복 이용하여 계산이 가능한 낮은 차수의 문제로 바꿀 수 있다.

**예제 3**

$\int \sin^2 x \cos^3 x dx$ 를 구하라.

**풀이 1**

부록의 적분공식 (64)에서 $a=1$, $n=2$, $m=3$을 적용하면

$$\int \sin^2 x \cos^3 x dx = -\frac{\sin x \cos^4 x}{1 \cdot (3+2)} + 2 - \frac{1}{3+2} \int \sin^0 x \cos^3 x dx$$
$$= -\frac{\sin x \cos^4 x}{5} + \frac{1}{5} \int \cos^3 x dx$$

이고, 적분공식 (57)에서 $a=1$, $n=3$을 대입하면

$$\int \cos^3 x dx = \frac{\cos^2 x \sin x}{3} + \frac{2}{3} \int \cos x dx = \frac{\cos^2 x \sin x}{3} + \frac{2}{3} \sin x + C$$

이다. 따라서

$$\int \sin^2 x \cos^3 x dx = -\frac{\sin x \cos^4 x}{5} + \frac{1}{5}\left(\frac{\cos^2 x \sin x}{3} + \frac{2}{3}\sin x + C\right)$$
$$= -\frac{\sin x \cos^4 x}{5} + \frac{\cos^2 \sin x}{15} + \frac{2}{15}\sin x + C'$$

이다.

**풀이 2**

부록의 적분공식 (65)에 $a=1$, $n=2$, $m=3$을 대입하면

$$\int \sin^2 x \cos^3 x dx = \frac{\sin^3 x \cos^2 x}{5} + \frac{2}{5} \int \sin^2 x \cos x dx \qquad (\sin x \text{ 를 치환})$$
$$= \frac{\sin^3 x \cos^2 x}{5} + \frac{2}{5}\left(\frac{\sin^3 x}{3}\right) + C$$
$$= \frac{\sin^3 x \cos^2 x}{5} + \frac{2}{15}\sin^3 x + C$$

이다. ■

**참고**

위의 풀이 1과 풀이 2의 결과가 서로 다른 것처럼 보이지만, 삼각함수 공식을 이용하면 두 식이 같음을 알 수 있다(연습문제 6.6의 21). ■

## 비기본함수 적분

적분 중에는 기본함수(elementary functions)나 또는 그들의 유한한 조합으로는 나타낼 수 없는 경우가 종종 있다. 예를 들면,

$$\operatorname{erf}(x) = \frac{2}{\sqrt{\pi}}\int_0^x e^{-t^2}dt,\quad \int \sin x^2 dx,\quad \int \sqrt{1+x^4}\,dx$$

등의 적분을 위해서는 무한급수(infinite series)나 수치해법(numerical method)을 사용하여야 한다. 이러한 적분을 비기본함수 적분(nonelementary integrals)이라 한다. 그 외에도

$$\int \frac{e^x}{x}dx,\quad \int e^{(e^x)}dx,\quad \int \frac{1}{\ln x}dx,\quad \int \ln(\ln x)dx,\quad \int \frac{\sin x}{x}dx$$

등이 비교적 쉬운 적분처럼 보이나, 이미 그 적분이 기본함수의 유한한 조합으로 나타나지 않음이 증명되었다.

## 연습문제 6.6

[01-20] 적분표를 이용하여 다음 적분을 구하라.

01 $\int \tan^5 x\,dx$

02 $\int \frac{dx}{x\sqrt{x-3}}$

03 $\int x\sqrt{2x-3}\,dx$

04 $\int \frac{dx}{x\sqrt{7+x^2}}$

05 $\int \sqrt{25-p^2}\,dp$

06 $\int \frac{r^2}{\sqrt{4-r^2}}dr$

07 $\int \frac{d\theta}{5+4\sin 2\theta}$

08 $\int e^{2t}\cos 3t\,dt$

09 $\int x\cos^{-1}x\,dx$

10 $\int \frac{ds}{(9-s^2)^2}$

11 $\int x^2\tan^{-1}x\,dx$

12 $\int \sin^{-1}\sqrt{x}\,dx$

13 $\int \frac{\sqrt{x}}{\sqrt{1-x}}dx$

14 $\int \frac{dy}{y\sqrt{3+(\ln y)^2}}$

15 $\int \sin 3x\cos 2x\,dx$

16 $\int 3\sec^4 3x\,dx$

17 $\int x^3(\ln x)^2 dx$

18 $\int x^3 e^{x/2}dx$

19 $\int x^2 2^x dx$

20 $\int e^t\sec^3(e^t-1)\,dt$

21 예제 3의 두 결과가 같음을 보여라.

CHAPTER 07

# 적분의 응용

4장에서 곡선과 $x$축이 이루는 면적을 리만합의 극한으로 나타내고 이를 정적분을 사용하여 구할 수 있음을 배웠다. 그 밖에도 두 곡선 사이의 면적, 물체의 부피와 표면적, 곡선의 길이, 물리적 일의 양, 압력과 힘 등, 적분의 응용범위는 수없이 많다. 이 장에서는 적분의 기본적인 응용에 대하여 공부하고, 이를 통하여 새로운 분야에 응용할 수 있는 능력을 기른다.

## 7.1 곡선 사이의 면적

그림 7.1의 두 연속함수 $y = f(x)$, $y = g(x)$와 직선 $x = a$, $x = b$로 둘러싸인 면적을 구해 보자.

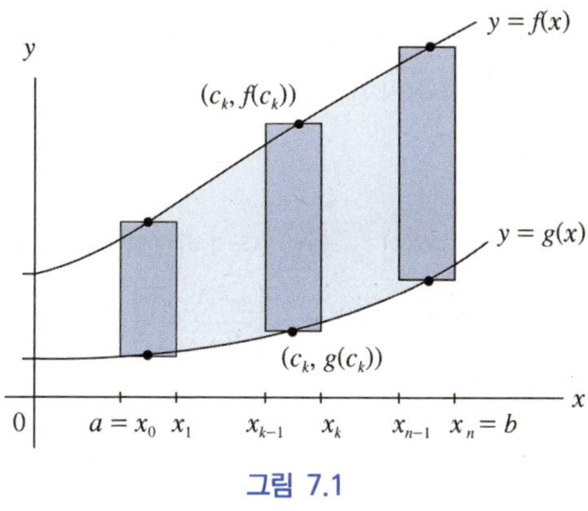


그림 7.1

먼저 구간 $[a,b]$를 $P=\{x_0, x_1, \cdots, x_n\}$로 분할(partition)하고 두 곡선 사이의 면적을 $n$개의 사각형 면적의 합으로 근사한다. $\Delta x_k = x_k - x_{k-1}$, $x_{k-1} \le c_k \le x_k$라 할 때, $k$번째 사각형의 면적은

$$A_k = \text{높이} \times \text{밑변} = [f(c_k) - g(c_k)]\,\Delta x_k$$

이고, 전체 면적은 $n$개의 사각형 면적의 합

$$A \approx \sum_{k=1}^{n} A_k = \sum_{k=1}^{n} [f(c_k) - g(c_k)]\,\Delta x_k$$

로 근사된다. 여기서 분할 $P$의 크기(norm)가 0에 가까이 갈 때(즉, $|P| \to 0$) 우변은 리만합의 극한이 되어

$$A = \lim_{|P| \to 0} \sum_{k=0}^{n} [f(c_k) - g(c_k)]\,\Delta x_k = \int_a^b [f(x) - g(x)]\,dx$$

로 나타난다.

**[두 곡선 사이의 면적]**

구간 $a \le x \le b$에서 $f(x) \ge g(x)$인 두 연속함수 $y=f(x)$와 $y=g(x)$ 사이의 면적은

$$A = \int_a^b [f(x) - g(x)]\,dx \tag{7.1}$$

이다.

**예제 1**

$y=x^2$, $y=x$와 $x=0$, $x=1$로 둘러싸인 면적을 구하라.

**풀이**

두 곡선의 교점의 $x$ 좌표는 $x^2=x$에서 $x=0$, $x=1$이므로, 식 (7.1)로부터

$$A = \int_0^1 (x - x^2)\,dx = \left[\frac{x^2}{2} - \frac{x^3}{3}\right]_0^1 = \frac{1}{6}$$

이다. ■

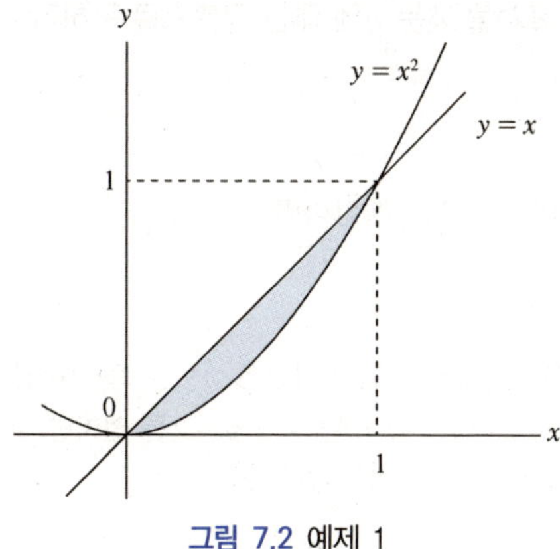


그림 7.2 예제 1

한 점 또는 그 이상의 점에서 경계 곡선이 바뀐다면 바뀐 점을 기준으로 적분구간 및 해당 곡선을 나누어 계산한다.

### 예제 2

곡선 $y = \sqrt{x}$, 직선 $y = x - 2$와 $x$축으로 둘러싸인 면적을 구하라.

**풀이**

구하려는 면적은 그림 7.3과 같이 $0 \le x \le 2$에서는 $f(x) = \sqrt{x}$와 $g(x) = 0$($x$축), $2 \le x \le 4$에서는 $f(x) = \sqrt{x}$와 $g(x) = x - 2$의 사이의 면적이 된다. 두 곡선의 교차점은 $\sqrt{x} = x - 2$에서 $x = 1$과 $x = 4$를 얻지만, 여기서 $x = 1$은 $x$축 아래이므로 불필요하다. 따라서, 구하려는 면적은

$$A = \int_0^2 \sqrt{x}\,dx + \int_2^4 (\sqrt{x} - x + 2)\,dx$$

$$= \left[\frac{2}{3}x^{3/2}\right]_0^2 + \left[\frac{2}{3}x^{3/2} - \frac{1}{2}x^2 + 2x\right]_2^4 = \frac{10}{3}$$

이다. ■

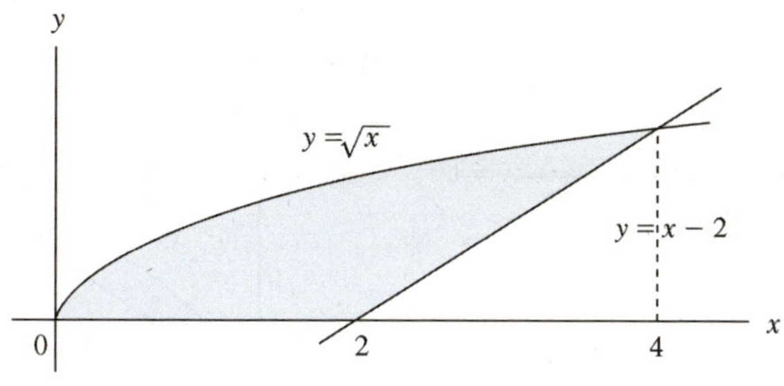


그림 7.3 예제 2

곡선의 식이 $y$의 함수로 표시될 때는 $y$에 대한 적분으로 구하기

### 예제 3

예제 2의 면적을 $y$에 대한 적분으로 계산하라.

**풀이**

그림 7.3에서 오른쪽 직선은 $x=y+2$, 왼쪽 곡선은 $x=y^2$로 나타낼 수 있다. 적분의 하한은 $y=0$이고, 상한은 두 식을 연립하여 $y+2=y^2$, 즉 $y=-1$과 $y=2$를 얻지만, $y=-1$은 $x$축 아래의 교점이므로 적분구간은 $0 \le y \le 2$이다. 따라서 구하려는 면적은

$$A=\int_c^d [f(y)-g(y)]\,dy=\int_0^2 [2+y-y^2]\,dy=\left[2y+\frac{y^2}{2}-\frac{y^3}{3}\right]_0^2=\frac{10}{3}$$

이 되어 예제 2의 결과와 같다. ■

## 연습문제 7.1

[01-06] 다음 그래프에 표시된 부분의 넓이를 구하라.

01

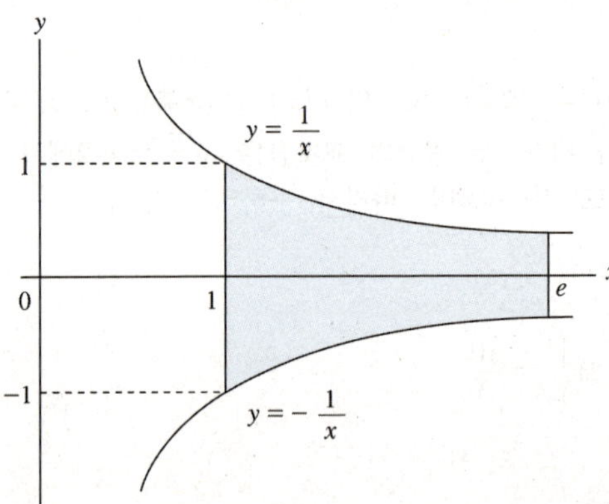


02

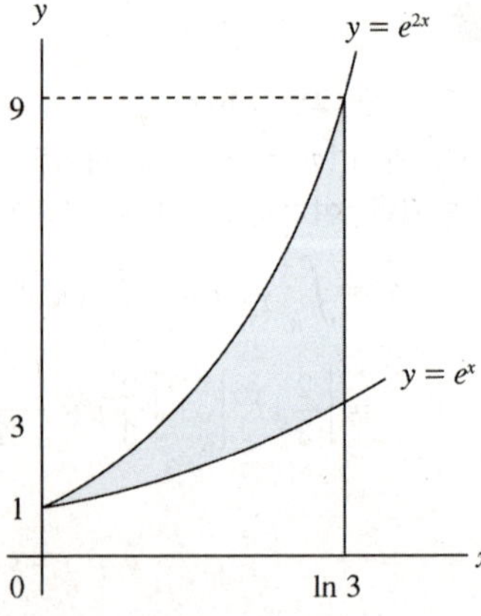


03

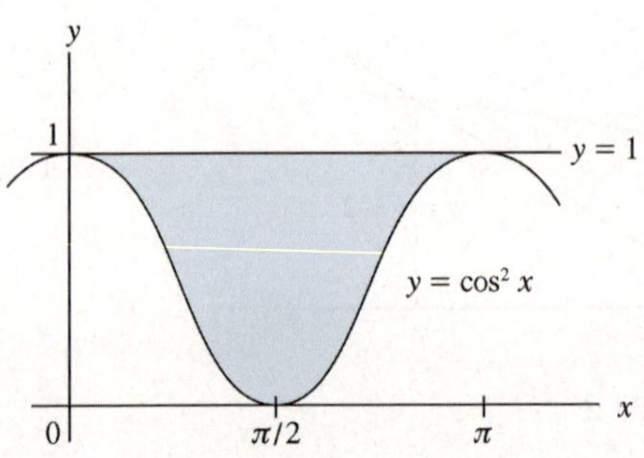


04

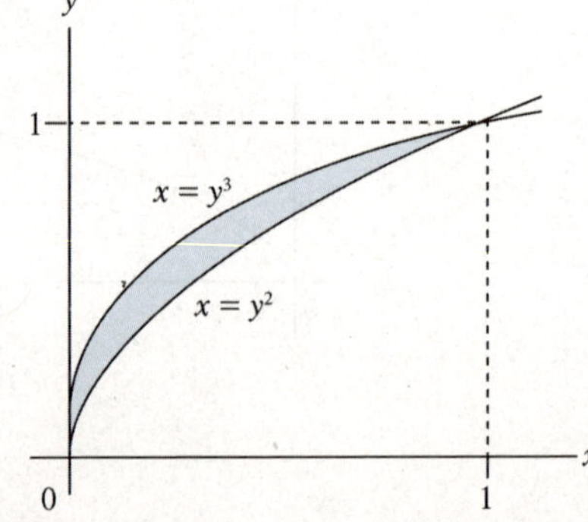

**05**

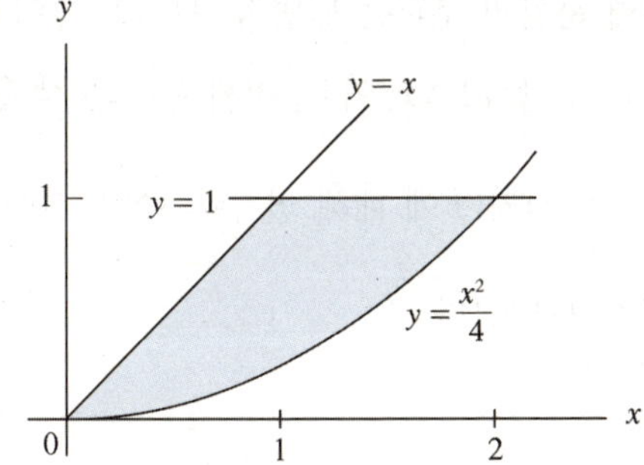


**06**

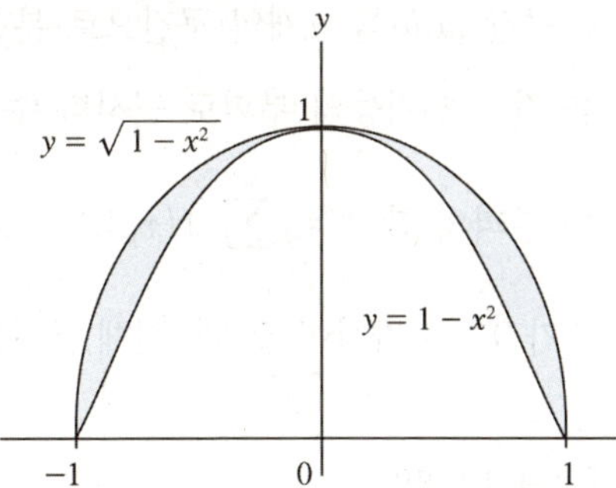


**[07-14]** 다음의 직선 및 곡선으로 둘러싸인 부분의 면적을 구하여라.

**07** $y=\cos x,\ y=-\sin x,\ x=0,\ x=\pi/2$

**08** $y=2-x^2,\ y=-x$

**09** $y^2-4x=4,\ 4x-y=16$

**10** $x+y^2=0,\ x+3y^2=2$

**11** $y=\cos(\pi x/2),\ y=1-x^2$

**12** $y=\sec^2 x,\ y=\tan^2 x,\ x=-\pi/4,\ x=\pi/4$

**13** $x-y^3=0,\ x-y=0$

**14** $x=1/e,\ y=1/x,\ y=\ln x/x$

**15** 함수 $y=\dfrac{\sqrt{3-x^2}}{3}$, $x$축 및 $y$축으로 둘러싸인 영역의 면적을 구하라.

## 7.2 입체의 부피

직육면체, 구, 원통 등 입체의 부피는 간단한 기하공식을 사용하여 얻을 수 있다. 하지만, 비정형 입체의 부피는 적분을 이용하여야 한다.

그림 7.4와 같이 $x=a$에서 $x=b$ 사이에서 $x$축에 수직인 단면적이 $A(x)$인 물체의 부피를 구해 보자.

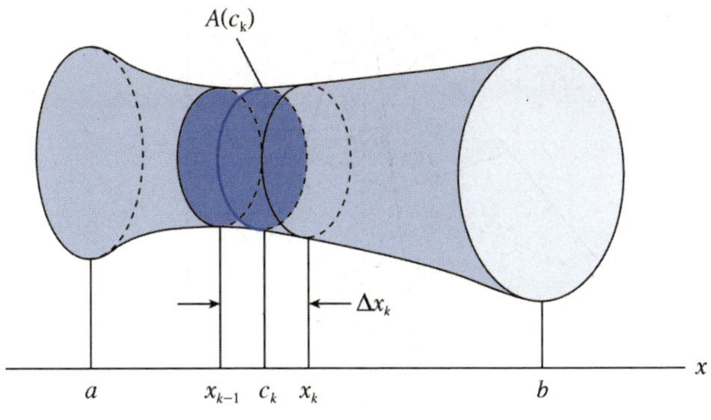


그림 7.4

구간 $[a,b]$를 $n$개의 구간으로 분할하면, $k$번째 분할의 부피는 단면적 $A(x_k)$, 높이 $\Delta x_k$를 갖는 원기둥의 부피로 근사할 수 있다. 즉, $V_k = A(x_k)\Delta x_k$이고, 전체 부피는 각 원기둥의 부피의 합 $V \approx \sum_{k=1}^{n} A(x_k)\Delta x_k$로 근사된다. $A(x)$가 $x$에 대해 연속함수이면 분할의 크기가 0으로 가까이 갈 때, 전체 부피는 다음과 같이 나타난다.

**[입체의 부피]**

$x$의 구간 $[a,b]$에서 단면적이 $A(x)$인 물체의 부피는

$$V = \int_a^b A(x)\,dx \tag{7.2}$$

이다.

**예제 1**

밑면의 넓이가 $A$, 높이가 $h$인 사각뿔의 부피를 구하라.

**풀이**

그림 7.5와 같이 사각뿔의 꼭지점 $O$에서 밑면에 내린 수선을 $x$축으로 정한다. $O$로부터 거리가 $x$인 점에서 사각뿔의 단면의 넓이를 $A(x)$라 하면 $A(x) : A = x^2 : h^2$에서 $A(x) = \frac{x^2}{h^2}A$이다. 따라서, 구하는 부피는 식 (7.2)에 의해

$$V = \int_0^h A(x)\,dx = \int_0^h \frac{x^2}{h^2}A\,dx = \frac{A}{h^2}\left[\frac{x^3}{3}\right]_0^h = \frac{1}{3}Ah$$

이다. ■

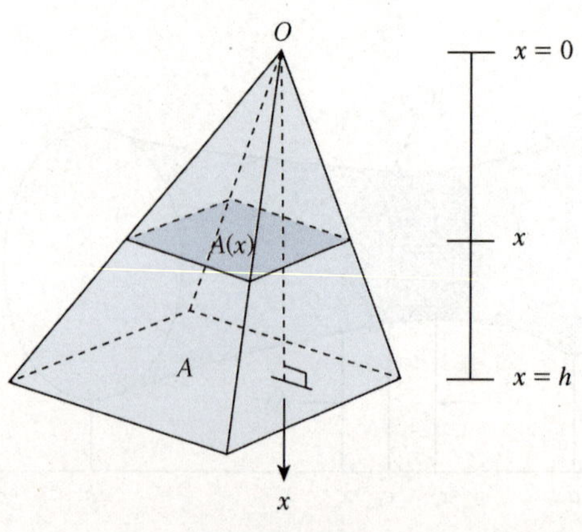


그림 7.5 예제 1

**예제 2**

그림 7.6과 같이 반지름이 3인 원기둥을 원의 중심 방향으로 45°로 잘라 만든 쐐기형 물체의 부피를 구하라.

**풀이**

그림 7.6과 같이 좌표를 설정하면 길이 $x$ 에서 단면은 직사각형이 되고 그 면적은

$$A(x) = \text{높이} \times \text{밑변} = (x)(2\sqrt{9-x^2}) = 2x\sqrt{9-x^2}$$

이다. 따라서 전체 부피는

$$V = \int_0^3 2x\sqrt{9-x^2}\,dx$$

이고, 여기서 $u = \sqrt{9-x^2}$ 로 치환하면 $u^2 = 9-x^2$, $2udu = -2xdx$ 이므로

$$V = \int_3^0 u(-2udu) = 2\int_0^3 u^2 du = 18$$

이다. ■

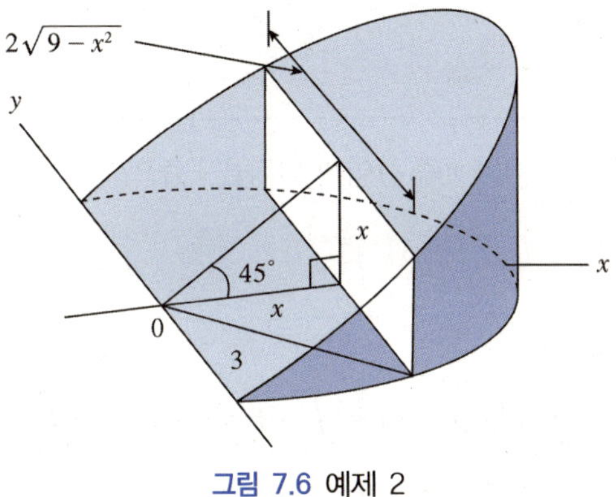


그림 7.6 예제 2

## 회전체의 부피

평면 위의 도형이 회전축을 중심으로 회전해서 생기는 입체를 회전체(solid of revolution)라고 한다. $x$축과 연속함수 $y = f(x)$ $(a \le x \le b)$ 사이의 면이 $x$축을 중심으로 회전하여 생기는 회전체의 부피를 계산해 보자. 먼저, 그림 7.7과 같이 점 $x$에서의 회전 단면은 반지름이 $|f(x)|$ 인 원이므로 회전 단면의 넓이는 $A(x) = \pi[f(x)]^2$ 이다. 따라서, 식 (7.2)로부터

$$V = \int_a^b A(x)dx = \pi\int_a^b [f(x)]^2 dx$$

이다.

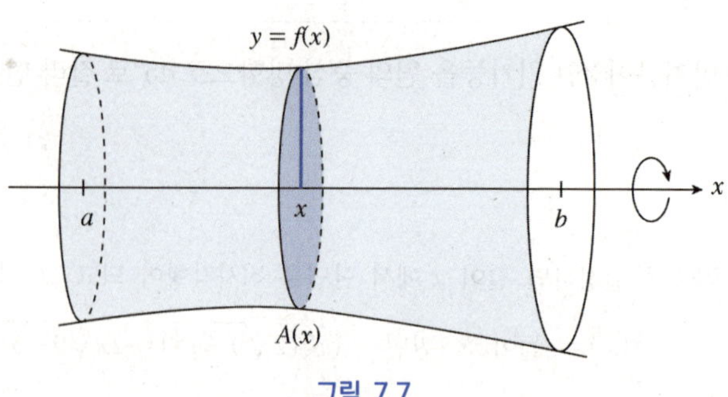

그림 7.7

[회전체의 부피]

연속함수 $y = f(x)$ $(a \le x \le b)$와 $x$축 사이를 $x$축으로 회전시킨 회전체의 부피는

$$V = \pi \int_a^b [f(x)]^2 dx \tag{7.3}$$

이다.

**예제 3**

곡선 $y = \sin x$ $(0 \le x \le \pi/2)$와 $x$축 사이의 면적을 $x$축으로 회전시켰을 때의 부피를 구하라(그림 7.8).

**풀이**

$$V = \int_a^b \pi [f(x)]^2 dx = \int_0^{\pi/2} \pi (\sin x)^2 dx = \pi \int_0^{\pi/2} \sin^2 x dx$$

$$= \pi \int_0^{\pi/2} \left( \frac{1 - \cos 2x}{2} \right) dx = \pi \left[ \frac{x}{2} - \frac{\sin 2x}{4} \right]_0^{\pi/2} = \frac{\pi^2}{4}$$ ■

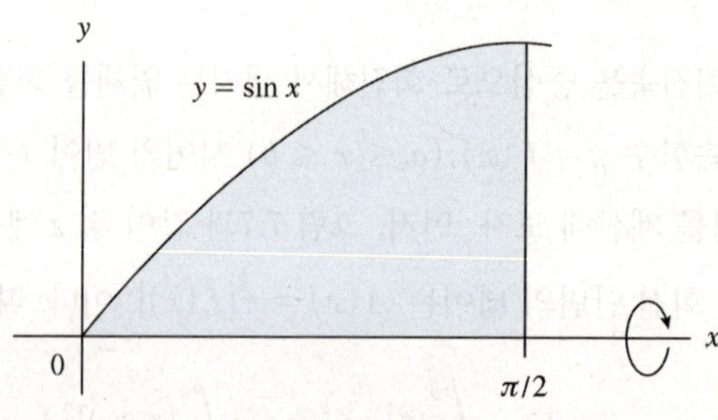

그림 7.8 예제 3

만일 $x$축으로 회전시키고자 하는 평면도형이 그림 7.9와 같이 $y=f(x)$와 $y=g(x)$ 사이의 면인 경우에는 가운데에 빈 공간이 있는 회전체가 형성되므로, 회전체의 부피는 $y=f(x)$에 의한 회전체의 부피에서 $y=g(x)$에 의한 회전체의 부피를 뺀 값이 될 것이다. 즉, 전체의 부피 $V_1=\pi\int_a^b[f(x)]^2dx$에서 가운데 빈 공간의 부피 $V_2=\pi\int_a^b[g(x)]^2dx$을 뺀

$$V=\pi\int_a^b\{[f(x)]^2-[g(x)]^2\}dx$$

이 된다.

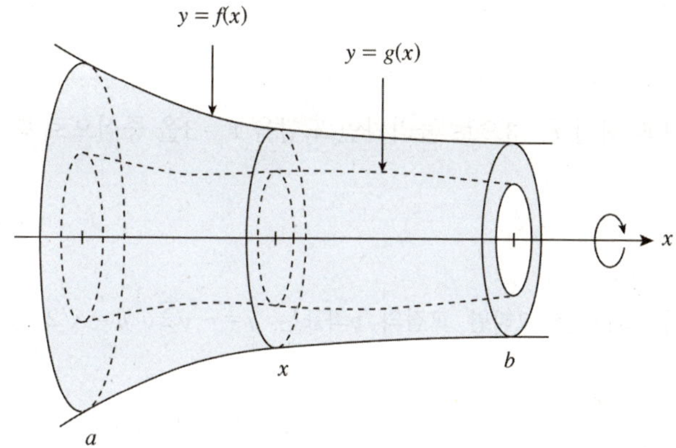


그림 7.9

## 예제 4

곡선 $y=x^2+1$과 직선 $y=-x+3$에 의해 둘러싸인 도형을 $x$축으로 회전시킨 입체의 부피를 구하라.

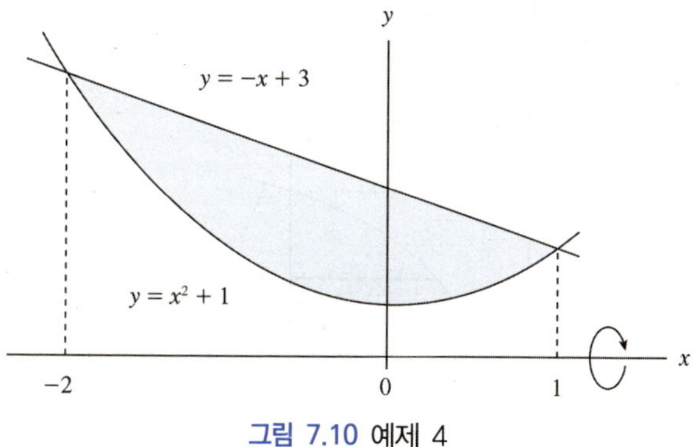


그림 7.10 예제 4

### 풀이

두 곡선의 방정식을 연립하여 교점의 $x$좌표는 $x=-2$, $x=1$이다. 그림 7.10에서 $f(x)=-x+3$이고 $g(x)=x^2+1$이 되어, 회전체의 부피는

$$\begin{aligned} V &= \pi\int_a^b \{[f(x)]^2 - [g(x)]^2\}dx \\ &= \int_{-2}^1 \pi[(-x+3)^2 - (x^2+1)^2]dx = \int_{-2}^1 \pi(8-6x-x^2-x^4)dx \\ &= \pi\left[8x - 3x^2 - \frac{x^3}{3} - \frac{x^5}{5}\right]_{-2}^1 = \frac{117}{5}\pi \end{aligned}$$

■

곡선 $x = f(y)$ $(c \le y \le d)$와 $y$축 사이의 도형을 $y$축에 대하여 회전시켰을 때 생긴 입체의 체적은 $x$를 $y$로 바꾸어 구한다. 이번에는 회전축이 $x$축 또는 $y$축이 아닌 경우를 생각해 보자.

**예제 5**

포물선 $x = y^2 + 1$과 직선 $x = 3$으로 둘러싸인 도형을 $x = 3$을 중심으로 회전시킨 입체의 부피를 구하라.

**풀이**

그림 7.11과 같이 그래프를 그리면 교점의 $y$좌표는 $y = -\sqrt{2}$, $y = \sqrt{2}$이고, 회전축 $x = 3$으로부터 $x = y^2 + 1$까지의 거리는

$$x = f(y) = 3 - (y^2 + 1) = 2 - y^2$$

이므로, 부피는

$$\begin{aligned} V &= \pi\int_{-\sqrt{2}}^{\sqrt{2}} [f(y)]^2 dy = \int_{-\sqrt{2}}^{\sqrt{2}} \pi[2-y^2]^2 dy = \pi\int_{-\sqrt{2}}^{\sqrt{2}} [4 - 4y^2 + y^4]dy \\ &= \pi\left[4y - \frac{4}{3}y^3 + \frac{y^5}{5}\right]_{-\sqrt{2}}^{\sqrt{2}} = \frac{64\sqrt{2}}{15}\pi \end{aligned}$$

이다. ■

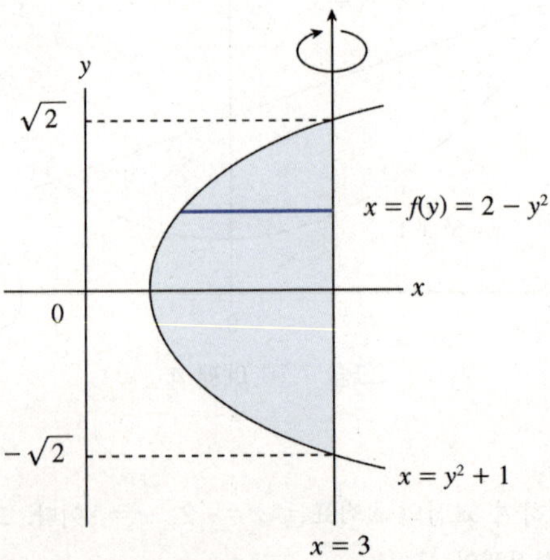


그림 7.11 예제 5

## 연습문제 7.2

**[01-05]** 다음 입체의 부피를 구하라.

**01** 입체가 $x$축과 수직인 평면 $x=0$과 $x=4$ 사이에 있다. 구간 $0 \le x \le 4$에서 $x$축에 수직인 단면은 포물선 $y=-\sqrt{x}$에서 $y=\sqrt{x}$까지를 대각선으로 하는 정사각형이다.

**02** 입체가 $x$축과 수직인 평면 $x=-1$과 $x=1$ 사이에 있다. 이들 평면 사이의 $x$축에 수직인 단면은 $y=-\sqrt{1-x^2}$에서 $y=\sqrt{1-x^2}$까지를 밑변으로 하는 정사각형이다.

**03** 입체가 $x$축과 수직으로 $x=-\pi/3$와 $x=\pi/3$ 사이에 있다. $x$축과 수직인 단면은

(1) 곡선 $y=\tan x$에서 $y=\sec x$까지를 지름으로 하는 원판이다.

(2) 곡선 $y=\tan x$에서 $y=\sec x$까지를 밑변으로 하는 정사각형이다.

**04** 입체가 $x$축과 수직인 평면 $x=0$과 $x=2$ 사이에 있다. $x$축과 수직인 단면은 $x$축에서 포물선 $y=\sqrt{5}x^2$까지를 지름으로 하는 원판이다.

**05** 그림과 같은 뿔 모양 입체의 $x$축에 수직인 단면은 $x$축으로부터 곡선 $y=e^x$, $-\infty < x \le \ln 2$까지 거리를 지름으로 하는 원이다.

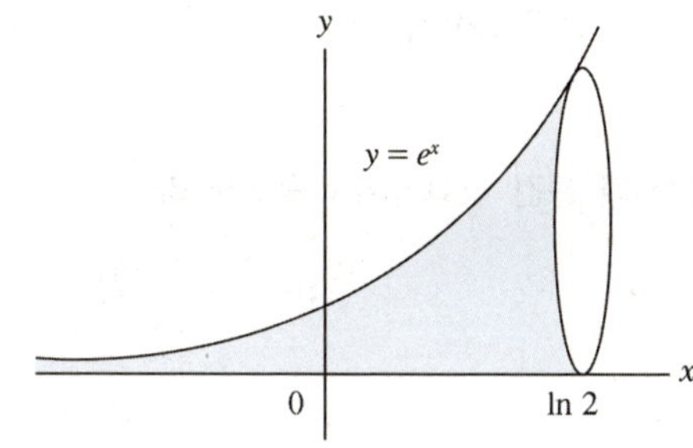


**[06-08]** 다음 직선 및 곡선으로 둘러싸인 부분을 $x$축으로 회전시킨 입체의 부피를 구하라.

**06** $x+2y=2$, $x=0$, $y=0$

**07** $y=\sin x\cos x$, $y=0$, $0 \le x \le \dfrac{\pi}{2}$

**08** $y=e^x-1$, $x=\ln 3$, $y=0$

**[09-11]** 다음 직선 및 곡선으로 둘러싸인 부분을 $y$축으로 회전시킨 입체의 부피를 구하라.

**09** $y=\dfrac{2}{3}x$, $x=0$, $y=2$

**10** $y=\dfrac{4}{\pi}\tan^{-1}x$, $x=0$, $y=1$

**11** $x=\sqrt{\dfrac{8\ln y}{y}}$, $x=0$, $y=e$

**12** 위쪽은 직선 $y=1$, 왼쪽은 $y$축, 아래쪽은 $y=\tan x$에 의하여 구분된 영역을 직선 $y=1$에 의해 회전시킨 입체의 부피를 구하라.

**13** 위쪽은 직선 $y=2\ln 2$, 왼쪽은 $x=1$, 오른쪽은 $x=e^{y/2}$에 의하여 구분된 영역을 직선 $x=1$에 의해 회전시킨 입체의 부피를 구하라.

**14** (1) 제1사분면에서 $y=\sec x$, $y=2\cos x$, $y$축으로 둘러싸인 부분의 면적을 구하라.

(2) (1)의 영역을 $x$축으로 회전시킨 입체의 부피를 구하라.

**15** 다음 그림에 표시된 영역을 $x$축, $y$축 및 $x=1$로 회전시킨 입체의 부피를 구하라.

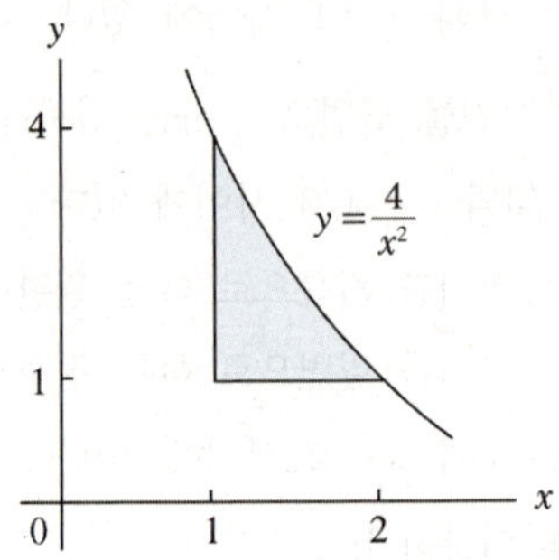


**16** $A(t)$는 곡선 $y=e^{-x}$와 직선 $x=t>0$으로 둘러싸인 1사분면 내의 도형의 면적이고 $V(t)$는 이 영역을 $x$축으로 회전시킨 입체의 부피라 할 때, 다음을 구하라.

(1) $\lim_{t\to\infty} A(t)$  (2) $\lim_{t\to\infty} \dfrac{V(t)}{A(t)}$  (3) $\lim_{t\to 0+} \dfrac{V(t)}{A(t)}$

**[17-18]** 다음을 $x$축으로 회전시켜 생긴 입체의 부피를 구하라.

**17** $y=\dfrac{3}{\sqrt{3x-x^2}}$, $0.5 \le x \le 2.5$

**18** $y=\dfrac{5}{x\sqrt{5-x}}$, $1 \le x \le 4$

**19** 아래 그림에 표시된 영역을 직선 $y=c(0 \le c \le 1)$를 축으로 회전한다.

(1) 회전체의 부피를 최소로 하는 $c$값을 구하고 그때의 부피를 구하라.

(2) 회전체의 부피를 최대로 하는 $c$값을 구하고 그때의 부피를 구하라.

(3) 길이 $c(0 \le c \le 1)$에 대한 회전체의 부피 $V$의 그래프를 그려라.

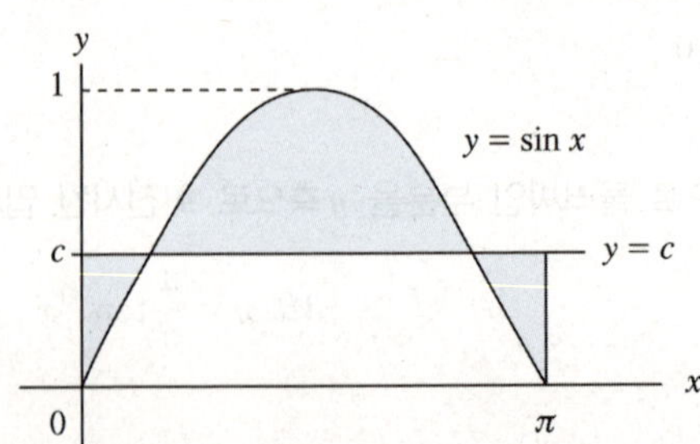

# 7.3 곡선의 길이 및 회전면의 넓이

줄넘기를 할 때 회전하는 줄에 의하여 공간에 회전면이 생긴다. 이 절에서는 평면곡선의 길이와 곡선의 회전에 의해 생기는 면의 넓이를 계산하는 방법을 배운다.

## 곡선의 길이

함수 $y=f(x)$의 $x=a$에서 $x=b$까지 곡선의 길이를 구해 보자. 구간 $[a,b]$를 $n$개의 소구간으로 분할하여 각 분할점을 직선으로 연결하여 이의 합으로 곡선의 길이를 근사한다. 그림 7.12의 선분 $PQ$의 길이는 $\sqrt{(\triangle x_k)^2+(\triangle y_k)^2}$ 이 되고 이들의 합은

$$L \approx \sum_{k=1}^{n} \sqrt{(\triangle x_k)^2+(\triangle y_k)^2}$$

이다. 구간 $[a,b]$에서 함수 $f(x)$가 미분가능하고 $f'(x)$가 연속이면[이러한 함수를 매끈한 곡선(smooth curve)이라 한다], 평균값 정리에 의해 접선의 기울기가 선분 $PQ$의 기울기와 같게 되는 곡선 위의 점$(c_k, f(c_k))$가 $P, Q$ 사이에 존재한다. 즉,

$$f'(c_k)=\frac{\triangle y_k}{\triangle x_k}$$

또는

$$\triangle y_k = f'(c_k)\triangle x_k$$

이며, 이를 이용하면 곡선의 길이는

$$L \approx \sum_{k=1}^{n} \sqrt{(\triangle x_k)^2+[f'(c_k)\triangle x_k]^2}=\sum_{k=1}^{n}\sqrt{1+[f'(c_k)]^2}\,\triangle x_k$$

과 같은 리만합으로 나타나고, 분할의 크기가 0에 가까이 감에 따라 이의 극한은

$$L=\int_a^b \sqrt{1+[f'(x)]^2}\,dx$$

이 된다.

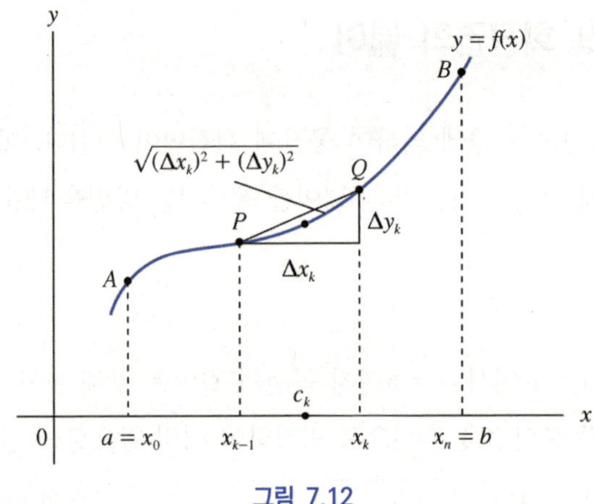


그림 7.12

[곡선의 길이]

평면 위의 매끈한 곡선 $y=f(x)$의 구간 $[a,b]$에서의 길이는

$$L=\int_a^b \sqrt{1+\left(\frac{dy}{dx}\right)^2}\,dx \tag{7.4}$$

이다.

**예제 1**

직선 $y=x,\ 0\le x\le 1$의 길이를 구하라.

**풀이**

$\dfrac{dy}{dx}=1$ 이므로 $x=0$에서 $x=1$까지 곡선의 길이는 식 (7.4)로부터

$$L=\int_0^1 \sqrt{1+\left(\frac{dy}{dx}\right)^2}\,dx=\int_0^1 \sqrt{1+1}\,dx=\sqrt{2}$$

이다. ■

곡선 위의 어떤 점에서 $dy/dx$가 존재하지 않는 경우에는 곡선을 $y$의 함수로 나타내어 $dx/dy$를 구하고, $y$에 대한 적분으로 바꾸어 계산할 수 있다.

**예제 2**

$x=0$에서 $x=2$까지 곡선 $y=(x/2)^{2/3}$의 길이를 구하라.

**풀이**

$\dfrac{dy}{dx}=\dfrac{2}{3}\left(\dfrac{x}{2}\right)^{-1/3}\cdot\dfrac{1}{2}=\dfrac{1}{3}\left(\dfrac{2}{x}\right)^{1/3}$ 인데 이는 $x=0$에서 존재하지 않는다. 곡선의 식을 $y$의 함수로 바꾸면 $x=2y^{3/2}$이 되고 $\dfrac{dx}{dy}=3y^{1/2}$는 $y$구간 $[0,1]$에서 연속이다. 따라서,

$$L=\int_c^d\sqrt{1+\left(\frac{dx}{dy}\right)^2}\,dy=\int_0^1\sqrt{1+(3y^{1/2})^2}\,dy=\int_0^1\sqrt{1+9y}\,dy=\frac{2}{27}(10\sqrt{10}-1)$$

이다. ■

## 회전면의 넓이

음이 아닌 함수 $y=f(x)$, $a\le x\le b$가 $x$축을 중심으로 회전하여 공간상에 그리는 회전면의 넓이를 구해 보자. 전체 넓이는 그림 7.13과 같이 구간 $[a,b]$ 내의 분할선분의 회전으로 생긴 띠(band)의 면적의 합으로 근사한다.

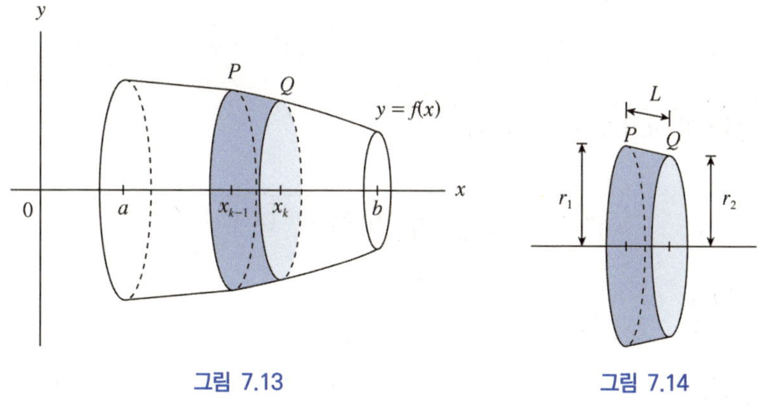


그림 7.13 그림 7.14

각각의 분할 선분 $PQ$는 회전에 의하여 그림 7.14와 같은 띠(원뿔대 모양)를 만들고, 그 면적 $S_k$는

$$S_k=2\pi\cdot\frac{r_1+r_2}{2}\cdot L=\pi(r_1+r_2)L$$

이다. 그림 7.15에서 $r_1=f(x_{k-1})$, $r_2=f(x_k)$, $L=\sqrt{(\Delta x_k)^2+(\Delta y_k)^2}$ 이므로

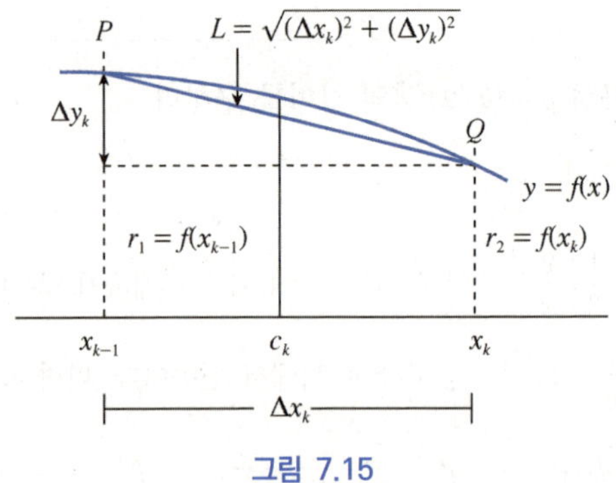


그림 7.15

$$S_k = \pi\left[f(x_{k-1}) + f(x_k)\right]\sqrt{(\Delta x_k)^2 + (\Delta y_k)^2}$$

이 되고, 전체 면적은

$$S \approx \sum_{k=1}^{n} S_k = \sum_{k=1}^{n} \pi\left[f(x_{k-1}) + f(x_k)\right]\sqrt{(\Delta x_k)^2 + (\Delta y_k)^2}$$

로 근사된다. 함수 $f(x)$가 매끈한 곡선이면 평균값 정리에서 $f'(c_k) = \Delta y_k / \Delta x_k$인 $c_k$가 $x_{k-1}$과 $x_k$ 사이에 존재하므로

$$S \approx \sum_{k=1}^{n} \pi = \left[f(x_{k-1}) + f(x_k)\right]\sqrt{1 + [f'(c_k)]^2}\,\Delta x_k$$

이 되고 분할의 크기가 0으로 갈 때

$$S = \int_a^b 2\pi f(x)\sqrt{1 + [f'(x)]^2}\,dx$$

로 수렴한다.

**[회전면의 넓이]**

매끈한 곡선 $y = f(x) \geq 0$가 구간 $[a, b]$에서 $x$축으로 회전하여 그리는 면의 넓이는

$$S = 2\pi\int_a^b y\sqrt{1 + \left(\frac{dy}{dx}\right)^2}\,dx \qquad (7.5)$$

이다.

**예제 3**

곡선 $y=2\sqrt{x}$가 $1 \le x \le 2$에서 $x$축으로 회전하여 그리는 입체의 표면적을 구하라.

**풀이**

$y=2\sqrt{x}$, $\dfrac{dy}{dx}=\dfrac{1}{\sqrt{x}}$ 이므로 식 (7.5)에서

$$S=2\pi\int_1^2 2\sqrt{x}\sqrt{1+\frac{1}{x}}\,dx=4\pi\int_1^2\sqrt{x+1}\,dx=4\pi\left[\frac{2}{3}(x+1)^{\frac{3}{2}}\right]_1^2=\frac{8\pi}{3}(3\sqrt{3}-2\sqrt{2})$$

이다(그림 7.16). ■

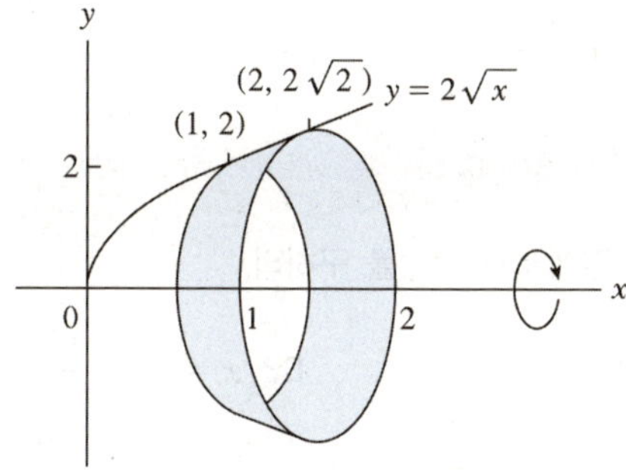


그림 7.16 예제 3

물론 $y$축을 중심으로 회전한 면의 넓이는 $x$와 $y$를 바꾸어 계산한다.

**예제 4**

곡선 $x=y^3$이 $0 \le y \le 1/2$에서 $y$축으로 회전하여 그리는 입체의 표면적을 구하라.

**풀이**

$$S=\int_c^d 2\pi x\sqrt{1+\left(\frac{dx}{dy}\right)^2}\,dy=\int_0^{1/2}2\pi y^3\sqrt{1+(3y^2)^2}\,dy=\int_0^{1/2}2\pi y^3\sqrt{1+9y^2}\,dy$$

에서 $u=\sqrt{1+9y^2}$로 치환하면,

$$S=2\pi\int_1^{5/4}\frac{1}{18}u^2du=\frac{\pi}{9}\left[\frac{u^3}{3}\right]_1^{5/4}=\frac{61}{1728}\pi$$

을 얻는다(그림 7.17). ■

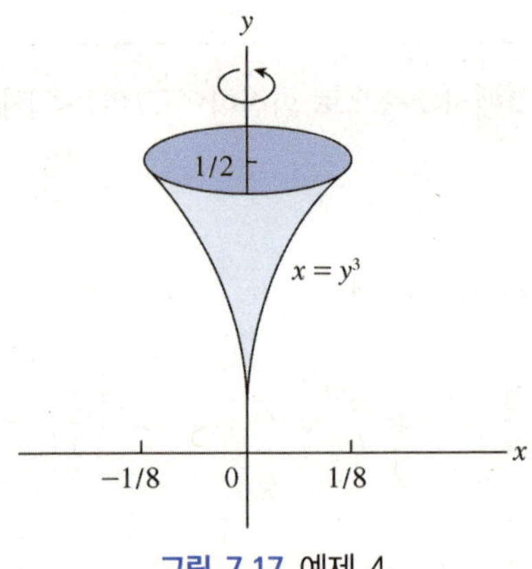


그림 7.17 예제 4

## 연습문제 7.3

**[01-05]** 다음 곡선의 주어진 구간에서의 길이를 구하라.

**01** $y=\dfrac{(x^2+2)^{3/2}}{3}$, $0 \le x \le 3$

**02** $x=\dfrac{y^3}{3}+\dfrac{1}{4y}$, $1 \le y \le 3$

**03** $y=\left(\dfrac{x^2}{8}\right)-\ln x$, $4 \le x \le 8$

**04** $x=\displaystyle\int_0^y \sqrt{\sec^4 t-1}\,dt$, $-\pi/4 \le y \le \pi/4$

**05** $y=\sqrt{1-x^2}$, $-1/2 \le x \le 1/2$

**06** 점 (0, 1)을 지나고 $x=0$에서 $x=1$까지 곡선의 길이가 $L=\displaystyle\int_0^1 \sqrt{1+e^{2x}}\,dx$인 곡선의 방정식을 구하라.

**07** 곡선 $y=\ln(\cos x)$, $0 \le x \le \pi/3$의 길이를 구하라.

**[08-09]** 다음 곡선을 $x$축으로 회전하여 생기는 면의 넓이를 구하라.

**08** $y=x^3/9$, $0 \le x \le 2$

**09** $y=\sqrt{2x-x^2}$, $0.5 \le x \le 1.5$

**[10-11]** 다음 곡선을 $y$축으로 회전하여 생기는 면의 넓이를 구하라.

**10** $x=y^3/3$, $0 \le y \le 1$

**11** $x=2\sqrt{4-y}$, $0 \le y \le 15/4$

**12** 피타고라스 정리(Pythagorean theorem)는 밑변이 $a$, 높이가 $b$인 직각삼각형의 빗변의 길이가 $\sqrt{a^2+b^2}$임을 알려 준다. 직선 $y=\dfrac{b}{a}x$, $0 \le x \le a$의 길이를 적분으로 구하여 그 결과가 같음을 보여라.

**13** 반지름이 $a$인 원의 둘레는 $2\pi a$이다. 곡선 $y=\sqrt{a^2-x^2}$, $-a \le x \le a$의 길이를 적분으로 구하여 그 결과가 같음을 보여라.

14 곡선 $y=\sqrt{a^2-x^2}$, $-a \le x \le a$를 $x$축으로 회전시킨 입체의 표면적을 적분으로 계산하여 반지름 $a$인 구의 표면적이 $4\pi a^2$임을 보여라.

## 7.4 일

일(work)은 가해진 힘에 의해 물체에 위치를 변화시키는 물리량이다. 이 절에서는 일을 계산하는 방법을 공부한다.

### 일정한 힘에 의한 일

물리학에서 일이란 물체에 가해진 힘과 물체가 이동한 거리를 곱한 값으로 정의된다.

[일정한 힘에 의한 일]

일정한 힘 $F$로 물체를 힘의 방향으로 $d$만큼 움직였을 때의 일의 양 $W$는

$$W=Fd$$

이다(그림 7.18).

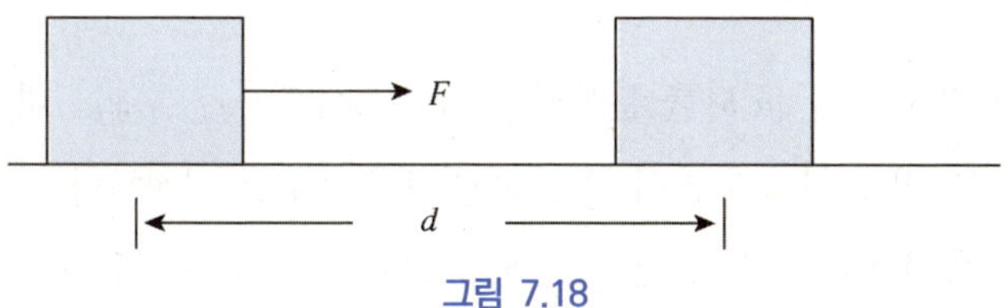


그림 7.18

**예제 1**

엔진오일을 교환하기 위하여 무게 1,000 kg중의 자동차를 2 m 들어 올렸다면 이 자동차에 대해서 한 일은 얼마인가?

**풀이**

자동차의 무게, 즉 자동차를 들어 올리는 데 필요한 힘은 $g$를 중력가속도 $9.8\ \mathrm{m/sec^2}$이라 할 때[1)]

1) 질량(mass)과 무게(weight): 무게란 질량에 작용된 중력, 즉 힘을 나타낸다. 질량이 $m$인 물체가 중력가속도가 $g$인 곳에 위치할 때 그 무게는 뉴턴 제2법칙 $F=ma$에 의하여 $F=mg$가 된다. 1 kg의 질량을 갖는 물체의 무게를 1 kg중으로 나타내며 이는 $g=9.8\ \mathrm{m/sec^2}$일 때, $(1\ \mathrm{kg})(9.8\ \mathrm{m/sec^2}) = 9.8\ \mathrm{kg \cdot m/sec^2} = 9.8\ \mathrm{N}$의 힘이다.

$$F = mg = (1{,}000\text{ kg})(9.8\text{ m/sec}^2) = 9{,}800\text{ kg}\cdot\text{m/sec}^2 = 9{,}800\text{ N}$$ [2)]

이고, 이때의 일의 양은

$$W = Fd = (9{,}800\text{ N})(2\text{ m}) = 19{,}600\text{ N}\cdot\text{m} = 19{,}600\text{ J}$$ [3)]

이다. ■

## 변하는 힘에 의한 일

물이 새는 통을 들어 올리거나, 용수철을 압축하는 것과 같이 일을 하는 동안에 가해지는 힘의 크기가 변하는 경우, 일은 힘 $F$의 $x$에 대한 적분식으로 바뀐다. $x$의 함수로 나타나는 힘 $F(x)$가 작용하여 물체를 $x=a$에서 $x=b$로 움직였을 때 한 일을 구해 보자.

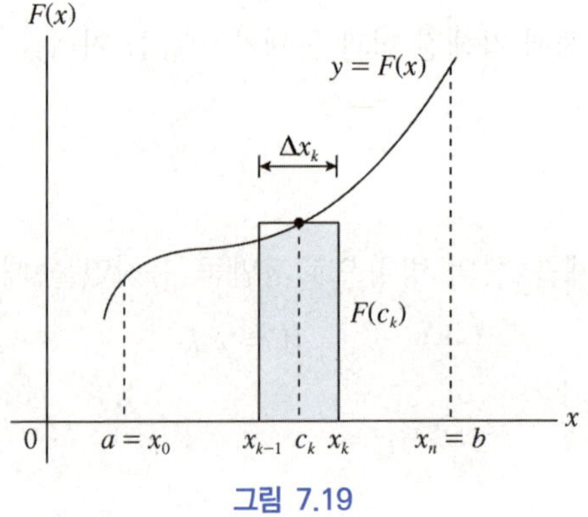


그림 7.19

그림 7.19와 같이 구간 $[a,b]$를 분할하고 각 분할구간 $[x_{k-1}, x_k]$ 내의 임의의 점 $c_k$를 잡는다. 각 분할구간의 크기가 충분히 작아 구간 내에서 $F$를 일정하다고 가정하면 구간 내에서의 일의 양은 $F(c_k)\triangle x_k$이고, 구간 $[a,b]$에서 전체 일의 양은 리만합

$$W \approx \sum_{k=1}^{n} F(c_k)\triangle x_k$$

로 나타난다. 분할의 크기가 0으로 갈 때, 이는 다음의 적분식으로 나타난다.

2) 힘의 단위: 1 N(Newton) =1 kg · m/sec$^2$

3) 일의 단위: 1 J(Joule)=1 N · m

[변하는 힘에 의한 일]

$x=a$에서 $x=b$까지 $x$축을 따라 힘 $F(x)$에 의한 일은

$$W=\int_a^b F(x)dx \tag{7.6}$$

이다.

**예제 2**

$x=1$ m에서 $x=10$ m까지 $x$축을 따라 힘 $F=\frac{1}{x^2}$ [단위: N]에 의해 한 일은

$$W=\int_1^{10}\frac{1}{x^2}dx=\left[-\frac{1}{x}\right]_1^{10}=0.9 \quad [\text{J}]$$

이다. ■

**예제 3**

무게 5 lb(파운드)의 물통에 물 1 gal (갤런)이 들어 있다. 지면으로부터 10 ft 높이까지 같은 속도로 들어 올리는 동안 물도 같은 비율로 새어 정점에서 다 없어진다면 그동안 한 일은 얼마인가? (물 1 gal의 무게는 8 lb이다.)

**풀이**

물통이 지면으로부터 $x$ ft에 있을 때 물통과 물의 무게는

$$F(x)=5+8\left(1-\frac{x}{10}\right)=13-\frac{4x}{5}$$

이다. 따라서 한 일은

$$W=\int_a^b F(x)dx=\int_0^{10}\left(13-\frac{4x}{5}\right)dx=\left[13x-\frac{2x^2}{5}\right]_0^{10}=130-40=90 \quad (\text{lb-ft})$$

이다. ■

## 후크의 법칙

용수철의 끝이 원래의 위치로부터 $x$만큼 늘어날 때 후크의 법칙(Hooke's Law)에 의하여

$$F=-kx$$

의 복원력(restoring force)이 작용한다. 여기서 $k$는 용수철의 힘상수(force constant)이고,

'−' 부호는 복원력이 용수철이 늘어나거나 줄어드는 방향에 반대방향으로 작용함을 나타낸다(그림 7.20).

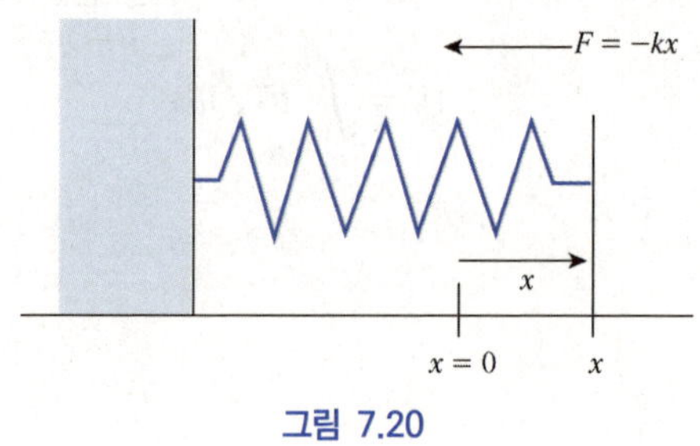


그림 7.20

**예제 4**

용수철을 원래 길이 1 m에서 0.75 m로 압축하는 데 필요한 일을 구하라. 힘상수 $k$는 16 N/m이다.

**풀이**

용수철을 1에서 0.75로 압축하는 것은 용수철의 늘어나는 길이로 $x=0$에서 $x=-0.25$에 해당하고, 압축하기 위해서는 용수철의 복원력과 같은 크기의 힘을 반대 방향으로 가해야 한다. 따라서, 압축하는 데 필요한 힘은 $F=kx=16x$ 이고, 이때 용수철에 가한 일은

$$W=\int_0^{-0.25} 16x\,dx = \left[8x^2\right]_0^{-0.25} = 0.5 \ \ (\text{Nm})$$

즉, 0.5 J이다. ■

## 양수

용기에 담겨 있는 용액을 위로 올리는(양수, liquid pumping) 데 얼마나 많은 일을 해야 하는가? 그림 7.21과 같이 단면적이 $A(y)$인 용기에 들어 있는 밀도 $\rho$인 유체를 높이 $H$까지 끌어올리는 데 필요한 일을 구해 보자.

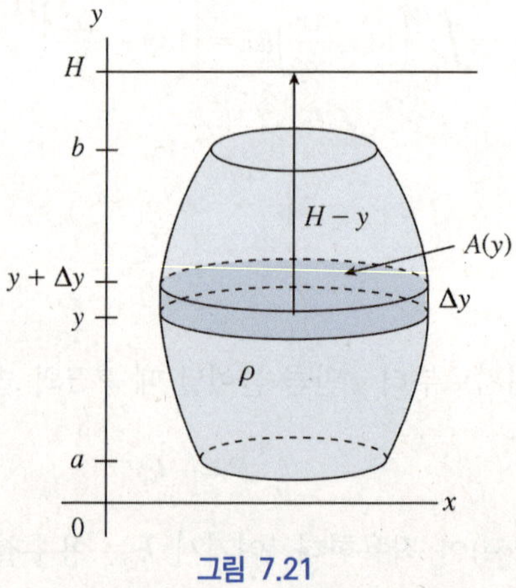


그림 7.21

용기의 높이를 나타내는 구간 $[a,b]$를 분할하여 두께 $\Delta y$인 수평의 얇은 판을 만든다. 이때 $y$와 $y+\Delta y$ 사이의 판의 부피는

$$\Delta V = (\text{단면적}) \times (\text{두께}) = A(y)\Delta y$$

이다. 이 판을 끌어올리는 데 필요한 힘은 그 무게와 같고 유체의 밀도가 $\rho$이면

$$\Delta F = \rho g \Delta V = \rho g A(y)\Delta y$$

이다. 힘 $\Delta F$로 $H-y$의 거리를 이동하는 데 필요한 일은

$$\Delta W = \Delta F(H-y) = \rho g A(y)\Delta y(H-y)$$

이다. 따라서, 용기 내의 유체 전체를 끌어올리는 데 필요한 일은

$$W \approx \sum_{y=a}^{b} \Delta W = \sum_{y=a}^{b} \rho g A(y)\Delta y(H-y)$$

이 되고, 이는 $\Delta y \to 0$일 때 다음의 적분으로 표시된다.

**[양수에 필요한 일]**

단면이 $A(y)$, $y=a$에서 $y=b$를 높이로 하는 용기에 들어 있는 밀도 $\rho$의 유체를 높이 $H$까지 끌어올리는 데 필요한 일은

$$W = \int_a^b \rho g A(y)(H-y)dy \tag{7.7}$$

이다.

**예제 5**

물이 반지름 5 m, 높이 10 m인 수직 원통 용기에 가득 차 있다. 물을 용기 꼭대기로부터 4 m 높이까지 끌어올리는 데 필요한 일을 구하라. 물의 밀도는 1,000 kg/m$^3$이다.

**풀이**

$a=0,\ b=10,\ H=14,\ A(y)=\pi \cdot 5^2 = 25\pi$를 사용하면

$$\begin{aligned} W &= \int_a^b \rho g A(y)(H-y)dy = \int_0^{10} (1{,}000)(9.8)(25\pi)(14-y)dy \\ &= 245{,}000\pi \int_0^{10} (14-y)dy = 245{,}000\pi \left[14y - \frac{y^2}{2}\right]_0^{10} \\ &= 245{,}000\pi \cdot 90 \approx 69.3 \times 10^6 \ [\mathrm{J}] \end{aligned}$$

이다(그림 7.22). ■

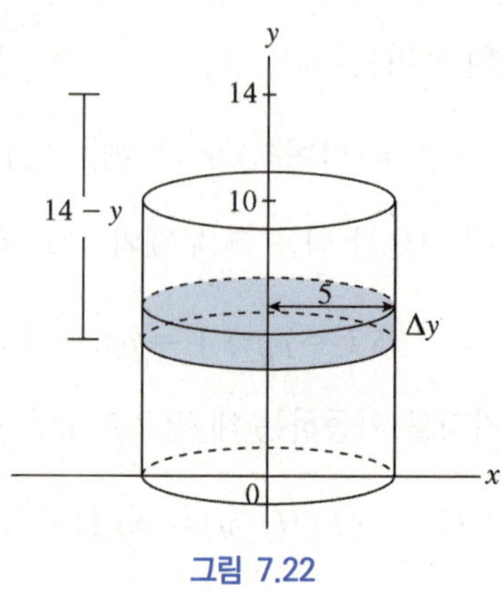


그림 7.22

**참고**

예제 5의 일을 위하여 1마력(=746 J/sec)의 일률을 갖는 펌프를 사용한다면

$$\frac{69.3\times10^6\ \mathrm{J}}{746\ \mathrm{J/sec}}\approx 26\ \mathrm{hour}$$

의 시간이 소요될 것이다. ■

## 연습문제 7.4

**01** 절벽 위에 있는 사람이 아래로 늘어진 길이 50 m의 밧줄을 당기고 있다. 이 줄의 단위길이당 무게가 0.624 N/m일 때 줄 전체를 끌어올리려면 얼마큼의 일을 해야 하나?

**02** 2 N의 힘이 고무줄을 2 cm 늘인다. 후크의 법칙이 적용된다면, 4 N의 힘으로는 같은 고무줄을 얼마만큼 늘일 수 있나? 또 그 길이로 늘이는 데 필요한 일을 구하라.

**03** 지하철 전동차의 용수철을 길이 8 in에서 5 in로 압축하는데 21,714 lb의 힘이 필요하다.

(1) 용수철 상수를 구하라.

(2) 용수철을 처음 1 in 압축하는 데, 또 그다음 1 in 압축하는 데 필요한 일을 구하라.

**04** 예제 5의 용기의 물을 용기 높이로 양수하는 데 필요한 일을 구하라.

**05** 곡선 $y=x^2$, $0\le x\le 4$ [m]를 $y$축으로 회전시킨 모양의 용기 내부에 10,000 N/m$^3$의 물이 가득 채워져 있다. 물을 용기 높이로 모두 양수하는 데 필요한 일을 구하라.

**06** 질량 $M$의 지구와 그 중심으로부터 $r$ m만큼 떨어진 질량 $m$ kg의 물체와의 만유인력의 크기는 $F=GmM/r^2$이다. 질량 1,000 kg의 인공위성을 지상 30,000 km 상공으로 쏘아 올리는 데 필요한 일을 구하라. 단, 여기서 만유인력 상수 $G=6.672\times10^{-11}$ N·m$^2$/kg$^2$, 지구 질량 $M=5.975\times10^{24}$ kg, 지구의 반지름은 6,370 km이다.

07 서로 $r$ m 떨어진 두 전자 사이에는 $F = 2.3 \times 10^{-28}/r^2$ [N]의 반발력이 작용한다.

(1) 전자 하나가 (1,0)에 위치하고 있다. 또 다른 전자를 (−1,0)에서 원점으로 $x$축을 따라 이동하는 데 필요한 일을 구하라.

(2) 두 개의 전자가 각각 (−1,0), (1,0)에 위치하고 있다. 또 다른 전자를 (5,0)에서 (3,0)으로 $x$축을 따라 이동하는 데 필요한 일을 구하라.

## 7.5 유체의 압력

압력은 단위면적당 미치는 힘으로 정의되고, 유체 내의 일정한 깊이에서는 모든 방향에 대하여 같은 값을 갖는다.

**[유체의 압력]**

밀도가 $\rho$인 유체의 표면으로부터 깊이 $h$에 위치한 면이 받는 압력은

$$p = \rho g h \tag{7.8}$$

이다.

또한, 압력에 의하여 면이 받는 힘을 다음과 같이 구할 수 있다.

**[압력에 의한 힘]**

유체의 표면으로부터 깊이 $h$에 있는, 면적이 $A$인 수평면이 받는 힘은

$$F = \text{압력} \times \text{면적} = pA = \rho g h A \tag{7.9}$$

이다.

**예제 1**

물 속 10 m에서의 수압은 얼마인가? 이곳에 윗면의 넓이가 200 m$^2$인 잠수함이 수평으로 좌초되어 있다면 잠수함 윗면이 위로부터 받는 힘은 얼마인가? 물의 밀도는 1,000 kg/m$^3$이다.

**풀이**

압력은 식 (7.8)에서

$$p = \rho gh = (1{,}000\ \mathrm{kg/m^3})(9.8\ \mathrm{m/sec^2})(10\ \mathrm{m}) = 98{,}000\ \mathrm{N/m^2}$$

이고, 천장이 받는 힘은 식 (7.9)에서

$$F = pA = (98{,}000\ \mathrm{N/m^2})(200\ \mathrm{m^2}) = 1.96 \times 10^6\ \mathrm{N}$$

이다. ■

압력은 유체의 깊이에 따라 다르므로 유체에 수직으로 잠겨 있는 면이 받는 힘은 다른 방법으로 계산해야 한다. 그림 7.23과 같이 밀도가 $\rho$인 유체에 수직으로 잠겨 있는 면에 작용하는 힘을 구해 보자.

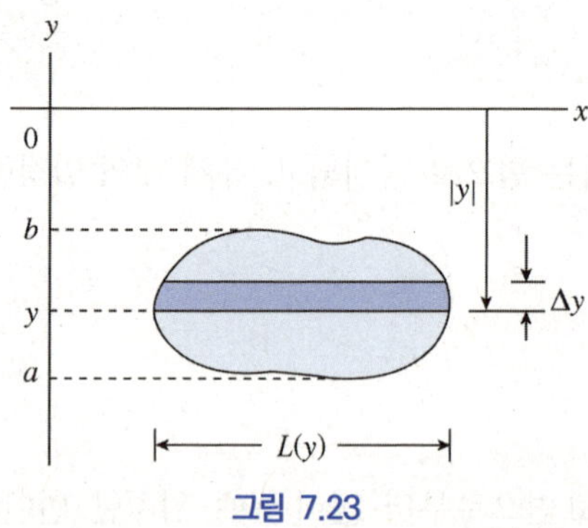


그림 7.23

먼저 구간 $[a,b]$를 분할하여 $x$축에 평행한 띠를 만든다. 깊이 $y$에 해당하는 띠는 높이 $\Delta y$를 가지며 그 수평길이를 $L(y)$라 한다. 띠의 높이 $\Delta y$가 충분히 작으면 이 띠에 작용하는 압력은 일정하며, 그 값은 $\rho g|y|$이다. 이 띠의 한쪽 면에(그림의 뒤쪽 면은 고려하지 않음) 유체가 가하는 힘은

$$\Delta F = \text{압력} \times \text{넓이} = \rho g|y| \times L(y)\Delta y$$

이고, 전체 면에 가해지는 힘은

$$F \approx \sum_{|y|=a}^{b} \Delta F = \sum_{|y|=a}^{b} \rho g|y|L(y)\Delta y$$

이다. 이는 연속함수 $\rho g|y|L(y)\Delta y$의 리만합이며, 분할의 크기를 무한히 작게 하면 다음과 같이 표시할 수 있다.

[유체에 의하여 수직면이 받는 힘]

밀도가 $\rho$인 유체에 깊이 $a$에서 $b$까지 수직으로 잠겨 있는 면에 대하여, 깊이 $|y|$에서 면의 수평길이가 $L(y)$일 때 한 면이 받는 힘은

$$F=\int_a^b \rho g|y|L(y)dy \tag{7.10}$$

이다.

## 예제 2

윗면이 6 m, 높이가 3 m인 이등변 삼각형의 판자가 수영장 2 m 아래에 수직으로 잠겨 있다. 이 판의 한 면에 가해지는 힘을 구하라.

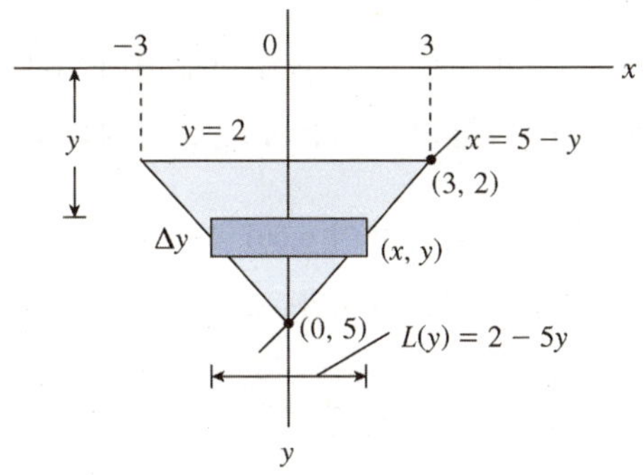


그림 7.24 예제 2

**풀이**

그림 7.24와 같이 물의 표면이 $x$축, 삼각형의 중심을 지나 아래 방향이 양의 방향이 되도록 $y$축을 잡는다. (다른 좌표계를 사용하는 경우는 연습문제 7.5의 1에서 다룬다.) 삼각형의 윗변은 직선 $y=2$로 나타나고 아래 및 오른쪽 꼭지점의 좌표는 각각 (0, 5), (3, 2)이다. 삼각형의 오른쪽 변을 나타내는 직선의 식은 $x=5-y$인데, 이는 깊이 $y$에서 폭의 길이 $L(y)$의 반에 해당하므로, 전체 수평길이는 $L(y)=2x=2(5-y)$이다. 그러므로, 삼각형에 가해지는 힘은

$$\begin{aligned} F &= \int_2^5 (1{,}000)(9.8)y[2(5-y)]dy = 19{,}600\int_2^5 (5y-y^2)dy \\ &= 19{,}600\left[\frac{5}{2}y^2-\frac{1}{3}y^3\right]_2^5 = 2.646\times 10^5 \text{ [N]} \end{aligned}$$

이다. ■

## 연습문제 7.5

**01** 예제 2를 다음의 좌표축을 사용하여 다시 계산하라.

(1) 삼각형의 아래 꼭지점을 원점으로 하고 위 방향을 $y$축의 양의 방향으로 설정

(2) 원점은 예제 2와 같고 위 방향을 $y$축의 양의 방향으로 설정

**02** 가로, 세로, 높이가 10 cm, 10 cm, 20 cm인 직육면체의 통에 물이 가득 채워져 있다면, 통의 내부에 작용하는 힘을 구하라.

**03** 반지름이 2 m인 반원이 그 지름이 수면에 일치하도록 물 속에 잠겨 있다. 반원의 한쪽 면에 작용하는 힘을 구하라.

**04** 한 변이 4 ft인 정육면체형의 수조의 한 옆면에 바닥을 $x$축으로 하였을 때, $y=x^2$, $-1 \le x \le 1$의 포물선형 수문이 있다. 이 문은 160 lb의 유체힘까지 견딜 수 있게 고안되었고, 저장하려는 유체는 50 lb/ft$^3$의 무게밀도를 가지고 있다.

(1) 유체가 2 ft의 깊이로 저장되어 있을 때 유체에 의해 문에 가해지는 힘을 구하라.

(2) 수문이 고안된 한계를 초과하지 않고 채워질 수 있는 유체의 최대높이를 구하라.

**05** 그림과 같은 물받이의 삼각형 모양의 앞쪽 면이 6,667 lb의 유체힘을 지탱하도록 설계되었다면, 이 물받이에 저장할 수 있는 물의 최대용량을 구하라. 단, 길이의 단위는 ft이고, 물의 무게밀도는 62.4 lb/ft$^3$이다.

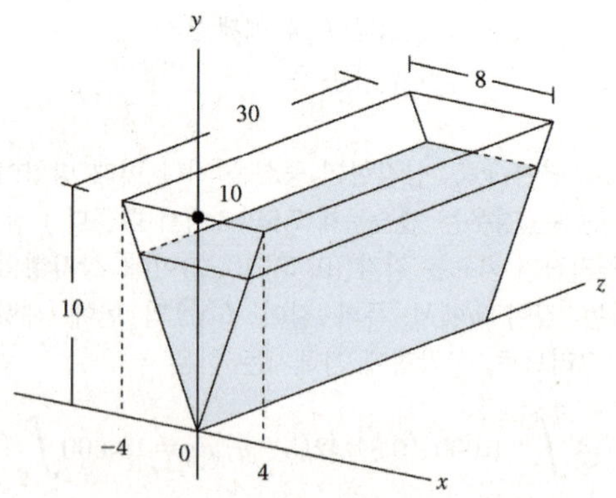

## 7.6 기타 응용

### 변위와 움직인 거리

직선 위에서 움직이는 물체의 위치의 변화, 즉 변위(displacement)는 최초 시작점에서 마지막 정지점까지의 직선거리를 의미한다. 물체의 속도를 알면 어떤 시간 사이의 물체의 변위를 계산할 수 있다. 시간구간 $a \le t \le b$를 $n$개의 소구간으로 분할하고 $\Delta t_k$를 $k$번째 구간의 길이로 한다. 구간의 크기가 충분히 작으면 구간 내에서의 속도를 일정하다고 가정할 수 있고, 이를 $v(t_k)$라 하면 $k$번째 구간에서의 변위는 $v(t_k)\Delta t_k$이다. 이는 속도가 양이면 양의 값, 속도가 음이면 음의 값을 갖는다. 따라서 전체 시간 동안의 변위는

$$r \approx \sum_{k=1}^{n} v(t_k)\Delta t_k$$

이며, 이는 분할의 크기를 0으로 가까이 할 때, 다음과 같은 적분으로 나타난다.

[물체의 변위]

속도가 $v(t)$인 물체의 시간 $t=a$에서 $t=b$ 사이의 변위는

$$r = \int_a^b v(t)dt \tag{7.11}$$

이다.

직선상에서 방향을 바꾸지 않고 움직였다면 변위는 실제 움직인 거리와 같지만, 방향을 바꾸어 움직인 경우라면 움직인 거리(traveled distance)는 속도의 절대값인 속력(speed)을 시간으로 적분하여 구한다.

[물체의 실제 이동거리]

속도가 $v(t)$인 물체가 시간 $t=a$에서 $t=b$ 사이에 움직인 거리는

$$s = \int_a^b |v(t)|dt \tag{7.12}$$

이다.

**예제 1**

어떤 물체의 속도는 $v(t)=5\cos t$ [m/sec]이다. 시간 $t=0$에서 $t=3\pi/2$에서의 변위 및 움직인 거리를 구하라.

**풀이**

물체의 변위는

$$r=\int_0^{3\pi/2} 5\cos t dt = 5\sin t\Big|_0^{3\pi/2} = -5 \text{ (m)}$$

이고, 움직인 거리는

$$s=\int_0^{3\pi/2} |5\cos t| dt = \int_0^{\pi/2} 5\cos t dt + \int_{\pi/2}^{3\pi/2} (-5\cos t) dt$$
$$= 5\sin t\Big|_0^{\pi/2} - 5\sin t\Big|_{\pi/2}^{3\pi/2} = 15 \text{ (m)}$$

이다. ■

적분은 확률, 통계학, 물리학, 생물학 등의 자연과학뿐 아니라 경제학, 경영학 등의 분야에서도 널리 이용된다. 몇 가지 간단한 예를 보자.

## 혈액의 흐름

혈관을 지나는 혈액의 흐름을 생각해 보자. 그림 7.25와 같이 혈액의 속도는 혈관의 중심에서 가장 빠르고 마찰로 인해 혈관 벽에서는 속도가 0이다. 혈관의 속도 $v$와 혈관의 반지름 $r$과의 관계는

$$v=\frac{p}{4\eta}(R^2-r^2) \tag{7.13}$$

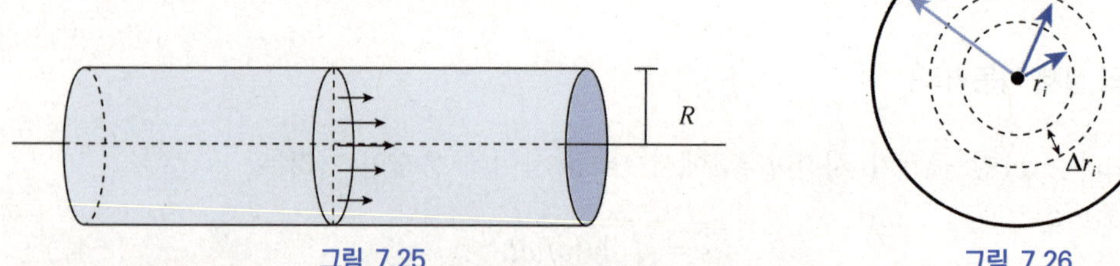


그림 7.25 그림 7.26

로 알려졌는데[4], 여기서 $R$(cm)은 혈관의 반지름, $p$(dyne/cm$^3$ · sec)는 혈관 단위길이당 압력의 차, $\eta$ (g/cm·sec)는 혈액의 점도(viscosity)이다. $p$와 $\eta$가 일정할 때 혈관을 통해 흐르는

4) 1840년 프랑스의 물리학자 J. L. Poiseuille에 의해 알려졌다.

혈액의 부피를 구하기 위해 그림 7.26과 같이 혈관의 단면을 $\Delta r_i$의 간격으로 나누어 $n$개의 환형으로 구분한다. $\Delta r_i$가 충분히 작을 때 $i$번째 환형의 넓이는 $2\pi r_i \Delta r_i$이고 이때의 속도 $v(r_i)$는 일정하므로 $i$번째 환형을 통과하는 단위시간당 혈액의 부피는 $2\pi r_i \Delta r_i v(r_i)$이다. 따라서, 혈관 전체의 단면을 통해 흐르는 부피는

$$V \approx \sum_{i=1}^{n} 2\pi r_i v(r_i) \Delta r_i$$

이고, $\Delta r_i$를 0으로 보내면

$$V = \int_0^R 2\pi r v(r) dr \tag{7.14}$$

과 같은 적분으로 나타난다. 식 (7.13)으로 나타나는 속도를 식 (7.14)에 대입하면

$$V = \int_0^R 2\pi r v(r) dr = \frac{\pi p}{2\eta} \int_0^R r(R^2 - r^2) dr = \frac{\pi p}{2\eta} \left[ R^2 \frac{r^2}{2} - \frac{r^4}{4} \right]_0^R = \frac{\pi p}{8\eta} R^4$$

즉

$$V = \frac{\pi p}{8\eta} R^4 \tag{7.15}$$

이 된다. 식 (7.15)는 혈관을 통해 단위시간당 흐르는 혈액의 부피가 혈관 반지름의 네제곱에 비례한다는 Poseuille의 법칙을 나타낸다.

**예제 2**

정상인의 경우 혈액의 점도 $\eta$는 0.027 (g/cm · sec), 혈관 단위길이당 압력차 $p$는 2,000 (dyne/cm$^3$)이다. 혈관의 반지름이 0.008 (cm)인 혈관을 통해 단위시간당 흐르는 혈액의 부피를 구하라.

**풀이**

Poseuille의 법칙을 사용하면 식 (7.15)에서

$$V = \frac{\pi p}{8\eta} R^4 = \frac{\pi \cdot 2{,}000}{8 \cdot 0.027} (0.008)^4 \approx 0.000119 \text{ (cm}^3\text{/sec)}$$

이다. ■

## 확률 계산

2개의 주사위를 던져 나오는 숫자의 합을 확률변수 $X$라고 할 때 $X = x_i$일 확률 $P(X = x_i)$의 값과 그래프는 다음과 같다.

| $X$ | 2 | 3 | 4 | 5 | 6 | 7 | 8 | 9 | 10 | 11 | 12 |
|---|---|---|---|---|---|---|---|---|---|---|---|
| $P(X = x_i)$ | 1/36 | 2/36 | 3/36 | 4/36 | 5/36 | 6/36 | 5/36 | 4/36 | 3/36 | 2/36 | 1/36 |

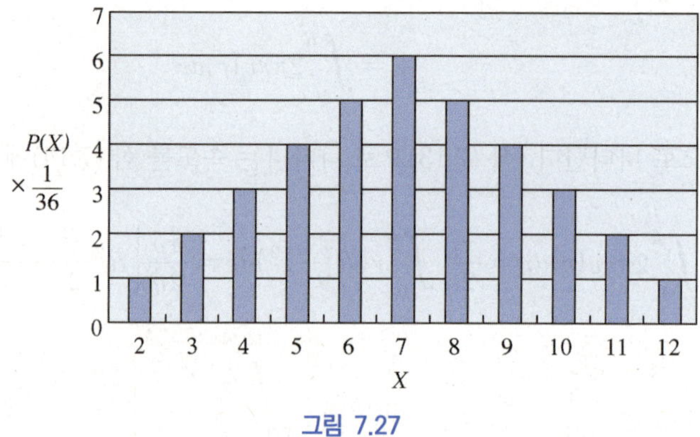


그림 7.27

이와 같이 유한개의 값 $x_1$, $x_2$, $\cdots$, $x_n$을 갖는 확률변수를 이산 확률변수(discrete random variables)라 하며 이것이 나타내는 확률의 분포를 이산 확률분포(discrete probability distribution)라 한다. 이를 이용하여 원하는 확률을 계산할 수 있으며 확률변수의 평균, 즉 기대값은

$$E(X) = \sum_{i=1}^{n} x_i P(X = x_i)$$

로 계산한다. 예를 들어 두 개의 주사위를 던져 나온 숫자의 합이 3 이하일 확률은

$$P(X \leq 3) = P(X = 2) + P(X = 3) = \frac{1}{36} + \frac{2}{36} = \frac{3}{36}$$

이고, 기대값은

$$E(X) = \sum_{i=1}^{n} x_i P(X = x_i) = 2 \cdot \frac{1}{36} + 3 \cdot \frac{2}{36} + \cdots + 12 \cdot \frac{1}{36} = 7$$

이다.

반면에 무작위로 추출된 성인 여성의 키와 같이 확률변수가 어떤 구간 내의 모든 실수를 갖는 경우가 있다. 이산 확률분포에서 계급의 차를 점점 줄이면 확률분포는 매끈한 곡선이 되는데 이와 같이 어떤 구간의 모든 실수 값을 갖는 확률변수를 연속 확률변수(continuous random variables)라고 하며, 이때 연속 확률분포를 나타내는 함수 또는 그래프를 확률밀도함수(probability density function)라고 한다. 확률밀도함수 $f(x)$는 모든 $x$에 대해 $f(x) \geq 0$이고, $\int_{-\infty}^{\infty} f(x)dx = 1$이어야 한다. $X$가 $a$에서 $b$ 사이에 있을 확률은 $x=a$와 $x=b$ 사이에서 함수 $f(x)$와 $x$축 사이의 그래프의 면적

$$P(a \leq X \leq b) = \int_a^b f(x)dx \tag{7.16}$$

이고, $X$의 평균(mean) 또는 기대값 $\mu$는

$$\mu = \int_{-\infty}^{\infty} xf(x)dx \tag{7.17}$$

로 계산한다.

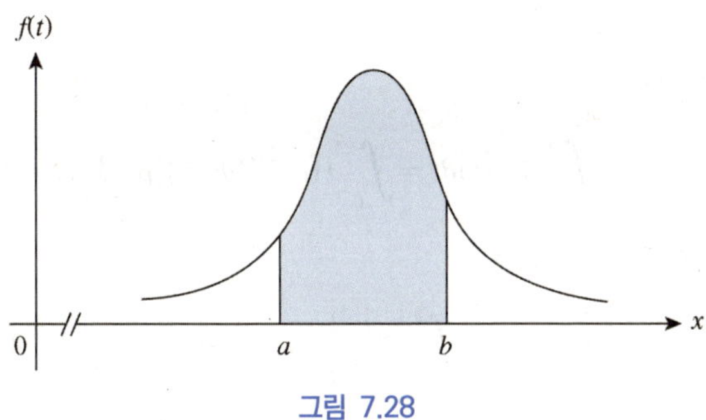


그림 7.28

**예제 3**

어떤 장비의 수명의 확률밀도함수를 시간 $t$(년)에 대해 지수적으로 감소하는 함수 $f(t) = Ae^{-ct}$로 나타내어 감가상각의 기준으로 삼으려 한다. 여기서, $c$는 장비의 종류에 따라 결정되는 양의 상수이다.

(1) $f(t)$를 확률밀도함수로 사용할 수 있도록 $A$의 값을 정하라.

(2) 장비의 평균 사용기간을 구하라.

(3) 구입한 장비의 평균 사용기간이 10년이라면 첫 1년 동안 수명이 다할 확률을 계산하라.

(4) (3)의 장비를 10년 이상 사용할 확률을 구하라.

**풀이**

(1) 장비를 신규로 구입한 시점을 $t=0$라 할 때

$$f(t)=\begin{cases}0, & t<0\\ Ae^{-ct}, & t\geq 0\end{cases}$$

으로 정의하자(그림 7.29 참조). $f(t)$가 확률밀도함수가 되기 위해서는 $f(t)\geq 0$, $\int_{-\infty}^{\infty}f(t)dt=1$이므로

$$\int_{-\infty}^{\infty}f(t)dt=\int_{-\infty}^{0}0dt+\int_{0}^{\infty}Ae^{-ct}dt=\lim_{b\to\infty}\int_{0}^{b}Ae^{-ct}dt$$
$$=\lim_{b\to\infty}\left[-\frac{A}{c}e^{-ct}\right]_0^b=\lim_{b\to\infty}\frac{A}{c}(1-e^{-cb})=\frac{A}{c}=1$$

에서 $A=c$이다.

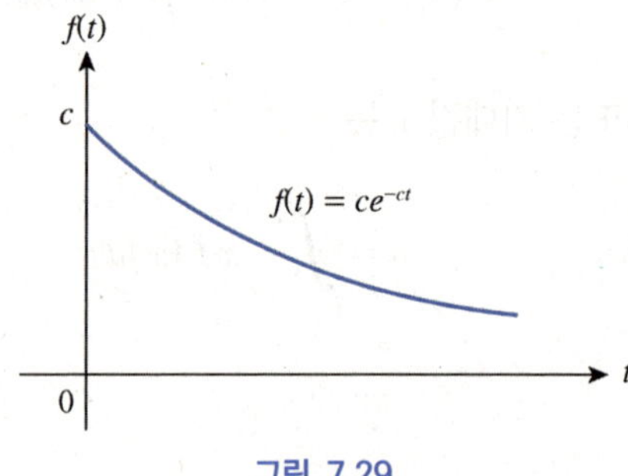


그림 7.29

(2) 평균은 식 (7.17)에서

$$\mu=\int_{-\infty}^{\infty}tf(t)dt=\int_{0}^{\infty}t\left(ce^{-ct}\right)dt=\lim_{b\to\infty}\int_{0}^{b}cte^{-ct}dt$$

이 되는데, 부분적분을 사용하면

$$\mu=\lim_{b\to\infty}\left\{[-te^{-ct}]_0^b+\int_{0}^{b}e^{-ct}dt\right\}=\lim_{b\to\infty}\left\{-be^{-cb}-\frac{1}{c}e^{-cb}+\frac{1}{c}\right\}=\frac{1}{c}$$

(3) $\mu=10$, 즉 $c=\dfrac{1}{10}$이므로 확률밀도함수는

$$f(t)=\begin{cases}0, & t<0\\ \dfrac{1}{10}e^{-t/10}, & t\geq 0\end{cases}$$

이다. 첫 1년 동안에만 사용될 확률은, 식 (7.16)에 의해

$$P(0\leq T\leq 1)=\int_{0}^{1}f(t)dt=\int_{0}^{1}\frac{1}{10}e^{-t/10}dt=\frac{1}{10}\left[-10e^{-t/10}\right]_0^1$$
$$=1-e^{-1/10}\approx 0.095$$

로 약 9.5%이다.

(4) 10년 이상 사용할 확률은

$$P(T \geq 10) = \int_{10}^{\infty} f(t)dt = \lim_{b \to \infty} \int_{10}^{b} \frac{1}{10} e^{-t/10} dt = \lim_{b \to \infty} \frac{1}{10} \left[-10e^{-t/10}\right]_{10}^{b}$$
$$= \lim_{b \to \infty} \frac{1}{10} \left[-10e^{-t/10}\right]_{10}^{b} = e^{-1} \approx 0.3679$$

로 약 36.8%이다. ■

## 연습문제 7.6

**[01-02]** 함수 $v(t)$는 m/sec의 단위를 갖는 속도이다. 주어진 시간 구간에서 속도 $v(t)$의 그래프를 그리고, 물체의 변위 및 움직인 거리를 구하라.

**01** $v(t) = 5\cos t,\ 0 \leq t \leq 2\pi$

**02** $v(t) = 49 - 9.8t,\ 0 \leq t \leq 10$

**03** 함수 $x = t^3/3 - 3t^2 + 8t$는 시간 $t \geq 0$에서 $x$축 위를 움직이는 물체의 위치를 나타낸다.

(1) $t = 0$에서 이 물체는 어느 방향으로 움직이는가?

(2) 물체가 왼쪽으로 움직이는 시간 구간을 구하라.

(3) $t = 3$에서 물체의 위치를 구하라.

(4) $t = 3$일 때, 물체가 움직인 거리를 구하라.

(5) $x(t)$의 그래프를 $t$의 함수로 그리고 물체의 운동을 설명하라.

**04** 어떤 물체가 용수철에 매달려 감쇠진동을 한다. 시간 $t$에서 물체의 위치 $y$가

$$y = 2e^{-t}\cos t$$

로 나타난다면, $0 \leq t \leq 2\pi$에서

(1) $y$의 평균 $\bar{y}$를 구하라. (단, $\bar{y} = \frac{1}{2\pi}\int_0^{2\pi} y(t)dt$이다.)

(2) $y$의 그래프를 그리고 $\bar{y}$를 나타내어라.

**05** 수소 원자 $H_1^1$은 한 개의 양자로 이루어진 원자핵(nucleus)과 원자핵 주위를 도는 한 개의 전자로 구성된다. 전자는 원자핵을 중심으로 반지름이 $r$인 궤도(orbit)에 존재하는데, 기저상태(ground state)에서 이 반지름은 확률밀도함수

$$R(r) = \frac{4}{a^3} r^2 e^{-2r/a},\ r \geq 0$$

로 표현된다. 여기서 $a$는 Bohr 반지름으로 $a = 5.59 \times 10^{-11}$m이다.

(1) $R(r)$이 확률밀도함수임을 보여라.

(2) $\lim_{r \to 0} R(r),\ \lim_{r \to \infty} R(r)$을 구하라.

(3) $R(r)$이 최대가 되는 $r$을 구하고, $R(r)$의 그래프를 그려라.

(4) 원자핵을 중심으로 반지름이 $4a$인 구안에 전자가 존재할 확률을 구하라.

(5) 전자궤도의 평균 반지름을 구하라.

---

COLLEGE MATHEMATICS

CHAPTER 08

# 벡터와 벡터공간

## 8.1 평면벡터와 공간벡터

자연계에는 스칼라(scalar)와 벡터(vector)라 불리는 두 종류의 물리량이 존재한다. 스칼라는 크기(magnitude)만을 갖는 양으로 길이, 거리, 속력, 온도, 일 등이 해당되고, 벡터는 크기 외에도 방향을 갖는 양으로 위치, 변위, 속도, 힘, 운동량(momentum) 등이 해당된다.

### 벡터의 표시, 정의

벡터는 평면 및 공간에서 크기와 방향을 갖는 유향선분으로 시작점과 끝점을 갖는다. 벡터는 벡터를 나타내는 문자 위에 화살표를 사용하여 $\vec{a}$, 또는 굵은 글씨체를 사용하여 $\boldsymbol{a}$ 등으로 표시하는데, 여기서는 $\vec{a}$를 사용하기로 하자.

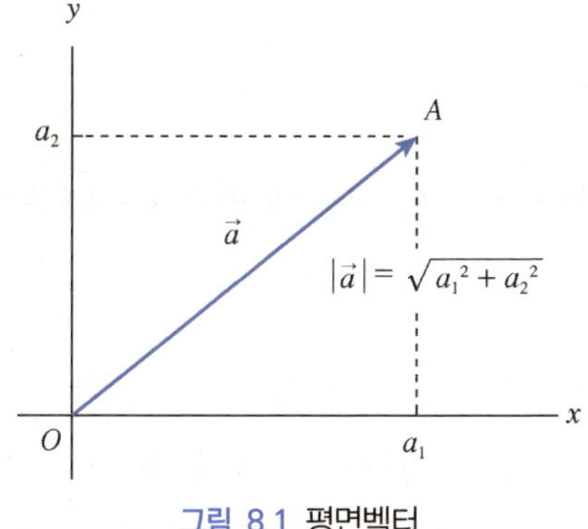


그림 8.1 평면벡터

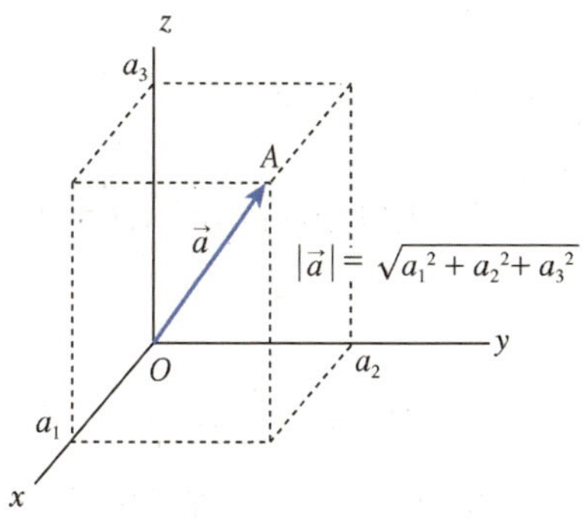


그림 8.2 공간벡터

**정의 벡터**

벡터는 크기와 방향을 갖는 유향선분으로 시작점을 원점으로 할 때 끝점의 각 좌표축에 대한 성분(component)의 순서쌍으로 정의한다. 즉, 평면벡터의 경우

$$\vec{a} = [a_1, a_2]$$

이고, 공간벡터의 경우

$$\vec{a} = [a_1, a_2, a_3]$$

이다.[5)]

위의 정의에서 벡터의 성분 $a_1$, $a_2$, $a_3$는 스칼라임에 유의하자. 영벡터 $\vec{0} = [0,0]$ 또는 $\vec{0} = [0,0,0]$은 크기가 0이고 특정한 방향을 갖지 않는 유일한 벡터이다.

**정의 벡터의 크기**

벡터 $\vec{a}$의 크기(norm, magnitude)는 $|\vec{a}|$로 나타내며 평면 벡터와 공간 벡터에 대해 각각

$$|\vec{a}| = \sqrt{a_1^2 + a_2^2}, \quad |\vec{a}| = \sqrt{a_1^2 + a_2^2 + a_3^2}$$

이다(그림 8.1과 8.2 참조).

## 벡터의 연산

다음에는 평면 벡터에 대하여 여러 가지 벡터 연산을 정의한다. 이러한 정의는 공간 벡터에 대해서도 마찬가지로 적용된다.

**정의 벡터의 상등**

두 벡터 $\vec{a} = [a_1, a_2]$, $\vec{b} = [b_1, b_2]$에 대하여 $a_1 = b_1$, $a_2 = b_2$이면 $\vec{a} = \vec{b}$이다.

기하적으로 두 벡터 $\vec{a}$, $\vec{b}$의 크기와 방향이 같을 때 두 벡터는 서로 같다고 하고 $\vec{a} = \vec{b}$로 나타낸다. 그림 8.3에서 $\vec{a}$를 평행이동하여 $\vec{b}$가 되었다면 $\vec{a} // \vec{b}$이므로 $a_1 = x_2 - x_1 = b_1$, $a_2 = y_2 - y_1 = b_2$이고, 따라서 $\vec{a} = \vec{b}$이다. 즉, 두 벡터는 시작점과 끝점에 관계없이 방향과

5) 이 교재에서는 점의 좌표를 나타내는 기호 '( )'와 벡터 성분의 순서쌍을 나타내는 기호 '[ ]'를 구분하여 사용한다.

크기가 같으면 서로 같다.

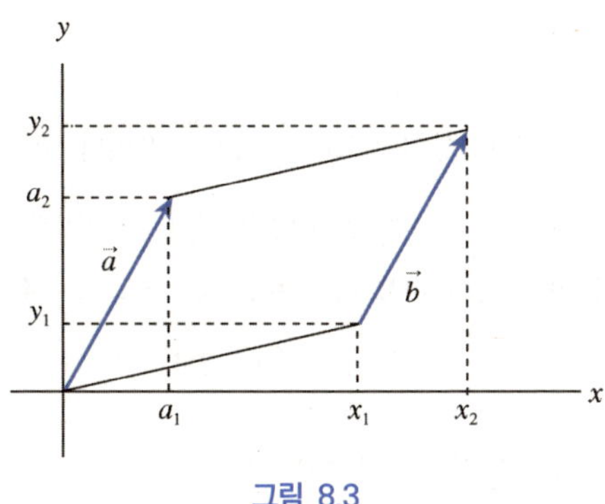


그림 8.3

**예제 1**

시작점이 $(-1,3,6)$이고 끝점이 $(4,0,5)$인 벡터 $\vec{A}$를 성분으로 나타내어라.

**풀이**

$\vec{A}=[4-(-1),0-3,5-6]=[5,-3,-1]$ ■

**정의** **벡터의 합과 차**

$\vec{a}=[a_1,a_2]$, $\vec{b}=[b_1,b_2]$일 때 $\vec{a}\pm\vec{b}=[a_1\pm b_1,a_2\pm b_2]$이다.

즉, 벡터의 합(addition)과 차(subtraction)는 각 성분의 합과 차로 정의한다. 이러한 정의는 벡터의 합과 차에 관한 그림 8.4와 8.5의 평행사변형 원리와 삼각형 원리와 일치함을 쉽게 확인할 수 있을 것이다.

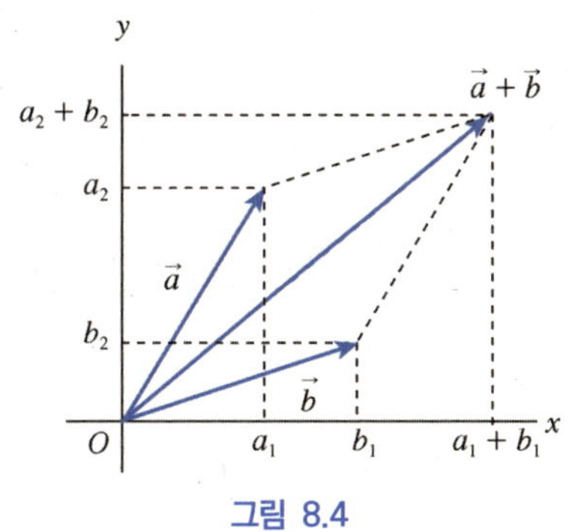


그림 8.4

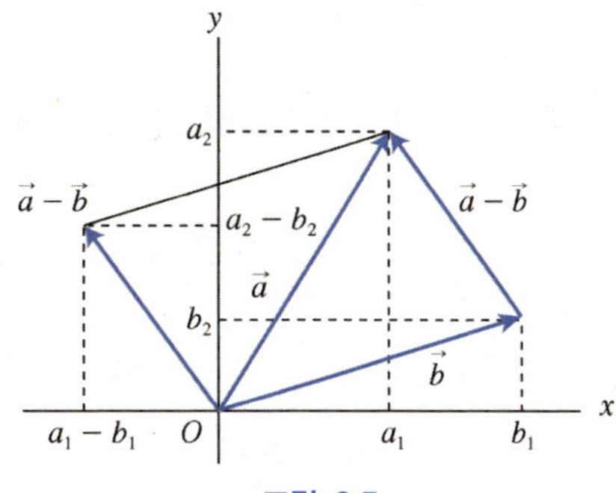


그림 8.5

**예제 2**

힘 $\vec{p}$, $\vec{q}$, $\vec{r}$이 평형상태에 있다. $\vec{q}=[0,3,-4]$이고 $\vec{r}=[1,-1,0]$일 때 힘 $\vec{p}$를 구하라.

**풀이**

$\vec{p}=[x,y,z]$로 놓으면, 세 힘이 평형상태이므로 $\vec{p}+\vec{q}+\vec{r}=\vec{0}$이다. $\vec{q}=[0,3,-4]$, $\vec{r}=[1,-1,0]$이므로

$$\vec{p}+\vec{q}+\vec{r}=[x+0+1,y+3-1,z-4+0]=[0,0,0]$$

이 되는데, 두 벡터의 성분이 같아야 하므로, $x=-1,y=-2$, $z=4$를 얻는다. 따라서,

$$\vec{p}=[-1,-2,4]$$

■

벡터의 합은 다음과 같은 성질을 갖는다.

**정리 • 8.1 벡터 합의 성질**

(1) $\vec{a}+\vec{b}=\vec{b}+\vec{a}$ : 교환법칙　　(2) $(\vec{a}+\vec{b})+\vec{c}=\vec{a}+(\vec{b}+\vec{c})$ : 결합법칙

다음에는 벡터에 스칼라를 곱한 벡터의 스칼라 곱을 정의한다.

**정의 벡터의 스칼라 곱**

벡터 $\vec{a}=[a_1,a_2]$와 임의의 스칼라 $k$에 대하여 $k\vec{a}=[ka_1,ka_2]$이다.

즉, 벡터의 스칼라 곱은 각 성분의 스칼라 곱이다. $k\vec{a}$는 $k>0$이면 $\vec{a}$와 같은 방향이고 $k<0$이면 $\vec{a}$와 반대 방향이다. 또한

$$|k\vec{a}|=\sqrt{(ka_1)^2+(ka_2)^2}=|k|\sqrt{a_1^2+a_2^2}=|k|\,|\vec{a}|$$

이므로 $k\vec{a}$의 크기는 $\vec{a}$의 크기의 $|k|$ 배이다.

벡터의 스칼라 곱은 다음과 같은 성질을 갖는다.

**정리 • 8.2 벡터의 스칼라 곱에 관한 성질**

임의의 스칼라 $k$, $k_1$, $k_2$에 대해

(1) $k_1(k_2\vec{a})=(k_1k_2)\vec{a}=k_2(k_1\vec{a})$ : 교환 및 결합법칙

(2) $k(\vec{a}+\vec{b})=k\vec{a}+k\vec{b}$ : 분배법칙

**예제 3**

$3(2\vec{a}-\vec{b})-2(\vec{a}+2\vec{b})$를 간단히 하라.

**풀이**

$3(2\vec{a}-\vec{b})-2(\vec{a}+2\vec{b})=3\cdot 2\vec{a}-3\vec{b}-2\vec{a}-2\cdot 2\vec{b}=4\vec{a}-7\vec{b}$ ■

**예제 4**

평면 위의 네 점 $O$, $A$, $B$, $C$가 있다. $\overrightarrow{OA}=\vec{a}$, $\overrightarrow{OB}=\vec{b}$라 할 때, $\overrightarrow{OC}=-3\vec{a}+4\vec{b}$이면 세 점 $A$, $B$, $C$는 일직선 위에 있음을 보여라.

**풀이**

$$\overrightarrow{AB}=\overrightarrow{OB}-\overrightarrow{OA}=\vec{b}-\vec{a}$$
$$\overrightarrow{AC}=\overrightarrow{OC}-\overrightarrow{OA}=(-3\vec{a}+4\vec{b})-\vec{a}=4(\vec{b}-\vec{a})=4\overrightarrow{AB}$$

즉, $\overrightarrow{AB}$와 $\overrightarrow{AC}$는 시작점이 같고 서로 평행하므로 세 점 $A$, $B$, $C$는 일직선 위에 있다. ■

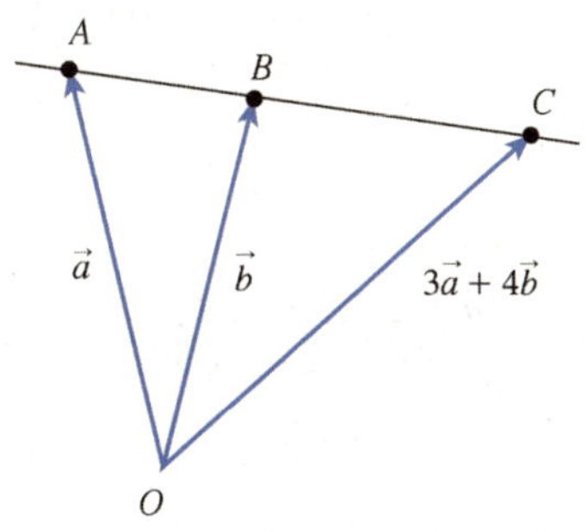


그림 8.6 예제 4

## 단위벡터, 방향단위벡터

크기가 1인 벡터를 단위벡터(unit vector)라 한다. 벡터 $\vec{a}$와 같은 방향을 갖는 단위벡터 $\hat{u}$는

$$\hat{u}=\frac{\vec{a}}{|\vec{a}|}$$

로 나타난다. 여기서는 기호 '$\hat{}$(hat)'를 단위벡터를 나타내는 기호로 사용하기로 한다. $\hat{u}$의 크기는

$$|\hat{u}|=\left|\frac{\vec{a}}{|\vec{a}|}\right|=\frac{|\vec{a}|}{|\vec{a}|}=1$$

이 되어 $\hat{u}$가 단위벡터임을 확인할 수 있다.

**예제 5**

$\vec{A}=[5,-3,-1]$과 같은 방향의 단위벡터를 구하라.

**풀이**

$|\vec{A}|=\sqrt{5^2+(-3)^2+(-1)^2}=\sqrt{35}$ 이므로

$$\hat{A}=\vec{A}/|\vec{A}|=\frac{1}{\sqrt{35}}[5,-3,-1]$$ ■

각 좌표축에 평행한 단위벡터를 방향단위벡터(directional unit vectors)라 하는데, 그림 8.7의 3차원 직교좌표계에서 $x, y, z$ 방향의 방향단위벡터를 각각 $\hat{i}, \hat{j}, \hat{k}$로 표시하며, 이를 성분으로 나타내면

$$\hat{i}=[1,0,0],\ \hat{j}=[0,1,0],\ \hat{k}=[0,0,1]$$

이고,

$$|\hat{i}|=|\hat{j}|=|\hat{k}|=1$$

이다.

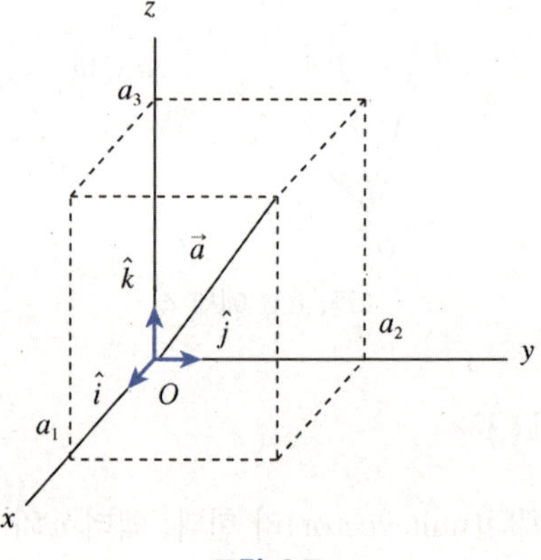


그림 8.7

벡터 연산의 정의에 따라 임의의 벡터 $\vec{a}=[a_1, a_2, a_3]$를 방향단위벡터를 사용하여

$$\vec{a}=[a_1, a_2, a_3]=a_1[1,0,0]+a_2[0,1,0]+a_3[0,0,1]=a_1\hat{i}+a_2\hat{j}+a_3\hat{k}$$

로 나타낼 수 있다.

## 연습문제 8.1

01 어떤 점을 표시하는데 '원점으로부터 거리가 5이다.'라고 하는 것과 '위치벡터가 $\vec{r}=3\hat{i}+4\hat{j}$이다.'라고 하는 것의 차이를 말하라.

02 벡터 $\vec{a}=-2\hat{i}+\hat{j}-\hat{k}$, $\vec{b}=\hat{i}-3\hat{k}$에 대하여 $2\vec{a}$, $\vec{a}+\vec{b}$, $\vec{a}-\vec{b}$, $|\vec{a}+\vec{b}|$, $|\vec{a}-\vec{b}|$를 구하라.

03 $P_1(-1,1,0)$, $P_2(2,3,1)$일 때 벡터 $\overrightarrow{P_1P_2}$를 원점을 시작점으로 하여 그려라.

04 벡터 $\overrightarrow{P_1P_2}=4\hat{i}+8\hat{j}$의 끝점이 $(-3,10)$이다. 시작점을 구하라.

05 $\vec{a}=[2,8]$, $\vec{b}=[3,4]$일 때, $2\vec{a}-3\vec{b}$와 평행한 단위벡터 $\hat{c}$를 구하라.

06 $\vec{a}=-2\hat{i}-3\hat{j}$, $\vec{b}=\hat{i}+\hat{j}$, $\vec{c}=\hat{i}-\hat{j}$일 때, $\vec{a}$를 $\vec{b}$와 $\vec{c}$로 나타내라.

07 접선에 평행한 벡터를 접선벡터(tangential vector)라 한다. 곡선 $y=x^2/4+1$의 점 $(2,2)$에서의 단위 접선벡터 $\hat{T}$를 구하라.

08 평면 위의 곡선을 따라 10 m/s의 등속력으로 운동하는 물체가 있다. 점 $A$에서 점 $B$에 도달하는 데 2초가 소요되었을 때, 두 점 사이의 평균 가속도의 크기와 방향을 구하라.

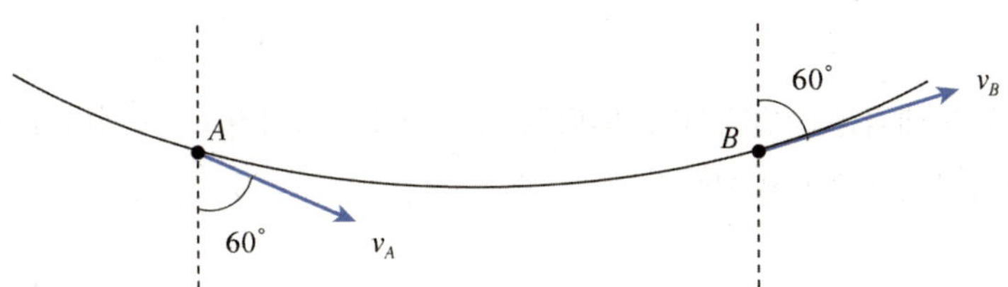


09 다음 그림에서 $\theta_1=45°$, $\theta_2=30°$, $|\vec{W}|=100$ Newton일 때, 두 줄에 걸리는 힘의 크기, 즉 $|\vec{F_1}|$, $|\vec{F_2}|$를 구하라.

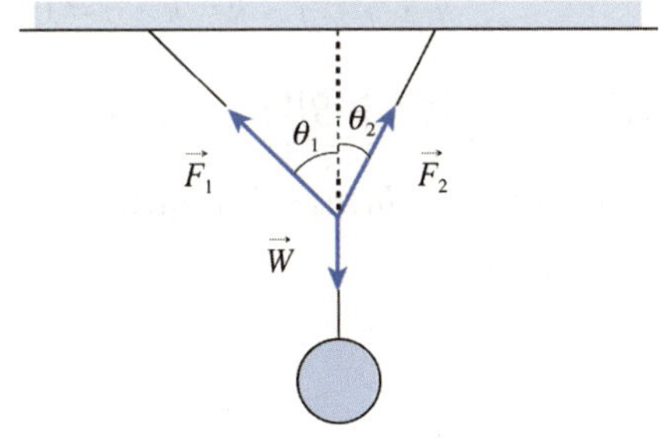

## 8.2 벡터의 내적

이 절에서는 두 벡터의 곱의 한 종류인 내적(inner product)[6)]에 대해 알아본다.

**정의** **내적**

두 벡터 $\vec{a}$, $\vec{b}$의 내적은 $\vec{a} \cdot \vec{b}$ 로 표시하며, 두 벡터가 이루는 각을 $\theta(0 \le \theta \le \pi)$라 할 때

$$\vec{a} \cdot \vec{b} = |\vec{a}||\vec{b}|\cos\theta$$

이다(그림 8.8).

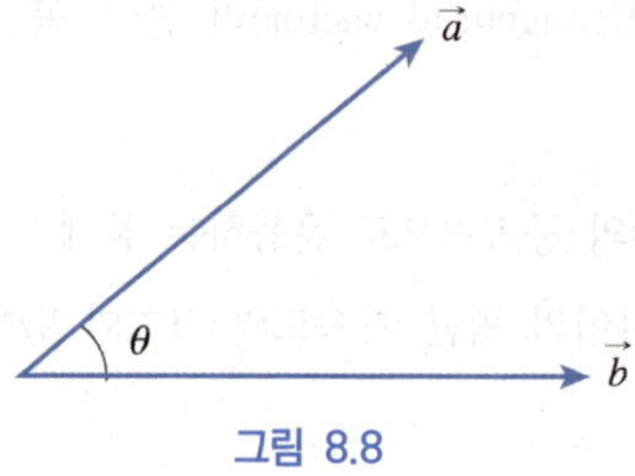


그림 8.8

두 벡터의 내적은 스칼라이며, 벡터의 크기가 0이 아니라도 두 벡터가 이루는 각이 직각이면 두 벡터의 내적은 0이 된다.[7)]

방향단위벡터 $\hat{i}$, $\hat{j}$, $\hat{k}$ 는 서로 직각이고, $|\hat{i}| = |\hat{j}| = |\hat{k}| = 1$이므로 다음과 같은 성질을 갖는다.

$$\hat{i} \cdot \hat{i} = \hat{j} \cdot \hat{j} = \hat{k} \cdot \hat{k} = 1$$
$$\hat{i} \cdot \hat{j} = \hat{j} \cdot \hat{k} = \hat{k} \cdot \hat{i} = 0$$

두 벡터의 내적을 성분으로 계산할 수 있다. 두 벡터 $\vec{a} = [a_1, a_2]$, $\vec{b} = [b_1, b_2]$ 가 다음과 같은 삼각형을 이루면 $\vec{c} = \vec{a} - \vec{b} = [a_1 - b_1, a_2 - b_2]$ 이고,

---

6) 벡터의 내적을 점곱(dot product) 또는 스칼라곱(scalar product)이라고도 한다.
7) $\vec{a} \cdot \vec{b} = 0$ 일 때 두 벡터 $\vec{a}$와 $\vec{b}$가 직교한다고 한다.

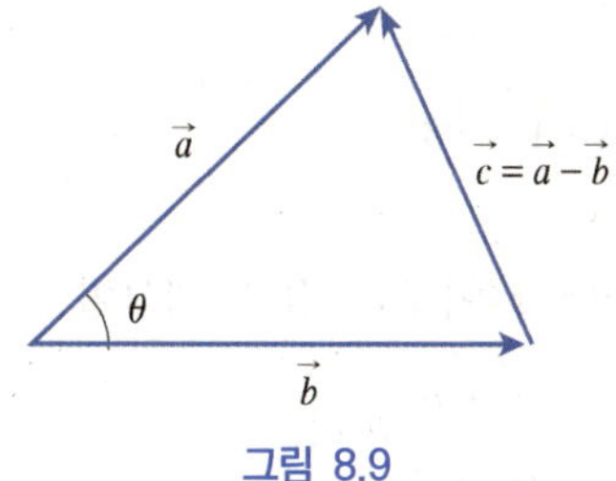


그림 8.9

그림 8.9의 삼각형에 코사인 법칙(부록 참조)을 적용하여

$$|\vec{c}|^2 = |\vec{a}|^2 + |\vec{b}|^2 - 2|\vec{a}||\vec{b}|\cos\theta$$

또는

$$|\vec{a}||\vec{b}|\cos\theta = \frac{1}{2}(|\vec{a}|^2 + |\vec{b}|^2 - |\vec{c}|^2)$$

을 얻는다. 위 식의 좌변은 내적 $\vec{a} \cdot \vec{b}$의 정의이고

$$|\vec{a}|^2 = a_1^2 + a_2^2,\ |\vec{b}|^2 = b_1^2 + b_2^2,\ |\vec{c}|^2 = (a_1 - b_1)^2 + (a_2 - b_2)^2$$

임을 이용하면

$$\vec{a} \cdot \vec{b} = \frac{1}{2}\left[a_1^2 + a_2^2 + b_1^2 + b_2^2 - (a_1 - b_1)^2 - (a_2 - b_2)^2\right] = a_1b_1 + a_2b_2$$

이다. 공간 벡터 $\vec{a} = [a_1, a_2, a_3]$, $\vec{b} = [b_1, b_2, b_3]$에 대해서도

$$\vec{a} \cdot \vec{b} = a_1b_1 + a_2b_2 + a_3b_3$$

이 성립한다(연습문제 참조).

**정리 • 8.3 벡터 성분에 의한 내적 계산**

$$\vec{a} = [a_1, a_2],\ \vec{b} = [b_1, b_2] \text{이면 } \vec{a} \cdot \vec{b} = a_1b_1 + a_2b_2$$

$$\vec{a} = [a_1, a_2, a_3],\ \vec{b} = [b_1, b_2, b_3] \text{이면 } \vec{a} \cdot \vec{b} = a_1b_1 + a_2b_2 + a_3b_3$$

**예제 1**

$\vec{a} = [-1, -2, 1]$, $\vec{b} = [2, 1, 1]$일 때 $\vec{a} \cdot \vec{b}$를 계산하라.

풀이

$\vec{a}\cdot\vec{b}=(-1)\cdot 2+(-2)\cdot 1+1\cdot 1=-3$ ■

내적의 정의로부터 두 벡터가 이루는 각을 계산할 수 있다. 즉, $\vec{a}\cdot\vec{b}=|\vec{a}||\vec{b}|\cos\theta$ 에서 $|\vec{a}|$, $|\vec{b}|$가 0이 아니면 $\cos\theta=\dfrac{\vec{a}\cdot\vec{b}}{|\vec{a}||\vec{b}|}$ 이다.

**정리 • 8.4 두 벡터가 이루는 각**

두 벡터 $\vec{a}$, $\vec{b}$가 이루는 각은 $|\vec{a}|$, $|\vec{b}|$가 0이 아니면

$$\cos\theta=\frac{\vec{a}\cdot\vec{b}}{|\vec{a}||\vec{b}|}$$

이다.

**예제 2**

예제 1의 두 벡터가 이루는 각 $\theta$를 구하라. (단, $0\le\theta\le\pi$)

풀이

예제 1에서 $\vec{a}\cdot\vec{b}=-3$ 이고

$$|\vec{a}|=\sqrt{(-1)^2+(-2)^2+1^2}=\sqrt{6}\,,\ |\vec{b}|=\sqrt{2^2+2^2+1^2}=\sqrt{6}$$

이므로 식 (3)에서

$$\cos\theta=\frac{\vec{a}\cdot\vec{b}}{|\vec{a}||\vec{b}|}=\frac{-3}{\sqrt{6}\cdot\sqrt{6}}=-\frac{1}{2}$$

즉 $\theta=\dfrac{2\pi}{3}$ 이다. ■

벡터의 내적은 다음과 같은 성질을 갖는다.

**정리 • 8.5 내적의 성질**

(1) $\vec{a}\cdot\vec{b}=\vec{b}\cdot\vec{a}$ : 교환법칙

(2) $(k\vec{a})\cdot\vec{b}=\vec{a}\cdot(k\vec{b})=k(\vec{a}\cdot\vec{b})$ : 결합법칙

(3) $\vec{a}\cdot(\vec{b}+\vec{c})=\vec{a}\cdot\vec{b}+\vec{a}\cdot\vec{c}$, $(\vec{a}+\vec{b})\cdot\vec{c}=\vec{a}\cdot\vec{c}+\vec{b}\cdot\vec{c}$ : 분배법칙

벡터 내적에 의하면

$$\vec{a} \cdot \vec{a} = a_1^2 + a_2^2 + a_3^2 = |\vec{a}|^2$$

이다. 이 외에도 벡터 내적의 성질을 이용하여

$$\begin{aligned} |\vec{a}+\vec{b}|^2 &= (\vec{a}+\vec{b}) \cdot (\vec{a}+\vec{b}) \\ &= \vec{a} \cdot \vec{a}+\vec{b} \cdot \vec{a}+\vec{a} \cdot \vec{b}+\vec{b} \cdot \vec{b} = |\vec{a}|^2 + 2\vec{a} \cdot \vec{b} + |\vec{b}|^2 \end{aligned}$$

$$\begin{aligned} (\vec{a}+\vec{b}) \cdot (\vec{a}-\vec{b}) &= \vec{a} \cdot (\vec{a}-\vec{b}) + \vec{b} \cdot (\vec{a}-\vec{b}) \\ &= \vec{a} \cdot \vec{a} - \vec{a} \cdot \vec{b} + \vec{b} \cdot \vec{a} - \vec{b} \cdot \vec{b} = |\vec{a}|^2 - |\vec{b}|^2 \end{aligned}$$

등을 유도할 수 있다.

**정리 • 8.6 내적에 관한 공식**

(1) $\vec{a} \cdot \vec{a} = |\vec{a}|^2$ (2) $|\vec{a}+\vec{b}|^2 = |\vec{a}|^2 + 2\vec{a} \cdot \vec{b} + |\vec{b}|^2$

(3) $(\vec{a}+\vec{b}) \cdot (\vec{a}-\vec{b}) = |\vec{a}|^2 - |\vec{b}|^2$

**예제 3**

$|\vec{a}| = 3$, $|\vec{b}| = 2$, $\vec{a} \cdot \vec{b} = 1/4$ 일 때, $|2\vec{a}+\vec{b}|$의 값을 구하라.

**풀이**

정리 8.6의 공식 (2)를 사용하면

$$|2\vec{a}+\vec{b}|^2 = (2\vec{a}+\vec{b}) \cdot (2\vec{a}+\vec{b}) = 4|\vec{a}|^2 + 4\vec{a} \cdot \vec{b} + |\vec{b}|^2 = 4 \cdot 3^2 + 4 \cdot \frac{1}{4} + 2^2 = 41$$

이므로 $|2\vec{a}+\vec{b}| = \sqrt{41}$ 이다. ■

벡터 $\vec{a} = [a_1, a_2, a_3]$가 $x$축, $y$축, $z$축과 이루는 각을 각각 $\alpha$, $\beta$, $\gamma$라 하자. 이 각들을 방향각(direction angle)이라 하고 방향각의 코사인 값을 방향 코사인(direction cosines)이라 한다(그림 8.10).

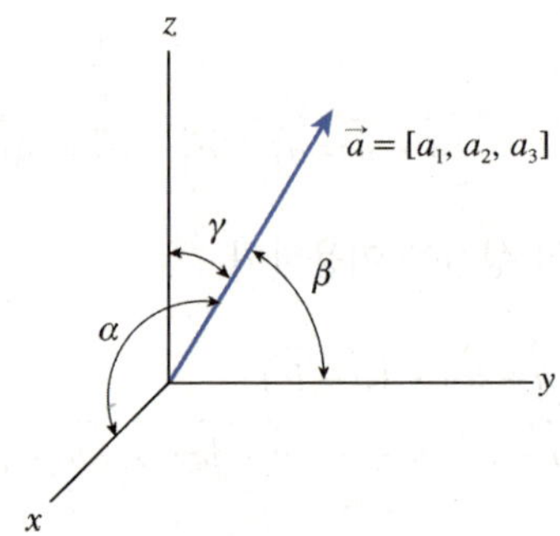


그림 8.10 방향각

내적의 정의에 의하면 $\vec{a}\cdot\hat{i}=|\vec{a}||\hat{i}|\cos\alpha$로 $\cos\alpha=\dfrac{\vec{a}\cdot\hat{i}}{|\vec{a}||\hat{i}|}=\dfrac{a_1}{|\vec{a}|}$이다. $y$축과 $z$축에 대하여도 같은 방법을 적용하여 다음을 얻는다.

**정리 • 8.7 방향각과 방향 코사인**

벡터 $\vec{a}=[a_1,a_2,a_3]$가 $x$축, $y$축, $z$축과 이루는 각을 각각 $\alpha$, $\beta$, $\gamma$라고 하면

$$\cos\alpha=\frac{a_1}{|\vec{a}|},\ \cos\beta=\frac{a_2}{|\vec{a}|},\ \cos\gamma=\frac{a_3}{|\vec{a}|}$$

이다.

벡터 $\vec{a}$와 같은 방향의 단위벡터 $\hat{u}$는

$$\hat{u}=\frac{\vec{a}}{|\vec{a}|}=\left[\frac{a_1}{|\vec{a}|},\frac{a_2}{|\vec{a}|},\frac{a_3}{|\vec{a}|}\right]=[\cos\alpha,\cos\beta,\cos\gamma]$$

로 나타난다. 여기서

$$\cos^2\alpha+\cos^2\beta+\cos^2\gamma=\frac{1}{|\vec{a}|^2}(a_1^2+a_2^2+a_3^2)=\frac{|\vec{a}|^2}{|\vec{a}|^2}=1$$

이므로

$$|\hat{u}|=\sqrt{\cos^2\alpha+\cos^2\beta+\cos^2\gamma}=1$$

이 됨을 확인할 수 있다.

**예제 4**

$\vec{a}=[1,1,1]$ 의 방향 코사인을 구하라.

**풀이**

$|\vec{a}|=\sqrt{1^2+1^2+1^2}=\sqrt{3}$ 이므로 방향 코사인은

$$\cos\alpha=\frac{a_1}{|\vec{a}|}=\frac{1}{\sqrt{3}},\ \cos\beta=\frac{a_2}{|\vec{a}|}=\frac{1}{\sqrt{3}},\ \cos\gamma=\frac{a_3}{|\vec{a}|}=\frac{1}{\sqrt{3}}$$ ■

예제 4에서 $\alpha=\beta=\gamma=\cos^{-1}(1/\sqrt{3})\approx 0.955$ 라디안, 즉 $54.7°$ 정도이다.

일정한 힘 $F$가 작용하여 물체의 위치를 $d$만큼 변화시켰을 때 물체에 가해진 일(work)은

$$W=Fd$$

로 정의한다. 하지만 이는 힘의 방향과 물체의 변위가 평행한 경우에만 적용되는 것으로 일반적으로는 힘과 변위를 벡터로 나타내어 다음과 같이 정의한다.

**정의 일**

일정한 힘 $\vec{F}$가 작용하여 물체를 $\vec{d}$ 만큼 이동시켰을 때 힘 $\vec{F}$가 물체에 한 일의 양은

$$W=\vec{F}\cdot\vec{d}=|\vec{F}||\vec{d}|\cos\theta$$

이다(그림 8.11).

즉, 일을 벡터의 내적으로 정의함으로써 가해진 힘의 물체의 이동방향 성분만이 일에 기여하게 된다.

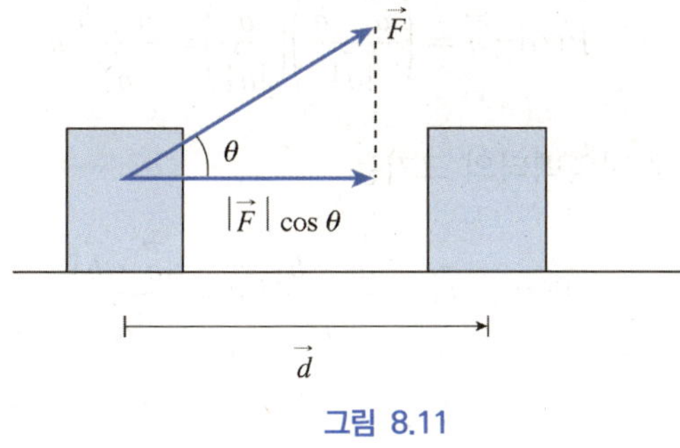


그림 8.11

**예제 5**

일정한 힘 $\vec{F}=-\hat{i}+4\hat{j}+\hat{k}$에 의하여 물체가 $P_1(1,1,1)$에서 $P_2(3,4,2)$로 이동하였을 때 한 일을 구하라.

**풀이**

물체의 변위를 구하면 $\vec{d}=\overrightarrow{P_1P_2}=\overrightarrow{OP_2}-\overrightarrow{OP_1}=[3,4,2]-[1,1,1]=[2,3,1]$이고, 이때 물체에 가해진 일의 양은

$$W=\vec{F}\cdot\vec{d}=[-1,4,1]\cdot[2,3,1]=11$$

■

두 벡터 $\vec{a}$, $\vec{b}$에 대해 $\vec{b}$를 $\vec{a}$의 선상에 사영시켜 얻어지는 $\vec{a}$ 방향의 벡터를 '$\vec{a}$에 대한 $\vec{b}$의 **사영벡터**(projection vector of $\vec{b}$ onto $\vec{a}$)'라 하고 이를 $\text{Proj}_{\vec{a}}\vec{b}$로 나타낸다(그림 8.12).

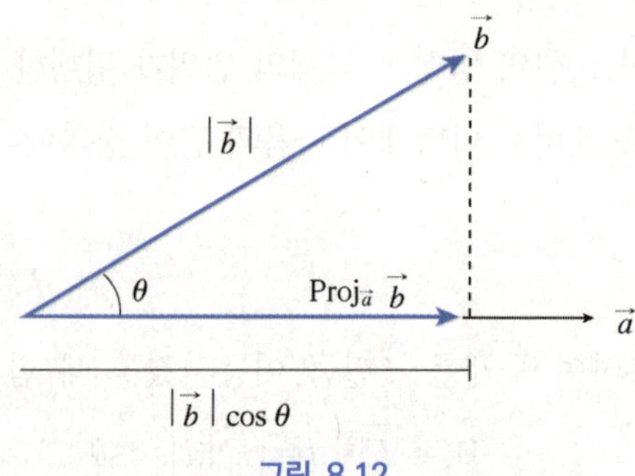


그림 8.12

벡터 내적 $\vec{a}\cdot\vec{b}=|\vec{a}||\vec{b}|\cos\theta$에 의해 $\vec{b}$의 $\vec{a}$방향의 성분 $|\vec{b}|\cos\theta$는 $\dfrac{\vec{a}\cdot\vec{b}}{|\vec{a}|}$와 같고, $\vec{a}$의 단위벡터는 $\dfrac{\vec{a}}{|\vec{a}|}$이므로

$$\text{Proj}_{\vec{a}}\vec{b}=\left(\frac{\vec{a}\cdot\vec{b}}{|\vec{a}|}\right)\left(\frac{\vec{a}}{|\vec{a}|}\right)=\frac{\vec{a}\cdot\vec{b}}{|\vec{a}|^2}\vec{a}$$

이다. $\vec{a}\cdot\vec{a}=|\vec{a}|^2$이므로 사영벡터의 크기는

$$|\text{Proj}_{\vec{a}}\vec{b}|=\frac{|\vec{a}\cdot\vec{b}|}{|\vec{a}|^2}|\vec{a}|=\frac{|\vec{a}\cdot\vec{b}|}{|\vec{a}|}$$

이다.

**정리 • 8.8 사영벡터**

$\vec{a}$에 대한 $\vec{b}$의 사영벡터와 그 크기는

$$\text{Proj}_{\vec{a}}\vec{b} = \frac{\vec{a}\cdot\vec{b}}{|\vec{a}|^2}\vec{a},\quad \left|\text{Proj}_{\vec{a}}\vec{b}\right| = \frac{|\vec{a}\cdot\vec{b}|}{|\vec{a}|}$$

이다.

**예제 6**

$\vec{a}=[1,-2,-2]$에 대한 $\vec{b}=[6,3,2]$의 사영벡터 $\text{Proj}_{\vec{a}}\vec{b}$와 그 크기를 구하라.

**풀이**

$\vec{a}\cdot\vec{b}=-4,\ |\vec{a}|^2=9$이므로

$$\text{Proj}_{\vec{a}}\vec{b}=\frac{\vec{a}\cdot\vec{b}}{|\vec{a}|^2}\vec{a}=-\frac{4}{9}[1,-2,-2],\quad \left|\text{Proj}_{\vec{a}}\vec{b}\right|=\frac{|\vec{a}\cdot\vec{b}|}{|\vec{a}|}=\frac{4}{3}$$ ■

## 연습문제 8.2

01 $|\vec{a}|=8,\ |\vec{b}|=3,\ \theta=\pi/6$일 때, $\vec{a}\cdot\vec{b}$를 구하라.

02 $\vec{a}=[2,-3,4],\ \vec{b}=[-1,2,5],\ \vec{c}=[3,6,-1]$일 때, 다음을 구하라.

(1) $|\vec{a}|^2$　　(2) $\vec{a}\cdot\vec{a}$

(3) $\vec{a}\cdot\vec{b}$　　(4) $(\vec{b}\cdot\vec{c})\vec{a}$

03 두 벡터 $\vec{a}=2\hat{i}-c\hat{j}+3\hat{k},\ \vec{b}=3\hat{i}+2\hat{j}+4\hat{k}$가 서로 수직이 되도록 $c$를 정하라.

04 두 벡터 $\vec{a}=[3,1,-1],\ \vec{b}=[-3,2,2]$에 모두 수직인 벡터 $\vec{v}=[v_1,v_2,1]$을 구하라.

05 $|\vec{a}|=\sqrt{2},\ |\vec{b}|=1,\ |\vec{b}-\vec{a}|=\sqrt{5}$일 때, $\vec{a},\ \vec{b}$가 이루는 각을 구하라.

06 $|\vec{a}+\vec{b}|^2+|\vec{a}-\vec{b}|^2=2(|\vec{a}|^2+|\vec{b}|^2)$이 성립함을 보여라.

07 밑면은 한 변의 길이가 1인 정사각형이고 높이가 1인 피라미드형 물체 $ABCDE$가 있다. 점 $E$가 밑면의 대각선 $AC$의 중점 위에 위치할 때, $\overrightarrow{AC}$와 $\overrightarrow{AE}$가 이루는 각을 벡터의 내적을 사용하여 구하라.

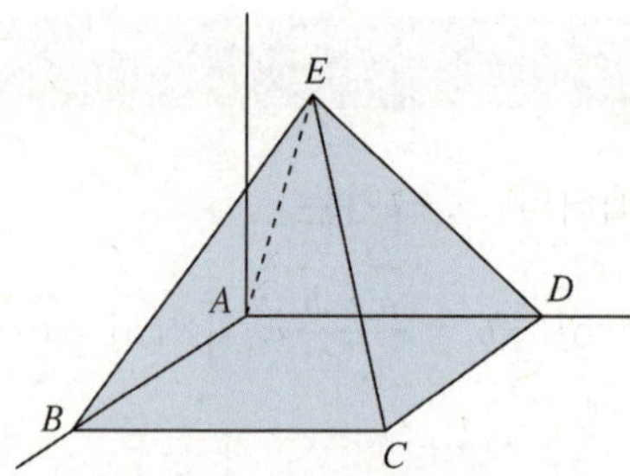


**08** 비행기가 공항으로부터 남쪽으로 5 km, 동쪽으로 7 km, 높이 4 km 지점에 위치하고 있다. 남쪽 방향을 $x$축, 동쪽 방향을 $y$축, 위쪽 방향을 $z$축 방향이라고 할 때 비행기의 방향각 $\alpha$, $\beta$, $\gamma$를 구하라.

**09** 방향각이 $\alpha_1$, $\beta_1$, $\gamma_1$인 벡터 $\vec{a}$와 방향각이 $\alpha_2$, $\beta_2$, $\gamma_2$인 벡터 $\vec{b}$가 서로 수직이면

$$\cos\alpha_1\cos\alpha_2+\cos\beta_1\cos\beta_2+\cos\gamma_1\cos\gamma_2=0$$

을 만족함을 보여라.

**10** 질량 3 kg의 물체가 중력에 의하여 30°의 경사면을 따라 10 m 이동하였다. 중력이 물체에 대하여 한 일을 구하라. 단, 중력 가속도는 9.8 m/sec$^2$이다.

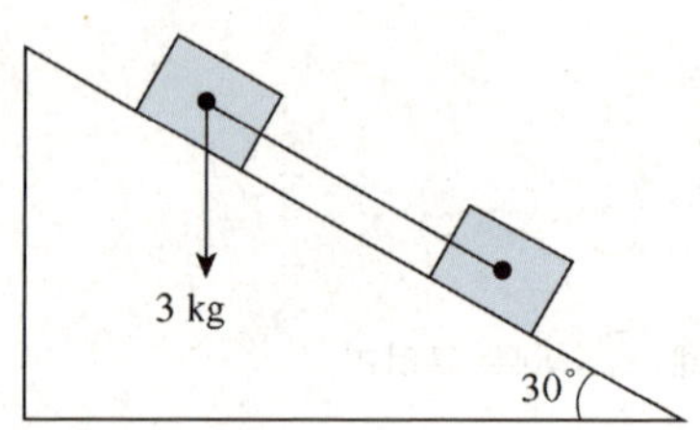


**11** 벡터 $\vec{a}$와 크기가 같고 방향이 수직인 벡터를 $\vec{a}^{\perp}$라 하면 항상

$$\text{Proj}_{\vec{a}}\vec{b}+\text{Proj}_{\vec{a}^{\perp}}\vec{b}=\vec{b}$$

이 된다. $\vec{a}=[2,1,2]$, $\vec{b}=[3,-1,5]$일 때 $\text{Proj}_{\vec{a}}\vec{b}$와 $\text{Proj}_{\vec{a}^{\perp}}\vec{b}$를 구하라.

**12** $\vec{a}=[a_1,a_2,a_3]$, $\vec{b}=[b_1,b_2,b_3]$일 때

$$\vec{a}\cdot\vec{b}=a_1b_1+a_2b_2+a_3b_3$$

임을 보여라.

## 8.3 벡터의 외적

벡터 내적 외에 또 다른 벡터의 곱으로 벡터의 외적(outer product)[8]이 있다.

**정의** 외적

공간상의 두 벡터 $\vec{a}$, $\vec{b}$의 외적은 $\vec{a}\times\vec{b}$로 표시하며, 두 벡터가 이루는 각을 $\theta\ (0 \le \theta \le \pi)$라 할 때

$$\vec{a}\times\vec{b} = |\vec{a}||\vec{b}|\sin\theta\ \hat{n}$$

로 정의한다. 여기서 $\hat{n}$은 오른손 법칙(right-hand-rule)에 의하여 결정되는 단위벡터이다(그림 8.13 참조).

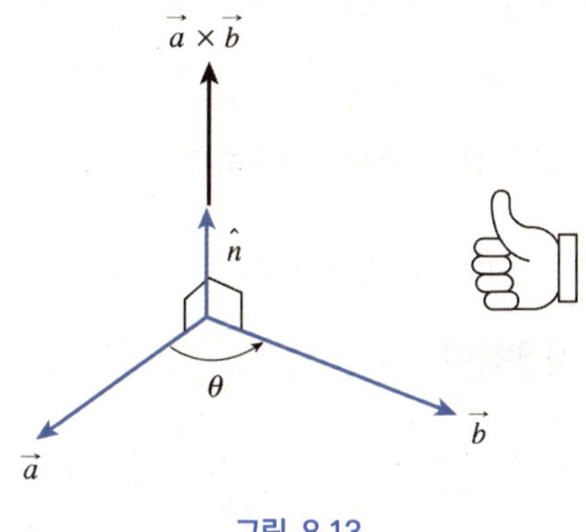


그림 8.13

즉, $\vec{a}\times\vec{b}$는 크기가 $|\vec{a}||\vec{b}|\sin\theta$이고 방향은 기존 두 벡터 모두에 대해 수직인 벡터이다. 외적의 정의에 의하면 방향이 같은 두 벡터($\theta = 0$)의 외적은 $\vec{0}$이다. 두 벡터의 내적은 스칼라인 데 반하여 외적은 벡터임에 유의하라.

방향단위벡터들 사이의 외적은

$$\hat{i}\times\hat{j} = \hat{k},\ \hat{j}\times\hat{k} = \hat{i},\ \hat{k}\times\hat{i} = \hat{j},$$
$$\hat{j}\times\hat{i} = -\hat{k},\ \hat{k}\times\hat{j} = -\hat{i},\ \hat{i}\times\hat{k} = -\hat{j}$$

와 같이 되며, 벡터의 외적은 일반적으로 다음과 같은 성질을 갖는다.

8) 벡터의 외적을 크로스곱(cross product) 또는 벡터곱(vector product)이라고도 한다.

**정리 • 8.9 외적의 성질**

(1) $\vec{a}\times\vec{b}=-\vec{b}\times\vec{a}$ : 반교환법칙

(2) $k(\vec{a}\times\vec{b})=(k\vec{a})\times\vec{b}=\vec{a}\times(k\vec{b})$

(3) $\vec{a}\times(\vec{b}+\vec{c})=\vec{a}\times\vec{b}+\vec{a}\times\vec{c}$, $(\vec{a}+\vec{b})\times\vec{c}=\vec{a}\times\vec{c}+\vec{b}\times\vec{c}$

외적에 대한 결합법칙은 성립하지 않는다. 즉, $\vec{a}\times(\vec{b}\times\vec{c})\neq(\vec{a}\times\vec{b})\times\vec{c}$ 이다.

벡터 내적의 경우와 같이 벡터의 외적도 성분으로 표현할 수 있다. 두 벡터 $\vec{a}=[a_1,a_2,a_3]$, $\vec{b}=[b_1,b_2,b_3]$에 대해 외적의 합에 대한 분배법칙을 적용하면

$$
\begin{aligned}
\vec{a}\times\vec{b}&=(a_1\hat{i}+a_2\hat{j}+a_3\hat{k})\times(b_1\hat{i}+b_2\hat{j}+b_3\hat{k})\\
&=a_1\hat{i}\times(b_1\hat{i}+b_2\hat{j}+b_3\hat{k})+a_2\hat{j}\times(b_1\hat{i}+b_2\hat{j}+b_3\hat{k})+a_3\hat{k}\times(b_1\hat{i}+b_2\hat{j}+b_3\hat{k})\\
&=a_1b_1\hat{i}\times\hat{i}+a_1b_2\hat{i}\times\hat{j}+a_1b_3\hat{i}\times\hat{k}+a_2b_1\hat{j}\times\hat{i}+a_2b_2\hat{j}\times\hat{j}\\
&\quad+a_2b_3\hat{j}\times\hat{k}+a_3b_1\hat{k}\times\hat{i}+a_3b_2\hat{k}\times\hat{j}+a_3b_3\hat{k}\times\hat{k}
\end{aligned}
$$

이 된다. 여기에 단위벡터 사이의 외적을 이용하면

$$\vec{a}\times\vec{b}=(a_2b_3-b_2a_3)\hat{i}-(a_1b_3-b_1a_3)\hat{j}+(a_1b_2-b_1a_2)\hat{k}$$

가 되고, 이는 행렬식을 사용하여

$$\vec{a}\times\vec{b}=\begin{vmatrix}a_2 & a_3\\ b_2 & b_3\end{vmatrix}\hat{i}-\begin{vmatrix}a_1 & a_3\\ b_1 & b_3\end{vmatrix}\hat{j}+\begin{vmatrix}a_1 & a_2\\ b_1 & b_2\end{vmatrix}\hat{k}$$

로 나타낼 수 있으며, 이를 보통 기억하기 쉽도록 다음과 같이 $3\times3$ 행렬식으로 나타낸다.

**정리 • 8.10 벡터 성분에 의한 외적 계산**

$$\vec{a}\times\vec{b}=\begin{vmatrix}\hat{i} & \hat{j} & \hat{k}\\ a_1 & a_2 & a_3\\ b_1 & b_2 & b_3\end{vmatrix}$$

벡터 외적을 먼저 위와 같이 정의하고 외적의 분배법칙[외적의 성질 (3)]을 증명하기도 한다(연습문제 참조).

**예제 1**

$\vec{a}=[1,1,0]$ , $\vec{b}=[3,0,0]$ 일 때 $\vec{a}\times\vec{b}$를 구하라(그림 8.14).

**풀이**

$$\vec{a}\times\vec{b}=\begin{vmatrix} \hat{i} & \hat{j} & \hat{k} \\ 1 & 1 & 0 \\ 3 & 0 & 0 \end{vmatrix}=\begin{vmatrix} 1 & 0 \\ 0 & 0 \end{vmatrix}\hat{i}-\begin{vmatrix} 1 & 0 \\ 3 & 0 \end{vmatrix}\hat{j}+\begin{vmatrix} 1 & 1 \\ 3 & 0 \end{vmatrix}\hat{k}=-3\hat{k}$$

이며 이는 오른손법칙에 의해 아래쪽을 향한다. ■

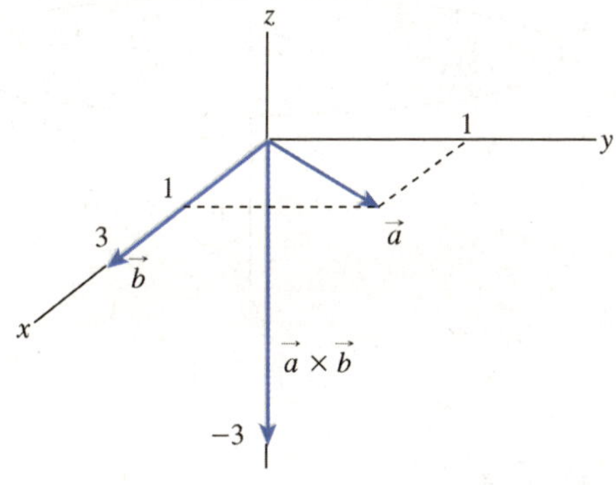


그림 8.14 예제 1

벡터의 외적으로 표시되는 몇 가지 예를 보자.

## 평행사변형의 넓이

두 벡터 $\vec{a}$, $\vec{b}$를 두 변으로 하는 평행사변형의 넓이는 $|\vec{a}||\vec{b}|\sin\theta$이고 벡터 외적의 정의로부터 이는 $|\vec{a}\times\vec{b}|$와 같다(그림 8.15).

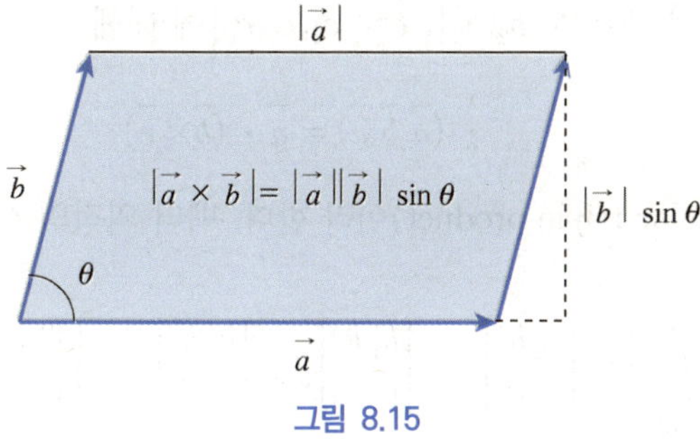


그림 8.15

물론 두 벡터 $\vec{a}$, $\vec{b}$를 두 변으로 하는 삼각형의 넓이는 $\frac{1}{2}|\vec{a}\times\vec{b}|$이다.

## 회전하는 물체의 선속도

어떤 물체가 각속도(angular velocity) $\overrightarrow{W}$로 회전한다. 여기서 벡터 $\overrightarrow{W}$의 방향은 회전의 중심축 방향이고, 그 크기 $\omega = |\overrightarrow{W}|$는 각속력(angular speed)으로 단위시간당 회전한 각도를 나타낸다(그림 8.16).

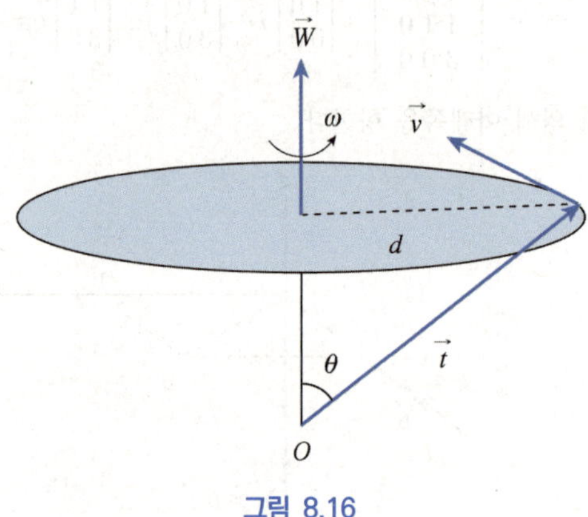


그림 8.16

위치 $\vec{r}$에서 선속도 $\vec{V}$를

$$\overrightarrow{V} = \overrightarrow{W} \times \vec{r}$$

로 정의하는데, 그 크기, 즉 선속력(linear speed) $v$는

$$v = |\overrightarrow{V}| = |\overrightarrow{W} \times \vec{r}| = |\overrightarrow{W}||\vec{r}|\sin\theta = \omega d$$

가 되어 각속력에 회전 반지름을 곱한 값, 즉 단위시간당 회전한 길이가 됨을 확인할 수 있다.

## 스칼라 삼중곱

벡터 $\vec{a} = [a_1, a_2, a_3]$, $\vec{b} = [b_1, b_2, b_3]$, $\vec{c} = [c_1, c_2, c_3]$에 대해

$$(\vec{a}\,\vec{b}\,\vec{c}) = \vec{a} \cdot (\vec{b} \times \vec{c})$$

를 스칼라 삼중곱(scalar triple product)이라 한다. 벡터 외적의 성분표시에 의하면

$$\vec{b} \times \vec{c} = \begin{vmatrix} \hat{i} & \hat{j} & \hat{k} \\ b_1 & b_2 & b_3 \\ c_1 & c_2 & c_3 \end{vmatrix} = \begin{vmatrix} b_2 & b_3 \\ c_2 & c_3 \end{vmatrix} \hat{i} - \begin{vmatrix} b_1 & b_3 \\ c_1 & c_3 \end{vmatrix} \hat{j} + \begin{vmatrix} b_1 & b_2 \\ c_1 & c_2 \end{vmatrix} \hat{k} = \left[ \begin{vmatrix} b_2 & b_3 \\ c_2 & c_3 \end{vmatrix}, - \begin{vmatrix} b_1 & b_3 \\ c_1 & c_3 \end{vmatrix}, \begin{vmatrix} b_1 & b_2 \\ c_1 & c_2 \end{vmatrix} \right]$$

이므로

$$(\vec{a}\,\vec{b}\,\vec{c}) = \vec{a}\cdot(\vec{b}\times\vec{c}) = a_1\begin{vmatrix} b_2 & b_3 \\ c_2 & c_3 \end{vmatrix} - a_2\begin{vmatrix} b_1 & b_3 \\ c_1 & c_3 \end{vmatrix} + a_3\begin{vmatrix} b_1 & b_2 \\ c_1 & c_2 \end{vmatrix} = \begin{vmatrix} a_1 & a_2 & a_3 \\ b_1 & b_2 & b_3 \\ c_1 & c_2 & c_3 \end{vmatrix}$$

이다.

**정의** **스칼라 삼중곱**

$$(\vec{a}\,\vec{b}\,\vec{c}) = \vec{a}\cdot(\vec{b}\times\vec{c}) = \begin{vmatrix} a_1 & a_2 & a_3 \\ b_1 & b_2 & b_3 \\ c_1 & c_2 & c_3 \end{vmatrix}$$

스칼라 삼중곱 $(\vec{a}\,\vec{b}\,\vec{c})$의 절대값은 시작점이 같은 세 개의 벡터 $\vec{a}$, $\vec{b}$, $\vec{c}$가 이루는 평행육면체의 부피를 나타낸다. 왜냐하면

$$(\vec{a}\,\vec{b}\,\vec{c}) = \vec{a}\cdot(\vec{b}\times\vec{c}) = |\vec{a}||\vec{b}\times\vec{c}|\cos\theta$$

이고, 여기서 $\vec{b}\times\vec{c}$는 $\vec{b}$와 $\vec{c}$에 수직인 벡터로 $\theta$는 $\vec{a}$와 $\vec{b}\times\vec{c}$가 이루는 각이므로 $|\vec{a}|\cos\theta$는 평행육면체의 높이 $h$, $|\vec{b}\times\vec{c}|$는 밑면의 넓이이기 때문이다(그림 8.17).

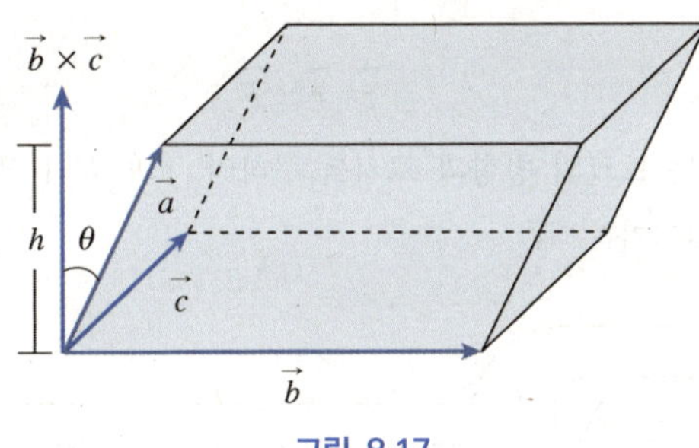


그림 8.17

## 연습문제 8.3

**01** 두 벡터 $\vec{a}=2\hat{i}-\hat{j}+2\hat{k}$, $\vec{b}=-\hat{i}+3\hat{j}-\hat{k}$의 외적과 그 크기를 구하라.

**02** $P_1(0,0,1)$, $P_2(0,1,2)$, $P_3(1,2,3)$일 때 $\overrightarrow{P_1P_2}\times\overrightarrow{P_1P_3}$를 구하라.

**03** $\vec{a}=[-1,-2,4]$, $\vec{b}=[4,-1,0]$에 모두 수직인 단위벡터 $\hat{c}$를 구하라.

**04** $ABCD$로 이루어진 도형이 평행사변형임을 보이고 그 넓이를 구하라.

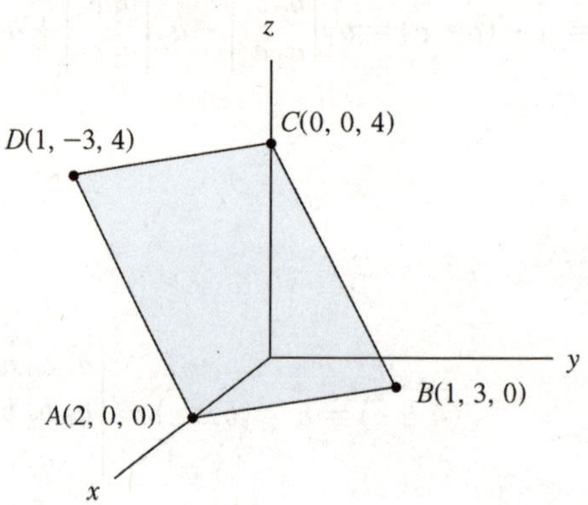


**05** 점 $P_1(0,0,0)$, $P_2(0,1,2)$, $P_3(2,2,0)$을 꼭지점으로 하는 삼각형의 면적을 구하라.

**06** 벡터 $\vec{a}=4\hat{i}+6\hat{j}$, $\vec{b}=-2\hat{i}+6\hat{j}-6\hat{k}$, $\vec{c}=\frac{5}{2}\hat{i}+3\hat{j}+\frac{1}{2}\hat{k}$가 모두 같은 평면 위에 있음을 보여라.

**07** 벡터 외적을 성분으로 나타내어 분배법칙 $\vec{a}\times(\vec{b}+\vec{c})=\vec{a}\times\vec{b}+\vec{a}\times\vec{c}$이 성립함을 보여라.

**08** **[토크(torque)]** 고정점이 있는 강체(rigid body)에 힘이 작용하면 강체는 고정점에 대하여 회전한다. 이와 같이 물체를 회전시킬 수 있는 힘의 능력을 토크라고 한다. 고정점 $O$에서 $\vec{r}$의 위치에 힘 $\vec{F}$를 가할 때의 토크 $\vec{\tau}$는

$$\vec{\tau}=\vec{r}\times\vec{F}$$

로 정의한다. 이때 발생하는 토크의 방향과 크기를 구하라. $\vec{r}$과 $\vec{F}$의 크기가 일정할 때 회전력을 최대로 하기 위한 조건은 무엇인가?

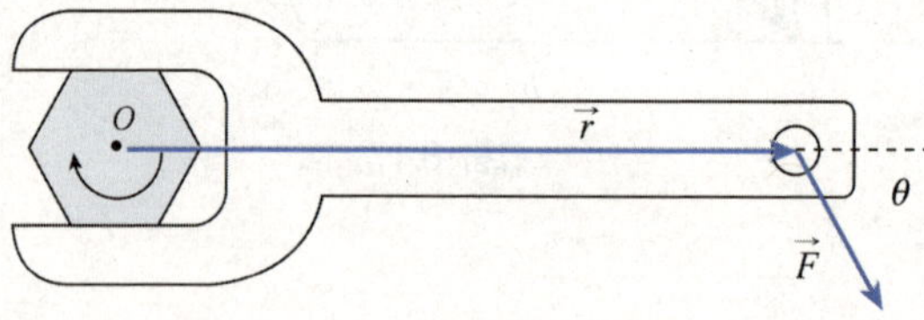


**09** 세 개의 벡터로 이루어지는 사면체의 부피는 같은 벡터로 이루어지는 평행 육면체의 부피의 1/6이다. $\vec{a}=[2,0,3]$, $\vec{b}=[0,6,2]$, $\vec{c}=[3,3,0]$로 이루어지는 사면체의 부피를 구하라.

# 8.4 직선과 평면

평면 위의 곡선 또는 공간에서의 곡선이나 곡면이 벡터함수에 의해 쉽게 나타내어질 수 있는데 여기서는 비교적 쉽게 다룰 수 있는 직선과 평면에 대해 알아본다. 일반적인 곡선과 곡면에 대한 벡터 해석방법은 상급과정에서 다룰 것이다.

## 평면 위의 직선

그림 8.18과 같이 평면상에서 벡터 $\vec{n}=[a,b]$에 수직이고 점 $P_0(x_0,y_0)$를 지나는 직선은 유일하게 결정된다. 이러한 직선의 방정식을 벡터를 이용하여 구해 보자.

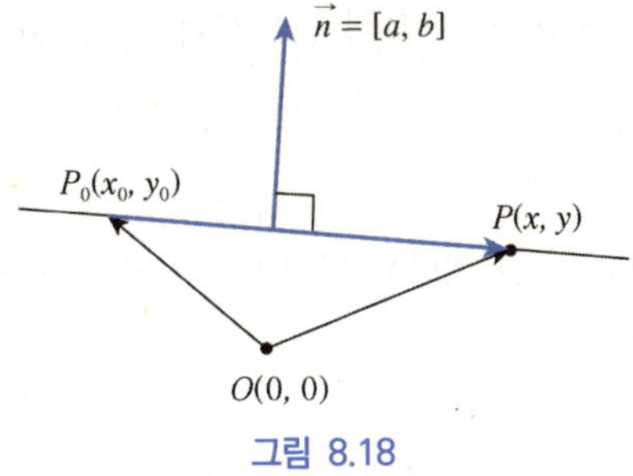


그림 8.18

직선 위에 임의의 점을 $P(x,y)$라 하면 $\overrightarrow{P_0P}$와 $\vec{n}$이 수직이므로

$$\vec{n}\cdot\overrightarrow{P_0P}=0$$

이 되고, 이를 직선의 벡터 방정식(vector equation)이라 한다. 이를 성분으로 표시하면

$$[a,b]\cdot[x-x_0,y-y_0]=0,\ \text{즉}\ a(x-x_0)+b(y-y_0)=0$$

이고 $c=-ax_0-by_0$로 놓으면 직선의 방정식은

$$ax+by+c=0$$

이다.

**정리 • 8.11 평면에서 직선의 방정식**

$\vec{n}=[a,b]$에 수직이고 점 $P_0(x_0,y_0)$를 지나는 직선의 방정식은 직선 위의 임의의 점을 $P(x,y)$라 할 때

$$\vec{n}\cdot\overrightarrow{P_0P}=0$$

이고, 이를 성분으로 표시하면

$$ax+by+c=0$$

이다($c=-ax_0-by_0$).

위의 결과에서 직선 $ax+by+c=0$의 법선벡터가 $\vec{n}=[a,b]$임을 알 수 있다.

**예제 1**

$\vec{n}=[1,2]$에 수직이고 점 $P_0(3,5)$를 지나는 직선의 방정식을 구하라.

**풀이**

$\vec{n}=[1,2]$이므로 직선의 방정식은 $x+2y+c=0$이다. 점 $(3,5)$를 지나므로 $3+2(5)+c=0$에서 $c=-13$이다. 따라서, 구하는 직선의 방정식은

$$x+2y-13=0$$

■

벡터를 이용하면 평면 위에서 두 직선이 이루는 각도나 점과 직선 사이의 거리 등을 쉽게 구할 수 있다. 점 $Q(x_1,y_1)$과 직선 $ax+by+c=0$ 사이의 거리를 구해 보자. 여기서 거리라 함은 수직거리를 의미한다. 직선 위에 임의의 점 $P(x_0,y_0)$를 택하면 이곳에서 직선의 법선벡터가 $\vec{n}=[a,b]$이므로 직선 $ax+by+c=0$과 점 $Q$ 사이의 수직거리 $s$는 $\vec{n}$에 대한 $\overrightarrow{PQ}$의 사영벡터의 크기가 된다. 즉,

$$s=\left|\mathrm{Proj}_{\vec{n}}\overrightarrow{PQ}\right|=\frac{|\vec{n}\cdot\overrightarrow{PQ}|}{|\vec{n}|}$$

이다(여기서 분자의 '| |'은 절대값을 나타내고 분모의 '| |'은 벡터의 크기를 나타냄에 유의하자).

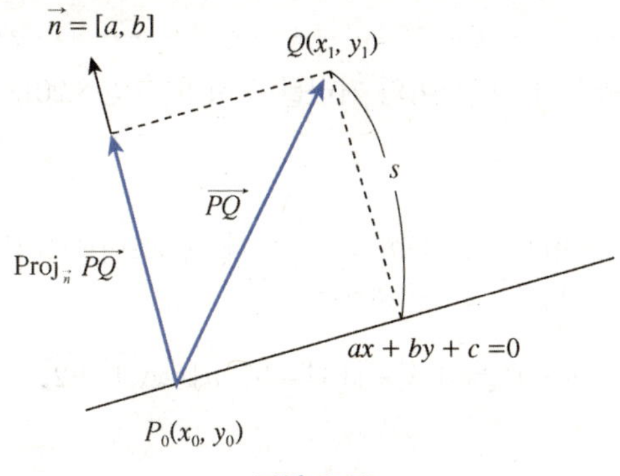


그림 8.19

**정리 • 8.12 평면에서 점과 직선 사이의 거리**

법선벡터가 $\vec{n} = [a,b]$인 직선과 점 $Q$ 사이의 거리는 직선 위의 임의의 점 $P$에 대해

$$s = \frac{|\vec{n} \cdot \overrightarrow{PQ}|}{|\vec{n}|}$$

이다.

위의 결과를 벡터의 성분으로 나타내면

$$\vec{n} \cdot \overrightarrow{PQ} = [a,b] \cdot [x_1 - x_0, y_1 - y_0] = a(x_1 - x_0) + b(y_1 - y_0) = ax_1 + by_1 + c$$

이고 $(c = -ax_0 - by_0)$

$$|\vec{n}| = \sqrt{a^2 + b^2}$$

이므로

$$s = \frac{|ax_1 + by_1 + c|}{\sqrt{a^2 + b^2}}$$

이다. 이는 고등학교 과정에서 벡터를 사용하지 않고 유도한 공식과 동일할 것이다. 또한 벡터의 외적을 이용하여도 같은 식을 유도할 수 있다(연습문제 참조).

**예제 2**

점 $Q(3,3)$과 직선 $x+2y-4=0$ 사이의 거리를 구하라(그림 8.20).

**풀이**

직선 위의 임의의 점을 택한다. 예를 들어 $x=0$일 때, $y=2$이므로 점 $P(0,2)$를 택하면 $\overrightarrow{PQ}=[3-0,3-2]=[3,1]$이고, $\vec{n}=[1,2]$이므로

$$\vec{n}\cdot\overrightarrow{PQ}=[1,2]\cdot[3,1]=5,\ |\vec{n}|=\sqrt{1^2+2^2}=\sqrt{5}$$

이다. 따라서

$$s=\frac{|\vec{n}\cdot\overrightarrow{PQ}|}{|\vec{n}|}=\frac{5}{\sqrt{5}}=\sqrt{5}$$

이다. ■

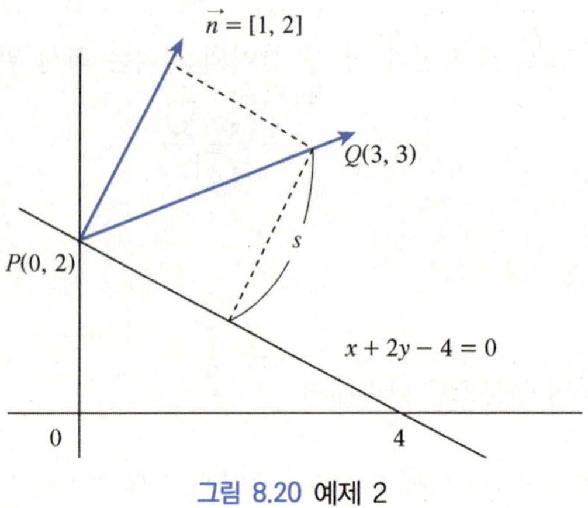


그림 8.20 예제 2

## 공간 상의 평면

공간좌표에서의 평면과 $xy$-평면과의 교선은 평면좌표에서는 직선으로 나타난다. 벡터의 관점에서 보면 평면 위의 직선과 공간 내의 평면에 대한 접근방법이 동일하다. 평면좌표에서 직선을 다룬 방법과 동일한 방식으로 공간좌표에 존재하는 평면에 대해 알아보자.

공간에서 점 $P_0(x_0,y_0,z_0)$를 포함하고 벡터 $\vec{n}=[a,b,c]$에 수직인 평면은 유일하게 결정된다(그림 8.21).

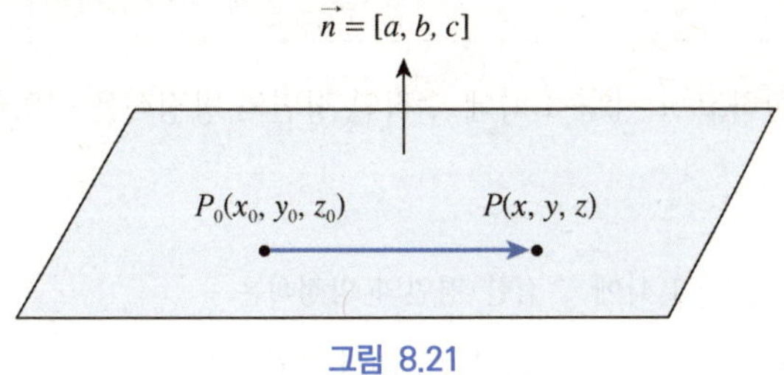


그림 8.21

평면 위의 임의의 점 $P(x,y,z)$을 택하면 평면 위의 벡터 $\overrightarrow{P_0P}$는 $\vec{n}$에 수직하므로

$$\vec{n} \cdot \overrightarrow{P_0P} = 0$$

이어야 하는데 이를 평면의 벡터 방정식이라고 한다. 이는 평면좌표에서의 직선의 방정식(정리 8.11)과 형태가 동일함에 유의하자. 마지막 식을 성분으로 표시하면

$$[a,b,c] \cdot [x - x_0, y - y_0, z - z_0] = 0$$

또는

$$a(x - x_0) + b(y - y_0) + c(z - z_0) = 0$$

이다. 여기서 $d = -ax_0 - by_0 - cz_0$로 놓으면 평면의 방정식은

$$ax + by + cz + d = 0$$

이다.

**정리 • 8.13 공간에서 평면의 방정식**

$\vec{n} = [a,b,c]$에 수직이고 점 $P_0(x_0,y_0,z_0)$를 포함하는 평면의 방정식은 평면 위의 임의의 점을 $P(x,y,z)$라 할 때

$$\vec{n} \cdot \overrightarrow{P_0P} = 0$$

이고, 이를 성분으로 표시하면

$$ax + by + cz + d = 0$$

이다($d = -ax_0 - by_0 - cz_0$).

위에서 평면 $ax + by + cz + d = 0$의 법선벡터가 $\vec{n} = [a,b,c]$임을 알 수 있다.

**예제 3**

점 $P_0(1,3,2)$를 포함하고 $\vec{n}=[2,-1,4]$에 수직인 평면의 방정식을 구하라.

**풀이**

정리 8.13에 의해 $\vec{n}=[2,-1,4]$에 수직한 평면의 방정식은

$$2x-y+4z+d=0$$

인데, 이 평면은 점 $P_0(1,3,2)$를 포함하므로 $2(1)-(3)+4(2)+d=0$에서 $d=-7$이다. 따라서 평면의 방정식은

$$2x-y+4z-7=0$$

■

**예제 4**

점 $A(1,0,-1)$, $B(3,1,4)$, $C(2,-2,0)$을 포함하는 평면의 방정식을 구하라(그림 8.22).

**풀이**

$\vec{a}=\overrightarrow{AB}$, $\vec{b}=\overrightarrow{AC}$로 놓으면

$$\vec{a}=[3-1,2-0,4-(-1)]=[2,1,5],\ \vec{b}=[2-1,-2-0,0-(-1)]=[1,-2,1]$$

이므로 평면에 수직인 벡터는

$$\vec{n}=\vec{a}\times\vec{b}=\begin{vmatrix}\hat{i} & \hat{j} & \hat{k}\\ 2 & 1 & 5\\ 1 & -2 & 1\end{vmatrix}=[11,3,-5]$$

이다. 따라서 평면의 방정식은 $11x+3y-5z+d=0$이고, 점 $A(1,0,-1)$을 포함하므로 $d=-16$이 되어

$$11x+3y-5z-16=0$$

■

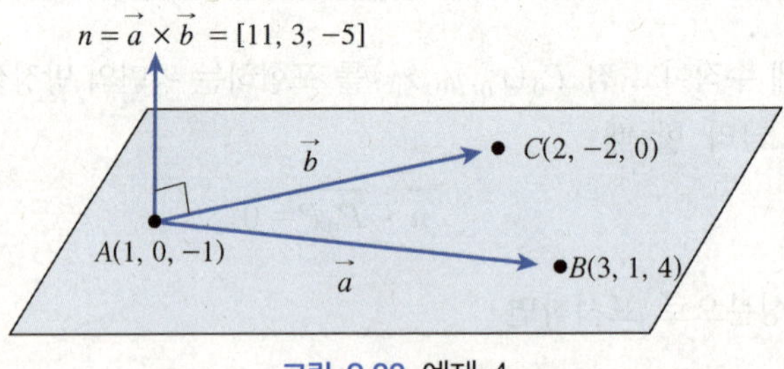


그림 8.22 예제 4

점 $Q(x_1,y_1,z_1)$과 평면 $ax+by+cz+d=0$ 사이의 거리를 구해 보자. 방법은 평면좌표계에서와 동일하다. 그림 8.23과 같이 평면 위에 임의의 점 $P(x_0,y_0,z_0)$를 택하면 평면의 법선벡터가 $\vec{n}=[a,b,c]$이므로 평면 $ax+by+cz+d=0$과 점 $Q$ 사이의 수직거리 $s$는 $\vec{n}$에 대한 $\overrightarrow{PQ}$의 사영벡터의 크기가 된다. 즉,

$$s = \left|\text{Proj}_{\vec{n}}\,\overrightarrow{PQ}\right| = \frac{|\vec{n}\cdot\overrightarrow{PQ}|}{|\vec{n}|}$$

로 평면에서 점과 직선 사이의 거리를 나타내는 정리 8.12의 결과와 동일하다.

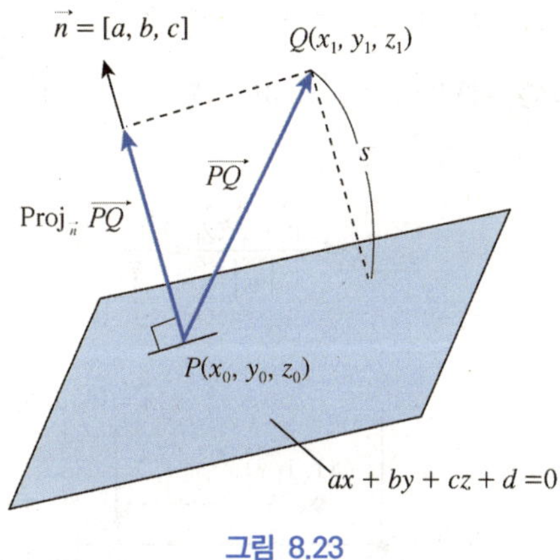


그림 8.23

**정리 • 8.14 공간에서 점과 평면 사이의 거리**

법선벡터가 $\vec{n} = [a, b, c]$ 인 평면과 점 $Q$ 사이의 거리는 평면 위의 임의의 점 $P$에 대해

$$s = \frac{|\vec{n}\cdot\overrightarrow{PQ}|}{|\vec{n}|}$$

이다.

평면 위의 점과 직선 사이의 거리를 성분으로 나타낸 것과 마찬가지로 위의 결과를 성분으로 나타내면

$$s = \frac{|ax_1 + by_1 + cz_1 + d|}{\sqrt{a^2 + b^2 + c^2}}$$

이 됨을 확인하라.

**예제 5**

점 $Q(1,1,3)$과 평면 $3x+2y+6z-6=0$ 사이의 거리를 구하라(그림 8.24).

**풀이**

평면 위의 임의의 점을 택한다. 예를 들어 $x=0$, $z=0$일 때, $y=3$이므로 점 $P(0,3,0)$을 택하면 $\overrightarrow{PQ}=[1-0,1-3,3-0]=[1,-2,3]$이고, $\vec{n}=[3,2,6]$이므로

$$\vec{n}\cdot\overrightarrow{PQ}=[3,2,6]\cdot[1,-2,3]=17,\ |\vec{n}|=\sqrt{3^2+2^2+6^2}=7$$

이다. 따라서

$$s=\frac{|\vec{n}\cdot\overrightarrow{PQ}|}{|\vec{n}|}=\frac{17}{7}$$

■

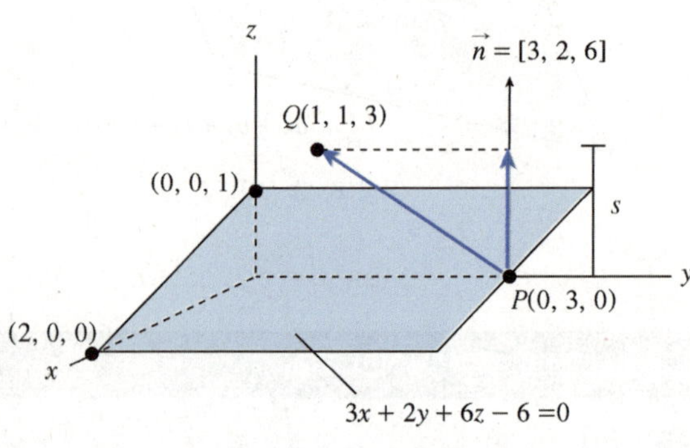


그림 8.24 예제 5

## 공간 상의 직선

벡터를 사용하여 공간좌표에 위치하는 직선의 방정식도 구할 수 있다. 결론부터 말하면 공간에서 직선은 두 개의 평면의 교선이므로 두 개의 평면을 나타내는 두 개의 일차식으로 나타난다.

공간에서 벡터 $\vec{u}=[a,b,c]$에 평행하고 점 $P_0(x_0,y_0,z_0)$를 지나는 직선은 유일하게 결정된다. 이러한 직선의 방정식을 구해 보자(그림 8.25).

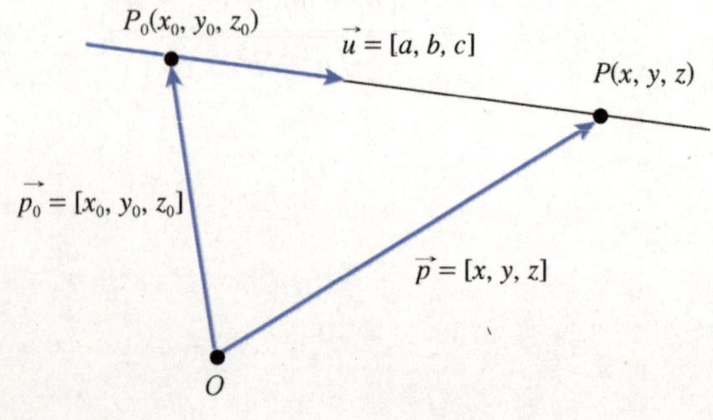


그림 8.25

좌표계의 원점이 $O$일 때 벡터 $\vec{p}_0 = \overrightarrow{OP_0}$로 놓고 직선 위에 임의의 점 $P$를 택하여 $\vec{p} = \overrightarrow{OP}$로 놓으면 $\overrightarrow{OP} = \overrightarrow{OP_0} + \overrightarrow{P_0P}$이고, $\overrightarrow{P_0P}$는 $\vec{u}$에 평행하므로 임의의 스칼라인 매개변수(parameter) $t$를 사용하여

$$\vec{p}(t) = \vec{p}_0 + t\vec{u} \quad (-\infty < t < \infty)$$

로 쓸 수 있다. 이를 직선의 매개변수 벡터 방정식(parametric vector equation)이라고 한다. 여기에 $\vec{p} = [x, y, z]$, $\vec{p}_0 = [x_0, y_0, z_0]$, $\vec{u} = [a, b, c]$를 대입하면

$$[x, y, z] = [x_0, y_0, z_0] + t[a, b, c] = [x_0 + ta, y_0 + tb, z_0 + tc]$$

에서

$$x = x_0 + ta,\ y = y_0 + tb,\ z = z_0 + tc$$

을 얻는데, 이를 매개변수 방정식(parametric equation)이라고 한다. $abc \neq 0$일 때, 마지막 식을 $t$에 관해 풀어 정리하면

$$\frac{x - x_0}{a} = \frac{y - y_0}{b} = \frac{z - z_0}{c}$$

가 되고, 이를 직선의 대칭 방정식(symmetric equation)이라 한다.

**정리 • 8.15 공간에서 직선의 방정식**

점 $P_0(x_0, y_0, z_0)$를 지나고 벡터 $\vec{u} = [a, b, c]$에 평행한 직선의 방정식은 $\overrightarrow{OP_0}$를 $\vec{p}$, $t$를 스칼라라 할 때

$$\vec{p}(t) = \vec{p}_0 + t\vec{u} \quad (-\infty < t < \infty) \ : \text{매개변수 벡터방정식}$$

$$x = x_0 + ta,\ y = y_0 + tb,\ z = z_0 + tc \ : \text{매개변수 방정식}$$

$$\frac{x - x_0}{a} = \frac{y - y_0}{b} = \frac{z - z_0}{c} \quad (abc \neq 0) \ : \text{대칭 방정식}$$

이다.

위의 대칭 방정식은 $a$, $b$, $c$가 모두 0이 아닌 경우에만 사용할 수 있다. 예를 들어 $c = 0$인 경우에는 매개변수 방정식으로부터

$$\frac{x-x_0}{a}=\frac{y-y_0}{b},\ z=z_0$$

을 얻을 수 있으며, 이는 $xy$-평면에 평행한 평면 $z=z_0$ 위의 직선이다.

### 예제 6

평면에서 점 $P_0(3,2)$를 지나고 기울기가 1인 직선의 방정식을 구하라.

**풀이**

정리 8.15는 평면벡터의 경우에도 사용할 수 있다. 기울기가 1인 평면 벡터는 [1,1]로 쓸 수 있으므로

$$\vec{p}(t)=[3,2]+t[1,1]=[3+t,2+t]$$

이다. 여기서 $\vec{p}(t)=[x(t),y(t)]$라 하면

$$x=3+t,\ y=2+t$$

를 얻으며, 여기서 $t$를 소거하면 $xy$-평면($z=0$) 위의 직선 $y=x-1$이 된다. ■

### 예제 7

점 $P_0(2,-1,8)$과 점 $P_1(5,6,-3)$을 지나는 직선의 방정식을 구하라(그림 8.26).

**풀이**

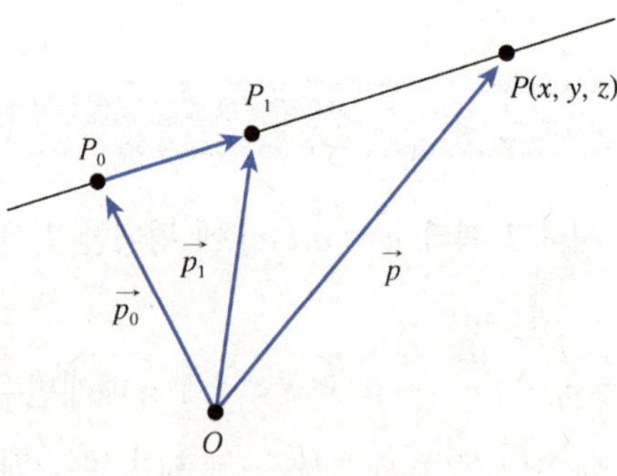


그림 8.26 예제 7

$\vec{p_0}=\overrightarrow{OP_0}$, $\vec{p_1}=\overrightarrow{OP_1}$로 나타내면 $\overrightarrow{P_0P_1}=\vec{p_1}-\vec{p_0}$이므로

$$\begin{aligned}\vec{p}(t)&=\vec{p_0}+t(\vec{p_1}-\vec{p_0})=[2,-1,8]+t[5-2,6+1,-3-8]\\&=[2+3t,-1+7t,8-11t]\end{aligned}$$

즉, $x=2+3t,\ y=-1+7t,\ z=8-11t$이고 $t$를 소거하면

$$\frac{x-2}{3}=\frac{y+1}{7}=\frac{z-8}{-11}$$

■

정리 8.15로부터 직선 $\frac{x-x_0}{a}=\frac{y-y_0}{b}=\frac{z-z_0}{c}$에 평행한 벡터가 $\vec{u}=[a,b,c]$ 임을 알 수 있다. 다음의 예제를 보자.

**예제 8**

두 직선 $-2(x+1)=6(y+2)=3(z-1)$, $3(x-2)=-2(y+1)=6(z+4)$이 이루는 각을 구하라. (단, $0\le\theta\le\pi/2$)

**풀이**

두 직선을

$$\frac{x+1}{-3}=\frac{y+2}{1}=\frac{z-1}{2},\quad \frac{x-2}{2}=\frac{y+1}{-3}=\frac{z+4}{1}$$

와 같이 다시 쓰면 각각의 방향벡터는 $\vec{u_1}=[-3,1,2]$ $\vec{u_2}=[2,-3,1]$이다.

$$|\vec{u_1}|=\sqrt{(-3)^2+1^2+2^2}=\sqrt{14},\ |\vec{u_2}|=\sqrt{2^2+(-3)^2+1^2}=\sqrt{14}$$

$$\vec{u_1}\cdot\vec{u_2}=(-3)\cdot 2+1\cdot(-3)+2\cdot 1=-7$$

이므로 사이각을 $\theta$라고 하면

$$\cos\theta=\frac{\vec{u_1}\cdot\vec{u_2}}{|\vec{u_1}||\vec{u_2}|}=\frac{-7}{\sqrt{14}\sqrt{14}}=-1/2$$

이다. 여기서 $\theta=\cos^{-1}(-1/2)=2\pi/3$인데 $0\le\theta\le\pi/2$이므로 두 직선이 이루는 예각은 $\pi/3$이다. ■

공간에 위치하는 직선 $\frac{x-x_0}{a}=\frac{y-y_0}{b}=\frac{z-z_0}{c}$와 점 $Q(x_1,y_1,z_1)$ 사이의 거리를 구해 보자. 여기서 직선에 평행한 벡터는 $\vec{u}=[a,b,c]$이다. 직선 위의 임의의 점 $P(x_0,y_0,z_0)$를 택하면 점 $Q$와 직선 사이의 거리는 $|\overrightarrow{PQ}|\sin\theta$와 같다. 벡터 외적에서 $|\overrightarrow{PQ}\times\vec{u}|=|\overrightarrow{PQ}||\vec{u}|\sin\theta$ 이므로

$$s=|\overrightarrow{PQ}|\sin\theta=\frac{|\overrightarrow{PQ}\times\vec{u}|}{|\vec{u}|}$$

이다(그림 8.27).

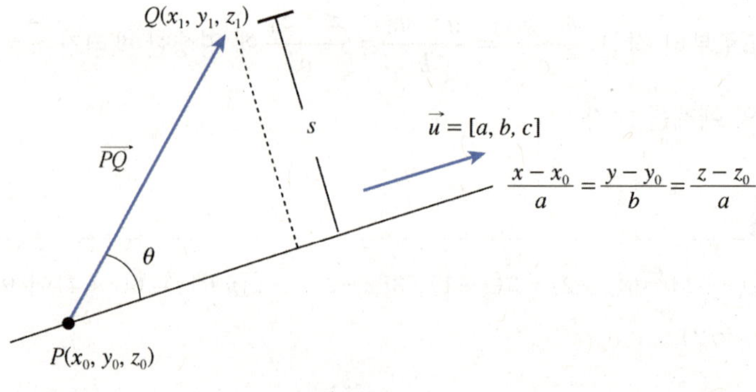


그림 8.27

**정리 • 8.16 공간에서 점과 직선 사이의 거리**

방향벡터가 $\vec{u} = [a,b,c]$인 공간의 직선과 점 $Q$ 사이의 거리는 직선 위의 임의의 점 $P$에 대해

$$s = \frac{|\overrightarrow{PQ} \times \vec{u}|}{|\vec{u}|}$$

이다.

**예제 9**

공간의 직선 $\frac{x-1}{1} = \frac{y-3}{-1} = \frac{z}{2}$과 점 $Q(1,1,5)$ 사이의 거리를 구하라.

**풀이**

직선에 평행한 벡터는 $\vec{u} = [1,-1,2]$이므로 $|\vec{u}| = \sqrt{6}$이다. 직선의 방정식에서 $z=0$이면 $x=1$, $y=3$이므로 직선 위의 임의의 점을 $P(1,3,0)$로 택하면

$$\overrightarrow{PQ} = [1-1, 1-3, 5-0] = [0,-2,5], \quad \overrightarrow{PQ} \times \vec{u} = \begin{vmatrix} \hat{i} & \hat{j} & \hat{k} \\ 0 & -2 & 5 \\ 1 & -1 & 2 \end{vmatrix} = [1,5,2]$$

이므로 $|\overrightarrow{PQ} \times \vec{u}| = \sqrt{30}$이다. 따라서

$$s = \frac{|\overrightarrow{PQ} \times \vec{u}|}{|\vec{u}|} = \frac{\sqrt{30}}{\sqrt{6}} = \sqrt{5}$$

■

## 연습문제 8.4

01 두 직선 $3x+y=5$, $2x-y=4$가 이루는 각을 구하라(예각으로 답하라).

02 직선 $x+y+1=0$에 수직이고 원점을 지나는 직선의 방정식을 구하라.

03 점 $Q(1,1)$과 직선 $y=2x+1$ 사이의 거리를 구하라.

04 다음 평면의 방정식을 구하라.

(1) $4\hat{i}-2\hat{j}$에 수직이고 점 $(1,2,5)$를 포함하는 평면

(2) 점 $(3,5,2)$, $(2,3,1)$, $(-1,-1,4)$를 포함하는 평면

(3) 원점을 포함하고 $5x-y+z=6$에 평행한 평면

(4) $y$축에 수직이고 점 $(-7,-5,18)$을 포함하는 평면

(5) 직선 $x-4=\dfrac{y-1}{2}=\dfrac{z+2}{3}$에 수직이고 점 $(3,1,-1)$을 포함하는 평면

05 원점에서 거리가 5이고 법선벡터가 $\vec{n}=[1,1,1]$인 평면의 방정식을 구하라.

06 다음 직선의 벡터 방정식과 대칭 방정식을 구하라.

(1) $5\hat{i}+9\hat{j}+4\hat{k}$에 평행하고 원점을 지나는 직선

(2) 점 $(1,2,1)$, $(3,5,-2)$를 지나는 직선

07 $xz$-평면과 $yz$-평면에 모두 평행하고 점 $(2,-2,15)$를 지나는 직선의 방정식을 구하라.

08 직선 $\vec{r}(t)=[4-2t,1+2t,9+3t]$와 $xy$-평면, $yz$-평면, $xz$-평면과의 교점을 구하라.

09 다음 두 직선이 교차하면 교점을 구하라.

(1) $x=4+t$, $y=5+t$, $z=-1+2t$ ; $x=6+2s$, $y=11+4s$, $z=-3+s$

(2) $x=2-t$, $y=3+t$, $z=1+t$ ; $x=4+s$, $y=1+4s$, $z=1-s$

10 직선 $2(x-4)=-(y-3)=z$, $3(x-5)=2(y-1)=-(z-5)$이 이루는 각을 구하라.

11 평면 $x+y+z-7=0$에 수직하고 직선 $x=4+3t$, $y=-t$, $z=1+5t$를 포함하는 평면의 방정식을 구하라.

12 두 평면 $2x-3y+4z=1$, $x-y-z=5$의 교선의 매개변수 방정식, 벡터 방정식, 대칭 방정식을 구하라

13 평면 $3x-2y+z=-5$와 직선 $x-1=\dfrac{y+2}{2}=\dfrac{z}{4}$의 교점을 구하라.

14 점 $Q(0,0,3)$과 직선 $x=2t,\ y=-t,\ z=t$ 사이의 거리를 구하라.

15 직선 $ax+by+c=0$에 평행한 벡터는 $\vec{u}=[-b,a]$라는 사실과 벡터의 외적을 이용하여 점 $(x_1,y_1)$과 직선 $ax+by+c=0$ 사이의 거리 공식 $s=\dfrac{|ax_1+by_1+c|}{\sqrt{a^2+b^2}}$를 유도하라.

## 8.5 벡터공간

이 절에서는 평면이나 공간을 벡터공간으로 확장하고 벡터의 개념을 일반화한다. 시간제약에 따라 이 절은 생략할 수 있다.

**정의 벡터공간**

집합 $V$가 다음의 10가지 공리(axiom)를 만족하는 덧셈과 스칼라곱이 정의되는 집합일 때 $V$를 벡터공간(vector space)이라 하고 그 집합의 원소를 벡터(vector)라 한다.

### 덧셈에 관한 공리

(i) $\boldsymbol{x}$와 $\boldsymbol{y}$가 $V$의 원소이면, $\boldsymbol{x}+\boldsymbol{y}$도 $V$의 원소이다.

(ii) $V$의 원소 $\boldsymbol{x}, \boldsymbol{y}$에 대해 $\boldsymbol{x}+\boldsymbol{y}=\boldsymbol{y}+\boldsymbol{x}$ 이다. : 교환법칙

(iii) $V$의 원소 $\boldsymbol{x}$, $\boldsymbol{y}$, $\boldsymbol{z}$에 대해 $\boldsymbol{x}+(\boldsymbol{y}+\boldsymbol{z})=(\boldsymbol{x}+\boldsymbol{y})+\boldsymbol{z}$ 이다. : 결합법칙

(iv) $\mathbf{0}+\boldsymbol{x}=\boldsymbol{x}+\mathbf{0}=\boldsymbol{x}$를 만족하는 유일한 벡터 $\mathbf{0}$이 $V$에 존재한다. : 덧셈에 대한 항등원

(v) $V$의 모든 원소 $\boldsymbol{x}$에 대해, $\boldsymbol{x}+(-\boldsymbol{x})=(-\boldsymbol{x})+\boldsymbol{x}=\mathbf{0}$을 만족하는 $-\boldsymbol{x}$도 $V$의 원소이다. : 덧셈에 대한 역원

### 스칼라곱에 관한 공리

임의의 스칼라 $k,\ k_1,\ k_2$에 대해

(vi) $\boldsymbol{x}$가 $V$의 원소이면, $k\boldsymbol{x}$도 $V$의 원소이다.

(vii) $k(\boldsymbol{x}+\boldsymbol{y})=k\boldsymbol{x}+k\boldsymbol{y}$

(viii) $(k_1+k_2)\boldsymbol{x}=k_1\boldsymbol{x}+k_2\boldsymbol{x}$ : 스칼라곱에 대한 분배법칙

(ix) $k_1(k_2\boldsymbol{x}) = (k_1k_2)\boldsymbol{x}$

(x) $1\boldsymbol{x} = \boldsymbol{x}$

여기서 스칼라를 실수로 한정하면 $V$는 실벡터공간(real vector space)이며 복소수로 확장하면 복소벡터공간(complex vector space)이 된다. 특히, 공리 (i)과 (vi)을 닫힘공리(closure axiom)라 한다.

**예제 1**

집합 (1) $V=\{1\}$, (2) $V=\{0\}$이 벡터공간이 되는지를 보여라.

(1) $V=\{1\}$은 하나의 원소만을 가지고 있으며 많은 공리를 만족하지 않는다. 예를 들어 $1+1=2$이고 $k \neq 1$에 대해 $k \cdot 1 = k$가 되어 공리 (i)과 (vi)을 만족하지 않는다. 따라서, $V=\{1\}$은 벡터공간이 아니다.

(2) $0+0=0$, $k \cdot 0 = 0$ 등으로 모든 공리를 만족하므로 $V$는 벡터공간이다. ■

다음은 벡터공간의 예이다.

- 실수의 집합 $R$
- $n$차원 실벡터의 집합 $R^n$
- $m \times n$ 실행렬의 집합 $\boldsymbol{A}_{\boldsymbol{m} \times \boldsymbol{n}}$
- $n$차 이하의 다항식의 집합 $P_n$
- 모든 실수에 대해 정의되는 실함수 $f$의 집합
- 닫힌 구간 $a \le x \le b$에서 연속인 실함수 $f$의 집합 $C[a,b]$
- 모든 실수에 대해 연속인 실함수 $f$의 집합 $C[-\infty,\infty]$
- 닫힌 구간 $a \le x \le b$에서 연속이고 도함수 $f'$, $\cdots$, $f^{(n)}$이 존재하는 실함수 $f$의 집합 $C^n[a,b]$

**예제 2**

(1) 실수의 집합은 벡터공간이 되기 위한 10가지 공리를 모두 만족하므로 벡터공간이다. 하지만 음이 아닌 실수의 집합은 덧셈에 대한 항등원, 임의의 스칼라곱 등이 집합에 포함되지 않으므로 공리 (v)와 (vi)을 만족하지 않고 따라서 벡터공간이 아니다.

(2) 임의의 3차원 실벡터의 집합은 10가지 공리를 모두 만족하는 벡터공간이다. 하지만 $y$-성분이 1인 3차원 벡터의 집합은 벡터공간이 될 수 없다. 왜냐하면

$$[0,1,0]+[1,1,1]=[1,2,1]\,,\ 2[0,1,0]=[0,2,0]\,,\ \cdots$$

등이 $y$-성분이 1이 아니어서 조건을 만족하지 않기 때문이다. ■

**정의 부분공간**

벡터공간 $V$의 부분집합 $W$가 $V$에서 정의되는 덧셈과 스칼라곱에 대해 스스로 벡터공간이면 $W$를 $V$의 부분공간(subspace)이라 한다.

$W$가 $V$의 부분공간임을 보이기 위해 열 가지 모든 공리가 만족됨을 보일 필요는 없다. 왜냐하면 $W$는 벡터공간 $V$로부터 닫힘공리를 제외한 8가지 공리를 만족하는 덧셈과 스칼라곱을 그대로 물려받기 때문이다. $W$가 벡터공간 $V$의 부분공간임을 보이기 위해서는 $W$ 내에서 닫힘공리 (i)과 (vi)을 만족하는 것을 보이기만 하면 된다.

**예제 3**

$\boldsymbol{f}$와 $\boldsymbol{g}$가 모든 실수에 대해 연속인 실함수라 하면 $\boldsymbol{f}+\boldsymbol{g}$와 $k\boldsymbol{f}$($k$는 실수)도 모든 실수에 대해 연속인 실함수이므로 연속인 실함수 $f$의 집합 $C[-\infty,\infty]$는 모든 실수에 대해 정의되는 실함수 벡터공간의 부분공간이기도 하다. ■

**정의 1차 결합**

스칼라 $c_1, c_2, \cdots, c_n$에 대해

$$c_1\boldsymbol{x}_1 + c_2\boldsymbol{x}_2 + \cdots + c_n\boldsymbol{x}_n$$

을 벡터 $\boldsymbol{x}_1, \boldsymbol{x}_2, \cdots, \boldsymbol{x}_n$의 1차 결합(linear combination)이라고 한다.

**정의 1차 독립과 1차 종속**

벡터 $\boldsymbol{x}_1, \boldsymbol{x}_2, \cdots, \boldsymbol{x}_n$에 대해

$$c_1\boldsymbol{x}_1 + c_2\boldsymbol{x}_2 + \cdots + c_n\boldsymbol{x}_n = \boldsymbol{0}$$

이 오직 $c_1 = c_2 = \cdots = c_n = 0$에 대해서만 성립하면 벡터 $\boldsymbol{x}_1, \boldsymbol{x}_2, \cdots, \boldsymbol{x}_n$은 1차 독립(linearly independent)이라 하고, 1차 독립이 아닐 때[즉 $c_i(1 \le i \le n)$ 중 0이 아닌 것이 있을 때에도 위 식이 성립하면] 1차 종속(linearly dependent)이라고 한다.

만약 $c_1 \neq 0$에 대해 $c_1\boldsymbol{x}_1 + c_2\boldsymbol{x}_2 + \cdots + c_n\boldsymbol{x}_n = \boldsymbol{0}$이 성립하면 벡터 $\boldsymbol{x}_1, \boldsymbol{x}_2, \cdots, \boldsymbol{x}_n$은 1차 종속이며

$$\boldsymbol{x}_1 = -\frac{c_2}{c_1}\boldsymbol{x}_2 - \cdots - \frac{c_n}{c_1}\boldsymbol{x}_n$$

이므로 $\boldsymbol{x}_1$은 나머지 벡터의 1차 결합으로 나타나게 된다.

**예제 4**

(1) 벡터 $\boldsymbol{x}_1 = [1, 0]$, $\boldsymbol{x}_2 = [0, 1]$는 1차 독립이다.

$$c_1\boldsymbol{x}_1 + c_2\boldsymbol{x}_2 = c_1[1, 0] + c_2[0, 1] = [c_1, c_2] = [0, 0]$$

이 오직 $c_1 = c_2 = 0$일 때만 성립하기 때문이다.

(2) 벡터 $\boldsymbol{x}_1 = [1, 0]$, $\boldsymbol{x}_2 = [0, 1]$, $\boldsymbol{x}_3 = [1, 1]$은 1차 종속이다. 왜냐하면

$$c_1\boldsymbol{x}_1 + c_2\boldsymbol{x}_2 + c_3\boldsymbol{x}_3 = c_1[1, 0] + c_2[0, 1] + c_3[1, 1] = [c_1 + c_3, c_2 + c_3] = [0,0]$$

가 되어, 예를 들면 $c_1 = 1, c_2 = 1, c_3 = -1$일 경우와 같이 모두 0이 아닌 $c_i$에 대해서도 방정식이 성립하기 때문이다. 실제로 $\boldsymbol{x}_3 = \boldsymbol{x}_1 + \boldsymbol{x}_2$임을 관찰하라. ■

**정의 기저와 차원**

벡터공간 $V$의 모든 벡터가 1차 독립인 벡터 $\boldsymbol{x}_1, \boldsymbol{x}_2, \cdots, \boldsymbol{x}_n$의 1차 결합으로 표현되면 벡터 $\boldsymbol{x}_1, \boldsymbol{x}_2, \cdots, \boldsymbol{x}_n$을 벡터공간 $V$의 **기저**(basis)라 하며, 기저를 이루는 벡터의 개수를 벡터공간 $V$의 **차원**(dimension)이라 하고 $\dim V$로 나타낸다.

$n$차원 실벡터공간(real vector space)을 $R^n$으로 표기한다. 3차원 벡터공간 $R^3$의 방향단위벡터

$$\boldsymbol{e}_1 = [1, 0, 0],\ \boldsymbol{e}_2 = [0, 1, 0],\ \boldsymbol{e}_3 = [0, 0, 1]$$

을 $R^3$의 표준기저(standard basis)라 한다. $R^n$의 표준기저는

$$\boldsymbol{e}_1 = [1, 0, 0, \cdots, 0],\ \boldsymbol{e}_2 = [0, 1, 0, \cdots, 0],\ \cdots,\ \boldsymbol{e}_n = [0, 0, 0, \cdots, 1]$$

이다.

벡터공간의 기저가 유한한 수의 벡터를 가지면 유한차원이라 하고, 무한한 수의 벡터를 가지면 무한차원(infinite dimension)이라 한다. 예를 들어 구간 $I$에서 연속적으로 $n$번 미분 가능한 함수공간(function space) $C^m(I)$의 차원은 무한이다. 영의 공간 $\{\mathbf{0}\}$은 특수한 경우로 오직 $\mathbf{0}$만이 벡터이며 이는 1차 독립이 아니므로 기저가 아니다. 이러한 경우는 관례상 공집

합(empty set)을 기저로 하고 차원을 0으로 한다.

모든 벡터공간은 기저를 갖지만 기저는 유일하지 않다. 예를 들어 벡터 $\boldsymbol{e_1}=[1,0,0]$, $\boldsymbol{e_2}=[0,1,0]$, $\boldsymbol{e_3}=[0,0,1]$가 $R^3$의 표준기저이지만 $\boldsymbol{u_1}=[1,0,0]$, $\boldsymbol{u_2}=[1,1,0]$, $\boldsymbol{u_3}=[1,1,1]$도 1차 독립이고 모든 벡터 $\boldsymbol{a}=[a_1,a_2,a_3]$를 $\boldsymbol{u_1}$, $\boldsymbol{u_2}$, $\boldsymbol{u_3}$의 1차 결합 $\boldsymbol{a}=c_1\boldsymbol{u_1}+c_2\boldsymbol{u_2}+c_3\boldsymbol{u_3}$로 나타낼 수 있으므로(연습문제 참조) $\boldsymbol{u_1}$, $\boldsymbol{u_2}$, $\boldsymbol{u_3}$는 $R^3$의 또 다른 기저인 것이다.

**예제 5**

실수 전체에서 정의되는 2차 이하의 다항식이 벡터공간이 됨을 보이고 기저와 차원을 구하라.

**풀이**

우선 모든 2차 이하의 다항식의 집합을 $P_2$라고 하고 $P_2$는 함수 벡터공간의 부분집합임을 관찰하자. 이제 ($x$를 고정시키고 함수들끼리 더하고 상수를 곱하는 함수공간에서의 통상적인 점별 연산으로 벡터합과 스칼라곱을 정의하고) $P_2$에서 닫힘공리가 만족됨을 증명하면 된다. 두 개의 임의의 2차 이하의 다항식 $p_i(x)=\alpha_i+\beta_i x+\gamma_i x^2,\ i=1,2$를 선택하자. 이 둘의 합은

$$\begin{aligned}p_1(x)+p_2(x)&=(\alpha_1+\beta_1 x+\gamma_1 x^2)+(\alpha_2+\beta_2 x+\gamma_2 x^2)\\&=(\alpha_1+\alpha_2)+(\beta_1+\beta_2)x+(\gamma_1+\gamma_2)x^2\end{aligned}$$

이 되어 역시 2차 이하의 다항식이 된다(즉, $P_2$의 원소가 된다). 따라서 닫힘공리 (i)이 만족된다. 또한 $p_1(x)$에 임의의 실수 $k$를 곱하면

$$kp_1(x)=k\alpha_1+k\beta_1 x+k\gamma_1 x^2$$

이 되어 역시 2차 이하의 다항식이 된다. 즉, 닫힘공리 (vi)이 만족된다. 따라서 $P_2$는 부분공간이며 따라서 벡터공간이다.

이제 세 개의 간단한 2차 이하의 다항식(즉, $P_2$의 원소) $1, x, x^2$을 선택하자. 우선 이 세 벡터의 1차 결합 $c_1(1)+c_2x+c_3x^2=0$이 되려면 $c_1=c_2=c_3=0$이 될 수밖에 없으므로 $1, x, x^2$는 1차 독립이다. 또한 $P_2$의 임의의 벡터 $p(x)=\alpha+\beta x+\gamma x^2$는 $1, x, x^2$의 1차 결합 $p(x)=\alpha(1)+\beta x+\gamma x^2$으로 표현된다. 따라서 $U$ 공간의 기저는 $1$, $x$, $x^2$이고, 기저가 3개로 구성되므로 $U$의 차원은 3이다. ■

위의 예제로부터 유추하면, $n$차 이하의 다항식 벡터공간 $P_n$의 (표준)기저는 $1$, $x$, $\cdots$, $x^n$이고, 차원은 $n+1$이다. 또한 $n$차 이하의 임의의 다항식은 이 기저의 1차 결합 $p(x)=c_0+c_1x+\cdots+c_nx^n$으로 나타난다.

**정의 생성공간**

주어진 벡터의 모든 1차 결합의 집합을 **생성공간**(span)이라 한다. 물론, 생성공간은 벡터공간이다.

**예제 6**

$R^3$의 기저 $\mathbf{e_1}=[1,0,0]$, $\mathbf{e_2}=[0,1,0]$, $\mathbf{e_3}=[0,0,1]$의 생성공간은 본래의 3차원 공간인 $R^3$이며, 벡터 $\mathbf{e_1}=[1,0,0]$, $\mathbf{e_2}=[0,1,0]$의 생성공간은 $z=0$인 2차원 공간(즉 $xy$-평면)이다. ■

## 제차 선형 미분방정식(선택사항)

$n$계 제차 선형 미분방정식($n$-th order homogeneous linear differential equation)

$$a_n(x)\frac{d^n y}{dx^n}+a_{n-1}(x)\frac{d^{n-1}y}{dx^{n-1}}+\cdots+a_1(x)\frac{dy}{dx}+a_0(x)y=0$$

의 계수가 구간 $I$의 모든 $x$에 대해 연속이고 $a_n(x)\neq 0$이면, 해 $y_1$은 벡터공간 $C^n(I)$의 하나의 벡터이다. 만약 $y_1$과 $y_2$가 해이면 이들의 합 $y_1+y_2$와 상수곱 $ky_1$도 해이므로 해집합은 덧셈과 스칼라곱에 대해 닫혀 있고 $C^n(I)$의 부분공간이 된다. 이러한 이유로 제차 선형 미분방정식의 해집합을 해공간(solution space)이라고 부른다. $y_1$, $y_2$, $\cdots$, $y_n$이 1차 독립인 해이면 일반해(general solution)는

$$y=c_1y_1+c_2y_2+\cdots+c_ny_n$$

로 정의되는데 모든 해는 적절한 $c_1$, $c_2$, $\cdots$, $c_n$에 의해 표현될 수 있다. 즉, 1차 독립인 해 $y_1$, $y_2$, $\cdots$, $y_n$은 해공간의 기저이고 해공간의 차원은 $n$이다.

**예제 7**

제차 2계 선형 미분방정식 $y''+y=0$의 일반해는 $y=c_1\cos x+c_2\sin x$이다. 1차 독립인 $\cos x$와 $\sin x$는 해공간의 기저를 이루고 따라서, 해공간의 차원은 2이다. 여기서 $\cos x$와 $\sin x$가 1차 독립인 것은 연습문제를 참조하자.

## 연습문제 8.5

**01** 다음 집합이 벡터공간이 되는가? 이유를 설명하라.

(1) $a_1+a_2=0$인 벡터 $[a_1,a_2]$

(2) $a_2=3a_1+1$인 벡터 $[a_1,a_2]$

(3) $a_1 \ge 0$, $a_2 \ge 0$인 벡터 $[a_1,a_2]$

(4) 벡터 $[a_1,a_2,0]$

**02** 다음 집합이 벡터공간 $C(-\infty,\infty)$의 부분공간이 되는가? 이유를 설명하라.

(1) $f(1)=0$인 함수

(2) $f(0)=1$인 함수

(3) 모든 $x$에 대해 $f(x)\ge 0$인 함수

(4) 미분가능한 함수

**03** 다음 집합이 주어진 벡터공간의 부분공간이 되는가? 이유를 설명하라.

(1) $p(x)=c_1x+c_3x^3$ : $P_3$

(2) 단위벡터 : $R^3$

(3) $x-2$로 나누어지는 2차 이하 다항식 $p$ : $P_2$

(4) $\int_a^b f(x)dx=0$ 인 함수 $f:C[a,b]$

**04** 다음 벡터가 1차 독립인지 1차 종속인지를 보여라.

(1) $R^2$의 $[4,-8]$, $[-6,12]$

(2) $R^2$의 $[1,1]$, $[0,1]$, $[2,5]$

(3) $P_2$의 $1$, $(x+1)$, $(x+1)^2$

(4) $P_2$의 $1$, $(x+1)$, $(x+1)^2$, $x^2$

**05** 벡터 $\boldsymbol{u_1}=[1,0,0]$, $\boldsymbol{u_2}=[1,1,0]$, $\boldsymbol{u_3}=[1,1,1]$은 벡터공간 $R^3$의 기저이다

(1) $\boldsymbol{u_1}$, $\boldsymbol{u_2}$, $\boldsymbol{u_3}$가 1차 독립임을 보여라.

(2) 벡터 $\boldsymbol{a}=[3,4,-8]$을 $\boldsymbol{u_1}$, $\boldsymbol{u_2}$, $\boldsymbol{u_3}$의 1차 결합으로 나타내어라.

**06** 벡터 $p_1(x)=x+1$, $p_2(x)=x-1$은 벡터공간 $P_1$의 기저이다

(1) $p_1(x)$, $p_2(x)$가 1차 독립임을 보여라.

(2) 벡터 $p(x)=5x+2$를 $p_1(x)$, $p_2(x)$의 1차 결합으로 나타내어라.

**07** 상수 $a$, $b$에 대해 $y=a\cos x+b\sin x$로 표시되는 모든 함수가 벡터공간인가? 벡터공간이면 기저와 차원을 구하라.

**08** (선택사항) 미분방정식 $\frac{d^2y}{dx^2}-3\frac{dy}{dx}-10y=0$의 해공간의 기저와 차원, 일반해를 구하라.

CHAPTER 09

# 행렬과 응용

## 9.1 행렬

숫자들의 직사각형 배열을 행렬(matrices)이라 한다. 행렬은

$$A=\begin{bmatrix} a_{11} & a_{12} & \cdots & a_{1n} \\ a_{21} & a_{22} & \cdots & a_{2n} \\ \vdots & \vdots & \ddots & \vdots \\ a_{m1} & a_{m2} & \cdots & a_{mn} \end{bmatrix}$$

와 같이 나타내고 $m$개의 행(row)과 $n$개의 열(column)을 갖는 행렬을 $m\times n$행렬이라 부르며, 이를 $[a_{ij}]_{m\times n}$로 나타내기도 한다. 행렬에 속한 개개의 수를 행렬의 성분(components) 또는 원소(elements)라 하고 $a_{ij}\,(1\le i\le m,\ 1\le j\le n)$로 나타낸다. 만약 $m=n$이면 $n\times n$ 정사각행렬(또는 정방행렬, square matrix)이라 하고, 정사각행렬에서 $a_{11}$에서 $a_{nn}$을 잇는 대각선 위의 성분을 주대각성분(principal diagonal components)이라고 한다.

### 행렬의 연산

크기가 같은 두 행렬

$$A=\begin{bmatrix} a_{11} & a_{12} & \cdots & a_{1n} \\ a_{21} & a_{22} & \cdots & a_{2n} \\ \vdots & \vdots & \vdots & \vdots \\ a_{m1} & a_{m2} & \cdots & a_{mn} \end{bmatrix},\ B=\begin{bmatrix} b_{11} & b_{12} & \cdots & b_{1n} \\ b_{21} & b_{22} & \cdots & b_{2n} \\ \vdots & \vdots & \vdots & \vdots \\ b_{m1} & b_{m2} & \cdots & b_{mn} \end{bmatrix}$$

에 대하여 다음과 같이 정의한다.

**정의** **행렬의 상등**

$a_{ij} = b_{ij}$ $(1 \le i \le m,\ 1 \le j \le n)$이면 $\boldsymbol{A} = \boldsymbol{B}$이다.

즉, 행렬의 성분이 모두 같을 때 두 행렬이 같다.

**정의** **행렬의 합과 차**

$$\boldsymbol{A} \pm \boldsymbol{B} = [a_{ij} \pm b_{ij}]_{m \times n} \quad (1 \le i \le m,\ 1 \le j \le n)$$

이는 두 행렬의 합과 차가 각 성분의 합과 차로 정의됨을 뜻한다. 즉, 각 성분을 구하기 위해 실수에서의 합과 차만 필요하므로 행렬의 합에 대해 다음의 성질이 성립함을 쉽게 알 수 있다.

**정리 • 9.1 행렬의 합에 관한 성질**

(i) $\boldsymbol{A} + \boldsymbol{B} = \boldsymbol{B} + \boldsymbol{A}$ : 교환법칙

(ii) $(\boldsymbol{A} + \boldsymbol{B}) + \boldsymbol{C} = \boldsymbol{A} + (\boldsymbol{B} + \boldsymbol{C})$ : 결합법칙

**증명**

성질 (i)의 증명

$\boldsymbol{A} = [a_{ij}]_{m \times n}$, $\boldsymbol{B} = [b_{ij}]_{m \times n}$라 하면

$$\begin{aligned}\boldsymbol{A} + \boldsymbol{B} &= [a_{ij}]_{m \times n} + [b_{ij}]_{m \times n} = [a_{ij} + b_{ij}]_{m \times n} = [b_{ij} + a_{ij}]_{m \times n} = [b_{ij}]_{m \times n} + [a_{ij}]_{m \times n} \\ &= \boldsymbol{B} + \boldsymbol{A}\end{aligned}$$

■

**정의** **행렬의 스칼라 곱**

스칼라 $k$에 대하여 $k\boldsymbol{A} = [ka_{ij}]_{m \times n}$ $(1 \le i \le m,\ 1 \le j \le n)$

이는 행렬의 스칼라 곱(scalar multiplication)이 각 성분에 동일한 상수를 곱하는 것으로 정의됨을 의미한다. 이러한 정의에 의하여 행렬의 스칼라 곱에 대해 다음의 성질이 성립함을 알 수 있다.

**정리 • 9.2 행렬의 스칼라 곱에 관한 성질**

스칼라 $k$, $k_1$, $k_2$에 대하여

(i) $k_1(k_2\boldsymbol{A}) = (k_1k_2)\boldsymbol{A} = k_2(k_1\boldsymbol{A})$ : 교환법칙

(ii) $k(\boldsymbol{A}+\boldsymbol{B}) = k\boldsymbol{A}+k\boldsymbol{B}$ : 분배법칙

**예제 1**

$\boldsymbol{A}=\begin{bmatrix}4 & 7\\3 & 5\end{bmatrix}$, $\boldsymbol{B}=\begin{bmatrix}9 & -2\\6 & 8\end{bmatrix}$ 일 때 $\boldsymbol{A}+\boldsymbol{B}$, $\boldsymbol{A}-\boldsymbol{B}$, $2\boldsymbol{A}$를 계산하라.

**풀이**

$$\boldsymbol{A}+\boldsymbol{B}=\begin{bmatrix}4 & 7\\3 & 5\end{bmatrix}+\begin{bmatrix}9 & -2\\6 & 8\end{bmatrix}=\begin{bmatrix}4+9 & 7-2\\3+6 & 5+8\end{bmatrix}=\begin{bmatrix}13 & 5\\9 & 13\end{bmatrix}$$

$$\boldsymbol{A}-\boldsymbol{B}=\begin{bmatrix}4 & 7\\3 & 5\end{bmatrix}-\begin{bmatrix}9 & -2\\6 & 8\end{bmatrix}=\begin{bmatrix}4-9 & 7+2\\3-6 & 5-8\end{bmatrix}=\begin{bmatrix}-5 & 9\\-3 & -3\end{bmatrix}$$

$$2\boldsymbol{A}=2\begin{bmatrix}4 & 7\\3 & 5\end{bmatrix}=\begin{bmatrix}2\cdot 4 & 2\cdot 7\\2\cdot 3 & 2\cdot 5\end{bmatrix}=\begin{bmatrix}8 & 14\\6 & 10\end{bmatrix}$$ ■

두 개의 행렬을 곱할 수 있는데 행렬의 곱(matrix multiplication)을 다음과 같이 정의한다.

**정의 행렬의 곱**

$m\times p$행렬 $\boldsymbol{A}$와 $p\times n$행렬 $\boldsymbol{B}$에 대하여 두 행렬의 곱 $\boldsymbol{AB}$는 $m\times n$행렬로서

$$\boldsymbol{AB}=[c_{ij}]_{m\times n},\ c_{ij}=\sum_{k=1}^{p}a_{ik}b_{kj}$$

이다.

두 행렬 $\boldsymbol{A}$와 $\boldsymbol{B}$의 곱 $\boldsymbol{AB}$는 $\boldsymbol{A}$의 열의 개수와 $\boldsymbol{B}$의 행의 개수가 같을 때만 정의되는데, $\boldsymbol{A}$의 $i$번째 행의 성분과 $\boldsymbol{B}$의 $j$번째 열의 성분을 순서대로 곱하여 더한 값이 행렬 $\boldsymbol{AB}$의 $(i,j)$ 성분이 되는 것이다. 다음 예제를 보자.

**예제 2**

(1) $\boldsymbol{A}=[2\ 4\ 5]$, $\boldsymbol{B}=\begin{bmatrix}3\\1\\0\end{bmatrix}$ 일 때

$$\boldsymbol{AB}=[2\ 4\ 5]\begin{bmatrix}3\\1\\0\end{bmatrix}=[2\cdot 3+4\cdot 1+5\cdot 0]=[10]$$

(2) $\boldsymbol{A}=\begin{bmatrix}4 & 7\\3 & 5\end{bmatrix}$, $\boldsymbol{B}=\begin{bmatrix}9 & -2\\6 & 8\end{bmatrix}$ 일 때

$$\boldsymbol{AB}=\begin{bmatrix}4 & 7\\3 & 5\end{bmatrix}\begin{bmatrix}9 & -2\\6 & 8\end{bmatrix}=\begin{bmatrix}4\cdot 9+7\cdot 6 & 4\cdot(-2)+7\cdot 8\\3\cdot 9+5\cdot 6 & 3\cdot(-2)+5\cdot 8\end{bmatrix}=\begin{bmatrix}78 & 48\\57 & 34\end{bmatrix}$$

(3) $\boldsymbol{A}=\begin{bmatrix}5 & 8\\1 & 0\\2 & 7\end{bmatrix}$, $\boldsymbol{B}=\begin{bmatrix}-4 & -3\\2 & 0\end{bmatrix}$ 일 때

$$\boldsymbol{AB}=\begin{bmatrix}5 & 8\\1 & 0\\2 & 7\end{bmatrix}\begin{bmatrix}-4 & -3\\2 & 0\end{bmatrix}=\begin{bmatrix}5\cdot(-4)+8\cdot 2 & 5\cdot(-3)+8\cdot 0\\1\cdot(-4)+0\cdot 2 & 1\cdot(-3)+0\cdot 0\\2\cdot(-4)+7\cdot 2 & 2\cdot(-3)+7\cdot 0\end{bmatrix}=\begin{bmatrix}-4 & -15\\-4 & -3\\6 & -6\end{bmatrix}$$

이지만, $\boldsymbol{BA}$는 정의되지 않는다. ■

행렬의 곱은 다음 성질을 갖는다(각 행렬의 곱이 가능하다고 가정하자).

**정리 • 9.3 행렬의 곱에 관한 성질**

(i) $\boldsymbol{AB}\neq\boldsymbol{BA}$ : 교환법칙이 성립하지 않는다.

(ii) $\boldsymbol{A}(\boldsymbol{BC})=(\boldsymbol{AB})\boldsymbol{C}$ : 결합법칙

(iii) $\boldsymbol{A}(\boldsymbol{B}+\boldsymbol{C})=\boldsymbol{AB}+\boldsymbol{AC}$, $(\boldsymbol{A}+\boldsymbol{B})\boldsymbol{C}=\boldsymbol{AC}+\boldsymbol{BC}$ : 분배법칙

**증명**

성질 (iii)의 첫 번째 식의 증명

$\boldsymbol{A}=[a_{ij}]_{m\times p}$, $\boldsymbol{B}=[b_{ij}]_{p\times n}$, $\boldsymbol{C}=[c_{ij}]_{p\times n}$ 이라 하면

$$\boldsymbol{A}(\boldsymbol{B}+\boldsymbol{C})=[a_{ij}]_{m\times p}([b_{ij}]_{p\times n}+[c_{ij}]_{p\times n})=[a_{ij}]_{m\times p}[b_{ij}+c_{ij}]_{p\times n}=[d_{ij}]_{m\times n}$$

이고, 여기서 $d_{ij}=\sum_{k=1}^{p}a_{ik}(b_{kj}+c_{kj})$ 이다. 마찬가지로

$$\boldsymbol{AB}+\boldsymbol{AC}=[a_{ij}]_{m\times p}[b_{ij}]_{p\times n}+[a_{ij}]_{m\times p}[c_{ij}]_{p\times n}=[e_{ij}]_{m\times n}+[f_{ij}]_{m\times n}$$

이고, 여기서 $e_{ij}=\sum_{k=1}^{p}a_{ik}b_{kj}$, $f_{ij}=\sum_{k=1}^{p}a_{ik}c_{kj}$ 이다. 그런데

$$d_{ij}=\sum_{k=1}^{p}a_{ik}(b_{kj}+c_{kj})=\sum_{k=1}^{p}a_{ik}b_{kj}+\sum_{k=1}^{p}a_{ik}c_{kj}=e_{ij}+f_{ij}$$

이므로 $\boldsymbol{A}(\boldsymbol{B}+\boldsymbol{C})=\boldsymbol{AB}+\boldsymbol{AC}$이다. ■

$a, b, c$가 실수일 때는 다음 성질이 성립한다.

$ab = ba$ (교환법칙)

$ab = ac$이고 $a \neq 0$ 이면 $b = c$

$ad = 0$ 이면 $a = 0$ 또는 $b = 0$

하지만 행렬의 곱에서는 $\boldsymbol{A}, \boldsymbol{B}, \boldsymbol{C}$가 모두 $n \times n$행렬이라 해도 일반적으로 위의 성질이 성립하지 않는다. 다음 예제를 보자.

**예제 3**

$\boldsymbol{A} = \begin{bmatrix} 0 & 1 \\ 0 & 2 \end{bmatrix}$, $\boldsymbol{B} = \begin{bmatrix} 1 & 1 \\ 3 & 4 \end{bmatrix}$, $\boldsymbol{C} = \begin{bmatrix} 2 & 5 \\ 3 & 4 \end{bmatrix}$, $\boldsymbol{D} = \begin{bmatrix} 3 & 7 \\ 0 & 0 \end{bmatrix}$ 일 때

(1) $\boldsymbol{AB} = \begin{bmatrix} 0 & 1 \\ 0 & 2 \end{bmatrix} \begin{bmatrix} 1 & 1 \\ 3 & 4 \end{bmatrix} = \begin{bmatrix} 0 \cdot 1 + 1 \cdot 3 & 0 \cdot 1 + 1 \cdot 4 \\ 0 \cdot 1 + 2 \cdot 3 & 0 \cdot 1 + 2 \cdot 4 \end{bmatrix} = \begin{bmatrix} 3 & 4 \\ 6 & 8 \end{bmatrix}$,

$\boldsymbol{BA} = \begin{bmatrix} 1 & 1 \\ 3 & 4 \end{bmatrix} \begin{bmatrix} 0 & 1 \\ 0 & 2 \end{bmatrix} = \begin{bmatrix} 1 \cdot 0 + 1 \cdot 0 & 1 \cdot 1 + 1 \cdot 2 \\ 3 \cdot 0 + 4 \cdot 0 & 3 \cdot 1 + 4 \cdot 2 \end{bmatrix} = \begin{bmatrix} 0 & 3 \\ 0 & 11 \end{bmatrix}$

에서 $\boldsymbol{AB} \neq \boldsymbol{BA}$ 이다.

(2) $\boldsymbol{AC} = \begin{bmatrix} 0 & 1 \\ 0 & 2 \end{bmatrix} \begin{bmatrix} 2 & 5 \\ 3 & 4 \end{bmatrix} = \begin{bmatrix} 0 \cdot 2 + 1 \cdot 3 & 0 \cdot 5 + 1 \cdot 4 \\ 0 \cdot 2 + 2 \cdot 3 & 0 \cdot 5 + 2 \cdot 4 \end{bmatrix} = \begin{bmatrix} 3 & 4 \\ 6 & 8 \end{bmatrix}$

이므로 $\boldsymbol{AB} = \boldsymbol{AC}$이고, $\boldsymbol{A} \neq \boldsymbol{0}$ 이지만 $\boldsymbol{B} \neq \boldsymbol{C}$이다.

(3) $\boldsymbol{AD} = \begin{bmatrix} 0 & 1 \\ 0 & 2 \end{bmatrix} \begin{bmatrix} 3 & 7 \\ 0 & 0 \end{bmatrix} = \begin{bmatrix} 0 \cdot 3 + 1 \cdot 0 & 0 \cdot 7 + 1 \cdot 0 \\ 0 \cdot 3 + 2 \cdot 0 & 0 \cdot 7 + 2 \cdot 0 \end{bmatrix} = \begin{bmatrix} 0 & 0 \\ 0 & 0 \end{bmatrix} = \boldsymbol{0}$

이지만 $\boldsymbol{A} \neq \boldsymbol{0}$, $\boldsymbol{D} \neq \boldsymbol{0}$ 이다. ■

정사각행렬 $\boldsymbol{A}$의 거듭제곱을

$$\boldsymbol{AA} = \boldsymbol{A}^2, \ \boldsymbol{AAA} = \boldsymbol{A}^3, \ \cdots$$

등으로 나타낸다. 정사각행렬 $\boldsymbol{A}, \boldsymbol{B}$에 대해 행렬의 곱에 관한 성질을 적용하면

$$\begin{aligned}(\boldsymbol{A} + \boldsymbol{B})^2 &= (\boldsymbol{A} + \boldsymbol{B})(\boldsymbol{A} + \boldsymbol{B}) = \boldsymbol{A}(\boldsymbol{A} + \boldsymbol{B}) + \boldsymbol{B}(\boldsymbol{A} + \boldsymbol{B}) \\ &= \boldsymbol{A}^2 + \boldsymbol{AB} + \boldsymbol{BA} + \boldsymbol{B}^2\end{aligned}$$

$$\begin{aligned}(\boldsymbol{A} + \boldsymbol{B})(\boldsymbol{A} - \boldsymbol{B}) &= \boldsymbol{A}(\boldsymbol{A} - \boldsymbol{B}) + \boldsymbol{B}(\boldsymbol{A} - \boldsymbol{B}) \\ &= \boldsymbol{A}^2 - \boldsymbol{AB} + \boldsymbol{BA} - \boldsymbol{B}^2\end{aligned}$$

이 된다. 행렬의 곱의 교환법칙이 성립하지 않음에 유의하라.

## 여러 가지 행렬

### 영행렬

영행렬(zero matrix 또는 null matrix)은 행렬의 성분이 모두 0인 행렬로

$$\mathbf{0}=\begin{bmatrix}0&0&0\\0&0&0\\0&0&0\end{bmatrix}$$

과 같은 행렬이다. 행렬 $\boldsymbol{A}$에 대하여

$$\boldsymbol{A}+\mathbf{0}=\boldsymbol{A}\,,\ \boldsymbol{A}+(-\boldsymbol{A})=\mathbf{0}$$

이 성립하므로 영행렬 $\mathbf{0}$는 덧셈에 대한 항등원이고 $-\boldsymbol{A}$는 덧셈에 대해 $\boldsymbol{A}$의 역원이다.

### 전치행렬

행과 열을 바꾸어 생기는 행렬이다. 행렬 $\boldsymbol{A}=[a_{ij}]_{m\times n}$에 대하여 $\boldsymbol{B}=[b_{ij}]_{n\times m}$, $b_{ij}=a_{ji}$인 행렬을 $\boldsymbol{A}$의 전치행렬(transpose matrix)이라 하고 $\boldsymbol{B}=\boldsymbol{A}^T$로 나타낸다. 예를 들어

$$\boldsymbol{A}=\begin{bmatrix}3&2&-1\\6&5&2\end{bmatrix}$$

이면

$$\boldsymbol{A}^T=\begin{bmatrix}3&6\\2&5\\-1&2\end{bmatrix}$$

이다. 전치행렬은 다음과 같은 성질을 갖는다.

**정리 • 9.4 전치행렬에 관한 성질**

(i) $(\boldsymbol{A}^T)^T=\boldsymbol{A}$

(ii) $(\boldsymbol{A}+\boldsymbol{B})^T=\boldsymbol{A}^T+\boldsymbol{B}^T$

(iii) $(k\boldsymbol{A})^T=k\boldsymbol{A}^T$, 단 $k$는 스칼라

(iv) $(\boldsymbol{AB})^T=\boldsymbol{B}^T\boldsymbol{A}^T$

**증명**

성질 (iv)의 증명

$\boldsymbol{A}=[a_{ij}]_{m\times p}$, $\boldsymbol{B}=[b_{ij}]_{p\times n}$ 라고 하자. 그러면 행렬 곱의 정의에서 $\boldsymbol{AB}$는 $m\times n$행렬이고 $ij$ 원소는 $c_{ij}=\sum_{k=1}^{p}a_{ik}b_{kj}$ 이다. 따라서 $(\boldsymbol{AB})^T$는 $n\times m$행렬이고 $ij$ 원소는 $c_{ji}=\sum_{k=1}^{p}a_{jk}b_{ki}$ 이다. 한편 $\boldsymbol{A}^T$는 $p\times m$, $\boldsymbol{B}^T$는 $n\times p$ 행렬이 되므로 행렬 곱 $\boldsymbol{B}^T\boldsymbol{A}^T$가 가능하고 그 결과 역시 $n\times m$행렬이 된다. 구체적으로 $\boldsymbol{A}^T=[\alpha_{ij}]_{p\times m}$, $\boldsymbol{B}^T=[\beta_{ij}]_{n\times p}$ 라 하면 $\boldsymbol{B}^T\boldsymbol{A}^T$의 $ij$ 원소는 $d_{ij}=\sum_{k=1}^{p}\beta_{ik}\alpha_{kj}$ 이다. 그런데 전치의 관계에서 $\beta_{ik}=b_{ki}$, $\alpha_{kj}=a_{jk}$ 이므로

$$d_{ij}=\sum_{k=1}^{p}\beta_{ik}\alpha_{kj}=\sum_{k=1}^{p}b_{ki}a_{jk}=\sum_{k=1}^{p}a_{jk}b_{ki}=c_{ji}$$

가 된다. 따라서 모든 $ij$원소가 같아지므로 $(\boldsymbol{AB})^T=\boldsymbol{B}^T\boldsymbol{A}^T$가 성립한다. ■

### 행벡터, 열벡터

행렬에서 행이 하나이거나 열이 하나일 수 있다. 행이 하나인, 즉 $1\times n$행렬을 행벡터(row vector)라 하고, 열이 하나인, 즉 $n\times 1$행렬을 열벡터(column vector)라 한다. 전치행렬의 정의에 의하면 행벡터의 전치 행렬은 열벡터가 되고 열벡터의 전치행렬은 행벡터가 된다. 예를 들어

$$\boldsymbol{A}=\begin{bmatrix}5\\0\\3\end{bmatrix} \text{ 이면 } \boldsymbol{A}^T=[5\;0\;3]$$

이다.

### 삼각행렬

삼각행렬(triangular matrix)은 정사각행렬에 대해서 정의되는데 이에는

$$\boldsymbol{U}=\begin{bmatrix}1&2&3\\0&4&5\\0&0&6\end{bmatrix}$$

와 같이 $i>j$일 때 $u_{ij}=0$ 인 위삼각행렬(upper triangular matrix)과

$$\boldsymbol{L}=\begin{bmatrix}1 & 0 & 0\\ 2 & 3 & 0\\ 4 & 5 & 6\end{bmatrix}$$

와 같이 $i < j$ 일 때 $l_{ij} = 0$ 인 아래삼각행렬(lower triangular matrix)이 있다.

### 대각행렬

정사각행렬에서 주대각선 성분을 제외한 나머지 성분이 0인 행렬을 대각행렬(diagonal matrix)이라 한다. 즉, $i \neq j$ 일 때 $d_{ij} = 0$ 인 행렬로

$$\boldsymbol{D}=\begin{bmatrix}1 & 0 & 0\\ 0 & 2 & 0\\ 0 & 0 & 3\end{bmatrix}$$

와 같은 행렬이다. 대각행렬은 위삼각행렬이면서 동시에 아래삼각행렬이다.

### 스칼라행렬

대각행렬 중에서 주대각선 성분이 모두 같은 행렬을 스칼라행렬(scalar matrix)이라 한다. 스칼라행렬을 어떤 행렬에 곱하면 스칼라행렬의 대각 성분 중 하나를 행렬에 곱한 것과 같다. 즉, 스칼라 행렬 $\boldsymbol{K}=\begin{bmatrix}5 & 0\\ 0 & 5\end{bmatrix}$ 를 $\boldsymbol{A}=\begin{bmatrix}1 & 2\\ 3 & 4\end{bmatrix}$ 에 곱하면

$$\boldsymbol{KA}=\begin{bmatrix}5 & 0\\ 0 & 5\end{bmatrix}\begin{bmatrix}1 & 2\\ 3 & 4\end{bmatrix}=\begin{bmatrix}5 & 10\\ 15 & 20\end{bmatrix}=5\begin{bmatrix}1 & 2\\ 3 & 4\end{bmatrix}=5\boldsymbol{A}$$

이다.

### 단위행렬

단위행렬(unit or identity matrix)은 스칼라행렬 중에서 주대각선 성분이 모두 1인 행렬로

$$\boldsymbol{I}=\begin{bmatrix}1 & 0 & 0\\ 0 & 1 & 0\\ 0 & 0 & 1\end{bmatrix}$$

과 같은 행렬인데 임의의 행렬 $\boldsymbol{A}$ 에 대하여 $\boldsymbol{IA}=\boldsymbol{A}$ 이다. 예를 들면

$$\boldsymbol{IA}=\begin{bmatrix}1 & 0\\ 0 & 1\end{bmatrix}\begin{bmatrix}1 & 2\\ 3 & 4\end{bmatrix}=\begin{bmatrix}1 & 2\\ 3 & 4\end{bmatrix}=\boldsymbol{A}$$

이다.

### 대칭행렬

정사각행렬의 성분이 주대각선 성분을 기준으로 대칭인 행렬, 즉 $\boldsymbol{A}^T = \boldsymbol{A}$ 인 행렬을 대칭행렬(symmetric matrix)이라 한다. 즉, $a_{ij} = a_{ji}$ 로

$$\boldsymbol{S} = \begin{bmatrix} 1 & 2 & 7 \\ 2 & 5 & 6 \\ 7 & 6 & 4 \end{bmatrix}$$

와 같은 행렬을 말한다.

### 부분행렬

행렬 $\boldsymbol{A}$ 의 몇 개의 행이나 열 또는 행과 열을 제거한 행렬을 $\boldsymbol{A}$ 의 부분행렬(submatrix)이라고 한다.

$$\boldsymbol{A} = \begin{bmatrix} a\ b\ c \\ d\ e\ f \\ g\ h\ i \end{bmatrix}$$

의 부분행렬은

$$\boldsymbol{A}_1 = \begin{bmatrix} a\ b\ c \\ d\ e\ f \end{bmatrix},\ \boldsymbol{A}_2 = [g\ h\ i],\ \boldsymbol{A}_3 = \begin{bmatrix} a\ c \\ d\ f \\ g\ i \end{bmatrix},\ \boldsymbol{A}_4 = \begin{bmatrix} a\ b \\ d\ e \end{bmatrix},\ \cdots$$

등이다. 부분행렬을 이용하여

$$\boldsymbol{A} = \begin{bmatrix} \boldsymbol{A_1} \\ \boldsymbol{A_2} \end{bmatrix}$$

로 나타낼 수 있다. $\boldsymbol{A}$ 는 $\boldsymbol{A}$ 자신의 부분행렬이기도 하다.

## 연습문제 9.1

**01** $\boldsymbol{A} = \begin{bmatrix} 1 & -1 \\ 2 & 2 \end{bmatrix}$, $\boldsymbol{B} = \begin{bmatrix} -1 & 1 \\ 0 & -3 \end{bmatrix}$ 일 때 $2\boldsymbol{A}$, $\boldsymbol{A}+\boldsymbol{B}$, $\boldsymbol{A}-\boldsymbol{B}$, $(\boldsymbol{A}-\boldsymbol{B})^T$ 를 구하라.

**02** $\boldsymbol{A} = \begin{bmatrix} 1 & 2 \\ 3 & -1 \end{bmatrix}$, $\boldsymbol{B} = \begin{bmatrix} 2 & 0 \\ 1 & 1 \end{bmatrix}$ 일 때 $\boldsymbol{AB}$, $\boldsymbol{BA}$ 를 구하라.

**03** 두 행렬 $\begin{bmatrix} x^2 & 1 \\ y & 5 \end{bmatrix}$, $\begin{bmatrix} 9 & 1 \\ 4x & 5 \end{bmatrix}$ 이 같아지도록 $x$, $y$를 정하라.

**04** $\boldsymbol{A}=\begin{bmatrix}2 & 1\\ 6 & 3\\ 2 & 5\end{bmatrix}$ 일 때, $\boldsymbol{B}=\boldsymbol{A}\boldsymbol{A}^T$가 대칭행렬임을 보여라. 일반적인 행렬 $\boldsymbol{A}$에 대해 $\boldsymbol{A}\boldsymbol{A}^T$가 대칭행렬임을 보여라.

**05** $\boldsymbol{A}=\begin{bmatrix}1 & 1\\ 2 & -3\end{bmatrix}$, $\boldsymbol{A}=\boldsymbol{L}\boldsymbol{U}$일 때 $\boldsymbol{L}$과 $\boldsymbol{U}$를 구하라. 여기서 $\boldsymbol{L}$은 주대각선 성분이 1인 $2\times 2$ 아래삼각행렬, $\boldsymbol{U}$는 $2\times 2$ 위삼각행렬이다.

**06** 행렬 $\boldsymbol{A}=\begin{bmatrix}3 & -1\\ 1 & 0\end{bmatrix}$, $\boldsymbol{B}=\begin{bmatrix}-1 & 2\\ 1 & 1\end{bmatrix}$를 이용하여 다음을 확인하라.

$$(\boldsymbol{A}-\boldsymbol{B})^2=\boldsymbol{A}^2-\boldsymbol{A}\boldsymbol{B}-\boldsymbol{B}\boldsymbol{A}+\boldsymbol{B}^2\neq\boldsymbol{A}^2-2\boldsymbol{A}\boldsymbol{B}+\boldsymbol{B}^2$$

**07** $\boldsymbol{A}\boldsymbol{B}=\boldsymbol{B}\boldsymbol{A}$가 되는 예를 들어 보라.

**08** 임의의 $2\times 2$ 행렬 $\boldsymbol{A}, \boldsymbol{B}$에 대해 정리 9.4의 전치행렬에 관한 네 가지 성질이 모두 성립함을 확인하라.

## 9.2 행렬식

$n\times n$ 정사각행렬 $\boldsymbol{A}$에 대응하는 수로 행렬식(determinant)을 정의하는데, $\det\boldsymbol{A}$ 또는 $|\boldsymbol{A}|$로 표시한다. 먼저 $1\times 1$, $2\times 2$, $3\times 3$ 행렬식을 정의하자.

### 행렬식의 정의

**정의** $1\times 1$ **행렬식**

행렬 $\boldsymbol{A}=[a]$의 행렬식은 $\det\boldsymbol{A}=|a|=a$이다.

위 정의에서 기호 $|\ \ |$는 행렬식 표기이지 절대값 기호가 아니다.

**예제 1**

$\boldsymbol{A}=[-1]$이면, $\det\boldsymbol{A}=|-1|=-1$이다. ■

**정의** $2\times 2$ **행렬식**

행렬 $\boldsymbol{A}=\begin{bmatrix} a_{11} & a_{12} \\ a_{21} & a_{22} \end{bmatrix}$의 행렬식은 $\det\boldsymbol{A}=\begin{vmatrix} a_{11} & a_{12} \\ a_{21} & a_{22} \end{vmatrix}=a_{11}a_{22}-a_{21}a_{12}$이다.

즉, 왼쪽 위에서 오른쪽 아래 방향의 대각선 성분의 곱에서 다른 대각선 성분의 곱을 뺀 값으로 기억하자.

$$\begin{bmatrix} a_{11} & & a_{12} \\ & \times & \\ a_{21} & & a_{22} \end{bmatrix}$$
$$(-)$$

**예제 2**

$\boldsymbol{A}=\begin{bmatrix} 1 & -2 \\ 3 & 4 \end{bmatrix}$이면, $\det\boldsymbol{A}=\begin{vmatrix} 1 & -2 \\ 3 & 4 \end{vmatrix}=1\cdot 4-3\cdot(-2)=10$이다. ■

**정의** $3\times 3$ **행렬식**

행렬 $\boldsymbol{A}=\begin{bmatrix} a_{11} & a_{12} & a_{13} \\ a_{21} & a_{22} & a_{23} \\ a_{31} & a_{32} & a_{33} \end{bmatrix}$의 행렬식은 $\det\boldsymbol{A}=\begin{vmatrix} a_{11} & a_{12} & a_{13} \\ a_{21} & a_{22} & a_{23} \\ a_{31} & a_{32} & a_{33} \end{vmatrix}$

$$=a_{11}a_{22}a_{33}+a_{12}a_{23}a_{31}+a_{13}a_{21}a_{32}-a_{13}a_{22}a_{31}-a_{11}a_{23}a_{32}-a_{12}a_{21}a_{33}$$

이다.

위의 $3\times 3$ 행렬식의 정의를 좀 더 간결하게 표현하여 보자. 위의 정의는

$$\det\boldsymbol{A}=a_{11}(a_{22}a_{33}-a_{32}a_{23})-a_{12}(a_{21}a_{33}-a_{31}a_{23})+a_{13}(a_{21}a_{32}-a_{31}a_{22})$$

로 다시 쓸 수 있는데, 이는 $2\times 2$ 행렬식의 정의에 의하여

$$\det\boldsymbol{A}=a_{11}\begin{vmatrix} a_{22} & a_{23} \\ a_{32} & a_{33} \end{vmatrix}-a_{12}\begin{vmatrix} a_{21} & a_{23} \\ a_{31} & a_{33} \end{vmatrix}+a_{13}\begin{vmatrix} a_{21} & a_{22} \\ a_{31} & a_{32} \end{vmatrix}$$

와 같다. 이를 자세히 살펴보면 행렬 $\boldsymbol{A}$의 제1행의 각 성분에 대하여 그 성분이 위치한 행과 열에 속한 모든 성분을 제외한 행렬의 행렬식으로 표현되었음을 알 수 있다. 마찬가지 방법으로

$$\begin{aligned}\det\boldsymbol{A} &= a_{11}(a_{22}a_{33}-a_{32}a_{23}) - a_{21}(a_{12}a_{33}-a_{32}a_{13}) + a_{31}(a_{12}a_{23}-a_{22}a_{13}) \\ &= a_{11}\begin{vmatrix} a_{22} & a_{23} \\ a_{32} & a_{33} \end{vmatrix} - a_{21}\begin{vmatrix} a_{12} & a_{13} \\ a_{32} & a_{33} \end{vmatrix} + a_{31}\begin{vmatrix} a_{12} & a_{13} \\ a_{22} & a_{23} \end{vmatrix}\end{aligned}$$

와 같이 행렬 $\boldsymbol{A}$ 의 제1열의 각 성분에 대하여 그 성분이 위치한 행과 열에 속한 모든 성분을 제외한 행렬의 행렬식으로도 표현할 수 있다.

행렬 $\boldsymbol{A}=[a_{ij}]$에서 성분 $a_{ij}$가 속한 $i$행과 $j$열에 포함되지 않는 성분으로 이루어진 행렬을 성분 $a_{ij}$ 에 대응되는 부분행렬이라고 하자. 예를 들면

$$\boldsymbol{A}=\begin{bmatrix} \textcircled{a_{11}} & a_{12} & a_{13} \\ a_{21} & \boxed{a_{22}} & \boxed{a_{23}} \\ a_{31} & \boxed{a_{32}} & \boxed{a_{33}} \end{bmatrix}$$

은 성분 $a_{11}$ 과 이에 대응되는 부분행렬을 보여 준다. 성분 $a_{ij}$ 의 여인수(cofactor)를

$$C_{ij} = (-1)^{i+j}M_{ij}$$

로 정의하는데, 여기서 $M_{ij}$ 는 성분 $a_{ij}$ 에 대응되는 부분행렬의 행렬식이다. 행렬의 여인수 $C_{ij}$ 는 $M_{ij}$ 에 단순히 $+$, $-$ 기호만이 추가된 것으로 $i+j$가 짝수인 경우는 $C_{ij}=M_{ij}$ 이고, $i+j$가 홀수인 경우는 $C_{ij}=-M_{ij}$ 로, 부호는

$$\begin{bmatrix} + & - & + & \cdots \\ - & + & - & \cdots \\ + & - & + & \cdots \\ \vdots & \vdots & \vdots & \vdots \end{bmatrix}$$

와 같이 변한다. 따라서, $3\times3$ 행렬식을 제1열과 이의 여인수를 사용하여 나타내면

$$\det\boldsymbol{A}= a_{11}C_{11} + a_{21}C_{21} + a_{31}C_{31}$$

이고, 제1행과 이의 여인수를 사용하여 나타내면

$$\det\boldsymbol{A}= a_{11}C_{11} + a_{12}C_{12} + a_{13}C_{13}$$

이다. 임의의 행이나 열에 대해서도 같은 결과를 얻음을 쉽게 알 수 있다.

$3\times3$ 행렬식의 정의와 그 계산법을 일반화하여 $n\times n$ 행렬식을 다음과 같이 정의한다.

**정의** $n \times n$ **행렬식**

행렬 $\boldsymbol{A} = [a_{ij}]_{n \times n}$의 행렬식은 $1 \le i \le n$에 대하여

$$\det \boldsymbol{A} = a_{i1}C_{i1} + a_{i2}C_{i2} + \cdots + a_{in}C_{in} = \sum_{k=1}^{n} a_{ik}C_{ik}$$

또는 $1 \le j \le n$에 대하여

$$\det \boldsymbol{A} = a_{1j}C_{1j} + a_{2j}C_{2j} + \cdots + a_{nj}C_{nj} = \sum_{k=1}^{n} a_{kj}C_{kj}$$

이다.

위와 같은 $n \times n$ 행렬식 계산이 특정한 행이나 열에 국한되지 않고 임의의 행이나 열의 성분과 이의 여인수의 곱으로 나타낼 수 있음이 이미 증명되어 있다.

**예제 3**

$\begin{vmatrix} 2 & 4 & 7 \\ 6 & 0 & 3 \\ 1 & 5 & 3 \end{vmatrix}$을 계산하라.

**풀이**

행렬의 첫 번째 행을 기준으로 한 여인수로 계산하면

$$\begin{vmatrix} 2 & 4 & 7 \\ 6 & 0 & 3 \\ 1 & 5 & 3 \end{vmatrix} = 2\begin{vmatrix} 0 & 3 \\ 5 & 3 \end{vmatrix} - 4\begin{vmatrix} 6 & 3 \\ 1 & 3 \end{vmatrix} + 7\begin{vmatrix} 6 & 0 \\ 1 & 5 \end{vmatrix} = 2(0-15) - 4(18-3) + 7(30-0) = 120$$

이 되고, 만약 두 번째 행을 택하면

$$\begin{vmatrix} 2 & 4 & 7 \\ 6 & 0 & 3 \\ 1 & 5 & 3 \end{vmatrix} = -6\begin{vmatrix} 4 & 7 \\ 5 & 3 \end{vmatrix} + 0\begin{vmatrix} 2 & 7 \\ 1 & 3 \end{vmatrix} - 3\begin{vmatrix} 2 & 4 \\ 1 & 5 \end{vmatrix} = -6(12-35) - 3(10-4) = 120$$

로 결과는 서로 같다. ■

**예제 4**

$\boldsymbol{A} = \begin{bmatrix} 5 & 1 & 2 & 4 \\ -1 & 0 & 2 & 3 \\ 1 & 1 & 6 & 1 \\ 1 & 0 & 0 & -4 \end{bmatrix}$의 행렬식을 구하라.

풀이

여기서는 계산 편의상 0이 많은 제4행을 기준으로 계산한다.

$$\begin{aligned}\det\boldsymbol{A} &=-\begin{vmatrix}1&2&4\\0&2&3\\1&6&1\end{vmatrix}-4\begin{vmatrix}5&1&2\\-1&0&2\\1&1&6\end{vmatrix}\\&=-\left\{2\begin{vmatrix}1&4\\1&1\end{vmatrix}-3\begin{vmatrix}1&2\\1&6\end{vmatrix}\right\}-4\left\{\begin{vmatrix}1&2\\1&6\end{vmatrix}-2\begin{vmatrix}5&1\\1&1\end{vmatrix}\right\}\\&=-2(1-4)+3(6-2)-4(6-2)+8(5-1)=34\end{aligned}$$

■

$n\times n$ 정사각행렬 $\boldsymbol{A}$, $\boldsymbol{B}$에 대하여 다음과 같은 성질이 성립한다.

### 정리 • 9.5 행렬식의 성질 (1)

(i) $\boldsymbol{A}$의 하나의 행(또는 열)에 0이 아닌 실수 $k$를 곱한 행렬을 $\boldsymbol{B}$라 하면 $\det\boldsymbol{B}=k\det\boldsymbol{A}$이다.

(ii) $\boldsymbol{A}$의 하나의 행(또는 열)이 모두 0이면 $\det\boldsymbol{A}=0$이다.

(iii) $\boldsymbol{A}$의 두 행(또는 두 열)을 교환한 행렬을 $\boldsymbol{B}$라 하면 $\det\boldsymbol{B}=-\det\boldsymbol{A}$이다.

(iv) $\boldsymbol{A}$의 두 행(또는 두 열)이 같거나 비가 일정하면 $\det\boldsymbol{A}=0$이다.

(v) $\boldsymbol{A}$의 하나의 행(또는 열)에 임의의 실수를 곱하여 다른 행(또는 열)에 더하여 생긴 행렬을 $\boldsymbol{B}$라 하면 $\det\boldsymbol{B}=\det\boldsymbol{A}$이다.

증명

성질 (iii)의 증명

수학적 귀납법을 사용한다. $\boldsymbol{A}$의 두 행을 교환한 행렬을 $\boldsymbol{B}$라 하자. $2\times 2$ 행렬에 대해

$$\det\boldsymbol{A}=\begin{vmatrix}a_{11}&a_{12}\\a_{21}&a_{22}\end{vmatrix}=a_{11}a_{22}-a_{21}a_{12},\quad \det\boldsymbol{B}=\begin{vmatrix}a_{21}&a_{22}\\a_{11}&a_{12}\end{vmatrix}=a_{21}a_{12}-a_{11}a_{22}$$

이므로 $\det\boldsymbol{B}=-\det\boldsymbol{A}$가 성립한다. 이제 일반적으로 $(n-1)\times(n-1)$ 행렬에 대해 $\det\boldsymbol{B}=-\det\boldsymbol{A}$가 성립한다고 가정하자. $n\times n$ 행렬에 대해 원래의 행렬 $\boldsymbol{A}$와 두 행을 교환한 행렬 $\boldsymbol{B}$의 행렬식을, 교환에 사용하지 않은 $p$행을 기준으로 하여 계산하면 각각

$$\det\boldsymbol{A}=\sum_{k=1}^{n}a_{pk}C_{pk},\quad \det\boldsymbol{B}=\sum_{k=1}^{n}a_{pk}D_{pk}$$

이다. 여기서 $C_{pk}$, $D_{pk}$는 크기가 $(n-1)\times(n-1)$이고 두 행이 교환된 행렬의 행렬식이므로 가정에 의해 $D_{pk}=-C_{pk}$이다. 따라서, $n\times n$ 행렬에 대해서도 $\det\boldsymbol{B}=-\det\boldsymbol{A}$이므로 성질 (iii)은 $n\geq 2$인 모든 행렬에 대해 성립한다. ■

**예제 5**

간단한 행렬에 대해 정리 9.5가 성립함을 확인해 보자.

(i) $\boldsymbol{A}=\begin{bmatrix}1&-2\\3&4\end{bmatrix}$의 제1행에 2를 곱한 행렬을 $\boldsymbol{B}=\begin{bmatrix}2&-4\\3&4\end{bmatrix}$라 하면

$$\det\boldsymbol{A}=\begin{vmatrix}1&-2\\3&4\end{vmatrix}=1\cdot4-3\cdot(-2)=10,\ \det\boldsymbol{B}=\begin{vmatrix}2&-4\\3&4\end{vmatrix}=2\cdot4-3\cdot(-4)=20$$

이므로 $\det\boldsymbol{B}=2\det\boldsymbol{A}$이다.

(ii) 제2열이 모두 0인 행렬 $\boldsymbol{A}=\begin{bmatrix}1&0\\3&0\end{bmatrix}$에 대해 $\det\boldsymbol{A}=\begin{vmatrix}1&0\\3&0\end{vmatrix}=1\cdot0-3\cdot0=0$

(iii) $\boldsymbol{A}=\begin{bmatrix}1&-2\\3&4\end{bmatrix}$의 제1열과 제2열을 교환한 행렬 $\boldsymbol{B}=\begin{bmatrix}-2&1\\4&3\end{bmatrix}$에 대해

$$\det\boldsymbol{A}=\begin{vmatrix}1&-2\\3&4\end{vmatrix}=10,\ \det\boldsymbol{B}=\begin{vmatrix}-2&1\\4&3\end{vmatrix}=-10$$

이므로 $\det\boldsymbol{B}=-\det\boldsymbol{A}$이다.

(iv) 제2열이 제1열의 2배인 행렬 $\boldsymbol{A}=\begin{bmatrix}1&2\\3&6\end{bmatrix}$에 대해 $\det\boldsymbol{A}=\begin{vmatrix}1&2\\3&6\end{vmatrix}=0$

(v) $\boldsymbol{A}=\begin{bmatrix}1&-2\\3&4\end{bmatrix}$의 제1행에 2를 곱하여 제2행에 더한 행렬 $\boldsymbol{B}=\begin{bmatrix}1&-2\\5&0\end{bmatrix}$에 대해

$$\det\boldsymbol{A}=\begin{vmatrix}1&-2\\3&4\end{vmatrix}=10,\ \det\boldsymbol{B}=\begin{vmatrix}1&-2\\5&0\end{vmatrix}=10$$

이므로 $\det\boldsymbol{B}=\det\boldsymbol{A}$이다. ■

**예제 6**

다음의 행렬식 계산에 대해 그 이유를 생각해 보라.

(1) $\begin{vmatrix}5&8\\20&16\end{vmatrix}=5\begin{vmatrix}1&8\\4&16\end{vmatrix}=5\cdot8\begin{vmatrix}1&1\\4&2\end{vmatrix}=5\cdot8\cdot2\begin{vmatrix}1&1\\2&1\end{vmatrix}=80(1-2)=-80$

(2) $\begin{vmatrix}4&2&-1\\5&-2&1\\7&4&-2\end{vmatrix}=-2\begin{vmatrix}4&-1&-1\\5&1&1\\7&-2&-2\end{vmatrix}=-2\cdot0=0$

(3) $\begin{vmatrix}1&1&1\\x&y&z\\x+y+z&y+z+x&z+x+y\end{vmatrix}=(x+y+z)\begin{vmatrix}1&1&1\\x&y&z\\1&1&1\end{vmatrix}=(x+y+z)\cdot0=0$

(4) $\begin{vmatrix}x&x+1&x+2\\y&y+1&y+2\\z&z+1&z+2\end{vmatrix}=\begin{vmatrix}x&1&2\\y&1&2\\z&1&2\end{vmatrix}=0$ ■

9.4절에서 다시 설명하겠지만 $\det\boldsymbol{A}=0$ 일 때 $\boldsymbol{A}$를 특이행렬(singular matrix)이라 하고 $\det\boldsymbol{A}\neq0$ 일 때 $\boldsymbol{A}$를 정칙행렬(non-singular matrix)이라고 한다.

이 외에도 행렬식은 다음과 같은 성질을 갖는다.

### 정리 • 9.6 행렬식의 성질 (2)

(vi) $\det\boldsymbol{A} = \det\boldsymbol{A}^T$

(vii) $\boldsymbol{A}$가 삼각행렬이고 대각선 성분이 $a_{11}$, $a_{22}$, $\cdots$, $a_{nn}$이면 $\det\boldsymbol{A} = a_{11}a_{12}\cdots a_{nn}$

(viii) $\det\boldsymbol{AB} = \det\boldsymbol{A}\det\boldsymbol{B} = \det\boldsymbol{BA}$

(ix) $\det(\boldsymbol{A}+\boldsymbol{B}) \neq \det\boldsymbol{A} + \det\boldsymbol{B}$

#### 증명

성질 (viii)의 증명

우선 $\boldsymbol{A}$나 $\boldsymbol{B}$ 중 하나 이상이 특이행렬인 경우에는 곱 $\boldsymbol{AB}$도 특이행렬이 됨을 보일 수 있는데 따라서 성질 (viii)이 당연히 성립한다. 이제 $\boldsymbol{A}$와 $\boldsymbol{B}$가 다음과 같은 정칙행렬인 경우를 생각하자.

$$\boldsymbol{A} = \begin{bmatrix} a_{11} & a_{12} & \cdots & a_{1n} \\ a_{21} & a_{22} & \cdots & a_{2n} \\ \vdots & \vdots & \ddots & \vdots \\ a_{n1} & a_{n2} & \cdots & a_{nn} \end{bmatrix}, \quad \boldsymbol{B} = \begin{bmatrix} b_{11} & b_{12} & \cdots & b_{1n} \\ b_{21} & b_{22} & \cdots & b_{2n} \\ \vdots & \vdots & \ddots & \vdots \\ b_{n1} & b_{n2} & \cdots & b_{nn} \end{bmatrix}$$

9.3절에서 언급할 가우스-요르단 소거법과 유사한 방법으로 두 행을 교환하든가[이 경우 정리 9.5(iii)에 의해 행렬식은 $-1$배가 된다], 한 행의 상수배를 다른 행에 더하는 [이 경우 정리 9.5(v)에 의해 행렬식은 변하지 않는다] 기본 행연산을 계속 수행하면 $\boldsymbol{A}$를 대각행렬 $\boldsymbol{D}$로 변환할 수 있다. 이때 필요한 기본 행연산들을 한꺼번에 수행하는 행렬을 $\boldsymbol{E}$라고 놓으면

$$\boldsymbol{D} = \boldsymbol{EA} = \begin{bmatrix} d_{11} & 0 & \cdots & 0 \\ 0 & d_{22} & \cdots & 0 \\ \vdots & \vdots & \ddots & \vdots \\ 0 & 0 & \cdots & d_{nn} \end{bmatrix}$$

가 되고, 발생한 행교환의 횟수를 $k$로 놓으면 정리 9.5의 성질 (iii) 및 (v)에 의해 $\det\boldsymbol{A} = (-1)^k\det\boldsymbol{D}$ 이다. 이제 행렬 $\boldsymbol{AB}$에 똑같은 기본 행연산을 수행하면 $\det\boldsymbol{AB} = (-1)^k\det\boldsymbol{E}(\boldsymbol{AB})$ 가 되고

$$\boldsymbol{E}(\boldsymbol{AB}) = (\boldsymbol{EA})\boldsymbol{B} = \boldsymbol{DB}$$

이므로 $\det(\boldsymbol{AB}) = (-1)^k\det(\boldsymbol{DB})$ 이다. 따라서, $\det\boldsymbol{DB} = \det\boldsymbol{D}\det\boldsymbol{B}$를 증명하면 성질 (viii)이 증명된다. 이제

$$\boldsymbol{DB} = \begin{bmatrix} d_{11} & 0 & \cdots & 0 \\ 0 & d_{22} & \cdots & 0 \\ \vdots & \vdots & \ddots & \vdots \\ 0 & 0 & \cdots & d_{nn} \end{bmatrix} \begin{bmatrix} b_{11} & b_{12} & \cdots & b_{1n} \\ b_{21} & b_{22} & \cdots & b_{2n} \\ \vdots & \vdots & \ddots & \vdots \\ b_{n1} & b_{n2} & \cdots & b_{nn} \end{bmatrix} = \begin{bmatrix} d_{11}b_{11} & d_{11}b_{12} & \cdots & d_{11}b_{1n} \\ d_{22}b_{21} & d_{22}b_{22} & \cdots & d_{22}b_{2n} \\ \vdots & \vdots & \ddots & \vdots \\ d_{nn}b_{n1} & d_{nn}b_{n2} & \cdots & d_{nn}b_{nn} \end{bmatrix}$$

의 각 행의 공통 인수가 각각 $d_{11}, d_{22}, \cdots, d_{nn}$ 이므로 정리 9.5의 성질 (i)에 의해

$$\det(\boldsymbol{DB}) = (d_{11}d_{22}\cdots d_{nn})\det\boldsymbol{B}$$

이고, 정리 9.6의 성질 (vii)에 의해 $\det\boldsymbol{D} = d_{11}d_{22}\cdots d_{nn}$ 이므로

$$\det(\boldsymbol{DB}) = \det\boldsymbol{D}\,\det\boldsymbol{B}$$

이다. ■

성질 (vi)은 행에 적용되는 모든 행렬식의 성질이 열에도 동일하게 적용됨을 나타낸다. 성질 (vii)은 대각행렬을 포함한 위 또는 아래 삼각행렬의 행렬식이

$$\begin{vmatrix} a_{11} & a_{12} & \cdots & a_{1n} \\ 0 & a_{22} & \cdots & a_{2n} \\ \vdots & \vdots & \ddots & \vdots \\ 0 & 0 & \cdots & a_{nn} \end{vmatrix} = \begin{vmatrix} a_{11} & 0 & \cdots & 0 \\ a_{21} & a_{22} & \cdots & 0 \\ \vdots & \vdots & \ddots & \vdots \\ a_{n1} & a_{n2} & \cdots & a_{nn} \end{vmatrix} = \begin{vmatrix} a_{11} & 0 & \cdots & 0 \\ 0 & a_{22} & \cdots & 0 \\ \vdots & \vdots & \ddots & \vdots \\ 0 & 0 & \cdots & a_{nn} \end{vmatrix} = a_{11}a_{22}\cdots a_{nn}$$

와 같이 대각선 성분의 곱이 됨을 뜻한다. 이 성질을 적용하면 단위행렬의 행렬식이 1이 됨을 알 수 있다. 즉, $\det\boldsymbol{I} = 1$ 이다.

**예제 7**

$\det\boldsymbol{A} = \begin{vmatrix} 1 & -2 \\ 3 & 4 \end{vmatrix} = 10$, $\det\boldsymbol{B} = \begin{vmatrix} 1 & 0 \\ -2 & 3 \end{vmatrix} = 3$ 을 이용하여 정리 9.6을 확인해 보자.

**풀이**

(vi) $\det\boldsymbol{A}^T = \begin{vmatrix} 1 & 3 \\ -2 & 4 \end{vmatrix} = 10$ 이므로 $\det\boldsymbol{A} = \det\boldsymbol{A}^T$

(vii) 행렬 $\boldsymbol{B}$가 삼각행렬이므로 $\det\boldsymbol{B} = \begin{vmatrix} 1 & 0 \\ -2 & 3 \end{vmatrix} = 1 \cdot 3 = 3$

(viii) $\boldsymbol{AB} = \begin{bmatrix} 5 & -6 \\ -5 & 12 \end{bmatrix}$ 에서 $\det\boldsymbol{AB} = 30$이고 $\det\boldsymbol{A}\det\boldsymbol{B} = 10 \cdot 3 = 30$이므로

$$\det\boldsymbol{AB} = \det\boldsymbol{A}\det\boldsymbol{B}$$

(ix) $\boldsymbol{A}+\boldsymbol{B} = \begin{bmatrix} 2 & -2 \\ 1 & 7 \end{bmatrix}$ 에서 $\det(\boldsymbol{A}+\boldsymbol{B}) = 16$이고 $\det\boldsymbol{A}+\det\boldsymbol{B} = 10+3 = 13$ 이므로

$$\det(\boldsymbol{A}+\boldsymbol{B}) \neq \det\boldsymbol{A}+\det\boldsymbol{B}$$ ■

## 효율적인 행렬식 계산

행렬식의 성질을 이용하면 행렬식 계산을 보다 간단히 할 수 있다. 제$i$ 행에 상수 $m$ 을 곱하여 제$k$ 행에 더하는 연산을

$$mR_i + R_k \rightarrow R_k$$

로 나타내기로 하자. 이러한 연산으로 이루어지는 행렬의 행렬식은 행렬식의 성질 (v)에 의해 본래 행렬의 행렬식과 같다. 따라서, 이러한 연산을 이용하여 행렬의 대각선 아래의 모든 성분이 0인 위삼각행렬을 구성하면 행렬식의 성질 (vii)에 따라 대각선 성분의 곱으로 행렬식을 간단히 계산할 수 있다. 이러한 방법을 행축소법(row reduction method)이라 한다.

**예제 8**

$\begin{vmatrix} -1 & 2 & 3 \\ 4 & -5 & -2 \\ 9 & -9 & 6 \end{vmatrix}$ 을 계산하라.

**풀이**

$$\begin{vmatrix} -1 & 2 & 3 \\ 4 & -5 & -2 \\ 9 & -9 & 6 \end{vmatrix} \begin{matrix} \\ 4R_1 + R_2 \rightarrow R_2 \\ 9R_1 + R_3 \rightarrow R_3 \end{matrix} = \begin{vmatrix} -1 & 2 & 3 \\ 0 & 3 & 10 \\ 0 & 9 & 33 \end{vmatrix} (-3)R_2 + R_3 \rightarrow R_3$$

$$= \begin{vmatrix} -1 & 2 & 3 \\ 0 & 3 & 10 \\ 0 & 0 & 3 \end{vmatrix} = (-1) \cdot 3 \cdot 3 = -9$$

■

행렬식을 계산할 때 필요한 연산수는 일반적으로 행축소법을 사용하는 경우가 여인수를 사용하는 경우보다 매우 적다.

## 연습문제 9.2

**01** 여인수를 사용하여 다음 행렬식을 계산하라.

(1) $|-7|$

(2) $\begin{vmatrix} 3 & 5 \\ -1 & 4 \end{vmatrix}$

(3) $\begin{vmatrix} 1 & 1 & 1 \\ x & y & z \\ 2 & 3 & 4 \end{vmatrix}$

(4) $\begin{vmatrix} 3 & 2 & 2 \\ 2 & 2 & 2 \\ 4 & 2 & 2 \end{vmatrix}$

(5) $\begin{vmatrix} 3 & 2 & -1 \\ 2 & 2 & -1 \\ 4 & 2 & -1 \end{vmatrix}$

(6) $\begin{vmatrix} 1 & 1 & -3 & 0 \\ 1 & 5 & 3 & 2 \\ 1 & -2 & 1 & 0 \\ 4 & 8 & 0 & 0 \end{vmatrix}$

**02** 다음 식을 만족하는 $x$를 구하라.

(1) $\begin{vmatrix} x+1 & 2 \\ -1 & 1 \end{vmatrix} = 2$

(2) $\begin{vmatrix} x-1 & 0 & 0 \\ 0 & x-2 & 0 \\ 0 & 0 & x-3 \end{vmatrix} = 0$

**03** $\boldsymbol{A}=\begin{bmatrix} 5 & 7 \\ -3 & 4 \end{bmatrix}$일 때 $\det\boldsymbol{A}$와 $\det\boldsymbol{A}^T$를 구하라.

**04** $k=\begin{vmatrix} a_{11} & a_{12} & a_{13} \\ a_{21} & a_{22} & a_{23} \\ a_{31} & a_{32} & a_{33} \end{vmatrix}$ 일 때 다음을 $k$로 나타내어라.

(1) $\begin{vmatrix} a_{11} & a_{21} & a_{31} \\ a_{12} & a_{22} & a_{32} \\ a_{13} & a_{23} & a_{33} \end{vmatrix}$ (2) $\begin{vmatrix} a_{13} & a_{12} & a_{11} \\ a_{23} & a_{22} & a_{21} \\ a_{33} & a_{32} & a_{31} \end{vmatrix}$

(3) $\begin{vmatrix} 2a_{11} & a_{12} & a_{13} \\ 6a_{21} & 3a_{22} & 3a_{23} \\ 2a_{31} & a_{32} & a_{33} \end{vmatrix}$ (4) $\begin{vmatrix} -a_{11} & -a_{12} & -a_{13} \\ a_{21} & a_{22} & a_{23} \\ a_{31}-a_{11} & a_{32}-a_{12} & a_{33}-a_{13} \end{vmatrix}$

**05** $\boldsymbol{A}=\begin{bmatrix} 2 & -1 & 1 \\ 3 & 1 & -1 \\ 0 & 2 & 2 \end{bmatrix}$, $\boldsymbol{B}=\begin{bmatrix} 2 & 1 & 5 \\ 4 & 3 & 8 \\ 0 & -1 & 0 \end{bmatrix}$일 때 $\det(\boldsymbol{AB})$를 구하라.

**06** 다음 행렬식을 여인수를 사용하지 않고 계산하라.

(1) $\begin{vmatrix} -5 & 1 & 2 \\ 0 & -1 & 3 \\ 0 & 0 & 4 \end{vmatrix}$ (2) $\begin{vmatrix} 0 & 0 & 4 \\ 0 & -1 & 3 \\ -5 & 1 & 2 \end{vmatrix}$ (3) $\begin{vmatrix} 0 & -1 & 3 \\ -5 & 1 & 2 \\ 0 & 0 & 4 \end{vmatrix}$

(4) $\begin{vmatrix} -5 & 0 & 0 \\ 0 & -1 & 0 \\ 0 & 0 & 4 \end{vmatrix}$ (5) $\begin{vmatrix} 1 & 1 & 1 \\ a & b & c \\ b+c & c+a & a+b \end{vmatrix}$

**07** 행축소법을 이용하여 $\begin{vmatrix} -2 & 2 & -6 \\ 5 & 0 & 1 \\ 1 & -2 & 2 \end{vmatrix}$를 계산하라.

**08** $n\times n$ 행렬 $\boldsymbol{A}$가 $\boldsymbol{A}^2=\boldsymbol{I}$를 만족하면 $\det\boldsymbol{A}=\pm 1$임을 보여라[정리 9.6의 행렬식의 성질 (viii)을 사용하라].

## 9.3 선형계와 가우스 소거법

선형계(연립1차방정식)의 해를 구하는 일은 매우 중요하다. 자연 과학 및 공학 분야에서의 많은 문제가 선형계로 나타나기 때문이다. 실제로 어떤 현상이 비선형 미분방정식(differential equation)으로 기술된다 하더라도 이의 해를 수학적으로 구할 수 없는 경우에는 컴퓨터를 이용하는 수치적 방법을 사용해야 한다. 수치적 방법에서는 미분방정식을 작게 나누어진 구간에 적용하여 얻어지는 차분방정식(difference equation)을 풀어야 하며, 경계값문제(boundary value problems)의 경우 이러한 차분방정식은 많은 경우 대규모의 선형계를 이루게 된다. 따라서 선형계를 보다 정확하고 빠르게 계산하는 방법이 지속적으로 개발되어 왔다. 여기에서는 선형계를 풀기 위한 방법 중에서 가우스 소거법, 역행렬, 크라머 공식을 소개한다. 실제로 많이 사용되는 수치적 방법들은 수치해석(numerical analysis)에서 자세히 다루게 될 것이다.

## 선형계

여러 개의 선형방정식으로 이루어진 계(system)를 선형방정식계(system of linear equations), 또는 선형계(linear system)라 한다. 미지수의 개수가 $n$ 이고 $m$ 개의 선형방정식으로 이루어진 선형계

$$\begin{aligned} a_{11}x_1 + a_{12}x_2 + \ &\cdots\ + a_{1n}x_n = b_1 \\ a_{21}x_1 + a_{22}x_2 + \ &\cdots\ + a_{2n}x_n = b_2 \\ &\vdots \\ a_{m1}x_1 + a_{m2}x_2 + \ &\cdots\ + a_{mn}x_n = b_m \end{aligned}$$

을 생각하자. 이를 행렬로 표시하면

$$\boldsymbol{AX} = \boldsymbol{B}$$

이고, 여기서 $\boldsymbol{A}$, $\boldsymbol{X}$, $\boldsymbol{B}$는 각각

$$\boldsymbol{A} = \begin{bmatrix} a_{11} & a_{12} & \cdots & a_{1n} \\ a_{21} & a_{22} & \cdots & a_{2n} \\ \vdots & \vdots & \ddots & \vdots \\ a_{m1} & a_{m2} & \cdots & a_{mn} \end{bmatrix},\ \boldsymbol{X} = \begin{bmatrix} x_1 \\ x_2 \\ \vdots \\ x_n \end{bmatrix},\ \boldsymbol{B} = \begin{bmatrix} b_1 \\ b_2 \\ \vdots \\ b_m \end{bmatrix}$$

이다. $m \times n$ 행렬 $\boldsymbol{A}$를 계수행렬(coefficient matrix), $n \times 1$ 열벡터 $\boldsymbol{X}$를 해벡터(solution vector), $m \times 1$ 열벡터 $\boldsymbol{B}$를 입력벡터(input vector)라 한다. $\boldsymbol{B}$의 성분이 모두 0일 때 제차 선형계(homogeneous linear system)라 하고 그렇지 않으면 비제차 선형계(nonhomogeneous linear system)라 한다. 제차 선형계는 적어도 $x_1 = x_2 = \cdots = x_n = 0$을 해로 가지는데 이렇게 성분이 모두 0인 해를 자명해(trivial solution)라고 한다.

$m = n = 2$일 때의 선형계는

$$\begin{aligned} a_{11}x_1 + a_{12}x_2 &= b_1 \\ a_{21}x_1 + a_{22}x_2 &= b_2 \end{aligned}$$

이 되는데, 이는 $x_1x_2-$평면 좌표계에서 두 개의 직선을 나타내며 두 직선의 교점 $(x_1, x_2)$가

해가 된다. 여기에는 세 가지 경우가 있다(그림 9.1).

(i) 하나의 해가 존재함 : 두 직선이 교차할 때

(ii) 해가 존재하지 않음 : 두 직선이 평행할 때

(iii) 무한히 많은 해가 존재함 : 두 직선이 일치할 때

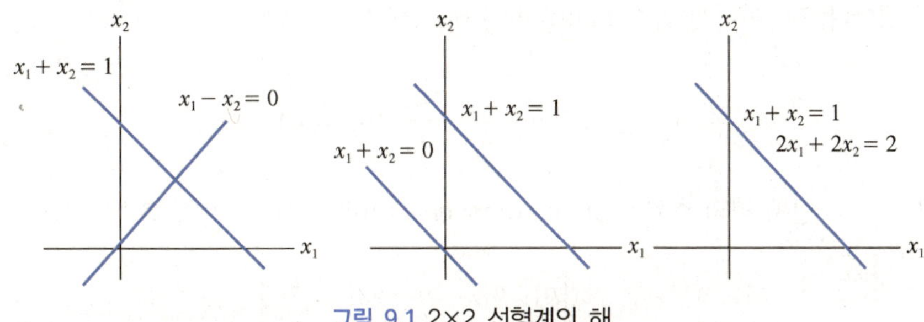


그림 9.1 2×2 선형계의 해

다음에는 선형계의 해를 구하는 방법에 대해 알아보자.

## 가우스 소거법

선형계의 해를 구하는 방법의 하나로 가우스 소거법(Gauss elimination method)이 있다. 행렬에서

(i) 행을 서로 교환하거나

(ii) 하나의 행에 0이 아닌 실수를 곱하거나

(iii) 하나의 행에 0이 아닌 실수를 곱하여 다른 행에 더하는

연산을 기본 행연산(elementary row operation)이라 한다. 가우스 소거법에서는 $\boldsymbol{A}$와 $\boldsymbol{B}$에 대한 기본 행연산을 쉽게 표시하기 위하여 선형계 $\boldsymbol{AX} = \boldsymbol{B}$에서 계수행렬 $\boldsymbol{A}$와 열벡터 $\boldsymbol{B}$를 결합하여

$$\widetilde{\boldsymbol{A}} = \begin{bmatrix} a_{11} & a_{12} & \cdots & a_{1n} & | & b_1 \\ a_{21} & a_{22} & \cdots & a_{2n} & | & b_2 \\ \vdots & \vdots & \ddots & \vdots & | & \vdots \\ a_{m1} & a_{m2} & \cdots & a_{mn} & | & b_m \end{bmatrix}$$

와 같이 쓰는데 이를 첨가행렬(augmented matrix)이라 한다. 가우스 소거법에서는 첨가행렬을 사다리형(echelon) 모양의 행렬로 변환한 후 아래에서 위로 역대입(backward substitution)하여 미지수를 구한다. $m = n$일 때의 가우스 소거법은 다음과 같다.

(1) 사다리형 구성

행렬 $\boldsymbol{A}$ 의 성분 $a_{11}$을 기준으로 $a_{i1}$ $(2 \le i \le n)$을 0으로 만들고, 다시 $a_{22}$를 기준으로 $a_{i2}$ $(3 \le i \le n)$을 0으로 만드는 과정을 반복하여 행렬 $\boldsymbol{A}$ 의 대각선 아래의 모든 성분을 0으로 만든다. 이를 위해 첨가행렬의 각 행 $(i = 1, 2, \cdots, n)$에 대해 연산

$$m_{ki}R_i + R_k \rightarrow R_k \ (k = i+1, i+2, \cdots, n)$$

을 수행한다. 단, 여기서 곱수(multiplier) $m_{ki}$는

$$m_{ki} = -\frac{a_{ki}}{a_{ii}} \ (a_{ii} \ne 0)$$

이고, $a_{ii}$를 $i$번째 열의 축성분(pivot component)이라고 한다. 이의 결과로 사다리형

$$\left[\begin{array}{cccc|c} a_{11} & a_{12} & \cdots & a_{n1} & b_1 \\ 0 & a_{22} & \cdots & a_{n2} & b_2 \\ \vdots & \vdots & \ddots & \vdots & \vdots \\ 0 & 0 & \cdots & a_{nn} & b_n \end{array}\right]$$

이 구성된다. 여기서, 성분 $a_{ij}$, $b_j$ $(1 \le i, j \le n)$는 기본 행연산에 의해 그 값이 처음과 달라질 수 있다. 사다리형을 만드는 과정에서 만약 $a_{ii} = 0$이면 $i+1$행 이후 $i$ 열의 성분이 처음으로 0이 아닌 행을 찾아 $i$ 행과 교환한다(행교환).

(2) 역대입

위에서 구한 사다리형에서 $a_{nn} \ne 0$ 인 경우 제$n$행으로부터

$$x_n = \frac{b_n}{a_{nn}}$$

에 의하여 $x_n$을 구할 수 있으며, 역대입

$$x_i = \frac{1}{a_{ii}}\left(b_i - \sum_{k=i+1}^{n} a_{ik}x_k\right)$$

에 의하여 나머지 미지수 $x_i (i = n-1, n-2, \cdots, 1)$를 구한다. $a_{nn} = 0$ 인 경우는 예제 2와 예제 3을 참조하라.

**예제 1**

다음 선형계의 해를 가우스 소거법으로 구하라.

$$x_1 + 2x_2 + 2x_3 = 1$$
$$3x_1 + x_2 = 1$$
$$x_1 + x_2 + x_3 = 1$$

**풀이**

먼저 주어진 선형계에 해당하는 첨가행렬

$$\left[\begin{array}{ccc|c} 1 & 2 & 2 & 1 \\ 3 & 1 & 0 & 1 \\ 1 & 1 & 1 & 1 \end{array}\right]$$

을 만든다. 2행과 3행의 첫 번째 성분을 0으로 만들기 위하여 $a_{11}$을 축성분으로 한 곱수

$$m_{21} = -a_{21}/a_{11} = -3/1 = -3$$
$$m_{31} = -a_{31}/a_{11} = -1/1 = -1$$

를 구하고 $-3R_1 + R_2 \to R_2$, $-R_1 + R_3 \to R_3$를 수행하여

$$\left[\begin{array}{ccc|c} 1 & 2 & 2 & 1 \\ 0 & -5 & -6 & -2 \\ 0 & -1 & -1 & 0 \end{array}\right]$$

를 얻는다. 다음은 3행의 두 번째 성분을 0으로 만들어야 하므로

$$m_{32} = -a_{32}/a_{22} = -(-1)/(-5) = -1/5$$

를 이용, $(-1/5)R_2 + R_3 \to R_3$ 하면, 사다리형

$$\left[\begin{array}{ccc|c} 1 & 2 & 2 & 1 \\ 0 & -5 & -6 & -2 \\ 0 & 0 & 1/5 & 2/5 \end{array}\right]$$

를 얻게 된다. 마지막 행에서

$$x_3 = \frac{b_3}{a_{33}} = \frac{2/5}{1/5} = 2$$

이고, 역대입을 이용하여

$$x_2 = \frac{1}{a_{22}}(b_2 - a_{23}x_3) = \frac{1}{(-5)}[-2-(-6)(2)] = -2$$
$$x_1 = \frac{1}{a_{11}}(b_1 - a_{12}x_2 - a_{13}x_3) = \frac{1}{1}[1-(2)(-2)-(2)(2)] = 1$$

이다. ■

다음에는 해가 존재하지 않는 경우를 보자.

**예제 2**

$3x_1+2x_2+x_3=3$, $2x_1+x_2+x_3=0$, $6x_1+2x_2+4x_3=6$ 의 해를 구하라.

**풀이**

예제 1에서와 같은 방법으로 첨가행렬을 이용하여 다음과 같이 구한다.

$$\left[\begin{array}{ccc|c} 3 & 2 & 1 & 3 \\ 2 & 1 & 1 & 0 \\ 6 & 2 & 4 & 6 \end{array}\right] \quad \begin{array}{l} (-2/3)R_1+R_2 \to R_2 \\ -2R_1+R_3 \to R_3 \end{array}$$

$$\left[\begin{array}{ccc|c} 3 & 2 & 1 & 3 \\ 0 & -1/3 & 1/3 & -2 \\ 0 & -2 & 2 & 0 \end{array}\right] \quad -6R_2+R_3 \to R_3$$

$$\left[\begin{array}{ccc|c} 3 & 2 & 1 & 3 \\ 0 & -1/3 & 1/3 & -2 \\ 0 & 0 & 0 & 12 \end{array}\right]$$

제3행에서 $0 \cdot x_3=12$ 이므로 해가 존재하지 않는다. ■

마지막으로 해가 무수히 많이 존재하는 경우를 보자.

**예제 3**

$x_1+x_2+x_3=3$, $x_1-x_2-x_3=-1$, $3x_1+x_2+x_3=5$의 해를 구하라.

**풀이**

$$\left[\begin{array}{ccc|c} 1 & 1 & 1 & 3 \\ 1 & -1 & -1 & -1 \\ 3 & 1 & 1 & 5 \end{array}\right] \quad \begin{array}{l} -R_1+R_2 \to R_2 \\ -3R_1+R_3 \to R_3 \end{array}$$

$$\left[\begin{array}{ccc|c} 1 & 1 & 1 & 3 \\ 0 & -2 & -2 & -4 \\ 0 & -2 & -2 & -4 \end{array}\right] \quad -R_2+R_3 \to R_3$$

$$\left[\begin{array}{ccc|c} 1 & 1 & 1 & 3 \\ 0 & -2 & -2 & -4 \\ 0 & 0 & 0 & 0 \end{array}\right]$$

제3행은 $0 \cdot x_1+0 \cdot x_2+0 \cdot x_3=0$ 이고 제2행 $-2x_2-2x_3=-4$에서 $x_3$를 임의로 선택할 수 있으므로 선형계를 만족하는 해는 무수히 많다. 즉, $x_3=t$라 하면 $x_2=2-t$, $x_1=1$이다. ■

가우스 소거법을 적용할 때 마지막 단계에서 볼 수 있는 행렬의 형태를 사다리형(echelon form)이라 한다. 예제 1, 2, 3에서의 사다리형은 각각

$$\left[\begin{array}{ccc|c} 1 & 2 & 2 & 1 \\ 0 & -5 & -6 & -2 \\ 0 & 0 & 1/5 & 2/5 \end{array}\right], \quad \left[\begin{array}{ccc|c} 3 & 2 & 1 & 3 \\ 0 & -1/3 & 1/3 & -2 \\ 0 & 0 & 0 & 12 \end{array}\right], \quad \left[\begin{array}{ccc|c} 1 & 1 & 1 & 3 \\ 0 & -2 & -2 & -4 \\ 0 & 0 & 0 & 0 \end{array}\right]$$

이다. 앞의 예제에서 보듯이 선형계 $\boldsymbol{AX}=\boldsymbol{B}$의 해의 종류는 사다리형으로 변환된 첨가행렬 $\widetilde{\boldsymbol{A}}$의 형태와 관련이 있다. $\widetilde{\boldsymbol{A}}$의 부분행렬인 $n\times n$ 행렬 $\boldsymbol{A}$에서 주대각성분이 0이 아닌 행의 개수를 $r$이라 하고 $\widetilde{\boldsymbol{A}}$의 다른 부분행렬인 $n\times 1$ 열벡터 $\boldsymbol{B}$의 성분을 $b_1, b_2, \cdots, b_n$이라 하자. 일반적인 $n\times n$ 선형계에서 $r=n$, 즉 $r$이 $\boldsymbol{A}$의 열의 개수와 같으면 유일한 해가 존재한다(예제 1). 한편 $r<n$, 즉 $r$이 $\boldsymbol{A}$의 열의 개수보다 작고 $b_{r+1}, \cdots, b_n$ 중 적어도 하나가 0이 아니면 해가 존재하지 않으며(예제 2), $r<n$이고 $b_{r+1}, \cdots, b_n$이 모두 0이면 무한히 많은 해가 존재한다(예제 3).

일반적으로 사다리형으로 변환된 $m\times n$ 행렬 $\boldsymbol{A}$에서 성분이 모두 0인 행을 제외한 행의 개수 $r$은 행렬 $\boldsymbol{A}$의 1차 독립인 행벡터의 최대 개수를 나타내는데, 이를 행렬 $\boldsymbol{A}$의 랭크(rank)라 하며 $r=\mathrm{rank}\boldsymbol{A}$로 나타낸다. 위에서 알 수 있듯이 일반적인 $m\times n$ 선형계 $\boldsymbol{AX}=\boldsymbol{B}$의 해의 존재성과 유일성은 $\boldsymbol{A}$의 랭크와 밀접하게 관련된다. 자세한 내용은 상급과정에서 다루도록 하자.

## 가우스-요르단 소거법

가우스 소거법으로 해를 구하기 위해서는 첨가행렬을 사다리형으로 축소한 후 마지막 행부터 역순으로 해를 구하는 역대입 과정을 거쳐야 한다. 그런데 $n\times n$ 행렬을 예로 들면, 만일 처음부터 계수행렬을

$$\left[\begin{array}{cccc|c} a_{11} & 0 & \cdots & 0 & b_1 \\ 0 & a_{22} & \cdots & 0 & b_2 \\ \vdots & \vdots & \ddots & \vdots & \vdots \\ 0 & 0 & \cdots & a_{nn} & b_n \end{array}\right]$$

과 같은 대각행렬로 축소하게 되면 각 행이 하나의 미지수만을 갖게 되므로 역대입 과정이 불필요하게 된다. 기본 행연산을 계속 수행하여 이렇게 축소하는 방법을 가우스-요르단(Gauss-Jordan) 소거법이라고 한다. 하지만 일반적으로 계수행렬을 위삼각행렬에서 대각행렬로 변환하기 위해서는 역대입에 필요한 연산수보다 더 많은 연산수가 소요되므로 가우스-요르단 소거법의 계산상의 이점은 크지 않다.

## 선형계로 나타나는 예

선형계의 예로 저항으로만 이루어진 2환회로(two loop circuit)를 생각하자. 각 부분회로에 대하여 전류 $i_1$, $i_2$를 가정하고 Ohm의 법칙을 적용하면

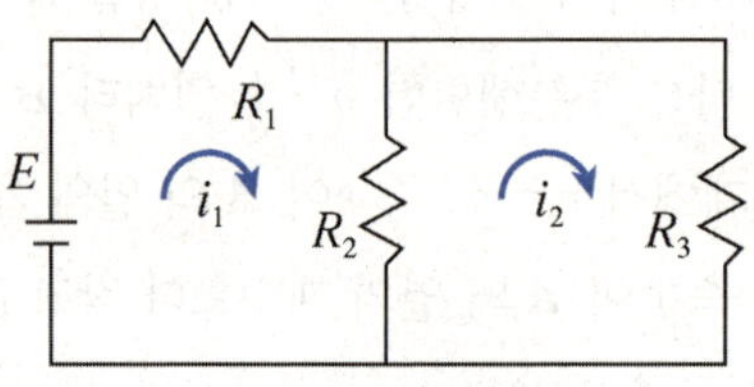


그림 9.2 2환회로

$$E - R_1 i_1 - R_2(i_1 - i_2) = 0$$
$$-R_3 i_2 - R_2(i_2 - i_1) = 0$$

또는

$$(R_1 + R_2)i_1 - R_2 i_2 = E$$
$$R_2 i_1 - (R_2 + R_3)i_2 = 0$$

을 얻는다. 부분회로의 수가 많을수록 미지수와 방정식의 수는 많아질 것이다.

**예제 4**

위의 그림에서 $R_1 = 1\Omega$, $R_2 = 2\Omega$, $R_3 = 1\Omega$, $E = 5\,V$일 때 $i_1$, $i_2$를 구하라.

**풀이**

위 식에 주어진 값을 대입하면

$$3i_1 - 2i_2 = 5$$
$$2i_1 - 3i_2 = 0$$

이다. 이를 정리하면

$$\boldsymbol{AI} = \boldsymbol{B}$$

이 되는데, 여기서

$$\boldsymbol{A} = \begin{bmatrix} 3 & -2 \\ 2 & -3 \end{bmatrix},\ \boldsymbol{I} = \begin{bmatrix} i_1 \\ i_2 \end{bmatrix},\ \boldsymbol{B} = \begin{bmatrix} 5 \\ 0 \end{bmatrix}$$

이고, $\boldsymbol{A}$와 $\boldsymbol{B}$를 결합한 첨가행렬은

$$\left[\begin{array}{cc|c} 3 & -2 & 5 \\ 2 & -3 & 0 \end{array}\right]$$

이다. 첨가행렬에 가우스 소거법을 적용하면

$$\left[\begin{array}{cc|c} 3 & -2 & 5 \\ 2 & -3 & 0 \end{array}\right] (-2/3)R_1 + R_2 \rightarrow R_2$$

$$\left[\begin{array}{cc|c} 3 & -2 & 5 \\ 0 & -5/3 & -10/3 \end{array}\right]$$

이고 역대입을 이용하여

$$i_2 = \frac{b_2}{a_{22}} = \frac{-10/3}{-5/3} = 2$$

$$i_1 = \frac{1}{a_{11}}(b_1 - a_{12}i_2) = \frac{1}{3}[5-(-2)(2)] = 3$$

이다. ■

## 제차 선형계

선형계에서 우변의 벡터가 **0** 인 선형계, 즉

$$\begin{aligned} a_{11}x_1 + a_{12}x_2 + \cdots + a_{1n}x_n &= 0 \\ a_{21}x_1 + a_{22}x_2 + \cdots + a_{2n}x_n &= 0 \\ &\vdots \\ a_{m1}x_1 + a_{m2}x_2 + \cdots + a_{mn}x_n &= 0 \end{aligned}$$

또는

$$\boldsymbol{AX} = \mathbf{0}$$

을 제차 선형계(homogeneous linear system)라 한다. 제차 선형계는 항상 자명해 $x_1 = x_2 = \cdots = x_n = 0$ 을 가지는데, 경우에 따라서는 비자명해를 가질 수도 있다. 먼저 다음의 예를 보자.

### 예제 5

화학반응식 $aC_2H_6 + bO_2 \rightarrow cCO_2 + dH_2O$ 를 완성하라.

**풀이**

반응 전후의 원자 수가 일정해야 하므로

$$\begin{cases} C : 2a = c \\ H : 6a = 2d \\ O : 2b = 2c + d \end{cases} \Rightarrow \begin{cases} 2a - c = 0 \\ 6a - 2d = 0 \\ 2b - 2c - d = 0 \end{cases}$$

를 얻고, 이를 행렬로 표시하면

$$\begin{bmatrix} 2 & 0 & -1 & 0 \\ 6 & 0 & 0 & -2 \\ 0 & 2 & -2 & -1 \end{bmatrix}\begin{bmatrix} a \\ b \\ c \\ d \end{bmatrix}=\begin{bmatrix} 0 \\ 0 \\ 0 \end{bmatrix}$$

로, 미지수의 수가 식의 수보다 많다. 해당 첨가행렬에 가우스 소거법을 적용하면

$$\left[\begin{array}{cccc|c} 2 & 0 & -1 & 0 & 0 \\ 6 & 0 & 0 & -2 & 0 \\ 0 & 2 & -2 & -1 & 0 \end{array}\right] -3R_1+R_2 \rightarrow R_2$$

$$\left[\begin{array}{cccc|c} 2 & 0 & -1 & 0 & 0 \\ 0 & 0 & 3 & -2 & 0 \\ 0 & 2 & -2 & -1 & 0 \end{array}\right] R_2 \leftrightarrow R_3$$

$$\left[\begin{array}{cccc|c} 2 & 0 & -1 & 0 & 0 \\ 0 & 2 & -2 & -1 & 0 \\ 0 & 0 & 3 & -2 & 0 \end{array}\right]$$

이고, 마지막 행에서 $d$를 임의로 선택할 수 있으므로 해는 무수히 많게 된다. 즉, $c=\frac{2}{3}d$, $b=\frac{7}{6}d$, $a=\frac{1}{3}d$이다. 여기서 $d$를 0으로 선택하면 $a=b=c=d=0$이 되어 제차 선형계는 자명해를 가지게 되지만, $a$, $b$, $c$가 정수가 되도록 $d$를 6으로 고정하면 비자명해 $a=2$, $b=7$, $c=4$, $d=6$을 얻을 수 있다. ■

일반적으로 제차 선형계가 비자명해를 갖기 위해서는 예제 5에서 보는 바와 같이 $\boldsymbol{A}$의 사다리형에서 성분이 모두 0인 행을 제외한 행의 개수 $r$이 미지수의 개수 $n$보다 작아야 한다(즉, $\mathrm{rank}\boldsymbol{A} < n$). 이러한 경우 방정식의 우변이 모두 0이므로 해는 존재하고, $n-r$개의 미지수 $x_{r+1}, \cdots, x_n$을 0이 아닌 임의로 값으로 선택하면 이 값들에 의해 $x_1, \cdots, x_r$이 적절히 결정되기 때문이다. 첨가행렬의 사다리형에서 성분이 모두 0인 행을 제외한 행의 개수가 원래의 방정식의 수보다 클 수는 없으므로 다음의 정리를 얻는다.

**정리 • 9.7 제차 선형계의 해**

방정식의 수가 미지수의 수보다 작은 제차 선형계는 항상 비자명해를 갖는다.

$\boldsymbol{A}$가 $n\times n$ 행렬인 경우 제차 선형계 $\boldsymbol{AX}=\mathbf{0}$은 $n$개의 미지수에 대한 $n$개의 방정식을 나타낸다. 이 제차 선형계가 비자명해를 갖기 위해서는 행렬 $\boldsymbol{A}$를 사다리형으로 축소하였을 때, 성분이 모두 0인 행이 하나 이상 존재하여야 한다. 이 경우 $\boldsymbol{A}$의 사다리형의 행렬식은 0이 되고, 따라서 $\det\boldsymbol{A}=0$이 된다[9.2절의 정리 9.5 행렬식의 성질 (ii) 참조]. 이로부터 다음을 얻는다.

**정리 • 9.8 $n \times n$ 제차 선형계**

$n \times n$ 제차 선형계 $\boldsymbol{AX} = \mathbf{0}$ 이 비자명해를 가질 필요충분조건은 $\det \boldsymbol{A} = 0$ 이다.

**예제 6**

제차 선형계 $x_1 - x_2 - 2x_3 = 0,\ 2x_1 + 4x_2 + 5x_3 = 0,\ 6x_1 - 3x_3 = 0$의 해를 구하라.

**풀이**

주어진 제차 선형계에 가우스 소거법을 적용하면

$$\left[\begin{array}{ccc|c} 1 & -1 & -2 & 0 \\ 2 & 4 & 5 & 0 \\ 6 & 0 & -3 & 0 \end{array}\right] \begin{array}{l} \\ -2R_1 + R_2 \to R_2 \\ -6R_1 + R_3 \to R_3 \end{array}$$

$$\left[\begin{array}{ccc|c} 1 & -1 & -2 & 0 \\ 0 & 6 & 9 & 0 \\ 0 & 6 & 9 & 0 \end{array}\right] -R_2 + R_3 \to R_3$$

$$\left[\begin{array}{ccc|c} 1 & -1 & -2 & 0 \\ 0 & 6 & 9 & 0 \\ 0 & 0 & 0 & 0 \end{array}\right]$$

이다. 사다리형의 두 번째 식 $6x_2 + 9x_3 = 0$에서 $x_3$를 임의로 선택할 수 있으므로 선형계는 자명해 외에 무한히 많은 비자명해를 갖는다. 즉, 0이 아닌 $t$에 대하여 $x_3 = t$라 하면 $x_2 = -\frac{3}{2}t,\ x_1 = \frac{1}{2}t$이다. ■

예제 6에서 계수행렬 $\boldsymbol{A}$의 행렬식을 계산하면

$$\det \boldsymbol{A} = \begin{vmatrix} 1 & -1 & -2 \\ 2 & 4 & 5 \\ 6 & 0 & -3 \end{vmatrix} = \begin{vmatrix} 1 & -1 & -2 \\ 0 & 6 & 9 \\ 0 & 0 & 0 \end{vmatrix} = 1 \cdot 6 \cdot 0 = 0$$

이 되어 정리 9.8이 성립함을 알 수 있다.

## 연습문제 9.3

01 식 $\begin{bmatrix} a_{11} & a_{12} \\ a_{21} & a_{22} \end{bmatrix} \begin{bmatrix} x \\ y \end{bmatrix} = \begin{bmatrix} b_1 \\ b_2 \end{bmatrix}$을 연립방정식의 형태로 다시 써라.

02 연립방정식 $x_1 - x_2 = 11,\ 4x_1 + 3x_2 = -5$를 행렬을 사용하여 나타내고, 가우스 소거법으로 해를 구하라.

**03** 다음 선형계의 해를 가우스 소거법으로 구하라.

(1) $x_1 - 2x_2 + 4x_3 = 3$
$-2x_1 + x_2 + 3x_3 = 2$
$3x_1 + 4x_2 - x_3 = 6$

(2) $x_1 - 2x_2 + x_3 = 2$
$3x_1 - x_2 + 2x_3 = 5$
$2x_1 + x_2 + x_3 = 1$

(3) $x_1 + x_3 - x_4 = 1$
$2x_2 + x_3 = 3$
$x_1 - x_2 + x_4 = -1$
$x_1 + x_2 + x_3 + x_4 = 2$

**04** 다음 회로에 흐르는 전류 $i_1$, $i_2$, $i_3$를 구하라.

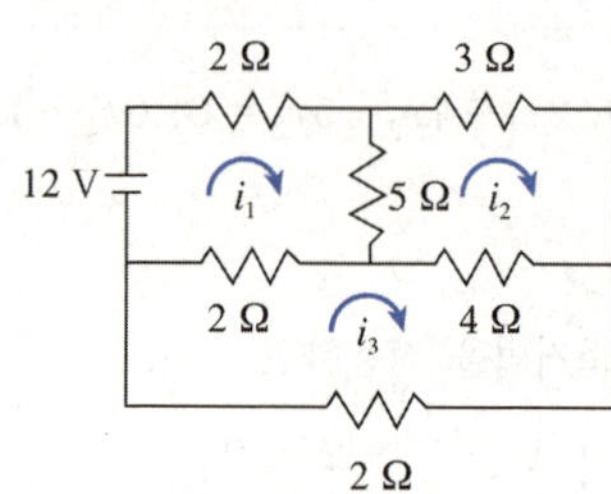


**05** 다음 화학 반응식을 완성하라.

(1) $Na + H_2O \rightarrow NaOH + H_2$

(2) $Cu + HNO_3 \rightarrow Cu(NO_3)_2 + H_2O + NO$

**06** 다음 제차 선형계의 해를 구하라.

(1) $x + y = 0$
$x - y = 0$

(2) $4x - y + z = 0$
$x - 2y - z = 0$
$3x + y + 5z = 0$

**07** 다음 제차 선형계가 0이 아닌 해를 갖도록 $a$, $b$를 결정하라.

(1) $ax + y = 0$
$x - y = 0$

(2) $4x - y + z = 0$
$x - 2y - z = 0$
$3x + y + bz = 0$

## 9.4 역행렬

$n \times n$ 선형계 $\boldsymbol{AX} = \boldsymbol{B}$의 해는 행렬 $\boldsymbol{A}$의 역행렬(inverse matrix)을 알면 쉽게 구할 수 있다. 이를 위하여 먼저 역행렬의 정의부터 알아보자.

**정의 역행렬**

정사각행렬 $\boldsymbol{A}$, $\boldsymbol{B}$에 대하여 $\boldsymbol{AB} = \boldsymbol{BA} = \boldsymbol{I}$이면, $\boldsymbol{B}$를 $\boldsymbol{A}$의 역행렬, $\boldsymbol{A}$를 $\boldsymbol{B}$의 역행렬이라 하고 $\boldsymbol{B} = \boldsymbol{A}^{-1}$, $\boldsymbol{A} = \boldsymbol{B}^{-1}$로 나타낸다.

**예제 1**

$A=\begin{bmatrix}2&1\\1&1\end{bmatrix}$, $B=\begin{bmatrix}1&-1\\-1&2\end{bmatrix}$ 에서

$$AB=\begin{bmatrix}2&1\\1&1\end{bmatrix}\begin{bmatrix}1&-1\\-1&2\end{bmatrix}=\begin{bmatrix}1&0\\0&1\end{bmatrix}=I$$
$$BA=\begin{bmatrix}1&-1\\-1&2\end{bmatrix}\begin{bmatrix}2&1\\1&1\end{bmatrix}=\begin{bmatrix}1&0\\0&1\end{bmatrix}=I$$

이므로 행렬 $A$와 $B$는 각각 행렬 $B$와 $A$의 역행렬이다. ■

**예제 2**

$A=\begin{bmatrix}1&1\\0&0\end{bmatrix}$ 의 역행렬을 구하라.

**풀이**

$A$의 역행렬을 $A^{-1}=\begin{bmatrix}a_{11}&a_{12}\\a_{21}&a_{22}\end{bmatrix}$ 라 놓으면

$$AA^{-1}=\begin{bmatrix}1&1\\0&0\end{bmatrix}\begin{bmatrix}a_{11}&a_{12}\\a_{21}&a_{22}\end{bmatrix}=\begin{bmatrix}a_{11}+a_{21}&a_{12}+a_{22}\\0&0\end{bmatrix}\neq I$$

따라서, $A$의 역행렬은 존재하지 않는다. ■

역행렬이 존재하는 행렬을 정칙행렬(regular matrix) 또는 비특이행렬(nonsingular matrix), 역행렬이 존재하지 않는 행렬을 특이행렬(singular matrix)이라고 한다.

역행렬은 다음과 같은 성질을 갖는다.

**정리 • 9.9 역행렬의 성질**

행렬 $A$, $B$의 역행렬 $A^{-1}$, $B^{-1}$이 존재할 때 다음이 성립한다.

(i) $(A^{-1})^{-1}=A$

(ii) $(AB)^{-1}=B^{-1}A^{-1}$

(iii) $(A^T)^{-1}=(A^{-1})^T$

(iv) $\det A^{-1}=\dfrac{1}{\det A}$

**증명**

성질 (ii)의 증명

역행렬의 정의로부터 $AB(AB)^{-1}=I$이다. 양변에 $A^{-1}$을 곱하면 좌변은 $A^{-1}AB(AB)^{-1}=B(AB)^{-1}$이 되고, 우변은 $A^{-1}I=A^{-1}$이므로 $B(AB)^{-1}=A^{-1}$이 된다. 다시 양변에 $B^{-1}$을 곱하면 $(AB)^{-1}=B^{-1}A^{-1}$이다. ■

성질 (iv)의 증명

$AA^{-1}=I$이므로 정리 9.6 행렬식의 성질 (vii)에 의해

$$\det(AA^{-1})=\det A\,\det A^{-1}=\det I=1$$

에서

$$\det A^{-1}=\frac{1}{\det A}$$ ■

## 역행렬의 계산 (1) : 가우스-요르단법

행렬 $A$의 역행렬 $A^{-1}$은 어떻게 구할까? 행렬 $A$와 같은 크기의 단위행렬 $I$를 결합하여 첨가행렬 $[A : I]$를 구성하고 좌측의 행렬 $A$가 단위행렬 $I$가 되도록 첨가행렬 전체에 대해 기본 행연산을 수행하면 우측의 단위행렬 $I$가 $A$의 역행렬 $A^{-1}$이 된다. 이를 가우스-요르단법이라고 한다. 기본 행연산을 행렬의 곱으로 나타낼 수 있는데, $A$를 $I$로 바꾸어 주는 일련의 기본 행연산을 행렬 $E$를 곱하는 것으로 파악하면 $[A : I] \Rightarrow [EA : EI] = [I : E]$에서 $E=A^{-1}$이 됨을 알 수 있다.

**예제 3**

$A=\begin{bmatrix}1&2&2\\3&1&0\\1&1&1\end{bmatrix}$의 역행렬을 구하라.

**풀이**

먼저 $A$가 왼쪽, 같은 크기의 $I$가 오른쪽에 위치하는 행렬 $\widetilde{A}=[A:I]$을 구성한다. 통상적인 가우스 소거법을 사용하여 $A$를 위삼각행렬로 변환하면서 $I$에 대해서도 동시에 동일한 행연산을 적용한다.

$$\left[\begin{array}{ccc|ccc}1&2&2&1&0&0\\3&1&0&0&1&0\\1&1&1&0&0&1\end{array}\right]\quad\begin{array}{l}\\-3R_1+R_2\to R_2\\-R_1+R_3\to R_3\end{array}$$

$$\left[\begin{array}{ccc|ccc}1&2&2&1&0&0\\0&-5&-6&-3&1&0\\0&-1&-1&-1&0&1\end{array}\right]\quad(-1/5)R_2+R_3\to R_3$$

$$\left[\begin{array}{ccc|ccc} 1 & 2 & 2 & 1 & 0 & 0 \\ 0 & -5 & 6 & -3 & 1 & 0 \\ 0 & 0 & 1/5 & -2/5 & -1/5 & 1 \end{array}\right] \begin{array}{l} \\ (-1/5)R_2 \to R_2 \\ 5R_3 \to R_3 \end{array}$$

이제 $\boldsymbol{A}$의 주대각 성분을 1로 변환시키기 위해 $\tilde{\boldsymbol{A}}$의 각 행에 적당한 수를 곱한다.

$$\left[\begin{array}{ccc|ccc} 1 & 2 & 2 & 1 & 0 & 0 \\ 0 & 1 & 6/5 & 3/5 & -1/5 & 0 \\ 0 & 0 & 1 & -2 & -1 & 5 \end{array}\right] \begin{array}{l} \\ -2R_3 + R_1 \to R_1 \\ (-6/5)R_3 + R_2 \to R_2 \end{array}$$

마지막 단계로 $\boldsymbol{A}$의 마지막 행의 주대각 성분을 축성분으로 하여 가우스 소거를 역방향으로 행하고 또 그 전 행으로 올라가서 역방향 가우스 소거를 하는 방식으로 2행까지 올라가며 비주대각 원소들이 모두 0이 되도록 만든다. 물론 이때에도 $\tilde{\boldsymbol{A}}$ 전체에 대해 연산을 수행한다.

$$\left[\begin{array}{ccc|ccc} 1 & 2 & 0 & 5 & 2 & -10 \\ 0 & 1 & 0 & 3 & 1 & -6 \\ 0 & 0 & 1 & -2 & -1 & 5 \end{array}\right] -2R_2 + R_1 \to R_1$$

$$\left[\begin{array}{ccc|ccc} 1 & 0 & 0 & -1 & 0 & 2 \\ 0 & 1 & 0 & 3 & 1 & -6 \\ 0 & 0 & 1 & -2 & -1 & 5 \end{array}\right]$$

이것으로 가우스-요르단 과정이 완결되고 오른쪽 부분이 구하는 역행렬

$$\boldsymbol{A}^{-1} = \begin{bmatrix} -1 & 0 & 2 \\ 3 & 1 & -6 \\ -2 & -1 & 5 \end{bmatrix}$$

이다. ■

예제 3의 결과는 $\boldsymbol{A}\boldsymbol{A}^{-1} = \boldsymbol{I}$로 쉽게 확인할 수 있다.

## 역행렬의 계산 (2) : 딸림행렬

역행렬을 구하는 두 번째 방법은 딸림행렬(adjoint matrix)을 사용하는 것이다. 먼저 딸림행렬을 정의하자.

**정의 딸림행렬**

행렬 $\boldsymbol{A}=\begin{bmatrix} a_{11} & a_{12} & \cdots & a_{1n} \\ a_{21} & a_{22} & \cdots & a_{2n} \\ \vdots & \vdots & \ddots & \vdots \\ a_{n1} & a_{n2} & \cdots & a_{nn} \end{bmatrix}$ 에서 성분 $a_{ij}$ 의 여인수를 $C_{ij}$ 라 할 때, 행렬 $\boldsymbol{A}$ 의 딸림행렬은

$$\text{adj}\boldsymbol{A}=\begin{bmatrix} C_{11} & C_{12} & \cdots & C_{1n} \\ C_{21} & C_{22} & \cdots & C_{2n} \\ \vdots & \vdots & \ddots & \vdots \\ C_{n1} & C_{n2} & \cdots & C_{nn} \end{bmatrix}^T$$

이다.

**예제 4**

$A=\begin{bmatrix}1 & 4\\ 2 & 10\end{bmatrix}$의 딸림행렬을 구하라.

**풀이**

$$\mathrm{adj}A=\begin{bmatrix}C_{11} & C_{12}\\ C_{21} & C_{22}\end{bmatrix}^T=\begin{bmatrix}C_{11} & C_{21}\\ C_{12} & C_{22}\end{bmatrix}=\begin{bmatrix}10 & -4\\ -2 & 1\end{bmatrix}$$ ■

행렬 $A$의 행렬식과 딸림행렬을 이용하여 $A^{-1}$을 다음과 같이 구한다.

**정리 • 9.10 딸림행렬을 이용한 역행렬 계산**

$$\det A \neq 0 \text{일 때} \qquad A^{-1}=\frac{1}{\det A}\mathrm{adj}A$$

**증명**

$$A(\mathrm{adj}A)=\begin{bmatrix}a_{11} & a_{12} & \cdots & a_{1n}\\ a_{21} & a_{22} & \cdots & a_{2n}\\ \vdots & \vdots & \ddots & \vdots\\ a_{n1} & a_{n2} & \cdots & a_{nn}\end{bmatrix}\begin{bmatrix}C_{11} & C_{12} & \cdots & C_{1n}\\ C_{21} & C_{22} & \cdots & C_{2n}\\ \vdots & \vdots & \ddots & \vdots\\ C_{n1} & C_{n2} & \cdots & C_{nn}\end{bmatrix}^T$$

$$=\begin{bmatrix}a_{11} & a_{12} & \cdots & a_{1n}\\ a_{21} & a_{22} & \cdots & a_{2n}\\ \vdots & \vdots & \ddots & \vdots\\ a_{n1} & a_{n2} & \cdots & a_{nn}\end{bmatrix}\begin{bmatrix}C_{11} & C_{21} & \cdots & C_{n1}\\ C_{12} & C_{22} & \cdots & C_{n2}\\ \vdots & \vdots & \ddots & \vdots\\ C_{1n} & C_{2n} & \cdots & C_{nn}\end{bmatrix}=[s_{ij}]_{n\times n}$$

이고 여기서 $s_{ij}=\sum_{k=1}^{n}a_{ik}C_{jk}$ $(1\le i\le n,\ 1\le j\le n)$이다. 9.2절의 $n\times n$행렬식의 정의로부터 $i=j$일 때 $s_{ii}=\sum_{k=1}^{n}a_{ik}C_{ik}=\det A$이고 $i\neq j$일 때 $s_{ij}=\sum_{k=1}^{n}a_{ik}C_{jk}$는 $a_{ik}=a_{jk}$ $(k=1,2,\cdots,n)$인 행렬, 즉 $i$행과 $j$행이 같은 행렬의 행렬식이므로 정리 9.5의 행렬식의 성질 (iv)에 의해 그 값은 0이다. 따라서

$$A(\mathrm{adj}A)=\begin{bmatrix}\det A & 0 & \cdots & 0\\ 0 & \det A & \cdots & 0\\ \vdots & \vdots & \ddots & \vdots\\ 0 & 0 & \cdots & \det A\end{bmatrix}=\det A\begin{bmatrix}1 & 0 & \cdots & 0\\ 0 & 1 & \cdots & 0\\ \vdots & \vdots & \ddots & \vdots\\ 0 & 0 & \cdots & 1\end{bmatrix}=(\det A)I$$

이고, $\det A\neq 0$이면

$$A\left(\frac{1}{\det A}\mathrm{adj}A\right)=I$$

이므로 $\boldsymbol{A}^{-1} = \dfrac{1}{\det \boldsymbol{A}} \operatorname{adj} \boldsymbol{A}$이다. ■

정리 9.10에 의하면 $\det \boldsymbol{A} \neq 0$일 때 $\boldsymbol{A}^{-1}$이 존재하고 따라서 $\boldsymbol{A}$가 정칙행렬이 됨을 알 수 있다.

### 예제 5

$\boldsymbol{A} = \begin{bmatrix} 1 & 4 \\ 2 & 10 \end{bmatrix}$의 역행렬을 구하라.

**풀이**

$\operatorname{adj} \boldsymbol{A} = \begin{bmatrix} 10 & -4 \\ -2 & 1 \end{bmatrix}$이고 $\det \boldsymbol{A} = 10 - 8 = 2$이므로

$$\boldsymbol{A}^{-1} = \frac{1}{\det \boldsymbol{A}} \operatorname{adj} \boldsymbol{A} = \frac{1}{2} \begin{bmatrix} 10 & -4 \\ -2 & 1 \end{bmatrix} = \begin{bmatrix} 5 & -2 \\ -1 & 1/2 \end{bmatrix}$$

이다.

$$\boldsymbol{A}\boldsymbol{A}^{-1} = \begin{bmatrix} 1 & 4 \\ 2 & 10 \end{bmatrix} \begin{bmatrix} 5 & -2 \\ -1 & 1/2 \end{bmatrix} = \begin{bmatrix} 1 & 0 \\ 0 & 1 \end{bmatrix} = \boldsymbol{I}$$

$$\boldsymbol{A}^{-1}\boldsymbol{A} = \begin{bmatrix} 5 & -2 \\ -1 & 1/2 \end{bmatrix} \begin{bmatrix} 1 & 4 \\ 2 & 10 \end{bmatrix} = \begin{bmatrix} 1 & 0 \\ 0 & 1 \end{bmatrix} = \boldsymbol{I}$$

로 결과를 확인할 수 있다. ■

일반적인 $2 \times 2$ 행렬 $\begin{bmatrix} a & b \\ c & d \end{bmatrix}$의 역행렬은 정리 9.10을 이용하여 $ad \neq bc$일 때

$$\begin{bmatrix} a & b \\ c & d \end{bmatrix}^{-1} = \frac{1}{ad - bc} \begin{bmatrix} d & -b \\ -c & a \end{bmatrix}$$

와 같이 구할 수 있다.

### 예제 6

예제 3의 행렬에 대해 역행렬을 구하라.

**풀이**

$$\det \boldsymbol{A} = \begin{vmatrix} 1 & 2 & 2 \\ 3 & 1 & 0 \\ 1 & 1 & 1 \end{vmatrix} = -3 \begin{vmatrix} 2 & 2 \\ 1 & 1 \end{vmatrix} + 1 \begin{vmatrix} 1 & 2 \\ 1 & 1 \end{vmatrix} = -1$$

$$C_{11} = (-1)^2 \begin{vmatrix} 1 & 0 \\ 1 & 1 \end{vmatrix} = 1,\ C_{12} = (-1)^3 \begin{vmatrix} 3 & 0 \\ 1 & 1 \end{vmatrix} = -3,\ C_{13} = (-1)^4 \begin{vmatrix} 3 & 1 \\ 1 & 1 \end{vmatrix} = 2,\ \cdots$$

이므로

$$\mathrm{adj}\boldsymbol{A}=\begin{bmatrix} C_{11} & C_{21} & C_{31} \\ C_{12} & C_{22} & C_{32} \\ C_{13} & C_{23} & C_{33} \end{bmatrix}=\begin{bmatrix} 1 & 0 & -2 \\ -3 & -1 & 6 \\ 2 & 1 & -5 \end{bmatrix}$$

따라서

$$\boldsymbol{A}^{-1}=\frac{1}{\det\boldsymbol{A}}\mathrm{adj}\boldsymbol{A}=\frac{1}{(-1)}\begin{bmatrix} 1 & 0 & -2 \\ -3 & -1 & 6 \\ 2 & 1 & -5 \end{bmatrix}=\begin{bmatrix} -1 & 0 & 2 \\ 3 & 1 & -6 \\ -2 & -1 & 5 \end{bmatrix}$$

이 되어 예제 3의 결과와 같다. ■

## 역행렬을 이용한 선형계의 해

$\boldsymbol{A}$가 $n\times n$인 경우에 선형계 $\boldsymbol{AX}=\boldsymbol{B}$를 다시 생각해 보자. 행렬 $\boldsymbol{A}$의 역행렬 $\boldsymbol{A}^{-1}$를 양변에 곱하면

$$\boldsymbol{A}^{-1}\boldsymbol{AX}=\boldsymbol{IX}=\boldsymbol{X}=\boldsymbol{A}^{-1}\boldsymbol{B}$$

이 되어 다음을 얻는다.

**정리 • 9.11 선형계의 해**

$\boldsymbol{A}$가 $n\times n$ 행렬일 때 선형계 $\boldsymbol{AX}=\boldsymbol{B}$의 해는 역행렬 $\boldsymbol{A}^{-1}$이 존재하면 $\boldsymbol{X}=\boldsymbol{A}^{-1}\boldsymbol{B}$이다.

**예제 7**

다음 선형계의 해를 역행렬을 이용하여 구하라.

$$\begin{gathered} x_1+2x_2+2x_3=1 \\ 3x_1+x_2=1 \\ x_1+x_2+x_3=1 \end{gathered}$$

**풀이**

위 선형계의 계수행렬이 예제 6의 행렬 $\boldsymbol{A}$와 같으므로, 예제 6에서 구한 역행렬을 이용하면

$$\boldsymbol{X}=\boldsymbol{A}^{-1}\boldsymbol{B}=\begin{bmatrix} -1 & 0 & 2 \\ 3 & 1 & -6 \\ -2 & -1 & 5 \end{bmatrix}\begin{bmatrix} 1 \\ 1 \\ 1 \end{bmatrix}=\begin{bmatrix} 1 \\ -2 \\ 2 \end{bmatrix}$$

로 9.3절 예제 1의 결과와 같다. ■

### 예제 8

9.3절의 예제 4를 역행렬을 이용하여 풀어라.

**풀이**

9.3절의 예제 4는

$$\boldsymbol{AI} = \boldsymbol{B}$$

$$\boldsymbol{A} = \begin{bmatrix} 3 & -2 \\ 2 & -3 \end{bmatrix}, \ \boldsymbol{I} = \begin{bmatrix} i_1 \\ i_2 \end{bmatrix}, \ \boldsymbol{B} = \begin{bmatrix} 5 \\ 0 \end{bmatrix}$$

이다. 행렬 $\boldsymbol{A}$의 역행렬을 구하면

$$\boldsymbol{A}^{-1} = \frac{1}{-5} \begin{bmatrix} -3 & 2 \\ -2 & 3 \end{bmatrix} = \begin{bmatrix} 3/5 & -2/5 \\ 2/5 & -3/5 \end{bmatrix}$$

이 되고, $\boldsymbol{AI} = \boldsymbol{B}$의 양변에 $\boldsymbol{A}^{-1}$을 곱하면

$$\boldsymbol{I} = \boldsymbol{A}^{-1}\boldsymbol{B} = \begin{bmatrix} 3/5 & -2/5 \\ 2/5 & -3/5 \end{bmatrix} \begin{bmatrix} 5 \\ 0 \end{bmatrix} = \begin{bmatrix} 15/5 \\ 10/5 \end{bmatrix} = \begin{bmatrix} 3 \\ 2 \end{bmatrix}$$

즉, $i_1 = 3$, $i_2 = 2$이다. ■

## 연습문제 9.4

**01** 다음 행렬의 역행렬이 존재하면 구하라.

(1) $\begin{bmatrix} 6 & -2 \\ 0 & 4 \end{bmatrix}$

(2) $\begin{bmatrix} 1 & 2 & 3 \\ 4 & 5 & 6 \\ 7 & 8 & 9 \end{bmatrix}$

(3) $\begin{bmatrix} -1 & 3 & 0 \\ 1 & -2 & 1 \\ 0 & 1 & 2 \end{bmatrix}$

(4) $\begin{bmatrix} 1 & 0 & 0 & 0 \\ 0 & 0 & 1 & 0 \\ 0 & 0 & 0 & 1 \\ 0 & 1 & 0 & 0 \end{bmatrix}$

**02** $\begin{bmatrix} \cos\theta & -\sin\theta \\ \sin\theta & \cos\theta \end{bmatrix}$의 역행렬을 구하라.

**03** 9.3절 연습문제 3의 (1)을 역행렬을 이용하여 풀어라.

**04** 9.3절 연습문제 4를 역행렬을 이용하여 풀어라.

**05** 정리 9.9의 역행렬의 성질 (ii)를 이용하여 $(\boldsymbol{A}^2)^{-1} = (\boldsymbol{A}^{-1})^2$이 성립함을 보여라.

**06** 임의의 2×2 행렬에 대하여 $(\boldsymbol{AB})^{-1}$, $\boldsymbol{A}^{-1}$, $\boldsymbol{B}^{-1}$을 직접 계산하여 정리 9.9의 역행렬의 성질 (ii)가 성립함을 보여라.

**07** $n \times n$행렬 $\boldsymbol{A}, \boldsymbol{B}$에서 $\det \boldsymbol{A} = 2$, $\det \boldsymbol{B} = 3$일 때 $\det(\boldsymbol{AB})^{-1}$를 계산하라.

**08** (1) 대각행렬 $\boldsymbol{A}=\begin{bmatrix} a_{11} & 0 & \cdots & 0 \\ 0 & a_{22} & \cdots & 0 \\ \vdots & \vdots & \ddots & \vdots \\ 0 & 0 & \cdots & a_{nn} \end{bmatrix}$의 역행렬은 $\boldsymbol{A}^{-1}=\begin{bmatrix} 1/a_{11} & 0 & \cdots & 0 \\ 0 & 1/a_{22} & \cdots & 0 \\ \vdots & \vdots & \ddots & \vdots \\ 0 & 0 & \cdots & 1/a_{nn} \end{bmatrix}$임을 보여라.

($\boldsymbol{A}^{-1}\boldsymbol{A}=\boldsymbol{A}\boldsymbol{A}^{-1}=\boldsymbol{I}$임을 확인하라.)

(2) (1)을 이용하여 $\boldsymbol{A}=\begin{bmatrix} 1 & 0 & 0 \\ 0 & 2 & 0 \\ 0 & 0 & 3 \end{bmatrix}$의 역행렬을 구하라.

**09** $2\times 2$ 행렬 $\boldsymbol{A}=\begin{bmatrix} a_{11} & a_{12} \\ a_{21} & a_{22} \end{bmatrix}$에 대하여 정리 9.10이 성립함을 보여라.

**10** 정칙행렬 $A=\begin{bmatrix} 1 & 2 & 3 \\ 1 & 1 & 2 \\ 0 & 1 & 2 \end{bmatrix}$와 다음과 같은 수문자 대응표를 공유하는 두 사람이 비밀통신을 한다. 통신을 보내고자 하는 사람이 15자의 영문을 대응표에 의하여 숫자로 바꾸어 3×5 행렬 $M$을 만든 후 두 행렬의 곱 $B=AM$의 성분 :

49 66 101 91 19 30 47 65 58 14 19 38 52 58 5

를 보냈다. 이 비밀통신 내용을 $A$의 역행렬을 이용하여 해독하라.

| 0 | | 1 | 2 | 3 | 4 | 5 | 6 | 7 | 8 | 9 | 10 | 11 | 12 |
|---|---|---|---|---|---|---|---|---|---|---|---|---|---|
| space | | A | B | C | D | E | F | G | H | I | J | K | L |
| 13 | 14 | 15 | 16 | 17 | 18 | 19 | 20 | 21 | 22 | 23 | 24 | 25 | 26 |
| M | N | O | P | Q | R | S | T | U | V | W | X | Y | Z |

**11** 정리 9.9의 역행렬의 성질 (iii)을 증명하라.

## 9.5 크라머 공식

$n\times n$ 선형계 $\boldsymbol{AX}=\boldsymbol{B}$를 생각하자. 여기서 $\boldsymbol{A}$, $\boldsymbol{X}$, $\boldsymbol{B}$는 각각

$$\boldsymbol{A}=\begin{bmatrix} a_{11} & a_{12} & \cdots & a_{1n} \\ a_{21} & a_{22} & \cdots & a_{2n} \\ \vdots & \vdots & \cdots & \vdots \\ a_{n1} & a_{n2} & \cdots & a_{nn} \end{bmatrix},\quad \boldsymbol{X}=\begin{bmatrix} x_1 \\ x_2 \\ \vdots \\ x_n \end{bmatrix},\quad \boldsymbol{B}=\begin{bmatrix} b_1 \\ b_2 \\ \vdots \\ b_n \end{bmatrix}$$

이다. $\boldsymbol{A}$가 정칙행렬일 때 양변에 $\boldsymbol{A}^{-1}$을 곱하면

$$\boldsymbol{X}=\boldsymbol{A}^{-1}\boldsymbol{B}=\frac{1}{\det\boldsymbol{A}}\begin{bmatrix} C_{11} & C_{21} & \cdots & C_{n1} \\ C_{12} & C_{22} & \cdots & C_{n2} \\ \vdots & \vdots & \vdots & \vdots \\ C_{1n} & C_{2n} & \cdots & C_{nn} \end{bmatrix}\begin{bmatrix} b_1 \\ b_2 \\ \vdots \\ b_n \end{bmatrix}=\frac{1}{\det\boldsymbol{A}}\begin{bmatrix} C_{11}b_1+C_{21}b_2+\cdots+C_{n1}b_n \\ C_{12}b_1+C_{22}b_2+\cdots+C_{n2}b_n \\ \vdots \\ C_{1n}b_1+C_{2n}b_2+\cdots+C_{nn}b_n \end{bmatrix}$$

이 된다. 위 식의 양변에서 $k(1 \le k \le n)$번째 성분을 뽑아내면

$$x_k=\frac{C_{1k}b_1+C_{2k}b_2+\cdots+C_{nk}b_n}{\det\boldsymbol{A}}$$

을 얻는다. 여기서 $C_{1k}b_1+C_{2k}b_2+\cdots+C_{nk}b_n$는 행렬 $\boldsymbol{A}$의 $k$번째 열을 $\boldsymbol{B}$로 바꾼 새로운 행렬 $\boldsymbol{A}_k$의 행렬식

$$\det\boldsymbol{A}_k=\begin{vmatrix} a_{11} & \cdots & a_{1k-1} & b_1 & a_{1k+1} & \cdots & a_{1n} \\ a_{21} & \cdots & a_{2k-1} & b_2 & a_{2k+1} & \cdots & a_{2n} \\ \vdots & \vdots & \vdots & \vdots & \vdots & \vdots & \vdots \\ a_{n1} & \cdots & a_{nk-1} & b_n & a_{nk+1} & \cdots & a_{nn} \end{vmatrix}$$

임을 관찰하자. 따라서, 선형계 $\boldsymbol{AX}=\boldsymbol{B}$의 해를

$$x_k=\frac{\det\boldsymbol{A}_k}{\det\boldsymbol{A}},\ k=1,2,\cdots,n$$

로 나타낼 수 있는데, 이를 크라머 공식(Cramer's rule)이라 부른다.

**정리 • 9.12 크라머 공식**

$n\times n$ 정칙행렬 $\boldsymbol{A}$에 대하여 선형계 $\boldsymbol{AX}=\boldsymbol{B}$의 해는 $k=1,2,\cdots,n$에 대해

$$x_k=\frac{\det\boldsymbol{A}_k}{\det\boldsymbol{A}}$$

이다.

**예제 1**

다음 선형계의 해를 크라머 공식을 이용하여 구하라.

$$\begin{gathered} x_1+2x_2+2x_3=1 \\ 3x_1+x_2=1 \\ x_1+x_2+x_3=1 \end{gathered}$$

풀이

기본 행연산으로

$$\det\boldsymbol{A}=\begin{vmatrix}1&2&2\\3&1&0\\1&1&1\end{vmatrix}=\begin{vmatrix}1&2&2\\0&-5&-6\\0&-1&-1\end{vmatrix}=\begin{vmatrix}1&2&2\\0&-5&-6\\0&0&1/5\end{vmatrix}=(1)(-5)(1/5)=-1$$

을 계산한다. 마찬가지 방법으로

$$\det\boldsymbol{A}_1=\begin{vmatrix}1&2&2\\1&1&0\\1&1&1\end{vmatrix}=-1,\ \det\boldsymbol{A}_2=\begin{vmatrix}1&1&2\\3&1&0\\1&1&1\end{vmatrix}=2,\ \det\boldsymbol{A}_3=\begin{vmatrix}1&2&1\\3&1&1\\1&1&1\end{vmatrix}=-2$$

를 구하면, 크라머 공식에 의하여

$$x_1=\frac{\det\boldsymbol{A}_1}{\det\boldsymbol{A}}=\frac{-1}{-1}=1,\ x_2=\frac{\det\boldsymbol{A}_2}{\det\boldsymbol{A}}=\frac{2}{-1}=-2,\ x_3=\frac{\det\boldsymbol{A}_3}{\det\boldsymbol{A}}=\frac{-2}{-1}=2$$

로 9.3절의 예제 1과 9.4절의 예제 7의 결과와 같다. ■

## 예제 2

그림 9.3에서 줄에 걸리는 장력 $T_1$, $T_2$를 구하라.

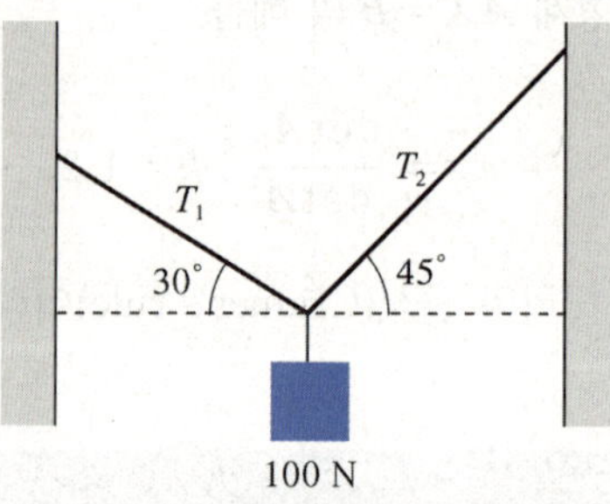


그림 9.3 예제 2

풀이

힘의 평형식은

$$T_1\cos 30^\circ - T_2\cos 45^\circ = 0$$
$$T_1\sin 30^\circ + T_2\sin 45^\circ = 100$$

이다. 이를 다시 쓰면

$$\frac{\sqrt{3}}{2}T_1-\frac{1}{\sqrt{2}}T_2=0,\ \frac{1}{2}T_1+\frac{1}{\sqrt{2}}T_2=100$$

또는

$$\boldsymbol{A}\boldsymbol{T}=\boldsymbol{B}$$

가 되는데, 여기서

$$\boldsymbol{A}=\begin{bmatrix}\sqrt{3}/2 & -1/\sqrt{2}\\ 1/2 & 1/\sqrt{2}\end{bmatrix},\ \boldsymbol{T}=\begin{bmatrix}T_1\\ T_2\end{bmatrix},\ \boldsymbol{B}=\begin{bmatrix}0\\ 100\end{bmatrix}$$

이다.

$$\det\boldsymbol{A}=\begin{vmatrix}\sqrt{3}/2 & -1/\sqrt{2}\\ 1/2 & 1/\sqrt{2}\end{vmatrix}=\frac{\sqrt{3}+1}{2\sqrt{2}},$$

$$\det\boldsymbol{A}_1=\begin{vmatrix}0 & -1/\sqrt{2}\\ 100 & 1/\sqrt{2}\end{vmatrix}=\frac{100}{\sqrt{2}},$$

$$\det\boldsymbol{A}_2=\begin{vmatrix}\sqrt{3}/2 & 0\\ 1/2 & 100\end{vmatrix}=50\sqrt{3}$$

이므로, 크라머 공식에 의하여

$$T_1=\frac{\det\boldsymbol{A}_1}{\det\boldsymbol{A}}=\frac{200}{\sqrt{3}+1}=73.2\ \ [\mathrm{N}]$$

$$T_2=\frac{\det\boldsymbol{A}_2}{\det\boldsymbol{A}}=\frac{100\sqrt{6}}{\sqrt{3}+1}=89.7\ \ [\mathrm{N}]$$

이다. ■

## 연습문제 9.5

**01** 크라머 공식은 가우스 소거법으로도 보일 수 있다. $2\times2$ 선형계

$$a_{11}x_1+a_{12}x_2=b_1$$

$$a_{21}x_1+a_{22}x_2=b_2$$

에 대하여 가우스 소거법으로 크라머 공식을 유도하라. 이때 필요한 가정은 무엇인가?

**02** 크라머 공식을 사용하여 다음 연립방정식의 해를 구하라.

(1) $2x-3y=-1$
$4x+7y=-1$

(2) $2x-5y+2z=7$
$x+2y-4z=3$
$3x-4y-6z=5$

(3) $w+x+y+z=0$
$w+x+y-z=4$
$w+x-y+z=-4$
$w-x+y+z=2$

**03** 9.3절 연습문제 3의 (1)을 크라머 공식을 이용하여 풀어라.

**04** 9.3절의 연습문제 4를 크라머 공식을 이용하여 풀어라.

**05** 연립방정식 $x+y=1$, $x+\epsilon y=2$에 대하여

(1) 크라머 공식을 이용하여 해를 구하라.

(2) $\epsilon$이 1에 가까워지면 계수행렬의 특이성(singularity)이 증가한다. 실제로 $\epsilon=1$일 때 두 직선은 평행하게 되어 근이 존재하지 않게 된다. $\epsilon$이 99에서 101로 변할 때와 0.99에서 1.01로 변할 때의 해를 구하여 변화를 직접 관찰하라.

**06** 아래 그림과 같이 내부저항이 $r_1$, $r_2$이고 기전력이 $E_1$, $E_2$인 두 개의 전지와 외부저항 $R$로 이루어진 회로가 있다. 그림에서 저항 $r_1$에 흐르는 전류를 $i_1$, 저항 $R$에 흐르는 전류를 $i_2$라 할 때, 이 회로는 방정식

$$E_1 - r_1 i_1 - r_2(i_1 - i_2) - E_2 = 0$$
$$E_2 - r_2(i_2 - i_1) - R i_2 = 0$$

로 표현된다. 크라머 공식을 이용하여 $i_2$를 구하라.

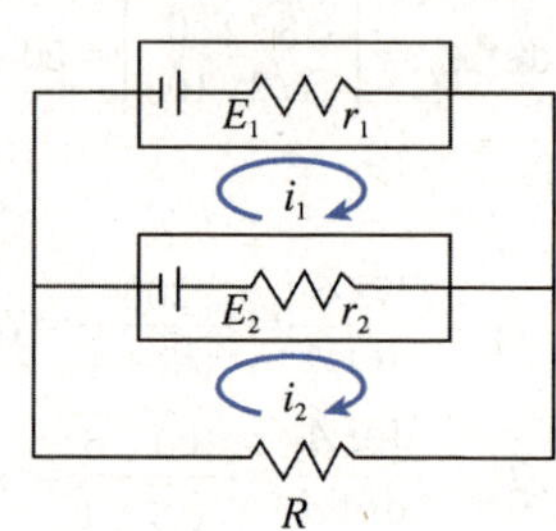

CHAPTER 10

# 무한급수

## 10.1 수열

일반적으로 숫자들의 나열을 수열(sequences)이라고 한다. 예를 들어 1, 1/2, 1/3,⋯은 일반항인 $n$번째항, $a_n$이 $1/n$인 수열이다. (무한)수열을 좀 더 수학적으로 살펴보면, '정의역을 자연수(또는 0과 자연수)로 하는 함수'라고 할 수 있다. 따라서 일반적으로 함수에서 성립하는 사실들이 수열에서도 유사하게 표현될 수 있다.

수열 $a_1, a_2, a_3, \ldots a_n, \cdots$을 간단히 $\{a_n\}$이라고 표현한다. 앞의 수열은 $\left\{\frac{1}{n}\right\}$이라고 적을 수 있는데, $n$이 무한히 커질 때 이 수열은 0에 가까이 가고, 수열 $\left\{\frac{n-1}{n}\right\}$은 1에 가까이 간다. 이와 같이 수열 $\{a_n\}$에서 $n$이 무한히 커질 때 $a_n$이 어떤 일정한 값 $L$에 한없이 가까워진다는 것은 수열의 중요한 성질 중 하나이다. 반면에 수열 $\left\{(-1)^{n+1}\frac{n-1}{n}\right\}$의 짝수 항들은 1에 가까이 가고 홀수 항들은 $-1$에 가까이 간다. 이 경우 극한값은 1이라고 해야 할까, $-1$이라고 해야 할까, 아니면 존재하지 않는다고 해야 할까? 이러한 질문에 답하기 위해서는 $n$이 무한히 커질 때, 수열 $\{a_n\}$이 극한값 $L$에 가까이 간다는 사실의 수학적인 정의를 좀 더 명확히 할 필요가 있다. $n$이 무한히 커진다는 것은 어떤 자연수 $N$을 취해도 $n$을 그것보다 크게 택할 수 있다는 것을 의미하고, $a_n$이 $L$에 가까이 간다는 말은 $|a_n - L|$이 0에 가까이 간다는 것이다. 예를 들어 수열 $\left\{\frac{n-1}{n}\right\}$이 $n$이 무한히 커질 때 1에 한없이 가까이 간다는 것은

$$|a_n - 1| = \left|\frac{n-1}{n} - 1\right| = \frac{1}{n}$$

이 0에 한없이 가까이 간다는 것을 의미하고, 이 말은 아무리 작은 수를 선택해도 $n$을 충분히 크게 잡으면, $1/n$을 이 수보다 작게 할 수 있다는 것을 의미한다. 예를 들면

$$\frac{1}{n} < 10^{-5} \text{ 이기 위해서는 } n > 10^5$$

$$\frac{1}{n} < 10^{-7} \text{ 이기 위해서는 } n > 10^7$$

인 정수를 택하면 된다. 이와 같은 개념을 바탕으로 다음과 같이 수열의 수렴을 정의한다.

**정의** 수열의 수렴과 발산

임의의 양수 $\epsilon$에 대하여

$$n > N \text{ 이면 } |a_n - L| < \epsilon$$

이 되는 자연수 $N$이 존재할 때 수열 $\{a_n\}$이 $L$로 **수렴**(convergence)한다고 하고

$$\lim_{n\to\infty} a_n = L \text{ 또는 } n \to \infty \text{ 일 때 } a_n \to L$$

이라고 쓴다. 이때 $L$을 주어진 수열의 **극한**(limit)이라고 한다. 만일 위의 조건을 만족하는 $L$이 존재하지 않으면 수열 $\{a_n\}$은 **발산**(divergence)한다고 한다(그림 10.1).

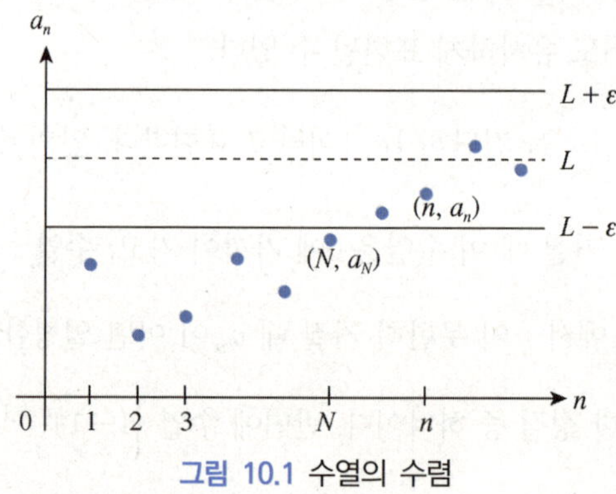


그림 10.1 수열의 수렴

**예제 1**

위의 정의를 이용하여 $\lim_{n\to\infty}\frac{1}{n} = 0$임을 보여라.

**풀이**

임의의 $\epsilon > 0$에 대하여

$$n > N \text{ 이면 } \left|\frac{1}{n} - 0\right| < \epsilon$$

이 되는 자연수 $N$이 존재함을 보이면 된다. $\frac{1}{N} < \epsilon$, 즉 $N > \frac{1}{\epsilon}$ 인 자연수 $N$을 택하면 $n > N$인 모든 자연수 $n$에 대하여 $\left|\frac{1}{n} - 0\right| = \frac{1}{n} < \frac{1}{N} < \epsilon$이 성립하게 되어 $\lim_{n\to\infty} \frac{1}{n} = 0$ 이다. 즉,

$$\epsilon = 10^{-3} \text{ 일 때 } N > 10^3 \text{ 이므로 } N = 1{,}001 \text{ 로 택할 수 있고}$$
$$\epsilon = 10^{-5} \text{ 일 때 } N > 10^5 \text{ 이므로 } N = 100{,}001 \text{ 로 택할 수 있다.}$$

물론 $N$은 위의 수보다 더 큰 정수로 택해도 무방하다. 이때 $N$은 주어진 $\epsilon$에 따라 다르게 정해진다는 것에 유의하라. ■

## 극한값에 관한 정리

앞의 정의는 수열의 수렴에 대한 수학적인 의미를 명확하게 해 준다. 따라서 수렴에 대한 여러 정리들을 수학적으로 완전히 증명하기 위해 꼭 필요한 중요한 개념이다. 그러나 실제로 주어진 수열의 극한을 구하고자 할 때에는 앞의 정의보다 다음 정리들이 유용하게 사용된다.

**정리 • 10.1**

만일 $\lim_{n\to\infty} a_n = A$ 이고 $\lim_{n\to\infty} b_n = B$ 이면,

(1) $\lim_{n\to\infty} (a_n \pm b_n) = A \pm B$

(2) $\lim_{n\to\infty} (a_n \cdot b_n) = A \cdot B$

(3) $\lim_{n\to\infty} (kb_n) = kB$

(4) $\lim_{n\to\infty} \frac{a_n}{b_n} = \frac{A}{B} \quad (B \neq 0)$

**정리 • 10.2**

모든 자연수 $n$에 대하여

$$a_n \le b_n \le c_n \text{ 이고 } \lim_{n\to\infty} a_n = \lim_{n\to\infty} c_n = L \text{ 이면}$$

$\lim_{n\to\infty} b_n = L$ 이다.

정리 10.2를 적용하여 다음과 같은 결과를 얻는다.

$$\text{만일 } |b_n| \le c_n \text{ 이고 } c_n \to 0 \text{ 이면 } b_n \to 0 \text{ 이다.}$$

이것은 $-c_n \le b_n \le c_n$ 이므로 당연하다.

**정리 • 10.3**

$n\to\infty$ 일 때 $a_n\to L$ 이라고 하자. 함수 $f$ 가 모든 $a_n$ 에서 정의되고 $L$ 에서 연속이면 $n\to\infty$ 일 때 $f(a_n)\to f(L)$ 이다.

**예제 2**

다음 수열의 극한을 구하라.

(1) $\lim\limits_{n\to\infty}\dfrac{2-3n^2}{n^2+3}$ (2) $(-1)^{n+1}\dfrac{\sin n}{n}$ (3) $\ln\left(\dfrac{n-1}{n}\right)$

**풀이**

(1) $\lim\limits_{n\to\infty}\dfrac{2-3n^2}{n^2+3}=\lim\limits_{n\to\infty}\dfrac{\dfrac{2}{n^2}-3}{1+\dfrac{3}{n^2}}=\dfrac{\lim\limits_{n\to\infty}\left(\dfrac{2}{n^2}-3\right)}{\lim\limits_{n\to\infty}\left(1+\dfrac{3}{n^2}\right)}=\dfrac{0-3}{1+0}=-3$ (정리 10.1을 이용)

(2) $n\to\infty$ 일 때 $\left|(-1)^{n+1}\dfrac{\sin n}{n}\right|=\dfrac{|\sin n|}{n}\le\dfrac{1}{n}\to 0$ 이므로 $(-1)^{n+1}\dfrac{\sin n}{n}\to 0$ (정리 10.2를 이용)

(3) $n\to\infty$ 일 때 $\dfrac{n-1}{n}\to 1$ 이므로 정리 10.3에서 $f(x)=\ln x$, $L=1$ 로 택하면 $\ln\left(\dfrac{n-1}{n}\right)\to\ln 1=0$

■

유용하게 쓰이는 수열의 극한들이 표 10.1에 정리되어 있다. 이것은 수열의 '자연수 $n$ 에 대해 $a_n=f(n)$ 일 때 $\lim\limits_{x\to\infty}f(x)=L$ 이면 $\lim\limits_{n\to\infty}a_n=L$'이라는 사실(그림 10.2 참고)과 로피탈의 규칙(5.5절 참고)을 이용하여 증명할 수 있다. 표 10.1의 (c)~(f)에서 $x$는 $n$에 무관한 고정된 실수로 간주하라.

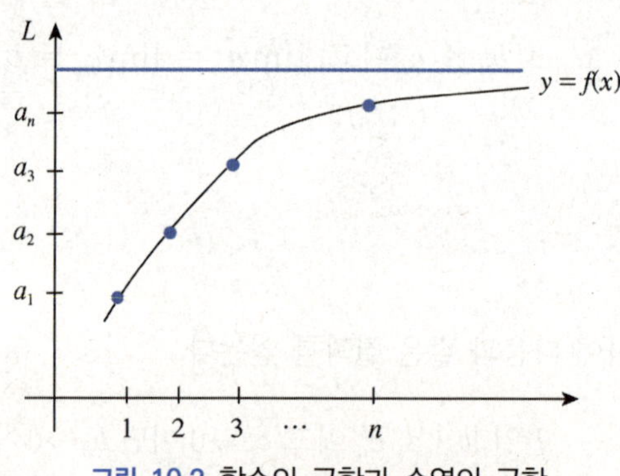


그림 10.2 함수의 극한과 수열의 극한

표 10.1

| | |
|---|---|
| (a) $\lim_{n\to\infty} \frac{\ln n}{n} = 0$ | (b) $\lim_{n\to\infty} \sqrt[n]{n} = 1$ |
| (c) $\lim_{n\to\infty} \sqrt[n]{x} = 1 \ (x > 0)$ | (d) $\lim_{n\to\infty} x^n = 0 \ (\lvert x\rvert < 1)$ |
| (e) $\lim_{n\to\infty} \left(1+\frac{x}{n}\right)^n = e^x$ ($x$는 임의의 실수) | (f) $\lim_{n\to\infty} \frac{x^n}{n!} = 0$ ($x$는 임의의 실수) |

## 연습문제 10.1

[01-30] 다음 수열은 수렴하는가, 또는 발산하는가? 만일 수렴한다면 수열의 극한을 구하라.

01 $a_n = \frac{n-3}{2n+4}$

02 $a_n = \frac{\sqrt{n}}{1+2n}$

03 $a_n = \frac{\sqrt{n}}{1+\sqrt{n}}$

04 $a_n = \frac{2n+1}{1+\sqrt{n}}$

05 $a_n = \frac{2n+1}{n^2+5n+6}$

06 $a_n = \frac{(-1)^n n^3}{n^3+2n^2+1}$

07 $a_n = \frac{(-1)^{n+1} n}{n^2+2}$

08 $a_n = \frac{n+(-1)^n}{2n}$

09 $a_n = \frac{(-1)^{n+1}}{n!}$

10 $a_n = \frac{\sin n\pi}{n}$

11 $a_n = n\cos n\pi$

12 $a_n = \arctan\frac{n}{2}$

13 $a_n = \cos\left(\frac{1}{n^2}+\pi\right)$

14 $a_n = \cos\frac{2}{n}$

15 $a_n = \sqrt{\frac{2n+3}{n+2}}$

16 $a_n = \ln n - \ln(n+1)$

17 $a_n = \ln(2n^2+1) - \ln(n^2+1)$

18 $a_n = n^2 e^{-n}$

19 $a_n = \frac{n}{2^n}$

20 $a_n = \frac{\ln n^2}{n}$

21 $a_n = \frac{(\ln n)^2}{n}$

22 $a_n = \sqrt[n]{n^2}$

23 $a_n = \sqrt[n]{3n}$

24 $a_n = \left(\frac{n-2}{n}\right)^3$

25 $a_n = \left(\frac{2}{n}\right)^{\frac{1}{n}}$

26 $a_n = \frac{10^n}{n!}$

27 $a_n = \left(\frac{n}{n-1}\right)^n$

28 $a_n = \frac{\cos^2 n}{2^n}$

29 $a_n = \frac{\sin 2n}{1+\sqrt{n}}$

30 $a_n = \sinh(\ln n)$

[31-32] 다음 부등식을 만족하려면 $n$은 어느 정도 큰 자연수여야 하겠는가? 계산기를 이용하여 계산해 보라. 즉, $n > N$일 때 다음 부등식을 만족하는 최소자연수 $N$을 구하라.

31 $\lvert \sqrt[n]{n} - 1 \rvert < 10^{-3}$

32 $(0.5)^n < 10^{-3}$

**33** 아래의 문장이 참인지 거짓인지 답하고 그 이유를 설명하라.

- 수열 $\{a_n\}$이 수렴하지 않으면 $a_n \to \infty$ 이거나 $a_n \to -\infty$이다.
- 수렴하는 수열이 두 개의 서로 다른 극한을 가질 수도 있다.
- 수렴하는 두 개의 수열을 항별로 더해서 만들어진 수열은 항상 수렴한다.
- 발산하는 두 개의 수열을 항별로 더해서 만들어진 수열은 항상 발산한다.
- 발산하는 수열의 각항에 0이 아닌 상수를 곱해도 역시 발산한다.
- 수렴하는 수열의 각항에 상수를 곱해서 발산하는 경우도 있다.

## 10.2 무한급수

### 무한급수와 부분합

수열 $\{a_n\}$의 각 항의 합

$$a_1 + a_2 + a_3 + \cdots + a_n + \cdots = \sum_{n=1}^{\infty} a_n$$

을 무한급수(infinite series)라고 하고 $n$ 번째 항까지의 합

$$S_n = a_1 + a_2 + a_3 + \cdots + a_n = \sum_{k=1}^{n} a_k$$

을 $n$ 번째 부분합($n$ th partial sum)이라고 한다. 그러면 무한개의 수를 더한다는 정확한 수학적인 의미는 무엇일까? 예를 들어 $a_n = \dfrac{1}{2^{n-1}}$, $n = 1, 2, 3, \cdots$ 인 경우 무한급수

$$1 + \frac{1}{2} + \frac{1}{4} + \frac{1}{8} + \frac{1}{16} + \cdots$$

을 얻을 수 있는데, 이 경우 부분합의 수열 $S_1, S_2, S_3, \cdots$은 $1, \dfrac{3}{2}, \dfrac{7}{4}, \dfrac{15}{8}, \dfrac{31}{16}, \dfrac{63}{32}, \cdots$로 2로 점점 가까이 간다는 것을 알 수 있다. 이때

$$\text{‘}1 + \frac{1}{2} + \frac{1}{4} + \cdots + \frac{1}{2^{n-1}} + \cdots \text{은 2이다.’}$$

라고 말한다. 위와 같이 부분합의 수열 $\{S_n\}$이 극한 $L$로 수렴할 때, 즉 $\lim_{n\to\infty} S_n = L$일 때

'무한급수 $\sum_{n=1}^{\infty} a_n$ 은 수렴하고, 급수의 합이 $L$ 이다.'라고 말한다. $\{S_n\}$ 이 수렴하지 않으면 '급수는 발산한다.'라고 말한다.

**예제 1**

$\sum_{n=1}^{\infty} \frac{1}{n(n+1)}$ 을 구하라.

**풀이**

$\frac{1}{n(n+1)} = \frac{1}{n} - \frac{1}{n+1}$ 이므로

$$\begin{aligned} S_n &= \sum_{k=1}^{n} \frac{1}{k(k+1)} = \frac{1}{1 \cdot 2} + \frac{1}{2 \cdot 3} + \cdots + \frac{1}{n(n+1)} \\ &= \left(1 - \frac{1}{2}\right) + \left(\frac{1}{2} - \frac{1}{3}\right) + \cdots + \left(\frac{1}{n} - \frac{1}{n+1}\right) = 1 - \frac{1}{n+1} \end{aligned}$$

이고 $n \to \infty$ 일 때 $S_n \to 1$ 이므로 주어진 무한급수는 수렴하고 그 합은 1이다. 즉,

$$\sum_{n=1}^{\infty} \frac{1}{n(n+1)} = 1$$

이다. ■

## 무한 등비급수

무한급수

$$a + ar + ar^2 + \cdots + ar^{n-1} + \cdots = \sum_{n=1}^{\infty} ar^{n-1} \tag{10.1}$$

를 무한 등비급수(infinite geometric series)라고 한다. 이 급수의 수렴성을 조사하여 보자. $a = 0$인 경우는 명백하므로 $a \neq 0$이라고 가정하자.

(1) $r = 1$ 인 경우

식 (10.1)의 무한 등비급수의 $n$ 번째 부분합 $\{S_n\}$ 은

$$S_n = a + a(1) + a(1)^2 + \cdots + a(1)^{n-1} = na$$

이므로 $a > 0$이면 $\lim_{n\to\infty} S_n = \infty$ 이고 $a < 0$이면 $\lim_{n\to\infty} S_n = -\infty$ 이다. 따라서 주어진 무한 등비급수는 발산한다.

(2) $r=-1$ 인 경우

$$S_n = a(1-1+1-\cdots+(-1)^{n-1})$$

이므로 $S_{2n}=0$ 이고 $S_{2n+1}=a$ 이다. 따라서 $\{S_n\}$ 은 발산하고 식 (10.1)도 발산한다.

(3) $|r|<1$ 인 경우

$$S_n = \frac{a(1-r^n)}{1-r} = a\left(\frac{1}{1-r} - \frac{r^n}{1-r}\right)$$

이므로 $n\to\infty$ 일 때 $r^n\to 0$ 이고 $S_n \to \dfrac{a}{1-r}$ 이다. 따라서 식 (10.1)은 수렴한다.

(4) $|r|>1$ 인 경우

$$S_n = \frac{a(r^n-1)}{r-1} = a\left(\frac{r^n}{r-1} - \frac{1}{r-1}\right) \text{이고 } \lim_{n\to\infty}|r^n| = \infty$$

이므로 식 (10.1)은 발산한다.

위의 결과를 요약하면 다음과 같다.

**[무한 등비급수의 수렴]**

$|r|<1$ 이면 무한 등비급수 $a+ar+ar^2+\cdots+ar^{n-1}+\cdots$ 은 $\dfrac{a}{1-r}$ 로 수렴한다. 즉,

$$\sum_{n=1}^{\infty} ar^{n-1} = \frac{a}{1-r}, \quad |r|<1 \tag{10.2}$$

이다. $|r|\geq 1$ 이면 이 무한 등비급수는 발산한다.

**예제 2**

순환 소수 0.232323 ⋯을 분수로 나타내라.

**풀이**

$0.232323\cdots = \dfrac{23}{100} + \dfrac{23}{100^2} + \dfrac{23}{100^3} + \cdots$ 이고 이것은 초항 $a=0.23$ 이고 공비 $r=0.01$ 인 무한 등비급수이므로

$$\frac{a}{1-r} = \frac{0.23}{1-0.01} = \frac{23}{99}$$

이다. ■

## 조화급수

$$\sum_{n=1}^{\infty}\frac{1}{n}=1+\frac{1}{2}+\frac{1}{3}+\cdots+\frac{1}{n}+\cdots$$

을 조화급수(harmonic series)라고 한다. 이 급수가 발산함을 보이자.

$$
\begin{aligned}
S_1 &= 1\\
S_2 &= 1+\frac{1}{2}\\
S_4 &= 1+\frac{1}{2}+\left(\frac{1}{3}+\frac{1}{4}\right)\geq 1+\frac{1}{2}+\left(\frac{1}{4}+\frac{1}{4}\right)=1+\frac{2}{2}\\
S_8 &= 1+\frac{1}{2}+\left(\frac{1}{3}+\frac{1}{4}\right)+\left(\frac{1}{5}+\frac{1}{6}+\frac{1}{7}+\frac{1}{8}\right)\\
&\geq 1+\frac{1}{2}+\left(\frac{1}{4}+\frac{1}{4}\right)+\left(\frac{1}{8}+\frac{1}{8}+\frac{1}{8}+\frac{1}{8}\right)=1+\frac{3}{2}\\
&\vdots\\
S_{2^n} &\geq 1+\frac{n}{2}\\
&\vdots
\end{aligned}
$$

이고, $S_n$ 은 증가하므로 $\lim_{n\to\infty} S_n = \lim_{n\to\infty} S_{2^n} = \infty$ 이고 주어진 급수는 발산한다.

급수 $\sum_{n=1}^{\infty} a_n$ 과 각 항 $a_n$ 과는 다음과 같은 관계가 있다.

**정리 • 10.4**

$\sum_{n=1}^{\infty} a_n$ 이 수렴하면 $\lim_{n\to\infty} a_n = 0$ 이다.

**증명**

$\sum_{n=1}^{\infty} a_n = \lim_{n\to\infty} S_n = L$ 이라고 하면

$$\lim_{n\to\infty} a_n = \lim_{n\to\infty}(S_n - S_{n-1}) = L - L = 0$$

이 성립한다. ■

정리 10.4의 역은 성립하지 않는다. 즉, $\lim_{n\to\infty} a_n = 0$ 일 경우에 $\sum_{n=1}^{\infty} a_n$이 발산할 수도 있다. 앞에서 언급한 조화급수는

$$\lim_{n\to\infty} a_n = \lim_{n\to\infty} \frac{1}{n} = 0$$

이지만, 발산하는 급수로서 정리 10.4의 역이 성립하지 않는 대표적인 반례이다. 그러나 정리 10.4의 대우는 항상 사실이므로 이를 이용하여 무한급수의 발산을 판정할 수 있다.

**[급수의 발산판정법]**

$$\lim_{n\to\infty} a_n \neq 0 \text{ 이면 } \sum_{n=1}^{\infty} a_n \text{ 은 발산한다.}$$

**예제 3**

(1) $n\to\infty$ 일 때 $\dfrac{n+1}{2n} \to \dfrac{1}{2} \neq 0$이므로 $\sum_{n=1}^{\infty} \dfrac{n+1}{2n}$ 은 발산한다.

(2) $\lim_{n\to\infty}(-1)^{n+1}$ 은 존재하지 않으므로 $\sum_{n=1}^{\infty}(-1)^{n+1}$ 은 발산한다. ■

**정리 • 10.5**

$\sum_{n=1}^{\infty} a_n$, $\sum_{n=1}^{\infty} b_n$이 모두 수렴하고 $\sum_{n=1}^{\infty} a_n = A$, $\sum_{n=1}^{\infty} b_n = B$이면,

(1) $\sum_{n=1}^{\infty} (a_n \pm b_n) = \sum_{n=1}^{\infty} a_n \pm \sum_{n=1}^{\infty} b_n = A \pm B$

(2) $\sum_{n=1}^{\infty} ka_n = k\sum_{n=1}^{\infty} a_n = kA$

정리 10.5는 무한급수의 수렴의 정의와 정리 10.1을 이용하여 간단히 증명할 수 있다.

**예제 4**

정리 10.5의 (1)를 이용하면

$$\sum_{n=1}^{\infty} \frac{3^{n-1}-1}{6^{n-1}} = \sum_{n=1}^{\infty}\left(\frac{1}{2^{n-1}} - \frac{1}{6^{n-1}}\right) = \sum_{n=1}^{\infty} \frac{1}{2^{n-1}} - \sum_{n=1}^{\infty} \frac{1}{6^{n-1}}$$

$$= \frac{1}{1-(1/2)} - \frac{1}{1-(1/6)} = \frac{4}{5}.$$ ■

## 연습문제 10.2

**[01-18]** 다음 무한급수는 수렴하는가, 또는 발산하는가? 그 이유를 설명하고 수렴하는 경우에는 그 합을 구하라.

**01** $\sum_{n=0}^{\infty}\left(\frac{(-1)^n}{4^n}+\frac{3}{2^n}\right)$ **02** $\sum_{n=1}^{\infty}\frac{\pi}{n}$ **03** $\sum_{n=1}^{\infty}\frac{1}{(2n-1)(2n+1)}$

**04** $\sum_{n=0}^{\infty}\frac{3^n-2}{5^n}$ **05** $\sum_{n=0}^{\infty}\frac{\pi^n}{3^{n+1}}$ **06** $\sum_{n=1}^{\infty}\ln\frac{n}{n+1}$

**07** $\sum_{n=1}^{\infty}\ln\frac{1}{n}$ **08** $\sum_{n=0}^{\infty}\frac{\cos n\pi}{3^n}$ **09** $\sum_{n=0}^{\infty}\cos n\pi$

**10** $\sum_{n=1}^{\infty}\frac{\sin^n\theta}{2^n}$ **11** $\sum_{n=1}^{\infty}(-1)^{n+1}n$ **12** $\sum_{n=1}^{\infty}\frac{2n+1}{n}$

**13** $\sum_{n=0}^{\infty}e^{-n}$ **14** $\sum_{n=1}^{\infty}\left(\frac{n-1}{n}\right)^n$ **15** $\sum_{n=1}^{\infty}\frac{3}{n(n+3)}$

**16** $\sum_{n=1}^{\infty}\frac{2n+1}{n^2(n+1)^2}$ **17** $\sum_{n=1}^{\infty}(\sqrt{2})^n$ **18** $\sum_{n=1}^{\infty}\left(\frac{1}{2^{1/n}}-\frac{1}{2^{1/(n+1)}}\right)$

**19** 무한급수 $\sum_{n=1}^{\infty}a_n$의 $n$번째 부분합이 $S_n=\frac{n-1}{n+1}$이다. $a_n$과 $\sum_{n=1}^{\infty}a_n$을 구하라.

**20** $\sum_{n=1}^{\infty}a_n$과 $\sum_{n=1}^{\infty}b_n$이 모두 발산할 때 $\sum_{n=1}^{\infty}(a_n+b_n)$이 수렴하는 경우가 있는가? '예' 또는 '아니오'로 답하고 그 이유를 설명하라.

**21** $\sum_{n=1}^{\infty}a_n$이 수렴하고 모든 $n$에 대하여 $a_n>0$일 때 $\sum_{n=1}^{\infty}1/a_n$은 항상 수렴하는가? 또는 항상 발산하는가, 아니면 수렴할 수도 있고 발산할 수도 있는가? 물음에 답하고 그 이유를 설명하라.

## 10.3 적분판정법과 비교판정법

일반적으로 급수의 합, 즉 무한급수의 수렴값을 알아내는 것은 쉽지 않다. 10.2절의 무한 등비급수나 $\sum_{n=1}^{\infty} \frac{1}{n(n+1)}$ 은 부분합 $S_n$ 이 간단한 형태로 표현되므로 이의 극한을 구하여 무한급수의 수렴값을 쉽게 구할 수 있었다. 그러나 대부분의 급수는 $\lim_{n\to\infty} S_n$ 을 계산하는 것이 쉽지 않다. 이 절에서는 급수의 합을 구하지 않고, 급수가 수렴하는지 발산하는지를 알아보는 판정법을 배우도록 하자.

이 절과 다음 절에서는 각 항 $a_n$ 이 모두 $a_n \ge 0$ 인 무한급수 $\sum_{n=1}^{\infty} a_n$ 을 다룬다. 이러한 급수를 양항급수(series with nonnegative terms)라고 한다. 양항급수의 경우 부분합의 수열 $\{S_n\}$ 은 모든 $n$ 에 대하여 $S_n \le S_{n+1}$ 인 단조증가 수열(monotonically increasing sequence)이다. 즉,

$$S_1 \le S_2 \le S_3 \le \cdots \le S_n \le S_{n+1} \le \cdots$$

을 만족한다. 단조증가 수열 $\{S_n\}$에는 두 가지 종류가 있을 수 있다. 하나는 $n$ 이 커질 때 $S_n$ 의 값이 무한히 커지는 경우로 $S_n$ 은 $\infty$ 로 발산한다. 다른 하나는 $S_n$ 이 어떤 일정한 값을 넘지 않는 경우로 이 경우 $\{S_n\}$은 위로 유계(bounded from above)라고 한다. 위로 유계인 단조 증가수열 $\{S_n\}$은 항상 수렴한다. 따라서 $a_n \ge 0$ 인 양항급수 $\sum_{n=1}^{\infty} a_n$ 이 수렴할 필요충분조건은 부분합의 수열 $\{S_n\}$이 위로 유계인 것이다. 다시 말해서 모든 $n$ 에 대하여

$$a_1 + a_2 + \cdots + a_n \le M$$

이 성립하는 어떤 수 $M > 0$ 인 존재하는 것이다. 이 사실에 기초하여 우선 적분판정법(integral test)을 알아보자.

### 적분판정법

**예제 1**

$\sum_{n=1}^{\infty} \frac{1}{n^2} = 1 + \frac{1}{4} + \frac{1}{9} + \frac{1}{16} + \cdots + \frac{1}{n^2} + \cdots$ 은 수렴하는가?

풀이

주어진 무한급수가 수렴함을 보이기 위하여 $\sum_{n=1}^{\infty} \frac{1}{n^2}$ 을 적분 $\int_1^{\infty} \frac{1}{x^2} dx$ 와 비교해 보자. 이를 위하여 무한급수의 각 항을 함수 $f(x) = 1/x^2$ 의 함수값으로 간주하면 이 값은 그림 10.3에서 볼 수 있듯이 곡선 $y = 1/x^2$ 아래의 직사각형의 넓이로 생각할 수 있다. 따라서

$$\begin{aligned} S_n &= \frac{1}{1^2} + \frac{1}{2^2} + \cdots + \frac{1}{n^2} = f(1) + f(2) + \cdots + f(n) \\ &< f(1) + \int_1^n \frac{1}{x^2} dx < 1 + \int_1^{\infty} \frac{1}{x^2} dx < 1 + 1 = 2 \end{aligned}$$

으로 무한급수 $\sum_{n=1}^{\infty} \frac{1}{n^2}$ 의 부분합 $S_n$이 위로 유계이므로 주어진 무한급수는 수렴한다. 실제로 $\sum_{n=1}^{\infty} \frac{1}{n^2}$ 의 수렴값은 $\frac{\pi^2}{6} \approx 1.64493$임이 알려져 있다. ■

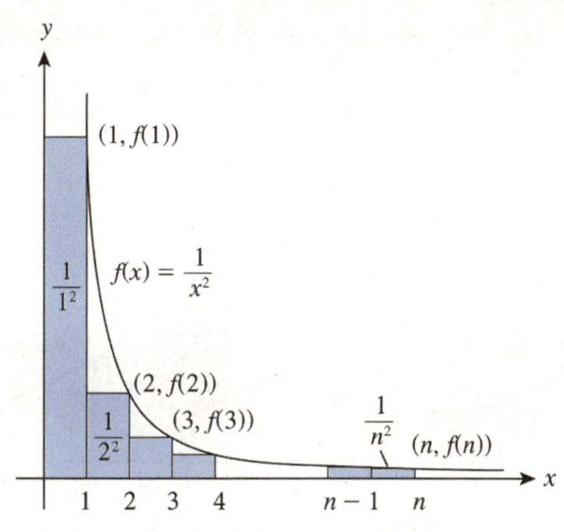

그림 10.3 예제 1의 면적비교

**정리 • 10.6 적분판정법**

연속함수 $f(x)$가 $x \geq 1$에서 양의 감소함수라고 하자. $a_n = f(n)$, $n = 1, 2, \cdots$ 일 때 $\sum_{n=1}^{\infty} a_n$이 수렴할 필요충분조건은 $\int_1^{\infty} f(x) dx$가 존재하는 것이다. 즉,

$$\int_1^{\infty} f(x) dx \text{이 수렴하면 } \sum_{n=1}^{\infty} a_n \text{도 수렴하고,}$$

$$\int_1^{\infty} f(x) dx \text{이 발산하면 } \sum_{n=1}^{\infty} a_n \text{도 발산한다.}$$

**증 명**

그림 10.4(a),(b)로부터 부등식

$$\int_1^{n+1} f(x)dx \le a_1 + a_2 + \cdots + a_n \le a_1 + \int_1^n f(x)dx$$

이 성립하고, 위 식의 각 항에 극한을 취하면

$$\int_1^{\infty} f(x)dx \le \sum_{n=1}^{\infty} a_n \le a_1 + \int_1^{\infty} f(x)dx \qquad (10.3)$$

이다. 만일 이상적분 $\int_1^{\infty} f(x)dx$가 존재하면, 즉 $\int_1^{\infty} f(x)dx < \infty$이면 식 (10.3)의 오른쪽 부등식으로부터 무한급수 $\sum_{n=1}^{\infty} a_n$은 수렴하고 $\int_1^{\infty} f(x)dx$가 존재하지 않으면, 즉 $\int_1^{\infty} f(x)dx = \infty$ 이면 식 (10.3)의 왼쪽 부등식으로부터 $\sum_{n=1}^{\infty} a_n$은 발산한다. ■

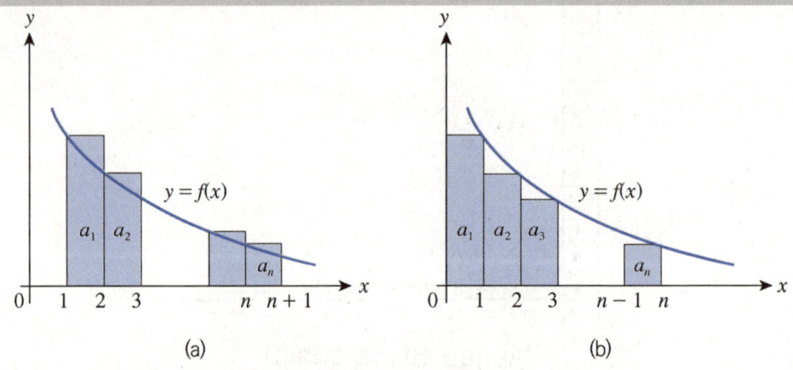


그림 10.4 적분판정법

위의 증명에서 이상적분은 6.5절을 참조하라.

### 참고

(i) 정리 10.6에서 $\int_1^{\infty} f(x)dx$가 수렴해도 그 값이 급수의 수렴값은 아님에 유의하라.

(ii) 정리 10.6에서 급수나 이상적분이 항상 $n=1$에서 시작할 필요는 없다. 예를 들어 $\sum_{n=3}^{\infty} \frac{1}{(n-2)^2}$의 판정을 위해서는 이상적분 $\int_3^{\infty} \frac{1}{(x-2)^2}dx$를 고려하면 된다. 또한 함수 $f(x)$가 주어진 적분구간에서 항상 감소함수가 되어야만 하는 것은 아니다. 어떤 $N$에 대하여 $x \ge N$에서 감소함수가 되면 $\int_N^{\infty} f(x)dx$로부터 $\sum_{n=N}^{\infty} a_n$의 수렴, 발산을 판정할 수 있고, 이로부터 $\sum_{n=1}^{\infty} a_n$의 수렴, 발산도 결정된다. ■

**예제 2**

무한급수 $\sum_{n=2}^{\infty}\frac{1}{n\ln n}$의 수렴, 발산을 판정하라.

**풀이**

함수 $f(x)=\frac{1}{x\ln x}$는 $x \geq 2$에서 양의 감소함수이다. 따라서 적분판정법을 적용하면

$$\int_2^{\infty}\frac{1}{x\ln x}dx=\lim_{A\to\infty}\int_2^A\frac{1}{x\ln x}dx=\lim_{A\to\infty}\ln(\ln A)-\ln(\ln 2)=\infty$$

으로 이상적분이 발산하므로 주어진 급수도 발산한다. ■

**예제 3** ***p* 급수**

$\sum_{n=1}^{\infty}\frac{1}{n^p}=\frac{1}{1^p}+\frac{1}{2^p}+\frac{1}{3^p}+\cdots+\frac{1}{n^p}+\cdots$은 $p>1$이면 수렴하고 $p\leq 1$이면 발산함을 보여라.

**풀이**

(i) $p\neq 1$일 때 : $f(x)=\frac{1}{x^p}$은 $x\geq 1$에서 양의 감소함수이고

$$\int_1^{\infty}\frac{1}{x^p}dx=\lim_{b\to\infty}\left[\frac{x^{-p+1}}{-p+1}\right]_1^b=\frac{1}{1-p}\lim_{b\to\infty}\left(\frac{1}{b^{p-1}}-1\right)$$

이다. $\lim_{b\to\infty}\frac{1}{b^{p-1}}$은 $p>1$일 때는 0으로 수렴하고, $p<1$일 때는 $\infty$로 발산한다. 따라서

$$\int_1^{\infty}\frac{1}{x^p}dx=\begin{cases}\frac{1}{p-1}<\infty, & p>1\\ \infty, & p<1\end{cases}$$

이다.

(ii) $p=1$일 때 : $\int_1^{\infty}\frac{1}{x}dx=\lim_{A\to 0}\ln x\Big|_1^A=\lim_{A\to\infty}A=\infty$로 발산한다.

(i), (ii)로부터

$$\int_1^{\infty}\frac{1}{x^p}dx=\begin{cases}\frac{1}{p-1}<\infty, & p>1\\ \infty, & p\leq 1\end{cases}$$

이 되고, 적분판정법에 의하여 $p$-급수 $\sum_{n=1}^{\infty}\frac{1}{n^p}$는 $p>1$이면 수렴하고 $p\leq 1$이면 발산한다. (물론 $p=1$일 때는 주어진 급수가 조화급수 $1+\frac{1}{2}+\frac{1}{3}+\cdots+\frac{1}{n}+\cdots$이 되므로 10.2절에서 이미 본 것처럼 발산한다.) ■

## 비교판정법

앞에서 양항급수가 수렴하기 위한 필요충분조건은 부분합의 수열 $\{S_n\}$ 이 위로 유계인 것이라고 하였다. 이 사실에 근거하여 양항급수의 수렴, 발산을 알아내는 보다 일반적인 방법은, 이미 수렴, 발산이 알려진 급수와 주어진 급수의 부분합을 비교하는 것이다. 먼저 다음 예제를 보자.

**예제 4**

무한급수 $\sum_{n=0}^{\infty}\frac{1}{n!}=1+\frac{1}{1!}+\frac{1}{2!}+\frac{1}{3!}+\cdots$ 이 수렴함을 보여라.

**풀이**

무한급수의 각 항이 양수이므로 $S_n$ 이 위로 유계임을 보이면 충분하다.

$$S_n=1+\frac{1}{1!}+\frac{1}{2!}+\cdots+\frac{1}{n!}$$

을 무한급수

$$1+\sum_{n=0}^{\infty}\frac{1}{2^n}=1+1+\frac{1}{2}+\frac{1}{2^2}+\cdots$$

의 부분합과 비교하면

$$S_n \le 1+1+\frac{1}{2}+\frac{1}{2^2}+\cdots+\frac{1}{2^{n-1}} \le 1+\sum_{n=0}^{\infty}\frac{1}{2^n}=1+\frac{1}{1-(1/2)}=3$$

이다. 즉, $\sum_{n=0}^{\infty}\frac{1}{n!}$ 의 부분합은 모두 3보다 작으므로 $\{S_n\}$은 위로 유계이고, $\sum_{n=0}^{\infty}\frac{1}{n!}$ 은 수렴한다. 여기서 $\{S_n\}$이 모든 $n$ 에 대해서 $S_n \le 3$ 이라는 것이 주어진 급수가 3으로 수렴함을 뜻하지는 않는다. 사실상 $\sum_{n=0}^{\infty}\frac{1}{n!}$ 은 무리수 $e=2.718281\cdots$ 로 수렴한다. ■

예제 4에서는 부분합이 위로 유계임을 보이기 위해서 주어진 급수의 일반항 $\frac{1}{n!}$ 을 수렴하는 급수의 일반항 $\frac{1}{2^{n-1}}$ 과 비교하여 $\frac{1}{n!} \le \frac{1}{2^{n-1}}$ 을 이용하였다. 이러한 방법은 양항급수의 수렴 판정에 많이 쓰이는데 이를 비교판정법(comparison test)이라고 부른다.

**정리 • 10.7 비교판정법**

$a_n \geq 0,\ b_n \geq 0$이고 모든 자연수 $n$에 대하여 $a_n \leq b_n$일 때

(1) $\sum_{n=1}^{\infty} b_n$이 수렴하면 $\sum_{n=1}^{\infty} a_n$도 수렴한다.

(2) $\sum_{n=1}^{\infty} a_n$이 발산하면 $\sum_{n=1}^{\infty} b_n$도 발산한다.

**증명**

(1) $\sum_{n=1}^{\infty} a_n,\ \sum_{n=1}^{\infty} b_n$의 각 부분합을 $S_n,\ T_n$이라고 하면

$$S_n = a_1 + a_2 + \cdots + a_n, \quad T_n = b_1 + b_2 + \cdots + b_n$$

이고 $a_n \leq b_n$이므로 $S_n \leq T_n$이 성립한다. $\sum_{n=1}^{\infty} b_n = L$이라고 하면

$S_n \leq T_n \leq L$이므로 $\{S_n\}$은 위로 유계인 수열이다. 따라서 $\sum_{n=1}^{\infty} a_n$은 수렴한다.

(2) $\sum_{n=1}^{\infty} b_n$이 수렴한다면 (1)에 의하여 $\sum_{n=1}^{\infty} a_n$도 수렴해야 한다. 이는 $\sum_{n=1}^{\infty} a_n$이 발산한다는 가정에 모순이다. ■

**참고**

무한급수 $\sum_{n=1}^{\infty} a_n$에서 몇 개의 항을 더하거나 빼더라도 급수의 수렴(수렴하는 경우 수렴값은 바뀐다)이나 발산 자체가 바뀌지는 않는다. 따라서 비교판정법은 어떤 자연수 $N$에 대해서

$$a_n \leq b_n,\ n \geq N$$

일 때도 그대로 성립한다. ■

비교판정법으로 급수의 수렴, 발산을 판정할 때에는 수렴 또는 발산이 이미 알려진 급수를 비교급수로 사용한다. 특히 다음 급수들이 비교급수로 많이 이용된다.

**(1) 수렴을 위한 비교급수**

$$0 < r < 1 \text{인 무한 등비급수 : } a + ar + ar^2 + \cdots + ar^{n-1} + \cdots \quad (a > 0)$$

$$p > 1\text{인 } p\text{ 급수} : 1 + \frac{1}{2^p} + \frac{1}{3^p} + \cdots + \frac{1}{n^p} + \cdots$$

(2) 발산을 위한 비교급수

$$r \geq 1\text{인 무한 등비급수} : a + ar + ar^2 + \cdots + ar^{n-1} + \cdots \qquad (a > 0)$$

$$\text{조화급수} : 1 + \frac{1}{2} + \frac{1}{3} + \cdots + \frac{1}{n} + \cdots$$

$$p < 1\text{인 } p\text{ 급수} : 1 + \frac{1}{2^p} + \frac{1}{3^p} + \cdots + \frac{1}{n^p} + \cdots$$

**예제 5**

다음 급수의 수렴, 발산을 판정하라.

(1) $\displaystyle\sum_{n=1}^{\infty} \frac{1}{n(n+2)}$ (2) $\displaystyle\sum_{n=1}^{\infty} \frac{1}{\sqrt{n(n+1)}}$ (3) $\displaystyle\sum_{n=1}^{\infty} \frac{n}{2^n(n+1)}$

(4) $\displaystyle\sum_{n=2}^{\infty} \frac{\ln n}{n}$ (5) $\displaystyle\sum_{n=2}^{\infty} \frac{\ln n}{n^3}$

**풀이**

(1) $\dfrac{1}{n(n+2)} = \dfrac{1}{n^2+2n} < \dfrac{1}{n^2}$, $n = 1, 2, \cdots$이고 $p$급수$(p = 2 > 1)$ $\displaystyle\sum_{n=1}^{\infty} \frac{1}{n^2}$은 수렴하므로 주어진 급수도 수렴한다.

(2) $\dfrac{1}{n(n+1)} > \dfrac{1}{(n+1)^2}$ 이므로 $\dfrac{1}{\sqrt{n(n+1)}} > \dfrac{1}{(n+1)}$ 이고 급수 $\displaystyle\sum_{n=1}^{\infty} \frac{1}{n+1}$은 발산하므로 주어진 급수도 발산한다.

(3) $\dfrac{n}{2^n(n+1)} < \dfrac{1}{2^n}$이고 $\displaystyle\sum_{n=1}^{\infty} \frac{1}{2^n}$이 수렴하므로 주어진 급수도 수렴한다.

(4) $\dfrac{\ln n}{n} > \dfrac{1}{n}$, $n = 3, 4, \cdots$이고, $\displaystyle\sum_{n=3}^{\infty} \frac{1}{n}$이 발산하므로 주어진 급수도 발산한다.

(5) $\dfrac{\ln n}{n^3} < \dfrac{n}{n^3} = \dfrac{1}{n^2}$이고 $\displaystyle\sum_{n=1}^{\infty} \frac{1}{n^2}$이 수렴하므로 주어진 급수도 수렴한다. ■

**참고**

급수의 일반항에 $\ln n$이 있는 경우 〈예제 5〉에서와 같이 부등식

$$1 < \ln n,\ n = 3, 4, \cdots \quad \text{또는} \quad \ln n < n, n = 1, 2, \cdots$$

을 주로 이용한다. ■

## 극한비교판정법

$\sum_{n=1}^{\infty} a_n = \sum_{n=1}^{\infty} \frac{n}{n^2+n+1}$ 의 수렴, 발산을 판정하여 보자. 비교판정법을 이용하면, $\frac{n}{n^2+n+1} < \frac{1}{n}$ 이므로 이 부등식을 이용해서는 $\sum_{n=1}^{\infty} \frac{1}{n}$ 의 발산으로부터 $\sum_{n=1}^{\infty} a_n$ 의 발산을 말할 수는 없고, $\frac{n}{n^2+n+1} \geq \frac{n}{n^2+n^2+n^2} = \frac{1}{3n}$ 에서 $\frac{1}{3}\sum_{n=1}^{\infty} \frac{1}{n}$ 이 발산하므로 $\sum_{n=1}^{\infty} a_n$ 도 발산한다고 말해야 한다.

일반적으로 급수의 수렴, 발산을 판정할 때는 처음 몇 개의 항이 중요한 것은 아니다. 일반항이 유리함수(분수함수)일 때는, 일반항의 분모, 분자의 최고차 항이 수렴, 발산을 결정하는 데 중요한 역할을 한다. 예를 들어 $a_n = \frac{n}{n^2+n+1}$ 의 경우 분모, 분자의 최고차 항만 남기면 $n$이 충분히 클 때

$$a_n = \frac{n}{n^2+n+1} \approx \frac{n}{n^2} = \frac{1}{n}$$

이므로 급수 $\sum_{n=1}^{\infty} b_n = \sum_{n=1}^{\infty} \frac{1}{n}$ 과 비교하여 $\sum_{n=1}^{\infty} a_n$ 은 발산한다는 것을 짐작할 수 있다. 아래의 극한비교판정법(limit comparison test)은 이러한 방법으로 수렴, 발산을 판정하는 것으로, 기본적인 개념은 비교판정법과 같으나 비교판정법보다 좀 더 편리하게 사용할 수 있다.

**정리 • 10.8 극한비교판정법**

$a_n \geq 0$, $b_n \geq 0$ 인 두 급수 $\sum_{n=1}^{\infty} a_n, \sum_{n=1}^{\infty} b_n$ 에 대하여

(1) $\lim_{n\to\infty} \frac{a_n}{b_n} = L$ 이고 $0 < L < \infty$ 이면 두 급수는 동시에 수렴 또는 발산한다.

(2) $\lim_{n\to\infty} \frac{a_n}{b_n} = 0$ 이고 $\sum_{n=1}^{\infty} b_n$ 이 수렴하면 $\sum_{n=1}^{\infty} a_n$ 도 수렴한다.

(3) $\lim_{n\to\infty} \frac{a_n}{b_n} = \infty$ 이고 $\sum_{n=1}^{\infty} b_n$ 이 발산하면 $\sum_{n=1}^{\infty} a_n$ 도 발산한다.

**증 명**

(1) $\lim_{n\to\infty} a_n/b_n = L > 0$ 이므로 수열의 수렴의 정의에서 $\epsilon = L/2$ 로 하면, 적절한 자연수 $N$을 택하여 $n > N$인 모든 자연수 $n$에 대하여

$$\left|\frac{a_n}{b_n} - L\right| < \frac{L}{2},\ -\frac{L}{2} < \frac{a_n}{b_n} - L < \frac{L}{2},\ \frac{L}{2} < \frac{a_n}{b_n} < \frac{3L}{2}$$

이 된다. 즉,

$$n > N\text{이면 } \frac{L}{2}b_n < a_n \text{이고 } a_n < \frac{3L}{2}b_n$$

이므로 정리 10.5의 (2)와 비교판정법에 의하여 $\sum_{n=1}^{\infty} a_n$과 $\sum_{n=1}^{\infty} b_n$은 동시에 수렴하거나 동시에 발산한다.

(2), (3)의 증명은 연습문제로 남긴다(연습문제 10.3의 29). ■

위의 극한비교판정법은 비교판정법보다 편리하며 특히 무한급수의 항이 분수함수 형태일 때 유용하게 쓰인다. 그러나 정리 10.8의 (2), (3)의 경우는 $\lim_{n\to\infty}\frac{a_n}{b_n} = 0$이고 $\sum_{n=1}^{\infty} b_n$이 발산하거나, $\lim_{n\to\infty}\frac{a_n}{b_n} = \infty$이고 $\sum_{n=1}^{\infty} b_n$이 수렴하는 경우는 판정을 할 수 없으므로 유의하여야 한다.

**예제 6**

다음 급수의 수렴, 발산을 판정하라.

(1) $\sum_{n=2}^{\infty} \frac{1}{\sqrt{4n^2-7}}$

(2) $\sum_{n=1}^{\infty} \frac{n+100}{n^3+2}$

(3) $\sum_{n=1}^{\infty} \frac{\ln n}{n^2}$

(4) $\sum_{n=2}^{\infty} \frac{1}{\sqrt{n}\ln n}$

**풀이**

(1) $a_n = \frac{1}{\sqrt{4n^2-7}}$, $b_n = \frac{1}{n}$이라고 하면

$$\lim_{n\to\infty}\frac{a_n}{b_n} = \lim_{n\to\infty}\frac{n}{\sqrt{4n^2-7}} = \lim_{n\to\infty}\frac{1}{\sqrt{4-7/n^2}} = \frac{1}{2}$$

이고, $\sum_{n=1}^{\infty} b_n$이 발산하므로 $\sum_{n=1}^{\infty} a_n$도 발산한다.

(2) $a_n = \dfrac{n+100}{n^3+2}$ 이라 두면 $n$이 충분히 클 때, 이 항은 $\dfrac{n}{n^3} = \dfrac{1}{n^2}$과 비교해야 하므로 $b_n = \dfrac{1}{n^2}$이라 두자.

$$\lim_{n\to\infty}\frac{a_n}{b_n} = \lim_{n\to\infty}\frac{n^3+100n^2}{n^3+2} = 1$$

이고 $\sum_{n=1}^{\infty} b_n$이 수렴하므로 $\sum_{n=1}^{\infty} a_n$도 수렴한다.

(3) $\sum_{n=1}^{\infty} a_n = \sum_{n=1}^{\infty} \dfrac{\ln n}{n^2}$ 일 때 비교급수 $\sum_{n=1}^{\infty} b_n$은 무엇으로 선택해야 할까? $b_n$을 $\dfrac{1}{n}$이나 $\dfrac{1}{n^2}$으로 택하면, 비교판정법이나 극한비교판정법으로부터 아무런 결론을 얻을 수 없다. 이 경우 $b_n = \dfrac{\sqrt{n}}{n^2} = \dfrac{1}{n^{3/2}}$ 으로 택한 후 로피탈의 정리를 사용하여

$$\lim_{n\to\infty}\frac{a_n}{b_n} = \lim_{n\to\infty}\frac{\ln n/n^2}{1/n^{3/2}} = \lim_{n\to\infty}\frac{\ln n}{\sqrt{n}} = \lim_{n\to\infty}\frac{1/n}{\frac{1}{2}n^{-1/2}} = \lim_{n\to\infty}\frac{2}{\sqrt{n}} = 0$$

이고, $\sum_{n=1} \dfrac{1}{n^{3/2}}$ 은 $p = \dfrac{3}{2} > 1$ 인 $p$급수이므로 수렴한다(예제 3). 따라서 정리 10.8(극한비교판정법)의 (2)에 의하여 $\sum_{n=1}^{\infty} a_n$도 수렴한다. 물론 $\ln n < \sqrt{n}$, $n = 1,2,\cdots$(증명해 보라)을 이용하면 $\dfrac{\ln n}{n^2} < \dfrac{\sqrt{n}}{n^2} = \dfrac{1}{n^{3/2}}$이므로 비교판정법을 이용해서 판정할 수도 있다.

(4) $a_n = \dfrac{1}{\sqrt{n}\ln n}$, $b_n = \dfrac{1}{n}$으로 두면,

$$\lim_{n\to\infty}\frac{a_n}{b_n} = \lim_{n\to\infty}\frac{1/\sqrt{n}\ln n}{1/n} = \lim_{n\to\infty}\frac{\sqrt{n}}{\ln n} = \infty$$

이고 $\sum_{n=1}^{\infty} b_n = \sum_{n=1}^{\infty} \dfrac{1}{n}$이 발산한다. 따라서 정리 10.8의 (3)에 의해서 $\sum_{n=2}^{\infty} a_n$도 발산한다. ■

예제 5나 예제 6에서 나타나는 급수 $\sum_{n=2}^{\infty} \dfrac{\ln n}{n^p}$은 일반적으로 적분판정법을 이용해서 수렴, 발산을 판정할 수 있는데(연습문제 10.3의 26), $p$-급수와 마찬가지로 $p > 1$일 때 수렴하고, $p \le 1$일 때 발산한다. 급수 $\sum_{n=2}^{\infty} \dfrac{1}{n(\ln n)^p}$도 마찬가지이다(연습문제 10.3의 25). 또한 $\sum_{n=2}^{\infty} \dfrac{1}{n^p \ln n}$도 $p > 1$일 때 수렴하고, $p \le 1$일 때 발산한다. 이는 $p \ne 1$일 때 비교판정법이나 극한비교판정법을 이용해서 보일 수 있다(연습문제 10.3의 27, 예제 6).

## 연습문제 10.3

**[01-21]** 다음 무한급수의 수렴, 발산을 판정하고 그 이유를 설명하라.

**01** $\sum_{n=1}^{\infty} \frac{1}{n(2n+3)}$

**02** $\sum_{n=1}^{\infty} \frac{n+100}{n \cdot 3^n}$

**03** $\sum_{n=1}^{\infty} \frac{2}{n+\sqrt{n}}$

**04** $\sum_{n=1}^{\infty} \frac{2n^3+100n^2+1000}{n^6-n+2}$

**05** $\sum_{n=1}^{\infty} \frac{1}{n^2\sqrt{n}}$

**06** $\sum_{n=1}^{\infty} \frac{1}{n\sqrt[n]{n}}$

**07** $\sum_{n=1}^{\infty} \frac{\sqrt[n]{n}}{n^2}$

**08** $\sum_{n=1}^{\infty} \frac{\sin^2 n}{2^n}$

**09** $\sum_{n=1}^{\infty} \frac{\cos^2 n}{n^2+1}$

**10** $\sum_{n=1}^{\infty} \frac{1}{2^n-1}$

**11** $\sum_{n=1}^{\infty} \frac{1}{2+(\cosh 2)^n}$

**12** $\sum_{n=1}^{\infty} \frac{2}{1+e^n}$

**13** $\sum_{n=1}^{\infty} \frac{1}{\ln n+1}$

**14** $\sum_{n=2}^{\infty} \frac{1}{(\ln n)^2}$

**15** $\sum_{n=1}^{\infty} \frac{\ln(2n+1)}{n+3}$

**16** $\sum_{n=2}^{\infty} \frac{1}{n\sqrt{\ln n}}$

**17** $\sum_{n=2}^{\infty} \frac{1}{n(\ln n)^2}$

**18** $\sum_{n=2}^{\infty} \frac{1}{\sqrt{n}\ln n}$

**19** $\sum_{n=2}^{\infty} \frac{1}{n^2 \ln n}$

**20** $\sum_{n=1}^{\infty} \frac{\ln n}{\sqrt{n}\, e^n}$

**21** $\sum_{n=1}^{\infty} \sin\frac{1}{n}$

**22** $\sum_{n=1}^{\infty} a_n$ 이 $a_n > 0$ 인 수렴급수일 때 $\sum_{n=1}^{\infty} \frac{a_n}{n}$ 은 수렴급수인가, 발산급수인가? 또는 수렴할 수도 있고 발산할 수도 있는 급수인가? 그 이유를 설명하라.

**23** $\sum_{n=1}^{\infty} a_n$ 이 $a_n > 0$ 인 수렴급수일 때 $\sum_{n=1}^{\infty} \sin a_n$ 은 수렴급수인가, 발산급수인가? 또는 수렴할 수도 있고 발산할 수도 있는 급수인가? 그 이유를 설명하라.

**24** $\sum_{n=1}^{\infty} a_n$ 이 $a_n > 0$ 인 수렴급수일 때 $\sum_{n=1}^{\infty} a_n^2$ 은 수렴급수인가, 발산급수인가? 또는 수렴할 수도 있고 발산할 수도 있는 급수인가? 그 이유를 설명하라.

**[25-27]** $p > 0$ 인 상수일 때 다음 물음에 답하라.

**25** (1) $\int_2^{\infty} \frac{dx}{x(\ln x)^p}$ 는 $p > 1$ 일 때 수렴하고 $p \leq 1$ 일 때 발산함을 보여라.

(2) (1)의 결과를 이용하여 $\sum_{n=2}^{\infty} \frac{1}{n(\ln n)^p}$ 의 수렴, 발산을 조사하라.

**26** (1) $\int_1^{\infty} \frac{\ln x}{x^p} dx$ 는 $p > 1$ 일 때 수렴하고 $p \leq 1$ 일 때 발산함을 보여라.

(2) (1)의 결과를 이용하여 $\sum_{n=1}^{\infty} \frac{\ln n}{n^p}$ 의 수렴, 발산을 조사하라.

**27** $\sum_{n=2}^{\infty} \frac{1}{n^p \ln n}$ 이 $p > 1$ 일 때 수렴하고 $p \leq 1$ 일 때 발산함을 보여라.

**28** 조화급수의 부분합의 수열이 아래의 부등식을 만족함을 그림 10.4(a), 그림 10.4(b)와 같은 그래프를 이용하여 설명하라.

$$\ln(n+1) = \int_1^{n+1} \frac{1}{x} dx \leq 1 + \frac{1}{2} + \cdots + \frac{1}{n} \leq 1 + \int_1^n \frac{1}{x} dx = 1 + \ln n$$

**29** 정리 10.8에서 (1)의 증명을 참고하여 (2), (3)을 증명하라.

## 10.4 비판정법과 근판정법

10.3절에서 배운 비교판정법은 수렴 여부를 이미 알고 있는 다른 급수와 비교하여 주어진 급수의 수렴, 발산을 판정하는 방법이다. 이 절에서는 급수의 각 항이 얼마나 빨리 증가 또는 감소하는가에 따라 수렴, 발산을 판정하는 방법을 알아보자. 무한 등비급수 $a_n = ar^n$ 에서는 두 항의 비 $a_{n+1}/a_n$ 은 항상 $r$ 로 일정한데, $|r| < 1$ 이면 각 항은 빠르게 감소하여 $\sum_{n=1}^{\infty} a_n$ 이 수렴하게 된다. 만일 두 항의 비 $a_{n+1}/a_n$ 가 상수는 아니지만 매우 작다면 무한 등비급수의 경우와 마찬가지로 주어진 급수는 수렴할 것이다. 이 사실로부터 아래와 같은 비판정법(ratio test)을 얻는다.

**정리 • 10.9 비판정법**

$a_n \geq 0$인 무한급수 $\sum_{n=1}^{\infty} a_n$에서 $\lim_{n\to\infty} \frac{a_{n+1}}{a_n} = \rho$일 때

(1) $0 \leq \rho < 1$이면 $\sum_{n=1}^{\infty} a_n$은 수렴한다.

(2) $\rho > 1$이면 $\sum_{n=1}^{\infty} a_n$은 발산한다.

(3) $\rho=1$이면 $\sum_{n=1}^{\infty} a_n$은 수렴할 수도 있고 발산할 수도 있다.

(이 경우 비판정법으로는 수렴, 발산을 알 수 없다.)

**증명**

(1) $\rho<1$일 때 $r$을 $\rho<r<1$인 수라고 하고 $\epsilon=r-\rho>0$라 하자.

$\lim_{n\to\infty} \frac{a_{n+1}}{a_n}=\rho$이므로 적절한 자연수 $N$을 택하여 $n>N$인 모든 $n$에 대해

$$\left|\frac{a_{n+1}}{a_n}-\rho\right| < \epsilon$$

이 성립하게 할 수 있다. 특히

$$\frac{a_{n+1}}{a_n} < \rho+\epsilon = r \ (n>N)$$

에서

$$\begin{aligned} a_{N+2} &< ra_{N+1} \\ a_{N+3} &< ra_{N+2} < r^2 a_{N+1} \\ a_{N+4} &< ra_{N+3} < r^3 a_{N+1} \\ &\cdots \\ a_{N+m+1} &< ra_{N+m} < r^m a_{N+1} \end{aligned}$$

이므로,

$$a_{N+2}+a_{N+3}+\cdots+a_{N+m+1}+\cdots \le a_{N+1}r+a_{N+1}r^2+\cdots+a_{N+1}r^m+\cdots$$

이 성립한다. 부등식의 우변의 급수는 $r<1$인 무한 등비급수이므로 수렴하고 비교판정법에 의하여 급수 $\sum_{n=N+2}^{\infty} a_n$도 수렴한다. 따라서 이것에 유한개의 항을 더한 급수 $\sum_{n=1}^{\infty} a_n$도 수렴한다.

(2) $\rho>1$일 때 $\lim_{n\to\infty} \frac{a_{n+1}}{a_n}=\rho>1$이므로 극한의 정의에 의하여 적절한 자연수 $M$에 대해 $n>M$이면

$$\frac{a_{n+1}}{a_n}>1\text{이고 } a_{M+1}<a_{M+2}<a_{M+3}<\cdots$$

이 된다. $n$이 커질 때 무한급수의 항이 0으로 수렴하지 않으므로, 즉 $\lim_{n\to\infty} a_n \neq 0$이므로 주어진 급수는 발산한다(10.2절의 급수의 발산판정법).

(3) $\rho = 1$일 때는 비판정법으로 급수의 수렴, 발산에 대해서 알 수 없다. 예를 들어 두 개의 급수 $\sum_{n=1}^{\infty} \frac{1}{n}$과 $\sum_{n=1}^{\infty} \frac{1}{n^2}$을 비교해 보자.

$$\sum_{n=1}^{\infty} \frac{1}{n}\text{에 대하여 } n\to\infty \text{일 때 } \frac{a_{n+1}}{a_n} = \frac{1/(n+1)}{1/n} = \frac{n}{n+1} \to 1,$$

$$\sum_{n=1}^{\infty} \frac{1}{n^2}\text{에 대하여 } n\to\infty \text{일 때 } \frac{a_{n+1}}{a_n} = \frac{1/(n+1)^2}{1/n^2} = \left(\frac{n}{n+1}\right)^2 \to 1^2 = 1$$

이다. 두 경우 모두 $\rho = 1$이지만, 첫 번째 급수(조화급수)는 발산하고 두 번째 급수($p = 2$인 $p$급수)는 수렴한다. 따라서 $\rho = 1$일 때는 비판정법으로 급수의 수렴, 발산을 알아낼 수 없고 다른 방법이 필요하다. ■

비판정법은 주로 무한급수의 항에 $n!$이나 $a^n$ 형태의 식이 포함되어 있을 때 유용하다.

## 예제 1

다음 급수의 수렴, 발산을 판정하라.

(1) $\sum_{n=1}^{\infty} \frac{(n!)^2}{(2n)!}$　　　(2) $\sum_{n=1}^{\infty} \frac{10^n}{n!}$

**풀이**

(1) $a_n = \frac{(n!)^2}{(2n)!}$이고

$$\frac{a_{n+1}}{a_n} = \frac{(n+1)!(n+1)!(2n)!}{n!n!(2n+2)!} = \frac{(n+1)(n+1)}{(2n+2)(2n+1)} = \frac{n+1}{4n+2} \to \frac{1}{4}$$

이다. $\rho = \frac{1}{4} < 1$이므로 주어진 급수는 수렴한다.

(2) $\lim_{n\to\infty} \frac{a_{n+1}}{a_n} = \lim_{n\to\infty} \frac{10^{n+1} n!}{10^n (n+1)!} = \lim_{n\to\infty} \frac{10}{n+1} = 0 < 1$이므로 주어진 급수는 수렴한다. ■

비판정법과 유사한 접근법으로 근판정법(root test)이 있다.

**정리 • 10.10 근판정법**

$a_n \geq 0$인 무한급수 $\sum_{n=1}^{\infty} a_n$ 에서 $\lim_{n\to\infty} \sqrt[n]{a_n} = \rho$일 때

(1) $0 \leq \rho < 1$이면 $\sum_{n=1}^{\infty} a_n$은 수렴한다.

(2) $\rho > 1$이면 $\sum_{n=1}^{\infty} a_n$은 발산한다.

(3) $\rho = 1$이면 판정할 수 없다.

**증명**

(1) $\rho < 1$일 때:

$\rho < 1$이므로 $\rho + \epsilon < 1$이 되는 충분히 작은 $\epsilon > 0$을 택할 수 있다. $n \to \infty$일 때 $\sqrt[n]{a_n} \to \rho$이므로 $n > N$이면 $\sqrt[n]{a_n} < \rho + \epsilon$이 되는 자연수 $N$이 존재한다. 따라서 $n > N$이면 $a_n < (\rho + \epsilon)^n$이다. $\sum_{n=N+1}^{\infty} (\rho + \epsilon)^n$은 공비가 $(\rho + \epsilon) < 1$인 무한 등비급수이므로 수렴한다. 따라서 비교판정법에 의하여 $\sum_{n=N+1}^{\infty} a_n$도 수렴하고, 여기에 유한개의 항을 더한 원래의 급수도 수렴한다.

(2) $\rho > 1$일 때:

적절한 자연수 $M$에 대해 $n > M$이면 $\sqrt[n]{a_n} > 1$이 되므로 $n > M$일 때, $a_n > 1$이다. 따라서 $\lim_{n\to\infty} a_n \neq 0$이므로 10.2절의 [급수의 발산판정법]에 의하여 주어진 급수는 발산한다.

(3) $\rho = 1$일 때:

$\sum_{n=1}^{\infty} \frac{1}{n}$과 $\sum_{n=1}^{\infty} \frac{1}{n^2}$에서 $\lim_{n\to\infty} \sqrt[n]{n} = 1$을 이용하면 두 경우 모두 $\sqrt[n]{a_n} \to 1$임을 알 수 있다. 그러나 첫 번째 급수는 발산하고 두 번째 급수는 수렴한다. ■

**예제 2**

$\sum_{n=1}^{\infty} \frac{2^n}{n^n}$ 의 수렴, 발산을 판정하라.

**풀이**

$\sqrt[n]{a_n} = \sqrt[n]{\left(\frac{2}{n}\right)^n} = \frac{2}{n} \to 0 < 1$ 이므로 수렴한다. ■

## 연습문제 10.4

[01-18] 다음 무한급수의 수렴, 발산을 판정하고 그 이유를 설명하라.

01 $\sum_{n=1}^{\infty} \frac{n^2}{2^n}$

02 $\sum_{n=1}^{\infty} \frac{n!}{10^{2n-1}}$

03 $\sum_{n=1}^{\infty} \frac{n^3}{n!}$

04 $\sum_{n=1}^{\infty} ne^{-n}$

05 $\sum_{n=1}^{\infty} n^2 e^{-n}$

06 $\sum_{n=1}^{\infty} n! e^{-n}$

07 $\sum_{n=2}^{\infty} \frac{1}{(\ln n)^n}$

08 $\sum_{n=1}^{\infty} \frac{(\ln n)^n}{n^n}$

09 $\sum_{n=2}^{\infty} \frac{n}{(\ln n)^n}$

10 $\sum_{n=1}^{\infty} \frac{n \ln n}{2^n}$

11 $\sum_{n=1}^{\infty} \frac{n!}{1 \cdot 3 \cdot 5 \cdots (2n-1)}$

12 $\sum_{n=1}^{\infty} \frac{n!}{(2n+1)!}$

13 $\sum_{n=1}^{\infty} \frac{n!}{n^n}$

14 $\sum_{n=1}^{\infty} \frac{(n+3)!}{3!n!3^n}$

15 $\sum_{n=1}^{\infty} \frac{n! \ln n}{n(n+2)!}$

16 $\sum_{n=1}^{\infty} \left(\frac{1}{n} - \frac{1}{n^2}\right)$

17 $\sum_{n=1}^{\infty} \left(\frac{1}{n} - \frac{1}{n^2}\right)^n$

18 $\sum_{n=1}^{\infty} \left(\frac{n^2+1}{2n^2+1}\right)^n$

19 무한급수 $\sum_{n=1}^{\infty} \frac{(n!)^2}{(kn)!}$ 이 수렴하는 자연수 $k$의 범위를 구하라.

# 10.5 그 외의 수렴판정법

## 교대급수

10.3절과 10.4절에서는 모든 항이 0보다 크거나 같은 양항급수를 다루었다. 이 절에서는 양의 항과 음의 항을 모두 가진 급수의 수렴, 발산을 판정하는 방법에 대해 알아보자. 특히 모든 자연수 $n$에 대하여 $a_n > 0$일 때

$$\sum_{n=1}^{\infty}(-1)^{n+1}a_n = a_1 - a_2 + a_3 - \cdots + (-1)^{n+1}a_n + \cdots$$

과 같이 양의 항과 음의 항이 교대로 나타나는 급수를 교대급수(alternating series)라고 한다.

### 정리 • 10.11 교대급수판정법

교대급수

$$\sum_{n=1}^{\infty}(-1)^{n+1}a_n = a_1 - a_2 + a_3 - \cdots + (-1)^{n+1}a_n + \cdots, \qquad a_n > 0$$

이 모든 $n$에 대하여 $a_n \geq a_{n+1}$이고 $\lim_{n\to\infty} a_n = 0$ 이면 수렴한다.

**증명**

$n = 2m$ 이면

$$S_{2m} = (a_1 - a_2) + (a_3 - a_4) + \cdots + (a_{2m-1} - a_{2m}) \qquad (10.4)$$
$$= a_1 - (a_2 - a_3) - (a_4 - a_5) - \cdots - (a_{2m-2} - a_{2m-1}) - a_{2m} \qquad (10.5)$$

이다. $a_n \geq a_{n+1}$이므로 식 (10.4)로부터 $S_{2m}$은 $m$개의 0보다 크거나 같은 항들의 합이다. 따라서 수열 $\{S_{2m}\}$은 $S_{2(m+1)} \geq S_{2m}$인 단조증가수열이고, 식 (10.5)에서 $S_{2m} \leq a_1$ 이므로 $\{S_{2m}\}$은 위로유계이다. 그러므로 $\{S_{2m}\}$은 수렴한다. 이제

$$\lim_{m\to\infty} S_{2m} = L \qquad (10.6)$$

이라고 하고 $n = 2m+1$일 때도 $L$로 수렴함을 보이자. $S_{2m+1} = S_{2m} + a_{2m+1}$ 이다. $\lim_{n\to\infty} a_n = 0$ 이므로 $\lim_{m\to\infty} a_{2m+1} = 0$ 이고

$$\lim_{m\to\infty} S_{2m+1} = \lim_{m\to\infty}(S_{2m} + a_{2m+1}) = L + 0 = L \qquad (10.7)$$

이다. 식 (10.6), (10.7)로부터 $n$이 홀수이든, 짝수이든 $S_n$이 극한값 $L$을 가지므로 $\lim_{n\to\infty} S_n = L$ 이고 주어진 급수는 수렴한다. ■

**예제 1** **교대 조화급수(alternating harmonic series)**

$$\sum_{n=1}^{\infty}(-1)^{n+1}\frac{1}{n}=1-\frac{1}{2}+\frac{1}{3}-\frac{1}{4}+\cdots$$

은 $\frac{1}{n}>\frac{1}{n+1}$ 이고 $\lim_{n\to\infty}\frac{1}{n}=0$ 이므로 수렴한다. ■

**예제 2**

교대급수 $\sum_{n=1}^{\infty}(-1)^{n+1}\frac{n+3}{n(n+1)}$ 이 수렴함을 보여라.

**풀이**

$$\frac{a_{n+1}}{a_n}=\frac{n(n+1)(n+4)}{(n+1)(n+2)(n+3)}=\frac{n(n+4)}{(n+2)(n+3)}=\frac{n^2+4n}{n^2+5n+6}<1$$

이므로

$$a_{n+1}<a_n,\quad n=1,2,\cdots$$

이고,

$$\lim_{n\to\infty}a_n=\lim_{n\to\infty}\frac{n+3}{n(n+1)}=\lim_{n\to\infty}\frac{(1/n)+(3/n^2)}{1+(1/n)}=0$$

이다. 따라서 주어진 급수는 교대급수판정법(정리 10.11)에 의해서 수렴한다. ■

각 항의 절대값이 0으로 감소하는 교대급수 $\sum_{n=1}^{\infty}(-1)^{n+1}a_n$ 는 부분합

$$S_n=a_1-a_2+a_3-\cdots+(-1)^{n+1}a_n$$

을 가진다. 이는 그림 10.5와 같이 진동 폭이 점점 작아지면서 급수의 합 $L$로 수렴하게 되므로 $S_n$과 $L$은

$$|S_n-L|<a_{n+1}$$

을 만족한다. 다시 말해서 부분합을 급수의 근사값으로 이용했을 때의 오차는 $a_{n+1}$ 이하이다.

**[교대급수의 나머지항에 대한 성질]**

교대급수 $\sum_{n=1}^{\infty}(-1)^{n+1}a_n,\ a_n>0$ 이 $a_n \ge a_{n+1}$ 이고 $\lim_{n\to\infty} a_n = 0$ 을 만족하면 부분합

$$S_n = a_1 - a_2 + a_3 - \cdots + (-1)^{n+1}a_n$$

과 급수의 합 $L$ 의 차이는

$$|S_n - L| < a_{n+1}$$

을 만족한다.

교대급수의 나머지항에 대한 성질은 급수의 근사값을 계산할 때 유용하게 쓰인다.

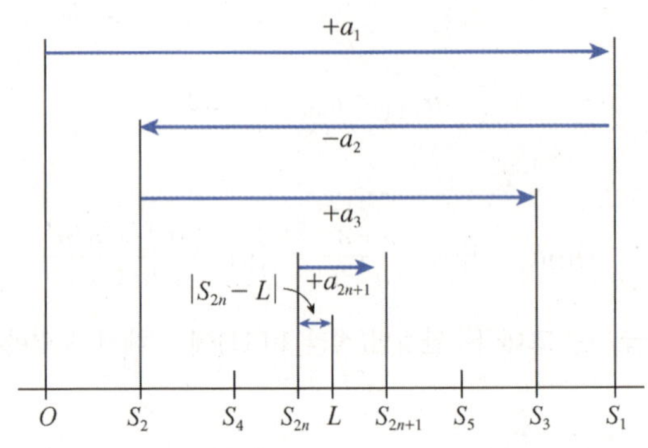


그림 10.5 교대급수의 나머지항에 대한 성질

**예제 3**

10.7절에서 $\sum_{n=0}^{\infty}\frac{(-1)^n}{n!}$ 은 실제로 $e^{-1}$ 로 수렴한다는 것을 배울 것이다. 이 급수를 이용하여 $e^{-1}$ 의 근사값을 오차가 0.0005를 넘지 않도록 구하라.

**풀이**

$$e^{-1} = 1 - \frac{1}{1!} + \frac{1}{2!} - \cdots + \frac{(-1)^n}{n!} + \text{오차항}$$

이고, 교대급수의 나머지항에 대한 성질로부터 $|\text{오차항}| < \frac{1}{(n+1)!}$ 이므로

$$\frac{1}{(n+1)!} < 0.0005, \quad (n+1)! > 2{,}000$$

이고, 6!=720, 7!=5,040이므로 $n+1=7,\ n=6$ 으로 택하면 된다. 따라서 $e^{-1}$ 의 근사값은

$$e^{-1} = 1 - \frac{1}{1!} + \frac{1}{2!} - \frac{1}{3!} + \frac{1}{4!} - \frac{1}{5!} + \frac{1}{6!} \approx 0.368$$

이다. ■

## 절대수렴과 조건수렴

다음은 (교대급수뿐만 아니라) 일반적인 급수 $\sum_{n=1}^{\infty} a_n$에 대한 내용이다. 일반항 $a_n$은 양의 항과 음의 항을 모두 포함할 수 있다.

**정리 • 10.12**

$\sum_{n=1}^{\infty} |a_n|$이 수렴하면 $\sum_{n=1}^{\infty} a_n$도 수렴한다.

**증명**

$-|a_n| \le a_n \le |a_n|$, $n = 1, 2, \cdots$이므로 $0 \le a_n + |a_n| \le 2|a_n|$이다. $\sum_{n=1}^{\infty} |a_n|$이 수렴하면 $\sum_{n=1}^{\infty} 2|a_n|$도 수렴한다. 그리고 $a_n + |a_n| \ge 0$이므로 비교판정법에 의하여 $\sum_{n=1}^{\infty} (a_n + |a_n|)$도 수렴한다. 한편 $\sum_{n=1}^{\infty} a_n$은

$$\sum_{n=1}^{\infty} a_n = \sum_{n=1}^{\infty} (a_n + |a_n| - |a_n|) = \sum_{n=1}^{\infty} (a_n + |a_n|) - \sum_{n=1}^{\infty} |a_n|$$

으로 수렴하는 두 개의 급수의 차로 표현된다. 따라서 $\sum_{n=1}^{\infty} a_n$도 수렴한다. ■

**정의** **절대수렴과 조건수렴**

급수 $\sum_{n=1}^{\infty} |a_n|$이 수렴하면 급수 $\sum_{n=1}^{\infty} a_n$은 **절대수렴**(absolute convergence)한다고 하고, $\sum_{n=1}^{\infty} a_n$은 수렴하지만 $\sum_{n=1}^{\infty} |a_n|$은 수렴하지 않으면 $\sum_{n=1}^{\infty} a_n$은 **조건수렴**(conditional convergence)한다고 한다.

즉, 급수 $\sum_{n=1}^{\infty} a_n$에 대해서 $\sum_{n=1}^{\infty} |a_n|$과 $\sum_{n=1}^{\infty} a_n$이 모두 수렴하면(이 경우 정리 10.12에 의해서 $\sum_{n=1}^{\infty} |a_n|$의 수렴만 보이면 충분하다) $\sum_{n=1}^{\infty} a_n$은 절대수렴하고, $\sum_{n=1}^{\infty} |a_n|$은 발산, $\sum_{n=1}^{\infty} a_n$은 수렴하면 $\sum_{n=1}^{\infty} a_n$은 조건수렴한다. 따라서 양항급수 $\sum_{n=1}^{\infty} a_n$가 수렴하면($\sum_{n=1}^{\infty} |a_n| = \sum_{n=1}^{\infty} a_n$이므로) 이는 당연히 절대수렴한다. 일반적으로 급수 $\sum_{n=1}^{\infty} a_n$가 수렴하는 경우에 절대수렴하거나 조건수렴한다. 예를 들어, 예제 1의 교대조화급수 $\sum_{n=1}^{\infty} (-1)^{n+1}\frac{1}{n}$은 수렴하지만 절대수렴하지는 않는다(조화급수 $\sum_{n=1}^{\infty} \frac{1}{n}$는 발산). 이와 같은 급수가 조건수렴하는 급수이다.

절대수렴은 두 가지 이유에서 매우 중요하다. 첫째는 양항급수에 사용할 수 있는 여러 가지 수렴 판정법(적분판정법, 비교판정법, 비판정법, 근판정법 등)이 있기 때문이고, 둘째는 정리 10.12에 의하여 급수가 절대수렴하면 그 급수는 당연히 수렴하기 때문이다. 따라서 양의 항과 음의 항을 모두 포함하는 일반적인 급수가 수렴함을 보이기 위해서는 절대수렴함을 보이면 충분하다.

그러나 정리 10.12의 역은 물론 사실이 아니다. 예제 1의 교대조화급수와 같이 조건수렴하는 급수를 반례로 들 수 있다. 정의에서 알 수 있듯이 절대수렴은 (일반항에 절대값을 취하여 부분합을 증가시켜도 수렴하므로) 일반적인 수렴보다 좀 더 강한 형태의 수렴이라고 할 수 있다.

절대수렴을 이용하여 다음 급수의 수렴성을 판정해 보자.

**예제 4**

$\sum_{n=1}^{\infty} \frac{\sin n}{n^2} = \frac{\sin 1}{1} + \frac{\sin 2}{4} + \frac{\sin 3}{9} + \cdots$이 수렴함을 보여라.

**풀이**

주어진 급수는 양의 항과 음의 항을 모두 가진다. 그러나 교대급수는 아니다. 이 경우 양항급수 $\sum_{n=1}^{\infty} \left|\frac{\sin n}{n^2}\right|$에 비교판정법을 적용하면

$$|\sin n| \le 1, \quad \left|\frac{\sin n}{n^2}\right| \le \frac{1}{n^2}, \quad n = 1, 2, \cdots$$

이고, $\sum_{n=1}^{\infty}\frac{1}{n^2}$이 수렴하므로 $\sum_{n=1}^{\infty}\left|\frac{\sin n}{n^2}\right|$은 수렴한다. 따라서 급수 $\sum_{n=1}^{\infty}\frac{\sin n}{n^2}$는 절대수렴하고 정리 10.12에 의해서 수렴한다. ■

**예제 5**

$\sum_{n=1}^{\infty}a_n=\sum_{n=1}^{\infty}(-1)^n\frac{n^2}{2^n}$이 절대수렴함을 보여라.

**풀이**

$\sum_{n=1}^{\infty}|a_n|$에 비판정법을 적용하면, $n\to\infty$일 때

$$\left|\frac{a_{n+1}}{a_n}\right|=\left|\frac{\dfrac{(-1)^{n+1}(n+1)^2}{2^{n+1}}}{\dfrac{(-1)^n n^2}{2^n}}\right|=\frac{2^n}{2^{n+1}}\frac{(n+1)^2}{n^2}=\frac{1}{2}\left(\frac{n+1}{n}\right)^2\to\frac{1}{2}<1$$

이다. 따라서 $\sum_{n=1}^{\infty}a_n$은 절대수렴한다. ■

예제 5에서와 같이 급수 $\sum_{n=1}^{\infty}a_n$이 절대수렴함을 보일 때 비판정법이나 근판정법이 유용하게 사용된다. 즉, 양항급수 $\sum_{n=1}^{\infty}|a_n|$에 대하여 비판정법을 적용하여 $\lim_{n\to\infty}\left|\frac{a_{n+1}}{a_n}\right|=\rho<1$이면 급수 $\sum_{n=1}^{\infty}a_n$은 절대수렴한다 등과 같이 판정한다.

**예제 6** **교대 $p$급수(alternating $p$ series)**

$p>0$일 때

$$\sum_{n=1}^{\infty}\frac{(-1)^{n+1}}{n^p}=1-\frac{1}{2^p}+\frac{1}{3^p}-\frac{1}{4^p}+\cdots$$

이 수렴하는지, 또한 절대수렴하는지 알아보라.

**풀이**

(1) 수열 $\left\{\frac{1}{n^p}\right\}$은 감소수열이고 0으로 수렴하므로 교대급수판정법(정리 10.11)에 의하여 주어진 급수는 수렴한다.

(2) $p>1$이면 주어진 급수는 절대수렴하고, $0<p\le 1$이면 조건수렴한다. 예를 들면

조건수렴 급수: $1-\frac{1}{\sqrt{2}}+\frac{1}{\sqrt{3}}-\frac{1}{\sqrt{4}}+\cdots$

절대수렴 급수: $1-\frac{1}{4}+\frac{1}{9}-\frac{1}{16}+\cdots$. ■

급수 $\sum_{n=1}^{\infty} a_n$가 수렴 또는 발산함을 알아보기 위해서는 다음의 순서로 생각하는 것이 편리하다. 우선, 양항급수 $\sum_{n=1}^{\infty}|a_n|$가 수렴하면 급수 $\sum_{n=1}^{\infty} a_n$는 (절대)수렴한다. 만일 양항급수 $\sum_{n=1}^{\infty}|a_n|$가 발산하면 $\sum_{n=1}^{\infty} a_n$의 수렴, 발산 판정을 위해 다른 방법을 사용한다. 이 경우 교대급수판정법(정리 10.11)이나 10.2절의 [급수의 발산판정법]이 자주 사용된다.

### 예제 7

$\sum_{n=2}^{\infty}(-1)^{n+1}\frac{1}{\ln n}$ 의 수렴, 발산을 판정하라.

**풀이**

$\frac{1}{\ln n}>\frac{1}{n}$, $n=2,3,\cdots$이고, $\sum_{n=1}^{\infty}\frac{1}{n}$이 발산하므로 $\sum_{n=2}^{\infty}\frac{1}{\ln n}$도 발산한다. 따라서 주어진 급수는 절대수렴하지 않는다. $\frac{1}{\ln n}>\frac{1}{\ln(n+1)}$이고 $\lim_{n\to\infty}\frac{1}{\ln n}=0$이므로 교대급수판정법에 의해서 주어진 급수는 조건수렴한다. ■

## 연습문제 10.5

[01-20] 다음 무한급수가 절대수렴하는지, 조건수렴하는지, 또는 발산하는지를 판정하라.

01 $\sum_{n=1}^{\infty}(-1)^{n+1}\frac{1}{n^2}$

02 $\sum_{n=1}^{\infty}(-1)^{n+1}\frac{1}{\sqrt{n+2}}$

03 $\sum_{n=1}^{\infty}(-1)^{n+1}\frac{1}{e^n}$

04 $\sum_{n=1}^{\infty}(-1)^{n+1}\frac{(0.1)^n}{n}$

05 $\sum_{n=2}^{\infty}(-1)^{n+1}\frac{1}{\ln n}$

06 $\sum_{n=1}^{\infty}(-1)^{n+1}\frac{\ln n}{n}$

07 $\sum_{n=1}^{\infty}(-1)^{n+1}\frac{\ln n}{n^2}$

08 $\sum_{n=2}^{\infty}(-1)^{n+1}\frac{1}{n\ln n}$

09 $\sum_{n=1}^{\infty}(-1)^{n+1}\frac{1}{\sqrt[n]{n}}$

10 $\sum_{n=1}^{\infty}\frac{\cos n\pi}{n+3}$

11 $\sum_{n=1}^{\infty}\frac{\cos n\pi}{n\sqrt{n}}$

12 $\sum_{n=2}^{\infty}(-1)^{n+1}\frac{\sqrt{n}+1}{n-1}$

13 $\sum_{n=1}^{\infty}(-1)^{n+1}\frac{2^n}{n!}$

14 $\sum_{n=1}^{\infty}(-1)^{n+1}\frac{n}{e^n}$

15 $\sum_{n=1}^{\infty}(-1)^{n}\frac{(n+1)^n}{(2n)^n}$

**16** $\sum_{n=1}^{\infty}(-1)^{n+1}(\sqrt{n+1}-\sqrt{n})$ **17** $\sum_{n=1}^{\infty}(-1)^{n+1}\frac{1}{n!}$ **18** $\sum_{n=1}^{\infty}(-1)^{n+1}\frac{1}{n2^n}$

**19** $\sum_{n=1}^{\infty}\frac{\sin 4n}{4^n}$ **20** $\sum_{n=1}^{\infty}\frac{\cos n}{n^3}$

**21** 급수 $\sum_{n=1}^{\infty}\frac{(-1)^n}{5^n n}$이 수렴함을 보여라. 급수의 수렴값을 오차가 0.0001보다 작도록 구하려면 최소한 앞의 몇 개의 항을 더해야 하는가?

**22** 아래의 문장은 참인가 거짓인가? 답하고 그 이유를 설명하라.

- 교대급수는 항상 수렴한다.
- 수렴하는 급수는 항상 절대수렴한다.
- 조건수렴하는 급수는 절대수렴하지 않는다.
- 양항급수가 조건수렴하는 경우는 없다.

## 10.6 거듭제곱급수

이 절에서는 다음과 같은 형태의 무한급수

$$d_0 + d_1 x + d_2 x^2 + \cdots + d_n x^n + \cdots = \sum_{n=0}^{\infty} d_n x^n \tag{10.8}$$

을 공부한다. 이러한 급수를 거듭제곱급수(power series)라고 한다. 주어진 거듭제곱급수에 대하여 우리는 몇 가지 질문을 던질 수 있다. 과연 그것은 수렴하는가? 만일 수렴한다면 어떤 $x$ 값에 대하여 수렴하는가? 앞에서 배운 급수는 각 항이 상수인 반면, 거듭제곱급수는 각 항이 $x$에 대한 함수이다. 만약 $x$가 일정한 값으로 주어지면 앞 절에서 배운 무한급수에 대한 지식을 적용하여 거듭제곱급수의 수렴, 발산을 판정할 수 있다.

좀 더 일반적인 거듭제곱급수의 형태는

$$d_0 + d_1(x-c) + d_2(x-c)^2 + \cdots + d_n(x-c)^n + \cdots = \sum_{n=0}^{\infty} d_n (x-c)^n \tag{10.9}$$

인데 $x-c$를 $y$로 치환하면 $\sum_{n=0}^{\infty} d_n y^n$이 되므로 $\sum_{n=0}^{\infty} d_n x^n$ 형태의 거듭제곱급수만을 생각해도

충분하다. 식 (10.9)의 거듭제곱급수는 $x=c$일 때는 항상 수렴한다. 물론 $\sum_{n=0}^{\infty} d_n x^n$은 $x=0$에서 항상 수렴한다.

**예제 1**

식 (10.8)에서 모든 $n=0,1,2,\cdots$에 대하여 $d_n=1$인 경우를 생각하면, 거듭제곱급수

$$\sum_{n=0}^{\infty} x^n = 1+x+x^2+\cdots+x^n+\cdots$$

을 얻는다. 이것은 첫 항이 1이고 공비가 $x$인 등비급수이므로 $|x|<1$일 때 $\frac{1}{1-x}$로 수렴하고, 그 이외의 경우는 발산한다. 위 식의 우변에 있는 무한급수의 부분합을 $P_n(x)$라고 하면 $P_n(x)$는 $n$차 다항식

$$P_n(x) = 1+x+x^2+\cdots+x^n$$

이 되고, 무한급수의 수렴에 대한 정의로부터

$$\lim_{n\to\infty} P_n(x) = \frac{1}{1-x}, \quad |x|<1$$

이다. 즉, 다항식 $P_n(x)$는 0 근방에서 함수 $\frac{1}{1-x}$의 근사식으로 간주될 수 있다.

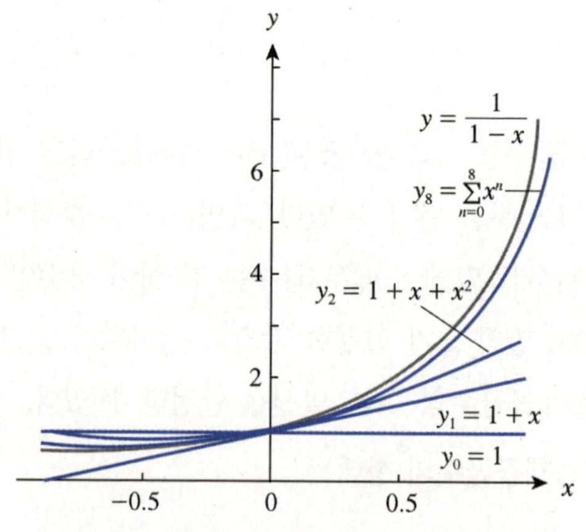


그림 10.6 $f(x)=1/(1-x)$과 근사다항식

그림 10.6에서 볼 수 있듯이 $x$가 0에 가까이 있을 경우에는 무한급수의 처음 몇 개의 항만을 택해도 함수 $\frac{1}{1-x}$에 가깝게 근사하지만, $x=1$이나 $-1$로 갈수록 더 많은 항을 택해야 비교적 정확한

근사식을 얻을 수 있다. 그림 10.6은 함수 $f(x)=\dfrac{1}{1-x}$과 근사다항식 $y_n=P_n(x)$, $n=0,1,2,8$을 보여 준다. ■

**예제 2**

식 (10.9)에서 $c=2$, $d_0=1$, $d_1=-\dfrac{1}{2}$, $d_2=\dfrac{1}{4}$, $\cdots$, $d_n=\left(-\dfrac{1}{2}\right)^n$ 으로 택하면 거듭제곱급수

$$1-\frac{1}{2}(x-2)+\frac{1}{4}(x-2)^2+\cdots+\left(-\frac{1}{2}\right)^n(x-2)^n+\cdots$$

을 얻는다. 이것은 첫 항이 1이고 공비 $r=-\dfrac{x-2}{2}$ 인 등비급수이므로 $\left|\dfrac{x-2}{2}\right|<0$, 즉 $0<x<4$ 일 때 수렴하고 그 값은

$$\frac{1}{1-r}=\frac{1}{1+(x-2)/2}=\frac{2}{x}$$

이다. 즉,

$$\frac{2}{x}=1-\frac{1}{2}(x-2)+\frac{1}{4}(x-2)^2+\cdots+\left(-\frac{1}{2}\right)^n(x-2)^n+\cdots,\ 0<x<4$$

이다. 이로부터 함수 $f(x)=\dfrac{2}{x}$ 의 $x=2$ 근방에서의 근사 다항식을 얻을 수 있다. 처음 세 개의 근사 다항식을 적어 보면 다음과 같다(그림 10.7 참조).

$$P_0(x)=1$$
$$P_1(x)=1-\frac{1}{2}(x-2)=2-\frac{x}{2}$$
$$P_2(x)=1-\frac{1}{2}(x-2)+\frac{1}{4}(x-2)^2=3-\frac{3x}{2}+\frac{x^2}{4}$$

■

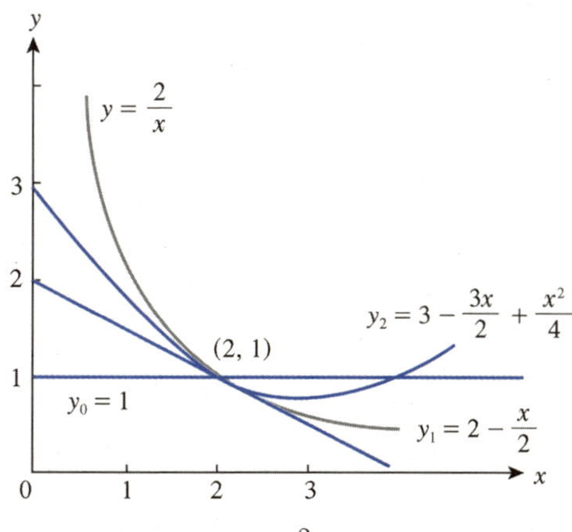


그림 10.7 $f(x)=\dfrac{2}{x}$와 근사 다항식

## 수렴반지름

거듭제곱급수 $\sum_{n=0}^{\infty} d_n x^n$이 수렴하는 $x$의 범위를 찾기 위해서 비판정법을 적용하면 편리하다. 일반적으로 $d_n x^n$은 양수, 또는 음수 모두 취할 수 있으므로 각 항의 절대값을 취한 $\sum_{n=1}^{\infty} |d_n x^n|$에 비판정법을 적용하면, 주어진 급수가 절대수렴하는 $x$의 범위를 찾을 수 있다.

$x$의 거듭제곱급수 $\sum_{n=0}^{\infty} d_n x^n$가 $|x| < r$일 때 수렴하고 $|x| > r$일 때 발산할 때 $r$을 수렴반지름(radius of convergence)이라고 하고, 거듭제곱급수가 수렴하는 $x$의 범위를 수렴구간(interval of convergence)이라고 한다. 수렴구간은 길이가 유한인 구간[예제 3의 (1), (2)]이나 실수 전체[예제 3의 (3)], 또는 한 점[예제 3의 (4)]이 될 수 있다.

수렴구간이 실수 전체일 경우에는 수렴반지름을 $\infty$로 정의하고 수렴구간이 한 점일 경우에는 수렴반지름을 0이라고 정의한다.

### 예제 3

다음의 거듭제곱급수 $\sum_{n=1}^{\infty} d_n x^n$이 수렴하는 $x$의 범위를 구하라.

(1) $\sum_{n=1}^{\infty} (-1)^{n-1} \dfrac{x^n}{n} = x - \dfrac{x^2}{2} + \dfrac{x^3}{3} - \cdots$

(2) $\sum_{n=1}^{\infty} (-1)^{n-1} \dfrac{x^{2n-1}}{2n-1} = x - \dfrac{x^3}{3} + \dfrac{x^5}{5} - \cdots$

(3) $\sum_{n=0}^{\infty} \dfrac{x^n}{n!} = 1 + x + \dfrac{x^2}{2!} + \dfrac{x^3}{3!} + \cdots$

(4) $\sum_{n=0}^{\infty} n! x^n = 1 + x + 2! x^2 + 3! x^3 + \cdots$

**풀이**

$a_n = d_n x^n$이라고 하고, 급수 $\sum_{n=1}^{\infty} |a_n|$에 비판정법을 적용하자.

(1) $\left|\dfrac{a_{n+1}}{a_n}\right| = \dfrac{n}{n+1}|x| \to |x|$이므로 주어진 거듭제곱급수는 $|x| < 1$일 때 절대수렴한다. $|x| > 1$일 때는 $n$번째 항이 0으로 수렴하지 않으므로 발산한다. 따라서 수렴반지름은 $r = 1$이다.

$x = 1$이면 교대조화급수 $1 - \dfrac{1}{2} + \dfrac{1}{3} - \dfrac{1}{4} + \cdots$이므로 수렴하고, $x = -1$이면 $-1 - \dfrac{1}{2} - \dfrac{1}{3} - \dfrac{1}{4} - \cdots$으로 음의 조화급수이므로 발산한다. 즉, (1)은 $-1 < x \le 1$에서 수렴하고($-1 < x < 1$에서는 절대수렴하고, $x = 1$에서는 조건수렴) 그 외의 범위에서는 발산한다.

(2) $\left|\frac{a_{n+1}}{a_n}\right| = \frac{2n-1}{2n+1}x^2 \to x^2$ 이므로 $x^2 < 1$ 이면 주어진 급수는 절대수렴하고 $x^2 > 1$ 이면 $n$ 번째 항이 0으로 수렴하지 않으므로 발산한다. 따라서 수렴반지름은 $r = 1$이다.

$x = 1$이면 $1 - \frac{1}{3} + \frac{1}{5} - \frac{1}{7} + \cdots$으로 교대급수판정법(정리 10.11)에 의하여 수렴하고, $x = -1$일 때도 같은 이유로 수렴한다. $x = -1$에서의 값은 $x = 1$에서의 값에 $-1$을 곱한 것이다. 따라서 (2)는 $-1 \le x \le 1$에서 수렴하고($-1 < x < 1$에서는 절대수렴하고 $x = \pm 1$에서는 조건수렴) 그 외에서는 발산한다.

(3) $\left|\frac{a_{n+1}}{a_n}\right| = \left|\frac{x^{n+1}}{(n+1)!}\frac{n!}{x^n}\right| = \frac{|x|}{n+1}$ 이므로 모든 $x$에 대하여 $\left|\frac{a_{n+1}}{a_n}\right| \to 0$ 이다. 따라서 (3)은 모든 $x$에서 절대수렴하고 수렴반지름은 $r = \infty$이다.

(4) $\left|\frac{a_{n+1}}{a_n}\right| = \left|\frac{(n+1)!x^{n+1}}{n!x^n}\right| = (n+1)|x|$ 이므로, $x \neq 0$이면 $\left|\frac{a_{n+1}}{a_n}\right| \to \infty$ 이다.

따라서 (4)는 $x = 0$에서만 수렴하고 $x \neq 0$인 모든 값에서 발산한다. 이 경우 수렴반지름은 $r = 0$이다. ■

거듭제곱급수에 비판정법을 적용하였을 때, $n$ 번째 항과 $(n+1)$ 번째 항의 비를 보면 항상 $\left|\frac{d_{n+1}\,x^{n+1}}{d_n\,x^n}\right| = \left|\frac{d_{n+1}}{d_n}\right||x|$ 이므로 계수의 비 $\left|\frac{d_{n+1}}{d_n}\right|$ 만 조사하면 충분하다. 이를 정리하면 정리 10.13과 같다.

**정리 • 10.13 거듭제곱급수에 대한 비판정법**

거듭제곱급수 $\sum_{n=1}^{\infty} d_n x_n$에서 $\lim_{n\to\infty}\left|\frac{d_{n+1}}{d_n}\right| = s$ 일 때

(1) $0 < s < \infty$이면 수렴반지름 $r = \frac{1}{s}$이다.

(2) $s = 0$이면 모든 $x$에 대하여 수렴하고 수렴반지름 $r$은 $\infty$로 표시한다.

(3) $s = \infty$이면 $x = 0$일 때만 수렴하고 따라서 $r = 0$이다.

**증명**

(1) 급수 $\sum_{n=0}^{\infty}|d_n x^n| = |d_0| + |d_1 x| + \cdots + |d_n x^n| + \cdots$에 대하여

$$\lim_{n\to\infty}\left|\frac{d_{n+1}x^{n+1}}{d_n x^n}\right| = \lim_{n\to\infty}\left|\frac{d_{n+1}}{d_n}\right||x| = s|x| \tag{10.10}$$

이므로 비판정법에 의하여

$s|x| < 1$ 이면 주어진 급수는 (절대)수렴하고
$s|x| > 1$ 이면 $\lim_{n\to\infty} d_n x^n \neq 0$이므로 발산한다.

따라서, $s \neq 0$이면 $r = \frac{1}{s}$이 수렴반지름이다.

(2), (3)은 식 (10.10)과 비판정법으로부터 자명하다. ■

정리 10.13은 $\lim_{n\to\infty} \sqrt[n]{|d_n|} = s$ 일 때도 성립한다. 이 경우에는 근판정법을 써서 같은 방법으로 증명할 수 있다. 정리 10.13은 예제 3의 (2)와 같이 거듭제곱급수 $\sum_{n=1}^{\infty} d_n x_n$ 에서 $d_1 = d_3 = d_5 = \cdots = 0$ 또는 $d_2 = d_4 = d_6 = \cdots = 0$인 경우에는 이용하기 불편하다. 이 경우는 $\sum_{n=1}^{\infty} |d_n x_n|$에 직접 비판정법을 적용하는 것이 더 편리할 수 있다.

## 예제 4

$\sum_{n=1}^{\infty} d_n (x-1)^n = \sum_{n=1}^{\infty} \frac{(-1)^{n+1}(x-1)^n}{2^n n}$의 수렴반지름과 수렴구간을 구하라.

**풀이**

$$\lim_{n\to\infty}\left|\frac{d_{n+1}}{d_n}\right| = \lim_{n\to\infty}\frac{1}{2^{n+1}(n+1)} \Big/ \frac{1}{2^n n} = \lim_{n\to\infty}\frac{n}{2(n+1)} = \frac{1}{2}$$

이므로 수렴반지름은 $r = 2$이다. 따라서 $-2 < x-1 < 2$에서 절대수렴한다. $x-1 = 2$에서는 $\sum_{n=1}^{\infty} \frac{(-1)^{n+1}}{n}$이 되므로 (조건)수렴한다(10.5절의 예제 1). $x-1 = -2$에서는 $\sum_{n=1}^{\infty} \frac{(-1)^{n+1}(-1)^n}{n} = -\sum_{n=1}^{\infty} \frac{1}{n}$이 되므로 발산한다. 따라서 수렴범위는 $-2 < x-1 \leq 2$, 즉 $-1 < x \leq 3$이다. ■

거듭제곱급수 $\sum_{n=1}^{\infty} d_n x^n$의 수렴반지름은 예제 3에서와 같이 비판정법을 쓰거나 정리 10.13을 이용하여 구할 수 있다. $\sum_{n=1}^{\infty} d_n x^n$은 수렴반지름 내에서는, 즉 $|x| < r$에서는 항상 절대수렴한다. 그러나 $|x| = r$ 일 경우에는 비판정법을 이용하여 수렴, 발산을 알 수 없으므로 각각의 경우에 비교판정법, 적분판정법, 교대급수판정법 등의 다른 방법을 써서 수렴, 발산을 알아보아야 한다. $|x| = r$ 일 때는 절대수렴, 조건수렴, 발산의 각 경우가 모두 나타날 수 있다.

## 연습문제 10.6

**[01-05]** 다음 급수의 수렴반지름을 구하라.

**01** $x-\frac{x^2}{4}+\frac{x^3}{9}-\frac{x^4}{16}+\frac{x^5}{25}-\cdots$

**02** $1+2x+\frac{4x^2}{2!}+\frac{8x^3}{3!}+\frac{16x^4}{4!}+\frac{32x^5}{5!}+\cdots$

**03** $1+x+4x^2+9x^3+16x^4+25x^5+\cdots$

**04** $\frac{x}{3}+\frac{2x^2}{5}+\frac{3x^3}{7}+\frac{4x^4}{9}+\frac{5x^5}{11}+\cdots$

**05** $1+2x+\frac{4!x^2}{(2!)^2}+\frac{6!x^3}{(3!)^2}+\frac{8!x^4}{(4!)^2}+\frac{10!x^5}{(5!)^2}+\cdots$

**[06-17]** 다음 무한급수에 대하여 물음에 답하라.

(a) 무한급수의 수렴반지름과 수렴구간을 구하라.

(b) 급수가 절대수렴하는 $x$ 의 범위를 구하라.

(c) 급수가 조건수렴하는 $x$ 의 값을 구하라.

**06** $\sum_{n=1}^{\infty}\frac{nx^n}{(n+1)^2}$

**07** $\sum_{n=1}^{\infty}\frac{nx^n}{n+1}$

**08** $\sum_{n=1}^{\infty}\frac{nx^n}{2^n}$

**09** $\sum_{n=1}^{\infty}\frac{2^nx^n}{3^n}$

**10** $\sum_{n=1}^{\infty}\frac{x^n}{n3^n}$

**11** $\sum_{n=1}^{\infty}n2^nx^n$

**12** $\sum_{n=1}^{\infty}(\sinh n)x^n$

**13** $\sum_{n=1}^{\infty}\frac{x^n}{\sqrt{n}}$

**14** $\sum_{n=1}^{\infty}\frac{n^2x^n}{2\cdot 4\cdot 6\cdot \cdots \cdot 2n}$

**15** $\sum_{n=1}^{\infty}\frac{(x+2)^n}{n(n+1)}$

**16** $\sum_{n=1}^{\infty}\left(1+\frac{1}{n}\right)^n(x-3)^n$

**17** $\sum_{n=1}^{\infty}\frac{(\ln n)(x+e)^n}{n^2}$

**[18-21]** 다음 무한급수의 수렴구간을 구하고, 이 구간에서 무한급수의 합을 $x$ 의 함수로 표현하라. 주어진 무한급수가 반드시 거듭제곱급수 $\sum_{n=1}^{\infty}d_nx^n$의 형태는 아님에 유의하라.

**18** $1-e^x+e^{2x}-e^{3x}+\cdots$

**19** $\ln x+\ln(\sqrt{x})+\ln(\sqrt[4]{x})+\ln(\sqrt[8]{x})+\cdots$

**20** $\sum_{n=0}^{\infty}\frac{(x-1)^{2n}}{4^n}$

**21** $\sum_{n=0}^{\infty}\left(\frac{\sqrt{x}}{2}-1\right)^n$

**22** (1) $\sum_{n=1}^{\infty}\frac{x^n}{n!}$이 모든 $x$에서 (절대)수렴함을 보여라.

(2) 모든 $x$에서 $\lim_{n\to\infty}\frac{x^n}{n!}=0$임을 보여라[10.1절 표 10.1(f)].

## 10.7 Taylor 급수

10.6절에서는 거듭제곱급수 $\sum_{n=0}^{\infty} d_n x^n$이 주어졌을 때, 이것의 수렴구간을 알아보았다. 이 절에서는 일반적인 함수 $f(x)$, 예를 들어 $e^x$, $\cos x$, $\sin x$ 등의 함수가 주어졌을 때 이를 어떻게 적절한 구간에서 거듭제곱급수로 나타낼 수 있는지를 알아보고, 거듭제곱급수의 부분합으로 $f(x)$를 근사할 때(10.6절의 예제 1 참조) 발생하는 오차를 구하는 방법에 대해서 생각해 보자.

$f(x)$가 $x=c$에서 미분가능하면 $f(x)$는 1차 함수(선형 함수)

$$P_1(x) = f(c) + f'(c)(x-c)$$

로 근사할 수 있다. 마찬가지로 $f(x)$가 $x=c$에서 고계 도함수를 가지면 $f(x)$는 고차 다항식으로 근사할 수 있다. $f(x)$의 고차 근사다항식의 형태를 알아보기 위하여

$$f(x) \approx P_n(x) = d_0 + d_1(x-c) + d_2(x-c)^2 + \cdots + d_n(x-c)^n$$

이라고 하고 $P_n(x)$는 $x=c$에서 함수값 $f(c)$를 갖고 $x=c$에서 $k$계 미분계수 $f^{(k)}(c)$, $k=1,2,\cdots,n$을 가진다고 가정하자.

$$\begin{aligned}
P_n'(x) &= d_1 + 2d_2(x-c) + 3d_3(x-c)^2 + \cdots + nd_n(x-c)^{n-1} \\
P_n''(x) &= 2d_2 + 3\cdot 2d_3(x-c) + \cdots + n(n-1)d_n(x-c)^{n-2} \\
P_n^{(3)}(x) &= 3!d_3 + \cdots + n(n-1)(n-2)d_n(x-c)^{n-3} \\
&\cdots \\
P_n^{(n)}(x) &= n!d_n
\end{aligned}$$

이므로 $x=c$를 대입하면 주어진 조건으로부터

$$P_n(c) = d_0 = f(c),\ P_n'(c) = d_1 = f'(c),\ P_n''(c) = 2d_2 = f''(c),$$
$$P_n^{(3)}(c) = 3!d_3 = f^{(3)}(c),\quad \cdots \quad P_n^{(n)}(c) = nd_n = f^{(n)}(c)$$

을 얻는다. 그러므로 구하려는 미정계수들은

$$d_0 = f(c),\ d_1 = f'(c),\ d_2 = \frac{f''(c)}{2!},\ d_3 = \frac{f^{(3)}(c)}{3!},\ \cdots,\ d_n = \frac{f^{(n)}(c)}{n!}$$

이고,

$$P_n(x) = f(c) + f'(c)(x-c) + \frac{f''(x)}{2!}(x-c)^2 + \cdots + \frac{f^{(n)}(c)}{n!}(x-c)^n \quad (10.11)$$

이 된다. 위의 다항식 $P_n(x)$를 중심 $c$에서 $f$의 $n$차 Taylor 다항식(Taylor polynomial of order $n$)이라고 한다.

Taylor 다항식 $P_n(x)$는 $c$ 근방에서 $f(x)$의 근사식으로 이용될 수 있다. 또한 $n$이 커질수록 근사의 정확도가 높아지리라는 것을 예상할 수 있고, 이 사실은 주어진 $f(x)$를 무한급수

$$\sum_{n=0}^{\infty} \frac{f^{(n)}(c)}{n!}(x-c)^n$$
$$= f(c) + f'(c)(x-c) + \frac{f''(c)}{2!}(x-c)^2 + \cdots + \frac{f^{(n)}(c)}{n!}(x-c)^n + \cdots$$

으로 나타낼 수 있으리라는 것을 암시한다. 위의 식을 중심 $c$에서 $f$의 Taylor 급수라고 하고, 특히 $c=0$일 경우의 $f$의 Taylor 급수

$$\sum_{n=0}^{\infty} \frac{f^{(n)}(0)}{n!}x^n = f(0) + f'(0)x + \frac{f''(0)}{2!}x^2 + \cdots + \frac{f^{(n)}(0)}{n!}x^n + \cdots$$

을 $f$의 Maclaurin 급수라고 한다.

**정의** $f(x)$의 Taylor 급수

함수 $f(x)$가 $c$에서 모든 계수의 도함수 $f^{(n)}(c)$를 가질 때 거듭제곱급수

$$\sum_{n=0}^{\infty} \frac{f^{(n)}(c)}{n!}(x-c)^n$$
$$= f(c) + f'(c)(x-c) + \frac{f''(c)}{2!}(x-c)^2 + \cdots + \frac{f^{(n)}(c)}{n!}(x-c)^n + \cdots$$

을 중심 $c$에서 $f$의 Taylor 급수라고 하고, 특히 $c=0$에서 $f$의 Taylor 급수

$$\sum_{n=0}^{\infty} \frac{f^{(n)}(0)}{n!}x^n = f(0) + f'(0)x + \frac{f''(0)}{2!}x^2 + \cdots + \frac{f^{(n)}(0)}{n!}x^n + \cdots$$

을 $f$의 Maclaurin 급수라고 한다.

**예제 1**

$c=0$에서 $f(x) = e^x$의 Taylor 다항식과 Taylor 급수를 구하라.

풀이

$$f(x) = e^x,\ f'(x) = e^x,\ \cdots,\ f^{(n)}(x) = e^x$$

이므로

$$f(0) = e^0 = 1,\ f'(0) = 1,\ \cdots,\ f^{(n)}(0) = 1$$

이다. 그러므로

$$P_n(x) = 1 + x + \frac{x^2}{2!} + \frac{x^3}{3!} + \cdots + \frac{x^n}{n!},\ n = 1,2,\cdots$$

이고 $e^x$ 의 $c=0$ 에서의 Taylor 급수(Maclaurin 급수)는 $\sum_{n=0}^{\infty} \frac{x^n}{n!}$ 이다(그림 10.8). ■

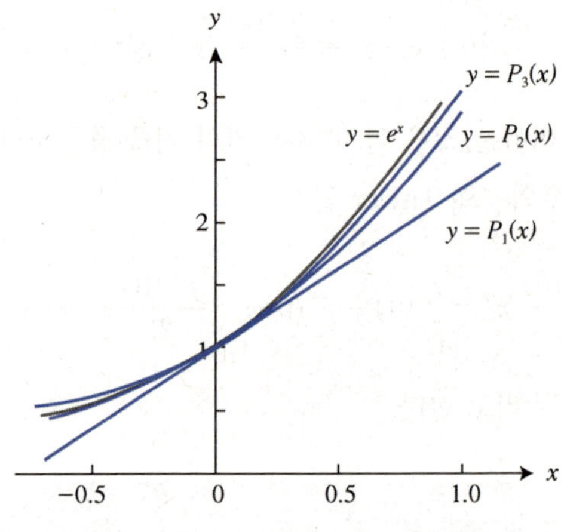


그림 10.8 $y = e^x$ 와 Taylor 다항식

**예제 2**

$f(x) = \cos x$ 일 때 $c=0$ 에서 $f(x)$ 의 Taylor 다항식과 Taylor 급수를 구하고, $x = 0.2$ 에서 $\cos x$ 와 $P_n(x),\ n = 1,2,3,4,5$ 의 값을 비교하라.

풀이

$$f(x) = \cos x,\quad f'(x) = -\sin x$$

$$f''(x) = -\cos x,\quad f^{(3)}(x) = \sin x$$

$$\cdots \qquad \cdots$$

$$f^{(2n)}(x) = (-1)^n \cos x,\quad f^{(2n+1)}(x) = (-1)^{n+1} \sin x$$

이므로 $x = 0$ 을 대입하면

$$f^{(2n)}(0) = (-1)^n,\quad f^{(2n+1)}(0) = 0$$

이 된다. 따라서 $(2n)$차 Taylor 다항식과 $(2n+1)$차 Taylor 다항식은 같게 되며

$$P_{2n}(x) = P_{2n+1}(x) = 1 - \frac{x^2}{2!} + \frac{x^4}{4!} - \cdots + (-1)^n \frac{x^{2n}}{(2n)!}$$

이고 Maclaurin 급수는 $\sum_{n=1}^{\infty}\frac{(-1)^n x^{2n}}{(2n)!}$ 이다. $x=0.2$에서 Taylor 다항식을 계산하면

$$P_1(0.2)=1$$

$$P_2(0.2)=P_3(0.2)=1-\frac{(0.2)^2}{2!}=0.98$$

$$P_4(0.2)=P_5(0.2)=1-\frac{(0.2)^2}{2!}+\frac{(0.2)^4}{4!}\approx 0.98006667$$

이며, 실제값은 $\cos(0.2)\approx 0.98006658$으로 $x=0.2$에서 4차, 5차 Taylor 다항식은 소수 여섯째 자리까지 정확하다(그림 10.9). ■

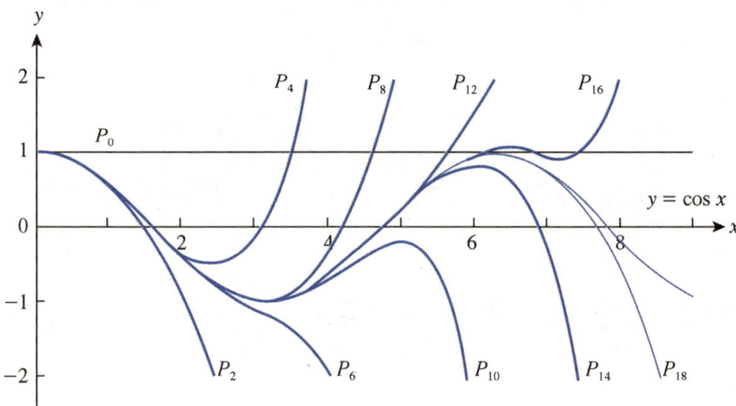


그림 10.9 $y=\cos x$와 Taylor 다항식

$\sin x$의 Maclaurin 급수도 예제 2와 마찬가지 방법으로 구할 수 있고 앞 절에서 배운 방법으로 어렵지 않게 이들 급수들이 모든 실수에서 수렴함을 보일 수 있다. 앞의 정의에서는 $f$의 Taylor 급수가 $f(x)$로 수렴하는가에 대한 문제는 언급하지 않고 있는데, 뒤에 나올 Taylor 공식(정리 10.15)을 이용하면 $e^x$, $\cos x$, $\sin x$의 Maclaurin 급수가 각각의 함수로 수렴함을 보일 수 있으므로 다음 식을 얻는다(예제 6, 7 참조).

표 10.2

$$e^x=\sum_{n=0}^{\infty}\frac{x^n}{n!}=1+x+\frac{x^2}{2!}+\cdots+\frac{x^n}{n!}+\cdots$$

$$\cos x=\sum_{n=0}^{\infty}\frac{(-1)^n x^{2n}}{(2n)!}=1-\frac{x^2}{2!}+\frac{x^4}{4!}-\frac{x^6}{6!}+\cdots$$

$$\sin x=\sum_{n=0}^{\infty}\frac{(-1)^n x^{2n+1}}{(2n+1)!}=x-\frac{x^3}{3!}+\frac{x^5}{5!}-\frac{x^7}{7!}+\cdots$$

표 10.2의 $e^x$ 의 Maclaurin 급수에 $x=1$, $x=-1$을 대입하면

$$e=\sum_{n=1}^{\infty}\frac{1}{n!},\quad e^{-1}=\sum_{n=1}^{\infty}\frac{(-1)^n}{n!}$$

을 얻는다. 이는 10.3절 예제 3과 10.5절 예제 3에서 이미 언급하였다.

## 이항급수

$l$이 임의의 실수일 때, $f(x)=(1+x)^l$ 의 Maclaurin 급수를 구해 보자.

$$\begin{aligned}
&f(x)=(1+x)^l && f(0)=1\\
&f'(x)=l(1+x)^{l-1} && f'(0)=l\\
&f''(x)=l(l-1)(1+x)^{l-2} && f''(0)=l(l-1)\\
&\quad\cdots && \quad\cdots\\
&f^{(n)}(x)=l(l-1)(l-2)\cdots(l-n+1)(1+x)^{l-n} && f^{(n)}(0)=l(l-1)\cdots(l-n+1)
\end{aligned}$$

이므로 구하는 급수는

$$1+lx+\frac{l(l-1)}{2!}x^2+\frac{l(l-1)(l-2)}{3!}x^3+\cdots+\frac{l(l-1)(l-2)\cdots(l-n+1)}{n!}x^n+\cdots \tag{10.12}$$

이고 이것을 이항급수(binomial series)라고 한다. $l$이 자연수이면 $n\geq l+1$일 때 $f^{(n)}(x)=0$이므로 위의 급수는 $(l+1)$개의 항만을 갖는다. 물론, 이 경우 $f^{(n)}(0)$이 인수 $(l-l)$을 포함하므로 0이 됨을 확인할 수도 있다. 따라서 $l$이 자연수일 때, 식 (10.12)는

$$\begin{aligned}
(1+x)^l&=1+lx+\frac{l(l-1)}{2!}x^2+\cdots+\frac{l(l-1)\cdots 1}{l!}x^l\\
&=1+\frac{l!}{1!(l-1)!}x+\frac{l!}{2!(l-2)!}x^2+\cdots+\frac{l!}{l!1!}x^l\\
&=\sum_{k=0}^{l}\frac{l!}{k!(l-k)!}x^k
\end{aligned}$$

이 되고 이는 이항정리와 일치한다. $l$이 0도 아니고 자연수도 아니면 위의 급수는 무한개의 항을 갖는다. 식 (10.12)의 $x^n$의 계수를 $d_n$이라고 하고 비판정법을 적용하면

$$\left|\frac{d_{n+1}}{d_n}\right|=\left|\frac{l-n}{n+1}\right|\to 1$$

이므로 수렴반지름이 1이고 $|x|<1$에서 수렴하고 $|x|>1$에서 발산한다. 그러나 $x=\pm 1$에서의 수렴성은 $l$의 값에 따라 달라진다. 따라서 이항급수의 정확한 수렴범위는 $l$의 값에 따라 다르다.

실제로 식 (10.12)의 급수는 $|x|<1$에서 $(1+x)^l$로 수렴함을 보일 수 있고, 다음 정리가 성립한다.

**정리 • 10.14 이항급수**

$l$은 임의의 실수이고, $|x|<1$일 때

$$\begin{aligned}(1+x)^l &= 1+\sum_{n=1}^{\infty}\binom{l}{n}x^n \\ &= 1+lx+\frac{l(l-1)}{2!}x^2+\frac{l(l-1)(l-2)}{3!}x^3+\cdots \\ &\quad +\frac{l(l-1)(l-2)\cdots(l-n+1)}{n!}x^n+\cdots\end{aligned}$$

이다. 여기서

$$\binom{l}{n}=\frac{l(l-1)\cdots(l-n+1)}{n!},\quad n\geq 1$$

이다.

$\binom{l}{n}$은 $l$이 $l=1,2,3,\cdots$이면 흔히 쓰는 조합 $\binom{l}{n}=\dfrac{l!}{n!(l-n)!}$이 됨을 관찰하자.

**예제 3**

$\dfrac{1}{1+x}=1-x+x^2-x^3+\cdots+(-1)^n x^n+\cdots,\ |x|<1$임을 보여라.

**풀이**

정리 10.14에서 $l=-1$이면

$$\binom{-1}{n}=\frac{(-1)(-2)\cdots(-1-n+1)}{n!}=(-1)^n\frac{n!}{n!}=(-1)^n,\ n\geq 1$$

이므로 이항급수는

$$(1+x)^{-1}=1+\sum_{n=1}^{\infty}(-1)^n x^n=1-x+x^2-x^3+\cdots+(-1)^n x^n+\cdots,\quad |x|<1$$

이 된다. ■

**예제 4**

$f(x)=\dfrac{1}{\sqrt{1-x}}$ 의 Maclaurin 급수를 정리 10.14를 이용해서 구하라.

**풀이**

$f(x)=(1-x)^{-1/2}$이므로 $l=-\dfrac{1}{2}$을 대입하면,

$$\begin{aligned}(1-x)^{-1/2} &=1+\sum_{n=1}^{\infty}\binom{-1/2}{n}(-x)^n\\ &=1+\left(-\frac{1}{2}\right)(-x)+\frac{\left(-\frac{1}{2}\right)\left(-\frac{3}{2}\right)}{2!}(-x)^2+\frac{\left(-\frac{1}{2}\right)\left(-\frac{3}{2}\right)\left(-\frac{5}{2}\right)}{3!}(-x)^3\\ &\quad+\cdots+\frac{\left(-\frac{1}{2}\right)\left(-\frac{3}{2}\right)\left(-\frac{5}{2}\right)\cdots\left(-\frac{1}{2}-n+1\right)}{n!}(-x)^n+\cdots\\ &=1+\frac{1}{2}x+\frac{1\cdot 3}{2^2\,2!}x^2+\frac{1\cdot 3\cdot 5}{2^3\,3!}x^3+\cdots+\frac{1\cdot 3\cdot 5\cdots(2n-1)}{2^n n!}x^n+\cdots\\ &=1+\sum_{n=0}^{\infty}\frac{1\cdot 3\cdot 5\cdots(2n-1)}{2^n n!}x^n,\quad |x|<1\end{aligned}$$

이 된다. ■

## 나머지항에 대한 Taylor 정리

지금까지 $f$의 Taylor 급수의 형태를 알아보았는데, 이제 $f$의 Taylor 급수가 수렴구간에서 과연 $f(x)$로 수렴하는가 하는 문제를 생각해 보자. 우선 다음 예제를 살펴보자.

**예제 5**

$f(x)=\dfrac{1}{x}$ 일 때 $c=2$에서 Taylor 급수를 구하라. 어떤 범위에서 이 급수는 $\dfrac{1}{x}$로 수렴하는가?

**풀이**

$$f(x)=x^{-1},\quad f(2)=\frac{1}{2},$$

$$f'(x)=-x^{-2},\quad f'(2)=-\frac{1}{2^2},$$

$$f''(x)=2!x^{-3},\quad \frac{f''(2)}{2!}=\frac{1}{2^3},$$

$$f^{(3)}(x)=-3!x^{-4},\quad \frac{f^{(3)}(2)}{3!}=-\frac{1}{2^4},$$

$$\cdots \qquad\qquad\qquad \cdots$$

$$f^{(n)}(x)=(-1)^n n!x^{-(n+1)}, \qquad \frac{f^{(n)}(2)}{n!}=\frac{(-1)^n}{2^{n+1}}$$

이므로 구하는 Taylor 급수는

$$f(2)+f'(2)(x-2)+\frac{f''(2)}{2!}(x-2)^2+\frac{f^{(3)}(2)}{3!}(x-2)^3+\cdots+\frac{f^{(n)}(2)}{n!}(x-2)^n+\cdots$$

$$=\frac{1}{2}-\frac{(x-2)}{2^2}+\frac{(x-2)^2}{2^3}-\cdots+(-1)^n\frac{(x-2)^n}{2^{n+1}}+\cdots$$

으로 첫 항이 $\frac{1}{2}$이고 공비가 $r=-\frac{x-2}{2}$인 무한 등비급수이다. 따라서 이 급수는 $|x-2|<2$일 때 절대 수렴하고 합은

$$\frac{1/2}{1+(x-2)/2}=\frac{1}{2+(x-2)}=\frac{1}{x}$$

이다. 즉, $f(x)=\frac{1}{x}$의 $c=2$에서의 Taylor 급수는 $|x-2|<2$, $0<x<4$에서 $\frac{1}{x}$로 수렴한다. ■

예제 5에서는 무한 등비급수를 이용하여 $f(x)$의 Taylor 급수가 수렴구간에서 $f(x)$로 수렴함을 쉽게 알 수 있었지만 이 방법이 일반적인 함수에도 적용되리라고 기대할 수는 없다. 좀 더 일반적으로 $f(x)$의 Taylor 급수가 $f(x)$로 수렴하는지의 여부에 대해서 생각해 보자. 만일 식 (10.11)의 $n$차 Taylor 다항식 $P_n(x)$가 $n\to\infty$일 때 $f(x)$로 수렴하면, 즉

$$\lim_{n\to\infty}P_n(x)=f(x) \tag{10.13}$$

이면 $f(x)$의 Taylor 급수는 함수 $f(x)$로 수렴한다고 말할 수 있다.

$$R_n(x)=f(x)-P_n(x) \tag{10.14}$$

라고 하면

$$f(x)=P_n(x)+R_n(x) \tag{10.15}$$

로 쓸 수 있고, 식 (10.15)로부터 $f$를 $n$차 다항식으로 근사시킬 때의 근사식과 오차를 동시에 알 수 있다. 이때 $R_n(x)$를 Taylor 급수의 $n$차 나머지항(remainder of order $n$)이라고 한다. 만일 $\lim_{n\to\infty}R_n(x)=0$이면 식 (10.13)이 성립한다. 다음 정리는 나머지항 $R_n(x)$의 구체적인 형태를 알려 준다.

**정리 • 10.15 Taylor 공식**

$f$가 $c$를 포함하는 구간 $I$에서 임의의 계수의 도함수를 가지면 자연수 $n$과 $x \in I$에 대하여

$$f(x) = f(c) + f'(c)(x-c) + \frac{f''(c)}{2!}(x-c)^2 + \cdots + \frac{f^{(n)}(c)}{n!}(x-c)^n + R_n(x) \tag{10.16}$$

를 만족하는 $c$와 $x$ 사이의 수 $\xi$가 존재한다. 여기서

$$R_n(x) = \frac{f^{(n+1)}(\xi)}{(n+1)!}(x-c)^{n+1} \tag{10.17}$$

이다.

**증명**

식 (10.14)에서와 같이 $R_n(x) = f(x) - P_n(x)$라고 하고 구간 $I$에서 함수 $g(t)$를

$$g(t) = f(x) - f(t) - f'(t)(x-t) - \frac{f''(t)}{2!}(x-t)^2 - \cdots - \frac{f^{(n)}(t)}{n!}(x-t)^n - R_n(x)\frac{(x-t)^{n+1}}{(x-c)^{n+1}}$$

와 같이 정의하자. $g$는 변수 $t$에 대한 함수이고 $x$는 $x \neq c$이며 $g(t)$에서는 상수로 취급됨에 유의하라. 그러면 $g(x) = 0$이고 $g(c) = f(x) - (P_n(x) + R_n(x)) = f(x) - f(x) = 0$이다. 따라서 함수 $g$에 Rolle의 정리(정리 3.6)를 적용하면 $g'(\xi) = 0$을 만족하는 점 $\xi$가 $c$와 $x$ 사이에 존재한다. $g(t)$를 2.2절의 곱에 관한 미분의 규칙을 이용하여 미분하면 대부분의 항이 소거되고 이를 간단히 정리하면

$$g'(t) = -\frac{f^{(n+1)}(t)}{n!}(x-t)^n + (n+1)R_n(x)\frac{(x-t)^n}{(x-c)^{n+1}}$$

이고

$$g'(\xi) = -\frac{f^{(n+1)}(\xi)}{n!}(x-\xi)^n + (n+1)R_n(x)\frac{(x-\xi)^n}{(x-c)^{n+1}} = 0$$

에서

$$R_n(x) = \frac{f^{(n+1)}(\xi)}{(n+1)!}(x-c)^{n+1}$$

을 얻는다. ■

만일 $f(x)$가 $n$차 다항식 $f(x)=d_0+d_1x+\cdots d_nx^n$이면 $f(x)$ 자체가 0에서의 Taylor 급수가 된다. 물론 $c$에서의 Taylor 급수를 구하기 위해서는

$$b_0+b_1(x-c)+b_2(x-c)^2+\cdots+b_n(x-c)^n$$

으로 표현해야 하지만 두 식은 일치할 것이다(연습문제 10.7의 7,8 참고). 따라서 이 경우에는 정리 10.15의 $R_n(x)$는 모든 $x$에서 0이 될 것이다.

정리 10.15에서 $n=0,\ x=b$이면 $f(b)=f(a)+f'(\xi)(b-a)$로 평균값 정리를 얻는다. 정리 10.15의 증명도 평균값 정리에서와 유사하게 Rolle의 정리를 적용하였음에 유의하라. 또한 정리 10.15의 나머지항 $R_n(x)$는 $f^{(n+1)}$을 중심 $c$가 아닌 $\xi$에서 계산한 것을 제외하고는 Taylor 급수의 항과 유사하다. 실제로 $\xi$에 대해서 알 수 있는 사실은 $c$와 $x$ 사이에 존재한다는 사실뿐이고 구체적으로 그 위치를 구하거나 알아낼 수 있는 것은 아니다.

정리 10.15의 $R_n(x)$가 $\lim_{n\to\infty} R_n(x)=0$임을 보이면 앞에서 언급한 바와 같이 [$f(x)$의 $n$차 Taylor 다항식의 극한인] $f(x)$의 Taylor 급수가 $f(x)$로 수렴한다고 할 수 있다. 이로부터 다음의 정리를 얻는다.

**정리 • 10.16 Taylor 급수의 수렴성**

함수 $f$가 $c$를 포함하는 구간 $I$에서 임의의 계수의 도함수를 가진다고 하자. 그러면 중심 $c$에서 $f(x)$의 Taylor 급수

$$\sum_{n=0}^{\infty}\frac{f^{(n)}(c)}{n!}(x-c)^n$$

가 구간 $I$에서 $f(x)$로 수렴하기 위한 조건은

$$\lim_{n\to\infty} R_n(x)=0$$

이다. 여기서 $R_n(x)$는 식 (10.17)의 나머지항이다.

정리 10.16에 따라 구간 $I$에서 $n\to\infty$일 때 $R_n(x)\to 0$이면

$$f(x)=\sum_{n=0}^{\infty}\frac{f^{(n)}(c)}{n!}(x-c)^n$$

로 쓴다. 다음 예제 6, 7에서는 $e^x$, $\cos x$가 모든 실수 $x$에서 나머지항이 0으로 수렴함을 보인다. 이로부터 표 10.2의 식이 성립한다. $\sin x$는 $\cos x$와 유사한 방법으로 보일 수 있다(연습문제 10.7의 19).

## 예제 6

$f(x)=e^x$ 의 Maclaurin 급수가 모든 실수 $x$ 에서 $f(x)$ 로 수렴함을 보여라.

**풀이**

$f(x)$ 는 $-\infty < x < \infty$ 에서 임의의 계수의 도함수를 갖는다. 식 (10.16)과 식 (10.17)에 $f(x)=e^x$, $c=0$ 를 대입하면

$$e^x = 1 + x + \frac{x^2}{2!} + \cdots + \frac{x^n}{n!} + R_n(x),$$

$$R_n(x) = \frac{e^{\xi}}{(n+1)!} x^{n+1} \quad (\xi \text{는 0과 } x \text{ 사이의 어떤 수})$$

를 얻는다. $e^x$ 는 $x$ 에 대한 증가함수이므로 $e^{\xi}$는 $e^0=1$과 $e^x$ 사이의 수이다. $x$가 음수이면 $\xi$도 음수이고 $e^{\xi}<1$ 이다. $x$가 0이면 $e^x=1$이고 $R_n(x)=0$이다. $x$가 양수이면 $\xi$도 양수이고 $e^{\xi}<e^x$ 이다. 따라서 $x \le 0$이면

$$|R_n(x)| \le \frac{|x|^{n+1}}{(n+1)!}$$

이고, $x>0$이면

$$|R_n(x)| < e^x \frac{x^{n+1}}{(n+1)!}$$

이다. 모든 $x$에 대하여 $\lim_{n\to\infty} \frac{x^{n+1}}{(n+1)!} = 0$이므로[표 10.1의 (f) 참고]

$$\lim_{n\to\infty} R_n(x) = 0$$

이고, 급수는 모든 $x$에서 $e^x$로 수렴한다. ■

## 예제 7

$\cos x$ 의 Maclaurin 급수가 모든 실수 $x$ 에서 $\cos x$로 수렴함을 보여라.

**풀이**

예제 2에서 구한 Taylor 다항식에 나머지항을 더하면 $n=2k$ 일 때 $\cos x$ 에 대한 Taylor 공식

$$\cos x = 1 - \frac{x^2}{2!} + \frac{x^4}{4!} - \cdots + (-1)^k \frac{x^{2k}}{(2k)!} + R_{2k}(x)$$

을 얻는다. $|\cos^{(n)}(x)| \le 1$이므로

$$|R_{2k}(x)| \le 1 \cdot \frac{|x|^{2k+1}}{(2k+1)!}$$

이고 모든 $x$에서 $k\to\infty$일 때 $R_{2k}(x)\to 0$이다[표 10.1의 (f) 참고]. 따라서 $\cos x$의 Maclaurin 급수는 모든 $x$에서 $\cos x$로 수렴한다. ■

**예제 8**

무리수 $e$의 근사값을 오차가 $10^{-6}$을 넘지 않도록 구하라.

**풀이**

예제 1의 결과에 $x=1$을 대입하면

$$e = 1 + 1 + \frac{1}{2!} + \cdots + \frac{1}{n!} + R_n(1),$$

$$R_n(1) = \frac{e^{\xi}}{(n+1)!}, \quad \xi \in (0,1)$$

을 얻는다. $e<3$이므로 $0<\xi<1$에서 $1<e^{\xi}<3$이고

$$\frac{1}{(n+1)!} < R_n(1) < \frac{3}{(n+1)!}$$

이다. $\frac{1}{9!} > 10^{-6}$이고 $\frac{3}{10!} < 10^{-6}$이므로 위의 부등식은 $n+1 \geq 10$, $n \geq 9$일 때 성립한다. 따라서 오차가 $10^{-6}$을 넘지 않는 $e$의 근사값은

$$e \approx 1 + 1 + \frac{1}{2!} + \frac{1}{3!} + \cdots + \frac{1}{9!} \approx 2.718282$$

이 된다. ■

**예제 9**

$\sqrt{1+x}$를 $|x|<0.1$일 때 $1+\frac{x}{2}$로 근사하였다. 이 근사의 정확도는 어느 정도인가?

**풀이**

$f(x)=\sqrt{1+x}$일 때,

$$f'(x) = \frac{1}{2\sqrt{1+x}}, \quad f''(x) = -\frac{1}{4}(1+x)^{-3/2}$$

이므로, Taylor 공식에 의해서

$$\sqrt{1+x} = 1 + \frac{x}{2} + R_1(x)$$

이고,

$$R_1(x) = \frac{f''(\xi)}{2!}x^2 = -\frac{1}{8}\frac{1}{(1+\xi)^{3/2}}x^2$$

이다. 여기서 $\xi$는 0과 $x$ 사이의 수이다. $-0.1<\xi<0.1$, $(1+\xi)^{3/2} \geq (1-0.1)^{3/2}$이므로

$$|R_1(x)| \leq \frac{1}{8}\frac{1}{(1+\xi)^{3/2}}|x|^2 \leq \frac{1}{8}\frac{(0.1)^2}{(1-0.1)^{3/2}} = 0.001464$$

이다. 따라서 $|x|<0.1$에서 위의 근사식은 0.001464 이내로 정확하다. ■

## 연습문제 10.7

**[01-08]** 주어진 값 $c$에서 $f$의 Taylor 급수를 구하라.

**01** $f(x)=e^x$, $c=2$

**02** $f(x)=1/x$, $c=1$

**03** $f(x)=\sin x$, $c=\pi/4$

**04** $f(x)=\sqrt{x}$, $c=4$

**05** $f(x)=\ln x$, $c=1$

**06** $f(x)=\ln(1+x)$, $c=0$

**07** $f(x)=x^3+12x-7$, $c=0$

**08** $f(x)=x^3-6x^2$, $c=1$

**[09-12]** 이항급수를 이용하여 다음 함수를 $c=0$에서의 거듭제곱급수로 전개하라.

**09** $(1+x)^4$

**10** $(1+x)^{-\frac{1}{2}}$

**11** $(1+x)^{-2}$

**12** $\sqrt{1+x}$

**13** $e^x$를 $|x|<0.1$일 때 $1+x+\dfrac{x^2}{2}$으로 근사하였다. Taylor 공식을 이용하여 이 근사의 정확도는 어느 정도인지 구하라.

**14** $f(x)=\dfrac{1}{x}$을 $|x-1|<0.2$일 때, $c=1$에서 3차 Taylor 다항식으로 근사하였다. Taylor 공식을 이용하여 이 근사의 정확도는 어느 정도인지 구하라.

**15** $e^{-0.2}$의 값을 오차가 $5\times10^{-5}$을 넘지 않도록 구하라. 답은 소수 여섯째 자리까지 써라.

**16** $\cos 0.34$의 값을 오차가 $5\times10^{-5}$을 넘지 않도록 구하라. 답은 소수 여섯째 자리까지 써라.

**17** $\sin 2°$의 값을 오차가 $5\times10^{-5}$을 넘지 않도록 구하라. 답은 소수 여섯째 자리까지 써라.

**18** (1) $\sin 65°$의 값을 $c=0$에서의 Taylor 급수를 이용하여 오차가 $5\times10^{-5}$을 넘지 않도록 구하라. 근사식으로 사용되는 Taylor 다항식은 몇 차식인가?

(2) $\sin 65°$의 값을 $c=60°=\dfrac{\pi}{3}$에서의 Taylor 급수를 이용하여 오차가 $5\times10^{-5}$을 넘지 않도록 구하라. 근사식으로 사용되는 Taylor 다항식은 몇 차식인가?

**19** $\sin x$의 Maclaurin 급수가 모든 실수 $x$에서 $\sin x$로 수렴함을 보여라.

## 10.8 Taylor 급수의 계산

주어진 함수 $f$ 의 중심 $c$ 에서의 Taylor 급수를 구하기 위해서는 계수 $d_n = \dfrac{f^{(n)}(c)}{n!}$ 을 구하면 된다. 그러나 종종 고계 도함수를 구하기 위한 계산이 매우 지루하고 복잡한 경우가 있다. 예를 들어 $\arctan x$ 의 경우를 생각해 보라. 이런 경우 좀 더 편리하게 Taylor 급수를 구할 수 있는데, 이것은 거듭제곱급수의 유일성(uniqueness of power series) 때문에 가능하다. 즉,

$$f(x) = \sum_{n=1}^{\infty} d_n (x-c)^n, \quad |x-c| < r$$

이면,

$$d_n = \frac{f^{(n)}(c)}{n!}$$

이 된다는 것인데, 이것이 의미하는 바는 함수 $f$를 어떠한 방법을 이용하든지 거듭제곱급수로 표현하기만 하면 그것은 $f$ 의 Taylor 급수가 된다는 것이다. 예를 들어 무한 등비급수의 합으로부터

$$\frac{1}{1-x} = 1 + x + x^2 + x^3 + \cdots, \quad |x| < 1$$

임을 알고 있으나, 급수 $\sum_{n=0}^{\infty} x^n$ 이 $c=0$ 에서 $\dfrac{1}{1-x}$ 의 Taylor 급수임은 증명하지 않았다. 그러나 거듭제곱급수의 유일성을 적용하면 이것은 당연히 성립하게 된다. 이 외에도 앞에서 소개한 기본 함수들의 Taylor 급수와 유일성 원리를 이용하면 다양한 함수들의 Taylor 급수를 좀 더 간단히 구할 수 있다.

**예제 1**

$\cos 2x$ 의 Maclaurin 급수를 구하라.

**풀이**

표 10.2의 $\cos x$ 의 Maclaurin 급수에 $x$ 대신 $2x$를 대입하면

$$\cos 2x = \sum_{n=0}^{\infty} \frac{(-1)^n (2x)^{2n}}{(2n)!} = \sum_{n=0}^{\infty} \frac{(-1)^n 2^{2n} x^{2n}}{(2n)!}$$
$$= 1 - \frac{2^2 x^2}{2!} + \frac{2^4 x^4}{4!} - \frac{2^6 x^6}{6!} + \cdots$$

을 얻고 이 급수는 모든 $x$에서 수렴한다. ■

**예제 2**

$x\sin x$ 의 Maclaurin 급수를 구하라.

**풀이**

$\sin x$ 의 Maclaurin 급수에 $x$ 를 곱하면

$$\begin{aligned} x\sin x &= x\left(x-\frac{x^3}{3!}+\frac{x^5}{5!}-\frac{x^7}{7!}+\cdots\right) \\ &= x^2-\frac{x^4}{3!}+\frac{x^6}{5!}-\frac{x^8}{7!}+\cdots \end{aligned}$$

이고 이 급수는 모든 $x$ 에서 수렴한다. ■

또 하나의 유용한 사실은 Taylor 급수에 상수배를 하든가, 또는 두 Taylor 급수를 공통의 수렴구간에서 더하거나 빼도 역시 Taylor 급수라는 사실이다. 함수 $f+g$ 의 $n$ 번째 도함수는 $f^{(n)}+g^{(n)}$ 이므로 당연히 함수 $f(x)+g(x)$ 의 Taylor 급수는 $f(x)$ 의 Taylor 급수와 $g(x)$ 의 Taylor 급수의 합이다. 따라서 $\frac{1+\cos 2x}{2}$ 의 Maclaurin 급수는 $\cos 2x$ 의 Maclaurin 급수에 1을 더하고 2로 나눔으로써 얻을 수 있다(연습문제 10.8의 7). 또한 $\sin x+\cos x$ 의 Maclaurin 급수는 $\sin x$ 와 $\cos x$ 의 Maclaurin 급수를 항별로 더함으로써 얻을 수 있다.

**예제 3**

$\cosh x$ 의 Maclaurin 급수를 구하라.

**풀이**

$$e^x = 1+x+\frac{x^2}{2!}+\frac{x^3}{3!}+\frac{x^4}{4!}+\cdots$$

와

$$e^{-x} = 1-x+\frac{x^2}{2!}-\frac{x^3}{3!}+\frac{x^4}{4!}+\cdots$$

로부터 두 급수를 항별로 더하고 2로 나누면

$$\cosh x = \frac{e^x+e^{-x}}{2} = 1+\frac{x^2}{2!}+\frac{x^4}{4!}+\frac{x^6}{6!}+\cdots$$

을 얻는다. ■

## Euler 공식

복소수 $a+bi$ 에서 $a, b$ 는 실수이고 $i=\sqrt{-1}$ 이다. $e^x$ 의 Maclaurin 급수에 $x=i\theta$ ($\theta$ 는 실수)를 대입하고

$$i^2=-1,\ i^3=i^2 i=-i,\ i^4=i^2 i^2=1,\ i^5=i^4 i=i,\ \cdots$$

을 이용하여 식을 간단히 하면,

$$\begin{aligned} e^{i\theta} &= 1+\frac{i\theta}{1!}+\frac{i^2\theta^2}{2!}+\frac{i^3\theta^3}{3!}+\frac{i^4\theta^4}{4!}+\frac{i^5\theta^5}{5!}+\frac{i^6\theta^6}{6!}+\cdots \\ &= \left(1-\frac{\theta^2}{2!}+\frac{\theta^4}{4!}-\frac{\theta^6}{6!}+\cdots\right)+i\left(\theta-\frac{\theta^3}{3!}+\frac{\theta^5}{5!}-\cdots\right) \\ &= \cos\theta+i\sin\theta \end{aligned}$$

을 얻는다. 물론 이것이 $e^{i\theta}=\cos\theta+i\sin\theta$ 임을 증명한 것은 아니다. 왜냐하면 우리는 $x$가 복소수일 때는 함수 $e^x$의 정의조차 하지 않았기 때문이다. 그러나 위의 식은 $e^{i\theta}$가 어떻게 정의되어야 하는지를 말해주는데 이를 Euler 공식이라고 한다.

[Euler 공식]
$\theta$가 임의의 실수일 때

$$e^{i\theta}=\cos\theta+i\sin\theta$$

이다.

미분과 적분 또한 주어진 함수의 거듭제곱급수를 얻는 데 중요한 역할을 한다.

**정리 • 10.17 거듭제곱급수의 미분과 적분**

거듭제곱급수 $f(x)=\sum_{n=0}^{\infty} d_n(x-c)^n$ 이 $|x-c|<r$ 에서 수렴하면, 거듭제곱급수를 항별로 미분 또는 적분해서 얻어진 $\sum_{n=1}^{\infty} nd_n(x-c)^{n-1}, \sum_{n=0}^{\infty} d_n\frac{(x-c)^{n+1}}{n+1}$ 도 $|x-c|<r$ 에서 수렴하고

$$f'(x)=\sum_{n=1}^{\infty} nd_n(x-c)^{n-1}$$

$$\int_c^x f(t)\,dt=\sum_{n=0}^{\infty} d_n\frac{(x-c)^{n+1}}{n+1}$$

이 $|x-c|<r$ 에서 성립한다.

$f(x)$ 대신 $f'(x)$에 정리 10.17을 적용하면 $f''(x) = \sum_{n=2}^{\infty} n(n-1)d_n(x-c)^{n-2}$을 얻을 수 있고, 이를 반복해서 적용하면 $f(x) = \sum_{n=0}^{\infty} d_n(x-c)^n$의 임의의 차수의 도함수 $f^{(n)}(x)$가 존재하고 $f^{(n)}(x)$도 $|x-c| < r$에서 수렴한다는 것을 알 수 있다. 그러나 급수로 표현된 함수의 도함수가 항상 항별로 미분해서 얻어지는 것은 아니다. 다시 말해서 정리 10.17은 $\sum_{n=0}^{\infty} d_n x^n$이나 $\sum_{n=0}^{\infty} d_n(x-c)^n$ 형태의 거듭제곱급수에 적용되는 것이지 일반적인 급수에 항상 적용되는 것은 아니다. 예를 들어 급수 $\sum_{n=1}^{\infty} \frac{\sin(n!x)}{n^2}$는 $\sum_{n=1}^{\infty} \frac{1}{n^2}$이 수렴하므로, 비교판정법에 의하여 모든 $x$에 대하여 수렴한다. 그러나 이것을 항별로 미분해서 얻어진 급수 $\sum_{n=1}^{\infty} \frac{n!\cos(n!x)}{n^2}$는 모든 $x$에서 발산하므로 정리 10.17이 적용되지 않는다.

정리 10.17의 거듭제곱급수의 적분에서 정적분의 범위가 $c$부터임에 유의하라. 정적분의 하한이 중심 $c$가 되어야 무한급수 $\sum_{n=0}^{\infty} d_n(x-c)^n$을 항별로 적분했을 때 $x=c$에서 각 항의 함수값이 0이 되어 상수항이 나타나지 않고 정리의 식이 성립한다.

또한 정리 10.17에서 주어진 거듭제곱급수의 수렴구간이 $|x-c| < r$일 때 항별로 미분 또는 적분해서 얻어진 거듭제곱급수의 수렴구간이 동일하게 $|x-c| < r$이라는 의미가 아니라 적어도 $|x-c| < r$에서는 수렴한다는 의미이다. 새로 얻어진 급수는 수렴반지름 위에서 수렴하는 경우도 있다. 다음 예제 4를 살펴보자.

**예제 4**

무한 등비급수 $\frac{1}{1-x} = 1 + x + x^2 + \cdots + x^n + \cdots = \sum_{n=0}^{\infty} x^n$, $|x| < 1$를 이용하여 $\frac{1}{(1-x)^2}$과 $-\ln(1-x)$을 $|x| < 1$에서 거듭제곱급수로 표현하라.

**풀이**

$$\begin{aligned} \frac{d}{dx}\left(\frac{1}{1-x}\right) &= \frac{1}{(1-x)^2} = 1 + 2x + 3x^2 + \cdots + nx^{n-1} + \cdots \\ &= \sum_{n=1}^{\infty} nx^{n-1} = \sum_{n=0}^{\infty} (n+1)x^n, \ |x| < 1 \end{aligned}$$

이고, $\int_0^x \frac{1}{1-t}dt = -\ln(1-x)$ 이므로

$$-\ln(1-x)=x+\frac{x^2}{2}+\frac{x^3}{3}+\cdots=\sum_{n=1}^{\infty}\frac{x^n}{n}=\sum_{n=0}^{\infty}\frac{x^{n+1}}{n+1},\ |x|<1$$

을 얻는다. 교대급수판정법(정리 10.11)에 의해 $-\ln(1-x)$의 급수는 $x=-1$에서도 수렴하므로 수렴범위는 $-1\le x<1$이다. 그러나 이 사실은 정리 10.17에 의해서는 결론지을 수 없다. ■

## 예제 5

$\arctan x$를 $|x|<1$에서 거듭제곱급수로 표현하라.

**풀이**

$\frac{1}{1+x^2}=1-x^2+x^4-x^6+\cdots+(-1)^n x^{2n}+\cdots,\ |x|<1$ 이고

$$\int_0^x \frac{1}{1+t^2}dt=\arctan x$$

이므로 정리 10.17에 의해서

$$\arctan x=x-\frac{x^3}{3}+\frac{x^5}{5}-\frac{x^7}{7}+\cdots+(-1)^n\frac{x^{2n+1}}{2n+1}+\cdots,\ |x|<1$$

을 얻는다. 위의 급수는 교대급수판정법(정리 10.11)에 의하여 $|x|=1$일 때도 수렴함을 알 수 있고 사실상 $\arctan x$로 수렴함을 보일 수 있다(연습문제 10.8의 16). 따라서

$$\arctan x=\sum_{n=0}^{\infty}\frac{(-1)^n x^{2n+1}}{2n+1},\ |x|\le 1$$

이 성립하고 $x=1$을 대입하면

$$1-\frac{1}{3}+\frac{1}{5}-\frac{1}{7}+\cdots+\frac{(-1)^n}{2n+1}+\cdots=\arctan 1=\frac{\pi}{4}$$

을 얻는다(Leibniz의 공식). ■

## 예제 6

$\int_0^x \sin t^2\,dt$을 거듭제곱급수로 표현하고, $x=1$일 때의 값 $\int_0^1 \sin x^2\,dx$를 오차가 0.001을 넘지 않도록 구하라.

**풀이**

$\sin x$의 Maclaurin 급수로부터

$$\sin x^2=x^2-\frac{x^6}{3!}+\frac{x^{10}}{5!}-\frac{x^{14}}{7!}+\frac{x^{18}}{9!}-\cdots$$

을 얻고 정리 10.17에 의해서, 위의 식을 항별로 적분하면

$$\int_0^x \sin t^2\,dt=\frac{x^3}{3}-\frac{x^7}{7\cdot 3!}+\frac{x^{11}}{11\cdot 5!}-\frac{x^{15}}{15\cdot 7!}+\frac{x^{19}}{19\cdot 9!}-\cdots$$

이 된다. 위 식에 $x=1$을 대입하면

$$\int_0^1 \sin x^2 dx = \frac{1}{3} - \frac{1}{7 \cdot 3!} + \frac{1}{11 \cdot 5!} - \frac{1}{15 \cdot 7!} + \frac{1}{19 \cdot 9!} - \cdots$$

이고 이것은 교대급수이다. $\frac{1}{11 \cdot 5!} \approx 0.00076 < 0.001$이므로 [교대급수의 나머지항에 대한 성질](10.5절 참고)로부터 근사값을 급수의 두 번째 항까지 계산하면 오차는 주어진 조건을 만족한다. 즉,

$$\left| \int_0^1 \sin x^2 dx - \left( \frac{1}{3} - \frac{1}{7 \cdot 3!} \right) \right| < \frac{1}{11 \cdot 5!} < 0.001$$

이므로

$$\int_0^1 \sin x^2 dx \approx \frac{1}{3} - \frac{1}{42} \approx 0.310$$

이 오차가 0.001을 넘지 않는 근사값이다. ■

다음은 10.7절과 10.8절에서 유도한 중요한 Maclaurin 급수와 수렴범위를 정리한 것이다. 앞에서 언급한 바와 같이 이항급수의 수렴반지름은 $l$이 0이나 자연수가 아닐 때는 $r=1$이고, 수렴구간은 $l$값에 따라 다르다.

$$\frac{1}{1-x} = \sum_{n=0}^{\infty} x^n = 1 + x + x^2 + x^3 + \cdots \qquad -1 < x < 1$$

$$e^x = \sum_{n=0}^{\infty} \frac{x^n}{n!} = 1 + x + \frac{x^2}{2!} + \frac{x^3}{3!} + \cdots \qquad |x| < \infty$$

$$\cos x = \sum_{n=0}^{\infty} \frac{(-1)^n x^{2n}}{(2n)!} = 1 - \frac{x^2}{2!} + \frac{x^4}{4!} - \frac{x^6}{6!} + \cdots \qquad |x| < \infty$$

$$\sin x = \sum_{n=0}^{\infty} \frac{(-1)^n x^{2n+1}}{(2n+1)!} = x - \frac{x^3}{3!} + \frac{x^5}{5!} - \frac{x^7}{7!} + \cdots \qquad |x| < \infty$$

$$\cosh x = \frac{e^x + e^{-x}}{2} = \sum_{n=0}^{\infty} \frac{x^{2n}}{(2n)!} = 1 + \frac{x^2}{2!} + \frac{x^4}{4!} + \frac{x^6}{6!} + \cdots \qquad |x| < \infty$$

$$\sinh x = \frac{e^x - e^{-x}}{2} = \sum_{n=0}^{\infty} \frac{x^{2n+1}}{(2n+1)!} = x + \frac{x^3}{3!} + \frac{x^5}{5!} + \frac{x^7}{7!} + \cdots \qquad |x| < \infty$$

$$-\ln(1-x) = \sum_{n=0}^{\infty} \frac{x^{n+1}}{n+1} = x + \frac{x^2}{2} + \frac{x^3}{3} + \frac{x^4}{4} + \cdots \qquad -1 \le x < 1$$

$$\arctan x = \sum_{n=0}^{\infty} (-1)^n \frac{x^{2n+1}}{2n+1} = x - \frac{x^3}{3} + \frac{x^5}{5} - \frac{x^7}{7} + \cdots \qquad -1 \le x \le 1$$

$$(1+x)^l = 1 + \sum_{n=1}^{\infty} \binom{l}{n} x^n = 1 + lx + \frac{l(l-1)}{2!} x^2 + \frac{l(l-1)(l-2)}{3!} x^3 + \cdots$$

## 연습문제 10.8

[01-06] 다음 함수의 Maclaurin 급수를 구하라.

01 $xe^{-5x}$

02 $\cos\sqrt{x}$

03 $x^2\sin x$

04 $\dfrac{\sin x}{x}$

05 $\dfrac{e^x - 1}{x}$

06 $\sinh x = (e^x - e^{-x})/2$

07 $\cos^2 x = \dfrac{1+\cos 2x}{2}$ 을 이용하여 $\cos^2 x$ 의 Maclaurin 급수를 구하라.

08 $\sin^2 x = \dfrac{1-\cos 2x}{2}$ 을 이용하여 $\sin^2 x$ 의 Maclaurin 급수를 구하라. 이 급수를 항별로 미분하여 $2\sin x\cos x$ 의 급수를 구하라. 구한 급수가 $\sin 2x$ 의 급수임을 확인해 보라.

09 무한급수 $\sum_{n=0}^{\infty}\left(-\dfrac{1}{2}\right)^n (x-3)^n = 1 - \dfrac{1}{2}(x-3) + \dfrac{1}{4}(x-3)^2 + \cdots + \left(-\dfrac{1}{2}\right)^n (x-3)^n + \cdots$ 에 대하여 아래의 물음에 답하라.

(1) 무한급수의 수렴구간을 구하고, 이 구간에서 무한급수의 합을 $x$ 의 함수로 나타내라.

(2) 위의 급수를 항별로 미분해서 얻어지는 급수를 구하라.

(3) (2)의 급수의 수렴 구간을 구하고, 이 구간에서 무한급수의 합을 구하라.

(4) 위의 급수를 항별로 적분해서 얻어지는 급수와 수렴구간을 구하라.

(5) 주어진 무한급수가 수렴하는 구간에서 (4)의 무한급수의 합을 구하라.

10 급수 $g(x) = \sum_{n=0}^{\infty}(-1)^n x^n = 1 - x + x^2 - x^3 + \cdots$ 를 항별로 적분하라. 적분해서 얻어진 급수는 어느 범위에서 수렴하는가? 또한 주어진 무한급수가 수렴하는 범위에서 어떤 함수로 수렴하는가? 그 이유를 설명하라.

11 $e^x$, $\sin x$, $\cos x$ 의 Maclaurin 급수를 항별로 미분하라. 이때 얻어진 급수는 각각 어떤 함수의 Maclaurin 급수인가?

12 $e^x$, $\sin x$, $\cos x$ 의 Maclaurin 급수를 항별로 적분하라. 이때 얻어진 급수는 각각 어떤 함수의 Maclaurin 급수인가?

13 $-\dfrac{1}{1+x}$ 의 Maclaurin 급수를 이용하여 $\dfrac{1}{(1+x)^2}$ 의 급수를 구하라.

14 (1) 이항급수를 이용하여 $\dfrac{1}{\sqrt{1-x^2}}$ 의 Maclaurin 급수를 구하라.

(2) (1)을 이용하여 $\arcsin x$ 의 Maclaurin 급수를 구하라.

**15** Euler의 공식을 이용하여 다음을 $a+bi$ 의 형태로 적어라.

(1) $e^{-i\pi}$ (2) $e^{i\pi/4}$ (3) $e^{-i\pi/2}$

**16** $|t|\le 1$ 일 때

$$\frac{1}{1+t^2}=1-t^2+t^4-t^6+\cdots+(-1)^n t^{2n}+(-1)^{n+1}\frac{t^{2n+2}}{1+t^2}$$

으로 쓸 수 있다. 마지막 항은 초항이 $a=(-1)^{n+1}t^{2n+2}$ 이고 공비가 $r=-t^2$ 인 무한 등비급수의 합에서 얻을 수 있다. 양변을 $t=0$ 부터 $t=x$ 까지 적분하면

$$\arctan x = x-\frac{x^3}{3}+\frac{x^5}{5}-\frac{x^7}{7}+\cdots+(-1)^n\frac{x^{2n+1}}{2n+1}+R_n(x)$$

를 얻는다. 이때 $R_n(x)$ 가

$$|R_n(x)|\le\frac{|x|^{2n+3}}{2n+3}$$

을 만족함을 보여라. [따라서 $R_n(x)$ 는 $|x|\le 1$ 일 때 $\lim_{n\to\infty}R_n(x)=0$ 을 만족하고

$$\arctan x=\sum_{n=0}^{\infty}\frac{(-1)^n x^{2n+1}}{2n+1},\ |x|\le 1$$

이 성립한다.]

**[17-19]** 급수를 이용하여 다음 극한을 구하라.

**17** $\lim_{x\to 0}\dfrac{\sin x-x+\frac{1}{6}x^3}{x^5}$ **18** $\lim_{x\to 0}\dfrac{x-\arctan^{-1}x}{3x^3}$ **19** $\lim_{x\to 0}\dfrac{1+x-e^x}{1-\cos x}$

**[20-23]** 급수를 이용하여 아래 적분의 값을 오차가 $5\times 10^{-4}$ 이하가 되도록 구하라.

**20** $\int_0^1 e^{-x^2}dx$ **21** $\int_0^1 \cos\sqrt{x}\,dx$

**22** $\int_0^{0.5}\cosh x^2 dx$ **23** $\int_0^1 \frac{\sin x}{x}dx$

**24** $\ln(1+x)$ 의 Maclaurin 급수에 $x$ 대신 $-x$ 를 대입해서 $\ln(1-x)$ 의 급수를 얻고, 이를 이용하여 $|x|<1$ 에서

$$\ln\frac{1+x}{1-x}=2\left(x+\frac{x^3}{3}+\frac{x^5}{5}+\cdots+\frac{x^{2n-1}}{2n-1}+\cdots\right)$$

이 됨을 보여라.

COLLEGE MATHEMATICS

CHAPTER 11

# 극좌표

## 11.1 극좌표

평면 위의 한 점을 나타내기 위하여 직교좌표(Cartesian coordinates)를 많이 이용하지만 원과 같은 곡선을 표현하기 위해 극좌표(polar coordinates)가 편리할 때가 있다. 그림 11.1에서 점 $P$의 위치는 원점 $O$에서 $P$까지의 거리 $r$, 그리고 양의 $x$축과 선분 $OP$의 각도 $\theta$로 나타낼 수 있다. 이때 $(r, \theta)$를 점 $P$의 극좌표라고 한다. 그리고 원점 $O$를 극(pole), 각을 재는 기준이 되는 축(이 경우는 양의 $x$축)을 극축(polar axis), $r$을 반지름(radius), $\theta$를 편각(argument)이라고 부른다.

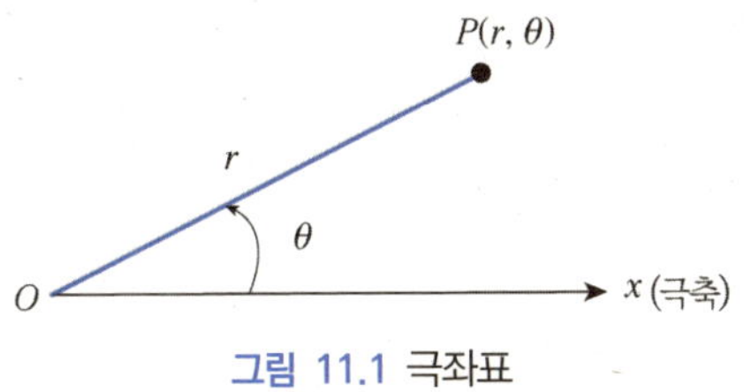


그림 11.1 극좌표

극좌표의 경우 주의해야 할 사항이 몇 가지 있다. 첫째, 점 $P$의 편각 $\theta$의 값은 유일하게 표현되지 않고 여러 가지 값으로 나타낼 수 있다. 일반적으로 $\theta$는 극축으로부터 시계반대방향으로 잴 때는 양, 시계방향으로 잴 때는 음이 된다. 예를 들어 극좌표 $r=2$, $\theta=\pi/6$를 갖는 점은 또한 극좌표 $r=2$, $\theta=-11\pi/6$도 갖는다(그림 11.2). 또한 $\theta=\pi/6+2\pi$도 가능하다. 사실상 임의의 정수 $n$ ($n=0, \pm 1, \pm 2, \cdots$)에 대해서 $\theta=\pi/6+2n\pi$가 모두 가능한 편각이다.

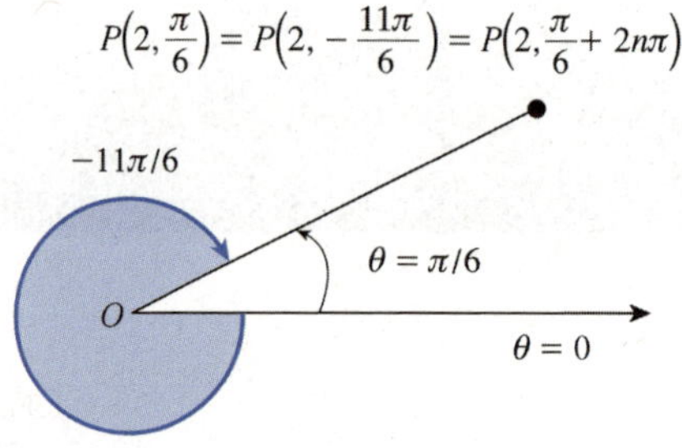


그림 11.2 편각

둘째, $r$은 $O$와 $P$ 사이의 거리이므로 $r \geq 0$이지만 때때로 $r$에 음수를 사용하는 것이 편리할 때도 있다(11.2절 참조). $(-r, \theta)$는 $(r, \theta)$의 $\overline{OP}$를 $\pi$만큼 회전시켜서 $O$에서 $r$만큼의 거리에 있는 점의 극좌표로 나타낸다. 예를 들어 $P(2, 7\pi/6)$는 극좌표 $(2, \pi/6)$를 갖는 점을 $\pi$만큼 회전시켜 얻을 수 있으므로 극좌표 $P(-2, \pi/6)$로 나타낼 수 있다(그림 11.3). 이와 같이 직교좌표에서는 하나의 점이 유일하게 하나의 좌표로 표시되나 극좌표에서는 하나의 점이 무수히 많은 형태의 좌표로 표시될 수 있다는 것이 특징이다.

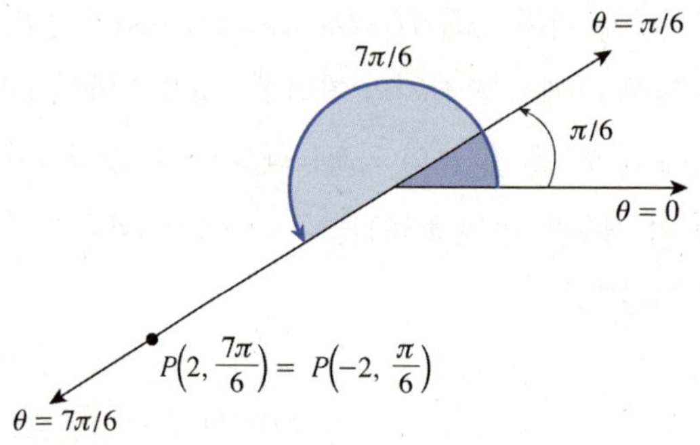


그림 11.3 극좌표의 다양한 표현

**예제 1**

극좌표 $\left(2, \frac{\pi}{6}\right)$를 갖는 점 $P$의 모든 형태의 극좌표를 구하라.

**풀이**

$r=2$일 경우 가능한 편각은 $\theta = \frac{\pi}{6}, \frac{\pi}{6} \pm 2\pi, \frac{\pi}{6} \pm 4\pi, \cdots$이고 $r=-2$일 경우 가능한 편각은 $\theta = \frac{7\pi}{6}, \frac{7\pi}{6} \pm 2\pi, \frac{7\pi}{6} \pm 4\pi, \cdots$이다. 따라서 $P$의 극좌표는 $\left(2, \frac{\pi}{6} \pm 2n\pi\right)$, $n = 0, 1, 2, \cdots$나 $\left(-2, \frac{7\pi}{6} \pm 2n\pi\right)$, $n = 0, 1, 2, \cdots$이 된다(그림 11.4).

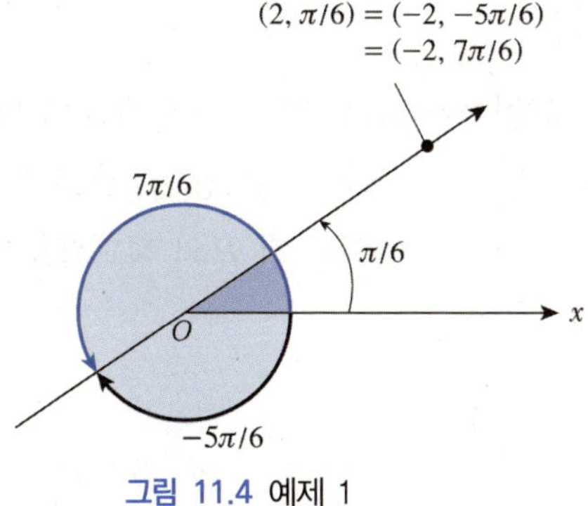


그림 11.4 예제 1

극좌표를 사용하여 나타낸 방정식을 극방정식(polar equation)이라 한다. 극방정식 $r = a\,(a \neq 0)$는 원점(극점)을 중심으로 하는 반지름이 $|a|$인 원을 나타내고 $\theta = \theta_0$는 극축과 이루는 각이 $\theta_0$인 원점을 지나는 직선을 나타낸다. 만일 $r \geq 0$으로 제한하면, $\theta = \theta_0$, $r \geq 0$은 극축과의 각이 $\theta_0$인 원점에서 시작하는 반직선을 나타낸다.

### 예제 2

아래의 조건을 만족하는 점들을 이차원 평면에 표시하라.

(1) $1 \leq r \leq 2,\ 0 \leq \theta \leq \dfrac{\pi}{2}$

(2) $-3 \leq r \leq 2,\ \theta = \dfrac{\pi}{4}$

(3) $r \leq 0,\ \theta = \dfrac{\pi}{4}$

(4) $\dfrac{2\pi}{3} \leq \theta \leq \dfrac{3\pi}{4}$

**풀이**

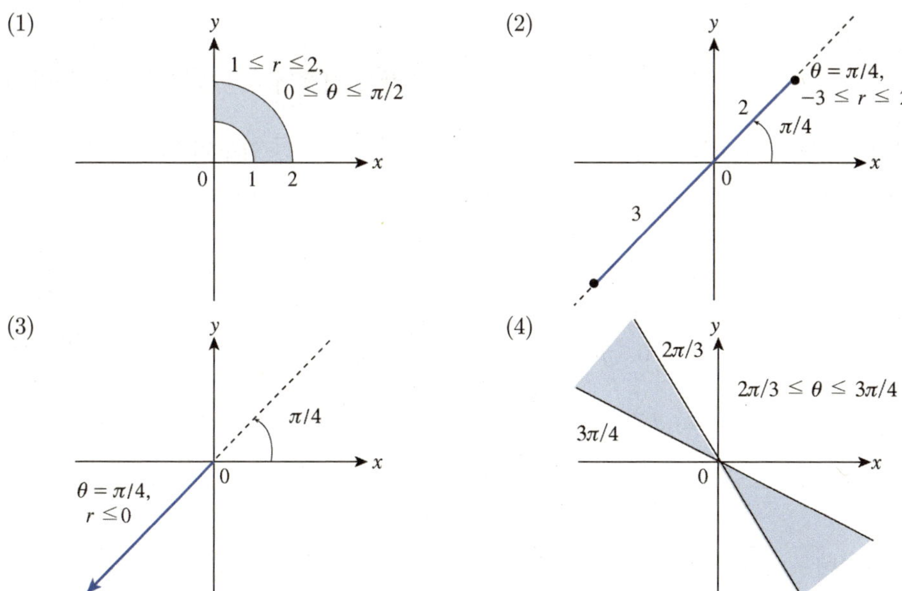


그림 11.5 예제 2

## 직교좌표와 극좌표

그림 11.6과 같이 직교좌표가 $(x,y)$ 인 점을 극좌표로 나타내려면 원점으로부터의 거리 $r$, 양의 $x$ 축으로부터의 각 $\theta$를 구하여 순서쌍 $(r,\theta)$로 나타내면 된다. 이 경우 양의 $y$ 축은 $\{(r,\pi/2), r>0\}$로 표현되고 임의의 점 $P$의 직교좌표 $(x,y)$와 극좌표 $(r,\theta)$ 사이에는 다음과 같은 관계가 성립한다.

$$x = r\cos\theta,\ y = r\sin\theta$$
$$r^2 = x^2 + y^2,\ \tan\theta = \frac{y}{x} \tag{11.1}$$

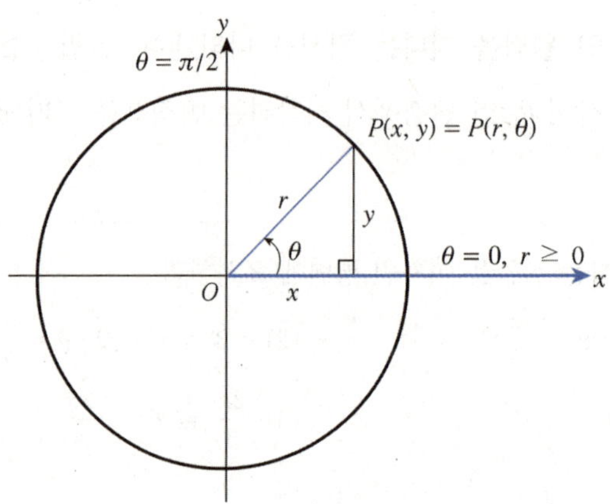


그림 11.6 직교좌표와 극좌표

그러나 식 (11.1)의 $\tan\theta = \frac{y}{x}$ 에서 $\theta$가 완전히 결정되지는 않는다. 왜냐하면 잘 알다시피 tan 함수는 $\tan(\theta+\pi) = \tan\theta$가 성립하는 주기가 $\pi$인 함수이기 때문에 주어진 식을 만족하는 $\theta$가 유일하지 않기 때문이다.

일반적으로 $\frac{y}{x} = \frac{-y}{-x}$, $\frac{y}{-x} = \frac{-y}{x}$ 이나 $\tan\theta = \frac{y}{x}$ 에서 $\theta$를 구할 때는 이를 구별하는 것이 편리하다. 즉, $x>0,\ y>0,\ 0<\theta<2\pi$ 라고 할 때 $\tan\theta = \frac{y}{x} = \frac{r\sin\theta}{r\cos\theta}$ 를 만족하는 $\theta$는 $\sin\theta,\ \cos\theta,\ \tan\theta$가 모두 양이 되어야 하므로 1사분면의 각으로 $0<\theta<\pi/2$ 이어야 하고 $\tan\theta = \frac{-y}{-x} = \frac{r\sin\theta}{r\cos\theta}$ 일 때는 $\sin\theta<0$, $\cos\theta<0$, $\tan\theta>0$ 이어야 하므로 $\theta$는 3사분면의 각으로 $\pi<\theta<3\pi/2$가 된다. 마찬가지 이유로 $\tan\theta = \frac{y}{-x}$ 일 때는

$\pi/2 < \theta < \pi$ 이고 $\tan\theta = \dfrac{-y}{x}$ 일 때는 $3\pi/2 < \theta < 2\pi$ 가 된다.

**예제 3**

직교좌표가 $(-1,-1)$ 인 점 $P$의 극좌표를 구하라(그림 11.7).

**풀이**

$r = \sqrt{(-1)^2 + (-1)^2} = \sqrt{2}$ 이고 $\tan\theta = \dfrac{-1}{-1}$ 이므로 이를 만족하는 $\pi < \theta < 3\pi/2$ 범위의 $\theta$는 $\theta = 5\pi/4$ 이다. 따라서 $\theta = 5\pi/4 + 2n\pi$ $(n = 0, \pm 1, \pm 2, \cdots)$이고 $n = 0$일 때 점 $P$의 극좌표는 $(\sqrt{2}, 5\pi/4)$ 이다. 일반적으로 이것은 $(-\sqrt{2}, \pi/4)$로도 표현할 수 있음을 유의하라. ■

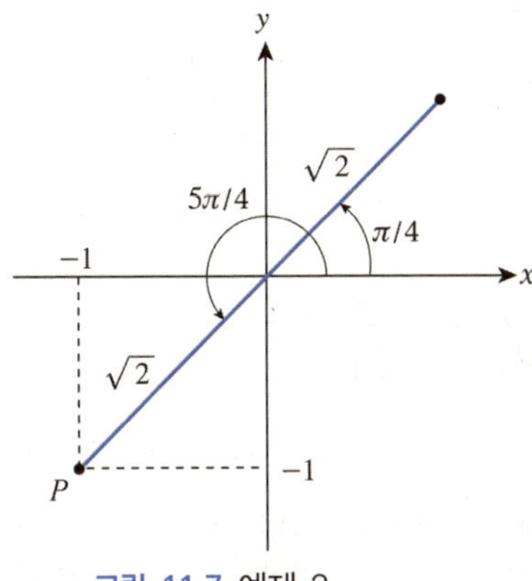


그림 11.7 예제 3

**예제 4**

직교좌표방정식 $x^2 + (y-3)^2 = 9$를 극방정식으로 바꿔라(그림 11.8).

**풀이**

방정식을 정리하면 $x^2 + y^2 - 6y = 0$ 이다.

$$x = r\cos\theta,\ y = r\sin\theta,\ r^2 = x^2 + y^2$$

을 이용하면 $r^2 - 6r\sin\theta = r(r - 6\sin\theta) = 0$ 에서 $r = 0$ 또는 $r - 6\sin\theta = 0$ 이 되고 $r = 6\sin\theta$ 는 이를 모두 포함한다. ■

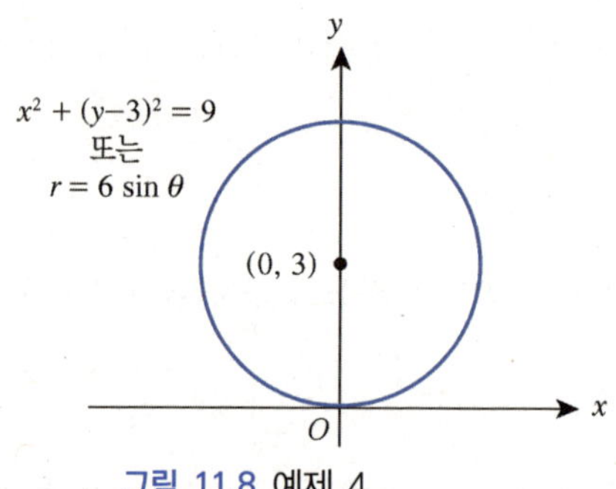


그림 11.8 예제 4

**예제 5**

다음의 극방정식을 직교좌표방정식으로 고쳐라.

(1) $r = 4\cos\theta$

(2) $r = \dfrac{4}{2\cos\theta - \sin\theta}$

**풀이**

$r\cos\theta = x$, $r\sin\theta = y$, $r^2 = x^2 + y^2$을 이용하자.

(1) $r = 4\cos\theta$의 양변에 $r$을 곱하면, $r^2 = 4r\cos\theta$이다. 따라서 주어진 극방정식은

$$x^2 + y^2 = 4x\,,\ (x-2)^2 + y^2 = 4$$

이므로 중심이 (2, 0)이고 반지름이 2인 원을 나타낸다.

(2) $r(2\cos\theta - \sin\theta) = 4$, $2r\cos\theta - r\sin\theta = 4$, $2x - y = 4$

즉, $y = 2x - 4$이므로 위의 식은 기울기가 2이고 절편이 $-4$인 직선을 나타낸다. ■

## 연습문제 11.1

**[01-03]** 다음 중 같은 점을 나타내는 극좌표는 어느 것인가?

**01** (1) $(3,0)$ (2) $(-3,0)$ (3) $(-3,\pi)$ (4) $(-3,2\pi)$

**02** (1) $\left(2,\dfrac{2\pi}{3}\right)$ (2) $\left(2,-\dfrac{2\pi}{3}\right)$ (3) $\left(2,\dfrac{7\pi}{3}\right)$ (4) $\left(-2,\dfrac{\pi}{3}\right)$

(5) $\left(2,-\dfrac{\pi}{3}\right)$ (6) $\left(2,\dfrac{\pi}{3}\right)$ (7) $\left(-2,\dfrac{2\pi}{3}\right)$ (8) $\left(-2,\dfrac{7\pi}{3}\right)$

**03** (1) $(r,\theta)$ (2) $(r,\theta+\pi)$ (3) $(-r,\theta+\pi)$ (4) $(-r,\theta)$

**04** 다음의 극좌표를 직교좌표로 바꿔라.

(1) $(\sqrt{2},\pi/4)$ (2) $(1,0)$ (3) $(0,\pi/2)$ (4) $(-\sqrt{2},\pi/4)$

(5) $(5,\arctan(4/3))$ (6) $(-1,7\pi)$

**05** 다음 극좌표를 갖는 점의 모든 형태의 극좌표를 구하라.

(1) $\left(2, \frac{\pi}{2}\right)$ (2) $(-2,0)$ (3) $\left(3, \frac{\pi}{4}\right)$ (4) $\left(3,-\frac{\pi}{4}\right)$

**[06-10]** 다음 부등식을 만족하는 점들을 이차원 평면에 표시하라.

**06** $2 \le r \le 3$

**07** $r \ge 2$

**08** $0 \le \theta \le \frac{\pi}{3}$, $r \ge 0$

**09** $-\frac{\pi}{4} \le \theta \le \frac{\pi}{4}$, $1 \le r \le 2$

**10** $-\frac{\pi}{4} \le \theta \le \frac{\pi}{4}$ , $|r| \le 1$

**[11-18]** 다음의 극방정식을 직교좌표방정식으로 바꾸고 그래프를 그려라.

**11** $r\cos\theta = 2$

**12** $r\sin\theta = 0$

**13** $r\cos\theta + r\sin\theta = 1$

**14** $r\sin\theta = r\cos\theta$

**15** $r^2 = 4r\sin\theta$

**16** $r^2 + 2r^2\cos\theta\sin\theta = 1$

**17** $r = -4\cos\theta$

**18** $r = 8\sin\theta$

**[19-22]** 다음의 직교좌표방정식을 극방정식으로 바꿔라.

**19** $x = y$

**20** $x^2 + y^2 = 4$

**21** $(x-5)^2 + y^2 = 25$

**22** $x^2 + (y+5)^2 = 25$

**23** (1) $xy$ 평면에서 $y$축에 평행인 모든 직선은 극방정식 $r = a\sec\theta$로 나타낼 수 있음을 보여라.

(2) $xy$ 평면에서 $x$축에 평행인 직선을 (1)과 유사한 극방정식으로 나타내면 어떻게 되겠는가?

## 11.2 극방정식의 그래프

직교좌표에서 함수의 그래프를 그리는 것과 같이 극방정식 $r = f(\theta)$의 그래프를 그리는 방법을 알아보자. 기본적인 방법은 $\theta = 0, \pi/6, \pi/4, \pi/3, \pi/2$ 등의 특수각에 대해서 해당하는 $r$값을 구하여 극좌표에서의 점 $(r,\theta)$를 연결하는 것이다. 이때 직교좌표에서와 달리 극좌표에서는 한 점이 무수히 많은 좌표 $(r,\theta)$로 표현될 수 있다는 것을 기억해야 한다.

### 예제 1 나선

$r = 2\theta$ , $\theta \geq 0$ 의 그래프를 그려라.

**풀이**

각도 $\theta$ 에 대해서 해당하는 $r$ 값을 구하면 다음 표와 같다.

| $\theta$ | $0$ | $\frac{\pi}{2}$ | $\pi$ | $\frac{3\pi}{2}$ | $2\pi$ | $\frac{5\pi}{2}$ | $\cdots$ |
|---|---|---|---|---|---|---|---|
| $r = 2\theta$ | $0$ | $\pi$ | $2\pi$ | $3\pi$ | $4\pi$ | $5\pi$ | $\cdots$ |

$\theta$ 가 증가함에 따라 $r$ 도 증가하고 그래프는 그림 11.9와 같이 극점 주위를 끝없이 회전하는 나선(spiral)이 된다. ■

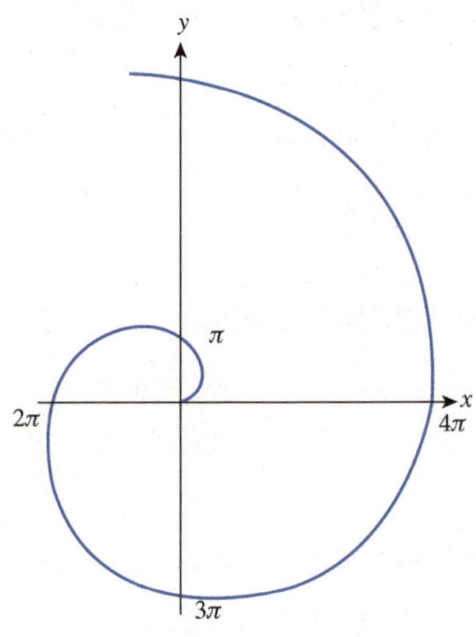


그림 11.9 $r = 2\theta$, 나선

### 예제 2 세 잎 장미(three-leaved rose)

$r = \sin 3\theta$ 의 그래프를 그려라.

**풀이**

$-1 \leq \sin 3\theta \leq 1$ 이므로 그래프는 반지름이 1인 원의 내부에 나타날 것이다. $\theta$가 특수각일 때 해당하는 $r$값을 구하면 다음 표와 같다. 이를 그림 11.10에 나타내었다.

| $\theta$ | $0$ | $\frac{\pi}{6}$ | $\frac{\pi}{3}$ | $\frac{\pi}{2}$ | $\frac{2\pi}{3}$ | $\frac{5\pi}{6}$ | $\pi$ |
|---|---|---|---|---|---|---|---|
| $3\theta$ | $0$ | $\frac{\pi}{2}$ | $\pi$ | $\frac{3\pi}{2}$ | $2\pi$ | $\frac{5\pi}{2}$ | $3\pi$ |
| $r = \sin 3\theta$ | $0$ | $1$ | $0$ | $-1$ | $0$ | $1$ | $0$ |

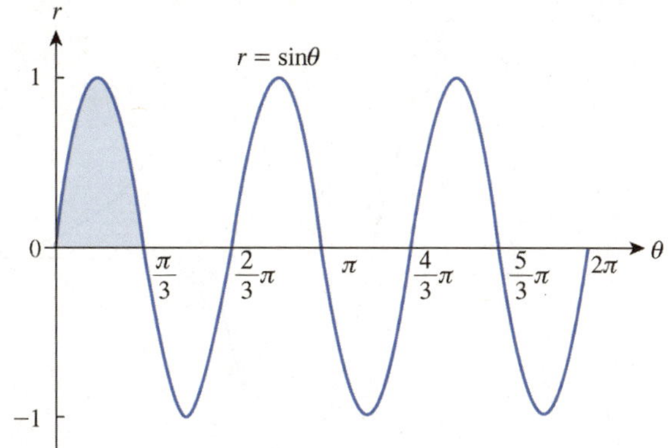


그림 11.10 $r = \sin\theta$, $\theta$와 $r$의 관계

$\theta$가 0에서 $\pi/3$까지 증가할 때, $r$은 0에서 1로 증가했다가 다시 0으로 감소한다. 이때 세 개의 고리 중 하나가 그려진다. $\theta$가 $\pi/3 \le \theta \le 2\pi/3$일 때 $r = \sin 3\theta$는 $r \le 0$이므로 아래쪽 고리가 그려진다. $\theta$가 $2\pi/3 \le \theta \le \pi$일 때 다시 $r$은 양이 되고 왼쪽 위의 고리를 얻는다. 이제 $\theta$를 계속 증가시켜도 같은 모양의 그래프를 얻는다(그림 11.11). ■

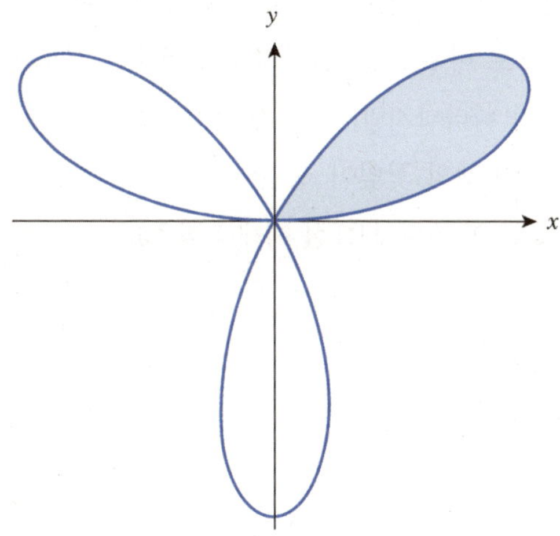


그림 11.11 $r = \sin 3\theta$, 세 잎 장미

### 예제 3 네 잎 장미(four-leaved rose)

$r = \sin 2\theta$의 그래프를 그려라.

**풀이**

$0 \le \theta \le \pi/2$일 때 $r$은 0에서 1로 증가했다가 다시 0으로 감소한다. 이때 1사분면에서 고리가 하나 그려진다. $\theta$가 $\pi/2 \le \theta \le \pi$일 때 $r \le 0$이므로 4사분면에 고리가 그려진다. $\theta$를 증가시키면서 마찬가지 방법으로 그리면 그림 11.12의 모양을 얻는다. ■

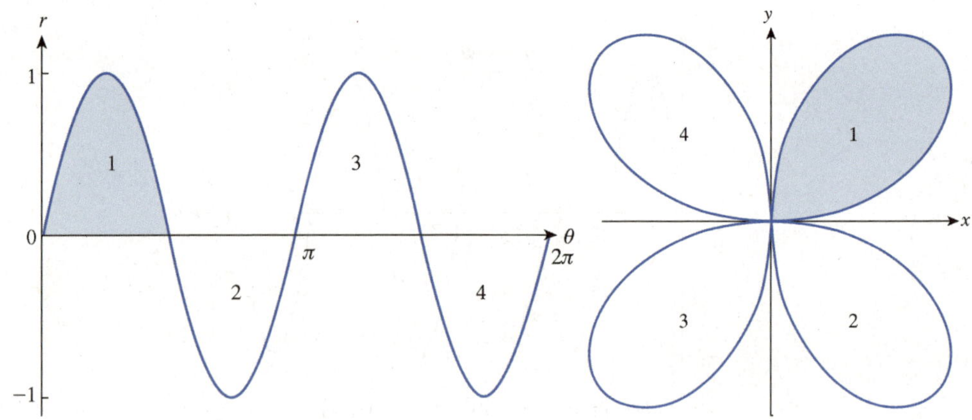


그림 11.12 $r = \sin 2\theta$, 네 잎 장미

예제 2와 예제 3에서 보는 바와 같이 $r = \sin 3\theta$ , $r = \sin 2\theta$의 그래프는 마치 장미의 꽃잎과 같은 모양을 나타낸다. $r = \cos n\theta$의 그래프도 마찬가지이다. 따라서 $r = \cos n\theta$ 나 $r = \sin n\theta$ 의 그래프를 “장미(rose)”라고 부른다. 이때 “꽃잎(petals)”의 수는 $n$ 에 따라 결정된다. $n$ 이 홀수이면 $n$ 개의 꽃잎이 나타나고 $n$ 이 짝수이면 $2n$ 개의 꽃잎이 나타난다. $n$이 홀수이면 $x$축을 중심으로 마주 보는 위치의 $r$의 부호가 서로 반대가 되므로 꽃잎이 겹치게 되어 한쪽에만 그래프가 나타나지만, $n$이 짝수이면 양쪽의 $r$의 부호가 같게 되어 양쪽에 꽃잎이 나타나게 되므로 $2n$개의 꽃잎이 생긴다. $n = 1$일 때는 $r = \cos\theta$나 $r = \sin\theta$가 되어 그래프는 원(하나의 꽃잎)이 된다(11.1절 예제 4 참조).

## 대칭성(symmetry)

극방정식의 그래프를 그리기 전에 먼저 $x$ 축(극축), $y$ 축($\theta = \pi/2$), 원점(극점)에 대한 대칭을 알아보는 것이 편리하다.

(1) $x$ 축 대칭: 점 $(r,\theta)$가 그래프 위에 있을 때 $(r,-\theta)$나 $(-r,\pi-\theta)$가 그래프 위에 있으면 $x$ 축에 대하여 대칭이다.

(2) $y$ 축 대칭: 점 $(r,\theta)$가 그래프 위에 있을 때 $(r,\pi-\theta)$나 $(-r,-\theta)$가 그래프 위에 있으면 $y$ 축에 대하여 대칭이다.

(3) 원점 대칭: 점 $(r,\theta)$가 그래프 위에 있을 때 $(-r,\theta)$나 $(r,\pi+\theta)$가 그래프 위에 있으면 원점 대칭이다.

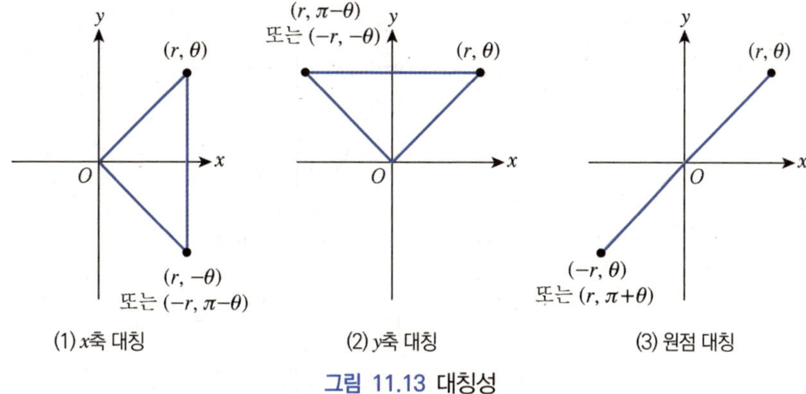


그림 11.13 대칭성

극좌표에서 $x$축 대칭성을 식으로 알아볼 때 $(r,-\theta)$나 $(-r,\pi-\theta)$ 중 하나의 좌표를 만족하면 된다. $y$축 대칭이나 원점 대칭도 마찬가지이다. 예를 들어 예제 3의 네 잎 장미 $r=\sin 2\theta$는 그림 11.13에서 보는 것과 같이 $x$축 대칭, $y$축 대칭, 원점 대칭이다. 이때 $x$축 대칭의 경우, $(r,-\theta)$를 대입하면 만족하지 않지만, $(-r,\pi-\theta)$는 만족한다. $y$축 대칭의 경우는 $(-r,-\theta)$는 만족하고, $(r,\pi-\theta)$는 만족하지 않는다. 원점 대칭의 경우는 $(-r,\theta)$는 만족하지 않고, $(r,\pi+\theta)$는 만족한다.

**예제 4** **심장형(cardioid)**

$r=1-\cos\theta$ 의 그래프를 그려라.

**풀이**

$\cos\theta$는 주기가 $2\pi$인 함수이므로 $0 \le \theta \le 2\pi$인 경우만 생각하면 충분하다. $\cos\theta=\cos(-\theta)$이므로 $(r,\theta)$가 방정식을 만족할 때 $(r,-\theta)$도 방정식을 만족하므로 그래프는 $x$축 대칭이다. 따라서 $0 \le \theta \le \pi$에서의 그래프를 $x$축 대칭하면 된다. $\theta$가 0에서 $\pi$까지 증가할 때 $r=1-\cos\theta$는 최소값 0에서 최대값 2로 증가한다. 이를 표시하고 $x$축 대칭을 시키면 그림 11.14를 얻는다.

| $\theta$ | $0$ | $\frac{\pi}{3}$ | $\frac{\pi}{2}$ | $\frac{2\pi}{3}$ | $\pi$ |
|---|---|---|---|---|---|
| $\cos\theta$ | $1$ | $\frac{1}{2}$ | $0$ | $-\frac{1}{2}$ | $-1$ |
| $r=1-\cos\theta$ | $0$ | $\frac{1}{2}$ | $1$ | $\frac{3}{2}$ | $2$ |

■

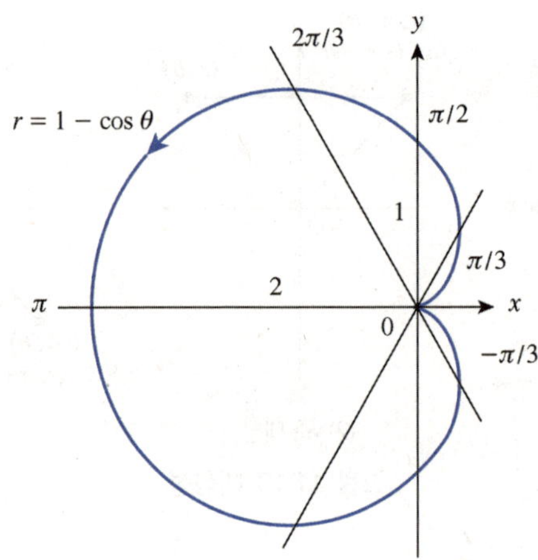


그림 11.14 $r=1-\cos\theta$, 심장형

**예제 5** **리마송(limaçon)**

$r=1+2\cos\theta$ 의 그래프를 그려라.

**풀이**

$(r,-\theta)$ 를 대입해도 성립하므로 $x$ 축 대칭이 된다. 특수각 $\theta$에 대해서 $r$값을 구하면 다음과 같다. $\theta=0$일 때 $r=3$에서 시작하여 $\theta$가 증가하면서 $r$이 감소하다가 $\theta=2\pi/3$에서 $r=0$이 된다. 그리고 $2\pi/3\le\theta\le\pi$에서는 $r\le 0$이 되므로 작은 고리의 아래쪽이 그려진다. 이를 $x$축 대칭시키면 그림 11.15의 그래프가 완성된다. 이러한 곡선을 리마송(limaçon)이라고 한다. 리마송은 달팽이를 뜻하는 프랑스의 고어이다.

| $\theta$ | $0$ | $\frac{\pi}{6}$ | $\frac{\pi}{4}$ | $\frac{\pi}{3}$ | $\frac{\pi}{2}$ | $\frac{2\pi}{3}$ | $\frac{3\pi}{4}$ | $\frac{5\pi}{6}$ | $\pi$ |
|---|---|---|---|---|---|---|---|---|---|
| $\cos\theta$ | $1$ | $\frac{\sqrt{3}}{2}$ | $\frac{\sqrt{2}}{2}$ | $\frac{1}{2}$ | $0$ | $-\frac{1}{2}$ | $-\frac{\sqrt{2}}{2}$ | $-\frac{\sqrt{3}}{2}$ | $-1$ |
| $r$ | $3$ | $1+\sqrt{3}$ | $1+\sqrt{2}$ | $2$ | $1$ | $0$ | $1-\sqrt{2}$ | $1-\sqrt{3}$ | $-1$ |

■

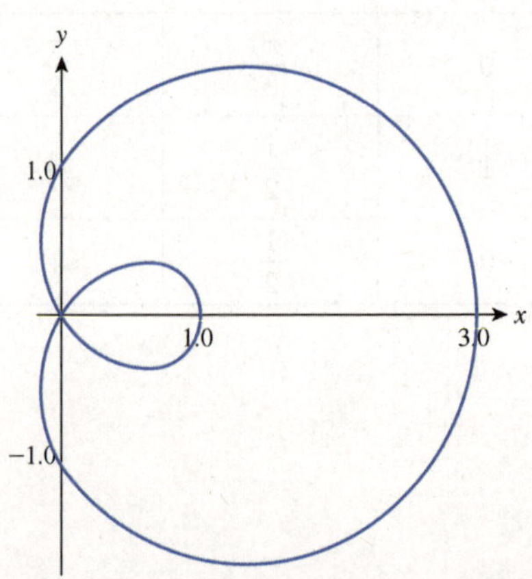


그림 11.15 $r=1+2\cos\theta$, 리마송

## 예제 6 리본형(lemniscate)

$r^2 = \cos\theta$의 그래프를 그려라.

**풀이**

$\cos\theta = \cos(-\theta)$로부터 $(r,\theta)$가 방정식을 만족할 때 $(r,-\theta)$도 방정식을 만족하므로 그래프는 $x$축 대칭이고, $(-r,-\theta)$, $(-r,\theta)$도 방정식을 만족하므로 $y$축 대칭, 원점 대칭이다. 주어진 곡선은 $\theta = \pm\pi/2$에서 원점을 지나고 $-\pi/2 < \theta < \pi/2$인 $\theta$에 대하여 두 개의 $r$값 $r = \pm\sqrt{\cos\theta}$을 가진다.

아래 표와 같이 $-\pi/2 \le \theta \le \pi/2$인 몇 개의 $\theta$값에 대하여 $r$값을 구하고 대칭성을 고려하여 이 점들을 연결하면 그림 11.16의 그래프를 얻는다. 오른쪽은 $r = \sqrt{\cos\theta}$의 그래프이고 왼쪽은 $r = -\sqrt{\cos\theta}$의 그래프이다.

| $\theta$ | 0 | $\pm\frac{\pi}{6}$ | $\pm\frac{\pi}{4}$ | $\pm\frac{\pi}{3}$ | $\pm\frac{\pi}{2}$ |
|---|---|---|---|---|---|
| $\cos\theta$ | 1 | $\sqrt{3}/2$ | $1/\sqrt{2}$ | $1/2$ | 0 |
| $r = \pm\sqrt{\cos\theta}$ | $\pm 1$ | $\pm 0.93$ | $\pm 0.84$ | $\pm 0.71$ | 0 |

■

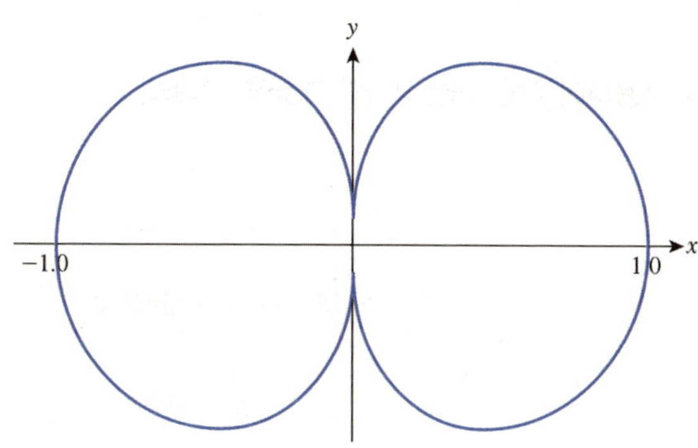


그림 11.16 $r^2 = \cos\theta$, 리본형

## 예제 7 리본형

$r^2 = \cos 2\theta$의 그래프를 그려라.

**풀이**

예제 6에서와 마찬가지로 $(r,-\theta)$, $(-r,-\theta)$, $(-r,\theta)$를 대입해도 식이 성립하므로 그래프는 $x$축 대칭, $y$축 대칭, 원점 대칭이다. $\theta$에 따른 $r$값을 구하면 다음과 같다.

| $\theta$ | $-\frac{\pi}{4}$ | 0 | $\frac{\pi}{6}$ | $\frac{\pi}{4}$ | $\frac{\pi}{3}$ | $\frac{\pi}{2}$ | $\frac{3\pi}{4}$ | $\pi$ | $\frac{5\pi}{4}$ |
|---|---|---|---|---|---|---|---|---|---|
| $2\theta$ | $-\frac{\pi}{2}$ | 0 | $\frac{\pi}{3}$ | $\frac{\pi}{2}$ | $\frac{2}{3}\pi$ | $\pi$ | $\frac{3\pi}{2}$ | $2\pi$ | $\frac{5\pi}{2}$ |
| $\cos 2\theta$ | 0 | 1 | $\frac{1}{2}$ | 0 | $-\frac{1}{2}$ | $-1$ | 0 | 1 | 0 |
| $r = \pm\sqrt{\cos 2\theta}$ | 0 | $\pm 1$ | $\pm\frac{1}{\sqrt{2}}$ | 0 | 없음 | 없음 | 0 | $\pm 1$ | 0 |

$\theta$가 $\pi/4 < \theta < 3\pi/4$일 때는 $\cos 2\theta < 0$이므로 $r^2 < 0$이다. 따라서 해당하는 $r$은 존재하지 않고, 이 범위에서는 그래프가 나타나지 않는다. $-\pi/4 \le \theta \le \pi/4$, $3\pi/4 \le \theta \le 5\pi/4$에서 해당하는 $r$값을 표시하면 그림 11.17의 그래프를 얻는다. 이 경우 $r = \sqrt{\cos 2\theta}$와 $r = -\sqrt{\cos 2\theta}$는 모두 그림 11.17의 $r^2 = \cos 2\theta$과 동일한 그래프를 가진다. ■

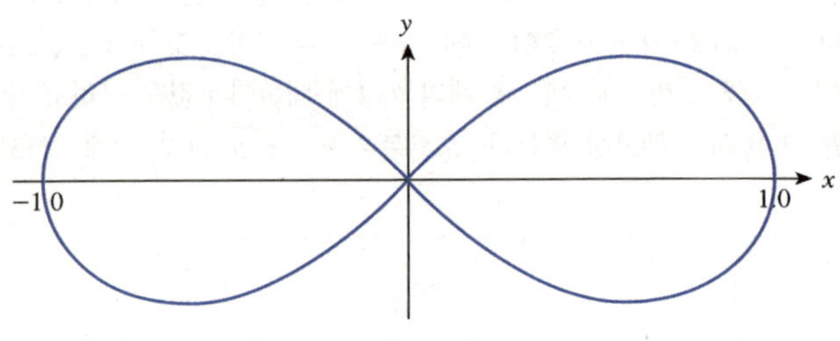


그림 11.17 $r^2 = \cos 2\theta$, 리본형

## 연습문제 11.2

[01-12] 곡선의 대칭성을 이용하여 다음 극방정식의 개형을 그려라.

01 $r = \cos 2\theta$

02 $r = \cos 3\theta$

03 $r = 1 + \cos\theta$

04 $r = 1 - \sin\theta$

05 $r = \frac{1}{2} + \cos\theta$

06 $r = \frac{1}{2} + \sin\theta$

07 $r = \frac{3}{2} + \cos\theta$

08 $r = \frac{3}{2} - \sin\theta$

09 $r = 2 + \sin\theta$

10 $r^2 = 2\cos\theta$

11 $r^2 = 4\cos 2\theta$

12 $r^2 = -\sin 2\theta$

# 11.3 극좌표에서의 면적

극좌표에서의 함수 $r = f(\theta)$가 주어졌을 때 면적을 구하는 방법을 알아보자. 그림 11.18에서 직선 $\theta = \alpha$와 $\theta = \beta$ 그리고 $r = f(\theta)$로 둘러싸여 있는 부분 $OTS$의 면적을 구해 보자. 먼저 $P$를 $\alpha \le \theta \le \beta$의 분할(4.1절 참조)이라고 하면 구하는 면적은 분할 $P$에 의해서 나누어진 $n$개의 부채꼴의 면적으로 근사화될 수 있다. 임의의 부채꼴은 반지름이 $r_k = f(\theta_k)$이고 각이 $\Delta\theta_k$이므로 부채꼴의 넓이를 구하는 공식에 의하여 그 면적은

$$A_k = \frac{1}{2}r_k^2\ \Delta\theta_k = \frac{1}{2}[f(\theta_k)]^2\Delta\theta_k$$

이고 $OTS$의 면적은 근사적으로

$$\sum_{k=1}^{n} A_k = \sum_{k=1}^{n}\frac{1}{2}[f(\theta_k)]^2\Delta\theta_k \tag{11.2}$$

이다. $f$가 연속이면 $|P|\to 0$ 일 때 식 (11.2)는 $OTS$의 면적 $A$로 가까이 가고 정적분의 정의에 의하여 구하는 면적 $A$는

$$\begin{aligned} A &= \lim_{|P|\to 0}\sum_{k=1}^{n}\frac{1}{2}[f(\theta_k)]^2\Delta\theta_k \\ &= \int_{\alpha}^{\beta}\frac{1}{2}[f(\theta)]^2\,d\theta \end{aligned}$$

가 된다. 여기서 $|P|$는 분할 $P$의 가장 긴 분할구간의 길이, 즉 $|P| = \max\{\Delta\theta_1, \cdots, \Delta\theta_n\}$이다.

**[원점과 곡선 $r = f(\theta)$, $\alpha \le \theta \le \beta$로 싸인 부분의 면적]**

$$A = \int_{\alpha}^{\beta}\frac{1}{2}r^2\,d\theta$$

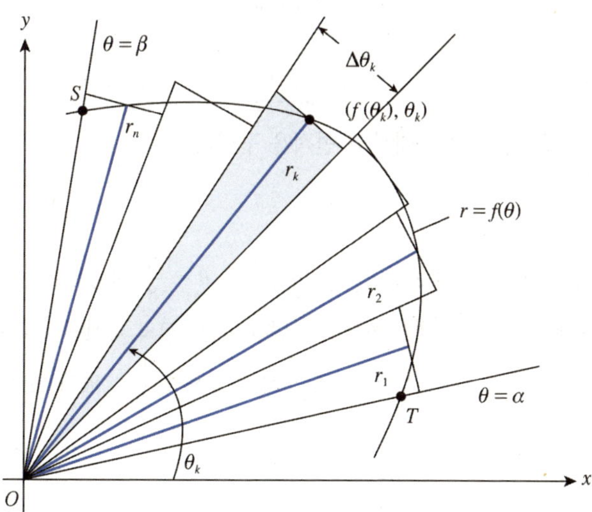


그림 11.18 극좌표에서의 면적

**예제 1**

곡선 $r=2(1+\cos\theta)$ 의 내부의 면적을 구하라.

**풀이**

구하는 면적은

$$\int_{\theta=0}^{\theta=2\pi}\frac{1}{2}r^2\,d\theta = \int_0^{2\pi}\frac{1}{2}\cdot 4(1+\cos\theta)^2\,d\theta$$
$$= \int_0^{2\pi}\left(2+4\cos\theta+2\cdot\frac{1+\cos2\theta}{2}\right)d\theta$$
$$= \left[3\theta+4\sin\theta+\frac{\sin2\theta}{2}\right]_0^{2\pi} = 6\pi$$

이다. ■

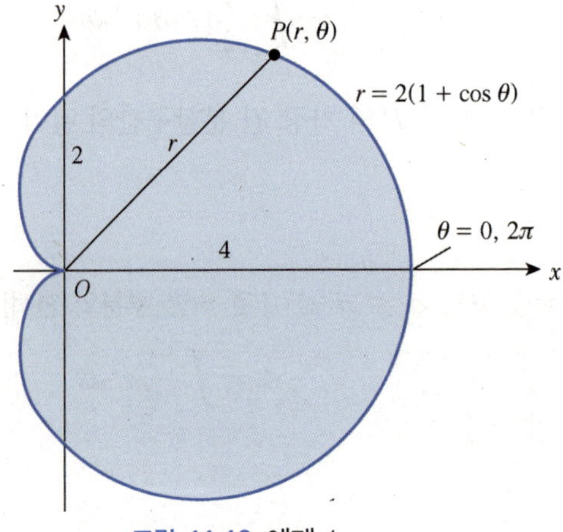


그림 11.19 예제 1

**예제 2**

곡선 $r=2\cos\theta+1$의 작은 고리 내부의 면적을 구하라.

**풀이**

곡선의 개형을 그려 보면(그림 11.20) 작은 고리는 $\theta$가 $\theta=\dfrac{2\pi}{3}$에서 $\theta=\dfrac{4\pi}{3}$로 증가할 때 생기는 것을 알 수 있고 $\theta$ 대신에 $-\theta$를 대입해도 방정식이 변하지 않으므로 곡선은 $x$축 대칭이다(11.2절 예제 5 참조). 따라서 $\theta=\dfrac{2\pi}{3}$에서 $\theta=\pi$까지 적분하면 구하는 면적의 $\dfrac{1}{2}$을 얻게 된다. 구하는 면적을 $A$라 하면

$$
\begin{aligned}
A &= 2\int_{2\pi/3}^{\pi} \frac{1}{2}r^2\,d\theta \\
&= \int_{2\pi/3}^{\pi} 2\cdot\frac{1}{2}(2\cos\theta+1)^2\,d\theta \\
&= \int_{2\pi/3}^{\pi}\left(4\cdot\frac{1+\cos2\theta}{2}+4\cos\theta+1\right)d\theta \\
&= [3\theta+\sin2\theta+4\sin\theta]_{2\pi/3}^{\pi} \\
&= 3\pi-\left(2\pi-\frac{\sqrt{3}}{2}+4\cdot\frac{\sqrt{3}}{2}\right) \\
&= \pi-\frac{3\sqrt{3}}{2}
\end{aligned}
$$

이 된다. ■

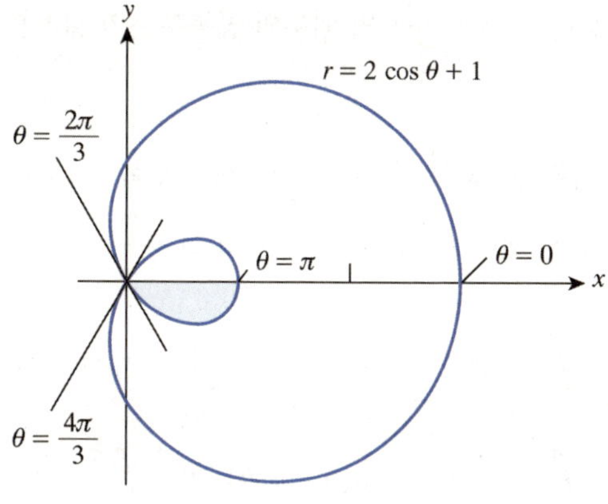


그림 11.20 예제 2

그림 11.21과 같이 두 개의 곡선 $r_1(\theta), r_2(\theta)$와 직선 $\theta=\alpha$, $\theta=\beta$로 둘러싸인 부분의 면적은 다음과 같이 구할 수 있다.

**[$0 \le r_1(\theta) \le r \le r_2(\theta)$, $\alpha \le \theta \le \beta$로 싸인 부분의 면적]**

$$
\begin{aligned}
A &= \int_{\alpha}^{\beta}\frac{1}{2}r_2^2\,d\theta-\int_{\alpha}^{\beta}\frac{1}{2}r_1^2\,d\theta \\
&= \int_{\alpha}^{\beta}\frac{1}{2}(r_2^2-r_1^2)\,d\theta
\end{aligned}
$$

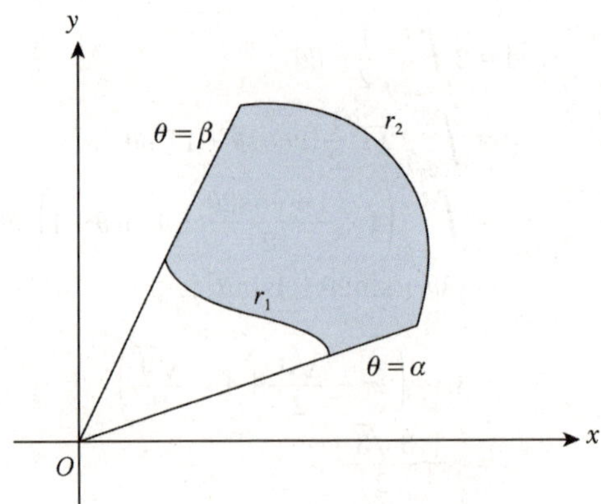


그림 11.21 두 개의 곡선 사이의 면적

**예제 3**

원 $r=1$ 의 내부와 심장형 $r=1-\cos\theta$ 의 외부의 공통부분의 넓이를 구하라.

**풀이**

그림 11.22에서 구하는 부분은 바깥쪽 곡선이 $r_2=1$이고 안쪽 곡선이 $r_1=1-\cos\theta$이고, $-\frac{\pi}{2}\le\theta\le\frac{\pi}{2}$임을 알 수 있다. 따라서 구하는 면적 $A$는

$$\begin{aligned}A&=\int_{-\frac{\pi}{2}}^{\frac{\pi}{2}}\frac{1}{2}(r_2^2-r_1^2)\,d\theta=2\int_0^{\frac{\pi}{2}}\frac{1}{2}(r_2^2-r_1^2)\,d\theta \quad ;\ x\text{축 대칭}\\&=\int_0^{\frac{\pi}{2}}[1-(1-2\cos\theta+\cos^2\theta)]\,d\theta=\int_0^{\frac{\pi}{2}}\left(2\cos\theta-\frac{1+\cos2\theta}{2}\right)d\theta\\&=\left[2\sin\theta-\frac{\theta}{2}-\frac{\sin2\theta}{4}\right]_0^{\frac{\pi}{2}}=2-\frac{\pi}{4}\end{aligned}$$

이다. ■

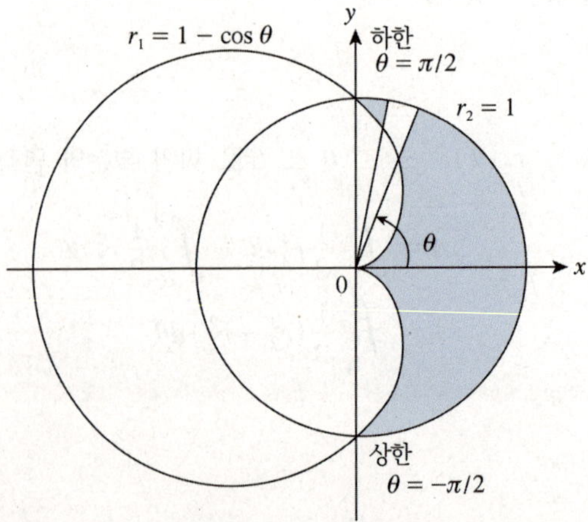


그림 11.22 예제 3

예제 3에서 원 $r=1$의 외부와 심장형 $r=1-\cos\theta$의 내부의 공통부분의 넓이, 두 곡선의 내부의 공통부분의 넓이도 구해 보자.

## 연습문제 11.3

01 곡선 $r=1-\cos\theta$의 내부면적을 구하라.

02 곡선 $r=4+2\cos\theta$의 내부 면적을 구하라.

03 네 잎 장미 $r=\cos 2\theta$의 잎 하나의 면적을 구하라.

04 다섯 잎 장미 $r=\sin 5\theta$의 잎 하나의 면적을 구하라.

05 곡선 $r^2=\cos 2\theta$의 고리 하나의 내부면적을 구하라(아래 그림 참조. 적분 각도에 유의하라).

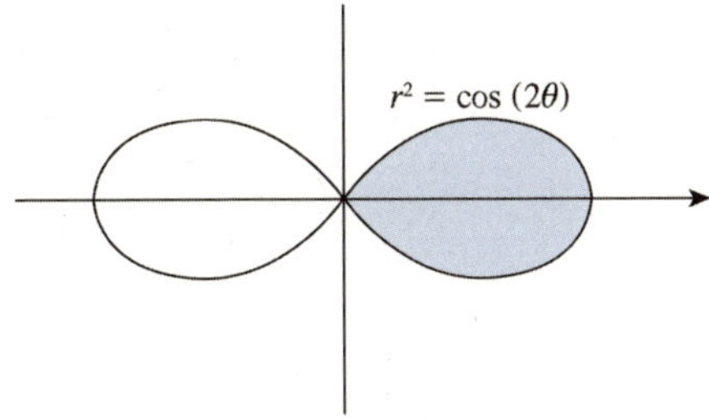


06 곡선 $r=2\cos\theta-1$의 작은 고리 윗부분의 면적을 구하라(아래 그림 참조).

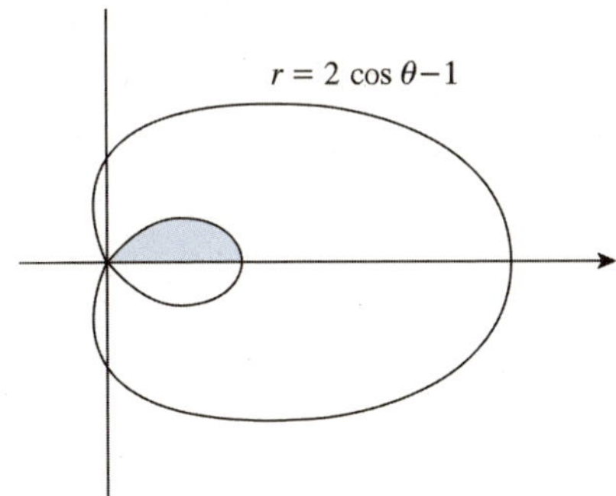


07 두 곡선 $r=2\cos\theta$와 $r=2\sin\theta$의 공통부분의 면적을 구하라.

08 두 곡선 $r=2$과 $r=2(1-\cos\theta)$의 공통부분의 면적을 구하라.

09 두 곡선 $r=1+\cos\theta$와 $r=1-\cos\theta$의 공통부분의 면적을 구하라.

10 원 $r=-2\cos\theta$의 내부와 원 $r=1$의 외부의 공통부분의 면적을 구하라.

CHAPTER 12

# 원뿔곡선

## 12.1 원뿔곡선과 이차식의 그래프

원, 포물선, 타원, 쌍곡선 등을 총칭하여 원뿔곡선(conic section)이라고 부르며 이는 좌표평면에서 이차식의 그래프로 표시된다. 이들 곡선은 꼭지점이 맞닿은 두 개의 원뿔과 하나의 평면이 만나는 교선으로 나타나며 이것이 원뿔곡선이라고 부르는 이유이기도 하다. 그러나 그림 12.1에서 보는 바와 같이 평면이 원뿔의 꼭지점을 지날 때는 한 점이나 하나의 직선, 또는 교차하는 직선이 나타나기도 한다. 이러한 경우를 편의상 퇴화원뿔곡선(degenerate conic section)이라고 한다.

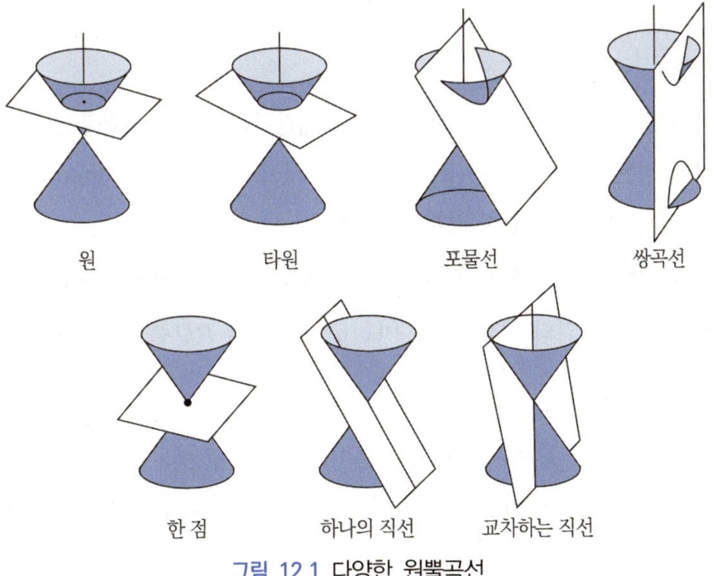


그림 12.1 다양한 원뿔곡선

원뿔곡선의 식은 변수 $x, y$ 에 대한 이차식으로 나타난다. 즉,

$$Ax^2 + Cy^2 + Dx + Ey + F = 0 \tag{12.1}$$

의 형태이다. 여기서 $A, C$ 중 적어도 하나는 0이 아니다. $xy$ 항이 포함되면 좀 더 일반적인 경우에 해당하므로 이는 12.3절에서 다루기로 한다. 우선 원, 포물선, 타원, 쌍곡선의 표준형을 살펴보자. 이들은 원점을 지나는 포물선이나 중심이 원점인 원, 타원, 쌍곡선을 말한다.

## 원

고정된 한 점에서 거리가 일정한 평면 위의 점의 자취를 원(circle)이라고 한다. 이때 고정된 점을 원의 중심(center)이라고 하고 일정한 거리를 반지름(radius)이라고 한다. 중심이 $C(h,k)$ 이고 반지름이 $a$ 인 원의 방정식을 구해 보자. $P(x,y)$ 를 원 위의 임의의 점이라고 하면, $CP = a$ 로부터

$$\sqrt{(x-h)^2 + (y-k)^2} = a$$

이고, 양변을 제곱하여

$$(x-h)^2 + (y-k)^2 = a^2$$

를 얻는다. 이로부터 중심이 원점인 원은 $h$ 와 $k$ 가 0이므로

$$x^2 + y^2 = a^2$$

이 된다.

## 포물선

고정된 한 점과 직선에서 같은 거리에 있는 평면 위의 점의 자취를 포물선(parabola)이라고 한다. 이때 고정된 한 점을 초점(focus)이라고 하고 직선을 준선(directrix)이라고 한다. 그리고 초점은 준선 위에 놓여 있지 않다고 가정한다.

그림 12.2(a)와 같이 초점이 $F(0,p)$ 로 양의 $y$ 축 위에 있고($p > 0$) 준선이 $y = -p$ 라고 하자. 그러면 포물선 위의 임의의 점 $P(x,y)$ 는 $\overline{PF} = \overline{PD}$ 를 만족한다. 거리를 구하는 공식을 적용하면

$$\overline{PF} = \sqrt{(x-0)^2 + (y-p)^2} = \sqrt{x^2 + (y-p)^2}$$
$$\overline{PD} = \sqrt{(x-x)^2 + (y-(-p))^2} = \sqrt{(y+p)^2}$$

이다. 두 식을 같게 놓고 제곱하여 간단히 정리하면 포물선의 방정식

$$y = \frac{x^2}{4p} \text{ 또는 } x^2 = 4py$$

를 얻는다. 이러한 포물선은 $y$축 대칭이므로 $y$축을 대칭축(axis of symmetry)이라고 한다. 포물선과 대칭축과의 교점을 꼭지점(vertex)이라고 하는데, 포물선 $x^2 = 4py$의 꼭지점은 원점이다[그림 12.2(a)].

만일 포물선이 아래로 열려 있는 형태이면 초점은 $(0, -p)$이고 준선은 $y = p$이다. 그리고 식은

$$y = -\frac{x^2}{4p} \text{ 또는 } x^2 = -4py$$

이다[그림12.2(b)].

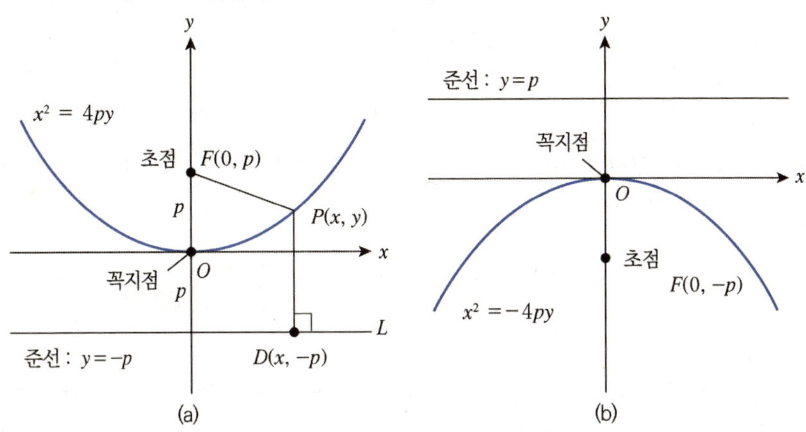


그림 12.2 포물선 $x^2 = \pm 4py$

마찬가지 방법으로 오른쪽이나 왼쪽으로 열려 있는 포물선의 식 $y^2 = 4px$, $y^2 = -4px$, $p > 0$도 구할 수 있다(그림 12.3).

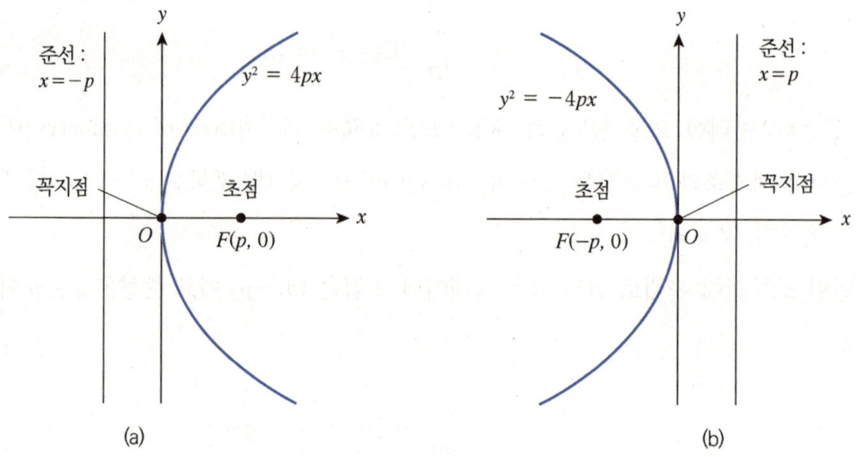


그림 12.3 포물선 $y^2 = \pm 4px$

**예제 1**

포물선 $y^2 = -10x$ 의 초점과 준선을 구하라.

**풀이**

$y^2 = -4px$ 에서 $p$를 구하면 $4p = 10$, $p = 5/2$ 이다. 따라서 초점은 $(-p, 0) = (-5/2, 0)$ 이고 준선은 $x = p$, 즉 $x = 5/2$ 이다. ■

## 타원

고정된 두 점에서의 거리의 합이 일정한 평면 위의 점의 자취를 타원(ellipse)이라고 한다. 이때 고정된 두 점을 초점이라고 한다. 그리고 초점을 지나는 직선을 주축(focal axis)이라고 하고, 두 초점에서 같은 거리에 있는 주축 위의 점을 중심(center)이라고 한다. 그리고 주축과 타원의 교점을 꼭지점이라고 한다(그림 12.4).

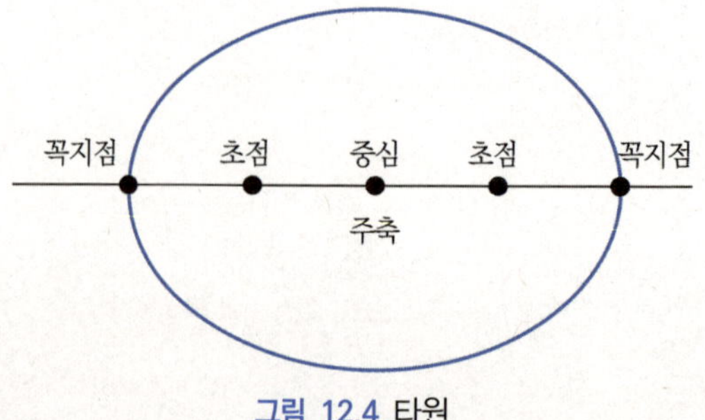


그림 12.4 타원

만일 초점이 그림 12.5와 같이 $F_1(-c,0)$, $F_2(c,0)$이고 $\overline{PF_1}+\overline{PF_2}=2a$이면, 타원 위의 점 $P$는 식

$$\sqrt{(x+c)^2+y^2}+\sqrt{(x-c)^2+y^2}=2a$$

를 만족한다. 이 식을 간단히 하기 위해서 두 번째 무리항을 우변으로 옮기고 제곱하면 하나의 무리항이 남는다. 다시 무리항만 한쪽 변에 남기고 제곱하여 정리하면

$$\frac{x^2}{a^2}+\frac{y^2}{a^2-c^2}=1 \tag{12.2}$$

을 얻는다. $\overline{PF_1}+\overline{PF_2}$는 $\overline{F_1F_2}$ 보다 길기 때문에 $2a>2c$, 즉 $a>c$이다. 따라서 식 (12.2)에서 $a^2-c^2>0$ 이다. 만일

$$b=\sqrt{a^2-c^2} \tag{12.3}$$

이라고 하면 $a^2-c^2=b^2$ 이므로 식 (12.2)는

$$\frac{x^2}{a^2}+\frac{y^2}{b^2}=1 \tag{12.4}$$

이 된다. 이 식은 고려한 타원이 원점과 $x$축, $y$축에 대해서 대칭임을 말해 준다. 식 (12.4)의 타원에서 점 $(\pm a,0)$를 연결하는 길이 $2a$인 선분을 장축(major axis)이라고 하고, 점 $(0,\pm b)$를 연결하는 길이 $2b$인 선분을 단축(minor axis)이라고 한다. 식 (12.3)으로부터 중심에서 초점까지의 거리 $c$는

$$c=\sqrt{a^2-b^2}$$

임을 알 수 있다.

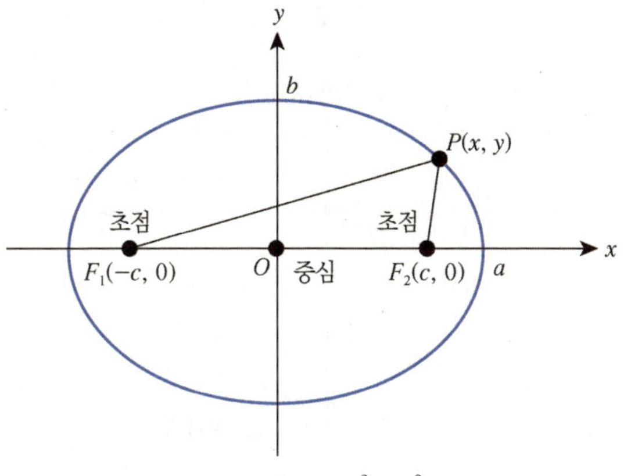


그림 12.5 타원 $\frac{x^2}{a^2}+\frac{y^2}{b^2}=1$

**예제 2**

타원

$$\frac{x^2}{16}+\frac{y^2}{9}=1 \tag{12.5}$$

은 장축이 $x$축 위에 있고 $a=\sqrt{16}=4$, $b=\sqrt{9}=3$ 이므로 중심에서 초점까지의 거리 $c$는 $c=\sqrt{16-9}=\sqrt{7}$ 이다. 따라서 초점은 $(\pm c,0)=(\pm\sqrt{7},0)$ 이다(그림 12.6). ■

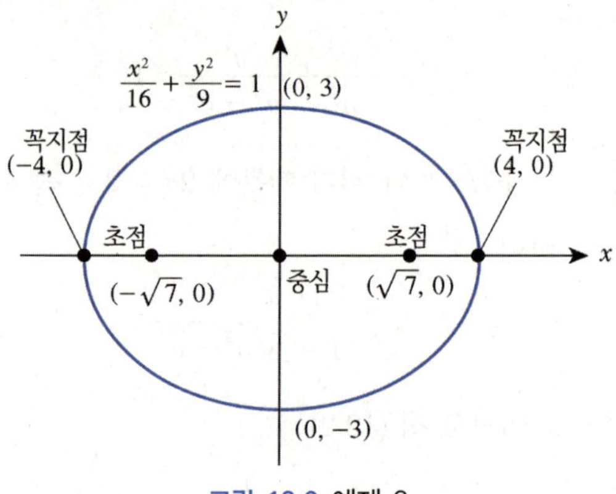


그림 12.6 예제 2

**예제 3**

타원

$$\frac{x^2}{9}+\frac{y^2}{16}=1 \tag{12.6}$$

은 예제 2의 타원에서 $x$와 $y$를 교환하여 얻을 수 있으므로 $x$축 위에 있던 장축은 $y$축 위로 바뀐다. 역시 $a=\sqrt{16}=4$, $b=\sqrt{9}=3$, $c=\sqrt{16-9}=\sqrt{7}$ 이고 초점은 $(0,\pm c)=(0,\pm\sqrt{7})$ 이다(그림 12.7). ■

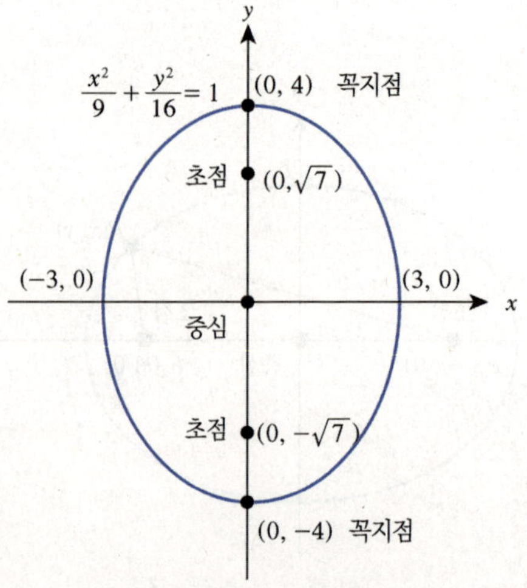


그림 12.7 예제 3

식 (12.5)와 식 (12.6)을 구별하기 위해서는 우선 $x=0$ 또는 $y=0$으로 놓아 각 축에 대한 절편을 구하여 보는 것이 편리하다. 그러면 장축이 $x$축 위에 있는지 또는 $y$축 위에 있는지를 알 수 있고 초점은 언제나 장축 위에 있게 된다.

## 쌍곡선

고정된 두 점에서의 거리의 차가 일정한 평면 위의 점의 자취를 쌍곡선(hyperbola)이라고 한다. 이때 고정된 두 점을 초점이라고 한다. 그리고 쌍곡선의 초점을 지나는 직선을 주축이라고 하고, 두 초점에서 같은 거리에 있는 주축 위의 점을 중심이라고 한다. 그리고 주축과 쌍곡선의 교점을 꼭지점이라고 한다(그림 12.8).

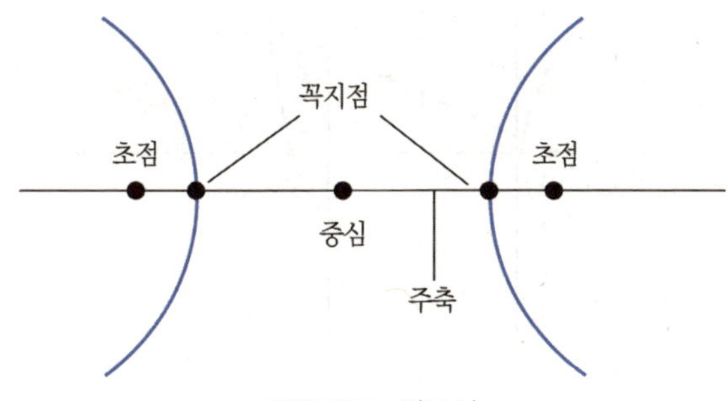


그림 12.8 쌍곡선

만일 초점이 그림 12.9와 같이 $F_1(-c,0)$, $F_2(c,0)$이고 거리의 차가 $2a$이면, 쌍곡선 위의 점 $P(x,y)$는 식

$$\sqrt{(x+c)^2+y^2}-\sqrt{(x-c)^2+y^2}=\pm 2a$$

를 만족한다. 타원에서와 마찬가지 방법으로 식을 간단히 하면

$$\frac{x^2}{a^2}+\frac{y^2}{a^2-c^2}=1 \tag{12.7}$$

을 얻는다. 이 식은 식 (12.2)에서 구한 타원에서의 방정식과 같은 형태이다. 그러나 삼각형 $PF_1F_2$에서 두 변 $\overline{PF_1}$과 $\overline{PF_2}$의 길이의 차 $2a$가 다른 한 변의 길이인 $2c$보다 작으므로 $a^2-c^2<0$이다. 만일 $b$를

$$b=\sqrt{c^2-a^2} \tag{12.8}$$

이라고 하면 $a^2-c^2=-b^2$이므로 식 (12.7)은 좀 더 간단하게

$$\frac{x^2}{a^2}-\frac{y^2}{b^2}=1 \tag{12.9}$$

이 되고 식 (12.8)에서

$$c^2=a^2+b^2,\ c=\sqrt{a^2+b^2}$$

을 얻는다. 타원에서와 마찬가지로 이 쌍곡선은 원점과 $x$축, $y$축에 대해서 대칭이다(그림 12.9).

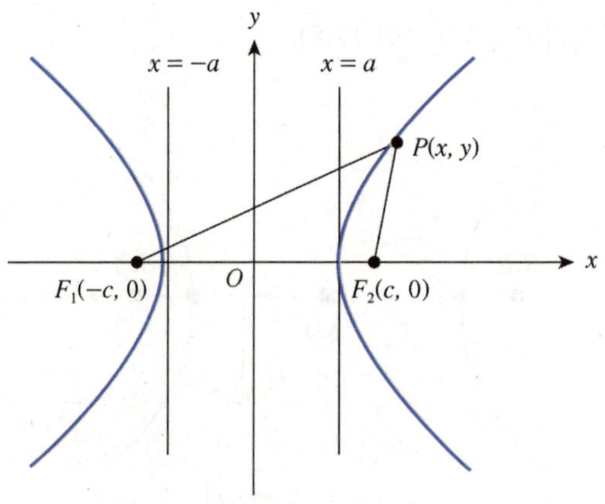


그림 12.9 쌍곡선 $\frac{x^2}{a^2}-\frac{y^2}{b^2}=1$

식 (12.9)의 쌍곡선은 $\frac{y^2}{x^2}=\frac{b^2}{a^2}-\frac{b^2}{x^2}$으로 쓸 수 있다. 여기서 $|x|\to\infty$, $|y|\to\infty$ 이면 $\frac{b^2}{x^2}$은 0으로 수렴하므로 $\frac{y^2}{x^2}$은 $\frac{b^2}{a^2}$으로 수렴한다. 따라서 쌍곡선은 $y^2=\frac{b^2}{a^2}x^2$, 즉 두 개의 직선

$$y=\pm\frac{b}{a}x$$

에 한없이 가까워진다. 위의 두 직선을 식 (12.9)의 쌍곡선의 점근선(asymptotes)이라고 한다. 점근선을 구하는 간편한 방법은 식 (12.9)의 우변의 1을 0으로 놓고 $y$에 대해서 방정식을 푸는 것이다.

$$\frac{x^2}{a^2}-\frac{y^2}{b^2}=1 \quad \text{쌍곡선}$$

$$\Rightarrow \frac{x^2}{a^2}-\frac{y^2}{b^2}=0 \quad \text{1을 0으로 대치}$$

$$\Rightarrow y = \pm \frac{b}{a}x \qquad \text{점근선}$$

쌍곡선의 그래프를 간편하게 그리기 위해서는 우선 $(\pm a, 0)$, $(0, \pm b)$를 좌표축에 표시하고 그림 12.10과 같이 직사각형을 그린다. 그리고 직사각형의 대각선을 연장하여 점근선 $y = \pm \frac{b}{a}x$를 그린다. 이 직사각형과 점근선을 이용하여 쌍곡선을 그리면 원하는 그래프를 얻을 수 있다.

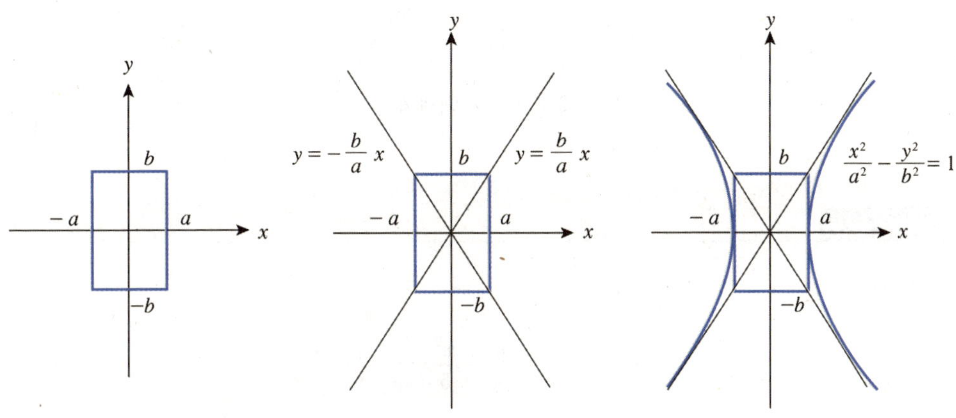


그림 12.10 쌍곡선을 그리는 방법

**예제 4**

쌍곡선

$$\frac{x^2}{4} - \frac{y^2}{5} = 1 \tag{12.10}$$

은 식 (12.9)에서 $a^2 = 4$, $b^2 = 5$이다. 따라서 중심에서 초점까지의 거리는 $c = \sqrt{a^2 + b^2} = \sqrt{4+5} = 3$, 초점은 $(\pm c, 0) = (\pm 3, 0)$, 꼭지점은 $(\pm a, 0) = (\pm 2, 0)$이다. 점근선은 $\frac{x^2}{4} - \frac{y^2}{5} = 0$에서 $y = \pm \frac{\sqrt{5}}{2}x$이다(그림 12.11). ■

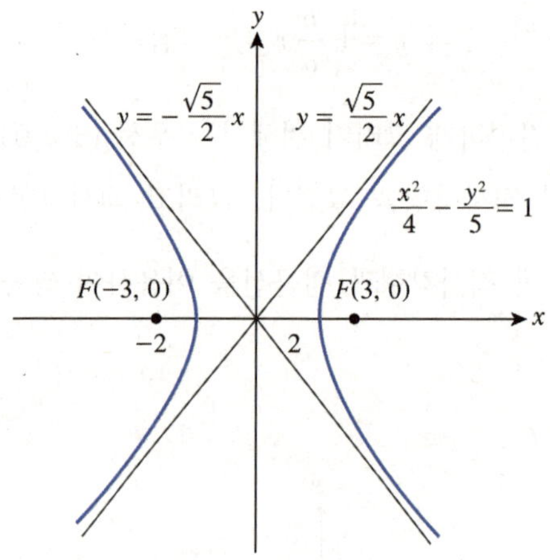


그림 12.11 예제 4

## 예제 5

쌍곡선

$$\frac{y^2}{4} - \frac{x^2}{5} = 1$$

은 식 (12.10)에서 $x$와 $y$를 교환하여 얻어지므로 꼭지점이 $x$축 대신 $y$축 위에 있게 된다. 역시 $a^2 = 4$, $b^2 = 5$이므로 중심에서 초점까지의 거리는 $c = \sqrt{a^2 + b^2} = \sqrt{4+5} = 3$이고 초점은 $(0, \pm c) = (0, \pm 3)$, 꼭지점은 $(0, \pm a) = (0, \pm 2)$이다. 점근선은 $\frac{y^2}{4} - \frac{x^2}{5} = 0$에서 $y = \pm \frac{2}{\sqrt{5}}x$이다(그림 12.12). ■

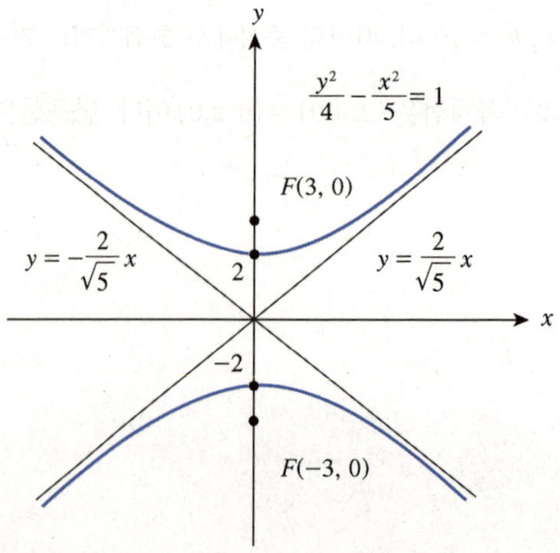


그림 12.12 예제 5

지금까지 언급한 표준형 원뿔곡선에 관한 사실을 정리하면 표 12.1과 같다.

**표 12.1** 표준형의 원뿔곡선

| | | |
|---|---|---|
| 포물선 | $x^2 = 4py,\ p > 0$ | 위로 열려 있다. |
| | $x^2 = -4py,\ p > 0$ | 아래로 열려 있다. |
| | $y^2 = 4px,\ p > 0$ | 오른쪽으로 열려 있다. |
| | $y^2 = -4px,\ p > 0$ | 왼쪽으로 열려 있다. |
| 원 | $x^2 + y^2 = a^2,\ a > 0$ | 중심이 $(0,0)$이고 반지름이 $a$이다. |
| 타원 | $\frac{x^2}{a^2} + \frac{y^2}{b^2} = 1,\ a > b > 0$ | 꼭지점이 $(\pm a,0)$, 초점이 $(\pm c,0)$이고 $c = \sqrt{a^2 - b^2}$ 이다.<br>장축이 $x$축 위에 있다. |
| | $\frac{x^2}{b^2} + \frac{y^2}{a^2} = 1,\ a > b > 0$ | 꼭지점이 $(0,\pm a)$, 초점이 $(0,\pm c)$이고 $c = \sqrt{a^2 - b^2}$ 이다.<br>장축이 $y$축 위에 있다. |
| 쌍곡선 | $\frac{x^2}{a^2} - \frac{y^2}{b^2} = 1$ | 꼭지점이 $(\pm a,0)$, 초점이 $(\pm c,0)$이고, $c = \sqrt{a^2 + b^2}$ 이다.<br>주축이 $x$축, 점근선이 $y = \pm \frac{b}{a}x$ 이다. |
| | $\frac{y^2}{a^2} - \frac{x^2}{b^2} = 1$ | 꼭지점이 $(0,\pm a)$, 초점이 $(0,\pm c)$이고 $c = \sqrt{a^2 + b^2}$ 이다.<br>주축이 $y$축, 점근선이 $y = \pm \frac{a}{b}x$ 이다. |

표준형이 아닐 경우에는 완전제곱식과 축의 이동을 이용하여 표준형에 해당하는 간단한 형태의 식을 얻을 수 있다. 때때로 식 (12.1)의 이차식이 포물선, 원, 타원, 쌍곡선과 같은 원뿔곡선을 나타내지 않는 경우도 있다. 예를 들어 $\frac{x^2}{a^2} + \frac{y^2}{b^2} = 0$ 의 경우에는 만족하는 점이 원점 하나이다. 또한 $\frac{x^2}{a^2} - \frac{y^2}{b^2} = 0$일 때는 직선 $y = \pm \frac{b}{a}x$를 나타낸다. 이러한 경우가 앞에서 언급한 퇴화원뿔곡선에 해당한다.

**예제 6**

$2x - 4y^2 + 8y - 6 = 0$ 의 그래프를 그려라.

**풀이**

주어진 식을 $y$에 대한 완전제곱식으로 나타내면

$$2(x-1) - 4(y-1)^2 = 0$$

이 된다. $x - 1 = x'$, $y - 1 = y'$ 라고 하면 주어진 식은 $2x' = 4y'^2$, $y'^2 = \frac{1}{2}x'$이 되고, 이는 꼭지점이 원점 $O' = (1,1)$ 이고 오른쪽으로 열린 포물선이다. 평행 이동된 원점 $O'$와 축 $x'$, $y'$를 그리고, 이를

기준으로 포물선을 그리면 그림 12.13을 얻는다. ■

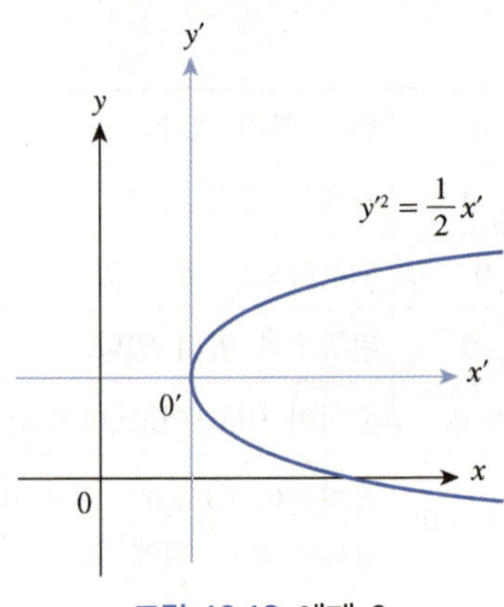


그림 12.13 예제 6

**예제 7**

$9x^2+36x-16y^2+180=0$ 의 그래프를 그려라.

**풀이**

$x$ 에 대한 완전제곱식으로 나타내면

$$9(x+2)^2-16y^2+144=0$$

이 된다. $x+2=x'$, $y=y'$ 이라고 하면 주어진 식은 $9x'^2-16y'^2=-144$ 이고 이를 표 12.1의 표준형으로 바꾸면

$$\frac{y'^2}{9}-\frac{x'^2}{16}=1$$

이다. 이는 수직축을 주축으로 하고 변환된 원점 $O'=(-2,0)$ 과 점근선 $y'=\pm\frac{3}{4}x'$ 을 가지며 그래프는 그림 12.14와 같다. ■

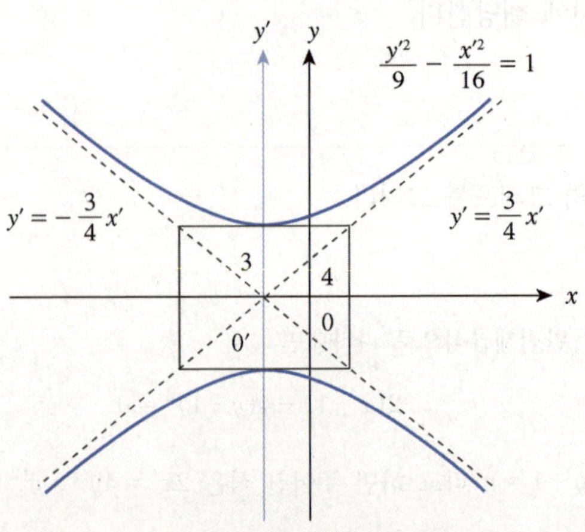


그림 12.14 예제 7

**예제 8**

$7x^2-98x+7y^2+28y+371=0$ 의 그래프를 그려라.

**풀이**

$x,\ y$에 대한 완전제곱식으로 나타내면 $7(x-7)^2+7(y+2)^2=0$, 즉 $(x-7)^2+(y+2)^2=0$이 된다. 이 식을 만족하는 경우는 $x=7,\ y=-2$뿐이다. 따라서 그래프는 한 점 $(7,-2)$가 되고(그림 12.15), 이는 퇴화원뿔곡선의 예이다. ■

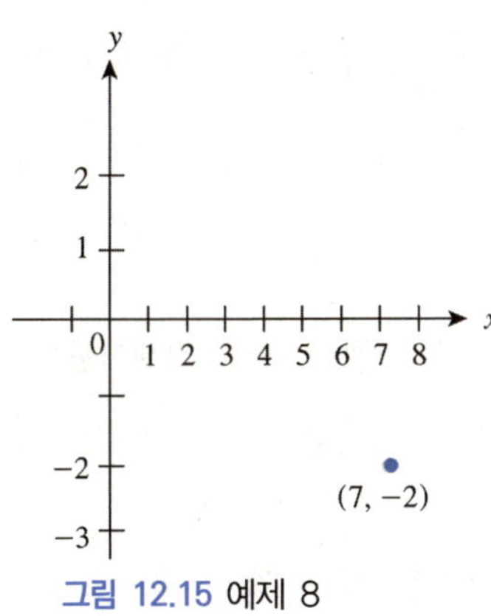


그림 12.15 예제 8

## 연습문제 12.1

[01-04] 다음 포물선의 식에서 초점과 준선을 구하고 그래프를 그려라. 그래프에 초점과 준선을 표시하라.

01 $y^2=12x$

02 $x^2=-8y$

03 $y=4x^2$

04 $x=-3y^2$

[05-06] 다음 타원의 초점을 구하고 그래프를 그려라. 그래프에 초점을 표시하라.

05 $16x^2+25y^2=400$

06 $3x^2+2y^2=6$

[07-08] 다음 쌍곡선의 초점과 점근선을 구하고 그래프를 그려라. 그래프에 초점과 점근선을 표시하라.

07 $x^2-y^2=1$

08 $8y^2-2x^2=16$

09 타원 $x^2+4y^2=4$에 내접하고 각 변이 축에 평행인 직사각형의 최대 넓이를 구하라. 이때 직사각형의 각 변의 길이는 얼마인가?

10 $x$축과 직선 $x=4$ 그리고 쌍곡선 $9x^2-4y^2=36$으로 둘러싸인 일사분면에서의 영역을 $x$축을 중심으로 회전했을 때 생기는 입체의 체적을 구하라.

**11** 포물선 $y^2=8x$를 아래로 2, 오른쪽으로 1만큼 평행이동하면 포물선 $(y+2)^2=8(x-1)$을 얻는다. 평행이동하여 얻은 포물선의 꼭지점, 초점, 준선을 구하라. 구한 꼭지점, 초점, 준선을 표시하고 그래프를 그려라.

**12** 포물선 $x^2=8y$를 오른쪽으로 1, 아래로 7만큼 평행이동한 포물선의 식을 구하라. 또한 평행이동하여 얻은 포물선의 꼭지점, 초점, 준선을 구하라.

**13** 타원 $\frac{x^2}{16}+\frac{y^2}{9}=1$을 오른쪽으로 4, 위로 3만큼 평행이동하면 타원 $\frac{(x-4)^2}{16}+\frac{(y-3)^2}{9}=1$을 얻는다. 평행이동하여 얻은 타원의 중심, 초점, 꼭지점을 구하라. 구한 중심, 초점, 꼭지점을 표시하고 그래프를 그려라.

**14** 타원 $\frac{x^2}{6}+\frac{y^2}{9}=1$을 왼쪽으로 2, 아래로 1만큼 평행이동한 타원의 식을 구하라. 또한 평행이동하여 얻은 타원의 중심, 초점, 꼭지점을 구하라.

**15** 쌍곡선 $\frac{x^2}{16}-\frac{y^2}{9}=1$을 오른쪽으로 2만큼 평행이동하면 쌍곡선 $\frac{(x-2)^2}{16}-\frac{y^2}{9}=1$을 얻는다. 평행이동하여 얻은 쌍곡선의 중심, 초점, 꼭지점과 점근선을 구하라. 구한 중심, 초점, 꼭지점과 점근선을 표시하고 그래프를 그려라.

**16** 쌍곡선 $\frac{x^2}{4}-\frac{y^2}{5}=1$을 오른쪽으로 2, 위로 2만큼 평행이동한 쌍곡선의 식을 구하라. 또한 평행이동하여 얻은 쌍곡선의 중심, 초점, 꼭지점과 점근선을 구하라.

**[17-22]** 다음 원뿔곡선의 중심, 초점, 꼭지점을 구하고 그래프를 그려라. 만일 원뿔곡선이 쌍곡선이면 점근선도 구하라.

**17** $x^2+6x+2y=1$

**18** $3y^2-12y+x-7=0$

**19** $x^2+5y^2+4x=1$

**20** $x^2+2y^2-2x-4y=-1$

**21** $x^2-y^2-2x+4y=4$

**22** $2x^2-y^2+6y=3$

## 12.2 이심률에 의한 원뿔곡선의 분류: 초점과 준선의 식

### 타원의 이심률

중심에서 초점까지의 거리 $c$는 타원식

$$\frac{x^2}{a^2}+\frac{y^2}{b^2}=1 \quad (a>b)$$

에 나타나지 않지만 $c=\sqrt{a^2-b^2}$ 으로부터 $c$값을 알 수 있다. 만일 $a$를 고정하고 $c$를 $0 \le c \le a$에서 변화한다면 타원의 모양이 바뀐다(그림 12.16). 만일 $c=0$이면 $a=b$이므로 원이 되고 $c$가 커질수록 평평한 타원이 된다. 만일 $c=a$이면 타원은 직선으로 퇴화된다.

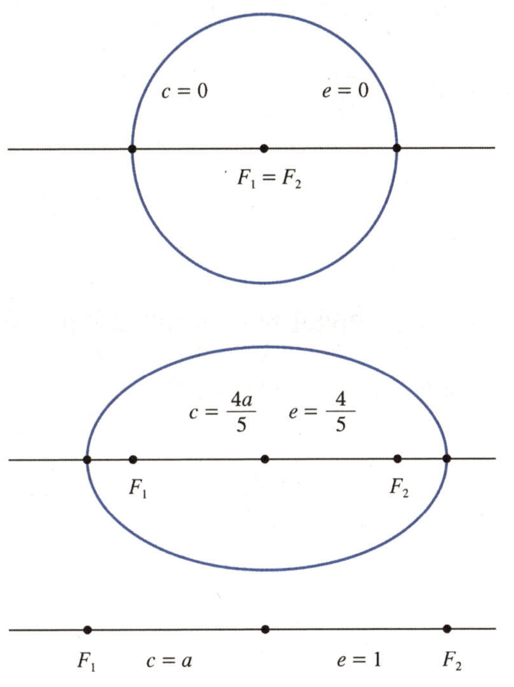


그림 12.16 $c$의 변화에 따른 원의 변형

타원의 모양을 나타내기 위해서 $c$와 $a$의 비(ratio)를 이용하고 이 비를 이심률(eccentricity)이라고 한다. 타원에서 $c<a$이므로 이심율은 항상 1보다 작다.

**정의 타원의 이심률**

타원 $\frac{x^2}{a^2}+\frac{y^2}{b^2}=1\ (a>b)$의 이심률은

$$e=\frac{c}{a}=\frac{\sqrt{a^2-b^2}}{a}$$

이다.

**예제 1**

타원 $16x^2+25y^2=400$의 이심률을 구하라.

**풀이**

양변을 400으로 나누면 표준형 $\frac{x^2}{25}+\frac{y^2}{16}=1$을 얻고 $a^2=25$, $b^2=16$, $c=\sqrt{a^2-b^2}=3$이므로 $e=\frac{c}{a}=\frac{3}{5}$이다. ■

12.1절에서 타원에 대해서는 준선을 정의하지 않았다. 그림 12.17과 같이 타원의 장축에 수직인 $x=\pm\frac{a}{e}$를 타원의 준선이라고 하자. 그러면 포물선은 하나의 초점과 하나의 준선을 갖는 반면, 타원은 두 개의 초점과 두 개의 준선을 갖게 된다. 그리고 포물선은 그림 12.2(a)에서 보듯이

$$\overline{PF}=1\cdot\overline{PD} \tag{12.11}$$

을 만족하는 반면, 타원은

$$\overline{PF_1}=e\cdot\overline{PD_1}\ ,\ \overline{PF_2}=e\cdot\overline{PD_2} \tag{12.12}$$

를 만족함을 보일 수 있다(연습문제 12.2의 5). 여기서 $e$는 이심률이고 $P$는 타원 위의 임의의 점, $F_1$과 $F_2$는 초점, $D_1$과 $D_2$는 $P$에서 준선에 수선을 내린 점이다. 식 (12.12)에서 $P$에서 $F_1$까지의 거리를 이용할 때는 반드시 초점 $F_1$과 같은 방향에 있는 준선을 이용해야 한다. 즉, 준선 $x=-\frac{a}{e}$는 초점 $F_1(-c,0)$과 대응하도록 하고 준선 $x=\frac{a}{e}$는 초점 $F_2(c,0)$와 대응하도록 해야 한다.

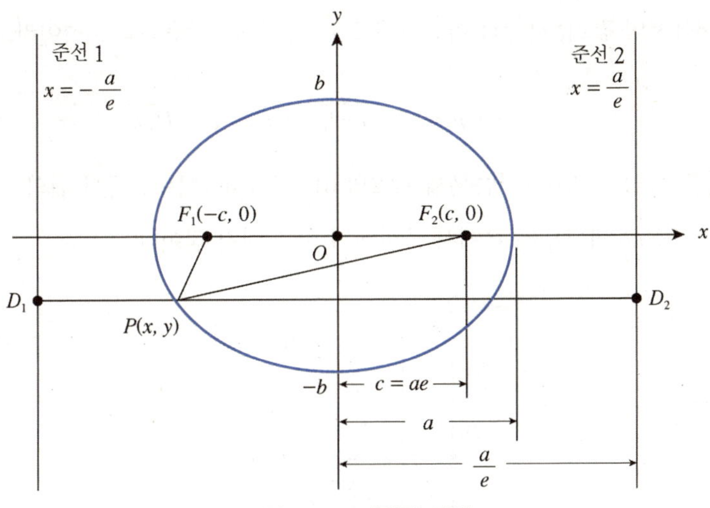

그림 12.17 타원의 준선

## 쌍곡선의 이심률

쌍곡선의 이심률도 역시 $e = \frac{c}{a}$로 정의된다. 단, 이 경우 $c$가 $c = \sqrt{a^2 + b^2}$ (타원의 경우는 $c = \sqrt{a^2 - b^2}$)라는 차이가 있을 뿐이다. 쌍곡선의 경우 $c > a$이므로 타원의 경우와 달리 이심률은 항상 1보다 크다.

**정의 쌍곡선의 이심률**

쌍곡선 $\frac{x^2}{a^2} - \frac{y^2}{b^2} = 1$의 이심률은

$$e = \frac{c}{a} = \frac{\sqrt{a^2 + b^2}}{a}$$

이다.

**예제 2**

쌍곡선 $5x^2 - 4y^2 = 20$ 의 이심률을 구하라.

**풀이**

양변을 20으로 나누면 표준형 $\frac{x^2}{4} - \frac{y^2}{5} = 1$을 얻고 $a^2 = 4$, $b^2 = 5$, $c = \sqrt{a^2 + b^2} = 3$이므로 $e = \frac{c}{a} = \frac{3}{2}$ 이다. ■

그림 12.18에서와 같이, 타원과 마찬가지로 $x=\pm\frac{a}{e}$를 쌍곡선의 준선이라고 정의하면

$$\overline{PF_1}=e\cdot\overline{PD_1}\ ,\ \overline{PF_2}=e\cdot\overline{PD_2} \qquad (12.13)$$

가 성립함을 보일 수 있다(연습문제 12.2의 6). 여기서 $P$는 쌍곡선 위의 임의의 점이고, $F_1$과 $F_2$는 초점, $D_1$과 $D_2$는 $P$에서 준선에 수선을 내린 점이다.

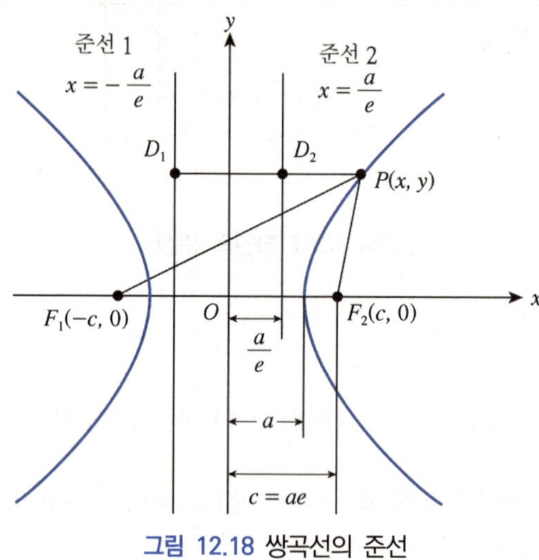


그림 12.18 쌍곡선의 준선

타원과 쌍곡선의 경우 모두 이심률은 초점 사이의 거리($2c$)와 꼭지점 사이의 거리($2a$)의 비이다. 따라서 정의 12.1과 정의 12.2는

$$\text{이심률}=\frac{\text{초점 사이의 거리}}{\text{꼭지점 사이의 거리}}$$

라고 쓸 수 있다. 타원의 경우 두 초점이 두 꼭지점보다 가까우므로 비가 1보다 작고, 쌍곡선의 경우 두 초점이 꼭지점보다 떨어져 있으므로 비가 1보다 크게 된다.

포물선의 이심률을 $e=1$로 정의하면 세 가지 원뿔곡선 모두에 대해 $PF=e\cdot PD$로 표현할 수 있다.

[초점과 준선의 관계식]

$$\overline{PF}=e\cdot\overline{PD} \qquad (12.14)$$

식 (12.14)는 원뿔곡선 위의 점 $P$에서 초점까지의 거리 $\overline{PF}$가 $P$에서 준선까지의 거리 $\overline{PD}$에 비례하고 이때 $e$가 비례상수임을 의미한다. 이 경우 $P$의 자취는

(1) 만일 $e=1$ 이며 포물선

(2) 만일 $e<1$ 이면 타원

(3) 만일 $e>1$ 이며 쌍곡선

이 된다. 이러한 방법으로 포물선, 타원, 쌍곡선이 하나의 식으로 통합된다.

식 (12.14)를 직교좌표계에서의 식으로 바꾸면 12.1절에서 본 바와 같이 $e$ 에 따라서 식이 달라진다. 그러나 극좌표를 이용하면 이는 $e$ 값에 관계없이 하나의 간단한 식으로 표현되고 이는 오랫동안 천문학자와 우주과학자들에게 이용되어 왔다. 이러한 내용은 12.4절에서 다룰 것이다.

## 연습문제 12.2

[01-04] 다음 원뿔곡선의 이심률을 구하라.

01 $2x^2+y^2=2$

02 $6x^2+9y^2=54$

03 $y^2-x^2=8$

04 $8x^2-2y^2=16$

05 그림 12.17의 타원에 대해서 식 (12.12)의 $\overline{PF_1}=e\cdot\overline{PD_1}$ 가 성립함을 보여라. 우선 각 점의 좌표 $P(x,y)$, $F_1(-c,0)=F_1(-ea,0)$, $D_1(-\frac{a}{e},y)$ 를 이용하여 $\overline{PF_1}$ 과 $\overline{PD_1}$ 의 길이를 구하라. 또한, 점 $P(x,y)$ 는 타원 위에 있으므로 타원의 방정식 $\frac{x^2}{a^2}+\frac{y^2}{b^2}=1$ 을 만족하고 $b^2=a^2-c^2=a^2-a^2e^2$ 임을 이용하라.

06 그림 12.18의 쌍곡선에 대해서 식 (12.13)이 성립함을 보여라.

# 12.3 이차식의 그래프: 원점에 대한 회전

12.1절에서는 원뿔곡선의 축이 $x$축이나 $y$축 또는 이에 평행한 경우를 다루었다. 이러한 경우는 식 (12.1)과 같이 이차식에 곱의 항 $xy$가 나타나지 않는다. 이 절에서는 좀 더 일반적인

$$Ax^2+Bxy+Cy^2+Dx+Ey+F=0 \tag{12.15}$$

과 같은 이차식을 다룬다. 여기서 $A, B, C$ 중 적어도 하나는 0이 아니라고 가정한다. 이때 식

(12.15)의 그래프는 거의 대부분의 경우 원뿔곡선이나 퇴화원뿔곡선으로 나타난다. 예외의 경우는 그래프가 없거나 $x^2-3x+2=0$ 과 같이 $x=1$, $x=2$ 의 평행한 두 직선을 나타내는 경우이다. 이 모든 경우를 포함하여 식 (12.15)의 그래프를 편의상 이차곡선(quadratic curves)이라고 부른다.

곱의 항 $xy$ 를 포함하는 식 (12.15)의 예로 $xy=1$ 을 고려해 보자. 잘 알다시피 이는 주축이 $y=x$이고 점근선이 $x$축, $y$축인 쌍곡선이다. 이와 같이 원뿔곡선의 축이 기울어져 있는 경우, 즉 식 (12.15)에 $xy$ 항이 포함되어 있는 경우에는 축을 회전하여 $xy$ 항을 없애는 것이 일반적인 접근법이다. 그 결과 식 (12.15)의 이차식은 식 (12.1)의 형태로 나타나게 되어 다루기 편리해진다. 이것이 이 절의 주요한 개념이다.

## 축의 회전이동

그림 12.19와 같이 원점에 대해서 시계반대방향으로 각 $\theta$ 만큼 회전이동된 $x'$ 축과 $y'$ 축을 생각하고, 임의의 점 $P$의 좌표 $(x,y)$ 와 $(x',y')$의 관계를 유도하자. 우선 원점 $O$에서 점 $P$까지의 거리를 $r$이라고 하면

$$x'=r\cos\alpha,\quad y'=r\sin\alpha$$

이고 삼각함수의 덧셈공식을 이용하면

$$\begin{aligned} x &= r\cos(\alpha+\theta)=r\cos\alpha\cos\theta-r\sin\alpha\sin\theta \\ y &= r\sin(\alpha+\theta)=r\sin\alpha\cos\theta+r\cos\alpha\sin\theta \end{aligned}$$

이므로 다음을 얻는다.

$$\begin{aligned} x &= x'\cos\theta-y'\sin\theta \\ y &= x'\sin\theta+y'\cos\theta \end{aligned} \tag{12.16}$$

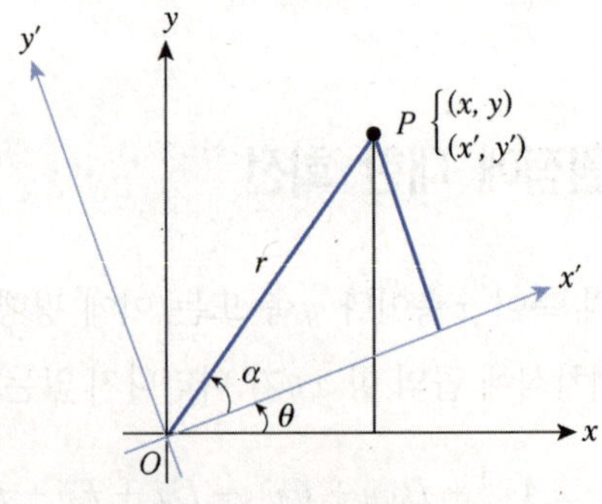


그림 12.19 좌표축의 회전

**예제 1**

$x$축과 $y$축이 원점에 대해서 $\pi/4$ 라디안 회전이동되었다. 새로운 좌표계인 $x'y'$ 좌표계에 대해서 쌍곡선 $xy=1$ 의 식을 구하라(그림 12.20).

**풀이**

$\cos\frac{\pi}{4}=\sin\frac{\pi}{4}=\frac{1}{\sqrt{2}}$ 이므로, 식 (12.16)에서

$$x=\frac{x'-y'}{\sqrt{2}},\quad y=\frac{x'+y'}{\sqrt{2}}$$

이고, 이를 $xy=1$ 에 대입하면

$$\left(\frac{x'-y'}{\sqrt{2}}\right)\left(\frac{x'+y'}{\sqrt{2}}\right)=1 \quad \text{또는} \quad \frac{x'^2}{2}-\frac{y'^2}{2}=1$$

을 얻으며 이는 곱의 항 $x'y'$ 을 포함하지 않는다. ■

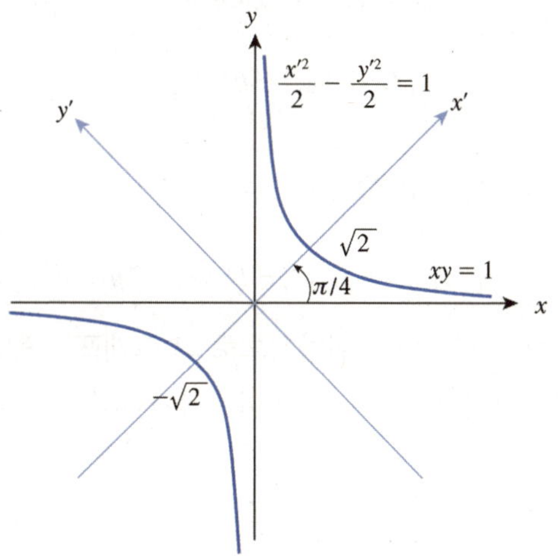


그림 12.20 예제 1. 쌍곡선 $xy=1$

예제 1에서는 축을 원점에 대해서 $\pi/4$ 라디안 회전이동함으로써 곱의 항을 없앨 수 있었다. 일반적으로 이차식

$$Ax^2+Bxy+Cy^2+Dx+Ey+F=0 \tag{12.17}$$

에서 축을 $\theta$ 만큼 회전이동하여 얻어지는 변환된 식에 곱의 항 $x'y'$ 이 나타나지 않도록 하기 위해서는 $\theta$ 가 어떤 값을 취해야 하는지 생각해 보자. 식 (12.17)의 이차식에 식 (12.16)을 대입하여 $x'y'$ 좌표계에 대한 식

$$A'x^2+B'xy+C'y^2+D'x+E'y+F'=0 \tag{12.18}$$

을 얻었다고 하자. 곱의 항 $x'y'$이 나타나지 않기 위해서는 $B'=0$이 되는 회전각도 $\theta$를 찾아야 한다. 식 (12.16)을 식 (12.17)에 대입하여 $B'$을 구체적으로 구하면

$$\begin{aligned} B' &= 2(C-A)\sin\theta\cos\theta + B(\cos^2\theta - \sin^2\theta) \\ &= (C-A)\sin 2\theta + B\cos 2\theta \end{aligned}$$

이다. 따라서 $B'=0$이 되는 $\theta$를 찾으면, $A \neq C$일 때 $(C-A)\sin 2\theta + B\cos 2\theta = 0$에서

$$\tan 2\theta = \frac{B}{A-C} \tag{12.19}$$

이다. $\theta$가 $0<\theta<\pi/4$일 때 $\tan 2\theta$는 모든 양수의 값을 취하고, $\theta$가 $\pi/4<\theta<\pi/2$일 때 $\tan 2\theta$는 모든 음수의 값을 취한다. $A=C$일 때는 $\cos 2\theta = 0$에서 $\theta=\pi/4$를 취한다. 따라서 식 (12.19)를 만족하는 $0<\theta<\pi/2$의 각을 항상 구할 수 있다.

$$\begin{aligned} &A \neq C\text{일 때,} \quad \tan 2\theta = \frac{B}{A-C} \\ &A = C\text{일 때,} \quad \theta = \frac{\pi}{4} \end{aligned} \tag{12.20}$$

위의 $\theta$에 대해서 $B'=0$이 되고 식 (12.18)은

$$A'x^2 + C'y^2 + D'x + E'y + F' = 0 \tag{12.21}$$

이 된다. 이는 12.1절에서 다루었던 이차식으로 그 그래프는 원뿔곡선으로 나타난다. 따라서 변환되기 전의 식 (12.17)의 그래프도 역시 마찬가지이다.

### 예제 2

좌표축을 $\theta$만큼 회전이동하여 식

$$2x^2 + \sqrt{3}xy + y^2 - 10 = 0$$

을 곱의 항이 없는 식으로 바꾸려 한다. 각 $\theta$와 변환된 식을 구하라. 이차식의 그래프는 어떤 모양을 나타내는가?

**풀이**

$A=2,\ B=\sqrt{3},\ C=1$이므로 식 (12.20)으로부터

$$\tan 2\theta = \frac{B}{A-C} = \frac{\sqrt{3}}{2-1} = \sqrt{3}$$

이므로 $2\theta = \pi/3$, 즉 $\theta = \pi/6$를 얻는다. 식 (12.16)으로부터

$$x = x'\cos\theta - y'\sin\theta = \frac{\sqrt{3}}{2}x' - \frac{1}{2}y'$$

$$y = x'\sin\theta + y'\cos\theta = \frac{1}{2}x' + \frac{\sqrt{3}}{2}y'$$

이고 이를 주어진 식에 대입하면

$$\begin{aligned} &2x^2 + \sqrt{3}xy + y^2 - 10 \\ &= 2\left(\frac{3}{4}x'^2 + \frac{1}{4}y'^2 - \frac{\sqrt{3}}{2}x'y'\right) + \sqrt{3}\left(\frac{\sqrt{3}}{4}x'^2 - \frac{\sqrt{3}}{4}y'^2 + \frac{1}{2}x'y'\right) \\ &\qquad + \left(\frac{1}{4}x'^2 + \frac{3}{4}y'^2 + \frac{\sqrt{3}}{2}x'y'\right) - 10 \\ &= \frac{5}{2}x'^2 + \frac{1}{2}y'^2 - 10 = 0 \end{aligned}$$

즉,

$$\frac{x'^2}{4} + \frac{y'^2}{20} = 1$$

을 얻는다. 이는 초점이 $y'$축 위에 있는 타원이다(그림 12.21). ■

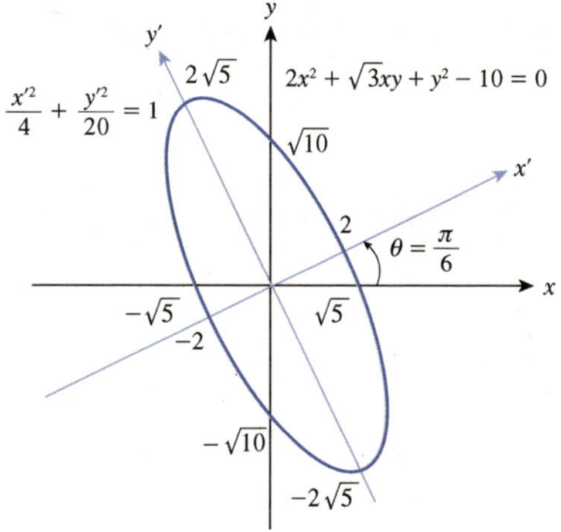


그림 12.21 예제 2

## 예제 3

이차곡선 $7x^2 + 24xy + 144 = 0$ 의 그래프는 어떤 형태를 나타내는가?

**풀이**

$A = 7,\ B = 24,\ C = 0$ 이므로 식 (12.20)에서 $\tan 2\theta = B/(A - C) = 24/7$ 이다. 따라서 그림 12.22에서 $\cos 2\theta = 7/25$ 이고 $\sin^2\theta = \dfrac{1 - \cos 2\theta}{2}$, $\cos^2\theta = \dfrac{1 + \cos 2\theta}{2}$ 에서

$$\sin\theta = \sqrt{\frac{1-\cos 2\theta}{2}} = \sqrt{\frac{1-\frac{7}{25}}{2}} = \sqrt{\frac{9}{25}} = \frac{3}{5}$$

$$\cos\theta = \sqrt{\frac{1+\cos 2\theta}{2}} = \sqrt{\frac{1+\frac{7}{25}}{2}} = \sqrt{\frac{16}{25}} = \frac{4}{5}$$

을 얻는다. 또한 식 (12.16)에서

$$x = \frac{4}{5}x' - \frac{3}{5}y',\ y = \frac{3}{5}x' + \frac{4}{5}y'$$

이고 이를 대입하면

$$\begin{aligned}
&7x^2 + 24xy + 144 \\
&= 7\left(\frac{16}{25}x'^2 + \frac{9}{25}y'^2 - \frac{24}{25}x'y'\right) + 24\left(\frac{12}{25}x'^2 - \frac{12}{25}y'^2 + \frac{7}{25}x'y'\right) + 144 \\
&= 16x'^2 - 9y'^2 + 144 = 0
\end{aligned}$$

즉,

$$\frac{y'^2}{16} - \frac{x'^2}{9} = 1$$

이며, 이는 표준형 쌍곡선이다. 이 식의 그래프는 그림 12.23과 같고 점근선 중 하나가 $y$축이라는 것을 알 수 있다. ■

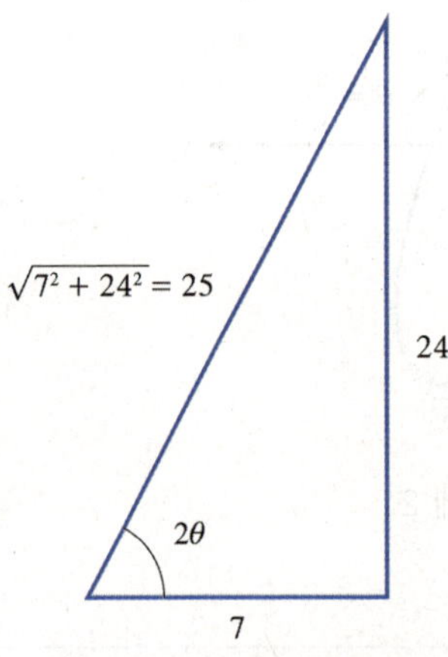


그림 12.22 예제 3의 삼각비

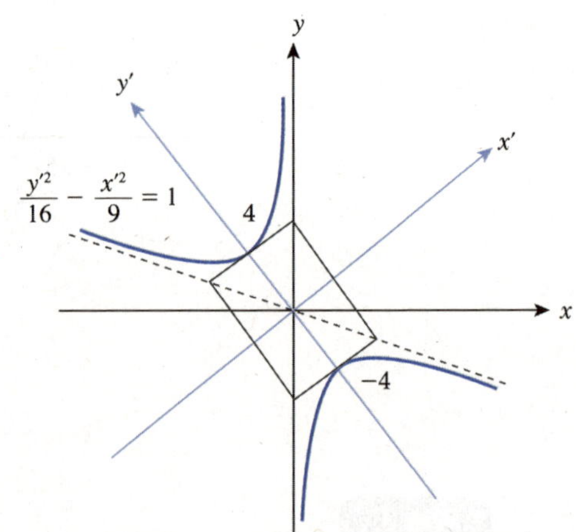


그림 12.23 예제 3의 원뿔곡선

## 이차곡선의 판별식

앞의 예제에서 보는 바와 같이 이차식에 곱의 항 $xy$가 있을 때에는 표준형의 경우와 같이 쉽게 이차곡선의 형태를 알아내기가 힘들고 축의 회전이동을 통하여 이차곡선의 형태를 알 수 있게 된다. 그러나 만일 식 (12.17)이 포물선, 타원, 쌍곡선 중 어떤 원뿔곡선을 나타내는지

아는 것이 목적이라면 반드시 곱의 항을 제거할 필요는 없다. 그 대신 다음의 판별식을 이용하면 된다. 편의상 퇴화되는 경우는 제외하고 원은 타원의 특수한 경우로 간주한다.

식 (12.17)에서 $B \neq 0$ 이면 식 (12.20)을 만족하는 $\theta$ 만큼 축을 회전이동하여 곱의 항이 없는 식 (12.21)로 변환할 수 있다. 식 (12.21)은

(1) $A'$ 또는 $C'$ 이 0이면, 즉 $A'C' = 0$ 이면 포물선,

(2) $A'$과 $C'$이 같은 부호이면, 즉 $A'C' > 0$ 이면 타원,

(3) $A'$과 $C'$이 반대 부호이면, 즉 $A'C' < 0$ 이면 쌍곡선

을 나타낸다. 식 (12.17)과 이에 식 (12.16)을 대입하여 얻은 변환식 (12.18)의 계수를 비교하면 다음을 얻을 수 있다.

$$\begin{aligned}
A' &= A\cos^2\theta + B\cos\theta\sin\theta + C\sin^2\theta \\
B' &= (C - A)\sin 2\theta + B\cos 2\theta \\
C' &= A\sin^2\theta - B\cos\theta\sin\theta + C\cos^2\theta \\
D' &= D\cos\theta + E\sin\theta \\
E' &= -D\sin\theta + E\cos\theta \\
F' &= F
\end{aligned} \tag{12.22}$$

$B'$ 에 대한 식은 이미 앞에서 이용되었다. 식 (12.22)로부터 좌표축의 모든 회전이동에 대하여

$$B^2 - 4AC = B'^2 - 4A'C'$$

이라는 것을 확인할 수 있다. 이것은 $B^2 - 4AC$의 값은 회전이동에 대하여 변하지 않음을 의미한다. 또한 식 (12.20)의 $\theta$ 에 대해서 $B' = 0$ 이므로

$$B^2 - 4AC = -4A'C'$$

가 된다. 곡선은 $A'C' = 0$ 이면 포물선, $A'C' > 0$ 이면 타원, $A'C' < 0$ 이면 쌍곡선이므로 $B^2 - 4AC = 0$ 이면 포물선, $B^2 - 4AC < 0$ 이면 타원, $B^2 - 4AC > 0$ 이면 쌍곡선이다. 이때 $B^2 - 4AC$를 식 (12.17)로 나타나는 이차곡선의 판별식(discriminant)이라고 한다.

**[이차곡선의 판별식]**

이차곡선 $Ax^2 + Bxy + Cy^2 + Dx + Ey + F = 0$ 은

(1) $B^2 - 4AC = 0$ 이면 포물선,

(2) $B^2 - 4AC < 0$ 이면 타원,

(3) $B^2 - 4AC > 0$ 이면 쌍곡선을 나타낸다.

**예제 4**

(1) $3x^2-6xy+3y^2+2x-7=0$은

$$B^2-4AC=(-6)^2-4\cdot 3\cdot 3=36-36=0$$

이므로 포물선을 나타낸다.

(2) $x^2+xy+y^2-1=0$은

$$B^2-4AC=(1)^2-4\cdot 1\cdot 1=-3<0$$

이므로 타원을 나타낸다.

(3) $xy-y^2-5y+1=0$은

$$B^2-4AC=(1)^2-4(0)(-1)=1>0$$

이므로 쌍곡선을 나타낸다. ■

## 연습문제 12.3

**[01-07]** 좌표축을 적절히 회전이동하여 다음 이차식을 곱의 항($xy$)이 없는 식으로 바꾸어라. 어떤 형태인지 알아보고 그래프를 그려라.

**01** $3x^2+2\sqrt{3}xy+y^2-8x+8\sqrt{3}y=0$

**02** $x^2-2xy+y^2=2$

**03** $\sqrt{2}x^2+2\sqrt{2}xy+\sqrt{2}y^2-8x+8y=0$

**04** $3x^2+2xy+3y^2=19$

**05** $13x^2+10xy+13y^2=2$

**06** $52x^2+72xy+73y^2=400$

**07** $x^2-8xy+7y^2=4$

**[08-13]** 이차곡선의 판별식 $B^2-4AC$를 이용하여 다음 식이 포물선, 타원, 쌍곡선 중 어디에 해당하는지를 알아보라.

**08** $x^2-3xy+y^2-x=0$

**09** $3x^2-7xy+\sqrt{17}y^2=1$

**10** $x^2+2xy+y^2+2x-y+2=0$

**11** $x^2+4xy+4y^2-3x=6$

**12** $xy+y^2-3x=5$

**13** $x^2-3xy+3y^2+6y=7$

**14** 좌표축을 90도 회전이동하는 것은 다음 원뿔곡선에 어떤 효과를 갖는가? 새 방정식을 $x'$, $y'$ 에 대해서 적어라.

(1) 타원 $\frac{x^2}{a^2}+\frac{y^2}{b^2}=1$ $(a>b)$

(2) 쌍곡선 $\frac{x^2}{a^2}-\frac{y^2}{b^2}=1$

(3) 원 $x^2+y^2=a^2$

(4) 직선 $y=ax$

(5) 직선 $y=ax+b$

**15** 쌍곡선 $xy=1$의 이심률을 구하라.

**16** 식 $x^2+y^2=a^2$은 식 (12.16)의 $\theta$가 어떤 값을 갖든 회전이동에 대해서 $x'^2+y'^2=a^2$이 됨을 보여라.

## 12.4 원뿔곡선의 극방정식

극좌표는 천문학이나 우주공학에서 중요하게 쓰인다. 그 이유는 위성, 행성, 그리고 혜성 등이 움직이는 경로가 타원, 포물선, 쌍곡선이며 극좌표에서는 이러한 도형이 모두 기본적인 하나의 식으로 표현되기 때문이다. 이 절에서는 기본적인 도형과 원뿔곡선의 극방정식을 다루고자 한다.

### 직선

먼저 직선의 극방정식에 대해 알아보자. 원점에서 직선 $L$로 내린 수선이 직선 $L$과 점 $P_0(r_0,\theta_0)$, $r_0 \geq 0$에서 만난다고 하자(그림 12.24). 점 $P(r,\theta)$를 $L$ 위의 다른 점이라고 하면 세 점 $P$, $P_0, O$는 직각삼각형의 꼭지점이므로

$$\frac{r_0}{r}=\cos(\theta-\theta_0),\ r\cos(\theta-\theta_0)=r_0$$

을 얻는다.

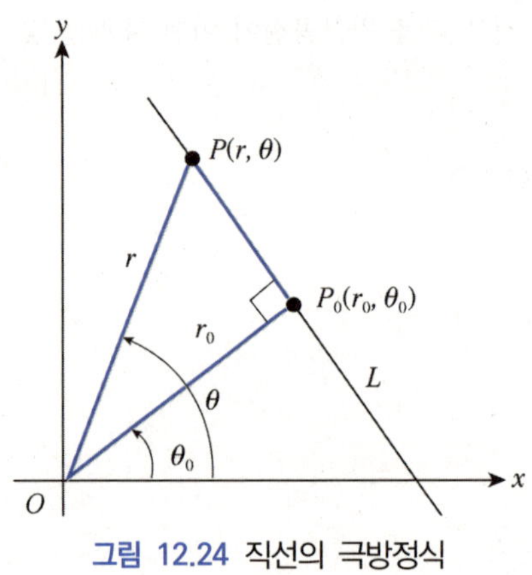

그림 12.24 직선의 극방정식

[직선의 극방정식]

점 $P_0(r_0, \theta_0)$, $r_0 \geq 0$가 원점에서 직선 $L$로 내린 수선과 직선 $L$의 교점일 때 직선 $L$의 극방정식은

$$r\cos(\theta - \theta_0) = r_0$$

이다.

**예제 1**

그림 12.25의 직선의 극방정식은

$$r\cos\left(\theta - \frac{\pi}{3}\right) = 1$$

이다. ■

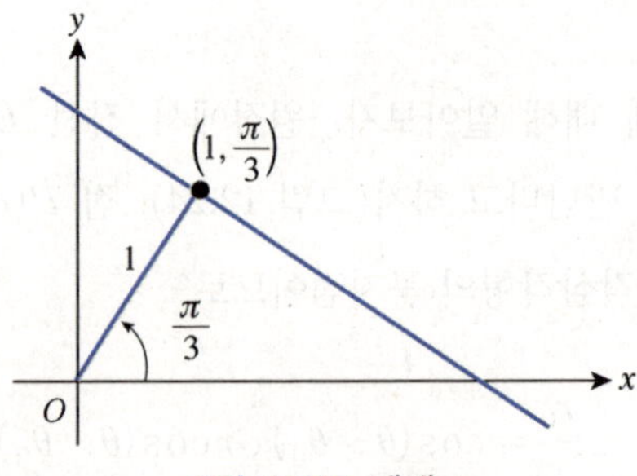

그림 12.25 예제 1

**예제 2**

예제 1의 직선의 극방정식을 직교좌표방정식으로 바꿔라.

**풀이**

$r\cos\left(\theta-\frac{\pi}{3}\right)=1$에 삼각함수 공식 $\cos(\alpha-\beta)=\cos\alpha\cos\beta+\sin\alpha\sin\beta$를 적용하면

$$r\left(\cos\theta\cos\frac{\pi}{3}+\sin\theta\sin\frac{\pi}{3}\right)=1$$

즉,

$$\frac{1}{2}r\cos\theta+\frac{\sqrt{3}}{2}r\sin\theta=1$$

이다. 여기에서 $x=r\cos\theta$, $y=r\sin\theta$이므로

$$\frac{1}{2}x+\frac{\sqrt{3}}{2}y=1$$

또는

$$x+\sqrt{3}y=2$$

을 얻는다. ■

## 원

그림 12.26과 같이 반지름이 $a$이고 중심이 $P_0(r_0,\theta_0)$인 원의 극방정식을 구하자. $P(r,\theta)$를 원 위의 임의의 점이라고 하고 삼각형 $OP_0P$에 코사인 제2법칙을 적용하면

$$a^2=r_0^2+r^2-2r_0r\cos(\theta-\theta_0) \tag{12.23}$$

이다.

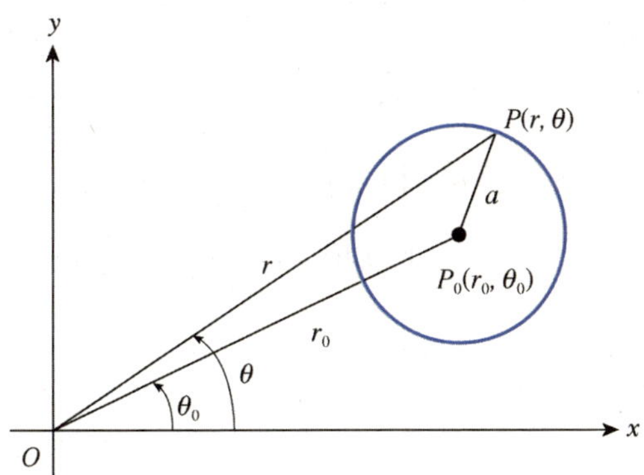


그림 12.26 원의 극방정식

만일 원점을 지나는 원이라면 $r_0 = a$이므로 식 (12.23)은 $a^2 = a^2 + r^2 - 2ar\cos(\theta - \theta_0)$에서

$$r = 2a\cos(\theta - \theta_0) \tag{12.24}$$

가 된다. 만일 중심이 양의 $x$축 위에 있는 원이라면 $\theta_0 = 0$이므로 식 (12.24)는

$$r = 2a\cos\theta \tag{12.25}$$

가 된다. 만일 중심이 양의 $y$축 위에 있는 원이라면 $\theta_0 = \pi/2$ 이고, $\cos(\theta - \pi/2) = \sin\theta$로부터 식 (12.24)는

$$r = 2a\sin\theta \tag{12.26}$$

가 된다. 중심이 음의 $x$축 또는 음의 $y$축 위에 있는 원점을 지나는 원의 방정식은 식 (12.25), (12.26)에 $r$ 대신 $-r$을 대입하여 얻을 수 있다(그림 12.27).

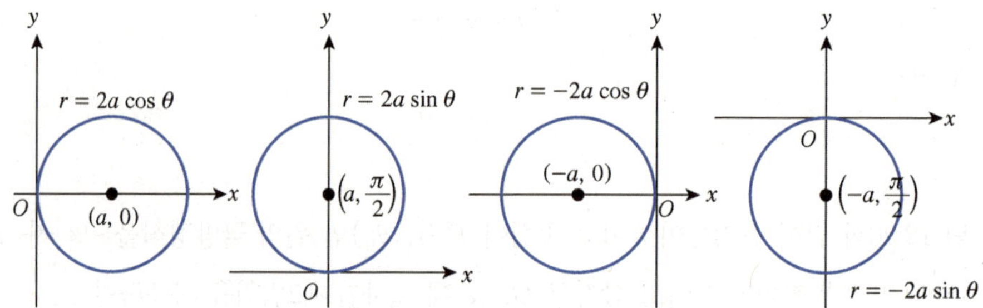


그림 12.27 원점을 지나는 원의 극방정식 표현

## 예제 3

원점을 지나는 원

| 반지름 | 중심의 극좌표 | 극방정식 |
|---|---|---|
| 2 | $(2,0)$ | $r=4\cos\theta$ |
| 4 | $\left(4,\frac{\pi}{2}\right)$ | $r=8\sin\theta$ |
| 1 | $(-1,0)$ | $r=-2\cos\theta$ |
| 1/2 | $\left(-\frac{1}{2},\frac{\pi}{2}\right)$ | $r=-\sin\theta$ |

■

## 타원, 포물선, 쌍곡선의 극방정식

타원, 포물선, 쌍곡선의 극방정식을 구하기 위해서 초점 하나를 원점에 놓고 해당하는 준선을 원점의 우측에 위치한 수직선 $x = k(k > 0)$가 되도록 하자(그림 12.28). 그러면

$$\overline{PF} = r$$
$$\overline{PD} = k - \overline{FB} = k - r\cos\theta$$

이므로 12.2절의 초점－준선의 식 $\overline{PF} = e \cdot \overline{PD}$는

$$r = e(k - r\cos\theta)$$

가 된다. 이를 $r$에 대해서 정리하면

$$r = \frac{ke}{1 + e\cos\theta} \qquad (12.27)$$

를 얻는다. 이 식은 $0 < e < 1$이면 타원, $e = 1$이면 포물선, $e > 1$이면 쌍곡선이다. 이로써 극좌표에서는 타원, 포물선, 쌍곡선이 모두 하나의 식으로 표현된다.

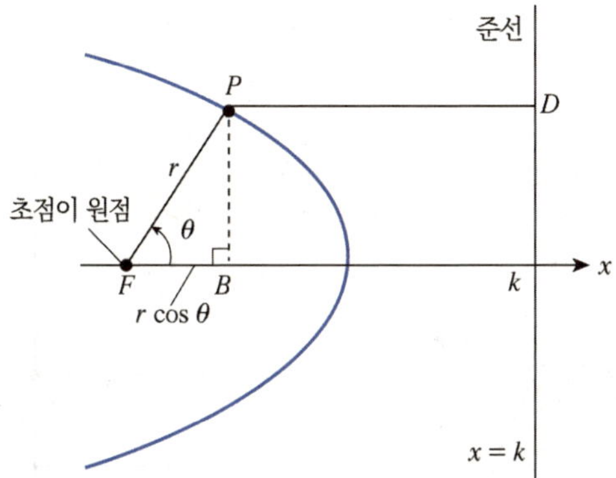


그림 12.28 원뿔곡선의 극방정식

**예제 4**

식 (12.27)의 원뿔곡선의 예

$e = \frac{1}{2}$ : 타원 $r = \frac{k}{2 + \cos\theta}$

$e = 1$ : 포물선 $r = \frac{k}{1 + \cos\theta}$

$e = 2$ : 쌍곡선 $r = \frac{2k}{1 + 2\cos\theta}$ ■

때로는 준선의 위치에 따라 식 (12.27)의 변형된 형태를 보기도 한다. 만일 준선이 원점의 왼쪽에 위치하는 수직선 $x=-k(k>0)$이면 식 (12.27)은

$$r=\frac{ke}{1-e\cos\theta} \tag{12.28}$$

가 된다. 즉, 분모의 + 부호가 − 부호로 바뀐다. 만일 준선이 $y=k$나 $y=-k$이면 식 (12.27)과 식 (12.28)의 $\cos\theta$가 $\sin\theta$로 바뀐다(그림 12.29).

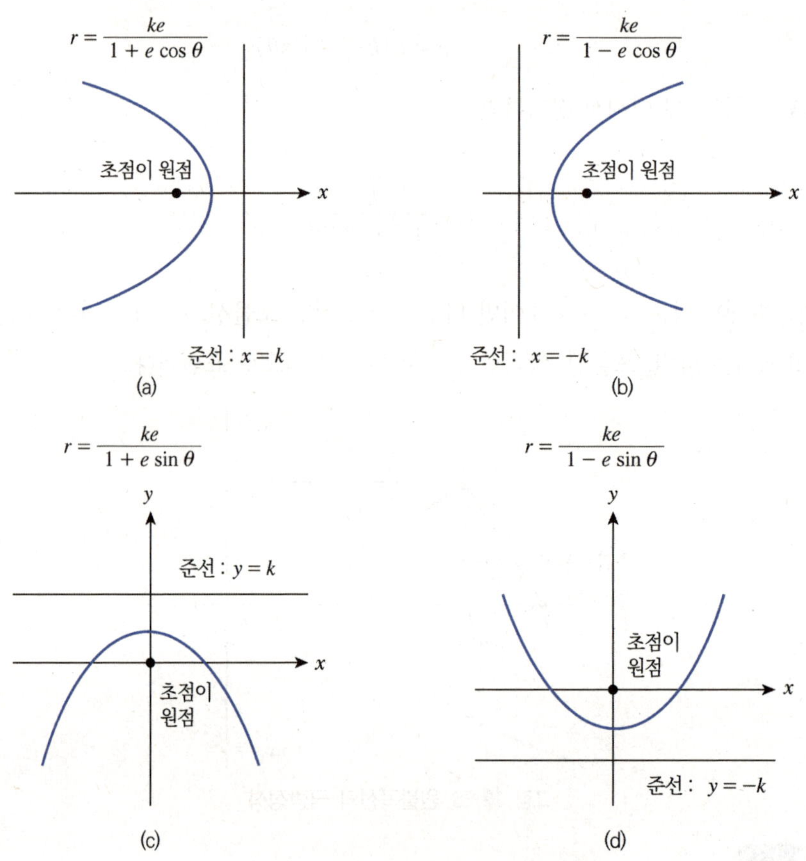


그림 12.29 준선에 따른 극방정식의 변화

**예제 5**

포물선 $r=\frac{12}{3+3\cos\theta}$ 의 준선을 구하라.

**풀이**

분모, 분자를 3으로 나누어 식 (12.27)의 표준형으로 바꾸면 $r=\frac{4}{1+\cos\theta}$ 이므로 $e=1$, $k=4$에서 준선은 $x=4$이다. ■

**예제 6**

이심률이 $e=3/2$이고 준선이 $x=3$인 쌍곡선의 식을 구하라.

**풀이**

식 (12.27)에서 $k=3$, $e=3/2$이므로

$$r=\frac{3(3/2)}{1+3/2\cos\theta},\quad r=\frac{9}{2+3\cos\theta}$$

이다. ■

그림 12.30에서 볼 수 있듯이 타원에서 $k$는 $e$와 $a$로 표현된다. 즉,

$$k=\frac{a}{e}-ea$$

가 성립한다. 이로부터 $ke=a(1-e^2)$이고 이를 식 (12.27)에 대입하면 타원의 표준 극방정식을 얻는다.

**[이심률이 $e$이고 장축이 $2a$인 타원의 방정식]**

$$r=\frac{a(1-e^2)}{1+e\cos\theta} \tag{12.29}$$

식 (12.29)에서 $e=0$이면 $r=a$가 되며 이것은 반지름이 $a$인 원의 방정식이다.

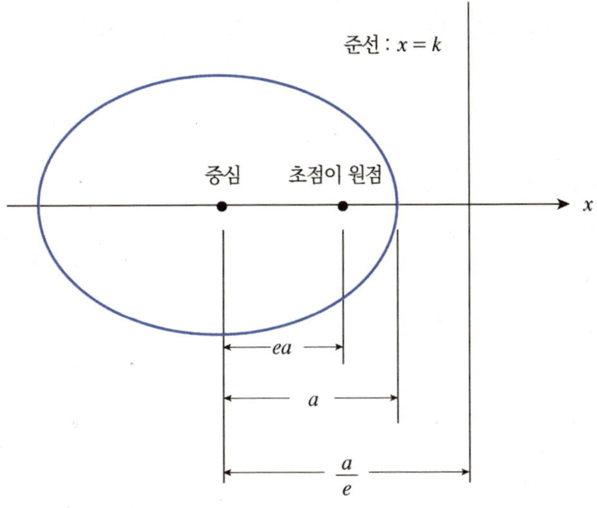


그림 12.30 타원의 경우 초점에서 준선까지의 거리

**예제 7**

타원 $r=\dfrac{6}{2+\cos\theta}$의 장축과 단축의 길이를 구하라.

**풀이**

분모, 분자를 2로 나누어 표준형으로 바꾸면 $r=\dfrac{3}{1+1/2\cos\theta}$이다. 따라서 이심률 $e=1/2$이고 $ke=a(1-e^2)=3$에서 $a=3/(1-e^2)=3/(1-1/4)=4$이다. 또한 이심률의 정의에 의해서 중심에서 초점까지의 거리 $c$는 $c=ea$이므로 $c=2$이다. 그리고 $c=\sqrt{a^2-b^2}$에서 $b^2=a^2-c^2=16-4=12$이므로 $b=2\sqrt{2}$이다. 따라서 장축의 길이는 $2a=8$, 단축의 길이는 $2b=4\sqrt{3}$이다. ■

## 연습문제 12.4

**[01-02]** 다음 직선의 극방정식과 직교좌표방정식을 구하라.

**01**

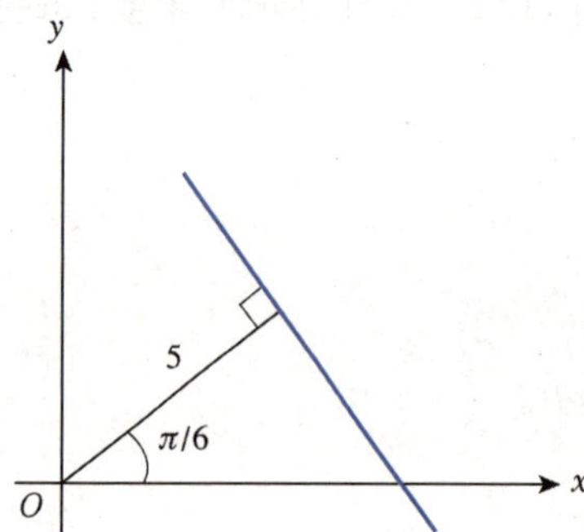


**02**

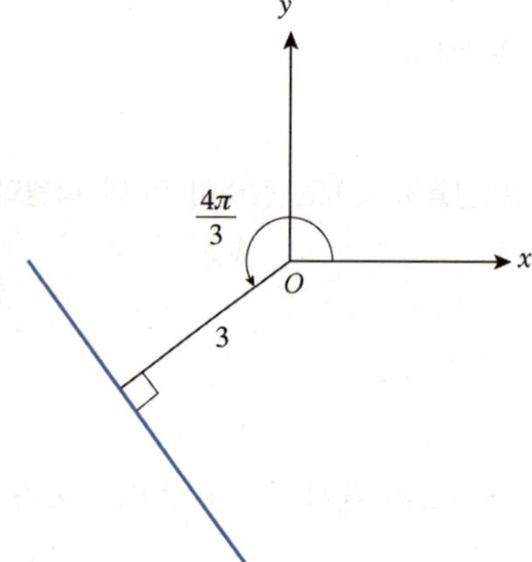


**[03-04]** 다음 극방정식이 나타내는 직선을 그리고 해당하는 직교좌표방정식을 구하라.

**03** $r\cos\left(\theta-\dfrac{\pi}{4}\right)=\sqrt{2}$

**04** $r\cos\left(\theta-\dfrac{2\pi}{3}\right)=3$

**[05-06]** 다음 원의 극방정식을 구하라.

**05**

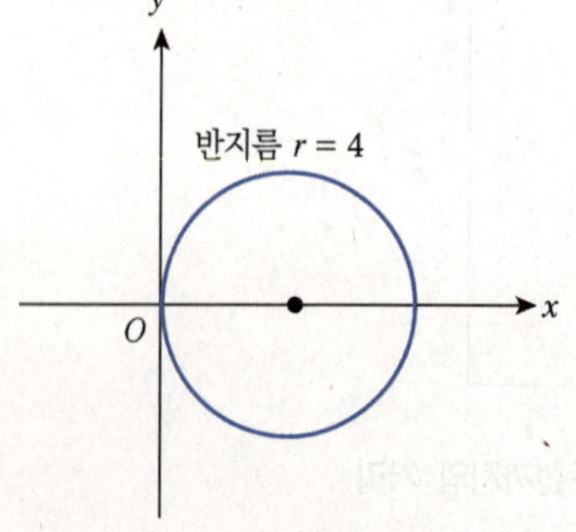


**06**

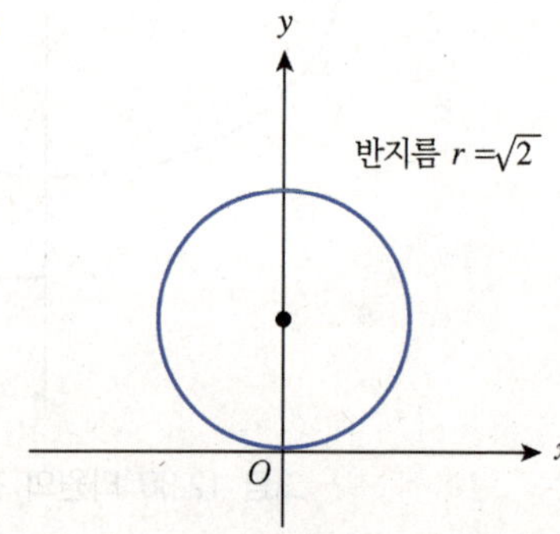

**[07-08]** 다음 극방정식이 나타내는 원의 중심과 반지름을 구하고 그래프를 그려라.

**07** $r = 4\cos\theta$

**08** $r = -6\sin\theta$

**[09-12]** 다음 원의 극방정식을 구하라.

**09** $(x-6)^2 + y^2 = 36$

**10** $x^2 + (y-5)^2 = 25$

**11** $x^2 + 2x + y^2 = 0$

**12** $x^2 + y^2 + y = 0$

**[13-16]** 다음은 초점 하나가 원점인 원뿔곡선의 이심률과 준선을 나타낸다. 각 원뿔곡선의 극방정식을 구하라.

**13** $e = 1,\ x = 2$

**14** $e = 2,\ x = 4$

**15** $e = 1/2,\ x = 1$

**16** $e = 1/5,\ y = -10$

**[17-20]** 다음 극방정식이 나타내는 포물선과 타원의 그래프를 그려라. 원점에 위치한 초점에 해당하는 준선을 그래프에 표시하라. 꼭지점의 극좌표를 표시하고 타원의 경우는 중심의 극좌표도 표시하라.

**17** $r = \dfrac{1}{1 + \cos\theta}$

**18** $r = \dfrac{25}{10 - 5\cos\theta}$

**19** $r = \dfrac{400}{16 + 8\sin\theta}$

**20** $r = \dfrac{8}{2 - 2\sin\theta}$

**21** (1) $r = 4\sin\theta$ 와 $r = \sqrt{3}\sec\theta$ 의 직교좌표방정식을 구하라.

(2) 두 곡선을 하나의 평면에 그리고 교점의 직교좌표와 극좌표를 표시하라.

CHAPTER 13

# 편도함수

## 13.1 다변수 함수

여러 개의 독립변수를 갖는 함수를 **다변수 함수**라고 부른다. 다변수 함수는 일상적으로 매우 자주 이용되는 함수이다. 예를 들어 두 변의 길이가 각각 $x$, $y$ 인 직사각형의 넓이 $S$는 2변수 함수

$$S(x,y) = xy$$

로 표현되고 $n$개의 관측치 $x_1$, $x_2, \dots, x_n$ 의 평균은 $n$변수 함수

$$m(x_1, \cdots, x_n) = \frac{(x_1 + \cdots + x_n)}{n}$$

로 표현된다. 이미 우리가 알고 있는 1변수 함수에서 정의되었던 개념들이 다변수 함수에 유사하게 적용될 수 있다. 일반적인 $n$변수 함수를

$$w = f(x_1, x_2, \cdots, x_n)$$

로 표현하면 함수관계가 정의되는 $(x_1, \cdots, x_n)$의 영역을 **정의역**, 함수값 $w$의 범위를 **치역**, $x_1, \cdots, x_n$ 들을 **독립변수**(또는 **입력변수**), $w$를 **종속변수**(또는 **출력변수**)라고 부른다. 정의역, 치역에 별도의 제한이 주어지지 않으면 각 변수들은 전체 실수 범위에서 값을 갖는다. 이 장에서는 주로 2변수 또는 3변수 함수가 다루어지는데, 이 함수들에 관한 사실들은 대개의 경우 어렵지 않게 $n$변수 함수로 확장될 수 있다.

**예제 1**

3차원 공간상의 한 점 $(x,y,z)$로부터 원점까지의 거리를 나타내는 함수는

$$w=\sqrt{x^2+y^2+z^2}$$

인데, 이 함수의 정의역은 전체 공간(3차원 실공간)이고 치역은 $\{w\,|w\geq 0\}$이다. ■

**예제 2**

2변수 함수 $w=\sin\sqrt{y-x^2}$ 의 정의역은 $\{(x,y)|y\geq x^2\}$이고 치역은 $\{w\,|-1\leq w\leq 1\}$이다. ■

## 2변수 함수의 그래프

1변수 함수의 그래프의 경우 $y=f(x)$라고 놓고 $xy$-평면상에 나타냈듯이, 2변수 함수의 그래프는 $z=f(x,y)$로 놓고 $xyz$-공간상에 나타낼 수 있다.

**예제 3**

$z=1-x+y$의 그래프를 그려라.

**풀이**

주어진 식을 다시 쓰면 $x-y+z=1$이 되는데, 이것은 (1,0,0), (0,-1,0), (0,0,1) 세 점을 지나는 평면이 된다(그림 13.1). ■

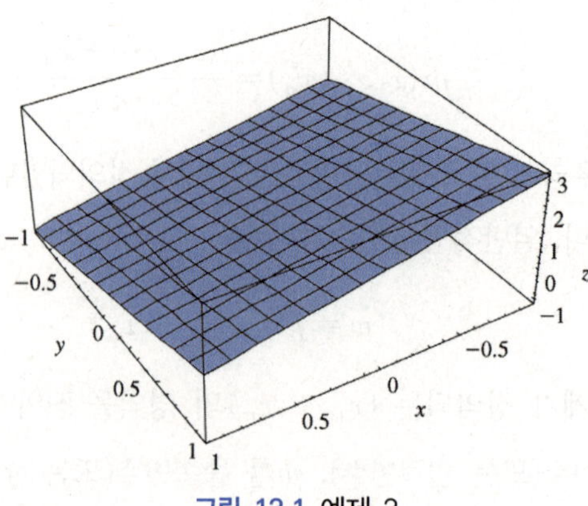


그림 13.1 예제 3

**예제 4**

$z=\sqrt{1-x^2-y^2}$ 의 그래프를 그려라.

**풀이**

양변을 제곱하여 정리하면 원점이 중심이고 반지름이 1인 구면 $x^2+y^2+z^2=1$이 얻어진다. 여기에 $z \geq 0$의 조건을 첨가하면 구면의 상반면이 된다(그림 13.2). ■

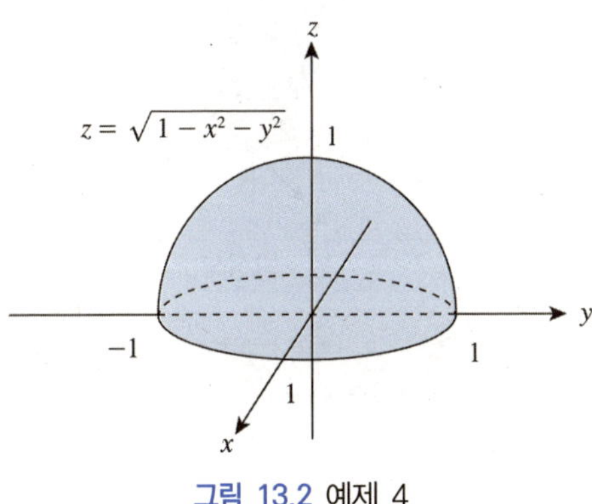


그림 13.2 예제 4

일반적으로 2변수 함수의 그래프는 3차원 곡면이 되어 그리기가 쉽지 않다. 한 가지 방법은 곡면과 각 좌표평면에 평행한 면들이 만나는 자취를 그려 전체 곡면의 형태를 짐작하는 그물망(mesh plot) 방법이다. 참고로 표 13.1에는 그물망 방법으로 그린 대표적인 2차곡면의 그래프가 주어져 있다.

표 13.1 다양한 2차곡면 [계속]

| 곡면 이름 | | |
|---|---|---|
| 타원곡면 (ellipsoid) | 1엽 쌍곡면 (hyperboloid of one sheet) | 2엽 쌍곡면 (hyperboloid of two sheets) |
| z, y, x | z, y, x | z, y, x |
| 방정식 | | |
| $\frac{x^2}{a^2}+\frac{y^2}{b^2}+\frac{z^2}{c^2}=1$ | $\frac{x^2}{a^2}+\frac{y^2}{b^2}-\frac{z^2}{c^2}=1$ | $\frac{x^2}{a^2}+\frac{y^2}{b^2}-\frac{z^2}{c^2}=-1$ |

**표 13.1** 다양한 2차곡면

| 곡면 이름 | | |
|---|---|---|
| 타원뿔 (elliptic cone) | 타원 포물면 (elliptic paraboloid) | 쌍곡 포물면 (hyperbolic paraboloid) |
| | | |
| **방정식** | | |
| $z^2 = \dfrac{x^2}{a^2} + \dfrac{y^2}{b^2}$ | $z = \dfrac{x^2}{a^2} + \dfrac{y^2}{b^2}$ | $z = \dfrac{y^2}{b^2} - \dfrac{x^2}{a^2}$ |

## 등고선과 등위곡면

3차원의 곡면을 2차원 평면상에 표현할 때 지도에서처럼 등고선(level curve 또는 contour)을 사용하면 편리하다. 곡면이 $z = f(x, y)$로 주어질 때 $z = k$의 값을 갖는 점들의 모임을 ***k* 수준의 등고선**이라고 부른다(그림 13.3). 물론 이때 이 등고선은 $f(x, y) = k$의 방정식으로 표현된다.

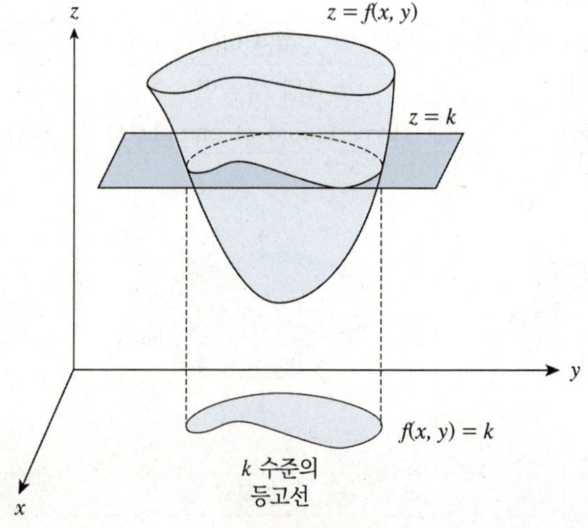


**그림 13.3** 등고선

## 예제 5

타원포물면 $z = x^2 + \frac{1}{2}y^2$ 의 등고선을 그려라.

### 풀이

등고선은 $x^2 + \frac{1}{2}y^2 = k$ 로 표현되는데, 이것은 $k > 0$ 일 때는 타원이 되고 $k = 0$ 일 때는 원점이 될 것이다. 물론 $k < 0$ 일 때는 등고선이 존재하지 않는다. 그림 13.4(a)와 (b)에는 곡면과 그것의 등고선이 그려져 있다. ■

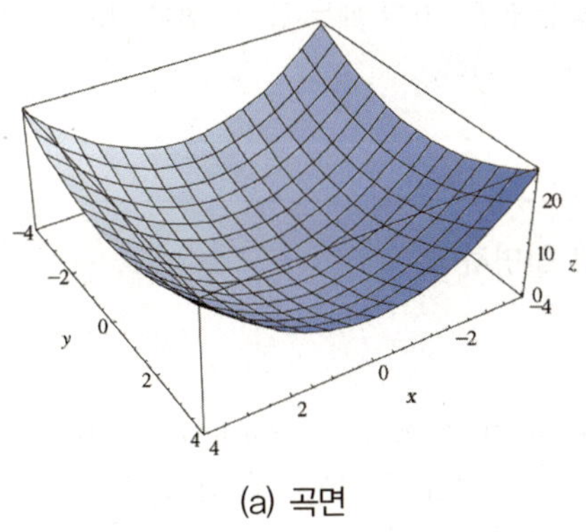


(a) 곡면

(b) 등고선

그림 13.4 예제 5

## 예제 6

$z = y^2 - x^2$ 은 그림 13.5(a)에서 보듯이 말안장 형태의 곡면(saddle surface)이 된다. 이것의 등고선에 대해 설명하라.

### 풀이

등고선의 방정식 $y^2 - x^2 = k$ 에서 $k < 0$ 일 때는 $x$ 축 방향 양쪽으로 벌어지는 쌍곡선, $k = 0$ 일 때는 직교하는 2개의 직선($y + x = 0$, $y - x = 0$), $k > 0$ 일 때는 $y$ 축 방향 양쪽으로 벌어지는 쌍곡선이 됨을 알 수 있다[그림 13.5(b)].

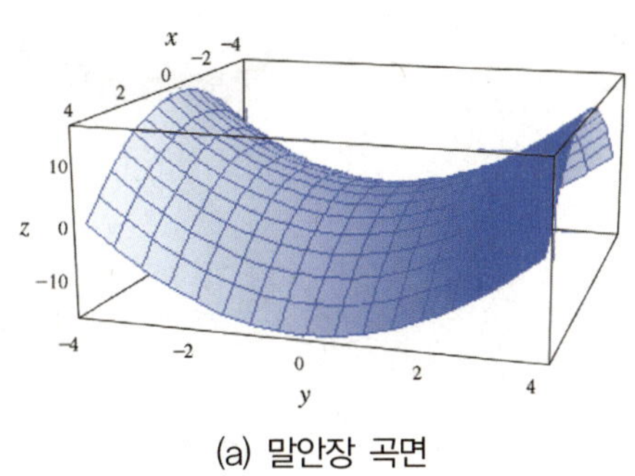


(a) 말안장 곡면

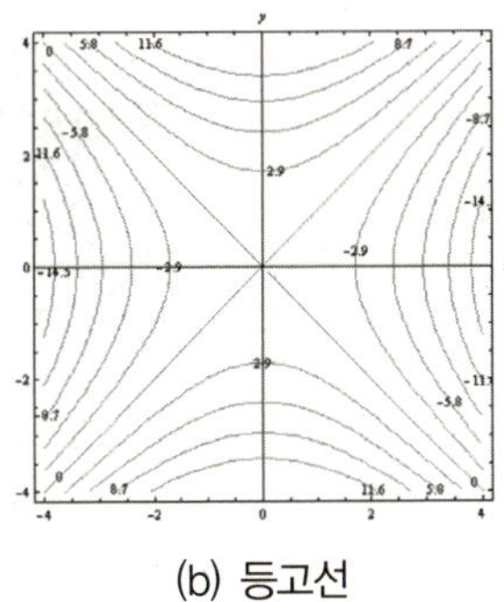

(b) 등고선

그림 13.5 예제 6

3변수 함수 $w = f(x,y,z)$의 경우에는 전체 모양을 공간상에 나타낼 수 없으므로 등위곡면(level surface)으로 전체의 형태를 파악하게 된다. 등고선과 마찬가지로 $f(x,y,z) = k$를 만족하는 점들의 집합을 ***k* 수준의 등위곡면**이라고 부른다.

**예제 7**

$f(x,y,z) = x^2 + y^2 + z^2$의 등위곡면을 설명하라.

**풀이**

등위곡면의 방정식은 $x^2 + y^2 + z^2 = k$로 표현되는데 $k < 0$일 때는 등위곡면이 없고 $k = 0$일 때는 원점, $k > 0$일 때는 원점이 중심, 반지름 $\sqrt{k}$인 구면이 된다. ■

**예제 8**

$f(x,y,z) = z^2 - x^2 - y^2$의 등위곡면을 그리고 설명하라.

**풀이**

$k$ 수준의 등위곡면은 $z^2 - x^2 - y^2 = k$로부터 얻어진다. 표 13.1을 참조하면 $k = 0$이면 $z^2 = x^2 + y^2$이 되어 원뿔이 되고 $k > 0$일 때는 이엽쌍곡면, $k < 0$이면 일엽쌍곡면이 됨을 알 수 있다. 그림 13.6에는 각각 $k = 0$, $k = 1,2$, $k = -1$, $k = -2$일 때의 등위곡면이 나타나 있다. ■

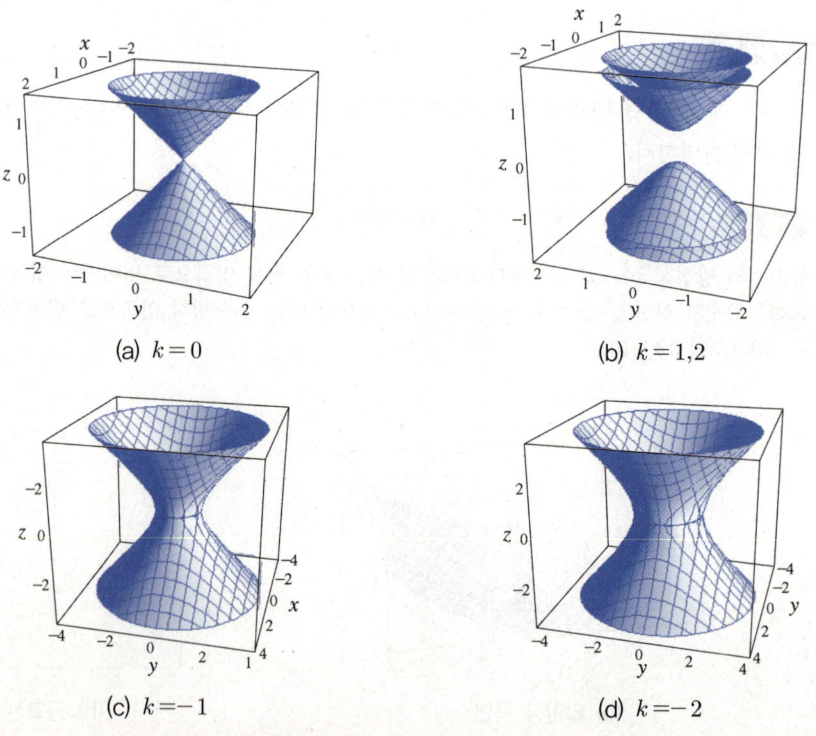

(a) $k = 0$ (b) $k = 1,2$

(c) $k = -1$ (d) $k = -2$

그림 13.6 등위곡면 $z^2 - x^2 - y^2 = k$

## 열린 집합과 닫힌 집합

1변수 함수 $f(x)$에서 함수가 정의되는 영역은 실수의 범위로 나타나기 때문에 열린 구간, 닫힌 구간 등의 구분이 간단하였다. 그러나 2개 이상의 변수를 갖는 함수가 정의되는 영역은 훨씬 복잡해지므로 2차원 평면 또는 그 이상의 공간에서의 영역을 명확히 구분하기 위해서는 새로운 개념들이 필요하다.

$D$를 2차원 평면 또는 3차원 공간상의 점들의 집합이라 할 때, $D$에 속하는 점들을 내부점(interior point)과 경계점(boundary point)으로 구분할 수 있다.

**정의** **내부점, 경계점**

한 점을 중심으로 반지름이 0보다 큰 원(3차원의 경우는 구)을 그릴 때 원 내부의 모든 점들이 $D$에 속하게 되는 원(구)을 하나라도 그릴 수 있으면 그 점을 **내부점**이라고 부른다. 이때 모든 원(구)들이 $D$에 속하는 점들과 $D$에 속하지 않는 점들을 포함하게 되면 그 점을 **경계점**이라고 부른다. 또한 $D$상의 모든 내부점들의 집합을 $D$의 **내부**(interior)라고 부르고, 모든 경계점들의 집합을 $D$의 **경계**(boundary)라고 부른다(그림 13.7).

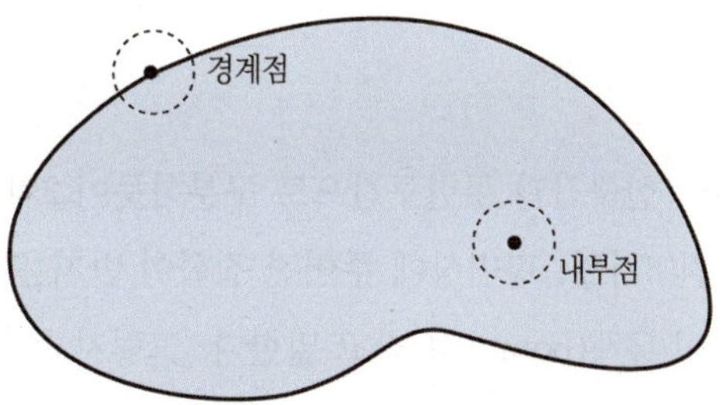


그림 13.7 내부점과 경계점

따라서 영역 $D$의 점들을 내부와 경계로 구분할 수 있게 되는데, $D$가 경계점을 하나도 포함하지 않으면(즉 내부점들로만 구성되어 있으면) 열린 집합(open set)이라고 부르고, $D$의 여집합이 열린 집합이면(즉 $D$가 모든 경계점들을 포함하면) $D$를 닫힌 집합(closed set)이라고 부른다. 전체 실수의 집합, 전체 2차원 또는 3차원 공간은 모든 점이 내부점이므로 열린 집합이다. 또한 경계 자체가 없기 때문에 모든 경계점을 포함한다고 볼 수 있으므로 닫힌 집합도 된다.

예제 9

집합 $D=\{(x,y)|x^2+y^2 \leq 1\}$은 닫힌 집합[그림 13.8(a)]이고 $D$의 경계는$\{(x,y)|x^2+y^2=1\}$[그림 13.8(c)]이고 내부는$\{(x,y)|x^2+y^2<1\}$[그림 13.8(b)]이다. 물론 내부는 열린 집합으로 열린 원반(open disk)이라고 불린다. ■

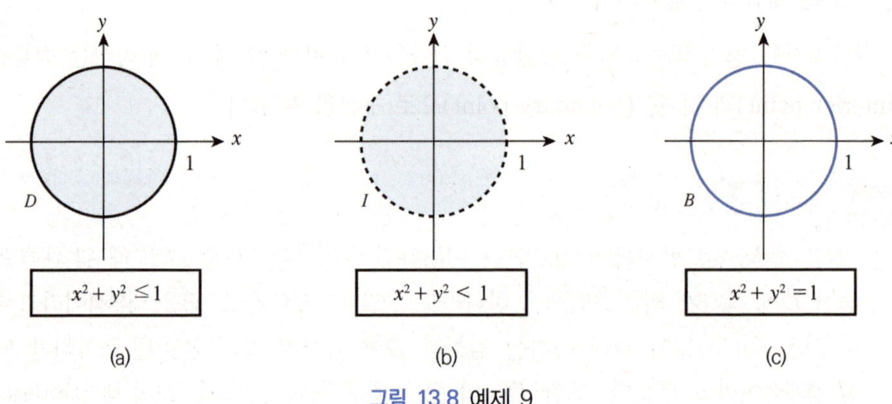


그림 13.8 예제 9

예제 10

$\{(x,y,z)|0<x^2+y^2 \leq 1\}$는 일부 경계점이 포함되지 않으므로 열린 집합도 아니고 닫힌 집합도 아니다. ■

실직선상의 영역을 유한구간과 무한구간으로 구분하듯이 2차원 이상의 공간에서도 이러한 구분이 필요한데 2차원(3차원) 평면상에 주어진 집합이 반지름이 고정된 원반(공) 안에 포함될 수 있으면 이 집합이 유계(bounded)라고 말한다. 그렇지 못하면 무계(unbounded)라고 말한다.

예제 11

선분, 삼각형, 삼각형의 내부, 원반 등은 유계집합의 예이고 직선, 좌표축, 1사분면, 전체평면 등은 무계집합의 예이다. ■

## 연습문제 13.1

[01-04] 다음 함수의 정의역, 치역을 구하고 등고선을 그려라.

01 $f(x,y)=y-2x$

02 $f(x,y)=\ln(x^2+y^2)$

03 $f(x,y)=xy^2$

04 $f(x,y)=x^2+4y^2$

**[05-08]** 다음 함수의 그래프와 등고선을 그려라.

**05** $f(x,y) = x^2$

**06** $f(x,y) = x^2 + y^2$

**07** $f(x,y) = -(x^2 + y^2)$

**08** $f(x,y) = 9x^2 + y^2$

**[09-14]** 다음 함수의 그래프와 (a)~(f)에 표시된 등고선을 대응시켜라.

**09** $z = \dfrac{xy^2}{x^2 + y^2}$

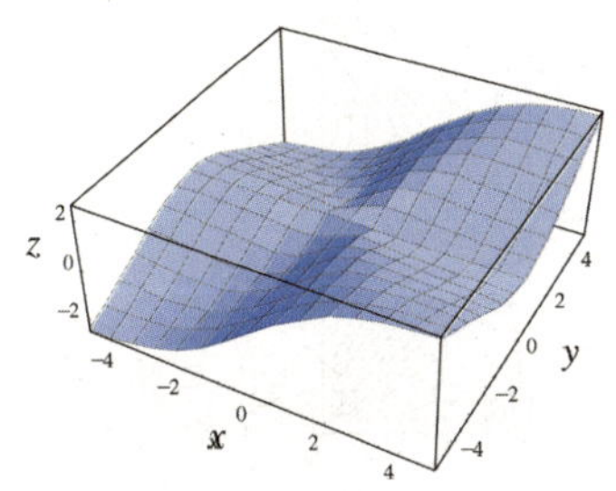


**10** $z = 10(\cos x)(\cos y)e^{-\sqrt{x^2+y^2}/16}$

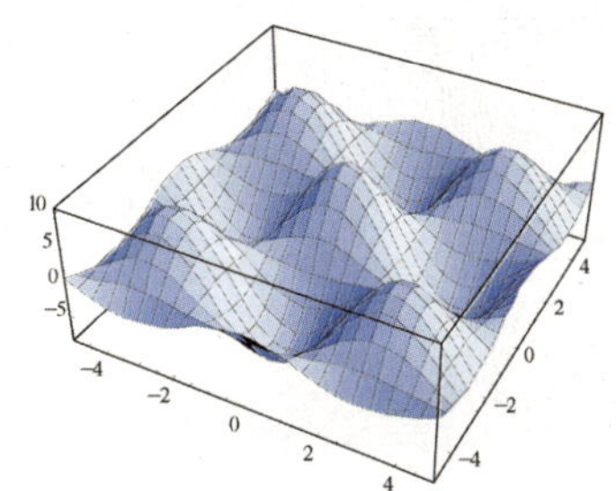


**11** $z = \dfrac{1}{x^2 + y^2}$

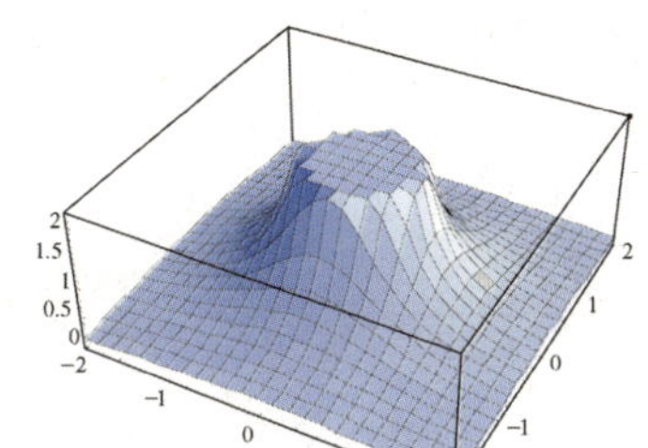


**12** $z = e^{-y}\sin x$

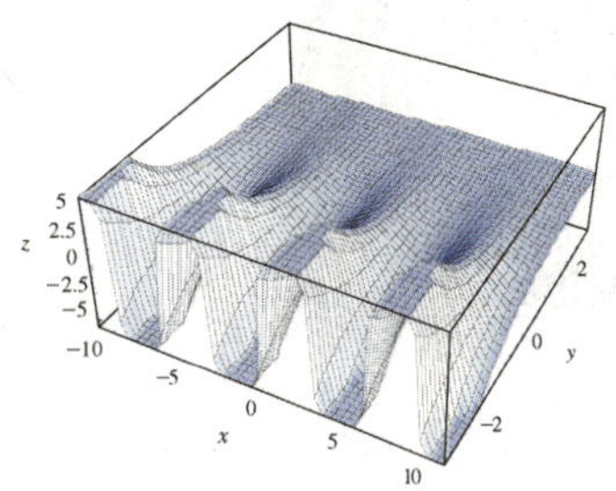


**13** $z = \dfrac{2xy(x^2 - y^2)}{x^2 + y^2}$

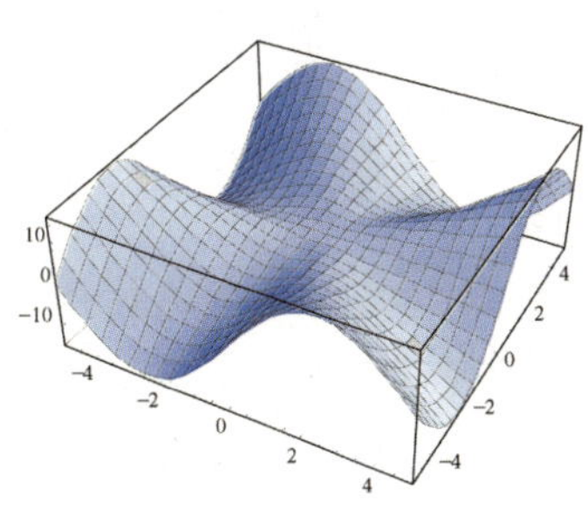


**14** $z = 1 + \cos(x^2 + y^2)$

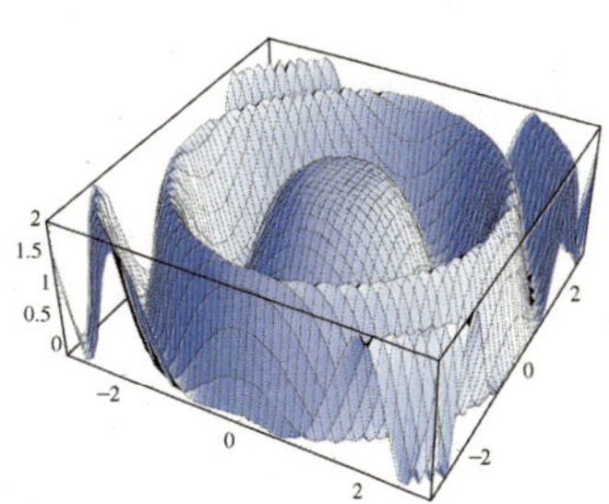

(a)

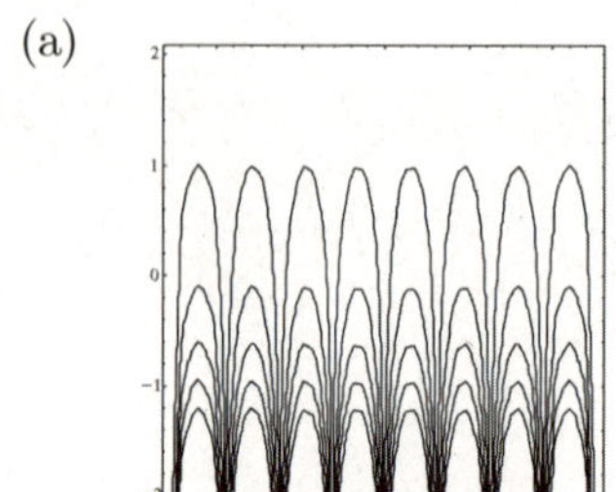

(b)

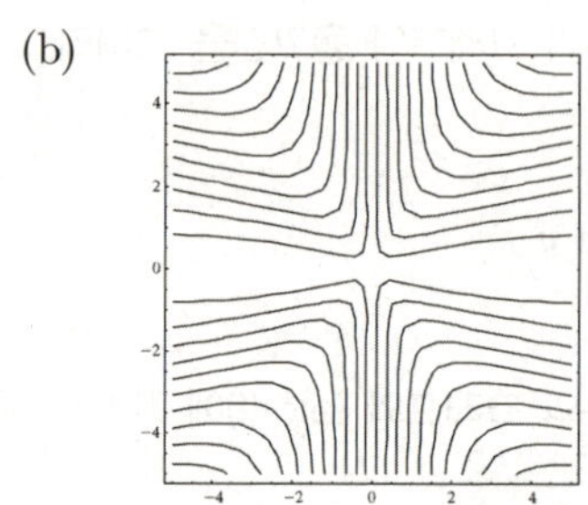

(c)

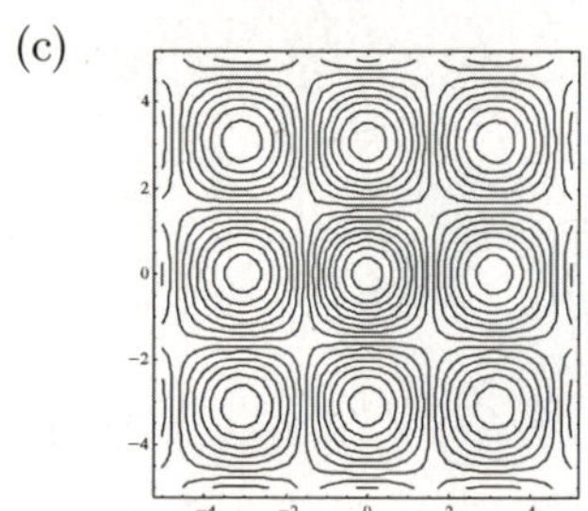

(d)

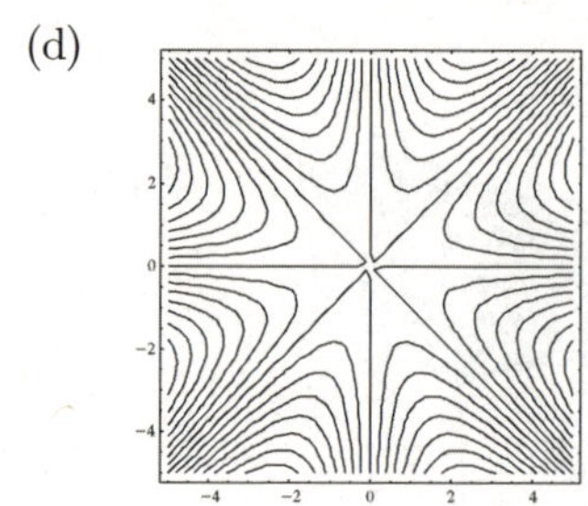

(e)

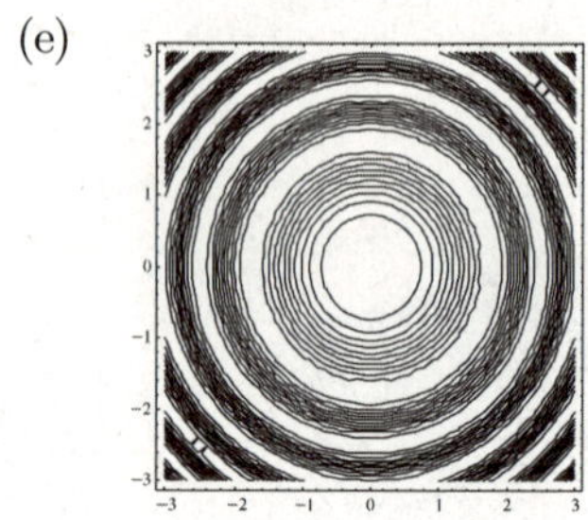

(f)

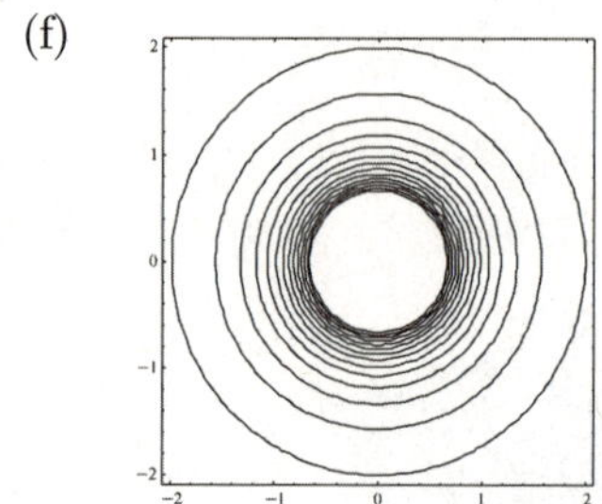

**[15-18]** 다음 함수의 개략적인 등위곡면을 그려라.

**15** $f(x,y,z)=x^2+y^2+z^2$

**16** $f(x,y,z)=x+z$

**17** $f(x,y,z)=x^2+y^2$

**18** $f(x,y,z)=z-x^2-y^2$

**19** $f(x,y)=16-x^2-y^2$에서 $(2\sqrt{2},2\sqrt{2})$를 지나는 등고선의 방정식을 구하라.

**20** $f(x,y,z)=\sqrt{x+y}-\ln z$에서 $(3,1,1)$을 지나는 등위곡면의 방정식을 구하라.

## 13.2 극한과 연속성

1변수 함수의 경우 한 점에서 연속이 되려면 좌극한과 우극한이 모두 그 점에서의 함수값과 같아야 한다. 2변수 또는 3변수 함수에서의 극한과 연속성은 한 점에 접근하는 경로가 무한히 많으므로 좌우 두 개의 경로만 있는 1변수 함수의 경우보다 훨씬 복잡해진다. 이 경우 극한이 존재하려면(수렴성) 주변의 점 $(x,y)$로부터 $(x_0,y_0)$에 접근하는 경로를 어떻게 택하든 함수값이 동일한 값에 접근해야 할 것이다. 이 개념을 보다 명확히 표현하면 다음과 같다.

**정의** 2변수 함수에서의 극한

임의의 $\epsilon > 0$이 주어질 때, $\delta > 0$를 적절히 설정하여 함수 $f(x,y)$의 $(x_0,y_0)$를 제외한 정의역상의 점 $(x,y)$가 $(x_0,y_0)$으로부터 $\delta$보다 작은 거리에 있기만 하면 $|f(x,y)-L| < \epsilon$가 되도록 할 수 있을 때 $L$을 $(x_0,y_0)$에서의 $f(x,y)$의 극한이라고 하고

$$\lim_{(x,y)\to(x_0,y_0)} f(x,y) = L$$

로 표기한다.

3변수 함수의 수렴성도 이와 유사하게 정의할 수 있다.

**정의** 3변수 함수의 수렴성

임의의 $\epsilon > 0$이 주어질 때, 함수 $f(x,y,z)$의 $(x_0,y_0,z_0)$를 제외한 정의역상의 점$(x,y,z)$이 $(x_0,y_0,z_0)$으로부터 $\delta$보다 작은 거리에 있기만 하면 $|f(x,y,z)-L| < \epsilon$가 되도록 $\delta > 0$를 설정할 수 있을 때, $L$을 $(x_0,y_0,z_0)$에서의 $f(x,y,z)$의 극한이라고 하고

$$\lim_{(x,y,z)\to(x_0,y_0,z_0)} f(x,y,z) = L$$

로 표기한다.

다차원에서의 극한은 1차원에서의 극한과 마찬가지로 다음과 같은 극한의 성질이 모두 성립함을 보일 수 있다. 또한 샌드위치 정리도 성립한다.

**정리 • 13.1 극한의 성질**

$$\lim_{(x,y)\to(x_0,y_0)} f(x,y) = L_1, \quad \lim_{(x,y)\to(x_0,y_0)} g(x,y) = L_2$$ 라고 할 때

(1) $\displaystyle\lim_{(x,y)\to(x_0,y_0)} [f(x,y)+g(x,y)] = L_1 + L_2$

(2) $\displaystyle\lim_{(x,y)\to(x_0,y_0)} [f(x,y)-g(x,y)] = L_1 - L_2$

(3) $\displaystyle\lim_{(x,y)\to(x_0,y_0)} [c\,f(x,y)] = cL_1$ ($c$는 상수)

(4) $\displaystyle\lim_{(x,y)\to(x_0,y_0)} \frac{f(x,y)}{g(x,y)} = \frac{L_1}{L_2}$ ($L_2 \neq 0$일 때)

**예제 1**

$\displaystyle\lim_{(x,y)\to(0,0)} \frac{x^2-2xy}{\sqrt{x}-\sqrt{2y}}$ 를 구하라.

**풀이**

$(x,y)\to(0,0)$일 때 분모, 분자가 모두 0에 접근한다. 분모, 분자에 $\sqrt{x}+\sqrt{2y}$ 를 곱하면

$$\frac{(x^2-2xy)(\sqrt{x}+\sqrt{2y})}{(\sqrt{x}-\sqrt{2y})(\sqrt{x}+\sqrt{2y})} = \frac{x(x-2y)(\sqrt{x}+\sqrt{2y})}{x-2y} = x(\sqrt{x}+\sqrt{2y})$$

이 되므로

$$\lim_{(x,y)\to(0,0)} \frac{x^2-2xy}{\sqrt{x}-\sqrt{2y}} = \lim_{(x,y)\to(0,0)} x(\sqrt{x}+\sqrt{2y}) = 0.$$ ■

다변수 함수의 연속성은 1변수 함수와 동일하게 정의된다. 아래의 정의에서 2변수 함수의 연속성을 정의하고 있는데, 3변수 함수의 경우도 유사하게 정의할 수 있다.

**정의 연속성**

2변수 함수 $f(x,y)$가 $(x_0,y_0)$에서 함수값이 정의되고, 극한이 존재하여

$$\lim_{(x,y)\to(x_0,y_0)} f(x,y) = f(x_0,y_0)$$

이 성립할 때, $f$가 $(x_0,y_0)$에서 **연속**이라고 한다.

함수가 주어진 영역 $D$의 모든 점에서 연속이 되면 $D$에서의 **연속함수**라고 부른다. 2변수 함수의 연속성을 판별할 때 다음 정리가 유용하게 사용된다(증명 생략).

**정리 • 13.2**

(1) $g$, $h$가 각각 연속인 1변수 함수이면 $f(x,y)=g(x)h(y)$는 $x$, $y$의 연속함수이다.
(2) $g$를 연속인 1변수 함수, $h$를 연속인 2변수 함수라고 할 때 합성함수 $f(x,y)=g(h(x,y))$는 $x$, $y$의 연속함수이다.

**예제 2**

위의 정리에 의해 다음의 함수들은 모두 연속함수임을 알 수 있다.

$$2x^3y^5,\ (2x^3y^5)^{1/2},\ \cos(x^2y^3),\ \sinh(x^2y),\ e^{x+y},\ e^{xy}$$ ■

또한 극한의 성질을 적용하면 연속성에 관한 다음의 유용한 사실을 알 수 있다.

(1) 연속함수들의 합성함수는 연속함수이다.
(2) 연속함수들의 합, 차, 곱도 연속함수이다.
(3) 연속함수를 연속함수로 나누면 분모가 0이 되는 점만 제외하고 연속이 된다.

**예제 3**

다음의 함수는 연속함수이다.

$$2x^3y^5+\cos(x^2y^3)-\sinh(x^2y)+e^{xy}\sinh(x^2y+1)$$ ■

**예제 4**

함수 $f(x,y)=\dfrac{x^2y}{x-y}$가 연속인 영역을 구하라.

**풀이**

전체 평면에서 분모, 분자 모두 연속함수이므로 분모$=x-y=0$일 때만 불연속이 된다. 따라서 $f$는 직선 $y=x$를 제외한 모든 점에서 연속이다. ■

함수의 불연속점을 판정할 때 접근경로에 무관하게 함수가 동일한 값에 수렴해야 하는 성질을 이용하여 두 개의 다른 경로를 설정하여 검정해 볼 수 있다. 다음의 예제를 살펴보자.

### 예제 5

$f(x,y)=\dfrac{xy}{x^2+y^2}$ 가 (0,0)에서 연속이 될 수 없음을 보여라.

**풀이**

(i) $x$축을 따라 $(x,y)\to(0,0)$로 갈 때: $y=0$이므로

$$\lim_{(x,y)\to(0,0)} f(x,y) = \lim_{(x,y)\to(0,0)} f(x,0) = \lim_{x\to 0}\frac{0}{x^2}=0$$

(ii) 직선 $y=x$를 따라$(x,y)\to(0,0)$로 갈 때: $y=x$이므로

$$\lim_{(x,y)\to(0,0)} f(x,y) = \lim_{(x,y)\to(0,0)} f(x,x) = \lim_{x\to 0}\frac{x^2}{2x^2}=\frac{1}{2}$$

이 되어, 두 경로에 의한 극한이 다르므로 (0,0)에서의 극한값이 존재하지 않고 따라서 $f$는 (0,0)에서 연속이 될 수 없다. ■

$f$가 한 점에서 정의가 되지 않는 경우에도 극한값은 존재할 수 있다. 다음의 예제를 보자.

### 예제 6

$f(x,y)=(x^2+y^2)\ln(x^2+y^2)$가 $(0,0)$에서 연속이 되도록 $f(0,0)$의 값을 설정하라.

**풀이**

$f$는 $(0,0)$에서 정의되지 않으나, $(0,0)$에서의 극한값을 구하여 극한값과 함수값을 같게 놓으면 $(0,0)$에서 연속인 함수로 만들 수 있다. 우선 극한값을 구하기 위해 $x=r\cos\theta$, $y=r\sin\theta$로 놓으면 $r^2=x^2+y^2$, $r\geq 0$이 되고 $x\to 0$, $y\to 0$일 필요충분조건은 $r\to 0^+$이므로

$$\lim_{(x,y)\to(0,0)}(x^2+y^2)\ln(x^2+y^2) = \lim_{r\to 0^+} r^2\ln r^2 = \lim_{r\to 0^+}\frac{2\ln r}{1/r^2}$$

$$= \lim_{r\to 0^+}\frac{2/r}{-2/r^3} = \lim_{r\to 0^+}(-r^2)=0 \text{ (로피탈의 규칙)}$$

따라서 $f(0,0)=0$으로 설정하여

$$f(x,y)=\begin{cases}(x^2+y^2)\ln(x^2+y^2), & x\neq 0\\ 0, & x=0\end{cases}$$

와 같이 정의하면 연속함수가 된다. ■

## 연습문제 13.2

**[01-06]** 다음 극한값을 구하라.

**01** $\lim_{(x,y)\to(0,0)} \frac{3x^2-y^2+5}{x^2+y^2+2}$

**02** $\lim_{(x,y)\to(0,\ln 2)} e^{x-y}$

**03** $\lim_{(x,y)\to(3,4)} \sqrt{x^2+y^2-1}$

**04** $\lim_{(x,y)\to(0,\pi)} \sec x \ \tan y$

**05** $\lim_{(x,y)\to(1,1)} [\cos(|xy|-1)]^{1/3}$

**06** $\lim_{(x,y)\to(0,0)} \frac{e^y \sin x}{x}$

**[07-10]** 다음 분수식의 극한값을 구하라.

**07** $\lim_{\substack{(x,y)\to(1,1) \\ x\neq y}} \frac{x^2-2xy+y^2}{x-y}$

**08** $\lim_{\substack{(x,y)\to(1,1) \\ x\neq y}} \frac{xy-y-2x+2}{x-1}$

**09** $\lim_{(x,y)\to(0,0)} \frac{x-y+2\sqrt{x}-2\sqrt{y}}{\sqrt{x}-\sqrt{y}}$

**10** $\lim_{(x,y)\to(2,0)} \frac{\sqrt{2x-y}-2}{2x-y-4}$

**[11-13]** 다음의 극한을 구하라. $P$는 점 $(x,y,z)$를 의미한다.

**11** $\lim_{P\to(2,3,-6)} \sqrt{x^2+y^2+z^2}$

**12** $\lim_{P\to(3,3,0)} (\sin^2 x+\cos^2 y+\sec^2 z)$

**13** $\lim_{P\to(-1/4,\pi/2,2)} \tan^{-1} xyz$

**[14-15]** 2차원 평면에서 다음 함수들이 연속인 영역을 구하라.

**14** (1) $f(x,y)=\sin(x+y)$ (2) $f(x,y)=\ln(x^2+y^2)$

**15** (1) $g(x,y)=\sin\frac{1}{xy}$ (2) $g(x,y)=\frac{x+y}{2+\cos x}$

**[16-17]** 3차원 공간에서 다음 함수들이 연속인 영역을 구하라.

**16** (1) $f(x,y,z)=x^2+y^2-2z^2$ (2) $f(x,y,z)=\sqrt{x^2+y^2-1}$

**17** (1) $h(x,y,z)=xy\sin\frac{1}{z}$ (2) $h(x,y,z)=\frac{1}{x^2+z^2-1}$

**[18-21]** 서로 다른 접근 경로를 이용하여 다음의 함수들이 (0,0)에서 연속이 될 수 없음을 보여라.

**18** $f(x,y)=-\frac{x}{\sqrt{x^2+y^2}}$

**19** $f(x,y)=\frac{x^4-y^2}{x^4+y^2}$

**20** $g(x,y)=\dfrac{x-y}{x+y}$

**21** $h(x,y)=\dfrac{x^2+y}{y}$

**22** $|\sin(1/x)|\leq 1$을 이용하여 $\lim_{(x,y)\to(0,0)} y\sin\dfrac{1}{x}$을 구하라.

**23** $1-\dfrac{x^2y^2}{3}<\dfrac{\tan^{-1}xy}{xy}<1$을 이용하여 $\lim_{(x,y)\to(0,0)}\dfrac{\tan^{-1}xy}{xy}$를 구하라.

## 13.3 편도함수

2변수 함수 $z=f(x,y)$의 미분, 즉 변화율을 고려할 때 당면하는 어려움은 무엇에 대한 변화율을 구해야 하는가 하는 문제이다. $x$, $y$가 동시에 변해 갈 수도 있고 하나씩 변해 갈 수도 있기 때문인데, 가장 간단한 생각은 두 변수 중 하나를 고정시키고 나머지 하나의 변수에 대한 변화율을 보는 것이다. 이러한 방법을 편미분(partial differentiation)이라고 부르고, 이때 얻어지는 변화율을 편도함수(partial derivative)라고 부른다.

**정의 편도함수**

다음의 극한값

$$\frac{\partial f}{\partial x}=\lim_{h\to 0}\frac{f(x+h,y)-f(x,y)}{h}$$

이 존재할 때 이를 $f$의 $(x,y)$에서의 $x$에 대한 편도함수라고 부른다.

마찬가지로 극한값

$$\frac{\partial f}{\partial y}=\lim_{h\to 0}\frac{f(x,y+h)-f(x,y)}{h}$$

가 존재할 때 이를 $f$의 $(x,y)$에서의 $y$에 대한 편도함수라고 부른다.

편도함수를 보다 간편하게

$$f_x=\frac{\partial f}{\partial x},\ f_y=\frac{\partial f}{\partial y}$$

로 표시하기도 한다. 기하적으로 도함수가 접선의 기울기였듯이 편도함수도 접선의 기울기가 된다. 좀 더 명확히 $f_x(x_0,y_0)$의 경우를 살펴보자. 그림 13.9(a)에서 보듯이 $y=y_0$로 고정시키면 $xz$-좌표평면과 평행한 평면이 생기는데 $f_x(x_0,y_0)$는 이 평면과 곡면 $z=f(x,y)$이 만나 생기는 곡선 $C_1$의, 점 $P(x_0,y_0)$에서의 접선의 기울기가 된다. 마찬가지로 $f_y(x_0,y_0)$는 평면 $x=x_0$와 곡면 $z=f(x,y)$의 교선 $C_2$의, 점 $P(x_0,y_0)$에서의 접선의 기울기가 된다 [그림 13.9(b)].

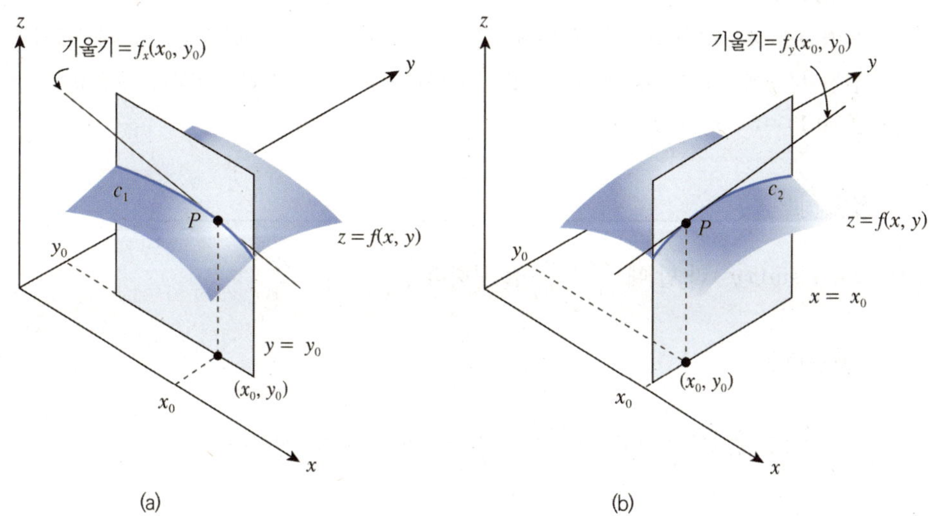


그림 13.9 편도함수와 접선의 기울기

변수가 3개 이상인 경우도 유사하게 정의된다. 또한 편미분을 거듭 적용한 2계 이상의 편미분도 가능한데, 이러한 1, 2계 편미분들을

$$\frac{\partial^2 f}{\partial x^2},\ \frac{\partial^2 f}{\partial y^2},\ \frac{\partial^2 f}{\partial x \partial y},\ \frac{\partial^2 f}{\partial y \partial x}$$

또는

$$f_{xx},\ f_{yy},\ f_{yx},\ f_{xy}$$

와 같이 표시한다. 여기서 $f_{yx}$, $f_{xy}$는 혼합 도함수(mixed derivative)라고 하는데 미분의 순서는

$$f_{yx} = \frac{\partial^2 f}{\partial x \partial y} = \frac{\partial}{\partial x}\left(\frac{\partial f}{\partial y}\right),\ f_{xy} = \frac{\partial^2 f}{\partial y \partial x} = \frac{\partial}{\partial y}\left(\frac{\partial f}{\partial x}\right)$$

와 같다.

편도함수의 계산은 나머지 변수를 상수와 같이 취급하고 1변수 함수의 도함수 계산과 동일

하게 수행한다.

**예제 1**

$f(x,y)=x^2+5xy^2+3y^3+1$ 의 각 $x$, $y$ 에 대한 편도함수와 $f_x(0,1)$, $f_y(0,1)$을 구하라.

**풀이**

먼저 $y$를 상수로 취급하고 $x$에 대해 미분하여 $f_x(x,y)=2x+5y^2$를 얻는다. 마찬가지로 $x$를 상수로 취급하고 $y$에 대해 미분하여 $f_y(x,y)=10xy+9y^2$를 얻는다. 이들에 $x=0$, $y=1$을 대입하면 $f_x(0,1)=5$, $f_y(0,1)=9$ 가 된다. ■

**예제 2**

$z=x^3\sin(xy^2)$라 할 때 $\frac{\partial z}{\partial x}$, $\frac{\partial z}{\partial y}$를 구하라.

**풀이**

$$\begin{aligned}\frac{\partial z}{\partial x}&=\frac{\partial}{\partial x}[x^3\sin(xy^2)]=\left[\frac{\partial}{\partial x}(x^3)\right]\sin(xy^2)+x^3\frac{\partial}{\partial x}\sin(xy^2)\\&=3x^2\sin(xy^2)+x^3y^2\cos(xy^2)\end{aligned}$$

$$\begin{aligned}\frac{\partial z}{\partial y}&=\frac{\partial}{\partial y}[x^3\sin(xy^2)]=\left[\frac{\partial}{\partial y}(x^3)\right]\sin(xy^2)+x^3\frac{\partial}{\partial y}\sin(xy^2)=0+x^3 2xy\cos(xy^2)\\&=2x^4y\cos(xy^2)\end{aligned}$$

■

**예제 3**

구면 $x^2+y^2+z^2=1$과 평면 $x=\frac{1}{2}$이 만나서 이루는 교선을 따라 움직여 갈 때, 점 $P\left(\frac{1}{2},\frac{1}{2},\frac{\sqrt{2}}{2}\right)$에서 $y$에 대한 $z$의 변화율을 구하라.

**풀이**

$x^2+y^2+z^2=1$의 양변을 $y$로 편미분하면 $\frac{\partial}{\partial y}(x^2+y^2+z^2)=\frac{\partial}{\partial y}(1)$이고, $x=\frac{1}{2}$로 고정되어 있으므로 $2y+2z\frac{\partial z}{\partial y}=0$이 된다. 이를 정리하면

$$\frac{\partial z}{\partial y}=-\frac{y}{z}$$

가 얻어지고 점 $P\left(\frac{1}{2},\frac{1}{2},\frac{\sqrt{2}}{2}\right)$의 좌표값들을 대입하여

$$\frac{\partial z}{\partial y}=-\frac{1/2}{\sqrt{2}/2}=-\frac{\sqrt{2}}{2}$$

를 얻는다. ■

편도함수가 연속이면 다음과 같은 유용한 사실이 성립한다(증명 생략).

**정리 • 13.3 혼합 도함수 정리**

열린 영역 $D$에서 $f_x$, $f_y$, $f_{xy}$, $f_{yx}$가 모두 연속이면, $D$상의 모든 점에서 $f_{xy}=f_{yx}$가 된다(즉 2차미분의 순서에 상관없다).

**예제 4**

$f(x,y)=x^3\sin(xy^2)$라 할 때 $\dfrac{\partial^2 f}{\partial x\partial y}=\dfrac{\partial^2 f}{\partial y\partial x}$임을 보여라.

**풀이**

$\dfrac{\partial f}{\partial x}$, $\dfrac{\partial f}{\partial y}$는 이미 예제 2에서 구해 보았는데, 각각

$$\frac{\partial f}{\partial x}=3x^2\sin(xy^2)+x^3y^2\cos(xy^2)\,,\quad \frac{\partial f}{\partial y}=2x^4y\cos(xy^2)$$

이 되어 모두 전체 평면에서 연속함수임을 알 수 있다. 이들로부터 혼합 도함수는 각각

$$\frac{\partial^2 f}{\partial x\partial y}=8x^3y\cos(xy^2)-2x^4y^3\sin(xy^2)$$

$$\begin{aligned}\frac{\partial^2 f}{\partial y\partial x}&=6yx^3\cos(xy^2)+2x^3y\cos(xy^2)-2x^4y^3\sin(xy^2)\\&=8x^3y\cos(xy^2)-2x^4y^3\sin(xy^2)\end{aligned}$$

로 구해지는데 역시 연속이 되고 모든 점에서 동일함이 확인된다. ■

일반적으로 3변수 이상의 함수에서도 위와 유사한 결과가 성립하는데, 예를 들어 3변수 함수의 경우 1, 2, 3차 편도함수가 모두 연속일 때, $x$에 대해 1번, $y$에 대해 2번 미분한 결과는 순서에 상관없이 모두 같게 된다(즉, $f_{xyy}=f_{yxy}=f_{yyx}$).

## 연습문제 13.3

[01-10] 다음에 주어진 함수의 $\partial f/\partial x$, $\partial f/\partial y$를 구하라.

01 $f(x,y)=3x$

02 $f(x,y)=-5$

03 $f(x,y)=x(2y-1)$

04 $f(x,y)=x^2-xy+2y^2$

05 $f(x,y)=x^2(2y-1)^4$

06 $f(x,y)=\sqrt{x^2+y^2}$

**07** $f(x,y)=(x+y^2)/(xy-1)$

**08** $f(x,y)=e^x \ln y$

**09** $f(x,y)=e^x \cos(y+1)$

**10** $f(x,y)=\tan^{-1}(2y/x)$

**[11-14]** 다음에 주어진 함수의 $f_x$, $f_y$, $f_z$을 구하라.

**11** $f(x,y,z)=x^2y+y^2z+z^2x$

**12** $f(x,y,z)=(x^2+y^2+z^2)^{-1/2}$

**13** $f(x,y,z)=\sin(xy-yz)$

**14** $f(x,y,z)=\cos(xyz)$

**[15-16]** 다음 함수에서 각 독립변수에 대한 편도함수를 구하라.

**15** $f(t, \alpha)=\cos(2\pi t-\alpha)$

**16** $h(\rho, \phi, \theta)=\rho \sin\phi \cos\theta$

**17** $z=f(x,y)$가 $x^2z+z^2x-2yz=0$과 같이 음함수 꼴로 정의되어 있을 때 점 $(x,y,z)=(1,1,1)$에서 $\partial z/\partial x$의 값을 구하라.

**18** $xz+y\ln x-\dfrac{9}{z}=0$에서 $x$를 $y,z$의 함수로 보고 $(x,y,z)=(1,-1,-2)$에서 $\dfrac{\partial x}{\partial z}$ 값을 구하라.

**[19-22]** 다음 함수의 2계 편도함수를 모두 구하고 $w_{xy}=w_{yx}$임을 확인하라.

**19** $w=x^2+2y+xy$

**20** $w=x^2y+\cos(x+y)+y\sin x$

**21** $w=\ln(x^2+y^2)$

**22** $w=e^{2x+3y}$

**23** 어떤 순서로 2계 편미분 $f_{xy}$를 계산하면 더 편리할까? 계산하기 전에 답하라.

(1) $f(x,y)=y\sin x+e^y$

(2) $f(x,y)=\dfrac{1}{y}$

(3) $f(x,y)=x+\dfrac{x}{y}$

(4) $f(x,y)=2y+xy+y^3-\ln(y^3+2)$

---

## 13.4 미분과 연쇄율

### 미분가능성

2.1절에서 보았듯이 1변수 함수의 경우 $f(x)$가 $x=x_0$에서 미분가능하다는 말은

$$f'(x_0)=\lim_{\Delta x\to 0}\frac{\Delta f}{\Delta x}, \text{ 여기서 } \Delta f=f(x_0+\Delta x)-f(x_0)$$

이 존재하는 것을 의미한다. 이것은 $\Delta x$가 0에 접근함에 따라 $\dfrac{\Delta f}{\Delta x}$ 는 $f'(x_0)$에 가까이 감을 의미하고, 따라서 임의의 $\Delta x$에 대해 $\epsilon = \dfrac{\Delta f}{\Delta x} - f'(x_0)$로 놓으면

$$\Delta f = f'(x_0)\Delta x + \epsilon \Delta x \tag{13.1}$$

(여기서 $\Delta x \to 0$일 때 $\epsilon \to 0$이다.)

의 관계가 얻어진다. 역으로 이 관계가 성립하면 $f(x)$가 $x = x_0$에서 미분가능하다고 할 수 있다.

2변수 함수의 경우 이 관계를 확장시켜 미분가능성을 정의할 수 있다. 즉, $(x,y)$가 $(x_0,y_0)$에서 $(x_0 + \Delta x,\ y_0 + \Delta y)$로 변해 갈 때 함수 $f(x,y)$의 변화량을

$$\Delta f = f(x_0 + \Delta x,\ y_0 + \Delta y) - f(x_0, y_0) \tag{13.2}$$

라고 하면 식 (13.1)과 유사하게

$$\Delta f = f_x(x_0,y_0)\Delta x + f_y(x_0,y_0)\Delta y + \epsilon_1 \Delta x + \epsilon_2 \Delta y$$

와 같이 유추할 수 있다. 이로부터 2변수 함수의 미분가능성은 다음과 같은 관계로 정의할 수 있다.

**정의 미분가능**

$(x_0,y_0)$에서 2변수 함수 $f$의 $x$ 및 $y$에 대한 편도함수 $f_x(x_0,y_0)$와 $f_y(x_0,y_0)$가 존재하고 $\Delta f$가

$$\Delta f = f_x(x_0,y_0)\Delta x + f_y(x_0,y_0)\Delta y + \epsilon_1 \Delta x + \epsilon_2 \Delta y \tag{13.3}$$

[여기서 $\epsilon_1, \epsilon_2$는 $\Delta x$와 $\Delta y$의 함수이고, $(\Delta x, \Delta y) \to (0,0)$일 때 $\epsilon_1 \to 0$, $\epsilon_2 \to 0$이다.]

의 관계로 표현될 수 있을 때 $f$가 $(x_0,y_0)$에서 미분가능하다고 한다. 또한 $f$가 영역 $D$ 상의 모든 점에서 미분가능할 때 $f$가 $D$에서 미분가능하다고 한다.

**예제 1**

$f(x,y) = x^2 + 2y^2$이 모든 점에서 미분가능함을 보여라.

**풀이**

임의의 점 $(x,y)$에서

$$\begin{aligned}\Delta f &= f(x+\Delta x,\, y+\Delta y)-f(x,y)\\ &= (x+\Delta x)^2+2(y+\Delta y)^2-(x^2+2y^2)\\ &= x^2+2x\Delta x+(\Delta x)^2+2y^2+4y\Delta y+2(\Delta y)^2-(x^2+2y^2)\\ &= 2x\Delta x+4y\Delta y+(\Delta x)^2+2(\Delta y)^2\end{aligned}$$

가 되는데 $f_x=2x, f_y=4y$이므로 $\epsilon_1=\Delta x, \epsilon_2=2\Delta y$로 두면 $(\Delta x,\Delta y)\to(0,0)$일 때 $\epsilon_1\to 0,\ \epsilon_2\to 0$이 되고 식 (13.3)의 관계가 얻어진다. ■

그런데 고급 미적분학으로부터 만약 편도함수들이 연속이라는 조건이 주어지면 식 (13.3)과 같은 관계가 성립한다는 것을 알 수 있다. 따라서 2변수 함수의 미분가능성은 결국 편도함수의 연속성에 의존하게 된다. 또한 $f$가 미분가능하다면 식 (13.3)을 식 (13.2)를 사용하여 달리 표현하여

$$f(x_0+\Delta x, y_0+\Delta y)=f(x_0,y_0)+f_x(x_0,y_0)\Delta x+f_y(x_0,y_0)\Delta y+\epsilon_1\Delta x+\epsilon_2\Delta y \quad (13.4)$$

의 관계를 얻을 수 있는데, 여기서 $\Delta x, \Delta y$를 0으로 접근시킴에 따라 항상 함수값이 $f(x_0,y_0)$에 접근하게 되므로 결국 $f$는 연속이 된다. 이들 결과를 다음과 같이 요약할 수 있다.

**정리 • 13.4 미분가능과 연속**

(1) $(x_0,y_0)$를 포함하는 어떤 열린 영역의 모든 점에서 $f$의 1계 편도함수 $f_x$, $f_y$가 존재하고 이들이 연속이면 $f$는 $(x_0,y_0)$에서 미분가능하다.

(2) $f$가 $(x_0,y_0)$에서 미분가능하면, 그 점에서 또한 연속이다.

정리 13.4로부터 점 $(x_0,y_0)$의 근방에서 $f(x,y)$의 편도함수들이 존재하고 연속이면 $f$가 그 점에서 연속이 됨을 알 수 있다.

## 2변수 함수의 선형화

식 (13.3)에서 $x=x_0+\Delta x$, $y=y_0+\Delta y$로 놓으면

$$f(x,y)=f(x_0,y_0)+f_x(x_0,y_0)(x-x_0)+f_y(x_0,y_0)(y-y_0)+\epsilon_1\Delta x+\epsilon_2\Delta y$$

이 되는데 만약 증분 $\Delta x, \Delta y$가 작다면 끝의 두 항은 더욱 작은 값이 될 것이다. 따라서

$$f(x,y)\approx f(x_0,y_0)+f_x(x_0,y_0)(x-x_0)+f_y(x_0,y_0)(y-y_0)$$

와 같은 근사관계를 얻을 수 있는데

$$L(x,y)=f(x_0,y_0)+f_x(x_0,y_0)(x-x_0)+f_y(x_0,y_0)(y-y_0) \tag{13.5}$$

를 $f(x,y)$의 선형(근사)식(linerization)이라고 부른다. 여기서 $L(x,y)$가 1차식임을 확인해 보라. 선형화는 복잡한 함수를 다루기 쉬운 함수로 근사화하는 기본적인 방법이다. 1변수 함수의 경우 선형식이 그 점에서의 접선을 나타냈듯이 평면 $z=L(x,y)$는 곡면 $z=f(x,y)$의 $(x_0,y_0)$에서의 접평면(tangent plane)이 된다.

만약 2계 편도함수들도 연속이면 $(x_0,y_0)$ 근처에서의 선형화의 오차도 계산해 볼 수 있다. 보다 구체적으로, $(x_0,y_0)$를 중심으로 하는 직사각형 영역 $R$을 포함하는 열린 영역에서 $f$의 1, 2계 편도함수들이 연속이고, $R$에서 $|f_{xx}|$, $|f_{xy}|$, $|f_{yy}|$의 상한이 $M$이라면 $R$ 내의 점 $(x,y)$에서의 선형화의 오차 $E(x,y)=f(x,y)-L(x,y)$는

$$|E(x,y)|\le \frac{1}{2}M(|x-x_0|+|y-y_0|)^2 \tag{13.6}$$

를 만족하게 된다(증명 생략).

**예제 2**

$f(x,y)=x^2-2xy+2y^2+1$의 (1,2)에서의 선형식을 구하라.

**풀이**

식 (13.5)에 $(x_0,y_0)=(1,2)$를 대입하면

$$f(1,2)=6,\ f_x(1,2)=(2x-2y)_{(1,2)}=-2,\ f_y(1,2)=(-2x+4y)_{(1,2)}=6$$

이므로

$$L(x,y)=6+(-2)(x-1)+(6)(y-2)=-2x+6y-4$$

■

**예제 3**

예제 2의 선형화의 (1.1, 2.1)에서의 오차한계를 추정해 보라.

**풀이**

$R$을 $|x-1|\le 0.1$, $|y-2|\le 0.1$로 놓고 식 (13.6)을 이용한다. 예제 2의 풀이에서 보듯이 $f$의 1계 도함수는 모두 연속함수이고 $f_{xx}=2$, $f_{xy}=-2$, $f_{yy}=4$와 같이 2계 도함수 모두 연속함수(상수)이므로 식 (13.6)의 조건이 만족된다. 여기서 $M$은 2계 도함수의 절대값 중 최대인 4로 놓을 수 있다. 따라서 $R$의 모든 점에서

$$|E(x,y)|\le \frac{1}{2}(4)(|x-1|+|y-2|)^2$$

이 되고, (1.1, 2.1)에서의 오차한계는

$$|E(x,y)| \le \frac{1}{2}(4)(|0.1|+|0.1|)^2 = 0.08$$

이 된다. 이때의 실제 오차는 $f(1.1, 2.1) - L(1.1, 2.1) = 6.41 - 6.4 = 0.01$로 절대값이 0.08보다 작음을 확인할 수 있다. ■

## 연쇄율

1변수 함수의 경우 $\dfrac{dy(x(t))}{dt} = \dfrac{dy}{dx}\dfrac{dx}{dt}$의 연쇄율이 성립했듯이 2변수 함수의 경우에도 다음과 같은 연쇄율이 성립한다.

### 정리 • 13.5 연쇄율

$x = x(t)$, $y = y(t)$가 $t$에서 미분가능하고 $z = f(x,y)$이 점 $(x(t), y(t))$에서 미분가능하면, $z = f(x(t), y(t))$는 $t$에서 미분가능하고 다음과 같은 연쇄율이 성립한다.

$$\frac{dz}{dt} = \frac{\partial z}{\partial x}\frac{dx}{dt} + \frac{\partial z}{\partial y}\frac{dy}{dt} \tag{13.7}$$

**증명**

$z = f(x,y)$가 점 $(x(t), y(t))$에서 미분가능이므로 함수의 변화량을

$$\triangle z = \frac{\partial z}{\partial x}\triangle x + \frac{\partial z}{\partial y}\triangle y + \epsilon_1 \triangle x + \epsilon_2 \triangle y$$

의 형태로 나타낼 수 있다. 또한 도함수의 정의로부터

$$\frac{dz}{dt} = \lim_{\triangle t \to 0}\frac{\triangle z}{\triangle t} = \lim_{\triangle t \to 0}\left(\frac{\partial z}{\partial x}\frac{\triangle x}{\triangle t} + \frac{\partial z}{\partial y}\frac{\triangle y}{\triangle t} + \epsilon_1\frac{\triangle x}{\triangle t} + \epsilon_2\frac{\triangle y}{\triangle t}\right) \tag{13.8}$$

를 얻는데,

$$\lim_{\triangle t \to 0}\frac{\triangle x}{\triangle t} = \frac{dx}{dt}, \quad \lim_{\triangle t \to 0}\frac{\triangle y}{\triangle t} = \frac{dy}{dt}$$

이므로 식 (13.8)의 마지막 두 항만 0이 되면 증명이 완료된다. 그런데

$$\lim_{\triangle t \to 0}\triangle x = \lim_{\triangle t \to 0}\frac{\triangle x}{\triangle t}\triangle t = \frac{dx}{dt}\cdot 0 = 0$$

과 같은 방식으로 $\triangle t \to 0$일 때 $(\triangle x, \triangle y) \to (0,0)$임을 보일 수 있고, $\epsilon_1$, $\epsilon_2$는 $(\triangle x, \triangle y) \to (0,0)$일 때 $\epsilon_1 \to 0$, $\epsilon_2 \to 0$이므로 식 (13.8)의 마지막 두 항은 0이 된다. ■

**예제 4**

$z=xy^2$, $x=t^3$, $y=t^4$ 일 때, $\dfrac{dz}{dt}$ 를 (i) 연쇄율에 의해, (ii) $z$ 를 $t$ 의 함수로 표현하여 각각 구해 보고 결과를 비교하라.

**풀이**

(i) 연쇄율을 적용하면

$$\begin{aligned}\frac{dz}{dt} &= \frac{\partial z}{\partial x}\frac{dx}{dt}+\frac{\partial z}{\partial y}\frac{dy}{dt} = y^2(3t^2)+2xy(4t^3) = t^8(3t^2)+2t^3t^4(4t^3)\\ &= 3t^{10}+8t^{10} = 11t^{10}\end{aligned}$$

(ii) $z$를 $t$의 함수로 표현하면 $z=xy^2=t^3(t^4)^2=t^{11}$ 이 되는데, 이것을 $t$로 미분하면 $\dfrac{dz}{dt}=11t^{10}$ 이 되어 (i)의 결과와 같다. ■

**예제 5**

$z=x^2+2xy$, $x=\cos\theta$, $y=\sin\theta$ 일 때 $\theta=\pi$ 에서 $\dfrac{dz}{d\theta}$ 값을 구하라.

**풀이**

연쇄율을 적용하여

$$\frac{dz}{d\theta}=(2x+2y)(-\sin\theta)+2x(\cos\theta)$$

를 얻는데, $\theta=\pi$ 에서 $x=-1$, $y=0$ 이므로 이 값들을 대입하여

$$\left.\frac{dz}{d\theta}\right|_{\theta=\pi}=-2(0)+(-2)(-1)=2$$

이다. ■

만약 $z=f(x,y)$에서 $y$가 $x$의 미분가능한 함수라면 식 (13.7)의 연쇄율이

$$\frac{dz}{dx}=\frac{\partial z}{\partial x}\frac{dx}{dx}+\frac{\partial z}{\partial y}\frac{dy}{dx}=\frac{\partial z}{\partial x}+\frac{\partial z}{\partial y}\frac{dy}{dx} \tag{13.9}$$

의 형태가 될 것이다. 이제 음함수

$$F(x,y)=0$$

에서 $y=y(x)$로 간주하고 양변을 $x$로 미분하면

$$\frac{\partial F}{\partial x}+\frac{\partial F}{\partial y}\frac{dy}{dx}=0$$

이 되고, $\frac{\partial F}{\partial y} \neq 0$ 이라는 조건하에서 이것을 정리하면

$$\frac{dy}{dx} = -\frac{F_x}{F_y} \tag{13.10}$$

을 얻는다. 식 (13.9)와 식 (13.10)은 많은 경우에 유용하게 적용될 수 있다.

**예제 6**

$e^{2x} + xy^2 = 0$일 때 $\frac{dy}{dx}$를 구하라.

**풀이**

$F(x,y) = e^{2x} + xy^2$로 놓고 식 (13.10)을 적용하면

$$\frac{dy}{dx} = -\frac{\partial F}{\partial x} \Big/ \frac{\partial F}{\partial y} = \frac{-2e^{2x} - y^2}{2xy}$$

이 된다. 이 결과가 음함수의 미분법으로 얻은 결과와 동일함을 확인해 보라. ■

$z = f(x,y)$에서 만약 $x$, $y$가 $u$, $v$의 함수가 되어 $x = x(u,v)$, $y = y(u,v)$일 경우, $u$ 또는 $v$를 고정시키고 정리 13.5를 적용하면 다음과 같은 연쇄율이 얻어진다.

**정리 • 13.6 연쇄율**

$(u,v)$에서 $x = x(u,v)$, $y = y(u,v)$의 1계 편도함수가 각각 존재하고, $(x(u,v), y(u,v))$에서 $z = f(x,y)$가 미분가능하다면, $(u,v)$에서 $z = f(x(u,v), y(u,v))$의 1계 편도함수가 존재하고 각각 다음과 같은 형태로 주어진다.

$$\frac{\partial z}{\partial u} = \frac{\partial z}{\partial x}\frac{\partial x}{\partial u} + \frac{\partial z}{\partial y}\frac{\partial y}{\partial u}, \qquad \frac{\partial z}{\partial v} = \frac{\partial z}{\partial x}\frac{\partial x}{\partial v} + \frac{\partial z}{\partial y}\frac{\partial y}{\partial v}$$

위의 연쇄율은 3변수 이상의 함수에서도 마찬가지로 확장될 수 있다.

**예제 7**

$z = x^2 + y^2$, $x = u - v$, $y = uv$ 일 때, $\frac{\partial z}{\partial u}$, $\frac{\partial z}{\partial v}$를 구하라.

풀이

$$\frac{\partial z}{\partial u}=\frac{\partial z}{\partial x}\frac{\partial x}{\partial u}+\frac{\partial z}{\partial y}\frac{\partial y}{\partial u}$$

$$=(2x)(1)+(2y)(v)=2(u-v)+2(uv)v=2u-2v+2uv^2$$

$$\frac{\partial z}{\partial v}=\frac{\partial z}{\partial x}\frac{\partial x}{\partial v}+\frac{\partial z}{\partial y}\frac{\partial y}{\partial v}$$

$$=(2x)(-1)+(2y)(u)=-2(u-v)+2(uv)u=-2u+2v+2u^2v$$

물론 $x, y$를 $z$에 대입한 후 $u, v$로 직접 편미분해도 마찬가지 결과가 얻어진다. ■

**예제 8**

밑변과 높이가 각각 2 m, 3 m인 직각삼각형에서 밑변이 2 cm/초 높이가 3 cm/초로 증가할 때, 면적의 초당 증가율을 구하라.

풀이

직각삼각형의 밑변과 높이를 각각 $a$, $b$라고 하면 면적은 $S=\dfrac{ab}{2}$가 되므로 면적의 증가율 $\dfrac{dS}{dt}$는 연쇄율을 적용하여

$$\frac{dS}{dt}=\frac{\partial S}{\partial a}\frac{da}{dt}+\frac{\partial S}{\partial b}\frac{db}{dt}=\frac{b}{2}\cdot 2+\frac{a}{2}\cdot 3=300+300=600$$

즉, 면적의 증가율은 600 $\mathrm{cm}^2$/초가 된다. ■

## 전미분

1변수 함수에서 $f$가 미분가능할 때 $df=f'dx$를 $f$의 미분(differential)이라고 했듯이, 2변수함수 $f(x,y)$가 미분가능한 함수일 때

$$df=f_x(x,y)dx+f_y(x,y)dy \tag{13.11}$$

을 $f$의 미분 또는 전미분(total differential)이라고 한다. 이것은 $(x,y)$에서 $(x+dx,\ y+dy)$로 미세하게 변해 갈 때의 함수 $f$의 변화량

$$\Delta f=f(x+dx,\ y+dy)-f(x,y)$$

을 나타낸다고 볼 수 있다. $f$가 선형식인 경우에는 식 (13.11) 형태가 변화량을 나타내는 것을 선형근사의 식 (13.5)를 통해 바로 확인할 수 있다[$f(x,y)=ax+by+c$로 놓고 $\Delta f$를 구해 보라].

일반적인 $f$의 경우 $(x,y)$에서 미분가능할 때 식 (13.3)에서 $\Delta x = dx$, $\Delta y = dy$로 놓으면

$$\Delta f = f_x(x,y)dx + f_y(x,y)dy + \epsilon_1 dx + \epsilon_2 dy \tag{13.12}$$

이 되는데 $(\Delta x, \Delta y) \to (0,0)$ 일 때 $\epsilon_1 \to 0$, $\epsilon_2 \to 0$이므로 마지막 두 항이 0에 근접하게 되어 결국 변화량 $\Delta f$가 식 (13.11)의 전미분 $df$에 근접하게 된다.

보다 직관적으로 설명하면, $f(x,y)$가 미분가능이면 $(x,y)$로 접근하는 모든 연속적인 경로에 대해 미분값이 일정해야 하는데, 매 접근경로는 매개변수를 사용하여 $(x(t), y(t))$로 표현할 수 있고, 그때마다 연쇄율

$$\frac{df}{dt} = \frac{\partial f}{\partial x}\frac{dx}{dt} + \frac{\partial f}{\partial y}\frac{dy}{dt} \tag{13.13}$$

를 적용하면, 전미분의 식 (13.11)은 식 (13.13)의 양변에 미세 변동분 $dt$를 곱하여 얻은 것으로 간주할 수 있다.

## 예제 9

높이가 20 cm이고 반지름이 5 cm인 원통형 용기가 있다. 이 용기의 부피는 높이와 반지름의 약간의 변화에 얼마나 민감하겠는가?

**풀이**

용기의 반지름, 높이, 부피를 각각 $r$, $h$, $V$라고 하면, $V = \pi r^2 h$이므로 식 (13.10)에서 $V$의 전미분은

$$dV = V_r dr + V_h dh = (2\pi rh)\, dr + (\pi r^2)\, dh$$

이 된다. $(r,h) = (5,20)$일 때는

$$dV = 200\pi\, dr + 25\pi\, dh \tag{13.14}$$

이 되어 부피의 변화($dV$)는 높이의 변화($dh$)보다 반지름의 변화($dr$)에 8배 민감하게 영향을 받는다고 볼 수 있다. 즉 이 용기를 만들 때 반지름을 보다 더 정확하게 맞추어야 할 것이다. 만약 높이와 반지름의 길이가 서로 뒤바뀐 넓고 납작한 용기였다면 $(r,h) = (20,5)$가 되어 $dV = 200\pi\, dr + 400\pi\, dh$이 얻어지므로 이번에는 부피가 반지름보다는 높이의 변화에 더욱 민감할 것이다. 일반적으로 변수가 여럿 있을 때 함수는 그 점에서 편도함수 값이 제일 큰 변수의 변동에 가장 민감하게 된다. ■

## 예제 10

예제 9에서 반지름과 높이가 $(r,h) = (5,20)$에서 각각 $dr = 0.01$, $dh = -0.2$의 변동이 있었다면 부피의 (절대)변동과 상대변동을 추정해 보라.

**풀이**

식 (13.14)에 주어진 변동을 대입하여

$$dV = 200\pi\, dr + 25\pi\, dh = 200\pi(0.01) + 25\pi(-0.2) = 2\pi - 5\pi = -3\pi$$

즉, 부피의 변동은 $-3\pi$로 추정된다. 또한 원래 부피는 $V = \pi(5^2)20 = 500\pi$이므로 상대적 변동은

$$\frac{dV}{V} = -\frac{3\pi}{500\pi} = -0.006$$

즉 $-0.6\%$가 된다. 주어진 변동 후의 부피를 직접 구해 보면

$$(5+0.01)^2(20-0.2)\pi = 496.982\pi$$

가 되어 원래 부피 $500\pi$에 비해 $3.018\pi$만큼 줄어들게 된다. 여기서 부피 변동의 추정값 $-3\pi$가 매우 정확함을 확인할 수 있다. ■

### 예제 11

예제 9에서 부피의 변동을 $\pm 0.1$ 이내로 유지해 주는 $(r,h) = (5,20)$을 중심으로 하는 적절한 정사각형 영역을 구해 보라.

**풀이**

$(r,h) = (5,20)$에서 부피의 변동을 식 (13.14)와 같이 추정할 수 있는데 $dh = dr$로 놓고 정사각형 영역을 고려하면 식 (13.14)는

$$dV = 200\pi\, dr + 25\pi\, dr = 225\pi\, dr$$

이 된다. 이제 $|dV| \le 0.1$을 만족해야 하므로 $|225\pi\, dr| \le 0.1$로부터

$$|dr| \le \frac{0.1}{225\pi} \approx 1.4 \times 10^{-4}$$

이 얻어지므로 원하는 정사각형 영역은

$$|r-5| \le 1.4 \times 10^{-4},\quad |h-20| \le 1.4 \times 10^{-4}$$

이 될 것이다. ■

## 연습문제 13.4

**[01-04]** 다음 함수들의 주어진 점에서의 선형식을 구하고 주어진 직사각형 영역 $R$에서 선형화 오차의 한계를 구하라.

**01** $f(x,y) = x^2 - 3xy + 5$, 점 $(2,1)$, $R: |x-2| \le 0.1,\ |y-1| \le 0.1$

**02** $f(x,y) = x\cos y + y + 1$, 점 $(0,0)$, $R: |x| \le 0.2,\ |y| \le 0.2$

**03** $f(x,y) = e^x \cos y$, 점 $(0,0)$, $R: |x| \le 0.1,\ |y| \le 0.1$

**04** $f(x,y) = \ln x + \ln y$, 점 $(1,1)$, $R: |x-1| \le 0.1,\ |y-1| \le 0.1$

**[05-08]** 다음 함수에서 각각 연쇄율과 $w$를 $t$로 표현한 후 직접 $t$에 대해 미분하는 방법으로 $dw/dt$를 계산하라.

**05** $w=\dfrac{x^2+y^2}{2}$, $x=\cos 2t$, $y=\sin 2t$ $(t=\pi)$

**06** $w=\dfrac{x^2+y^2}{2}$, $x=\sin 2t$, $y=\cos 3t$ $(t=\pi)$

**07** $w=\dfrac{x}{z}-\dfrac{y}{z}$, $x=\cos^2 t$, $y=\sin^2 t$, $z=\dfrac{1}{t}$ $(t=\pi)$

**08** $w=ye^x-\ln z$, $x=\ln(t^2+1)$, $y=\tan^{-1}t$, $z=e^t$ $(t=2)$

**09** $z=e^x\ln y$, $x=\ln(r\cos\theta)$, $y=r\sin\theta$; $(r,\theta)=(4, \pi/6)$일 때 연쇄율과 $z$를 먼저 $r$과 $\theta$의 함수로 표현한 후 미분하는 두 가지 방법으로 주어진 점 $(r, \theta)$에서의 $\partial z/\partial r$와 $\partial z/\partial \theta$의 값을 각각 계산하라.

**10** $w=xy^2+yz^2+xz^2$, $x=u+v$, $y=u-v$, $z=uv$; $(u,v)=(1,1)$일 때, 연쇄율과 $w$를 먼저 $u$와 $v$로 표현한 후 미분하는 두 가지 방법으로
(1) $\partial w/\partial u$와 $\partial w/\partial v$를 $u$와 $v$의 함수로 표시하라.
(2) 주어진 점에서 $\partial w/\partial u$와 $\partial w/\partial v$의 값을 계산하라.

**11** $u=\dfrac{p-q}{q-r}$, $p=x+y+z$, $q=x-y+z$, $r=x+y-z$; $(x,y,z)=(3,2,1)$일 때, 연쇄율과 $u$를 먼저 $x$, $y$, $z$로 표현한 후 미분하는 두 가지 방법으로
(1) $\partial u/\partial x$, $\partial u/\partial y$와 $\partial u/\partial z$를 구하라.
(2) 주어진 점에서 $\partial u/\partial x$, $\partial u/\partial y$와 $\partial u/\partial z$를 계산하라.

**[12-13]** 아래 방정식이 $x$에 대한 미분가능한 함수 $y$를 정의한다고 할 때, 주어진 점에서 식 (13.9)를 이용하여 $dy/dx$의 값을 구하라.

**12** $x^3-2y^2+xy=0$, $(1,1)$

**13** $x^2+xy+y^2-7=0$, $(1,2)$

**14** $w=(x+y+z)^2$, $x=r-s$, $y=\cos(r+s)$, $z=\sin(r+s)$; $r=1$, $s=-1$일 때, $\partial w/\partial r$를 계산하라.

**15** $w=x^2+\dfrac{y}{x}$, $x=u-2v+1$, $y=2u+v-2$; $u=0$, $v=0$일 때, $\partial w/\partial v$를 계산하라.

**16** $z=5\tan^{-1}x$, $x=e^u+\ln v$; $u=\ln 2$, $v=1$일 때, $\partial z/\partial u$, $\partial z/\partial v$를 계산하라.

**17** 길이가 매우 길고 폭이 짧은 직사각형의 길이와 폭을 재서 넓이를 구할 때 둘 중 어느 쪽을 더 정확하게 측정해야 되겠는가? 그 이유는 무엇인가?

**18** 공식 $Z=x(e^y+e^{-y})$로부터 $Z$가 얻어지는데 $x=2,\ y=\ln 2$로 측정되었고 오차한계는 각각 $|dx| \le 0.1,\ |dy| \le 0.02$라고 한다. $Z$의 오차한계를 추정하라.

**19** 측정오차가 $dr=dh=0.1$일 때 mm 단위까지 측정하여 $r=5.0$ cm, $h=12.0$ cm일 때의 부피 $V=\pi r^2 h$를 계산할 때 최대 상대오차는 얼마나 되겠는가?

**20** $f(x,y)=x^3y^4$의 값의 변화가 $\pm\,0.1$ 이내에 있게 되는 (1,1)을 중심으로 하는 정사각형 영역을 구하라.

**21** (1) 점 (1,0) 주위에서 함수 $f(x,y)=x^2(y+1)$이 $x$의 변화에 더 민감한가, 아니면 $y$의 변화에 더 민감한가? 그 이유를 설명하라.

(2) $dx$와 $dy$ 사이에 어떤 비율이 있을 때 점 $(1,0)$에서 $df$를 0으로 되게 하는가?

## 13.5 최대, 최소

3.2절에서 도함수를 이용하여 1변수 함수의 최대, 최소를 구하는 방법을 살펴보았다. 이 절에서는 두 개의 변수를 가진 함수의 최대, 최소점을 찾는 문제를 다룬다. 여기서의 기본 아이디어는 일반적인 다변수 함수의 최적화 문제에서도 그대로 확장되어 적용된다.

우선 점 $(x,y)$를 중심으로 하는 열린 원반 내부의 모든 점들의 집합을 $(x,y)$의 이웃(또는 근방, neighborhood)이라고 정의하자. 물론 원반의 반지름에 따라 이웃의 크기는 달라질 수 있다.

**정의**

$(x_0,y_0)$가 함수 $f(x,y)$의 정의역 $D$상의 점일 때

(1) 그 이웃 내의 모든 점 $(x,y)\in D$에 대해 $f(x_0,y_0) \ge f(x,y)$이 되는 $(x_0,y_0)$의 이웃이 존재할 때 $(x_0,y_0)$는 **지역최대점**(local maximum point)이고, $f(x_0,y_0)$는 **지역최대값**(또는 극대값)이다.

(2) 그 이웃 내의 모든 점 $(x,y)\in D$에 대해 $f(x_0,y_0) \le f(x,y)$이 되는 $(x_0,y_0)$의 이웃이 존재할 때 $(x_0,y_0)$는 **지역최소점**(local minimum point)이고, $f(x_0,y_0)$는 **지역최소값**(또는 극소값)이다.

(3) 정의역 $D$상의 모든 점 $(x,y)$에 대해 $f(x_0,y_0) \ge (\le) f(x,y)$이면 $(x_0,y_0)$는 **전역최대(소)점** 또는 **최대(소)점**이다.

이 정의는 3.2절의 1변수 함수의 경우와 개념적으로 동일하다. 1변수 함수에서와 마찬가지로 지역최대, 최소점들을 총칭하여 극점(extreme point)이라고 부르고 그때의 함수값을 극값(extreme value)이라고 한다. 2변수 함수의 경우 지역최대점은 평면상에서 솟아오른 봉우리의 꼭대기의 좌표에 해당하는데 1변수 함수와 유사하게 1계 편도함수를 이용하여 발견할 수 있다.

**정리 • 13.7 극점의 1계 도함수 판정(필요조건)**

$f(x,y)$가 정의역의 내부점 $(x_0,y_0)$에서 극값을 갖고 그 점에서 1계 편도함수가 존재하면

$$f_x(x_0,y_0)=f_y(x_0,y_0)=0 \tag{13.15}$$

이 된다.

**증명**

일단 $f(x,y)$가 내부점 $(x_0,y_0)$에서 지역최대값을 갖는다고 가정하자. 그림 13.10과 같이 곡면 $z=f(x,y)$에 포함되는 두 개의 곡선 $z=f(x,y_0)$와 $z=f(x_0,y)$를 고려하고 우선 이 두 곡선도 $(x_0,y_0)$에서 극대점을 가짐을 확인하자. 이제 곡선 $z=f(x,y_0)$의 경우 $y=y_0$으로 고정되므로 $x$만의 1변수 함수로 취급할 수 있는데 내부점 $x=x_0$가 극대점이 되므로 3장의 정리 3.2에 따라 1계 도함수 $f_x(x_0,y_0)=0$이 되어야 한다. 곡선 $z=f(x_0,y)$의 경우도 유사하게 생각하면 $f_y(x_0,y_0)=0$이 되어야 함을 알 수 있다. 지역최소점이 될 경우에는 $f$를 $-f$로 놓으면 똑같은 논리가 적용된다. ■

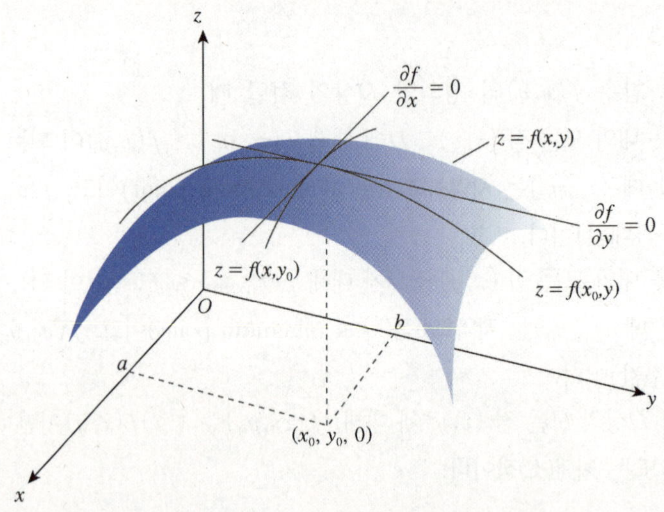


그림 13.10 극점의 필요조건

**참고**

벡터 $(f_x, f_y)^T$를 **기울기벡터**(gradient)라고 부르고 $\nabla f$ 또는 $\mathrm{grad}(f)$로 표기하는데 극점의 필요조건 식 (13.15)를 $\nabla f = 0$로 나타낼 수 있다. ■

따라서 1변수 함수의 경우와 마찬가지로 함수 $f(x,y)$가 극점이 되는 경우는

(1) $f_x = 0$, $f_y = 0$인 내부점

(2) $f_x$, $f_y$ 중 하나 이상이 존재하지 않는 내부점

(3) 경계점

밖에 없는데 이때 (1), (2)의 경우에 해당하는 점을 임계점(critical point)이라고 부른다.

**예제 1**

$z = x^2 + y^2 + 2x$를 공간상에 그리고 $z$의 최소값을 구하라.

**풀이**

이 곡면의 형태는 그림 13.11과 같다. 정의역이 전체 평면이므로 경계점은 없다. 이제 편도함수를 구하여 $f_x = 2x + 2 = 0$, $f_y = 2y = 0$로 놓으면 유일한 임계점 $(-1,0)$이 얻어진다. 그런데

$$z = x^2 + y^2 + 2x = (x+1)^2 + y^2 - 1 \geq -1$$

이고 $f(-1,0) = -1$이므로 $(-1,0)$이 지역최소점이면서 동시에 (전역)최소점이 되고 이때 최소값은 $-1$이다. ■

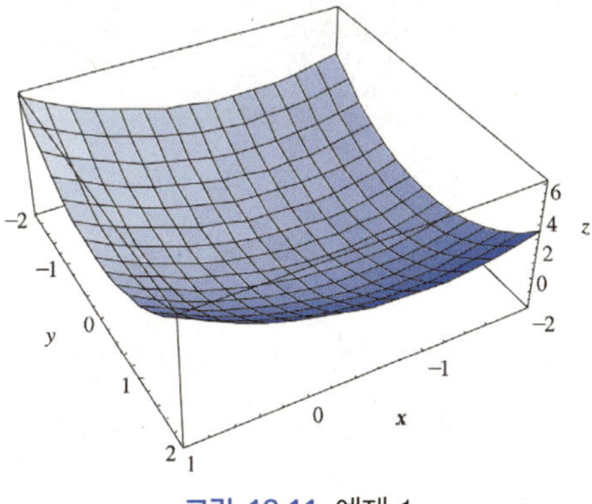


그림 13.11 예제 1

1변수 미분가능함수의 경우 임계점이 변곡점이 되면 극점이 되지 않았듯이 2변수 미분가능함수의 경우에도 임계점이 극점이 되지 않는 경우가 있는데 이런 점을 안장점(saddle point)이라고 부른다.

**정의 안장점**

미분가능한 함수 $f(x,y)$의 임계점 $(x_0,y_0)$의 모든 이웃에서 $f(x,y)>f(x_0,y_0)$인 정의역 내의 점과 $f(x,y)<f(x_0,y_0)$인 정의역 내의 점이 항상 함께 존재할 때 $(x_0,y_0)$를 안장점이라고 한다.

**예제 2**

$f(x,y)=x^2-y^2$의 극점을 구하라.

**풀이**

$f_x=2x=0$, $f_y=2y=0$에서 유일한 임계점 $(0,0)$이 얻어지고 $f(0,0)=0$이다. 그런데 $y=0$으로 고정시키고 $x$축 방향으로 원점을 벗어나면 $f(x,0)=x^2>0$이 된다. 따라서 (0,0)는 지역최대점이 될 수 없다. 이번에는 $x=0$로 고정시키고 $y$축 방향으로 원점을 벗어나면 $f(0,y)=-y^2<0$이 되어 (0,0)은 또한 지역최소점도 될 수 없다. 결국 임계점 (0,0)은 이웃에 항상 함수값이 $f(0,0)$보다 큰 점과 작은 점을 함께 포함하게 되어 안장점이 된다(그림 13.12). ■

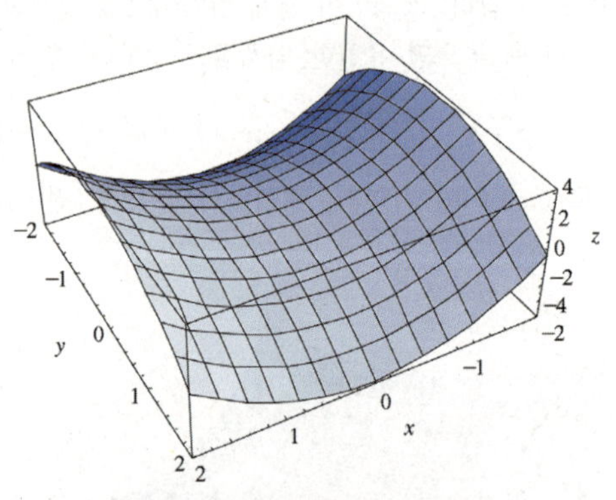


그림 13.12 예제 2의 안장점

미분가능한 1변수 함수에서 임계점의 2계 도함수값을 알면 그 점이 극대인지 극소인지를 판정할 수 있었다. 2변수 함수에서도 유사한 정리가 성립한다. 우선 $f(x,y)$의 2계 편도함수의 행렬을

$$H=\begin{bmatrix} f_{xx} & f_{xy} \\ f_{yx} & f_{yy} \end{bmatrix}$$

로 정의하자.

**정리 • 13.8 2계 도함수 판정**

$f(x,y)$와 그것의 1계, 2계 편도함수가 $f_x(x_0,y_0)=f_y(x_0,y_0)=0$를 만족하는 점 $(x_0,y_0)$의 이웃에서 연속이라고 할 때

(1) $(x_0,y_0)$에서 $f_{xx}>0$이고 $\det H>0$이 되면 $(x_0,y_0)$는 지역최소점이다.

(2) $(x_0,y_0)$에서 $f_{xx}<0$이고 $\det H>0$이 되면 $(x_0,y_0)$는 지역최대점이다.

(3) $(x_0,y_0)$에서 $\det H<0$이 되면 $(x_0,y_0)$는 안장점이다.

(4) $(x_0,y_0)$에서 $\det H=0$이 되면 그 점의 성질은 미정이다.

**참고**

위의 행렬 $H$를 **Hesse의 행렬**(Hessian Matrix)이라고 부른다. 정리 13.8에서 행렬 $H$가 (1)의 조건을 만족하면 **양의 정**(positive definite) **행렬**이라 하고, (2)의 조건을 만족하면 **음의 정**(negative definite) **행렬**이라 한다. 이는 최적화 이론에서 중요하게 사용되는 개념이다. ■

**예제 3**

$f(x,y)=x^2+y^2-xy+4x-4y+1$의 극값을 구하라.

**풀이**

주어진 함수는 전체 실평면에서 정의되어 있으므로 경계점이 없어 극값은 임계점에서만 발생한다. 또한 모든 점에서 미분가능하므로 $f_x=f_y=0$인 점들만 고려하면 된다. 이제

$$f_x=2x-y+4=0,\ f_y=2y-x-4=0$$

를 동시에 만족하는 점은 $\left(-\frac{4}{3},\frac{4}{3}\right)$가 된다. 이제 2계 편도함수를 구하면 $f_{xx}=2,\ f_{xy}=-1,\ f_{yy}=2$가 되어

$$f_{xx}>0,\ \det H=\begin{vmatrix} 2 & -1 \\ -1 & 2 \end{vmatrix}=3>0$$

를 만족하므로 임계점 $\left(-\frac{4}{3},\frac{4}{3}\right)$이 지역최소점이 됨을 알 수 있다. 이때의 지역최소값은 $f\left(-\frac{4}{3},\frac{4}{3}\right)=-\frac{13}{3}$이다. 그림 13.13에서 살펴보면 실제로 이 값은 전역최소값이 된다. ■

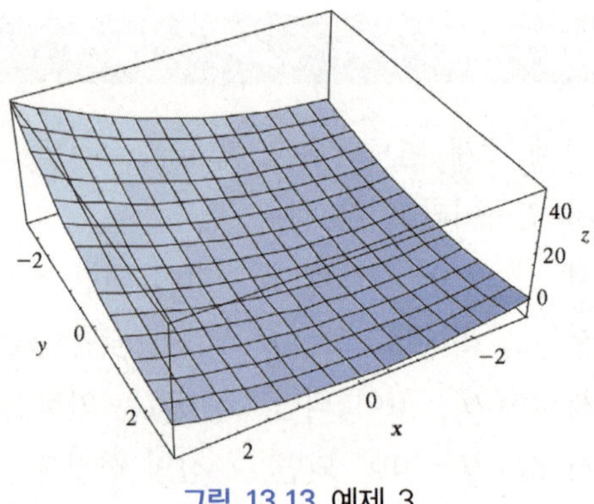


그림 13.13 예제 3

### 예제 4

예제 2의 $f(x,y)=x^2-y^2$ 경우에 $f_{xx}=2$, $f_{xy}=0$, $f_{yy}=-2$이므로 모든 점에서 $\det H=-4<0$ 가 되어 임계점 (0,0)은 안장점이 됨을 확인할 수 있다. ■

### 예제 5

$f(x,y)=x^2+y^2-2xy$의 극점을 구하라.

**풀이**

$f_x=2x-2y=0$, $f_y=2y-2x=0$에서 $x=y$를 만족하는 모든 점이 임계점이 된다. 이제 $f_{xx}=2$, $f_{xy}=-2$, $f_{yy}=2$에서 $\det H=0$이 되어 2계 도함수 판정으로는 구해진 임계점들의 지역최대, 최소 여부는 알 수 없게 된다. 하지만 $f(x,y)=(x-y)^2\geq 0$이므로 직선 $y=x$상의 모든 점에서 최소값 0를 갖게 됨을 알 수 있다(그림 13.14). ■

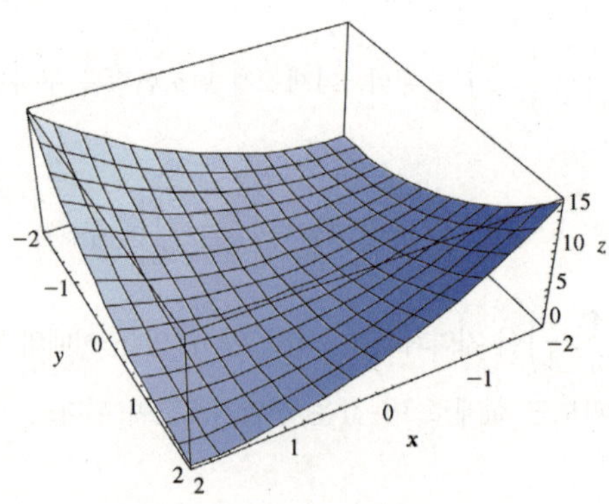


그림 13.14 예제 5

만약 주어진 영역이 닫힌 유계영역이라면 연속함수 $f(x,y)$의 전역최대, 최소값을 다음과 같은 순서로 구할 수 있다.

(1) 내부의 임계점들을 모두 구하여 나열하고 각 함수값을 계산한다.

(2) 경계에서 지역최대, 최소점들을 모두 구하여 나열하고 각 함수값을 계산한다.

(3) 이들 극값들을 비교하여 (전역)최대, 최소값을 구한다.

**예제 6**

그림 13.15와 같이 직선 $x=0$, $y=0$, $y=9-x$로 둘러싸인 삼각형 영역(경계 포함)에서 $f(x,y)=x^2+y^2-2x-2y+1$의 최대값과 최소값을 구하라.

**풀이**

(1) 내부의 임계점: 주어진 함수는 미분불가능한 점이 없으므로 내부에서는 $f_x=f_y=0$인 점만 고려하면 된다. 즉,

$$f_x=2x-2=0,\ f_y=2y-2=0$$

에서 임계점 (1,1)이 얻어지고 이때 $f(1,1)=-1$이 된다.

(2) 경계점: 이제 경계점을 살펴보아야 한다.

(i) $y=0$일 때는 $f(x,0)=x^2-2x+1$, $0\le x\le 9$가 되므로 이것을 $x$의 1변수 함수로 취급하여 3.2절에서와 같이 극값을 구한다. 즉 경계선 내부의 임계점은 $f_x(x,0)=2x-2=0$을 만족하는 $x=1$이 유일하게 구해지고 이때 $f(1,0)=0$이 된다. 경계선 양 끝점에서의 값은 $x=0$일 때 $f(0,0)=1$, $x=9$일 때 $f(9,0)=64$가 된다.

(ii) $x=0$일 때 $f(0,y)=y^2-2y+1$이 되어 (i)과 동일한 형태가 나오므로 경계선 내부의 임계점은 $(0,1)$이 되고 이때 $f(0,1)=0$이 된다. 경계의 끝점 중 $f(0,0)=1$는 (i)과 겹치고 $f(0,9)=64$이다.

(iii) $y=9-x$일 때는 이를 대입하여 정리하면

$$g(x)=f(x,9-x)=2(x^2-9x+32)$$

이 얻어지고 이때 경계는 $0\le x\le 9$가 된다. $g'=2(2x-9)=0$으로부터 경계선 내부의 임계점은 $x=\frac{9}{2}$가 되는데 이때 $y=9-\frac{9}{2}=\frac{9}{2}$로 자동결정된다. 이 점에서 $f\left(\frac{9}{2},\frac{9}{2}\right)=\frac{47}{2}$이고 경계선 양 끝점은 (i),(ii)의 끝점과 겹치므로 다시 계산할 필요가 없다.

(3) 비교: 얻은 극값들을 모두 나열하면 $-1$, 0, 1, 64, $\frac{47}{2}$이 되므로 이들을 비교하여 최소값은 (1,1)에서 $-1$을 얻고 최대값은 (0,9) 또는 (9,0)에서 64를 얻는다(그림 13.16). ■

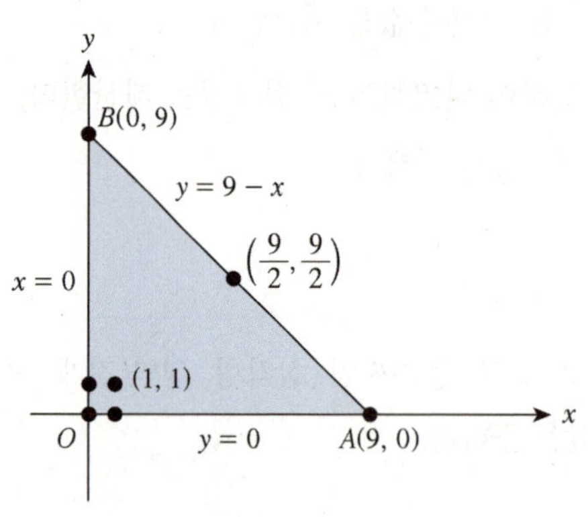

그림 13.15 예제 6의 영역

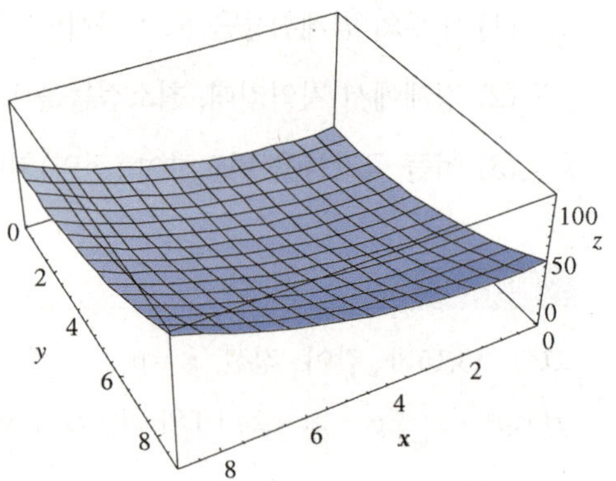

그림 13.16 예제 6의 함수

## 연습문제 13.5

**[01-06]** 다음 함수들의 지역최대점, 지역최소점, 안장점을 있는 대로 구하라.

**01** $f(x,y)=5x^2+2y^2-2xy-4x-4y+1$

**02** $f(x,y)=x^2+xy+3x+2y+3$

**03** $f(x,y)=x^2-4xy+y^2+6y+1$

**04** $f(x,y)=x^2+2xy+3$

**05** $f(x,y)=x^3-y^3-2xy+6$

**06** $f(x,y)=9x^3+y^3-2xy$

**[07-10]** 주어진 닫힌 영역 $R$에서의 최대, 최소값을 구하라.

**07** $f(x,y)=2x^2-4x+y^2-4y+3,\ R: x=0,\ y=2,\ y=2x$로 둘러싸인 삼각형(경계 포함)

**08** $f(x,y)=x^2+y^2+1,\ R: x=0,\ y=0,\ y=-2x+2$로 둘러싸인 삼각형(경계 포함)

**09** $U(x,y)=x^2+xy+y^2-6x+1,\ R: 0\le x\le 5,\ -3\le y\le 0$

**10** $V(x,y)=(4x-x^2)\cos y,\ R: 1\le x\le 3,\ -\dfrac{\pi}{4}\le y\le \dfrac{\pi}{4}$

**11** 원판을 가열하여 각 점의 온도가 $T(x,y)=x^2+2y^2-x,\ R: x^2+y^2\le 1$와 같이 분포되었다면 가장 뜨거운 점과 가장 차가운 점을 구하라.

**12** 열린 영역 $x>0,\ y>0$에서 $f(x,y)=xy+2x-\ln x^2y$의 임계점을 구하고 그 점이 최소점임을 보여라.

**13** 다음 각 경우의 임계점을 구하고 지역최대, 지역최소, 안장점 여부를 판정하라.

(1) $f_x = 2x - 4y,\ f_y = 2y - 4x$

(2) $f_x = 2x - 2,\ f_y = 2y - 4$

(3) $f_x = 9x^2 - 9,\ f_y = 2y + 4$

**14** $f(x,y) = x^2 + kxy + y^2$에서

(1) (0,0)이 $k$값에 상관없이 임계점이 됨을 보여라.

(2) 2계 도함수 검정을 통해 (0,0)이 안장점, 지역최소점, 판정불가인 점이 되는 $k$의 범위를 각각 구하라.

**15** (1) 1변수 함수 $f(x) = (x-2)^2$의 임계점을 구하라. 임계점은 유일한가? 구한 임계점이 지역최소점인가? 또한 (전역)최소점인가?

(2) 2변수 함수 $f(x,y) = x^3 + e^{3y} - 3xe^y$의 임계점을 구하라. 임계점은 유일한가? 구한 임계점은 지역최소점인가? 또한 (전역)최소점인가? 이 함수를 그려 보고 (1)과 답이 다른 이유를 생각해 보라.

COLLEGE MATHEMATICS

CHAPTER 14

# 중적분

## 14.1 이중적분

두 개의 독립변수를 갖는 연속함수 $f(x,y)$를 생각해 보자. 이때 $(x,y)$는 적절히 한정된 평면상의 유계영역 $R$에 속하는 점이라고 하자.

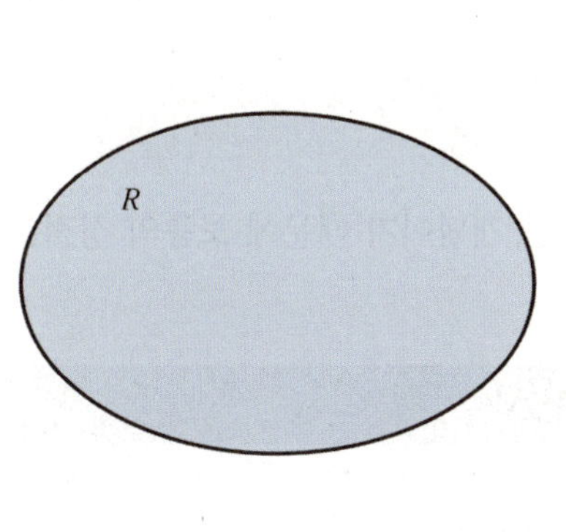


그림 14.1 영역 $R$

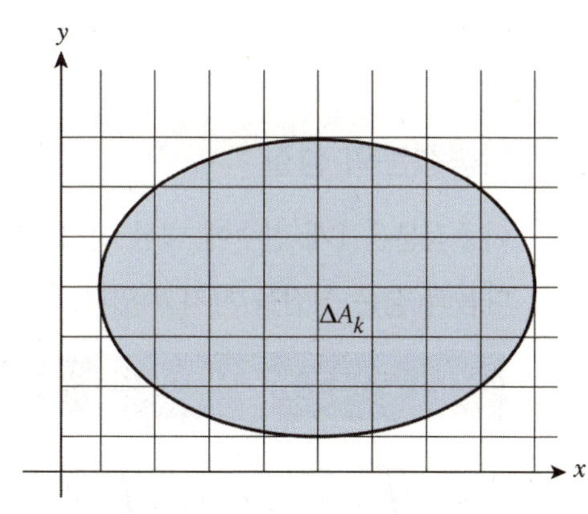


그림 14.2 영역 $R$을 조각으로 나눔

만약 $f(x,y)$가 점 $(x,y)$에서의 높이를 나타낸다면 밑면이 그림 14.1과 같이 주어지고 높이가 $f(x,y)$인 물체의 부피는

$$\iint_R f(x,y)\,dx\,dy \tag{14.1}$$

와 같은 형태의 적분으로 나타날 것이다. 이 적분의 개념을 수학적으로 좀 더 명확히 하기 위해 $R$을 그림 14.2처럼 $n$개로 조각내고 면적이 $\Delta A_k$인 $k$번째 조각 내의 점 중에서 하나를

취하여 $(x_k, y_k)$라고 하자. 이제 4.1절의 리만합과 유사하게

$$S_n = \sum_{k=1}^{n} f(x_k, y_k) \triangle A_k \tag{14.2}$$

을 구하면 식 (14.1)의 근사값이 될 것이다. 이제 $R$을 점점 세분하여 모든 조각의 면적을 0에 접근시키면서 $n$을 증가시키면, $S_n$은 식 (14.1)에 점점 가까이 갈 것이다. 이때

$$\iint_R f(x,y)\,dx\,dy = \lim_{n\to\infty} \sum_{k=1}^{n} f(x_k, y_k) \triangle A_k,$$
$$(\text{단 } \lim_{n\to\infty} \max_k\{\triangle A_k\} = 0)$$

이 존재하면 이 적분을 이중적분(double integral)이라고 부른다. 여기서 $dx\,dy$ 대신 면적소 $dA$로 표현할 수도 있다. 즉,

$$\iint_R f(x,y)\,dA = \iint_R f(x,y)\,dx\,dy \tag{14.3}$$

이다.

식 (14.2)의 극한이 존재하여 이중적분이 존재할 충분조건은 $f(x,y)$가 영역 $R$에서 연속함수인 것이다. 그러나 이것은 필요조건은 아니어서 불연속함수의 이중적분도 존재할 수 있다.

## 이중적분의 성질

이중적분은 1개 변수에 대한 정적분을 확장한 개념이기 때문에 보통의 정적분과 마찬가지로 다음과 같은 성질을 가지고 있다.

**정리 • 14.1 이중적분의 성질**

(1) $\iint_R kf(x,y)dA = k\iint_R f(x,y)dA$ ($k$는 임의의 상수)

(2) $\iint_R f_1(x,y) \pm f_2(x,y)dA = \iint_R f_1(x,y)dA \pm \iint_R f_2(x,y)dA$

(3) $R$에서 $f(x,y) \ge 0$이면, $\iint_R f(x,y)dA \ge 0$

(4) $R$에서 $f_1(x,y) \le f_2(x,y)$이면, $\iint_R f_1(x,y)dA \le \iint_R f_2(x,y)dA$

(5) $R = R_1 \bigcup R_2$, $(R_1 \bigcap R_2 = \varnothing)$일 때(그림 14.3),

$$\iint_R f(x,y)dA = \iint_{R_1} f(x,y)dA + \iint_{R_2} f(x,y)dA$$

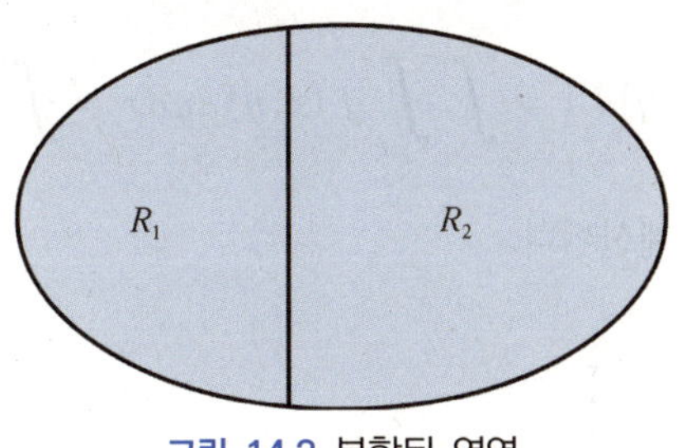


그림 14.3 분할된 영역

## 이중적분의 계산 방법

$f(x,y)$가 $R$에서 연속인 경우에 이중적분은 고급해석학에서 증명되는 Fubini의 정리를 이용하여 $x, y$ 두 변수 중 하나를 먼저 고정시켜 계산한다. 만약 영역 $R$이 $a \le x \le b$, $g_1(x) \le y \le g_2(x)$와 같이 정해지면(그림 14.4), 우선 $x$를 고정시키고 $y$에 대해 먼저 적분하고 그다음에 $x$에 대해 적분한다. 즉,

$$\iint_R f(x,y)dA = \int_a^b \int_{g_1(x)}^{g_2(x)} f(x,y)dydx \tag{14.4}$$

과 같이 계산한다. 반면에 영역 $R$이 $c \le y \le d$, $h_1(y) \le x \le h_2(y)$와 같이 정해질 수 있으면(그림 14.5), 우선 $y$를 고정시키고 $x$에 대해 먼저 적분하고 그다음에 $y$에 대해 적분하면 된다. 즉,

$$\iint_R f(x,y)dA = \int_c^d \int_{h_1(y)}^{h_2(y)} f(x,y)\,dx\,dy \tag{14.5}$$

을 계산하면 된다.

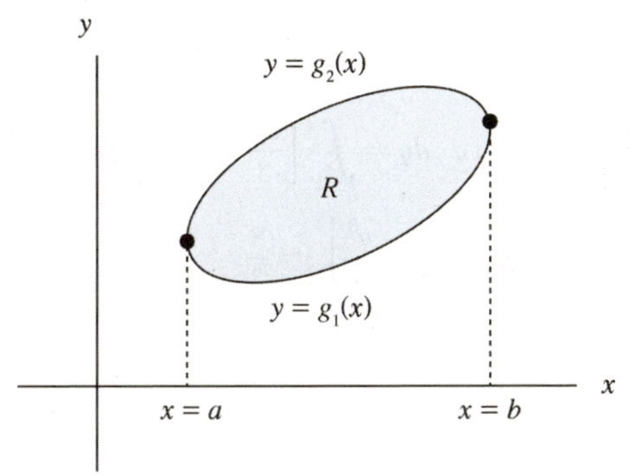


그림 14.4 $x$를 고정시킨 후 $y$에 대해 적분

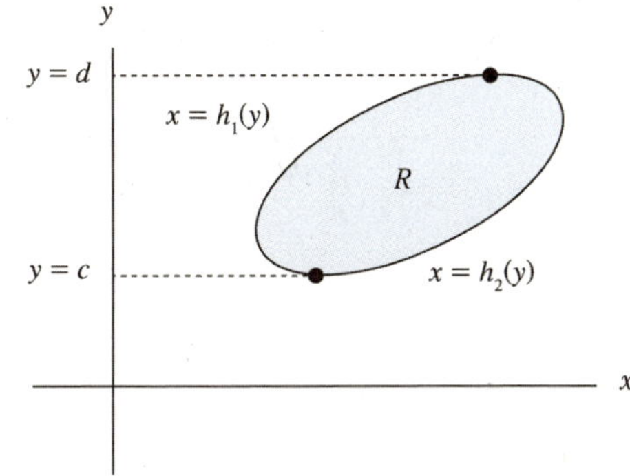


그림 14.5 $y$를 고정시킨 후 $x$에 대해 적분

만약 $R$이 직사각형 형태(그림 14.6)라면 모든 $x$ (또는 $y$)에 대해 아래–위(또는 왼쪽–오른쪽) 범위가 일정하므로

$$\iint_R f(x,y)dA = \int_a^b \int_c^d f(x,y)\,dy\,dx = \int_c^d \int_a^b f(x,y)\,dx\,dy \tag{14.6}$$

와 같이 보다 간편하게 계산된다.

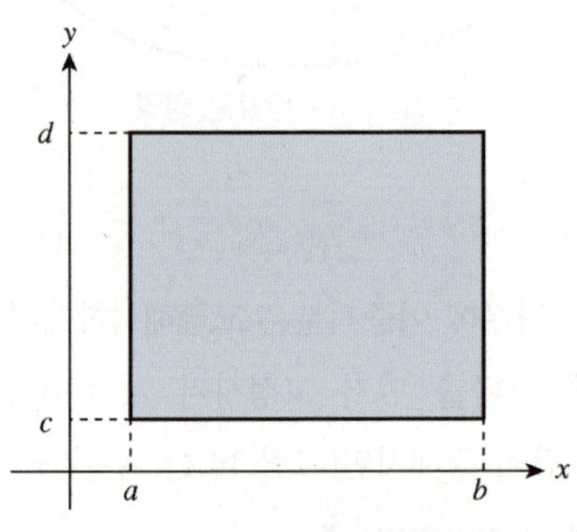


그림 14.6 직사각형 영역

**예제 1**

$R$이 $0 \le x \le 1,\ 1 \le y \le 2$일 때 $R$을 밑면으로 하고 높이가 $z = x^2 + y^2$으로 주어진 물체의 부피 $V = \iint_R (x^2+y^2)dA$를 구하라.

**풀이**

$R$은 $0 \le x \le 1,\ 1 \le y \le 2$의 직사각형이므로

$$\iint_R (x^2+y^2)dA = \int_0^1 \int_1^2 (x^2+y^2)dydx = \int_0^1 \left[x^2y + \frac{y^3}{3}\right]_1^2 dx$$
$$= \int_0^1 \left(x^2 + \frac{7}{3}\right)dx = \left[\frac{x^3}{3} + \frac{7x}{3}\right]_0^1 = \frac{8}{3}$$

로 계산한다. 또는 적분순서를 바꾸어,

$$\iint_R (x^2+y^2)\,dA = \int_1^2 \int_0^1 (x^2+y^2)\,dx\,dy = \int_1^2 \left[\frac{x^3}{3} + y^2x\right]_0^1 dy$$
$$= \int_1^2 \left(\frac{1}{3} + y^2\right)dy = \left[\frac{y}{3} + \frac{y^3}{3}\right]_1^2 = \frac{8}{3}$$

와 같이 계산한다. ■

## 예제 2

밑변이 그림 14.7처럼 주어지고 $(x, y)$ 에서의 높이가 $f(x,y)=2-y-x$로 주어질 때, 이 입체의 부피를 구하라.

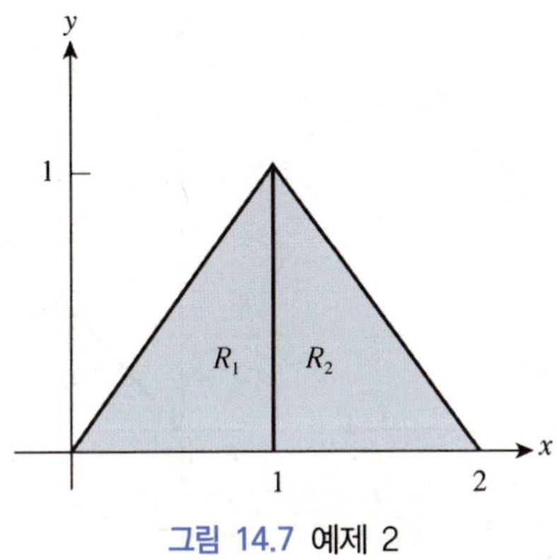


그림 14.7 예제 2

**풀이**

영역 $R$ 이

$$R_1:\ 0 \le x \le 1,\quad 0 \le y \le x\ ,\ R_2:\ 1 \le x \le 2,\quad 0 \le y \le 2-x$$

와 같이 구분될 수 있으므로 정리 14.1의 (5)를 이용한다. 각 영역에 대해 적분하면

$$\iint_{R_1} f(x,y)dA = \int_0^1\int_0^x (2-x-y)\,dy\,dx = \int_0^1\left[2y-xy-\frac{y^2}{2}\right]_0^x dx$$
$$= \int_0^1\left(2x-\frac{3x^2}{2}\right)dx = \left[x^2-\frac{x^3}{2}\right]_0^1 = \frac{1}{2}$$

$$\iint_{R_2} f(x,y)dA = \int_1^2\int_0^{2-x} (2-x-y)\,dy\,dx = \int_1^2\left[2y-xy-\frac{y^2}{2}\right]_0^{2-x} dx$$
$$= \int_1^2\left(\frac{x^2}{2}-2x+2\right)dx = \left[\frac{1}{6}x^3-x^2+2x\right]_1^2 = \frac{1}{6}$$

이므로, 구하는 부피는 $\frac{1}{2}+\frac{1}{6}=\frac{2}{3}$ 이다. ■

적분순서가 바뀌면 이중적분의 계산이 매우 힘들어질 수도 있으므로 계산이 편리하도록 순서를 잘 맞추어야 한다. 다음 예제를 살펴보자.

**예제 3**

$R$을 $x$축과 직선 $y=x$, 직선 $x=1$로 둘러싸인 삼각형 영역(그림 14.8)이라 할 때 $\iint_R \frac{\sin x}{x} dA$를 구하라.

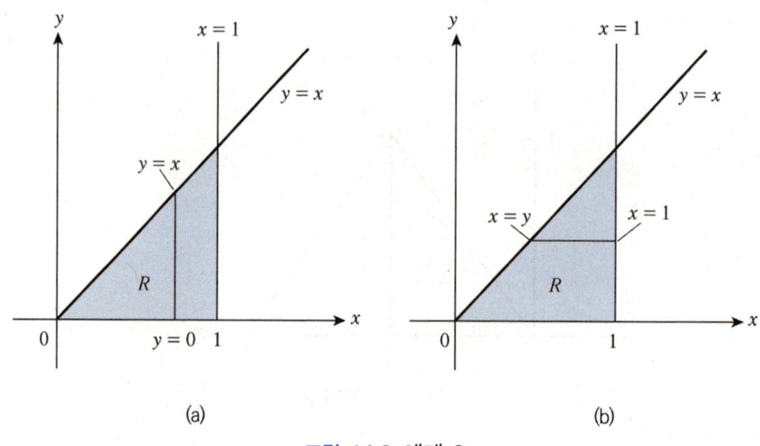


그림 14.8 예제 3

**풀이**

우선 $R$을 $0 \le x \le 1,\ 0 \le y \le x$와 같이 $x$를 먼저 고정시키고 $y$의 아래, 위 범위를 구하는 방식[식 (14.4) 이용, 그림 14.8(a)]으로 적분을 해 보자. 그러면

$$\int_0^1 \left( \int_0^x \frac{\sin x}{x} dy \right) dx = \int_0^1 \frac{\sin x}{x} [y]_0^x dx = \int_0^1 \sin x \, dx = -\cos(1) + 1 \cong 0.46$$

과 같이 손쉽게 계산이 된다.

그런데 만약 $R$을 $0 \le y \le 1,\ y \le x \le 1$과 같이 먼저 $y$를 고정시키고 $x$의 가능 범위를 구하여 적분을 하면[식 (14.5) 이용, 그림 14.8(b)]

$$\int_0^1 \left( \int_y^1 \frac{\sin x}{x} dx \right) dy$$

에서 내부의 적분을 수행할 수 없어 최종적인 적분값을 구할 수 없게 된다. ■

## 이중적분을 이용하여 구할 수 있는 물리량

우선 영역 $R$의 면적 $A$는 높이를 1로 고정시키면 식 (14.2)에서 $f=1$이 되어

$$S_n = \sum_{k=1}^{n} \Delta A_k \cong A$$

이므로 $A = \iint_R dA$와 같이 얻을 수 있다. 이것은 높이가 1일 때 부피=밑면적이 되는 것으로부터도 추론할 수 있다. 즉,

(a) 영역 $R$의 면적: $A = \iint_R dA$

또한 함수 $f$가 $R$에서 정의될 때 $R$에서의 $f$의 평균값을 다음과 같이 구할 수 있다.

(b) $R$에서의 $f$의 평균값 $= \frac{1}{A} \iint_R f dA$

만약 밀도함수 $\delta(x,y)$가 주어지면 영역 $R$의 질량, 1차 모멘트, 무게중심(질량중심, centre of mass)은 각각

(c) 영역 $R$의 질량: $M = \iint_R \delta(x,y) dA$

(d) 1차 모멘트: $M_x = \iint_R y\,\delta(x,y) dA$, $M_y = \iint_R x\,\delta(x,y) dA$

(e) 무게중심: $\bar{x} = \frac{M_y}{M}$, $\bar{y} = \frac{M_x}{M}$

과 같이 계산될 수 있다[중력이 일정하므로 무게중심은 질량중심과 일치한다. 밀도가 일정할 때는 무게중심이 입체의 중심(centroid)이 된다].

회전체에서의 운동에너지나 들보(beam)의 경도 등의 계산에 이용되는 관성모멘트(moment of inertia; 2차 모멘트)는 각 축으로부터의 거리제곱을 이용하여 다음과 같이 계산된다.

(f) 관성모멘트: $I_x = \iint_R y^2\,\delta(x,y) dA$ ($x$축에 대해)

$I_y = \iint_R x^2\,\delta(x,y) dA$ ($y$축에 대해)

원점에 대한 극관성모멘트(polar moment of inertia)도 원점으로부터의 거리제곱 $r^2 = x^2 + y^2$을 이용하여 유사하게 구한다.

(g) 극관성모멘트: $I_0 = \iint_R (x^2 + y^2)\delta(x,y) dA = I_x + I_y$

## 예제 4

$R$: $y=x$, $y=x^2$으로 둘러싸인 영역(1사분면)이라 할 때 $R$의 면적과 무게중심을 구하라.

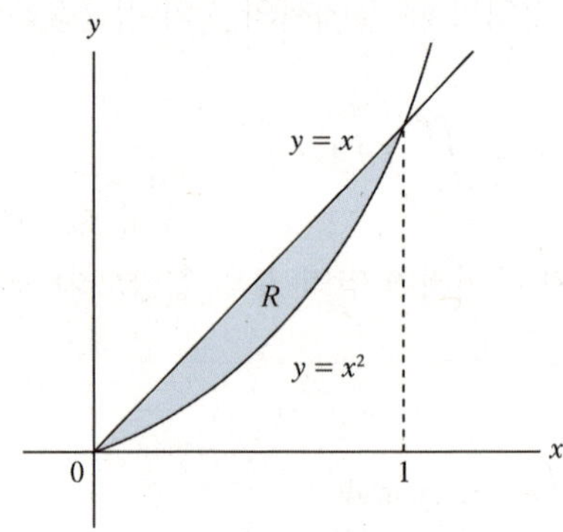


그림 14.9 예제 4의 영역

**풀이**

영역은 그림 14.9와 같으므로 면적은

$$A=\int_0^1\int_{x^2}^{x} 1\,dy\,dx=\int_0^1 [y]_{x^2}^{x}\,dx=\int_0^1(x-x^2)\,dx=\left[\frac{x^2}{2}-\frac{x^3}{3}\right]_0^1=\frac{1}{6}$$

이 되고 이것은 밀도함수가 1일 때의 $R$의 질량 $M$과 같다. 각 축에 대한 1차 모멘트는 각각

$$M_x=\int_0^1\int_{x^2}^{x} y\,dy\,dx=\int_0^1\left[\frac{y^2}{2}\right]_{x^2}^{x}dx=\frac{1}{2}\int_0^1(x^2-x^4)\,dx=\frac{1}{2}\left[\frac{x^3}{3}-\frac{x^5}{5}\right]_0^1=\frac{1}{15}$$

$$M_y=\int_0^1\int_{x^2}^{x} x\,dy\,dx=\int_0^1 [x\,y]_{x^2}^{x}\,dx=\int_0^1(x^2-x^3)\,dx=\left[\frac{x^3}{3}-\frac{x^4}{4}\right]_0^1=\frac{1}{12}$$

이므로 무게중심은 $\bar{x}=\dfrac{M_y}{M}=\dfrac{1}{2}$, $\bar{y}=\dfrac{M_x}{M}=\dfrac{2}{5}$로부터 $\left(\dfrac{1}{2},\dfrac{2}{5}\right)$가 된다 ■

## 예제 5

세 꼭지점이 각각 원점과 (1,0), (1,2)인 직각삼각형 모양의 얇은 판이 있는데 밀도함수가 $\delta(x,y)=xy^2$라고 한다. 이 판의 무게, 평균밀도, 무게중심, 관성모멘트를 구하라.

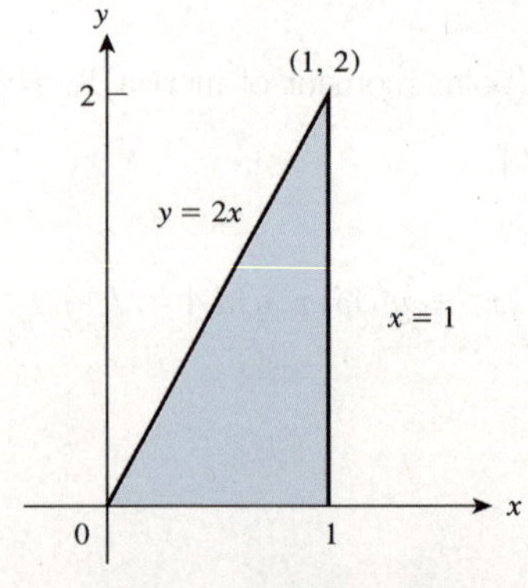


그림 14.10 예제 5의 영역

풀이

주어진 영역은 그림 14.10과 같다. 우선 질량은

$$M=\int_0^1\int_0^{2x} xy^2\,dy\,dx=\int_0^1 x\left[\frac{y^3}{3}\right]_0^{2x}dx=\int_0^1\frac{8}{3}x^4\,dx=\frac{8}{15}$$

이다. 영역의 넓이가

$$A=\int_0^1\int_0^{2x} dx\,dy=\int_0^1 2x\,dx\,dy=1 \text{ (또는 삼각형의 넓이공식 이용)}$$

이므로 평균밀도$\left(=\dfrac{M}{A}\right)$는 무게와 동일한 $\dfrac{8}{15}$이 될 것이다. 또한 1차 모멘트는 각각

$$M_x=\int_0^1\int_0^{2x} y\,(xy^2)\,dy\,dx=\int_0^1\int_0^{2x} xy^3\,dy\,dx=\int_0^1 x\left[\frac{y^4}{4}\right]_0^{2x}dx=\int_0^1 4x^5\,dx=\frac{2}{3}$$

$$M_y=\int_0^1\int_0^{2x} x\,(xy^2)\,dy\,dx$$

$$=\int_0^1\int_0^{2x} x^2y^2\,dy\,dx=\int_0^1 x^2\left[\frac{y^3}{3}\right]_0^{2x}dx=\int_0^1\frac{8}{3}x^5\,dx=\frac{4}{9}$$

이 되고, 따라서 무게중심은 $\bar{x}=\dfrac{M_y}{M}=\dfrac{15}{18}$, $\bar{y}=\dfrac{M_x}{M}=\dfrac{5}{4}$이다.

$x$축, $y$축에 대한 관성모멘트는 각각

$$I_x=\int_0^1\int_0^{2x} y^2\,(xy^2)\,dy\,dx=\int_0^1\int_0^{2x} xy^4\,dy\,dx=\int_0^1 x\left[\frac{y^5}{5}\right]_0^{2x}dx=\int_0^1\frac{32}{5}x^6\,dx=\frac{32}{35}$$

$$I_y=\int_0^1\int_0^{2x} x^2\,(xy^2)\,dy\,dx=\int_0^1\int_0^{2x} x^3y^2\,dy\,dx=\int_0^1 x^3\left[\frac{y^3}{3}\right]_0^{2x}dx=\int_0^1\frac{8}{3}x^6\,dx=\frac{8}{21}$$

이 되고 극관성모멘트는 $I_0=I_x+I_y=\dfrac{32}{35}+\dfrac{8}{21}=\dfrac{136}{105}$이 된다. ■

## 연습문제 14.1

**[01-02]** 적분 영역을 그리고 적분하라.

**01** $\displaystyle\int_0^3\int_0^2(4-y^2)\,dy\,dx$

**02** $\displaystyle\int_0^{\pi}\int_0^{x} x\,\sin y\,dy\,dx$

**03** 1사분면에서 $y=x$, $y=2x$, $x=1$, $x=2$로 둘러싸인 영역에서 $f(x,y)=\dfrac{x}{y}$를 적분하라.

**04** 1사분면에서 직선 $u+v=1$에 의해 만들어지는 삼각형에서 $f(u,v)=v-\sqrt{u}$를 적분하라.

**[05-06]** 직교좌표계에서의 다음 적분영역을 그리고 적분하라.

**05** $\displaystyle\int_{-2}^0\int_v^{-v} 2\,dp\,dv$ ($pv$-평면)

**06** $\displaystyle\int_0^3\int_{-2}^{4-2u}\frac{(4-2u)}{v^2}\,dv\,du$ ($uv$-평면)

**[07-10]** 다음 이중적분의 적분영역을 그리고, 적분 순서를 반대로 한 이중적분 형태를 쓰라.

**07** $\int_0^1 \int_2^{4-2x} dy\,dx$

**08** $\int_0^{\frac{2}{3}} \int_0^{9-4x} 16x\,dy\,dx$

**09** $\int_0^{\pi} \int_x^{\pi} \frac{\sin y}{y} dy\,dx$

**10** $\int_0^{2\sqrt{\ln 3}} \int_{y/2}^{\sqrt{\ln 3}} e^{x^2}\,dx\,dy$

**11** 어떤 물체의 밑면이 $y=3x$, $y=4-x^2$에 의해 둘러싸인 $xy$-평면 상의 영역이고, 높이가 $z=x+4$일 때, 이 물체의 부피를 구하라.

**12** $xy$-평면 상에서 $y=x$, $x=0$, $x+y=2$에 의해 만들어지는 삼각형을 밑면으로 갖는 물체에서 높이가 $z=x^2+y^2$에 의해 정해질 때, 물체의 부피를 구하라.

**[13-14]** 주어진 직선과 곡선에 의해 생긴 영역을 그리고, 영역의 면적을 계산하라.

**13** 직선 $x+y=2$와 $x$축, $y$축

**14** $x=y^2$, $x=2y-y^2$

**[15-16]** 적분 영역을 그리고, 적분 계산을 통해 영역의 면적을 구하라.

**15** $\int_0^6 \int_{y^2/3}^{2y} dx\,dy$

**16** $\int_{-1}^0 \int_{-2x}^{1-x} dy\,dx + \int_0^2 \int_{-x/2}^{1-x} dy\,dx$

**17** $f(x,y)=xy$의 평균값을 $0 \le x \le 1$, $0 \le y \le 1$인 정사각형에서, 또 $x^2+y^2 \le 1$의 1사분면 상의 사분원에서 계산하고 그 크기를 비교하라.

**18** 포물선 $y=2-x^2$과 직선 $x=0$ 및 $y=x$로 둘러싸인 영역이 밀도 $\delta=3$을 가질 때, 이 영역의 무게중심을 구하라.

**19** 직선 $x+y=3$과 $x$축, $y$축으로 이루어지는 삼각형 영역에서 밀도함수가 $\delta(x,y)=x+2xy$로 주어질 때 질량, 평균밀도, 무게중심(centroid), 관성모멘트를 구하라.

**20** 곡선 $x=y^2$와 $x=2y-y^2$으로 둘러싸인 영역에서 밀도함수가 $\delta=2y+1$로 주어질 때 무게중심과 관성모멘트를 구하라.

## 14.2 좌표 변환

이중적분에서 변수의 변환을 통해 영역을 좀 더 단순하게 만들 수 있으면 계산이 매우 간편해 질 수 있다. 다음의 예를 보자.

**예제 1**

$R$이 반지름이 1이고 중심이 원점인 1사분면 상의 원의 내부라고 할 때, $\iint_R (x^2+y^2)dA$를 구하라 (그림 14.11).

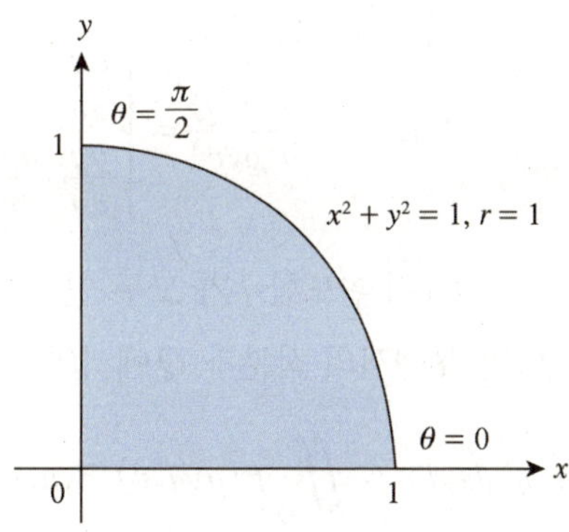


그림 14.11 예제 1의 영역 $R$

**풀이**

영역 $R$이 $0 \le x \le 1$ , $0 \le y \le \sqrt{1-x^2}$ 와 같이 표현될 수 있으므로 원하는 적분은

$$\begin{aligned}\int_0^1\int_0^{\sqrt{1-x^2}} x^2+y^2\,dy\,dx &= \int_0^1\left[x^2y+\frac{y^3}{3}\right]_0^{\sqrt{1-x^2}} dx \\ &= \int_0^1\left[x^2\sqrt{1-x^2}+\frac{(1-x^2)^{3/2}}{3}\right]dx\end{aligned}$$

이다. 하지만 마지막 적분은 간단하게 계산되지 않는다. ■

예제 1의 적분을 계산하기 위해서, 영역을 표현하는 직교좌표계 $(x, y)$를 극좌표계 $(r, \theta)$로 바꾸어 보자. 즉 직교좌표계의 점 $(x, y)$를 원점으로부터의 거리 $r$과 양의 $x$축을 기준으로 했을 때의 각도 $\theta$로 표현하면

$$x = r\cos\theta\,,\ y = r\sin\theta \tag{14.7}$$

이 되고 그림 14.11의 사분원의 내부는

$$0 \le r \le 1\,,\ 0 \le \theta \le \frac{\pi}{2}$$

와 같이 표현된다. 이 영역은 $(r, \theta)$평면에서 직사각형이 되므로 원래의 영역에서보다 이중적분이 훨씬 간편하게 수행될 수 있다.

그러나 그 전에 좌표계의 변환에 따른 영역의 면적 변화를 정확히 표현해 주는 관계식이 필요한데, 이것은 Jacobian으로 표현된다. 일반적으로 $(u,v)$평면에서의 영역 $Q$가 $(x, y)$평면에서의 영역 $R$로

$$x = g(u,v)\,,\ y = h(u,v)$$

에 의해 일대일 변환된다고 하자. 이 함수들의 1계 편도함수가 존재할 때 **Jacobian** $J(u,v)$는 행렬식(determinant)

$$J(u,v) = \frac{\partial(x,y)}{\partial(u,v)} = \begin{vmatrix} \dfrac{\partial x}{\partial u} & \dfrac{\partial x}{\partial v} \\ \dfrac{\partial y}{\partial u} & \dfrac{\partial y}{\partial v} \end{vmatrix} \tag{14.8}$$

로 정의되는데, 함수 $g$, $h$, $f$의 1계 편도함수가 모두 연속이고 Jacobian이 유한개의 고립점 이외에서는 0이 되지 않는다면 $R$에서의 적분과 $Q$에서의 적분은

$$\iint_R f(x,y)\,dx\,dy = \iint_Q f(g(u,v),h(u,v))\,|J(u,v)|\,du\,dv \tag{14.9}$$

와 같이 연관됨을 보일 수 있다.

이제 식 (14.7)과 같은 극좌표 변환의 Jacobian을 구해 보자.

$$J(r,\theta) = \begin{vmatrix} \dfrac{\partial x}{\partial r} & \dfrac{\partial x}{\partial \theta} \\ \dfrac{\partial y}{\partial r} & \dfrac{\partial y}{\partial \theta} \end{vmatrix} = \begin{vmatrix} \cos\theta & -r\sin\theta \\ \sin\theta & r\cos\theta \end{vmatrix} = r(\cos^2\theta + \sin^2\theta) = r$$

이 되므로,

$$\iint_R f(x,y)\,dx\,dy = \iint_Q f(r\cos\theta, r\sin\theta)\,r\,dr\,d\theta \tag{14.10}$$

이 성립한다.

식 (14.10)의 극좌표 변환은 그림 14.12를 보면 직관적으로 이해할 수 있다. 색칠한 부분을 근사적으로 직사각형으로 간주하면 면적소는 $dA = (r\,d\theta)\,(dr)$과 같이 표현되므로 $dA = r\,dr\,d\theta$의 관계가 얻어진다(부채꼴의 호의 길이는 반지름 × 각도임을 기억하자).

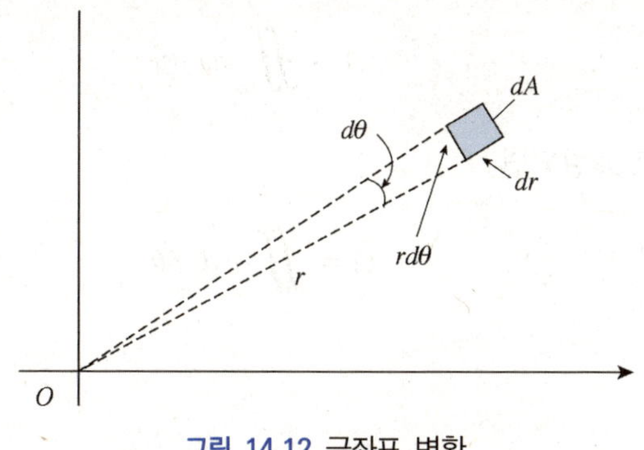


그림 14.12 극좌표 변환

**예제 1에서 계속**

예제 1을 극좌표로 변환하여 계산하자. 우선

$$x = r\cos\theta\,,\ y = r\sin\theta$$

이므로 $x^2 + y^2 = r^2$이 된다. 그림 14.11의 1/4 원의 내부 영역을 극좌표로 표현하면

$$0 \le r \le 1\,,\ 0 \le \theta \le \frac{\pi}{2}$$

이 되므로 원하는 적분은

$$\iint_R (x^2 + y^2)\,dA = \int_0^{\pi/2}\int_0^1 r^2\, r dr d\theta = \int_0^{\pi/2}\left[\frac{r^4}{4}\right]_0^1 d\theta = \int_0^{\pi/2}\frac{1}{4}\,d\theta = \frac{\pi}{8}$$

로 간단히 계산된다. 여기서 그림 14.11의 원 영역 $R$이 그림 14.13의 직사각형 영역 $Q$로 바뀌었음을 주목하라. ■

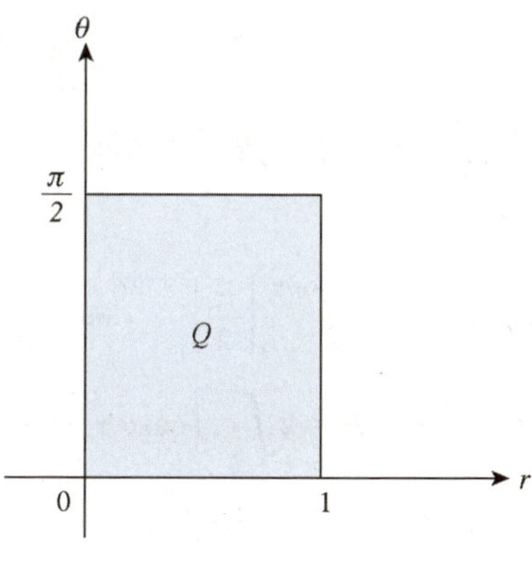


그림 14.13 직사각형 영역 $Q$

원과 유사한 형태의 곡선으로 영역이 표현되는 경우에는 극좌표를 이용한 이중적분이 매우 편리하다. 이때 면적

$$A = \iint_R dx\, dy$$

도 영역이 극좌표로 표현되면

$$A = \iint_Q r\, dr\, d\theta \tag{14.11}$$

로 계산할 수 있다.

**예제 2**

중심이 원점인 단위원의 외부와 심장형(cardioid) $r = 1 + \cos\theta$ 의 내부로 이루어지는 영역의 면적을 구하라(그림 14.14).

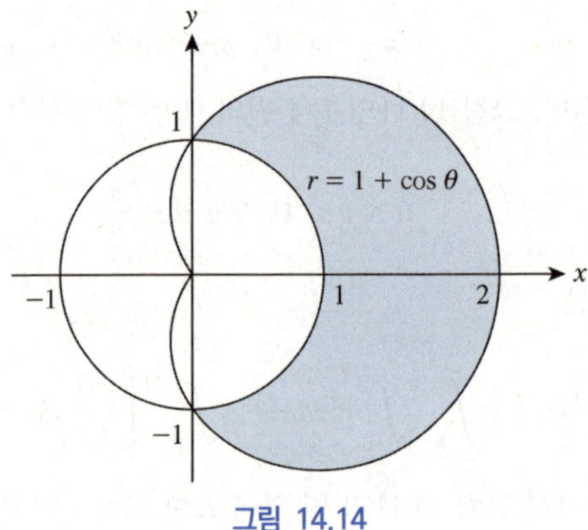


그림 14.14

**풀이**

그림 14.14에서 보듯이 $\theta$는 $-\dfrac{\pi}{2} \leq \theta \leq \dfrac{\pi}{2}$의 범위에 있고 $\theta$를 고정시킬 때, $r$의 범위는 $1 \leq r \leq 1 + \cos\theta$와 같이 정해지므로

$$\begin{aligned} A &= \int_{-\pi/2}^{\pi/2}\int_1^{1+\cos\theta} r\, dr\, d\theta = \int_{-\pi/2}^{\pi/2}\left[\frac{r^2}{2}\right]_1^{1+\cos\theta} d\theta = \int_{-\pi/2}^{\pi/2}\frac{(1+\cos\theta)^2 - 1}{2}d\theta \\ &= \int_{-\pi/2}^{\pi/2}\left(\cos\theta + \frac{\cos^2\theta}{2}\right)d\theta = 2\int_0^{\pi/2}\left(\cos\theta + \frac{1+\cos 2\theta}{4}\right)d\theta = 2 + \frac{\pi}{4} \end{aligned}$$

가 얻어진다. 11.3절의 극좌표에서의 면적을 구하는 방법을 이용하여 한번 검증해 보라. ■

이중적분은 일변수 함수의 적분에도 응용될 수 있다. 우선 다음 예제를 보자.

**예제 3**

$\int_{-\infty}^{\infty}\int_{-\infty}^{\infty} e^{-(x^2+y^2)}\,dx\,dy$를 구하라.

**풀이**

$x=r\cos\theta,\ y=r\sin\theta$로 놓고 극좌표 변환하면 $x^2+y^2=r^2$이고, 주어진 전체 평면의 적분영역은 $0\le\theta\le 2\pi,\ 0\le r\le\infty$로 표현될 수 있으므로

$$\int_{-\infty}^{\infty}\int_{-\infty}^{\infty} e^{-(x^2+y^2)}\,dx\,dy=\int_0^{2\pi}\int_0^{\infty} e^{-r^2}\,r\,dr\,d\theta=\int_0^{2\pi}\left[-\frac{1}{2}e^{-r^2}\right]_0^{\infty}d\theta$$
$$=\int_0^{2\pi}\frac{1}{2}d\theta=\pi$$

가 된다. ■

**예제 4**

$\int_{-\infty}^{\infty} e^{-x^2}\,dx=\sqrt{\pi}$ 임을 보여라.

**풀이**

직접 적분하기가 불가능하므로 적분을 제곱하여 예제 3의 결과를 이용한다. 즉,

$$\left(\int_{-\infty}^{\infty} e^{-x^2}\,dx\right)^2=\int_{-\infty}^{\infty} e^{-x^2}\,dx\int_{-\infty}^{\infty} e^{-y^2}\,dy=\int_{-\infty}^{\infty}\int_{-\infty}^{\infty} e^{-(x^2+y^2)}\,dx\,dy=\pi$$

이므로 주어진 결과가 얻어진다. ■

예제 4의 결과는 오차함수(error function)와 정규분포함수(연습문제 14.2의 12, 13)에 이용된다.

## 기타 좌표변환

좌표변환은 극좌표 변환 외에도 다양하게 사용될 수 있다. 다음 예를 보자.

**예제 5**

$\int_0^1\int_0^{1-x}\sqrt{x+y}\,(y-2x)^3dy\,dx$을 구하라.

**풀이**

주어진 상태로는 적분이 불가능하므로 변수변환을 시도해 본다. 주어진 함수의 형태에서 힌트를 얻어 $u=x+y,\ v=y-2x$로 변환해 보자. 그러면

$$x=\frac{u}{3}-\frac{v}{3},\quad y=\frac{2u}{3}+\frac{v}{3}$$

로 표현될 것이고 원래의 $xy$-평면에서의 직각삼각형 모양의 적분영역 $R$은 그림 14.15와 같이 $uv$-평면에서의 영역 $Q$로 변환될 것이다. 이것은 세 꼭지점 (0,0), (1,0), (0,1)이 각각 (0,0), (1, −2), (1,1)로 변하는 것으로부터 쉽게 유추해 낼 수 있는데, 적분영역을 명확히 표현하기 위해 세 경계선의 변화를 보자.

$$y=0(\text{밑변})\text{일 때}\quad y=\frac{2u}{3}+\frac{v}{3}=0\text{에서}\quad v=-2u$$

$$x=0(\text{높이})\text{일 때}\quad x=\frac{u}{3}-\frac{v}{3}=0\text{에서}\quad v=u$$

$$x+y=1(\text{빗변})\text{일 때}\quad x+y=\frac{u}{3}-\frac{v}{3}+\frac{2u}{3}+\frac{v}{3}=1\text{에서}\quad u=1$$

이 되므로 적분영역은 $0\le u\le 1,\ -2u\le v\le u$로 표현될 수 있다. 이제 Jacobian을 구하면

$$J(u,v)=\begin{vmatrix}\dfrac{\partial x}{\partial u} & \dfrac{\partial x}{\partial v}\\ \dfrac{\partial y}{\partial u} & \dfrac{\partial y}{\partial v}\end{vmatrix}=\begin{vmatrix}\dfrac{1}{3} & -\dfrac{1}{3}\\ \dfrac{2}{3} & \dfrac{1}{3}\end{vmatrix}=\frac{1}{3}$$

이 되므로 주어진 적분은

$$\int_0^1\int_0^{1-x}\sqrt{x+y}\,(y-2x)^3dy\,dx=\int_0^1\int_{-2u}^{v}u^{1/2}v^3\left|\frac{1}{3}\right|dv\,du$$

이 된다. $v$와 무관한 모든 것을 상수로 취급하고 안쪽의 적분을 먼저 수행하면

$$\int_{-2u}^{u}v^3dv=\frac{1}{4}[u^4-16u^4]=-\frac{15}{4}u^4$$

이므로 주어진 적분값은

$$\int_0^1\int_{-2u}^{u}u^{1/2}v^3\left|\frac{1}{3}\right|dv\,du=\frac{1}{3}\int_0^1u^{1/2}\left(\frac{-15}{4}u^4\right)du=-\frac{5}{4}\int_0^1u^{9/2}du=-\frac{5}{22}$$

가 된다. ■

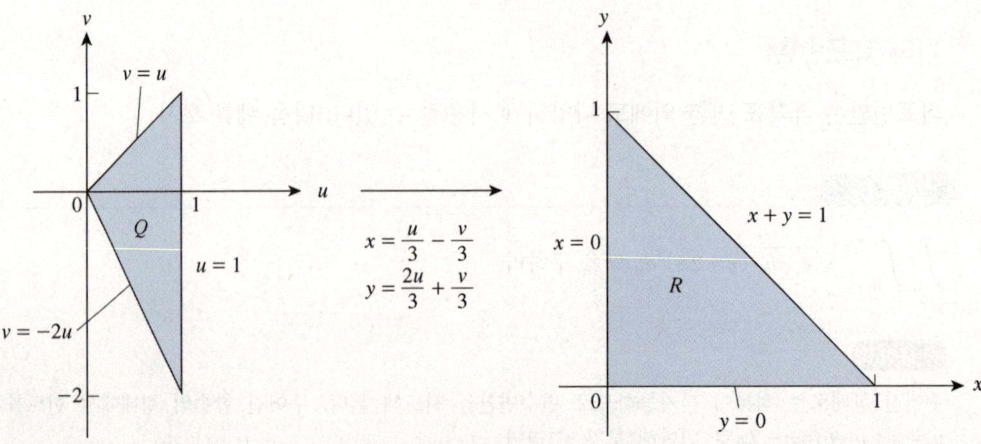


그림 14.15 예제 5. 영역의 변환

## 연습문제 14.2

**[01-04]** 다음 적분을 극좌표 적분으로 바꾸어 계산하라.

**01** $\int_0^1 \int_0^{\sqrt{1-y^2}} (x^2+y^2)\,dx\,dy$

**02** $\int_{-a}^{a} \int_{-\sqrt{a^2-x^2}}^{\sqrt{a^2-x^2}} dy\,dx$

**03** $\int_0^{\ln 2} \int_0^{\sqrt{(\ln 2)^2-y^2}} e^{\sqrt{x^2+y^2}}\,dx\,dy$

**04** $\int_{-1}^{1} \int_{-\sqrt{1-y^2}}^{\sqrt{1-y^2}} \ln(x^2+y^2+1)\,dx\,dy$

**05** 곡선 $r=2(2-\sin 2\theta)^{1/2}$과 좌표축이 1사분면에서 만드는 영역의 면적을 구하라.

**06** 곡선 $r=\frac{4}{3}\theta,\ 0\le\theta\le 2\pi$와 $x$축의 양의 구간에 의해 둘러싸인 달팽이 껍질 모양 영역의 면적을 구하라.

**07** 밀도함수가 $\delta(x,y)=\frac{1}{r}$일 때 원 $r=3$의 외부와 원 $r=6\sin\theta$의 내부로 둘러싸인 영역의 질량을 구하라.

**08** 심장형 $r=1+\cos\theta$에 의해 둘러싸인 영역의 무게중심을 구하라.

**09** (1) 변환 $u=x-y$, $v=2x+y$를 $x$, $y$에 대한 $u$, $v$의 식으로 표현하고 $\frac{\partial(x,y)}{\partial(u,v)}$를 구하라.

(2) 영역 $R$이 $y=-2x+4$, $y=-2x+7$, $y=x-2$, $y=x+1$에 의해 정해지는 1사분면의 영역이라고 할 때 적분 $\iint_R (2x^2-xy-y^2)\,dx\,dy$를 (1)의 결과를 이용하여 계산하라.

**10** (1) 변환 $x=u$, $y=uv$의 Jacobian을 구하고 $uv$-평면에서 영역 $G:\ 1\le u\le 2,\ 1\le uv\le 2$를 그려라.

(2) 적분 $\int_1^2 \int_1^2 \frac{y}{x}\,dy\,dx$을 $G$에서의 이중적분으로 표현하고 두 적분을 모두 계산하라.

**11** 변환 $x=u+\frac{1}{2}v$, $y=v$를 사용하여 이중적분 $\int_0^2 \int_{y/2}^{(y+4)/2} y^3(2x-y)e^{(2x-y)^2}\,dx\,dy$를 계산하라.

**12** 오차함수는 $\mathrm{erf}(x)=\frac{2}{\sqrt{\pi}}\int_0^x e^{-u^2}\,du$로 정의된다. 예제 4를 이용하여 $\mathrm{erf}(\infty)=1$임을 보여라.

**13** 표준정규분포의 확률밀도함수는 $f(x)=\frac{1}{\sqrt{2\pi}}e^{-x^2/2}$이다. 예제 4를 이용하여 $\int_{-\infty}^{\infty} f(x)\,dx=1$임을 보여라.

**14** 다음 적분의 영역을 그리고 계산하라.

$$\int_{1/\sqrt{2}}^{1} \int_{\sqrt{1-x^2}}^{x} x^2\,dy\,dx + \int_1^{\sqrt{2}} \int_0^x x^2\,dy\,dx + \int_{\sqrt{2}}^{2} \int_0^{\sqrt{4-x^2}} x^2\,dy\,dx$$

## 14.3 삼중적분

평면상의 영역에 대해 이중적분을 정의한 것과 유사하게 공간상의 영역에 대해 삼중적분을 정의할 수 있다. $f(x,y,z)$를 3차원 공간상의 닫혀 있는 영역 $T$에서 정의된 함수라고 하자. 전체 영역을 $n$개의 조각으로 나누고 $k$번째 조각의 체적을 $\Delta V_k$, 그 조각에 속하는 한 점을 $(x_k, y_k, z_k)$ 라고 하면

$$S_n = \sum_{k=1}^{n} f(x_k, y_k, z_k) \Delta V_k$$

와 같은 양이 계산될 수 있을 것이다. 만약 $f$가 $T$에서 연속함수이고 $T$가 매끈한 곡면(smooth surface)으로 둘러싸여 있으면, 모든 조각들의 체적을 0으로 줄여가면서 $n$을 무한히 늘릴 때

$$\lim_{n\to\infty} S_n = \iiint_T f(x,y,z)\, dV$$

와 같이 수렴하게 되는데, 이것을 삼중적분(triple integrals)이라고 정의한다.

삼중적분도 1변수 적분, 이중적분과 마찬가지로 다음의 성질을 갖는다.

(1) $\iiint_T kf\, dV = k\iiint_T f\, dV$ ($k$는 임의의 상수)

(2) $\iiint_T f_1 \pm f_2\, dV = \iiint_T f_1\, dV \pm \iiint_T f_2\, dV$

(3) $T$에서 $f \geq 0$이면, $\iiint_T f\, dV \geq 0$

(4) $T$에서 $f_1 \leq f_2$이면, $\iiint_T f_1\, dV \leq \iiint_T f_2\, dV$

(5) $T$가 매끈한 곡면 $T_1$, $T_2$로 분할될 때,

$$\iiint_T f\, dV = \iiint_{T_1} f\, dV + \iiint_{T_2} f\, dV$$

삼중적분을 이용하여 3차원 공간상에서 닫혀 있는 영역 $T$의 부피를

$$V = \iiint_T dV$$

와 같이 구할 수 있고, 평면에서와 마찬가지로 $T$에서의 $f$의 평균값은

$$\frac{1}{V}\iiint_T f\,dV$$

와 같이 구할 수 있다.

**예제 1**

$0 \le x \le 1,\ 0 \le y \le 2,\ 0 \le z \le 3$의 직육면체 영역에서 함수 $f(x,y,z) = xyz$의 평균값을 구하라.

**풀이**

직육면체의 부피는 $1 \cdot 2 \cdot 3 = 6$이고 직육면체 영역에서의 $f$의 적분값은

$$\begin{aligned}\int_0^3\int_0^2\int_0^1 xyz\,dx\,dy\,dz &= \int_0^3\int_0^2\left[\frac{x^2}{2}yz\right]_0^1 dy\,dz = \frac{1}{2}\int_0^3\int_0^2 yz\,dy\,dz \\ &= \frac{1}{2}\int_0^3\left[\frac{y^2}{2}z\right]_0^2 dz = \int_0^3 z\,dz = \frac{9}{2}\end{aligned}$$

이므로 평균값은 $\dfrac{9/2}{6} = \dfrac{3}{4}$이다. ■

위의 예제 1의 경우에는 주어진 입체가 직육면체여서 적분의 범위가 단순했는데 보통의 삼중적분에서는 주어진 입체로부터 각 $x$, $y$, $z$좌표의 상·하한을 얻는 것이 쉬운 일은 아니다. 우선 적분의 순서를 이중적분에서와 같이 적분범위를 표현하기 쉽도록 정하여야 한다. 만약 적분이 $z$, $y$, $x$순으로 정해져서 $\iiint_T f(x,y,z)\,dz\,dy\,dx$ 형태의 적분을 수행한다면 대개 다음과 같은 순서로 계산을 하게 된다.

(1) 주어진 입체 $T$를 $xyz$-좌표계에서 스케치하고 $xy$-평면에 나타나는 그림자(영역 $R$)를 그려 본다[그림 14.16(a)].

(2) 임의의 점 $(x, y)$에서 $z$의 하한과 상한을 구한다. 이들은 일반적으로 입체의 아래덮개곡면 $z = l(x,y)$와 윗덮개곡면 $z = h(x,y)$로 표현될 것이다[그림 14.16(b)].

(3) 이제 $xy$-평면의 그림자 영역 $R$에서 $y$의 하한, 상한을 각각 $y = p(x)$와 $y = q(x)$ 형태로 구하고 $x$의 범위를 $a \le x \le b$와 같이 확정한다[이중적분에서와 같은 방식, 그림 14.16(c)].

(4) 이제 적분을 $\displaystyle\int_a^b\int_{p(x)}^{q(x)}\int_{l(x,y)}^{h(x,y)} f(x,y,z)\,dz\,dy\,dx$로 놓고 가장 안쪽 정적분부터 차례로 수행한다.

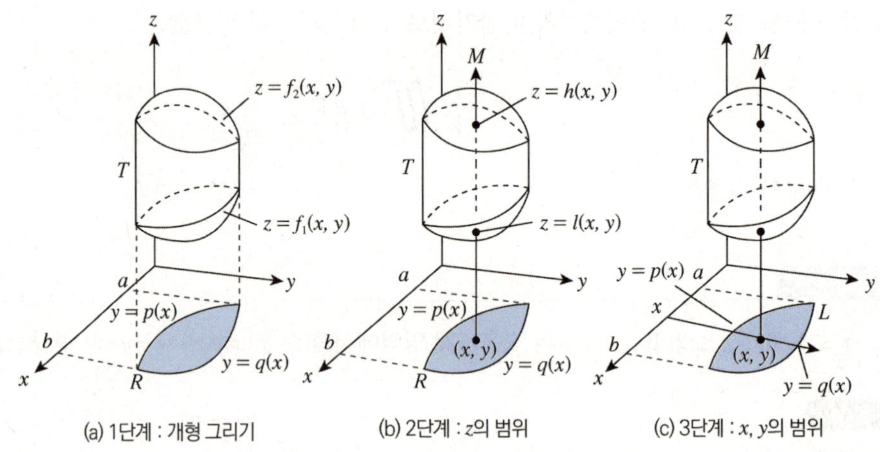


그림 14.16 삼중적분의 각 단계

## 예제 2

곡면 $z = x^2 + 3y^2$ 과 $z = 8 - x^2 - y^2$으로 둘러싸인 영역 $T$의 부피를 구하라.

**풀이**

그림 14.17에서 보듯이 $T$의 개형은 아랫면이 $z = x^2 + 3y^2$, 윗면이 $z = 8 - x^2 - y^2$이고, 두 곡면이 만나는 교선의 $xy$-평면의 정사영은 $8 - x^2 - y^2 = x^2 + 3y^2$, 즉 타원 $x^2 + 2y^2 = 4$이다.

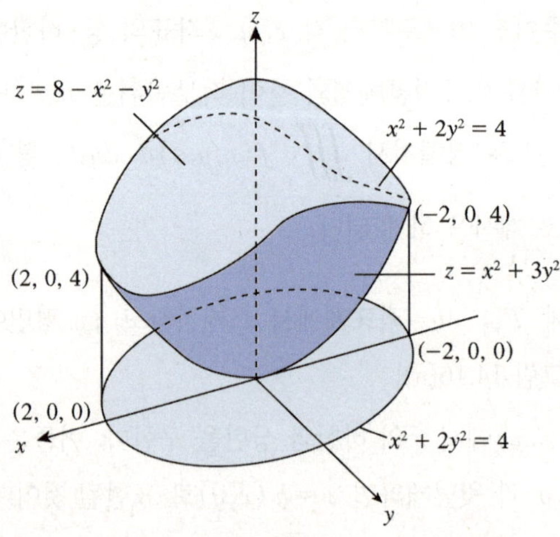


그림 14.17 예제 2

곡면의 식에서 $z$가 이미 $x, y$의 함수로 표현되어 있으므로 $x, y$가 고정되어 있을 때의 $z$의 범위를 구하면 $x^2 + 3y^2 \le z \le 8 - x^2 - y^2$ 이 된다. 다음 $xy$-평면에 투영된 정사영을 이용하여 $x$를 고정시키고 $y$의 범위를 정하면, 타원 $x^2 + 2y^2 = 4$로부터 $-\sqrt{(4 - x^2)/2} \le y \le \sqrt{(4 - x^2)/2}$ 가 얻어지고 $x$의 범위는 $-2 \le x \le 2$로 얻어진다. 이제 이 범위를 적용하여

$$\begin{aligned} V &= \iiint_T dz\,dy\,dx = \int_{-2}^{2}\int_{-\sqrt{(4-x^2)/2}}^{\sqrt{(4-x^2)/2}}\int_{x^2+3y^2}^{8-x^2-y^2} dz\,dy\,dx \\ &= \int_{-2}^{2}\int_{-\sqrt{(4-x^2)/2}}^{\sqrt{(4-x^2)/2}} (8-2x^2-4y^2)\,dy\,dx \\ &= 2\int_{-2}^{2}\left[(8-2x^2)y-\frac{4}{3}y^3\right]_{y=0}^{y=\sqrt{(4-x^2)/2}} dx \\ &= \frac{4\sqrt{2}}{3}\int_{-2}^{2}(4-x^2)^{3/2}dx = \frac{8\sqrt{2}}{3}\int_{0}^{2}(4-x^2)^{3/2}dx = 8\sqrt{2}\,\pi \end{aligned}$$

이다. 여기서 마지막 적분은 $x=2\sin\theta$ 로 치환하여 계산한다. ■

적분의 순서는 편의에 따라 바뀔 수 있다. 아래 예제에서 똑같은 입체(그림 14.18)가 적분 순서에 따라 상·하한이 다르게 표현되는 것을 살펴보자.

### 예제 3

그림 14.18과 같은 입체의 부피는 적분 순서를 뒤바꾼 다음과 같은 6가지 적분에 의해 구해질 수 있다.

(1) $\int_0^1\int_0^{1-z}\int_0^2 dx\,dy\,dz$ (2) $\int_0^1\int_0^{1-y}\int_0^2 dx\,dz\,dy$

(3) $\int_0^1\int_0^2\int_0^{1-z} dy\,dx\,dz$ (4) $\int_0^2\int_0^1\int_0^{1-z} dy\,dz\,dx$

(5) $\int_0^1\int_0^2\int_0^{1-y} dzdxdy$ (6) $\int_0^2\int_0^1\int_0^{1-y} dz\,dy\,dx$ ■

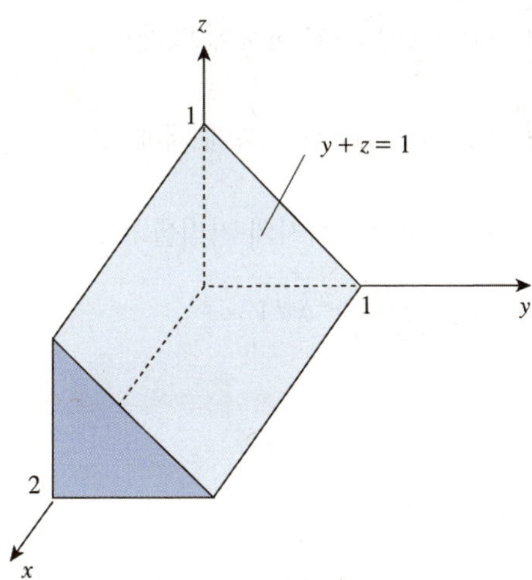


그림 14.18 예제 3

## 물리량의 계산

이중적분과 마찬가지로 삼중적분도 공간상의 물리량들을 계산하는 데 이용된다. 14.1절에서 이미 언급한 대로

(a) 영역 $T$(입체)의 부피: $V=\iiint_T dV$

(b) $T$에서의 정의된 함수 $f$의 평균값 $=\dfrac{1}{V}\iiint_T f\,dV$

와 같이 구할 수 있고 만약 밀도함수 $\delta(x,y,z)$가 주어지면 입체 $T$의 질량, 1차 모멘트, 무게중심은 각각

(c) 입체 $T$의 질량: $M=\iiint_T \delta\,dV$

(d) 각 좌표 평면에 대한 1차 모멘트:

$$M_{yz}=\iiint_T x\,\delta\,dV,\quad M_{xz}=\iiint_T y\,\delta\,dV,\quad M_{xy}=\iiint_T z\,\delta\,dV$$

(e) 무게중심: $(\bar{x},\bar{y},\bar{z})$, $\bar{x}=\dfrac{M_{yz}}{M}$, $\bar{y}=\dfrac{M_{xz}}{M}$, $\bar{z}=\dfrac{M_{xy}}{M}$

와 같이 계산될 수 있다. 관성모멘트(2차 모멘트)는 각 축으로부터의 거리제곱을 이용하여 다음과 같이 계산된다.

(f) 관성모멘트: $I_x=\iiint_T (y^2+z^2)\,\delta\,dV$ ($x$축에 대해)

$I_y=\iiint_T (x^2+z^2)\,\delta\,dV$ ($y$축에 대해)

$I_z=\iiint_T (x^2+y^2)\,\delta\,dV$ ($z$축에 대해)

마찬가지로 점 $(x,y,z)$에서 직선 $L$까지의 거리를 $r(x,y,z)$라고 하면

(g) $L$에 대한 관성모멘트: $I_L=\iiint_T r^2\,\delta\,dV$

와 같이 구할 수 있다.

**예제 4**

각 축에 맞닿아 있는 각 변의 길이가 $a$, $b$, $c$인 직육면체형의 고체에서(그림 14.19) 밀도가 $\delta$로 일정하다고 할 때 무게와 각 축에 대한 관성모멘트를 구하라.

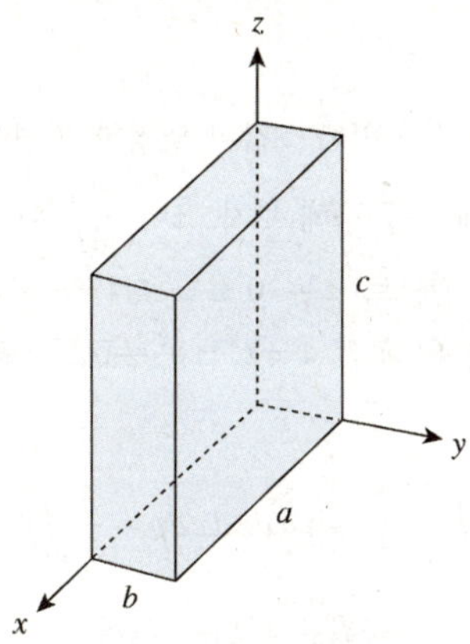


그림 14.19 예제 4

풀이

우선 이 직육면체의 무게는 부피에 밀도를 곱해 $M = \delta abc$가 될 것이다. 이제

$$\begin{aligned} I_x &= \int_0^c \int_0^b \int_0^a (y^2 + z^2)\,\delta\,dx\,dy\,dz \\ &= \delta \int_0^c \int_0^b (y^2 + z^2)\left(\int_0^a dx\right) dy\,dz = \delta a \int_0^c \int_0^b (y^2 + z^2)\,dy\,dz \end{aligned}$$

인데

$$\int_0^c \int_0^b (y^2 + z^2)\,dy\,dz = \int_0^c \left[\frac{y^3}{3} + z^2 y\right]_0^b dz = \int_0^c \left(\frac{b^3}{3} + bz^2\right) dz = \frac{cb^3}{3} + \frac{bc^3}{3}$$

이므로 $I_x = \delta a \dfrac{(b^3 c + bc^3)}{3} = \dfrac{M}{3}(b^2 + c^2)$가 된다. 이와 유사하게 계산하여 $I_y = \dfrac{M}{3}(a^2 + c^2)$, $I_z = \dfrac{M}{3}(a^2 + b^2)$를 얻는다. ■

## 예제 5

포물곡면 $z = 4 - x^2 - y^2$와 $xy$-평면으로 둘러싸인 입체(그림 14.20)의 밀도가 $\delta$로 일정하다고 할 때 무게중심을 구하라.

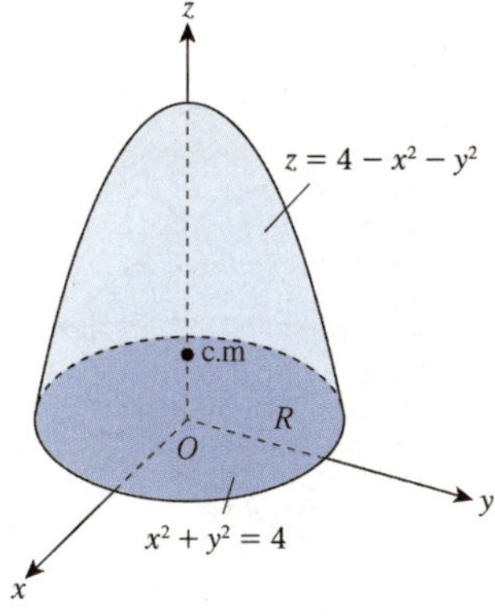


그림 14.20 예제 5

**풀이**

그림 14.20에서 보듯이 주어진 포물곡면이 $z$ 값이 일정한 평면에서는 $z$축을 중심으로 하는 원이 되므로 $\bar{x}=0$, $\bar{y}=0$이 될 것이다. 이제 $\bar{z}$를 구해 보자. $\bar{z}=\dfrac{M_{xy}}{M}$ 이므로 삼중적분을 수행해야 하는데 우선 입체의 밑면이 $xy$-평면상에 있게 되므로 $z$는 $0 \le z \le 4-x^2-y^2$로 한정된다. 밑면의 영역의 테두리는 $z=4-x^2-y^2$와 $z=0$($xy$-평면)의 교선 $4-x^2-y^2=0$, 즉 원 $x^2+y^2=4$이 되어 밑면의 영역은 원반 $R: x^2+y^2 \le 4$가 된다. 따라서

$$M_{xy}=\iint_R \int_0^{4-x^2-y^2} z\,\delta\,dz\,dx\,dy=\frac{\delta}{2}\iint_R (4-x^2-y^2)^2\,dx\,dy$$

인데 영역이 원반이므로 이중적분을 극좌표 변환을 하여

$$M_{xy}=\frac{\delta}{2}\int_0^{2\pi}\int_0^2 (4-r^2)^2 r\,dr\,d\theta=\frac{\delta}{2}\int_0^{2\pi}\left[-\frac{1}{6}(4-r^2)^3\right]_0^2 d\theta=\frac{16\delta}{3}\int_0^{2\pi} d\theta=\frac{32\pi\delta}{3}$$

또한

$$M=\iint_R \int_0^{4-x^2-y^2} \delta\,dz\,dx\,dy=\delta\iint_R (4-x^2-y^2)\,dx\,dy=\delta\int_0^{2\pi}\int_0^2 (4-r^2)\,r\,dr\,d\theta$$

$$=\delta\int_0^{2\pi}\left[-\frac{1}{4}(4-r^2)^2\right]_0^2 d\theta=4\delta\int_0^{2\pi} d\theta=8\pi\delta$$

가 되므로 $\bar{z}=\dfrac{4}{3}$가 얻어져 결국 무게중심은 $\left(0,0,\dfrac{4}{3}\right)$가 된다. ■

## 연습문제 14.3

**[01-04]** 다음 적분을 계산하라.

**01** $\displaystyle\int_0^1\int_0^1\int_0^1 (x^2+y^2+z^2)\,dz\,dy\,dx$

**02** $\displaystyle\int_0^3\int_0^{\sqrt{9-x^2}}\int_0^{\sqrt{9-x^2}} dz\,dy\,dx$

**03** $\displaystyle\int_0^1\int_0^{2-x}\int_0^{2-x-y} dz\,dy\,dx$

**04** $\displaystyle\int_0^{\pi/4}\int_0^{\ln\sec v}\int_{-\infty}^{2t} e^x\,dx\,dt\,dv$

**05** 다음 영역에 대한 적분 $\displaystyle\int_{-1}^1\int_{x^2}^1\int_0^{1-y} dz\,dy\,dx$ 를 다음과 같이 순서를 바꾸어 표현하라.

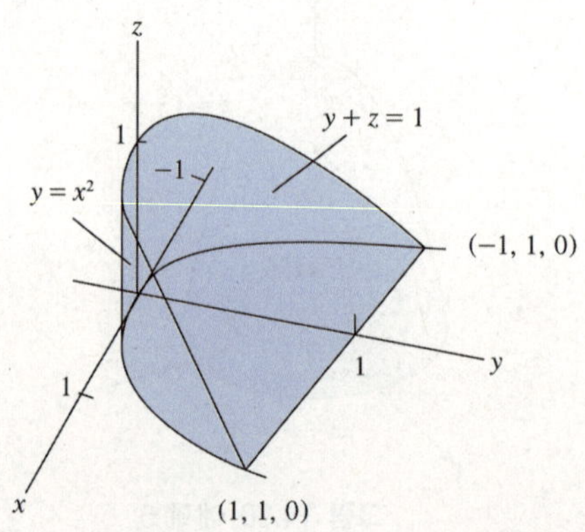

(1) $dy\,dz\,dx$ (2) $dy\,dx\,dz$ (3) $dx\,dy\,dz$

(4) $dx\,dz\,dy$ (5) $dz\,dx\,dy$

**06** 다음 그림의 영역에 대한 적분 $\int_0^1 \int_{-1}^0 \int_0^{y^2} dz\,dy\,dx$ 를 아래와 같이 순서를 바꾸어 표현하라.

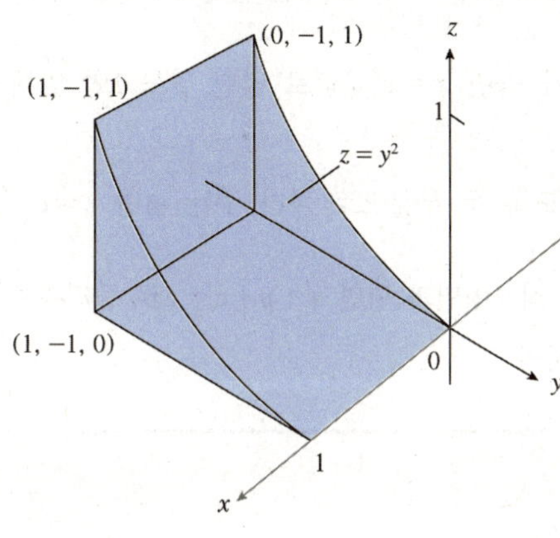


(1) $dy\,dz\,dx$ (2) $dy\,dx\,dz$ (3) $dx\,dy\,dz$

(4) $dx\,dz\,dy$ (5) $dz\,dx\,dy$

**07** 각 축이 양인 부분에서 세 좌표평면과 평면 $y+z=2$와 곡면 $x=4-y^2$로 둘러싸인 입체의 부피를 구하라(아래 그림 참조).

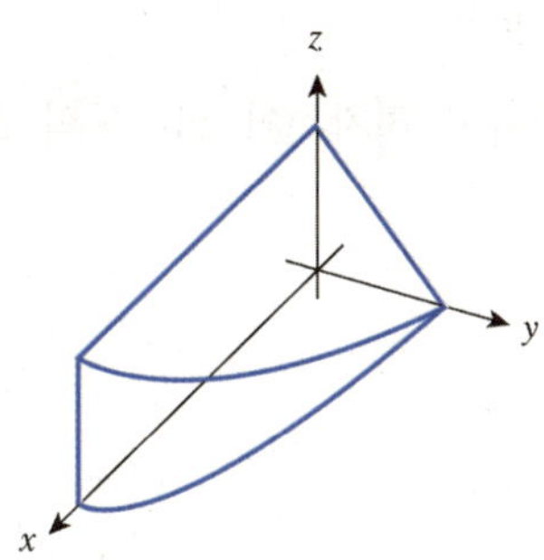


**08** 각 축이 양인 부분에서 두 개의 원통 $x^2+y^2=1$과 $x^2+z^2=1$의 공통부분의 부피를 구하라(아래 그림 참조).

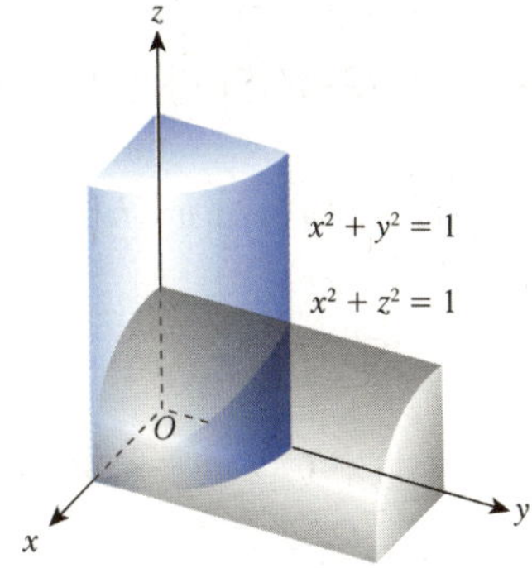

**09** 원점과 양의 $x, y, z$축에 접해서 놓여 있는 직육면체가 있다. 각 $x, y, z$축 방향의 모서리의 길이가 각각 $a, b, c$이고 밀도가 1이라 할 때 각 축에 대한 관성모멘트를 구하라.

**10** 윗면이 평면 $z=4$, 아랫면이 곡면 $z=4y^2$, 양쪽 옆면이 각각 평면 $x=1, x=-1$로 막혀 있는 밀도가 1로 일정한 입체에서 무게중심과 각 축에 대한 관성모멘트를 구하라.

**11** 윗면이 평면 $z=4$, 아래가 곡면 $z=x^2+y^2$로 막힌 밀도 1인 입체에서

(1) 무게중심을 구하라.

(2) 이 입체를 부피가 같도록 두 부분으로 잘라 주는 평면 $z=c$를 구하라.

**12** 각 축이 양인 부분에서 세 좌표평면과 평면 $x+y+z=2$로 둘러싸인 입체의 밀도함수가 $\delta(x,y,z)=2x$라 할 때 무게중심을 구하라.

---

## 14.4 원기둥 좌표 및 구 좌표

일반적으로 $uvw$-공간의 영역 $G$가 $xyz$-공간의 영역의 $D$로 함수 $g$, $h$, $k$에 의해

$$x = g(u,v,w),\ y = h(u,v,w),\ z = k(u,v,w)$$

와 같이 일대일 변환이 된다고 하자. 이 함수들의 1계 편도함수가 존재할 때 Jacobian $J(u,v,w)$는 행렬식

$$J(u,v,w) = \frac{\partial(x,y,z)}{\partial(u,v,w)} = \begin{vmatrix} \dfrac{\partial x}{\partial u} & \dfrac{\partial x}{\partial v} & \dfrac{\partial x}{\partial w} \\ \dfrac{\partial y}{\partial u} & \dfrac{\partial y}{\partial v} & \dfrac{\partial y}{\partial w} \\ \dfrac{\partial z}{\partial u} & \dfrac{\partial z}{\partial v} & \dfrac{\partial z}{\partial w} \end{vmatrix} \tag{14.12}$$

로 정의되는데, 함수 $g$, $h$, $k$의 1계 편도함수가 모두 연속이고 Jacobian이 유한개의 고립점을 제외하고는 0이 되지 않는다면, $G$에서의 적분과 $D$에서의 적분은

$$\iiint_D f(x,y,z)\,dx\,dy\,dz = \iiint_G f(g(u,v,w), h(u,v,w), k(u,v,w))\,|J(u,v,w)|\,du\,dv\,dw$$

와 같이 연관됨을 보일 수 있다. 이때 특히

$$x = r\cos\theta,\ y = r\sin\theta,\ z = z \tag{14.13}$$

의 관계에 의한 $(r, \theta, z)$의 좌표계를 원기둥 좌표계(cylindrical coordinate system)라고 부른

다. 이것은 그림 14.21에서 보는 것과 같은 원통형의 입체를 $xy$ 평면만 극좌표로 바꾸어 적분하기 쉬운 직육면체 형태로 표현하여 적분하려는 시도에서 도입된다. 이 경우 Jacobian은

$$J(r,\theta,z)=\begin{vmatrix}\frac{\partial x}{\partial r} & \frac{\partial x}{\partial \theta} & \frac{\partial x}{\partial z}\\ \frac{\partial y}{\partial r} & \frac{\partial y}{\partial \theta} & \frac{\partial y}{\partial z}\\ \frac{\partial z}{\partial r} & \frac{\partial z}{\partial \theta} & \frac{\partial z}{\partial z}\end{vmatrix}=\begin{vmatrix}\cos\theta & -r\sin\theta & 0\\ \sin\theta & r\cos\theta & 0\\ 0 & 0 & 1\end{vmatrix}=r$$

이 되는데 대부분의 경우 $r$은 양의 범위에서 고려되므로

$$\iiint_D f(x,y,z)dx\,dy\,dz=\iiint_G f(g(r,\theta,z),h(r,\theta,z),k(r,\theta,z))\,dz\,r\,dr\,d\theta \qquad (14.14)$$

가 된다. 실제로 이 적분을 계산할 때에는 적분구간을 $z$, $r$, $\theta$순으로 정하는 것이 편리하다 (예제 1 참조).

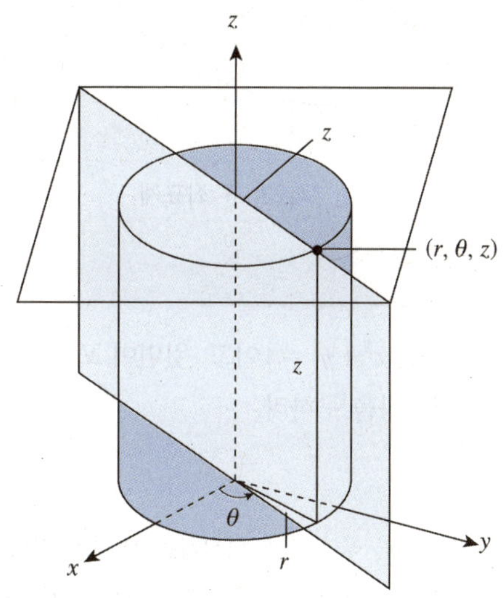


그림 14.21 원기둥 좌표계

또한 공간상의 점 $(x,y,z)$를 원점으로부터의 길이 $\rho$와 $z$축 양의 방향으로부터의 각 $\phi$, $x$축 양의 방향으로부터의 각 $\theta$를 이용하여(그림 14.22)

$$x=\rho\sin\phi\cos\theta,\ y=\rho\sin\phi\sin\theta,\ z=\rho\cos\phi \qquad (14.15)$$

의 관계를 얻어 **구 좌표계**(spherical coardinate system) $(\rho,\phi,\theta)$를 만들 수 있는데 이때의 Jacobian은 $\rho^2\sin\phi$이 되어(연습문제 14.4의 9)

$$\iiint_D f(x,y,z)\,dx\,dy\,dz = \iiint_G f(g(\rho,\phi,\theta),h(\rho,\phi,\theta),k(\rho,\phi,\theta))\rho^2 \sin\phi\, d\rho\, d\phi\, d\theta \quad (14.16)$$

와 같이 변환된다. 이 적분을 계산할 때는 적분구간을 $\rho$, $\phi$, $\theta$순으로 정하는 것이 편리하다 (예제 2 참조). 여기서도 좌표변환을 통해 입체의 모양을 직육면체 형태로 바꾸어 적분하려고 시도하고 있음을 주목하라.

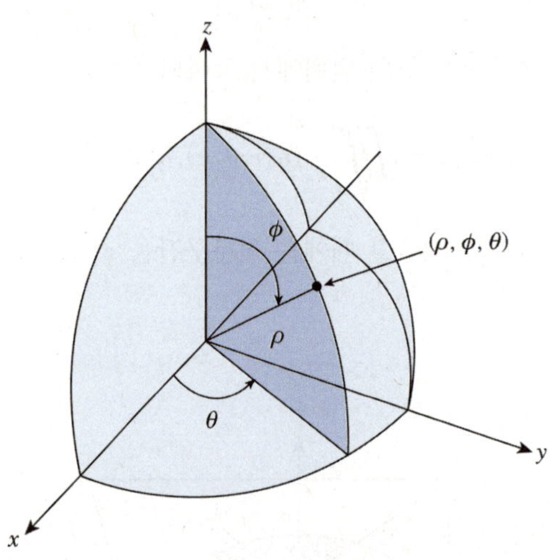


그림 14.22 구 좌표계

### 예제 1

그림 14.23과 같이 옆면이 원통면 $x^2+y^2=4$이고, 윗면이 포물곡면 $z=x^2+y^2$, 밑면이 $xy$-평면인 밀도가 일정한 물체 $D$의 무게중심을 구하라.

### 풀이

그림 14.23에서 보듯이 입체가 $z$축을 중심으로 회전하는 대칭적 형태이므로 무게중심의 $x$, $y$좌표는 모두 0이 될 것이다. 이제 $\bar{z}$를 구해야 하는데 밀도를 1로 놓아도 마찬가지이므로 우선 $M=\iiint_D dz\,dy\,dx$를 구해 보자. 이 삼중적분의 영역을 적절히 표현해야 하는데 우선 아래, 윗면이 명백하므로 $0 \le z \le x^2+y^2$이 되는 것은 쉽게 파악할 수 있다. 또한 $xy$-평면에 나타나는 그림자는 원점이 중심인 원이 되므로 $x=r\cos\theta$, $y=r\sin\theta$로 놓고 극좌표를 이용하는 것이 편리하다. 즉, 전체적으로 원기둥 좌표계를 이용하여 $0 \le z \le x^2+y^2=r^2$, $0 \le r \le 2$, $0 \le \theta \le 2\pi$와 같이 영역을 표현할 수 있다. 이제

$$M=\int_0^{2\pi}\int_0^2\left(\int_0^{r^2} dz\right) r\,dr\,d\theta = \int_0^{2\pi}\int_0^2 r^3\,dr\,d\theta = \int_0^{2\pi} 4\,d\theta = 8\pi$$

이 얻어진다. 마찬가지로

$$M_{xy}=\int_0^{2\pi}\int_0^2\left(\int_0^{r^2} z\,dz\right) r\,dr\,d\theta = \int_0^{2\pi}\int_0^2 \frac{r^5}{2}\,dr\,d\theta = \int_0^{2\pi}\frac{16}{3}\,d\theta = \frac{32}{3}\pi$$

가 되어

$$\bar{z} = \frac{M_{xy}}{M} = \frac{32\pi}{3}\frac{1}{8\pi} = \frac{4}{3}$$

이므로 무게중심은 $\left(0,0,\frac{4}{3}\right)$로 얻어진다. ■

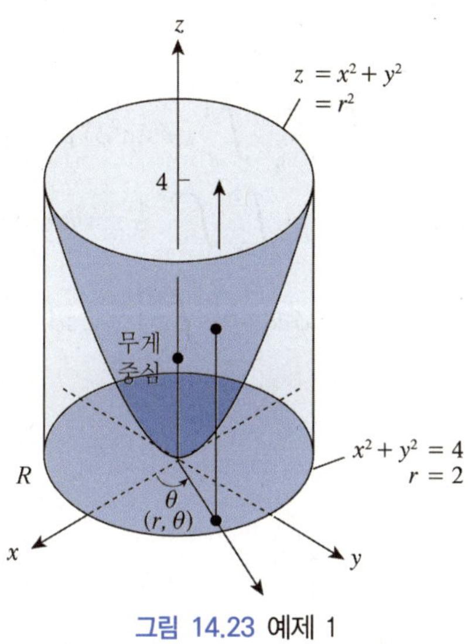


그림 14.23 예제 1

**예제 2**

윗면이 $\rho = 1$인 구면으로 아랫면이 $\phi = \frac{\pi}{3}$인 원뿔로 둘러싸인 물체 $D$(그림 14.24)의 부피와 $z$축에 대한 관성모멘트를 구하라. 각 점의 밀도는 1로 균일하다고 가정하자.

**풀이**

우선 그림 14.24와 같이 입체를 그려 보고 $xy$-평면에 투영된 그림자도 그린다. 입체의 형태를 보면 구의 일부이므로 구 좌표계를 사용하는 것이 편리하다고 파악할 수 있다. 따라서 부피는

$$V = \iiint_D dx\,dy\,dz = \iiint_G \rho^2 \sin\phi\, d\rho\, d\phi\, d\theta$$

과 같이 계산된다. 우변의 적분을 하기 위해 가장 먼저 $\rho$의 범위를 구해야 하는데 그림 14.24처럼 원점에서 양의 $z$축과 이루는 각이 $\phi$인 방사선 $M$을 그려 본다. 어느 방향의 방사선을 그리든지 주어진 입체 내에서는 $M$의 길이가 0부터 1 사이가 됨을 알 수 있는데 이로부터 $0 \le \rho \le 1$임을 파악한다. 또한 $\phi$가 $\frac{\pi}{3}$보다 크면 입체를 벗어나게 되므로 $0 \le \phi \le \frac{\pi}{3}$이 되어야 한다. 마지막으로 $\theta$의 범위는, $M$을 $xy$-평면에 정사영을 내린 직선 $L$이 $\theta$에 따라 그림자 영역인 원반 $R$을 한 바퀴 돌 수 있으므로 $0 \le \theta \le 2\pi$가 된다. 따라서

$$V = \int_0^{2\pi}\int_0^{\pi/3}\int_0^1 \rho^2 \sin\phi \, d\rho \, d\phi \, d\theta = \int_0^{2\pi}\int_0^{\pi/3} \frac{1}{3}\sin\phi \, d\phi \, d\theta$$
$$= \int_0^{2\pi}\left[-\frac{1}{3}\cos\phi\right]_0^{\pi/3} d\theta = \int_0^{2\pi}\frac{1}{6}\, d\theta = \frac{\pi}{3}$$

가 된다. 이제 $z$축에 대한 관성모멘트를 계산하자. 우선

$$x^2 + y^2 = (\rho\sin\phi\cos\theta)^2 + (\rho\sin\phi\sin\theta)^2 = \rho^2\sin^2\phi$$

이므로

$$I_z = \iiint_D (x^2+y^2)\, dx\, dy\, dz = \int_0^{2\pi}\int_0^{\pi/3}\int_0^1 (\rho^2\sin^2\phi)\, \rho^2 \sin\phi \, d\rho \, d\phi \, d\theta$$
$$= \int_0^{2\pi}\int_0^{\pi/3}\int_0^1 \rho^4 \sin^3\phi \, d\rho \, d\phi \, d\theta = \int_0^{2\pi}\int_0^{\pi/3} \frac{1}{5}\sin^3\phi \, d\phi \, d\theta$$
$$= \frac{1}{5}\int_0^{2\pi}\int_0^{\pi/3} (1-\cos^2\phi)\sin\phi \, d\phi \, d\theta = \frac{1}{5}\int_0^{2\pi}\left[-\cos\phi + \frac{1}{3}\cos^3\phi\right]_0^{\frac{\pi}{3}} d\theta$$
$$= \frac{1}{5}\int_0^{2\pi}\frac{5}{24}\, d\theta = \frac{\pi}{12}$$

가 얻어진다. ■

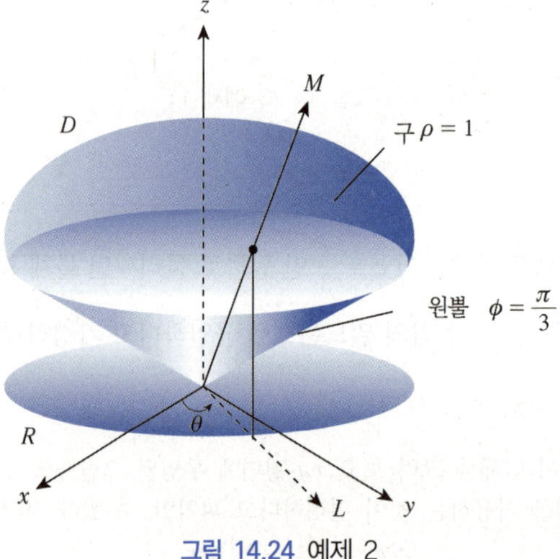


그림 14.24 예제 2

구 좌표로 표현된 몇 개의 곡면의 예를 들면 다음과 같다.

$\rho = a$: 중심이 원점이고 반지름이 $a$인 구면

$\rho = 2a\cos\phi$: 중심이 $(0,0,a)$이고 반지름이 $a$인 구면

$\phi = \dfrac{\pi}{3}$: 꼭지점이 원점이고 양의 $z$축과 60도를 이루는 위쪽으로 열린 원뿔면

$\theta = \dfrac{\pi}{3}$: $z$축에 한쪽 모서리가 고정되어 있고 양의 $x$축과 60도를 이루는 위쪽으로 열린 반평면

각 좌표 사이의 변환관계를 요약하면 다음과 같다.

원기둥 좌표 → 직교좌표

$$x = r\cos\theta,\ y = r\sin\theta,\ z = z$$

구 좌표 → 직교좌표

$$x = \rho\sin\phi\cos\theta\,,\ y = \rho\sin\phi\sin\theta,\ z = \rho\cos\phi$$

구 좌표 → 원기둥 좌표

$$r = \rho\sin\phi, z = \rho\cos\phi, \theta = \theta$$

부피소(volume element)

$$dV = dx\,dy\,dz = r\,dr\,d\theta\,dz = \rho^2\sin\phi\,d\rho\,d\phi\,d\theta$$

## 기타 변환

원기둥 좌표나 구 좌표 외에 편의에 따라 다양한 변환이 가능하다. 다음 예를 보자.

**예제 3**

$\int_0^2\int_0^3\int_{y/2}^{y/2+1}(x - \frac{y}{2} + z)\,dx\,dy\,dz$를

(1) 그대로 계산해 보고

(2) $u = x - \frac{y}{2}$, $v = y$, $w = z$로 변환하여 계산해 보라.

**풀이**

(1) $$\int_0^2\int_0^3\int_{y/2}^{y/2+1}\left(x - \frac{y}{2} + z\right)dx\,dy\,dz = \int_0^2\int_0^3\left[\frac{x^2}{2} + \left(-\frac{y}{2} + z\right)x\right]_{x=y/2}^{x=y/2+1}dy\,dz$$
$$= \int_0^2\int_0^3\left(\frac{1}{2} + z\right)dy\,dz = 3\int_0^2\left(\frac{1}{2} + z\right)dz = 9.$$

(2) 주어진 변환에서 $x = u + \frac{v}{2}$, $y = v$, $z = w$의 관계가 얻어지므로 적분기호 안의 식은 $x - \frac{y}{2} + z = u + w$가 되고 Jacobian은

$$J(u,v,w) = \begin{vmatrix} 1 & \frac{1}{2} & 0 \\ 0 & 1 & 0 \\ 0 & 0 & 1 \end{vmatrix} = 1$$

가 된다. 적분구간은 $x = \frac{y}{2}$일 때 $u = 0$, $y = \frac{y}{2} + 1$일 때 $u = 1$이므로 $0 \le u \le 1$이 얻어지고 $v$, $w$

의 경우는 원래의 $y, z$의 구간과 같다. 따라서 주어진 적분은

$$\int_0^2\int_0^3\int_{y/2}^{y/2+1}\left(x-\frac{y}{2}+z\right)dx\,dy\,dz=\int_0^2\int_0^3\int_0^1(u+w)\,du\,dv\,dw=3\int_0^2\left(\frac{1}{2}+w\right)dw=9$$

가 된다. ■

## 연습문제 14.4

**[01-04]** 다음 원기둥 좌표 적분을 계산하라.

**01** $\displaystyle\int_0^{2\pi}\int_0^1\int_r^{\sqrt{2-r^2}} dz\,r\,dr\,d\theta$

**02** $\displaystyle\int_0^{2\pi}\int_0^1\int_r^{1/\sqrt{2-r^2}} 3\,dz\,r\,dr\,d\theta$

**03** $\displaystyle\int_0^{2\pi}\int_0^3\int_0^{z/3} r^3\,dr\,dz\,d\theta$

**04** $\displaystyle\int_0^1\int_0^{\sqrt{z}}\int_0^{2\pi} (r^2\cos^2\theta+z^2)\,r\,d\theta\,dr\,dz$

**[05-08]** 다음 구 좌표 적분을 계산하라.

**05** $\displaystyle\int_0^{\pi}\int_0^{\pi}\int_0^{2\sin\phi} \rho^2\sin\phi\,d\rho\,d\phi\,d\theta$

**06** $\displaystyle\int_0^{2\pi}\int_0^{\pi}\int_0^{(1-\cos\phi)/2} \rho^2\sin\phi\,d\rho\,d\phi\,d\theta$

**07** $\displaystyle\int_0^{2}\int_{-\pi}^{0}\int_{\pi/4}^{\pi/2} \rho^3\sin2\phi\,d\phi\,d\theta\,d\rho$

**08** $\displaystyle\int_0^{1}\int_0^{\pi}\int_0^{\pi/4} 12\rho\sin^3\phi\,d\phi\,d\theta\,d\rho$

**09** 식 (14.16)에서 Jacobian이 $\rho^2\sin\phi$가 됨을 보여라.

**10** 반지름이 $r$인 구의 부피를 구하는 삼중적분을 각각 (1) 구 좌표, (2) 원기둥 좌표, (3) 직교좌표를 이용하여 만들어 보라.

**11** 위쪽이 포물면(paraboloid) $z=5-x^2-y^2$, 아래쪽이 포물면 $z=4x^2+4y^2$으로 둘러싸인 입체의 부피를 구하라.

**12** 원통 $x^2+y^2\le 1$을 구면 $x^2+y^2+z^2=4$이 잘라낸 부분의 부피를 구하라.

**13** 구 $r\le a$에서 원뿔면 $\phi=\dfrac{\pi}{3}$와 $\phi=\dfrac{2\pi}{3}$의 사이에 낀 부분의 부피를 구하라.

**14** 위쪽이 원뿔면 $z=\sqrt{x^2+y^2}$, 아래쪽이 구면 $r=2\cos\phi$로 둘러싸인 입체의 부피를 구하라.

**15** 타원체 $\dfrac{x^2}{a^2}+\dfrac{y^2}{b^2}+\dfrac{z^2}{c^2}=1$의 부피를 계산하라.

(힌트: $x=au$, $y=bv$, $z=cw$라 놓고 $uvw$-공간의 적당한 영역 위에서 적분하라.)

**16** (1) $xyz$-공간상의 영역 $D: 1 \le x \le 2,\ 0 \le xy \le 2,\ 0 \le z \le \dfrac{1}{3}$에 대해 다음 적분을 계산하라.

$$\iiint_D (x^2y + 3xyz)\, dx\, dy\, dz$$

(2) 이 적분을 $u = x,\ v = xy,\ w = 3z$로 변환하여 계산하고 (1)과 비교하라.

CHAPTER 15

# 벡터함수

## 15.1 벡터함수와 곡선

8장에서 벡터를 정의하였고 13장에서는 독립변수가 여러 개인 함수를 정의한 바 있다. 이 장에서는 3차원 공간에서 정의된 벡터 값을 갖는 함수를 다루어 보자. 이는 우리가 생활하는 공간에서의 운동과 힘을 다루는 역학에 직접 응용되는 주제이다. 이 장에서는 벡터를 굵은 글자로 표시할 것이다.

벡터함수는 함수 값이 벡터로 표현되는 함수를 말한다. 8장에서 벡터를 각 축의 성분으로 표현했듯이 벡터함수도 성분으로 표현된다. 독립변수가 $t$일 때 벡터함수는 일반적으로

$$\boldsymbol{r}(t) = (x(t), y(t), z(t)) = x(t)\boldsymbol{i} + y(t)\boldsymbol{j} + z(t)\boldsymbol{k}$$

과 같이 표현될 수 있다. 여기서 $\boldsymbol{i} = (1,0,0)$, $\boldsymbol{j} = (0,1,0)$, $\boldsymbol{k} = (0,0,1)$이다. 이때 각 축의 성분은 보통의 스칼라 함수로 각 방향으로 다르게 변해가는 세 개의 스칼라 함수가 모여서 하나의 벡터함수를 이루게 된다. 물론 2차원 평면상에서 값을 갖는 벡터함수는

$$\boldsymbol{r}(t) = (x(t), y(t))$$

로 표현될 것이다. 독립변수가 하나(즉, 정의역이 실수 구간)인 경우는 벡터함수의 $\boldsymbol{r}(t)$의 궤적은 평면 또는 공간상의 곡선을 이루게 된다. 아래 예를 보자.

**예제 1**

다음 벡터함수의 궤적을 그려라.

(1) $\boldsymbol{r}(t) = (2\cos t, 2\sin t), \quad 0 \le t \le 2\pi$

(2) $\boldsymbol{r}(t) = 2\cos t\boldsymbol{i} + 2\sin t\boldsymbol{j} + 3\boldsymbol{k},\ 0 \le t \le 2\pi$

(3) $\boldsymbol{r}(t) = 2\cos t\boldsymbol{i} + 2\sin t\boldsymbol{j} + t\boldsymbol{k},\quad t \ge 0$

풀이

(1) $x = 2\cos t,\ y = 2\sin t$이므로

$$\left(\frac{x}{2}\right)^2 + \left(\frac{y}{2}\right)^2 = \cos^2 t + \sin^2 t = 1$$

로부터 중심이 원점이고 반지름이 2인 $xy$ 평면상의 원

$$x^2 + y^2 = 4$$

를 얻는다(그림 15.1 참조).

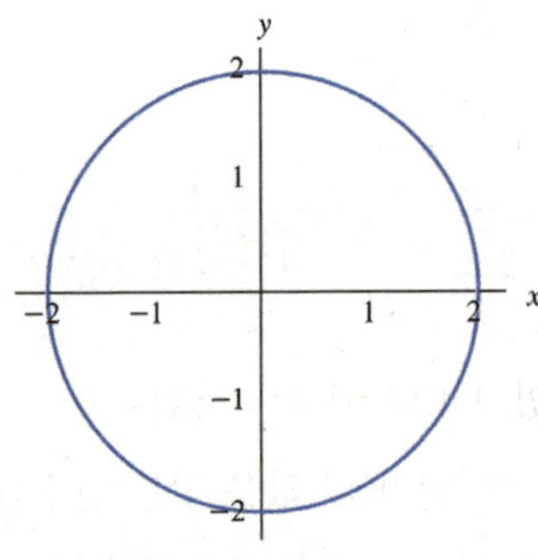


그림 15.1 예제 1(1)

(2) $\boldsymbol{r}(t) = 2\cos t\boldsymbol{i} + 2\sin t\boldsymbol{j} + 3\boldsymbol{k}$의 경우는 그림 15.2와 같이 평면 $z = 3$과 접하는 원 모양의 곡선이 된다.

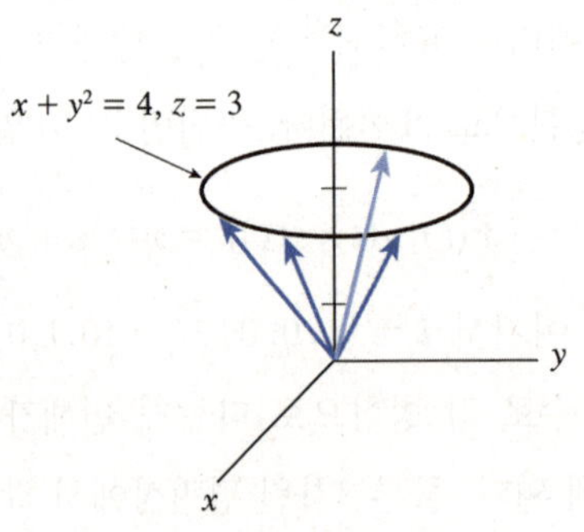


그림 15.2 예제 1(2)

(3) $\boldsymbol{r}(t) = 2\cos t\boldsymbol{i} + 2\sin t\boldsymbol{j} + t\boldsymbol{k},\quad t \ge 0$은 다음 그림 15.3과 같이 **원나선**(circular helix)으로 나타난다. $xy$ 평면으로 정사영을 내리면 원이 되는데 원이 $t$에 증가함에 따라 $z$축으로 끌려올라가는 나선 모양이 된다. ■

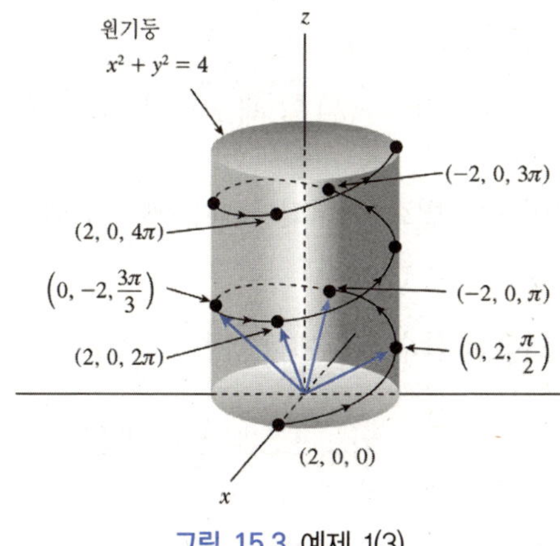


그림 15.3 예제 1(3)

예제 1과 같이 곡선 $C$를

$$C: \{x = x(t), y = y(t), z = z(t),\ a \le t \le b\}$$

와 같이 변수 $t$의 벡터함수로 표현하는 것을 곡선의 매개변수 표현이라고 부른다. 물론 직선도 매개변수 표현이 가능한데 이는 이미 8.4절에서 다룬 바 있다. 다음 예제를 보자.

**예제 2**

(1, 2, 3)을 지나고 (0, 1, 2)에 평행한 직선을 매개변수 표현하라.

**풀이**

$\boldsymbol{r}(t) = (1, 2, 3) + t(0, 1, 2) = (1, 2+t, 3+2t),\ -\infty < t < \infty$ ■

## 벡터함수의 극한과 도함수

벡터함수의 극한과 도함수는 개별 성분함수들의 극한과 도함수를 성분으로 모아서 구할 수 있다. 즉 극한을

$$\lim_{t \to a} |\boldsymbol{r}(t) - \boldsymbol{r}_0| = 0 \text{일 때 } \lim_{t \to a} \boldsymbol{r}(t) = \boldsymbol{r}_0$$

라고 정의하면 벡터함수 $\boldsymbol{r}(t) = (x(t),\ y(t),\ z(t))$의 극한은

$$\lim_{t \to a} \boldsymbol{r}(t) = \left(\lim_{t \to a} x(t), \lim_{t \to a} y(t), \lim_{t \to a} z(t)\right)$$

과 같이 각 성분함수의 극한으로 표현됨을 보일 수 있다. 따라서 1.2절에서 설명한 스칼라 함수의 극한의 성질이 벡터함수의 경우에도 모두 성립하게 된다.

벡터함수의 연속을

$$\lim_{t \to a} \boldsymbol{r}(t) = \boldsymbol{r}(a) \text{ 일 때 } \boldsymbol{r}(t) \text{가 } t = a \text{에서 연속}$$

이라고 정의하자. 극한이 성분별로 표현되기 때문에 벡터함수가 연속일 필요충분조건은 각 성분함수들이 모두 연속이 되는 것이다.

이제 일정 구간에서 연속인 함수 $\boldsymbol{r}(t)$에서 극한

$$\lim_{\Delta t \to 0} \frac{\boldsymbol{r}(t + \Delta t) - \boldsymbol{r}(t)}{\Delta t}$$

이 존재할 때 이것을 $\boldsymbol{r}(t)$의 도함수라고 정의하자. 즉,

$$\boldsymbol{r}'(t) \equiv \frac{d\boldsymbol{r}}{dt} = \lim_{\Delta t \to 0} \frac{\boldsymbol{r}(t + \Delta t) - \boldsymbol{r}(t)}{\Delta t}.$$

그런데 벡터함수의 극한값이 각 성분의 극한값으로 표현되므로

$$\lim_{\Delta t \to 0} \frac{\boldsymbol{r}(t + \Delta t) - \boldsymbol{r}(t)}{\Delta t} = \left(\lim_{\Delta t \to 0} \frac{x(t + \Delta t) - x(t)}{\Delta t}, \frac{y(t + \Delta t) - y(t)}{\Delta t}, \lim_{\Delta t \to 0} \frac{z(t + \Delta t) - z(t)}{\Delta t}\right)$$

이 되어 도함수는

$$\boldsymbol{r}'(t) = (x'(t), y'(t), z'(t))$$

이 된다. 즉 벡터함수의 미분은 각 성분 함수별 미분으로 나타난다.

미분의 성질: 성분별 미분의 특성 때문에 벡터함수에 대해서도 보통의 스칼라 함수의 미분규칙이 성립한다. 특별히 다음과 같은 성질을 기억해 두자.

합: $(\boldsymbol{r}_1 + \boldsymbol{r}_2)' = \boldsymbol{r}_1' + \boldsymbol{r}_2'$

스칼라함수와의 곱: $(f\boldsymbol{r})' = f'\boldsymbol{r} + f\boldsymbol{r}'$

내적: $(\boldsymbol{r}_1 \circ \boldsymbol{r}_2)' = \boldsymbol{r}_1' \circ \boldsymbol{r}_2 + \boldsymbol{r}_1 \circ \boldsymbol{r}_2'$

외적: $(\boldsymbol{r}_1 \times \boldsymbol{r}_2)' = \boldsymbol{r}_1' \times \boldsymbol{r}_2 + \boldsymbol{r}_1 \times \boldsymbol{r}_2'$

또한 연쇄법칙도 성립한다. 즉, $\boldsymbol{r}(s)$이고 $s = s(t)$일 때

$$\frac{d\boldsymbol{r}}{dt} = \frac{d\boldsymbol{r}}{ds}\frac{ds}{dt}$$

이다.

미분과 같이 벡터함수의 적분도 성분별로 계산된다. 즉

$$\int \boldsymbol{r}(t)\,dt = \left(\int x(t)dt, \int y(t)dt, \int z(t)dt\right)$$

따라서 스칼라 적분의 기본성질들을 모두 물려받는다.

벡터함수의 도함수는 기하적으로 그 점에서의 접선벡터(tangent vector)가 된다. 이는 아래 그림 15.4에서 $\dfrac{\Delta \boldsymbol{r}}{\Delta t}$이 $\Delta t > 0$가 영으로 접근함에 따라 점점 접선과 같은 방향이 되는 것을 관찰하여 확인할 수 있다.

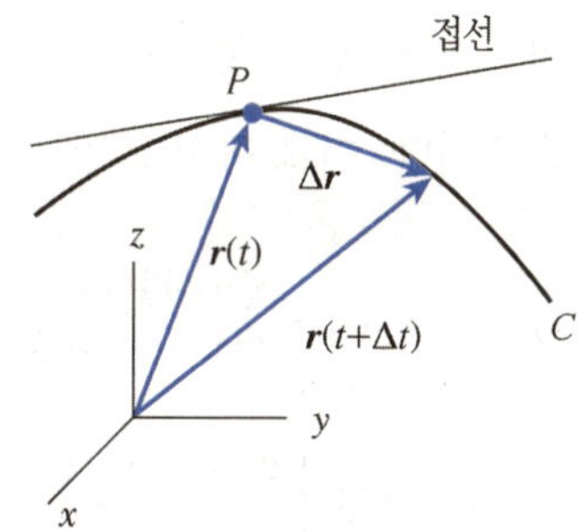


그림 15.4 도함수와 접선

곡선의 모든 점에서 접선이 존재하고 접선이 연속적으로 변해갈 때 매끄러운 곡선(smooth curve)이라고 부른다. 즉, 곡선 $C: \boldsymbol{r}(t)$가 구간 $(a, b)$에서 매끄러운 곡선일 필요충분조건은

$$\text{(i) } \boldsymbol{r}'(t)\text{이 연속, (ii) } \boldsymbol{r}'(t) \neq \mathbf{0}$$

이다.

## 호의 길이

7.3절에서 평면상에서 곡선의 길이를 구하는 방법을 소개하였는데 이를 일반화해 보자. 시작은 아래 그림 15.5에서처럼 전체 곡선을 분할하여 몇 개의 선분으로 근사한 후 이 선분들의 길이의 합으로 곡선 길이를 근사하는 것이다.

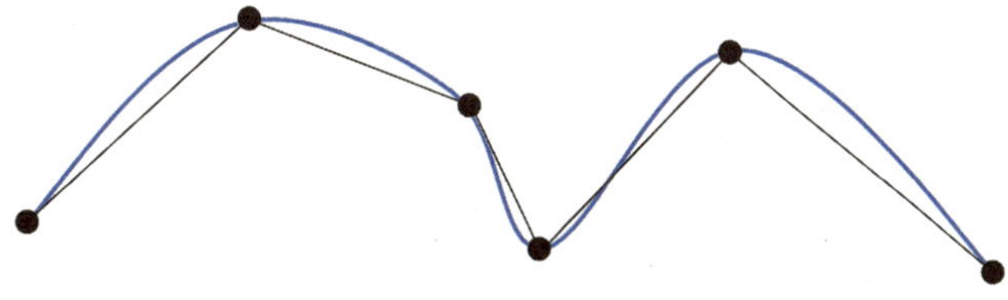

그림 15.5 곡선의 길이 근사

이 아이디어를 명확히 하기 위해, 곡선 $C$의 매개변수 표현이 $\boldsymbol{r}(t)$, $a \le t \le b$라고 하자. $[a, b]$ 구간을 $n$개로 분할하여 각 소구간을

$$[t_k, t_{k+1}),\ k=0,\ \cdots\ ,n-1,\ t_0=a,\ t_n=b$$

라고 놓자. 소구간의 길이가 짧다면 곡선의 두 점 $\boldsymbol{r}(t_k)$와 $\boldsymbol{r}(t_{k+1})$ 사이의 길이는 직선 길이 $|\boldsymbol{r}(t_{k+1})-\boldsymbol{r}(t_k)|$ 와 비슷할 것이다. 전체 곡선의 길이 $s$는 곡선의 각 구간 사이의 곡선 길이의 합이므로

$$s \approx \sum_{k=0}^{n-1} |\boldsymbol{r}(t_{k+1})-\boldsymbol{r}(t_k)|$$

이 되는데, $n$개 소구간의 길이를 모두 영으로 가게 하면서 $n$을 무한히 크게 하면 우변은 점점 곡선의 길이에 접근할 것이다. 이를 다시 쓰면

$$s=\lim_{n\to\infty}\sum_{k=0}^{n}\frac{|\boldsymbol{r}(t_{k+1})-\boldsymbol{r}(t_k)|}{|\Delta t_k|}|\Delta t_k|$$

인데 모든 $k$에 대해 $\Delta t_k \to 0$이므로 $\left|\dfrac{\boldsymbol{r}(t_{k+1})-\boldsymbol{r}(t_k)}{\Delta t_k}\right| \to |\boldsymbol{r}'(t_k)|$이 되고 결국 공식

$$s=\int_a^b |\boldsymbol{r}'|dt=\int_a^b \sqrt{\boldsymbol{r}'\cdot\boldsymbol{r}'}\,dt \tag{15.1}$$

이 얻어진다.

**예제 3**

평면상에서 곡선이 $y=f(x)$로 표현되면 식 (7.4)의 길이 공식이 얻어짐을 보여라.

**풀이**

$t=x$로 놓으면 곡선의 매개변수 표현이 $\boldsymbol{r}(t)=(t,f(t))$로 되므로 $\boldsymbol{r}'(t)=(1,f'(t))$이고 식 (15.1)로부터

$$s=\int_a^b \sqrt{1+(f'(x))^2}\,dx$$

를 얻는다. ■

**예제 4**

원나선 $\boldsymbol{r}(t)=(2\cos t, 2\sin t, 2t)$에서 나선 한 바퀴의 길이를 구하라.

**풀이**

$\boldsymbol{r}'(t)=(-2\sin t, 2\cos t, 2)$이므로 나선 한 바퀴의 길이는

$$\int_0^{2\pi} |\mathbf{r}'|\, dt = \int_0^{2\pi} \sqrt{4\sin^2 t + 4\cos^2 t + 4}\, dt = \int_0^{2\pi} 2\sqrt{2}\, dt = 4\sqrt{2}\pi.$$

■

곡선의 매개변수 표현 $\mathbf{r}(u)$가 주어질 때 $(0, t)$ 사이의 곡선의 길이(arc length)는

$$s(t) = \int_0^t |\mathbf{r}'(u)| du$$

로 계산된다. 이것을 $t$로 미분하면

$$\frac{ds}{dt} = |\mathbf{r}'(t)| = \sqrt{\left(\frac{dx}{dt}\right)^2 + \left(\frac{dy}{dt}\right)^2 + \left(\frac{dz}{dt}\right)^2}$$

을 얻고 이로부터 선소(line element)라고 불리는 적분소

$$ds = \sqrt{dx^2 + dy^2 + dz^2}$$

를 얻는다.

곡선의 매개변수 표현에서 매개변수를 용도에 따라 바꿀 수 있다. 다음 예제를 보자.

**예제 5**

예제 4의 나선 $\mathbf{r}(t) = (2\cos t, 2\sin t, 2t)$, $t > 0$에서 매개변수를 $(0, t)$ 사이의 곡선의 길이 $s = s(t)$로 바꾸어 표현하라.

**풀이**

$$s(t) = \int_0^t |\mathbf{r}'(u)|\, du = \int_0^t \sqrt{4\sin^2 u + 4\cos^2 u + 4}\, du = \int_0^t 2\sqrt{2}\, du = 2\sqrt{2}t$$

이므로 $s = 2\sqrt{2}t$이고 $t = \dfrac{1}{2\sqrt{2}}s$이다. 따라서 동일한 나선을

$$\mathbf{r}^*(s) = \left(2\cos\frac{s}{2\sqrt{2}}, 2\sin\frac{s}{2\sqrt{2}}, \frac{s}{\sqrt{2}}\right),\ s > 0$$

로 표현할 수 있다. 이 경우

$$\frac{d\mathbf{r}^*}{ds} = \left(-\frac{1}{\sqrt{2}}\sin\frac{s}{2\sqrt{2}}, \frac{1}{\sqrt{2}}\cos\frac{s}{2\sqrt{2}}, \frac{1}{\sqrt{2}}\right),\ s > 0$$

이고

$$\left|\frac{d\mathbf{r}^*}{ds}\right| = 1$$

이 되어 $(0, s)$ 사이의 곡선의 길이는 $\int_0^s 1\, du = s$임을 확인할 수 있다. ■

예제 5와 같이 매개변수를 곡선의 길이로 취하면 접선벡터 $\boldsymbol{r}'(s)$는 항상 단위 접선벡터가 되는 것을 관찰할 수 있다. 그 이유는 이 경우 $(0, s)$ 사이의 곡선의 길이는 항상 $s$이므로

$$\int_0^s |\boldsymbol{r}'(u)|du = s$$

이 성립하는데 양변을 $s$로 미분하면

$$|\boldsymbol{r}'(s)| = 1$$

이 되기 때문이다.

곡선의 방향을 매개변수가 증가하는 방향이라고 정의하면, 매개변수 $t$ 대신 $-t$를 대입하면 곡선의 방향이 바뀐다. 예를 들어, $\boldsymbol{r}(t) = (a\cos t, a\sin t)$는 반시계 방향의 원이고

$$\boldsymbol{r}(t) = (a\cos(-t), a\sin(-t)) = (a\cos t, -a\sin t)$$

는 시계 방향의 원이다.

## 연습문제 15.1

**[01-03]** 다음 곡선은 무슨 모양이겠는가?

**01** $\boldsymbol{r}(t) = a\sin t\,\boldsymbol{i} + b\cos t\,\boldsymbol{j}$

**02** $\boldsymbol{r}(t) = 2\sin t\,\boldsymbol{i} + 4\cos t\,\boldsymbol{j} + t\boldsymbol{k}$

**03** $\boldsymbol{r}(t) = (e^t, e^{2t})$

**[04-05]** 다음 두 곡면의 교선으로 나타나는 곡선의 매개변수 표현을 구하고 그려 보라.

**04** $z = x^2 + y^2,\ y = x$ (힌트: $x = t$)

**05** $x^2 + y^2 = 4,\ z = 4 - x^2$ (힌트: $x = 2\cos t$)

**06** 곡선 $\boldsymbol{r}(t) = (t, 2, 4/(1+t^2))$의 $t = 1$에서의 접선의 매개변수 방정식은?

**[07-08]** 다음을 계산하라.

**07** $\frac{d}{dt}[\boldsymbol{r}(t) \cdot (\boldsymbol{r}'(t) \times \boldsymbol{r}''(t))]$

**08** $\int e^{3t}\boldsymbol{i} + te^t\boldsymbol{j} + te^{t^2}\boldsymbol{k}\, dt$

09 굴렁쇠선(cycloid) $\boldsymbol{r}(t) = (\sin t + t, \cos t + 1)$, $-\pi \le t \le \pi$의 길이를 구하라.

10 4첨점 내사이클로이드 $\boldsymbol{r}(t) = (\cos^3 t, \sin^3 t)$, $0 \le t \le 2\pi$의 길이를 구하라.

## 15.2 곡선 운동

매개변수 $t$가 시간이라고 하고 벡터함수 $\boldsymbol{r}(t)$를 시점 $t$에서의 어떤 물체의 위치라고 하면 $\boldsymbol{r}(t)$는 그 물체가 이동해가는 궤적을 나타낸다. 물리학에서 짧은 시간 동안의 위치의 변화를 속도로, 속도의 변화를 가속도로 정의하므로 (순간)속도 $\boldsymbol{v}(t)$와 (순간)가속도 $\boldsymbol{a}(t)$는 각각

$$\boldsymbol{v}(t) = \boldsymbol{r}'(t)$$
$$\boldsymbol{a}(t) = \boldsymbol{r}''(t) = \boldsymbol{v}'(t)$$

로 표현될 수 있다. 다음 예를 보자.

**예제 1**

$xy$평면상의 원운동 $\boldsymbol{r}(t) = (2\cos t, 2\sin t)$의 속도와 가속도를 구하라. 이들의 관계를 설명하라(그림 15.6).

**풀이**

속도는

$$\boldsymbol{v}(t) = \boldsymbol{r}'(t) = (-2\sin t, 2\cos t)$$

이고, 가속도는

$$\boldsymbol{a}(t) = \boldsymbol{r}''(t) = (-2\cos t, -2\sin t)$$

가 된다. 모든 시점에서 속도와 가속도의 내적은

$$\boldsymbol{v}(t) \cdot \boldsymbol{a}(t) = 0$$

이므로 항상 가속도는 속도에 직교하게 된다. 이것이 원운동의 특징이다. 또한

$$\boldsymbol{a}(t) = -\boldsymbol{r}(t)$$

임을 관찰할 수 있는데, 가속도의 방향이 항상 중심을 향한다. 이를 구심가속도라고 부른다. ■

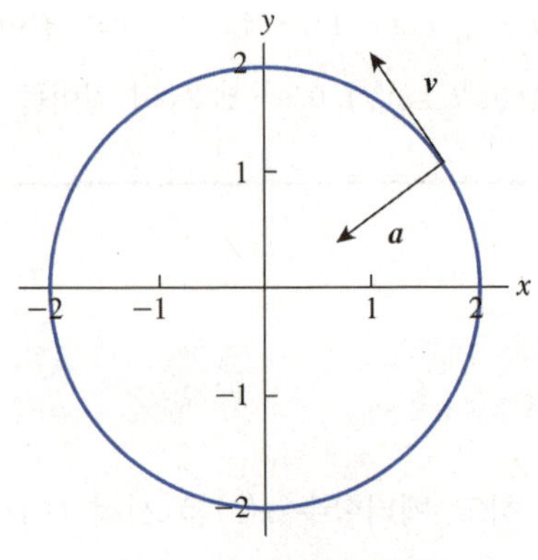


그림 15.6 예제 1 원운동

속력은 속도의 크기 $|\boldsymbol{v}(t)| = \left|\dfrac{d\boldsymbol{r}}{dt}\right|$로 정의할 수 있다. 위의 원운동에서 속력을 구해 보면

$$|\boldsymbol{v}(t)| = \sqrt{4\sin^2 t + 4\cos^2 t} = 2$$

로 일정하다. 일반적으로 속력이 일정한 운동은 가속도가 0이든가 속도에 직교한다. 이의 증명은 간단하다. 우선 속력을 상수 $c$라고 하면

$$|\boldsymbol{v}(t)|^2 = \boldsymbol{v}(t) \cdot \boldsymbol{v}(t) = c^2$$

인데 양변을 미분하면

$$2\boldsymbol{v}'(t) \cdot \boldsymbol{v}(t) = 0$$

이므로 속도 $\boldsymbol{v}$가 $\mathbf{0}$이 아니라면 가속도 $\boldsymbol{v}'$가 $\mathbf{0}$이든가 아니면 속도와 가속도가 직교해야 한다. 이 사실을 일반화하면 다음 정리를 얻는다.

**정리 • 15.1**

크기가 일정한 비영(nonzero)의 벡터함수 $\boldsymbol{r}(t)$의 도함수는 영이든가 아니면 $\boldsymbol{r}(t)$에 직교한다.

이제 예제를 통해 포물선 운동에 대해 알아보자.

**예제 2**

시간 0에 $s_0$ 높이의 언덕에서 상향각 $\theta$를 향해 초기속도 $v_0$ m/sec로 박격포를 쏘았다. 중력가속도는 $g$ m/sec$^2$로 놓고 공기저항을 무시할 때 다음을 구하라(그림 15.7 참조).

(1) 시간 $t$에 포탄의 위치

(2) 지표면에 포탄이 떨어지는 시점과 낙하지점의 원점으로부터의 거리

(3) 포탄의 최고 높이

(4) $s_0 = 0$이라고 가정할 때 포탄이 가장 멀리 나가는 각도 $\theta$

(5) $s_0 = 0$이라고 가정할 때 포탄이 지표면에 떨어질 때의 속도와 속력

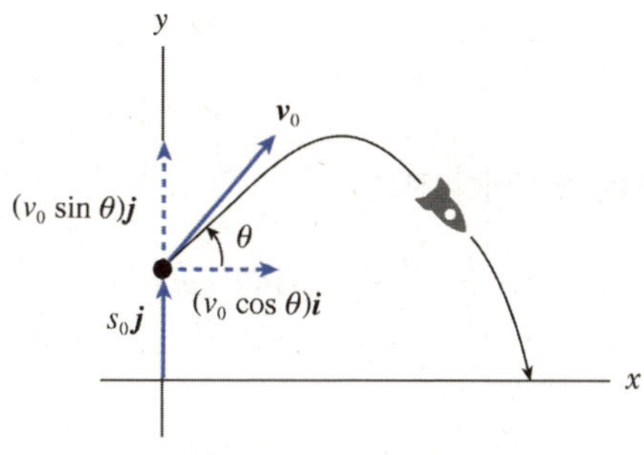


그림 15.7 발사체 운동

풀이

(1) 발사 후에는 아래 방향의 중력가속도만 작용하므로 가속도는 $\boldsymbol{a}(t) = -g\boldsymbol{j}$가 된다. 이를 적분하여 속도를 구하면

$$\boldsymbol{v}(t) = \int -g\boldsymbol{j}dt = -gt\boldsymbol{j} + c_1$$

이다. 그런데 초기속도는 $\boldsymbol{v}_0 = v_0\cos\theta\boldsymbol{i} + v_0\sin\theta\boldsymbol{j}$이므로

$$\boldsymbol{v}(0) = c_1 = v_0\cos\theta\boldsymbol{i} + v_0\sin\theta\boldsymbol{j}$$

가 되어 속도함수는

$$\boldsymbol{v}(t) = v_0\cos\theta\boldsymbol{i} + (v_0\sin\theta - gt)\boldsymbol{j}$$

가 된다. 이제 위치함수는 속도를 적분하여

$$\boldsymbol{r}(t) = \int \boldsymbol{v}(t)dt = (v_0\cos\theta)t\boldsymbol{i} + \left((v_0\sin\theta)t - \frac{1}{2}gt^2\right)\boldsymbol{j} + c_2$$

가 된다. 초기위치가 $\boldsymbol{r}(0) = s_0\boldsymbol{j}$이므로

$$c_2 = s_0\boldsymbol{j}$$

가 되어 결국 위치함수

$$\boldsymbol{r}(t) = (x(t), y(t)) = \left((v_0\cos\theta)t,\ (v_0\sin\theta)t - \frac{1}{2}gt^2 + s_0\right)$$

를 얻는다.

(2) 지표면에 떨어지는 시점을 $t_1$이라고 하면 $y(t_1) = 0,\ t_1 > 0$이므로

$$y(t) = (v_0\sin\theta)t - \frac{1}{2}gt^2 + s_0 = 0$$

에서

$$t_1 = \frac{v_0\sin\theta + \sqrt{(v_0\sin\theta)^2 + 2gs_0}}{g}$$

초가 얻어진다. 이 시점에서 포탄의 수평 위치는

$$x(t_1) = \frac{v_0^2\cos\theta\sin\theta + v_0\cos\theta\sqrt{(v_0\sin\theta)^2 + 2gs_0}}{g}$$

미터가 된다.

(3) 최고점에서 수직 속도는 영이어야 하므로

$$\frac{dy}{dt} = v_0\sin\theta - gt = 0$$

에서 최고점에 도달하는 시점 $t^*$는

$$t^* = \frac{v_0\sin\theta}{g}$$

초가 된다. 이때 높이는

$$H = y(t^*) = \frac{(v_0\sin\theta)^2}{g} - \frac{1}{2}g\frac{(v_0\sin\theta)^2}{g^2} + s_0 = \frac{(v_0\sin\theta)^2}{2g} + s_0$$

미터가 된다.

(4) (2)의 결과에서 $s_0 = 0$로 놓으면 이동한 수평거리는

$$x(t_1) = \frac{2v_0^2\cos\theta\sin\theta}{g} = \frac{v_0^2\sin 2\theta}{g}$$

가 된다. 이때 $v_0$가 일정하면 $\theta = 45°$일 때 최대값 $\frac{v_0^2}{g}$미터가 얻어진다.

(5) (2)로부터 지표면에 떨어지는 시점은 $t_1 = \frac{2v_0\sin\theta}{g}$이다. 이때의 속도는

$$\boldsymbol{v}(t_1) = v_0\cos\theta\boldsymbol{i} - v_0\sin\theta\boldsymbol{j}$$

이고 속력은 $|\boldsymbol{v}(t_1)| = v_0$이다. ■

다음에는 일반적인 곡선운동을 가속도의 관점에서 알아보자. 곡선운동 $C: \boldsymbol{r}(t)$에서 속력을 $v(t)$, 단위 접선벡터를 $\boldsymbol{u}(t)$라고 하면 속도는

$$\boldsymbol{v}(t) = v(t)\boldsymbol{u}(t)$$

로 나타낼 수 있고 이것을 $t$로 미분하면 가속도

$$\boldsymbol{a}(t) = v\frac{d\boldsymbol{u}}{dt} + \frac{dv}{dt}\boldsymbol{u} \tag{15.2}$$

를 얻는다. 이때 $|\boldsymbol{u}| = 1$이므로 $\dfrac{d\boldsymbol{u}}{dt}$는 $\boldsymbol{u}$와 직교한다(정리 15.1). 즉, 가속도는 운동의 접선성분(속도 방향)과 법선성분으로 분해된다. 여기서 가속도의 접선성분은 속력의 1차 미분임을 알 수 있다. $\boldsymbol{u}'$을 단위화한

$$\boldsymbol{n} = \frac{\boldsymbol{u}'}{|\boldsymbol{u}'|} \quad (|\boldsymbol{u}'| \neq 0 \text{일 때})$$

을 주법선이라고 한다. 이것을 사용하여 식 (15.2)를 다시 쓰면

$$\boldsymbol{a}(t) = v|\boldsymbol{u}'|\boldsymbol{n} + v'\boldsymbol{u} = a_n\boldsymbol{n} + a_u\boldsymbol{u}$$

을 얻는다. 이로부터 가속도의 법선성분과 접선성분은 각각

$$a_n = v|\boldsymbol{u}'|, \quad a_u = v' \tag{15.3}$$

임을 알 수 있는데 법선성분에는 속도의 방향 변화가 반영되고, 접선성분에는 속력의 변화가 반영됨을 알 수 있다(그림 15.8).

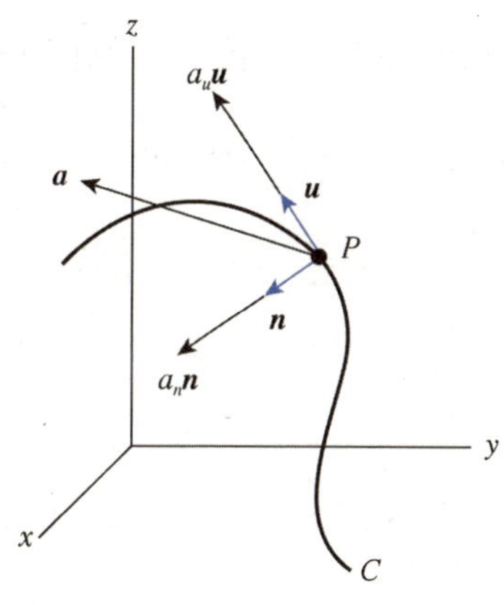


그림 15.8 가속도의 성분

공간상의 운동에서는 종법선(binormal)이라고 부르는 새로운 단위 법선벡터

$$\boldsymbol{b} = \boldsymbol{u} \times \boldsymbol{n}$$

를 정의하여 이동삼면체(moving trihedral)의 개념으로 운동을 파악하기도 한다(그림 15.9). 이때 주법선과 접선벡터를 포함하는 평면을 접촉평면(osculating plane)이라고 부른다.

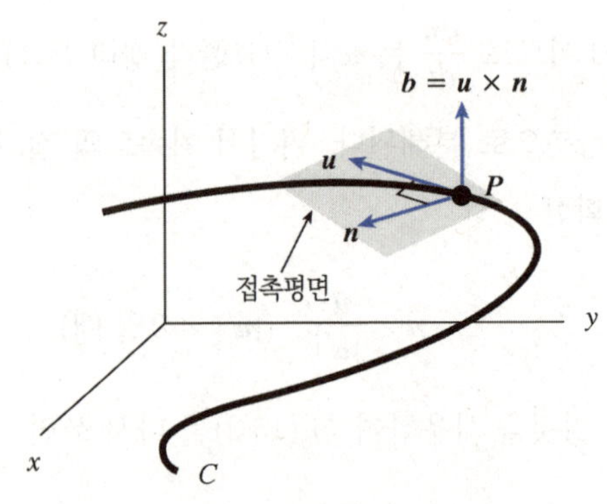


그림 15.9 이동삼면체와 접촉평면

**예제 3**

원나선 운동 $\boldsymbol{r}(t) = 2\cos t\boldsymbol{i} + 2\sin t\boldsymbol{j} + 3t\boldsymbol{k}$에서

(1) $\boldsymbol{u}, \boldsymbol{n}, \boldsymbol{b}$를 구하라.

(2) 이 운동의 가속도에 대해 설명하라.

**풀이**

(1) 우선 $\boldsymbol{r}'(t) = (-2\sin t, 2\cos t, 3)$, $|\boldsymbol{r}'(t)| = \sqrt{13}$ 에서 단위 접선벡터는

$$\boldsymbol{u}(t) = \frac{1}{\sqrt{13}}(-2\sin t, 2\cos t, 3)$$

이다. 이것의 도함수는

$$\boldsymbol{u}'(t) = \frac{1}{\sqrt{13}}(-2\cos t, -2\sin t, 0),\ |\boldsymbol{u}'(t)| = \frac{2}{\sqrt{13}}$$

이므로 주법선은

$$\boldsymbol{n}(t) = (-\cos t, -\sin t, 0)$$

이고 종법선은

$$\boldsymbol{b}(t) = \boldsymbol{u} \times \boldsymbol{n} = \frac{1}{\sqrt{13}}(3\sin t, -3\cos t, 2)$$

이다.

(2) 가속도는

$$\boldsymbol{a}(t) = \boldsymbol{r}''(t) = (-2\cos t, -2\sin t, 0) = 2\boldsymbol{n}$$

이다. 즉 원나선 운동의 가속도는 원운동과 마찬가지로 접선성분은 없고 법선성분만 있게 된다. ■

## 곡률

곡선의 굽은 정도를 나타내는 개념으로 곡률(curvature)이 있다. 곡선의 굽이가 가파르면 각

점에서 접선의 방향이 빨리 변해갈 것이고, 완만하면 접선의 방향이 느리게 변할 것이다. 접선의 방향은 단위 접선벡터로 나타낼 수 있으므로, 곡선의 길이 변화에 대한 단위 접선벡터의 변화 정도를 관찰하면 곡선의 굽은 정도를 표현하는 곡률을 얻을 수 있다(그림 15.10). 즉, 곡률 $\kappa$는

$$\kappa = \left| \frac{d\boldsymbol{u}}{ds} \right|$$

로 정의된다. 곡선의 매개변수 표현을 $\boldsymbol{r}(t)$라고 하면 단위 접선벡터 $\boldsymbol{u}(t)$는

$$\boldsymbol{u}(t) = \frac{\boldsymbol{r}'(t)}{|\boldsymbol{r}'(t)|}$$

에서 구한다. $\boldsymbol{u}(t)$를 구한 후 곡률의 실제적인 계산은

$$\kappa = \left| \frac{d\boldsymbol{u}}{ds} \right| = \frac{|d\boldsymbol{u}/dt|}{|ds/dt|} = \frac{|\boldsymbol{u}'(t)|}{|\boldsymbol{r}'(t)|}$$

으로부터 구한다. 이 식은 속력이 $v(t) = |\boldsymbol{r}'(t)|$임을 이용하여

$$\kappa = \frac{|\boldsymbol{u}'|}{v}$$

로 쓸 수 있다.

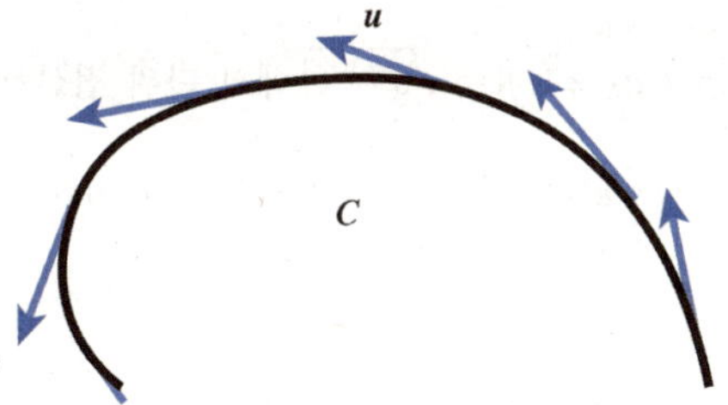


그림 15.10 곡선의 단위접선벡터의 변화

**예제 4**

중심이 원점이고 반지름 $\rho$인 원의 곡률을 구하라.

**풀이**

$$\boldsymbol{r}(t) = (\rho\cos t, \rho\sin t), \quad \boldsymbol{r}'(t) = (-\rho\sin t, \rho\cos t), \quad |\boldsymbol{r}'(t)| = \rho$$

로부터

$$\boldsymbol{u}(t) = (-\sin t, \cos t), \quad \boldsymbol{u}'(t) = (-\cos t, -\sin t), \quad |\boldsymbol{u}'| = 1$$

이고

$$\kappa = \frac{1}{\rho}$$

이다. 즉 큰 원은 곡률이 작고 작은 원은 곡률이 크다. ■

예제 4에서 힌트를 얻어 $\rho = \frac{1}{\kappa}$를 곡률반지름이라고 부른다(그림 15.11).

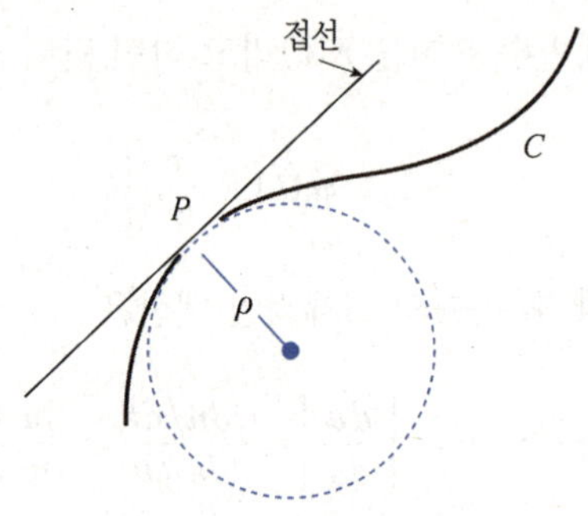


그림 15.11 곡률반지름

## 예제 5

원나선 $\boldsymbol{r}(t) = a\cos t\boldsymbol{i} + a\sin t\boldsymbol{j} + ct\boldsymbol{k}$의 곡률과 곡률반지름을 구하라.

**풀이**

우선 $\boldsymbol{r}'(t) = (-a\sin t, a\cos t, c)$, $|\boldsymbol{r}'(t)| = \sqrt{a^2+c^2}$ 에서 단위 접선벡터는

$$\boldsymbol{u}(t) = \frac{1}{\sqrt{a^2+c^2}}(-a\sin t, a\cos t, c)$$

이다. 이것의 도함수는

$$\boldsymbol{u}'(t) = \frac{1}{\sqrt{a^2+c^2}}(-a\cos t, -a\sin t, 0),\ |\boldsymbol{u}'(t)| = \frac{a}{\sqrt{a^2+c^2}}$$

이므로

$$k = \frac{|\boldsymbol{u}'(t)|}{|\boldsymbol{r}'(t)|} = \frac{a/\sqrt{a^2+c^2}}{\sqrt{a^2+c^2}} = \frac{a}{a^2+c^2}$$

이다. 이로부터 원나선에서 원의 반지름이 클수록, 나선의 피치가 클수록 곡률은 작아짐을 알 수 있는데, 이는 우리의 직관과 일치한다. ■

## 연습문제 15.2

[01-02] 다음 운동의 위치 벡터 $\boldsymbol{r}(t)$가 나타내는 곡선을 그리고 주어진 시점에서 속도와 가속도를 구하라. 또 이때의 속력을 구하라.

01 $\boldsymbol{r}(t)=(\cosh t, \sinh t),\ t=0$

02 $\boldsymbol{r}(t)=t\boldsymbol{i}+2t^2\boldsymbol{j}+\frac{t^3}{3}\boldsymbol{k},\ t=1$

03 물체의 위치 벡터가 $\boldsymbol{r}(t)=t^3\boldsymbol{i}+(t^2-t)\boldsymbol{j}+(t^2-4)\boldsymbol{k},\ t\geq 0$이다. 물체가 $xy$평면을 지나는 시점의 물체의 속도와 가속도는 얼마인가?

[04-06] 예제 2의 결과를 이용하여 물음에 답하라($g=9.8\ \mathrm{m/sec^2}$).

04 포탄이 지표면에서 수평 방향에 대해 $60°$의 각도로 초기속도 $300\ \mathrm{m/sec}$로 발사되었다. 다음을 구하라.

(1) 포탄 경로의 매개변수 방정식

(2) 포탄의 최고 높이

(3) 포탄이 이동하는 수평 거리

(4) 지면에 떨어질 때의 속력

05 맹구가 수평 방향에 대해 $45°$의 각도로 공을 던졌는데 $50\ \mathrm{m}$ 가서 떨어졌다. 공의 초기속력은 얼마인가?

06 목표물이 정지 상태에서 낙하를 시작하는 시점에 목표물을 겨누고 총을 쏘았다. 총알이 떨어지는 목표물에 명중함을 보여라.

[07-08] $\boldsymbol{r}(t)$는 공간상에서 움직이는 물체의 위치벡터이다. 임의의 $t$에 대하여 가속도의 법선성분과 접선성분을 구하라.

07 $\boldsymbol{r}(t)=3\cos t\boldsymbol{i}+3\sin t\boldsymbol{j}+5\boldsymbol{k}$

08 $\boldsymbol{r}(t)=t^2\boldsymbol{i}+t\boldsymbol{j}+\boldsymbol{k}$

09 직선의 곡률은 상수 $\kappa=0$임을 보여라.

## 15.3 방향도함수

3차원 공간상에서 정의된 스칼라 함수 $f(x,y,z)$를 고려하자. 공간상의 한 점에서 어느 방향으로 움직일 때 함수값의 변화율을 알고 싶을 때 방향도함수(directional derivative)라는 개념을 사용한다. 보다 구체적으로, 임의의 점을 $\boldsymbol{r}=(x,y,z)$라 하고 방향을 단위벡터 $\boldsymbol{b}$로 고정시킬 때 $f$의 $\boldsymbol{b}$ 방향의 방향도함수 $D_{\boldsymbol{b}}f(\boldsymbol{r})$을 다음과 같이 정의할 수 있다.

**정의**

$|\boldsymbol{b}|=1$일 때 스칼라 함수 $f(x,y,z)$의 $\boldsymbol{b}$ 방향의 방향도함수는

$$D_{\boldsymbol{b}}f(\boldsymbol{r}) \equiv \lim_{s\to 0}\frac{f(\boldsymbol{r}+s\boldsymbol{b})-f(\boldsymbol{r})}{s}$$

이다.

이것을 계산하는 공식을 얻기 위해 우선 스칼라 함수 $f$의 기울기 벡터(gradient vector) grad $f$를

$$\operatorname{grad} f = \nabla f(x,y,z) = \left(\frac{\partial f}{\partial x}, \frac{\partial f}{\partial y}, \frac{\partial f}{\partial z}\right)$$

로 정의하자. 즉, 기울기 벡터는 각 축 방향의 편도함수를 벡터의 성분으로 모은 것이다. 여기서 $\nabla$는 델(또는 나블라)이라고 불리는 벡터연산자로

$$\nabla = \left(\frac{\partial}{\partial x}, \frac{\partial}{\partial y}, \frac{\partial}{\partial z}\right) = \boldsymbol{i}\frac{\partial}{\partial x} + \boldsymbol{j}\frac{\partial}{\partial y} + \boldsymbol{k}\frac{\partial}{\partial z}$$

이다. 물론 2차원의 경우는 $\nabla = \left(\frac{\partial}{\partial x}, \frac{\partial}{\partial y}\right)$이다.

**예제 1**

함수 $f(x,y,x) = xy^2 + 3xy - yz^2$의 점 $(1,0,-1)$에서의 기울기 벡터를 구하라.

**풀이**

$\nabla f(x,y,z) = \left(\frac{\partial f}{\partial x}, \frac{\partial f}{\partial y}, \frac{\partial f}{\partial z}\right) = (y^2+3y,\ 2xy+3x-z^2,\ -2yz)$이고

$$\nabla f(1,0,-1) = (0,2,0)$$

이다. ■

## 방향도함수의 계산

$\boldsymbol{r} = (x, y, z)$, 단위 방향을 $\boldsymbol{b} = (b_1, b_2, b_3)$로 놓고 방향도함수를 직접 계산하면

$$
\begin{aligned}
D_{\boldsymbol{b}} f(\boldsymbol{r}) &= \lim_{s \to 0} \frac{f(x+sb_1, y+sb_2, z+sb_3) - f(x,y,z)}{s} \\
&= \lim_{s \to 0} \left[ \frac{f(x+sb_1, y+sb_2, z+sb_3) - f(x, y+sb_2, z+sb_3)}{s} \right. \\
&\quad + \frac{f(x, y+sb_2, z+sb_3) - f(x, y, z+sb_3)}{s} \\
&\quad \left. + \frac{f(x, y, z+sb_3) - f(x, y, z_3)}{s} \right] \\
&= \lim_{s \to 0} \left[ \frac{f(x+sb_1, y+sb_2, z+sb_3) - f(x, y+sb_2, z+sb_3)}{sb_1} b_1 \right. \\
&\quad + \frac{f(x, y+sb_2, z+sb_3) - f(x, y, z+sb_3)}{sb_2} b_2 \\
&\quad \left. + \frac{f(x, y, z+sb_3) - f(x, y, z_3)}{sb_3} b_3 \right] \\
&= \frac{\partial f}{\partial x} b_1 + \frac{\partial f}{\partial y} b_2 + \frac{\partial f}{\partial z} b_3
\end{aligned}
$$

을 얻는다. 즉,

$$
D_{\boldsymbol{b}} f(\boldsymbol{r}) = \left( \frac{\partial f}{\partial x}, \frac{\partial f}{\partial y}, \frac{\partial f}{\partial z} \right) \cdot \boldsymbol{b} = \nabla f \cdot \boldsymbol{b}
$$

이다. 만약 방향이 $\boldsymbol{b} = \boldsymbol{i}$라면

$$
D_{\boldsymbol{b}} f(\boldsymbol{r}) = \left( \frac{\partial f}{\partial x}, \frac{\partial f}{\partial y}, \frac{\partial f}{\partial z} \right) \cdot (1,0,0) = \frac{\partial f}{\partial x}
$$

가 됨을 기억하라. 즉, 각 축 방향의 방향도함수는 각 축에 대한 편도함수가 된다.

### 예제 2

$f(x,y) = x^2 + y^3$라 하자. 점 (3,1)에서 $x$축 양의 방향과 60도를 이루는 방향으로 움직일 때 $f$의 변화율을 구하라.

**풀이**

$x$축 양의 방향과 60도를 이루는 단위 벡터는 $\boldsymbol{b} = (\cos 60°, \sin 60°) = (1/2, \sqrt{3}/2)$이므로 정의를 직접 이용하면

$$\begin{aligned} D_{\boldsymbol{b}}f(x,y) &= \lim_{s\to 0}\frac{f(x+s/2, y+s\sqrt{3}/2)-f(x,y)}{s} \\ &= \lim_{s\to 0}\frac{(x+s/2)^2+(y+s\sqrt{3}/2)^2-(x^2+y^2)}{s} \\ &= \lim_{s\to 0}\frac{sx+s^2/4+sy\sqrt{3}+3s^2/4}{s} \\ &= x+\sqrt{3}\,y \end{aligned}$$

을 얻는다. 한편 기울기 벡터를 이용하면

$$D_{\boldsymbol{b}}f(x,y) = \nabla f\cdot \boldsymbol{b} = (2x, 2y)\cdot(1/2, \sqrt{3}/2) = x+\sqrt{3}\,y$$

의 동일한 결과를 얻는다. 따라서 점 (3,1)에서의 방향도함수는

$$D_{\boldsymbol{b}}f(3,1) = 3+\sqrt{3}$$

이다. ■

**예제 3**

$xy$평면에서 점 (2,1)에서 점 (3,2)를 향하여 가고 있는 개미가 있다. 각 점의 온도가 $f(x,y) = 4x^2+y^3-3xy$로 나타난다고 할 때 (2,1)에서 온도 및 개미가 겪는 온도의 변화율을 구하라.

**풀이**

(2,1)에서 온도는 $f(2,1)=11$(도)이고 기울기 벡터는

$$\nabla f(2,1) = (8x-3y, 3y^2-3x)|_{(2,1)} = (13, -3)$$

이다. (2,1)에서 개미가 움직이는 방향은 (3,2) − (2,1)=(1,1)이고 단위 방향은 $\boldsymbol{b} = \left(\frac{1}{\sqrt{2}}, \frac{1}{\sqrt{2}}\right)$ 이다. 따라서 (2,1)에서 개미가 겪는 온도의 변화율은 방향도함수

$$D_{\boldsymbol{b}}f(2,1) = \nabla f\cdot \boldsymbol{b} = (13, -3)\cdot(1,1)\frac{1}{\sqrt{2}} = 5\sqrt{2}$$

이다. ■

**예제 4**

$w(x,y,z) = xy^2-3xyz+2z^2$일 때 점 (1,1,1)에서 (1) 벡터 (−1,0,2) 방향으로 이동할 때와 (2) (1,0,1) 방향으로 이동할 때의 방향도함수를 각각 구하라.

**풀이**

(1) 우선 단위 방향은 $\boldsymbol{b}_1 = \frac{1}{\sqrt{5}}(-1,0,2)$이고

$$\nabla w(1,1,1) = (y^2-3yz, 2xy-3xz, -3xy+4z)|_{(1,1,1)} = (-2,-1,1)$$

이므로 원하는 방향도함수는

$$D_{\boldsymbol{b}_1}w = \nabla w \cdot \boldsymbol{b}_1 = (-2, -1, 1) \cdot (-1, 0, 2)\frac{1}{\sqrt{5}} = \frac{4\sqrt{5}}{5}$$

이다.

(2) 이번에는 단위 방향이 $\boldsymbol{b}_2 = \frac{1}{\sqrt{2}}(1, 0, 1)$이므로

$$D_{\boldsymbol{b}_2}w = \nabla w \cdot \boldsymbol{b}_2 = (-2, -1, 1) \cdot (1, 0, 1)\frac{1}{\sqrt{2}} = -\frac{\sqrt{2}}{2}$$

이다. ■

## 기울기 벡터의 성질

방향도함수와 연관하여 기울기 벡터의 성질을 알아보자. 예제 4에서 보듯이 주어진 점에서 방향을 어떻게 취하는가에 따라 함수의 증가율, 즉 방향도함수가 달라진다. 그렇다면 함수의 증가율이 가장 큰 방향은 어디인가? 우선 기울기 벡터와 방향 벡터 $\boldsymbol{b}$의 사이각을 $\theta$라고 하고 내적의 정의를 적용하여

$$D_{\boldsymbol{b}}f = \nabla f \cdot \boldsymbol{b} = |\nabla f||\boldsymbol{b}|\cos\theta = |\nabla f|\cos\theta$$

임을 관찰하자. 이 식의 우변은 $\theta = 0$일 때, 즉 방향 $\boldsymbol{b}$가 기울기 벡터와 일치할 때 최대가 된다. 즉, 임의의 점에서 기울기 벡터 $\nabla f$는 함수 $f$의 최대 증가 방향이 된다. 이때의 변화율은

$$D_{\boldsymbol{b}}f = |\nabla f|$$

이다. 또한 $\theta = 180°$일 때, 즉 방향 $\boldsymbol{b}$가 $\nabla f$와 반대 방향이 될 때 $D_{\boldsymbol{b}}f$는 최소값 $-|\nabla f|$를 갖고 이 방향이 최대 감소 방향이 된다. 만약 어떤 점 $\boldsymbol{r}_0$에서

$$\nabla f(\boldsymbol{r}_0) = \mathbf{0} \tag{15.4}$$

이면 어느 방향으로 가든 증가 또는 감소하지 않는다는 의미이므로 $\boldsymbol{r}_0$는 최대 또는 최소점이 될 수 있다. 실제로 식 (15.4)는 $\boldsymbol{r}_0$가 극점(최대 또는 최소점)이 될 필요조건이다(정리 13.7 참조).

### 예제 5

평면상의 점 $(x, y)$에서 높이가 $z = f(x,y) = 4 - 2\sqrt{x^2 + y^2}$, $0 \le z \le 4$로 주어진 봉우리가 있다(그림 15.12 참조).

(1) 점 $(x, y)$에서 $z$의 최대 증가 방향은?

(2) 개미가 현재 봉우리 위의 (1,0,2) 위치에 있다면 개미가 어떻게 움직여야 높이가 가장 빠르게 높아지겠는가?

풀이

(1) $\nabla f(x,y) = 2\left(-\frac{x}{\sqrt{x^2+y^2}}, -\frac{y}{\sqrt{x^2+y^2}}\right) = \frac{2}{\sqrt{x^2+y^2}}(-x, -y)$

이므로 $xy$-평면의 원점방향으로 움직여야 높이가 가장 빨리 높아진다.

(2) $xy$-평면상에서 보면 원점을 향해 $(-1,0)$ 방향으로 움직이면 된다. 따라서 현재 (1,0,2) 위치에서 개미는 평면 $z=2$ 상에서 $z$축을 향하여 들어간다고 생각하고 움직이면 높이가 가장 빠르게 상승한다. 실제로는 그 점에서 꼭대기 (0,0,4)를 보고 비탈을 직선으로 올라가게 되어 공간상에서 이동 방향은 $(0,0,4)-(1,0,2)=(-1,0,2)$로 나타난다. ■

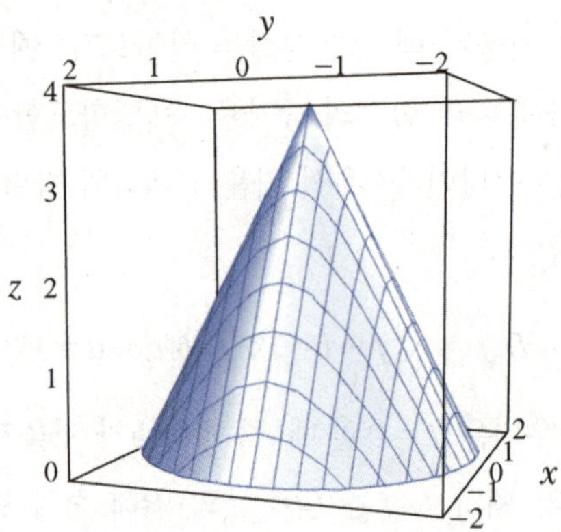


그림 15.12 원뿔형 봉우리

## 예제 6

$f(x,y,z) = x^2 - 2xy + 2y^2 + 6y + z^2 + 4z + 1$를 고려하자.

(1) 점 (1,2,-1)에서 방향 $\boldsymbol{a} = (2,0,1)$으로 갈 때 $f$의 방향도함수값을 구하라.

(2) $z$의 최소값이 어느 점에서 발생하는지 밝히고 그 점에서 기울기 벡터가 영벡터가 됨을 확인하라.

풀이

(1) 단위 방향은 $\boldsymbol{b} = \frac{1}{\sqrt{5}}(2,0,1)$이고 (1,2,-1)에서 기울기 벡터는

$$\nabla f(1,2,-1) = (2x-2y,\ -2x+4y+6,\ 2z+4)|_{(1,2,-1)} = (-2,12,2)$$

이므로 원하는 방향도함수는

$$D_{\boldsymbol{b}} f = \nabla f \cdot \boldsymbol{b} = (-2,12,2)\cdot(2,0,1)\frac{1}{\sqrt{5}} = -\frac{2\sqrt{5}}{5}$$

이다.

(2) 완전제곱식으로 고치면

$$\begin{aligned} f(x,y,z) &= x^2-2xy+2y^2+6y+z^2+4z+1 \\ &= (x-y)^2+(y+3)^2+(z+2)^2-12 \end{aligned}$$

이므로 $f$는 $x=y=-3,\ z=-2$에서 최소값 $-12$를 갖는다. 한편 이 점에서 기울기 벡터는

$$\nabla f(-3,\ -3,\ -2)=(2x-2y,\ -2x+4y+6,\ 2z+4)|_{(-3,-3,-2)}=(0,0,0)$$

이 된다. ■

기울기 벡터의 또 하나의 성질은 기울기 벡터는 등위곡선(면)에 수직이라는 것이다. 이유를 보기 위해 등위곡면 $f(x,y,z)=c$를 고려하고 이 곡면상의 임의의 곡선의 매개변수 표현을 $\boldsymbol{r}(t)=(x(t),y(t),z(t))$라고 하자. 그러면

$$f(x(t),y(t),z(t))=c$$

를 만족하여야 한다. 이 식의 양변을 $t$로 미분하고 연쇄율을 적용하면

$$\frac{df}{dt}=\frac{df}{dx}\frac{dx}{dt}+\frac{df}{dy}\frac{dy}{dt}+\frac{df}{dz}\frac{dz}{dt}=\nabla f\cdot\boldsymbol{r}'=0$$

를 얻는다. 이는 $\nabla f$가 $\boldsymbol{r}'$(접선벡터)와 직교함을 의미하고 이는 곡면상의 모든 곡선에 대해 참이므로 기울기 벡터 $\nabla f$는 곡면 $f(x,y,z)=c$와 직교하게 된다. 즉, $f$의 기울기 벡터는 등위곡면상의 각 점에서 접평면의 법선벡터(surface normal)가 된다.

### 예제 7

구면 $f(x,y,z)=x^2+y^2+z^2=6$ 상의 점 $\boldsymbol{r}_0=(1,2,1)$에서의 기울기 벡터 $\nabla f$를 구하고 이 벡터가 구면과 직교함을 확인하라.

**풀이**

$\nabla f(x,y,z)=(2x,2y,2z)$이고

$$\nabla f(1,2,1)=(2,4,2)$$

가 된다. $\nabla f=2\boldsymbol{r}_0$이므로 $\boldsymbol{r}_0$와 같은 방향이 되어 구면과 직교하게 된다. ■

### 예제 8

곡면 $z=-x^2+y^2$의 (1,2)에서 등위곡선(등고선)은 쌍곡선 $-x^2+y^2=3$이 된다. 기울기 벡터 $\nabla f=(-2x,2y)|_{(1,2)}=(-2,4)$가 이 쌍곡선의 법선벡터가 됨을 보여라.

**풀이**

우선 (1,2)에서의 접선벡터를 구하자. $-x^2+y^2=3$의 양변을 $x$로 미분하면

$$-2x+2y\frac{dy}{dx}=0$$

에서

$$\frac{dy}{dx}=\frac{x}{y}$$

를 얻고 이로부터 (1,2)에서 쌍곡선의 접선의 기울기는 $\frac{1}{2}$임을 알 수 있다. 이 기울기를 갖는 간단한 접선벡터 (2,1)을 취하여 기울기 벡터 (−2,4)와 내적을 취하면 영이 된다. 즉, $\nabla f=(-2,4)$는 (1,2)에서 주어진 등위곡선의 법선벡터이다. ■

**예제 9**

아래 그림 15.13과 같이 등고선이 표시된 지도가 주어졌다. $B$에서 출발하여 등고선 정보만 보고 정상 $A$까지 빨리 올라갈 수 있는 경로를 표시하라.

**풀이**

(i) 각 점에서 기울기 벡터가 최대 증가 방향을 주고, (ii) 기울기 벡터는 등위곡선(등고선)에 수직이라는 사실을 이용한다. $B$에서 출발하여 그 점을 지나는 등고선에서 법선 방향으로 진행하다가 다음 등고선을 만나면, 그 교점에서 그 새로운 등고선에 법선 방향으로 진행한다. 이런 방식으로 $A$에 도달할 때까지 계속한다.

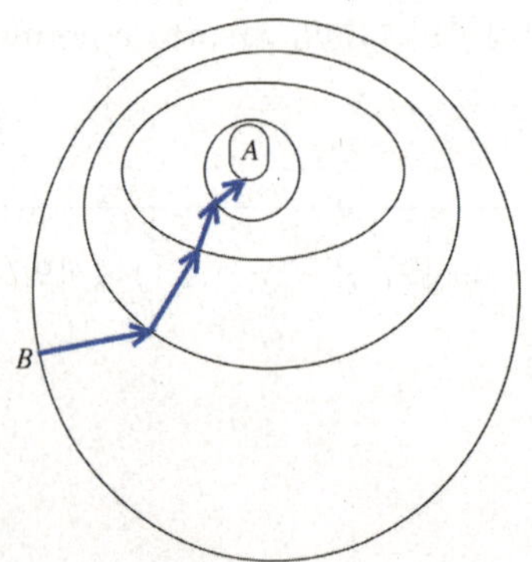


그림 15.13 등고선과 상승 경로

## 접평면, 법선

어떤 곡면 각 점에서 접평면은 그 점에서의 모든 접선을 포함하는 평면으로 정의된다. 한 점 $\boldsymbol{r}_0=(x_0,y_0,z_0)$에서 접평면은 유일하고 법선벡터 $\boldsymbol{n}$을 안다면 정리 8.13의 식

$$\boldsymbol{n}\cdot(\boldsymbol{r}-\boldsymbol{r_0})=0$$

을 이용하여 접평면의 방정식을 구할 수 있다. 그런데 곡면이 $f(x,y,z)=c$로 주어진다면 $\nabla f$가 법선벡터가 됨을 알고 있으므로 $\boldsymbol{n}=\nabla f(\boldsymbol{r}_0)$로 대체하면 쉽게 접평면의 방정식을 얻

는다.

## 예제 10

곡면 $f=x^2-2y^2+z^2=11$ 의 점 (2,1,3)에서 접평면의 방정식을 구하라.

**풀이**

우선 (2,1,3)에서 기울기 벡터는

$$\nabla f(2,1,3)=(2x,\ -4y,2z)|_{(2,1,3)}=(4,-4,6)$$

이므로

$$\nabla f\cdot(\boldsymbol{r}-\boldsymbol{r}_0)=(4,\ -4,6)\cdot(x-2,y-1,z-3)=0$$

로부터 접평면의 방정식

$$4x-4y+6z=22$$

을 얻는다. ■

## 예제 11

곡면 $z=x^2+\frac{1}{2}y^2+2$ 의 점 (1,2,5)에서의 접평면의 방정식과 법선의 매개변수 방정식을 구하라(그림 15.14).

**풀이**

곡면을 $f(x,y,z)=x^2+\frac{1}{2}y^2-z=-2$ 와 같이 등위곡면으로 표현할 수 있으므로 먼저

$$\nabla f(1,2,5)=(2x,y,-1)|_{(1,2,5)}=(2,2,\ -1)$$

를 구한다. 이제 (1,2,5)에서 접평면의 방정식은

$$\nabla f\cdot(\boldsymbol{r}-\boldsymbol{r}_0)=(2,2,\ -1)\cdot(x-1,y-2,z-5)=0$$

로부터

$$2x+2y-z=1$$

이 된다. 법선은 $\boldsymbol{r}_0=(1,2,5)$를 지나고 방향이 $\boldsymbol{b}=(2,2,\ -1)$인 직선이므로 매개변수 방정식은(정리 8.15 참조)

$$\boldsymbol{r}(t)=\boldsymbol{r}_0+t\boldsymbol{b}=(1,2,5)+t(2,2,-1)$$

또는 $x=1+2t,\ y=2+2t,\ z=5-t$가 된다. ■

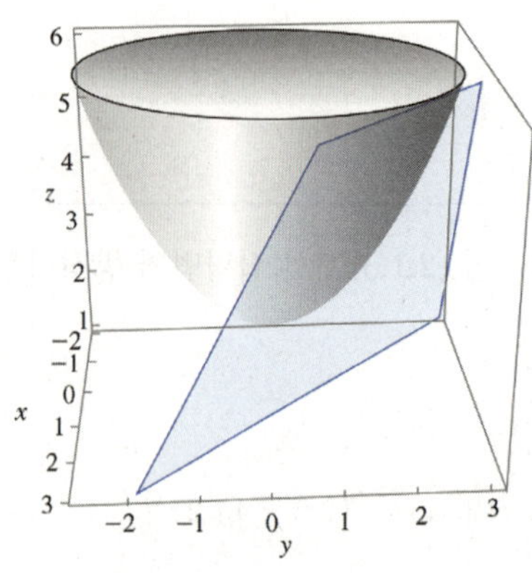


그림 15.14 예제 11 접평면

## 연습문제 15.3

**[01-02]** 다음 스칼라 함수의 기울기 벡터를 계산하라.

**01** $f(x,y) = 2x^3 - xy^2 + y^4$

**02** $f(x,y,z) = x^2e^{2z}\cos 4y$ $\left[\left(2, \dfrac{\pi}{6}, -1\right)\text{에서}\right]$

**03** 각각 (1) 점 (1,1)과 (2) 점 (1,2)에서 양의 $x$축과 30도를 이루는 벡터의 방향으로 움직일 때 $f(x,y) = x^2 + y^2$의 방향도함수를 구하라.

**[04-05]** 다음 함수의 주어진 점에서 주어진 벡터의 방향으로 갈 때 방향도함수를 구하라.

**04** $f(x,y) = 3x^3y^5$의 $(-1,1)$에서 (3,4) 방향

**05** $f(x,y,z) = x^3y^2(z+4)^2$의 $(1, -1, 1)$에서 (0,2,2) 방향

**06** (1) 점 (1,2)에서 $x^2 + 2y^2 = 9$의 단위 접선벡터 $\boldsymbol{b}$를 구하라.

(2) 점 (2,3)에서 $f(x,y) = x^2 + y$의 $\boldsymbol{b}$ 방향의 방향도함수를 구하라.

**07** (1) $f(x,y,z) = x^3 - 3x^2y^2 + zy^3$일 때 점 $(x,y,z)$에서 $\boldsymbol{a} = (2,0,1)$ 방향의 방향도함수를 구하라.

(2) 문제 (1)에서 $g(x,y,z) = \boldsymbol{D_a}f(x,y,z)$일 때 $\boldsymbol{D_a}g(x,y,z)$를 구하라.

**08** 위치 $\left(0, \dfrac{\pi}{4}\right)$에서 함수 $f(x,y) = e^{3x}\cos y$가 가장 빨리 증가하는 방향을 구하라. 이때의 변화율은 얼마인가?

**09** (1) 평면의 점 $(x,y)$에서 온도는 $h(x,y) = 1 + 2x^2 + 3y^2$이다. 점 (5,3)에 위치하는 모기가 가장 빨리 시원해지려면 어느 방향으로 이동해야 하는가?

(2) 사실 원점이 가장 차가운 점이다. 차가운 곳을 좋아하는 곤충이 $(4,8)$에서 출발하여 원점을 향하는 최적의 경로를 구하라. [힌트: 경로의 접선벡터가 $-\nabla h(x,y)$ 임을 이용하라.]

**10** 곡면 $z=x^2+y^2$ 상의 어느 점의 법선벡터가 벡터 $\left(2,1,\frac{1}{2}\right)$에 평행이 되겠는가?

**[11-12]** 주어진 점을 지나는 등고선 또는 등위곡면을 구하고 주어진 점에서 법선벡터를 구하라.

**11** $f(x,y)=y-x^3;(2,4)$

**12** $f(x,y,z)=x+y+z;(3,2,1)$

**[13-14]** 아래 곡면의 주어진 점에서 접평면의 방정식을 구하라.

**13** $x^2-y^2-2z^2=3;(3,2,1)$

**14** $z=13-x^2-y^2;(3,2,0)$

**15** (1) 곡면 $x^2+2y^2+z^2=12$ 위의 어느 점에서의 접평면이 $x+2y+3z=12$으로 얻어졌다. 그 점을 밝혀라.
(2) 주어진 곡면의 $(0,2,2)$에서 법선의 매개변수 방정식을 구하라.

**16** $x^2+y^2+z^2=a^2$의 모든 법선이 원점을 지남을 보여라.

## 15.4 발산과 회전

2차원 또는 3차원 공간에서 정의된 벡터함수

$$\boldsymbol{F}(x,y)=(F_1(x,y),F_2(x,y))$$

또는

$$\boldsymbol{F}(x,y,z)=(F_1(x,y,z),F_2(x,y,z),F_3(x,y,z))$$

는 그 공간에 작용하는 벡터장(vector field)을 나타낸다. 예를 들어 운동하는 물체의 속도함수는 속도장을 나타내고, 물체에 작용하는 힘의 함수는 힘장을 나타낸다. 다음 그림 15.15는 동일한 두 양전하 사이의 전기력장을 보여주고 그림 15.16은 $F(x,y)=(-y,x)$ 가 나타내는 벡터장을 보여 준다.

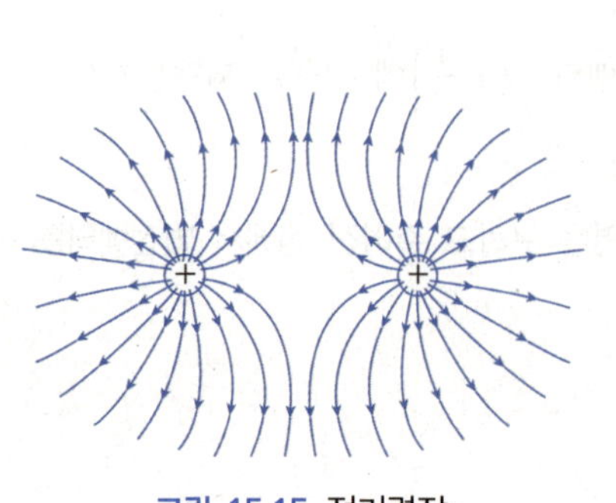

그림 15.15 전기력장

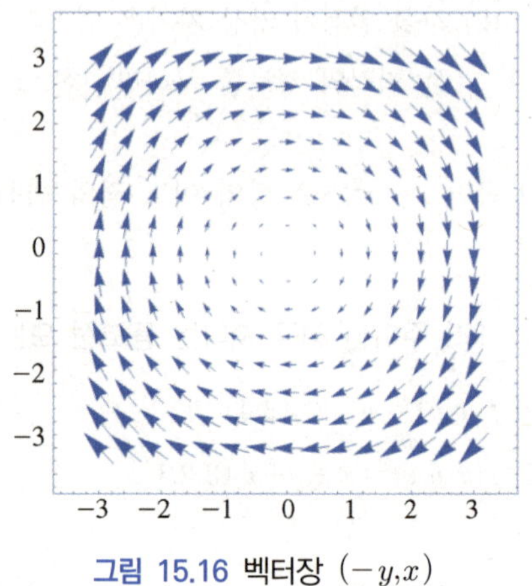


그림 15.16 벡터장 $(-y,x)$

15.3절에서 언급된 기울기벡터 $\nabla f$는 스칼라 함수 $f(x,y,z)$를 각 축의 변수에 대해 편미분하여 얻은 벡터장이다. 어떤 벡터장이 스칼라 함수의 기울기 벡터가 된다면 그 벡터장을 보존장이라고 부르고 스칼라 함수를 퍼텐셜이라고 부른다.

## 회전

벡터함수 $\boldsymbol{F}=(F_1,F_2,F_3)$에서 성분함수 $F_1, F_2, F_3$ 각각이 연속인 편도함수를 갖는다고 가정하자(그러면 정리 13.4에 따라 각 $F_i$가 미분가능하고 따라서 $\boldsymbol{F}$도 미분가능하다). 이런 벡터함수에 연관되어 회전(curl 또는 rotation)이라고 부르고 다음과 같이 정의되는 벡터장이 파생된다.

$$\operatorname{curl}\boldsymbol{F}=\left(\frac{\partial F_3}{\partial y}-\frac{\partial F_2}{\partial z}\right)\boldsymbol{i}+\left(\frac{\partial F_1}{\partial z}-\frac{\partial F_3}{\partial x}\right)\boldsymbol{j}+\left(\frac{\partial F_2}{\partial x}-\frac{\partial F_1}{\partial y}\right)\boldsymbol{k}$$

이 식의 우변을 외우기 쉽게 행렬식으로 정리하면

$$\begin{vmatrix} \boldsymbol{i} & \boldsymbol{j} & \boldsymbol{k} \\ \dfrac{\partial}{\partial x} & \dfrac{\partial}{\partial y} & \dfrac{\partial}{\partial z} \\ F_1 & F_2 & F_3 \end{vmatrix}$$

이 되는데 이는 외적 $\nabla\times F$로 해석할 수 있다. 따라서

$$\operatorname{curl}\boldsymbol{F}=\nabla\times\boldsymbol{F}=\begin{vmatrix} \boldsymbol{i} & \boldsymbol{j} & \boldsymbol{k} \\ \dfrac{\partial}{\partial x} & \dfrac{\partial}{\partial y} & \dfrac{\partial}{\partial z} \\ F_1 & F_2 & F_3 \end{vmatrix}$$

로 쓸 수 있다. 이는 회전의 통상적인 표기법 및 계산 방법이다.

**예제 1**

$\boldsymbol{F}=x^2y^3\boldsymbol{i}+xyz\boldsymbol{j}+yz^2\boldsymbol{k}$의 회전을 구하라.

$$\operatorname{curl}\boldsymbol{F}=\begin{vmatrix}\boldsymbol{i} & \boldsymbol{j} & \boldsymbol{k}\\ \dfrac{\partial}{\partial x} & \dfrac{\partial}{\partial y} & \dfrac{\partial}{\partial z}\\ x^2y^3 & xyz & yz^2\end{vmatrix}=\boldsymbol{i}(z^2-xy)-\boldsymbol{j}(0-0)+\boldsymbol{k}(yz-3x^2y^2)$$

$$=(z^2-xy,0,yz-3x^2y^2)$$ ■

회전은 물리적으로 유체의 흐름 등에 회전하는 성질이 있는지를 나타낸다. 참고로, $\boldsymbol{F}$가 흐름의 속도 벡터일 때 $\operatorname{curl}\boldsymbol{F}=0$이면 유체가 비회전적이라고 말한다. 다음 예제를 통해 회전의 보다 분명한 의미를 짐작해 보자.

**예제 2**

회전축 $\boldsymbol{w}$를 중심으로 일정한 각속력 $|\boldsymbol{w}|$로 돌고 있는 물체가 있다. 물체상의 점 $P$의 위치벡터를 $\boldsymbol{r}$이라 하면 회전의 선속도는 $\boldsymbol{v}=\boldsymbol{w}\times\boldsymbol{r}$로 표현할 수 있다(그림 15.17, 8.3절 참조). 이때 $\operatorname{curl}\boldsymbol{v}=2\boldsymbol{w}$의 관계가 있음을 보여라.

**풀이**

$\boldsymbol{w}=(w_1,w_2,w_3)$, 점 $P$의 위치벡터를 $\boldsymbol{r}=(x,y,z)$로 놓으면

$$\boldsymbol{v}=\boldsymbol{w}\times\boldsymbol{r}=\begin{vmatrix}\boldsymbol{i} & \boldsymbol{j} & \boldsymbol{k}\\ w_1 & w_2 & w_3\\ x & y & z\end{vmatrix}=(w_2z-w_3y,\ w_3x-w_1z,\ w_1y-w_2x)$$

이므로

$$\operatorname{curl}\boldsymbol{v}=\operatorname{curl}(\boldsymbol{w}\times\boldsymbol{r})=\begin{vmatrix}\boldsymbol{i} & \boldsymbol{j} & \boldsymbol{k}\\ \dfrac{\partial}{\partial x} & \dfrac{\partial}{\partial y} & \dfrac{\partial}{\partial z}\\ w_2z-w_3y & w_3x-w_1z & w_1y-w_2x\end{vmatrix}$$

$$=(2w_1,2w_2,2w_3)=2\boldsymbol{w}$$

가 된다. ■

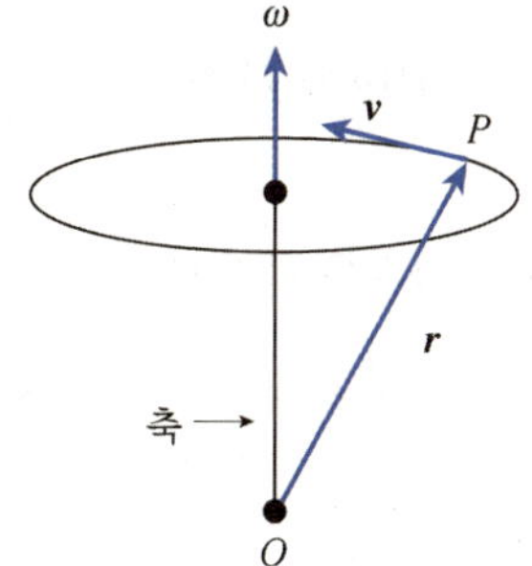


그림 15.17 예제 2

## 발산

벡터함수 $\boldsymbol{F} = (F_1, F_2, F_3)$에서 파생되는 또 하나의 양에 발산(divergence)이 있다. 발산의 정의는

$$\mathrm{div}\,\boldsymbol{F} = \frac{\partial F_1}{\partial x} + \frac{\partial F_2}{\partial y} + \frac{\partial F_3}{\partial z}$$

인데, 우변이 $\nabla \cdot \boldsymbol{F}$과 같으므로

$$\mathrm{div}\,\boldsymbol{F} = \nabla \cdot \boldsymbol{F}$$

로 자주 표시된다.

**예제 3**

$\boldsymbol{F} = x^2y^3\boldsymbol{i} + xyz\boldsymbol{j} + yz^2\boldsymbol{k}$ 의 발산을 구하라.

**풀이**

$$\mathrm{div}\,\boldsymbol{F} = \frac{\partial(x^2y^3)}{\partial x} + \frac{\partial(xyz)}{\partial y} + \frac{\partial(yz^2)}{\partial z} = 2xy^3 + xz + 2yz$$ ■

$\boldsymbol{F}$가 흐름의 속도 벡터일 때 발산은 유체가 팽창 또는 수축하는 성질이 있는지를 나타낸다. 어떤 점 $P$에서 $\mathrm{div}\,\boldsymbol{F} > 0$이면 그 점에서 유체가 분출되는 것을 의미하고(소스, source), $\mathrm{div}\,\boldsymbol{F} < 0$이면 그 점에서 유체가 소실되는 것을 의미한다(싱크, sink). $\mathrm{div}\,\boldsymbol{F} = 0$이면 그 점 근방에 소스나 싱크가 없음을 의미한다.

기울기 벡터, 회전, 발산을 결합하면 여러 유용한 성질들이 관찰된다. 다음 예제를 보자.

**예제 4**

다음을 보여라.

(1) 스칼라 함수 $f$가 연속인 2계 편도함수를 가질 때

$$\mathrm{curl}(\mathrm{grad}\,f) = \nabla \times \nabla f = \boldsymbol{0}$$

이다.

(2) 벡터 함수 $\boldsymbol{F}$가 연속인 2계 편도함수를 가질 때

$$\mathrm{div}(\mathrm{curl}\,\boldsymbol{F}) = \nabla \cdot (\nabla \times \boldsymbol{F}) = 0$$

이다.

풀이

(1) $\nabla f = \left( \frac{\partial f}{\partial x}, \frac{\partial f}{\partial y}, \frac{\partial f}{\partial z} \right)$이므로

$$\operatorname{curl}(\operatorname{grad} f) = \nabla \times \nabla f = \begin{vmatrix} \boldsymbol{i} & \boldsymbol{j} & \boldsymbol{k} \\ \frac{\partial}{\partial x} & \frac{\partial}{\partial y} & \frac{\partial}{\partial z} \\ \frac{\partial f}{\partial x} & \frac{\partial f}{\partial y} & \frac{\partial f}{\partial z} \end{vmatrix}$$

$$= \left( \frac{\partial^2 f}{\partial y \partial z} - \frac{\partial^2 f}{\partial z \partial y} \right)\boldsymbol{i} + \left( \frac{\partial^2 f}{\partial z \partial x} - \frac{\partial^2 f}{\partial x \partial z} \right)\boldsymbol{j} + \left( \frac{\partial^2 f}{\partial x \partial y} - \frac{\partial^2 f}{\partial y \partial x} \right)\boldsymbol{k} = \mathbf{0}.$$

마지막 결과는 혼합 도함수 정리(정리 13.3)에 따라 각 항이 모두 영이 되므로 참이다.

(2) $\nabla \times \boldsymbol{F} = \begin{vmatrix} \boldsymbol{i} & \boldsymbol{j} & \boldsymbol{k} \\ \frac{\partial}{\partial x} & \frac{\partial}{\partial y} & \frac{\partial}{\partial z} \\ F_1 & F_2 & F_3 \end{vmatrix} = \left( \frac{\partial F_3}{\partial y} - \frac{\partial F_2}{\partial z} \right)\boldsymbol{i} + \left( \frac{\partial F_1}{\partial z} - \frac{\partial F_3}{\partial x} \right)\boldsymbol{j} + \left( \frac{\partial F_2}{\partial x} - \frac{\partial F_1}{\partial y} \right)\boldsymbol{k}$

이므로

$$\begin{aligned} \operatorname{div}(\operatorname{curl} \boldsymbol{F}) = \nabla \cdot (\nabla \times \boldsymbol{F}) &= \frac{\partial}{\partial x}\left( \frac{\partial F_3}{\partial y} - \frac{\partial F_2}{\partial z} \right) + \frac{\partial}{\partial y}\left( \frac{\partial F_1}{\partial z} - \frac{\partial F_3}{\partial x} \right) + \frac{\partial}{\partial z}\left( \frac{\partial F_2}{\partial x} - \frac{\partial F_1}{\partial y} \right) \\ &= \left( \frac{\partial^2 F_3}{\partial x \partial y} - \frac{\partial^2 F_2}{\partial x \partial z} \right) + \left( \frac{\partial^2 F_1}{\partial y \partial z} - \frac{\partial^2 F_3}{\partial y \partial x} \right) + \left( \frac{\partial^2 F_2}{\partial z \partial x} - \frac{\partial^2 F_1}{\partial z \partial y} \right) = 0. \end{aligned}$$

역시 혼합 도함수 정리에 따라 항들이 모두 소거되므로 마지막 결과가 얻어진다. ■

## 연습문제 15.4

[01-02] 주어진 벡터함수의 회전과 발산을 구하라.

01 $\boldsymbol{F}(x,y,z) = xz\boldsymbol{i} + yz\boldsymbol{j} + xy\boldsymbol{k}$

02 $\boldsymbol{F}(x,y,z) = xe^{-z}\boldsymbol{i} + 4yz^2\boldsymbol{j} + 3ye^{-2z}\boldsymbol{k}$

03 $\boldsymbol{a}$는 상수벡터이고 $\boldsymbol{r} = x\boldsymbol{i} + y\boldsymbol{j} + z\boldsymbol{k}$일 때 다음이 성립함을 보여라.

$$\nabla \times [(\boldsymbol{r} \cdot \boldsymbol{r})\boldsymbol{a}] = 2(\boldsymbol{r} \times \boldsymbol{a})$$

04 다음이 성립함을 보여라. 모든 편도함수들이 연속이라고 가정한다.

$$\nabla \cdot (f\boldsymbol{F}) = f(\nabla \cdot \boldsymbol{F}) + \boldsymbol{F} \cdot \nabla f$$

05 다음이 성립함을 보여라.

$$\nabla \cdot \nabla f = \frac{\partial^2 f}{\partial x^2} + \frac{\partial^2 f}{\partial y^2} + \frac{\partial^2 f}{\partial z^2}$$

**06** $\nabla^2 f \equiv \dfrac{\partial^2 f}{\partial x^2}+\dfrac{\partial^2 f}{\partial y^2}+\dfrac{\partial^2 f}{\partial z^2}=0$을 만족시키는 스칼라 함수 $f$를 조화함수라고 한다.

$f(x,y,z)=(x^2+y^2-z^4)$가 조화함수임을 증명하라(편미분방정식 $\nabla^2 f=0$을 라플라스 방정식이라 한다).

# 부록

## 기본 공식

### 이차방정식의 근의 공식

$$ax^2 + bx + c = 0 \quad (a \neq 0), \quad x = \frac{-b \pm \sqrt{b^2 - 4ac}}{2a}$$

### 로그의 성질

$x = a^y$ 이면 $y = \log_a x \quad (a \neq 1,\ a > 0,\ x > 0)$

(1) $\log_a a = 1$

(2) $\log_a 1 = 0$

(3) $\log_a x = \dfrac{\ln x}{\ln a}$

(4) $a^{\log_a x} = x$

(5) $\log_a xy = \log_a x + \log_a y$

(6) $\log_a\left(\dfrac{x}{y}\right) = \log_a x - \log_a y$

(7) $\log_a x^y = y \log_a x$

### 자연로그

$\ln x = \log_e x \qquad e^{\ln x} = x$

### 이항전개

$$(a+b)^n = a^n + \binom{n}{1}a^{n-1}b + \binom{n}{2}a^{n-2}b^2 + \cdots + \binom{n}{r}a^{n-r}b^r + \cdots + b^n$$

여기서,

$$\binom{n}{1}=\frac{n}{1},\ \binom{n}{2}=\frac{n(n-1)}{1\cdot 2},\ \binom{n}{r}=\frac{n!}{r!\,(n-r)!}$$

### 평면각(plain angle)

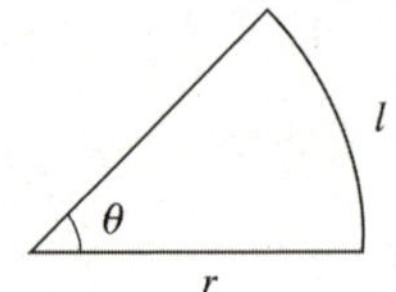


$\theta=\frac{l}{r}$ $\quad l=r$일 때 $\theta=1$ radian

$$360^\circ=\frac{2\pi r}{r}=2\pi\ \text{radian}$$

$$1\,\text{radian}=\frac{360}{2\pi}=57.2957^\circ,\ 1^\circ=\frac{2\pi}{360}=0.01745\ \text{radian}$$

## 삼각함수

### 특수각에 관한 삼각함수 값

| 각(도수) | 각(라디안) | sin | cos | tan | cot | sec | csc |
|---|---|---|---|---|---|---|---|
| $0^\circ$ | 0 | 0 | 1 | 0 | $\infty$ | 1 | $\infty$ |
| $30^\circ$ | $\frac{1}{6}\pi$ | $\frac{1}{2}$ | $\frac{\sqrt{3}}{2}$ | $\frac{1}{\sqrt{3}}$ | $\sqrt{3}$ | $\frac{2}{\sqrt{3}}$ | 2 |
| $45^\circ$ | $\frac{1}{4}\pi$ | $\frac{1}{\sqrt{2}}$ | $\frac{1}{\sqrt{2}}$ | 1 | 1 | $\sqrt{2}$ | $\sqrt{2}$ |
| $60^\circ$ | $\frac{1}{3}\pi$ | $\frac{\sqrt{3}}{2}$ | $\frac{1}{2}$ | $\sqrt{3}$ | $\frac{1}{\sqrt{3}}$ | 2 | $\frac{2}{\sqrt{3}}$ |
| $90^\circ$ | $\frac{1}{2}\pi$ | 1 | 0 | $\infty$ | 0 | $\infty$ | 1 |

### 기본 항등식

$\csc x=\frac{1}{\sin x}$ $\quad \sec x=\frac{1}{\cos x}$ $\quad \cot x=\frac{1}{\tan x}$

$\tan x=\frac{\sin x}{\cos x}$ $\quad \cot x=\frac{\cos x}{\sin x}$

$\sin^2 x+\cos^2 x=1$ $\quad 1+\tan^2 x=\sec^2 x$ $\quad 1+\cot^2 x=\csc^2 x$

$\sin(-\theta)=-\sin\theta$ $\quad \cos(-\theta)=\cos\theta$ $\quad \tan(-\theta)=-\tan\theta$

$\sin\left(\frac{\pi}{2}-\theta\right)=\cos\theta$ $\cos\left(\frac{\pi}{2}-\theta\right)=\sin\theta$ $\tan\left(\frac{\pi}{2}-\theta\right)=\cot\theta$

$\sin(\pi-\theta)=\sin\theta$ $\cos(\pi-\theta)=-\cos\theta$ $\tan(\pi-\theta)=-\tan\theta$

## 사인 법칙

$$\frac{\sin A}{a}=\frac{\sin B}{b}=\frac{\sin C}{c}$$

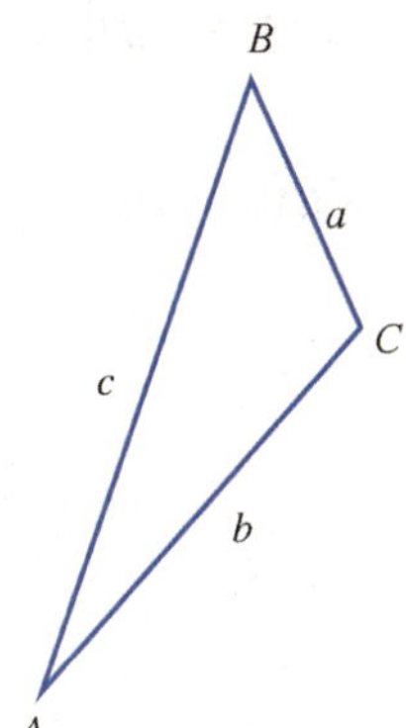


## 코사인 법칙

$$a^2=b^2+c^2-2bc\cos A$$

$$b^2=a^2+c^2-2ac\cos B$$

$$c^2=a^2+b^2-2ab\cos C$$

## 두 각의 합과 차에 관한 공식

$\sin(x\pm y)=\sin x\cos y\pm\cos x\sin y$ $\cos(x\pm y)=\cos x\cos y\mp\sin x\sin y$

$$\tan(x\pm y)=\frac{\tan x\pm\tan y}{1\mp\tan x\tan y}$$

## 배각 공식

$$\sin 2x=2\sin x\cos x$$

$$\cos 2x=\cos^2 x-\sin^2 x=2\cos^2 x-1=1-2\sin^2 x$$

$$\tan 2x=\frac{2\tan x}{1-\tan^2 x}$$

## 반각 공식

$\sin^2 x=\frac{1-\cos 2x}{2}$ $\cos^2 x=\frac{1+\cos 2x}{2}$ $\tan^2 x=\frac{1-\cos 2x}{1+\cos 2x}$

## 합의 공식

$\sin x+\sin y=2\sin\frac{x+y}{2}\cos\frac{x-y}{2}$ $\sin x-\sin y=2\cos\frac{x+y}{2}\sin\frac{x-y}{2}$

$\cos+\cos y=2\cos\frac{x+y}{2}\cos\frac{x-y}{2}$ $\cos x-\cos y=-2\sin\frac{x+y}{2}\sin\frac{x-y}{2}$

### 곱의 공식

$$\sin x \sin y = -\frac{1}{2}[\cos(x+y)-\cos(x-y)]$$

$$\cos x \cos y = \frac{1}{2}[\cos(x+y)+\cos(x-y)]$$

$$\sin x \cos y = \frac{1}{2}[\sin(x+y)+\sin(x-y)]$$

## 쌍곡선 함수

$$\cosh x = \frac{e^x+e^{-x}}{2}, \qquad \sinh x = \frac{e^x-e^{-x}}{2}, \qquad \tanh x = \frac{\sinh x}{\cosh x} = \frac{e^x-e^{-x}}{e^x+e^{-x}}$$

$$\coth x = \frac{\cosh x}{\sinh x}, \qquad \operatorname{sech} x = \frac{1}{\cosh x}, \qquad \operatorname{csch} x = \frac{1}{\sinh x}$$

$$\sinh 2x = 2\sinh x \cosh x, \qquad \cosh 2x = \cosh^2 x + \sinh^2 x$$

$$\cosh^2 x = \frac{\cosh 2x + 1}{2}, \qquad \sinh^2 x = \frac{\cosh 2x - 1}{2}$$

$$\cosh^2 x - \sinh^2 x = 1, \qquad \tanh^2 x = 1 - \operatorname{sech}^2 x, \qquad \coth^2 x = 1 + \operatorname{csch}^2 x$$

# 기본 미분공식

01 $\frac{d}{dx}(u+v)=\frac{du}{dx}+\frac{dv}{dx}$

02 $\frac{d}{dx}(cu)=\frac{du}{dx}$

03 $\frac{dc}{dx}=0$, $c$는 상수

04 $\frac{d}{dx}(uv)=u\frac{dv}{dx}+v\frac{du}{dx}$

05 $\frac{d}{dx}\left(\frac{u}{v}\right)=\frac{v\frac{du}{dx}-u\frac{dv}{dx}}{v^2}$

06 $\frac{dy}{dx}=\frac{dy}{du}\cdot\frac{du}{dx}$

07 $\frac{dy}{dx}=\frac{dy}{du}/\frac{dx}{du}$

08 $\frac{dy}{dx}=1/\frac{dx}{dy}$

09 $\frac{d}{dx}x^n=nx^{n-1}$

10 $\frac{d}{dx}\sin x=\cos x$

11 $\frac{d}{dx}\cos x=-\sin x$

12 $\frac{d}{dx}\tan x=\sec^2 x$

13 $\frac{d}{dx}\cot x=-\csc^2 x$

14 $\frac{d}{dx}\sec x=\sec x\tan x$

15 $\frac{d}{dx}\csc x=-\csc x\cot x$

16 $\frac{d}{dx}\sin^{-1}x=\frac{1}{\sqrt{1-x^2}}$, $|x|<1$

17 $\frac{d}{dx}\cos^{-1}x=-\frac{1}{\sqrt{1-x^2}}$, $|x|<1$

18 $\frac{d}{dx}\tan^{-1}x=\frac{1}{1+x^2}$

19 $\frac{d}{dx}\cot^{-1}x=-\frac{1}{1+x^2}$

20 $\frac{d}{dx}\sec^{-1}x=\frac{1}{|x|\sqrt{x^2-1}}$, $|x|>1$

21 $\frac{d}{dx}\csc^{-1}x=-\frac{1}{|x|\sqrt{x^2-1}}$, $|x|>1$

22 $\frac{d}{dx}\log_a x=\frac{1}{x\ln a}$

23 $\frac{d}{dx}\ln x=\frac{1}{x}$

24 $\frac{d}{dx}a^x=a^x\log a$

25 $\frac{d}{dx}e^x=e^x$

# 기본 적분공식

01 $\int dx = x + C$

02 $\int k dx = kx + C$ ($k$는 상수)

03 $\int [f_1(x) \pm f_2(x) \pm \cdots \pm f_n(x)] dx = \int f_1(x) dx \pm \int f_2(x) dx \pm \cdots \pm \int f_n(x) dx$

04 $\int (du + dv) = \int du + \int dv$

05 $\int u\, dv = uv - \int v\, du$

06 $\int x^n dx = \frac{x^{n+1}}{n+1} + C \quad (n \neq -1)$

07 $\int \frac{dx}{x} = \ln|x| + C$

08 $\int \sin x dx = -\cos x + C$

09 $\int \cos x dx = \sin x + C$

10 $\int \tan x dx = -\ln|\cos x| + C = \ln|\sec x| + C$

11 $\int \cot x\, dx = \ln|\sin x| + C = -\ln|\csc x| + C$

12 $\int \sec^2 x dx = \tan x + C$

13 $\int \csc^2 x dx = -\cot x + C$

14 $\int \sec x \tan x dx = \sec x + C$

15 $\int \csc x \cot x\, dx = -\csc x + C$

16 $\int e^x dx = e^x + C$

17 $\int a^x dx = \frac{a^x}{\ln a} + C$, $(a > 0,\ a \neq 1)$

18 $\int \frac{dx}{\sqrt{a^2 - x^2}} = \sin^{-1}\left(\frac{x}{a}\right) + C$

19 $\int \frac{dx}{a^2 + x^2} = \frac{1}{a}\tan^{-1}\left(\frac{x}{a}\right) + C$

20 $\int \frac{dx}{x\sqrt{x^2 - a^2}} = \frac{1}{a}\sec^{-1}\left|\frac{x}{a}\right| + C$

# 적 분 표

001 $\int (ax+b)^n\,dx = \frac{(ax+b)^{n+1}}{a(n+1)} + C,\ n \neq -1$

002 $\int (ax+b)^{-1}\,dx = \frac{1}{a}\ln|ax+b| + C$

003 $\int x(ax+b)^n\,dx = \frac{(ax+b)^{n+1}}{a^2}\left[\frac{ax+b}{n+2} - \frac{b}{n+1}\right] + C,\ n \neq -1, -2$

004 $\int x(ax+b)^{-1}\,dx = \frac{x}{a} - \frac{b}{a^2}\ln|ax+b| + C$

005 $\int x(ax+b)^{-2}\,dx = \frac{1}{a^2}\left[\ln|ax+b| + \frac{b}{ax+b}\right] + C$

006 $\int \frac{dx}{x(ax+b)} = \frac{1}{b}\ln\left|\frac{x}{ax+b}\right| + C$

007 $\int (\sqrt{ax+b})^n\,dx = \frac{2}{a}\frac{(\sqrt{ax+b})^{n+2}}{n+2} + C,\ n \neq -2$

008 $\int \frac{\sqrt{ax+b}}{x}\,dx = 2\sqrt{ax+b} + b\int \frac{dx}{x\sqrt{ax+b}}$

009 (1) $\int \frac{dx}{x\sqrt{ax+b}} = \frac{2}{\sqrt{-b}}\tan^{-1}\sqrt{\frac{ax+b}{-b}} + C,\ b < 0$

(2) $\int \frac{dx}{x\sqrt{ax+b}} = \frac{1}{\sqrt{b}}\ln\left|\frac{\sqrt{ax+b}-\sqrt{b}}{\sqrt{ax+b}+\sqrt{b}}\right| + C,\ b > 0$

010 $\int \frac{\sqrt{ax+b}}{x^2}\,dx = -\frac{\sqrt{ax+b}}{x} + \frac{a}{2}\int \frac{dx}{x\sqrt{ax+b}} + C$

011 $\int \frac{dx}{x^2\sqrt{ax+b}} = -\frac{\sqrt{ax+b}}{bx} - \frac{a}{2b}\int \frac{dx}{x\sqrt{ax+b}} + C$

012 $\int \frac{dx}{a^2+x^2} = \frac{1}{a}\tan^{-1}\frac{x}{a} + C$

013 $\int \frac{dx}{(a^2+x^2)^2} = \frac{x}{2a^2(a^2+x^2)} + \frac{1}{2a^3}\tan^{-1}\frac{x}{a} + C$

014 $\int \frac{dx}{a^2-x^2} = \frac{1}{2a}\ln\left|\frac{x+a}{x-a}\right| + C$

015 $\int \frac{dx}{(a^2-x^2)^2} = \frac{x}{2a^2(a^2-x^2)} + \frac{1}{2a^2}\int \frac{dx}{a^2-x^2}$

016 $\int \frac{dx}{\sqrt{a^2+x^2}} = \sinh^{-1}\frac{x}{a} + C = \ln\left(x+\sqrt{a^2+x^2}\right) + C$

017 $\int \sqrt{a^2+x^2}\,dx = \frac{x}{2}\sqrt{a^2+x^2} + \frac{a^2}{2}\ln\left(x+\sqrt{a^2+x^2}\right) + C$

018 $\int x^2\sqrt{a^2+x^2}\,dx = \frac{x}{8}(a^2+2x^2)\sqrt{a^2+x^2} - \frac{a^4}{8}\ln\left(x+\sqrt{a^2+x^2}\right) + C$

019 $\int \frac{\sqrt{a^2+x^2}}{x}\,dx = \sqrt{a^2+x^2} - a\ln\left|\frac{a+\sqrt{a^2+x^2}}{x}\right| + C$

020 $\int \frac{\sqrt{a^2+x^2}}{x^2}\,dx = \ln\left(x+\sqrt{a^2+x^2}\right) - \frac{\sqrt{a^2+x^2}}{x} + C$

021 $\int \frac{x^2}{\sqrt{a^2+x^2}}\,dx = -\frac{a^2}{2}\ln\left(x+\sqrt{a^2+x^2}\right) + \frac{x\sqrt{a^2+x^2}}{2} + C$

022 $\int \frac{dx}{x\sqrt{a^2+x^2}} = -\frac{1}{a}\ln\left|\frac{a+\sqrt{a^2+x^2}}{x}\right| + C$

023 $\int \frac{dx}{x^2\sqrt{a^2+x^2}} = -\frac{\sqrt{a^2+x^2}}{a^2x} + C$

024 $\int \frac{dx}{\sqrt{a^2-x^2}} = \sin^{-1}\frac{x}{a} + C$

025 $\int \sqrt{a^2-x^2}\,dx = \frac{x}{2}\sqrt{a^2-x^2} + \frac{a^2}{2}\sin^{-1}\frac{x}{a} + C$

026 $\int x^2\sqrt{a^2-x^2}\,dx = \frac{a^4}{8}\sin^{-1}\frac{x}{a} - \frac{1}{8}x\sqrt{a^2-x^2}\,(a^2-2x^2) + C$

027 $\int \frac{\sqrt{a^2-x^2}}{x}\,dx = \sqrt{a^2-x^2} - a\ln\left|\frac{a+\sqrt{a^2-x^2}}{x}\right| + C$

028 $\int \frac{\sqrt{a^2-x^2}}{x^2}\,dx = -\sin^{-1}\frac{x}{a} - \frac{\sqrt{a^2-x^2}}{x} + C$

029 $\int \frac{x^2}{\sqrt{a^2-x^2}}\,dx = \frac{a^2}{2}\sin^{-1}\frac{x}{a} - \frac{1}{2}x\sqrt{a^2-x^2} + C$

030 $\int \frac{dx}{x\sqrt{a^2-x^2}} = -\frac{1}{a}\ln\left|\frac{a+\sqrt{a^2-x^2}}{x}\right| + C$

031 $\int \frac{dx}{x^2\sqrt{a^2-x^2}} = -\frac{\sqrt{a^2-x^2}}{a^2x} + C$

032 $\int \frac{dx}{\sqrt{x^2-a^2}} = \cosh^{-1}\frac{x}{a} + C = \ln\left|x+\sqrt{x^2-a^2}\right| + C$

033 $\int \sqrt{x^2-a^2}\,dx = \frac{x}{2}\sqrt{x^2-a^2} - \frac{a^2}{2}\ln\left|x+\sqrt{x^2-a^2}\right| + C$

034 $\int \left(\sqrt{x^2-a^2}\right)^n dx = \frac{x\left(\sqrt{x^2-a^2}\right)^n}{n+1} - \frac{na^2}{n+1}\int \left(\sqrt{x^2-a^2}\right)^{n-2} dx\,,\ n \neq -1$

035 $\int \frac{dx}{\left(\sqrt{x^2-a^2}\right)^n} = \frac{x\left(\sqrt{x^2-a^2}\right)^{2-n}}{(2-n)a^2} - \frac{n-3}{(n-2)a^2}\int \frac{dx}{\left(\sqrt{x^2-a^2}\right)^{n-2}}\,,\ n \neq 2$

036 $\int x\left(\sqrt{x^2-a^2}\right)^n dx = \frac{\left(\sqrt{x^2-a^2}\right)^{n+2}}{n+2} + C,\ n \neq -2$

037 $\int x^2\sqrt{x^2-a^2}\,dx = \frac{x}{8}(2x^2-a^2)\sqrt{x^2-a^2} - \frac{a^4}{8}\ln\left|x+\sqrt{x^2-a^2}\right| + C$

038 $\int \frac{\sqrt{x^2-a^2}}{x}\,dx = \sqrt{x^2-a^2} - a\sec^{-1}\left|\frac{x}{a}\right| + C$

039 $\int \frac{\sqrt{x^2-a^2}}{x^2}\,dx = \ln\left|x+\sqrt{x^2-a^2}\right| - \frac{\sqrt{x^2-a^2}}{x} + C$

040 $\int \frac{x^2}{\sqrt{x^2-a^2}}\,dx = \frac{a^2}{2}\ln\left|x+\sqrt{x^2-a^2}\right| + \frac{x}{2}\sqrt{x^2-a^2} + C$

041 $\int \frac{dx}{x\sqrt{x^2-a^2}}\,dx = \frac{1}{a}\sec^{-1}\left|\frac{x}{a}\right| + C = \frac{1}{a}\cos^{-1}\left|\frac{a}{x}\right| + C$

042 $\int \frac{dx}{x^2\sqrt{x^2-a^2}} = \frac{\sqrt{x^2-a^2}}{a^2x} + C$

043 $\int \frac{dx}{\sqrt{2ax-x^2}} = \sin^{-1}\left(\frac{x-a}{a}\right) + C$

044 $\int \sqrt{2ax-x^2}\,dx = \frac{x-a}{2}\sqrt{2ax-x^2} + \frac{a^2}{2}\sin^{-1}\left(\frac{x-a}{a}\right) + C$

045 $\int \left(\sqrt{2ax-x^2}\right)^n dx = \frac{(x-a)\left(\sqrt{2ax-x^2}\right)^n}{n+1} + \frac{na^2}{n+1}\int \left(\sqrt{2ax-x^2}\right)^{n-2} dx$

046 $\int \frac{dx}{\left(\sqrt{2ax-x^2}\right)^n} = \frac{(x-a)\left(\sqrt{2ax-x^2}\right)^{2-n}}{(n-2)a^2} + \frac{(n-3)}{(n-2)a^2}\int \frac{dx}{\left(\sqrt{2ax-x^2}\right)^{n-2}}$

047 $\int x\sqrt{2ax-x^2}\,dx = \frac{(x+a)(2x-3a)\sqrt{2ax-x^2}}{6} + \frac{a^3}{2}\sin^{-1}\left(\frac{x-a}{a}\right) + C$

048 $\int \frac{\sqrt{2ax-x^2}}{x}\,dx = \sqrt{2ax-x^2} + a\sin^{-1}\left(\frac{x-a}{a}\right) + C$

**049** $$\int \frac{\sqrt{2ax-x^2}}{x^2}dx = -2\sqrt{\frac{2a-x}{x}} - \sin^{-1}\left(\frac{x-a}{a}\right) + C$$

**050** $$\int \frac{x\,dx}{\sqrt{2ax-x^2}} = a\sin^{-1}\left(\frac{x-a}{a}\right) - \sqrt{2ax-x^2} + C$$

**051** $$\int \frac{dx}{x\sqrt{2ax-x^2}} = -\frac{1}{a}\sqrt{\frac{2a-x}{x}} + C$$

**052** $$\int \sin ax\,dx = -\frac{1}{a}\cos ax + C$$

**053** $$\int \cos ax\,dx = \frac{1}{a}\sin ax + C$$

**054** $$\int \sin^2 ax\,dx = \frac{x}{2} - \frac{\sin 2ax}{4a} + C$$

**055** $$\int \cos^2 ax\,dx = \frac{x}{2} + \frac{\sin 2ax}{4a} + C$$

**056** $$\int \sin^n ax\,dx = -\frac{\sin^{n-1}ax\cos ax}{na} + \frac{n-1}{n}\int \sin^{n-2}ax\,dx$$

**057** $$\int \cos^n ax\,dx = \frac{\cos^{n-1}ax\sin ax}{na} + \frac{n-1}{n}\int \cos^{n-2}ax\,dx$$

**058** (1) $$\int \sin ax\cos bx\,dx = -\frac{\cos(a+b)x}{2(a+b)} - \frac{\cos(a-b)x}{2(a-b)} + C,\ a^2 \neq b^2$$

(2) $$\int \sin ax\sin bx\,dx = \frac{\sin(a-b)x}{2(a-b)} - \frac{\sin(a+b)x}{2(a+b)} + C,\ a^2 \neq b^2$$

(3) $$\int \cos ax\cos bx\,dx = \frac{\sin(a-b)x}{2(a-b)} + \frac{\sin(a+b)x}{2(a+b)} + C,\ a^2 \neq b^2$$

**059** $$\int \sin ax\cos ax\,dx = -\frac{\cos 2ax}{4a} + C$$

**060** $$\int \sin^n ax\cos ax\,dx = \frac{\sin^{n+1}ax}{(n+1)a} + C,\ n \neq -1$$

**061** $$\int \frac{\cos ax}{\sin ax}dx = \frac{1}{a}\ln|\sin ax| + C$$

**062** $$\int \cos^n ax\sin ax\,dx = -\frac{\cos^{n+1}ax}{(n+1)a} + C,\ n \neq -1$$

**063** $$\int \frac{\sin ax}{\cos ax}dx = -\frac{1}{a}\ln|\cos ax| + C$$

**064** $$\int \sin^n ax\cos^m ax\,dx = -\frac{\sin^{n-1}ax\cos^{m+1}ax}{a(m+n)} + \frac{n-1}{m+n}\int \sin^{n-2}ax\cos^m ax\,dx,\ n \neq -m$$

($n = -m$ 이면 식 **082**)

065 $\int \sin^n ax \cos^m ax\, dx = \frac{\sin^{n+1} ax \cos^{m-1} ax}{a(m+n)} + \frac{m-1}{m+n}\int \sin^n ax \cos^{m-2} ax dx$ , $n \neq -m$

($n = -m$ 이면 식 083)

066 $\int \frac{dx}{b + c\sin ax} = -\frac{2}{a\sqrt{b^2 - c^2}}\tan^{-1}\left[\sqrt{\frac{b-c}{b+c}}\tan\left(\frac{\pi}{4} - \frac{ax}{2}\right)\right] + C,\ b^2 > c^2$

067 $\frac{dx}{b + c\sin ax} = -\frac{1}{a\sqrt{c^2 - b^2}}\ln\left|\frac{c + b\sin ax + \sqrt{c^2 - b^2}\cos ax}{b + c\sin ax}\right| + C,\ b^2 < c^2$

068 $\int \frac{dx}{1 + \sin ax} = -\frac{1}{a}\tan\left(\frac{\pi}{4} - \frac{ax}{2}\right) + C$

069 $\int \frac{dx}{1 - \sin ax} = \frac{1}{a}\tan\left(\frac{\pi}{4} + \frac{ax}{2}\right) + C$

070 $\int \frac{dx}{b + c\cos ax} = \frac{2}{a\sqrt{b^2 - c^2}}\tan^{-1}\left[\sqrt{\frac{b-c}{b+c}}\tan\frac{ax}{2}\right] + C,\ b^2 > c^2$

071 $\int \frac{dx}{b + c\cos ax} = \frac{1}{a\sqrt{c^2 - b^2}}\ln\left|\frac{c + b\cos ax + \sqrt{c^2 - b^2}\sin ax}{b + c\cos ax}\right| + C,\ b^2 < c^2$

072 $\int \frac{dx}{1 + \cos ax} = \frac{1}{a}\tan\frac{ax}{2} + C$

073 $\int \frac{dx}{1 - \cos ax} = -\frac{1}{a}\cot\frac{ax}{2} + C$

074 $\int x\sin ax\, dx = \frac{1}{a^2}\sin ax - \frac{x}{a}\cos ax + C$

075 $\int x\cos ax\, dx = \frac{1}{a^2}\cos ax + \frac{x}{a}\sin ax + C$

076 $\int x^n \sin ax\, dx = -\frac{x^n}{a}\cos ax + \frac{n}{a}\int x^{n-1}\cos ax\, dx$

077 $\int x^n \cos ax\, dx = \frac{x^n}{a}\sin ax - \frac{n}{a}\int x^{n-1}\sin ax\, dx$

078 $\int \tan ax dx = \frac{1}{a}\ln|\sec ax| + C$

079 $\int \cot ax\, dx = \frac{1}{a}\ln|\sin ax| + C$

080 $\int \tan^2 ax\, dx = \frac{1}{a}\tan ax - x + C$

081 $\int \cot^2 ax\, dx = -\frac{1}{a}\cot ax - x + C$

082 $\int \tan^n ax\,dx = \frac{\tan^{n-1} ax}{a(n-1)} - \int \tan^{n-2} ax\,dx\,,\ n \neq 1$

083 $\int \cot^n ax\,dx = -\frac{\cot^{n-1} ax}{a(n-1)} - \int \cot^{n-2} ax\,dx\,,\ n \neq 1$

084 $\int \sec ax\,dx = \frac{1}{a}\ln|\sec ax + \tan ax| + C$

085 $\int \csc ax\,dx = -\frac{1}{a}\ln|\csc ax + \cot ax| + C$

086 $\int \sec^2 ax\,dx = \frac{1}{a}\tan ax + C$

087 $\int \csc^2 ax\,dx = -\frac{1}{a}\cot ax + C$

088 $\int \sec^n ax\,dx = \frac{\sec^{n-2} ax \tan ax}{a(n-1)} + \frac{n-2}{n-1}\int \sec^{n-2} ax\,dx\,,\ n \neq 1$

089 $\int \csc^n ax\,dx = -\frac{\csc^{n-2} ax \cot ax}{a(n-1)} + \frac{n-2}{n-1}\int \csc^{n-2} ax\,dx\,,\ n \neq 1$

090 $\int \sec^n ax \tan ax\,dx = \frac{\sec^n ax}{na} + C,\ n \neq 0$

091 $\int \csc^n ax \cot ax\,dx = -\frac{\csc^n ax}{na} + C,\ n \neq 0$

092 $\int \sin^{-1} ax\,dx = x\sin^{-1} ax + \frac{1}{a}\sqrt{1-a^2x^2} + C$

093 $\int \cos^{-1} ax\,dx = x\cos^{-1} ax - \frac{1}{a}\sqrt{1-a^2x^2} + C$

094 $\int \tan^{-1} ax\,dx = x\tan^{-1} ax - \frac{1}{2a}\ln(1+a^2x^2) + C$

095 $\int x^n \sin^{-1} ax\,dx = \frac{x^{n+1}}{n+1}\sin^{-1} ax - \frac{a}{n+1}\int \frac{x^{n+1}dx}{\sqrt{1-a^2x^2}}\,,\ n \neq -1$

096 $\int x^n \cos^{-1} ax\,dx = \frac{x^{n+1}}{n+1}\cos^{-1} ax + \frac{a}{n+1}\int \frac{x^{n+1}dx}{\sqrt{1-a^2x^2}}\,,\ n \neq -1$

097 $\int x^n \tan^{-1} ax\,dx = \frac{x^{n+1}}{n+1}\tan^{-1} ax - \frac{a}{n+1}\int \frac{x^{n+1}dx}{1+a^2x^2}\,,\ n \neq -1$

098 $\int e^{ax}\,dx = \frac{1}{a}e^{ax} + C$

099 $\int b^{ax}\,dx = \frac{1}{a}\frac{b^{ax}}{\ln b} + C,\ b > 0\,,\ b \neq 1$

100 $\int x e^{ax} dx = \frac{e^{ax}}{a^2}(ax-1) + C$

101 $\int x^n e^{ax} dx = \frac{1}{a} x^n e^{ax} - \frac{n}{a} \int x^{n-1} e^{ax} dx$

102 $\int x^n b^{ax} dx = \frac{x^n b^{ax}}{a \ln b} - \frac{n}{a \ln b} \int x^{n-1} b^{ax} dx \,,\ b > 0 \,,\ b \neq 1$

103 $\int e^{ax} \sin bx \, dx = \frac{e^{ax}}{a^2 + b^2}(a \sin bx - b \cos bx) + C$

104 $\int e^{ax} \cos bx \, dx = \frac{e^{ax}}{a^2 + b^2}(a \cos bx + b \sin bx) + C$

105 $\int \ln ax \, dx = x \ln ax - x + C$

106 $\int x^n (\ln ax)^m dx = \frac{x^{n+1} (\ln ax)^m}{n+1} - \frac{m}{n+1} \int x^n (\ln ax)^{m-1} dx \,,\ n \neq -1$

107 $\int x^{-1} (\ln ax)^m dx = \frac{(\ln ax)^{m+1}}{m+1} + C,\ m \neq -1$

108 $\int \frac{dx}{x \ln ax} = \ln |\ln ax| + C$

109 $\int \sinh ax \, dx = \frac{1}{a} \cosh ax + C$

110 $\int \cosh ax \, dx = \frac{1}{a} \sinh ax + C$

111 $\int \sinh^2 ax \, dx = \frac{\sinh 2ax}{4a} - \frac{x}{2} + C$

112 $\int \cosh^2 ax \, dx = \frac{\sinh 2ax}{4a} + \frac{x}{2} + C$

113 $\int \sinh^n ax \, dx = \frac{\sinh^{n-1} ax \cosh ax}{na} - \frac{n-1}{n} \int \sinh^{n-2} ax \, dx \,,\ n \neq 0$

114 $\int \cosh^n ax \, dx = \frac{\cosh^{n-1} ax \sinh ax}{na} + \frac{n-1}{n} \int \cosh^{n-2} ax \, dx \,,\ n \neq 0$

115 $\int x \sinh ax \, dx = \frac{x}{a} \cosh ax - \frac{1}{a^2} \sinh ax + C$

116 $\int x \cosh ax \, dx = \frac{x}{a} \sinh ax - \frac{1}{a^2} \cosh ax + C$

117 $\int x^n \sinh ax \, dx = \frac{x^n}{a} \cosh ax - \frac{n}{a} \int x^{n-1} \cosh ax \, dx$

118 $\int x^n \cosh ax\, dx = \frac{x^n}{a}\sinh ax - \frac{n}{a}\int x^{n-1}\sinh ax\, dx$

119 $\int \tanh ax\, dx = \frac{1}{a}\ln|\cosh ax| + C$

120 $\int \coth ax\, dx = \frac{1}{a}\ln|\sinh ax| + C$

121 $\int \tanh^2 ax\, dx = x - \frac{1}{a}\tanh ax + C$

122 $\int \coth^2 ax\, dx = x - \frac{1}{a}\coth ax + C$

123 $\int \tanh^n ax\, dx = -\frac{\tanh^{n-1} ax}{(n-1)a} + \int \tanh^{n-2} ax\, dx\,,\ n \neq 1$

124 $\int \coth^n ax\, dx = -\frac{\coth^{n-1} ax}{(n-1)a} + \int \coth^{n-2} ax\, dx\,,\ n \neq 1$

125 $\int \operatorname{sech} ax\, dx = \frac{1}{a}\sin^{-1}(\tanh ax) + C$

126 $\int \operatorname{csch} ax\, dx = \frac{1}{a}\ln\left|\tanh\frac{ax}{2}\right| + C$

127 $\int \operatorname{sech}^2 ax\, dx = \frac{1}{a}\tanh ax + C$

128 $\int \operatorname{csch}^2 ax\, dx = -\frac{1}{a}\coth ax + C$

129 $\int \operatorname{sech}^n ax\, dx = \frac{\operatorname{sech}^{n-2} ax \tanh ax}{(n-1)a} + \frac{n-2}{n-1}\int \operatorname{sech}^{n-2} ax\, dx\,,\ n \neq 1$

130 $\int \operatorname{csch}^n ax\, dx = -\frac{\operatorname{csch}^{n-2} ax \coth ax}{(n-1)a} - \frac{n-2}{n-1}\int \operatorname{csch}^{n-2} ax\, dx\,,\ n \neq 1$

131 $\int \operatorname{sech}^n ax \tanh ax\, dx = -\frac{\operatorname{sech}^n ax}{na} + C,\ n \neq 0$

132 $\int \operatorname{csch}^n ax \coth ax\, dx = -\frac{\operatorname{csch}^n ax}{na} + C,\ n \neq 0$

133 $\int e^{ax}\sinh bx\, dx = \frac{e^{ax}}{2}\left[\frac{e^{bx}}{a+b} - \frac{e^{-bx}}{a-b}\right] + C,\ a^2 \neq b^2$

134 $\int e^{ax}\cosh bx\, dx = \frac{e^{ax}}{2}\left[\frac{e^{bx}}{a+b} + \frac{e^{-bx}}{a-b}\right] + C,\ a^2 \neq b^2$

135 $\int_0^\infty x^{n-1}e^{-x}\, dx = \Gamma(n) = (n-1)!\,,\ n = 1, 2, \cdots$

136 $\displaystyle\int_0^{\infty} e^{-ax^2}dx = \frac{1}{2}\sqrt{\frac{\pi}{a}}\ ,\ a > 0$

137 $$\int_0^{\pi/2} \sin^n x\,dx = \int_0^{\pi/2} \cos^n x\,dx = \begin{cases} \dfrac{1\cdot 3\cdot 5\cdot\ \cdots\ \cdot(n-1)}{2\cdot 4\cdot 6\cdot\ \cdots\ \cdot n}\dfrac{\pi}{2}, & n\text{은 2 이상인 짝수} \\ \dfrac{2\cdot 4\cdot 6\cdot\ \cdots\ \cdot(n-1)}{3\cdot 5\cdot\ \cdots\ \cdot n}, & n\text{은 3 이상인 홀수} \end{cases}$$

# 연습문제 해답

## [연습문제 1.1]

01 $v(r)=\frac{4}{3}\pi r^3$

02 $l=4a$

03 $s(r)=4\pi r^2$

04 $D=\{x\in R \mid x\neq 0\}$, $E=\{y\in R \mid y\neq 0\}$, $R$은 실수 집합

05 $D=\{x\in R \mid x\geq 0\}$, $E=\{y\in R \mid y\geq 0\}$

06 $D=\{x\in R \mid x\geq 0\}$, $E=\{y\in R \mid y\leq 0\}$

07 $D=$ 실수, $E=$ 정수

08 $D=$ 실수 $E=$ 정수

09 $f(x)=\frac{x}{1+3x}$, $g(x)=\sqrt[5]{x}$

10 $f(x)=\cos x$, $g(x)=\sqrt[3]{x}$

## [연습문제 1.2]

01 참: (1), (2), (4), (5), (6)

02 $\frac{3}{4}$

03 $\frac{4}{3}$

04 $\frac{3}{4}$

05 $-\frac{5}{4}$

06 (1) 존재하지 않음 (2) 0

(3) 존재하지 않음. $\lim_{x\to 0^+} f(x)$가 존재하지 않으므로

07 2

08 $\sqrt{3}$

09 3

10 $\frac{5}{4}$

11 $-2$

12 $\frac{1}{3}$

13 (1) $-10$ (2) $-20$ (3) $-1$ (4) $\frac{5}{7}$

14 $\frac{1}{2}$로 수렴

15 $-3$, $-3$

16 $\pi$, $\pi$

17 $\frac{2}{5}$, $\frac{2}{5}$

18 $\infty$, $-\infty$

19 7, 7

20 $-\frac{2}{3}$, $-\frac{2}{3}$

21 $\infty$

22 $\infty$

23 $\infty$

24 $-\infty$

25 $\infty$

26 $-\infty$

27 $\infty$

28 1

29 (1) $\infty$ (2) $-\infty$ (3) $-\infty$ (4) $\infty$

30 (1) $\frac{3}{8}$ (2) $\frac{3}{8}$ (3) $\infty$ (4) $-\infty$

31 $\pi$

32-34 여러 답이 가능하다.

35 $0 < \delta \leq 0.0399$인 임의의 수 $\delta$

36 $\frac{1}{3}$

## [연습문제 1.3]

01 1
02 1
03 1
04 $-1$
05 1
06 2
07 2
08 2
09 0
10 1
11 $\infty$
12 $-\infty$
13 2, 2
14 $\sin 1$
15 9
16 $\frac{1}{3}$

## [연습문제 1.4]

01 (1) 존재 (2) 존재 (3) 그렇다.

02 (1) 존재 (2) 존재 (3) 아니다.

03 정의되지 않고 불연속

04 (1) 0 (2) $f(2)=0$

05 연속

06 불연속

07 $-\infty < \theta < 0,\ 0 < \theta < \infty$

08 $x \neq \pm 1$인 모든 점에서 연속

09 $x = \cdots,\ -\frac{5}{2}\pi,\ -\frac{\pi}{2},\ \frac{3}{2}\pi,\ \frac{7}{2}\pi,\ \cdots$, 즉 $x = \frac{4n-1}{2}\pi\ (n = 0, \pm 1, \pm 2, \cdots)$에서 불연속이다.

## [연습문제 2.1]

01 $-1/16$

02 $1/3$

03 $1/2$

04 $-2/27$

05 (1) $(-6, -3), (-3, 6), (6, 8)$ (2) $x=6$ (3) $x=-3, -6$

06 (1) $(-2, 0), (0, 2), (2, 3)$ (2) $x=2$ (3) $x=-2, 0$

07 $f(x) = \tan x,\ c = \frac{\pi}{3}$

08 $f(t) = t^3 + t + a$($a$는 임의의 상수), $c = 2$

## [연습문제 2.2]

01 $\frac{dy}{dx} = -\frac{19}{(3x-2)^2}$

02 $\frac{dy}{dx} = \frac{-2x^2-2x-2}{(x^2-1)^2}$

03 $\frac{dy}{dx} = \frac{-4x^3-3x^2+1}{(x^2-1)^2(x^2+x+1)^2}$

04 $\frac{dy}{dx} = \frac{x^2-2x+1}{(x^2+x-2)^2} = \frac{1}{(x+2)^2}$

05 $\frac{dy}{dx} = \frac{-5}{\sqrt{x}(\sqrt{x}-4)^2}$

06 $\frac{dy}{dx} = \frac{\sqrt{x}-7}{(2\sqrt{x}-7)^2}$

07 $\frac{dy}{dx} = \frac{1}{\sqrt{x}(\sqrt{x}+1)^2}$

08 $\frac{dy}{dx} = \frac{1}{4\sqrt{x}}\left(5 - \frac{1}{x}\right)$

09 (1) 13 (2) −7 (3) 7/25 (4) 20

10 $y' = 2x - \frac{7}{x^2}$, $y'' = 2 + \frac{14}{x^3}$

11 $y' = \frac{3}{x^4}$, $y'' = -\frac{12}{x^5}$

12 $y = 4x$, $y = 2$

13 $\frac{dR}{dM} = CM - M^2$

## [연습문제 2.3]

01 $\frac{dy}{dx} = 3(\sec x + 1) + 3x(\tan x \sec x)$

02 $\frac{dy}{dx} = x\cos x$

03 $\frac{dy}{dx} = 4\sec x \tan x - \csc^2 x$

04 $\frac{dy}{dx} = \frac{-x\sin x - \cos x}{x^2} + \frac{\cos x + x\sin x}{\cos^2 x}$

05 $\frac{dr}{d\theta} = -(2\theta\sin\theta + \theta^2\cos\theta)$

06 $\frac{dr}{d\theta} = \cos\theta + \sec^2\theta$

07 예. $b = 1$

08 $a = -\frac{1}{2}$, $b = 1$

09 $\sin x$

10 (2) $f(x) = \frac{\frac{\cos x}{\sin x} + 1}{\frac{1}{\sin x}} = \cos x + \sin x$이므로 $f'(x) = -\sin x + \cos x$.

## [연습문제 2.4]

01 $\frac{5}{2}$

02 $-\frac{\pi}{4}$

03 0

04 (1) $\frac{2}{3}$ (2) $15 - 8\pi$ (3) $\frac{37}{6}$ (4) $\frac{\pi}{\sqrt{3}}$ (5) $\frac{5}{32}$ (6) $-\frac{5}{3\sqrt{17}}$

05 아니다.

06 서로 다른 부호이다.

07 $f'(x) = -\sin(\sin x)\cos x$

08 $y' = \frac{1 + \frac{1}{2\sqrt{x}}}{2\sqrt{x + \sqrt{x}}}$

## [연습문제 2.5]

01 $y' = \frac{dy}{dx} = -\frac{x^2}{y^2}$

02 $\frac{dy}{dx} = -\left(\frac{y}{x}\right)^{\frac{1}{3}}$

03 $\frac{dy}{dx} = \frac{1}{y+1}$

04 $\frac{dy}{dx} = \frac{2x^3 - 3x^2y + xy^2 - x}{x^3 - x^2y - y}$

05 $\frac{dy}{dx} = \frac{1 - \tan y}{1 + x\sec^2 y}$

06 (1, 1)에서 두 곡선의 접선의 기울기는 각각 $-\frac{2}{3}$와 $\frac{3}{2}$이다. 그러므로 두 접선은 직교한다. (1, −1)에서도 두 접선이 직교한다.

07 $\left(\frac{\sqrt{3}}{4}, \frac{\sqrt{3}}{2}\right)$에서 $-1$, $\left(\frac{\sqrt{3}}{4}, \frac{1}{2}\right)$에서 $\sqrt{3}$

08 $\frac{dy}{dx} = \frac{5}{4}(5x)^{-3/4}$

09 $\frac{dy}{dx} = \frac{8}{7}\pi \cos\pi x(\sin\pi x)^{1/7}$

10 $y' = (x^{-1/2}+1)^{-1/3} - \frac{x}{3}(x^{-1/2}+1)^{-4/3}\left(-\frac{1}{2}x^{-3/2}\right)$

11 (1) $y = \frac{7}{4}x - \frac{1}{2}$ (2) $y = -\frac{4}{7}x + \frac{29}{7}$

12 (1) $y = -\frac{\pi}{2}x + \pi$ (2) $y = \frac{2}{\pi}x + \frac{\pi}{2} - \frac{2}{\pi}$

13 $\frac{d^2y}{dx^2} = \frac{2x}{y} - \frac{x^4}{y^3}$

14 $y' = -\frac{y}{x}$

15 $y' = \frac{(\sin y - 1)\sin x}{(\cos x - 1)\cos y}$

## [연습문제 3.1]

01 (1) 이동거리 : 80 m, 평균속도 : 8 m/sec

(2) 속도 : $v(0) = 0$ m/sec, $v(10) = 16$ m/sec, 가속도 : 1.6 m/sec$^2$

02 (1) 이동거리 : 0.465 , 평균속도 : 0.93

(2) 속도 : $v(0) = 0$, $v(0.5) = 1.86$ 가속도 : $a = \frac{dv}{dt} = 3.72$

03 화성: $t = 4.46$초 목성: $t = 0.726$초

04 (1) $\frac{dy}{dt} = \frac{t}{12} - 1$

(2) $t = 0$일 때 가장 빨리 낙하, $\frac{dy}{dt} = -1$

$t = 12$일 때 정지, $\frac{dy}{dt} = 0$

05 (1) $\frac{dV}{dt} = \pi r^2 \frac{dh}{dt}$ (2) $\frac{dV}{dt} = 2\pi rh\frac{dr}{dt}$ (3) $\frac{dV}{dt} = 2\pi rh\frac{dr}{dt} + \pi r^2\frac{dh}{dt}$

06 $\frac{dP}{dt} = -\frac{P^2}{k}\frac{dV}{dt}$

07 (1) $-8/5\pi$ (cm/min) (2) $10/9\pi$ (cm/min)

08 4%/min 증가

09 (1) 0.0098 (m/sec), ($v = 972\pi$에서 $r^3 = 729$, $r = 9$를 사용, $\frac{dv}{dt} = 4\pi r^2 \frac{dr}{dt} = 10$)

(2) $\frac{20}{9}$(m$^2$/sec)

10 11 (m/sec)

## [연습문제 3.2]

01 최대값 $f(2\sqrt{2}) = 3 + 2\sqrt{2}$, 최소값 $f(0) = 0$

02 최대값 $f(0) = 1$, 최소값 $f(\pm 1) = 0$

**03** 최대값 $f\left(\frac{1}{\sqrt{2}}\right)=\frac{1}{2}$, 최소값 $f\left(-\frac{1}{\sqrt{2}}\right)=-\frac{1}{2}$

**04** (1) $-2, 1$ (2) 증가: $(-2, 1)$과 $(1, \infty)$, 감소: $(-\infty, -2)$

(3) 극대점 없으며 극소점 $x=-2$

**05** (1) $-2, 1$ (2) $x \neq -2, 1$인 모든 곳에서 증가

(3) 극대, 극소점은 없다.

**06** (1) $-5, -1, 7$ (2) 증가: $(-5, -1)$과 $(7, \infty)$, 감소: $(-\infty, -5)$와 $(-1, 7)$

(3) 극대점 $x=-1$, 극소점 $x=-5, 7$

**07** (1) $-2, 0$ (2) 증가: $(-\infty, -2)$와 $(0, \infty)$, 감소 : $(-2, 0)$

(3) 극대점 $x=-2$, 극소점 $x=0$

**08** 생략

**09** 증가

**10** 최대값 $f(1)=\frac{1}{2}$, 최소값 $f(-1)=-\frac{1}{2}$

**11** 최대면적 $A=2r^2$

**12** 최대값: $\frac{3}{2}$, 최소값: 1

**13** $f\left(\frac{a}{a+b}\right)=\frac{a^a b^b}{(a+b)^{a+b}}$

## [연습문제 3.3]

**01**

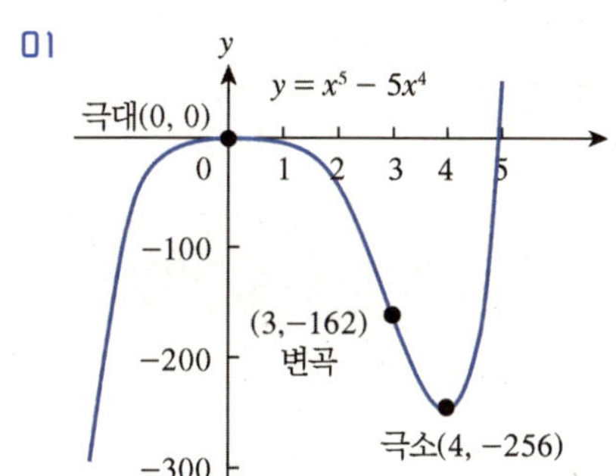


**02**

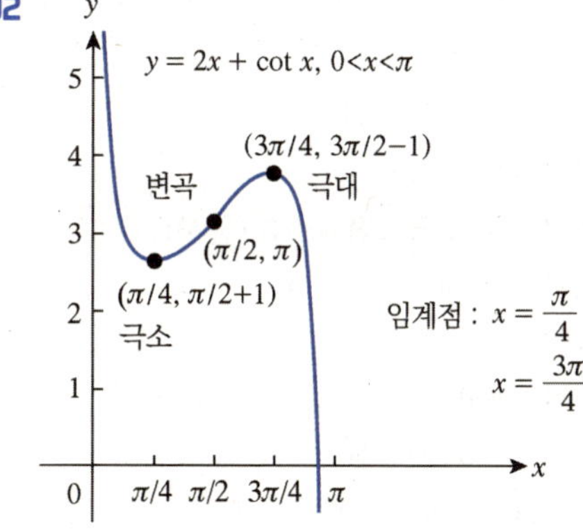


**03**

$y = 2x - 3x^{2/3}$
극대
(첨점)
(1, −1)
극소
임계점 : $x = 0, x = 1$
변곡점 없음

**04**

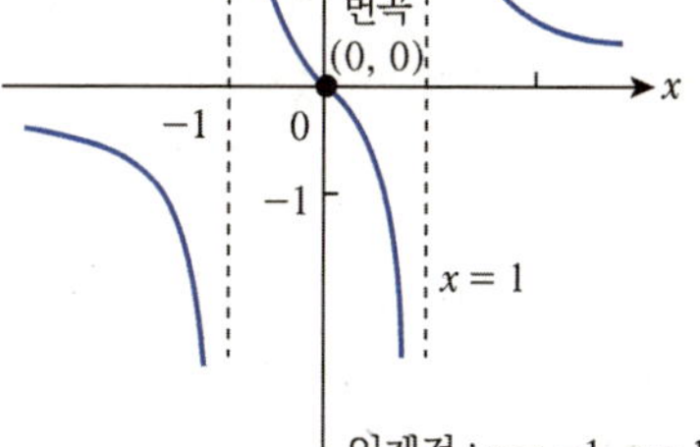

05

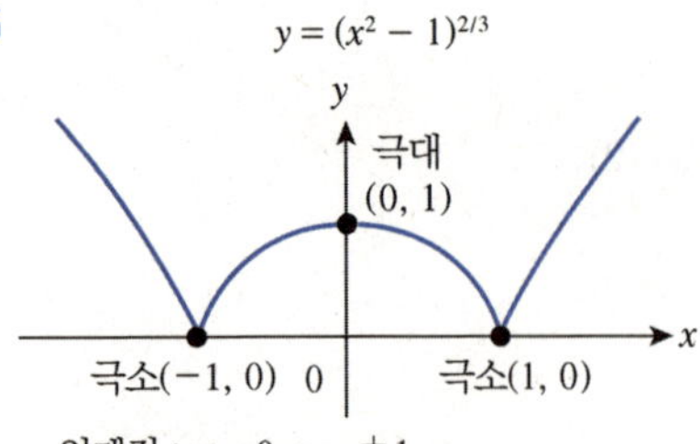


06

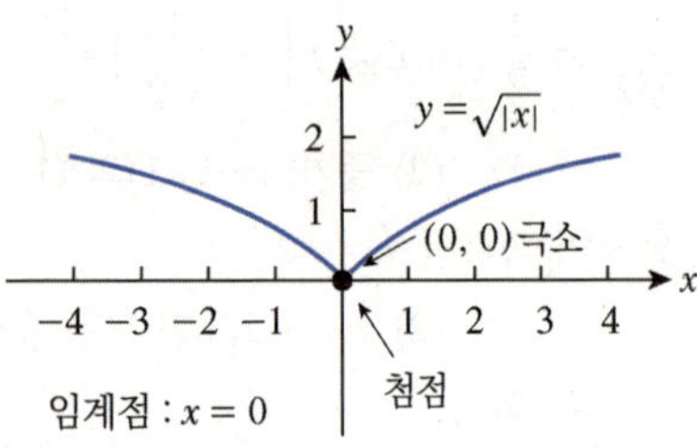


07 변곡점 $x=-2$, $x=0$, 극소점 $x=1$. 아래로 볼록: $(-\infty, -2)$, $(0, \infty)$ 위로 볼록: $(-2, 0)$

08 변곡점 $x=5$, $x=2\pm\sqrt{\frac{3}{2}}$, 극대점 $x=0$, 극소점 $x=2$

아래로 볼록: $\left(2-\sqrt{\frac{3}{2}}, 2+\sqrt{\frac{3}{2}}\right)$, $(5, \infty)$, 위로 볼록: $\left(-\infty, 2-\sqrt{\frac{3}{2}}\right)$, $\left(2+\sqrt{\frac{3}{2}}, 5\right)$

09 변곡점 $x=1,3$, 극소점 $x=0$. 아래로 볼록: $(-\infty, 1)$, $(3, \infty)$, 위로 볼록: $(1, 3)$

10 변곡점 없음, 극소점 $x=0$. 전 구간에서 아래로 볼록

11 (1) 원점에서 멀어지는 구간: $0<t<2$, $6<t<9.5$

가까워지는 구간: $2<t<6$, $9.5<t<15$

(2) 2, 6, 9.5 (3) 4, 7.5, 12.5

(4) 양의 값: $4<t<7.5$, $12.5<t<15$ 음의 값: $0<t<4$, $7.5<t<12.5$

12 (1) $x\le 1$에서 증가, $x\ge 1$에서 감소 (2) 극대점 $x=1$, 변곡점 없음

13 (1) 증가 [3, 6], 감소 [0, 3], [6, 8]

(2) 극점 $x=3$, 6 (근사)

(3) 극대점 $x=6$, 극소점 $x=3$ (근사)

(4) 아래로 볼록: [0, 1], [2, 4.6], [7.2, 8] 위로 볼록: [1, 2], [4.6, 7.2]

(5) 변곡점 $x=1$, 2, 4.6, 7.2

(6) 최대점 $x=0$

(7) 최대점 $x=3$, 최소점 $x=6$

14 바로 옆의 그래프끼리 연결하면 된다.

15 (1) $f$는 1에서 지역 최대값을 갖는다.

(2) $f$는 1에서 수평 접선(horizontal tangent)을 갖는다.

16

| $x$ | | 0 | | $\frac{1}{2}$ | | 1 | |
|---|---|---|---|---|---|---|---|
| $f(x)$ | − | 0 | − | 0 | + | 0 | + |
| 증가/감소 | 감소 | | 감소 | | 증가 | | 증가 |

$f'(x)=3x^2(x-1)^2(2x-1)$, $f''(x)=6x(x-1)(5x^2-5x+1)$

변곡점: 0, $\frac{5-\sqrt{5}}{10}$, $\frac{5+\sqrt{5}}{10}$, 1

| $x$ | | 0 | | $\frac{5-\sqrt{5}}{10}$ | | $\frac{5+\sqrt{5}}{10}$ | | 1 | |
|---|---|---|---|---|---|---|---|---|---|
| $f''(x)$ | + | 0 | − | 0 | + | 0 | − | 0 | + |
| 볼록성 | 아래로 볼록 | | 위로 볼록 | | 아래로 볼록 | | 위로 볼록 | | 아래로 볼록 |

## [연습문제 3.4]

01 $c=\frac{1}{2}$

02 $c=\frac{8}{27}$

03 $c=-\frac{1}{\sqrt{2}}$

04 $c=0$

05 평균값 정리로 증명하라.

06 평균값 정리로 증명하라.

07 $f(-2)>0, f(-1)<0, f'(x)<0$ 을 사용한다.

08 $f(1)<0, f(3)>0, f'(x)>0$ 을 사용한다.

09 $f(x)=\sin x$라 하자. 이 함수는 구간 $[a,b]$에서 평균값 정리의 가정을 만족한다. 따라서 $\frac{\sin b-\sin a}{b-a}=\cos c$인 $c$가 $(a,b)$ 안에 존재한다. 이제 $|\cos c|\le 1$을 사용한다.

10 $g(x)=f(x)-x$로 놓고 $g(0)$와 $g(1)$의 부호를 비교한 다음 중간값 정리를 사용한다.

11 만약 $f(0)=f(1)$이라면 평균값 정리에 의하여 $0=f(1)-f(0)=f'(c)$인 $c$가 $[0, 1]$ 사이에 존재한다. 그러나 도함수는 0이 아니라고 했으므로 모순이다.

12 평균값 정리를 이용하면 $f'(c)<0$인 $c$가 존재한다.

13 그렇다. 평균값 정리를 $[0,x]$에서 사용한다.

14. 1.1

15 없다.

16 $f(5)\le 19$

## [연습문제 3.5]

01 $L(x)=-\frac{1}{4}x+1$

02 $L(x)=\frac{1}{4}x+1$

03 $L(x)=-x+\pi$

04 근사값 0.97, 실제값 0.970299

05 근사값 3.01, 실제값 3.009967

06 근사값 0.995, 실제값 0.995037

07 (1) 1.01 (2) 1.003

08 1.1

09 $\triangle V=2\pi r_0hdr+\pi(dr)^2h,\ dV|_{r=r_0}=2\pi r_0hdr$

10 $\triangle S=2\pi rdh, dS=2\pi rdh$

11 $1/\pi$, 10

12 1%

13 $\Delta f=f(0.9)-f(1)=0.09,\ df=0.1$

14 $\Delta f=f(3)-f(2)=\frac{1}{3}-\frac{1}{2}=-\frac{1}{6}$,

$$df=f'(x)dx=\left(-\frac{1}{x^2}\right)dx=\left(-\frac{1}{4}\right)(1)=-\frac{1}{4}$$

## [연습문제 3.6]

01 $x_{n+1} = x_n - \frac{x_n^3 + 4x_n^2 - 10}{3x_n^2 + 8x_n} = \frac{2x_n^3 + 4x_n^2 + 10}{3x_n^2 + 8x_n}, n = 0,1,2, \cdots$

$x_1 = 1.45455, x_2 = 1.3689, x_3 = 1.36524, x_4 = 1.36523$

02 $x^2 - 3 = 0$에서 반복식 $x_{n+1} = \frac{x_n^2 + 3}{2x_n}$, $n = 0,1,2, \cdots$를 얻고 $x_0 = 1$로 놓고 계산하면

$x_1 = 2, x_2 = 1{,}75, x_3 = 1.7321429, x_4 = 1.732051, x_5 = 1.732051$. 즉 $\sqrt{3} \approx 1.732051$

03 $x^4 - 2 = 0$에서 반복식 $x_{n+1} = \frac{3x_n^4 + 2}{4x_n^3}$

$x_0 = -1$일 때: $x_1 = -1.25, x_2 = -1.1935, x_3 = -1.18923$. $-2^{1/4}$에 수렴한다.

$x_0 = 1$일 때: $x_1 = 1.25, x_2 = 1.1935, x_3 = 1.18923$. $2^{1/4}$에 수렴한다.

04 $x \approx 0.739085$

## [연습문제 4.1]

01 (1) 87 cm (2) 87 cm

02 (1) 24.43 (2) $V = 25.13$, 상대오차 : 2.8%

03 (1) 24.96 (2) 0.69%

04 (1) 0 (2) −8 (3) −12 (4) 10

05 $h(x) \geq 0$이면 $\int_a^b h(x)dx \geq 0$인 것과 $g(x) - f(x) = h(x) \geq 0$임을 이용한다.

06 $-|f(x)| \leq f(x) \leq |f(x)|$

$\therefore -\int_a^b |f(x)|dx \leq \int_a^b f(x)dx \leq \int_a^b |f(x)|dx$ (문제 05를 이용)

$\therefore \left|\int_a^b f(x)dx\right| \leq \int_a^b |f(x)|dx$

07 $\left[0, \frac{\pi}{3}\right]$에서 $0 \leq \sin\theta \leq \frac{\sqrt{3}}{2} \leq 1$과 문제 05를 이용하라.

08 $0 < t < \infty$에서 $\sqrt{3} \leq \sqrt{3 + e^{-t}} \leq 2$와 문제 05를 이용하라.

## [연습문제 4.2]

01 $\frac{1}{3}x^{\frac{3}{2}} + 4x^{\frac{1}{2}} + C$

02 $x^2 + \frac{2}{x} + C$

03 $\frac{10}{3}t^{\frac{3}{2}} - 14t^{-\frac{1}{2}} + C$

04 $-\frac{2}{\sin x} + 3\cos x + C$

05 $\tan x + x + C$

06 $\frac{2}{5}\sqrt{5x+8} + C$

07 $-\frac{1}{4}(\cot 2\theta)^2 + C$

08 $-\frac{3}{8}(1-t)^{\frac{4}{3}} + C$

09 $-\frac{3}{8}(1-\theta^2)^{\frac{4}{3}} + C$

10 $\frac{1}{2}(1+\sqrt{x})^4 + C$

11 $-2\cos\sqrt{x}+C$

12 $\frac{2}{3}(1-\cos x)^{\frac{3}{2}}+C$

13 $\frac{1}{3}\tan(3x+2)+C$

14 $\frac{1}{4}(2+\sin x)^4+C$

15 $4\sec u+C$

16 $\frac{1}{2}(s^3+2s^2-5s+5)^2+C$

17 $\frac{d}{dx}\left(\frac{1}{2}\tan^2 x+c\right)=\tan x\sec^2 x$이고, $\frac{d}{dx}\left(\frac{1}{2}\sec^2 x+c\right)=\sec x\sec x\tan x$이므로 두 적분값은 모두 정확하다. $\sec^2 x=1+\tan^2 x$이므로 두 원시함수는 단지 상수 차이만 난다는 것을 알 수 있다.

18 $\frac{-19/3}{2+\tan^3\theta}+C$

19 $x-1=u$, $\sin u=v$로 치환하면 $du=dx$, $\cos u\,du=dv$이므로

$$\begin{aligned}\text{적분} &= \int\sqrt{1+\sin^2 u}\,\sin u\cos u\,du\\ &= \int\sqrt{1+v^2}\,v\,dv \quad (w=1+v^2\text{으로 치환})\\ &= \int\sqrt{w}\,\frac{1}{2}dw=\frac{1}{3}w^{3/2}+C\\ &= \frac{1}{3}(1+\sin^2(x-1))^{3/2}+C\end{aligned}$$

## [연습문제 4.3]

01 $c=\sqrt{3}$

02 (1) $c=\pm\frac{1}{2}$ (2) $c=2$ (3) $c=\frac{5}{4}$

03 $c_1=1/2$, $c_2=1$

04 $c=7/6$

05 $\sqrt{1+x^2}$

06 $\frac{1}{x}$

07 $\frac{1}{2\sqrt{x}}\sin x$

08 $-\sqrt{\sin x}$

09 1

10 1

11 16/3

12 16

13 19/3

14 8/3

15 $-1-2\ln 2$

16 415/2

17 $-1$

18 $\sqrt{2}-2^{3/4}+1$

19 3

20 0

21 $f(x)=2x-2$

22 (1) $\frac{125}{6}$ (2) $h=\frac{25}{4}$, $b=5$ (3) $\frac{2}{3}bh=\frac{2}{3}\times5\times\frac{25}{4}=\frac{125}{6}$로 일치 (4) $\frac{2}{3}bh$

23 (1) 2 (2) 음 (3) $\frac{9}{2}$ (4) 6초 (5) 4, 7 (6) [6, 9]

24 $L(x)=-3x+5$

## [연습문제 5.1]

01-04 그래프(각자 그릴 것)

05 $3^{8/3}$

06 $6^{1/8}$

07 $y' = 2e^{-2x}$

08 $y' = (-2x-3)e^{-x^2-3x}$

09 $y' = (1+x)e^x - 1$

10 $y' = 6\sec^2 2\theta e^{\tan 2\theta}$

11 $y' = (2t-1)e^{1/t}$

12 $y' = \dfrac{e^x - 2}{(1-e^{-x})^2}$

13 $y' = \dfrac{2e^{2\theta}}{(1+e^{2\theta})^2}$

14 $y' = -xe^{-cx}$

15 $\dfrac{d}{dx}(5^x) = L \cdot 5^x$

16 1개($t = \ln 2$)

## [연습문제 5.2]

01 $-\infty < x < \infty$

02 $\dfrac{(2n-1)\pi}{2} < x < \dfrac{(2n+1)\pi}{2}$, $n = \cdots, -1, 0, 1, \cdots$

03 $-\infty < x < 0,\ 0 < x < \infty$

04 $-\infty < x < \infty$

05 $y = \sqrt{x-1}\quad (x \geq 1)$

06 $y = \sqrt[3]{x-1}$

07 $y = \sqrt{x} + 1$

08 $y = \sqrt{x} - 1$

09 $y = \log_2 x,\ (x > 0)$

10 $y = -\log_2 x,\ (x > 0)$

11 $y = \sqrt{\dfrac{x-1}{2}}$, $x \geq 1, y \geq 0$

12 $y = \left(\dfrac{x-1}{2}\right)^{1/3}$, $-\infty < x < \infty, -\infty < y < \infty$

13 $y = \dfrac{1}{\sqrt[3]{x}}$, $-\infty < x < \infty$, $y \neq 0$인 실수

14 $y = \dfrac{1}{\sqrt[4]{x}}$, $x > 0, y > 0$

15 $y = \dfrac{x-2}{3}$, $-\infty < x < \infty$, $-\infty < y < \infty$

16 $y = \dfrac{b-x}{a}$, $a \leq x \leq b, 0 \leq y \leq 1$

17 $\left[\dfrac{df^{-1}}{dx}\right]_{x=-1} = \dfrac{1}{[df/dx]_{x=3}} = \dfrac{1}{9}$

18 $\dfrac{1}{6}$

19 $\dfrac{1}{3}$

20 3

21 $y = -\sqrt{x}$

## [연습문제 5.3]

01 $x^2 + y^2$

02 $\left(\dfrac{x}{y}\right)^2$

03 $\ln 2 + 1$

04 $2\ln x$

05 1

06 $\ln(x+1)$

07 $x = e^{3t} + 10$

08 $x = e^t \cos t - 1$

09 $x = \ln 2$

10 $x = 2$

11 $y' = \frac{4}{x}$

12 $y' = t^3(4\ln t + 1) - 3t^2$

13 $y' = 1 - \frac{\ln x}{(1+\ln x)^2}$

14 $y' = \frac{1}{2x(1+\sqrt{x})}$

15 $y' = 1 - \frac{e^\theta}{1+e^\theta} = \frac{1}{1+e^\theta}$

16 $y' = -\csc\theta$

17 $y' = \left(1 + \frac{1}{2(x+1)}\right)\sqrt{e^{2x}(x+1)}$

18 $y' = -\frac{3x^2+6x+2}{[x(x+1)(x+2)]^2}$

19 $y' = \left(\frac{1}{x} + \frac{x}{x^2+1} - \frac{1}{3(x+1)}\right)\frac{x\sqrt{x^2+1}}{(x+1)^{1/3}}$

20 $y' = \frac{\theta\sin\theta}{(\sec\theta)^{1/3}}\left(\frac{1}{\theta} + \cot\theta - \frac{1}{3}\tan\theta\right)$

21 $x = 12$

22 $x = 2$ 또는 $x = 3$

23 $y' = \frac{1}{\ln 5}\left(1 - \frac{1}{2x}\right)$

24 $y' = \frac{-2}{(x+1)(x-1)}$

25 $y' = 8^x \ln 8$

26 $y' = (\ln 2)2^{t^2+1}t$

27 $y' = 5^{\tan\theta}(\ln 5)^2 \sec^2\theta$

28 $y' = -\ln 3 \cdot \cos 3t \cdot 3^{-\sin t + 1}$

29 $y' = \left(\ln(x+2) + \frac{x}{x+2}\right)(x+2)^x$

30 $y' = \left(\ln x + \frac{x+2}{x}\right)x^{x+2}$

31 $y' = \left(\ln\sin x + x\frac{\cos x}{\sin x}\right)(\sin x)^x$

32 $y' = \left(\cos x \cdot \ln x + \frac{\sin x}{x}\right)x^{\sin x}$

## [연습문제 5.4]

01 8

02 $2e^{\sqrt{x}} + C$

03 $-\frac{1}{2}e^{-t^2} + C$

04 $-\frac{1}{2}e^{\frac{1}{x^2}} + C$

05 $e$

06 $\frac{6}{\ln 3}$

07 $\frac{1}{\ln 2}(2^{5/4} - 1)$

08 $\frac{3}{4\ln 4}$

09 $\frac{1}{2}\ln 3$

10 $\frac{1}{4}\ln|4x-1| + C$

11 $\frac{1}{10}\ln|5x^2-3| + C$

12 $\frac{2}{3}(\ln x)^{3/2} + C$

13 $\ln\frac{7}{3}$

14 $\frac{1}{\pi}\ln\frac{\sqrt{3}}{2}$

15 $\frac{1}{2\ln 5}(\ln 2x)^2 + C$

16 $-\frac{(\ln 10)^2}{\ln x} + C$

17 $x^{\sqrt{2}+1} + C$

18 $\ln\frac{1}{x}$

19 $\ln(\sqrt{2} - 1)$

20 $-\sin(1)$

21 $-\ln|\csc x| + C$

22 $\int_1^a \ln x dx + \int_0^{\ln a} e^y dy = a\ln a - a + 1 + a - 1 = a\ln a$

그림에서 $y = \ln x$ $(1 \le x \le a)$의 아래 면적과 $x = e^y$ $(0 \le y \le \ln a)$의 왼쪽 면적을 합한 것이 전체 사각형의 면적에 해당한다.

## [연습문제 5.5]

01 10

02 $-1/2$

03 0

04 $-8$

05 $\dfrac{1}{1+\pi}$

06 2

07 $-1/2$

08 $1/\ln 2$

09 1/2

10 0

11 $-1/2$

12 1

13 $e$

14 $e^2$

15 1

16 1

17 $\sqrt{5}$ (로피탈 규칙을 적용하면 같은 형태가 반복되어 구할 수 없음)

18 1 (로피탈 규칙을 적용하면 같은 형태가 반복되어 구할 수 없음)

19 $c = 1/3$

20 $\left(1+\dfrac{x}{k}\right)^k = \exp\left[\ln\left(1+\dfrac{x}{k}\right)^k\right]$로 변환하여 증명

$x = 1$일 때, $\lim_{k\to\infty}\left(1+\dfrac{1}{k}\right)^k = e$

$$k = 2^6 \ : \ e \approx \left(1+\frac{1}{2^6}\right)^{2^6} = 2.697345$$

$$k = 2^8 \ : \ e \approx \left(1+\frac{1}{2^8}\right)^{2^8} = 2.712992$$

$$k = 2^{10} \ : \ e \approx \left(1+\frac{1}{2^{10}}\right)^{2^{10}} = 2.7169557$$

## [연습문제 5.6]

01 13,235년

02 $P' = -aP \quad P(h) = 1013e^{-(0.1269)h}$

03 (1) $V(t) = 200e^{-0.06931t}$ (2) 33.22초 후

04 2,500

05 2배 : 17.33년

3배 : 27.47년

4배 : 34.66년

06 29.96년

07 (1) 느리다. (2) 느리다. (3) 느리다. (4) 빠르다.
(5) 빠르다. (6) 같다. (7)느리다. (8) 같다.

08 (1) 같다. (2) 빠르다. (3) 같다. (4) 느리다.
(5) 느리다. (6) 느리다. (7) 빠르다. (8) 같다.

09 (c)−(d)−(a)−(e)−(b)

10 $\lim_{x\to\infty}\frac{\sqrt{2x+1}}{\sqrt{x}}=2,\ \lim_{x\to\infty}\frac{\sqrt{x+1}}{\sqrt{x}}=1$이므로 모두 $\sqrt{x}$와 증가속도가 같다.
따라서 두 함수의 증가 속도가 같다.

11 $\lim_{x\to\infty}\frac{e^{2x}}{e^{x^2}}=\lim_{x\to\infty}e^{2x-x^2}=0$ ($\because \lim_{x\to\infty}(2x-x^2)=\lim_{x\to\infty}(-x(x-2))=-\infty$ 이므로)
따라서 $e^{2x}=o(e^{x^2})$이다.

12 (1) × (2) ○ (3) × (4) ○ (5) × (6) ○

13 (1) ○ (2) × (극한값=2) (3) ○ (4) ○ (5) × (6) ○

14 $\lim_{x\to\infty}\frac{a_nx^n+a_{n-1}x^{n-1}+\cdots+a_1x+a_0}{e^x}=0$ (로피탈의 규칙 이용)

15 $\lim_{x\to\infty}\frac{\ln x}{x^{1/n}}=\lim_{x\to\infty}\frac{1/x}{\frac{1}{n}x^{(1/n)-1}}=\lim_{x\to\infty}n\cdot\ x^{-1/n}=0$
따라서 $\ln x=o(x^{1/n})$, $n=$ 모든 양의 정수

## [연습문제 5.7]

01 $-\pi/6$

02 $-\pi/4$

03 $\pi/4$

04 $-\pi/6$

05 $\cos\alpha=12/13,\ \tan\alpha=5/12,\ \sec\alpha=13/12,\ \csc\alpha=13/5,\ \cot\alpha=12/5$

06 $\sin\alpha=2/\sqrt{5},\ \cos\alpha=1/\sqrt{5},\ \tan\alpha=2,\ \csc\alpha=\sqrt{5}/2,\ \sec\alpha=\sqrt{5},\ \cot\alpha=1/2$

07 $-1/\sqrt{3}$

08 $-\sqrt{2}$

09 $\frac{2}{\sqrt{x^2+4}}$

10 $\frac{\sqrt{x^2-2x}}{x-1}$

11 $\pi/2$

12 $\pi$

13 $\pi/2$

14 0

15 성립

16 성립하지 않음

17 성립하지 않음

18 성립

## [연습문제 5.8]

01 $y'=-\frac{2x}{\sqrt{1-x^4}}$

02 $y'=\frac{\sqrt{2}}{\sqrt{1-2t^2}}$

03 $y' = -\dfrac{1}{\sqrt{1-t^2}}$

04 $y' = -\dfrac{1}{2\sqrt{t}(1+t)}$

05 $y' = -\dfrac{1}{\sqrt{e^{2t}-1}}$

06 $y' = -\dfrac{2s^2}{\sqrt{1-s^2}}$

07 $y' = 0$

08 $y' = -\tan^{-1}\dfrac{x}{2}$

09-10 우변을 미분하여 피적분 함수를 얻는다.

11 $\sin^{-1}\left(\dfrac{x}{3}\right) + C$

12 $\dfrac{1}{\sqrt{17}}\tan^{-1}\dfrac{x}{\sqrt{17}} + C$

13 $-2\pi/3$

14 $-\pi/12$

15 $\dfrac{1}{5}\sec^{-1}\left|\dfrac{x+3}{5}\right| + C$

16 $\pi/12$

17 $\sin^{-1}(x-2) + C$

18 $\dfrac{1}{2}\tan^{-1}\left(\dfrac{y-1}{2}\right) + C$

19 $\sec^{-1}|x+1| + C$

20 $\sec^{-1}|x-2| + C$

21 $-e^{\cos^{-1}x} + C$

22 $\ln|\tan^{-1}y| + C$

23 5

24 $\dfrac{6}{7}$

25 두 적분 모두 옳다. 여기서 $\sin^{-1}x + \cos^{-1}x = \dfrac{\pi}{2}$이므로 상수 차이만 있다.

26 $f'(x) = g'(x) = \dfrac{1}{\sqrt{x}(1+x)}$이므로 $f(x) = g(x) + C$이다.

27 $(\cos^{-1}u)' = \left(\dfrac{\pi}{2} - \sin^{-1}u\right)' = -(\sin^{-1}u)' = -\dfrac{1}{\sqrt{1-u^2}}$

28 $\dfrac{dy}{dx} = \dfrac{1}{1+\tan^2 y} = \dfrac{1}{1+x^2}$

## [연습문제 5.9]

01 $\cosh x = \dfrac{5}{4}, \tanh x = -\dfrac{3}{5}, \operatorname{sech} x = \dfrac{4}{5}, \operatorname{csch} x = -\dfrac{4}{3}, \coth x = -\dfrac{5}{3}$

02 $x + \dfrac{1}{x}$

03 $\sinh(2\ln x) = \dfrac{1}{2}(e^{2\ln x} - e^{-2\ln x}) = \dfrac{1}{2}(x^2 - x^{-2}) = \dfrac{1}{2}(x^2 - \dfrac{1}{x^2})$

04 0

05 $y' = 2\cosh\dfrac{x}{3}$

06 $y' = \coth\theta$

07 $y' = \operatorname{csch}\theta\coth\theta\ln(\operatorname{csch}\theta)$

08 $y' = \tanh t$

09 $\dfrac{1}{2\sqrt{x}(1+x)}$

10 $\dfrac{1}{1+x} - \tanh^{-1}x$

11 $-\operatorname{sech}^{-1}x$

12 $|\sec x|$

13-14 우변을 미분하여 피적분 함수를 구한다.

15 $\frac{1}{2}\cosh 2x + C$

16 $12\sinh\left(\frac{x}{2} - \ln 3\right) + C$

17 $7\ln\left(\cosh\frac{x}{7}\right) + C$

18 $\ln\frac{5}{2}$

19 $2\sinh 1$ 또는 $e - \frac{1}{e}$

20 $\frac{3}{8} + \ln\sqrt{2}$ $\left(\because \int_{-\ln 2}^{0} \cosh^2\left(\frac{x}{2}\right)dx = \int_{-\ln 2}^{0} \frac{\cosh x + 1}{2}dx = \frac{1}{2}[\sinh x + x]_{-\ln 2}^{0}\right)$

21-24 생략

25 $\sinh^{-1}\left(\frac{\sqrt{2}}{2}\right)$ 또는 $\ln\left(\frac{\sqrt{2} + \sqrt{6}}{2}\right)$

26 $\operatorname{sech}^{-1}\left(\frac{4}{5}\right) - \operatorname{sech}^{-1}\left(\frac{12}{13}\right)$ 또는 $\ln\left(\frac{4}{3}\right)$

27 $\coth^{-1}3 - \coth^{-1}2$ 또는 $\frac{1}{2}\ln\frac{2}{3}$

28 $\tanh^{-1}\frac{1}{3}$ 또는 $\frac{1}{2}\ln 2$

29 0 ($\sin x$를 $u$로 치환)

30 $\sin^{-1}(1)$ 또는 $\ln(1 + \sqrt{2})$ ($\ln x = u$로 치환하면 $\int_0^1 \frac{du}{\sqrt{1 + u^2}}$)

## [연습문제 6.1]

01 $\frac{3^{2x+1}}{2\ln 3} + C$

02 $2\sin\sqrt{x} + C$

03 $2\ln(\sqrt{x} + 1) + C$

04 $\frac{2}{3}(\sin t)^{3/2} + C$

05 $\frac{2^{\sqrt{u}}}{\ln 2} + C$

06 $2\sqrt{x^2 - 9x + 1} + C$

07 $\ln(e^x + e^{-x}) + C$

08 $-\ln|1 - \sin\theta| + C$

09 $\frac{7}{8}\tan^{-1}\left(\frac{2x - 3}{4}\right) + C$

10 $\frac{\pi}{18}$

11 $25\sec^{-1}|5x| + C$

12 $\sin^{-1}x + \sqrt{1 - x^2} + C$

13 $\frac{1}{2}\theta + \frac{1}{4}\sin 2\theta + C$

14 $-\frac{2}{3}\cos^3 x + \cos x + C$

15 4

16 $2\ln(\sqrt{2} + 1)$

17 $2t^2 + t - 2\tan^{-1}\left(\frac{t}{2}\right) + C$

18 $-\cot x + \csc x + C$

19 $\ln|1 + \sin\theta| + C$

20 $\ln|\sin x| + \ln|\cos x| + C$

21 (1) $\sin\theta - \frac{1}{3}\sin^3\theta + C$ (2) $\sin\theta - \frac{2}{3}\sin^3\theta + \frac{1}{5}\sin^5\theta + C$

## [연습문제 6.2]

01 $x\sin x+\cos x+C$

02 $\frac{1}{2}e^x(\sin x-\cos x)+C$

03 $2\ln 2-\frac{3}{4}$

04 $x\tan x+\ln|\cos x|+C$

05 $-ze^{-z}-e^{-z}+C$

06 $(x^2-7x+7)e^x+C$

07 $\frac{\sqrt{3}\pi}{3}-\frac{\pi^2}{9}+\ln\frac{1}{2}+\frac{1}{2}\left(\frac{\pi^2}{9}\right)$

08 $\frac{x}{2}[\sin(\ln x)-\cos(\ln x)]+C$

09 $x(\ln x)^2-2[x\ln x-x]+C$

10 $-\frac{1}{x}\ln x-\frac{1}{x}+C$

11 $-2y\sqrt{5-y}-\frac{4}{3}(5-y)^{\frac{3}{2}}+C$

12 $x\cos^{-1}x-\sqrt{1-x^2}+C$

13 $x\sinh^{-1}x-\sqrt{x^2+1}+C$

14 $x\tan^{-1}3x-\frac{1}{6}\ln(1+9x^2)+C$

15 $\sqrt{2t+3}\,e^{\sqrt{2t+3}}-e^{\sqrt{2t+3}}+C$

16 (1) $\frac{1}{2}(x+\cos x\sin x)+C$ (2) $\frac{x}{2}+\frac{1}{2}\sin x\cos x+C$

(1)과 (2)의 결과가 같다.

17 $\frac{x}{2}e^x(\sin x-\cos x)+\frac{1}{2}e^x\cos x+C$

## [연습문제 6.3]

01 $\frac{1}{2}(-\ln|1-x|+\ln|1+x|)+C$

02 $3\ln|x-3|+2\ln|x+1|+C$

03 $\ln|x|-\frac{1}{2}\ln(x^2+1)+C$

04 $\frac{1}{2}\ln 5+\frac{1}{4}\ln 9$

05 $-\frac{1}{2}\ln|t|+\frac{1}{6}\ln|t+2|+\frac{1}{3}\ln|t-1|+C$

06 $\frac{x^2}{2}-2x+3\ln|x+1|+\frac{1}{x+1}+C$

07 $\frac{1}{4}\ln\left|\frac{x+1}{x-1}\right|-\frac{1}{2}\frac{1}{x^2-1}+C$

08 $\frac{t^2}{2}\ln(t+5)-\frac{1}{2}\left(\frac{t^2}{2}-5t+25\ln|t+5|\right)+C$

09 $x-\frac{3}{2}\tan^{-1}\left(\frac{3}{2}x\right)+C$

10 $\frac{\pi}{8}+\frac{1}{4}\ln 2$

11 $\frac{t^3}{3}-4t+\ln(t^2+4)+8\tan^{-1}\frac{t}{2}+C$

12 $\tan^{-1}y-\frac{1}{y^2+1}+C$

13 $-\tan^{-1}s+\frac{1}{s-1}-\frac{1}{(s-1)^2}+C$

14 $\ln(x^2+2x+2)-\tan^{-1}(x+1)-\frac{1}{x^2+2x+2}+C$

15 $\ln(e^t+1)-\ln(e^t+2)+C$

16 $\frac{1}{5}\ln\left|\frac{\sin y-2}{\sin y+3}\right|+C$

17 $-x+4\sqrt{x}-4\ln(\sqrt{x}+1)+C$

18 $-\ln|\csc x+\cot x|+C$

## [연습문제 6.4]

01 $\frac{25}{2}\sin^{-1}\left(\frac{t}{5}\right)+\frac{t}{2}\sqrt{25-t^2}+C$

02 $\ln\left|\frac{\sqrt{9+y^2}}{3}+\frac{y}{3}\right|+C$

03 $\frac{1}{3}(x^2+4)^{\frac{3}{2}}-4\sqrt{x^2+4}+C$

04 $-2\frac{\sqrt{4-w^2}}{w}+C$

05 $\frac{1}{4}\frac{x}{\sqrt{4+x^2}}+C$

06 $\sqrt{x^2-1}+C$

07 $\ln(\sqrt{2}+1)$

08 $4(\sqrt{3}-\pi/3)$

09 $\frac{1}{\sqrt{2}}$

10 $-\frac{x}{\sqrt{x^2-1}}+C$

11 $-\frac{1}{5}\left(\frac{\sqrt{1-x^2}}{x}\right)^5+C$

12 $\sec^{-1}(x)+C$

13 $\sqrt{y^2-49}-7\sec^{-1}\left(\frac{y}{7}\right)+C$

14 $\frac{1}{2}\ln\left|\frac{2}{7}x+\frac{\sqrt{4x^2-49}}{7}\right|+C$

## [연습문제 6.5]

01 6

02 $\pi/2$

03 4

04 $\ln\left(1+\frac{\pi}{2}\right)$

05 0

06 1,000

07 2

08 $-1/4$

09 ln2

10 발산

11 수렴

12 발산

13 발산

14 수렴

15 수렴

16 발산

17 수렴

18 수렴

19 2

20 1

21-22 생략

## [연습문제 6.6]

적분표를 이용한 적분(해답 생략)

## [연습문제 7.1]

01 2

02 2

03 $\pi/2$

04 1/12

05 5/6

06 $2\left(\frac{\pi}{4}-\frac{2}{3}\right)$

07 2

08 9/2

09 243/8

10 8/3

11 $4/3-4/\pi$

12 $\pi/2$

13 1/2

14 2

15 $\pi/4$

## [연습문제 7.2]

01 16

02 16/3

03 (1) $\sqrt{3}\pi-\pi^2/6$ (2) $4\sqrt{3}-2\pi/3$

04 $8\pi$

05 $\pi/2$

06 $2\pi/3$

07 $\pi^2/16$

08 $\pi\ln 3$

09 $6\pi$

10 $4-\pi$

11 $4\pi$

12 $(1-\ln 2)\pi$

13 $(2\ln 2-1)\pi$

14 (1) $\sqrt{2}-\ln(1+\sqrt{2})$ (2) $\pi^2/2$

15 $x$축: $11\pi/3$ $y$축: $(8\ln 2-3)\pi$ $x=1$: $(8\ln 2-5)\pi$

16 (1) 1 (2) $\pi/2$ (3) $\pi$

17 $6\pi\ln 5$

18 $\pi(4\ln 2+15/4)$

19 (1) $c=2/\pi$ 일 때, 최소값 $V=\pi^2/2-4=0.9348$ (2) $c=0$ 일 때 최대값 $\pi^2/2$

## [연습문제 7.3]

01 12

02 53/6

03 $6+\ln 2$

04 2

05 $\pi/3$

06 $y=e^x$ 또는 $y=2-e^x$

07 $\ln(2+\sqrt{3})$

08 $98\pi/81$

09 $2\pi$

10 $\dfrac{2\sqrt{2}-1}{9}\pi$

11 $\dfrac{35\sqrt{5}}{3}\pi$

12-14 식 (7.4) 곡선의 길이를 이용한다.

## [연습문제 7.4]

01 780 [J]

02 4 [cm], 8 [N·cm]=0.08 [J]

03 (1) 7,238 [lb/in] (2) 3,619 [lb-in], 10,857 [lb-in]

04 $1.225\times10^{7}$ [J]

05 $2.14\times10^{7}$ [J]

06 $4.93\times10^{10}$ [J]

07 (1) $1.15\times10^{-28}$ [J] (2) $7.7\times10^{-29}$ [J]

## [연습문제 7.5]

01 (1) $2.646\times10^5$ [N]　(2) $2.646\times10^5$ [N]

02 윗면: 0, 옆면(1면): $1.96\times10^7$ [N], 아랫면: $1.96\times10^7$ [N], 전체 힘$=9.8\times10^7$ [N]

03 $5.23\times10^4$ [N]

04 (1) 93.3 [lb]　(2) 3 [ft]

05 652.2 [ft$^3$]

## [연습문제 7.6]

01 0 [m], 20 [m]

02 0 [m], 245[m]

03 (1) $v(0)=\frac{dx}{dt}\big|_{t=0}=8>0$이므로 오른쪽으로 이동

(2) $2<t<4$　(3) 6　(4) 22/3

(5) $0\le t<2$: 오른쪽으로 이동. 변위 증가.　$2<t<4$: 왼쪽으로 이동. 변위 감소.

$t>4$: 오른쪽으로 이동. 변위 증가

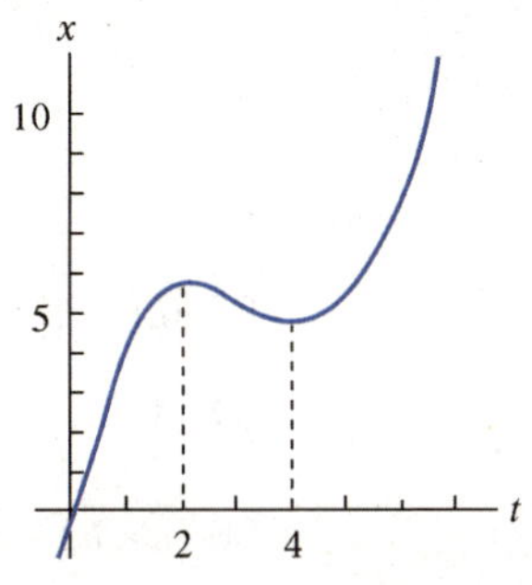


04 (1) 0.159

(2)

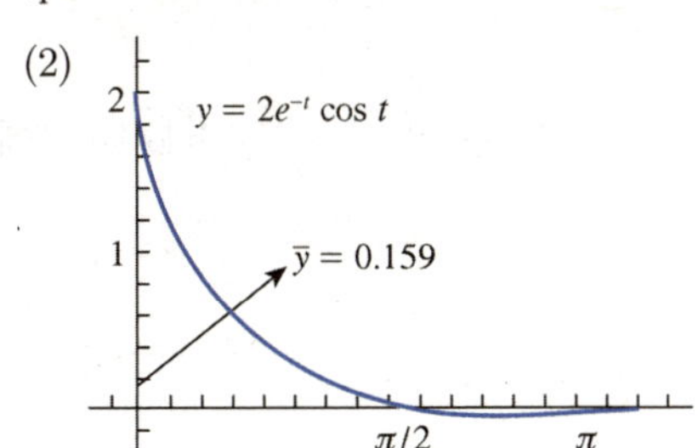


05 (1) 1 (2) 0, 0　(3) $r=a$, $R(a)=\frac{4}{a}e^{-2}$　(4) 약 98.6%　(5) $\bar{r}=\frac{3}{2}a$

## [연습문제 8.1]

01 원점으로부터 거리가 5인 점은 반지름이 5인 원 위의 모든 점을 나타내고, $\vec{r}=3\hat{i}+4\hat{j}$ 는 $|\vec{r}|=5$의 크기와 $\tan\theta=4/3$인 방향을 갖는 점의 정확한 위치를 나타낸다.

02 $2\vec{a}=[-4,2,-2]$, $\vec{a}+\vec{b}=[-1,1,-4]$, $\vec{a}-\vec{b}=[-3,1,2]$, $|\vec{a}+\vec{b}|=\sqrt{18}$, $|\vec{a}-\vec{b}|=\sqrt{14}$

03 $\overrightarrow{P_1P_2}=[3,2,1]$

04 $P_1=(-7,2)$

05 $\hat{c}=[-5/\sqrt{41},\ 4/\sqrt{41}]$

06 $\vec{a}=-\frac{5}{2}\vec{b}+\frac{1}{2}\vec{c}$

07 $[1/\sqrt{2},\ 1/\sqrt{2}]$ 또는 $[-1/\sqrt{2},\ -1/\sqrt{2}]$

08 $a=5\,\mathrm{m/sec^2}$ 위쪽 방향

09 $|\vec{F_1}|=\dfrac{100\sqrt{2}}{\sqrt{3}+1},\ |\vec{F_2}|=\dfrac{200}{\sqrt{3}+1}$

## [연습문제 8.2]

01 $12\sqrt{3}$

02 (1) 29 (2) 29 (3) 12 (4) 4[2,−3,4]

03 $c=9$

04 $v_1=4/9$, $v_2=-1/3$

05 $\theta=\cos^{-1}\left(-\dfrac{1}{\sqrt{2}}\right)=\dfrac{3}{4}\pi$[라디안]

06 생략

07 $\theta=\cos^{-1}\dfrac{1}{\sqrt{3}}=0.955$ [라디안]

08 $\alpha\approx58.19^\circ,\ \beta\approx42.45^\circ,\ \gamma\approx65.06^\circ$

09 생략

10 147 [N−m]

11 $\mathrm{Proj}_{\vec{a}}\vec{b}=\dfrac{5}{3}[2,1,2]$, $\mathrm{Proj}_{\vec{a}^{\perp}}\vec{b}=[-1/3,-8/3,5/3]$

12 생략

## [연습문제 8.3]

01 $\vec{a}\times\vec{b}=[-5,0,5],\ |\vec{a}\times\vec{b}|=5\sqrt{2}$

02 [0,1,−1]

03 $\pm\dfrac{1}{\sqrt{353}}[4,16,9]$

04 14

05 3

06 $(\vec{a}\times\vec{b})\cdot\vec{c}=0$ 을 보임

07 생략

08 방향은 지면 안쪽. 크기는 $|\vec{\tau}|=|\vec{r}\times\vec{F}|=|\vec{r}||\vec{F}|\sin\theta$ 에서 $\theta=90°$일 때 $|\vec{\tau}|$가 최대

09 11

## [연습문제 8.4]

01 $\pi/4$

02 $x-y=0$

03 $2/\sqrt{5}$

04 (1) $4x-2y=0$ (2) $5x-3y+z-2=0$ (3) $5x-y+z=0$
(4) $y=-5$ (5) $x+2y+3z-2=0$

05 $x+y+z\pm5\sqrt{3}=0$

06 (1) $\vec{r}(t)=[5t,9t,4t],\ \dfrac{x}{5}=\dfrac{y}{9}=\dfrac{z}{4}$

(2) $\vec{r}(t)=[1+2t,2+3t,1-3t],\ \dfrac{x-1}{2}=\dfrac{y-2}{3}=\dfrac{1-z}{3}$

07 $x=2,\ y=-2,\ -\infty<z<\infty$

08 (10,−5,0), (0,5,15), (5,0,15/2)

09 (1) (2,3,−5) (2) 교차하지 않음

10 $\theta = \cos^{-1}\frac{16}{21} = 40.37°$

11 $3x - y - 2z - 10 = 0$

12 교선의 매개 방정식 : $x = 14 + 7t,\ y = 9 + 6t,\ z = t$

벡터 방정식 : $\vec{r}(t) = [14 + 7t, 9 + 6t, t]$ 이다.

대칭 방정식 : $\frac{x-14}{7} = \frac{y-9}{6} = z$

13 $(-3, -10, -16)$

14 $\sqrt{15/2}$

15 생략

## [연습문제 8.5]

01 (1) 벡터공간 (2) 아님 (3) 벡터공간 (4) 벡터공간

02 (1) 부분공간 (2) 아님 (3) 아님 (4) 부분공간

03 (1) 부분공간 (2) 아님 (3) 부분공간 (4) 부분공간

04 (1) 1차 종속 (2) 1차 종속 (3) 1차 독립 (4) 1차 종속

05 (1) 생략 (2) $\boldsymbol{a} = -\boldsymbol{u}_1 + 12\boldsymbol{u}_2 - 8\boldsymbol{u}_3$

06 (1) 생략 (2) $p(x) = \frac{7}{2}p_1 + \frac{3}{2}p_2$

07 기저 $\{\cos x, \sin x\}$, 차원 2인 벡터공간

08 기저 $\{e^{-2x}, e^{5x}\}$, 해공간의 차원 2, 일반해 $y = c_1e^{-2x} + c_2e^{5x}$

## [연습문제 9.1]

01 $2\boldsymbol{A} = \begin{bmatrix} 2 & -2 \\ 4 & 4 \end{bmatrix}$, $\boldsymbol{A} + \boldsymbol{B} = \begin{bmatrix} 0 & 0 \\ 2 & -1 \end{bmatrix}$, $\boldsymbol{A} - \boldsymbol{B} = \begin{bmatrix} 2 & -2 \\ 2 & 5 \end{bmatrix}$, $(\boldsymbol{A} - \boldsymbol{B})^T = \begin{bmatrix} 2 & 2 \\ -2 & 5 \end{bmatrix}$

02 $\boldsymbol{AB} = \begin{bmatrix} 4 & 2 \\ 5 & -1 \end{bmatrix}$, $\boldsymbol{BA} = \begin{bmatrix} 2 & 4 \\ 4 & 1 \end{bmatrix}$

03 $x = \pm 3$, $y = \pm 12$

04 $\boldsymbol{AA}^T = \begin{bmatrix} 2 & 1 \\ 6 & 3 \\ 2 & 5 \end{bmatrix}\begin{bmatrix} 2 & 6 & 2 \\ 1 & 3 & 5 \end{bmatrix} = \begin{bmatrix} 5 & 15 & 9 \\ 15 & 45 & 27 \\ 9 & 27 & 29 \end{bmatrix}$ 로 대칭행렬

05 $\boldsymbol{L} = \begin{bmatrix} 1 & 0 \\ 2 & 1 \end{bmatrix}$, $\boldsymbol{U} = \begin{bmatrix} 1 & 1 \\ 0 & -5 \end{bmatrix}$

06 $\begin{bmatrix} 16 & -9 \\ 0 & 1 \end{bmatrix} = \begin{bmatrix} 16 & -9 \\ 0 & 1 \end{bmatrix} \neq \begin{bmatrix} 19 & -13 \\ 5 & -2 \end{bmatrix}$

07-08 생략

## [연습문제 9.2]

01 (1) $-7$ (2) 17 (3) $-x + 2y - z$ (4) 0 (5) 0 (6) $-104$

02 (1) $-1$ (2) 1, 2, 3

03 41, 41

04 (1) $k$ (2) $-k$ (3) $6k$ (4) $-k$

05 $\det(\boldsymbol{AB}) = \det\boldsymbol{A}\det\boldsymbol{B} = 20(-4) = -80$

06 (1) $(-5)\cdot(-1)\cdot 4=20$
(2) (1)에서 제1행과 제3행을 교환한 행렬이므로 $-20$
(3) (1)에서 제1행과 제2행을 교환한 행렬이므로 $-20$
(4) $(-5)\cdot(-1)\cdot 4=20$
(5) 0(힌트: 2행을 3행에 더하여 3행으로 사용하라.)

07 38

08 힌트 : $\det\boldsymbol{A}^2=\det\boldsymbol{A}\det\boldsymbol{A}=(\det\boldsymbol{A})^2$

## [연습문제 9.3]

01 $a_{11}x+a_{12}y=b_1$, $a_{21}x+a_{22}y=b_2$

02 $x_1=4$, $x_2=-7$

03 (1) $x_1=x_2=x_3=1$ (2) 해가 존재하지 않음
(3) 해가 무수히 많음. $x_4=t, x_3=4t+1, x_2=-2t+1, x_1=-3t$

04 $i_1=\dfrac{960}{392}\approx 2.45$, $i_2=\dfrac{576}{392}\approx 1.47$, $i_3=\dfrac{528}{392}\approx 1.35$

05 (1) $2Na+2H_2O\rightarrow 2NaOH+H_2$ (2) $3Cu+8HNO_3\rightarrow 3Cu(NO_3)_2+4H_2O+2NO$

06 (1) $x=y=0$ (2) $x=y=z=0$

07 (1) $a=-1$ (2) $b=2$

## [연습문제 9.4]

01 (1) $\dfrac{1}{12}\begin{bmatrix}2&1\\0&3\end{bmatrix}$ (2) 존재하지 않음 (3) $\begin{bmatrix}5&6&-3\\2&2&-1\\-1&-1&1\end{bmatrix}$ (4) $\begin{bmatrix}1&0&0&0\\0&0&0&1\\0&1&0&0\\0&0&1&0\end{bmatrix}$

02 $\begin{bmatrix}\cos\theta&-\sin\theta\\\sin\theta&\cos\theta\end{bmatrix}$

03 $x_1=x_2=x_3=1$

04 $i_1=\dfrac{960}{392}\approx 2.45$, $i_2=\dfrac{576}{392}\approx 1.47$, $i_3=\dfrac{528}{392}\approx 1.35$

05 역행렬의 성질 (ii)에서 $B=A$로 놓는다.

06 생략

07 1/6

08 (1) 생략 (2) $\begin{bmatrix}1&0&0\\0&1/2&0\\0&0&1/3\end{bmatrix}$

09 생략

10 KIM_IS_THE_SPY_

11 전치행렬의 성질 $(\boldsymbol{AB})^T=\boldsymbol{B}^T\boldsymbol{A}^T$를 이용하라.

## [연습문제 9.5]

01 생략

02 (1) $x=-\dfrac{5}{13}$, $y=\dfrac{1}{13}$ (2) $x=5$, $y=1$, $z=1$ (3) $w=1$, $x=-1$, $y=2$, $z=-2$

03 $x_1=x_2=x_3=1$

04 $i_1 = \frac{960}{392} \approx 2.45$ , $i_2 = \frac{576}{392} \approx 1.47$ , $i_3 = \frac{528}{392} \approx 1.35$

05 (1) $x = 1 - \frac{1}{\epsilon - 1}$ , $y = \frac{1}{\epsilon - 1}$

(2) $\epsilon$ 이 99에서 101로 변할 때 $x$ 는 0.9898에서 0.9900, $y$ 는 0.0102에서 0.0100로 변하여 $x$, $y$의 값에 큰 변화가 없다. 한편, $\epsilon$ 이 0.99에서 1.01로 변할 때 $x$는 +100에서 −99, $y$ 는 −100에서 +100로 변하여 $x$, $y$의 값의 변화가 크다. 즉, $\epsilon \approx 1$ 근처에서는 계수행렬 $\boldsymbol{A}$의 특이성이 매우 크다.

06 $i_2 = \frac{r_1 E_2 + r_2 E_1}{r_1 r_2 + r_1 R + r_2 R}$

## [연습문제 10.1]

01 수렴, 1/2
02 수렴, 0
03 수렴, 1
04 발산, $\infty$
05 수렴, 0
06 발산
07 수렴, 0
08 수렴, 1/2
09 수렴, 0
10 수렴, 0
11 발산
12 수렴, $\pi/2$
13 수렴, −1
14 수렴, 1
15 수렴, $\sqrt{2}$
16 수렴, 0
17 수렴, ln2
18 수렴, 0
19 수렴, 0
20 수렴, 0
21 수렴, 0
22 수렴, 1 [표 10.1(b) 이용]
23 수렴, 1 [표 10.1(b) 이용]
24 수렴, 1
25 수렴, 1
26 수렴, 0
27 수렴, $e$
28 수렴, 0
29 수렴, 0
30 발산, $\infty$
31 $n \geq 9{,}124$, $N = 9{,}123$
32 $n \geq 10$, $N = 9$
33 F, F, T, F, T, F

## [연습문제 10.2]

01 수렴, 34/5
02 발산
03 수렴, 1/2
04 수렴, 0
05 발산
06 발산
07 발산
08 수렴, 3/4
09 발산
10 수렴, $\frac{\sin\theta}{2 - \sin\theta}$
11 발산
12 발산
13 수렴, $\frac{e}{e-1}$
14 발산
15 수렴, 11/6
16 수렴, 1
17 발산
18 수렴, −1/2
19 $a_1 = 0$, $a_n = \frac{2}{n(n+1)}$ $\quad n > 1$, 합은 1

20 예, $a_n = -b_n$ 이면 $\sum_{n=1}^{\infty}(a_n+b_n)=0$

21 항상 발산

## [연습문제 10.3]

01 수렴 $\left(\sum_{n=1}^{\infty}\frac{1}{n(2n+3)} < \sum_{n=1}^{\infty}\frac{1}{n^2}\right)$

02 수렴

03 발산 ($\sum_{n=1}^{\infty}\frac{1}{n}$과 극한비교판정법)

04 수렴 ($\sum_{n=1}^{\infty}\frac{1}{n^3}$과 극한비교판정법)

05 수렴

06 발산 ($\sum_{n=1}^{\infty}\frac{1}{n}$과 극한비교판정법)

07 수렴

08 수렴 $\left(\sum_{n=1}^{\infty}\frac{\sin^2 n}{2^n} < \sum_{n=1}^{\infty}\frac{1}{2^n}\right)$

09 수렴

10 수렴

11 수렴 $\left(\sum_{n=1}^{\infty}\frac{1}{2+(\cosh 2)^n} < \sum_{n=1}^{\infty}\frac{1}{(\cosh 2)^n}\right)$

12 수렴

13 발산 ($\sum_{n=1}^{\infty}\frac{1}{n}$과 극한비교판정법)

14 발산

15 발산 $\left(\sum_{n=1}^{\infty}\frac{\ln(2n+1)}{n+3} > \sum_{n=1}^{\infty}\frac{1}{n+3}\right)$

16 발산(문제 25 참조)

17 수렴(문제 25 참조)

18 발산(문제 27 참조)

19 수렴(문제 27 참조)

20 수렴

21 발산

22 수렴 $\left(\frac{a_n}{n} < a_n\right)$

23 수렴

24 수렴

25 (1) $p \neq 1$ 이면 $\int_2^{\infty}\frac{dx}{x(\ln x)^p}=\int_{\ln 2}^{\infty}\frac{1}{t^p}dt=\left.\frac{t^{-p+1}}{-p+1}\right|_{\ln 2}^{\infty}=\begin{cases}\frac{1}{(p-1)(\ln 2)^{p-1}} & \text{if } p>1\\ \infty & \text{if } p<1\end{cases}$

($\ln x = t$ 로 치환)로 수렴

$p=1$ 이면 $\int_2^{\infty}\frac{dx}{x(\ln x)}=\ln(\ln x)\Big|_2^{\infty}=\infty$

$\therefore \int_2^{\infty}\frac{dx}{x(\ln x)^p}$ 는 $p>1$ 일 때 수렴, $p \le 1$ 일 때 발산

(2) 적분판정법에 의하여 $\sum_{n=2}^{\infty}\frac{1}{n(\ln n)^p}$ 는 $p>1$ 일 때 수렴, $p \le 1$ 일 때 발산

26 (1) $p \neq 1$ 이면 $\int_1^{\infty}\frac{\ln x}{x^p}dx=\left.\frac{1}{1-p}\frac{\ln x}{x^{p-1}}\right|_1^{\infty}-\left.\frac{1}{(1-p)^2}\frac{1}{x^{p-1}}\right|_1^{\infty}=\begin{cases}\frac{1}{(p-1)^2} & \text{if } p>1\\ \infty & \text{if } p<1\end{cases}$

$p=1$이면 $\int_1^\infty \frac{\ln x}{x^p}dx = \frac{1}{2}(\ln x)^2\Big|_1^\infty = \infty$

$$\therefore \int_1^\infty \frac{\ln x}{x^p}dx = \begin{cases} \frac{1}{(1-p)^2} & \text{if } p>1 \\ \infty & \text{if } p \le 1 \end{cases}$$

(2) 적분판정법에 의하여 $\sum_{n=1}^{\infty}\frac{\ln n}{n^p}$은 $p>1$일 때 수렴, $p \le 1$일 때 발산

27 $p>1$일 때 $\frac{1}{n^p \ln n} \le \frac{1}{n^p}$, $p<1$일 때 $\sum_{n=2}^{\infty}\frac{1}{n}$과 극한비교판정법 이용, $p=1$일 때 적분판정법 이용

28-29 생략

## [연습문제 10.4]

01 수렴

02 발산(비판정법 이용)

03 수렴(비판정법 이용)

04 수렴

05 수렴

06 발산

07 수렴(근판정법 이용)

08 수렴(근판정법 이용)

09 수렴(근판정법 이용)

10 수렴(비판정법 이용)

11 수렴(비판정법 이용) 참고: 주어진 급수는 $\sum_{n=1}^{\infty}\frac{2^n(n!)^2}{(2n)!}$으로 표현할 수 있다.

12 수렴(비판정법 이용)

13 수렴(비판정법 이용)

14 수렴(비판정법 이용)

15 수렴($\sum_{n=1}^{\infty}\frac{1}{n^2}$과 비교판정법)

16 발산

17 수렴(근판정법 이용)

18 수렴

19 $k=2,3,\cdots$

## [연습문제 10.5]

01 절대수렴

02 조건수렴

03 절대수렴

04 절대수렴

05 조건수렴

06 조건수렴($\sum_{n=2}^{\infty}\frac{\ln n}{n}$은 $\frac{\ln n}{n} \ge \frac{1}{n}$, $n=3,4,\cdots$이므로 발산. 교대급수 판정법에 의해서 조건수렴)

07 절대수렴

08 조건수렴($\sum_{n=2}^{\infty}\frac{1}{n\ln n}$은 $\int_2^\infty \frac{1}{x\ln x}dx = \ln(\ln x)\Big|_2^\infty = \infty$이므로 발산. 교대급수 판정법에 의해서 조건수렴)

09 발산

10 조건수렴($\sum_{n=1}^{\infty}\frac{\cos n\pi}{n+3} = \sum_{n=1}^{\infty}\frac{(-1)^n}{(n+3)} = -\frac{1}{4}+\frac{1}{5}-\frac{1}{6}+\frac{1}{7}-\cdots$ ; 교대조화급수)

11 절대수렴 12 조건수렴

13 절대수렴

14 절대수렴($\dfrac{\dfrac{n+1}{e^{n+1}}}{\dfrac{n}{e^n}} = \dfrac{n+1}{ne} \to \dfrac{1}{e} < 1$이므로 $\displaystyle\sum_{n=1}^{\infty}\frac{n}{e^n}$은 수렴)

15 절대수렴

16 조건수렴($\sqrt{n+1}-\sqrt{n}=\dfrac{1}{\sqrt{n+1}+\sqrt{n}}$, $\displaystyle\sum_{n=1}^{\infty}\frac{1}{\sqrt{n}}$과 극한비교판정법을 이용. 교대급수 판정법에 의해서 조건수렴)

17 절대수렴

18 절대수렴($\dfrac{\dfrac{1}{(n+1)2^{n+1}}}{\dfrac{1}{n2^n}} = \dfrac{n}{(n+1)2} \to \dfrac{1}{2} < 1$ 이므로 $\displaystyle\sum_{n=1}^{\infty}\frac{1}{n\,2^n}$ 은 수렴)

19 절대수렴 20 절대수렴

21 $\dfrac{1}{4\cdot 5^4} = 0.0004 > 0.0001$, $\dfrac{1}{5\cdot 5^5} = 0.000064 < 0.0001$에서 앞의 4개항

22 F, F, T, T

## [연습문제 10.6]

01 1 02 $\infty$

03 1 04 1

05 1/4

06 (a) $1, -1 \le x < 1$ (b) $-1 < x < 1$ (c) $x = -1$

07 (a) $1, -1 < x < 1$ (b) $-1 < x < 1$ (c) 없음

08 (a) $2, -2 < x < 2$ (b) $-2 < x < 2$ (c) 없음

09 (a) $\frac{3}{2}, -\frac{3}{2} < x < \frac{3}{2}$ (b) $-\frac{3}{2} < x < \frac{3}{2}$ (c) 없음

10 (a) $3, -3 \le x < 3$ (b) $-3 < x < 3$ (c) $x = -3$

11 (a) $\frac{1}{2}, -\frac{1}{2} < x < \frac{1}{2}$ (b) $-\frac{1}{2} < x < \frac{1}{2}$ (c) 없음

12 (a) $\frac{1}{e}, -\frac{1}{e} < x < \frac{1}{e}$ (b) $-\frac{1}{e} < x < \frac{1}{e}$ (c) 없음

13 (a) $1, -1 \le x < 1$ (b) $-1 < x < 1$ (c) $x = -1$

14 (a) $\infty$, $(-\infty, \infty)$ (b) $(-\infty, \infty)$ (c) 없음

15 (a) $1$, $-1 \le x+2 \le 1$, $-3 \le x \le -1$ (b) $-1 \le x+2 \le 1$, $-3 \le x \le -1$ (c) 없음

16 (a) $1, -1 < x-3 < 1$, $2 < x < 4$ (b) $-1 < x-3 < 1$, $2 < x < 4$ (c) 없음

17 (a) $1$, $-1 \le x+e \le 1$, $-e-1 \le x \le -e+1$

(b) $-1 \le x+e \le 1,\ -e-1 \le x \le -e+1$ (c) 없음

18 $x < 0,\ \dfrac{1}{1+e^x}$ 19 모든 $x$, $2\ln x$

20 $-1 < x < 3,\ \dfrac{4}{3+2x-x^2}$ 21 $0 < x < 16,\ \dfrac{2}{4-\sqrt{x}}$

22 생략

## [연습문제 10.7]

01 $f^{(n)}(2) = e^2$ 이므로 $e^x = \sum_{n=0}^{\infty} \dfrac{f^{(n)}(c)}{n\,!}(x-c)^n = \sum_{n=0}^{\infty} \dfrac{e^2}{n!}(x-2)^n$

02 $\sum_{n=0}^{\infty} \dfrac{(-1)^n n!}{n!}(x-1)^n = \sum_{n=0}^{\infty}(-1)^n(x-1)^n$

$= 1-(x-1)+(x-1)^2-(x-1)^3+\cdots+(-1)^n(x-1)^n+\cdots$

03 $\dfrac{\sqrt{2}}{2}+\dfrac{\sqrt{2}}{2}\left(x-\dfrac{\pi}{4}\right)-\dfrac{1}{2!}\dfrac{\sqrt{2}}{2}\left(x-\dfrac{\pi}{4}\right)^2-\dfrac{1}{3!}\dfrac{\sqrt{2}}{2}\left(x-\dfrac{\pi}{4}\right)^3+\cdots$

$+\dfrac{(-1)^n}{(2n)!}\dfrac{\sqrt{2}}{2}\left(x-\dfrac{\pi}{4}\right)^{2n}+\dfrac{(-1)^n}{(2n+1)!}\dfrac{\sqrt{2}}{2}\left(x-\dfrac{\pi}{4}\right)^{2n+1}+\cdots$

부호가 2번씩 $++\ --\ ++\ --\ \cdots$로 교대로 나타난다.

04 $2+\dfrac{1}{4}(x-4)-\dfrac{1}{2!32}(x-4)^2+\dfrac{1}{3!}\dfrac{3}{256}(x-4)^3+\cdots$

05 $\ln x = \sum_{n=1}^{\infty}\dfrac{(-1)^{n-1}}{n}(x-1)^n = (x-1)-\dfrac{(x-1)^2}{2}+\dfrac{(x-1)^3}{3}-\cdots$

06 $\ln(1+x) = \sum_{n=1}^{\infty}(-1)^{n+1}\dfrac{x^n}{n} = \sum_{n=0}^{\infty}(-1)^n\dfrac{x^{n+1}}{n+1} = x-\dfrac{1}{2}x^2+\dfrac{1}{3}x^3-\dfrac{1}{4}x^4+\cdots$

07 $x^3+12x-7$

08 $-5-9(x-1)-3(x-1)^2+(x-1)^3$

09 $1+4x+6x^2+4x^3+x^4$

10 $1+\sum_{n=1}^{\infty}(-1)^n(n+1)x^n$

11 $1+\dfrac{1}{2}x+\sum_{n=2}^{\infty}(-1)^{n-1}\dfrac{1\cdot 3\cdot \cdots \cdot(2n-3)}{2^n n!}x^n$

12 $1+\sum_{n=1}^{\infty}(-1)^n\dfrac{1\cdot 3\cdot \cdots \cdot(2n-1)}{2^n n!}x^n$

13 $f(x) = e^x = 1+x+\dfrac{x^2}{2}+R_2(x)$

$f^{(n)}(x) = e^x$ 이고 $R_2(x) = \dfrac{e^{\xi}}{3!}x^3$, $\xi$는 0과 $x$ 사이의 수

$\therefore |x| < 0.1$일 때 오차는 $|R_2(x)| \le \dfrac{e^{\xi}}{6}(0.1)^3 \le \dfrac{e^{0.1}}{6}(0.1)^3 \approx 1.84\times 10^{-4}$

14 $\dfrac{1}{x}=1-(x-1)+(x-1)^2-(x-1)^3+R_3(x)$,

1과 $x$ 사이의 수 $\xi$에 대해서 $-0.2<\xi-1<0.2$에서 $\xi>0.8$, $\dfrac{1}{\xi}<\dfrac{1}{0.8}$이므로

$$|R_3(x)|\le\frac{(x-1)^4}{|\xi|^5}\le\frac{0.2^4}{0.8^5}=0.004883$$

15 0.818733

16 0.942757(Taylor 공식 또는 교대급수의 나머지항에 대한 성질 이용)

17 0.034907(Taylor 공식 또는 교대급수의 나머지항에 대한 성질 이용)

18 (1) $\sin x = x-\dfrac{1}{3!}x^3+\dfrac{x^5}{5!}-\cdots$

$$x=65^\circ=\frac{65}{180}\pi\simeq 1.134\ \text{[radian]}$$

$|R_n|=\dfrac{x^{n+1}}{(n+1)!}f^{(n+1)}(\xi)$인 $\xi$가 $[0,x]$에 존재

$|R_n|<\dfrac{(1.134)^{n+1}}{(n+1)!}<5\times10^{-5}$, $n=8$ 일 때 $\dfrac{(1.134)^9}{9!}=8.96\times10^{-6}$으로 충분

$$\sin 65^\circ\simeq 1.134-\frac{1.134^3}{3!}+\frac{1.134^5}{5!}-\frac{1.134^7}{7!}\simeq 0.9063$$

(2) $$\sin x=\sin\frac{\pi}{3}+\cos\frac{\pi}{3}\left(x-\frac{\pi}{3}\right)+\frac{\sin\frac{\pi}{3}}{2!}\left(x-\frac{\pi}{3}\right)^2-\frac{\cos\frac{\pi}{3}}{3!}\left(x-\frac{\pi}{3}\right)^3+\cdots$$
$$=\frac{\sqrt{3}}{2}+\frac{1}{2}\left(x-\frac{\pi}{3}\right)-\frac{\sqrt{3}}{2\cdot 2!}\left(x-\frac{\pi}{3}\right)^2-\frac{1}{2\cdot 3!}\left(x-\frac{\pi}{3}\right)^3+\cdots$$

$x=65^\circ=\dfrac{65}{180}\pi\simeq 1.134$ [radian], $x-\dfrac{\pi}{3}=\dfrac{\pi}{36}\simeq 0.08726$이므로

$$|R_n|=\left|\frac{f^{(n+1)}(\xi)}{(n+1)!}\left(x-\frac{\pi}{3}\right)^{(n+1)}\right|<\frac{(0.09)^{n+1}}{(n+1)!}<5\times10^{-5}\ \left(\frac{\pi}{3}<\xi<1.134\right)$$

$n=3$ 일 때 $\left|R_3\left(\dfrac{65}{180}\pi\right)\right|\simeq 2.73\times10^{-6}$으로 오차의 범위 안에 있다.

$$\sin 65^\circ\simeq\sin 1.134\simeq\frac{\sqrt{3}}{2}+\frac{1}{2}(0.09)-\frac{\sqrt{3}}{2\cdot 2!}(0.09)^2-\frac{1}{2\cdot 3!}(0.09)^3\simeq 0.9063$$

## [연습문제 10.8]

01 $e^{-5x}=\displaystyle\sum_{n=0}^{\infty}\frac{(-5x)^n}{n!}$ 이므로 $xe^{-5x}=\displaystyle\sum_{n=0}^{\infty}\frac{(-5)^n}{n!}x^{n+1}$

02 $\cos x=\displaystyle\sum_{n=0}^{\infty}\frac{(-1)^n x^{2n}}{(2n)!}$ 이므로 $x$ 대신 $\sqrt{x}$ 를 대입하면 $\cos\sqrt{x}=\displaystyle\sum_{n=0}^{\infty}\frac{(-1)^n}{(2n)!}x^n$

03 $\sin x=\displaystyle\sum_{n=0}^{\infty}\frac{(-1)^n x^{2n+1}}{(2n+1)!}$ 이므로 $x^2\sin x=\displaystyle\sum_{n=0}^{\infty}\frac{(-1)^n x^{2n+3}}{(2n+1)!}$

04 $\dfrac{\sin x}{x}=\dfrac{1}{x}\displaystyle\sum_{n=0}^{\infty}\frac{(-1)^n x^{2n+1}}{(2n+1)!}=1-\frac{x^2}{3!}+\frac{x^4}{5!}-\frac{x^6}{7!}+\cdots$

05 $e^x = 1+x+\frac{x^2}{2!}+\cdots+\frac{x^n}{n!}+\cdots$ 이므로

$$\frac{e^x-1}{x} = 1+\frac{x}{2!}+\frac{x^2}{3!}+\cdots+\frac{x^{n-1}}{n!}+\cdots = \sum_{n=1}^{\infty}\frac{x^{n-1}}{n!}$$

06 $e^x = 1+x+\frac{x^2}{2}+\frac{x^3}{3!}+\frac{x^4}{4!}+\cdots+\frac{x^n}{n!}+\cdots = \sum_{n=0}^{\infty}\frac{x^n}{n!}$

$$e^{-x} = 1-x+\frac{x^2}{2}-\frac{x^3}{3!}+\frac{x^4}{4!}-\cdots+(-1)^n\frac{x^n}{n!}+\cdots = \sum_{n=0}^{\infty}\frac{(-1)^n x^n}{n!}$$

$$\sinh x = \frac{e^x-e^{-x}}{2} = x+\frac{x^3}{3!}+\frac{x^5}{5!}+\cdots+\frac{x^{2n+1}}{(2n+1)!}+\cdots = \sum_{n=0}^{\infty}\frac{x^{2n+1}}{(2n+1)!}$$

07 $\cos^2 x = \frac{1+\cos 2x}{2} = \frac{1}{2}+\frac{1}{2}\cos 2x$

$$= \frac{1}{2}+\frac{1}{2}\left(1-\frac{(2x)^2}{2!}+\frac{(2x)^4}{4!}-\cdots+(-1)^n\frac{(2x)^{2n}}{(2n)!}+\cdots\right)$$

$$= 1+\frac{1}{2}\sum_{n=1}^{\infty}(-1)^n\frac{(2x)^{2n}}{(2n)!}$$

08 $\cos 2x = 1-\frac{(2x)^2}{2}+\frac{(2x)^4}{4!}-\frac{(2x)^6}{6!}+\cdots = \sum_{n=0}^{\infty}(-1)^n\frac{2^{2n}x^{2n}}{(2n)!}$

$$\sin^2 x = \frac{1-\cos 2x}{2} = x^2-\frac{2^3}{4!}x^4+\frac{2^5}{6!}x^6-\cdots$$

$$= \sum_{n=1}^{\infty}(-1)^{n+1}\frac{2^{2n-1}x^{2n}}{(2n)!} = \sum_{n=0}^{\infty}(-1)^n\frac{2^{2n+1}x^{2n+2}}{(2n+2)!}$$

항별 미분하면

$$2\sin x\cos x = 2x-\frac{2^3}{3!}x^3+\frac{2^5}{5!}x^5-\cdots = \sum_{n=0}^{\infty}(-1)^n\frac{(2x)^{2n+1}}{(2n+1)!} = \sin 2x$$

09 (1) $|x-3|<2$, 즉 $1<x<5$, $\frac{2}{x-1}$

(2) $-\frac{1}{2}+\frac{1}{2}(x-3)-\frac{3}{8}(x-3)^2+\cdots+\left(-\frac{1}{2}\right)^n n(x-3)^{n-1}+\cdots$

(3) $|x-3|<2$, 즉 $1<x<5$, $\left(\frac{2}{x-1}\right)' = -\frac{2}{(x-1)^2}$

(4) $(x-3)-\frac{1}{2\cdot 2}(x-3)^2+\frac{1}{4\cdot 3}(x-3)^3+\cdots+\left(-\frac{1}{2}\right)^n\frac{1}{n+1}(x-3)^{n+1}+\cdots$,

$1<x\le 5$

(5) $2\int_3^x \frac{1}{t-1}dt = 2\ln(x-1)-2\ln 2 = 2\ln\frac{(x-1)}{2}$

10 $\int_0^x g(t)\,dt = x-\frac{1}{2}x^2+\frac{1}{3}x^3-\frac{1}{4}x^4+\cdots = \sum_{n=0}^{\infty}(-1)^n\frac{x^{n+1}}{n+1}$

수렴범위는 $-1<x\le 1$, 함수는 $\int_0^x\frac{1}{1+t}dt = \ln(1+x)$.

**11** $e^x = 1+x+\frac{x^2}{2}+\cdots+\frac{x^n}{n!}+\frac{x^{n+1}}{(n+1)!}+\cdots$

$(e^x)' = 1+x+\frac{x^2}{2}+\cdots+\frac{x^n}{n!}+\cdots = e^x$

$\sin x = x-\frac{1}{3!}x^3+\frac{x^5}{5!}-\cdots+(-1)^n\frac{x^{2n+1}}{(2n+1)!}+\cdots$

$(\sin x)' = 1-\frac{1}{2!}x^2+\frac{x^4}{4!}+\cdots+(-1)^n\frac{x^{2n}}{(2n)!}+\cdots = \cos x$

$\cos x = 1-\frac{1}{2!}x^2+\frac{x^4}{4!}+\cdots+(-1)^n\frac{x^{2n}}{(2n)!}+\cdots$

$(\cos x)' = -\left(x-\frac{x^3}{3!}+\cdots+(-1)^{n-1}\frac{x^{2n-1}}{(2n-1)!}+\cdots\right) = -\sin x$

**12** $e^x = 1+x+\frac{x^2}{2}+\cdots+\frac{x^{n-1}}{(n-1)!}+\cdots$

$\int_0^x e^t dt = x+\frac{x^2}{2!}+\cdots+\frac{x^n}{n!}+\cdots+ = e^x-1$

$\sin x = x-\frac{1}{3!}x^3+\frac{x^5}{5!}-\cdots+(-1)^n\frac{x^{2n+1}}{(2n+1)!}+\cdots$

$\int_0^x \sin t\,dt = \frac{1}{2}x^2-\frac{1}{4!}x^4+\cdots+(-1)^{n+1}\frac{x^{2n}}{(2n)!}+\cdots = -\cos x+1$

$\cos x = 1-\frac{1}{2!}x^2+\frac{x^4}{4!}+\cdots+(-1)^n\frac{x^{2n}}{(2n)!}+\cdots$

$\int_0^x \cos t\,dt = x-\frac{x^3}{3!}+\frac{x^5}{5!}+\cdots+(-1)^n\frac{x^{2n+1}}{(2n+1)!}+\cdots = \sin x$

**13** $-\frac{1}{1+x} = -\frac{1}{1-(-x)} = -\sum_{n=0}^{\infty}(-x)^n = -(1-x+x^2-x^3+\cdots),\ |x|<1$

$\frac{1}{(1+x)^2} = \frac{d}{dx}\left(-\frac{1}{1+x}\right) = 1-2x+3x^2-4x^3+\cdots = \sum_{n=1}^{\infty}(-1)^{n-1}n\,x^{n-1}$

**14** (1) $1+\sum_{n=1}^{\infty}\frac{1\cdot 3\cdot\cdots\cdot(2n-1)}{2^n n!}x^{2n}$

(2) $x+\sum_{n=1}^{\infty}\frac{1\cdot 3\cdot\cdots\cdot(2n-1)}{2^n n!}\frac{x^{2n+1}}{2n+1}$

**15** (1) $e^{-i\pi} = \cos(-\pi)+i\sin(-\pi) = \cos\pi - i\sin\pi = -1$

(2) $e^{i\pi/4} = \cos\pi/4+i\sin\pi/4 = (1/\sqrt{2})(1+i)$

(3) $e^{-i\pi/2} = \cos(-\pi/2)+i\sin(-\pi/2) = \cos\pi/2 - i\sin\pi/2 = -i$

**16** $R_n(x) = \int_0^x \frac{(-1)^{n+1}t^{2n+2}}{1+t^2}dt$ 이고 $1+t^2>1$이므로

$|R_n(x)| \le \int_0^{|x|} t^{2n+2}dt = \frac{|x|^{2n+3}}{2n+3} \to 0$ ($|x|\le 1$ 일 때)이 성립한다.

**17** 1/120 **18** 1/9 **19** $-1$

**20** $e^{-t^2}=1-t^2+\frac{1}{2}t^4-\frac{1}{3!}t^6+\frac{1}{4!}t^8-\cdots$이므로

$\int_0^x e^{-t^2}dt = x-\frac{1}{3}x^3+\frac{x^5}{2!5}-\frac{x^7}{3!7}+\frac{x^9}{4!9}-\cdots$이다.

$\int_0^1 e^{-x^2}dx = 1-\frac{1}{3}+\frac{1}{10}-\frac{1}{42}+\frac{1}{4!9}-\frac{1}{5!11}+\frac{1}{6!13}-\frac{1}{7!15}+\cdots$ ; 교대급수

$\frac{1}{6!13}\approx 1.068\times 10^{-4}<5\times 10^{-4}$이므로 [교대급수의 나머지항에 대한 성질]로부터

근삿값을 급수의 여섯 번째 항까지 계산하면 0.74673이다.

**21** $\cos\sqrt{x}=1-\frac{x}{2}+\frac{x^2}{4!}-\frac{x^3}{6!}+\ldots+(-1)^n\frac{x^n}{(2n)!}+\cdots$ 을 이용하면

$$\int_0^1 \cos\sqrt{x}\,dx = x-\frac{x^2}{2\cdot 2}+\frac{x^3}{4!\cdot 3}-\frac{x^4}{6!\cdot 4}+\frac{x^5}{8!\cdot 5}-\cdots\Big|_0^1$$
$$=1-\frac{1}{2\cdot 2}+\frac{1}{4!3}-\frac{1}{6!4}+\frac{1}{8!5}-\cdots$$

$\frac{1}{8!5}\approx 4.96\times 10^{-6}$ 이므로 급수의 네 번째 항까지 계산하면 0.76354 이다.

**22** $\cosh x^2=1+\frac{1}{2}x^4+\frac{1}{4!}x^8+\frac{1}{6!}x^{12}+\cdots$ 을 이용하면

$$\int_0^{0.5}\cosh x^2 dx = x+\frac{1}{2\cdot 5}x^5+\frac{1}{4!9}x^9+\frac{1}{6!13}x^{13}+\cdots\Big|_0^{0.5}$$
$$=\frac{1}{2}+\frac{1}{2\cdot 5}\left(\frac{1}{2}\right)^5+\frac{1}{4!9}\left(\frac{1}{2}\right)^9+\frac{1}{6!13}\left(\frac{1}{2}\right)^{13}+\cdots$$

$\frac{1}{2\cdot 5}\left(\frac{1}{2}\right)^5\approx 3.125\times 10^{-3}$ 이고 $\frac{1}{4!9}\left(\frac{1}{2}\right)^9\approx 9.042\times 10^{-6}$ 이므로

급수의 두 번째 항까지 계산하면 0.50313이다.

**23** $\frac{\sin x}{x}=1-\frac{x^2}{3!}+\frac{x^4}{5!}-\frac{x^6}{7!}+\cdots$을 이용하면

$$\int_0^1\frac{\sin x}{x}dx = x-\frac{x^3}{3!3}+\frac{x^5}{5!5}-\frac{x^7}{7!7}+\cdots\Big|_0^1=1-\frac{1}{3!3}+\frac{1}{5!5}-\frac{1}{7!7}+\cdots$$

$\frac{1}{7!7}\approx 0.00002834<0.00005$ 이므로 $\int_0^1\frac{\sin x}{x}dx\approx 1-\frac{1}{3!3}+\frac{1}{5!5}=0.94611$

**24** $\ln(1+x)=\sum_{n=1}^{\infty}(-1)^{n+1}\frac{x^n}{n}$, $-1<x\le 1$, $\ln(1-x)=-\sum_{n=1}^{\infty}\frac{x^n}{n}$, $-1\le x<1$

$$\ln(1+x)-\ln(1-x)=2x+\frac{2}{3}x^3+\frac{2}{x^5}+\cdots$$
$$=2\left(x+\frac{1}{3}x^3+\frac{1}{5}x^5+\cdots+\frac{x^{2n-1}}{2n-1}+\cdots\right)=2\sum_{n=1}^{\infty}\frac{x^{2n-1}}{2n-1}=2\sum_{n=0}^{\infty}\frac{x^{2n+1}}{2n+1},\ -1<x<1$$

## [연습문제 11.1]

**01** (1)(3), (2)(4)

**02** (3)(5)(7), (2)(4)(8)

**03** (1)(3), (2)(4)

04 (1) $(1, 1)$ (2) $(1, 0)$ (3) $(0, 0)$

(4) $(-1, -1)$ (5) $(3, 4)$ (6) $(1, 0)$

05 (1) $\left(2, \frac{\pi}{2}+2k\pi\right)$ 또는 $\left(-2, -\frac{\pi}{2}+2k\pi\right)$ $k$: 정수

(2) $(-2, 2k\pi)$ 또는 $(2, (2k+1)\pi)$ $k$: 정수

(3) $\left(3, \frac{\pi}{4}+2k\pi\right)$ 또는 $\left(-3, -\frac{3}{4}\pi+2k\pi\right)$ $k$: 정수

(4) $\left(3, -\frac{\pi}{4}+2k\pi\right)$ 또는 $\left(-3, \frac{3}{4}\pi+2k\pi\right)$ $k$: 정수

06

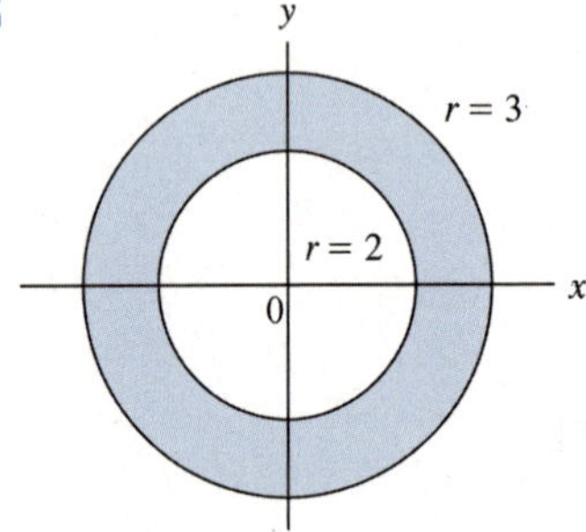


07

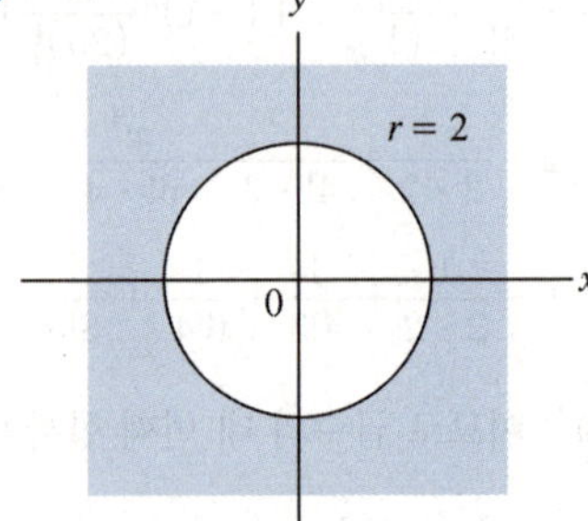


08

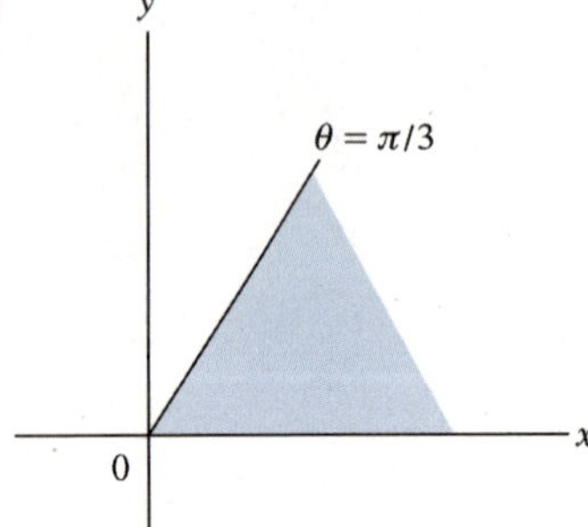


09

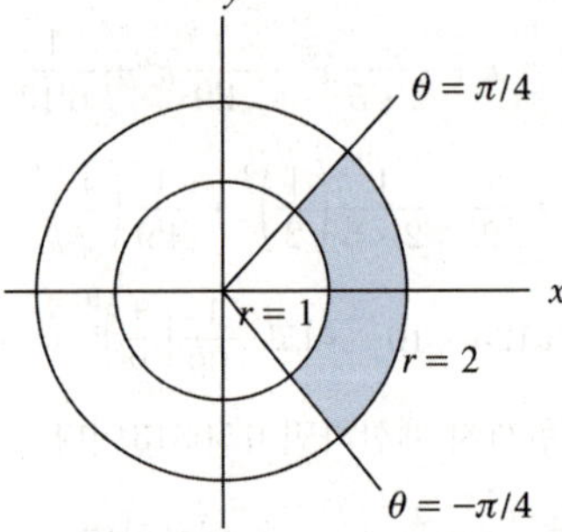


10

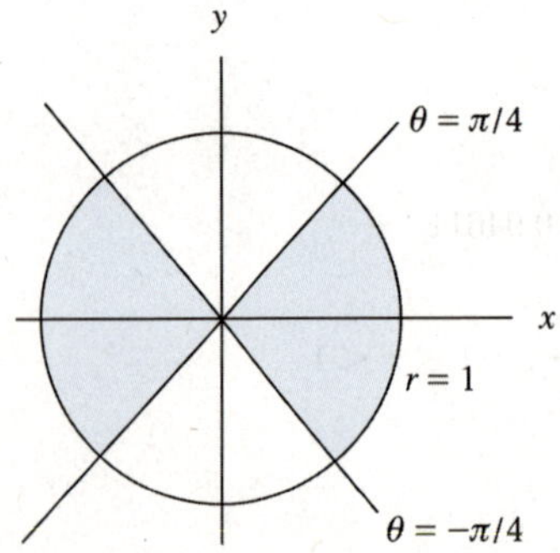


11 $x = 2$, 직선

12 $y = 0$, $x-$축

13 $x + y = 1$, 직선

14 $x = y$, 직선

15 $x^2 + y^2 = 4y$, 원 $x^2 + (y-2)^2 = 4$

16 $x^2 + y^2 + 2xy = 1$, $x + y = \pm 1$ 평행인 두 직선

17 $x^2 + y^2 = -4x$, 원 $(x+2)^2 + y^2 = 4$

18 $x^2 + y^2 = 8y$, 원 $x^2 + (y-4)^2 = 16$

19 $\theta = \pi/4$

20 $r = 2$

21 $r = 10\cos\theta$

22 $r = -10\sin\theta$

23 (1) $y$축에 평행한 직선 $x = a$에서 $r\cos\theta = a$ $\therefore r = a\sec\theta$

(2) $x$축에 평행한 직선 $y = b$에서 $r\sin\theta = b$ $\therefore r = b\csc\theta$

## [연습문제 11.2]

01 $r = \cos2\theta$

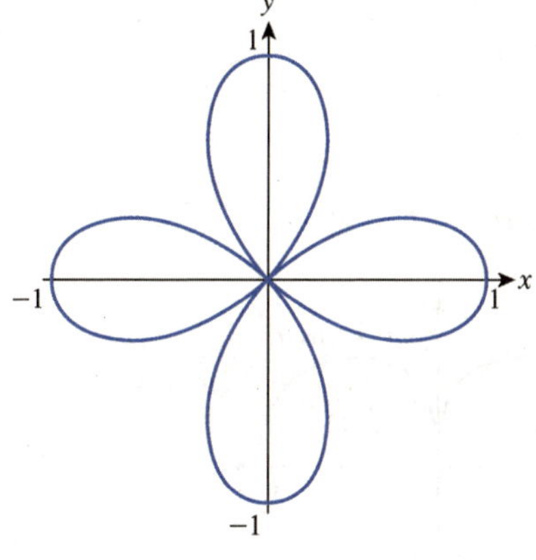


02 $r = \cos3\theta$

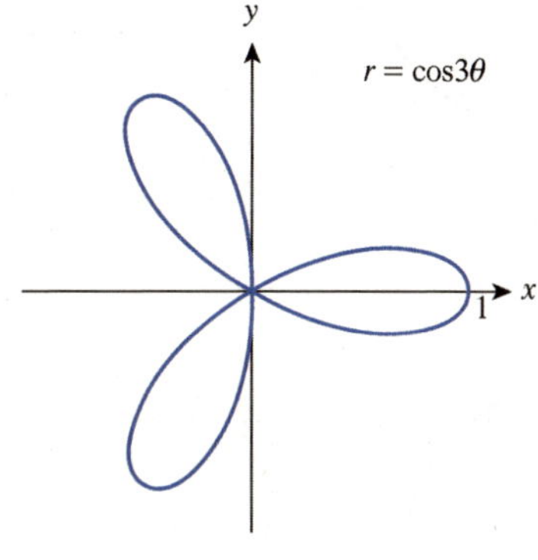


03 $r = 1 + \cos\theta$

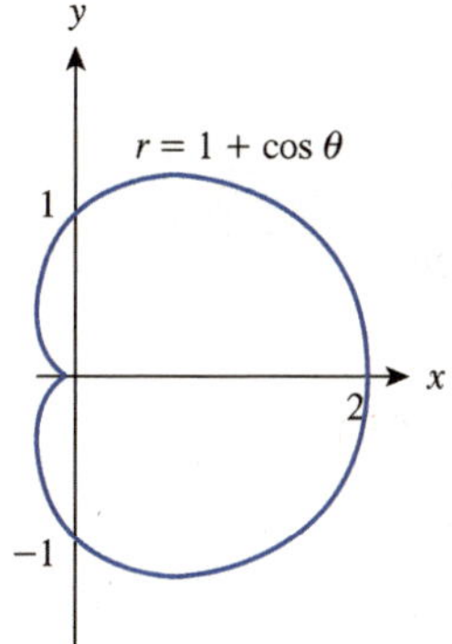


04 $r = 1 - \sin\theta$

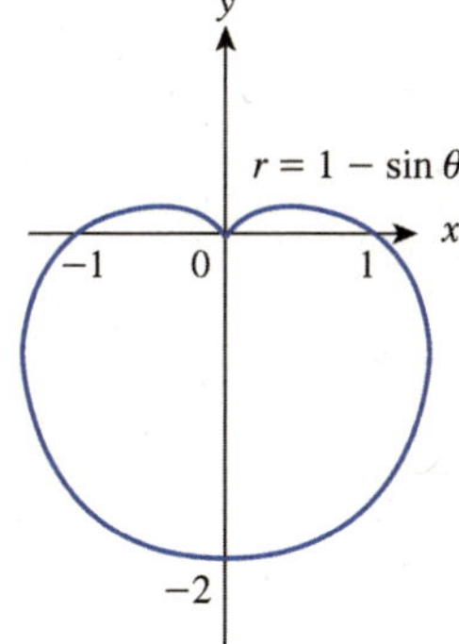


05 $r = \frac{1}{2} + \cos\theta$

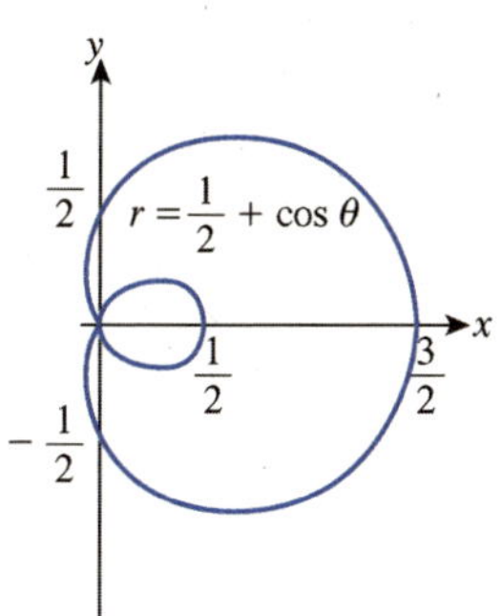


06 $r = \frac{1}{2} + \sin\theta$

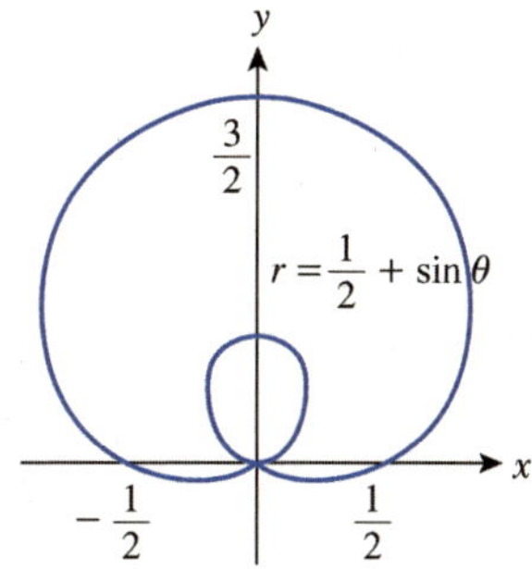

07 $r=\dfrac{1}{2}+\cos\theta$

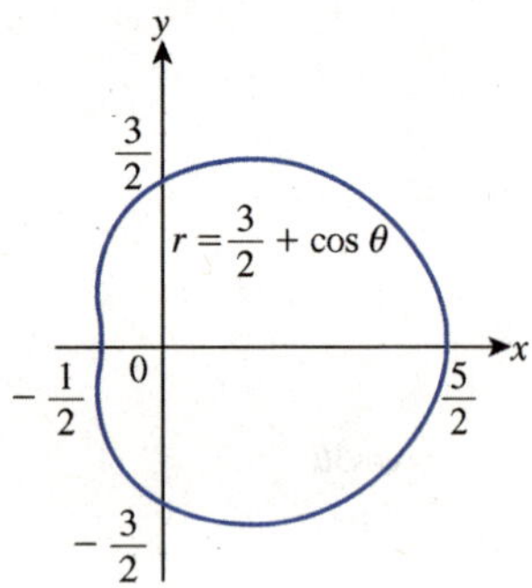


08 $r=\dfrac{3}{2}-\sin\theta$

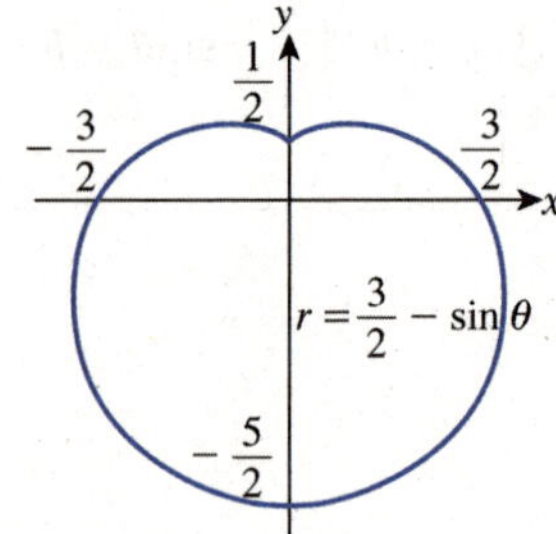


09 $r=2+\sin\theta$

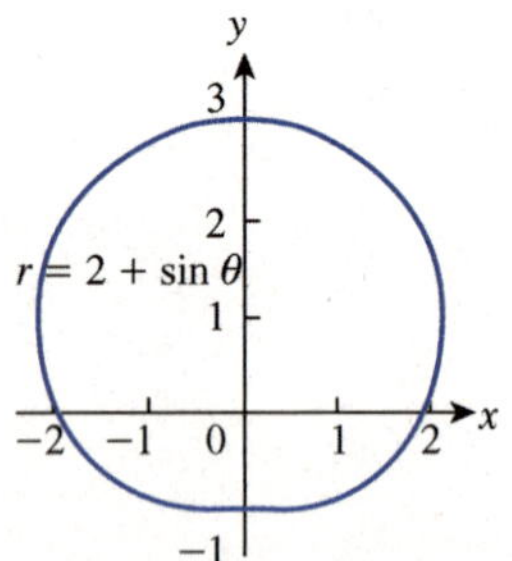


10 $r^2=2\cos\theta$

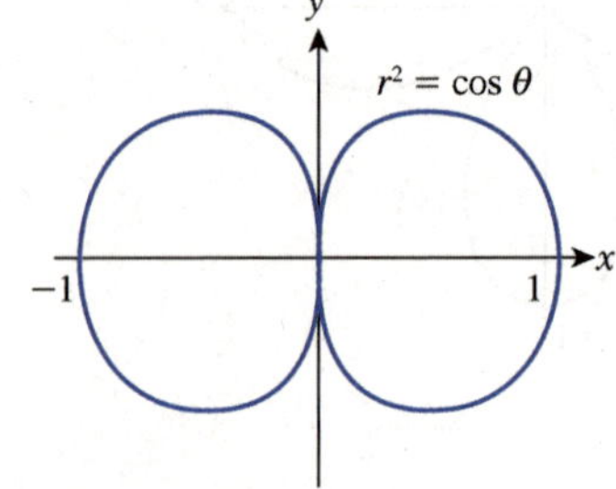


11 $r^2=4\cos 2\theta$

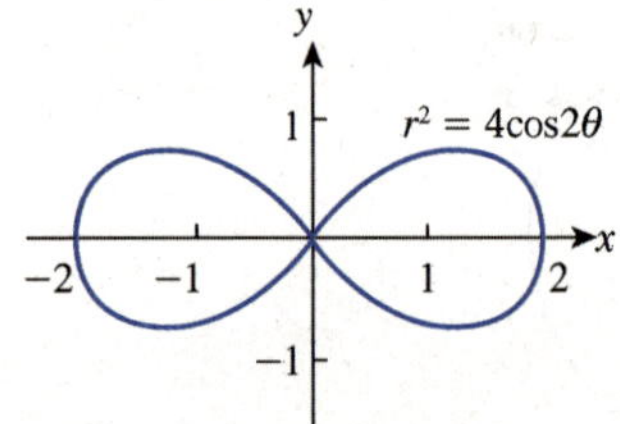


12 $r^2=-\sin 2\theta$

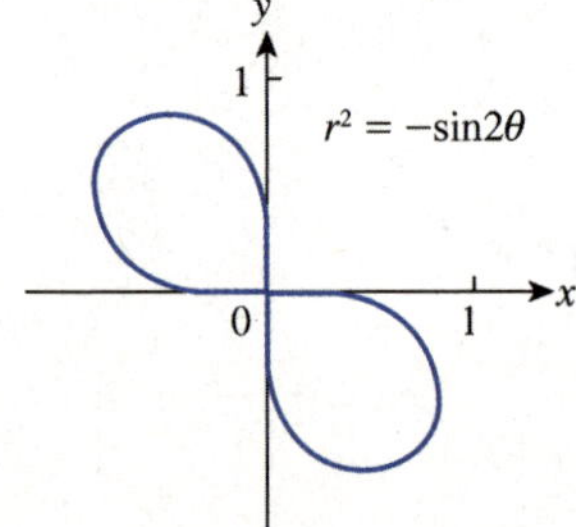


## [연습문제 11.3]

01 $3\pi/2$

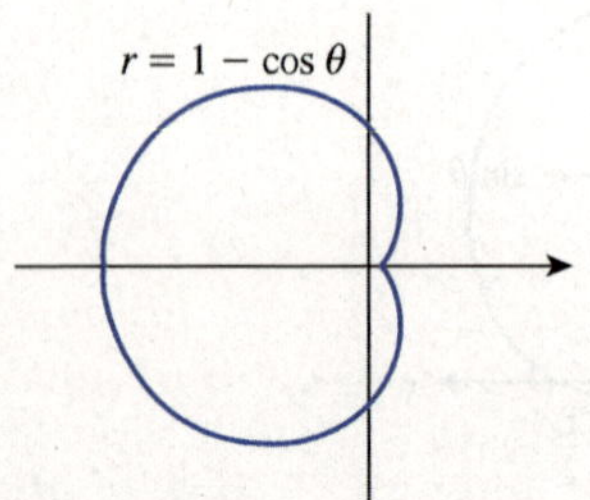


02 $18\pi$

03 $\pi/8$

04 $\frac{\pi}{20}$

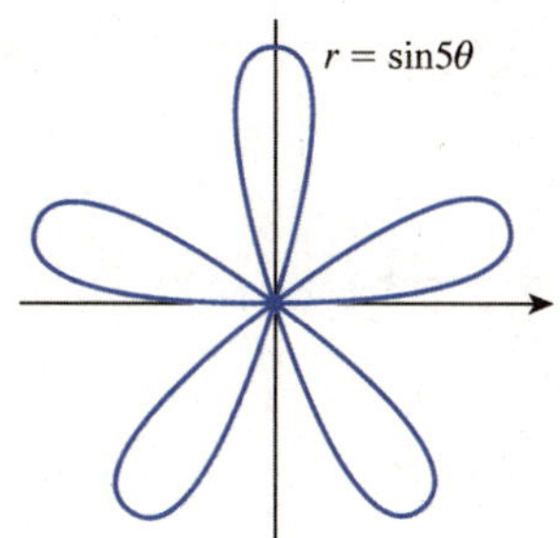


05 $1/2$

06 $\frac{\pi}{2} - \frac{3\sqrt{3}}{4}$

07 $\frac{\pi}{2} - 1$

08 $5\pi - 8$

09 $\frac{3\pi}{2} - 4$

10 $\frac{\pi}{3} + \frac{\sqrt{3}}{2}$

## [연습문제 12.1]

01 $F(3,0)$, $x = -3$

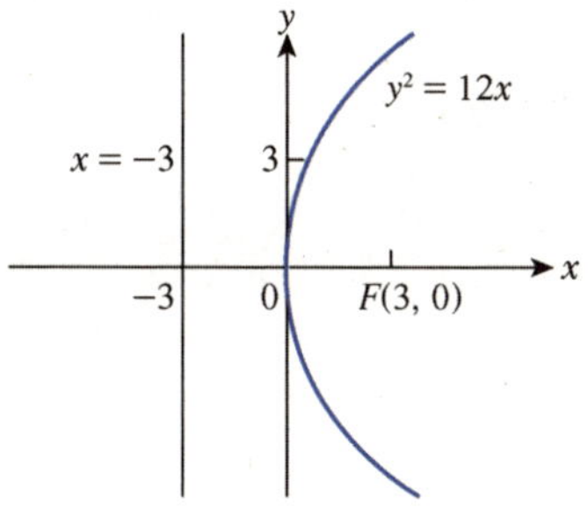


02 $F(0,-2)$, $y = 2$

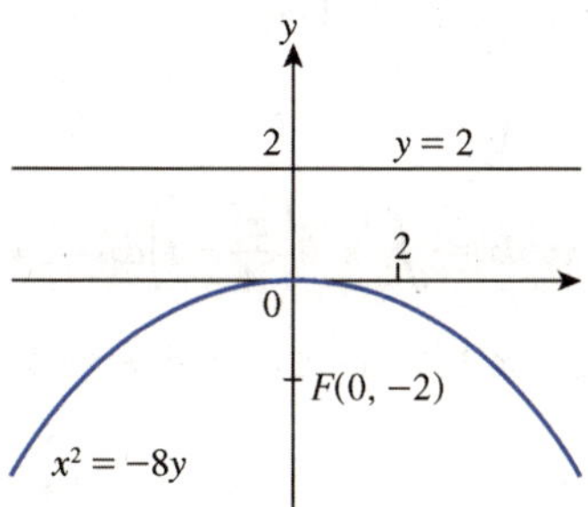


03 $F(0, 1/16)$, $y = -1/16$

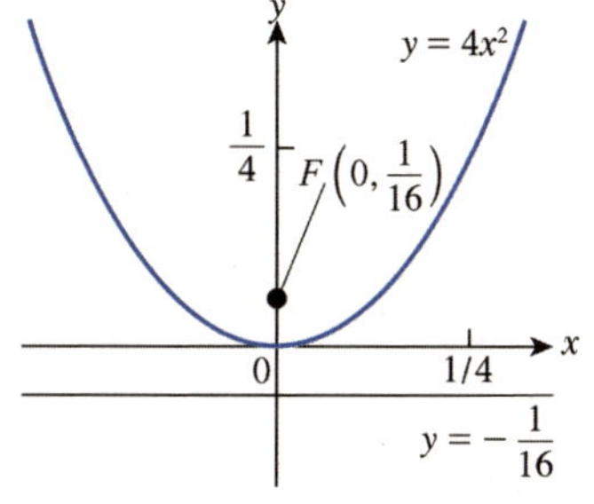


04 $F(-1/12, 0)$, $x = 1/12$

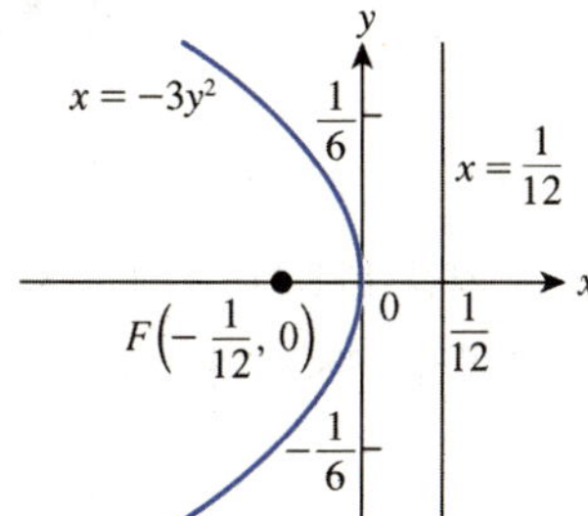

**05** $F(\pm 3,0)$

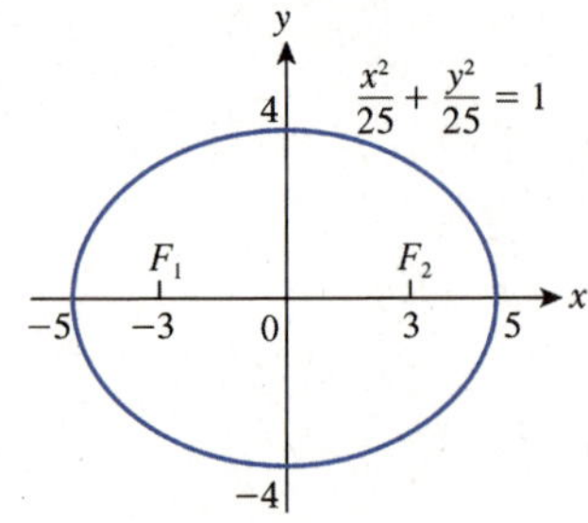


**06** $F(0, \pm 1)$

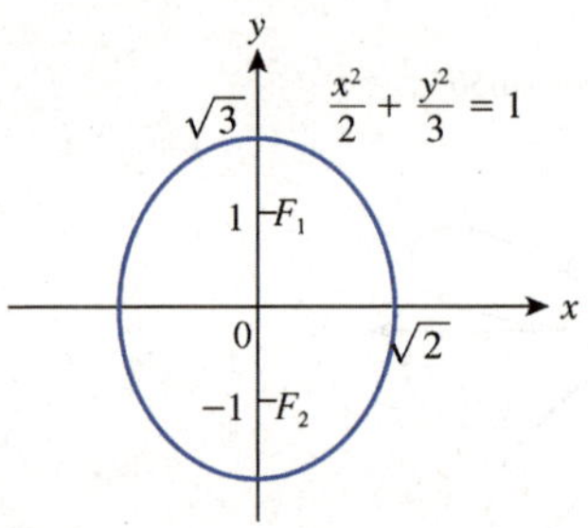


**07** $F(\pm \sqrt{2},0)$, $y = \pm x$

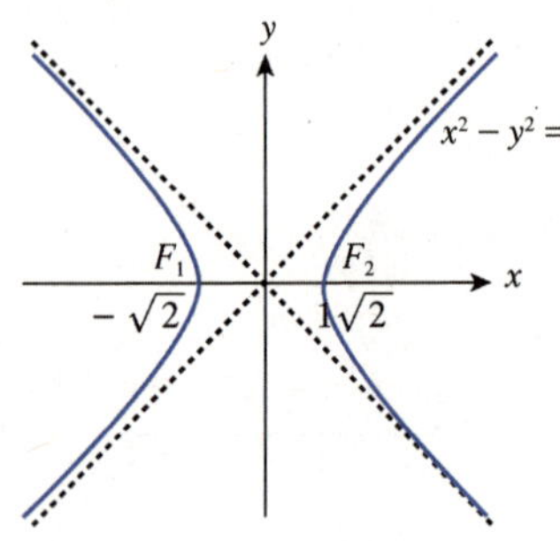


**08** $F(0, \pm \sqrt{10})$, $y = \pm x/2$

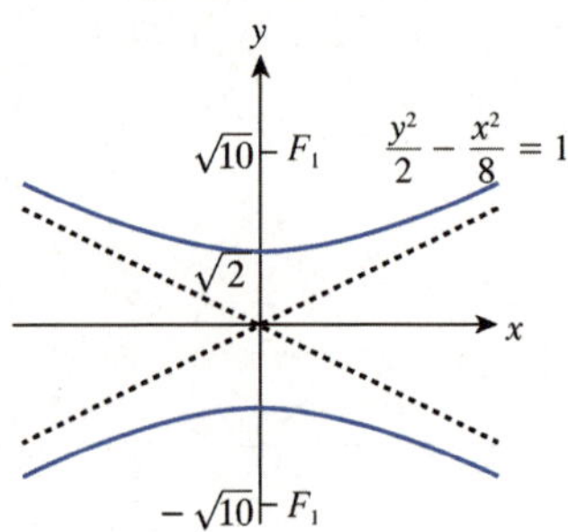


**09** 가로=$2\sqrt{2}$ , 세로=$\sqrt{2}$ , 면적=4

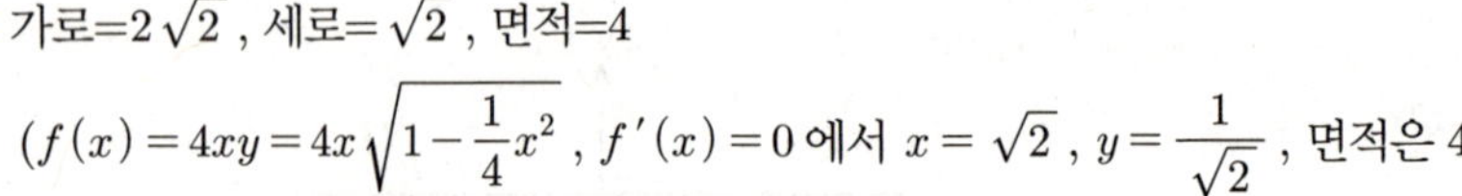

$\left(f(x) = 4xy = 4x\sqrt{1 - \frac{1}{4}x^2}\right.$ , $f'(x) = 0$ 에서 $x = \sqrt{2}$ , $y = \frac{1}{\sqrt{2}}$ , 면적은 4)

**10** $24\pi$ $\left(V = \int_2^4 \pi y^2 dx = \int_2^4 \pi\ 9\left(\frac{x^2}{4} - 1\right)dx = 24\pi\right)$

**11** 꼭지점 $V(1,-2)$ , 초점 $F(3,-2)$ , 준선 $x = -1$

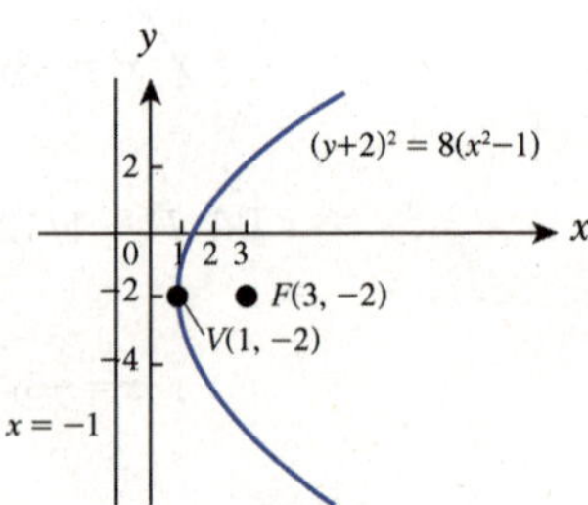


**12** $(x-1)^2 = 8(y+7)$ , 꼭지점 $V(1,7)$ , 초점 $F(1,-5)$ , 준선 $y = -9$

**13** 초점 $F(4 \pm \sqrt{7},3)$ , 꼭지점 $V(8,3)$ 과 $V(0,3)$ , 중심 $C(4,3)$

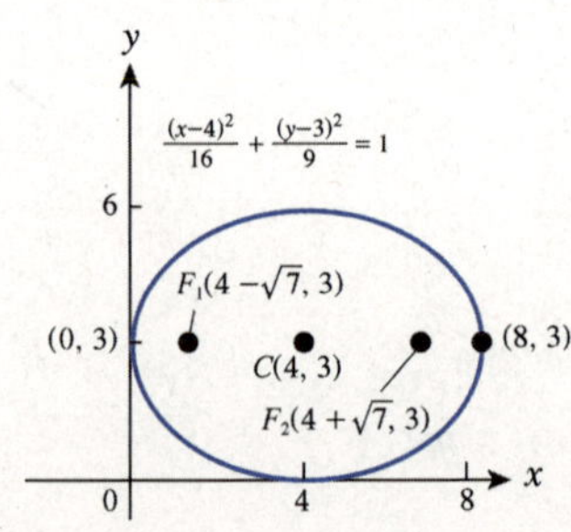

14 $\frac{(x+2)^2}{6}+\frac{(y+1)^2}{9}=1$, 초점 $F(-2,\pm\sqrt{3}-1)$, 꼭지점 $V(-2,\pm 3-1)$, 중심 $C(-2,-1)$

15 중심 $C(2,0)$, 초점 $F(7,0)$ 과 $F(-3,0)$, 꼭지점 $V(6,0)$ 과 $V(-2,0)$, 점근선 $y=\pm\frac{3}{4}(x-2)$

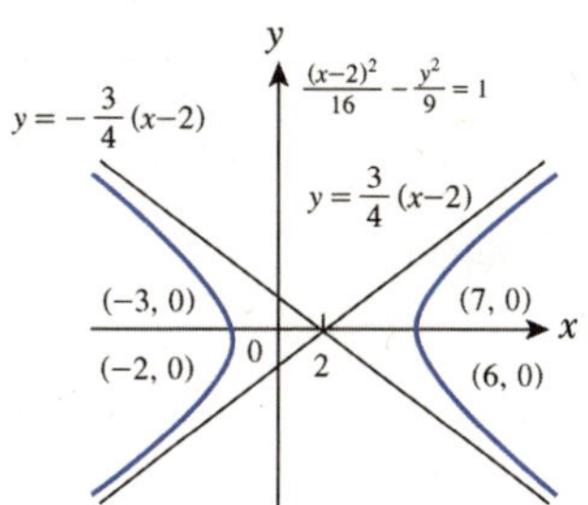


16 $\frac{(x-2)^2}{4}-\frac{(y-2)^2}{5}=1$, 중심 $C(2,2)$, 초점 $F(5,2)$와 $F(-1,2)$, 꼭지점 $V(4,2)$와 $V(0,2)$, 점근선 $y-2=\pm\frac{\sqrt{5}}{2}(x-2)$

17 $(x+3)^2=-2(y-5)$, 포물선, 꼭지점 $V(-3,5)$

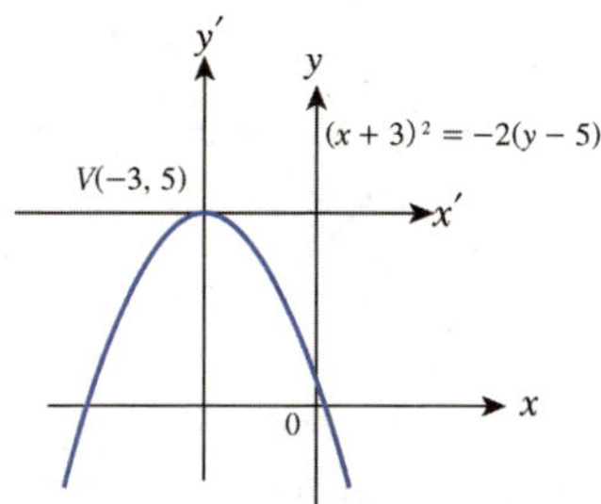


18 $(y-2)^2=-\frac{1}{3}(x-19)$, 포물선, 꼭지점 $V(19,2)$

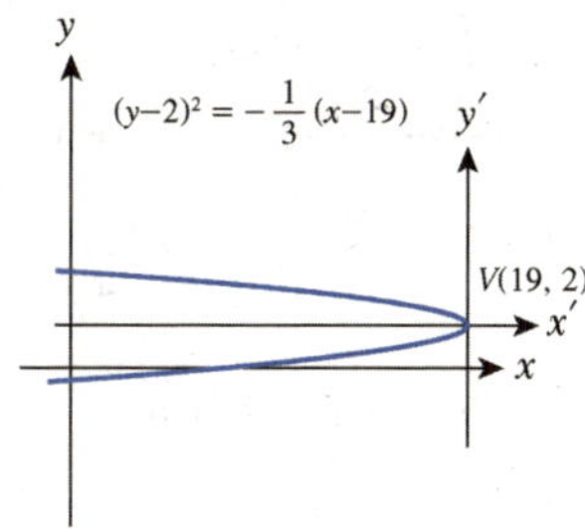


19 타원 $\frac{(x+2)^2}{5}+y^2=1$,

중심 $C(-2,0)$, 초점 $F(0,0)$ 과 $F(-4,0)$, 꼭지점 $V(\sqrt{5}-2,0)$과 $V(-\sqrt{5}-2,1)$

20 타원 $\frac{(x-1)^2}{2}+(y-1)^2=1$,

중심 $C(1,1)$, 초점 $F(2,1)$과 $F(0,1)$, 꼭지점 $V(\sqrt{2}+1,1)$과 $V(-\sqrt{2}+1,1)$

21 쌍곡선 $(x-1)^2-(y-2)^2=1$, 중심 $C(1,2)$, 초점 $F(1+\sqrt{2},2)$와 $F(1-\sqrt{2},2)$, 꼭지점 $V(2,2)$와 $V(0,2)$, 점근선 $(y-2)=\pm(x-1)$

22 쌍곡선 $\frac{(y-3)^2}{6}-\frac{x^2}{3}=1$, 중심 $C(0,3)$, 초점 $F(0,6)$과 $F(0,0)$, 꼭지점 $V(0,\sqrt{6}+3)$과 $V(0,-\sqrt{6}+3)$,

점근선 $y=\pm\sqrt{2}x+3$

## [연습문제 12.2]

01 $e=1/\sqrt{2}$

02 $e=\sqrt{3}/3$

03 $e=\sqrt{2}$

04 $e=\sqrt{5}$

05 생략

06 생략

## [연습문제 12.3]

01 $4x'^2+16y'=0$, 포물선

02 $y'^2=1$, 평행인 두 직선

03 $2\sqrt{2}x'^2+8\sqrt{2}y'=0$, 포물선

04 $4x'^2+2y'^2=19$, 타원

05 $\theta=\pi/4$, $9x'^2+4y'^2=1$, 타원

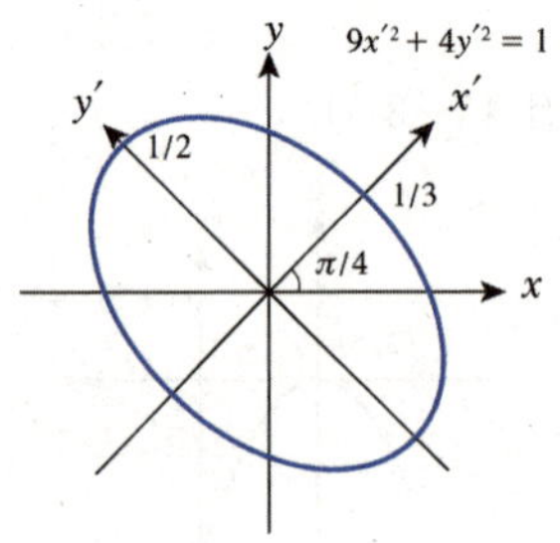


06 $\tan 2\theta=-24/7$, $\cos 2\theta=-7/25$, $\sin\theta=4/5$, $\cos\theta=3/5$

$100x'^2+25y'^2=400$, 즉 $x'^2/4+y'^2/16=1$, 타원

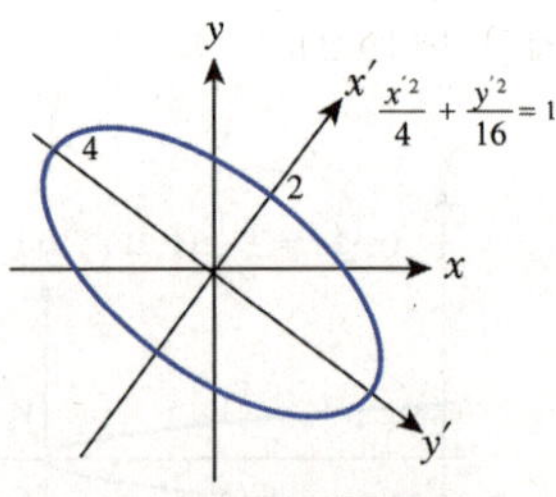


07 $\tan 2\theta=4/3$, $\cos 2\theta=3/5$, $\sin\theta=1/\sqrt{5}$, $\cos\theta=2/\sqrt{5}$

$9y'^2-x'^2=4$, 쌍곡선

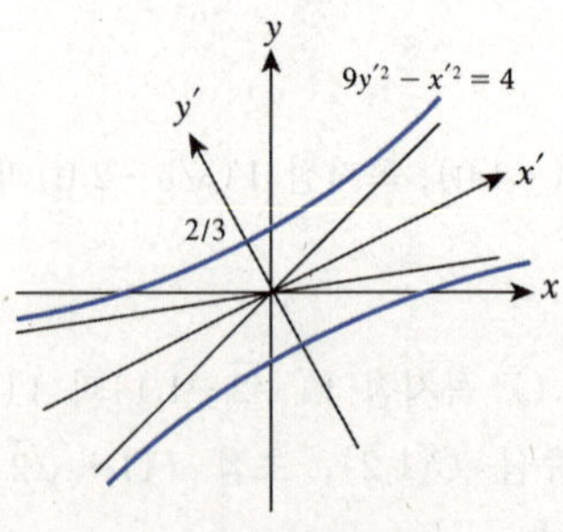


08 쌍곡선

09 타원

10 포물선

11 포물선

12 쌍곡선

13 타원

14 (1) $\frac{x'^2}{b^2}+\frac{y'^2}{a^2}=1$ (2) $\frac{y'^2}{a^2}-\frac{x'^2}{b^2}=1$ (3) $x'^2+y'^2=a^2$ (4) $y'=-\frac{1}{a}x'$

(5) $y'=-\frac{1}{a}x'+\frac{b}{a}$

15 $e=\sqrt{2}$

16 생략

## [연습문제 12.4]

01 $r\cos(\theta-\pi/6)=5,\ y=-\sqrt{3}x+10$

02 $r\cos(\theta-4\pi/3)=3,\ y=-(\sqrt{3}/3)x-2\sqrt{3}$

03 $y=2-x$

04 $y=(\sqrt{3}/3)x+2\sqrt{3}$

05 $r=8\cos\theta$

06 $r=2\sqrt{2}\sin\theta$

07 $x^2+y^2=4x$, $(x-2)^2+y^2=4$, 중심 (2,0), 중심의 극좌표 (2,0), 반지름=2

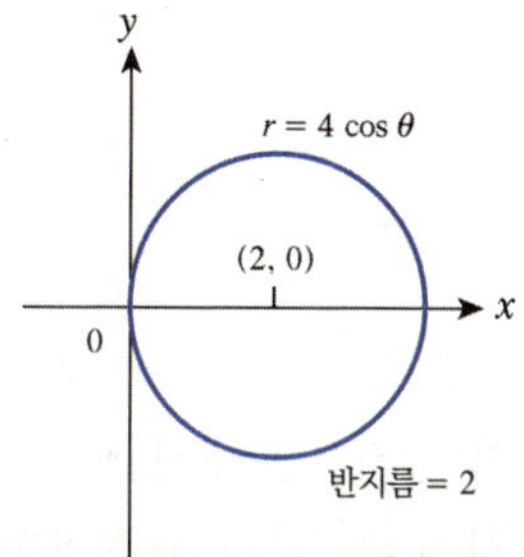


08 $x^2+y^2=-6y,\ x^2+(y+3)^2=9$, 중심 (0, −3), 중심의 극좌표 $(-3,\pi/2)$, 반지름=3

09 $(x-6)^2+y^2=36$, $r=12\cos\theta$

10 $x^2+(y-5)^2=25$, $r=10\sin\theta$

11 $(x+1)^2+y^2=1$, $r=-2\cos\theta$

12 $x^2+(y+1/2)^2=1/4$, $r=\sin\theta$

13 $r=2/(1+\cos\theta)$

14 $r=8/(1+2\cos\theta)$

15 $r=1/(2+\cos\theta)$

16 $r=10/(5-\sin\theta)$

17

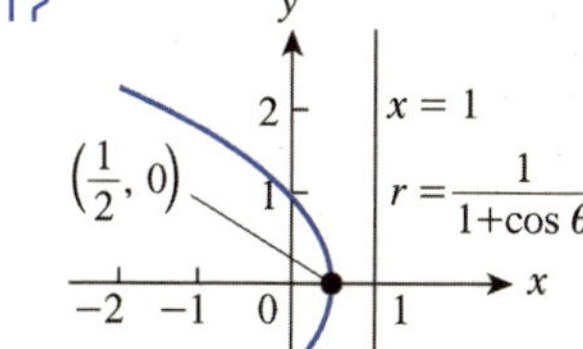


18

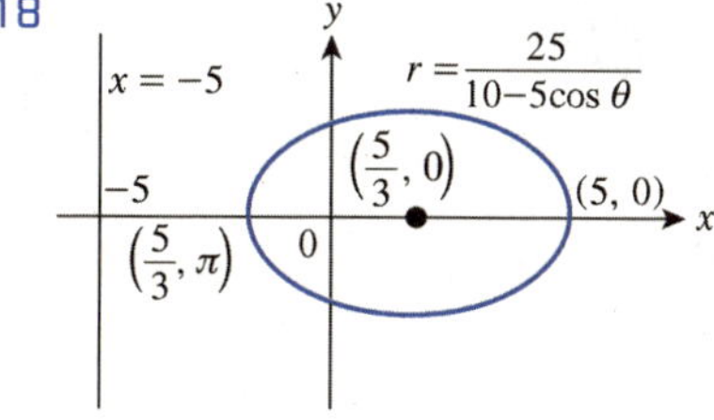

19

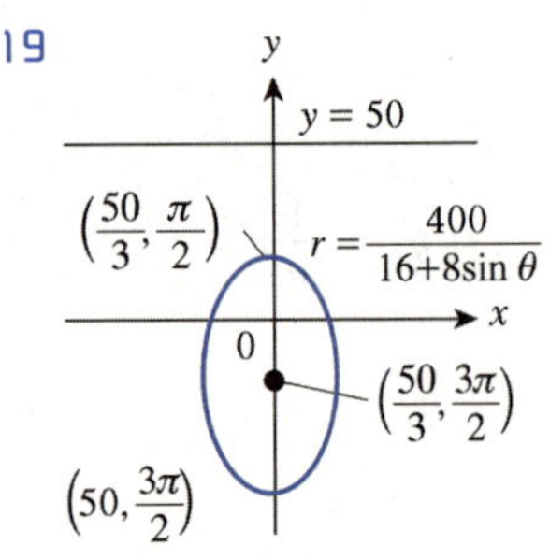


20

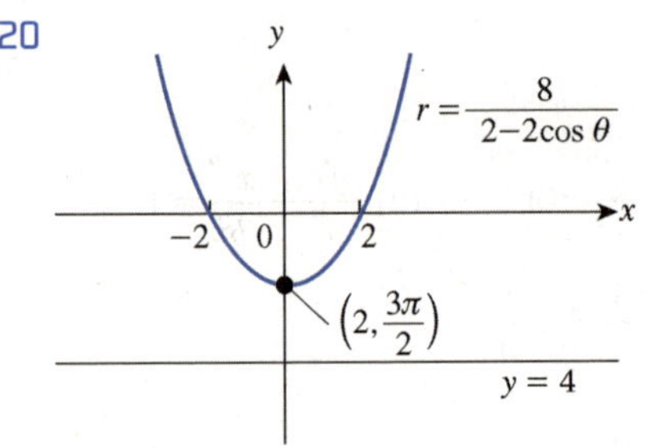


21 (1) $x^2+(y-2)^2=4,\ x=\sqrt{3}$

(2)

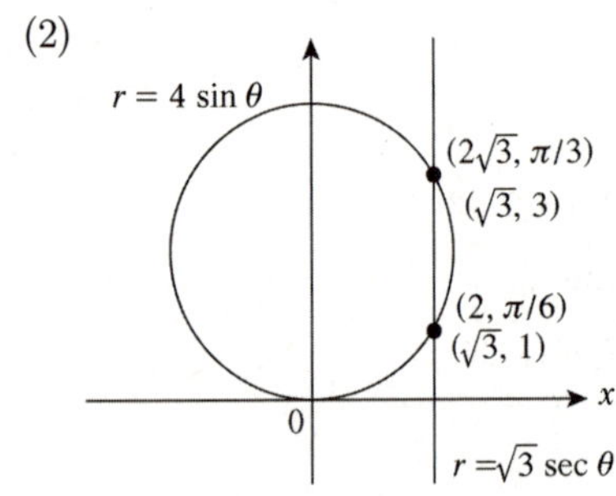


## [연습문제 13.1]

01 정의역: 전체 평면, 치역: 실직선(=실수 전체), 등고선: $y=2x+c$ (직선)

02 정의역: (0,0)을 제외한 전체 평면, 치역: 실직선, 등고선: $x^2+y^2=e^c$ (중심이 원점인 원)

03 정의역: 전체 평면, 치역: 실직선, 등고선: $x=c/y^2$ ($x$, $y$축 포함)

04 정의역: 전체 평면, 치역: 0 이상의 실수, 등고선: $x^2+4y^2=c$ $(c\geq 0)$(원점 및 중심이 원점인 타원)

05

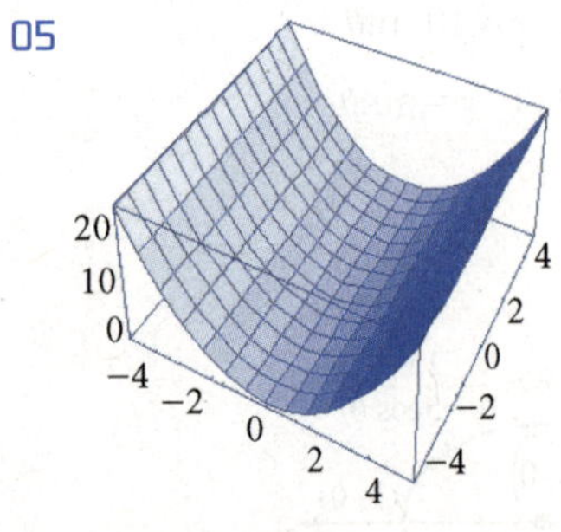


$f(x,y)=x^2$

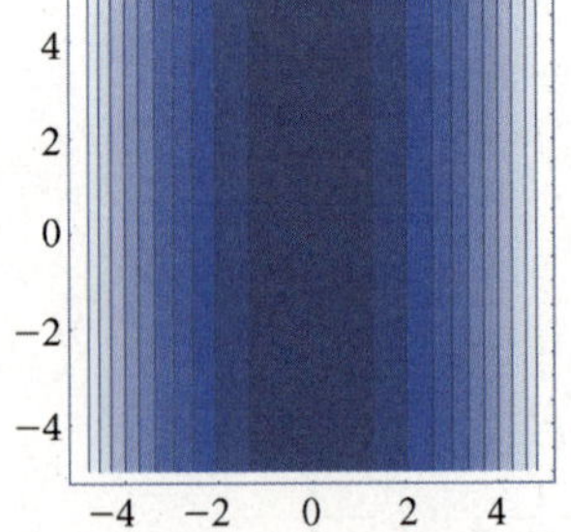

06

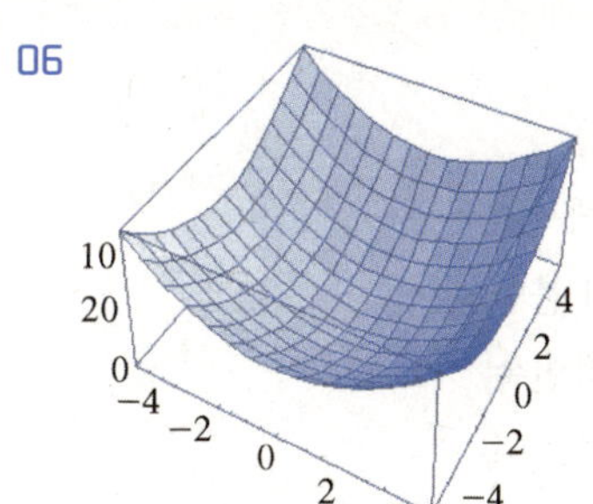


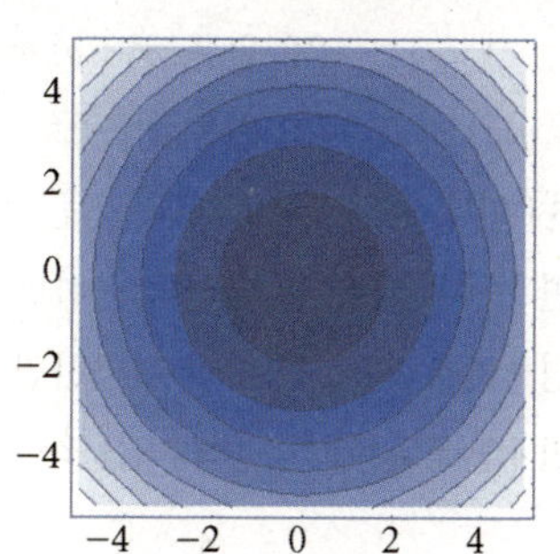


$f(x,y)=x^2+y^2$

07

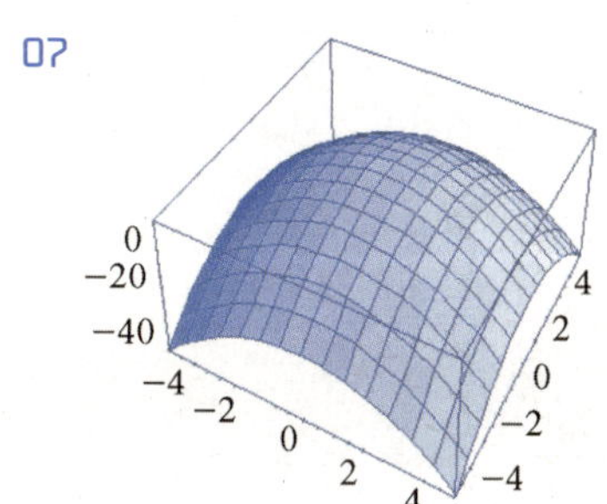


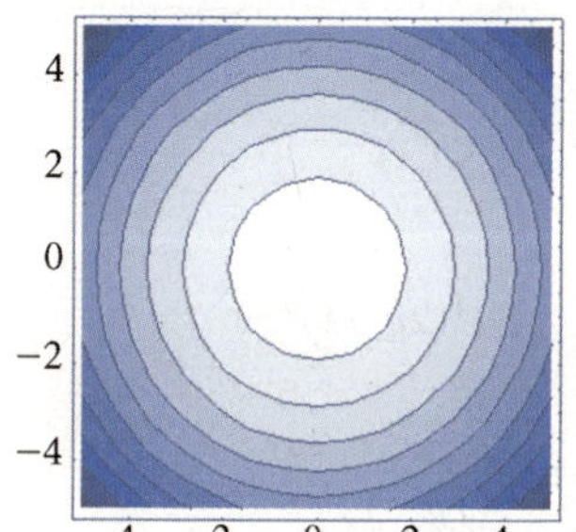


$f(x,y)=-(x^2+y^2)$

08

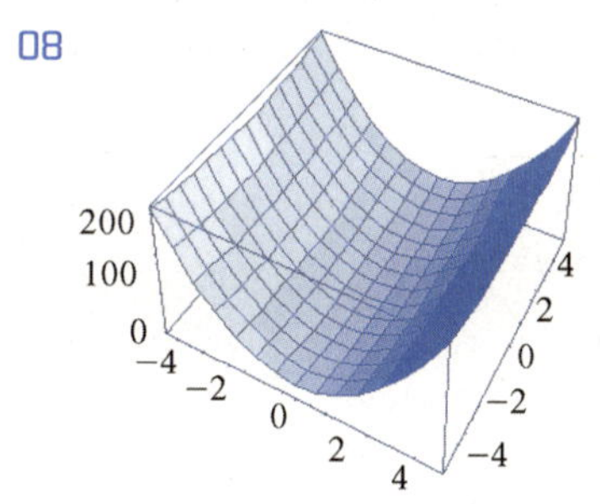


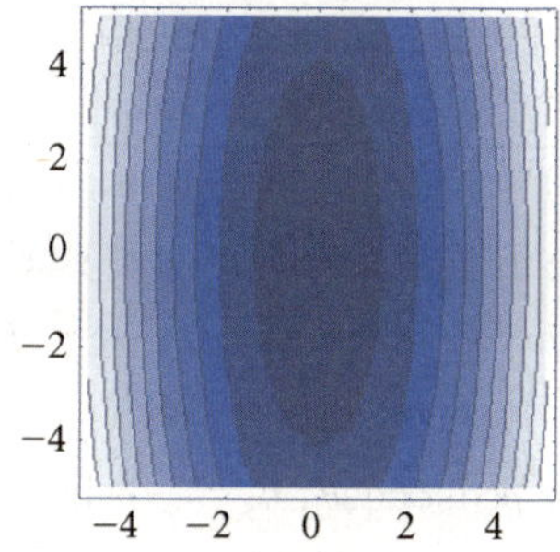


$f(x,y)=9x^2+y^2$

09 (b) 10 (c) 11 (f) 12 (a) 13 (d) 14 (e)

15 $x^2+y^2+z^2=c$ (중심이 원점인 구면)

16 $x+z=c$ (평면)

17 $x^2+y^2=c$ (원통면)

18 $z=x^2+y^2+c$ (꼭지점이 $(0,0,c)$인 포물곡면)

19 $x^2+y^2=16$

20 $\sqrt{x+y}-\ln z=2$

## [연습문제 13.2]

01 5/2 02 1/2 03 $2\sqrt{6}$ 04 0 05 1

06 1 $\left[e^y\left(\frac{\sin x}{x}\right)\text{로 생각}\right]$ 07 0 08 −1

09 2 10 1/4 11 7 12 2

13 $\tan^{-1}(-\pi/4)$

14 (1) 모든 $(x,y)$ (2) $(0,0)$을 제외한 모든 $(x,y)$

15 (1) $x=0$ 또는 $y=0$을 제외한 모든 $(x,y)$ (2) 모든 $(x,y)$

16 (1) 모든 $(x,y,z)$ (2) 원통 $x^2+y^2=1$ 의 외부 공간

17 (1) $z \neq 0$ 인 모든 $(x,y,z)$ (2) 원통 $x^2+z^2=1$ 이 아닌 모든 $(x,y,z)$

18 $y$축을 따라 접근하면 0인데 양의 $x$축을 따라 접근하면 $-1$ 이므로 $(0,0)$ 에서 불연속

19 $x$ 축을 따라 접근하면 1인데 $y=x$를 따라 접근하면 $-1$ 이므로 $(0,0)$ 에서 불연속

20 $x$ 축을 따라 접근하면 1인데 $y=x$를 따라 접근하면 0 이므로 $(0,0)$ 에서 불연속

21 $x$ 축을 따라 접근하면 1인데 $y=x^2$을 따라 접근하면 2 이므로 $(0,0)$ 에서 불연속

22 0

23 1

## [연습문제 13.3]

01 $f_x=3, f_y=0$

02 $f_x=0, f_y=0$

03 $f_x=2y-1,\ f_y=2x$

04 $f_x=2x-y,\ f_y=-x+4y$

05 $f_x=2x(2y-1)^4,\ f_y=8x^2(2y-1)^3$

06 $f_x=\dfrac{x}{\sqrt{x^2+y^2}},\ f_y=\dfrac{y}{\sqrt{x^2+y^2}}$

07 $f_x=\dfrac{-1-y^3}{(xy-1)^2},\ f_y=\dfrac{xy^2-x^2-2y}{(xy-1)^2}$

08 $f_x=e^x\ln y,\ f_y=\dfrac{e^x}{y}$

09 $f_x=e^x\cos(y+1),\ f_y=-e^x\sin(y+1)$

10 $f_x=-\dfrac{2y}{x^2+4y^2},\ f_y=\dfrac{2x}{x^2+4y^2}$

11 $f_x=2xy+z^2,\ f_y=x^2+2yz,\ f_z=y^2+2zx$

12 $f_x=-\dfrac{x}{(x^2+y^2+z^2)^{3/2}},\ f_y=-\dfrac{y}{(x^2+y^2+z^2)^{3/2}},\ f_z=-\dfrac{z}{(x^2+y^2+z^2)^{3/2}}$

13 $f_x=\cos(xy-yz)\cdot y,\ f_y=\cos(xy-yz)\cdot(x-z),\ f_z=\cos(xy-yz)\cdot(-y)$

14 $f_x=-\sin(xyz)\cdot yz,\ f_y=-\sin(xyz)\cdot xz,\ f_z=-\sin(xyz)\cdot xy$

15 $f_t=-2\pi\sin(2\pi t-\alpha),\ f_\alpha=\sin(2\pi t-\alpha)$

16 $h_\rho=\sin\phi\cos\theta,\ h_\phi=\rho\cos\phi\cos\theta,\ h_\theta=-\rho\sin\phi\sin\theta$

17 $\dfrac{\partial z}{\partial x}=\dfrac{2xz+z^2}{2y-2zx-x^2}\quad\therefore\ \dfrac{\partial z}{\partial x}\Big|_{(1,1,1)}=-3$

18 13/12

19 $w_x=2x+y,\ w_{xx}=2,\ w_y=2+x,\ w_{yy}=0,\ w_{xy}=1,\ w_{yx}=1$

20 $w_x=2xy-\sin(x+y)+y\cos x,\ w_{xx}=2y-\cos(x+y)-y\sin x$

$w_y=x^2-\sin(x+y)+\sin x,\ w_{yy}=-\cos(x+y)$

$w_{xy}=2x-\cos(x+y)+\cos x,\ w_{yx}=2x-\cos(x+y)+\cos x$

21 $w_x=\dfrac{2x}{x^2+y^2},\ w_{xx}=\dfrac{-2x^2+2y^2}{(x^2+y^2)^2}$

$w_y=\dfrac{2y}{x^2+y^2},\ w_{yy}=\dfrac{2x^2-2y^2}{(x^2+y^2)^2}$

$w_{xy}=\dfrac{-4xy}{(x^2+y^2)^2},\ w_{yx}=\dfrac{-4xy}{(x^2+y^2)^2}$

22 $w_x=2e^{2x+3y},\ w_{xx}=4e^{2x+3y}$

$w_y = 3e^{2x+3y}$, $w_{yy} = 9e^{2x+3y}$

$w_{xy} = 6e^{2x+3y}$, $w_{yx} = 6e^{2x+3y}$

23 (1) $f_{xy}$ (2) $f_{xy}$ (3) $f_{yx}$ (4) $f_{xy}$

## [연습문제 13.4]

01 $L(x,y) = 7 + x - 6y$; 오차한계: 0.06

02 $x + y + 1$; 0.08

03 $1 + x$; 0.0222

04 $x + y - 2$; 0.025

05 (i) $\frac{\partial w}{\partial x} = x$, $\frac{dx}{dt} = -2\sin 2t$, $\frac{\partial w}{\partial y} = y$, $\frac{dx}{dt} = 2\cos 2t$ 이므로

연쇄율에 의하여 $\frac{dw}{dt} = -2x\sin 2t + 2y\cos 2t$ 이고

여기에 $t = \pi$, $x = 1$, $y = 0$를 대입하면 $\left.\frac{dw}{dt}\right|_{t=\pi} = 0$ 이다.

(ii) $x = \cos 2t$, $y = \sin 2t$를 대입하면 $w = 1/2$이므로 $\left.\frac{dw}{dt}\right|_{t=\pi} = 0$이다.

06 0

07 $1/\pi$

08 $2/\pi$

09 $\frac{\partial z}{\partial r} = r\cos\theta \ln(r\sin\theta)\frac{1}{r} + \cos\theta$, $\left.\frac{\partial z}{\partial r}\right|_{(4,\pi/6)} = \frac{\sqrt{3}}{2}(\ln 2 + 1)$

$\frac{\partial z}{\partial \theta} = -r\ln(r\sin\theta)\sin\theta + \frac{r\cos^2\theta}{\sin\theta}$, $\left.\frac{\partial z}{\partial \theta}\right|_{(4,\pi/6)} = -2\ln 2 + 6$

10 $w = u^3 - u^2v - uv^2 + v^3 + 2u^3v^2$

(1) $\frac{\partial w}{\partial u} = 3u^2 - 2uv - v^2 + 6u^2v^2$, $\frac{\partial w}{\partial v} = -u^2 - 2uv + 3v^2 + 4u^3v$

(2) $\left.\frac{\partial w}{\partial u}\right|_{(1,1)} = 6$, $\left.\frac{\partial w}{\partial v}\right|_{(1,1)} = 4$

11 $u = \frac{x+y+z-(x-y+z)}{x-y+z-x-y+z} = \frac{y}{-y+z}$

(1) (i) $\frac{\partial u}{\partial x} = \frac{1}{q-r} + \frac{r-q}{(q-r)^2} = 0$, $\frac{\partial u}{\partial y} = \frac{2(p-r)}{(q-r)^2}$, $\frac{\partial u}{\partial z} = \frac{2(q-p)}{(q-r)^2}$

(ii) $u = \frac{y}{-y+z}$, $\frac{\partial u}{\partial x} = 0$, $\frac{\partial u}{\partial y} = \frac{z}{(z-y)^2}$, $\frac{\partial u}{\partial z} = \frac{-y}{(z-y)^2}$

(2) $\left.\frac{\partial u}{\partial x}\right|_{(3,2,1)} = 0$, $\left.\frac{\partial u}{\partial y}\right|_{(3,2,1)} = 1$, $\left.\frac{\partial u}{\partial z}\right|_{(3,2,1)} = -2$

12 $\frac{dy}{dx} = \Big|_{(1,1)} = -\frac{\partial F}{\partial x}/\frac{\partial F}{\partial y} = -\frac{3x^2+y}{-4y+x} = \frac{4}{3}$

13 $\frac{dy}{dx} = \Big|_{(1,2)} = -\frac{\partial F}{\partial x}/\frac{\partial F}{\partial y} = -\frac{2x+y}{x+2y} = -\frac{4}{5}$

14 12

15 $\frac{\partial w}{\partial v} = -2\left(2x - \frac{y}{x^2}\right) + \frac{1}{x}$, $\left.\frac{\partial w}{\partial v}\right|_{x=1, y=-2} = -7$

16 $\frac{\partial z}{\partial u} = \frac{5e^u}{1+(e^u+\ln v)^2}$, $\left.\frac{\partial z}{\partial u}\right|_{u=\ln 2, v=1} = 2$,

$$\frac{\partial z}{\partial v} = \frac{5}{1+(e^u+\ln v)^2}\cdot\frac{1}{v},\ \left.\frac{\partial z}{\partial v}\right|_{u=\ln 2,\, v=1} = 1$$

17 폭에 대한 편도함수 값이 더 크기 때문에 폭을 더 정확히 재야 한다.

18 최대오차 0.31 이하

19 최대상대오차$=\pm 4.83\%$

20 $|x-1|\le 0.014,\ |y-1|\le 0.014$

21 (1) $\left.\frac{\partial f}{\partial x}\right|_{(1,0)} = 2x(y+1)=2,\ \left.\frac{\partial f}{\partial y}\right|_{(1,0)} = x^2=1$, 따라서 $x$ 의 변화에 더 민감하다.

(2) $df=f_x dx+f_y dy=2dx+1dy=0$ 에서 $dy=-2dx$ 일 때 $df$는 0이 된다.

## [연습문제 13.5]

01 (2/3, 4/3): 지역최소점

02 $(-2,1)$: 안장점

03 (2,1): 안장점

04 (0,0): 안장점

05 (0,0): 안장점, $(-2/3,2/3)$: 지역최대점

06 (0,0): 안장점, (4/9,4/3): 지역최소점

07 (0,0)에서 전역최대값 3, (1,2)에서 전역최소값 $-3$

08 (0,2)에서 전역최대값 5, (0,0)에서 전역최소값 1

09 $(0,-3)$에서 전역최대값 10, $(4,-2)$에서 전역최소값 $-11$

10 (2,0)에서 전역최대값 4, $(3,\pm\pi/4),(1,\pm\pi/4)$에서 전역최소값 $3\sqrt{2}/2$

11 $(-1/2,\pm\sqrt{3}/2)$에서 초고온도 2.25도, $(1/2,0)$에서 초저온도 $-0.25$도

12 (1/2,2)

13 (1) (0,0): 안장점 (2)(1,2): 지역최소점 (3) $(1,-2)$: 지역최소점, $(-1,-2)$: 안장점

14 (2)$-2<k<2$: 지역최소점, $k=\pm 2$: 판정불가, $|k|>2$: 안장점

15 (1) $x=2$는 유일한 임계점이고 (전역)최소점이다.

(2) (1,0)은 유일한 임계점이고 지역최소점이지만 전역최소점은 아니다. 예를 들면

$f(-3,0)=-17<f(1,0)=-1$

## [연습문제 14.1]

01 16

02 $\frac{\pi^2}{2}+2$

03 $$\iint_R \frac{x}{y}dA=\int_1^2\int_x^{2x}\frac{x}{y}dydx=\int_1^2 x\left(\int_x^{2x}\frac{1}{y}dy\right)dx=\int_1^2 x[\ln y]_x^{2x}dx=\int_1^2 x\ln 2dx=\frac{3}{2}\ln 2$$

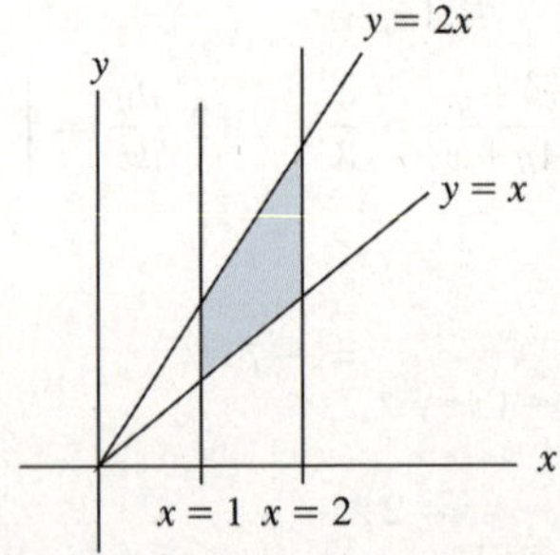

04 $-1/10$

05 $\int_{-2}^{0}\int_{v}^{-v} 2\,dp\,dv = \int_{-2}^{0} 2p\Big|_{v}^{-v} dv = \int_{-2}^{0} -4v\,dv = 8$

06 $-9/2$

07 $\int_{0}^{1}\int_{2}^{4-2x} dydx = \int_{2}^{4}\int_{0}^{(4-y)/2} dx\,dy$

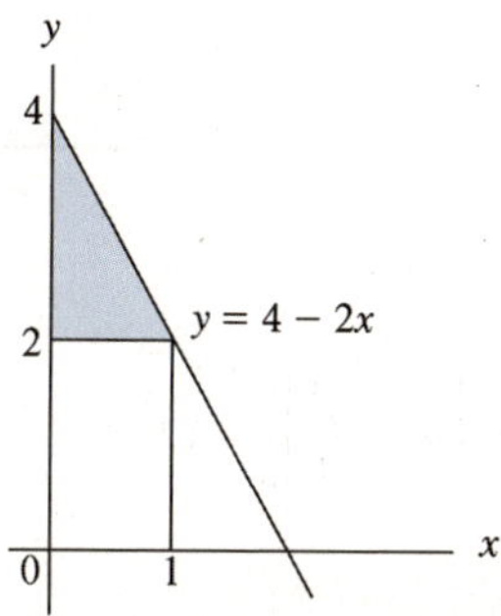


08 $\int_{0}^{2/3}\int_{0}^{9-4x} 16x\,dydx = \int_{0}^{19/3}\int_{0}^{2/3} 16x\,dxdy + \int_{19/3}^{9}\int_{0}^{(9-y)/4} 16x\,dx\,dy$

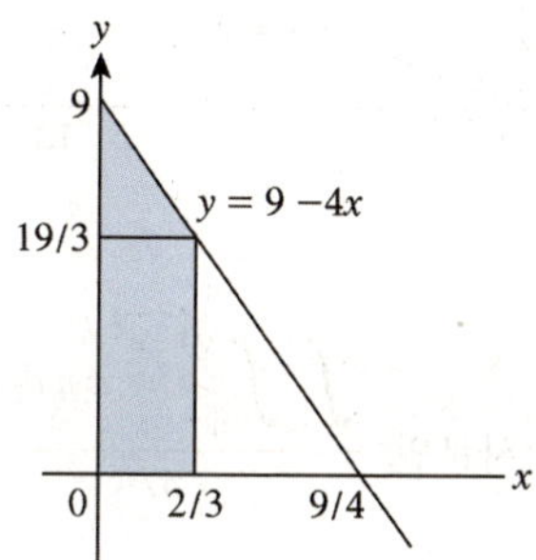


09 $\int_{0}^{\pi}\int_{x}^{\pi} \frac{\sin y}{y} dydx = \int_{0}^{\pi}\int_{0}^{y} \frac{\sin y}{y}\,dx\,dy$

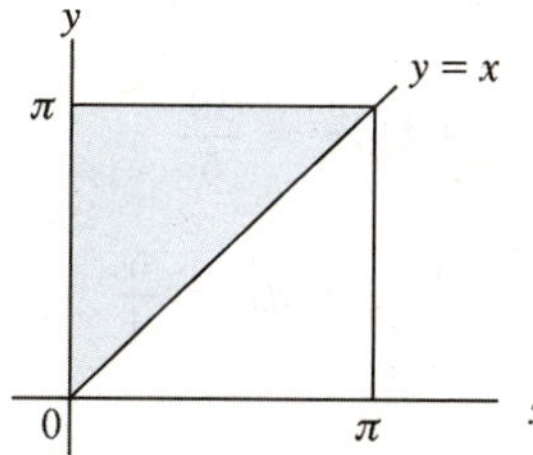


10 $\int_{0}^{2\sqrt{\ln 3}}\int_{y/2}^{\sqrt{\ln 3}} e^{x^2}\,dxdy = \int_{0}^{\sqrt{\ln 3}}\int_{0}^{2x} e^{x^2}\,dy\,dx$

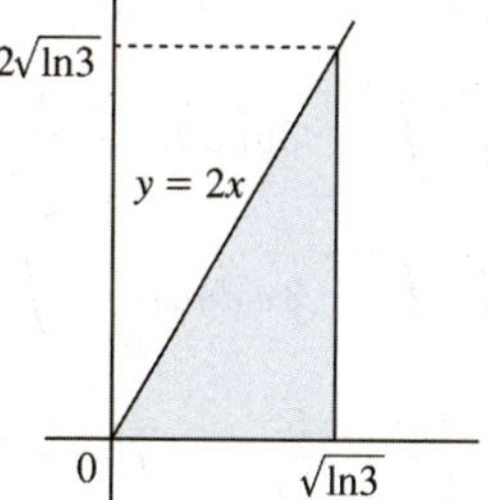


11 $\iint_R dxdy = \int_{-4}^{1}\int_{3x}^{4-x^2} (x+4)\,dy\,dx = \int_{-4}^{1} (x+4)(4-x^2-3x)\,dx = \frac{625}{12}$

12 $4/3$

13 $\int_0^2 \int_0^{2-x} dy\,dx = \int_0^2 (2-x)\,dx = 2$

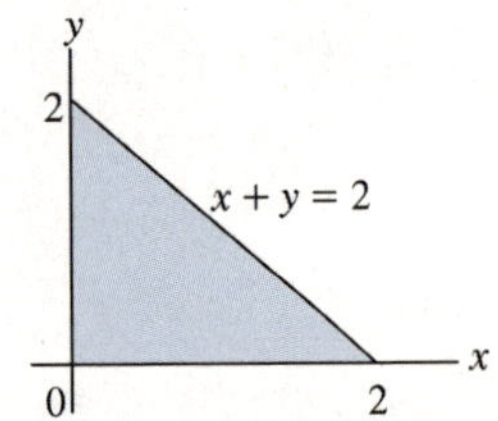


14 $\int_0^1 \int_{y^2}^{2y-y^2} dx\,dy = \int_0^1 (2y - y^2 - y^2)\,dy = \frac{1}{3}$

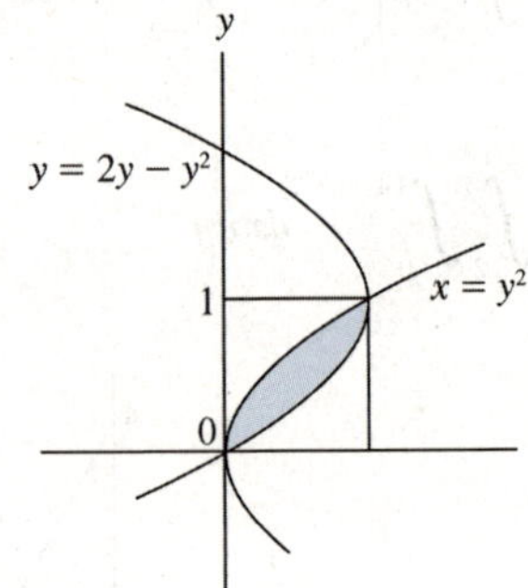


15 $\int_0^6 \int_{y^2/3}^{2y} dx\,dy = \int_0^6 \left(2y - \frac{y^2}{3}\right) dy = \left[y^2 - \frac{y^3}{9}\right]_0^6 = 12$

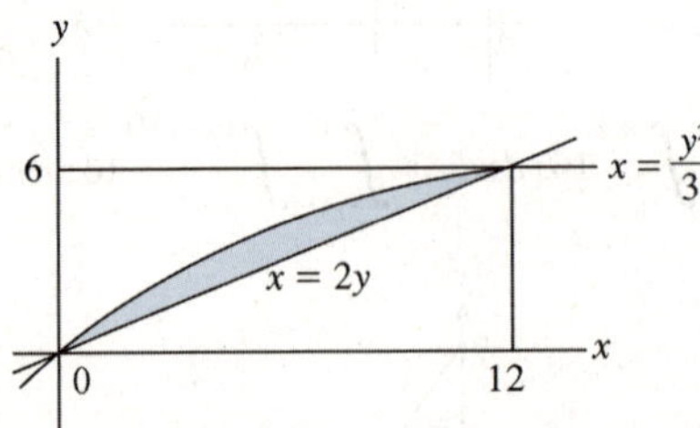


16 3/2

17 정사각형: $\dfrac{\int_0^1 \int_0^1 x\,y\,dy\,dx}{\int_0^1 \int_0^1 dy\,dx} = \dfrac{1}{4}$, 사분원: $\dfrac{\int_0^1 \int_0^{\sqrt{1-x^2}} x\,y\,dy\,dx}{\pi/4} = \dfrac{1}{2\pi}$

정사각형의 경우가 크다.

18 $M = \int_0^1 \int_x^{2-x^2} 3\,dy\,dx = \int_0^1 3(2 - x^2 - x)\,dx = \frac{7}{2}$

$M_x = \int_0^1 \int_x^{2-x^2} 3y\,dy\,dx = \frac{3}{2}\int_0^1 [y^2]_x^{2-x^2}\,dx = \frac{3}{2}\int_0^1 (x^4 - 5x^2 + 4)\,dx = \frac{19}{5}$

$M_y = \int_0^1 \int_x^{2-x^2} 3x\,dy\,dx = \int_0^1 3x(2 - x^2 - x)\,dx = \int_0^1 (6x - 3x^3 - 3x^2)\,dx = \frac{5}{4}$

$\therefore\ \bar{x} = \frac{M_y}{M} = \frac{5}{14}$ , $\bar{y} = \frac{M_x}{M} = \frac{38}{35}$

19 면적: $A = \int_0^3 \int_0^{3-x} dy\,dx = 9/2$, 무게: $M = \int_0^3 \int_0^{3-x} (x + 2xy)\,dy\,dx = 45/4$,

평균밀도 $= 5/2$

모멘트: $M_x = 459/40$, $M_y = 297/20$

무게중심: $\bar{x} = \frac{M_y}{M} = \frac{33}{25}$, $\bar{y} = \frac{M_x}{M} = \frac{51}{50}$

관성모멘트: $I_x = 81/5$, $I_y = 243/10$, $I_0 = 81/2$

**20** 무게: $M=\int_0^1\int_{y^2}^{2y-y^2}(2y+1)\,dx\,dy=2/3$

$M_x=11/30$, $M_y=11/30$, 무게중심: $(11/20, 11/20)$

$I_x=7/30$, $I_y=17/70$

## [연습문제 14.2]

**01** $\int_0^{\frac{\pi}{2}}\int_0^1 r^2\cdot r\,dr\,d\theta=\frac{\pi}{8}$

**02** $\pi a^2$

**03** $\int_0^{\ln 2}\int_0^{\sqrt{\ln 2-y^2}} e^{\sqrt{x^2+y^2}}\,dx\,dy=\int_0^{\frac{\pi}{2}}\int_0^{\ln 2} e^r\cdot r\,dr\,d\theta=\int_0^{\frac{\pi}{2}}(2\ln 2-1)\,d\theta=\frac{\pi}{2}(2\ln 2-1)$

**04** $2\pi\left(\ln 2-\frac{1}{2}\right)$

**05** $\int_0^{\pi/2}\int_0^{2(2-\sin 2\theta)^{1/2}} r\,dr\,d\theta=2\pi-2$

**06** $\frac{64}{27}\pi^3$

**07** $\int_{\pi/6}^{5\pi/6}\int_3^{6\sin\theta}\frac{1}{r}r\,dr\,d\theta=6\sqrt{3}-2\pi$

**08** $M=\iint_R dA=\int_{-\pi/2}^{\pi/2}\int_0^{1+\cos\theta} r\,dr\,d\theta=\frac{1}{2}\int_{-\pi/2}^{\pi/2}(1+\cos\theta)^2\,d\theta$

$$=\int_0^{\pi/2}1+2\cos\theta+\frac{1+\cos 2\theta}{2}\,d\theta=\frac{3}{4}\pi+2$$

$$M_x=\iint_R y\,dA=\int_{-\pi/2}^{\pi/2}\int_0^{1+\cos\theta} r\sin\theta\, r\,dr\,d\theta$$

$$=\int_{-\pi/2}^{\pi/2}\frac{1}{3}(1+\cos\theta)^3\sin\theta\,d\theta=-\frac{1}{4}(1+\cos\theta)^4\Big|_{-\pi/2}^{\pi/2}=0$$

$$M_y=\iint_R x\,dA=\int_{-\pi/2}^{\pi/2}\int_0^{1+\cos\theta} r\cos\theta\, r\,dr\,d\theta$$

$$=\int_{-\pi/2}^{\pi/2}\frac{1}{3}(1+\cos\theta)^3\cos\theta\,d\theta=\frac{2}{3}\int_0^{\pi/2}\cos\theta+3\cos^2\theta+3\cos^3\theta+\cos^4\theta\,d\theta$$

$=\frac{2}{3}\left(1+\frac{3}{4}\pi+2+\frac{3}{16}\pi\right)=\frac{5}{8}\pi+2$ (부록의 적분표 57번 이용)

$$\therefore\ \bar{x}=\frac{M_x}{M}=0,\ \bar{y}=\frac{M_y}{M}=\frac{\frac{5}{8}\pi+2}{\frac{3}{4}\pi+2}$$

**09** (1) $u=x-y$, $v=2x+y$ 에서 $x=\frac{u+v}{3}$, $y=\frac{-2u+v}{3}$ (*)

$$\frac{\partial(x,y)}{\partial(u,v)}=\frac{1}{3}$$

(2) $y=-2x+4$, $y=-2x+7$, $y=x-2$, $y=x+1$ 에 (*)를 대입하면 각각 $v=4$, $v=7$, $u=2$, $u=-1$ 이 된다. 또한 $2x^2-xy-y^2=uv$ 이므로

$$\int_{-1}^2\int_4^7\frac{1}{3}uv\,dv\,du=\frac{33}{4}$$

10 (1) $J(u, v) = \begin{vmatrix} 1 & 0 \\ v & u \end{vmatrix} = u$

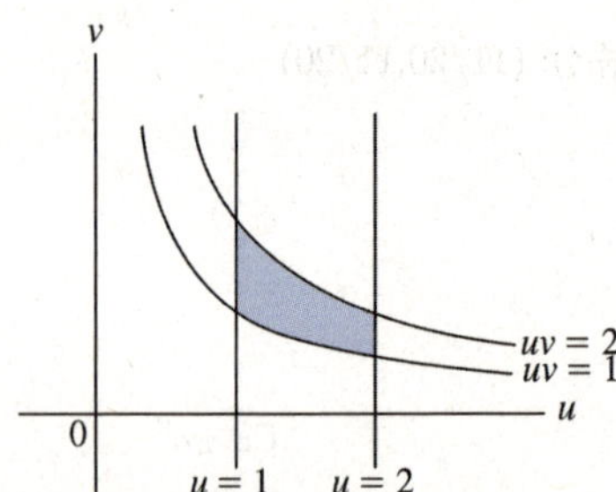


(2) $\int_1^2 \frac{y}{x} dy\,dx = \int_1^2 \int_{1/u}^{2/u} u \frac{uv}{u} dv\,du = \int_1^2 \int_{1/u}^{2/u} uv\,dv\,du = \frac{3}{2}\ln 2$

11 $J = \frac{1}{2}$ 이고 영역은 $0 < v < 2,\ 0 < u < 2$이므로

원하는 적분$= \int_0^2 \int_0^2 v^3\ 2u\ e^{(2u)^2} \frac{1}{2} du\,dv = e^{16} - 1$

12-13 생략

14 준식$= \int_0^{\pi/4} \int_1^2 r^2 \cos^2\theta\, r dr d\theta = \frac{15\pi}{32} + \frac{15}{16}$

## [연습문제 14.3]

01 준식$= \int_0^1 \int_0^1 \left(x^2 + y^2 + \frac{1}{3}\right) dy\,dx = \int_0^1 \left(x^2 + \frac{2}{3}\right) dx = 1$

02 18

03 준식$= \int_0^1 \int_0^{2-x} (2 - x - y) dy\,dx = \int_0^1 \left(\frac{x^2}{2} - 2x + 2\right) dx = \frac{7}{6}$

04 $\frac{1}{2} - \frac{\pi}{8}$

05 $\int_{-1}^1 \int_{x^2}^1 \int_0^{1-y} dz\,dy\,dx$

(1) $\int_{-1}^1 \int_0^{1-x^2} \int_{x^2}^{1-z} dy\,dz\,dx$ (2) $\int_0^1 \int_{-\sqrt{1-z}}^{\sqrt{1-z}} \int_{x^2}^{1-z} dy\,dx\,dz$

(3) $\int_0^1 \int_0^{1-z} \int_{-\sqrt{y}}^{\sqrt{y}} dx\,dy\,dz$ (4) $\int_0^1 \int_0^{1-y} \int_{-\sqrt{y}}^{\sqrt{y}} dx\,dz\,dy$

(5) $\int_0^1 \int_{-\sqrt{y}}^{\sqrt{y}} \int_0^{1-y} dz\,dx\,dy$

06 $\int_0^1 \int_{-1}^0 \int_0^{y^2} dz\,dy\,dx$

(1) $\int_0^1 \int_0^1 \int_{-1}^{-\sqrt{z}} dy\,dz\,dx$ (2) $\int_0^1 \int_0^1 \int_{-1}^{-\sqrt{z}} dy\,dx\,dz$ (3) $\int_0^1 \int_{-1}^{-\sqrt{z}} \int_0^1 dx\,dy\,dz$

(4) $\int_{-1}^{0}\int_{0}^{y^2}\int_{0}^{1} dx\,dz\,dy$ (5) $\int_{-1}^{0}\int_{0}^{1}\int_{0}^{y^2} dz\,dx\,dy$

07 20/3

08 2/3

09 $I_x = \frac{abc(b^2+c^2)}{3}$, $I_y = \frac{abc(a^2+c^2)}{3}$, $I_z = \frac{abc(a^2+b^2)}{3}$

10 무게중심=(0,0,12/5), $I_x = 7904/105$, $I_y = 4832/63$, $I_z = 256/45$

11 (1) (0,0,8/3) (2) $c = 2\sqrt{2}$, 이 평면은 무게중심을 지나지 않는다.

13 (4/5,2/5,2/5)

## [연습문제 14.4]

01 준식$=\int_0^{2\pi}\int_0^1 (\sqrt{2-r^2}-r)r\,dr\,d\theta = \int_0^{2\pi} -\frac{1}{3}(2-r^2)^{3/2} - \frac{1}{3}r^3\Big|_0^1 d\theta = \frac{4\pi(\sqrt{2}-1)}{3}$

02 $2\pi\left(\sqrt{2}-\frac{4}{3}\right)$

03 준식$=\int_0^{2\pi}\int_0^3 \frac{1}{4}\left(\frac{z}{3}\right)^4 dz\,d\theta = \int_0^{2\pi}\frac{1}{4}\frac{1}{3^4}\frac{3^5}{5}\,d\theta = \frac{3\pi}{10}$

04 $\frac{\pi}{3}$

05 준식 $= \frac{8}{3}\int_0^{\pi}\int_0^{\pi}\sin^4\phi\,d\phi\,d\theta$ (부록의 적분표 56번 이용)

$$= \frac{8}{3}\int_0^{\pi}\int_0^{\pi}\left(\frac{3}{8}-\frac{1}{2}\cos2\phi+\frac{1}{8}\cos4\phi\right)d\phi\,d\theta = \pi\int_0^{\pi}d\theta = \pi^2$$

06 $\frac{\pi}{3}$

07 준식 $= \int_0^2\int_{-\pi}^0 \frac{1}{2}\rho^3\,d\theta\,d\rho = \left[\frac{1}{2}\pi\frac{\rho^4}{4}\right]_0^2 = 2\pi$

08 $\frac{8-5\sqrt{2}}{2}\pi$

09 $J(\rho,\phi,\theta) = \begin{vmatrix} \sin\phi\cos\theta & \rho\cos\phi\cos\theta & -\rho\sin\phi\sin\theta \\ \sin\phi\sin\theta & \rho\cos\phi\sin\theta & \rho\sin\phi\cos\theta \\ \cos\phi & -\rho\sin\phi & 0 \end{vmatrix}$

$$= \rho^2\sin^3\phi\cos^2\theta + \rho^2\sin\phi\cos^2\phi\cos^2\theta + \rho^2\sin^3\phi\sin^2\theta + \rho^2\sin\phi\cos^2\phi\sin^2\theta$$

$$= \rho^2\sin\phi\cos^2\phi + \rho^2\sin^3\phi$$

$$= \rho^2\sin\phi$$

10 (1) $\int_0^{2\pi}\int_0^{\pi}\int_0^{a}\rho^2\sin\phi\,d\rho\,d\phi\,d\theta$ 또는 $8\int_0^{\pi/2}\int_0^{\pi/2}\int_0^{a}\rho^2\sin\phi\,d\rho\,d\phi\,d\theta$

(2) $\int_{-a}^{a}\int_0^{2\pi}\int_0^{\sqrt{a^2-z^2}} r\,dr\,d\theta\,dz$ 또는 $8\int_0^{a}\int_0^{\pi/2}\int_0^{\sqrt{a^2-z^2}} r\,dr\,d\theta\,dz$

(3) $\int_{-a}^{a}\int_{-\sqrt{a^2-z^2}}^{\sqrt{a^2-z^2}}\int_{-\sqrt{a^2-z^2-y^2}}^{\sqrt{a^2-z^2-y^2}} 1\,dx\,dy\,dz$ 또는 $8\int_0^{a}\int_0^{\sqrt{a^2-z^2}}\int_0^{\sqrt{a^2-z^2-y^2}} dx\,dy\,dz$

11 $\frac{5}{2}\pi$

12 $\frac{4\pi(8-3\sqrt{3})}{3}$

13 $\frac{2}{3}a^3\pi$

14 $\int_0^{2\pi}\int_{\pi/4}^{\pi/2}\int_0^{2\cos\phi}\rho^2\sin\phi\, d\rho\, d\phi\, d\theta = \frac{\pi}{3}$

15 $J = abc$ 이므로 $\int\int\int_T dxdydz = \int\int\int_{T'} |J| dudvdw = \frac{4\pi abc}{3}$

16 (1) $2+\ln 8$ (2) $\int_0^1\int_0^2\int_1^2 (\frac{v}{3}+\frac{vw}{3u}) du\, dv\, dw = \frac{2+\ln 2}{3}$

## [연습문제 15.1]

01 $x = a\cos t,\ y = b\sin t$로 놓으면 타원 $\frac{x^2}{a^2}+\frac{y^2}{b^2}=1$임을 알 수 있다.

02 $x = \sin t,\ y = 3\cos t,\ z = t$로 놓으면 $x^2+\frac{y^2}{3^2}=1$이므로 $t$가 증가함에 따라 위 방향으로 올라가는 타원나선임을 알 수 있다.

03 $y = x^2,\ x, y \geq 0$

04 $\boldsymbol{r}(t) = (t, t, 2t^2)$

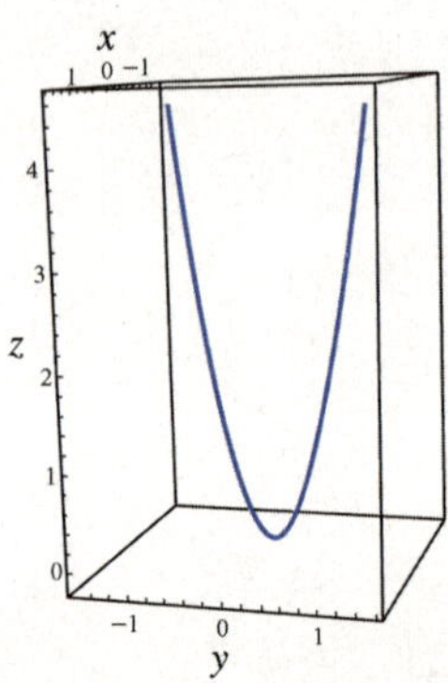


05 $\boldsymbol{r}(t) = (2\cos t,\ 2\sin t,\ 4\sin^2 t)$

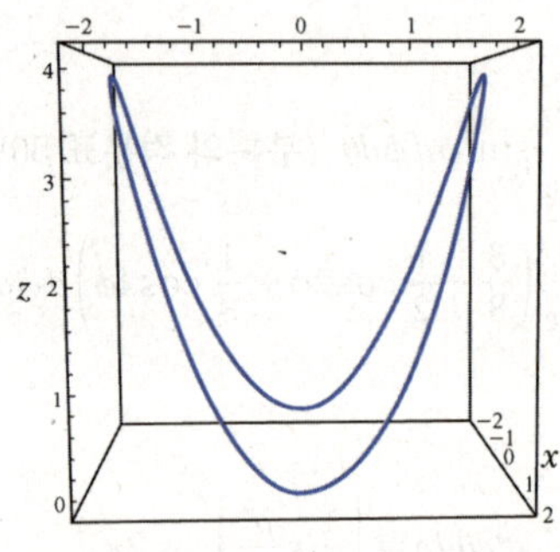


06 $\boldsymbol{r}'(t) = (1, 0, -\frac{8t}{(1+t^2)^2})$이므로 $t=1$에서 접선벡터는 $\boldsymbol{r}'(0) = (1, 0, -2)$이다. $t=1$에서 접선은 $\boldsymbol{r}(1) = (1, 2, 2)$을 지나는 $(1, 0, -2)$ 방향의 직선이므로 매개변수 방정식 $\boldsymbol{r}(s) = (1, 2, 2) + s(1, 0, -2)$을 갖는다.

07 $$\begin{aligned}\frac{d}{dt}[\boldsymbol{r}(t)\cdot(\boldsymbol{r}'(t)\times\boldsymbol{r}''(t))] &= \boldsymbol{r}(t)\cdot\frac{d}{dt}[(\boldsymbol{r}'(t)\times\boldsymbol{r}''(t))] + \boldsymbol{r}'(t)\cdot(\boldsymbol{r}'(t)\times\boldsymbol{r}''(t))] \\ &= \boldsymbol{r}(t)\cdot[(\boldsymbol{r}'(t)\times\boldsymbol{r}'''(t)) + (\boldsymbol{r}''(t)\times\boldsymbol{r}''(t))] \\ &= \boldsymbol{r}(t)\cdot(\boldsymbol{r}'(t)\times\boldsymbol{r}'''(t))\end{aligned}$$

08 $\int e^{3t}\boldsymbol{i} + te^t\boldsymbol{j} + te^{t^2}\boldsymbol{k}\, dt = (\frac{1}{3}e^{3t}+c_1,\ te^t-e^t+c_2,\ \frac{1}{2}e^{t^2}+c_3) = (\frac{1}{3}e^{3t},\ te^t-e^t,\ \frac{1}{2}e^{t^2}) + \boldsymbol{c}$

09 $\int_{-\pi}^{\pi}|r'|dt = \int_{-\pi}^{\pi}\sqrt{2(\cos t+1)}\,dt = \int_{-\pi}^{\pi}2\cos\frac{t}{2}dt = \left[4\sin\frac{t}{2}\right]_{-\pi}^{\pi} = 8$

10 $\boldsymbol{r}'(t) = (-3\cos^2 t\sin t,\ 3\sin^2 t\cos t)$이므로 $|\boldsymbol{r}'(t)| = 3|\cos t\sin t|$이고

$$\int_0^{2\pi} 3|\cos t\sin t|\,dt = 4\int_0^{\pi/2} 3\sin t\cos t\,dt = 6$$

## [연습문제 15.2]

**01** $\cosh^2 t - \sinh^2 t = 1$이므로 쌍곡선 $x^2 - y^2 = 1,\ x > 0$을 얻는다.
$\boldsymbol{r}'(t) = (\sinh t,\ \cosh t)$, $\boldsymbol{r}''(t) = (\cosh t,\ \sinh t)$ 이므로 $t = 0$에서 속도는
$\boldsymbol{r}'(0) = (0, 1)$, 가속도는 $\boldsymbol{r}''(0) = (1, 0)$, 속력은 $|\boldsymbol{r}'(0)| = 1$이다.

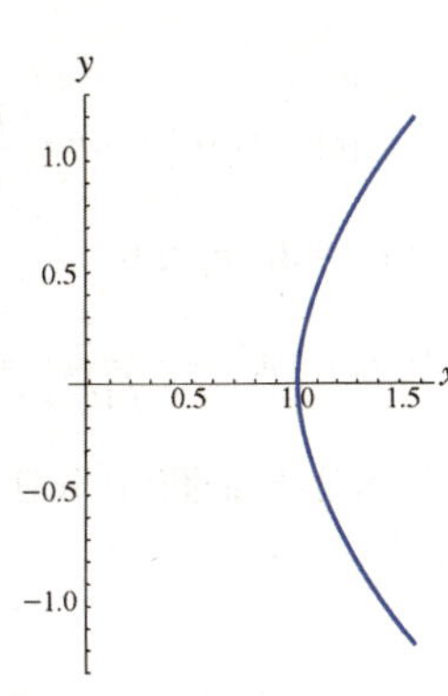


**02** $\boldsymbol{r}'(t) = (1, 4t, t^2)$, $\boldsymbol{r}''(t) = (0, 4, 2t)$이므로 $t = 1$에서 속도는
$\boldsymbol{r}'(1) = (1, 4, 1)$, 가속도는 $\boldsymbol{r}''(1) = (0, 4, 2)$, 속력은
$|\boldsymbol{r}'(1)| = 3\sqrt{2}$ 이다.

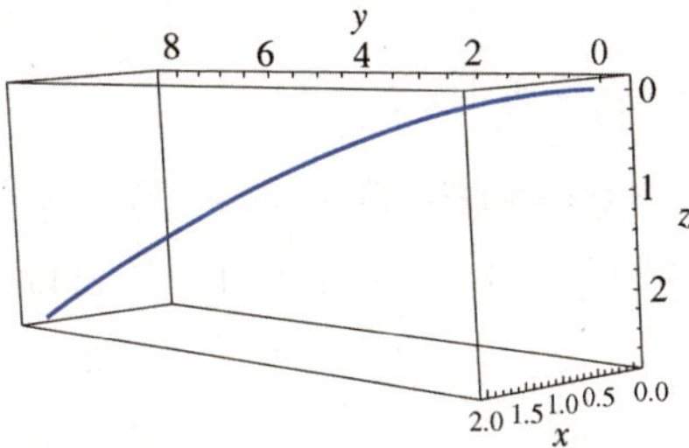


**03** $\boldsymbol{r}'(t) = 3t^2\boldsymbol{i} + (2t-1)\boldsymbol{j} + 2t\boldsymbol{k},\ \ \boldsymbol{r}''(t) = 6t\boldsymbol{i} + 2\boldsymbol{j} + 2\boldsymbol{k}$
$xy$평면을 지나는 시점은 $z = t^2 - 4 = 0$에서 $t = 2$. 이때의 속도는 (12,3,4), 가속도는 (12,2,2)

**04** (1) $\boldsymbol{r}(t) = (150t,\ 150\sqrt{3}\,t - 4.9t^2)$　　(2) $\dfrac{(v_0\sin\theta)^2}{2g} = \dfrac{(150\sqrt{3})^2}{2\times 9.8} \approx 3443.88\ \text{m}$

(3) $\dfrac{v_0^2\sin 2\theta}{g} = \dfrac{300^2(\sqrt{3}/2)}{9.8} \approx 7953.29\,\text{m}$　　(4) $300\,\text{m/sec}^2$

**05** $\dfrac{v_0^2\sin 2\theta}{g} = \dfrac{v_0^2}{9.8} = 50$에서 $v_0 = \sqrt{490} = 7\sqrt{10} \approx 22.1\ \text{m}$

**06** 총의 발사 위치를 원점으로 잡고 총의 발사시점을 0으로 놓자. 목표물의 초기위치를 $(s, h)$라고 놓으면 시점 $t$의 목표물의 위치는 $(s, h - \frac{1}{2}gt^2)$이다. 총알의 발사 속도를 $v_0$라고 하고 총알의 발사각을 $\theta$라고 하면 시점 $t$의 총알의 위치는 $\left((v_0\cos\theta)t,\ (v_0\sin\theta)t - \frac{1}{2}gt^2\right)$이다. 총알이 수평거리 $s$에 도달하는 시점은 $(v_0\cos\theta)t = s$에서

$$t = \frac{s}{v_0\cos\theta}$$

이고 이때 목표물의 위치는

$$(s, h - \frac{gs^2}{2v_0^2\cos^2\theta})$$

이고 총알의 위치는

$$(s, s\tan\theta - \frac{gs^2}{2v_0^2\cos^2\theta})$$

이다. 그런데 $\tan\theta = \frac{h}{s}$를 만족하므로 둘의 위치는 같고 총알은 목표에 명중한다.

07 $a_n = 3,\ \ a_u = 0$

08 $a_n = v|\boldsymbol{u}'| = \frac{2}{\sqrt{4t^2+1}},\ a_u = v' = \frac{4t}{\sqrt{4t^2+1}}$

09 직선의 매개변수 표현 $\boldsymbol{r}(t) = \boldsymbol{a} + \boldsymbol{b}t$에서 접선벡터와 단위 접선벡터는 각각

$$\boldsymbol{r}'(t) = \boldsymbol{b},\ \boldsymbol{u}(t) = \frac{\boldsymbol{b}}{|\boldsymbol{b}|}$$

이므로 $\boldsymbol{u}' = 0$이고 따라서 곡률도 $\kappa = \frac{|\boldsymbol{u}'|}{|\boldsymbol{r}'|} = 0$이다.

## [연습문제 15.3]

01 $\nabla f = (6x^2 - y^2, -2xy + 4y^3)$

02 $\nabla f = (2xe^{2z}\cos 4y, -4x^2e^{2z}\sin 4y, 2x^2e^{2z}\cos 4y)$

$$\nabla f\left(2, \frac{\pi}{6}, -1\right) = \left(-\frac{2}{e^2}, -\frac{8\sqrt{3}}{e^2}, -\frac{4}{e^2}\right)$$

03 단위 방향벡터 $\boldsymbol{b} = \left(\frac{\sqrt{3}}{2}, \frac{1}{2}\right),\ \ \nabla f = (2x, 2y)$이므로

(1,1)에서: $D_{\boldsymbol{b}}f = (2,2) \cdot \left(\frac{\sqrt{3}}{2}, \frac{1}{2}\right) = \sqrt{3} + 1$

(1,2)에서: $D_{\boldsymbol{b}}f = (1,2) \cdot \left(\frac{\sqrt{3}}{2}, \frac{1}{2}\right) = \frac{\sqrt{3}}{2} + 1$

04 단위 방향벡터 $\boldsymbol{b} = \left(\frac{3}{5}, \frac{4}{5}\right)$이고 $\nabla f(-1,1) = (9x^2y^5, 15x^3y^4)|_{(-1.1)} = (9, -15)$이므로

$$D_{\boldsymbol{b}}f = (9, -15) \cdot \left(\frac{3}{5}, \frac{4}{5}\right) = -\frac{33}{5}$$

05 단위 방향벡터 $\boldsymbol{b} = \left(0, \frac{\sqrt{2}}{2}, \frac{\sqrt{2}}{2}\right)$이고

$$\nabla f(1,-1,-2) = (3x^2y^2(z+4)^2, 2x^3y(z+4)^2, 2x^3y^2(z+4)|_{(1,-1.-2)} = (12, -8, 4)$$

이므로

$$D_{\boldsymbol{b}}f = (12, -8, 4) \cdot \left(0, \frac{\sqrt{2}}{2}, \frac{\sqrt{2}}{2}\right) = -2\sqrt{2}$$

06 (1) $2x + 4yy' = 0,\ y' = -\frac{x}{2y}$에서 접선의 기울기는 $-\frac{1}{4}$이고, 접선벡터 $\pm(-4,1)$을 단위화하면 단위접선 벡터 $\pm\left(-\frac{4}{\sqrt{17}}, \frac{1}{\sqrt{17}}\right)$를 얻는다.

(2) $\nabla f(2,3) = (4,1)$이므로 방향도함수는 $D_b f = \pm\left(-\frac{4}{\sqrt{17}}, \frac{1}{\sqrt{17}}\right) \cdot (4,1) = \frac{\pm 15}{\sqrt{17}}$

07 (1) $\nabla f = (3x^2 - 6xy^2, -6x^2y + 3zy^2, y^3)$이므로

$$g = D_a f = \nabla f \cdot \frac{1}{\sqrt{5}}(2,0,1) = \frac{1}{\sqrt{5}}(6x^2 - 12xy^2 + y^3)$$

(2) $\nabla g = \frac{1}{\sqrt{5}}(12x - 12y^2, -24xy + 3y^2, 0)$이므로

$$D_a g = \nabla g \cdot \frac{1}{\sqrt{5}}(2,0,1) = \frac{24}{5}(x - y^2)$$

08 최대 증가방향: $\nabla f\left(0, \frac{\pi}{4}\right) = (3e^{3x}\cos y, -e^{3x}\sin y)|_{(0,\pi/4)} = \left(\frac{3\sqrt{2}}{2}, -\frac{\sqrt{2}}{2}\right)$

최대 변화율: $D_b f = \nabla f \cdot \frac{\nabla f}{|\nabla f|} = |\nabla f| = \sqrt{5}$

09 (1) $\nabla h = (4x, 6y)$이므로 (5,3) 위치에서 최대감소 방향은 $-\nabla h(5,3) = (-20, -18)$ 방향이다.

(2) 최적의 경로는 각 위치에서 최대감소 방향을 택하면 되므로 경로 곡선의 접선벡터가 $-\nabla h$가 되도록 하면 된다. 즉, 경로의 매개변수 표현을 $\boldsymbol{r}(t) = (x(t), y(t))$라 하면

$$\boldsymbol{r}'(t) = (x'(t), y'(t)) = (-4x, -6y)$$

가 되도록 하면 된다. $x'(t) = -4x$와 $y' = -6y$의 일반해는 각각 $x = c_1e^{-4t}$, $y = c_2e^{-6t}$이고 초기 시작점이 $x(0) = 4$, $y(0) = 8$이므로 해는 $x = 4e^{-4t}$, $y = 8e^{-6t}$이 되어 경로는

$$\boldsymbol{r}(t) = (4e^{-4t}, 8e^{-6t}) \text{ 또는 } y = x^{3/2},\ x \geq 0$$

으로 얻어진다.

10 $f = x^2 + y^2 - z = 0$이라고 하면 $\nabla f = (2x, 2y, -1)$이다. 법선벡터가 (2,1,1/2)과 평행이므로 $\nabla f = c(2,1,1/2)$의 관계에서 $2x = 2c, 2y = c, -1 = c/2$를 얻는다. 이로부터 $c = -2$이고 답은 $x = -2, y = -1, z = 5$이다.

11 $f(2,4) = 4 - 8 = -4$이다. 등고선 $f(x,y) = y - x^3 = -4$, 즉 $y = x^3 - 4$이고 (2,4)에서의 법선벡터는 $\pm\nabla f(2,4) = \pm(-3x^2, 1)|_{(2,4)} = \pm(-12, 1)$이다.

12 등위곡면: $x + y + z = 6$, 법선벡터: $\pm(1,1,1)$

13 $\nabla f = (2x, -2y, -4z)$이므로 (3,2,1)에서 법선벡터는 (6,−4,−4)이다. 따라서 접평면의 방정식은 $(6,-4,-4)(x-3, y-2, z-1) = 0$, 즉 $3x - 2y - 2z = 3$이다.

14 $f = x^2 + y^2 + z = 13$으로 놓으면 등위곡면 형태가 된다. $\nabla f = (2x, 2y, 1)$이므로 (3,2,0)에서 법선벡터는 (6,4,1)이다. 따라서 접평면의 방정식은 $(6,4,1)(x-3, y-2, z) = 0$, 즉 $6x + 4y + z = 26$이다.

15 (1) $\nabla f = (2x, 4y, 2z)$이다. 법선벡터가 $c(1,2,3)$이므로 $\nabla f = c(1,2,3)$, 즉 $2x_0 = c, 4y_0 = 2c, 2z_0 = 3c$를 얻는다. 또한 $x_0 + 2y_0 + 3z_0 = 12$를 만족해야 하므로 $c = 2$이고 $x_0 = 1, y_0 = 1, z_0 = 3$이 된다.

(2) 법선벡터가 $\nabla f(0,2,2) = (0,8,4)$이므로 법선의 방정식은 $\boldsymbol{r}(t) = (0,2,2) + t(0,8,4)$이다.

16 $f = x^2 + y^2 + z^2 = a^2$라고 하면 $\nabla f = (2x, 2y, 2z)$이고 따라서 $\boldsymbol{r_0} = (x_0, y_0, z_o)$에서 법선의 방정식은 $\boldsymbol{r}(t) = \boldsymbol{r_0} + 2\boldsymbol{r_0}t$이다. 이 직선은 $t = -1/2$일 때 항상 원점 **0**를 지난다.

## [연습문제 15.4]

01 $\operatorname{div}\boldsymbol{F}=2z$, $\operatorname{curl}\boldsymbol{F}=\left(\dfrac{\partial F_3}{\partial y}-\dfrac{\partial F_2}{\partial z},\dfrac{\partial F_1}{\partial z}-\dfrac{\partial F_3}{\partial x},\dfrac{\partial F_2}{\partial x}-\dfrac{\partial F_1}{\partial y}\right)=(x-y,x-y,\ 0)$

02 $\operatorname{div}\boldsymbol{F}=e^{-z}+4z^2-6ye^{-2z}$, $\operatorname{curl}\boldsymbol{F}=(3e^{-2z}-8yz,\ -xe^{-z},0)$

03 우선 우변을 $\boldsymbol{F}=(\boldsymbol{r}\cdot\boldsymbol{r})\,\boldsymbol{a}=(x^2+y^2+z^2)(a_1,a_2,a_3)$라고 하면

$$\nabla\times[(\boldsymbol{r}\cdot\boldsymbol{r})\boldsymbol{a}]=\begin{vmatrix}\boldsymbol{i} & \boldsymbol{j} & \boldsymbol{k}\\ \dfrac{\partial}{\partial x} & \dfrac{\partial}{\partial y} & \dfrac{\partial}{\partial z}\\ F_1 & F_2 & F_3\end{vmatrix}=(2ya_3-2za_2)\boldsymbol{i}+(2za_1-2xa_3)\boldsymbol{j}+(2xa_2-2ya_1)\boldsymbol{k}$$

이다. 한편

$$\boldsymbol{r}\times\boldsymbol{a}=\begin{vmatrix}\boldsymbol{i} & \boldsymbol{j} & \boldsymbol{k}\\ x & y & z\\ a_1 & a_2 & a_3\end{vmatrix}=(ya_3-za_2)\boldsymbol{i}+(za_1-xa_3)\boldsymbol{j}+(xa_2-ya_1)\boldsymbol{k}$$

이므로 $\nabla\times[(\boldsymbol{r}\cdot\boldsymbol{r})\boldsymbol{a}]=2(\boldsymbol{r}\times\boldsymbol{a})$가 성립한다.

04 $$\begin{aligned}\nabla\cdot(f\boldsymbol{F})&=\frac{\partial(fF_1)}{\partial x}+\frac{\partial(fF_2)}{\partial y}+\frac{\partial(fF_3)}{\partial z}\\ &=f\frac{\partial F_1}{\partial x}+F_1\frac{\partial f}{\partial x}+f\frac{\partial F_2}{\partial y}+F_2\frac{\partial f}{\partial y}+f\frac{\partial F_3}{\partial z}+F_3\frac{\partial f}{\partial z}\\ &=f(\nabla\cdot\boldsymbol{F})+\boldsymbol{F}\cdot\nabla f\end{aligned}$$

05 $\nabla\cdot\nabla f=\nabla\cdot\left(\dfrac{\partial f}{\partial x},\dfrac{\partial f}{\partial y},\dfrac{\partial f}{\partial z}\right)=\dfrac{\partial^2 f}{\partial x^2}+\dfrac{\partial^2 f}{\partial y^2}+\dfrac{\partial^2 f}{\partial z^2}$

06 $\dfrac{\partial^2 f}{\partial x^2}+\dfrac{\partial^2 f}{\partial y^2}+\dfrac{\partial^2 f}{\partial z^2}=2+2-4=0$이므로 $f(x,y,z)=(x^2+y^2-z^4)$는 조화함수이다.

# 찾아보기

## ▸ ㄱ

▸ ㄴ



▸ ㄷ



▸ ㄹ



▸ ㅁ

### ▸ ㅂ



### ▸ ㅅ

▸ ㅇ

### ▸ ㅈ

▸ ㅊ



▸ ㅋ



▸ ㅌ



▸ ㅍ

## ▸ ㅎ



## ▸ A



## ▸ B

## ▸N



## ▸O



## ▸P



## ▸Q



## ▸R



## ▸S

## ▸ T



## ▸ U



## ▸ V



## ▸ W



## ▸ Z



## ▸ 기타